KUHMINSA

한 발 앞서나가는 출판사, 구민사

구민사 출간도서 中 수험서 분야

- 용접
- 자동차
- 조경/산림
- 품질경영
- 산업안전
- 전기
- 건축토목
- 실내건축

- 기술사
- 기계
- 금속
- 환경
- 보일러
- 가스
- 공조냉동
- 위험물

전국 도서판매처

- 일산남부서점
- 안산대동서적
- 대전계룡서점
- 대구북앤북스
- 대구하나도서
- 포항학원사
- 울산처용서림
- 창원그랜드문고
- 순천중앙서점
- 광주조은서림

www.kuhminsa.co.kr

자격증 시험 접수부터 자격증 수령까지!

01 필기 원서 접수

큐넷(www.q-net.or.kr)
필기 시험은 회원 가입 후 인터넷 접수만 가능
(사진 파일, 접수비(인터넷 결제) 필요)
응시자격 요건 반드시 확인

02 필기시험

입실 시간 미준수 시 시험 응시 불가
준비물 : 수험표, 신분증, 필기구 지참

03 필기 합격 확인

큐넷(www.q-net.or.kr)
사이트에서 확인

04 실기 원서 접수

큐넷(www.q-net.or.kr)
응시 자격 서류는 실기시험 접수기간(4일 내)에 제출해야만 접수 가능

전문가를 위한 첫걸음, 구민사는 그 이상을 봅니다!
KUHMINSA

실기 시험
필답형과 작업형으로 분류
원서 접수 시 선택한 장소와 시간에 맞게 시험을 봅니다.
준비물 : 수험표, 신분증, 필기구 지참

최종합격 확인
큐넷(www.q-net.or.kr)
사이트에서 확인

자격증 신청
인터넷으로 신청(상장형 자격증 발급을 원칙으로 하며,
희망 시 수첩형 자격증 발급 신청/ 발급 수수료 부과)

자격증 수령
인터넷으로 발급(출력)
(수첩형 자격증 등기 수령 시 등기 비용 발생)

D-DAY 60 항공산업기사 필기·실기 D-60일 합격 플랜
(위의 플랜은 가장 이상적인 것이므로 참고하여 개인의 입장과 일정에 맞춰 준비하시기 바랍니다.)

월요일	화요일	수요일	목요일	금요일	토요일	일요일
D-60	D-59	D-58	D-57	D-56	D-55	D-54
1장 항공역학 & 2장 항공기관						
D-53	D-52	D-51	D-50	D-49	D-48	D-47
3장 항공기체 & 4장 항공장비						
D-46	D-45	D-44	D-43	D-42	D-41	D-40
필기 기출문제						
D-39	D-38	D-37	D-36	D-35	D-34	D-33
필기 기출문제						
D-32	D-31	D-30	D-29	D-28	D-27	D-26
실기 필답문제						

D-DAY 60 놓친 부분 다시보기

월요일	화요일	수요일	목요일	금요일	토요일	일요일
D-25	D-24	D-23	D-22	D-21	D-20	D-19
		이론복습(O/X)				문제풀이(O/X)
D-18	D-17	D-16	D-15	D-14	D-13	D-12
		이론복습(O/X)				문제풀이(O/X)
D-11	D-10	D-9	D-8	D-7	D-6	D-5
		이론복습(O/X)				문제풀이(O/X)
D-4	D-3	D-2	D-1			
		이론복습(O/X)				

시험장 가기 전에 Tip

Q 계산기를 따로 가져가야 하나요?
A 시험을 치르는 PC에 설치된 계산기를 이용하실 수 있습니다.(개인 계산기 지참 가능)

Q PC로 시험을 치르면 종이는 못 쓰나요?
A 시험장에서 필요한 사람에 한해 종이를 제공합니다. 시험장마다 상황이 다를 수 있으니 전화로 해당 시험장의 상황을 파악해보시길 권장합니다. 이 때 시험이 끝나고 종이 반납은 필수입니다.

항공산업기사 필기실기 교재를 펴면서…

인적, 물적으로 국제교류가 많아지면서 유럽, 아메리카, 아프리카 등 세계 각국, 여러 도시로 운항하는 항공기의 수가 증가하였고, 최첨단 기술을 적용한 항공 산업은 비약적으로 발전하였습니다. 항공기는 꾸준한 점검과 정비가 요구되는 정밀한 부품의 결합체로 만들어진 기체로서 우리나라도 첨단기술을 갖춘 항공기의 도입이 증가하고, 이제는 항공기를 직접 제작할 수 있는 기술을 갖추게 되면서 항공서비스를 향상시키고 항공기 운항의 안전성을 확보하기 위해서 항공기 정비 및 수리 업무를 수행하는 전문기능인력이 필요하게 되었습니다. 이에 따라 제정된 자격 제도가 항공 산업기사입니다.

항공 정비사는 항공기 제작이나 수리 및 개조 시 해당 항공기의 기술도서나 도면 등의 개발업무를 돕고, 자재의 재질이나 규격이 일치하는지 검사하며, 작업이 완료된 항공기의 성능을 시험, 안전성 검사를 합니다. 항공기의 안전운항을 위한 항공기 정비업무 시에는 항공기의 동력 장치, 착륙 장치, 조종 장치, 기체, 공·유압 시스템 등을 점검하고, 파손이나 부식상태, 변형 등 이상이 없는지 확인하는 업무를 수행합니다.

이에 정부와 기업, 항공 관련 학교 및 교육 기관들은 항공 산업 전 분야에 있어 발전을 위해 항공 정비의 전문 인력확보를 위하여 노력하고 있습니다. 전문 기술과 지식 습득을 갖춘 인력을 양성하기 위한 항공 관련 자격 취득이 우선 시 되고 있습니다. 더불어 교육 도서의 개발 또한 우수한 인재 양성을 위해 반드시 필요한 산업이라 생각하고 있습니다.

이 교재에는 항공 산업기사에 출제되는 항공역학, 항공기체, 항공기관, 항공장비 4과목에 관한 기본적이고 필수적인 과목별 요점을 최대한 자세하게 서술하여 학습자의 이해를 돕기 위해 노력하였고, 과거 항공 산업기사의 자격시험에 출제되었던 기출 문제의 수록 및 문항별로 상세한 해설을 첨부하여 시험에서 요구하고 있는 지식 습득을 도울 수 있도록 편찬하였습니다. 자격 취득을 준비하시는 분들에게 많은 도움과 항공 인재 양성을 위한 권장 도서가 되길 희망합니다. 마지막으로 출간하는데 큰 도움을 주신 도서출판 구민사 조규백 대표님께 감사드립니다.

저자 일동

Contents 목차

필기편

Chapter 1. 항공역학 — 001

- 01 대기 — 003
- 02 날개 — 017
- 03 비행 성능 — 032
- 04 비행기의 안정과 조종 — 049
- 05 회전익 항공기의 비행원리 — 063
- 06 프로펠러 — 073

Chapter 2. 항공기관 — 081

- 01 항공기 기관의 개요 — 083
- 02 항공기 왕복기관 — 090
- 03 항공기 가스터빈기관 — 126
- 04 프로펠러 — 156

Chapter 3. 항공기체 — 161

- 01 항공용 공구 — 163
- 02 항공기용 패스너 — 164
- 03 항공기 재료 — 172
- 04 리벳 — 180
- 05 판금작업 — 182
- 06 배관(튜브) 작업 — 188

07	케이블	192
08	세이프티 와이어와 코터핀	199
09	측정 작업	201
10	토크렌치	203
11	항공기에 작용하는 힘과 응력	206
12	항공기 기체의 구조	207
13	항공기 구역 식별	223
14	제빙방빙	224
15	부식	225
16	ESDS	229
17	비파괴검사	230
18	용접	232
19	항공기 무게중심	235
20	항공기 세척	239

Chapter 4. 항공장비   241

01	항공전기 계통	243
02	항공계기 계통	266
03	항공기 공유압 및 환경조절 계통	276
04	항공기 방빙 및 비상 계통	288
05	항공기 통신 및 항법 계통	292

Contents 목차

Chapter 5. 기출문제   315

2013 제1회 항공산업기사 기출문제	317
2013 제2회 항공산업기사 기출문제	339
2013 제4회 항공산업기사 기출문제	360
2014 제1회 항공산업기사 기출문제	381
2014 제2회 항공산업기사 기출문제	401
2014 제4회 항공산업기사 기출문제	423
2015 제1회 항공산업기사 기출문제	444
2015 제2회 항공산업기사 기출문제	467
2015 제4회 항공산업기사 기출문제	488
2016 제1회 항공산업기사 기출문제	508
2016 제2회 항공산업기사 기출문제	530
2016 제4회 항공산업기사 기출문제	550
2017 제1회 항공산업기사 기출문제	570
2017 제2회 항공산업기사 기출문제	592
2017 제4회 항공산업기사 기출문제	616
2018 제1회 항공산업기사 기출문제	637
2018 제2회 항공산업기사 기출문제	661
2018 제4회 항공산업기사 기출문제	684
2019 제1회 항공산업기사 기출문제	707
2019 제2회 항공산업기사 기출문제	734
2019 제4회 항공산업기사 기출문제	760
2020 제1·2회 항공산업기사 기출문제	787
2020 제3회 항공산업기사 기출문제	811
제1회 CBT 모의고사 문제	837
제2회 CBT 모의고사 문제	859

실기편 – 필답문제

Chapter 1. 항공역학   003

Chapter 2. 항공기관   005

Chapter 3. 항공기체   030

Chapter 4. 항공장비   064

Chapter 5. 정비일반   150

이 책의 구성과 특징

01 핵심 이론 수록

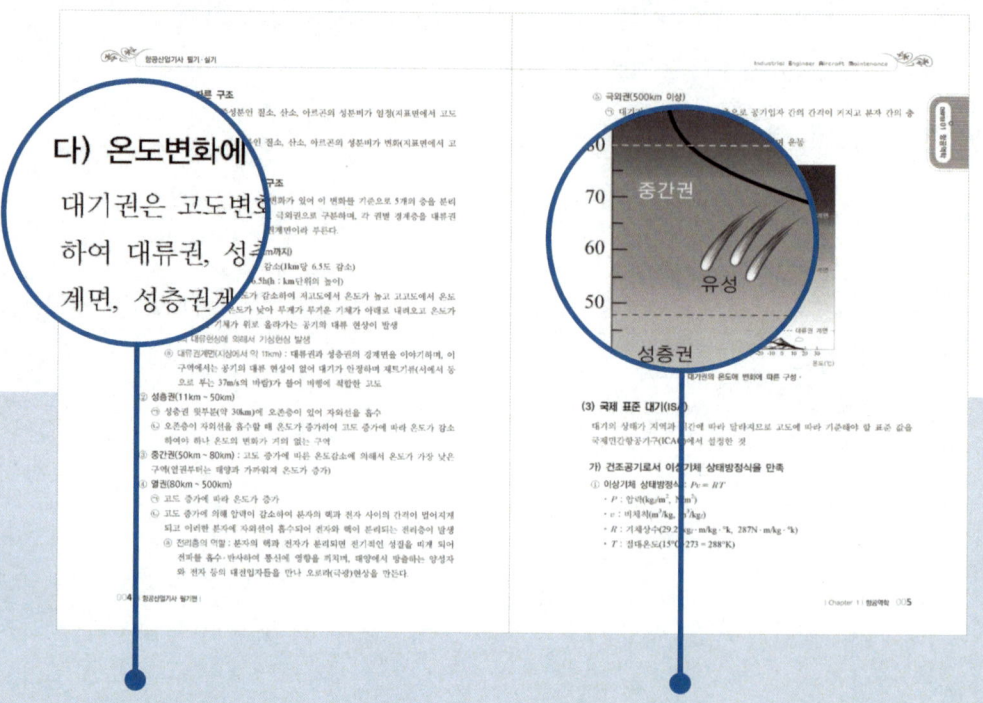

각 단원마다 체계적인 **핵심요약**을 기반으로 탄탄하게 구성하였습니다.

이론에 따른 **그림을 수록**하여 이해를 도왔습니다.

02 최신 필기 기출문제 & CBT 모의고사 문제 수록

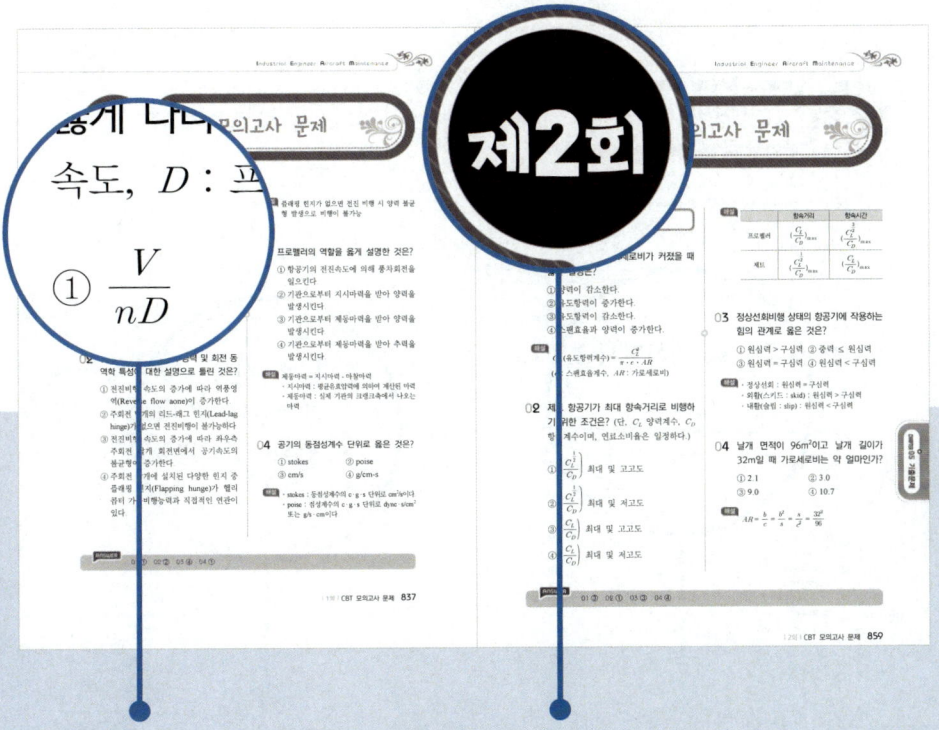

상세한 해설로 이해를 도왔습니다.

최신 필기 기출문제를 수록하여
최근 출제 경향을 파악할 수 있습니다.

Construct 이 책의 구성과 특징

03 실기 필답형 문제 수록

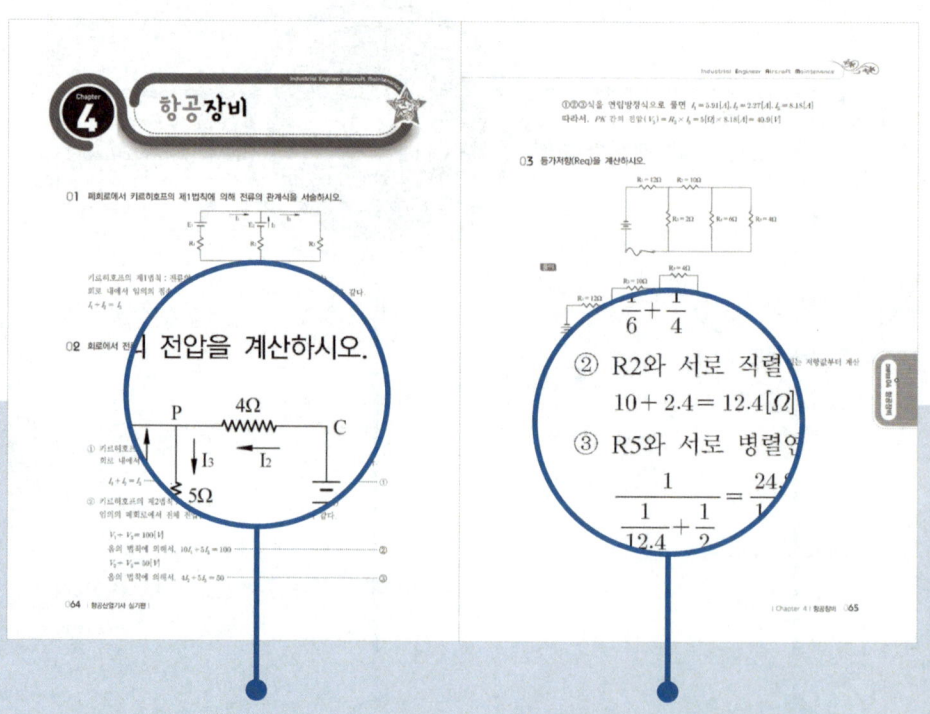

단원별 **실기 필답형 문제**를 수록하여
실기시험까지 준비할 수 있습니다.

필답형 문제 또한 **상세한 해설**로
이해를 도왔습니다.

 # 항공산업기사 시험정보

개요

항공기 운항의 안전성을 확보하기 위하여 항공기 정비기술에 관한 실무 숙련기능 및 항공기술 전반에 관한 기초지식과 그 적응능력을 가진 사람을 육성하여 항공기 정비 및 제작에 관한 현장업무를 수행할 인력을 양성하고자 자격제도 제정

취득방법

① 시행처 : 한국산업인력공단
② 관련학과 : 전문대학 이상의 항공기계공학, 항공전자공학, 항공통신공학 관련학과
③ 훈련기관 : 사설 항공정비학원의 항공정비과정
④ 시험과목
  – 필기 : 1. 항공역학 2. 항공기관 3. 항공기체 4. 항공장비
  – 실기 : 항공기정비 실무
⑤ 검정방법
  – 필기 : 객관식 4지 택일형 과목당 20문항(과목당 30분)
  – 실기 : 복합형[필답형(1시간) + 작업형(3시간 30분)]
⑥ 합격기준
  – 필기 : 100점을 만점으로 하여 과목당 40점 이상, 전과목 평균 60점 이상
  – 실기 : 100점을 만점으로 하여 60점 이상

시험수수료

필기 : 19,400원
실기 : 57,100원

항공산업기사 필기 출제기준

직무분야	기계	중직무분야	항공	자격종목	항공산업기사	적용기간	2024. 1. 1.~ 2026. 12. 31.
직무내용	항공기 기체, 엔진, 계통 등에 대한 기초 기술 업무 및 숙련된 기능을 바탕으로 규정된 정비절차에 따라서 각 구성품과 계통의 작동상태, 손상상태를 점검 및 검사·시험하여 항공기의 감항성이 유지되도록 정비하는 직무이다.						
필기검정방법	객관식	문제수	80			시험시간	2시간

필기과목명	문제수	주요항목
항공역학	20	1. 공기역학
		2. 비행역학
		3. 프로펠러 및 헬리콥터
항공기 기체	20	1. 항공기 기체 일반
		2. 항공기기체 기본작업
		3. 항공기 판금작업
		4. 항공기 배관작업
		5. 항공기기체 구조정비작업
		6. 항공기 착륙장치 점검
항공기 엔진	20	1. 항공기 엔진 일반
		2. 항공기 왕복엔진
		3. 항공기 가스터빈엔진
		4. 항공기가스터빈엔진 부품검사
		5. 항공기프로펠러 점검
항공기 계통	20	1. 항공전기 계통
		2. 항공기 공·유압, 여압 및 공기조화계통
		3. 항공 전기·전자 기본 작업
		4. 항공 전기·전자계통 점검
		5. 항공기 조명계통 점검
		6. 항공기 화재방지계통 점검
		7. 항공기 통신계통 점검
		8. 항공기 항법계통 점검
		9. 항공기 계기계통 점검
		10. 항공기 제빙·방빙·제우 계통 점검
		11. 항공기 안전관리

항공산업기사 실기 출제기준

직무분야	기계	중직무분야	항공	자격종목	항공산업기사	적용기간	2024. 1. 1.~ 2026. 12. 31.
직무내용	항공기 기체, 엔진, 계통 등에 대한 기초 기술 업무 및 숙련된 기능을 바탕으로 규정된 정비절차에 따라서 각 구성품과 계통의 작동상태, 손상상태를 점검 및 검사·시험하여 항공기의 감항성이 유지되도록 정비하는 직무이다.							
수행준거	1. 항공기 부품을 분해하여 수리하고 안전하게 고정시켜주는 정비를 할 수 있다. 2. 도면, 공구, 측정 기기 사용 습득을 통해 판재 체결 작업을 수행할 수 있다. 3. 손상된 항공기 배관을 수리하거나 교환할 수 있다. 4. 실린더, 실린더 밸브, 피스톤 등을 점검, 검사, 교환할 수 있다. 5. 마그네토, 점화플러그, 점화 배선, 브레이커 포인트, 콘덴서 등을 점검, 교환, 수리할 수 있다. 6. 엔진의 제반 고장 원인을 찾아내어 해당 보기 및 부품을 수리 교환할 수 있다. 7. 항공기정비매뉴얼, 결함분리매뉴얼(fault isolation manual), 배선매뉴얼(wiring diagram manual)을 이용하여 점검할 수 있다. 8. 전선 다발 수리, 커넥터 수리, 터미널 작업, 스플라이스(splice) 작업, 납땜작업을 할 수 있다. 9. 항공기 기내조명장치, 외부조명장치, 비상조명장치 계통을 점검, 수리, 교환할 수 있다.							
실기검정방법	복합형		시험시간		필답형 1시간, 작업형 3시간 30분		

실기과목명	주요항목	세부항목
항공정비 실무	1. 항공기기체 기본작업	1. 볼트, 너트, 스크루 작업하기 2. 토크렌치 작업하기 3. 부품 안전 고정 작업하기
	2. 항공기 판금작업	1. 전개도 작성하기 2. 마름질 절단하기 3. 판재 이음하기 4. 판재 성형하기 5. 판재 리벳 결합 작업하기
	3. 항공기 배관작업	1. 굽힘 성형하기 2. 플레어 작업 후 연결하기 3. 플레어리스 연결하기 4. 호스 연결하기
	4. 항공기왕복엔진 실린더 점검	1. 실린더 점검하기 2. 실린더 밸브 점검하기 3. 실린더 압축 검사하기 4. 실린더 오일 누설 검사하기 5. 피스톤 검사하기

실기과목명	주요항목	세부항목
항공정비 실무	5. 항공기왕복엔진 점화계통 점검	1. 마그네토 점검하기 2. 점화 플러그 점검하기 3. 점화 배선 점검하기 4. 점화 시기 조절하기 5. 브레이커 포인트 점검하기 6. 콘덴서 교환하기
	6. 항공기가스터빈엔진계통 고장탐구	1. 시동계통 고장탐구하기 2. 점화계통 고장탐구하기 3. 연료계통 고장탐구하기 4. 윤활계통 고장탐구하기 5. 공압계통 고장탐구하기 6. 출력계통 고장탐구하기
	7. 항공 전기·전자계통 점검	1. 측정장비 사용하기 2. 항공기정비매뉴얼(AMM) 활용하기 3. 결함분리매뉴얼(FIM) 활용하기 4. 배선매뉴얼(WDM) 활용하기
	8. 항공 전기·전자 기본 작업	1. 전선 교환하기 2. 커넥터(connector) 작업하기 3. 터미널(terminal) 작업하기 4. 스플라이스(splice) 작업하기 5. 납땜 작업하기
	9. 항공기 조명계통 점검	1. 내부조명장치 점검하기 2. 외부조명장치 점검하기 3. 비상조명장치 점검하기

CHAPTER 1

필기편

항공역학

Chapter 1 항공역학

01 대기

1) 대기의 성질

(1) 대기의 성분
① 대기 : 지구의 중력에 의하여 지구 주위를 둘러싸고 있는 기체를 총칭
  ㉠ 수증기를 제외한 건조공기의 성분은 거의 일정한 비율로 되어 있음
  ㉡ 건조공기의 성분 : 질소(N_2) 78.09%, 산소(O_2) 20.95%, 아르곤(Ar) 0.93%, 이산화탄소(CO_2) 0.03%

(2) 대기권의 구조

가) 고도변화에 따른 구조
① **압력** : 여기서 말하는 압력이란 지구의 중력에 의하여 지구 주위를 둘러싸고 있는 기체들의 무게에 의하여 눌려지는 압력, 즉 대기압을 이야기하며 고도가 증가하면 공중에서 누르는 대기의 양이 감소하므로 압력이 감소
② **밀도** : 밀도란 단위 체적당 질량(kg/m^3)을 뜻하며, 같은 공간 안에 들어있는 양을 말한다. 고도가 증가하면 압력이 감소하여 양의 변화는 없으나 공간이 증가하므로 밀도는 감소
③ **온도** : 태양의 복사 에너지를 받는 곳은 지표면이기 때문에 지표면에서 고도가 증가하면 온도가 감소함.(표준 해수면의 온도 15°C에서 11km까지 1km당 6.5°C씩 감소하여 11km 이상에서 −56.5°C로 일정) 그러나 태양과의 거리가 가까워지면 다시 온도가 증가한다.(대기권의 온도에 따른 분류 중 열권부터 온도가 증가)

나) 성분비에 따른 구조

① **균질권** : 대기권의 주성분인 질소, 산소, 아르곤의 성분비가 일정(지표면에서 고도 약 80km까지)
② **비균질권** : 대기권의 주성분인 질소, 산소, 아르곤의 성분비가 변화(지표면에서 고도 약 80km 이상)

다) 온도변화에 따른 대기권의 구조

대기권은 고도변화에 따라 온도의 변화가 있어 이 변화를 기준으로 5개의 층을 분리하여 대류권, 성층권, 중간권, 열권, 극외권으로 구분하며, 각 권별 경계층을 대류권계면, 성층권계면, 중간권계면, 열권계면이라 부른다.

① **대류권(지표면에서부터 약 11km까지)**
  ㉠ 고도 증가에 따라 온도가 감소(1km당 6.5도 감소)
  ㉡ 15(표준해수면 온도) - 6.5h(h : km단위의 높이)
  ㉢ 고도 증가에 따라 온도가 감소하여 저고도에서 온도가 높고 고고도에서 온도가 낮다. 따라서 온도가 낮아 무게가 무거운 기체가 아래로 내려오고 온도가 높아 가벼운 기체가 위로 올라가는 공기의 대류 현상이 발생
  ㉣ 공기의 대류현상에 의해서 기상현상 발생
    ⓐ 대류권계면(지상에서 약 11km) : 대류권과 성층권의 경계면을 이야기하며, 이 구역에서는 공기의 대류 현상이 없어 대기가 안정하며 제트기류(서에서 동으로 부는 37m/s의 바람)가 불어 비행에 적합한 고도

② **성층권(11km ~ 50km)**
  ㉠ 성층권 윗부분(약 30km)에 오존층이 있어 자외선을 흡수
  ㉡ 오존층이 자외선을 흡수할 때 온도가 증가하여 고도 증가에 따라 온도가 감소하여야 하나 온도의 변화가 거의 없는 구역

③ **중간권(50km ~ 80km)** : 고도 증가에 따른 온도감소에 의해서 온도가 가장 낮은 구역(열권부터는 태양과 가까워져 온도가 증가)

④ **열권(80km ~ 500km)**
  ㉠ 고도 증가에 따라 온도가 증가
  ㉡ 고도 증가에 의해 압력이 감소하여 분자의 핵과 전자 사이의 간격이 멀어지게 되고 이러한 분자에 자외선이 흡수되어 전자와 핵이 분리되는 전리층이 발생
    ⓐ 전리층의 역할 : 분자의 핵과 전자가 분리되면 전기적인 성질을 띠게 되어 전파를 흡수·반사하여 통신에 영향을 끼치며, 태양에서 방출하는 양성자와 전자 등의 대전입자들을 만나 오로라(극광)현상을 만든다.

⑤ 극외권(500km 이상)
  ㉠ 대기가 진공으로 흡수되는 층으로 공기입자 간의 간격이 커지고 분자 간의 충돌이 없다.
  ㉡ 분자와 원자가 탄환가 같은 궤적을 그리며 운동

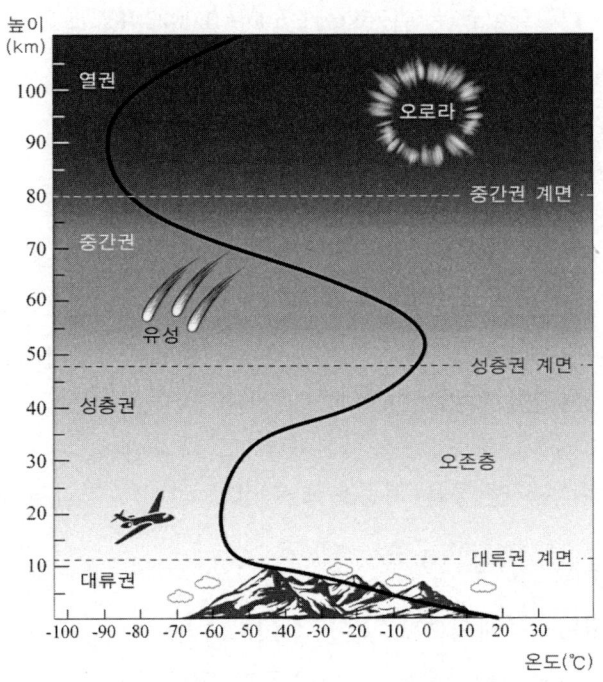

• 대기권의 온도에 변화에 따른 구성 •

(3) 국제 표준 대기(ISA)

대기의 상태가 지역과 시간에 따라 달라지므로 고도에 따라 기준해야 할 표준 값을 국제민간항공기구(ICAO)에서 설정한 것

가) 건조공기로서 이상기체 상태방정식을 만족

① 이상기체 상태방정식 : $Pv = RT$
  - P : 압력(kg_f/m^2, N/m^2)
  - v : 비체적(m^3/kg, m^3/kg_f)
  - R : 기체상수($29.27 kg_f \cdot m/kg \cdot °k$, $287 N \cdot m/kg \cdot °k$)
  - T : 절대온도($15°C + 273 = 288°K$)

나) 표준 해면 고도에서의 기압, 밀도, 중력가속도 및 온도는 다음과 같이 정의

① 표준대기압 : P_0 = 1atm = 760mmHg = 10.332mAq = 10,332kgf/m²
  = 101,325N/m²(Pa) = 1.01325bar(1bar = 10^5Pa) = 29.92inHg
  = 14.7psi(lb/in²)

② 밀도 : ρ_0 = 1.225kg/m³ = 0.125kgf · s²/m⁴ = 0.002378slug/ft³

③ 온도 : t_0 = 15°C = 288°K

④ 중력가속도 : g_0 = 9.8m/s² = 32.2ft/s²

⑤ 압력의 종류
  ㉠ 대기압, 표준 대기압(P_0) : 기압계로 측정한 압력
  ㉡ 게이지 압력 : 압력계로 측정한 압력으로 대기압을 기준으로 하여 그 이상에 있는 압력(대기압 = 0 게이지압)
  ㉢ 진공압(진공게이지, 부압) : 완전진공에서부터 대기압까지를 측정한 압력으로 진공계로 측정한 압력
  ㉣ 진공도 : 진공압의 크기를 백분율(%)로 나타냄
  ㉤ 절대압력 : 완전진공을 기준으로 측정한 압력(대기압 + 게이지압)

다) 고도의 종류

① **기하학적 고도** : 종래의 고도 측정 방법으로 중력가속도 g_0가 변화되는 것을 반영하지 않은 고도(중력가속도 g_0가 일정한 고도)

② **지오퍼텐셜 고도** : 고도변화에 따라 중력가속도가 변화된다는 것을 알고 중력가속도가 g_0로 일정하다고 가정하여 중력가속도가 변화되는 위치에너지와 중력가속도가 일정하다고 가정한 위치에너지를 비교하여 계산한 고도

$m \cdot g_0 \cdot H = m \cdot g \cdot h$

→ $g_0 \cdot dH = g \cdot dh$

→ $\dfrac{dH}{dh} = \dfrac{g}{g_0}$ (dh에 대하여 적분)

→ $H = \dfrac{1}{g_0}\int_0^h g\,dh$

(H : 지오퍼텐셜 고도, h : 기하학적 고도, g_0 : 표준해면 중력가속도, g : 고도에 따라 변화하는 중력가속도)

③ **기압고도** : 기압표준선(표준대기압 760mmHg)으로부터의 고도

④ **진고도** : 해면상에서부터의 고도

⑤ **절대고도** : 항공기로부터 그 당시의 지형까지의 고도

② 공기 흐름의 성질과 법칙

(1) 공기의 흐름

가) 압축성과 비압축성
① **압축성** : 압력의 변화에 대하여 체적의 변화가 있는 물질(체적이 변화되면 밀도, 비중량도 변화)
② **비압축성** : 압력의 변화에 대하여 체적의 변화가 없는 물질(체적이 변화되지 않으면 밀도, 비중량도 변화되지 않는다.)

나) 정상 흐름과 비정상 흐름
① **정상흐름** : 유체에 가하는 압력의 변화가 없으면 시간이 경과하여도 밀도, 압력, 속도 등이 일정한 값을 유지하는 흐름
② **비정상흐름** : 유체에 가하는 압력이 변화되면 시간이 경과에 따라 밀도, 압력, 속도 등이 변화되는 흐름

다) 비점성 흐름과 점성 흐름
① **비점성 흐름(이상 흐름)** : 점성의 영향을 무시한 흐름으로 비압축성이라고 가정함
② **점성 흐름(실제 흐름)** : 점성의 영향을 고려한 흐름

(2) 비압축성 일차원 흐름

가) 연속방정식

① $A_1 \cdot V_1 \cdot \rho_1 = A_2 \cdot V_2 \cdot \rho_2$ (A : 단면적, ρ : 밀도, V : 속도)
② $A \cdot V \cdot \rho = m^2 \cdot m/s \cdot kg/m^3 = kg/s$ = 질량유량(시간당 들어온 양)
③ 면적이 A_1 인 곳에 시간당 들어온 양과 A_2 인 곳에 시간당 들어온 양이 같다.(질량 보존의 법칙)
 ㉠ 면적이 좁아져도 시간당 들어온 양이 같아야 하므로 면적이 좁은 곳은 속도가 증가하여야 한다.
④ 비압축성 흐름에서의 연속 방정식(밀도가 일정) : $A_1 \cdot V_1 = A_2 \cdot V_2$

나) 베르누이 정리

압력은 정압과 동압, 전압으로 나누어지며, 전압은 정압과 동압의 합으로 항상 일정하다.

① **정압**(P) : 주어진 점 위에서 아래로 누르는 압력 = 대기압

② **동압**($\frac{1}{2}\rho V^2$) : 운동에너지($\frac{1}{2}mV^2$)를 압력으로 변화시킨 압력으로 속도의 변화에 의하여 생기는 압력

③ 정압(P)+동압($\frac{1}{2}\rho V^2$) = 전압(P_t) = 일정

  ㉠ 정압과 동압의 합이 항상 일정하므로 속도를 증가시키면 동압이 증가하여 정압이 감소된다. 항공기가 양력을 얻기 위해서는 동압을 증가시켜 정압을 감소시키는 것이 중요하다.

다) 베르누이 정리의 응용

① **U형 마노미터**
  ㉠ 두 지점의 압력차는 마노미터의 높이 차와 같다.
  ㉡ $P_1 - P_2 = \gamma \times h$
    ⓐ γ = 비중량(단위 체적당 무게)[kg_f/m^3]에 높이[m]를 곱하면 압력[kg_f/m^2]으로 변화된다.

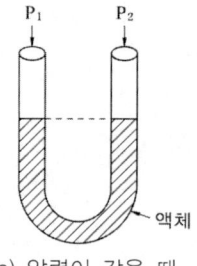
(a) 압력이 같을 때

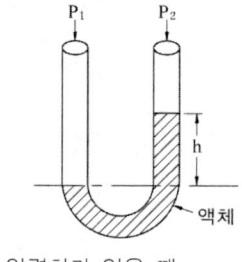
(b) 압력차가 있을 때

• U형 마노미터 •

② **피토튜브** : 항공기 전방에 장착되어 비행 중 피토공에 들어오는 공기의 속도를 이용하여 항공기의 속도를 측정

  ㉠ A점(피토공) : 피토튜브의 전방에 위치해 비행 중 항공기의 속도만큼 공기가 들어와 속도에 의한 압력인 동압과 정압을 동시에 받음[$P + \frac{1}{2}\rho V^2$]

    ∴ 피토공에는 전압이 발생

  ㉡ B점(정압공) : 피토튜브의 옆면에 위치해 비행 중 정압만 받음[P]

  ㉢ A점과 B점의 압력차 = $P + \frac{1}{2}\rho V^2 - P = \gamma \times h \rightarrow \frac{1}{2}\rho V^2 = \gamma \times h$

    ∴ $V = \sqrt{\dfrac{2\gamma h}{\rho}}$ (항공기의 속도를 구하는 공식)

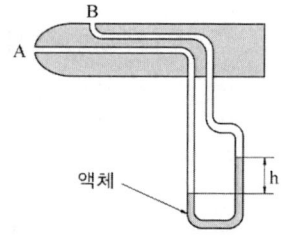

라) 속도의 종류

① 지시대기속도(IAS : Indicated air speed, V_i) : 계기가 지시하는 속도
② 수정대기속도(CAS : Calibration air speed, V_c) : 지시대기속도에서 피토정압관의 장착위치 및 계기자체 오차 수정 속도
③ 등가대기속도(EAS : Equivalent air speed, V_e) : 수정대기속도에서 공기의 압축성 효과를 고려한 속도
④ 진대기속도(TAS : True air speed, V_t) : 등가대기속도에서 고도 변화에 따른 밀도 변화를 보정한 속도
⑤ 등가대기속도와 진대기속도의 관계식

$$P + \frac{1}{2}\rho_0 V_e^2 = P + \frac{1}{2}\rho V_t^2$$

$$\rightarrow \rho_0 V_e^2 = \rho V_t^2 \rightarrow V_e = V_t\sqrt{\frac{\rho}{\rho_0}} \rightarrow V_t = V_e\sqrt{\frac{\rho_0}{\rho}}$$

(ρ_0 : 압축성을 고려하지 않은 밀도, ρ : 압축성을 고려한 밀도)

마) 압력계수(C_P)

① 날개 위 각 지점 정압의 증가·감소를 나타냄
- $V > V_0 \rightarrow P < P_0 \rightarrow C_P < 0$
- $V = V_0 \rightarrow P = P_0 \rightarrow C_P = 0$
- $V < V_0 \rightarrow P > P_0 \rightarrow C_P > 0$

  (V : 항공기 날개의 영향을 받아 변화된 속도
  V_0 : 항공기 날개의 영향을 받지 않는 항공기 속도
  P : 항공기 날개의 영향을 받아 변화된 정압
  P_0 : 항공기 날개의 영향을 받지 않은 정압)

∴ C_p가 (−)값이면 날개에 − 압력 발생
  C_p가 (+)값이면 날개에 + 압력 발생

② 압력계수 공식

- $C_P = \dfrac{\frac{1}{2}\rho V_0^2 - \frac{1}{2}\rho v V^2}{\frac{1}{2}\rho V_0^2}$ ($\dfrac{동압의\ (-)변화량}{동압}$) ·············· (a)

  − 변화량이란 나중값에서 처음값을 빼어 나타내나 동압의 변화로 정압의 변화를 나타내기 위해 처음값인 $\frac{1}{2}\rho V_0^2$(날개의 영향을 받지 않은 동압)에서 나중

값인 $\frac{1}{2}\rho V^2$(날개의 영향으로 변화된 동압)을 빼어 동압의 (-) 변화량을 만듦 (동압과 정압이 반비례하기 때문)

- 베르누이 정리에 의하여

$$\Rightarrow P + \frac{1}{2}\rho V^2 = P_0 + \frac{1}{2}\rho V_0^2 \rightarrow P - P_0 = \frac{1}{2}\rho V_0^2 - \frac{1}{2}\rho V^2 \quad \cdots\cdots (b)$$

- (b)를 (a)에 대입 $C_P = \dfrac{P - P_0}{\frac{1}{2}\rho V_0^2}$

- (a)을 변형하면 $C_P = \dfrac{\frac{1}{2}\rho V_0^2}{\frac{1}{2}\rho V_0^2} - \dfrac{\frac{1}{2}\rho V^2}{\frac{1}{2}\rho V_0^2} = 1 - \left(\dfrac{V}{V_0}\right)^2$

  - 압력계수(C_P) = $\dfrac{P - P_0}{\frac{1}{2}\rho V_0^2} = 1 - \left(\dfrac{V}{V_0}\right)^2$

③ 공기의 점성효과

(1) 점성흐름

가) 점성

① 유체의 끈적끈적한 정도
  ㉠ 점성의 영향으로 유체의 마찰력(전단력)이 발생됨

나) 점성력(마찰력)

① 점성력(F) = $\mu \dfrac{VA}{L}$

(μ : 점성계수, V(m/s) : 평판이동속도, A(m^2) : 평판면적, L(m) : 고정평판과 움직이는 평판 사이의 거리)

② 점성계수 단위

㉠ 점성력(F) = $\mu \dfrac{VA}{L}$ 을 단위로 표현하면

$\text{kg}_f = \mu \cdot \dfrac{\text{m/s} \cdot \text{m}^2}{\text{m}} \rightarrow \text{kg}_f = \mu \cdot \text{m}^2/\text{s}$

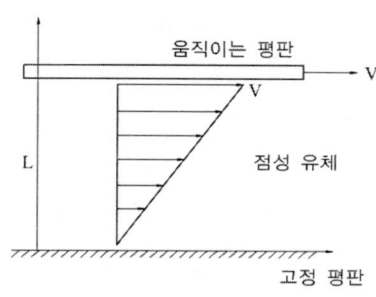

ⓒ 점성계수(μ) = kgf·s/m^2
(1kg$_f$ = 1kg · 9.8m/s^2 = 1000g · 9.8 · 100cm/s^2 = 9.8 · 10^{5}g · cm/s^2 = 9.8 · 10^{5}dyne)
μ = 9.8 · 10^{5}dyne · s/100^{2}cm^2 = 98dyne · s/cm^2 = 98poise
ⓒ 점성계수(μ)의 단위 : kg$_f$·s/m^2, poise(dyne·s/cm^2, g/cm·s)

③ 동점성계수(ν)

㉠ 점성계수를 밀도로 나눈 값($\frac{\mu}{\rho}$)

㉡ $\nu = \frac{\mu}{\rho}$를 단위로 표현하면 $\nu = \frac{kg_f \cdot s/m^2}{kg_f \cdot s^2/m^4}$ = m^2/s = 100^{2}cm^2/s = 10^{4}stokes

㉢ 동점성계수(ν) : m^2/s, stokes(cm^2/s)

(2) 레이놀즈수

① 흐름이 층류인지 난류인지를 기준하는 무차원수로 관성력과 점성력의 비로 표현
② 관성력 : 동압에 의한 힘으로 난류를 대표하는 힘($F = \rho A V^2$)
③ 점성력 : 점성에 의한 힘으로 층류를 대표하는 힘($F = \mu \frac{AV}{L}$)

㉠ 레이놀즈수(Re) = $\frac{관성력}{점성력} = \frac{\rho A V^2}{\mu \frac{AV}{L}} = \frac{\rho VL}{\mu} = \frac{VL}{\nu}$

(μ : 점성계수, ν : 동점성계수)

(3) 층류와 난류 경계층

가) 층류(laminar flow)

① 유체의 입자와 입자가 혼합되지 않고 층을 이루며 흐르는 흐름
② 유체입자의 에너지가 작은 편이다.
③ 유선끼리 교차하지 않는다(에너지 교환이 없다.).
④ 흐름속도가 비교적 느리다.
⑤ 에너지가 작아 흐름의 떨어짐에 약하다.

나) 난류(turbulent flow)

① 유체의 입자가 불규칙하게 혼합되며 흐르는 흐름
② 유체입자의 에너지가 크다.
③ 유선끼리 교차가 있다.(에너지 교환이 존재)

④ 흐름속도가 빠르다.
⑤ 물체 표면과의 마찰이 심하다.
⑥ 에너지가 커 흐름의 떨어짐에 강하다.

다) 천이(transition)
층류에서 난류로 변하는 현상

라) 임계 레이놀즈 수(critical Reynolds No.)
천이가 발생할 때의 레이놀즈 수

마) 경계층(boundary layer)
① 공기의 점성에 의하여 자유흐름속도의 99% 되는 점을 연결한 가상적인 선
② 점성의 영향이 뚜렷한 벽 가까운 구역의 가상적인 층
③ 경계층 외부에서는 공기의 점성에 의한 영향을 무시

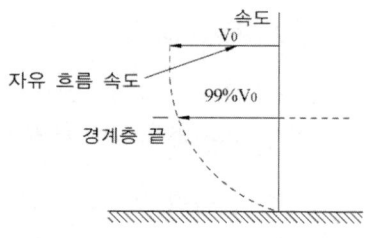

바) 층류경계층
① 날개 앞전 부근에서는 흐름이 층류이며, 이 경계층을 층류경계층이라 한다.
② 경계층의 두께가 얇고 속도구배가 작다.(속도구배 : 고도 증가에 따른 속도의 증가량)

사) 난류경계층
① 날개 위의 흐름이 천이구역이 끝나면 경계층 안의 흐름은 난류 상태가 되고 이 구역의 경계층을 난류경계층이라 한다.
② 경계층의 두께가 두껍고 속도구배가 크다.

아) 점성저층
난류경계층 안에서 표면 가까운 곳에 층류의 흐름특성과 유사한 흐름이 생기는데 이 층을 점성저층이라 한다.

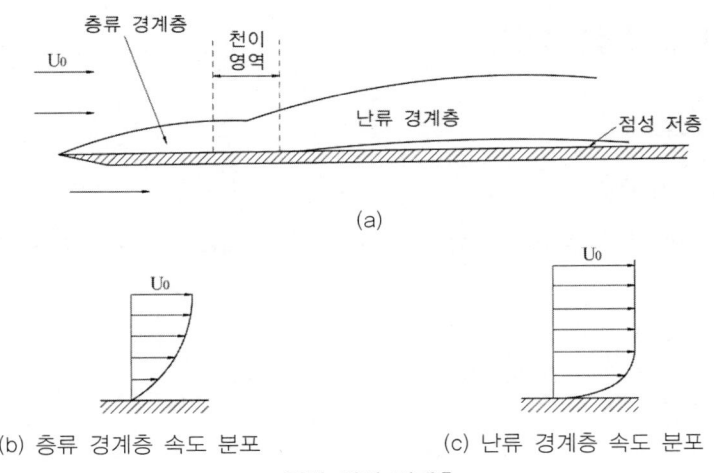

· 평판 위의 경계층 ·

(4) 흐름의 떨어짐

가) 발생원인

① **공기의 점성** : 모든 유체는 점성이 있어 항공기 날개 위를 지나가는 공기도 점성에 의하여 날개 표면에 붙으려는 성질을 가지고 있다. 이 현상으로 인하여 항공기 날개에 받음각을 주게 되면 점성에 의하여 흐름의 속도가 감소하고 에너지를 잃어 날개 끝까지 도달하지 못하고 흐름이 떨어지는 현상이 발생한다.

② **역압력구배** : 흐름은 압력이 높은 곳에서 낮은 곳으로 흐르는 게 정상이나 날개 위의 흐름이 날개의 가장 두꺼운 부분을 지나면 두께가 얇아져 흐름의 속도가 느려지고 압력이 증가하게 되어 압력이 낮은 곳에서 높은 곳으로 흐름이 흐르는 현상이 발생하며, 이 현상을 역압력구배라 하고 이 현상으로 흐름이 떨어지게 된다.

나) 문제점

① 날개를 전부 사용하지 못하고 중간에 흐름이 떨어져 나가기 때문에 양력이 감소한다.
② 흐름의 떨어짐에 의한 항력인 압력항력이 발생하여 항력이 증가한다.

다) 방지법

날개 위 공기의 흐름을 흐름의 떨어짐에 강한 흐름인 난류로 만든다.(와류발생장치(vortex generator)를 장착하거나, 날개의 윗면을 거칠게 한다.)

4. 공기의 압축성 효과

(1) 압축성 흐름

가) 음속과 마하수

① 음속 : 소리가 전달되는 속도를 음속이라 부르며, 표준해수면에서의 음속은 340m/s이다.

㉠ 음속 공식

$$a^2 = \frac{dp}{d\rho} \rightarrow a = \sqrt{\frac{dp}{d\rho}}$$

단열과정 : $\frac{p}{\rho^k} = const$ ·· (a)

$\rightarrow p = const \cdot \rho^k$ ·· (b)

$\rightarrow const = \frac{p}{\rho^k}$ ·· (c)

(b)식을 ρ에 대하여 미분

$\rightarrow \frac{dp}{d\rho} = const \cdot k \cdot \rho^{k-1}$ ·· (d)

(d)식에 (c)식을 대입

$$\rightarrow \frac{dp}{d\rho} = \frac{p}{\rho^k} \cdot k \cdot \rho^{k-1}$$

$$= \frac{p}{\rho^k} \cdot \frac{k \cdot \rho^k}{\rho} = \frac{p \cdot k}{\rho}$$ ·· (e)

(e)식을 이상기체상태방정식($\frac{p}{\rho} = RT$)에 대입

$\rightarrow \frac{dp}{d\rho} = k \cdot R \cdot T$

$\therefore a = \sqrt{\frac{dp}{d\rho}} = \sqrt{\frac{p \cdot k}{\rho}} = \sqrt{k \cdot R \cdot T}$

(a : 음속, ρ : 밀도, R : 기체상수(287), T : 절대온도(℃+273), k : 비열비(1.4), P : 압력)

② 마하수 : 음속과 항공기 속도와의 비율

$M = \frac{V}{C}$ (M : 마하수, C : 음속, V : 항공기 속도)

③ 마하각 : $\sin\theta = \frac{C}{V} = \frac{1}{M} \rightarrow \theta = \sin^{-1}(\frac{C}{V})$

④ 마하수별 속도 영역
  ㉠ 0.75 이하 : 아음속
  ㉡ 0.75 ~ 1.2 : 천음속
  ㉢ 1.2 ~ 5.0 : 초음속
  ㉣ 5.0 이상 : 극초음속

나) 마하파(마하선)
항공기의 속도가 음속 이상이 되면 음파가 겹쳐 생기는 면

(2) 충격파

아음속 흐름에서는 공기의 입자들이 물체에 도달하기 전에 물체가 있음을 감지하고 흐름의 방향을 변화시킬 수 있으나 초음속 이상의 속도에서는 물체가 있음을 감지하지 못하고 급격한 방향 변화로 인해 발생한 공기의 입자층을 말한다. 이 충격파를 지나면 압력이 증가하고 밀도와 압력도 증가하게 된다.

가) 발생요인
① 속도가 음속 이상
② 흐름의 단면적의 좁아짐
③ 두 가지 모두 만족

나) 충격파 이후의 흐름변화
흐름이 충격파라는 층에 부딪치게 되는 것으로 속도가 감소하고 압력이 증가하며, 밀도, 온도도 증가한다.

다) 충격파의 종류
① 수직 충격파 : 충격파가 흐름방향의 수직으로 발생된 것으로 충격파를 지나는 흐름의 방해를 많이 해, 수직 충격파를 지나면 속도가 천음속으로 떨어진다.
② 경사 충격파 : 충격파가 흐름방향의 수직으로 발생된 것이 아니라 기울어진 것으로 흐름의 방해를 하여 속도가 감소하나 속도가 초음속을 유지한다.

(3) 팽창파

흐름의 속도가 음속 이상에서 흐름의 단면적이 증가하면 발생되는 것으로 마하파가 흐름면에 부딪혀 기울어진 것을 말한다. 흐름이 팽창파를 지나면 충격파와는 반대로 속도가 증가하고 압력, 밀도, 온도는 감소한다.

① 아음속에서의 단면적 변화와 초음속에서의 단면적 변화
    ㉠ 아음속 : 입구의 단면적이 좁아지면 연속방정식에 의해서 속도가 빨라지고 속도가 빨라지면 베르누이의 정리에 의해서 압력(정압)이 감소한다. 반대로 단면적이 증가하면 속도가 느려지고 압력(정압)이 증가한다.
    ㉡ 초음속 : 입구의 단면적이 좁아지면 충격파가 발생해 속도가 느려지고 압력, 밀도, 온도가 증가한다. 반대로 입구의 단면적이 넓어지면 팽창파의 발생으로 속도가 빨라지고 압력, 밀도, 온도가 감소한다.

(4) 임계마하수

날개 위의 공기 흐름 속도는 날개의 모양에 의하여 항공기의 속도보다 항상 빠르다. 그러므로 항공기의 속도가 음속에 도달하지 못했을 때 날개 위의 속도가 음속에 도달할 수 있다. 이 날개 위의 속도가 음속에 도달했을 때의 항공기 속도를 임계마하수라 한다.

(5) 다이아몬드 날개골 주위의 초음속 흐름(흐름 단면적이 작아지면 충격파, 넓어지면 팽창파 발생)

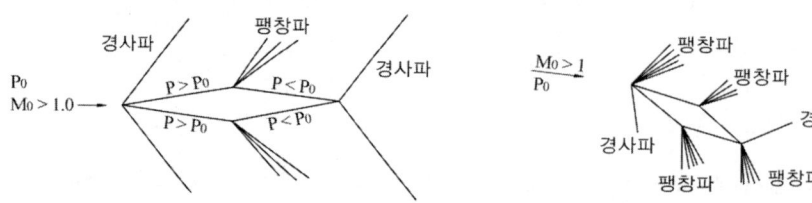

· 다이아몬드형 날개골 주위의 초음속 흐름 ·   · 받음각이 있는 초음속 흐름 ·

(6) 충격파에 의한 항력

충격파 발생 시 급격한 압력 증가로 인한 항력을 조파항력이라 한다.

02 날개

1. 날개 모양과 특성

(1) 날개골의 특성

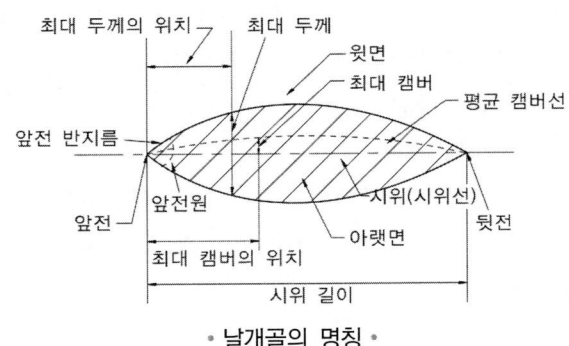

• 날개골의 명칭 •

가) 날개골 명칭

① **날개골** : 날개의 옆 단면의 모양을 말한다.
② **앞전(L/E : leading edge)** : 날개골 앞부분의 끝 부분
③ **뒷전(T/E : trailing edge)** : 날개골 뒷부분의 끝 부분
④ **시위선(chord line)** : 날개골의 앞전과 뒷전을 연결하는 직선으로 날개 특성의 기준으로 쓰인다.
⑤ **두께(thickness)** : 윗면과 아랫면 사이의 거리로, 시위선에서 수직으로 측정한 거리(두께비 : 두께와 시위선의 길이의 비)
⑥ **평균캠버선(mean camber line)** : 날개골 두께의 이등분점을 연결한 선
⑦ **캠버(camber)** : 시위선에서 평균 캠버선까지의 거리로 시위선 길이의 비(%)로 표시하며, 캠버의 크기는 날개골의 윗면과 아랫면의 두께의 차이를 말한다.
⑧ **앞전 반경(leading edge radius)** : 앞전의 둥근 정도를 나타내기 위하여 평균캠버선에 중심을 두고 앞전곡선에 접하도록 원을 그린 것을 앞전 원이라 하며 이 원의 반지름
⑨ **최대 두께의 위치** : 앞전에서부터 최대 두께까지의 거리로 시위선 상에서 시위선 길이와의 비(%)로 표시
⑩ **최대 캠버의 위치** : 앞전에서부터 최대 캠버까지의 거리로 시위선 상에서 시위선 길이와의 비(%)로 표시

⑪ **받음각(angle of attack)** : 항공기 자세에 의한 공기 흐름 방향과 날개골의 시위선이 만드는 사이각으로 받음각의 증가하는 양력과 항력에 중요한 요인이 된다.

나) 날개골의 공력특성

① **날개에 작용하는 공기력** : 비행 중 항공기에 들어오는 공기의 양이 만드는 힘이다.
  ㉠ F(힘) = m(질량 : kg)×a(가속도 : m/s²)
  ㉡ 비행 중 들어오는 공기의 양(질량유량) : $\rho \cdot A \cdot V$
     (ρ : 밀도(kg/m³), A : 면적(m²), V : 유체속도(m/s))
     → kg/m³ · m² · m/s = kg/s
     ∴ 질량유량 = 초당 들어온 유체의 양
     → 질량유량을 힘으로 변화시키기 위해 V(m/s)를 곱
     $\rho \cdot A \cdot V$(kg/s)× V(m/s) = kg×m/s² = 힘
     ∴ 공기력 = $\rho \cdot A \cdot V^2$

② **양력과 항력**
  ㉠ 양력 : 날개골 위 공기흐름의 수직으로 발생하는 힘으로 항공기를 띄우기 위해 필요한 힘이다.
  ㉡ 항력 : 항공기의 진행방향으로 발생하는 추력의 반대방향 힘으로 추력을 방해하는 힘이다.

  > 항공기의 성능을 좋게 하기 위해서는 양력을 증가시키고 항력을 감소시켜야 한다.

  ⓐ 양력(L) ∞ 공기력($\rho \cdot S \cdot V^2$)
  ⓑ 항력(D) ∞ 공기력($\rho \cdot S \cdot V^2$)
     → 등호로 만들기 위해 공기력에 비례상수와 1/2을 곱하면
  ⓒ 양력(L) = $C_L \cdot \frac{1}{2} \cdot \rho \cdot V^2 \cdot S$
  ⓓ 항력(D) = $C_D \cdot \frac{1}{2} \cdot \rho \cdot V^2 \cdot S$

  > 양력과 항력은 동압($\frac{1}{2}\rho V^2$)과 날개면적(S), 속도의 제곱(V^2)에 비례한다.

  ㉢ 양항비 : 양력과 항력의 비
  $$\frac{L}{D} = \frac{C_L \cdot \frac{1}{2}\rho V^2 \cdot S}{C_D \cdot \frac{1}{2}\rho V^2 \cdot S} = \frac{C_L}{C_D}$$

③ 받음각(α)과 양력/항력계수와의 관계(CLARK Y형 기준)

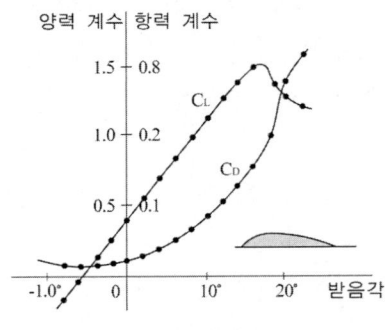

• 날개골의 양항 특성 •

㉠ 실속각 : 양력계수(C_L)가 최대값을 가질 때까지 서서히 증가하다가 최대값 이후 급격히 감소하는데 이 양력계수가 최대값일 때의 받음각을 실속각이라 하며, 양력계수의 최대값을 C_{Lmax}라 부른다. 받음각이 실속각 이상으로 증가하면 흐름의 떨어짐이 발생하여 양력계수가 급격하게 감소하게 된다.

㉡ 받음각이 증가하면 양력계수(C_L)와 항력계수(C_D)가 모두 증가하나 C_{Lmax}(실속각) 이후 양력은 급격하게 감소하고 항력은 급격하게 증가한다.

㉢ 영양력 받음각 : 양력이 영이 될 때의 받음각을 말하며, -받음각을 갖는다.

㉣ 실속 : 받음각이 증가하면 항공기 날개에 흐름의 떨어짐이 발생하며, 흐름의 떨어짐이 발생하면 날개의 사용 면적이 감소하여 양력은 감소하고, 항력이 증가하게 된다. 이 현상으로 양력이 무게보다 작아져 항공기의 고도가 감소하는 현상을 실속이라 한다.

㉤ 절대받음각 : 영양력 받음각에서부터 받음각까지의 사이각(영양력 받음각 + 받음각)

④ 날개골 모양에 따른 특성
㉠ 두께 : 두께가 얇은 날개골은 저항이 적어 받음각이 없을 때 항력이 적으나 받음각 증가 시 흐름의 떨어짐이 쉽게 발생한다. 반대로 두께가 두꺼운 날개골은 받음각이 없을 때 저항이 많아 항력이 크나 받음각 증가 시 흐름의 떨어짐이 쉽게 발생하지 않는다.

㉡ 앞전반지름 : 앞전 반지름이 작은 날개는 날개의 전방 면적이 작다는 뜻으로 저항이 작아 받음각이 없을 때 항력이 적으나 받음각 증가 시 흐름의 떨어짐이 쉽게 발생한다. 반대로 앞전 반지름이 큰 날개는 받음각이 없을 때 항력이 크나 받음각 증가 시 흐름의 떨어짐의 쉽게 발생하지 않는다.

ⓒ 캠버 : 캠버란 윗면의 면적과 아랫면의 두께의 차이를 말하며 두께와 같은 개념으로 캠버가 작은 날개골은 저항이 적어 받음각이 없을 때 항력이 적으나 받음각 증가 시 흐름의 떨어짐이 쉽게 발생하고, 반대로 캠버가 큰 날개골은 받음각이 없을 때 항력이 크나, 받음각 증가 시 흐름의 떨어짐이 쉽게 발생하지 않는다.

ⓔ 시위 : 시위가 짧은 날개골은 레이놀즈수의 공식에서 길이가 짧아지는 것이므로 레이놀즈수가 작아져 층류의 흐름이 되어 흐름의 떨어짐에 약하고, 시위길이가 길어지면 레이놀즈수가 증가하여 흐름이 난류가 되어 흐름의 떨어짐에 강하다.

ⓜ 실속 특성이 좋은 날개 : 두께가 두껍고, 앞전반지름이 크고, 캠버가 크고, 시위길이가 긴 날개로 받음각 증가시 실속이 천천히 발생한다.

다) 압력 중심과 공기력 중심

① **압력 중심(풍압중심)**
   ㉠ 날개 윗면에는 -압력인 부압이 생기고 아랫면에는 +압력인 정압이 생기는데 이 압력 분표의 중심점을 말하며, 압력의 합력점이라 말한다.

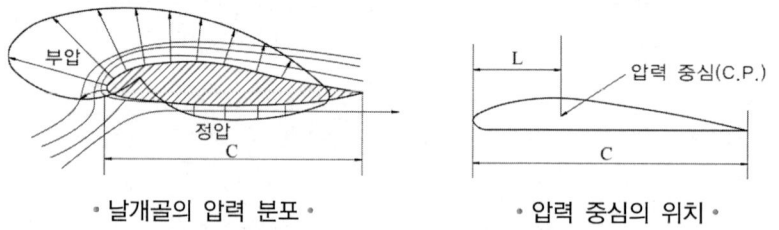

· 날개골의 압력 분포 ·   · 압력 중심의 위치 ·

   ㉡ 받음각이 증가하면 날개의 앞전 부분에 부압이 많이 발생하므로 압력 중심이 앞으로 이동하며, 받음각 감소 시 후방으로 이동한다.
   ㉢ 압력중심의 위치는 앞전에서부터 압력중심까지의 거리와 시위길이와의 비로 표현한다.
   $C.P = \dfrac{l}{c} \times 100(\%)$ (c : 시위길이, l : 앞전에서부터 압력중심까지의 거리)

② **공기력 중심** : 공기력 중심은 받음각이 증가하여도 모멘트의 크기가 변화되지 않는 곳을 말하며, 받음각의 변화에 관계없이 항상 일정하다.

라) 날개골의 종류

① 날개골의 호칭

㉠ 4자 계열 : 보통 저속기에 많이 사용되는 날개골로 최대캠버의 위치가 앞전에서부터 40% 후방에 위치한다.

[ex] NACA 2415

2 : 최대 캠버가의 크기가 시위의 2%이다.

4 : 최대 캠버의 위치가 시위의 40%이다.

15 : 최대 두께의 크기가 시위의 15%이다.

㉡ 5자 계열 : 4자계열 날개골을 개선하여 만든 날개골이다.

[ex] NACA 23015

2 : 최대 캠버의 크기가 시위의 2%이다.

3 : 최대 캠버의 위치가 시위의 15%이다.

0 : 평균 캠버선의 뒤쪽 반이 직선이다.(1이면 뒤쪽 반이 곡선)

15 : 최대 두께의 크기가 시위의 15%이다.

㉢ 6자 계열 날개골(층류형 날개골) : 항력을 감소시키기 위해 최대두께(최고 저압지점)를 중앙에 두어 흐름을 최대한 층류로 유지시킨 날개골로 속도가 빠른 천음속 제트기에서 많이 사용된다.

ⓐ 양항극 곡선 : x축에 양력계수를, y축에 항력계수를 놓고 양력계수의 변화에 대한 항력계수의 변화를 나타내는 곡선

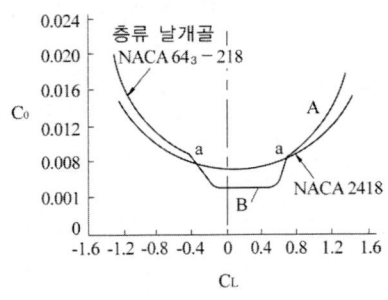

• 6가 계열 날개골의 특성 •

ⓑ 항력버킷 : 양항극 곡선에서 어떤 양력계수 부근에서 항력이 갑자기 작아지는 부분으로 6자계열 날개골만의 특징이다. 이 항력계수가 갑자기 작아지는 부분의 양력계수 중앙값을 설계양력계수라 하며 이 양력계수 값으로 비행을 하면 항력이 작은 상태로 비행할 수 있다.

[ex] NACA 651-215

6 : 6계열 날개골임을 나타낸다.

5 : 받음각이 0일 때 최소 압력지점이 시위의 50%에 생긴다.

1 : 항력버킷의 폭이 설계양력계수를 중심으로 ±0.1이다.

2 : 설계양력계수가 0.2이다.

15 : 최대두께의 크기가 시위의 15%이다.

ⓔ 초음속 날개골 : 충격파 발생 시 생기는 조파항력을 줄이기 위하여 만들어진 날개골로 앞전이 뾰족하고 얇을수록 조파항력은 작아진다.
[ex] 1S-(50)(03)-(50)(03)

② **고속기의 날개골**
  ㉠ 층류형 날개골(=6자계열 날개골) : 층류가 난류보다 마찰력이 적기 때문에 항력이 적다. 층류형 날개골은 항력을 줄이기 위하여 흐름을 최대한 층류로 유지시킨 날개골로 최저 압력지점(최대두께)을 최대한 후퇴시켜 최저 압력지점까지의 흐름을 층류로 유지시켰다. 단점으로는 층류는 흐름의 떨어짐이 쉽게 발생하므로 받음각 증가 시 흐름의 떨어짐이 쉽게 발생할 수 있다.

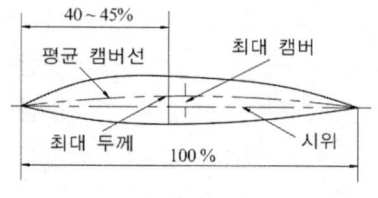

• 층류형 날개골 •

  ㉡ 피키 날개골(peaky airfoil) : 앞전 반지름의 크기를 크게 하고 뒷전으로 갈수록 두께를 얇게 한 날개골로 충격파는 빨리 발생되나 날개 뒤쪽에 발생되고 약하다. 앞전 반지름의 크기를 크게 하여 시위 앞부분의 압력분포가 뾰족하다 하여 피키 날개골이라 부른다.

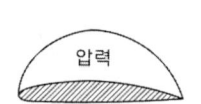 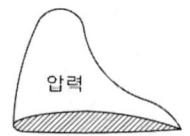

(a) 일반적인 압력 분포   (b) 피키 압력 분포
• 날개골의 압력 분포 •

  ㉢ 초임계 날개골 : 날개의 윗면을 평평하게 만들어 충격파의 강도를 줄여 조파항력에 의한 항력을 줄이고, 아랫면의 두께를 뒷전 부근에서 얇게 했다. 아랫면의 면적감소로 아랫면에서의 압력을 증가시켜 양력의 크기를 보상한 날개골이다.

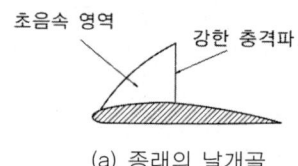 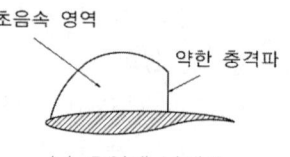

(a) 종래의 날개골   (b) 초임계 날개골
• 초음속형 날개골에서의 충격파 •

(2) 날개의 용어

① **날개 면적** : 보통 날개의 투영 면적을 말하며, 공기가 접하는 총 면적을 계산할 때는 날개의 윗면적과 아랫면 면적을 더한 면적이 필요하다. 이 면적을 습면적이라 한다.

② **날개 길이** : 한 쪽 날개 끝에서 다른 쪽 날개 끝까지의 길이를 말하며 b로 표시한다.

③ **시위** : 날개골의 앞전과 뒷전을 잇는 직선거리를 말하며, 주날개의 항공 역학적 특성을 대표하는 시위를 평균공력시위(MAC : Mean Aerodynamic Chord)라 한다.

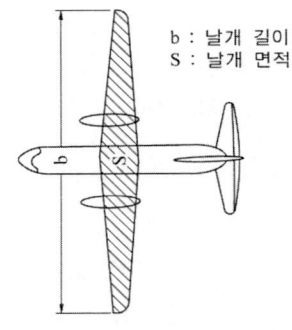

• 날개의 명칭 •

④ **날개의 가로세로비** : 날개의 시위길이와 날개 길이와의 비율이다.

$$AR = \frac{b}{c} = \frac{b \times b}{c \times b} = \frac{b^2}{s} = \frac{b}{c} = \frac{b \times c}{c \times c} = \frac{s}{c^2}$$

⑤ **테이퍼비** : 날개의 뿌리 시위(C_r)의 길이와 날개 끝 시위(C_t) 길이와의 비율을 말한다.
$\lambda = C_t/C_r$

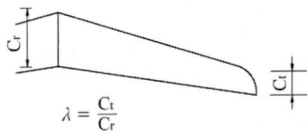

• 테이퍼비의 정의 •

⑥ **뒤젖힘각** : 앞전에서부터 시위의 25%되는 지점을 연결한 선과 기체의 가로축과의 각도이다.

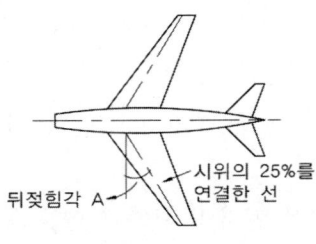

• 뒤젖힘각의 정의 •

⑦ 쳐든각과 처진각
　㉠ 쳐든각 : 날개가 수평면을 기준으로 올라간 정도를 말하며, 쳐든각을 줄 경우 가로 안정성이 상승한다.
　㉡ 처진각 : 날개가 수평면을 기준으로 내려간 정도를 말하며, 처진각을 줄 경우 조종성이 상승한다.

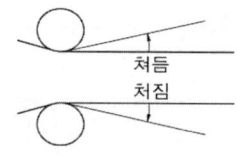

• 쳐든각과 처진각 •

⑧ 붙임각 : 동체의 세로축과 시위선이 이루는 각이다.

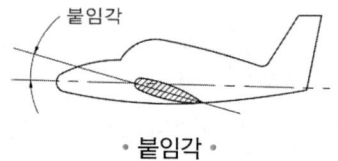

• 붙임각 •

⑨ 기하학적 비틀림
　㉠ wash out : 날개 끝으로 갈수록 붙임각의 크기를 작게 해주어 날개 끝 실속을 방지
　㉡ wash in : 날개 끝으로 갈수록 붙임각의 크기를 크게 해주는 것

(3) 날개의 모양

가) 직사각형 날개

① 제작이 쉽다.
② 소형비행기에서 많이 사용한다.
③ 실속이 날개 뿌리 부근에서 먼저 시작하여 날개 끝 실속의 경향이 없어 안정성이 좋다.

나) 테이퍼 날개

① 날개 끝 시위의 길이와 날개 뿌리의 시위의 길이가 다른 날개를 말한다.
② 유도항력이 감소한다.
③ 실속이 날개 끝 부근에서 먼저 발생하기 때문에 기하학적 비틀림으로 날개 끝 실속을 방지하여야 한다.

다) 타원 날개
① 날개의 길이 방향으로 양력의 분포가 일정하다.
② 유도항력이 최소이다.
③ 제작이 곤란하다.

라) 앞젖힘 날개
① 날개 끝이 날개 뿌리보다 앞서있는 날개를 말한다.
② 날개 위 공기의 흐름이 날개 끝에서 뿌리 쪽으로 생겨 날개 끝 실속이 발생하지 않는다.

마) 뒤젖힘 날개
① 날개 끝이 날개 뿌리보다 뒤로 젖혀진 날개를 말한다.
② 날개 위 공기의 흐름이 날개 뿌리에서 끝 쪽으로 생겨 날개 끝 실속이 발생하여 안정성이 좋이 못하다.
③ 날개 위 공기의 흐름속도가 감소하여 임계마하수·항력발산마하수가 증가하며 고속 항공기에 사용이 용이하다.
④ 날개 끝 실속을 방지하기 위하여 실속막이(경계층 격벽판)를 부착한다.

바) 삼각 날개
① 충격파 발생을 지연시키고 임계마하수를 증가시켜 초음속 항공기에 적합한 날개 골이다.
② 구조적으로 강도가 강하다.
③ 날개 위 흐름 속도가 느려 최대 양력계수가 작아 저속 시 큰 받음각이 필요하며, 면적을 크게 할 필요가 있다.
④ 양력 증가를 위해 붙임각을 상승시켜 기수가 높아 이·착륙 시 시계가 좋지 않다.

사) 이중 삼각날개, 오지 날개
삼각 날개의 단점인 최대 양력 계수가 작은 것을 보완하기 위하여 날개의 면적을 증가시킨 날개를 말한다.

아) 가변 날개
저속에서는 뒤젖힘각이 없는 날개로, 고속에서는 뒤젖힘각을 주는 날개로 날개 모양을 변화시키는 날개를 말한다.

(4) 고속형 날개

① **임계 마하수** : 날개 위의 속도가 마하수 1이 되었을 때의 항공기 속도
② **항력발산 마하수** : 임계 마하수에 도달하면 충격파가 발생하여 항력이 급격하게 증가하는 마하수

가) 뒤젖힘 날개

① 임계 마하수와 항력발산 마하수 감소를 위하여 날개 위 흐름 속도를 늦추는 목적으로 뒤젖힘을 준 날개이다.
② 날개에 수직인 흐름의 속도 $V_2 = Vcos\Lambda$ (Λ : 뒤젖힘각)
③ 뒤젖힘각을 주면 날개 위에 날개 끝쪽으로 흐르는 흐름이 발생하여, 이 흐름이 층류를 만들어 날개 끝에서 흐름의 떨어짐이 쉽게 발생한다.
④ 날개 끝 실속 방지법
  ㉠ 슬랫 장착
  ㉡ 기하학적 비틀림
  ㉢ 경계층 제어
  ㉣ 공력적 비틀림
  ㉤ 경계층 판 부착

나) 삼각 날개, 오지 날개

① 뒤젖힘 날개의 공력탄성 문제와 날개 끝 실속 문제를 해결하기 위하여 고안된 날개이다.
② 날개 중앙 시위의 길이를 길게 할 수 있어 두께를 크게 할 수 있으며, 이로 인하여 공력탄성을 견딜 수 있는 충분한 강도를 지닐 수 있다.
③ 날개 끝에 와류를 발생시켜 와류 발생 시 발생하는 내부 저압을 이용해 양력을 얻어 날개 끝 실속을 해결할 수 있다.
④ 저속 시 양력 발생을 위하여 큰 받음각이 필요해 이·착륙 시 시계가 좋지 못하고, 속도가 빨라야 한다.

② 날개의 공기력

(1) 날개의 양력

① **출발와류** : 날개가 움직이기 시작하면 날개 윗면과 아랫면에 날개의 앞전에서부터 뒷전으로 공기의 흐름이 생기게 되는데 날개 윗면의 흐름 속도가 아랫면보다 빠르나 아랫면의 길이가 짧아 아랫면에서의 흐름이 뒷전에 먼저 도착하고 그 후에 윗면에서의 흐름이 도착한다. 이 때 윗면의 흐름이 늦게 도착하며 아랫면의 흐름을 눌러 날개 뒤쪽으로 와류가 발생한다.

② **속박와류** : 출발와류가 날개 뒤쪽에서 발생하면 출발와류와 크기는 같고 방향이 반대인 와류가 날개를 감싸고 발생한다.

③ **날개 끝 와류** : 날개의 윗면은 압력이 낮고 아랫면은 높아 날개 아랫면의 공기가 위쪽으로 올라가려는 힘이 발생하는데 날개 끝에서는 이 힘에 의해서 아랫면의 공기가 위로 올라가 와류를 발생시킨다.

④ **내리흐름** : 세 종류의 와류가 날개 뒤쪽으로는 항공기 아래쪽으로 내려가는 방향으로 발생하며, 이 흐름을 내리흐름이라 말하고 내리흐름에 가장 많은 영향을 주는 와류는 날개 끝 와류이다.

⑤ **유효 받음각(실제 받음각)** : 실제 받음각은 내리 흐름이 날개 뒤쪽에서 발생하여 항공기로 들어오는 흐름을 아래쪽으로 유도하므로 흐름이 기울어져 받음각이 감소하게 된다. 이 내리흐름에 의하여 감소된 받음각을 유효받음각이라 한다.

⑥ **겉보기 받음각(기하학적 받음각)** : 내리흐름을 고려하지 않고 공기의 흐름방향과 시위선이 이루는 각을 말한다.

⑦ **마그너스 효과(큐타츄코브스키 양력)** : 날개를 둘러싸고 생기는 속박와류에 의하여 양력이 발생된다는 이론으로 속박와류의 회전방향이 날개 윗면의 공기흐름 속도는 증가시키고 날개 아랫면의 공기흐름 속도는 감소시켜 이 속도의 차이로 양력이 발생한다는 이론이다.

 ㉠ 큐타츄코브스키의 양력 공식

  ⓐ 와류의 세기 : $\Gamma = 2 \cdot \pi \cdot V \cdot r$ (V : 회전 속도, r : 와류의 반지름 크기)

  ⓑ 양력 : $L = \rho \cdot V \cdot \Gamma$ (ρ : 밀도, V : 항공기 속도)

(2) 날개의 항력

① **마찰항력** : 유체의 점성에 의하여 발생하는 항력이다.
② **압력항력** : 날개의 흐름의 떨어짐이 발생하면 흐름의 떨어짐이 발생한 곳의 공기를 채우기 위해 와류가 발생하며, 이 와류에 의하여 발생하는 항력이다.
③ **형상항력** : 마찰항력+압력항력
④ **유도항력** : 항공기의 양력은 날개에 들어오는 공기의 수직으로 발생하게 되는데 날개 뒤쪽으로 생기는 내리흐름에 의하여 공기의 흐름방향이 아래쪽으로 기울어져 양력은 날개 뒤쪽으로 기울어지게 된다. 이 뒤쪽으로 기울어진 양력을 날개에 수직성분인 양력과 항공기 뒤쪽 성분인 항력으로 나눌 수 있으며, 기울어진 양력에 의하여 발행한 항력을 유도항력이라 한다.

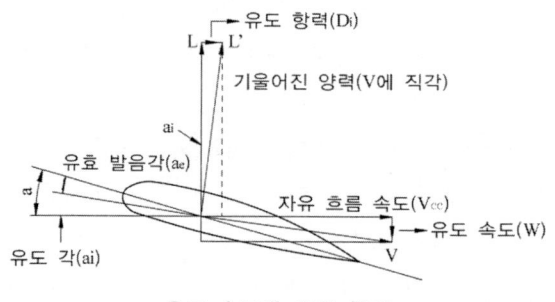

· 유도 속도와 유도 항력 ·

㉠ 유도항력 계수 : $C_{di} = \dfrac{C_L^2}{\pi \cdot e \cdot AR}$

   (e : 스팬효율계수, AR : 날개가로세로비, C_L : 양력계수)

㉡ 유도항력 : $C_{di} \cdot \dfrac{1}{2} \cdot \rho \cdot V^2 \cdot S$

㉢ 타원날개 : 유도항력이 가장 작은 날개로 스팬효율계수가 1로 가장 큰 값을 가지고 있다.

㉣ 유도항력 방지방법 : 유도항력은 내리흐름에 의하여 발생하며, 내리흐름에 가장 큰 영향을 주는 요인은 날개 끝 와류이기 때문에 날개 끝 와류를 방지하기 위하여 윙렛을 설치한다.

⑤ **조파항력** : 초음속 비행을 하면 충격파가 발생하고 이 충격파에 의하여 발생되는 항력을 조파항력이라 한다.

㉠ 충격파 이후의 흐름변화
   ⓐ 경사충격파 : 경사충격파를 지나면 속도가 감소하나 초음속 흐름을 유지한다.
   ⓑ 수직충격파 : 수직충격파를 지나면 속도가 감소하여 아음속 흐름이 된다.

⑥ **유해항력** : 양력에 의하여 발생한 항력을 뺀 나머지 항력을 말하며, 유도항력을 제외한 전체의 항력이다.
⑦ **전체항력**
  ㉠ 아음속 : 전체항력 = 형상항력 + 유도항력
  ㉡ 초음속 : 전체항력 = 형상항력 + 유도항력 + 조파항력
  ㉢ 유해항력(양력으로 인하여 발생하는 항력(유도항력)을 뺀 나머지)
    ∴ 전체항력 = 유해항력 + 유도항력

(3) 날개의 실속성

가) 실속의 정의
항공기 날개에서 발생하는 양력이 감소하여 항공기 무게보다 작아져 항공기의 고도가 감소하는 현상

나) 실속의 종류
① **무동력 실속** : 항공기의 추력이 감소하여 속도가 감소해 양력이 감소하여 발생하는 실속
② **동력 실속** : 항공기의 받음각이 증가하여 흐름의 떨어짐이 발생해 양력이 감소하여 발생하는 실속

다) 실속 특성
① **전방 실속형** : 실속이 날개의 앞전 부근에서 발생하여 양력이 급격히 감소해 실속 특성이 좋지 못하다.(두께가 얇고, 캠버가 작고, 앞전 반지름이 작은 날개, 시위길이가 짧은 날개)
② **후방 실속형** : 실속이 날개의 뒷전 부근에서 발생하여 양력이 서서히 감소해 실속 특성이 좋다.(두께가 두껍고, 캠버가 크고, 앞전 반지름이 큰 날개, 시위길이가 긴 날개)

라) 날개별 실속 특성
① **직사각형 날개** : 직사각형 날개는 날개 뿌리 부분과 날개 끝 부분의 면적이 같기 때문에 날개 끝 와류의 영향을 날개 끝 부분이 많이 받아 날개 끝 부분에서 내리흐름의 영향을 많이 받고 이 영향으로 날개 끝에서 받음각이 감소하여 날개 뿌리 부분에서 먼저 실속이 일어난다. 날개 뿌리부분에서 실속이 발생하면 조종면에 영향을 주지 않아 실속 특성이 좋다.

② 테이퍼형 날개 : 테이퍼형 날개는 날개 뿌리 부분의 면적이 크기 때문에 날개 끝 와류의 영향을 날개 뿌리 부분이 날개 끝 부분보다 더 많이 받고 이 영향으로 날개 뿌리부분에서 받음각이 감소하여 날개 끝에서 먼저 실속이 발생한다. 날개 끝에서 실속이 발생하면 실속 특성이 좋지 못하다.

③ 타원형 날개 : 타원형 날개는 직사각형 날개와 테이퍼형 날개의 중간모양으로 내리흐름의 영향이 날개 길이에 전체적으로 균일하게 발생하여 유도항력이 최소가 되는 날개이다. 그러나 내리흐름이 균일하게 발생하여 날개 전체에 흐름의 떨어짐이 동시에 발생하므로 실속 발생 시 회복이 어렵다.

마) 날개 끝 실속 방지법

① 날개 끝으로 갈수록 붙임각을 작게 하여 흐름의 떨어짐이 날개 뿌리에서 발생하게 하는 기하학적 비틀림(wash out)을 준다.
② 날개 끝으로 갈수록 날개의 두께와 캠버, 앞전 반지름이 큰 날개골을 사용하는 공력적 비틀림을 준다.
③ 날개 끝으로 흐르는 흐름을 방지하기 위하여 경계층 판을 부착한다.
④ 날개 끝 앞전 부분에 슬롯·슬랫 플랩을 장착한다.
⑤ 날개 뿌리 부분에서 먼저 실속이 일어날 수 있도록 뿌리에 실속판인 스트립을 장착한다.
⑥ 테이퍼비가 작은 날개를 사용한다.

③ 날개의 공력 보조 장치

(1) 고양력장치

저속(이·착륙)시에 양력의 증가를 위하여 사용하는 장치이다.

가) 뒷전 플랩

① 단순 플랩
  ㉠ 날개의 뒷전을 단순하게 아래로 굽힌 형태로 양력의 증가가 크지 않다.
  ㉡ 소형기에 주로 사용한다.
② 스플릿 플랩
  ㉠ 날개 뒷전 부분의 아랫면 일부를 아래로 내리는 형태로 아랫면이 벌어지며 공기를 빨아들여 흐름의 떨어짐을 방지한다.
  ㉡ 뒷전 부분의 전방 면적이 증가하여 항력의 증가가 많다.

③ 슬롯 플랩
　㉠ 날개 뒷전의 일부분을 아래로 굽히면 굽힘면 앞쪽으로 틈이 생겨 날개 아랫면 쪽에서의 공기 흐름이 날개 윗면으로 들어와 흐름의 떨어짐을 방지해주는 플랩이다.
　㉡ 플랩을 큰 각도로 내릴 수 있어 양력의 증가가 크다.
④ 파울러 플랩
　㉠ 날개 뒷전의 아랫면 일부를 날개 뒤쪽으로 이동시켜 아래로 내려주는 형태이다.
　㉡ 날개 뒷전의 아랫면 일부를 날개 뒤쪽으로 이동시키므로 날개의 면적과 캠버를 증가해 양력의 증가가 크다.
　㉢ 뒷전 플랩 중 가장 효율이 좋은 플랩이다.

나) 앞전 플랩

① 슬롯·슬랫 플랩
　㉠ 앞전의 일부분을 아래로 내리면 내린 면과 날개 사이에 틈이 생겨 날개 아랫면 공기 흐름이 날개 윗면으로 들어와 흐름의 떨어짐을 방지해주는 플랩이다.
　㉡ 앞전의 내려간 부분을 슬랫이라 하고, 날개와 플랩 사이에 생긴 틈을 슬롯이라 한다.
② 크루거 플랩
　㉠ 날개 앞전의 아랫면 일부분으로 접혀 있다가 작동시키면 위로 올려져 앞전 반지름을 크게 하는 효과가 있다.
　㉡ 앞전반지름을 증가시키고 공기역학적으로 슬랫과 같은 효과를 가지나 구조적으로 복잡하고 작동장치가 많이 필요해 소형 항공기에서는 사용하지 않는다.
③ 드루프 앞전
　㉠ 날개의 앞전부분의 일부가 아래로 굽어져 앞전 반지름과 캠버의 크기를 증가시킨다.

다) 경계층 제어장치

흐름의 떨어짐을 방지하기 위한 장치로 날개에 장치를 장착해 날개 위 공기의 흐름을 강제적으로 공기를 빨아들이는 빨아들임 방식과 날개 위로 공기를 분사하는 불어 날림 방식이 있다.

(2) 항력 감소 장치

항력 감소 장치로는 유도항력을 감소시키기 위하여 날개 끝을 세워주는 윙렛이 있다.

(3) 고항력 장치

주로 착륙 시 사용되며 항력을 증가시켜 추력을 감소시키기 위하여 사용한다.

가) 스포일러(spoiler)·에어 브레이크(air brake)

일종의 평판으로 항공기의 추력을 감소시키기 위하여 평판을 올려 항력을 증가시키는 장치이다. 공중에서는 에어포일과 연동하여 선회반경을 줄이기 위해 사용되며, 착륙시는 활주거리를 감소시키기 위해 사용한다.

나) 역추력장치(thrust reverser)

엔진에서 만든 추력의 방향을 반대로 만들어 추력을 감소시키는 장치로 제트기에서는 배기가스를 막는 판을 설치하는 방법과 엔진 2차 흡입 공기를 방출하는 방식이 있으며, 프로펠러 항공기에서는 프로펠러의 피치를 반대로 해주는 방식이 있다.

다) 항력 낙하산(drag chute)

항공기 후방에 낙하산을 장착하여 착륙 후 활주 시 펼쳐 항력을 높여 활주거리를 짧게 하는 역할을 한다.

03 비행 성능

1 항력과 동력

(1) 항공기에 작용하는 공기력

① **추력**(T) : 항공기가 앞으로 전진하려는 힘이다.
② **항력**(D) : 추력을 방해하는 힘이다.
③ **양력**(L) : 날개에서 만들어지는 힘으로 항공기를 띄우는 힘이다.
④ **중력**(W) : 항공기의 무게만큼 지구 중심으로 끌어당기는 힘이다.

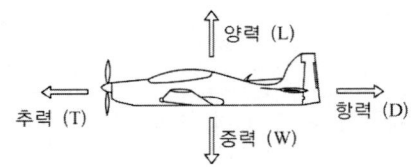

• 비행기에 작용하는 힘 •

⑤ 추력 > 항력 : 가속도 비행(속도가 증가되는 비행)
⑥ 추력 < 항력 : 감속도 비행(속도가 감소되는 비행)
⑦ 추력 = 항력 : 등속도 비행(속도가 일정한 비행)
⑧ 양력 > 중력 : 상승비행
⑨ 양력 < 중력 : 하강비행
⑩ 양력 = 중력 : 수평비행
⑪ 등속도 수평비행 : 추력(T) = 항력(D), 양력(L) = 중력(W)
⑫ 등속도 수평비행 시의 관계식

$$\frac{T}{W} = \frac{D}{L} \rightarrow T = W \cdot \frac{D}{L} = W \cdot \frac{C_L}{C_D} = W \cdot \frac{1}{양항비}$$

⑬ 등속 수평비행 시 항공기의 속도

$$W = L$$

$$W = \frac{1}{2}\rho \cdot V^2 \cdot S \cdot C_L \rightarrow V^2 = \frac{2 \cdot W}{\rho \cdot S \cdot C_L}$$

$$\rightarrow V = \sqrt{\frac{2 \cdot W}{\rho \cdot S \cdot C_L}}$$

(2) 필요마력

항공기가 항력을 이기고 전진하기 위하여 필요한 동력을 마력단위로 변환시킨 것

① **동력** : 일의 단위로 힘×속도로 구한다.
② **필요동력** : 동력을 구할 때 필요한 힘에 항력(D)을 대입하여 구한다.
  ㉠ 필요동력 = $D \times V$
③ **필요마력** : 마력단위는 동력단위보다 75배 큰 단위로 단위가 75배 커지기 때문에 동력을 구하는 공식에 75로 나누면 마력 단위로 변환시킬 수 있다.
  ㉠ 필요마력(P_r)
  $= \frac{D \cdot V}{75}$ ··· (a)
  $\rightarrow D = \frac{1}{2} \cdot \rho \cdot V^2 \cdot S \cdot C_D$을 (a)에 대입

$$= \frac{1}{150} \cdot \rho \cdot V^3 \cdot S \cdot C_D \quad \text{..} (b)$$

→ 등속 수평비행시 항공기 속도 $V = \sqrt{\frac{2 \cdot W}{\rho \cdot S \cdot C_L}}$ 을 (b)에 대입

$$= \frac{1}{150} \cdot \rho \cdot \frac{2 \cdot W}{\rho \cdot S \cdot C_L} \sqrt{\frac{2 \cdot W}{\rho \cdot S \cdot C_L}} \cdot S \cdot C_D$$

$$= \frac{W}{75} \cdot \frac{C_D}{C_L} \sqrt{\frac{2 \cdot W}{\rho \cdot S \cdot C_L}}$$

$$= \frac{W}{75} \cdot \frac{C_D}{C_L^{\frac{3}{2}}} \sqrt{\frac{2 \cdot W}{\rho \cdot S}} \quad \text{..} (c)$$

(필요마력은 $C_L^{\frac{3}{2}}$이 최대값일 때 최소가 된다.)

→ 등속 수평비행시의 관계식 $T = W \cdot \frac{C_D}{C_L}$에서 T는 D와 같으므로

$D = W \cdot \frac{C_D}{C_L}$을 (a)에 대입하면

$$= \frac{W \cdot V}{75} \cdot \frac{C_D}{C_L} \quad \text{..} (d)$$

∴ 필요마력(P_r) $= \frac{D \cdot V}{75} = \frac{1}{150} \cdot \rho \cdot V^3 \cdot S \cdot C_D$

$$= \frac{W}{75} \cdot \frac{C_D}{C_L^{\frac{3}{2}}} \cdot \sqrt{\frac{2 \cdot W}{\rho \cdot S}} = \frac{W \cdot V}{75} \times \frac{1}{\frac{C_L}{C_D}}$$

(3) 이용마력(P_a)

항공기의 엔진이 만드는 출력을 마력단위로 변환시킨 것

① 이용동력 $= T \times V$

② 제트항공기 이용마력(P_a) $= \frac{T \cdot V}{75}$

③ 프로펠러 항공기의 이용마력(P_a) $= BHP \times \eta$ (BHP : 제동마력, η : 프로펠러 효율)

(4) 잉여마력·여유마력(P_e)

상승비행을 하거나 가속도 비행을 위하여 필요한 마력

잉여마력(P_e) = 이용마력(P_a) - 필요마력(P_r)

② 일반성능

(1) 상승비행

가) 상승비행 시 발생되는 힘

① L(양력) = $W\cos\gamma$ (γ : 상승각)
② T(추력) = D(항력) + $W\sin\gamma$

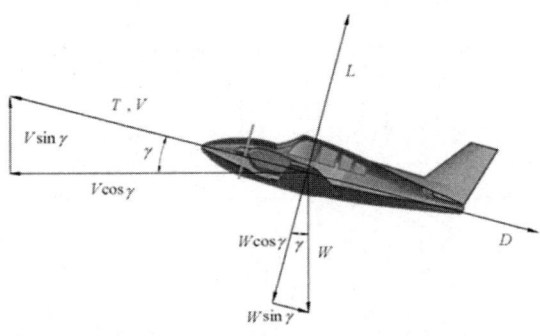

나) 상승률(Rate of Climb)

항공기 상승 비행의 속도 성분 중 상승만을 위해 사용되는 속도성분

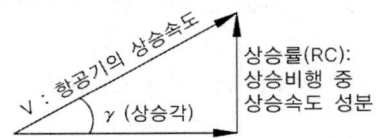

$$\therefore \sin\gamma = \frac{RC(\text{상승비행 중 상승속도 성분})}{V(\text{항공기의 상승속도})}$$

→ RC(상승률) = $V \cdot \sin\gamma$ ·· (a)

→ 상승 시 발생되는 추력성분

$T = D + W \cdot \sin\gamma$

→ 양변을 $\dfrac{V}{75}$ 로 곱

→ $\dfrac{T \cdot V}{75} = \dfrac{D \cdot V}{75} + \dfrac{W \cdot V \cdot \sin\gamma}{75}$

($\dfrac{T \cdot V}{75}$: 이용마력, $\dfrac{D \cdot V}{75}$: 필요마력, $V \cdot \sin\gamma$: 상승률)

→ P_a(이용마력) = P_r(필요마력) + $\dfrac{W \cdot RC(\text{상승률})}{75}$

$$\therefore RC(상승률) = \frac{75 \cdot (P_a - P_r)}{W} = \frac{75 \cdot P_e(여유마력)}{W} \quad \text{..............} \text{(b)}$$

※ 상승률을 증가시키기 위해서는 여유마력을 증가시켜야 한다.

다) 고도에 의한 영향

① 고도변화에 대한 속도의 변화

$L = \frac{1}{2} \cdot \rho_0 \cdot V_0^2 \cdot S \cdot C_L$(해발 고도에서의 양력으로 해발고도에서의 밀도와 속도를 대입)

$L = \frac{1}{2} \cdot \rho \cdot V^2 \cdot S \cdot C_L$(고도 상승시의 양력으로 고도상승으로 변화된 밀도와 속도 대입)

$$\rightarrow \frac{L}{L} = \frac{\frac{1}{2} \cdot \rho_0 \cdot V_0^2 \cdot S \cdot C_L}{\frac{1}{2} \cdot \rho \cdot V^2 \cdot S \cdot C_L} \rightarrow 1 = \frac{\rho_0 \cdot V_0^2}{\rho \cdot V^2} \rightarrow \frac{V^2}{V_0^2} = \frac{\rho_0}{\rho}$$

$$\therefore V^2 = \frac{\rho_0 \cdot V_0^2}{\rho} \rightarrow V = V_0 \cdot \sqrt{\frac{\rho_0}{\rho}}$$

> 고도가 높아짐에 따라 밀도(ρ)가 감소하여 속도(V)가 증가한다.

② 고도변화에 대한 필요마력의 변화

$P_{r0} = \frac{1}{2} \cdot \rho_0 \cdot V_0^3 \cdot S \cdot C_D$(해발 고도에서의 필요마력으로 해발고도에서의 밀도와 속도 대입)

$P_r = \frac{1}{2} \cdot \rho \cdot V^3 \cdot S \cdot C_D$(고도 상승 시의 필요마력으로 고도상승으로 변화된 밀도와 속도 대입)

$$\rightarrow \frac{P_{r0}}{P_r} = \frac{\frac{1}{2} \cdot \rho_0 \cdot V_0^3 \cdot S \cdot C_D}{\frac{1}{2} \cdot \rho \cdot V^3 \cdot S \cdot C_D} \rightarrow \frac{P_{r0}}{P_r} = \frac{\rho_0 \cdot V_0^3}{\rho \cdot V^3}$$

고도변화에 대한 속도변화의 공식에서 $\frac{V_0}{V} = \sqrt{\frac{\rho}{\rho_0}}$ 이므로

$$\rightarrow \frac{P_{r0}}{P_r} = \frac{\rho_0 \cdot V_0^3}{\rho \cdot V^3} = \frac{\rho_0 \cdot \rho}{\rho \cdot \rho_0} \cdot \sqrt{\frac{\rho}{\rho_0}} = \sqrt{\frac{\rho}{\rho_0}}$$

$$\therefore P_{r0} = P_r \cdot \sqrt{\frac{\rho}{\rho_0}} \rightarrow P_r = P_{r0} \cdot \sqrt{\frac{\rho_0}{\rho}}$$

> 고도가 높아짐에 따라 밀도(ρ)가 감소하여 필요마력(P_r)이 증가한다.

라) 상승 한계

고도가 증가하면 공기의 밀도가 감소하여 추력이 감소하고 추력이 감소하면 이용마력이 감소하며, 필요마력은 증가하여 상승률이 감소한다.
이렇게 상승률이 감소하여 더 이상 상승을 하지 못하는 고도를 상승 한계라 한다.

① **절대 상승한계** : 상승률이 "0m/s"이 되어 더 이상 상승을 못하는 고도이다.
② **실용 상승한계** : 절대 상승한계까지의 고도가 너무 높아서 그 보다 실제로 사용하기 편리한 한계를 설정한 것으로 상승률 "0.5m/s"인 고도를 말한다.
③ **운용 상승한계** : 실제로 항공기가 운용될 수 있는 고도로 상승률 "2.5m/s"인 고도를 말한다.

(2) 수평비행

가) 수평비행

① **등속도 수평비행** : 추력(T) = 항력(D), 양력(L) = 중력(W)
② **등속도 수평비행 시의 관계식**

$$\frac{T}{W} = \frac{D}{L} \rightarrow T = W \cdot \frac{D}{L} = W \cdot \frac{C_L}{C_D} = W \cdot \frac{1}{양항비}$$

③ **등속 수평비행 시 항공기의 속도**

$$W = L$$

$$\rightarrow W = \frac{1}{2}\rho \cdot V^2 \cdot S \cdot C_L$$

$$\rightarrow V^2 = \frac{2 \cdot W}{\rho \cdot S \cdot C_L}$$

$$\rightarrow V = \sqrt{\frac{2 \cdot W}{\rho \cdot S \cdot C_L}}$$

④ 양력계수 값이 가장 클 때의 속도를 실속속도라 하여

$$실속속도 = \sqrt{\frac{2 \cdot W}{\rho \cdot S \cdot C_{Lmax}}}$$

⑤ **이륙·착륙속도** : 실속속도의 1.2배

나) 순항성능

① **순항** : 비행 중 이륙, 착륙 그리고 상승, 하강을 뺀 모든 비행을 말한다.
② **경제속도** : 필요마력이 최소인 상태를 말하며, 필요마력이 최소인 상태로 비행을 하면 연료의 소비가 적어진다.
③ **순항속도** : 일반적으로 비행을 할 때 경제속도는 너무 느리기 때문에 이보다 조금 빠른 속도로 비행하는 것을 말한다.
④ **장거리 순항방식** : 비행 중 연료의 소비량만큼 항공기의 무게가 가벼워지므로 추력을 감소해 연료의 소비량을 줄이는 순항방식을 말한다.
⑤ **고속 순항방식** : 연료의 소비량과 상관없이 추력을 일정하게 유지하여 무게가 가벼워지는 만큼 속도를 증가시키는 순항방식을 말한다.
⑥ **항속시간** : 비행 중 소비된 연료의 량으로 계산되며, 비행 중 소비된 총 연료량을 엔진의 연료 소비율로 나눠서 계산한다.
  ㉠ 프로펠러 항공기의 항속시간
    ⓐ 비행 중 소비된 연료량 = 이륙 시 무게(W_1) - 착륙 시 무게(W_2)
    ⓑ 초당 연료 소비율 = $\dfrac{\text{기관출력}(BHP) \times 1\text{마력 시간당 연료소비율}(C)}{3600}$
    ⓒ 항속시간 = $\dfrac{\text{비행 중 소비된 연료량}}{\text{초당 연료 소비율}} = \dfrac{W_1 - W_2}{\dfrac{BHP \times C}{3600}} = \dfrac{3600 \cdot (W_1 - W_2)}{BHP \cdot C}$
  ㉡ 제트 항공기의 항속시간
    ⓐ 비행 중 소비된 연료량(B) = 이륙 시 무게(W_1) - 착륙 시 무게(W_2)
    ⓑ 초당 연료 소비율 = $\dfrac{\text{기관추력}(T) \times \text{제트기 시간당 연료소비율}(C_t)}{3600}$
    ⓒ 항속시간 = $\dfrac{\text{비행 중 소비된 연료량}}{\text{초당 연료 소비율}} = \dfrac{B}{\dfrac{T \times C_t}{3600}} = \dfrac{3600 \cdot B}{T \cdot C_t}$

⑦ **항속거리** : 순항속도(V) × 항속시간(t)
  ㉠ 프로펠러 항공기의 항속거리
    비행기의 평균 무게 = $\dfrac{\text{출발 시 무게}(W_1) + \text{착륙 시 무게}(W_2)}{2}$
    $L = \dfrac{W_1 + W_2}{2}$ (평균 양력은 평균 무게와 같다)

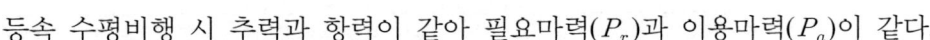

등속 수평비행 시 추력과 항력이 같아 필요마력(P_r)과 이용마력(P_a)이 같다.

$$P_r = P_a \to \frac{D \cdot V}{75} = BHP \cdot \eta \to D \cdot V = 75 \cdot BHP \cdot \eta$$

양변을 양력($L = \frac{W_1 + W_2}{2}$)으로 나누면

$$\frac{D \cdot V}{L} = \frac{75 \cdot BHP \cdot \eta}{\frac{W_1 + W_2}{2}} \to \frac{C_D}{C_L} \cdot V = \frac{75 \cdot BHP \cdot \eta}{\frac{W_1 + W_2}{2}}$$

$$\to V = \frac{150 \cdot BHP \cdot \eta}{W_1 + W_2} \cdot \frac{C_L}{C_D}$$

∴ 항속거리는 = 항속시간 × 순항속도이므로

$$\frac{3,600(W_1 - W_2)}{BHP \cdot C} \times \frac{150 \cdot BHP \cdot \eta}{W_1 + W_2} \cdot \frac{C_L}{C_D},$$

$$= \frac{540,000 \cdot \eta}{C} \cdot \frac{C_L}{C_D} \cdot \frac{W_1 - W_2}{W_1 + W_2} (\text{m})$$

$$= \frac{540 \cdot \eta}{C} \cdot \frac{C_L}{C_D} \cdot \frac{W_1 - W_2}{W_1 + W_2} (\text{km})$$

ⓒ 제트 항공기 항속거리

제트항공기 항속시간 공식 $\frac{3,600 \cdot B}{T \cdot C_t}$에서

등속수평 비행 시 추력(T) = $W \cdot \frac{C_D}{C_L}$을 대입

$$\to \text{항속시간} = \frac{3,600 \cdot B}{W \cdot \frac{C_D}{C_L} \cdot C_t} = \frac{3,600 \cdot B \cdot \frac{C_L}{C_D}}{W \cdot C_t}$$

항속속도 = $\sqrt{\frac{2 \cdot W}{\rho \cdot S \cdot C_L}}$

∴ 항속거리 = $\frac{3,600 \cdot B \cdot \frac{C_L}{C_D}}{W \cdot C_t} \times \sqrt{\frac{2 \cdot W}{\rho \cdot S \cdot C_L}}$

$$= 3,600 \cdot \sqrt{\frac{2 \cdot W}{\rho \cdot S}} \cdot \frac{C_L^{\frac{1}{2}}}{C_D} \cdot \frac{B}{W \cdot C_t} (\text{m})$$

$$= 3.6 \cdot \sqrt{\frac{2 \cdot W}{\rho \cdot S}} \cdot \frac{C_L^{\frac{1}{2}}}{C_D} \cdot \frac{B}{W \cdot C_t} (\text{km})$$

※	최대항속거리	최대항속시간
프로펠러 항공기	$(\dfrac{C_L}{C_D})_{max}$	$(\dfrac{C_L^{\frac{3}{2}}}{C_D})_{max}$
제트 항공기	$(\dfrac{C_L^{\frac{1}{2}}}{C_D})_{max}$	$(\dfrac{C_L}{C_D})_{max}$

(3) 하강비행

가) 활공비행

동력이 없이 비행하는 것을 말한다.

① 활공각

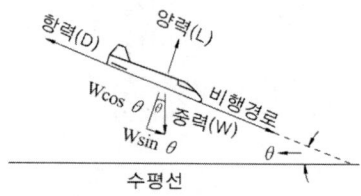

· 활공 비행시 힘의 작용 ·

$D = W\sin\theta$

$L = W\cos\theta$

$\rightarrow \dfrac{D}{L} = \dfrac{W\sin\theta}{W\cos\theta} \rightarrow \dfrac{C_D}{C_L} = \tan\theta\,(\theta : 활공각) \rightarrow \tan\theta = \dfrac{1}{양항비}$

∴ 활공각은 양항비에 반비례한다.

∴ $\tan\theta = \dfrac{수평이동거리}{고도변화}$

$\tan\theta = \dfrac{C_D}{C_L} = \dfrac{수평이동거리}{고도변화}$

② 하강 속도

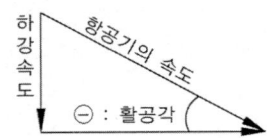

$$\sin\theta = \frac{하강속도}{V(항공기\ 속도)}$$
$$\rightarrow 하강속도 = -V \cdot \sin\theta$$

③ 급강하
  ㉠ 종극 속도 : 급강하 시 속도가 증가하다가 항력이 중량과 같아져서 더 이상 속도가 증가하지 못하는 속도
  종극 속도는 중량과 항력이 같아지는 속도이므로

$$W = D = \frac{1}{2} \cdot \rho \cdot V^2 \cdot S \cdot C_D$$
$$\rightarrow W = \frac{1}{2} \cdot \rho \cdot V^2 \cdot S \cdot C_D$$
$$\rightarrow V^2 = \frac{2 \cdot W}{\rho \cdot S \cdot C_D}$$
$$\therefore V = \sqrt{\frac{2 \cdot W}{\rho \cdot S \cdot C_D}}$$

나) 받음각의 영향

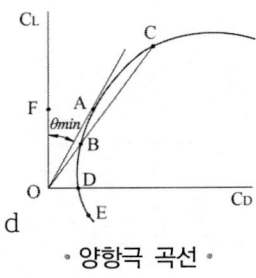

• 양항극 곡선 •

활공각 구하는 공식 $\tan\theta = \dfrac{C_D}{C_L}$ 이므로

- $\overline{OA}$: θ(활공각) 최소지점
- $\overline{OB}, \overline{OC}$: 활공각은 같으나 B점에서 받음각이 작고 C점에서 받음각이 크다.
- $\overline{OD}$: 양력계수 값이 "0"으로 급강하 비행을 한다.
- $\overline{OE}$: 양력계수 값이 음의 값을 가지며 배면비행을 한다.

(4) 이륙과 착륙

가) 이륙

① 이륙거리 관계식

$W(\text{무게}) = m(\text{질량}) \cdot g(\text{중력가속도})$

$\rightarrow m = \dfrac{W}{g}$

$F = m \cdot a(\text{가속도}) = \dfrac{W}{g} \cdot a$

$\therefore F = \dfrac{W}{g} \cdot a$

이륙 시 발생되는 힘$(F) = T(\text{추력}) - D(\text{항력}) - F(\text{마찰력})$

$\therefore F = \dfrac{W}{g} \cdot a = T - D - F$

$\rightarrow a = \dfrac{g(T-D-F)}{W}$ ······ ① ·· (a)

$a(\text{가속도}) = \dfrac{\text{속도의 변화량}(V - V_0)}{\text{시간}(t)} \rightarrow V = V_0 + a \cdot t$ ············ (b)

$S(\text{이동거리}) = \text{평균속도}(V) \cdot \text{이동시간}(t)$

$= \dfrac{V_0(\text{처음속도}) + V(\text{나중속도})}{2} \cdot t$ ······················ (c)

(b)를 (c)에 대입

$S = \dfrac{V_0 + V_0 + a \cdot t}{2} \cdot t = V_0 + \dfrac{1}{2} \cdot a \cdot t^2$

→ 처음 속도는 '0'이므로

$\therefore S = \dfrac{1}{2} \cdot a \cdot t^2$ ·· (d)

$a = \dfrac{V}{t} \rightarrow t = \dfrac{V}{a}$ ·· (e)

(e)를 (d)에 대입

$S = \dfrac{1}{2} \cdot a \cdot \left(\dfrac{V}{a}\right)^2 = \dfrac{1}{2} \cdot \dfrac{V^2}{a}$ ································· (f)

(a)를 (f)에 대입

$S = \dfrac{1}{2} \cdot \dfrac{V^2}{\dfrac{g(T-D-F)}{W}} = \dfrac{W}{2 \cdot g} \cdot \dfrac{V^2}{(T-D-F)}$

여기서 $T-D-F$를 평균가속력이라 한다.

$$\therefore s = \frac{W}{2 \cdot g} \cdot \frac{V^2}{\text{평균가속력}}$$

2-1 이륙거리

 ㉠ 지상 활주 거리 : 항공기가 출발하여 착륙장치가 지면에서 떨어질 때까지의 거리이다.

 ㉡ 장애물 고도 : 항공기가 안전하게 비행할 수 있는 곳까지의 고도이다.

  ⓐ 프로펠러 항공기의 장애물 고도 : 15m(50ft)

  ⓑ 제트 항공기의 장애물 고도 : 10.7m(35ft)

 ㉢ 이륙 활주거리 : 지상 활주 거리 + 장애물 고도까지의 수평이동 거리

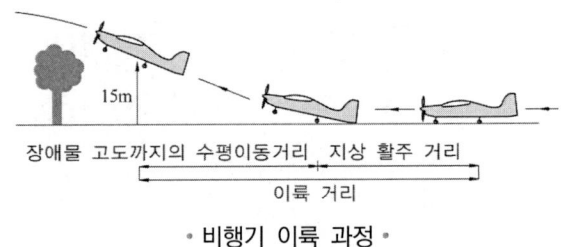

· 비행기 이륙 과정 ·

2-2 이륙거리(St_0) = 지상활주거리(SG) + 회전거리(SR) + 전이거리(ST)
       + 상승거리(SC)

 ㉠ 지상활주거리 : 항공기가 활주로에서 움직이기 시작하여 항공기의 부양속도(Vg)에 이를 때까지의 활주거리

 ㉡ 회전거리 : 항공기가 활주 중 부양속도(Vg)에 도달 후부터 기수를 상승시키기 위하여 $C_L = 0.8 C_{L\max}$ 될 때까지 승강타 조작을 위하여 필요한 활주거리

 ㉢ 전이거리 : 승강타 조작으로 기수가 상승하여 항공기의 비행 자세가 수평비행 자세에서 상승비행 자세로 변화될 때까지의 수평 비행거리

 ㉣ 상승거리 : 항공기의 비행자세가 상승자세로 변경된 후부터 장애물 고도까지의 수평비행거리

나) 착륙

① **착륙거리 관계식** : 착륙 시는 속도가 감소하여 힘이 감소하므로 착륙 시 작용하는 힘

$$F = -ma = -\frac{W}{g} \cdot a = -D - \mu(W-L) \quad (\mu(W-L) : \text{마찰력})$$

$$\therefore a = \frac{g}{W}[D + \mu(W-L)] \quad \cdots\cdots\cdots\cdots\cdots\cdots\cdots\cdots\cdots\cdots\cdots\cdots\cdots\cdots\cdots \text{(a)}$$

$$S = \frac{1}{2} \cdot \frac{V^2}{a} \text{(이륙공식 참고)} \quad \cdots\cdots\cdots\cdots\cdots\cdots\cdots\cdots\cdots\cdots\cdots\cdots\cdots\cdots \text{(b)}$$

(a)를 (b)에 대입

$$S = \frac{W}{2g} \cdot \frac{V^2}{[D + \mu(W - L)]}$$

→ 착륙 시 양력은 아주 작으므로 양력을 무시하면

$$\therefore S = \frac{W}{2g} \cdot \frac{V^2}{(D + \mu \cdot W)}$$

② **착륙거리** : 착륙 진입 거리 + 지상 활주 거리

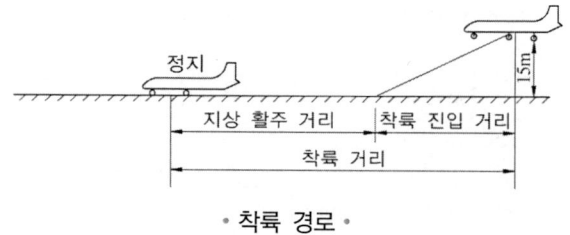

· 착륙 경로 ·

③ 특수성능

(1) 실속 성능

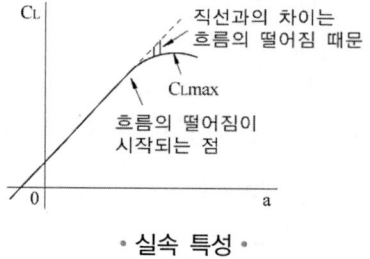

· 실속 특성 ·

① **실속** : 항공기의 양력이 감소하여 양력이 무게보다 작아지는 현상을 말한다. 무동력 실속은 출력을 감소시켜 속도가 감소되어 양력의 감소로 실속이 생기는 것을 말하며, 동력 실속은 항공기의 받음각이 증가되어 흐름의 떨어짐 발생에 의해 양력의 감소로 실속이 생기는 것을 말한다.

② **실속속도** : 받음각과 양력계수와의 그래프를 보면 받음각이 증가하면 양력계수 값이 증가하다가 받음각이 너무 증가하면 더 이상 양력계수가 증가하지 못하고 오히려 감소하는 것을 볼 수 있다. 이 현상은 받음각의 증가로 날개에 흐름의 떨어짐이 발생한 것으로 흐름의 떨어짐이 발생하여 더 이상 양력이 증가하지 못하는

순간을 실속이라 이야기 하고 이 순간의 속도를 실속 속도라 한다. 양력계수가 더 이상 증가하지 못하는 순간의 속도이기 때문에 양력계수가 최고값인 C_{Lmax} 값을 가질때의 속도를 계산하면 실속속도를 구할 수 있다.

양력계수 값이 최고 값일 때 항공기는 더 이상 상승하지 못하므로 항공기의 무게와 양력은 같다.

$$W = L = \frac{1}{2} \cdot \rho \cdot V_S^2 \cdot S \cdot C_{Lmax} \quad (V_S : 실속속도)$$

$$\rightarrow V_S^2 = \frac{2 \cdot W}{\rho \cdot S \cdot C_{Lmax}}$$

$$\therefore V_S = \sqrt{\frac{2 \cdot W}{\rho \cdot S \cdot C_{Lmax}}}$$

③ 동력 실속의 종류
  ㉠ 부분실속 : 수평비행 상태에서 조종간을 서서히 당겨 흐름의 떨어짐이 생기면 실속이 발생하기 전에 실속경보장치가 울리고 이 때 조종간을 풀어 받음각을 감소시켜 실속에서 벗어나는 실속
  ㉡ 정상실속 : 실속경보장치가 울린 후에도 조종간을 계속 당기고 있으면 기수가 내려가게 되는데 이 때 조종간을 풀어 실속에서 벗어나는 실속으로 고도가 감소하게 된다.
  ㉢ 완전실속 : 기수가 내려간 후에도 계속 조종간을 당기고 있어 기수가 완전히 내려가 수직강하 상태가 된 후 조종간을 풀어주는 실속

(2) 스핀 성능

① **스핀** : 자전현상과 수직강하가 조합된 비행 상태를 말한다.
② **자전현상** : 실속각 이상에서 옆놀이 비행을 했을 경우 수평으로 회복이 되지 못하고 항공기가 계속 옆놀이를 유지하려는 현상을 말한다. 실속각 이하의 비행 상태에서 옆놀이를 했을 경우 상승한 날개에는 내리흐름이 발생하여 받음각이 감소해 양력이 감소하고 하강한 날개에는 받음각이 증가하여 양력이 증가해 평형을 유지하려는 가로안정성이 발생하지만 실속각 이상의 비행 상태에서 옆놀이를 했을 경우 상승한 날개에 내리흐름이 생겨 받음각이 감소하면 양력이 증가하게 되고, 하강한 날개에 받음각이 증가하면 양력이 감소하는 현상이 생겨 가로안정성과 반대되는 현상의 발생으로 옆놀이에서 회복하지 못하게 된다.
③ 스핀의 종류
  ㉠ 정상스핀(수직스핀) : 하강하는 속도는 40 ~ 80m/s로 빠르나 기수가 아래쪽을 향하고 있어 받음각이 20 ~ 40°로 작은 편이고 회전 속도가 느려 회복 가능한 특

수 비행법이다.
ⓒ 수평스핀 : 하강하는 속도는 수직스핀에 비하여 느리나 기수가 많이 내려가지 않아 받음각이 약 60°로 크고 회전 속도가 빨라 회복이 불가능하다.

④ 기동성능

(1) 선회비행

가) 선회의 종류

① **정상선회** : 선회 시 발생하는 양력의 수직성분과 무게가 같고 양력의 수평 선분이 원심력과 같은 선회로 선회 반경의 변화가 없다.
② **내활(slip)** : 양력의 수평성분이 원심력보다 커서 선회 반경이 감소하는 선회
③ **외활(skid)** : 양력의 수평성분이 원심력보다 작아 선회반경이 증가하는 선회

나) 정상 선회 시의 선회 반경

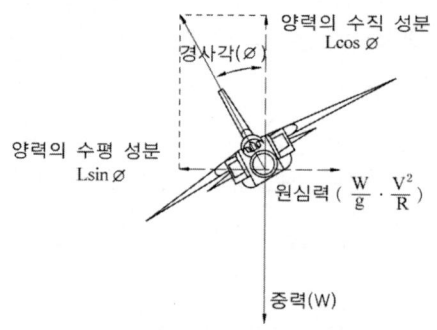

· 선회 비행 시에 작용하는 힘 ·

정상 선회 시 원심력과 양력의 수평 성분의 크기가 같으므로

$$\frac{W}{g} \cdot \frac{V^2}{R} = L\sin\Phi \quad \cdots\cdots (a)$$

무게는 양력의 수평성분의 크기와 같으므로

$$W = L\cos\Phi \quad \cdots\cdots (b)$$

(a)식을 (b)식으로 나누면

$$\frac{\frac{W \cdot V^2}{g \cdot R}}{W} = \frac{L\sin\Phi}{L\cos\Phi} \rightarrow \frac{V^2}{g \cdot R} = \tan\Phi$$

$$\therefore R = \frac{V^2}{g \cdot \tan\Phi}$$

다) 정상 선회 시의 원심력

$$\begin{matrix} 원심력 = L\sin\phi \\ W = L\cos\phi \end{matrix} \Rightarrow \frac{원심력}{W} = \frac{L\sin\phi}{L\cos\phi} \Rightarrow \frac{원심력}{W} = \tan\phi \qquad \therefore 원심력 = W \cdot \tan\phi$$

라) 선회 속도

수평비행 시 무게(W) $L = \frac{1}{2} \cdot \rho \cdot V^2 \cdot S \cdot C_L$ ·················· (a)

선회비행 시의 무게(W) $L = L \cdot \cos\Phi = \frac{1}{2} \cdot \rho \cdot V_t^2 \cdot S \cdot C_L \cdot \cos\Phi$ ·············· (b)

(a)식을 (b)식으로 나누면

$$\frac{W}{W} = \frac{\frac{1}{2} \cdot \rho \cdot V^2 \cdot S \cdot C_L}{\frac{1}{2} \cdot \rho \cdot V_t^2 \cdot S \cdot C_L \cdot \cos\Phi} \to 1 = \frac{V^2}{V_t^2 \cdot \cos\Phi} \to V_t^2 = \frac{V^2}{\cos\Phi}$$

$$\therefore V_t = \sqrt{\frac{V^2}{\cos\Phi}} = \frac{V}{\sqrt{\cos\Phi}}$$

(V_t : 선회 시 속도)

마) 선회 중의 하중배수

수평 비행 시

하중배수(n) = $\frac{L}{W}$

선회 시 $W = L\cos\Phi$와 같으므로

선회 시 하중배수(n) = $\frac{L}{L\cos\Phi}$

$\therefore n = \frac{1}{\cos\Phi}$

바) 하중배수를 이용한 선회속도

$n = \frac{L}{W} \Rightarrow L = W \cdot n \Rightarrow \frac{1}{2}\rho V^2 + SC_L = W \cdot n$

$\Rightarrow V + \sqrt{\frac{2Wn}{\rho SC_L}}$

$\Rightarrow V + \sqrt{\frac{2W}{\rho SC_L}} \cdot \sqrt{n}$

$\therefore V_t = V \cdot \sqrt{n}$ (V_t : 선회속도, V : 등속수평 비행속도)

(2) 키돌이(Loop Performance) 비행

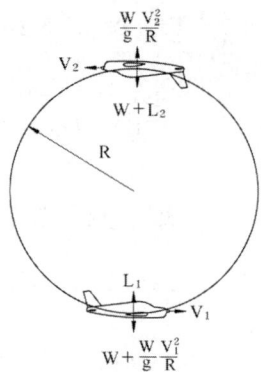

① 항공기가 원을 그리며 비행하는 것을 말하며, 프로펠러 항공기가 키돌이 비행에 들어가기 위해서는 하강을 하여 속도를 증가시켜야 한다.
② 키돌이 비행 시 하중배수는 상단점에서 속도가 가장 느려 양력의 크기가 작으므로 하중배수가 가장 작고 하단점에서 속도가 가장 빨라 양력이 커 하중배수가 최대치가 된다.
③ 키돌이 비행 시 하단점에서의 하중배수는 상단점의 하중배수의 6배이다.

(3) 비행하중

가) 하중배수

$$n(하중배수) = \frac{양력(L)}{비행기\ 무게(W)} = \frac{비행기\ 무게 + 관성력}{비행기\ 무게} = 1 + \frac{관성력}{비행기\ 무게}$$

이 때 관성력 = 질량(kg)×가속도(a)
　　비행기 무게 = 질량(kg)×중력 가속도(g)

$$\therefore\ n = \frac{L}{W} = 1 + \frac{관성력}{비행기\ 무게} = 1 + \frac{kg \times a}{kg \times g} = 1 + \frac{a}{g}$$

나) 안전계수

① **제한 하중** : 비행 중 생길 수 있는 최대의 하중으로 비행기는 이 제한 하중 내에서만 운동하여야 한다.
② **극한 하중** : 비행기에는 예기치 못한 과도한 하중이 발생할 수 있으며 이 하중을 3초간은 견딜 수 있게 설계하여야 한다. 이 과도한 하중을 극한 하중이라 한다.
　극하중 = 제한 하중 × 안전계수(1.5)

(4) V-n 선도

항공기의 운영 중 설계 시의 제한 하중을 넘으면 몹시 위험할 수 있다. 따라서 설계 시 비행기의 속도(V)와 하중배수(n)의 관계를 그린 V-n 선도를 제시하여 운행에 안전을 기하고 있다.

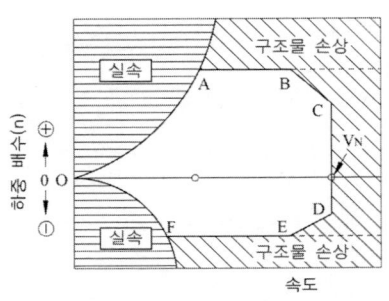

· V-n 선도 ·

- $\overline{AB}$: 최대 하중 배수 구역이다.
- $\overline{FE}$: 배면 비행 시 최대 하중 배수 구역이다.
- $\overline{CD}$: 급강하 속도 구역이다.
- $\overline{BC}, \overline{ED}$: 항공기가 안전하게 비행할 수 있는 구역은 최대하중 배수와 실속 사이의 구간이지만 실속이 일어나기 전에 기체의 떨림인 버핏이 발생하므로 버핏을 고려한 구간이다.

04 비행기의 안정과 조종

1 조종면 이론

(1) 조종면의 효율

조종면의 변화에 따른 양력의 변화량을 이야기 한다.

$$\text{조종면의 효율변수} = \frac{dC_L(\text{양력계수의 변화량})}{d\delta_f(\text{플랩의 변위})}$$

(2) 힌지 모멘트와 조종력

① **모멘트** : 물체를 회전시키는 힘을 이야기 하며, 힘 × 중심축에서부터의 거리(F×L)로 정의한다.

② **힌지 모멘트** : 조종면 회전의 중심인 힌지에서 발생하는 모멘트를 이야기하며, 조종면에서 발생하는 힘인 양력과 조종면의 시위길이의 곱으로 계산할 수 있다.

H(힌지모멘트) = 조종면에서 발생하는 양력×조종면 시위길이($\bar{c}$)

$$= \frac{1}{2} \cdot \rho \cdot V^2 \cdot S \times \bar{c} \times C_h$$

여기서 S는 $b \times \bar{c}$이므로

$$= \frac{1}{2} \cdot \rho \cdot V^2 \cdot b \cdot \bar{c}^2 \cdot C_h$$

$\frac{1}{2} \cdot \rho \cdot V^2$을 동압($q$)으로 변경하여 표현하면

$$= q \cdot b \cdot \bar{c}^2 \cdot C_h$$

(C_h : 힌지모멘트 계수)

③ **조종력** : 조종면을 움직이기 위하여 필요한 힘을 말하며, 힌지모멘트와 조종면 작동 시 발생하는 기계적인 이득의 곱으로 정의할 수 있다.

F_e(조종력) = K(기계적 장치에 의한 이득)×H_e(힌지 모멘트)

$$= K \cdot q \cdot b \cdot \bar{c}^2 \cdot C_h$$

(3) 공력 평형 장치(조종력 경감 장치)

가) 앞전 밸런스

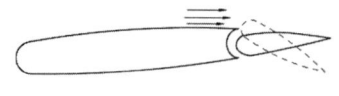

· 리딩에이지 밸런스 ·

조종면의 힌지 중심을 뒤쪽으로 이동시킨 장치로 조종면 하강 시 조종면 앞쪽이 날개 윗면 위쪽으로 올라가 공기의 저항을 받아 조종면이 더 쉽게 내려갈 수 있도록 도와 조종력을 감소시켜준다.

나) 혼 밸런스

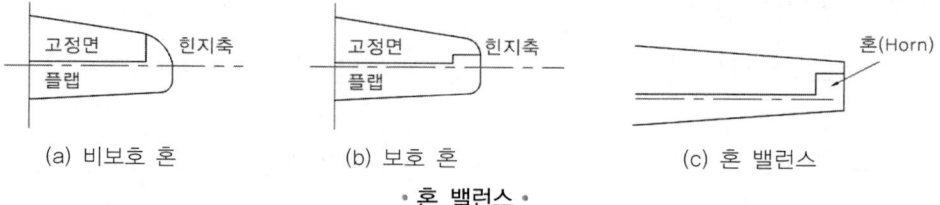

(a) 비보호 혼   (b) 보호 혼   (c) 혼 밸런스

· 혼 밸런스 ·

밸런스 역할을 하는 조종면을 힌지 축 앞쪽으로 추가시킨 장치이다. 힌지 축 앞쪽에 추가된 조종면이 조종면 하강 시 날개 윗면 위쪽으로 올라가 공기의 저항을 받아 조종면이 더 쉽게 내려갈 수 있도록 도와 조종력을 감소시켜 준다.

① **비보호 혼** : 밸런스 부분이 앞전까지 뻗쳐 나온 혼
② **보호 혼** : 밸런스 부분이 앞전까지 뻗쳐 있지 않은 혼

다) 내부 밸런스

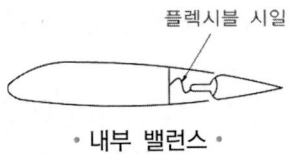

• 내부 밸런스 •

밸런스의 앞쪽이 실(seal)로 연결되어 날개에 밀폐돼 부착되어 있다. 밸런스와 날개의 윗면과 아랫면 사이 틈으로 들어오는 공기가 실의 위쪽과 아래쪽으로의 이동이 불가능해 실의 윗면과 아랫면의 압력차가 생기게 되며, 이 압력을 이용한 밸런스이다. 조종면이 하강하면 날개의 위쪽 압력이 감소하게 되어 실 위쪽의 공기가 빠져나가게 된다. 이로 인하여 실 위쪽의 압력이 감소되면 실 아래쪽에서 위쪽으로 올리려는 힘이 발생하여 조종면이 더 쉽게 아래쪽으로 내려가게 된다.

라) 프리즈 밸런스

비행기가 옆놀이 운동 시 상승하는 날개는 내리흐름을 받아 항력이 증가하게 된다. 이 항력 증가로 인하여 전진하여야 하는 상승 깃이 전진을 못해 회전 방향이 반대가 되려는 현상인 역요잉현상이 발생한다. 이 현상을 줄이기 위

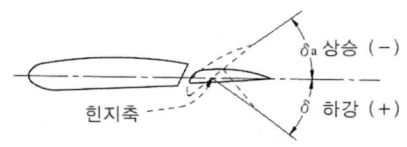

• 프리즈 밸런스 •

하여 상승 깃의 조종면은 조금만 내려 양력을 줄이고, 하강하는 깃의 도움 날개를 많이 올려 도움 날개를 차동으로 움직여주는 것이 좋다. 이런 도움 날개의 움직임에 도움을 주기 위하여 도움날개가 내려갈 때는 조종면을 조금 내려가게 도와주고 올라갈 때는 많이 올라갈 수 있게 도와주는 밸런스를 프리즈 밸런스라 한다. 프리즈 밸런스는 밸런스 앞전 부분을 경사지게 하여 조종면 하강 시는 저항을 줄여 조종력을 유지시키고 조종면 상승 시는 앞전 부분이 날개의 아랫면 밑으로 나와 저항이 생겨 더 쉽게 조종면이 올라갈 수 있도록 도와준다.

마) 매스 밸런스

밸런스 앞전에 추를 장착하여 밸런스의 무게 중심을 힌지 쪽으로 옮겨 밸런스에서 발생하는 진동을 최소화한 밸런스로 공력진동인 플루터(Flutter)를 방지한다.

(4) 탭(tab)

조종면 뒤쪽에 장착되어 조종면과 반대 방향으로 움직여 조종면의 움직임을 도와준다.

① **트림 탭(trim tab)** : 비행 중 조종면을 움직이지 않았는데도 항공기가 한쪽으로 기운다면 조종사는 항공기의 평형을 잡기 위하여 조종면을 움직여 주어야 한다. 이러한 번거로움을 없애기 위하여 조종사가 탭을 움직여 조종면을 조절해 항공기가 기우는 것을 방지할 수 있도록 만든 탭을 말하며, 조종력을 '0'으로 만들어 준다고 표현한다.

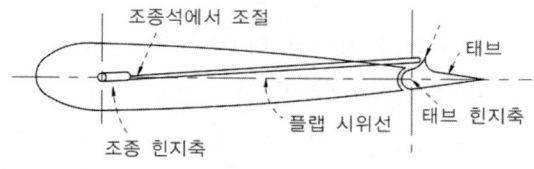

· 트림 태브 ·

② **평형 탭(balance tab)** : 조종면을 움직이면 조종면과 반대 방향으로 움직여 조종력을 경감시켜주는 가장 기본적인 탭이다.

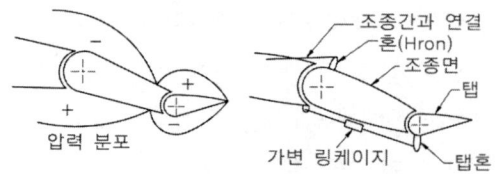

· 밸런스 탭 ·

③ **스프링 탭(spring tab)** : 평형 탭에 스프링을 장착하여 탭의 작용을 배가시킨 탭이다.

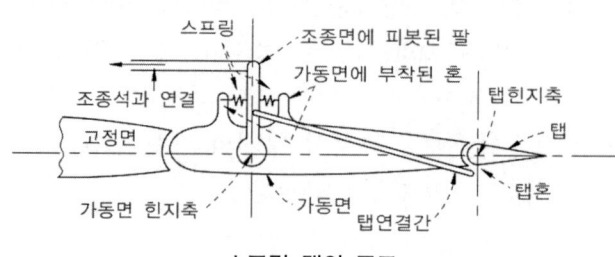

· 스프링 탭의 구조 ·

④ 서보 탭(servo tab, control tab) : 항공기 조종 시 조종면을 움직이지 않고 탭을 움직여 조종면을 조절하는 탭을 말한다.

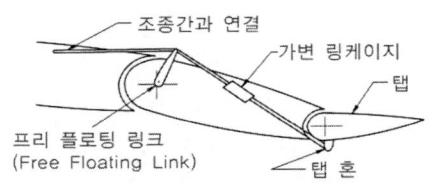

• 서보 혼 컨트롤 탭 •

2 안정과 조종

(1) 정적 안정과 동적 안정

① **평형** : 모든 힘과 모멘트의 합이 무게중심에서 '0'인 상태를 말하며, 항공기가 평형 상태에 있다는 것은 속도와 방향의 변화 없이 정상비행을 하고 있다는 뜻이다.
② **안정성** : 비행기가 외부의 요인으로 평형 상태에서 벗어난 경우 다시 평형 상태로 돌아오려는 경향을 말한다.
③ **조종성** : 비행기를 원하는만큼 움직이기 위한 성능을 말한다.
④ **안정과 조종** : 조종성을 좋게 하면 항공기를 쉽게 움직일 수 있다. 즉 항공기를 안정된 상태에서 쉽게 벗어나게 할 수 있으므로 조종성을 좋게 하면 안정성이 감소하고, 안정성을 좋게 하면 조종성이 감소하는 반비례 관계에 있다.

가) 정적 안정

① 평형상태에서 벗어난 후 다시 평형 상태로 되돌아오려는 초기의 경향을 말한다.
② **정적 중립** : 평형상태에서 벗어난 후 다시 평형 상태로 되돌아오려거나 평형 상태에서 더 멀어지려고도 하지 않고 그 자세를 유지하는 것을 정적 중립이라 한다.

나) 동적 안정

① 평형상태에서 벗어난 후 시간이 지남에 따라 다시 평형 상태로 되돌아오려는 경향을 말하며, 운동의 진폭이 시간이 경과하면 감소한다.
② **동적 중립** : 시간이 지남에도 운동의 진폭이 변화가 없는 경향을 이야기한다.

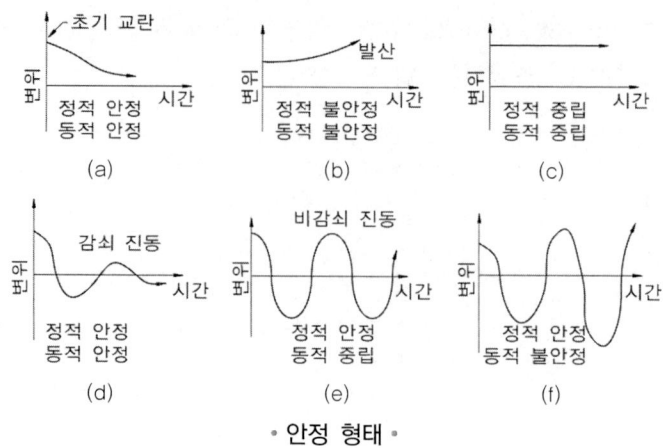

• 안정 형태 •

다) 비행기의 기준축

① **세로축(X축)** : 비행기의 전방에서 후방의 축을 말한다. 세로축을 중심으로 항공기의 가로운동-옆놀이(rolling moment)가 발생하며, 옆놀이를 발생시키기 위해서는 조종면 중 도움날개(aileron)를 움직여야 한다. 세로축을 중심으로 한 가로운동의 안정성을 가로 안정성이라 한다.

② **가로축(Y축)** : 비행기의 날개 끝에서 다른 쪽 끝까지의 축을 말한다. 가로축을 중심으로 항공기의 세로운동-키놀이(pitching moment)가 발생하며, 키놀이를 발생시키기 위해서는 조종면 중 승강키(elevator)를 움직여야 한다. 가로축을 중심으로 한 세로운동에 대한 안정성을 세로안정성이라 한다.

③ **수직축(Z축)** : 비행기의 상하축을 말한다. 수직축을 중심으로 항공기의 방향운동-빗놀이(yawing moment)가 발생하며, 빗놀이를 발생시키기 위해서는 조종면 중 방향키(rudder)를 움직여야 한다. 수직축을 중심으로 한 방향운동의 안정성을 방향안정성이라 한다.

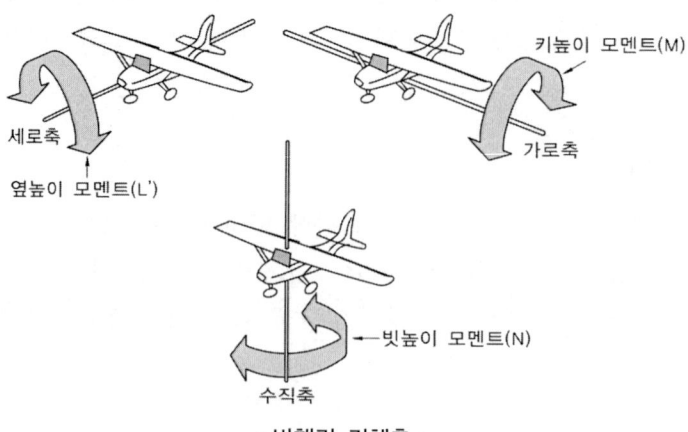

• 비행기 기체축 •

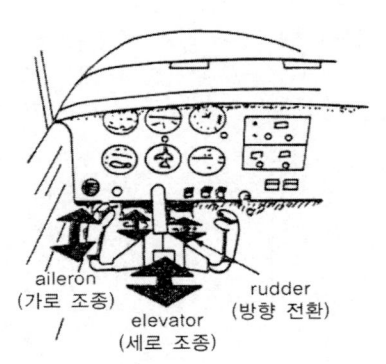 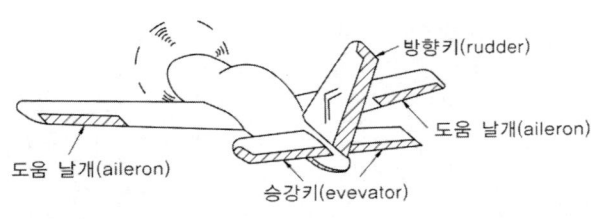

· 조종 계통 ·

(2) 세로 안정과 조종

가) 정적 세로 안정

키놀이 모멘트가 변화되어 처음 평형 상태로 돌아오려는 경향을 말한다.

① 키놀이 모멘트 공식

모멘트 = 힘×거리

키놀이 모멘트 = 양력×시위길이

$$M = \frac{1}{2} \cdot \rho \cdot V^2 \cdot S \cdot C_M \times \overline{C} = q \cdot C_M \cdot S \cdot \overline{C}$$

또는 $C_M = \dfrac{M}{q \cdot S \cdot \overline{C}}$

(M : 키놀이 모멘트, q : 동압, S : 날개 면적, $\overline{C}$: 평균공력시위(MAC), m : 키놀이 모멘트 계수)

② 정적 세로 안정 그래프 : 양력계수 변화에 대한 키놀이 모멘트의 변화를 나타내는 그래프로 그래프의 기울기가 양의 값을 가질 경우 기수가 상승하여 양력계수가 증가 시 키놀이 모멘트도 증가하여 기수가 더욱 상승되어 안정성이 좋지 못하다. 반면에 그래프의 기울기가 음의 값을 가질 경우 기수가 상승하여 양력계수가 증가하면 키놀이 모멘트가 감소하여 기수가 하강하여 안정성이 좋다. 그러므로 정적 세로 안정 그래프는 음의 기울기일 때 정적 세로 안정성이 좋다.

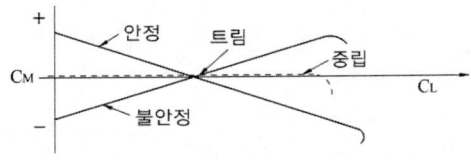

③ 비행기 날개와 무게 중심의 위치 및 수평 꼬리 날개가 정적 세로안정에 미치는 영향

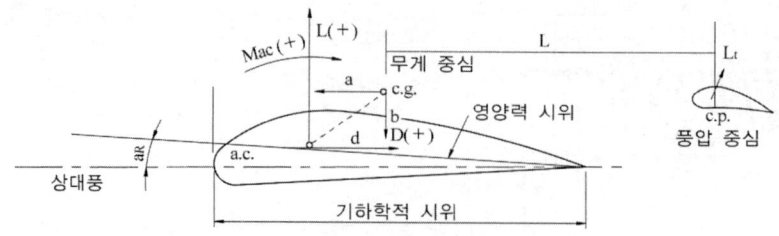

• 날개와 무게 중심 주위의 힘과 모멘트 •

L : 주날개에서 발생하는 양력
D : 항력
L_t : 꼬리날개에서 발생하는 양력
$a.c$: 공기역학적 중심(양력과 항력 발생의 중심점)
$c.g$: 무게중심(모멘트의 중심점)
a : 무게중심과 공력중심 사이의 수평 거리
b : 무게중심과 공력중심 사이의 수직 거리
M_{ac} : 공력중심에서의 멘트

$$M_{cg} = M_{cg\,wing} + M_{cg\,tail} \quad \cdots\cdots\cdots\cdots (a)$$

(M_{cg} : 무게중심에서의 모멘트, $M_{cg\,wing}$: 주날개에서의 모멘트, $M_{cg\,tail}$: 꼬리날개의 모멘트)
주 날개에서의 모멘트는

$$M_{cg\,wing} = M_{ac} + L \cdot a - D \cdot b \quad \cdots\cdots\cdots\cdots (b)$$

키놀이 모멘트 구하는 공식에서 모멘트 계수는

$$C_M = \frac{M}{q \cdot S \cdot \overline{C}} \text{이므로}$$

(b)공식을 $q \cdot S \cdot \overline{C}$로 나누어 계수형으로 바꾸면

$$C_{Mc \cdot g\,wing} = C_{Mac} + \frac{L \cdot a}{q \cdot S \cdot \overline{C}} - \frac{D \cdot b}{q \cdot S \cdot \overline{C}}$$

여기서 $L = q \cdot S \cdot C_L$, $D = q \cdot S \cdot C_D$이므로

$$= C_{Mac} + \frac{q \cdot S \cdot C_L \cdot a}{q \cdot S \cdot \overline{C}} - \frac{q \cdot S \cdot C_D \cdot b}{q \cdot S \cdot \overline{C}}$$

$$= C_{Mac} + C_L \cdot \frac{a}{\overline{C}} - C_D \cdot \frac{b}{\overline{C}} \quad \cdots\cdots\cdots\cdots (c)$$

수평꼬리 날개에서의 모멘트는

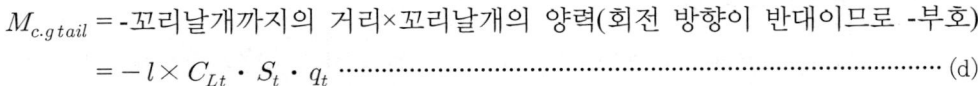

$M_{c.g\,tail}$ = -꼬리날개까지의 거리×꼬리날개의 양력(회전 방향이 반대이므로 -부호)
$= -l \times C_{Lt} \cdot S_t \cdot q_t$ ··· (d)

(d)식을 계수형으로 변경하면

$- C_{Lt} \cdot \dfrac{l \cdot S_t \cdot q_t}{q \cdot S \cdot \overline{C}}$

∴ 전체의 모멘트 계수 $C_{Mc.g}$는

$C_{Mc.g} = C_{Ma.c} + C_L \dfrac{a}{C} - C_D \dfrac{b}{C} - C_{Lt} \cdot \dfrac{l \cdot S_t \cdot q_t}{q \cdot S \cdot \overline{C}}$

㉠ 모멘트가 작아야 안정성이 좋아지므로 무게중심과 공기역학적 중심 간의 수평 거리(a)가 음(-)값을 가지면 안정성이 좋아진다. 즉 무게중심이 공기역학적 중심보다 앞에 위치하면 안정성이 좋아진다.

㉡ 무게중심과 공기역학적 중심 간의 수직거리(b)가 양(+)값을 가지면 안정성이 좋아진다. 즉 무게중심이 공기역학적 중심보다 아래에 위치하여야 안정성이 좋아진다.

㉢ $S_t \cdot l$은 꼬리 부피라 하며, 이 값이 클수록 안정성이 좋다.

㉣ q_t/q를 꼬리날개 효율이라 하며, 이 값이 클수록 안정성이 좋다.

나) 동적세로안정

정적 세로 안정은 키놀이 모멘트의 변화에 따라 비행기가 평형 상태로 되돌아가려는 초기의 경향을 말한다면, 동적 세로 안정은 키놀이 모멘트에 관한 시간에 따른 진폭의 변화를 말한다.

① 장주기 운동
  ㉠ 주기가 20~100초로 매우 긴 운동이다.
  ㉡ 운동에너지와 위치에너지가 교대로 교환된다.
  ㉢ 키놀이 자세, 비행속도, 비행 고도에는 상당한 변화가 있지만 받음각은 거의 일정하다.

② 단주기 운동
  ㉠ 주기가 0.5~5초 사이로 상대적으로 짧은 운동이다.
  ㉡ 외부의 영향을 받은 비행기는 키놀이 감쇠에 의해 진폭이 감쇠되어 평형의 상태로 돌아온다.
  ㉢ 조종간을 자유롭게 하여 감쇠한다.

③ 승강키 자유운동
  ㉠ 승강키를 자유롭게 했을 때 발생하는 아주 짧은 주기의 진동이다.
  ㉡ 주기는 0.3 ~ 1.5초 사이이다.

(3) 가로 안정과 조종
비행기에 옆 미끄럼이 발생 시 처음의 평형상태로 되돌아오려는 경향을 말한다.

가) 정적 가로 안정
① 옆놀이 모멘트 공식
  모멘트 = 힘×거리
  옆놀이 모멘트 = 양력×날개길이
  $$L' = \frac{1}{2} \cdot \rho \cdot V^2 \cdot S \cdot C_{l'} \times b = q \cdot C_{l'} \cdot S \cdot b$$
  $$C_{l'} = \frac{L'}{q \cdot S \cdot b}$$
  (L : 옆놀이 모멘트, q : 동압, S : 날개 면적, b : 날개 길이, $C_{l'}$: 빗놀이 모멘트 계수)

② **정적 가로 안정 그래프** : 옆놀이 모멘트와 옆미끄럼각에 대한 그래프로 +기울기를 가질 경우 옆놀이 모멘트가 증가하면 옆미끄럼각이 증가되므로 평형상태에서 더 멀어지고 -기울기를 가질 경우 옆놀이 모멘트 증가시 옆미끄럼각이 감소하므로 평형상태로 돌아오려는 경향이 있어 안정성이 좋다.

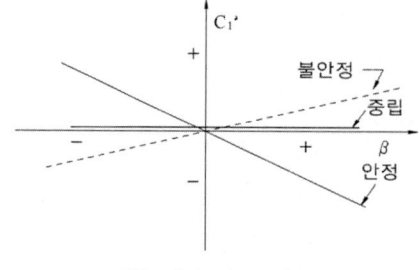

· 옆놀이 모멘트 계수 ·

③ 정적 가로 안정 요소
  ㉠ 날개
    ⓐ 쳐든각 효과(dihedral effect) : 가로 안정성의 가장 중요한 요소로 옆미끄럼 발생 시 쳐든각을 주면 옆미끄럼 방향의 날개에는 양력이 증가하고 반대쪽 날개에는 양력이 감소하여 옆미끄럼 방향과 반대 방향으로 기울어져 평형의 상태로 돌아오게 된다.

ⓑ 뒤젖힘각 효과(sweepback effect) : 뒤젖힘각 효과도 쳐든각 효과와 같이 가로 안정성의 중요한 요소로 뒤젖힘각이 있는 경우 옆미끄럼 발생 시 옆미끄럼 방향의 날개에는 양력이 증가하고 반대쪽 날개에는 양력이 감소하여 평형의 상태로 돌아오게 된다.
- ⓒ 동체 : 동체에 장착하는 날개의 위치에 의하여 가로안정성에 영향을 끼치며, 동체 아래에 부착한 날개는 -3 ~ -4° 정도의 쳐든각 효과가 있고, 동체 위에 부착한 날개는 2 ~ 3° 정도의 쳐든각 효과가 있다. 즉 동체 위에 부착한 날개는 가로 안정성이 좋다.
- ⓓ 수직 꼬리날개 : 옆미끄럼 발생 시 수직꼬리날개의 면적이 크면 저항이 증가하여 옆미끄럼을 방지할 수 있다.

나) 동적 가로 안정

동적 가로 안정에서는 옆놀이 모멘트 발생 시 빗놀이 모멘트가 동시에 발생하므로 옆놀이 모멘트와 빗놀이 모멘트를 동시에 고려하여야 한다.

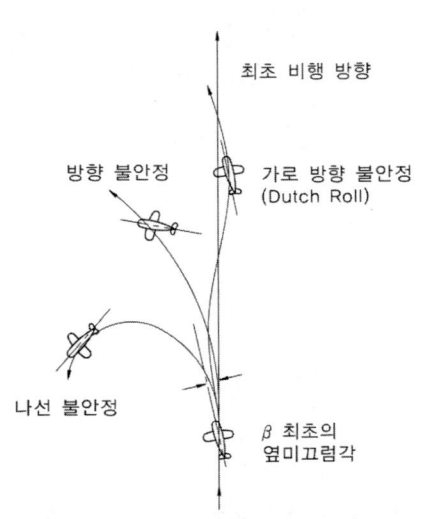

• 가로 및 방향 불안정 •

① **방향 불안정(directional divergence)** : 방향 안정성이 부족하여 발생하는 현상으로 옆미끄럼 발생 시 옆놀이 모멘트와 빗놀이 모멘트가 발생하여 비행기가 선회하게 되면 방향 안정성이 부족하여 기수가 비행기의 회전 방향보다 더 많이 회전하는 경향을 보인다. 동적 가로 안정에서 가장 주의해야 할 요소로 방향 안정성을 증가시키면 감소될 수 있다.
② **나선 불안정(spiral divergence)** : 정적 방향 안정성이 정적 가로 안정성보다 커서 발생하는 현상으로 옆미끄럼 발생 시 옆놀이 모멘트와 빗놀이 모멘트가 발생하여

비행기가 선회하게 되면 방향 안정성이 커 기수가 비행기의 회전 방향보다 적게 회전하려는 경향을 보인다. 나선 불안정은 발산율이 작아 조종의 어려움이 작다.

③ **가로 방향 불안정** : 더치 롤(dutch roll)이라고도 하며, 정적 방향 안정성에 비하여 정적 가로 안정성이 커서 발생하는 현상이다. 옆미끄럼 발생 시 옆놀이 모멘트와 빗놀이 모멘트가 발생하여 비행기가 선회하게 되면 가로 안정성으로 인하여 하강한 날개가 상승하게 되고 날개가 상승하면 방향 안정성에 의하여 기수의 방향이 반대쪽으로 돌아가게 된다. 기수의 방향이 돌아가면 비행기는 기수의 방향으로 옆놀이 모멘트를 시작하게 되고 가로 안정성으로 인하여 다시 하강한 날개가 상승하게 되는 진동이 반복되게 된다. 이 불안정을 예방하기 위해서는 가로 안정성을 감소키기 위해 날개에 처진각을 주면 예방할 수 있다.

(4) 방향 안정과 조종

빗놀이 모멘트가 변화된 경우 처음의 평형상태로 되돌아오려는 경향을 말한다.

① **빗놀이 각** : 기준 방위로부터 비행기의 중심선이 이동한 각도
② **옆미끄럼 각** : 빗놀이 각과 크기는 같고 부호가 반대인 각도

가) 방향 안정성

① 빗놀이 모멘트 공식

모멘트 = 힘×거리

빗놀이 모멘트 = 양력×날개길이

$$N = \frac{1}{2} \cdot \rho \cdot V^2 \cdot S \cdot C_N \times b = q \cdot C_N \cdot S \cdot b$$

또는 $C_N = \dfrac{N}{q \cdot S \cdot b}$

(N : 빗놀이 모멘트, q : 동압, S : 날개 면적, b : 날개 길이, C_N : 빗놀이 모멘트 계수)

② **정적 방향 안정 그래프** : 빗놀이 모멘트와 옆미끄럼각에 대한 그래프로 +기울기를 가질 경우 빗놀이 모멘트가 증가하면 옆미끄럼각이 증가하므로 빗놀이 각은 감소해 평형상태로 돌아오려는 경향을 보이는 것으로 안정성이 좋다. 반면에 −기울기를 가질 경우 빗놀이 모멘트가 증가하면 옆미끄럼 각이 감소하므로 빗놀이 각이 증가해 평형상태에서 멀어지므로 안정성이 좋지 못하다.

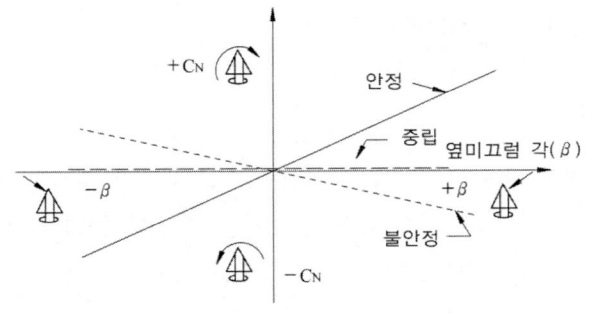

③ 비행기 구성 요소들의 방향 안정성 영향
  ㉠ 수직 꼬리 날개 : 비행기가 옆미끄럼 상태에 들어가면 수직꼬리 날개에 받음각이 변화되어 양력이 발생되고, 이 양력이 기수의 방향을 상대풍의 방향으로 되돌려 평형의 상태로 돌아가게 된다. 따라서 방향 안정성 증가를 위해서는 모멘트의 크기를 크게 하기 위하여 수직 꼬리 날개의 위치를 무게중심에서 최대한 멀리 하는 것이 좋다. 또한 수직 꼬리 날개의 면적을 크게 하는 것이 좋으나 너무 크게 할 경우 항력이 증가한다는 점을 반드시 고려하여야 한다.
    ⓐ 도살핀 : 수직꼬리날개와 동체를 연결하는 큰 판으로 도살핀 장착 시 큰 옆미끄럼 각에서의 안정성이 증가하고, 수직 꼬리 날개의 유효가로세로비를 감소시켜 실속각을 증가시킨다.
  ㉡ 동체, 기관 등에 의한 영향 : 동체와 기관은 방향 안정성에 좋지 않은 영향을 끼치나 큰 미끄럼 각에서는 불안정이 감소하는 영향을 끼쳐 안정성에 도움을 준다.
  ㉢ 추력효과 : 프로펠러 회전면이나 제트기 공기 흡입구가 무게중심 앞에 위치하면 불안정을 유발한다.
④ 방향 안정성의 위험한 상태
    ㉠ 큰 옆미끄럼각   ㉡ 낮은 속도에서의 높은 출력
    ㉢ 큰 받음각   ㉣ 큰 마하수

나) 방향 조종

① 수직축을 중심으로 기수의 방향을 변화시켜 빗놀이 모멘트를 발생시키는 것을 방향 조종이라 하며, 방향키에 의해서 수행된다. 방향키는 위험한 상황에서 충분한 빗놀이 모멘트를 발생시킬 수 있어야 한다.
② **방향키 부유각** : 방향키를 자유롭게 했을 때 방향키가 자유롭게 변위되는 각도를 말하며, 방향키 부유각이 평형을 위한 방향키의 변위각보다 작으면 자유 방향 안정이 존재하지만, 평형을 위한 방향키 변위각과 같아지면 방향키에 고착이 발생하고 방향키 자유 불안정이 존재하게 된다.

③ 고속기의 비행 불안정

(1) 세로 불안정

① **턱 언더(tuck-under)** : 저속 비행기는 속도를 증가시키면 양력이 증가하여 기수를 올리려는 경향이 있으나 고속 항공기는 속도를 증가시키면 항력이 증가하여 오히려 기수가 내려가려는 경향이 생겨 조종간을 당겨야 한다. 이와 같이, 고속에서 속도 증가시 기수가 내려가 조종력을 역작용 시켜야 하는 현상을 턱 언더라 한다.
  ㉠ 턱 언더 방지 방법 : 마하 트리머(Mach trimmer)나 피치 트림 보상기(pitch trim compensator)를 설치

② **피치 업(pitch up)** : 고속으로 하강 비행 시 고도 증가를 위하여 기수를 위로 올릴 때 예상한 각도 이상으로 기수가 들려지는 현상을 말한다.
  ㉠ 피치 업의 원인 4가지
    ⓐ 뒤젖힘 날개의 날개 끝 실속
    ⓑ 조종간을 당길 때 발생하는 뒤젖힘 날개의 비틀림
    ⓒ 하강 시 날개 풍압중심의 앞쪽 이동
    ⓓ 고속 하강 시 수평꼬리 날개의 충격파 발생으로 인한 승강키 효율의 감소

③ **디프 실속** : 수평 꼬리 날개가 높은 위치에 있거나 T형 꼬리 날개 항공기에 발생하는 불안정으로 수평 꼬리 날개가 항공기 받음각 증가시 흐름의 떨어짐에 영향을 받아 효율이 감소되는 현상을 말한다.
  ㉠ 디프 실속 방지법 : 날개 밑에 보틸론(vortilon)이라는 판을 부착한다.

(2) 가로 불안정

① **날개 드롭** : 항공기가 천음속 영역에 들어와 충격파가 발생하게 되면 양쪽 날개에 동시에 충격파가 발생하는 것이 아니라 한쪽 날개에 먼저 충격파가 발생하여 갑작스러운 항력의 증가로 충격파가 발생한 날개가 아래로 내려가는 현상을 말한다.
  ㉠ 날개 드롭 방지법 : 얇은 날개를 사용하여 항력을 줄인다.

② **옆놀이 커플링** : 커플링이란 한 축에 대한 방해가 왔을 때 다른 축에도 방해가 생기는 것을 말한다.
  ㉠ 공력 커플링 : 빗놀이가 발생하면 옆놀이가 같이 발생하는 현상
  ㉡ 관성 커플링 : 옆놀이가 발생하면 키놀이가 같이 발생하는 현상
    ⓐ 옆놀이 커플링 방지법 : 수직 꼬리날개의 면적을 증가하거나 배지느러미 핀(ventral fin)을 장착한다.

05 회전익 항공기의 비행원리

1 회전익 항공기의 비행 성능

(1) 회전익 항공기의 역사

가) 레오나르도 다빈치
① 헬리콥터를 생각한 최초의 인물
② 나선형 날개를 고안

나) 브르게
① 4개의 주회전 날개(Main rotor)를 가진 헬리콥터를 완성
② 동축 역회전식 헬리콥터를 완성

다) 시에르바
① 오토자이로 개발
  ㉠ 오토자이로 : 추력을 발생시키기 위한 프로펠러는 보통 비행기와 같이 기수 앞에 장착하였으나 양력을 얻기 위한 날개 대신에 비행기 위에 양력을 얻기 위한 프로펠러를 장착한 비행기로 날개 대신에 장착한 프로펠러가 스스로 회전하여 양력을 얻지는 못하고 전진하는 속도에 의하여 회전을 하여 양력을 얻게 개발되었다. 오토자이로는 헬리콥터처럼 공중에서 정지비행을 할 수는 없지만, 비행기보다 훨씬 짧은 이·착륙 거리를 가진다.
  ㉡ 플래핑 힌지, 리드-래그 힌지 발명

라) 시코르스키
단일 회전 날개 헬리콥터 개발

마) 카만
최초로 가스 터빈 기관을 사용한 헬리콥터 개발

(2) 회전익 항공기의 종류

① 국제 민간 항공기구(ICAO)에 의한 항공기 분류
  ㉠ 공기보다 가벼운 항공기 : 열기구, 비행선
  ㉡ 공기보다 무거운 항공기 : 고정익 항공기, 회전익 항공기
  ㉢ 회전익 항공기 : 오토자이로, 자이로 콥터, 수직 이착륙기, 헬리콥터

가) 단일 회전 날개 헬리콥터

하나의 주회전 날개와 꼬리 회전 날개를 가진 헬리콥터를 말한다. 주회전 날개가 하나이기 때문에 주회전 날개의 회전력을 견디기 위해 회전 방향의 반대쪽으로 동체가 회전하려는 토크가 발생되며 이 토크를 상쇄시키기 위해 꼬리 회전 날개를 사용한다.

① 장점
  ㉠ 동체와 꼬리 날개와의 거리가 멀기 때문에 동체에 발생하는 토크를 상쇄하기 위한 동력이 다른 헬리콥터에 비하여 적다.
  ㉡ 주회전 날개가 하나여서 조종계통이 단순하다.
  ㉢ 가격이 저렴하다.

② 단점
  ㉠ 동력의 일부를 꼬리날개에 활용하여야 한다.
  ㉡ 동체에서 꼬리 회전 날개까지의 부분이 길어 격납이 불편하다.
  ㉢ 꼬리 회전 날개가 낮게 장착되어 있어 인명에 피해를 줄 수 있다.

나) 동축 역회전식 회전 날개 헬리콥터

동일한 축에 2개의 회전 날개를 장착한 헬리콥터를 말한다.

① 장점
  ㉠ 2개 회전 날개의 회전 방향이 서로 반대여서 동체에 발생하는 토크를 상쇄하기 위한 꼬리날개가 필요하지 않다.
  ㉡ 조종성이 좋고, 양력이 크다.

② 단점
  ㉠ 조종 장치가 복잡하다.
  ㉡ 같은 축에 있는 두 회전 날개에서 발생되는 와류의 영향으로 성능이 저하될 수 있다.
  ㉢ 기체의 높이가 높다.

다) 병렬식 회전 날개 헬리콥터

비행 방향에 대하여 양옆으로 회전 날개를 배치한 헬리콥터를 말한다.

① 장점
　㉠ 주회전 날개가 양옆에 있어 가로 안정성이 좋다.
　㉡ 두 회전 날개의 회전 방향이 반대여서 동체에 발생하는 토크의 상쇄를 위한 장치가 필요 없다.
　㉢ 토크 상쇄를 위한 추가적인 동력소모가 없으므로 양력 발생에 효과적이다.
　㉣ 두 회전 날개 간의 간격이 멀어 와류의 간섭이 적다.
　㉤ 좌·우 회전 날개를 장착하기 위한 부분을 날개 같이 만들어 전진 시 추가 양력을 얻을 수 있다.

② 단점
　㉠ 앞 단면적이 커 항력이 크다.
　㉡ 세로 안정성이 좋지 못하여 꼬리 날개를 많이 장착한다.
　㉢ 무게 중심의 이동이 세로 방향으로 제한적이어서 대형기에 부적합하다.

라) 직렬식 회전 날개 헬리콥터

주회전 날개를 동체의 앞·뒤로 장착한 헬리콥터를 말한다.

① 장점
　㉠ 주회전 날개가 동체에 앞·뒤로 있어 세로 안정성이 좋다.
　㉡ 두 회전 날개의 회전 방향이 반대여서 동체에 발생하는 토크의 상쇄를 위한 장치가 필요 없다.
　㉢ 무게 중심의 이동이 자유로워 대형기 및 수송기에 적합하다.

② 단점
　㉠ 주회전 날개의 동력 전달 기구가 복잡하다.
　㉡ 가로 안정성이 좋지 못하여 수직 안정판을 많이 장착한다.
　㉢ 주회전 날개가 교차하므로 회전속도를 같게 만들어주는 장치가 필요하다.

마) 제트 반동 회전 날개 헬리콥터

동체에 회전 날개를 회전시킬 기관을 장착하는 것이 아니라 주회전 날개 깃 끝에 램제트 기관을 장착한 헬리콥터를 말한다.

① 장점
　㉠ 동체에 기관이 없어 동체에 발생하는 토크가 없다.
　㉡ 기관에서 회전 날개까지의 동력전달 기구가 필요 없다.
　㉢ 조종계통이 단순하다.
　㉣ 동체의 크기를 작게 할 수 있다.
② 단점
　㉠ 회전 날개 끝에 장착된 램 제트기관의 효율이 떨어진다.
　㉡ 연료의 소모율이 크다.
　㉢ 소음이 많이 발생한다.

(3) 회전익 항공기의 구조

가) 회전익 항공기 각 부분의 명칭

① **허브(hub)** : 주회전 날개의 깃과 기관의 동력전달 축의 연결부위
② **주회전 날개** : 양력과 추력을 발생시키는 부분으로 여러 개의 깃(blade)으로 구성되어 있고, 허브에 장착되어 있다.
③ **꼬리 회전 날개** : 단일 회전 날개 헬리콥터에서 주회전 날개에 의해 발생하는 동체의 토크를 상쇄하기 위하여 장착하며, 동체의 방향 변경에도 사용한다.
④ **플래핑 힌지** : 허브와 주회전 날개 깃 사이에 있는 힌지 중 한 종류로 깃이 상하로 움직일 수 있게 해준다.
⑤ **리드-래그 힌지** : 허브와 주회전 날개 깃 사이에 있는 힌지 중 한 종류로 깃이 전후로 움직일 수 있게 해준다.
⑥ **페더링 힌지** : 허브와 주회전 날개 깃 사이에 있는 힌지 중 한 종류로 깃각을 변화시킬 수 있게 해준다.
⑦ **원추각** : 코닝각이라고도 말하며, 주회전 날개의 회전면과 깃 사이의 각도를 말한다. 원추각 발생 원인은 깃이 회전하면 원심력에 의하여 회전면과 같은 방향을 유지하려 하지만 회전 시 양력이 발생하여 깃을 위로 올리기 때문이다.
⑧ **비틀림각** : 주회전 날개 회전 시 회전 선 속도는 깃 끝으로 갈수록 빨라지게 되고, 이로 인하여 날개 끝으로 갈수록 양력이 증가하게 된다. 이 현상을 줄이기 위하여 깃 끝으로 갈수록 받음각이 작아질 수 있도록 깃을 비틀어준다.
⑨ **회전경사판** : 회전경사판은 주회전 날개 각각의 깃과 연결된 회전 경사판과 그 밑에 위치하여 동체에 부착된 비회전경사판으로 나누어진다. 비행 중 비회전경사판을 기울여 추력의 방향을 조절할 수 있다.

나) 회전익 항공기의 회전 날개

① 회전 날개의 지름
  ㉠ 지름이 클수록 정지 성능이 좋다.
  ㉡ 지금이 작을수록 무게가 작아져 비용이 감소한다.

② 깃 끝 속도
  ㉠ 전진비행 시 후퇴 깃은 깃 끝 속도가 빨라야 하며, 날개와 구동계통의 무게가 가벼울 경우 깃 끝 속도가 빨라야 한다.
  ㉡ 전진비행 시 전진 깃의 충격파 발생을 방지 및 소음을 방지하기 위해서는 깃 끝 속도가 느려야 한다.

③ 깃의 면적
  ㉠ 비용을 감소시키고, 무게를 감소시켜 좋은 정지 비행 성능을 위해서는 면적이 작아야 한다.
  ㉡ 깃의 면적이 크면 고속에서 좋은 기동성능을 얻을 수 있다.

④ 깃의 수
  ㉠ 비용을 감소시키고, 허브의 항력 감소, 보관의 용이함을 위해서는 깃의 수가 적어야 한다.
  ㉡ 진동을 줄이기 위해서는 깃의 수가 많아야 한다.

⑤ 깃 비틀림 각
  ㉠ 좋은 정지성능 및 후퇴깃의 실속을 방지하기 위해서는 비틀림 각이 커야 한다.
  ㉡ 전진 비행 시 저진동과 깃의 하중을 감소하기 위해서는 비틀림 각이 작아야 한다.

⑥ 깃 끝 모양
  ㉠ 제작비용의 최소화를 위해서는 직사각형 모양이 좋다.
  ㉡ 직사각형 모양은 압축성 효과 지연 및 소음 감소에 좋지 못하다.

⑦ 깃 테이퍼
  ㉠ 제작비용의 감소 및 설계, 시험을 위해서는 테이퍼가 없어야 한다.
  ㉡ 테이퍼가 크면 좋은 정지 비행 성능을 얻을 수 있다.

⑧ 깃 뿌리길이
  ㉠ 전진하는 깃의 항력을 감소시키기 위해서는 짧을수록 좋다.
  ㉡ 후퇴하는 깃의 항력을 감소시키기 위해서는 길수록 좋다.

(4) 회전익 항공기의 공기 역학

가) 정지비행(hovering)

회전익 항공기가 고도의 변화 없이 전·후, 좌·우의 방향전환이 없는 상태를 말한다.

※ **정지비행 시의 관계식** : L(양력) = W(무게), T(추력) = D(항력) = 0

① **운동량 이론** : 회전 날개에 의하여 들어온 유체의 양이 추력을 만든다는 이론으로 운동량 법칙에 의하여 설명하였다.

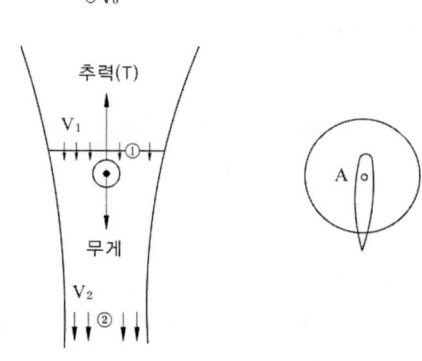

· 회전익 항공기에 작용하는 힘 ·

㉠ 추력구하는 공식

운동량 법칙 : m(질량)·dV(속도의 변화량) = F(힘)·t(시간)

여기서 회전면을 통과하는 유체의 질량 $m = \rho \cdot A \cdot (V_0 + V_1) \cdot t$

속도의 변화량 $dV = (V_2 + V_0) - V_0 = V_2$

∴ T(추력)·t(시간) = $(\rho \cdot A \cdot (V_0 + V_1) \cdot t) \cdot V_2$

$T = \rho \cdot A \cdot (V_0 + V_1) \cdot V_2$ ·· (a)

베르누이의 정리를 활용하여 회전면 전·후의 압력을 나타내면

$P_0 + \dfrac{1}{2} \cdot \rho \cdot V_0^2 = P_1 + \dfrac{1}{2} \cdot \rho \cdot (V_0 + V_1)^2$ ························· 회전면 위

$P_0 + \dfrac{1}{2} \cdot \rho \cdot (V_0 + V_2)^2 = P_2 + \dfrac{1}{2} \cdot \rho \cdot (V_0 + V_1)^2$ ············· 회전면 아래

→ $P_1 = P_0 + \dfrac{1}{2} \cdot \rho \cdot V_0^2 - \dfrac{1}{2} \cdot \rho \cdot (V_0 + V_1)^2$

→ $P_2 = P_0 + \dfrac{1}{2} \cdot \rho \cdot (V_0 + V_2)^2 - \dfrac{1}{2} \cdot \rho \cdot (V_0 + V_1)^2$

$$P_2 - P_1 = \frac{1}{2} \cdot \rho \cdot (V_0 + V_2)^2 - \frac{1}{2} \cdot \rho \cdot V_0^2$$

$$= \frac{1}{2} \cdot \rho \cdot [(V_0 + V_2)^2 - V_0^2]$$

$$= \frac{1}{2} \cdot \rho \cdot (V_2^2 + 2V_0 \cdot V_2)$$

$$= \rho \cdot V_2(\frac{V_2}{2} + V_0)$$

추력 T가 회전면 전·후의 압력차라면 $T = A(P_2 - P_1)$

∴ $T = \rho \cdot A \cdot V_2(\frac{V_2}{2} + V_0)$ ·· (b)

(a)와 (b)는 추력으로 같으므로

$$T = \rho \cdot A \cdot (V_0 + V_1) \cdot V_2 = \rho \cdot A \cdot V_2(\frac{V_2}{2} + V_0)$$

$$\rightarrow V_0 + V_1 = \frac{V_2}{2} + V_0 \rightarrow V_1 = \frac{V_2}{2}$$

∴ $V_2 = 2V_1$

정지 비행 시 $V_0 = 0$이므로

(a)에서 $T = \rho \cdot A \cdot V_1 \cdot V_2 = 2 \cdot \rho \cdot A \cdot V_1^2$

ⓛ 원판하중(D.L) : 회전면의 면적당 무게를 말한다.

$$D.L = \frac{W}{\pi \cdot R^2}$$

ⓒ 마력 하중 = $\frac{W}{HP}$

② 깃 요소 이론 : 깃에 작용하는 양력과 항력 성분을 구하고 깃의 수와 곱하여 회전면에 발생하는 추력을 구하는 이론이다.
③ 와류 이론 : 깃의 뒷전에서 떨어져 나가는 와류의 영향을 포함한 이론이다.

나) 수직 비행

① 와류 고리(vortex ring condition) : 공중 정지 비행 상태에서 수직 하강 속도가 빨라져 회전면에 의한 아래쪽 흐름 속도와 강하 속도가 같아지면 헬리콥터 주위를 둘러싼 고리 모양의 흐름이 발생되며, 이 현상을 와류 고리 현상이라 한다.
② 풍차식 제동(windmill brake) : 헬리콥터의 하강 속도가 회전면에 의한 아래쪽 흐름 속도보다 빠르면 오히려 회전면의 아래쪽에서 위쪽으로 흐름이 흘러 회전 날개를 회전시키는 풍차식 제동 현상이 발생한다.

다) 전진 비행

① 전진 비행 시 깃의 양력과 항력

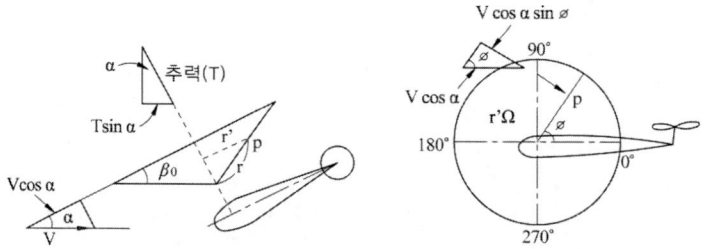

• 전진 비행 중 회전 날개에 작용하는 속도 성분 •

㉠ 전진 비행 시 항공기가 앞으로 기울어지므로 추력 성분 중 전진을 위한 실제 추력(T)의 크기는 $T = T \cdot \sin\alpha$가 된다.
㉡ 전진 비행 시 회전 반지름까지의 거리는 $r' = r \cdot \cos\beta$이다.
㉢ 회전 깃의 회전 속도인 선속도는 $r' \cdot \omega = r \cdot \cos\beta \cdot \omega$ (ω : 회전 각 속도)
㉣ 전진 비행 시 회전면을 통과하는 속도의 성분은 $V \cdot \cos\alpha$가 된다.
㉤ 회전면을 통과하는 속도 성분 중 회전하는 깃에 수직인 흐름 속도는 $V \cdot \cos\alpha \times \sin\phi$이다.
㉥ 깃 요소가 받는 상대속도(V_ϕ)는 회전 깃의 선속도와 회전면을 통과하는 흐름 속도를 더해야 하므로 $V_\phi = V \cdot \cos\alpha \cdot \sin\phi + r \cdot \cos\beta \cdot \omega$

② **역풍영역** : 깃의 회전 각 속도는 깃의 끝과 뿌리가 모두 같으나 깃의 선속도는 깃 끝으로 갈수록 이동 거리가 멀어지므로 속도가 빨라진다. 후퇴 깃의 뿌리는 비행기의 전진 속도가 빠른 경우 깃의 회전 속도보다 비행기의 전진 속도가 빨라질 수 있으며, 이러한 현상이 발생되면 공기의 흐름이 깃의 앞에서 뒤로 흐르는 것이 아니라 깃의 뒤에서 앞으로 흐르게 되고 이러한 현상이 생기는 영역을 역풍영역이라 한다. 역풍영역이 발생되면 양력이 감소하여 비행기에 좋지 않은 영향을 준다.
㉠ 각속도(ω) : 각도를 변환시키는 속도로 반지름에 관계없이 일정하다.
㉡ 선속도 : 회전하는 속도를 말하며 반지름의 길이가 길어지면 선속도는 증가한다.

③ **양력 불균형** : 전진 비행 시 전진 깃은 전진하는 속도와 깃의 회전 속도가 더해져 깃 위의 흐름 속도가 증가하나, 후퇴 깃은 회전 속도에서 전진하는 속도만큼 속도가 감소하여 속도가 감소한다. 이 속도의 차이로 전진 깃과 후퇴 깃의 양력 불균형 현상이 발생하며, 이 현상을 감소시키기 위하여 플래핑 힌지가 개발되었다.

라) 플래핑과 리드-래그

① **플래핑** : 회전 깃을 상하로 움직이게 한 것으로 전진 깃은 양력이 증가하여 깃이 상승하게 되고 후퇴 깃은 양력이 감소하여 하강하게 된다. 이 때 전진 깃이 상승하면 내리흐름이 발생하여 받음각이 감소로 양력이 감소하게 되고 후퇴 깃은 반대로 양력이 증가하게 된다. 이 현상으로 전진 깃과 후퇴 깃의 양력 불균형 현상이 감소하게 된다.

② **코리올리스 효과** : 회전하는 물체는 회전 중심에서는 회전 속도가 빨라지려고 하고 중심에서 멀어지면 회전 속도가 느려지는 현상을 보인다. 이 현상을 코리올리스 효과라 부른다.

③ **리드-래그** : 플래핑 효과로 전진 깃이 상승하게 되면 회전 중심에서 가까워지므로 코리올리스 효과에 의하여 회전 속도가 증가하여 더욱 전진하려고 하고, 후퇴 깃은 양력이 감소하여 하강하게 되므로 회전 중심에서 멀어져 더욱 느려지게 된다. 이 현상으로 전진 깃이 후퇴 깃을 따라가려는 현상이 발생하며, 이 현상을 헌팅(hunting)현상이라 한다. 헌팅 현상이 발생하면 깃은 전·후로 움직이려 하기 때문에 이러한 움직임이 동체의 진동을 만들고 이 진동을 기하학적 불균형이라 한다. 이 기하학적 불균형을 감소시키기 위하여 깃을 전·후로 움직일 수 있게 만든 것이다.

㉠ 리그-래그 효과 : 코리올리스 효과에 의한 깃의 움직임과는 반대로 전진하는 깃은 공기를 정면에서 받아 항력이 증가하여 속도가 감소되고 후퇴하는 깃은 항력이 감소하여 속도가 증가하려는 현상을 말한다. 기하학적 불균형은 코리올리스 효과와 리드-래그 효과에 의한 진동을 말하며 이 기하학적 불균형을 해소하기 위하여 깃을 전·후로 움직일 수 있도록 리드-래그 힌지를 장착하였다.

④ **블로우 백** : 회전하는 물체에 힘을 가하면 섭동성에 의하여 힘이 90° 전진한 곳에서 발생한다. 플래핑 현상에 의하여 전진 깃의 상승 시 양력이 가장 많이 발생하는 곳은 전진 방향의 수직 성분을 받는 곳인 90° 위치이나 섭동성에 의하여 실제 깃은 항공기의 전방에서 상승하게 되고 후퇴 깃은 같은 현상으로 동체 후방에서 하강하게 되어 동체가 뒤쪽으로 기울어지는 현상이 발생하게 된다. 이 현상을 블로우 백이라 한다.

마) 회전 경사판

① **동시 피치 조종간(collective pitch control lever)** : 회전 깃의 피치를 동시에 증가시키거나 감소시키는 조종간으로 피치를 동시에 증가 시 양력이 증가하여 비행기가 상승하고, 피치감소 시 양력이 감소하여 비행기가 하강한다.

② **주기적 피치 조종간(cyclic pitch control lever)** : 회전 깃의 원하는 부분의 피치를 조절할 수 있다. 동체의 전방부위의 회전 깃 피치를 증가시키면 후방부의 회전 깃 피치가 감소되며, 회전 깃의 오른쪽 피치를 증가하면 왼쪽 피치는 감소하게 된다. 이러한 피치 조절을 통하여 비행기의 전·후, 좌·우 비행을 가능하게 할 수 있다. 또한 블로우 백 현상 발생 시 활용할 수 있다.

바) 자동회전(auto rotation)

회전익 항공기의 기관 고장 시 항공기의 하강 속도에 의하여 회전 날개를 회전시켜 최소한의 양력을 발생시키는 것을 말한다. 자동회전을 위해서는 기관 고장 시 회전 날개와 기관의 구동축을 분리시키는 장치가 필요하며, 이 장치를 자유회전장치(free wheeling unit)라 한다. 자동회전 시 항공기의 하강 속도에 의한 회전 날개를 회전 시키려는 힘과, 항력이 서로 상쇄되어 회전 속도는 일정하게 유지된다.

사) 지면효과

① 이·착륙 시 고도가 감소하여 지면과 가까워지면 양력이 증가하는 현상을 말한다. 이 효과는 고정익 항공기도 동일하게 발생한다.
② 회전익 항공기에서 지면효과가 가장 많이 발생되는 높이는 주회전 날개의 반지름 정도의 높이이다.

아) 회전의 항공시 수평속도 제한의 원인

① 후퇴하는 깃의 날개 끝 실속
② 후퇴하는 깃뿌리의 역풍영역
③ 전진하는 깃 끝의 충격파

06 프로펠러

1 프로펠러의 성능

(1) 프로펠러의 추력

가) 프로펠러의 추력 공식

운동량 법칙

$$F \cdot t = m \cdot V \quad \cdots \cdots (a)$$

유체의 질량 유량

$$\frac{m}{t} = \rho \cdot A \cdot V \quad \cdots \cdots (b)$$

(b)를 (a)에 대입

$$F \cdot t = (\rho \cdot A \cdot V \cdot t) \cdot V$$

$$\therefore F = \rho \cdot A \cdot V^2$$

여기서 프로펠러의 추력은

$F = \rho$(공기밀도)$\cdot A$(프로펠러 회전면의 넓이)$\cdot V^2$(프로펠러 깃의 선 속도)

$$A = \frac{\pi D^2}{4}, \quad V = 2\pi nr = \pi nD (n : \text{RPM}, \ D : \text{지름})$$

$$\therefore F = \rho \cdot \frac{\pi D^2}{4} \cdot (\pi nD)^2$$

$$= \frac{\pi^2}{4} \cdot \rho \cdot n^2 \cdot D^4$$

→ 추력 계수를 넣어 표현하면

$$F = C_t \cdot \rho \cdot n^2 \cdot D^4$$

나) 프로펠러의 토크 공식

토크는

$Q =$ 추력×지름

$$\therefore Q = C_t \cdot \rho \cdot n^2 \cdot D^4 \times D$$

토크 계수를 넣어 표현

$$Q = C_q \cdot \rho \cdot n^2 \cdot D^5$$

다) 프로펠러의 동력 공식

동력은

$P = $ 추력×속도

$\therefore P = C_t \cdot \rho \cdot n^2 \cdot D^4 \times \pi \cdot n \cdot D$

$\quad = C_t \cdot \pi \cdot \rho \cdot n^3 \cdot D^5$

동력 계수를 넣어 표현

$P = C_p \cdot \rho \cdot n^3 \cdot D^5$

라) 유도속도에 의한 추력

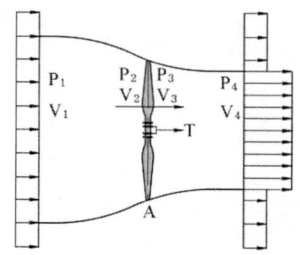

※ 유도속도(w) : 프로펠러에 의하여 순수하게 증가된 속도를 말한다.

T(추력)은 운동량 법칙에 의하여

$T = (\rho \cdot A \cdot V_3) \times (V_4 - V_1)$ ·· (a)

$V_3 = V_1 + w$ ·· (b)

유도속도(w) = 프로펠러에 의한 속도변화의 평균값 = $\dfrac{V_4 - V_1}{2}$

$V_4 = V_1 + 2w$ ·· (c)

(b), (c)를 (a)에 대입

$T = \rho \cdot A \cdot (V_1 + w) \times (V_1 + 2w - V_1)$

$\quad = \rho \cdot A \cdot (V_1 + w) \cdot 2w$

$\quad = 2 \cdot \rho \cdot A \cdot (V_1 + w) \cdot w$

(V_1 : 항공기 속도, V_4 : 프로펠러 하류 공기속도)

(2) 프로펠러의 효율

$$\eta_p = \frac{프로펠러가 발생한 동력}{프로펠러 축에 전달된 동력} = \frac{T \cdot V}{P}$$

$$= \frac{C_t \cdot \rho \cdot n^2 \cdot D^4 \cdot V}{C_p \cdot \rho \cdot n^3 \cdot D^5} = \frac{C_t}{C_p} \cdot \frac{V}{n \cdot D}$$

여기서 $\frac{V}{n \cdot D}$ 를 진행률이라 한다.

(3) 프로펠러에 작용하는 힘과 응력

① **추력과 휨 응력** : 추력은 항공기를 앞으로 끄는 힘으로 프로펠러가 추력을 받으면 앞쪽으로 휘어지는 휨 응력을 받는다. 그러나 이 응력은 프로펠러의 원심력에 의하여 상쇄되어 휨 현상이 크게 발생하지는 않는다.
② **원심력에 의한 인장력** : 프로펠러의 회전으로 원심력이 발생하면 원심력은 깃을 밖으로 끌어당기는 힘이므로 원심력에 의한 인장력이 발생한다.
③ **비틀림과 비틀림 응력** : 공기력 비틀림은 회전할 때 공기력 중심이 깃의 앞전 쪽으로 이동되므로 깃의 피치를 크게 하려는 방향으로 작용되며, 원심력에 의한 비틀림은 깃의 피치를 작게 하려는 방향으로 작용한다.

2 프로펠러의 구조

(1) 프로펠러 깃

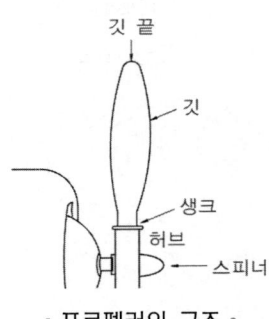

• 프로펠러의 구조 •

① **프로펠러** : 2개 이상의 깃이 허브(hub)에 장착된 것을 말한다.
② **깃 생크** : 깃의 뿌리 부분으로 허브와 깃을 연결시키며 추력이 발생되지 않는다.

③ 깃 끝 : 깃의 가장 끝 부분으로 색을 칠하여 회전 범위를 나타낸다.
④ 깃 커프스(blade cuffs) : 추력 증가를 위하여 깃 생크 부분도 날개골 모양을 유지한 장치를 말한다.
⑤ 깃의 위치 : 허브의 중심부터 깃 끝까지 일정한 간격으로 위치를 표시한 것으로 일반적으로 6인치 간격으로 표시한다.
⑥ 깃 각 : 회전면과 깃의 시위선이 이루는 각도를 말한다.
⑦ 받음각 : 비행기의 속도에 의하여 프로펠러에 들어오는 공기의 성분이 날개에 발생하는 내리흐름 같은 효과를 발생시켜 감소된 받음각을 말한다.
⑧ 유입각(피치각) : 깃각에서 받음각을 뺀 각으로 유효피치를 만들어 주는 각이다.

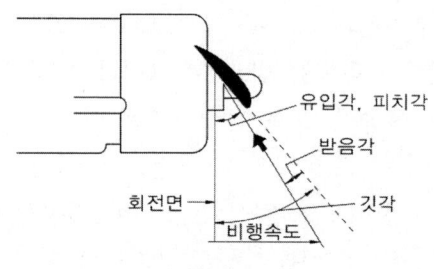

· 프로펠러의 깃각 ·

⑨ 깃 끝 속도 : 깃 끝의 선속도와 비행 속도의 합성 속도를 말한다.

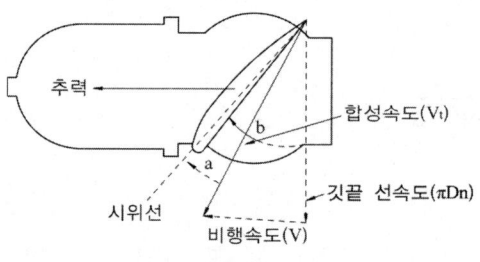

· 깃끝 속도 ·

$$V_t = \sqrt{V^2 + (2\pi n r)^2} = \sqrt{V^2 + (\pi n D)^2}$$

(2) 프로펠러 피치

가) 기하학적 피치

프로펠러 1회전 시 전진하는 이론적인 거리를 말한다.

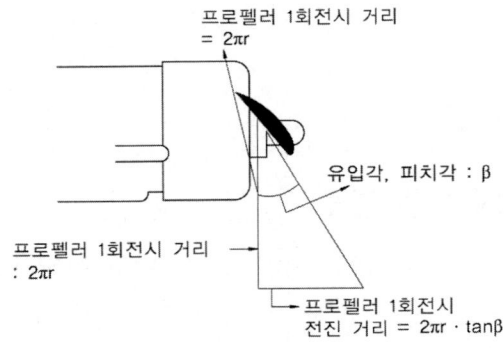

기하학적 피치 = $2\pi r \cdot \tan\beta$

나) 유효 피치

프로펠러 1회전 시 전진하는 실제 거리를 말한다.

$n(\text{rpm}) = \dfrac{회전수}{분} \rightarrow \dfrac{n}{60} = \dfrac{회전수}{초} = 초당\ 회전수$

$\dfrac{60}{n} = \dfrac{초}{회전수} = 1회전\ 시\ 걸리는\ 시간$

$속도 = \dfrac{거리}{시간} \rightarrow 거리 = 속도 \times 시간$

$\therefore\ 유효\ 피치 = 속도 \times 1회전\ 시\ 걸리는\ 시간 = V \cdot \dfrac{60}{n}$

다) 프로펠러 슬립

일반적으로 이론적으로 계산한 기하학적 피치가 실제 이동한 거리인 유효 피치보다 크며 이 차이를 기하학적 피치로 나누어 백분율로 표시한 것을 프로펠러의 슬립이라 한다.

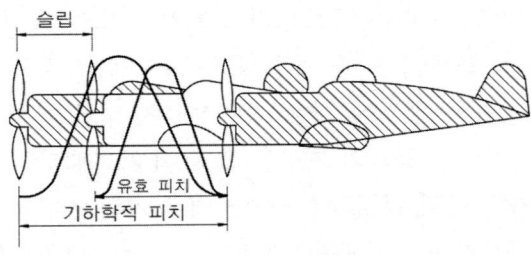

· 프로펠러 슬립 ·

$$\text{프로펠러 슬립} = \frac{\text{기하학적 피치} - \text{유효피치}}{\text{기하학적 피치}} \times 100(\%)$$

$$= \frac{2\pi n \cdot \tan\beta - Vn \cdot \frac{60}{n}}{2\pi n \cdot \tan\beta} \times 100(\%)$$

③ 프로펠러의 종류

(1) 깃의 사용 재료에 따른 분류

① **목제 프로펠러** : 사용 재료로는 서양 물푸레 나무, 자작나무, 벚꽃나무, 마호가니, 호두나무, 껍질흰떡갈나무 등이 사용되며, 습기 보호를 위하여 도프용액으로 도장한다.
  ㉠ 장점 : 가볍고 값이 싸며 제작 공정이 쉽다.
  ㉡ 단점 : 300마력 이상의 기관에 사용이 불가능하며, 수명이 길지 못하다.
② **금속제 프로펠러** : 사용 재료로는 알루미늄 합금, 강 등을 단조하여 제작한다.
  ㉠ 장점 : 강도가 높고 내구성이 좋다.
  ㉡ 단점 : 제작비가 비싸다.

(2) 피치 변경 방법에 따른 분류

① **고정피치 프로펠러** : 깃각이 고정되어 조절이 불가능하다. 순항 성능에 프로펠러 효율이 가장 좋게 깃각을 가진다.
② **조정피치 프로펠러** : 지상에서 프로펠러가 회전하지 않을 때 정비사에 의하여 깃각을 조절할 수 있는 프로펠러이다.
③ **가변피치 프로펠러**
  ㉠ 2단 가변 피치 프로펠러 : 조종사가 비행 중 고피치와 저피치를 선택할 수 있으며, 고속 시에는 고피치, 이륙과 착륙 같은 저속 시에는 저피치를 사용한다.
  ㉡ 정속 프로펠러 : 프로펠러의 효율을 증가시키기 위해 피치를 자유롭게 변화 시키며, 피치 변화에 따라 프로펠러의 회전 속도를 일정하게 만들어주는 프로펠러를 말한다. 프로펠러 중 가장 좋은 효율을 가지고 있다.
  ※ 조속기 : 정속 프로펠러에 사용되는 장치로 프로펠러의 회전 속도가 과도하면 피치각을 증가시켜 공기의 저항을 크게 해 프로펠러의 회전 속도는 감소시키고, 회전 속도가 느리면 피치각을 감소시켜 공기의 저항을 감소해 프로펠러의 회전 속도를 증가시킨다. 이 작용으로 프로펠러는 일정한 속도를 유지할 수 있다.

④ 완전 페더링 프로펠러 : 비행 중 기관 고장 시 프로펠러의 회전도 정지하므로 프로펠러의 깃 각이 작을 경우 프로펠러가 공기의 저항 성분이 되어 항력이 증가한다. 이 현상을 줄이기 위하여 기관 고장 시 프로펠러의 깃각을 비행기의 진행방향과 수평하게 만들어 주는 것을 페더링이라 말하며, 정속 프로펠러에 페더링 기능을 추가한 프로펠러를 완전 페더링 프로펠러라 한다.
⑤ 역 피치 프로펠러 : 착륙 후 프로펠러의 깃각을 반대로 만들어 추력 성분을 반대로 돌려 착륙 거리를 감소시키는 프로펠러를 말한다.

(3) 프로펠러의 장착 방법에 따른 분류

① 견인식 : 프로펠러가 비행기의 앞에 장착되어 항공기를 앞에서 끌고 가는 형식의 프로펠러를 말한다.
② 추진식 : 프로펠러를 비행기의 뒷부분에 장착하여 프로펠러의 추력으로 비행기를 밀게 하는 형식을 말한다.
③ 이중 반전식 : 프로펠러를 비행기의 앞부분이나 뒷부분에 이중으로 장착하고 두 프로펠러의 회전 방향을 서로 반대로 한 것으로, 프로펠러 회전에 의한 동체 회전을 방지할 수 있다.
④ 탠덤식 : 비행기 앞에는 견인식, 뒤에는 추진식을 모두 장착한 프로펠러를 말한다.

MEMO

C·H·A·P·T·E·R

2

필기편

항공기관

Chapter 2 항공기관

01 항공기 기관의 개요

1 항공기 기관의 개요 및 분류

(1) 기관의 개요

가) 왕복기관의 발달

① 1876년 독일의 아우구스트 오토(August Otto)와 오이겐 란젠(Eugen Langen)에 의해 최초의 4행정 기관이 개발되었다.

② 1903년 미국의 라이트(Wright) 형제가 가솔린 왕복기관을 항공기에 장착하여 최초의 동력 비행에 성공하였다.

　㉠ 최초의 동력비행기 제원 : 4개의 실린더와 알루미늄 합금의 크랭크 케이스를 사용하였으며, 냉각방법은 수냉식을 사용하였다. 또한 고압 마그네토에 의한 점화방식을 사용하였다.

③ 개발 단계

　㉠ 로터리형 성형기관(rotary type radial engine) : 일반적인 성형기관과는 다르게 크랭크 축이 고정되어 있고, 실린더가 크랭크 축 주위를 회전하는 기관이다.

④ 발전 단계

　㉠ 1차 세계대전 이후 군용기와 상업용 항공기에 다양한 형식의 왕복기관이 사용되어졌다. 이러한 항공기들이 2차 세계대전 시에도 중심적 역할을 하였으며, 대표적으로 3실린더 성형 기관, 4실린더 팬형 기관, X형 기관 등이 있다. 또한 성형기관, 직렬형 기관, 대향형 기관 등이 이와 함께 개발되었다.

　㉡ 성형 기관과 대향형 기관은 신뢰성이 좋아 가장 널리 사용되었고, 2차 세계대전 시에는 대부분의 폭격기와 수송기에 성형 기관이 주로 사용되었다.

나) 가스터빈기관의 발달

① 1937년 영국의 프랭크 휘틀(Frank Whittle)에 의해 순수한 반작용력을 이용한 터보제트기관이 개발되었다. 오늘날의 가스터빈엔진의 기본구성품인 압축기, 연소실, 터빈을 장착하고 최초로 시운전한 기관이다.
② 1939년 독일에서 HeS-3b 터보제트기관을 장착한 항공기의 시험 비행이 최초로 성공하였다.
③ 1948년 영국에서 최초로 터보프롭기관을 장착한 민간용 항공기가 시험 비행에 성공하였고, 이어 롤스로이스사에서 제작한 터보프롭기관이 세계 최초의 민간수송기 운항을 시작하였다.
④ 1949년 영국에서 터보제트기관을 장착한 여객기의 시험 비행이 성공한 이후 1952년 본격적으로 터보제트기관을 장착한 여객기의 운항을 시작하였으나, 당시의 항공기가 공중 폭발사고가 계속 발생하여 비행이 중단되었다.
⑤ 1958년 미국 보잉사에서 군사용으로 개발한 Pratt & Whitney 터보제트기관을 보잉707기에 장착하여 상업용 터보제트 항공기 운송 사업이 본격적으로 시작하였다.

(2) 기관의 분류

가) 열기관의 분류

① 내연기관 : 연료를 기관 내부에서 직접 연소시켜 열에너지를 기계적 에너지로 변환시키는 기관이다.(왕복기관, 회전기관, 가스터빈기관)
② 외연기관 : 연료를 기관 외부에서 연소시켜 발생된 열에너지를 물과 같은 유체에 전달하여 상태를 변화시키고, 이러한 에너지를 기관에 전달/작동하여 기계적 에너지를 얻는 기관이다.(증기기관, 증기터빈기관)

나) 기관의 분류

① 왕복기관(reciprocating engine)
② 가스터빈기관(gas turbine engine)
③ 펄스제트기관(pulse jet engine)
④ 램제트기관(ram jet engine)
⑤ 로켓기관(rocket engine)

② 열역학 및 항공기관 사이클

(1) 열역학 기본 법칙

가) 용어의 정의

① 일(work) : 힘이 물체에 작용하여 물체를 움직이게 하는 것이다.
  ㉠ 단위 : 줄(joule, J), $1J = 1N \cdot m$

② 동력(power) : 단위 시간에 할 수 있는 일의 능력이다.
  ㉠ 단위 : 킬로와트(kW), 마력(PS),
  ㉡ 1HP (영국마력) = $550lb_f \cdot ft/s$ = $33,000lb_f \cdot ft/m$ = 0.746kW
  ㉢ 1PS (미터마력) = $75kg \cdot m/s$ = 0.735kW

③ 온도(temperature) : 따뜻함과 차가움의 정도를 나타내는 수치이다.
  ㉠ 단위 : 섭씨(℃), 화씨(℉)
  ㉡ ℃와 ℉의 관계 : $t_c = \frac{5}{9}(t_f - 32)$ 또는 $t_f = \frac{9}{5}t_c + 32$

④ 절대온도 : 물질의 특이성에 의존하지 않는 절대적인 온도를 나타낸다.
  ㉠ 단위 : 캘빈온도(Kelvin, K, T_c), 랭킨온도(Rankin, R, T_f)
  ㉡ T_c와 T_f의 v 관계 : $T_c = t_c + 273$ 또는 $T_f = t_f + 460$

⑤ 비열(specific heat) : 어떠한 물질 1g의 온도를 1℃만큼 상승시키는데 필요한 열량이다.
  ㉠ 단위 : kcal/kg · [℃]
  ㉡ 종류 : 정압비열(압력이 일정, C_p), 정적비열(체적이 일정, C_v)

⑥ 비체적(specific volume) : 단위질량의 물질이 차지하는 체적을 말한다.(단위 : [m^3/kg], v)

⑦ 밀도(density) : 단위체적의 물질이 차지하는 질량을 말한다.(단위 : [kg/m^3], ρ)

⑧ 압력(pressure) : 물체와 물체의 접촉면 사이에 수직으로 작용하는 힘을 말한다.
  ㉠ 단위 : kg_f/cm^2, N/m^2, 바(bar), 수은주(mmHg or inHg)
  ㉡ 표준기압(atm) = 760mmHg = 10.33m(H_2O) = $1.033kg_f/cm^2$ = 1.013bar = 14.7psi = 29.92inHg
  ㉢ 종류 : 게이지 압력(gauge pressure, 대기압 기준으로 측정), 절대 압력(absolute pressure, 완전 진공상태의 기압을 기준으로 측정)
  ㉣ 절대 압력 = 대기압 + 게이지 압력

나) 계와 주위

① **계(system)** : 물질들이 일정한 구성 요소를 가지고 있고, 어떠한 표면으로 완전히 둘러싸인 물질들의 집합체를 말한다. 계는 열역학상 해석이 용이하도록 관찰자가 어떠한 물체를 구체적으로 정하기도 하지만, 가상의 공간으로 정할 수도 있고 이동도 가능하다.

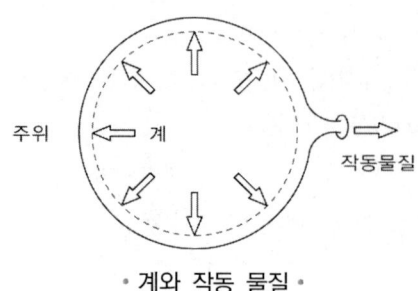

· 계와 작동 물질 ·

㉠ 밀폐계(closed system) : 작동유체는 이동하지 못하고, 에너지의 교환만 이루어지는 계이다.
㉡ 개방계(open system) : 작동유체와 에너지가 모두 계와 주위 사이를 이동할 수 있는 계이다.

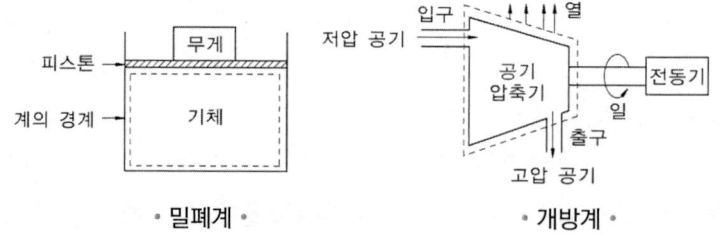

· 밀폐계 ·   · 개방계 ·

② **경계(boundary)** : 계와 주위를 구분시켜준다.
③ **주위(surrounding)** : 계와 경계에 포함되지 않는 부분을 주위라 한다.
④ **과정(process)** : 계 내부의 물질이 현재 상태에서 다른 상태로 변화할 때의 경로를 말한다.
⑤ **사이클(cycle)** : 어떤 계가 임의의 과정을 거쳐 다시 처음의 상태로 되돌아올 때를 사이클이라 한다.
⑥ **비중(specific gravity)** : 어떤 물질의 질량과, 같은 부피를 가진 표준물질의 질량과의 비율의 무차원수를 말한다.

다) 열역학 제1법칙(에너지 보존의 법칙)

① 에너지 보존의 법칙은 에너지는 여러 가지 형태로 변환이 가능하나 절대적인 양은 일정하다는 것으로 이해할 수 있다.
② 제1종 영구기관 : 외부로부터 에너지를 공급받지 않고, 힘을 가해 정지시키지 않는 한 영구적으로 에너지를 낼 수 있는 기관을 말한다.

라) 열역학 제2법칙(엔트로피의 법칙)

① 엔트로피(entropy, 무질서도) : 자연현상은 한 쪽으로만 진행되고, 역으로는 진행되지 못하기 때문에 다시 원래의 상태로 환원될 수 없게 되는 현상이다.
  ㉠ 이상기체 상태방정식 : 비열이 일정한 이상 기체에 대해 압력(P), 비체적(v), 온도(T)의 상관관계를 나타낸 것이다.

   ※ $PV = nRT$ or $\dfrac{P_1 v_1}{T_1} = \dfrac{P_2 v_2}{T_2}$

  ㉡ 등온과정 : 온도가 일정하게 유지되는 과정을 말한다.
  ㉢ 정적과정 : 체적(비체적)이 일정하게 유지되는 과정을 말한다.
  ㉣ 정압과정 : 압력이 일정하게 유지되는 과정을 말한다.
  ㉤ 가역단열과정(등엔트로피과정) : 마찰 등의 손실을 동반하지 않는 단열과정을 말한다.

② 제2종 영구기관 : 단 하나의 열원으로부터 열량을 공급받아 외부에 대한 일로 계속하여 바꾸어 주는 기관을 말한다.
③ 가역과정(이상적 과정) : 계가 어떤 상태에서 다른 상태로 변화된 후에 계와 주위에 아무런 영향을 주지 않으면서 처음의 상태로 되돌아올 수 있는 과정을 말한다. (역학적 에너지 → 열에너지 → 역학적 에너지, 자연계에서는 존재하지 않는다.)
④ 비가역과정 : 물체의 역학적 에너지가 열에너지로 변화할 수는 있지만, 반대의 변화는 일어날 수 없다.(자연계는 모두 비가역과정이라 할 수 있다.)
⑤ 카르노 사이클(Carnot cycle) : 열기관에 있어서 이론적으로 가장 효율이 좋은 이상적 사이클이 바로 카르노 사이클이라 하겠다. 이 사이클은 2개의 등온과정과 2개의 단열과정으로 구성되어 있는데, 등온과정에서 열이 사용 가능한 일로 변환되고 다시 단열과정에서 내부 에너지가 일로 변환된다는 사이클이다. 하지만 실제로 이러한 변화는 일어날 수 없기 때문에 실제 기관이 이상적인 사이클과 비교해 어느 정도의 열효율을 나타내는지를 판단하는 의미로만 사용된다.
  ㉠ 엔트로피 : 가역 과정에서 작동유체를 출입하는 열량을 절대온도로 나눈 값을 엔트로피라 한다.

(2) 항공기관 사이클 해석

가) 왕복기관의 기본 사이클

① 오토 사이클(Otto cycle, 정적 사이클)

㉠ 1876년 독일의 오토(Otto)에 의해 창안된 동력 사이클로, 열공급이 정적하에서 이루어지고 항공기용 왕복기관과 같은 전기식 내연기관의 기본 사이클로 사용된다.

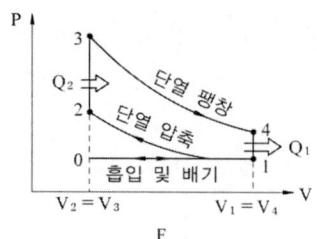

• 오토사이클의 P-v 선도 •

㉡ 작동원리 : 흡입, 압축, 폭발, 배기의 4행정으로 이루어져 있다.
- 0 → 1 과정 : 흡입 과정
- 1 → 2 과정 : 단열 압축 과정
- 2 → 3 과정 : 정적 가열 과정
- 3 → 4 과정 : 단열 팽창 과정
- 4 → 1 과정 : 정적 방열 과정
- 1 → 0 과정 : 배기 과정

㉢ 지시마력(indicated horsepower) : 실린더 내의 기체가 피스톤에 가한 힘을 지시마력으로 표시한다.

$$iHP = \frac{P_{mi}LANK}{75 \times 2 \times 60}$$

- P_{mi} : 지시평균유효압력(kg/cm^2)
- L : 행정거리(m)
- A : 실린더의 단면적(m^2)
- N : 실린더당 분당 회전수(rpm)
- K : 실린더 수

㉣ 제동마력(brake horsepower) : 엔진에 의해 프로펠러나 다른 장치를 구동하기 위해 얻어지는 실제적인 마력을 제동마력으로 표시한다.

$$bHP = \frac{P_{mb}LANK}{75 \times 2 \times 60}$$

- P_{mb} : 제동평균유효압력(kg/m²)
- L : 행정거리(m)
- A : 실린더의 단면적(m²)
- N : 실린더당 분당 회전수(rpm)
- K : 실린더 수

※ 지시마력(iHP), 제동마력(bHP), 마찰마력(fHP)의 관계

$iHP = fHP + bHP$

$bHP = iHP - fHP$

$fHP = iHP - bHP$

ⓐ 기계효율(mechanical efficiency) : 제동마력과 지시마력의 비로 나타낸다.

$$\eta_m = \frac{bHP}{iHP}$$

- 실제적인 기계효율은 약 90% 정도이다.
- 연료의 발열량을 100%로 할 때, 배기가스 34%, 냉각 28.5%, 마찰 9.5%의 손실이 있고, 제동일은 28%이다.

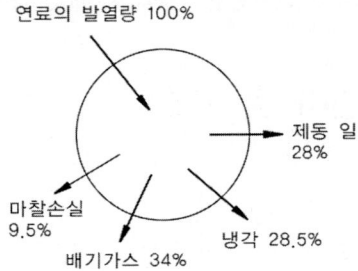

ⓑ 제동열효율 : 제동마력과 단위시간당 기관이 소비한 열에너지의 비를 말한다.

나) 가스터빈기관 기본 사이클

① 브레이턴 사이클(Brayton cycle, 정압 사이클)

㉠ 1872년 브레이턴에 의해 고안된 가스터빈기관의 기본 사이클이다. 압축기에서 압축된 공기는 연소실로 들어가 정압 연소되어 열을 공급하기 때문에 정압 사이클이라고도 한다.

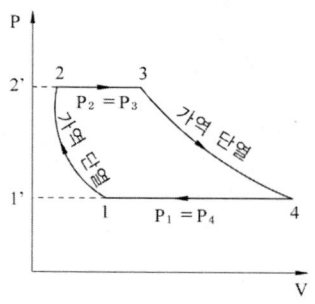 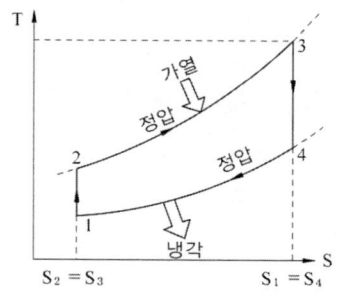

· 브레이컨 사이클의 P-v 선도 ·   · 브레이컨 사이클의 T-Sv 선도 ·

   ⓒ 작동원리 : 2개의 단열과정과 2개의 정압과정으로 이루어진다.
- 1 → 2 과정 : 단열 압축 과정
- 2 → 3 과정 : 정압 가열 과정
- 3 → 4 과정 : 단열 팽창 과정
- 4 → 1 과정 : 정압 방열 과정

02 항공기 왕복기관

① 왕복기관의 작동원리 및 구조

(1) 종류와 특성

가) 종류별 분류 및 특성

① 행정 수에 따른 분류 : 2행정, 4행정
② 냉각 방법에 따른 분류 : 증발식, 액랭식, 공랭식
③ 실린더 배열 방법에 따른 분류 : X형, V형, 성형, 대향형, 직렬형
④ 사용 연료에 따른 분류 : 가솔린 기관, 가스 기관, 디젤 기관, 석유 기관
⑤ 열역학적 사이클에 따른 분류 : 정적 사이클 기관, 정압 사이클 기관, 복합 사이클 기관
⑥ 점화 방법에 따른 분류 : 열점 점화 기관, 압축 점화 기관, 전기 점화 기관
⑦ 회전 속도에 따른 분류 : 저속 기관, 중속 기관, 고속 기관
⑧ 연료 공급 방법에 따른 분류 : 기화기 기관, 연료 분사 기관
⑨ 용도에 따른 분류 : 육상용, 선박용, 항공용, 농업용, 차량용

나) 냉각 방법에 따른 분류

① **액랭식 기관** : 물 또는 냉각액(글리콜에틸렌)으로 기관을 냉각
  ㉠ 구성품 : 물 탱크, 물 재킷, 펌프, 배관 등으로 구성
  ㉡ 장점 : 실린더 주위를 균일하게 냉각시킨다.
  ㉢ 단점 : 냉각액으로 인해 무게가 무겁고, 구조가 복잡하다.
  ㉣ 자동차 기관이나 선박용 기관 등에 주로 사용

② **공랭식 기관** : 공기를 실린더 주위로 흐르게 하여 기관을 냉각
  ㉠ 구성품
    ⓐ 냉각 핀(cooling fin) : 실린더 외부에 설치하는 얇은 금속판으로 공기가 닿는 면적을 증가시켜 냉각 효율을 증대시킨다. 보통 실린더와 같은 재질로 만든다.
    ⓑ 배플(baffle) : 공기가 실린더 주위로 고르게 흐르도록 유도
    ⓒ 카울 플랩(cowl flap) : 냉각 공기의 유량을 조절하여 냉각 효율을 증대
      • 지상에서 카울 플랩의 위치는 완전히 열어준다.(full open)
  ㉡ 장점 : 냉각 효율이 좋으며 값이 싸고, 정비가 쉽다.
  ㉢ 현재의 항공용으로 주로 사용

다) 실린더 배열 방법에 따른 분류

왕복기관의 출력 증가 방법으로 실린더의 체적을 증가시키면 연소가 원활하지 못하거나, 디토네이션(detonation)이 발생할 수 있기 때문에 주로 실린더의 수를 증가시키는 방법을 사용한다.

① **직렬형(in line type)** : 실린더가 크랭크 케이스 위에 일렬로 장착
  ㉠ 장점 : 전면면적이 작아 항력이 작다.
  ㉡ 단점 : 냉각 효율을 감안하여 실린더의 수를 6개로 제한한다.
  ㉢ 특징 : 주로 실린더의 수를 짝수로 구성한다.

② **V형(V type)** : 크랭크 케이스를 중심으로 V자 형태로 실린더를 장착
  ㉠ 장점 : 직렬형에 비해 마력당 중량비를 줄일 수 있다.
  ㉡ 단점 : 실린더의 수를 홀수로 구성하였을 경우 무게중심이 맞지 않는다.
  ㉢ 특징
    ⓐ 같은 크랭크 핀에 2개의 커넥팅 로드를 사용한다.
    ⓑ 주로 45°, 60°, 90°의 각도로 배열한다.

③ **대향형(opposed type)** : 주로 크랭크 케이스와 수평하게 제작하며, 65~400마력까지 동력을 얻을 수 있다.
　㉠ 장점
　　ⓐ 전면 면적이 좁아 항력이 작다.
　　ⓑ 유선형으로 제작이 가능하고, 구조가 간단하다.
　　ⓒ 진동이 적다.
　㉡ 단점 : 실린더 수를 증가시킬수록 기관의 길이가 길어진다.
　㉢ 특징 : 대표적으로 콘티넨탈사와 라이코밍사의 엔진이 주로 사용되며, 실린더의 번호 부여 방법은 각 제작사마다 다르나 대게 후방에서 전방으로 번호를 부여한다. 주로 경항공기나 헬리콥터에 사용한다.
⑤ **성형(radial type)** : 출력의 범위는 200~350마력 정도이고, 단열(single row), 복열(double row), 다열(multiple row) 등이 있다.
　㉠ 장점
　　ⓐ 다른 기관에 비해 마력당 중량비가 작다.
　　ⓑ 출력 증가를 위해 실린더 수를 많이 늘릴 수 있다.
　㉡ 단점
　　ⓐ 전면 면적이 넓어 항력이 크다.
　　ⓑ 실린더의 열 수 증가에 따라 뒷 열의 냉각이 어렵다.
　㉢ 특징 : 실린더 번호는 가장 윗부분에 수직으로 장착된 실린더를 1번으로 기관의 회전방향으로 번호를 부여한다. 단열의 경우 실린더를 홀수로 장착하며, 복열인 경우 보통 14~18개의 실린더가 장착된다. 이 경우 앞 열의 실린더에 홀수번호(1, 3, 5...)를 뒷 열의 실린더에 짝수번호(2, 4, 6...)를 부여한다. 주로 대형기관에 사용한다.

라) 엔진 형식에 따른 표시 문자

V : Vertical(수직형)　　　　　　S : Supercharged(슈퍼차저 장착)
H : Horizontal(수평형)　　　　　O : Opposed(대향형)
A : Aerobatic(곡예기)　　　　　　R : Radial(성형)
I : fuel Injected(직접연료분사장치)　T : Turbocharged(터보차저 장착)

　📖 I O - 470
　　I : fuel injected(연료분사장치)
　　O : opposed(대향형 기관)
　　470 : 총 배기량(470in^3)

(2) 작동원리

가) 기본 행정

① 행정(stroke) : 피스톤이 상사점에서 하사점까지 움직이는 거리를 말한다.
  - 왕복기관은 흡입, 압축, 폭발, 배기의 4행정으로 이루어진다.

행정	현상
흡입행정	valve 1EA open(intake), piston down
압축행정	valve 2EA close, piston up
폭발행정	valve 2EA close, piston down
배기행정	valve 1EA open(exhaust), piston up

② 현상(event) : 행정 중에 일어나는 기통 내의 제반 상태를 말한다.
  - 5현상 : 흡입-압축-점화-폭발-배기

구분	약어	구분	약어
흡입밸브 열림	IO(Intake valve Open)	하사점	BDC(Bottom Dead Center)
흡입밸브 닫힘	IC(Intake valve Close)	상사점 전	BTC(Before Top Center)
배기밸브 열림	EO(Exhaust valve Open)	상사점 후	ATC(After Top Center)
배기밸브 닫힘	EC(Exhaust valve Close)	하사점 전	BBC(Before Bottom Center)
상사점	TDC(Top Dead Center)	하사점 후	ABC(After Bottom Center)

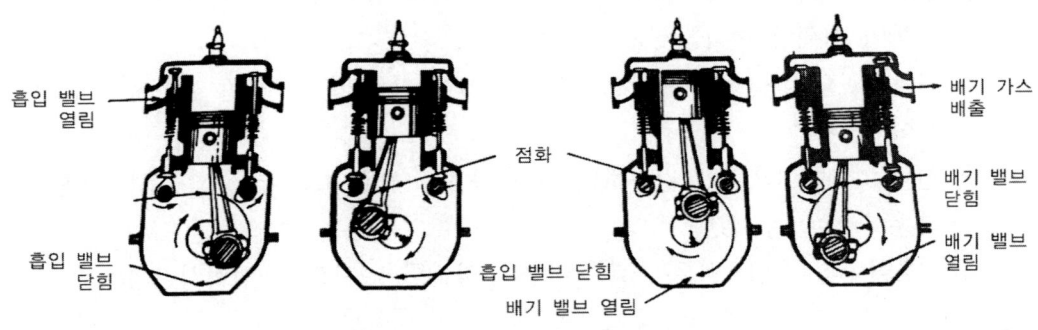

· 4행정 기관의 작동 원리 ·

나) 오토 사이클 : 내연기관

① 밸브 오버랩(valve overlap) : 이론상 배기 행정이 끝나고 흡입 행정이 시작되어야 하나, 기관의 체적효율 증대를 위하여 흡입 밸브와 배기 밸브가 동시에 열려있을 때를 밸브 오버랩이라고 한다.
  ㉠ 장점 : 체적효율이 증대되고, 배기가스의 완전 배출되고, 냉각효율이 우수하다.
  ㉡ 단점 : 연료소비가 많아진다.

ⓒ 밸브 지연(valve lag) : 흡입, 배기 밸브가 상사점이나 하사점 후에 열리거나 닫히는 현상이다.
ⓔ 밸브 앞섬(valve lead) : 흡입, 배기 밸브가 상사점이나 하사점 전에 열리거나 닫히는 현상이다.

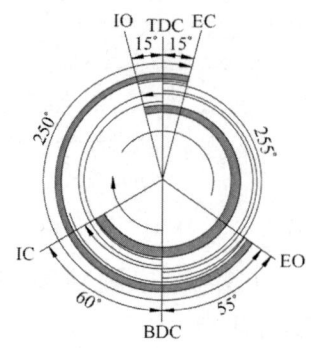

• 밸브 개폐 시기 선도 •

※ IO : BTC 10° ~ 25°(배기가스의 배출관성을 이용해 흡입효율을 증대시킨다.)
 IC : ABC 20° ~ 60°(흡입행정 마지막에서 혼합가스의 흡입관성을 이용한다.)
 EO : BBC 45° ~ 75°(효과적인 배기를 위해 잔류압력이 남은 상태에서 배기해준다.)
 EC : ATC 10° ~ 30°(배출관성을 이용하여 배기가스의 완전히 배출시킨다.)

다) 기관의 성능

① **신뢰성** : 부품이나 장비의 작동이 원활하고 수명이 길어야 한다. 부품이나 장비의 교환이 쉬워야 한다.
② **내구성** : T.B.O(Time Between Overhaul)가 적용되는 시간이 길수록 기관의 내구성이 좋다.
③ **진동** : 기관이 과하게 진동하면 기관 자체는 물론이고 항공기 구조물의 변형이나 파손이 생길 수 있다.
④ **열효율** : 높은 열효율은 연료소비량의 감소를 가져오며, 정비시간이 단축된다.

$$\eta = 1 - \frac{1}{\epsilon^{k-1}} \quad (\epsilon = 압축비)$$

⑤ **기관의 성능요소**
 ⓐ 행정체적 : 피스톤이 상사점(TDC)에서 하사점(BDC)까지 움직인 거리와 실린더의 단면적을 곱한 체적을 행정체적이라 한다.
 ⓑ 총 행정체적 : 행정체적 × 실린더 수 (피스톤의 단면적 × 행정거리 × 실린더 수)
 ⓒ 압축비 : 피스톤이 하사점에 있을 때의 실린더 체적과 상사점에 있을 때의 체적의 비를 말하며, 압축비를 너무 크게 할 경우 디토네이션, 조기점화 및 노킹

현상 등이 발생할 수 있으므로 적절한 안티 노크성 등을 가진 연료를 사용하여야 한다.

- $1+\dfrac{V_s}{V_c}$ (단, V_c : 연소체적, V_s : 행정체적이다.)

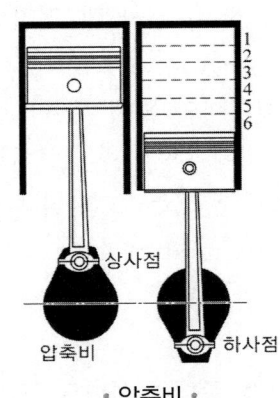

• 압축비 •

ⓐ 마력 : 단위시간당 이루어진 일을 동력이라 하고, 왕복기관에는 동력의 단위를 마력(PS, kW)으로 표시한다.
- 1HP(영국마력) = 550lb$_f$ · ft/s = 33,000lb$_f$ · ft/m = 0.746kW
  1PS(미터마력) = 75kg · m/s = 0.735kW

(3) 구조 및 성능

가) 실린더(cylinder)

둥근 원통으로 만들어져 내부에서 피스톤이 직선 왕복운동을 할 수 있도록 하는 핵심 부품이다. 내부의 최고 압력은 약 60kg$_f$/cm^2, 최고 온도는 약 2,000℃ 정도이다.

• 실린더의 구조 •

① **구비조건**
　㉠ 최대 설계 하중에서 내압에 충분히 견딜 수 있는 강도가 있어야 한다.
　㉡ 냉각을 위해 열전도성이 우수해야 한다.
　㉢ 경량이어야 한다.
　㉣ 설계와 제작이 쉬워야 하고, 검사 및 점검의 비용이 적어야 한다.

② **구성**
　㉠ 실린더 배럴(barrel) : 실린더의 동체 부분으로 실제로 피스톤이 직선 왕복운동을 하는 부분이다. 주위에 냉각 핀을 설치하여 냉각 효율을 증대시킨다.
　　ⓐ 재질 : 크롬-몰리브덴강 또는 크롬-니켈-몰리브덴강(내마멸성 및 내열성이 우수한 고강도합금으로 제작)
　　ⓑ 내부처리
　　　• 질화법(표면경화)
　　　• 크롬도금(내마모성 증대-황색띠로 표시)
　　　• 강철 라이너 삽입(내마멸성 증대)
　　ⓒ 쵸크보어(chokebored) : 실린더 상사점 부분의 직경을 스커트 부분의 직경보다 작게 하는 형태로, 실린더 헤드부분에서의 높은 온도에 의한 열팽창을 고려하여 제작한다.(정상 작동온도에서 실린더 상사점 부분과 스커트 부분이 일직선이 된다.)
　㉡ 실린더 헤드(head) : 혼합가스가 연소, 팽창이 시작되는 부분으로 흡기/배기 밸브, 밸브 시트, 밸브 가이드 등이 있으며, 로커 암 지지대와 스파크 플러그 부싱이 장착된다.
　　ⓐ 재질 : 알루미늄 합금(열전도성이 좋고, 고온에서 기계적 강도가 좋으며 경량이다.)
　　ⓑ 밸브 시트(seat) : 밸브 페이스(face)와 맞닿는 곳으로, 가스의 누설을 방지한다. 배기 밸브의 페이스에는 스텔라이트(stellite)을 입히기도 하며, 시트와의 각도는 주로 흡입 밸브가 30℃, 배기 밸브가 45℃ 정도로 장착한다. 가장 정밀하게 장착해야 하는 부분이 밸브 시트 부분이다.
　　ⓒ 밸브 가이드(guide) : 밸브의 정확한 개폐를 위해 밸브 스템(stem)을 지지하여 안내하는 부분이다. 배기 밸브 부분은 스틸, 흡입 밸브 부분은 청동으로 열접합시켜 장착한다.
　　ⓓ 스파크 플러그 부싱 : 스파크 플러그와 실린더의 전기적 접촉을 좋게 하며, 열접합하거나 나사의 보강을 위하여 스테인레스강 헬리코일을 장착하기도 한다.

ⓔ 흡입부와 배기부의 구별법 : 냉각 핀이 많은 곳이 배기부이고, 상대적으로 냉각 핀이 적은 곳이 흡입부이다.(냉각 효율을 고려하여 배기부에 냉각 핀을 많이 부착)
ⓕ 실린더의 배럴과 헤드 접합 방법 : 나사접합, 수축접합, 스터드-너트접합
ⓖ 연소실의 모양 : 반구형이 널리 사용된다.

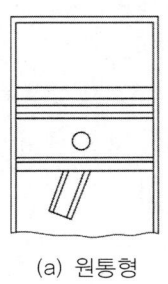 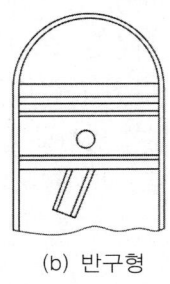 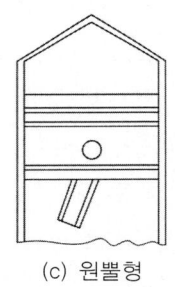

(a) 원통형　　　(b) 반구형　　　(c) 원뿔형

• 연소실의 모양 •

ⓒ 플랜지(flange) : 실린더 배럴의 직경보다 돌출되어 나온 부분으로, 크랭크 케이스와 연결할 수 있도록 한다.
ⓔ 스커트(skirt) : 배럴과 일직선으로 플랜지 아랫방향을 스커트라 말한다. 일반적으로 도립형과 성형엔진의 하부 실린더에는 스커트의 길이를 길게 장착하게 되는데, 이는 윤활유의 대부분이 하부 실린더로 떨어지는 것을 방지하여 오일의 소모를 줄여주고, 실린더 헤드로 윤활유가 떨어져 쌓이게 되면 생길 수 있는 하이드로릭 락(hydraulic lock) 현상을 줄여준다.
　ⓐ vapor lock(증기폐색) : 윤활유나 연료와 같이 고온부를 통과할 때 증기로 변하여 체적이 커지게 되면, 라인 내부를 막아 더 이상의 흐름을 막는 현상
　ⓑ hydraulic lock(유압폐색) : 도립형과 성형엔진의 하부 실린더에서 주로 발생하며, 거꾸로 장착된 실린더 헤드에 윤활유나 연료가 지속적으로 쌓여 피스톤의 운동을 방해하는 현상
ⓜ 냉각 핀 : 냉각 핀의 끝 부분은 뾰족하게 제작하면 열이 집중될 수 있기 때문에 가능한 한 유선형으로 만들어준다. 또한 전체면적에서 20% 내에서는 수리하여 사용이 가능하다.

나) 피스톤(piston)

① **역할** : 실린더 내부에서 고온·고압의 연소가스에 의한 힘을 받아 직선 왕복운동을 하며, 커넥팅 로드를 통해 크랭크 축에 힘을 전달한다.

② 피스톤의 구비조건
　㉠ 무게가 가볍고, 고강도이어야 한다.
　㉡ 고온에서 가스의 누설이 없어야 하며, 실린더 벽의 윤활유가 연소실로 들어가지 않는 구조를 가져야 한다.
　㉢ 열팽창이 적어야 하며, 냉각이 빨라야 한다.
　㉣ 고온·고압에 잘 견뎌야 하며, 열전도율이 좋아야 한다.
③ 구성 : 피스톤 헤드, 스커트, 피스톤 핀, 피스톤 링
④ 재질 : 주로 알루미늄 합금을 단조하여 사용하거나, Alcoa 132 합금으로 주조한다.
　• 알루미늄 합금은 무게가 가볍고 열전도성이 좋으며, 특히 베어링 특성이 우수하다.
⑤ 피스톤 헤드 모양에 따른 분류 : 평면형이 널리 사용된다.
　㉠ 평면형(flat type)
　㉡ 오목형(recessed type)
　㉢ 컵형(cup type)
　㉣ 돔형(dome type)
　㉤ 반원뿔형(truncated type)
　　• 피스톤은 최고 속도가 약 10~15m/s 정도이며, 실린더 내부 온도는 약 2,000℃에 달하기 때문에 열팽창을 고려하지 않을 수 없다. 따라서 실린더와 마찬가지로 피스톤 헤드 부분의 지름을 약간 작게 만들어준다.
⑥ 피스톤 링(piston ring)
　㉠ 종류 : 압축링, 오일 조절링, 오일 제거링

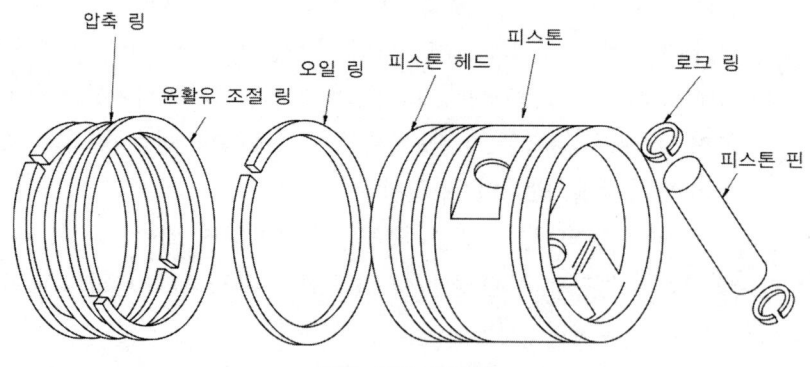

• 압축 링과 오일링 •

　㉡ 재질 : 실린더의 재질보다 연한 주철을 사용한다.
　㉢ 역할
　　ⓐ 기밀 작용 : 연소실 내의 압력과 가스가 누설되는 것을 방지한다.(압축링)

ⓑ 윤활유 조절 작용 : 과도한 윤활유가 연소실로 들어가는 것을 방지한다.(오일링)

ⓒ 열전도 작용 : 피스톤의 높은 열을 실린더 벽에 전달한다.(압축링+오일링)
- 오일이 과도하게 연소실 내부에 들어가게 되면 탄소찌꺼기를 남기며, 연소실 내부나 밸브가이드, 링 홈 등에 고착되어 디토네이션이나 조기점화 현상을 일으키게 된다.
- 크롬으로 도금된 실린더의 경우 압축링에 크롬도금을 하여 사용할 수 없다.

ⓔ 피스톤 링 끝모양에 따른 종류 : 맞대기형(butt), 계단형(step), 경사형(angle)

ⓐ 제작이 쉬운 맞대기형이 주로 사용된다.

ⓑ 끝간격과 옆간격 : 피스톤 링을 피스톤에 장착 후 끝 부분의 간격을 끝간격이라 하고, 피스톤 홈에 피스톤 링을 장착한 후 랜드와 링의 간격을 옆간격이라 한다.

ⓒ 장착 방법 : 피스톤이 원형이므로(360°) 피스톤 링의 개수로 나누어 끝간격을 위치시켜 장착한다.

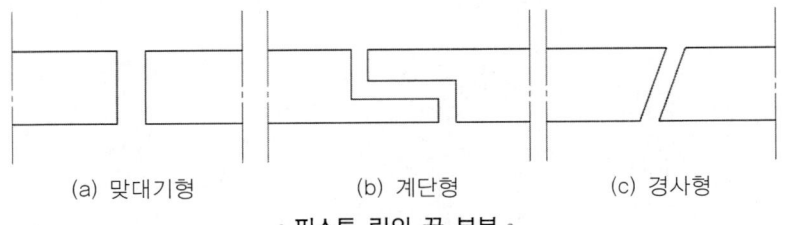

(a) 맞대기형　　(b) 계단형　　(c) 경사형

• 피스톤 링의 끝 부분 •

⑦ 피스톤 핀(piston pin, or 리스트 핀(wrist pin))

㉠ 역할 : 피스톤과 커넥팅 로드를 연결하여 주며, 피스톤의 직선 왕복운동의 힘을 커넥팅 로드에 전달하여 준다. 또한 무게 감소와 강도 증가를 위하여 속을 비게 만들고 마모를 막기 위하여 표면경화나 전체경화를 한다.

㉡ 재질 : 강철 또는 알루미늄 합금

㉢ 고정방법에 따른 분류

ⓐ 고정식 : 피스톤 보스에 피스톤 핀을 고정하는 방식으로 축 방향의 이동이 없다.

ⓑ 반부동식 : 요동식이라고도 하며, 피스톤 핀을 커넥팅 로드 소단부에 연결하는 방식이다.

ⓒ 전부동식 : 가장 널리 쓰이는 방식으로, 피스톤 핀 양끝에 스냅 링(snap ring) 또는 락 링(lock ring)으로 고정하여 피스톤 핀이 외부로 나가는 것을 방지한다.

- 피스톤 핀 리테이너(piston pin retainer) : 피스톤 핀 플러그라고도 하며, 피스톤 핀과 실린더 벽 사이의 접촉을 방지해준다. 반지형(circlets), 스프링 링(spring ring)형, 비철금속 플러그(nonferrous-metal plugs)형이 있고, 알루미늄으로 제작된 플러그가 가장 많이 사용된다.

다) 커넥팅 로드(connecting rod)

① **역할** : 피스톤의 직선 왕복운동을 크랭크 축의 회전운동으로 바꾸어 주는 연결 기구
② **재질** : 강 합금 또는 알루미늄 합금(저출력용)을 사용하며, 강도 증가를 위해 열처리를 하여 사용한다.
③ **단면상의 종류** : H형이나 I형이 가장 널리 쓰인다.
④ **형식상의 종류** : 평형(plain type, 대향형), 포크&블레이드형(fork&blade type, v형), 마스터&아티큘레이터형(master&articulated type, 성형)
  ㉠ 복경사각 : 성형엔진에서 부커넥팅 로드의 중심이 크랭크 핀의 중심에 대해 경사지게 연결되어 있는 것을 복경사각이라 한다. 이것은 실린더 개수만큼 보상 캠(보정 캠)을 통해 보정할 수 있다.

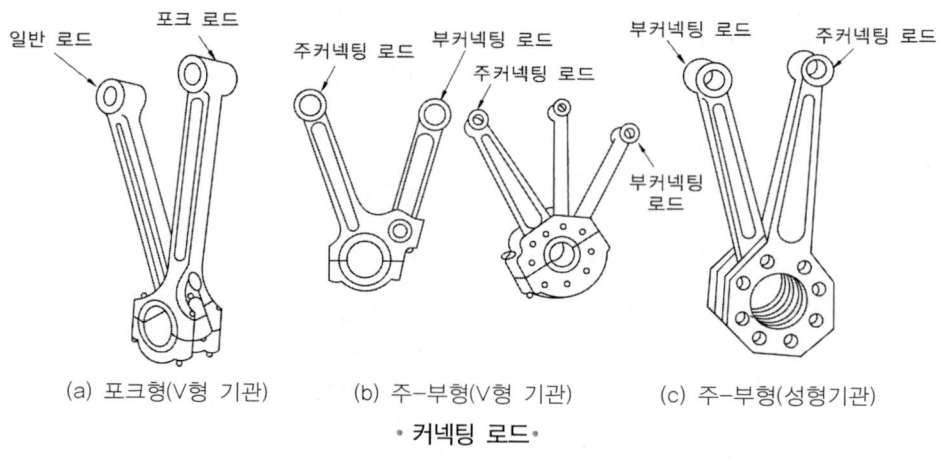

(a) 포크형(V형 기관) (b) 주-부형(V형 기관) (c) 주-부형(성형기관)
• 커넥팅 로드 •

  ㉡ 커넥팅 로드는 흡입 행정일 때에는 인장력이, 압축, 폭발, 배기행정일 때에는 압축력이 일어난다.(비틀림 하중도 발생하게 된다.)

라) 크랭크 축(crank shaft)

① **역할** : 커넥팅 로드의 왕복운동을 받아 회전운동을 하여 프로펠러를 구동시킨다.
② **재질** : 롬-니켈-몰리브덴강(고강도 합금강)

③ 구성
  ㉠ 주 저널(main journal) : 베어링과 연결되는 부분이며, 주 베어링 내에서 회전하는 중심으로 정상 작동 하에서 크랭크 축을 일직선이 되게 하여 준다. 마모를 줄이기 위하여 0.015 ~ 0.025"의 깊이로 질화처리를 한다.
  ㉡ 크랭크 핀(crank pin) : 커넥팅 로드의 핀과 연결되는 부분으로 피스톤 핀과 마찬가지로 무게 감소, 오일의 통로, 탄소침전물 또는 기타 찌꺼기들이 모이는 방의 역할(sludge chamber)을 하도록 중공으로 만들어 준다.
  ㉢ 크랭크 칙 or 암(crank cheek or arm) : 주 저널과 크랭크 핀이 연결되는 부분이며, 평형추와 댐퍼가 부착된다.
  ㉣ 평형추와 댐퍼(counterweight and damper) : 크랭크 축의 회전에 의해 생기는 진동을 경감시켜준다.
    ⓐ 평형추는 정적 평형, 다이나믹 댐퍼는 동적 평형을 위해 설치한다.

마) 크랭크 케이스(crank case)
① **역할** : 고속으로 회전하는 크랭크 축을 감싸고 있으며, 실린더를 장착할 수 있는 기구도 장착되어 있다.
② **재질** : 대부분의 항공기 엔진에는 알루미늄합금강을 사용하며, 고출력용 엔진에는 주조된 강을 사용하기도 한다.
③ **기능**
  ㉠ 크랭크 축 회전에 필요한 베어링을 지지한다.
  ㉡ 윤활유를 공급한다.
  ㉢ 실린더를 부착하고, 각종 부품들을 지지한다.
  ㉣ 크랭크 케이스 자체를 지지한다.

바) 밸브

① **역할** : 내연기관의 흡기구와 배기구를 열고 닫음으로써 공기를 흡입하고, 연소가스를 배출해준다.
② **포핏형(poppet type) 밸브(헤드모양에 따른) 종류**
　㉠ 평면형(flat headed valve) : 가장 널리 사용된다.
　㉡ 튤립형(tulip valve)
　㉢ 버섯형(mushroom valve)

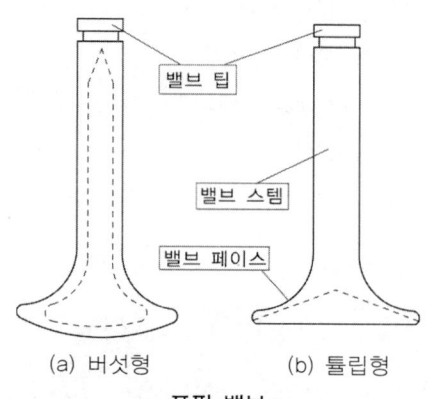

· 포핏 밸브 ·

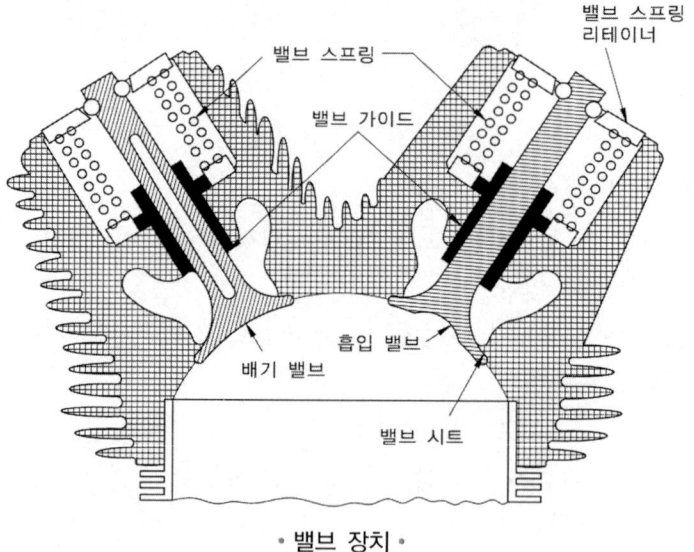

· 밸브 장치 ·

③ **구성**
　㉠ 밸브 스템(valve stem) : 밸브 가이드와 직접적인 마찰이 있기 때문에, 마모에 대한 저항을 높이기 위해 표면경화처리를 한다.

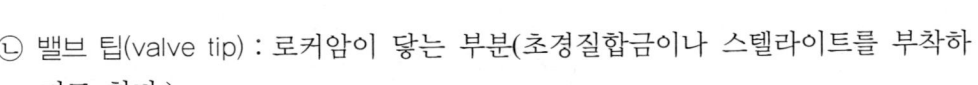

- ⓒ 밸브 팁(valve tip) : 로커암이 닿는 부분(초경질합금이나 스텔라이트를 부착하기도 한다.)
- ⓒ 밸브 페이스(valve face) : 밸브 시트와 닿는 부분으로 초경질합금을 사용한다.
- ⓔ 밸브 시트(valve seat) : 알루미늄합금 재질의 실린더 헤드는 밸브의 작동에 의한 충격을 반복하여 받게 되는데, 이러한 충격을 해소하기 위해 밸브 페이스와 닿는 부분에 설치하며, 가스의 누설 방지를 위하여 가장 정밀하게 장착하여야 한다.
- ⓜ 밸브 스프링(valve spring) : 로커암에 의해 열려진 밸브를 스프링의 탄성으로 닫아주는 역할을 한다. 엔진 작동 시 스프링에 의한 진동을 완충시키고, 파손에 의해 엔진이 정지되는 것을 방지하기 위하여 보통 1개의 밸브에 2~3개의 스프링을 장착한다.(점검 : 스프링의 탄성이 규정치보다 15% 이상 감소하거나, 높이가 표준치수보다 3% 이상 감소하면 교환하여 준다.)

④ 흡입밸브(intake valve) : 차가운 흡입공기를 흡입하는 밸브로 특별한 냉각이 필요치 않다. 헤드의 모양은 평면형(저출력용)이나 튤립형(고출력용)을 사용한다. 주로 흡입밸브는 튤립형, 30° 각도로 연마하여 사용한다.

⑤ 배기밸브(exhaust valve) : 고온에서 작동되므로 냉각을 위하여 내부를 중공으로 만들어 금속나트륨(sodium)을 채워 준다.(전체 공간의 60% 정도만 채운다.)

사) 밸브작동기구

엔진 작동 시 작동순서에 의한 정확한 밸브개폐를 할 수 있도록 한다.

① 대향형 기관
- ⓐ 구성요소 : 캠축, 푸시로드, 푸시로드 하우징, 로커 암, 유압 밸브 리프트
- ⓑ 캠축 : 크랭크 축 기어 잇수의 2배가 된다. 따라서 크랭크 축 속도의 1/2배로 회전하게 되며, 실린더 수의 2배에 해당하는 로브를 가지고 있다.
- ⓒ 캠축의 회전속도 : 크랭크 축 속도의 1/2rpm으로 회전한다. 크랭크 축의 1사이클당 2회전을 하지만 밸브는 사이클당 1번씩만 열어주면 된다.
- ⓓ 유압 밸브 리프트 : 엔진으로부터 직접 받은 오일이 주입되어 밸브작동기구의 모든 간격을 조절하여 준다. 대향형 엔진에서는 밸브간격을 조절하는 나사가 없으며, 오버홀 시 푸시로드의 길이를 조절해 준다. 무간격 리프트라고도 한다.

② 성형기관
- ⓐ 구성요소 : 캠판, 태핏, 푸시로드, 로커 암, 밸브
- ⓑ 캠판 : 엔진의 열 수에 따라 단열일 경우 1개를, 복열일 경우 2개의 캠판을 설치하고, 1개의 캠판에는 2열의 캠 트랙이 있다.(전열은 배기, 후열을 흡기)

ⓒ 캠 로브 수 : $n = \dfrac{N \pm 1}{2}$ (N = 실린더 수)

 이때, 캠판과 크랭크 축의 회전방향이 같으면 +, 다르면 -가 된다.

ⓔ 캠판의 속도 = $\dfrac{1}{\text{로브 수} \times 2}$

ⓜ 태핏 : 캠 트랙 또는 캠 롤러에 가해지는 충격을 완화시키기 위해 스프링이 장착된다. 캠 로브에 의해 들어올려진 힘을 푸시로드에 전달한다.

ⓑ 푸시로드 : 태핏으로부터 들어올려진 힘을 로커 암으로 전달하여 준다. 푸시로드의 중앙에 홈이 있어 윤활유의 공급이 가능하다.

ⓢ 로커 암 : 한 쪽은 푸시로드에 의해 들어올려지는 힘을 받고 다른 한 쪽은 밸브 스템 끝 쪽에 위치하여 밸브를 열어주는 역할을 한다. 밸브 쪽에 위치한 것에는 밸브 간극을 조절하는 조절 스크류가 있어 죄거나, 풀어 간극을 조절할 수 있다.

③ **밸브 간극(로커 암과 밸브 끝의 사이 틈새)**

 ㉠ 엔진이 작동하지 않을 때의 간극을 냉간간극(0.01inch)이라 하고, 엔진이 작동 중일 때의 간극을 열간간극(0.07inch)이라 한다.

 ㉡ 밸브 간극은 엔진이 작동하게 되면 실린더 헤드부분이 푸시로드보다 열팽창이 크기 때문에 열간간극이 더 크다.

 ㉢ 밸브 간극이 규정값보다 클 경우 밸브가 늦게 열리고, 빨리 닫힌다.(과열 및 흡·배기 효율 감소)

 ㉣ 밸브 간극이 규정값보다 작을 경우 밸브가 빨리 열리고, 늦게 닫힌다.(역화 및 배기밸브의 과열 또는 소손)

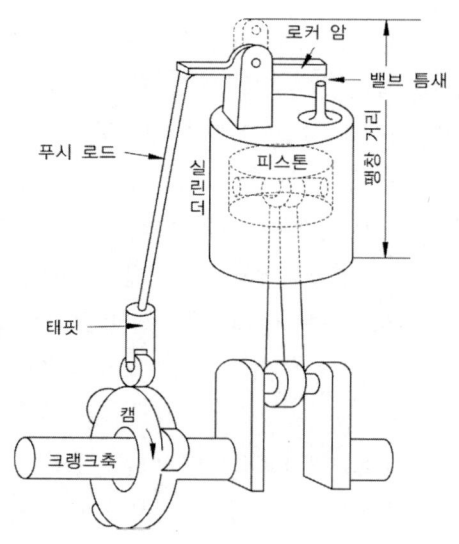

· 밸브 틈새 ·

아) 베어링

① **역할** : 최대의 내마모성을 가지게 하거나, 작동 중 추력하중과 방사상 하중의 합한 힘을 받아야 한다.

② **종류**

　㉠ 평형 베어링 : 방사상 하중만을 받는다.(마찰은 적으나, 높은 압력에 견딜 수 없다.)
　　• 용도 : 커넥팅 로드, 크랭크 축, 캠축 등에 사용)

　㉡ 롤러 베어링 : 추력 하중과 방사상 하중에 잘 견딘다.
　　• 용도 : 고출력 항공기 엔진의 크랭크 축을 지지하는 주 베어링으로 주로 사용

　㉢ 볼 베어링 : 다른 베어링보다 마찰이 적고, 큰 추력 하중과 방사상 하중에도 잘 견딘다.
　　• 용도 : 대형 왕복기관이나 가스터빈기관의 추력 베어링으로 주로 사용

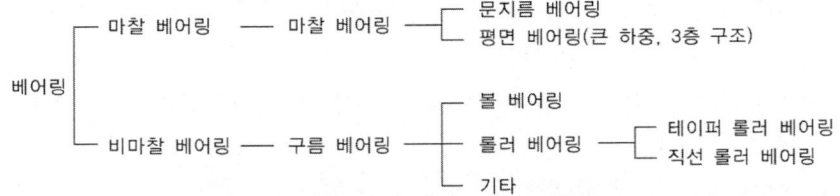

• 평형 베어링 •

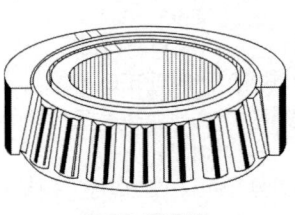

• 롤러 베어링 •

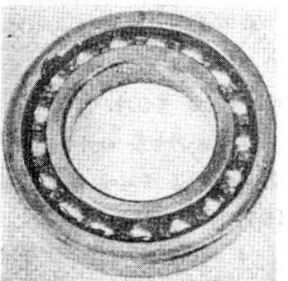

• 볼 베어링 •

② 왕복기관의 계통

(1) 흡·배기계통

가) 흡입계통

① 역할 : 피스톤의 직선 왕복운동에 의해 각 실린더 내에서 연소가 이루어지도록 흡입 행정에서 외부의 공기와 연료를 혼합시켜 혼합가스를 만들어 공급한다.

② 구성 : 공기흡입덕트, 매니폴드, 과급기, 기화기

  ㉠ 공기흡입덕트(air inlet duct) : 기화기로 들어가는 공기의 정화나 안내를 한다. 차가운 공기를 흡입하여 기화기로 보내어 주기 때문에 결빙이 일어나기 쉬우므로 결빙 방지 장치가 구성된다. 고출력으로 작동할 때 가열된 공기를 사용하면 디토네이션이 일어나기 쉽고, 엔진 출력이 감소하게 된다.

  ㉡ 기화기(carburetor) : 공기흡입덕트로부터 들어온 공기와 연료를 연소하기 좋은 비율로 혼합하는 장치이다.

  ㉢ 매니폴드(manifold) : 혼합가스를 각 실린더로 배분하기 위한 관으로, 다지관이라고도 한다.

  ㉣ 과급기(supercharger)

   ⓐ 역할 : 압축기의 일종으로 흡입부에 설치하여 일정 고도까지 출력의 감소를 막아 출력을 증가시키는 장치이다. 이륙 시 짧은 시간 동안 최대마력을 높게 해주며, 매니폴드 압력 증가에 의해 평균유효압력을 증가시켜준다.

   ⓑ 종류 : 원심식(가장 많이 사용), 루츠식, 베인식

   ⓒ 작동

내부형(기계식)	외부형(배기터빈식)
• 임펠러는 크랭크 축으로부터 동력을 전달받아 구동 • 기화기와 엔진흡입구 사이에 위치한다. • 기화기로 들어온 공기는 연료와 혼합하여 대기압보다 큰 압력으로 압축되어 실린더로 들어간다. • 제동마력의 손실을 가져오므로 소형기관에는 잘 사용하지 않는다.	• 과급기에서 압축된 공기를 기화기 입구에 공급한다. • 임펠러가 배기가스에 의해 구동되므로 터보차저라고도 한다. • 임펠러의 속도가 배기가스의 양과 압력에 비례한다. • 배기가스의 흐름저항이 생겨 체적효율이 저하되고, 구조가 복잡하다.

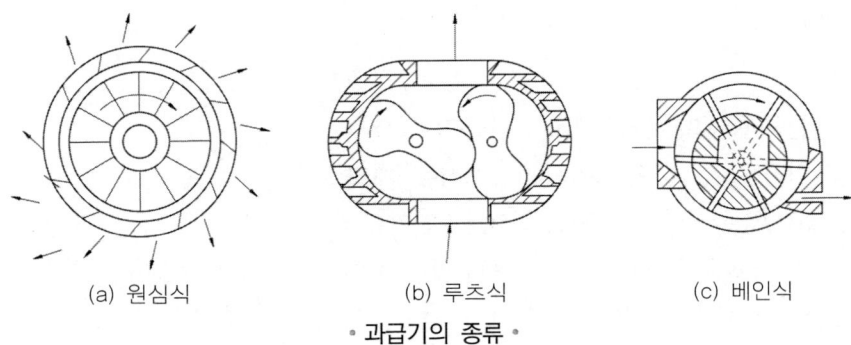
• 과급기의 종류 •

ⓓ 매니폴드 압력(MAP) : 과급기가 없는 기관에서 매니폴드 압력이 대기압보다 항상 낮으나 과급기가 있는 기관에 있어서는 대기압보다 높아질 수 있다. 매니폴드 내에 수감부를 설치하고 조종석의 계기판에 지시하도록 한다.

ⓑ 배기관 : 효과적인 배기를 위하여 각 실린더의 배기행정이 겹치지 않도록 2~4개 정도 묶어서 배출한다. 비교적 높은 온도로 가열되므로 보통 주철을 사용한다. 배기가스가 높은 압력으로 대기에 방출되므로 소음기를 장착해야 한다.

ⓢ 소음기 : 배기 소음을 줄이기 위해 배기 효과가 크게 낮아지지 않는 범위 내에서 소음기를 배기관에 장착한다. 배기관 주위를 지나는 뜨거워진 공기의 온도를 이용하여 조종실의 난방에 사용하거나, 배기관에 배기 터빈을 설치하여 과급기를 작동시키기도 한다.

(2) 연료계통

가) 연소

① 발열량 : 혼합가스(공기+연료)가 연소 후 원래의 온도로 냉각시키면 외부로 열을 방출하게 된다. 이때 방출된 열을 연료의 연소열 또는 발열량이라고 한다.
  ㉠ 정적발열량 : 정적 상태로 연소하여 측정
  ㉡ 정압발열량 : 정압 상태로 연소하여 측정
  ㉢ 고발열량 : 연소 생성물 중 물이 액체 상태로 존재하는 경우
  ㉣ 저발열량 : 연소 생성물 중 물이 기체 상태로 존재하는 경우
  ㉤ 연료가 연소하는 과정 중에서 왕복기관에서는 정적 연소 과정이지만, 실제로 연소가 일어나는 순간은 정압 상태이고, 생성된 물은 기체 상태로 기관을 떠나기 때문에 기관의 열효율을 계산할 때는 정압, 저발열량을 사용한다.

② **연소형태** : 예혼합 화염(premixed flame), 확산 화염(diffusion flame), 자연발화(self ignition)

나) 연료

① **종류**
 ㉠ 항공용 왕복기관용 연료 : 가솔린 계열
 ㉡ 항공용 가스터빈기관용 연료 : 석유 계열
 ㉢ 고체연료 : 연소속도가 느려, 외연기관에 적합하다.
 ㉣ 가스연료 : 연소속도는 빠르나 발열량이 적어 내연기관에 적합하다.
 ㉤ 액체연료 : 항공용에 적합하여 주로 피스톤엔진에 사용된다.

② **구비조건**
 ㉠ 발열량이 커야 한다.
 ㉡ 기화성이 좋아야 한다.
 ㉢ 베이퍼 락(vapor lock)을 잘 일으키지 않아야 한다.
 ㉣ 안티 노크성(antinocking value)이 커야 한다.
 ㉤ 부식성이 작아야 한다.
 ㉥ 안전성이 커야 한다.
 ㉦ 내한성이 커야 한다.

③ **옥탄가와 퍼포먼스 수**
 ㉠ 옥탄가 : 연료의 노킹현상을 나타내는 기준으로 안티 노크성이 큰 연료인 이소옥탄의 옥탄가를 100으로 하고 안티 노크성이 낮은 연료인 노말헵탄을 0으로 하여 표준 연료 속의 이소옥탄의 체적비율을 옥탄가로 표시한다. 이소옥탄과 노말헵탄이 혼합된 표준 연료를 측정할 수 있는 옥탄가는 100까지이다.

$$\text{옥탄값(O.N.)} = 128 - \frac{2800}{P.N.}$$

 ㉡ 퍼포먼스 수 : 왕복기관의 발달로 옥탄가 100 이상의 안티 노크성을 가진 연료가 개발되었고 이러한 옥탄가 100 이상이 되는 안티 노크성의 값도 측정할 수 있도록 사용하는 것을 퍼포먼스 수라고 한다. 이소옥탄만으로 된 표준 연료에 4에틸납을 혼합했을 때 출력증가를 나타내는 수로, 퍼포먼스 수의 표시는 희박혼합 상태의 수/농후혼합 상태의 수로 표시한다.

$$\text{퍼포먼스 수(P.N.)} = \frac{2800}{128 - O.N.}$$

ⓒ ASTM 규격의 연료와 착색연료

등급	80/87	91/98	100/130	108/135	115/145
희박 혼합가스 (최소)	80 O.N.	91 O.N.	100 O.N.	108 P.N.	115 P.N.
농후 혼합가스 (최소)	87 O.N.	98 O.N.	130 O.N.	135 P.N.	145 P.N.
색	적색	청색	녹색	감색	자색

다) 연료계통

① **구성** : 연료 탱크, 전기식 부스터 펌프, 연료 여과기, 연료 차단 및 선택 밸브, 기관 구동 연료 펌프 및 프라이머
- 중력식 장치 : 연료의 흐름이 중력에 의한 압력으로 기관에 공급된다. 연료 탱크가 가장 높은 곳에 위치해야 하고 특수비행이나 고도의 급격한 변화가 있을 때는 연료의 흐름이 원활하지 못하여 소형기관에 주로 사용된다.
- 압력식 장치(펌프식) : 연료 펌프에 의해 연료 탱크로부터 기화기로 압송된다. 대부분의 항공기에 사용된다.

㉠ 연료 탱크(fuel tank) : 대형기의 경우 날개 안에 연료를 넣을 수 있도록 설계한다. 즉, 날개 자체가 연료 탱크의 역할을 하며 이러한 방식을 인티그럴(integral) 탱크라 한다. 날개 안에 따로 날개 모양과 같게 만들어 넣은 연료 탱크는 고무나 알루미늄으로 만든 탱크가 사용된다.

㉡ 부스터 펌프(booster pump) : 기관을 시동할 때(기관기동펌프는 기관이 작동하지 않을 때는 제대로 연료를 공급할 수 없다.)
ⓐ 용도
- 시동시
- 메인펌프 고장시
- 이륙시
- 탱크간 연료 이송시
- 비상시

ⓑ 형식 : 전기식, 원심식(많이 사용)
ⓒ 특징
- 수동적으로 작동된다.
- 연료 탱크마다 1개씩 제일 낮은 위치에 설치한다.
- 수분이나 증기 등을 분리하기도 한다.

ⓒ 연료 여과기(fuel filter) : 연료 속에 섞여 있는 수분이나 먼지 등을 제거하기 위해 연료 탱크와 기화기 사이에 설치한다. 연료계통의 가장 낮은 곳에 불순물과 여과기에서 걸러진 찌꺼기 등이 배출할 수 있도록 드레인 밸브(drain valve)를 함께 설치한다.

ⓓ 연료 차단 및 선택 밸브(fuel shut off or selector valve) : 연료 탱크로부터 기관으로 연료를 보내 주거나 차단하는 역할과 2개 이상 장착되어 연료 탱크에서 어떤 연료 탱크의 연료를 사용할 것인가를 선택해 주는 역할을 한다.

ⓔ 주 연료 펌프(main fuel pump)

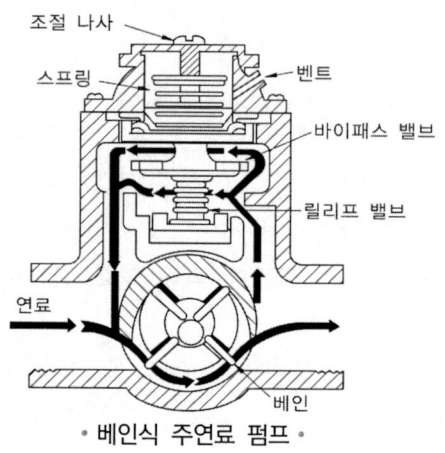

• 베인식 주연료 펌프 •

ⓐ 형식 : 베인식이 주로 사용된다.

ⓑ 릴리프 밸브(relief valve) : 펌프 출구 압력이 정해 놓은 압력보다 높을 때 연료를 펌프 입구로 되돌려 보낸다. 연료 압력은 조절 나사로 조절한다.

ⓒ 바이패스 밸브(bypass valve) : 펌프로 들어오는 연료의 압력이 펌프가 만드는 압력보다 높을 경우 자동으로 바이패스 시켜준다. 주 연료 펌프가 고장 시 부스터 펌프의 압력으로 기관에 계속적으로 충분한 연료를 공급할 수 있는 통로의 역할을 한다.

ⓓ 벤트 : 고도에 따라 대기압이 변하더라도 연료 펌프의 출구 계기압력을 일정하게 하는 역할을 한다.

ⓕ 프라이머(primer) : 기관을 시동할 때에 흡입 밸브 입구나 실린더 내에 연료 탱크로부터 프라이머 펌프를 통해 직접 연료를 분사시켜 농후한 혼합가스를 만들어 시동을 쉽게 한다.

ⓐ 형식
• 수동식 : 소형기에 주로 사용, 연료 라인이 직접 조종석으로 연결되어 있어 화재의 위험이 있다.

- 전기식 솔레노이드 밸브 : 대형기에 주로 사용, 기화기 근처에 있어 조종석에서 전기 스위치로 작동한다.
- 직접 연료분사식 기화기를 장착한 항공기에는 독립된 프라이머가 필요하지 않고, 펌프로 직접 실린더에 연료를 분사하여 준다.

② 기화기(carburetor)
  ㉠ 역할 : 연료 탱크로부터 공급된 연료와 공기 흡입계통으로부터 들어온 공기량에 따라 혼합비에 맞는 연료를 공급/기화시켜 연소가 잘될 수 있는 혼합가스를 만드는 장치이다.
  ㉡ 종류 : 플로우트식(float type), 압력분사식(pressure injection type)
  ㉢ 혼합비와 기관 출력

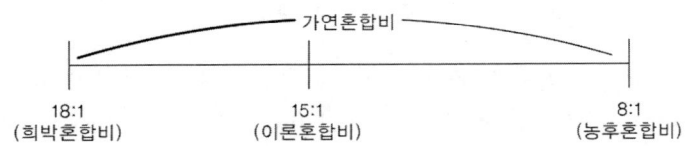

  ⓐ 가연혼합비 : 실린더 안에서 혼합가스가 연소할 수 있는 범위(8~20 : 1)
  ⓑ 이론혼합비 : 연료 1kg을 연소시키는데 필요한 공기량(약 15kg)(15 : 1)
  ⓒ 농후혼합비 : 공기에 대해 상대적으로 연료가 많음(8 : 1)
  ⓓ 희박혼합비 : 공기에 대해 상대적으로 연료가 적음(18 : 1), 실린더가 과열되므로 디토네이션(detonation) 또는 역화(backfire)가 일어난다.
  ⓔ 기관 출력과 혼합비 : 이륙(농후), 상승(농후), 순항(희박), 저속(가장 농후)
- 후화 : 농후혼합비에서 주로 발생하며, 혼합가스가 모두 연소되지 않고 배기밸브를 통해 연소하면서 나아간다.
- 역화 : 희박혼합비에서 주로 발생하며, 불꽃의 전파속도가 느리기 때문에 흡입 밸브가 열려서 들어오는 새로운 혼합가스에 불을 붙여주어 흡입계통에 역으로 전파되는 현상이다.
- 조기점화(preignition) : 정상적인 불꽃점화가 되기 전에 밸브, 피스톤 또는 스파크 플러그와 같은 부분이 높은 열로 뜨거워져서 열점(hot spot)이 되어 비정상적인 점화를 일으키는 현상이다.
- 킥백(kick back) : 혼합가스가 조기점화되어 연소 압력이 피스톤을 역방향으로 힘을 가해 크랭크 축이 정상방향이 아닌 역방향으로 회전하는 현상이다.

③ 플로우트식 기화기

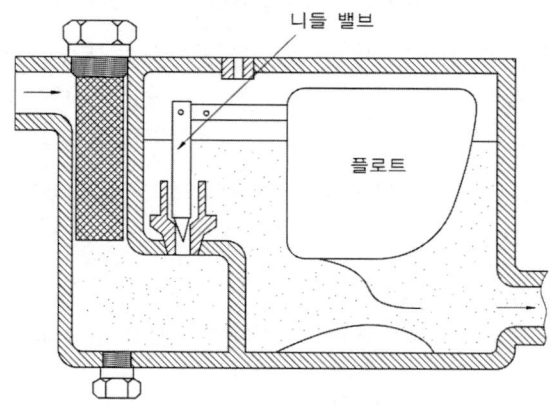

• 플로트식의 구조 •

㉠ 원리 : 공기가 벤튜리 관을 지날 때 목 부분에서 압력이 최소로 되어 연료실에 작용하는 대기압과의 차이에 의해 방출 노즐로 흘러나와 연료와 공기가 혼합된다.
㉡ 플로우트(부자) : 부자식 기화기에서 연료의 유면을 조절해준다. 이 유면은 주방출 노즐의 출구보다 조금 낮게 유지한다. 이는 적당량의 연료를 공급하고, 엔진이 정지되었을 때 연료가 노즐로부터 누설되는 것을 방지하기 위해서이다.
• 유면의 높이가 너무 높으면 농후해지고, 너무 낮으면 희박해진다. 유면의 높이를 조절하기 위해서는 니들밸브 시트의 와셔를 장착하거나 장탈한다.(와셔 부착 : 유면 높이 하강, 와셔 제거 : 유면 높이 상승)
㉢ 주연료 조절계통
  ⓐ 목적 : 엔진 작동 범위 내의 모든 스로틀 각도에서 일정한 연료-공기 혼합비를 유지한다.
  ⓑ 구성 : 주 미터링 제트, 주 방출노즐, 저속장치로 통하는 통로, 벤튜리
  ⓒ 기능 : 연료와 공기의 혼합비를 맞춰주고, 방출노즐의 압력은 저하시킨다. 스로틀 밸브를 완전히 열었을 때 공기 흐름량을 조절하여 준다.
㉣ 완속장치
  ⓐ 목적 : 저속에서는 기화기의 벤튜리를 흐르는 공기의 양이 적어지기 때문에 방출노즐로부터 충분한 연료를 공급할 수 없게 된다. 따라서 주 노즐에서 연료가 분출될 수 없을 때 연료를 공급하여 혼합가스가 되도록 한다.
  ⓑ 작동 : 스로틀 밸브가 거의 닫혀있는 상태에서도 약간의 틈이 있어 전체의 공기량은 적어도 이 통로를 흐르는 공기의 속도는 빠르게 되므로 부압이

커지는 부분에 완속장치 연료분출구와 공기 블리드 장치를 설치하면 완속에 필요한 혼합가스를 공급할 수 있게 된다.

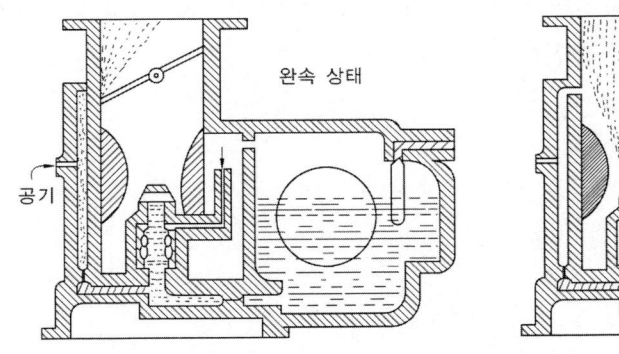
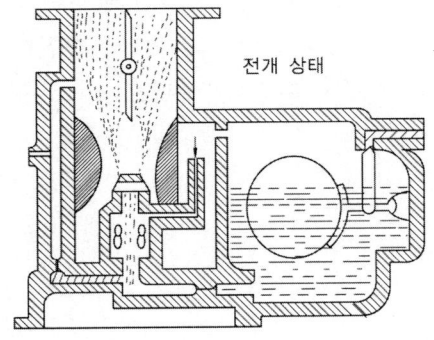

• 완속 장치 •

ⓜ 이코노마이저계통(고출력장치)
ⓐ 목적 : 순항 시 연료의 소비를 최소로 해주며 순항속도 이상의 모든 속도에서 추가로 필요한 연료를 조절하여 공급해주는 역할을 하는 출력증가장치로 저속과 순항속도 이상에서는 닫히고, 고속에서는 연소온도를 감소시키고 디토네이션을 방지하기 위해 농후혼합비를 공급하기 위해 열린다. 경제적인 연료소모가 이루어진다. 이코노마이저를 갖춘 기화기에서는 보통 순항속도에서는 가장 희박한 혼합기가 되게 하고, 고출력에서는 적절한 농후혼합이 되도록 한다.
ⓑ 종류 : 니들밸브형, 피스톤형, 흡입압력작동형

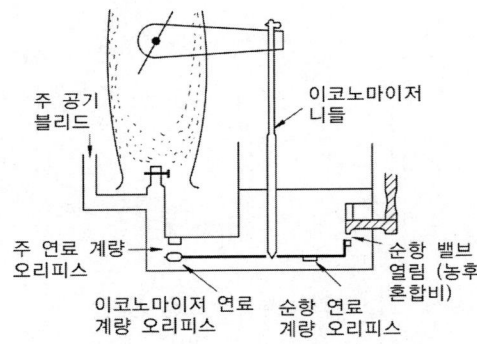

• 니들 밸브식 이코노마이저 장치 •

ⓗ 가속계통(accelerating)
ⓐ 목적 : 스로틀 밸브를 갑자기 열어 기관을 가속시킬 때 공기의 비중이 연료보다 적기 때문에 공기 유량은 바로 증가하지만 연료는 관성이 크기 때문

에 즉시 증가된 양으로 분출되지 못한다. 이 때문에 연료지연이 발생하여 잠시 동안 희박한 혼합비상태로 된다. 이로 인하여 엔진의 정지나 역화가 발생하여 엔진 출력의 감소현상이 발생하는데 이러한 현상을 방지하기 위해 가속장치를 장착한다.
ⓑ 종류 : 가속펌프, 가속 웰

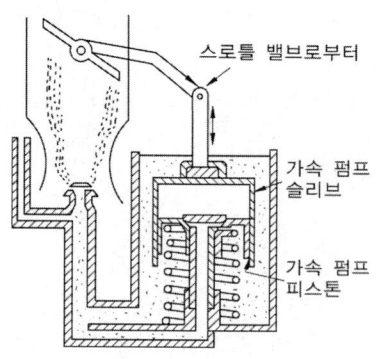

• 피스톤식 가속 펌프의 구조 •

ⓢ 혼합비 조절계통(mixture control system)
　ⓐ 목적 : 고고도에서 너무 진한 혼합비가 되는 것을 방지하며, 저출력 범위에서 희박한 혼합비를 사용하여 연료를 경제적으로 소모하게 하는 장치이다.
　ⓑ 종류 : 부압식, 니들식, 에어포트식

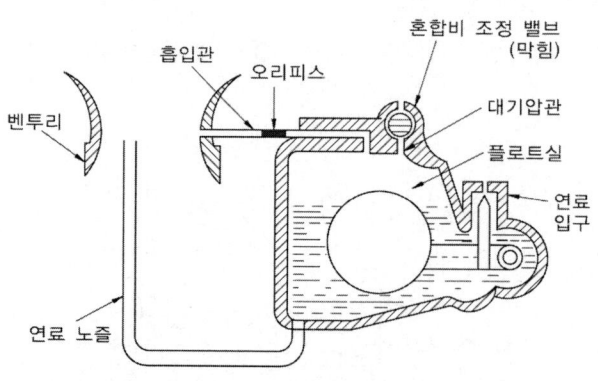

• 부압식 혼합비 조정 장치 •

ⓞ 자동혼합비 조절계통(auto mixture control system)
　ⓐ 작동 : 작동압력에 민감한 벨로우즈의 수축과 팽창에 의해 직접적으로 기계적인 장치를 통해 작동된다. 벨로우즈 내부에는 질소나 온도 또는 압력에 민감한 오일이 들어 있다.
　ⓑ 장점 : 정확하고, 신뢰성이 높으며, 정비가 쉽다.

④ 압력분사식 기화기

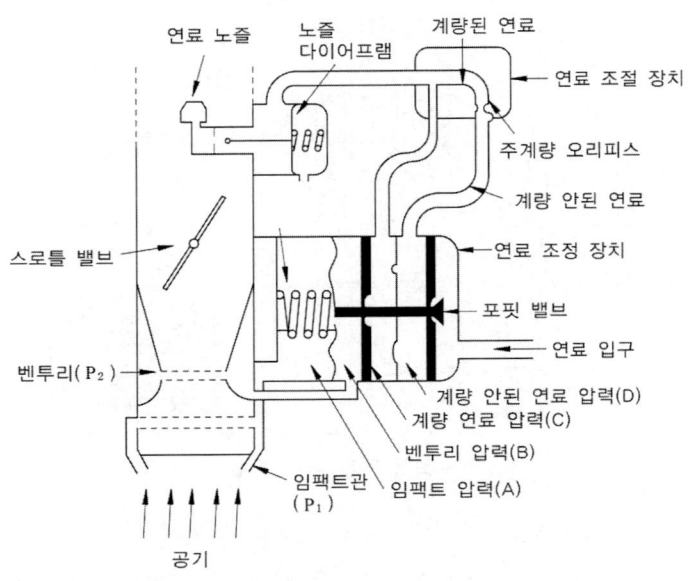

• 압력 분사식 기화기 •

㉠ 장점 : 결빙의 염료가 없고, 엔진의 효율을 증대시킬 수 있다. 또한 혼합가스의 혼합비율조절을 개선할 수 있고, 연료지연현상을 제거할 수 있다.
㉡ 구성 : 스로틀계통, 조종기계통, 연료조절계통
㉢ 원리
  ⓐ A chamber : 임펙트 공기압력(엔진으로 흡입되는 공기압력)을 받아 이 압력이 주연료 포핏밸브를 열게 하여 연료가 FCU로 들어가게 한다.
  ⓑ B chamber : 기화기의 메인 벤튜리 혹은 부스터 벤튜리의 어느 한 곳에서의 벤튜리 흡입을 받는다.
  ⓒ C chamber : 계량된 연료가 D chamber의 압력보다 약간 낮은 압력으로 C chamber에 들어오게 된다. 이것은 포핏 밸브가 닫힘으로써 D chamber의 높아지려는 압력을 방지하며 C와 D chamber 사이의 막에 작은 차압을 유지하도록 한다.
  ⓓ D chamber : 연료 펌프로 계량되지 않은 연료가 D chamber로 들어오게 된다. 이 연료의 압력은 연료막에 작용하며 다른 chamber에 의해 만들어지는 평형힘을 제외하면 포핏밸브를 닫게 한다.
  ⓔ E chamber : 연료에 포함된 증기나 기포 등을 제거한다.

⑤ 직접연료분사장치

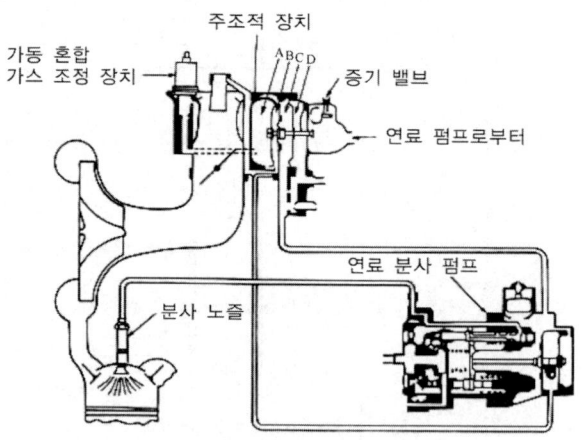

• 직접 연료 분사 장치 •

㉠ 기능 : 연료분사는 벤튜리를 통해 흐르는 공기에 의해 발생된 차압을 사용하여 각 실린더나 흡입계통에 혼합가스를 넣어주는 것이 아니라 연료분사펌프를 사용하여 넣어주는 방식이다. 이러한 장치는 별도의 프라이머 장치가 필요하지 않다.

㉡ 장점
ⓐ 결빙의 염려가 없다.
ⓑ 실린더에 공급되는 혼합비보다 적절하게 공급할 수 있다.
ⓒ 기계적 결함이 적다.
ⓓ 연료지연을 제거할 수 있다.
ⓔ 프라이머 장치가 필요치 않다.

⑥ 물 분사장치(ADI, anti detonant injection) : 물 분사장치는 이륙에 필요한 최대 출력을 낼 때 사용한다. 물(밀도 증가)과 소량의 수용성 오일(부식방지)을 혼합한 알콜(결빙방지)을 사용한다. 물은 혼합기를 냉각하여 더 높은 매니폴드 압력을 사용하고 공연비는 농후 최대출력혼합비를 감소하게 하여 연료소비에 의해 많은 출력을 얻을 수 있다.

• 물 분사의 사용으로 이륙마력의 8 ~ 15% 정도의 출력을 증가시킬 수 있다.

(3) 윤활계통

가) 윤활

① 윤활의 목적 : 윤활은 작동부품 사이의 마찰을 감소시키고, 금속표면의 녹과 부식을 방지한다.

② 윤활유의 종류
  ㉠ 동물성 윤활유 : 상온에서 분해하기가 어려우나 윤활성이 좋다.(돼지기름, 고래기름 등)
  ㉡ 식물성 윤활유 : 공기 중에 노출되면 산화되며, 광물성보다 마찰계수가 적다.(올리브유, 목화씨유 등)
  ㉢ 광물성 윤활유 : 고체(운모, 동석, 흑연 등), 반고체, 유체로 분류하며 미세한 분말가루로 사용
  ㉣ 합성 윤활유 : 고온에서 윤활특성이 요구되는 곳에 사용

③ 윤활유의 구비조건
  ㉠ 알맞은 점도를 가져야 한다.
  ㉡ 유성이 좋아야 한다.
  ㉢ 온도 변화에 따라 점도 변화가 작아야 한다.
  ㉣ 낮은 온도에서 유동성이 좋아야 한다.
  ㉤ 산화 및 탄화 안정성이 있어야 한다.
  ㉥ 부식을 일으키지 않아야 한다.

④ 윤활유의 작용
  ㉠ 윤활작용 : 작동부품 간의 마찰을 감소시킨다.
  ㉡ 기밀작용 : 접촉표면의 틈새를 메워 기밀을 유지시킨다.
  ㉢ 냉각작용 : 엔진 각 계통을 순환하며 냉각시킨다.
  ㉣ 청결작용 : 쇳가루나 탄소찌꺼기를 걸러준다.
  ㉤ 완충작용 : 충격을 완화시킨다.
  ㉥ 방청작용 : 작동부품 표면에 유막을 형성하여 부식을 방지한다.
  ㉦ 소음방지작용 : 금속면이 직접적으로 부딪혀 발생되는 소리를 감소시킨다.

⑤ 윤활 방법
  ㉠ 비산식 : 커넥팅 로드의 대단부 끝에 설치된 윤활유 국자에 의해 크랭크 축이 회전할 때마다 원심력으로 윤활유를 뿌려 필요한 부분에 공급하는 방식이다. 오일펌프가 필요 없다.
  ㉡ 압송식 : 오일 펌프로 윤활유에 압력을 가해 윤활이 필요한 부분까지 뚫려있는 통로로 이용하여 공급하는 방식이다.
  ㉢ 복합식 : 실린더 부분에는 비산식, 캠축 베어링, 밸브 기구, 커넥팅 로드 베어링 등에는 압송식을 사용하여 윤활유를 공급한다. 최근의 왕복 기관에 주로 사용된다.
  ㉣ 혼합 급유식 : 연료와 윤활유를 일정한 비율로 혼합시켜 연료 탱크에 공급하면 연료는 연소되고 윤활유는 윤활 작용을 하는데 사용되는 방식이다.

- 오일 희석장치(oil dilution system) : 차가운 날씨에 오일의 점성이 크면 시동이 용이하지 않기 때문에 가솔린을 엔진 정지 직전에 오일 탱크에 분사하여 오일의 점성을 낮게 함으로써 다음 시동을 용이하게 하는 장치이다.

나) 윤활계통(lubrication system)

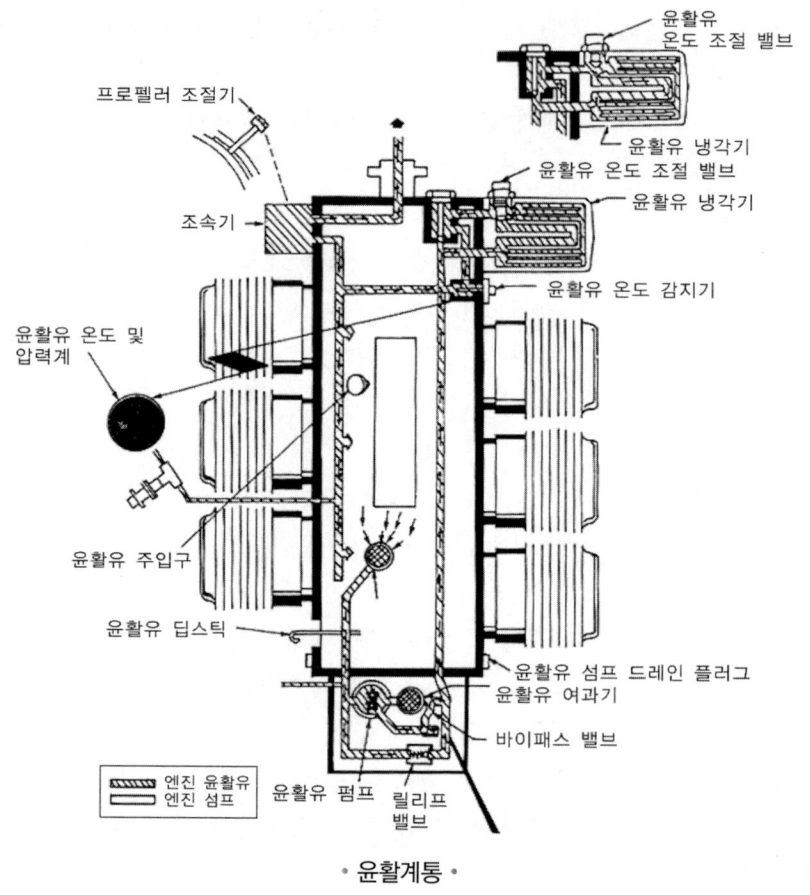

• 윤활계통 •

① **구성품** : 윤활유 탱크(oil tank), 윤활유 펌프, 윤활유 여과기, 윤활유 냉각기, 윤활유 온도조절 밸브, 윤활유 온도계 및 윤활유 압력계
② **윤활유 탱크(oil tank)**
  ㉠ 재질 : 알루미늄 합금 또는 스테인레스강
  ㉡ 위치 : 윤활유 탱크에서 윤활유 펌프까지는 중력식에 의해 공급하기 때문에 윤활유 펌프 입구보다 약간 높게 위치하는 것이 대부분이다.
  ㉢ 탱크 출구의 직경은 윤활유 펌프 입구의 직경보다 작으면 안된다.
  ㉣ 윤활유 탱크는 탱크 용량의 10%의 팽창면적이 확보되어 있어야 한다.

ⓜ 윤활유 탱크의 강도는 5psi의 압력을 견뎌야 한다.
　　ⓗ 윤활유의 양은 딥스틱(dipstick)에 의해 알 수 있다.
　　ⓢ 호퍼 탱크(hopper tank) : 기관의 난기 운전 시 윤활유가 평소보다 빨리 데워질 수 있도록 탱크 안에 별도의 탱크를 만들고, 윤활유의 온도가 빨리 올라갈 수 있도록 하여 난기운전시간을 단축시킨다.
③ 윤활유 펌프(oil pump)

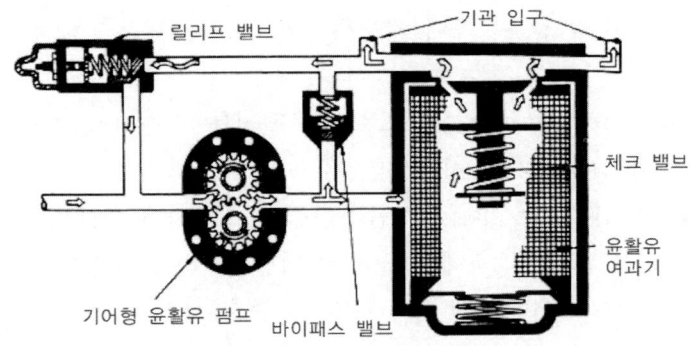

・윤활유 펌프와 그 밖의 부품・

　　㉠ 종류 : 압력펌프(oil pressure pump), 소기펌프(scavenge pump)
　　　・펌프는 기어식과 베인식이 있으며, 주로 기어형이 많이 사용된다.
　　㉡ 소기펌프는 압력펌프보다 용량이 크게 설계되어야 한다.
④ 윤활유 여과기(oil filter) : 순환식으로 사용되고 윤활유 내에 불순물 및 탄소찌꺼기가 함유되어 있기 때문에 이러한 불순물을 제거해주어야 한다.
⑤ 윤활유 냉각기 : 왕복기관에서의 윤활유 냉각방식은 주로 램 에어를 이용한 냉각방식(ram air cooling)을 사용한다. 또한 차가운 연료는 뜨거운 윤활유가 데워주는 열교환기를 사용하는 경우도 있다.
⑥ 윤활유 압력 릴리프 밸브(oil pressure relief valve) : 윤활유의 압력이 너무 과도하게 되면 계통의 심한 마모나 파손이 생길 수 있다. 따라서 이 밸브를 설치하여 계통 내의 압력을 일정하게 유지하기 위하여 펌프 출구 압력이 과도하게 높을 때 다시 펌프 입구로 돌려보내는 역할을 한다.
⑦ 바이패스 밸브(bypass valve) : 여과기가 막혔을 경우 계통으로 윤활유가 공급될 수 있도록 바이패스 시켜준다.
⑧ 체크 밸브(check valve) : 역류 방지
⑨ 쿠노 필터(cuno filter) : 얇은 디스크 형태의 망이 모여 있는 형태로, 윤활유는 디스크 밖에서부터 안으로 흘러들어와 디스크 사이의 공간을 통해 흘러들어간다. 이 디스크의 간격에 따라 여과되는 불순물의 입자크기가 결정된다.

⑩ **온도조절 바이패스 밸브** : 차가운 윤활유가 들어오면 밸브가 열려 바이패스 시키므로 원활한 순환을 하도록 한다.

(4) 시동 및 점화계통

가) 시동계통

① **역할** : 기관이 스스로 운전될 때까지 시동기는 외부에서 크랭크 축에 회전동력을 가하고 피스톤의 왕복운동이 가능하도록 해준다.

② **종류**
  ㉠ 수동식(hand cranking) : 손으로 프로펠러를 회전시켜 기관을 시동시킨다. 소형, 저출력 항공기에 사용된다.
  ㉡ 관성 시동기(inertia starter) : 플라이휠을 회전시켜 관성력에 의해 회전력을 축적한 다음, 크랭크 축에 전달하여 회전시키는 방식이다.
   • 플라이휠의 회전방법에 따른 구분 : 수동식 관성 시동기, 전기식 관성 시동기, 복합성 관성 시동기
  ㉢ 직접 구동 시동기 : 전동기와 감속기어, 자동연결기구로 구성되어 있으며, 전동기의 회전력을 감속기어에 의해 감속시켜 자동 연결기구를 통해 크랭크 축에 전달하는 방식이다.
   • 소형기 : 12V 또는 24V, 50 ~ 100A, 대형기 : 24V, 300 ~ 500A

나) 점화계통

① **축전지 점화계통** : 전원으로 축전지를 사용하여 점화코일을 승압, 혼합가스를 점화시키는 방식이다. 주로 자동차 기관에 사용되나, 제한적으로 항공기에 사용되기도 한다.

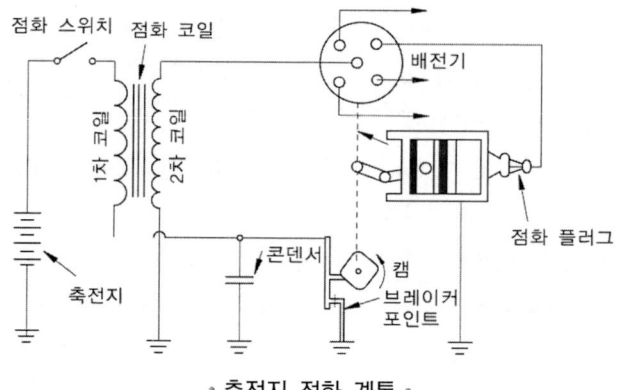

• 축전지 점화 계통 •

② 마그네토 점화계통

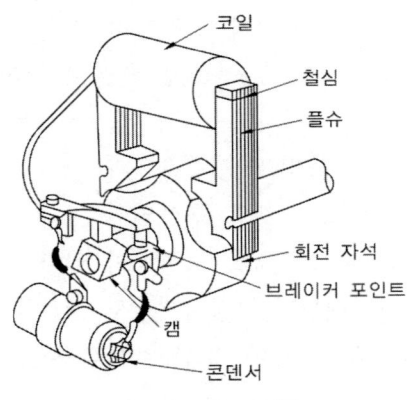

• 마그네토의 구성품 •

③ **구성품** : 부스터 코일(booster coil), 인덕션 바이브레이터(induction vibrator), 임펄스 커플링(impulse coupling)

④ **종류**

㉠ 고압점화계통(high tension ignition system) : 마그네토에서 유도된 낮은 전압을 2차 코일에서 고전압으로 승압시켜, 마그네토에 부착된 배전기를 통해 스파크 플러그에 전달하는 방식이다.

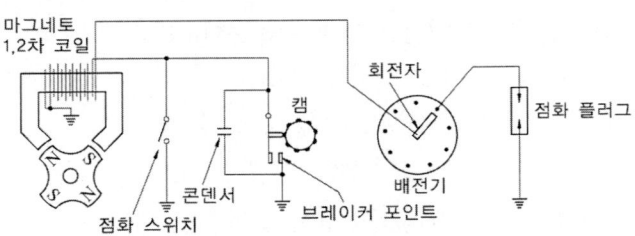

• 고압 점화 계통 •

㉡ 저압점화계통(low tension ignition system) : 마그네토 1차 코일에서 유도된 낮은 전압을 각 실린더마다 하나씩 설치된 변압기에서 승압시켜 스파크 플러그로 전달하는 방식이다.(고고도에서 사용할 경우 플래시오버 현상이 잘 생기지 않는다.)

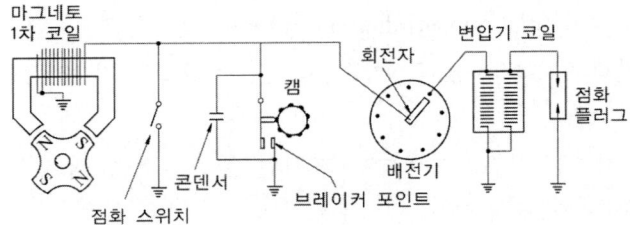

• 저압 점화 계통 •

ⓒ 성형기관 : 우측 마그네토는 실린더 전방 스파크 플러그에 연결하고, 좌측 마그네토는 후방 스파크 플러그에 연결한다.
ⓔ 대향형 : 우측 마그네토는 우측 실린더 상부 스파크 플러그와 좌측 실린더 하부 스파크 플러그와 연결하고, 좌측 마그네토는 우측 실린더 하부와 좌측 실린더 상부의 스파크 플러그와 연결한다.
ⓜ 단식점화계통 : 마그네토 1개로 구성되어 있다.
ⓗ 복식점화계통 : 마그네토 2개로 구성되어 있다.
- 장점 : 하나의 마그네토가 고장나더라도 안전하고, 연소속도의 증가로 인해 디토네이션을 방지할 수 있다. 또한 완전연소를 시킬 수 있어 엔진이 증가한다.

⑤ **마그네토의 원리**

ⓐ 역할 : 특수한 형태의 교류 발전기로서, 영구자석을 기관 축에 의해 회전시켜 점화 회로에 전류를 공급시킨다.
ⓑ 방식 : 회전자석형, 코일회전형
ⓒ 1차코일의 구조 : 굵은 구리선이 2차코일에 비해 적게 철심 위에 감겨있다. 한쪽 끝부분은 접지되어 있으며, 다른 한쪽은 접촉점과 스위치가 연결되어 있으며 이것을 P-lead라 한다.
- P-lead가 끊어지면 엔진이 꺼지지 않는다.(연료를 차단하여 엔진을 정지시킨다.)

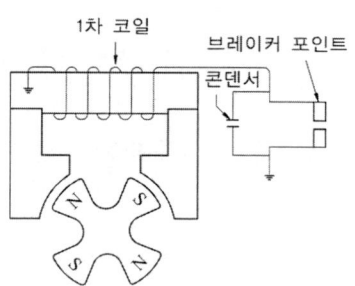

・1차 회로・

ⓓ 2차코일의 구조 : 가는 선으로 수천회 이상 감겨져 있다. 한쪽 끝부분은 접지되어 있으며, 다른 한쪽은 외부로 나와 있어 배전판을 통해 스파크플러그에 고전압이 전달되도록 한다.
ⓔ 마그네토 속도(magneto speed)

$$\frac{\text{마그네토의 회전속도}}{\text{크랭크축의 회전속도}} = \frac{\text{실린더 수}}{2 \times (\text{회전자석의}) \text{ 극수}}$$

ⓕ 접촉점 어셈블리(breaker assembly) : 브레이커 포인트(breaker point)와 회전캠(rotating cam)으로 구성되어 있다. 브레이커 포인트는 열과 마모에 강한 백금-이리듐 합금(platinum-iridium alloy)으로 제작된다. 또한 브레이커 포인트는 1차코일과 연결되어 있고, 점검 시 윤활유를 2~5방울 정도 떨어뜨려 윤활시켜 주어야 한다.
- 브레이커 포인트의 간격이 커지면 점화진각이 작아지고, 간격이 작아지면 점화진각이 커진다.

ⓢ E-gap : 중립위치를 지나 브레이커 포인트가 열렸을 때 회전한 사이각도를 말한다. 이는 브레이커 포인트가 순간적으로 떨어질 때 가장 강한 스파크를 얻기 위하여 중립위치 몇 도 후에 위치시키며, 내부 점화시기라 하기도 한다.(보통 제작자와 모델에 따라 5°~17°까지 변하며, 4극자석은 정확히 12°의 E-gap을 갖는다.)

ⓞ 1차 콘덴서 : 1차코일과 병렬로 연결되어 있고 브레이커 포인트가 떨어질 때 불꽃(arcing)을 방지하며 브레이커 포인트가 소손되는 것을 방지한다.
　• 1차 콘덴서의 용량이 크면 불꽃이 작아지고, 작으면 브레이커 포인트의 마모를 가져온다.

ⓩ 배전판 : 고압점화계통의 경우 2차코일과 연결되어 있다. 배전판의 회전자는 엔진속도의 1/2 속도로 회전한다.

ⓩ coming in speed : 스파크 플러그에서 정상적인 불꽃을 만들기 위해서는 회전자석은 정해진 속도 이상으로 회전해야 한다. 이 속도는 자속변화율이 필요한 1차 전류와 합성 고압출력을 유도하기 위한 충분한 속도를 coming in speed라 하며, 평균 100~200rpm 정도이다.

⑥ **점화순서**

구분	점화순서	구분	점화순서
4실린더 직렬	1-3-4-2 or 1-2-4-3	단열 9실린더 성형	1-3-5-7-9-2-4-6-8
4실린더 대향형	1-3-2-4 or 1-4-2-3	2열 14실린더 성형	1-10-5-14-9-4-13-8-3-12-7-2-11-6 (+9, -5)
6실린더 직렬	1-5-3-6-2-4	2열 18실린더 성형	1-12-5-16-9-2-13-6-17-10-3-14-7-18-11-4-15-8 (+11, -7)
6실린더 대향형	1-6-3-2-5-4 or 1-4-5-2-3-6		

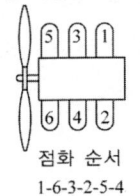
수평 대향형 6실린더
점화 순서
1-6-3-2-5-4
또는 1-4-5-2-3-6

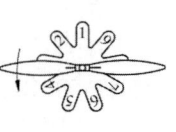
성형 9실린더
점화 순서
1-3-5-7-9-2-4-6-8

성형 2열 14실린더
점화 순서
1-10-5-14-9-4-13-8-3
-12-7-2-11-6

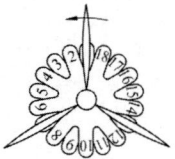
성형 2열 18실린더
점화 순서
1-12-5-13-9-2-13-6-17-10
-3-14-7-18-11-4-15-8

• 점화 순서 •

⑦ 점화시기
  ㉠ 내부 점화시기 조정(internal timing) : E-gap 위치와 브레이커 포인트가 열리는 순간을 맞춘다.
  ㉡ 외부 점화시기 조정(external timing) : 기관이 점화진각에 위치할 때 크랭크 축의 위치와 마그네토 점화시기를 일치시킨다.
⑧ 스파크 플러그(spark plug)
  ㉠ 역할 : 마그네토에서 발생된 높은 전기적 에너지를 실린더 내의 혼합가스를 점화시키는데 필요한 열에너지로 변환시켜준다.
  ㉡ 구성 : 전극, 세라믹 절연체, 금속 셀(metal shell)

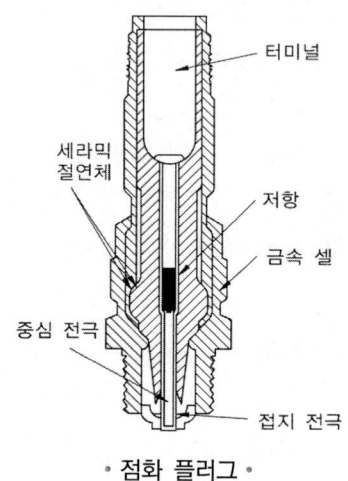

• 점화 플러그 •

  ㉢ 종류
    ⓐ 고온 플러그(hot plug) : 저온에서 작동되는 저출력기관에 사용한다.(대향형)
    ⓑ 일반 플러그(normal plug)
    ⓒ 저온 플러그(cold plug) : 고온에서 작동되는 고출력기관에 사용한다.(성형)
      • hot plug를 고출력기관에 사용하면 조기점화가 발생하고, cold plug를 저출력기관에 사용하면 점화가 일어나지 않을 수 있다.

③ 왕복기관의 작동과 검사

(1) 왕복기관의 작동과 검사

가) 육안검사

① 기관에서 부분품들이 장탈, 분해된 후 세척하지 않은 상태에서 먼저 육안검사를 실시하며, 직접 눈으로 보거나 확대경을 사용하여 검사를 진행한다.

② 육안검사 시 알 수 있는 결함
- ㉠ 균열(crack)
- ㉡ 찍힘(nicks)
- ㉢ 부식(corrosion)
- ㉣ 밀림(galling)
- ㉤ 긁힘(scratch)
- ㉥ 소손(burning)
- ㉦ 마손(burr)
- ㉧ 스코어링(scoring)

나) 비파괴검사

① 종류
- ㉠ 자분탐상검사 : 자화될 수 있는 기관 부분품에 주로 사용한다.
- ㉡ 형광침투검사 : 자화될 수 없는 기관 부분품에 주로 사용한다.
- ㉢ 색조침투검사
- ㉣ 초음파검사
- ㉤ X-ray
- ㉥ 보어스코프 검사
- ㉦ 와전류탐상검사

다) 치수검사

① 면과 면이 서로 접촉하여 작동하는 부분품들의 마멸 상태를 측정하는데 사용되는 검사 방법이다. 각 제작사에서 제공하는 매뉴얼 상의 한계치수보다 커지게 되면 수리 또는 교환하여 사용해야 한다.

② 측정 공구
- ㉠ 마이크로미터 캘리퍼 : 축, 크랭크 핀, 주 베어링 저널, 피스톤 핀 등을 측정한다.

ⓛ 텔레스코핑 게이지 : 베어링, 부싱 등의 안지름을 측정한다.
ⓒ 두께 게이지 : 피스톤 링의 옆간격, 끝간격 등을 측정한다.
ⓔ 깊이 게이지 : 고정되어진 부분품들의 표면 사이의 거리를 측정한다.
ⓜ 보어 게이지 : 실린더 보어를 측정한다.
ⓗ 다이얼 게이지 : 회전부품의 휨 또는 진원에서 벗어난 값을 측정한다.

03 항공기 가스터빈기관

1 가스터빈기관의 작동원리 및 구조

(1) 분류와 특성

가) 출력 형태에 따른 분류

① **회전 동력 기관** : 고온, 고압의 연소가스를 이용하여 압축기를 구동시키는 터빈과는 별도로 장착된 자유 동력 터빈과 연결된 프로펠러 등을 회전시켜 기관의 추력을 발생시킬 수 있다.

ⓞ 터보 샤프트 기관(Turbo Shaft Engine) : 압축기-연소실-터빈의 기본구조와 별개로 자유 동력 터빈과 감속기어를 가지고 있다. 크게 가스 발생기 부분과 동력 터빈 부분으로 나눌 수 있는데, 가스 발생기에서 발생된 연소 에너지를 자유 동력 터빈과 감속기어를 통해 프로펠러와 같은 회전자 등에 전달함으로써 동력을 발생시킨다. 주로 회전익 항공기와 산업용으로 사용한다.

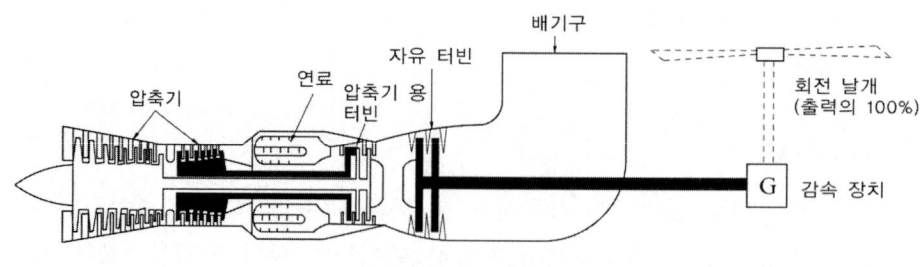

• 터보샤프트 기관 •

ⓛ 터보 프롭 기관(Turbo Prop' Engine) : 비교적 느린 비행속도에서 큰 효율과 추력을 낼 수 있으나, 속도가 마하 0.5(약 610km/h) 이상으로 빨라지게 되면 프로펠러의 효율이 급격히 떨어지게 되어 고속 비행을 하는 항공기에는 적합하지 않다. 또한 순항 비행 시 100% 추력 중 70~95%를 프로펠러에서 발생하고, 나머지 5~30%를 배기가스의 분사 추력으로 발생한다는 특징이 있다. 주로 소형 항공기에 사용한다.

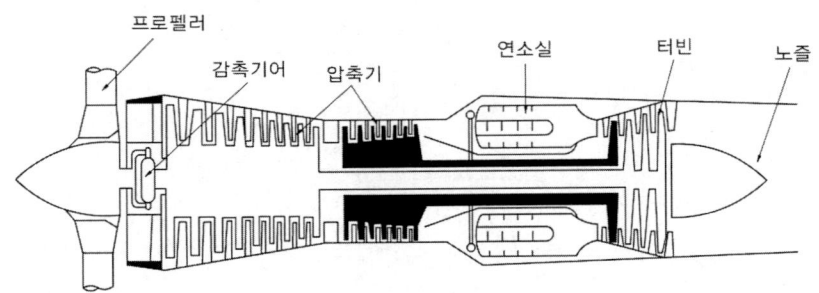

• 터보프롭 기관 •

② 제트 기관

ⓘ 터보 제트 기관(Turbo Jet Engine) : 비행속도와 고도가 낮을 때에는 추력이 가장 작고 단위 추력당 연료 소모율이 높으나, 비행속도와 고도가 빨라질수록 가장 큰 추력을 낼 수 있는 기관이다. 고속비행 및 초음속 비행이 가능하도록 전면 면적이 좁으며 연료 소모율은 높으나 성능이 우수하다는 특징이 있다.

ⓛ 터보 팬 기관(Turbo Fan Engine) : 가스발생기 전방 또는 후방에 대형 팬을 설치하여 대량의 공기를 빨아들일 수 있다. 터보 프롭 기관의 성능과 터보 제트 기관의 중간 정도의 성능으로 마하 1.0 정도에서 충분한 추력을 유지할 수 있기 때문에 현재에는 대형 여객기에 주로 사용된다.

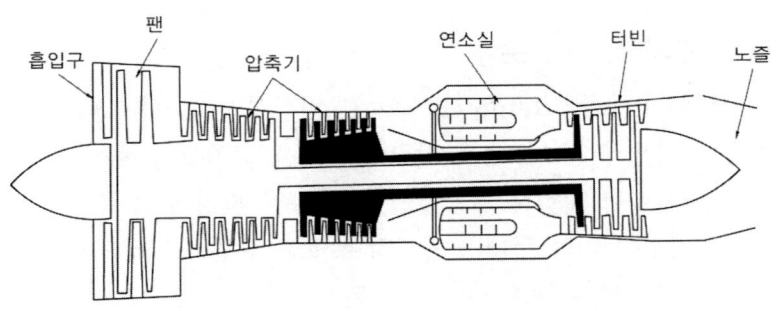

• 터보팬 기관 •

② 그 밖의 기관
  ㉠ 램 제트 기관(Ram Jet)

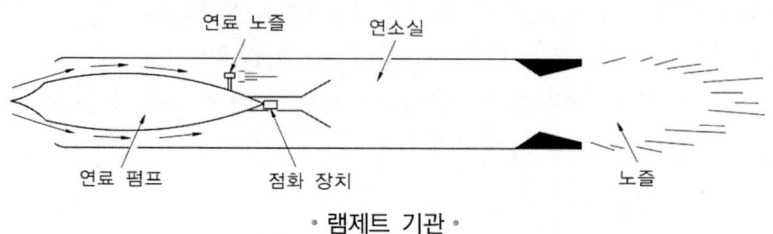

• 램제트 기관 •

  ㉡ 펄스 제트 기관(Pulse Jet)

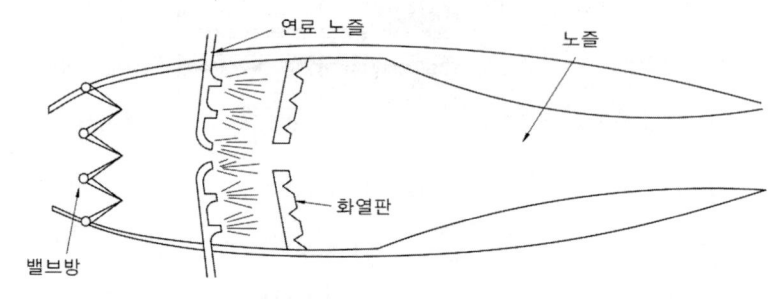

• 펄스 제트 기관 •

  ㉢ 로켓 기관(Rocket)

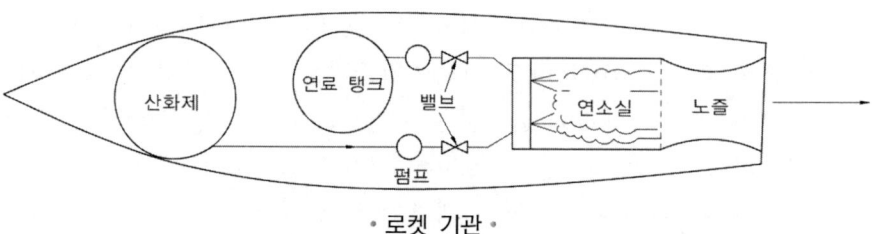

• 로켓 기관 •

나) 압축기 형태에 따른 분류

① **원심식 압축기 기관(centrifugal type)** : 원심식 압축기를 장착한 기관의 경우 초기에 많이 사용되었으나, 높은 압력비를 얻을 수 없고 효율이 나쁘기 때문에 현재는 소형 기관이나 지상용 가스터빈기관(보조동력장치)에 주로 사용되고 있다. 다단으로 만들면 오히려 무게가 증가하여 효율이 떨어지므로 1단, 2단 또는 1단 양면 흡입 압축기의 형태로 많이 사용된다.

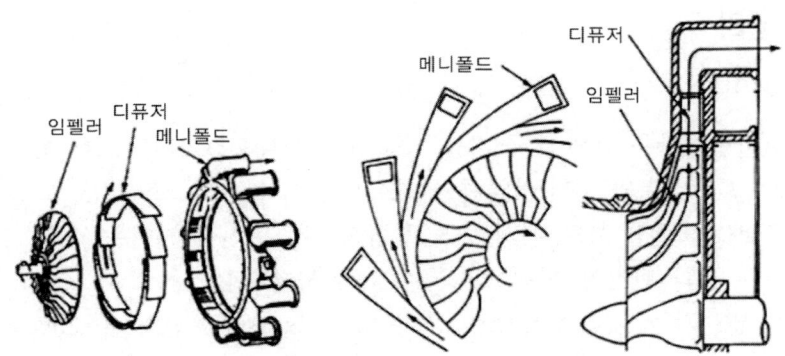

・원심식 압축기의 기본 구성품 및 단면도・

② **축류식 압축기 기관(axial-flow type)** : 압축기 회전축에 붙어있는 회전자와 압축기 케이스에 붙어있는 고정자로 이루어져 있으며, 한 열의 회전자 깃과 한 열의 고정자 깃을 합하여 1단이라 부른다. 압축기의 축 방향으로 공기가 흐르면서 회전자 깃과 고정자 깃에 의해 압축이 되고, 공기가 지나가는 압축기의 단면적은 후방으로 갈수록 좁아지게 하여 공기의 속도를 증가시킨다.

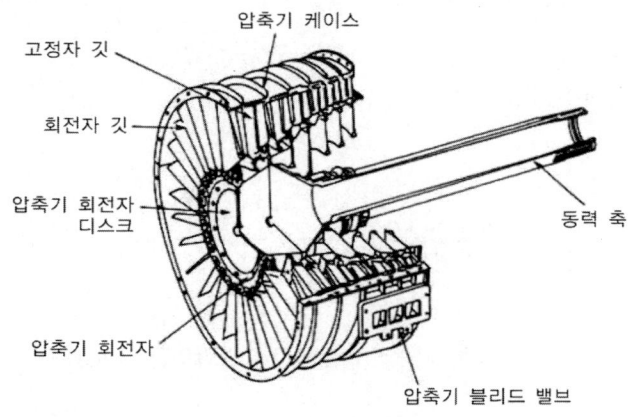

・축류식 압축기의 구성・

③ **축류·원심식 압축기 기관** : 압축기의 앞부분은 축류식이고 뒷부분은 원심식으로 구성되어 있다. 이 축류·원심식 압축기는 원심식의 단점을 축류식으로 보완하고, 축류식의 단점을 원심식으로 보완한 것으로 주로 소형 터보프롭 기관이나 터보샤프트 기관에 사용된다.

(2) 작동원리

가) 추진이론

① 가스터빈기관은 흡입된 공기를 압축기에 보내고, 여기서 압축된 공기를 연소실 내로 보내 연료와 혼합/가열하여 연소시킨다. 연소가스를 터빈으로 보내어 팽창시키고 배기노즐을 통해 대기 중으로 방출하여 추진력을 얻는 기관이다.(뉴턴의 제3법칙 작용과 반작용 법칙으로 추력을 발생한다.)

② 가스 발생기(gas generator) : 압축기(compressor), 연소실(combustion chamber), 터빈(turbine)

③ 작동 사이클 : 브레이턴 사이클(정압 사이클)

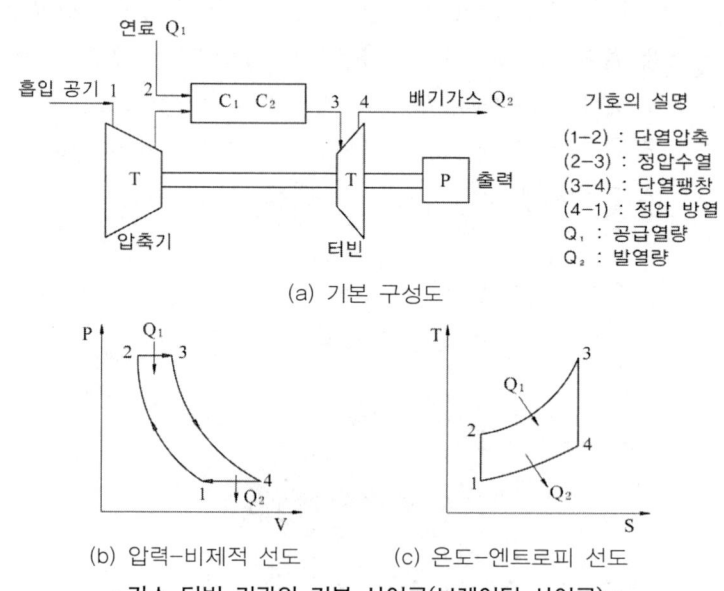

(a) 기본 구성도

(b) 압력-비체적 선도   (c) 온도-엔트로피 선도

• 가스 터빈 기관의 기본 사이클(브레이턴 사이클) •

나) 공기의 압력, 온도 및 속도 변화

① 압력변화
    ㉠ 최고 압력 : 압축기 바로 뒤쪽의 확산 통로(diffuser)
    ㉡ 연소실을 통과하는 공기의 마찰손실과 연소로 인한 팽창손실로 인해 정압과정이 수행되지 못하고 압력이 감소한다.
    ㉢ 배기노즐의 출구 압력은 대기압보다 약간 높은 압력이 된다.

② 온도변화
    ㉠ 압축기 출구에서의 온도가 약 400℃ 정도이다.
    ㉡ 최고 온도는 연소실 중심에서 약 2,000℃까지 상승한다.
    ㉢ 연소실은 고온에 노출되므로 안쪽과 바깥쪽에 공기막을 형성하여 냉각/보호한다.

③ 속도변화
　㉠ 압축기에 의해 흡입관에서의 공기속도를 압축 가능한 마하 0.5 정도로 조절하여 준다.
　㉡ 최고 속도는 터빈 노즐 다이어프램에서 발생한다.
　　• 후기 연소기 사용 시 배기노즐에서 온도, 속도는 증가하지만 압력은 변하지 않는다.

다) 기관의 출력

① **마력** : 단위 시간당 한 일을 말한다.
② **진추력** : 기관이 비행 중 발생시키는 추력을 말한다.

$$F_n = \frac{W_a}{g}(V_j - V_a)$$

　• W_a : 흡입공기의 중량 유량
　• g : 중력가속도
　• V_j : 배기가스 속도
　• V_a : 비행속도

③ **바이패스비(bypass ratio : BPR)** : 터보팬기관에서 바이패스되는 공기량과 연소실을 통과하는 공기량의 비를 말한다.
④ **총추력** : 공기 및 연료의 유입 운동량을 고려하지 않았을 때의 추력을 말한다.(항공기가 정지해 있을 때의 추력)

$$F_g = \frac{W_a \times V_j}{g}$$

⑤ **비추력** : 기관으로 흡입되는 단위 공기 유량에 대한 진추력을 나타낸다.

$$F_s = \frac{V_j - V_a}{g}$$

⑥ **추력 중량비** : 기관의 무게와 진추력과의 비를 말한다.

$$F_w = \frac{F_n}{W}$$

⑦ **추력 비연료 소비율(thrust specific fuel consumption : TSFC)** : 1kg의 추력을 발생시키기 위해 1시간 동안 기관에서 소비하는 연료의 중량으로, 추력 비연료 소비율이 작을수록 기관의 성능이 우수하다.

$$TSFC = \frac{W_f \times 3,600}{F_n}$$

　• W_f : 연료 소모량

⑧ 추력마력(thrust horse power) : 기관의 추력을 마력으로 환산한 값을 말한다.

$$추력마력 = \frac{F_n \times V_a}{75} [PS] = \frac{F_n \times V_a}{550} [HP]$$

라) 기관의 효율

① **제트기관의 추진효율**(η_p) : 공기가 기관을 통과하면서 얻은 운동 에너지에 의한 동력과 추진 동력의 비를 나타낸다.

$$추진효율 = \frac{2 \times V_a}{V_j + V_a}$$

② **열효율**(η_{th}) : 기관에 공급된 열에너지와 기계적 에너지로 변환된 양의 비를 말한다.

$$\eta_{th} = \frac{참일}{공급열량} = \frac{공급열량 - 방출열량}{공급열량} \frac{W}{Q_1} = \frac{Q_1 - Q_2}{Q_1} = 1 - \left(\frac{1}{\gamma}\right)^{\frac{k-1}{k}}$$

③ **전효율**(η_t) : 공급된 열에너지에 의한 동력과 추력 동력으로 변한 양의 비를 말한다.

$$\eta_t = \eta_p \times \eta_{th}$$

④ **추력에 영향을 끼치는 요소**

㉠ 밀도 : 대기 온도가 증가하면 추력은 감소하고, 대기압이 증가하면 밀도가 증가하여 추력은 증가하게 된다.

㉡ 비행 속도 : 속도가 증가하면 추력이 어느 정도까지 감소하나 다시 램 효과에 의해 추력이 증가한다.

㉢ 비행 고도 : 고도의 증가는 대기압이 낮아져 밀도가 작아지고, 추력은 감소, 대기 온도가 낮아져 밀도가 증가하므로 추력은 증가하게 된다. 하지만 증가량보다는 감소량이 크기 때문에 고도가 증가하면 결과적으로는 추력은 감소하게 된다.

• 고도가 11,000m(36,000ft)를 넘게 되면 온도는 일정해지고 압력만 낮아지므로 추력은 급격히 감소하게 된다.

마) 압축기 실속(compressor stall)

① 항공기 날개의 양력은 받음각이 커질수록 증가하고 어떤 받음각에서 최대가 되었다가 받음각이 더 커지면 날개 윗면에 흐르는 공기가 떨어져 양력은 급격히 감소, 항력이 증가하는 현상이 발생하는데 이러한 현상을 실속이라 한다. 압축기에서도 rotor blade와 stator blade에서 이러한 현상이 발생하며 이는 공기의 흡입속도가 작고 rotor의 회전속도가 클 때 받음각이 커져서 발생하게 된다.

② 실속 시 현상 : 압력비가 급격히 떨어지고, 기관의 출력이 감소하며, blade가 파손되기도 한다.

③ 실속의 원인
  ㉠ 압축기 출구 압력(CDP)이 너무 높을 때
  ㉡ 압축기 입구 온도(CIT)가 너무 높을 때
  ㉢ 쵸크현상 발생 시

④ 실속 방지책
  ㉠ 다축식 구조(multi spool engine)
  ㉡ 가변 정익 구조(variable stator vane)
  ㉢ 블리드 밸브(bleed valve)
  ㉣ 가변 안내 베인(variable inlet guide vane)
  ㉤ 가변 바이패스 밸브(variable bypass valve)

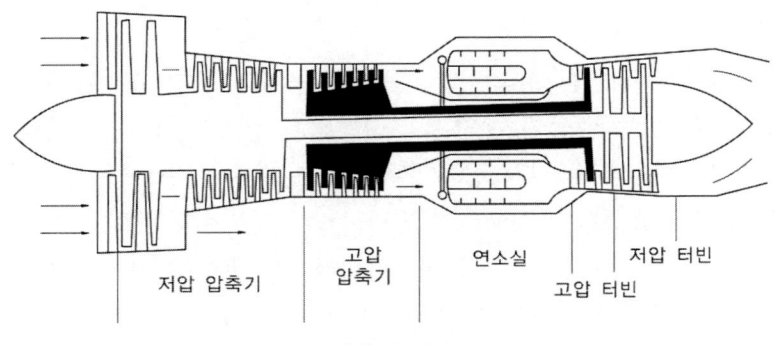

• 다축식 기관 •

(3) 구조 및 성능

가) 기본 구조

가스터빈기관은 기본적으로 공기 흡입관, 압축기, 연소실, 터빈, 배기노즐로 이루어져 있다. 이 중 압축기, 연소실, 터빈 부분을 가스 발생기(gas generator)라 부른다. 가스터빈기관의 종류마다 약간의 구조적인 차이는 있을 수 있지만 가스 발생기가 없거나 순서가 바뀌어서는 안 된다.

※ 속도와 단면적에 따른 속도/압력 관계

구분	아음속	초음속
수축통로( )	속도↑, 압력↓	속도↓, 압력↑
확산통로( )	속도↓, 압력↑	속도↑, 압력↓

나) 공기 흡입관

가스터빈기관이 필요로 하는 공기를 압축기에 공급시켜주는 통로의 역할을 하며, 압축기 입구에서 비행 속도에 관계없이 압축 가능한 최고 속도인 마하 0.5 정도를 유지할 수 있도록 공기의 속도를 감소시키고 압력을 상승시키는 역할도 한다. 공기 흡입관의 모양이나 길이 등은 항공기에 장착되는 위치에 따라 달라지며, 공기 흡입관은 많은 양의 공기가 원활하게 흐르도록 경계층이 얇고, 매끄럽게 설계·제작되어야 한다.

또한 공기 흡입관의 성능은 압력 효율비와 압력 회복점(ram pressure recovery point)으로 결정되어진다.

① **아음속 흡입관(확산형 흡입관)** : 일반적으로 아음속 항공기의 비행 속도는 마하 0.8 ~ 0.9(약 979 ~ 1,100km/h) 정도이므로 압축기 입구에서 공기의 속도를 낮춰줘야 할 필요가 있다. 따라서 아음속 흡입관의 모양은 입구보다 출구의 면적이 넓은 확산형을 사용하여 공기의 속도는 감소시키고, 압력은 증가시켜 압축기로 공기를 공급한다.

② **초음속 흡입관(가변형 흡입관)** : 초음속 항공기의 공기 흡입관에서 공기의 속도를 감소시키는 방법은 공기 흡입관의 단면적을 변화시키거나 충격파를 이용하는 두 가지 방법이 있다. 따라서 공기 흡입관의 단면적의 변화를 줄 수 있도록 수축-확산형의 공기 흡입관을 사용하게 된다. 또한 항공기의 비행 속도나 기관의 출력에 따라 자동으로 변하는 가변형 흡입관이라고도 한다. 가변형 흡입관은 효율적이기는 하지만 설계나 제작이 어렵다는 단점이 있다.

다) 압축기

① 종류
  ㉠ 원심식 압축기
    ⓐ 구성품 : 임펠러, 디퓨저, 매니폴드
    ⓑ 장점
      • 단당 압축비가 높다.(축류식의 1단만으로 비교해볼 때 원심식의 압축비가 높다.)
      • F.O.D.(Foreign Object Demage : 외부물질에 의한 손상)에 강하다.
      • 구조가 간단하고, 가격이 싸다.
      • 무게가 가볍다.
      • 회전 속도 범위는 넓으나, 시동 출력이 낮다.

ⓒ 단점
- 전면 면적이 크므로 항력이 크다.
- 압축기 입구와 출구의 압력비가 낮다.
- 효율이 낮다.
- 많은 양의 공기를 처리할 수 없다.

ⓛ 축류식 압축기
ⓐ 구성품 : 회전자(rotor), 고정자(stator)
ⓑ 장점
- 전면 면적에 비해 많은 양의 공기를 흡입·압축할 수 있다.
- 다단으로 제작이 가능하다.
- 큰 압력비를 얻을 수 있다.
- 공기 흐름이 일직선이라 효율이 높다.

ⓒ 단점
- F.O.D.에 약하다.
- 무게가 무겁다.
- 단당 압력 상승이 낮다.(따라서 여러 단으로 제작)
- 제작이 어려워 가격이 비싸다.

ⓓ 반동도(reaction rate) : 축류식 압축기에서 단당 압력 상승 중에서 회전자 깃이 담당하는 압력 상승의 백분율을 반동도라 한다.

$$\text{반동도}(\varPhi_c) = \frac{\text{회전자 깃에 의한 압력 상승}}{\text{단당 압력 상승}} \times 100(\%) = \frac{P_2 - P_1}{P_3 - P_1} \times 100(\%)$$

- P_1 : 회전자 깃의 입구 압력
- P_2 : 고장자 깃의 입구 압력 또는 회전자 깃의 출구 압력
- P_3 : 고정자 깃의 출구 압력

ⓒ 축류-원심식 압축기

라) 연소실

압축기에서 압축된 공기와 연료가 섞여 혼합가스를 만들어 연소시키는 부분으로서, 연소실로 들어오는 공기 중 약 25% 정도는 연소에 사용되고 나머지 75% 정도는 연소실 내 최고 온도가 약 2,000℃까지 상승하기 때문에 냉각에 사용된다.

① 연소실의 구비조건
㉠ 가능한 한 작은 크기일 것

ⓛ 출구 온도 분포가 균일할 것
ⓒ 안정적인 고공 재시동의 특성을 가질 것
ⓔ 압력 손실이 적을 것
ⓜ 출력의 폭넓은 변화에 대해 효율적인 연소를 시킬 것
ⓗ 매연이 적고, 탄소 형성이 적을 것
ⓢ 신뢰성

② **연소영역**
  ㉠ 1차 연소 영역(연소 담당)
    ⓐ 이론적인 공연비는 약 15 : 1이다.
    ⓑ 실제로 연소실로 들어오는 공연비는 60~130 : 1 정도이므로, 연소에 필요한 최적 공연비인 8~18 : 1로 공기의 양을 제한한다.
    ⓒ 18 : 1(희박혼합비) → 15 : 1(이론적 혼합비) ← 8 : 1(농후혼합비)
    ⓓ 혼합비가 18 : 1 이상이나 8 : 1 이하에서는 연소가 되지 않는다.
    ⓔ 연소실 전방에 설치된 스웰 가이드 베인(swirl guide vane)을 통해 공기에 강한 선회를 주어 와류를 발생시킨다. 이를 통해 연소실로 유입되는 속도를 감소시키고, 화염전파 속도는 증가시킨다.
  ㉡ 2차 연소 영역(혼합, 냉각 담당)
    ⓐ 주로 1차 연소 영역에서 연소된 가스의 냉각을 담당한다.
    ⓑ 내부 라이너에 설치된 루버와 딤블 홀을 통해 연소실 벽면의 안팎을 냉각시킴으로써 연소실을 보호하고 수명을 연장시킨다.

③ **종류**
  ㉠ 캔형 연소실(can type) : 독립된 5~10개 원통형의 연소실로 일정한 간격을 두고 원형으로 배치한다. 초기의 기관에 주로 사용되었다.
    ⓐ 구성품 : 외부 케이스(outer case), 내부 라이너(inner liner), 연료 노즐, 2개의 이그나이터, 화염전파 연결관
    ⓑ 장점 : 설계나 정비가 간단
    ⓒ 단점
      • 고공에서 연소 정지(flame out)현상이 생기기 쉽다.
      • 과열시동(hot start)을 일으키기 쉽다.
      • 출구 온도 분포가 불균일하다.
  ㉡ 애뉼러형 연소실(annular type) : 압축기의 구동축을 감싸고 있는 한 개의 고리모양으로, 연소 효율이 높아 거의 모든 크기의 기관에서 사용되고 있다.

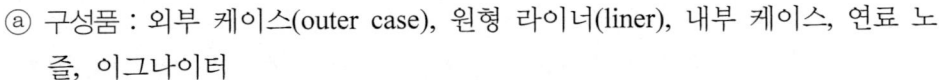

ⓐ 구성품 : 외부 케이스(outer case), 원형 라이너(liner), 내부 케이스, 연료 노즐, 이그나이터
ⓑ 장점
- 구조가 간단하다.
- 길이가 짧다.
- 전면 면적이 좁다.
- 연소 정지(flame out)현상이 거의 일어나지 않는다.
- 출구 온도 분포가 균일하다.

ⓒ 단점 : 정비가 불편하다.

ⓒ 캔-애뉼러형 연소실(can-annular type) : 캔형과 애뉼러형 연소실의 중간 특성을 가진 연소실이다.
ⓐ 구성품 : 외부 케이스(outer case), 원형 라이너(liner), 내부 케이스, 연료 노즐, 화염전파 연결관, 이그나이터

마) 터빈

터빈은 압축기와 기타 장비를 구동시키는 동력을 만드는 부분으로, 연소실에서 발생된 고온, 고압의 연소가스를 팽창시켜 터빈의 회전 동력을 얻는다.

① 종류

㉠ 레이디얼 터빈(radial turbine)
ⓐ 특징 : 원심식 압축기의 임펠러와 비슷하나, 임펠러와는 반대로 공기 흐름의 형태가 바깥쪽에서 중심 부분으로 흐르는 것이 다르다. 항공기용으로는 거의 사용하지 않고 소형기관에 주로 사용된다.
ⓑ 장점
- 제작이 간편하다.
- 효율이 좋다.
- 단의 팽창비가 높다.

ⓒ 단점
- 단이 증가할수록 무게가 무거워지며, 효율이 떨어진다.
- 구조가 복잡하다.

㉡ 축류형 터빈
ⓐ 특징 : 축류형 압축기와 구조와 형태가 거의 비슷하여 항공기용 터빈으로 주로 사용된다. 한 열의 회전자 깃과 한 열의 고정자 깃을 합해 1단이라고 하며, 다단으로 만들어 터빈의 회전 동력을 증가시킬 수 있다.

ⓑ 형식상의 분류
- 충동 터빈(impulse turbine) : 반동도가 0인 터빈이며, 회전자가 일을 하지 않는다.(회전자는 지나가는 가스의 압력과 속도는 변화시키지 않으며, 흐름의 방향만 바꾼다.)
- 반동 터빈(reaction turbine) : 반동도가 50% 정도이며, 회전자와 고정자가 반반씩 일을 한다.(가스의 속도와 압력을 변화시킨다.)
- 충동-반동 터빈(impulse-reaction turbine) : 터빈 깃 뿌리의 모양은 충동형이고 깃 끝으로 갈수록 반동형의 모양을 갖는다.

ⓒ 터빈 깃의 장착 방법 : 전나무 형(fir-tree)

ⓓ 반동도(reaction rate) : 축류식 터빈에서 1단에서의 팽창 중 회전자 깃이 담당하는 비율을 반동도라 한다.

$$반동도(\Phi_t) = \frac{회전자\ 깃에\ 의한\ 팽창량}{단의\ 팽창량} \times 100(\%) = \frac{P_2 - P_3}{P_1 - P_3} \times 100(\%)$$

- P_1 : 고정자 깃의 입구 압력
- P_2 : 고정자 깃의 출구 압력 또는 회전자 깃의 입구 압력
- P_3 : 회전자 깃의 출구 압력

ⓔ 터빈 깃 냉각방법 : 터빈은 연소실과 연결되어 고온, 고압의 가스에 노출되어 있는 부분이며, 터빈 입구의 온도에 따라 기관의 열효율 및 성능이 결정되므로 터빈부의 냉각은 중요하다. 따라서 효율의 증가와 구조적 강도의 증가를 위하여 아래와 같은 방법으로 냉각을 시켜주게 된다.
- 대류 냉각(convection cooling) : 터빈 깃 내부에 막을 설치하고, 블리드 공기를 흐르도록 하여 냉각시킨다. 냉각 방법이 간단하여 많이 사용된다.
- 충돌 냉각(impingement cooling) : 터빈 깃 내부에 작은 공기 통로를 설치하고, 내부 통로의 날개 앞전 방향으로 작은 홈을 내 냉각 공기를 흐르게 하여 안쪽 표면에서 공기를 충돌시켜 냉각시킨다.
- 공기막 냉각(air film cooling) : 터빈 깃을 중공으로 만들고 터빈 깃의 표면에 작은 홈을 내 이곳으로 찬 공기를 빠져나오게 하여 터빈 깃 표면에 얇은 공기막을 형성시켜 터빈 깃에 고온, 고압의 연소가스가 직접적으로 닿는 것을 방지하고 터빈 깃을 보호하며, 냉각을 시킨다.
- 침출 냉각(transpiration cooling) : 터빈 깃을 다공성 재료로 만들어 깃 내부에 공기 통로를 만들어 차가운 공기가 터빈 깃 내부에서 외부로 나가게 함으로써 냉각을 시킨다. 침출 냉각은 냉각 성능이 가장 우수하지만, 재료상의 강도문제로 사용하기 어렵다는 단점이 있다.

바) 배기 계통

터보 프롭 기관, 터보 제트 기관, 터보 팬 기관의 경우 배기가스를 노즐을 통해 뒷 방향으로 분사시킴으로써 항공기의 추력을 얻는 기관으로, 이들 기관들에게 배기관은 중요한 역할을 한다.

① 배기관(exhaust duct) : 터빈을 통과한 배기가스의 압력 에너지를 속도 에너지로 바꾸어 추력을 증가시키는데 도움을 준다.
② 배기 노즐(exhaust nozzle) : 배기관에서 공기가 나가는 끝 부분을 주로 배기 노즐이라 한다.
  ㉠ 고정 면적 노즐 : 주로 아음속기의 터보 프롭 기관이나 터보 팬 기관에 사용하며, 아음속에서 속도의 증가를 위하여 수축형 배기 노즐을 사용한다. 수축형의 배기 노즐은 배기 가스의 압력을 속도로 변환하여 항공기의 추력을 증가시킨다.
  ㉡ 가변 면적 노즐 : 기관의 추력이나 비행 속도의 변화에 따라 배기 노즐의 면적도 조절되어야 하기 때문에 주로 초음속 항공기나 후기 연소기(after burner)를 장착한 항공기에 사용한다. 수축-확산형 배기 노즐을 사용하여 속도 변화에 따라 자동적으로 조절되게 하는 것도 있다.
③ 추력 증가 장치
  ㉠ 후기 연소기(after burner) : 기관으로 들어오는 공기 100% 중 연소에 이용되는 공기(1차 공기, primary air)는 25% 밖에 되지 않는다. 나머지 75%는 기관의 냉각 및 여압(2차 공기, secondary air)에 이용된다. 이러한 2차 공기에는 연소되지 않은 산소가 다량 함유되어 있기 때문에 터빈 출구에 장착된 후기 연소기에서 연료를 분사하여 총 추력의 50%의 추력을 증가시키는 장치이다. 하지만 후기 연소기를 사용하면 연료 소비율은 약 2~3배 가량 증가한다는 단점이 있다. 따라서 단시간 동안 고속 비행이 필요한 전투기 등에 사용되며 이륙 및 상승 시, 초음속 비행 시에 주로 사용한다.
    ⓐ 구성품 : 후기 연소기 라이너, 불꽃 홀더, 가변 면적 배기 노즐, 연료 분무대
  ㉡ 물 분사 장치 : 물을 분사하여 공기 온도를 낮추면 공기의 밀도가 증가되어 이륙 시 10~30% 정도의 추력이 증가되는 현상이 발생한다.
    ⓐ 압축기 입구와 디퓨저 부분에 물 또는 물-알콜-오일의 혼압물을 분사하여 추력을 증가시킨다.
      • 물 : 공기를 냉각
      • 알콜 : 물이 쉽게 어는 것을 방지하고, 물로 인해 낮아진 연소 가스의 온도를 알콜을 연소시켜 증가시켜 준다.
      • 오일 : 부식을 방지

④ **역 추력 장치(reverse thrust system)** : 역 추력 장치는 항공기의 착륙거리를 단축시키기 위한 장치로 배기가스의 방향을 항공기 앞쪽으로 분사시킴으로 제동력의 향상을 가져온다. 항공기가 착륙 직후 속도가 빠를 때에 효과가 가장 크며, 항공기의 속도가 일정 속도 이하로 내려가면 역 추력 장치를 이용하지 않고 브레이크 장치만을 사용하여 제동하여야 한다. 일정 이하의 속도에서 역 추력 장치를 사용하게 되면 앞쪽으로 흐르는 뜨거운 배기가스가 다시 압축기로 흡입되는 재흡입 실속을 일으킬 수 있다.(압축기부는 cold section으로 재료의 강도상 고온의 가스에 취약하다.)
  ㉠ 항공 역학적 차단 방식 : 배기도관 내에 판이 설치되어 있어 역 추력 발생 시 판이 배기 노즐을 막아 배기가스의 방향을 바꾼다.
  ㉡ 기계적 차단 방식 : 배기 노즐 끝에 판이 설치되어 있어 역 추력 발생 시 배기가스가 이 판에 부딪혀 앞쪽으로 흐르도록 한다.
  ㉢ 스포일러(spoiler)
  ㉣ 플랫(flat)
  ㉤ 후크
⑤ **방빙(anti-icing)과 제빙(de-icing)** : 항공기로 흡입되는 공기의 온도가 낮아져 어는점과 유사하게 되면 압축기에 설치되어 있는 입구 안내 깃(inlet guide vane) 등에 얼음이 형성되게 된다. 또한 항공기 날개의 앞전이나 Cockpit glass에도 결빙 현상이 나타날 수 있다. 이러한 현상들은 기관으로 흡입되는 공기의 양의 감소와 터빈 입구 온도의 상승, 날개 앞전에서의 박리(separation) 등의 원인이 되어 결과적으로 항공기의 성능이 떨어지기 때문에 방빙 또는 제빙에 각별히 신경써야 한다. 이러한 현상은 압축기에서 비교적 높은 단에서 만들어진 압축공기를 이용하거나 제빙부츠, Bleed air를 이용하여 방지 및 제거할 수 있다.

② 가스터빈기관의 계통

(1) 흡·배기계통

가) 흡입계통

① 흡입계통은 가스터빈기관이 필요로 하는 고압의 공기를 압축기로 공급해 주는 통로이며, 엔진추력에 직접적으로 영향을 얻는 동시에 압축기 실속이나 터빈온도가 과도하게 상승되는 것을 방지하는 역할을 한다.

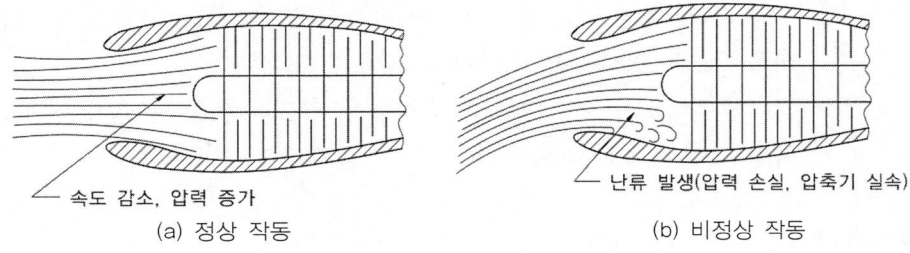

- 공기 흡입관의 공기 흐름 상태 -

② 흡입덕트의 성능

   ㉠ 압력 효율비 : 흡입도관 입구의 전압과 압축기 입구의 전압비를 말하며, 마찰손실이 적을 때 약 98%의 값을 갖는다.

   ㉡ 압력 회복점(ram pressure recovery point) : 압축기 입구의 정압과 대기압과 같아지는 항공기의 속도를 말하며, 압력 회복점이 낮을수록 성능이 좋은 흡입관이다.

   ㉢ 확산형 흡입관 : 주로 아음속기에 사용되며, 디퓨저의 역할을 하여 공기의 속도를 감소시키고 압력을 증가시킨다.

   ㉣ 초음속 흡입관(수축–확산형 흡입관) : 초음속기에 사용되며, 초음속기류에서 수축덕트에서는 아음속으로 감소시키고, 확산덕트에서는 마하 0.5 정도로 감소시킨다.

   ㉤ 가변면적 흡입관 : 효율이 좋아 초음속기에 사용되며, 아음속-초음속-아음속으로 속도변화에 따른 성능이 우수하다.

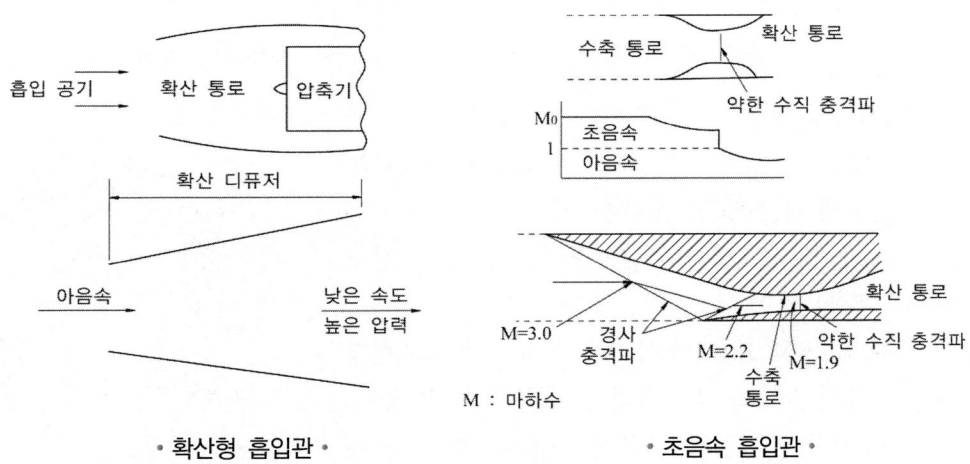

- 확산형 흡입관 -   - 초음속 흡입관 -

   ㉥ 초음속기에서 흡입공기의 속도를 낮춰주는 방법은 단면적을 변화시키는 방법과 충격파를 이용하는 방법이 있다.

ⓐ 수직 충격파 : 공기의 흐름과 충격파가 수직을 이루고, 속도는 초음속에서 아음속으로 변하지만 에너지 손실이 많다.

ⓑ 경사 충격파 : 공기의 흐름과 충격파가 경사를 이루고, 속도는 초음속에서 약한 초음속으로 바뀌며, 에너지 손실은 적다.

나) 배기계통

① **배기덕트** : 배기파이프 또는 테일파이프라고도 한다.
   ㉠ 목적 : 터빈을 통과한 배기가스를 정류하고, 배기가스의 압력을 감소, 속도를 증가시켜 추력을 증가시켜준다.
   ㉡ 배기덕트의 공기가 분사되는 부분을 배기노즐이라고도 한다.
   ㉢ 실제 엔진에서는 터빈 출구와 배기노즐 중간에 후기 연소기와 역추력장치를 장착하여 사용한다.
   ㉣ 수축형 배기관 : 아음속기의 배기노즐에 주로 사용한다.
   ㉤ 수축-확산형 배기관 : 초음속기에서 배기가스를 초음속으로 할 경우에 사용한다.

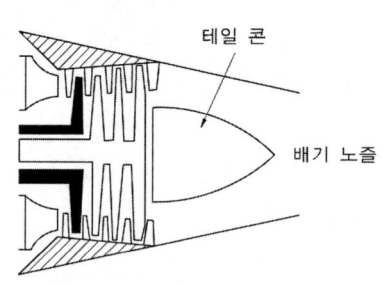
• 수축형 배기 노즐 •

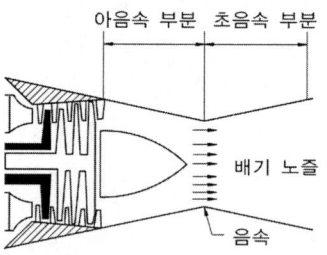
• 수축-확산형 배기 노즐 •

② **배기노즐**
   ㉠ 고정면적 노즐 : 아음속기의 터보팬이나 터보프롭 엔진에 사용되며, 내부에는 배기가스의 정류를 위하여 원뿔형의 테일 콘이 장착되어 있다.
   ㉡ 가변면적 노즐 : 초음속기의 다양한 속도변화에 따라 노즐의 면적을 변화시킬 수 있다. 터빈 출구 압력, 기관의 회전수, 추력 및 배기가스 온도 등에 따라 자동적으로 변한다.

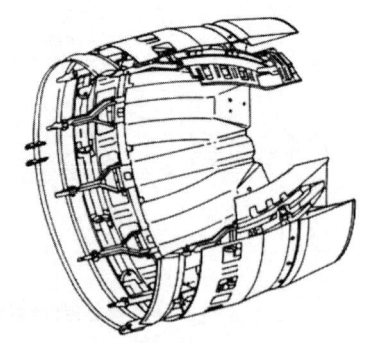
• 가변 면적 노즐의 구조 •

(2) 연료계통

가) 연료

연료는 원유를 버블탑(bubble tower)에서 가열하면 다양한 생산물로 분해되는데 이러한 생산물들을 일정한 비율로 섞어 사용하게 된다. 항공기의 연료계통은 비교적 낮은 점성과 균질의 연료를 사용해야 하며 고압(약 1,000psi 이상)으로 작동되므로 다양한 장치들로 구성되어 있다.

① 원유에서 생산되는 생산물
   - ㉠ 가솔린(Gasoline) 40%
   - ㉡ 등유(Kerosene) 6%
   - ㉢ 디젤(Diesel) 17%
   - ㉣ 중유(벙커C유) 24%
   - ㉤ 윤활유 3%
   - ㉥ 기타(아스팔트 등) 10%

② 가스터빈기관용 연료의 구비조건
   - ㉠ 연료의 증기압은 낮아야 한다.(베이퍼 락의 위험성 감소)
   - ㉡ 연료의 어는점은 낮아야 한다.(결빙 방지)
   - ㉢ 옥탄가가 높은 연료여야 하며, 기화성이 높아야 한다.
   - ㉣ 인화점은 높아야 한다.
   - ㉤ 대량 생산이 가능해야 하며, 가격도 싸야 한다.
   - ㉥ 단위 무게당 발열량이 커야 하고, 계통 내 부품들을 부식시키지 말아야 한다.
   - ㉦ 점성이 낮고, 균질의 연료여야 한다.

③ 연료 선택의 고려사항
   - ㉠ 연료의 이용도
   - ㉡ 기관의 성능(연소실 효율, 기관 RPM, 고도의 한계, 탄소 찌꺼기 및 연소실과 후기 연소기의 공중 재시동 특성 등)
   - ㉢ 연료의 청결성, 베이퍼 락, 연료 계통의 손실 등

④ **연료의 종류** : 원유로부터 나온 생산물들 중에서 위의 구비조건에 적합한 생산물은 등유지만 양이 너무 적어 가스터빈기관에 사용하기에는 무리가 있다. 따라서 초기 가스터빈기관의 연료는 가솔린과 등유, 디젤유를 혼합하여 만든 JP-3를 만들어 사용하였으나, 현재의 가스터빈기관에 사용하기에는 결점이 많기 때문에 거의 사용하지 않는다.

㉠ 군용 연료
  ⓐ JP-4 : 등유와 낮은 증기압의 가솔린과의 합성 연료, 낮은 증기압의 JP-3라 할 수 있다. JET B형과 유사하다.
  ⓑ JP-5 : 높은 인화점의 등유(kerosene)계 연료, 폭발의 위험성이 적어 함재기에 주로 많이 사용된다. Jet A형과 Jet A-1형과 유사하다.
  ⓒ JP-6 : 낮은 증기압과 JP-4보다 높은 인화점과 JP-5보다 낮은 어는점을 가지고 있다.

㉡ 민간용 연료
  ⓐ Jet A형, Jet A-1형 : JP-5와 유사하나 어는점이 약간 높다.
  ⓑ Jet B형 : JP-4와 유사하나 어는점이 약간 높다.

㉢ 연료 함유 성분의 영향
  ⓐ 방향족 탄화수소 : 비교적 높은 어는점을 가지며, 연소할 때 연기가 발생하고 연소실 안에 그을음을 남기는 특징이 있다. 또한 고무 가스킷(gasket)을 부풀어 오르게 하여 연료의 함유할 때 그 양을 제한한다.
  ⓑ 올레핀 : 화학적으로 불안정하고, 저장 중 찌꺼기가 생성될 가능성이 높아 함유량을 제한한다.

나) 연료 계통

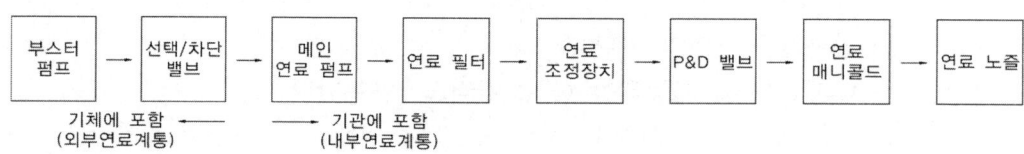

① 부스터 펌프(booster pump)
  ㉠ 종류 : 전기식 펌프, 원심식 펌프
  ㉡ 용도
    ⓐ 시동 시
    ⓑ 이륙 시(안전을 위해)
    ⓒ Main Pump 고장 시
    ⓓ 탱크 간 연료 이송 시
    ⓔ 비상 시
② 선택/차단 밸브
③ 주 연료 펌프(Main Fuel Pump)
  ㉠ 종류 : 기어 펌프, 원심 펌프, 피스톤 펌프(널리 사용)

④ **연료 필터(fuel filter)** : 연료에 함유되어 있는 불순물 등을 걸러낸다. 만약 연료 필터가 막히더라도 bypass valve를 통해 연료는 이상없이 기관으로 흐르게 된다.
  ㉠ 종류
    ⓐ 카트리지형(cartridge type) : 종이로 되어 있어 주기적으로 교환해 주어야 한다는 단점이 있다. 연료 펌프의 입구 쪽에 장착하며, 걸러낼 수 있는 입자의 크기는 50 ~ 100 μm 정도이다.
    ⓑ 스크린형(screen type) : 스테인리스 강철망으로 제작되어 재사용이 가능하며, 저압용 연료 필터로 사용된다. 걸러낼 수 있는 입자의 크기는 40 μm 정도이다.
    ⓒ 스크린-디스크형(screen-disk type) : 스크린형과 마찬가지로 분해가 가능한 매우 가느다란 강철망으로 제작되어 솔벤트 세척 또는 초음파 세척을 통해 재사용이 가능하다. 연료 펌프의 출구 쪽에 장착되며, 걸러낼 수 있는 입자의 크기는 스크린형과 비슷하거나 좀 더 작은 입자까지 걸러낼 수 있다. 쿠노 필터라고도 한다.
⑤ **연료 조정 장치(FCU : Fuel Control Unit)**
  ㉠ 기능 : 어떠한 엔진 작동 조건에 대응하여 기관으로 공급되는 연료 유량을 알맞게 제어하여 기관의 안정적인 작동을 돕는다.
  ㉡ FCU의 필요성
    ⓐ 동력 레버(throttle lever)를 급격히 열 경우(기관 가속 시) : 연료의 유량은 동력 레버에 맞게 급격히 증가될 수 있지만, 기관의 RPM은 자체의 관성 때문에 급격히 증가하지 못한다. 따라서 공기량이 적어져 과도하게 농후 혼합비가 되면 터빈 입구의 온도가 과도하게 상승하거나 압축기 실속(stall)을 일으키게 된다.
    ⓑ 동력 레버(throttle lever)를 급격히 닫을 경우(기관 감속 시) : 동력 레버를 급격히 닫은 때에는 기관 가속 시와는 반대의 현상을 나타내며, 혼합비는 희박하게 되어 연소 정지(frame out) 현상이 발생할 수 있다.
  ㉢ **FCU의 종류와 구성품**
    ⓐ 유압-기계식(널리 이용)
      • 속도 조속기(speed governor) : 100% RPM을 넘는 것을 방지(과속방지장치)
      • 서보 장치(servo unit)
      • 피드백 밸브(feed back valve)
      • 미터링 장치(metering unit) : 연료의 유량의 제어
      • 여러 가지 감지기구(sensor)

ⓔ 전자식
  ⓐ 열전대(thermocouple) : 배기가스의 온도를 측정
  ⓑ 앰프(amplifier)
  ⓒ 릴레이(relay)
  ⓓ 전기 서보 장치(electrocity servo unit) : 전기적 신호를 기계적으로 변환
  ⓔ 솔레노이드(solenoid) : 전자석을 이용
ⓒ FCU의 구성
  ⓐ 수감 부분(computing section) : 기관의 작동 상태를 수감/분석하여 실제 조정되어야 하는 유량의 신호를 유량 조절 부분으로 보내어준다.
    수감 부분에서 감지하는 요소는 아래와 같다.
    • 스로틀의 위치(조종사의 요구)
    • 압축기 입구 온도(CIT : compressor inlet temperature)
    • 압축기 출구 압력(CDP : compressor discharge pressure)
    • 연소 압력(P_b : burner pressure)
    • 압축기 입구 압력(CIP : compressor inlet pressure)
    • 엔진 RPM
    • 터빈 온도(turbine temperature)
ⓜ 유량 조절 부분(metering section) : 수감 부분에서 분석된 종합적인 신호를 받아 기관의 작동 한계에 맞도록 연소실로 공급되는 연료의 유량을 조정한다.
ⓗ 감지 부분(sensing section) : 기관 주요 부분에 장착되어 다양한 정보를 제공한다.
  ⓐ 엔진 트리밍(engine trimming) : 제작사에서 정한 정격에 맞도록 기관을 조절하는 것으로, 또 다른 정의는 기관이 정해진 엔진 rpm에서 정격추력을 내도록 연료조정장치를 조정하는 것을 의미한다. 제작사의 지시에 따라 수행하며, 습도가 없고 무풍일 때가 좋으나 바람이 불 때는 항공기를 정풍이 되도록 해야 한다. 시기는 FCU 교환 시, 엔진 교환 시, 배기노즐 교환 시에 반드시 수행하여야 한다.

⑥ **여압 및 드레인 밸브(pressurizing & drain valve)**
  ㉠ 기능
    ⓐ 연료의 흐름을 1차와 2차로 분리한다.
    ⓑ 기관 정지 시 연료 매니폴드나 연료 노즐에 남아있는 잔여 연료를 외부로 방출한다.
    ⓒ 연료의 압력이 일정 압력이 될 때까지 연료의 흐름을 차단한다.

ⓒ 유사 장치 : 흐름 분할기(flow divider)와 드립 밸브(drip valve)를 사용하는 항공기도 있다. 흐름 분할기는 여압 밸브의 역할을, 드립 밸브는 드레인 밸브의 역할을 수행한다.
⑦ **연료 매니폴드(fuel manifold)** : P&D valve를 지나온 연료를 각각의 연료 노즐로 분배/공급하는 역할을 한다.
  ㉠ 종류
    ⓐ 분리형 : 1차 연료와 2차 연료를 따로 분리하여 공급하는 형태
    ⓑ 동심형 : 1차 연료와 2차 연료를 같이 공급하여 연료 노즐에서 분리시키는 형태
⑧ **연료 노즐(fuel nozzle)**
  ㉠ 기능 : 다양한 비행 조건하에서도 빠르고 정확하게 연료를 연소실로 보내어 주어야 한다.
  ㉡ 종류
    ⓐ 단식 노즐(simplex nozzle) : 복식 노즐에 비해 구조가 간단하나, 연료의 압력과 공기 흐름의 변화에 대응해 충분한 연료를 분사시키지 못하기 때문에 대형 엔진이나 높은 연료압력이 사용되는 곳에는 사용할 수 없다.
    ⓑ 복식 노즐(duplex nozzle) : 일반적으로 사용되는 노즐로서, 비행 속도에 따라 연료의 분사각도나 양을 조절해 주어야 하기 때문에 1차 연료는 노즐 중심의 작은 홈을 통해 분사각은 넓고 가깝게 분사된다. 또한 2차 연료는 가장자리의 큰 홈을 통해 분사각은 좁고 멀리 분사된다.
    ⓒ 증발식 : 연료가 1차 공기와 함께 증발관을 통과하면서 연소열로 인하여 가열/증발되어 연소실에 혼합 가스를 공급해 주는 방식이다.
    ⓓ 분무식 : 분사 노즐을 사용하여 고압으로 연소실로 연료를 공급하는 방식이다.
  ㉢ 연료 흐름의 종류
    ⓐ 1차 연료 : 시동 시 점화를 용이하게 하기 위하여 넓은 각도로 분사하며, 이그나이터에 가깝게 분사되도록 한다.
    ⓑ 2차 연료 : 완속 회전 속도 이상에서 흐름 분할기의 밸브가 열려 흐르게 되며, 연소실 벽에 직접적으로 닿지 않도록 하고 연료가 균등하게 연소되도록 하기 위하여 1차 연료에 비해 좁은 각도로 멀리 분사되도록 한다.

(3) 윤활 계통

가) 윤활

가스터빈기관의 윤활은 주로 압축기와 터빈의 축을 지지하는 베어링이나 각종 기어에서 이루어진다. 윤활계통은 연료계통과는 다르게 순환식 구조를 가지기 때문에 윤활유는 재사용이 가능하며, 가스터빈기관의 윤활은 왕복기관에 비해 윤활유의 소모량은 적으나 윤활이 제대로 이루어지지 않으면 그 영향은 치명적이라 할 수 있다.

① 윤활의 목적
  ㉠ 윤활 작용(마찰과 마모를 줄인다.)
  ㉡ 기밀유지 작용(가장 중요, 압력 누설 방지)
  ㉢ 냉각 작용
  ㉣ 방청 작용(부식을 방지)
  ㉤ 청결 작용(불순물을 제거)
  ㉥ 완충 작용(충격을 방지)

나) 윤활유

① 윤활유의 구비조건
  ㉠ 점성과 유동점은 낮아야 한다.
  ㉡ 점도지수는 어느 정도 높아야 한다.
  ㉢ 산화 안정성과 열적 안정성이 높아야 한다.
  ㉣ 인화점은 높아야 한다.
  ㉤ 공기와의 분리성이 좋아야 한다.
  ㉥ 기화성이 낮아야 한다.
    ⓐ 점도지수는 점도의 온도에 따른 변화를 나타낸 것으로, 점도지수가 높을수록 점도의 변화가 작다는 것을 나타낸다.
    ⓑ 가장 이상적인 윤활유는 점성이 낮을수록 좋지만, 점성이 낮으면 윤활유가 필요로 하는 다른 성질이 줄어든다.
    ⓒ 윤활유는 산화, 탄화되기 때문에 주기적으로 교체가 필요하다.

② 윤활유의 종류
  ㉠ 식물성(피마자유)
  ㉡ 동물성(고래기름은 굳지 않는다는 장점이 있으나, 엔진에는 사용하지 못한다.)
  ㉢ 광물성(원유에서 추출)
  ㉣ 합성유(광물성 윤활유와 첨가제를 다량 혼합하여 사용)

ⓐ Ⅰ형(type Ⅰ) : 60년대 초반까지 주로 이용했던 합성유
ⓑ Ⅱ형(type Ⅱ) : 현재 널리 이용

다) 윤활 계통

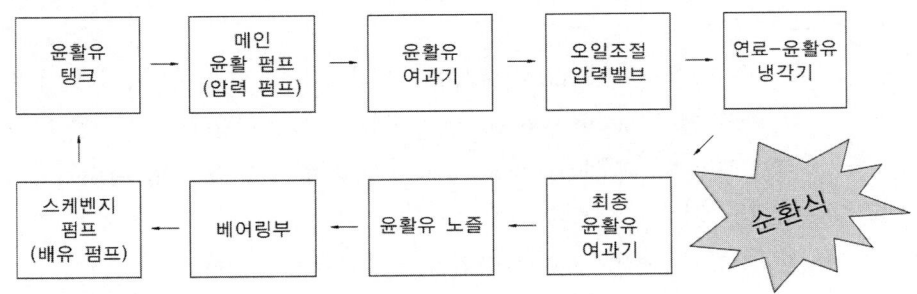

순환식

① 윤활유 탱크
  ㉠ 가벼운 금속판을 용접하여 기관에 부착하거나, 기관의 구조에 포함시키기도 한다.
  ㉡ 주로 알루미늄이나 강을 이용하여 제작한다.
  ㉢ 윤활유 탱크의 내압시험은 5psi를 견딜 수 있어야 한다.
  ㉣ 탱크 내부에 Hopper를 설치하여 난기운전시간과 기포 발생을 줄일 수 있다.
  ㉤ 구성품
    ⓐ 공기 분리기(air separator) : 섬프에서 탱크로 혼합되어 들어온 공기를 윤활유와 분리시켜 대기로 내보낸다.
    ⓑ 오일량 측정계(oil level transmitter)
    ⓒ 여과기
    ⓓ 섬프 벤트 체크 밸브(sump vent check valve) : 섬프 내의 공기 압력이 너무 높을 때 탱크로 빠지게 한다.

② 윤활유 펌프
  ㉠ 종류 : 기어형, 베인형, 제로터형
  ㉡ 기능상의 분류
    ⓐ 윤활유 압력펌프 : 윤활유 탱크에서 기관으로 보내지는 윤활유에 압력을 가하고, 이 압력을 일정하게 유지하기 위해 릴리프 밸브가 설치되어 있다.
    ⓑ 윤활유 배유펌프 : 각 부품들의 윤활을 마치고 섬프에 모인 윤활유를 탱크로 보내준다.
      • 릴리프 밸브(relief valve) : 펌프 출구 압력이 과도하게 높을 때, 다시 펌프 입구로 돌려보내 준다.

- 기관 내부에서 윤활유가 공기와 섞여 체적이 증가하기 때문에 배유펌프는 압력펌프보다 약 20% 커야 한다.

③ 윤활유 여과기
  ㉠ 종류 : 카트리지형, 스크린형, 스크린-디스크형
  ㉡ 구성 장치
    ⓐ 바이패스 밸브(bypass valve) : 여과기가 막혔을 경우, 윤활유를 계속 공급
    ⓑ 체크 밸브(check valve) : 엔진 정지 시 윤활유의 역류 방지
    ⓒ 드레인 플러그(drain plug) : 여과기 하부에 장착되어, 걸러진 불순물을 배출

④ 윤활유 냉각기
  ㉠ 종류 : 공기 냉각기, 연료-윤활유 냉각기(많이 사용)
  ㉡ 기능 : 고속 회전부에 뜨거워진 윤활유를 연료에 전달시켜, 윤활유는 냉각시키는 동시에 연료는 적정한 온도로 가열시킨다. 열교환기(heat exchanger)라고도 한다.
  ㉢ 온도 조절 밸브 : 윤활유의 온도가 규정값 보다 낮을 경우에는 냉각기를 거치지 않고 바이패스 시켜 탱크로 보내어 주고, 온도가 높을 경우에는 냉각기를 거쳐 냉각 후 탱크로 보내어 준다.
    ⓐ 냉각기의 위치에 따라 cold tank와 hot tank로 구분된다.
    ⓑ cold tank는 체적이 커지므로 비효율적이다.

⑤ 블리더 및 여압 장치
  ㉠ 비행 중 고도변화에 따라 윤활계통이 기관에 알맞은 윤활유의 양을 공급한다.
  ㉡ 배유펌프가 기능을 충분히 발휘할 수 있도록 한다.
  ㉢ 압축기에서 블리드된 압축공기로 베어링 섬프 부분을 가압시켜, 내부 윤활유의 누설을 방지시킨다.
  ㉣ 베어링부의 압력을 항상 대기압과 일정한 차압이 되도록 만들어 준다.

(4) 시동 및 점화계통

가) 시동계통

① 목적 : 가스터빈기관의 시동은 외부동력에 의해 압축기를 회전시킴으로써 이루어진다. 연소에 필요한 공기를 연소실로 보내어 연소가 시작된 후에 기관이 자립회전속도에 도달할 때까지 압축기의 회전속도를 높여주게 된다.

② 종류
  ㉠ 전기 시동기(소형기) : 28V 직권식 전동기를 사용한다.
    ⓐ 전동기식 : 시동 시에만 사용한다.

ⓑ 시동-발전기식 : 시동 시에는 시동기의 역할을 하고, 시동이 완료되면 발전기의 역할을 한다.
ⓒ 공기 시동기(대형기)
  ⓐ 장점 : 항공기의 무게를 감소시킬 수 있고, 큰 출력을 낼 수 있다.
  ⓑ 공기터빈식 : 대형 항공기의 시동기로 사용되며, 지상에서 GTC에 의해 공급된 압축공기에 의해 구동된다.
  ⓒ 가스터빈식 : 동력터빈을 가진 독립된 소형 가스터빈기관으로, 외부동력 없이 시동이 가능하고 고출력에 비해 무게가 가볍다는 장점이 있으나, 구조가 복잡하고 가격이 비싸다는 단점이 있다.

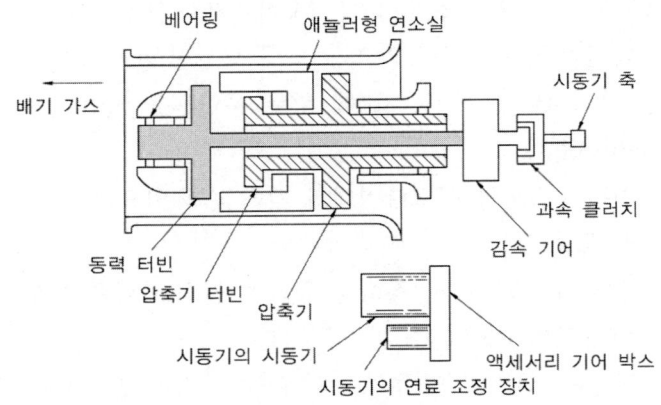

• 가스 터빈식 시동기 •

  ⓓ 공기충돌식 : 공기 유입덕트만 가지고 있어 시동기 중 구조가 가장 간단하다. 지상동력장치로부터 공급된 공기는 체크밸브를 통해 직접 터빈 또는 압축기로 유입된다. 구조가 간단하고 무게가 가벼워 소형기관에 적합하나, 대형엔진에서 사용 시 다량의 공기가 소모되는 단점이 있다.

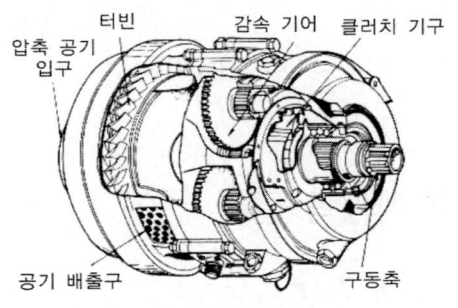

• 공기 터빈식 시동기 •

ⓒ 카트리지형(비상용)

나) 점화계통

① **목적** : 가스터빈기관의 점화계통은 시동 시 수초 간만 필요하고, 그 외에는 자체적으로 점화가 이루어지기 때문에 시동 후 차단된다.
  ㉠ 가스터빈기관은 연소실 내에서 가스흐름의 속도가 빠르고, 왕복기관의 연료보다 기화성이 약해 혼합비가 낮다. 따라서 가스터빈기관의 점화계통은 고압, 고에너지로 작동시켜주어야 한다.

② **종류**
  ㉠ 유도형 : 유도코일에 의해 높은 전압의 스파크를 발생시키는 방식이다.
  ㉡ 용량형 : 콘덴서에 많은 양의 전하를 저장하였다가 점화 시 순간적으로 방전시켜 고온의 스파크를 발생시키는 방식이다.
    • 가스터빈기관은 어떠한 악조건 속에서도 점화작용이 일어날 수 있도록 높은 열을 발생시켜야 하기 때문에 주로 용량형을 사용한다.

③ **이그나이터(igniter)**
  ㉠ 작동 : 기관당 2개의 이그나이터가 장착되어 있으며, 독립된 별개의 점화장치에 의해 작동된다.
  ㉡ 애눌러 간극형 : 효과적인 점화를 위하여 연소실 안쪽으로 돌출되어 있으며, 효과가 좋아 많이 사용된다.
  ㉢ 컨스트레인형 : 연소실 안쪽으로 돌출되어 있지 않아 낮은 온도에서 작동하며, 점화불꽃은 직선으로 튀지 않고 원호를 그리면서 튄다.

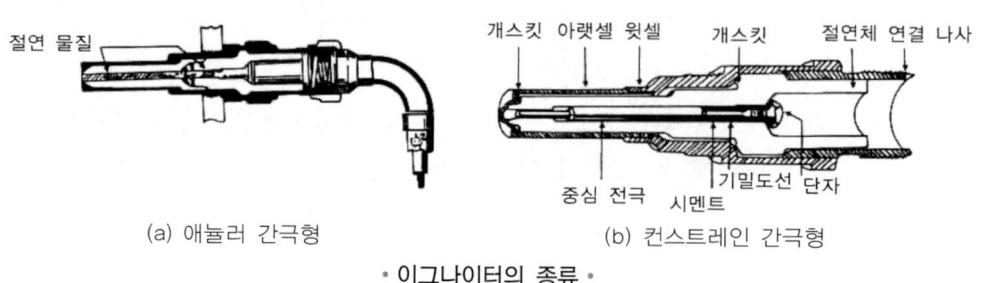

(a) 애눌러 간극형　　(b) 컨스트레인 간극형
• 이그나이터의 종류 •

③ 가스터빈기관의 작동과 검사

(1) 가스터빈기관의 작동과 검사

가) 기관 작동의 일반사항

기관의 작동은 다양한 문제점들을 재현하기 위해 고장 탐구를 수행하거나, 정비 후

계통 등의 점검을 할 때 반드시 필요한 절차이다. 이러한 기관의 작동 및 시동 절차는 제작 회사마다 다르기 때문에 인가된 매뉴얼 상의 작동 절차를 준수하여 시동하여야 한다.

① 기관 시동 시 주의 사항
 ㉠ 기관 작동 중 기관의 전·후방의 위험지역 범위 내에 사람이나 물체가 없도록 격리시킨다.
 ㉡ 작동 중인 기관에 접근할 경우에는 반드시 안전거리를 유지하고, 장구류 등이 흡입되지 않도록 주의한다.
 ㉢ 배기가스는 높은 온도와 속도로 분사되며, 유독성이 있으므로 주의한다.
 ㉣ 시동 전·후 아이들(idle) 속도에서 최소 5분 이상 작동시키고, 출력 변경을 위해 스로틀 레버 작동 시 천천히 움직여 가스패스(gaspass)의 손상을 방지한다.
 ㉤ 기관 작동 시 위험지역 내에서 소음으로 인한 청력의 일시적 또는 영구적 손상을 줄 수 있으므로 반드시 보호 장구를 착용한다.

② 시동 절차(제작사별로 시동순서는 상이하나 일반적인 시동 절차는 비슷하다.)
 ㉠ 기관의 시동 시 필요조건
  ⓐ 충분한 압축기의 회전 속도
  ⓑ 연료량은 스로틀 레버로 조절
  ⓒ 연료 공급 전 점화 장치 작동
  ⓓ 기관의 자립회전속도가 될 때까지 시동기 작동
 ㉡ 터보 제트 기관의 시동 순서
  ⓐ 스로틀 레버 : shut off
  ⓑ 메인 스위치 : on
  ⓒ 연료 제어 스위치 : on or normal
  ⓓ 연료 부스터 펌프 스위치 : on
  ⓔ 시동 스위치 : on
  ⓕ 10~15% RPM에서 스로틀 레버를 idle 위치로 전진
  ⓖ 배기가스온도계기(EGT), 연료 압력계, 연료 유량계 등을 관찰
 ㉢ 터보 팬 기관의 시동 순서
  ⓐ 스로틀 레버 : idle
  ⓑ 연료 차단 레버 : close
  ⓒ 메인 스위치 : on
  ⓓ 연료 계통 차단 스위치 : open

ⓔ 연료 부스터 펌프 스위치 : on
ⓕ 시동 스위치 : on
ⓖ 점화 스위치 : on
ⓗ 연료 차단 레버 : open
ⓘ EGT 계기 확인 후 정상 작동여부 확인(연료 계통 작동 후 20초 이내 시동 완료, 2분 이내 완속 회전수 도달해야 할 것)
ⓙ 기관 시동 스위치 : off
ⓚ 점화 스위치 : off

③ **기관의 시동 실패 시 조치해야 할 사항**
㉠ 연료 및 점화 계통을 차단한다.
㉡ 시동기로 회전시켰을 경우 약 10~15초 정도 압축기를 회전시켜 연소실 내에 남아있는 잔여연료를 밖으로 배출시킨다.
㉢ 시동기로 회전시키지 않았을 경우에는 재시동을 하기 전 약 30초 정도 연료가 배출되기를 기다렸다가 다시 시도한다.

④ **비정상 시동**
㉠ 과열 시동(hot start) : 시동 시 배기 가스 온도가 규정된 값 이상으로 증가하는 현상이다.(EGT와 관련)
  ⓐ 원인 : 결빙이나 압축기 입구에서의 공기 흐름이 제한되거나, FCU의 고장 등
  ⓑ 기관의 시동 시간과 규정된 온도의 관계로 판단한다.
  ⓒ 배기 덕트에 크로멜-알루멜(Cr-Al)의 열전쌍을 병렬로 설치하여 평균 배기 가스온도를 측정한다.
㉡ 결핍 시동(hung start) : 시동 시 기관의 회전수가 완속 회전수까지 증가하지 못하는 현상이다.(RPM과 관련)
  ⓐ 원인 : 시동기의 동력이 충분하게 공급되지 못하였을 때 발생 등
  ⓑ 회전수는 증가하지 않지만 EGT는 증가하여 온도 한계를 넘을 수 있으므로 판단 즉시 기관을 정지시킨다.
㉢ 시동 불능(no start) : 시동이 되지 않는 현상이다.
  ⓐ 원인 : 시동기 또는 점화계통의 충분하지 못한 전력 공급, 연료 흐름의 막힘 또는 FCU의 고장 등
  ⓑ 시동 시 기관의 RPM이나 EGT가 상승하지 않는 것을 확인하여 판단한다.

(2) 배기가스와 소음감소

가) 소음

예전에 비해 항공기의 속도나 기관의 추력은 많은 발전을 하였지만, 그와 더불어 항공기에서 발생되는 소음도 증가하였다. 따라서 항공기의 소음을 감소시키는 방법은 나날이 발전되고 다양해지고 있다.

① 소음의 특징
  ㉠ 배기 소음은 저주파음이다.
  ㉡ 고속으로 분사된 배기가스가 대기와 부딪혀 혼합될 때 발생한다.
  ㉢ 소음의 크기는 배기가스 속도의 6~8제곱에 비례하고, 배기 노즐 지름의 제곱에 비례한다.
  ㉣ 배기가스의 분출 속도가 빠를수록 배기 소음은 커진다.

② 소음 감소 장치
  ㉠ 저주파음을 고주파음으로 변환시킨다.
  ㉡ 배기 노즐의 단면적을 꽃모양형이나 주름살형으로 만들어준다.(이때, 노즐 전체 면적은 감소시키지 않아야 한다.)
  ㉢ 다수 튜브 제트 노즐(multi tube jet nozzle)을 사용한다.
  ㉣ 소음 흡수 라이너 부착한다.

나) 역추력장치

① 역추력장치는 항공기가 착륙 시 활주거리를 단축시켜 주기 위하여 사용하는 장치를 말한다. 보통 역추력장치에 의해 얻을 수 있는 역추력은 정상추력의 약 40~50% 정도이다. 항공기가 지상 접지 후부터 작동하기 시작하여 항공기가 일정속도 이하가 되면 작동을 멈추고 브레이크로 제동을 하여야 한다.

② 방식
  ㉠ 항공역학적 차단방식 : 배기도관 내부에 차단판을 설치한다.
  ㉡ 기계적 차단방식 : 배기노즐 끝부분에 차단판을 설치한다.

04 프로펠러

1 프로펠러

(1) 프로펠러의 구조 및 명칭

가) 프로펠러

① **역할** : 항공기의 발동기 출력을 진행방향으로의 양력에 의해 추력으로 변환시켜준다.
② **구조** : 허브(hub), 섕크(shank or root), 깃(blade), 깃끝(blade tip)

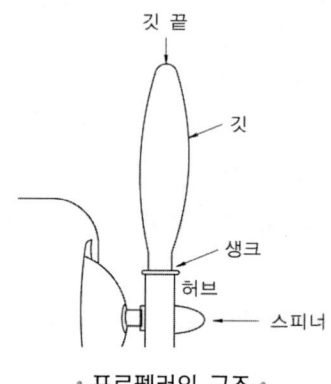

• 프로펠러의 구조 •

③ 재료에 따른 분류
   ㉠ 목재 프로펠러 : 서양 물푸레 나무, 자작나무, 벚꽃나무, 호두나무 등이 사용되고, 깃의 강도를 높이기 위해 6~25mm 정도의 합판을 여러 겹으로 만든다. 또한 습기로부터 보호하기 위해 도프(dope) 용액을 칠한다. 가볍고 값이 싸고 제작 공정이 간편하나, 300마력 이상 작동 시 부러질 수 있고 수명이 짧다.
   ㉡ 금속재 프로펠러 : 알루미늄 합금 및 강 등으로 만든다. 강도가 높고 내구성이 좋으나, 제작비가 비싸다.

④ 피치 변경 방법에 따른 분류
   ㉠ 고정피치 프로펠러(fixed pitch propeller) : 깃 각이 하나로 고정되어 피치변경이 불가능하다. 순항속도에서 프로펠러 효율이 가장 좋도록 깃 각이 결정되며, 주로 경비행기에 사용된다.
   ㉡ 조정피치 프로펠러(adjustable pitch propeller) : 다양한 비행 조건에서 최대의 효율을 얻을 수 있도록 피치의 조정이 가능하다. 지상에서 시동 전 정비사가 조정 나사로 조정하여 비행 목적에 따라 피치를 조정하게 된다. 분할 허브 (split hub) 형태로 만든다.

ⓒ 가변피치 프로펠러(controllable pitch propeller) : 비행 중 목적에 따라 조종사에 의해서나 자동으로 피치 변경이 가능하다. 기관 작동 중에는 유압이나 전기, 기계적 장치에 의해 작동된다.
  ⓐ 2단 가변피치 프로펠러 : 조종사가 저피치(low pitch)와 고피치(high pitch)인 2개의 위치만을 선택할 수 있다. 저피치는 이착륙이나 저속에서 사용하고, 고피치는 순항 및 강하 시에 사용된다.
  ⓑ 정속 프로펠러(constant speed propeller) : 비행 속도나 기관 출력의 변화에 상관없이 프로펠러를 항상 일정한 속도로 유지하여 프로펠러 효율이 좋다.

과속(over speed) 회전상태	저속(under speed) 회전상태	정속(on speed) 회전상태
• 플라이웨이트가 벌어진다. • 파일럿 밸브가 위로 올라간다. • 작동 실린더의 윤활유가 배출된다. • 카운터웨이트가 벌어진다. • 블레이드 각이 증가한다. • rpm이 감소, 정속회전상태로 돌아간다.	• 플라이웨이트가 오므라진다. • 파일럿 밸브가 내려가 열린다. • 조속기 펌프에서 가압된 윤활유가 작동 실린더로 공급된다. • 카운터웨이트가 오므라진다. • 블레이드각이 감소한다. • rpm이 증가, 정속회전상태로 돌아온다.	• 플라이웨이트와 스피더 스프링이 평형이 된다. • 파일럿 밸브가 중립위치에 있어 가압된 윤활유의 출입을 막는다. • 작동 실린더가 전·후방으로 이동하지 않는다. • 피치 변경이 없다. • 정속회전상태를 그대로 유지한다.

ⓔ 페더링 프로펠러 : 다발 항공기가 기관의 고장 시 풍차작용에 의해 엔진을 회전시키려는 것을 방지하고, 저항을 적게 해준다.
ⓕ 역피치 프로펠러 : 반대방향으로 추력을 발생시켜, 착륙 시 활주거리를 단축시켜 준다.
ⓗ 피치 변경방법 : 유압식, 전동식, 기계식

⑤ 프로펠러 장착 방법에 따른 분류
  ㉠ 견인식 : 가장 많이 사용되는 방법으로 프로펠러를 항공기 앞에 장착하여 프로펠러 추력이 항공기를 앞으로 끌고 가는 방식이다.
  ㉡ 추진식 : 프로펠러는 항공기 뒤편에 장착하여 프로펠러 추력이 항공기를 앞으로 밀고 가는 방식이다.
  ㉢ 이중 반전식 : 항공기의 앞 또는 뒤 어느 쪽이든 한 축에 이중으로 된 회전축에 프로펠러를 장착하고, 프로펠러의 회전 방향은 서로 반대로 돌게 만들어 프로펠러의 자이로 효과를 없앤 방식이다.
  ㉣ 탠덤식 : 항공기 앞과 뒤에 견인식과 추진식 프로펠러를 모두 갖춘 방식이다.

⑥ 프로펠러에 작용하는 힘과 응력
  ㉠ 추력과 휨 응력 : 추력에 의해 발생하며, 항공기가 전진할 때 프로펠러 깃은 전방으로 휘어지는 휨 응력을 받는다.
  ㉡ 원심력에 의한 인장 응력 : 프로펠러의 회전에 의해 발생하며, 깃이 허브의 중심으로 밖으로 빠져 나가게 만드는 힘을 말한다.
  ㉢ 비틀림과 비틀림과 응력 : 깃에 작용하는 공기의 합성 속도가 프로펠러 중심 축의 방향과 같지 않을 때 발생하며, 공기력 비틀림 응력과 원심력 비틀림 응력 두 가지가 있다. 비틀림 응력은 프로펠러 회전 속도의 제곱에 비례한다.

⑦ 피치
  ㉠ 피치 분배 : 응력 집중에 의한 파손을 방지하고, 좋은 효율을 얻기 위하여 블레이드 각을 깃 끝으로 갈수록 작게 하는 것을 말한다.
  ㉡ 기하학적 피치(geometrical pitch) : 공기를 강체로 가정하고 프로펠러의 깃을 1회전 시켰을 때 앞으로 전진할 수 있는 이론적인 거리를 말한다.
    • 기하학적 피치 = $2\pi r \cdot \tan\beta$
  ㉢ 유효 피치(effective pitch) : 공기 중 프로펠러가 1회전 할 때 실제로 전진하는 거리, 즉 항공기의 진행 거리를 말한다.
  ㉣ 슬립 : 공기가 실제로는 강체가 아니라 유체이므로 일반적으로 유효 피치는 기하학적 피치보다 클 수가 없다. 따라서 이 양의 차를 기하학적 피치에 대한 백분율로 표시한 것을 슬립이라 한다.
    • 프로펠러 슬립 = (기하학적 피치-유효 피치)/기하학적 피치 ×100(%)

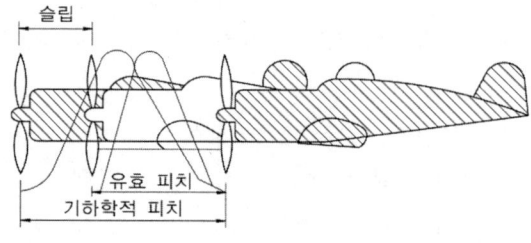

• 프로펠러 슬립 •

(2) 프로펠러의 계통 및 작동

가) 동력 구동축

① 구성 : 클러치(clutch), 냉각 팬(cooling fan), 프리휠(freewheel), 주회전 날개 구동축(main rotor drive shaft), 베벨 기어(bevel gear), 감속기어박스(reduction gear box), 꼬리 회전날개 구동축(tail rotor drive shaft), 꼬리 회전날개 동력전달장치(tail rotor transmission)

② 일반적으로 알루미늄의 관이나 강재의 관으로, 구동축의 양끝은 스플라인으로 되어 있거나 스플라인으로 된 연성 커플링이 장착되어 있기도 하다. 또한 진동을 감소시키기 위해 동적 평형이 이루어지도록 하고, 지지 베어링에 의해서도 진동을 감쇠시킬 수 있다.

나) 원심 클러치(centrifugal clutch)
① 왕복기관을 장착한 회전익 항공기에 주로 사용되며, 기관의 시동 또는 저속 운전 시 기관에 부하가 걸리지 않도록 한다.
② 기관의 회전수가 낮을 때에는 원심 클러치는 드럼에서 슈의 접촉면이 떨어져, 기관의 회전력이 동력 전달 장치에 전달되지 않는다. 회전수가 커짐으로 인해 원심 클러치 스파이더(spider)에 장착된 4개의 슈가 바깥쪽으로 벌어지며, 충분한 회전수에 도달하면 클러치 드럼에 접촉되어 기관의 출력이 동력 전달 장치로 전달된다.

다) 프리휠 클러치(freewheel clutch)
① 오버 러닝 클러치(over running clutch)라고도 하며, 기관 작동이 불량하거나 자동 회전 비행 중 주회전 날개에 지장이 발생하는 현상, 즉 기관 정지 시 주회전 날개의 회전에 의해 기관을 돌리게 하는 역할을 방지한다.
② 정상적인 기관 작동 시에는 기관 출력을 주회전 날개에 전달하지만, 기관이 고장이나 출력 감소에 의해 기관 회전이 주회전 날개보다 늦을 경우 프리휠 클러치가 작동하여 연결된 회전날개와 기관을 분리시키는 역할을 한다.

라) 점검
① 일반적으로 기계적인 손상과 변형 및 부식 상태 등에 대하여 육안 점검을 실시한다. 필요에 따라 비파괴 검사를 통해 균열 상태를 점검하기도 한다.
② 구동축의 균열은 어떠한 경우에도 허용되지 않으며, 기계적인 손상과 표면의 가벼운 부식 현상 등도 한정된 범위 안에서 어느 정도 수정 작업을 수행하는 것 외에는 수리할 수 없으므로 축을 교환하여야 한다.
③ 기관의 구동축은 기계적인 손상 외에도 과열에 의한 변색 등이 있는지를 점검하고, 장착 고정 상태를 확인 후 그리스의 누설 상태 등도 점검한다.
④ 굽힘과 비틀림에 의한 변형 상태를 주의 깊게 점검하고, 동적 평형을 맞추기 위해 부착해 놓은 평형 스트립(balance strip)이 부분적으로 파손되거나 떨어져 나간 경우에는 구동축을 교환해야 한다.

⑤ 회전날개가 제한속도 이상으로 회전하였을 경우에는 동력 구동축에 과도한 하중이 가해졌을 가능성이 크므로, 과속상태에 따라 동력 구동축과 관련 부품 등을 점검해야 한다.

마) 고장탐구

① 동력 구동축에 고장이 발생하면 고주파수의 진동이 발생한다.
② 고주파수의 진동이 발생하는 원인은 구동축의 부착 플랜지의 너트와 볼트가 헐거워졌거나 구동축의 장착상태의 불량, 구동축 및 구동축 커플링의 손상, 구동축의 불량한 평형상태, 지지 베어링의 결함 등이 있다.
③ 부착 플랜지의 너트와 볼트가 헐거울 경우에는 확인 후 규정된 토크값으로 죄어주고, 구동축의 장착상태가 올바르지 못한 경우 구동축을 점검하여 올바르게 장착하여 준다.
④ 구동축 또는 구동축 커플링이 손상되었을 경우 구동축 및 구동축 커플링을 점검하여 교환하고, 평형 상태가 맞지 않는 경우 평형추의 탈락상태를 확인하여 이상 시 교환하여 준다.

C·H·A·P·T·E·R

3

필기편

항공기체

Chapter 3 항공기체

01 항공용 공구

① 슬립조인트 플라이어(Slip joint pilers) : 보편적이고 일반적으로 사용되는 플라이어
② 인터락킹 플라이어(Interlocking pliers) : 물림 턱의 간격을 쉽게 조절하여 사용
③ 캐논 플라이어(Cannon pliers) : 전기 커넥터 풀거나 조일 때 사용
④ 시트 바이스 그립(Sheet vise grip) : 판금작업 시 두 판재가 떨어지는 것을 방지하기 위해서 사용
⑤ 렌치(Wrench) : open end wrench, box end wrench, combination wrench
⑥ 앨런 렌치(Allen wrench) : 내부 렌칭 볼트의 안쪽모양과 같이 L형의 육각형 단면을 가지고 있다.
⑦ 클레코 플라이어(Cleco pliers) : 클레코를 장착시 두 판재를 부착시킬 때 사용
⑧ 유니버설 조인트(Universal joint) : 두 개의 다른 각도의 축을 연결시켜주는 장치
⑨ 라쳇 핸들(Ratchet handle) : 소켓을 빼내지 않고 한쪽 방향으로 조이거나 풀 때 사용
⑩ 필러 게이지(thickness gauge) : 두 부품 사이의 좁은 거리를 측정하기 위한 것 (두께게이지)
⑪ 와이어 트위스터(Wire twister) : 안전결선을 신속하고 일관성 있게 할 수 있도록 해주는 공구
⑫ 토크 어댑터(Torgue Adapter) : 토크 렌치 사용 시 부품에 직접 접근이 어려울 경우 사용

 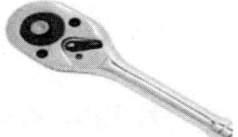 

· 클레코 플라이어 ·   · 라쳇 핸들 ·   · 유니버설 조인트 ·

02 항공기용 패스너(fastener)

(1) 체결작업

부품을 조립하거나 장착하기 위해서 체결용 부품(볼트, 너트, 스크류)을 이용하여 결합하는 작업으로 규정된 토크값을 준다.

(2) 체결일반

① 볼트(bolt)의 머리 : 위에서 아래로, 안에서 밖으로, 앞에서 뒤로 체결
② 볼트의 선택 : 그립의 길이와 부재의 길이가 동일하거나 약간 긴 것을 선택하며 와셔를 이용하여 길이를 조절
③ 패스너(fastener) 종류 : 볼트, 너트, 스크류, 와셔, 특수리벳, 케이블, 턴버클, 배관용 튜브호스 및 집합기구
④ 볼트와 너트의 정의 : 분해, 조립을 반복적으로 하는 부분에 사용되는 체결용 기계요소

(3) 항공기용 부품에 사용되는 표준 규격(Standard)

① AN : Airforce - Navy Aeronautical Standard
  미국 공군과 해군에 의해 정해진 항공기의 표준 규격기호
② NAS : National Aircraft Standard
  미국국립 항공 기관에 의해 정해진 항공기의 표준 부품기호
③ MS : Military Standard
  미국 군용 항공기관에서 모든 기관을 통합하여 만든 하나의 표준부품기호
④ MIL : Military Specification 미국 육군 표준 규격 기호
⑤ AA : Aluminium Association of America
  미국 알루미늄 협회에 의해 정해진 표준 규격 기호
⑥ SAE : Society of Automotive Engineer
  미국 자동차 협회에 의해 정해진 표준 규격 기호

(4) 나사의 계열(나사산의 밀집에 따른 계열)

미국, 영국, 캐나다 3개국이 협의한 나사를 유니파이 나사라고 하며, 1인치당 12개의 나사산을 갖고 있다. 반면 아메리카 나사는 1인치당 14개의 나사산을 가지고 있다.

① 거친나사(Coarse Thread) = UNC, NC : 강도가 필요하지 않은 곳, 부드러운 곳, 약한 재료에 사용하며, 특히 항공기용 스크류 및 작은 너트에 많이 사용된다.
② 가는나사(Fine Thread) = UNF, NF : 항공기에 사용하는 대부분의 볼트에 사용된다.
③ 아주가는나사(Extra Fine Thread) = UNEF, NEF : 응력이 큰 장소나 결합되는 길이가 짧은 곳에 주로 사용되며, 항공기 부품에는 사용하지 않는다.

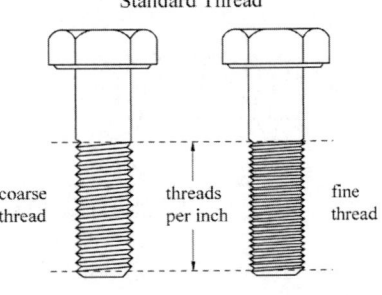

- UNC : Unified Coarse Thread
- UNF : Unified Fine Thread
- UNEF : Unified Extra Fine Thread
- UNS : Unified Special Thread
- M : Metric Coarse Thread
- MF : Metric Fine Thread

(5) 나사의 등급(체결되는 부위와의 공차에 따른 등급)

① 1등급(CLASS 1 : loose fit(헐거운 끼워맞춤) - 손으로 돌림
 강도를 필요로 하지 않는 곳에 사용, 손가락조절 가능
② 2등급(CLASS 2 : free fit(느슨한 끼워맞춤) - 손으로 돌리고 삽입, 스크류드라이버
③ 3등급(CLASS 3 : medium fit(중간 끼워맞춤) - 손으로 돌리고 삽입, 렌치 사용
 강도를 필요로 하는 곳에 사용하며 항공기용 볼트는 거의 3등급으로 제작한다.
④ 4등급(CLASS 4 : close fit(억지 끼워맞춤) - 정밀공차볼트
 너트와 볼트를 끼우기 위해서는 렌치(wrench)를 사용하고 타력을 가한다.
 항공기 날개와 동체 연결부위, 랜딩기어에 사용

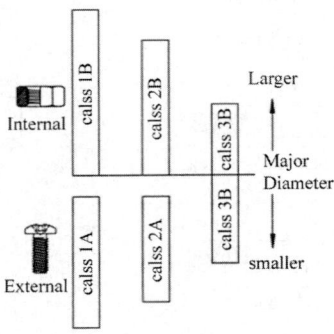

(6) 볼트(Bolt)

① **볼트의 길이** : 볼트 머리를 제외한 나사산 끝까지의 길이(접시머리볼트 : 볼트머리 포함)
- 그립(grip) + 나사부(thread) = 볼트 길이

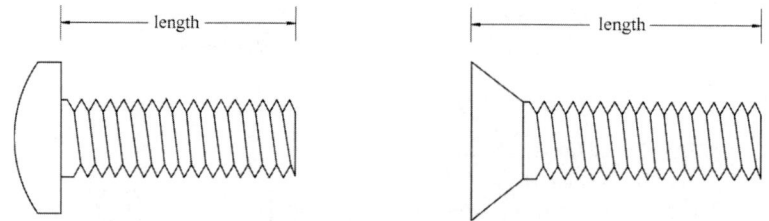

• 일반 볼트의 길이와 접시머리볼트의 길이 •

② 접시머리볼트(countersunk bolt)의 길이는 볼트의 머리를 포함한다.
③ **그립(grip)** : 나사가 나 있지 않는 부분의 길이. 체결하여야 할 부재의 두께와 일치하거나 조금 길다.
④ **볼트의 종류**
  ㉠ 육각볼트 : 일반적인 볼트
  ㉡ 드릴헤드볼트 : 안전결선을 하도록 구멍이 나있음
  ㉢ 정밀공차볼트 : 볼트와 체결부위 사이에 공차가 너무 없어 타력을 가해서 체결하며 사용부위는 심한 반복운동과 진동을 받는 부분에 사용
  ㉣ 내부렌치볼트 : 고강도로 만들어지며 큰 인장력과 전단력이 작용하는 부분에 사용
  ㉤ 특수볼트(클레비스볼트 : 전단하중, 아이볼트 : 인장하중)

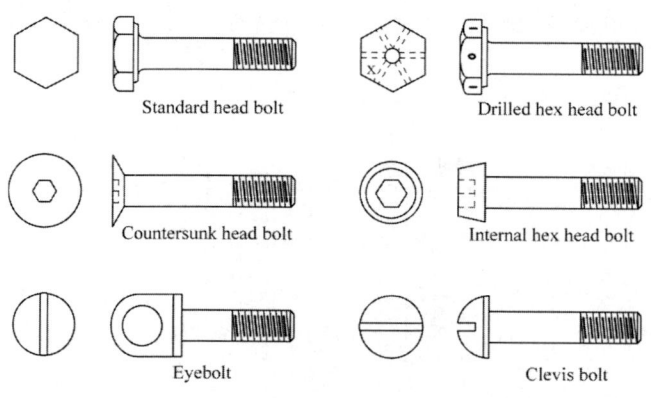

• 볼트의 종류 •

⑤ 볼트 형태에 의한 분류
  ㉠ 나사부가 길게 형성되어 있는 볼트(long thread) : 인장에 우수하며 전단에도 사용가능
  ㉡ 나사부가 짧게 형성되어 있는 볼트(short thread) : 전단에만 사용가능
  ㉢ 그립부분 전체가 나사부로 되어 있는 볼트(full thread) : 고인장에만 사용가능
⑥ 재료의 성질에 따른 분류
  ㉠ 알루미늄 합금 볼트 : 쌍 대쉬 기호
  ㉡ 내식강 볼트 : 대쉬 (-)가 하나
  ㉢ 정밀공차 볼트 : 삼각형 모양
  ㉣ 열처리 볼트 : R
  ㉤ 특수 볼트 : SPEC

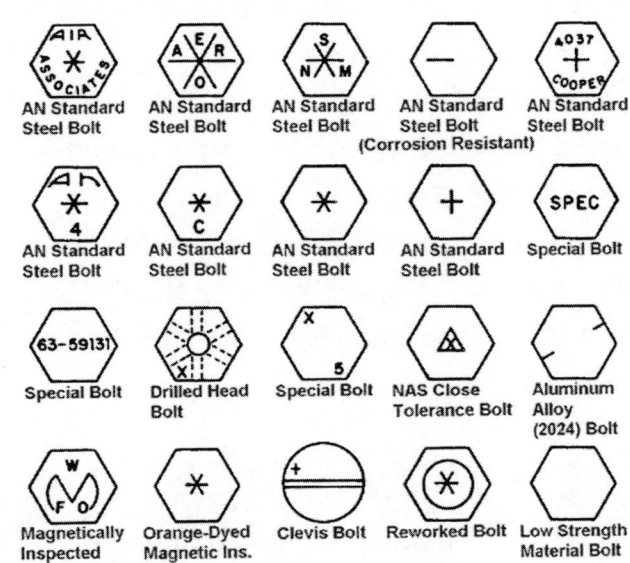

• 재료의 성질에 따른 볼트의 분류 •

⑦ 볼트의 식별(AN 3 DD H 5 A)
  ㉠ AN : 규격(Airforce - Navy Aeronautical Standard)
  ㉡ 3 : 볼트 지름이 3/16인치
  ㉢ DD : 재질 2024 알루미늄 합금
  ㉣ H : 머리에 구멍 유무(H : 구멍 유, 무표시 : 구멍 무)
  ㉤ 5 : 볼트 길이가 5/8인치
  ㉥ A : 나사 끝에 구멍 유무(A : 구멍 무, 무표시 : 구멍 유)

※ 패스너 식별표

구분	지름	길이
스크류	$\frac{*}{16}$	$\frac{*}{16}$
너트	$\frac{*}{16}$	
볼트	$\frac{*}{16}$	$\frac{*}{8}$
리벳	$\frac{*}{32}$	$\frac{*}{16}$

(7) 너트(nut)

① 비자동 고정 너트(Non self locking nut) : 볼트의 풀림방지를 위하여 코터 핀(cotter pin), 안전 결선으로 체결하여야 한다.
  ㉠ 평너트(plain nut) : 큰 인장하중, 잼너트나 락와셔와 같이 사용
  ㉡ 잼너트(jam nut) : 풀림방지용 보조로 사용하며 로드의 나사산 끝부분에 사용한다. 잼 너트를 체결 후 평너트를 체결한다.
  ㉢ 나비너트(wing nut) : 빈번하게 장탈착 하는 곳에 맨손으로 사용
  ㉣ 캐슬너트(castle nut) : 생크에 구멍이 있는 볼트에 사용, 코터핀으로 고정
  ㉤ 캐슬전단너트(castellated shear nut) : 캐슬너트보다 얇고 나사부를 줄여 전단응력에 사용한다.

• 비자동너트 종류 •

② 자동 고정 너트(Self locking nut) : 안전을 위한 보조방법(세이프티와이어, 코터핀)이 필요 없고, 구조 전체적으로 고정역할을 할 수 있게 너트 안쪽에 특별한 장치가 설치되어 있다. 현재는 세이프티와이어를 사용하는 것과 비교하면 셀프 락킹 너트의 비중이 커지는 추세이다.

㉠ 전 금속형 자동 고정 너트(the all-metal nuts) : 너트 윗부분에 홈을 파서 지름을 작게 하거나 타원형으로 만들어져서 볼트가 체결될 때 조여지게 만들어져 있다.

㉡ 화이버 자동 고정 너트(the nonmetallic insert nuts) : 너트 윗부분이 화이버(fiber) 또는 나이론(nylon) 올라오면 고정화이버 15회, 나이론 200회 이상 체결을 금지하며 사용온도 한계가 121℃(250℉)이하에서 사용한다.(횟수는 정확한 수치는 아니고 토크 렌치를 사용하여 런온토크 적용시켜 셀프락킹너트의 기능이 상실되었는지 판단한다.)

・자동고정너트(나이론)・　・자동고정너트(전금속형)・

③ 자동고정너트 사용하면 안되는 곳
㉠ 볼트 스크류가 느슨해 엔진 흡입구 내에 떨어질 우려가 있는 장소
㉡ 회전력을 받는 곳 <예> pulley(도르래), bell crank(벨크랭크), 힌지
㉢ 비행 전이나 비행 후 정비를 위해 수시로 열고 다는 곳
㉣ 장착 시 볼트 나사 끝부분은 2산 이상은 나와야 한다.

(8) 와셔(washer)

볼트나 너트에 의한 작용력이 고르게 분산하며 볼트 그립길이를 맞추기 위해 사용한다. (Spanoversized holes, Distribute loads over a larger area, Locking device, seal)

① 평 와셔(Flat washer) : 볼트, 너트의 작용력을 고르게 분산시키며 볼트의 그립을 길이를 조정하며 고정 와셔 밑에 사용하며 금속 표면을 보호한다.
② 고정와셔 : 자주 탈거되지 않는 곳에 사용되며 자동너트나 캐슬너트가 사용되지 않는 곳에 사용한다.(고정원리는 체결되어 위아래로 밀어주는 방식)

㉠ 스프링 락 와셔(Spring lock washer)
㉡ 평형 안쪽 톱니(Flat internal teeth lock washer)
㉢ 평형 바깥 톱니(Flat external teeth lock washer)

• 스프링 락 와셔 •   • 평형 안쪽 톱니 와셔 •   • 평형 바깥 톱니 •

(9) 스크류(screw)

① 스크류 종류
  ㉠ 구조용 스크류(Structural screw) : 같은 크기의 볼트와 같은 강도를 가지며 명확한 그립이 있다.
  ㉡ 기계용 스크류(machine screw) : 일반용 나사이며 가장 많이 사용
  ㉢ 자동태핑 스크류(self tapping screw) : 스스로 나사를 내면서 체결되며 일명 철판피스라고 부른다. 종류에는 시트메탈스크류(sheet metal screw)와 머신셀프태핑스크류(machine self tapping screw)와 드라이브 스크류(drive screw)로 나뉜다.
  ㉣ 세트 스크류(set screw) : 축에 톱니와 같은 부품을 붙여 고정할 때 사용된다.

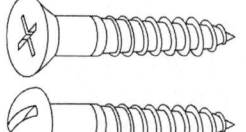 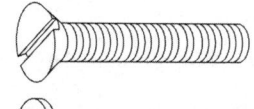 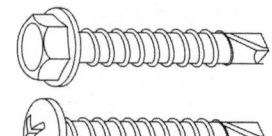

• 구조용 스크류 •   • 기계용 스크류 •   • 자동태핑 스크류 •

② 스크류와 볼트의 차이점
  ㉠ 볼트에 비해 저강도 스크류 드라이버 사용
  ㉡ 머리에 드라이버를 사용하도록 홈이 파여 있으며 나사가 비교적 헐겁다.
  ㉢ 스크류는 머리에 스크류드라이버를 쓸 수 있는 홈이 있다.
  ㉣ 명확한 그립의 길이를 갖고 있지 않다.
  ㉤ 나사가 비교적 헐겁다(스크류는 2등급 볼트는 3등급)
  ㉥ 볼트보다 강도가 약하고 나사가 헐거우며 명확한 그립이 없다.

③ 스크류 호칭 방법

AN 510 A B 416 8
- AN : 표준기호
- 510 : 둥근납작머리 스크류(504 : 자동탭핑 스크류, 509 : 접시머리 스크류, 520 : 둥근머리 스크류)
- A : 축끝 모양(A : 평형, B : 콘형, D : 컵형, E : 하프 독형, F : 긴 원형)
- B : 황동 재질(C : 내식강, B : 황동, 무표시 : 합금강)
- 416 : 스크류 섕크의 지름 4/16inch, 1인치 중 나사산 수가 16개
- 8 : 스크류의 길이 8/16inch

(10) 턴락 패스너(Turnlock fastener)

정비와 검사를 목적으로 정검창을 신속하고 쉽게 장탈이나 장착할 수 있게 만들어진 부품이다. 스터드는 조그맣게 튀어나온 돌기를 말하고 그로밋은 통과시켜주는 조그마한 통로, 리셉터클은 받아주는 용기를 말한다.

① 쥬스 패스너(Dzus Fastener) : 스터드(stud), 그로밋(grommet), 스프링(spring)으로 구성되어 있으며 스터드의 헤드에는 스터드의 형태, 섕크의 지름, 길이가 표시되어 있다.
② 캠락 패스너(Camloc Fastener) : 스터드, 그로밋, 리셉터클(receptacle) 구성
③ 에어락 패스너(Airloc Fastener) : 스터드, 크로스핀(cross pin), 리셉터클 구성

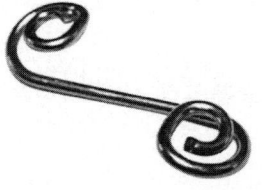 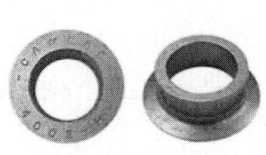 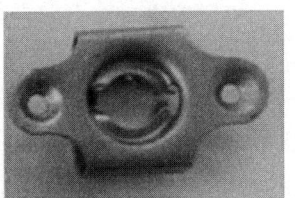

• 주스패스너의 스프링 •   • 캠락패스너의 그로밋 •   • 에어락패스너의 리셉터클 •

03 항공기 재료

(1) 항공기 재료

① 항공기 재료 조건
　㉠ 가볍고 강한 재료(연료 소모)
　㉡ 온도에 따라 기계적 성질이 변하지 않는 재료
　㉢ 피로파괴에 강한 재료(작은 힘도 반복 작용하면 재료가 파괴)

② 항공기 기체재료 : 알루미늄합금 60～70%, 강 20～30%, 티타늄 15%, 티타늄 기타 합성수지(합성수지 비율이 올라가는 추세)
　㉠ 날개 윗면 : 7150, 7075-T6
　㉡ 동체 스킨 : 2024
　㉢ 프레임, 론저론 : 7075-T6
　㉣ 랜딩기어 빔 : Ti-6A1-4V
　㉤ 엔진카울, 윙팁 : 5052, 6061
　㉥ 날개 밑면, 스파 : 2024-T4, 2324
　㉦ 랜딩기어 : 4330, 4340, 고장력강
　㉧ 조종면(알루미늄허니컴 글라스화이버허니컴) 움직이는 부분 경량화

③ 금속과 비금속
　㉠ 철금속 : 강도, 경도, 인성이 우수하고 열처리를 통해 쉽게 성질을 변화시킨다.
　㉡ 비철금속 : 철금속 재료보다 녹는점이 낮고 열 및 전기 전도도 우수
　　　예) 금, 은, 구리, 알루미늄, 망간 등
　㉢ 비금속 : 금속이 아닌 재료 예) 고무, 나무, 종이, 플라스틱, 유리

(2) 금속재료(Metallic Material)

① 금속의 성질
　㉠ 전성(malleability) : 퍼짐성, 얇은 판으로 가공할 수 있는 성질
　㉡ 연성(ductility) : 뽑힘성, 가는 선이나 관으로 늘릴 수 있는 성질
　㉢ 탄성(elasticity) : 외력을 가한 후 힘을 제거하면 원래의 상태로 되돌아가려는 성질
　㉣ 취성(brittle) : 부서지는 성질, 여린 성질, 대표적인 금속은 고급회주철이다.
　㉤ 인성(toughness) : 질긴 성질, 찢어지거나 파괴되지 않음. 인성의 반대는 취성

ⓑ 전도성(conductivity) : 열이나 전기를 전도시키는 성질
ⓢ 강도(strength) : 하중에 견딜 수 있는 정도
ⓞ 경도(hardness) : 단단한 정도, 정적 강도 표시 기준(크롬 > 납)

② **금속의 비중과 용융온도**
  ㉠ 비중(specific gravity) : 물체의 무게를 표현할 때 물체와 같은 부피의 물의 무게와 비교한 값이며 마그네슘(1.74), 알루미늄(2.7), 티타늄(4.5), 철(7.8), 구리(8.9)이다.
  ㉡ 용융 온도(melting temperature) : 융점, 녹는점
    금속에 열을 가하면 녹아서 액체 상태로 될 때의 온도이며 마그네슘(650℃), 알루미늄(660℃), 내식강(1,400℃), 철(1,535℃), 티타늄(1,730℃)이다.

③ **철금속**(철의 5대 원소 : 탄소(C), 망간(Mn), 황(S), 인(P), 규소(Si))
  ㉠ 순철 : 탄소의 함유량이 0.025% 이하인 철이며 불순물이 섞이지 않은 철을 말한다.
  ㉡ (탄소)강 : 탄소의 함유량이 2.0% 이하인 철
  ㉢ 주철 : 탄소의 함유량이 2.0% 이상인 철

④ **탄소강(Carbon steel)** : 강의 성질을 개선하기 위해서 철과 탄소를 결합시킨다.
  ㉠ 저탄소강(탄소 0.1~0.3% 함유) : 연강(mild steel)이라고 함. 전성이 양호하여 절삭 가공성이 요구되는 볼트, 너트, 핀 등에 사용되며 항공에서는 안전결선, 케이블 부싱, 나사, 로드에 사용된다.
  ㉡ 중탄소강(탄소 0.3~0.6% 함유) : 차축 크랭크축 제조에 이용
  ㉢ 고탄소강(탄소 0.6~1.2% 함유) : 강도 경도가 매우 크다. 전단 마멸에 강한 강

⑤ **특수강(합금강 : Alloy steel)**
  ㉠ 내용 : 탄소강에 특수 원소(니켈, 크롬, 망간, 규소, 몰리브덴, 텅스텐, 바나듐)를 한 가지 이상 첨가하여 특수한 성질을 가지게 함(특수강)
  ㉡ 강의 종류와 재료 번호

강의 종류	재료 번호	SAE 1025
탄소강	1XXX	미국 자동차 기술인 협회 규격
니켈강	2XXX	
니켈 크롬강	3XXX	
몰리브덴강	4XXX	앞 두 자리(10) : 합금강 종류(탄소강)
크롬강	5XXX	
크롬 바나듐강	6XXX	뒤 두 자리(25) : 탄소의 평균 함유량(0.25% 탄소 함유)
니켈 크롬 몰리브덴강	8XXX	

ⓒ 니켈강(2XXX) : 탄소강 + 니켈(3 ~ 3.75%)이며 경도, 인장강도가 높아 Bolt, key, clevis, pin에 사용된다.
ⓔ 니켈 크롬강(3XXX) : 탄소강 + 니켈(1.5 ~ 5%) + 크롬(1% 이하)으로 내부식성이 뛰어나 조종 케이블, 스프링 제조에 사용된다.
ⓜ 몰리브덴 강(4XXX) : 내마모성이 뛰어나서 용접된 부분(엔진마운트, 랜딩기어)에 사용된다.
ⓑ 크롬강(5XXX) : 탄소강 + 크롬이(0.9 ~ 1.2 정도) 함유되어 구조용 강재로 사용되고 크롬 12% 이상 함유된 스테인리스강은 내식성이 우수하여 주방에서 사용된다.
ⓢ 크롬 바나듐 강(6XXX) : 탄소강 + 바나듐(18%) + 크롬(1%) 강도가 높아 스프링 제조에 사용된다.

(3) 금속 소성가공

광물 가공 공업에서 널리 사용되는 고온 처리의 한 방식으로 간단히 말하면 광물류를 굽는 것

① **단조** : 재료를 가열, 두들겨서 하는 가공이며 모루와 해머에 의한 작업
② **압출** : 재료를 거푸집에 넣고 거푸집에 뚫린 구멍으로 밀어 구멍의 모양과 같은 막대 또는 관을 만듦
③ **압연** : 회전하는 2개의 롤 사이로 재료통과 판재 만듦
④ **판금** : 판(양철판, 함석판)을 굽히고 판의 표면에 요철(凹凸)의 무늬를 내는 압인가공
⑤ **전조** : 소재 회전하는 나사 등의 거푸집 속을 통과시켜 압력 가해서 성형(나사 기어)

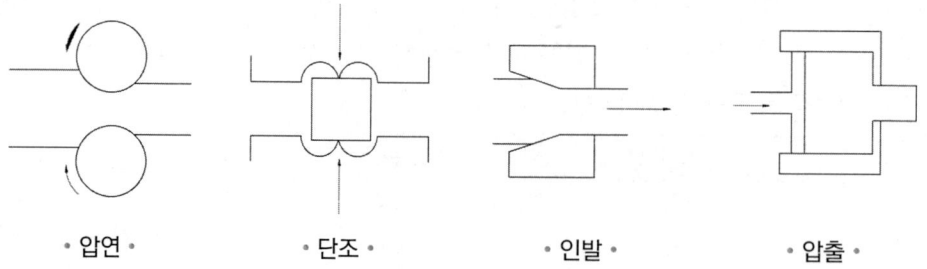

· 압연 ·   · 단조 ·   · 인발 ·   · 압출 ·

(4) 금속재료의 인장시험

재료 시험편을 서서히 인장시켜 항복점, 인장 강도, 연신율 등을 측정하는 시험이다. 금속마다 고유의 물리적 성질을 파악한다.

① 연신율(elongation, 延伸率)

재료는 인장하중을 걸면 늘어난다. 인장시험 때 재료가 늘어나는 비율이며 늘어난 길이의 최초의 길이에 대한 백분율을 연신율이라고 한다.

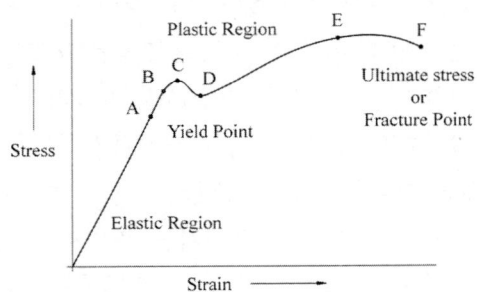

② 비례 한도(A) : 응력과 변형률이 비례적으로 증감하는 부분
③ 탄성 한도(B) : 응력을 서서히 제거할 때 변형이 없어지는 성질을 탄성이라 한다. 그 한계점에서의 응력 탄성 한도(elastic limit)
④ 소성 변형(plastic strain) : 탄성한도 이상으로 응력이 증가하면 응력을 제거하여도 변형이 완전히 없어지지 않고 남는다. 이것을 잔류 변형이라 하며 시간이 지나면 다소 없어지면서 그대로 변형이 남아있게 되는데 이를 영구변형 또는 소성변형
⑤ 항복점(C : yield point) : 응력을 증가시키지 않아도 변형이 연속적으로 갑자기 커지는 상태의 응력(C : upper D : lower)
⑥ 극한강도(E) : 재료가 견딜 수 있는 최대의 응력

D점에서 응력이 더 커지면 변형도 같이 증가하여 선도는 D, E와 같은 곡선이 되어 D점이 최대응력이 되며 이 응력을 극한 강도 또는 인장 강도라 한다. E점에 이르면 재료의 일부에 부분적인 수축(Necking)이 생겨 드디어 F점에서 파괴된다.

(5) 금속재료 열처리

① 열처리(heat treatment) : 금속재료의 열처리의 목적은 경도(hardness), 연성(ductility), 강도(strength), 인성(thoughness) 등의 기계적인 성질을 향상하고 가공성 증대 및 조직을 균질화시키고 내식성을 향상하기 위함이다. 종류에는 담금질, 뜨임, 풀림, 불림, 표면경화법 등이 있다.
② 철금속 열처리 종류
  ㉠ 담금질(quenching) : 상계임계점(upper critical point) 바로 위까지 강을 가열하여 균일 냉각 또는 유지한 후 기름, 물에 담구어 급격히 냉각시켜 경도(hardness)와 강도(strength)를 증가시키지만 연성이 감소한다.

ⓒ 어닐링(연화, 풀림 : annealing) : 경화처리와 반대 개념으로 상임계점 바로 위까지 가열한 후 공기 중에서 냉각, 모래를 이용하여 균일냉각(서서히 냉각)시킨다.

ⓒ 노멀라이징(불림 : normalizing) : 강의 열처리, 용접, 주조, 성형, 기계가공 등은 인접재료의 변형이 발생할 수 있으므로 형성된 내부 응력(internal stress)을 제거하기 위하여 불림을 한다. 특히 용접한 부품은 무조건 노멀라이징 처리해야 한다.

ⓒ 템퍼링(뜨임 : tempering) : 강의 하임계점 이하의 온도에서 수행하며 강에 적당한 강한 인성을 주거나 내부응력을 제거하기 위한 열처리이며 담금질 후 재료를 낮은 임계점 이하의 온도로 가열 후 공기 중에서 냉각시켜 경화에서 생긴 취성을 감소시키고 인성을 증가시키는 열처리

③ **표면 경화(Surface Hardening)** : 동력을 전달하는 예를 들면 축, 기어에는 강인한 성질과 내마모성을 가져야 한다. 취성 문제로 저탄소강에 이상적이고 강의 표면을 단단하게 하고 내부는 강인한 성질을 갖도록 열처리 해야 하는데 이것을 표면경화라고 한다. 종류에는 화염(불꽃)경화법, 고주파 경화법(고주파 담금질), 침탄(담금질)법, 질화법 등이 있다.

㉠ 침탄법(Carburization) : 저탄소강으로 만든 제품 표면에 깊이 0.5 ~ 3mm 정도의 표면 열처리 방법으로 탄소를 투입시킨 후 담금질(표면 경화)한다. 기어 피스톤핀 등과 같은 마모작용과 충격을 방지하는 목적으로 사용되며 종류에는 밀폐 침탄법, 가스침탄법, 액체침탄법 3가지 종류가 있다.

ⓒ 질화법 : 특수질화용광로에 가열 후 암모니아(NH_3) 가스를 순환시키면 질소와 수소로 분리($NH_3 = N + 3H$)되고 질소는 철과 반응하여 표면에 질화층이 형성된다.

ⓒ 청화법(cyaniding) : 침탄법의 탄소와 질화법의 질소가 소재표면으로 침투하게 하는 표면경화법이다.

④ **기타 표면경화법**

㉠ 하드 페이싱(hard facing) : 소재 표면에 스텔라이트나 경합금 등을 녹이거나 압력을 가해서 융착시켜서 가공 경화에 의하여 표면의 경도를 높이는 방법으로 피로한계, 탄성한계를 우수하게 한다.

ⓒ 숏피닝(short peening) : 소재 표면에 강이나 주철로 된 작은 입자들을 고속으로 분사시켜서 가공 경화에 의하여 표면의 경도를 높이는 방법으로 피로한계, 탄성한계를 우수하게 한다.

ⓒ 금속 침투법(cementation) : 강재 표면에 타금속을 침투 확산시켜 표면을 경화하고 내식성을 증가시키는 방법

ⓐ Cr 침투 : 크로마이징(chromizing)

ⓑ Si 침투 : 실리코나이징(siliconizing)
ⓒ B 침투 : 보로나이징(boronizing)
ⓓ Al 침투 : 칼로나이징(calorizing)
ⓔ Zn 침투 : 세라다이징(sheradizing)

(6) 비철금속재료

① **마그네슘 합금(Mg Alloy)** : 마그네슘의 비중($1.74kg/cm^3$)이 철강의 1/5, 알루미늄의 2/3이며 항공기 재료에 쓰이는 사용금속 중에 가장 가벼운 금속이다. 전연성과 절삭성도 좋다. 내열성과 내마멸성 약하고 내식성이 좋지 않아 화학 피막처리를 사용한다. 합금으로 만들면 플라스틱보다 가볍지만 강철만큼 단단해진다.

② **티타늄 합금(Titanium Alloy)** : 티탄의 비중은 4.5이며(철의 1/2) 녹는점(용융온도)은 1668℃이다. 티타늄 합금은 불꽃시험 spark test로 구분할 수 있으며 상온에서 놀라운 내부식성을 가진 합금이다. 가볍고 내열성이 좋으며 일반 금속은 열을 받을수록 강도가 떨어지지만 적정 범위 내에서 열을 받으면 더 강도가 증가하는 특이한 성질을 가지고 있어 제트엔진 터빈의 재질로 사용되나 티타늄합금의 재료비와 가공비가 비싸다. 단기간 노출에는 화씨 3000℃까지 버틸 수 있다.

③ **알루미늄 합금(Aluminium Alloy)** : 전성이 우수하고 성형 가공성 좋으며 상온에서 기계적 성질이 우수하고 내식성이 양호하다. 시효경화성이 있으며 합금원소의 조성을 변화시켜 강도 조절이 가능하다. 항공기 구조재의 알루미늄 합금 판재의 두께는 0.16 ~ 0.096인치이고 대형항공기에는 0.356인치를 사용한다.

④ **성질명칭(Temper designation)** : 숫자 4개로만 충분하게 성질을 나타내지 못하므로 합금 명명에 (-)를 붙여 특별히 정의될 수 있게 문자로 나타냄

　예) 2024-T4 , 7075-T6

미국재료시험협회(ASTM) 열처리 식별 기호
F : 주조상태 그대로인 것
O : 풀림처리한 것
H : 냉간가공한 것
W : 담금질 후 상온시효경화가 진행 중인 것
T3 : 담금질 후 냉간가공한 것
T36 : 담금질 후 단면 수축률 6%로 냉간가공
T4 : 담금질한 후 상온시효가 완료된 것
T6 : 담금질한 후 인공시효 처리한 것

(7) 비철금속재료 열처리(heat treatment of nonferrous metals)

① 용체화 처리(solution heat treatment) : 2017, 2024 등과 같이 실온에서 4일간 시효로 용체화 처리하여 강하게 만든다.
② 석출 열처리(precipitation heat treatment) : 2014, 7075 적절한 온도로 경화시키는 것으로 연성 감소, 강도와 경도를 증가시킨다.

(8) 플라스틱(Plastic)

① 열경화성 수지(thermosetting resin) : 열을 가하면 녹지 않고 까맣게 탄다. 열을 가해서 성형하면 다시 가열하더라도 연해지거나 용융되지 않은 성질 가지고 있고 딱딱한 플라스틱으로 만들어진다. 종류에는 페놀수지, 폴리우레탄, 에폭시수지(접착강도 접착제 항공기도장재료 전파투과성 레이돔) 등이 있다.
② 열가소성 수지(thermoplastic resin) : 열을 가하면 녹는다. 열을 가해서 성형한 다음 다시 가열하면 연해지고 냉각하면 다시 원래의 상태로 굳어지는 성질을 가진다. 종류에는 폴리염화비닐(PVC), 폴리에틸렌(PET), 나일론 아크릴, ABS 수지, 테프론 수지(Teflon Resin) 등이 있다.

(9) 고무(rubber)

① 천연고무(N.R : Natural Rubber) : 생고무라고 불리는 천연고무를 말한다. 고무 중에 탄성과 마모성이 가장 우수하고 접착성도 좋아 기계적 물리적 특성이 요구되는 곳에 많이 사용된다. 가격도 저렴하다. 단점으로는 내열성, 약품성이 나쁘고 내한성이 떨어져 겨울철에 결정화 될 수 있다. 노화도 비교적 빠른편이다.
② 부틸고무(I.I.R : sobutylene Isoprene Rubber) : 마모성이 좋고 용제에서 변형이 적다. 내열성, 내후성, 노화성도 우수한 편이나 반발탄성이 부족한 것이 흠이다. 주로 E.P.D.M과 혼합하여 사용하며 석유, 콜타르에 약해 타이어용 튜브에 쓰인다.
③ 부나 : 가솔린, 오일, 농축된 산, 솔벤트에 약하고 타이어 및 튜브 등에 사용
④ 니트릴 고무(NBR) : 유압계통, 연료계통에 원형 링(Oring), gasket에 쓰인다.
⑤ 네오플렌 고무(C.R : Poly Chloroperene Rubber) : 미국듀폰사가 개발한 제품명이다. 내산성, 내알칼리성 등 약품성이 우수하고 기계적인 성질이 좋아 고무라이닝 공업용 고무롤, 창문틀, 완충 패드, 기화기, 오일 호스, 다이어프램에 사용된다.
⑥ 실리콘 고무 : 내열성 내한성이 매우 우수한 고무이다. 고온에서 안정하고 저온에서 유연하다. 특히 타고무에 비해 내열성이 좋아 고온에 대표적으로 사용된다. 내열성뿐만 아니라 내후성, 약품성, 신율 등이 좋고 타합성고무에 비해 이형성 반발

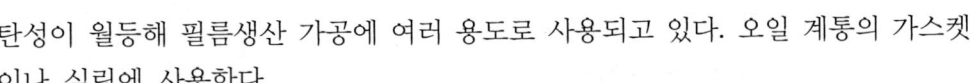

탄성이 월등해 필름생산 가공에 여러 용도로 사용되고 있다. 오일 계통의 가스켓이나 실링에 사용한다.

(10) 복합소재(Composite Materials)

두 종류 이상의 소재를 인위적으로 조합하여 원래의 소재보다 뛰어난 성질이나 아주 새로운 성질을 갖도록 만들어진 재료로서 구성은 Matrix(모체 or 기반) + Reinforce(보강재 or 강화제)이다.

① **Reinforce의 종류**
  ㉠ 유리섬유(glass fiber) : 가격 저렴해서 많이 사용 가장 경제적인 강화재로 기계적 강도가 낮아 2차 구조물로 사용(객실 내부 구조물)되며 종류에는 E-Glass와 S-Glass가 있다.
  ㉡ 탄소섬유(carbon/graphite fiber) : 열팽창계수가 작아서 정밀성이 필요한 항공우주용 구조물에 이용된다. 특히 강도와 강성이 높아 날개 동체 같은 1차 구조부(윙의 스킨)에 사용되나 알루미늄과 접촉 시 부식 위험이 있어 특별부식방지처리를 한다.(B787 기체 객실고도, 윈도우 크기 다르다.)
  ㉢ 아라미드(aramid fiber) : Aroomatic polymide fiber의 줄임말로 듀퐁사에서 케블라(Kevlar)라는 상표로 사용되었다. 알루미늄의 4배의 인장강도를 가지고 있으며 탄소섬유보다 압축강도는 떨어지지만 높은 인장강도와 유연성을 가지고 있어 높은 응력과 진동 받는 항공기 부품에 가장 이상적이다.
  ㉣ 보론섬유(boron fiber) : 압축강도와 인성에 최고로 잘 견디고 높은 경도를 가지고 있지만 값이 제일 비싸 일부 전투기에만 사용한다.
  ㉤ 세라믹 섬유(ceramic fiber) : 높은 온도의 적용이 요구되는 곳에 사용되며 온도가 1200℃에 도달해도 강도와 유연성을 유지하여 우주왕복선의 꼬리부분, 항공기 방화벽에 사용된다.

② **복합재료 특성** : 무게당 강도 비율(알루미늄을 복합재료로 대체 시 30% 이상 인장 압축 강도 증가하고 무게는 20% 감소)이 높고 복잡한 형태나 공기 역학적인 곡선 형태의 제작이 쉽다. 일부의 부품과 패스너를 사용하지 않고 제작이 단순하고 비용이 절감되며 유연성 크고 진동에 강해 피로응력 잘 견딘다. 부식이 되지 않으며 마멸이 잘 되지 않는다.

③ **복합재료의 제조**
  ㉠ 진공 백 성형(Vacuum Bag Molding) : 항공기 주요 부품에 사용
  ㉡ 압축 성형(Compression Molding)

ⓒ 펄트루전(Pultrusion)
ⓓ 필라멘트 와인딩(Filament Winding)
ⓔ RTM(Resin Transfer Molding)

04 리벳(rivet)

(1) 리벳

전단응력을 담당하고 있는 패스너이며 특히 기체 외피와 외피에서 성형 헤드(Manufactured head)와 가공 헤드(driven head)로 구성되어 체결됨

① **솔리드 섕크 리벳(Solid shank rivet)** : 리벳 섕크 안쪽이 꽉 차있어 공간이 없으며 체결방법은 한쪽은 리벳건을 이용, 반대쪽은 버킹바를 이용하여 체결하는 리벳
  ⓐ 카운터 성크 리벳(Countersunk or flush head, AN426 or MS20426) : 공기의 저항을 줄이기 위해서 항공기 외피에 사용한다. 각도는 보통 100°이다.
  ⓑ 유니버셜 리벳(universal head, AN470 or MS20470) : 모든 다른 리벳(둥근머리, 납작머리, 브래지어) 대신에 사용되며 소형기는 외피 및 대형기는 내부 구조에 사용한다.
  ⓒ 둥근머리 리벳(round head) : 기체 내부 구조 두꺼운 판의 결합에 사용
  ⓓ 납작머리 리벳(flat head) : 내부 구조에 사용
  ⓔ 브래지어 리벳(Brazier head) : 머리 부분이 지름이 크고 높이가 낮아서 얇은 판의 항공기 외피용으로 사용된다.

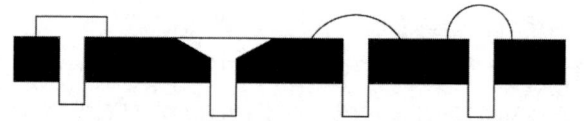

· AN441 · AN426 · AN455 · AN430
  납작머리 · 카운트성크 · 브래지어 · 둥근머리 ·

② **블라인드 리벳(Blind rivet)** : 솔리드 섕크 리벳은 앞쪽에 리벳건 뒤쪽에 버킹바를 사용하여 체결시키는 것을 원칙으로 하지만 블라인드 리벳은 버킹바를 대는 곳이 너무 좁아서 버킹바를 사용할 수 없는 곳에 체리리벳건과 같이 앞에서만 사용하더라도 체결시킬 수 있는 리벳을 말한다.

㉠ 리브너트(rivnut) : 제빙부츠를 고정시킬 때 사용되며 생크 안쪽에 암나사가 나 있는 곳에 공구를 끼워 압축부분 옆으로 돌출부분 만들어 판재를 결합시킨다.

· 리브너트 ·   · 체리맥스리벳 ·   · 체리리벳건 ·

㉡ 폭발 리벳(explosive rivet) : 화약이 설치된 리벳 생크 내부에 인두로 가열하여 폭발시키면 리벳의 하단부를 부풀게 하여 판재를 체결한다. 인화성 물체에 접촉부는(연료탱크 화재의 위험있는 곳) 사용금지한다.
㉢ mechanical lock 리벳(huck lock, cherry lock, olympic lock, cherry max rivet)
㉣ pop 리벳
㉤ friction lock 리벳 : 초기 사용
③ 블라인드 리벳을 사용하면 안 되는 곳 : 솔리드 생크 리벳보다 강도가 약하게 체결되어 인장하중에 영향을 많이 받는 곳이나 진동과 소음 발생지역에는 사용을 금하며 특히 액체의 기밀이 필요한 곳에는 사용하지 않는다.

(2) 리벳의 재질(재료의 종류)

① 1100 : 순수 알루미늄(99.9%)
② 2017 : 두랄루민
③ 2024 : 초두랄루민

구분	이름(Name)	Code	Alloy	Head marking	비고
1100	순수 알루미늄(pure AL)	A	Pure		
2017	알루미늄 합금(AL alloy)	D	구리(Cu)	raised dot	Icebox Rivet
2024	알루미늄 합금(AL alloy)	DD	Cu	2 raised dashed	Icebox Rivet
2117	알루미늄 합금(AL alloy)	AD	Cu	dimple	
5056	알루미늄 합금(AL alloy)	B	마그네슘(Mg)	raised cross	
7050	알루미늄 합금(AL alloy)	E	아연(Zn)	raised circle	

그 외 3(Mn 망간), 4(규소 Si), 6(마그네슘 Mg, 규소 Si), 8(리튬 Li)

㉠ 두랄루민(duralumin) : Al + Cu(4%), Mg(0.5%), Mn(0.5%) ⓜ 2017, 2014
단조용 Al합금으로 사용하는 고강도 알루미늄 합금. 고온에서 물에 급랭하여 시효 경화시켜 강인성을 얻는다.

ⓒ 초두랄루민(super duralumin) : 두랄루민 + Mg 증가(1.5%), 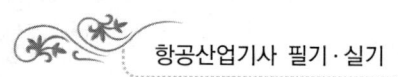 2024
인장강도를 높인 것. 항공기 구조재, 리벳재료

ⓒ 초강 두랄루민(extra super duralumin) : 두랄루민 + Zn(9% 이하), Cr(0.3%),
Mg 증가(2.5% 이하). 시효 경화성이 현저하여 고강도 합금 이용  7075

(3) 시효경화(Age-hardening)

① 금속재료를 일정한 시간 적당한 온도하에 놓아두면 단단해지는 현상으로 너무 경화되어(굳어서) riveting하면 균열(crack)이 발생하므로 부드러운 상태로 만들기 위해 열처리한다.

② 아이스박스 리벳인 2017(D)은 열처리 후 1시간 이내 연한 성질을 가지고 있어 riveting 가능하며 2024(DD)는 열처리 후 10분~20분 이내 riveting 가능하다.

(4) 리벳의 규격(AN 470 AD-3-5)

① AN 470 : 리벳의 종류(universal head)
② AD : 재질(알루미늄 합금 2117 T)
③ 3 : 리벳 지름(3/32인치)
④ 5 : 리벳 길이(5/16인치)

(5) 리벳의 방식 처리

리벳의 표면에 부식되는 것을 방지하기 위해 보호막을 사용

① 크롬산 아연 처리(Zinc Chromate) : 황색(Yellow)
② 금속 코팅 처리(Metal Spray) : 은빛 회색(Silver Gray)
③ 양극 산화 처리(Anodized Finish) : 진주빛 회색(Milk Gray)

05 판금작업

판금이란 말은 사전적 의미로 얇고 넓게 조각낸 쇠붙이를 뜻하며 판금작업이란 얇은 판재를 가공하고 성형하는 작업을 말한다.

(1) 기초의 3도면

① 정면도 : 물체를 정면에서 투상하여 그린 그림
② 평면도 : 물체를 위에서 투상하여 그린 그림
③ 우측면도 : 물체를 우측에서 투상하여 그린 그림
  * 정투상도 : 물체를 유리상자 속에 넣고 바깥쪽에서 들여다보면서 그린 그림

(2) 판금작업 종류

① 수축가공 : 재료의 한쪽길이를 압축시켜 짧게 함으로써 재료를 구부리는 가공
② 신장가공 : 재료의 한쪽길이를 늘려서 길게 함으로써 재료를 구부리는 방법
③ 크리핑가공 : 재료의 한쪽길이를 짧게 하기 위해서 한쪽을 주름지게 하는 것
④ 범핑가공 : 가운데가 움푹 들어간 구형면을 판금 가공하는 것
⑤ 굽힘가공 : 얇은 판을 굽히는 작업으로 판을 굽히는 기계를 밴딩머신이라고 한다.
⑥ 플랜징가공 : 원통의 가장자리 등을 늘려서 단을 짓는 가공
⑦ 이음가공 : 판재를 서로 연결하거나 접합하는 가공
⑧ 전단가공 : 판금 작업 시 불필요한 부분을 잘라내는 가공이며 종류에는 블랭킹(blanking), 펀칭(punching), 트리밍(treaming), 세이빙(shaving)이 있다.

(3) 구조수리의 기본 원칙 4가지

① 원래의 강도 유지(Maintaining original strength)
② 원래의 윤곽 유지(Maintaining original contour)
③ 최소 중량 유지(Keeping weight to a minimum)
④ 부식에 대한 보호(Corrosion prevention)

(4) 응력집중방지를 위한 손상부분의 처리방법

① Cleaning out : 손상부분 완전 제거작업(Trimming, Cutting, Filing)
② Clean up : 수리재 모서리부분 매끈하게 정리
③ Stop Hole : 구조부재에 균열이 일어난 경우 균열이 계속해서 진전되지 않도록 균열 끝 부분에 뚫어주는 구멍
④ Smooth Out : Scratch, Nick, 작은 홈은 손상의 깊이가 코어에 미치지 않는다면 강도상에 문제가 없으므로 스무스 아웃을 한다.
⑤ Lightening hole : 중량 감소를 목적으로 불필요한 부분 재료 절단

⑥ pilot hole : 드릴 작업 시 정확한 판금을 위해 작은 구멍을 먼저 만들고 드릴링한다.
⑦ relief hole : 2개 이상의 굽힘교차점을 제거하여 응력 집중을 방지한다.

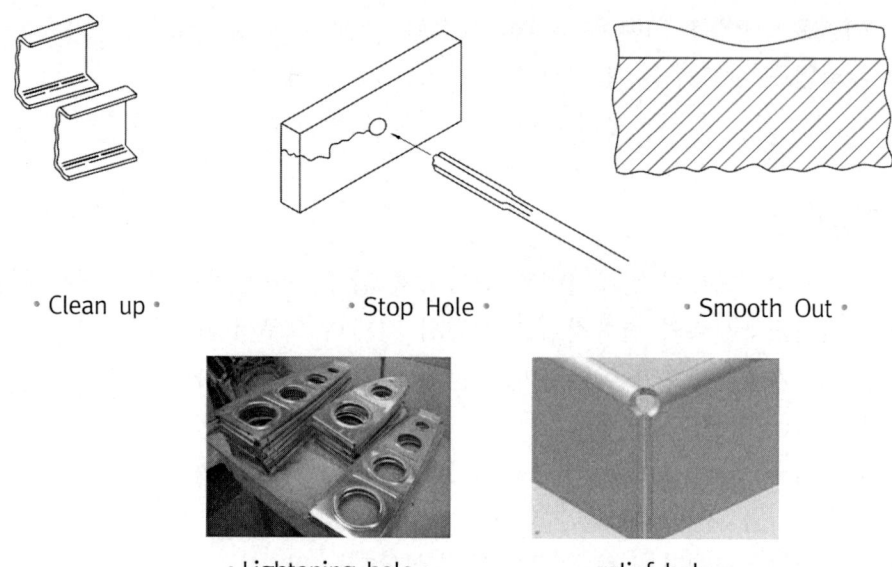

(5) 리벳의 선정

① 스킨 : 카운트성크(Countersunk or flush head)리벳
② 내부 구조 : 유니버셜 헤드(universal head)리벳
③ 리벳의 지름 : 접합하고자 하는 판재 중 두꺼운 판재 두께의 3배
④ 리벳의 길이 : 두꺼운 판재의 두께 + 다른 판재의 두께 + 1.5D

(6) 리벳 수의 선정

$$N = 1.15 \times \left(\frac{T \times L}{\frac{\pi}{4}D^2}\right) \times \left(\frac{\sigma_{\max}}{\tau_{\max}}\right)$$

$$N = 1.15 \times \frac{4LT\sigma}{\pi D^2 \tau}$$

(7) 연거리(Edge distance)

판재의 모서리(끝부분)와 리벳의 중심까지의 거리

① 일반 리벳의 연거리 : 2D ~ 4D(D는 리벳의 지름이며 만약 4mm라면 연거리는 8 ~ 16mm)
② 접시머리리벳의 연거리 : 2.5D ~ 4D(D는 리벳의 지름이며 만약 3mm라면 연거리는 7.5 ~ 12mm)
③ 연거리가 너무 크면 판의 가장자리가 들린다.
④ 연거리가 너무 작으면 가장자리가 깨진다.

(8) 리벳 간격(Rivet spacing)

① pitch : 리벳 중심과 리벳 중심 사이의 거리, 3D ~ 12D(보통 6 ~ 8D)

· 횡축피치 ·

② 열간 피치(Row pitch) : 보통 4.5D ~ 6D(최소 2.5D)

(9) 리벳팅 위한 드릴링 작업

① 리벳과 리벳 구멍의 알맞은 간격 : 0.002 ~ 0.004in(0.508 ~ 0.1016mm)
② 리벳구멍이 작으면 안 들어가고 구멍이 크면 충분한 강도를 갖지 못함
③ Pilot hole(파일럿 홀)을 뚫고 리벳 구멍 마무리

(10) 드릴날의 각도

① 경질재료 및 얇은 판 : 140° 저속
② 연질재료 및 두꺼운 판 : 118° 고속
③ 일반재질 : 118°, 스테인레스 : 140°
④ 알루미늄 : 90°
⑤ 단단할수록 각도와 압력이 커지고 속도가 줄어든다.

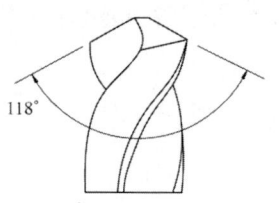 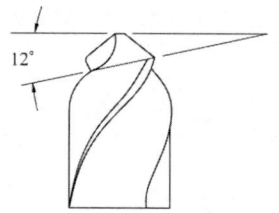 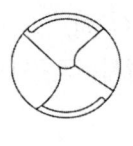

· DRILL-POINT ANGLE ·   · DRILL-RAKE ANGLE ·   · DRILL-POINT ·

(11) 카운터 싱크와 딤플링

① 카운터 싱크 작업(Countersink)
　㉠ 카운터 성크리벳(접시머리리벳)을 리벳팅 하기 위해 금속 표면을 인위적으로 깎아내는 작업이다. 리벳 헤드의 높이보다 결합해야 할 판재 쪽이 두꺼운 경우에만 적용하며 판재 한쪽의 두께가 리벳머리의 높이보다 클 때만 작업 가능하다.
　㉡ 사용 공구명 : micro stop countersink unit, microshaver

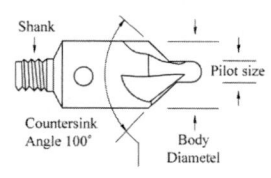  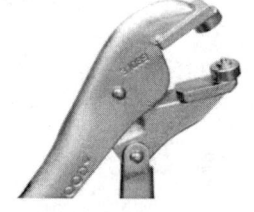 

· 마이크로 스톱 카운터싱크 유닛 ·   · 딤플링 플라이어 ·   · 딤플링 ·

② 딤플링 작업(Dimpling)
　㉠ 얇은 판 때문에 카운터 싱킹 한계(0.004인치 이하)를 넘을 때 금속 표면을 깎아내는 것이 아니고 굽히는 딤플링을 사용하며 7000시리즈의 Al합금, Mg합금, Ti합금은 균열방지를 위해 홈 딤플링을 적용한다. 판을 2개 이상 겹쳐서 동시에 딤플링하는 방법은 가능한 한 피하고 반대 방향으로 다시 딤플링해서는 안 된다.
　㉡ 딤플링의 종류에는 펀치와 다이를 사용하는 코인 딤플 작업, 장비가 작아서 코인 딤플작업할 수 없는 경우 쓰이는 radius 딤플 작업 그리고 판재 균열 방지 목적으로 열을 가하여 딤플링 하는 것으로 핫 딤플 작업이 있다.

(12) 리벳팅(Riveting) 종류

① 뉴메틱헤머(Pneumatic hammer) : 리벳작업에 리벳 머리를 두드리는데 사용되는 공구로 일명 리벳건이라 한다.
② 리벳 스퀴저(rivet squeezer) : 타격이 아니고 압력을 이용하여 리벳 작업하는 방법

· 리벳 스퀴저 ·

· 뉴메틱 리벳 스퀴저 ·

③ 핸드 리벳팅(hand riveting) : 해머로 리벳 섕크 끝 부분을 두드려서 작업

(13) 리벳팅 공구

① 드릴(drill) : 리벳작업 전 리벳이 들어갈 판재에 구멍 뚫는 공구
② 리머(reamer) : 드릴로 구멍을 뚫은 판재 안쪽을 매끄럽게 다듬질하는 공구
③ 리벳 건 : 리벳팅 할 때 리벳 헤드를 두드리는 공구
④ 리벳 세트(rivet set) : 리벳 건을 사용 시 리벳머리의 모양에 맞추어 리벳헤드와 부딪히는 공구
⑤ 시트 바이스 그립 : 리벳 작업 시 판재와 판재가 벌어지는 것을 막기 위해 고정시키는 공구
⑥ 버킹바(bucking bar) : 리벳의 벅테일을 만들 때 리벳 섕크 끝을 받치는 공구

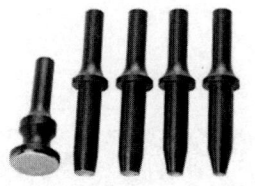
· 리벳세트 ·

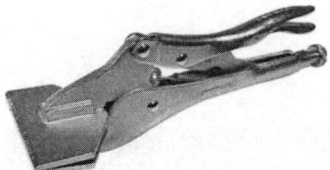
· 시트바이스그립 ·

· 버킹바 ·

⑦ 클레코(cleco) : 판재와 판재를 임시로 고정시키는 공구

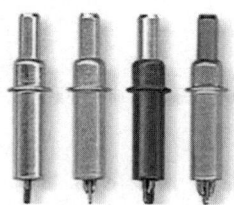

· 클레코 ·

3/32"(2.38mm) Spring Cleco(Silver)
1/8"(3.18mm) Spring Cleco(Copper)
5/32"(3.97mm) Spring Cleco(Black)
3/16"(4.76mm) Spring Cleco(Brass)

(14) 리벳팅 검사

① 벅테일(Driven head, Bucktail) 모양 : 높이 0.5D 벅테일의 지름 1.5D(D : 리벳의 지름)
② Manufactured head 변형
③ 부재에 대한 손상

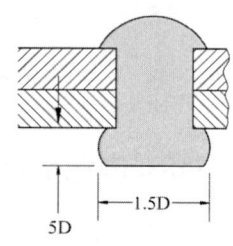

· 이상적인 벅테일 모양 ·

(15) 리벳 제거(Rivet removal)

① 줄로 리벳 헤드를 평면으로 만든다.(filing)
② 센터펀치로 헤드의 중심 찍는다.
③ 한 치수 작은 사이즈의 드릴로 중심을 뚫는다.(리벳의 섕크 지름보다 1/32inch 작은 드릴)
④ 핀 펀치로 구멍에 대고 옆으로 힘을 줘서 헤드를 분리
⑤ 핀 펀치를 대고 해머로 두드린다.

06 배관(튜브) 작업(Tube Forming Process)

(1) 튜브벤딩

항공기에 수많은 연료라인과 작동유 라인에 액체들이 지나가야 하는데 그 라인을 작업하기 위해서 커팅(Cutting), 벤딩(Bending), 플레어링(Flaring), 비딩(Beadin)하는 작업을 말한다.

① **중립선(Neutral line)** : 튜브벤딩에서 중심선의 정확한 위치는 내측에서 0.445배인 거리로 추정하며 얇은 판 두께의 중심은 보통 1/2T라고 해도 오차가 없어 무관하다.
② **굴곡반경(Radius of Bend)** : 접어 구부러진 재료의 안쪽에서 측정한 반경
③ **성형점(Mold Point)** : 접어 구부러진 재료의 바깥에서 연장한 직선의 교점
④ **굴곡 접선(Bend Tangent Line)** : R의 중심에서 굴곡이 시작하거나 끝나는 선
⑤ **굴곡 허용량(BA : Bend Allowance)**
　㉠ 평판을 굽히는데 소요되는 여유길이(판재를 굽히는데 재료의 길이가 얼마나 필요한지 알 수 있다.)
　㉡ 접어 구부린 부분에 중립선상의 굴곡 접선 간의 길이
　㉢ 공식
　　• $BA = 2\pi(R+\dfrac{T}{2}) \times \dfrac{\theta}{360}$

　　원의 길이를 구하는 식은 $2\pi R$이고 다음 그림에서는 해당되는 각의 길이만 구하면 되므로 $\dfrac{\theta}{360}$를 곱한다. BA는 중립선을 기준으로 하므로 반지름을 $R+\dfrac{T}{2}$로 설정한다.

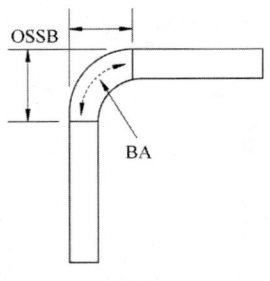

• 아웃사이드 세트백과 굽힘허용 •

⑥ **세트백(SB : Set Back)**
　㉠ 성형점에서(mold point)에서 굴곡 접선(bend tangent line)까지의 거리
　㉡ 판재의 구부러지는 외부 접선부터 그 외부 접선이 만나는 점까지의 거리
　㉢ 바깥면의 연장선의 교차점과 굴곡 접선과의 거리
　㉣ 공식
　　• $SB = K(R+T) = \tan\left(\dfrac{\theta}{2}\right) \times (R+T)$

　　K는 상수로서 θ값에 의하여 $\tan(\theta/2)$가 표에 의하여 계산되어 K의 값을 구하지만 공학계산기를 이용하여 직접 θ값이 주어진다면 $\tan(\theta/2)$를 계산하여 (아웃사이드) 세트백을 구한다.

⑦ 플레어링(Flaring)
  ㉠ 싱글플레어 : 항공기 튜브의 결합력을 좋게 하고 기밀을 유지시킨다.
  ㉡ 더블플레어 : 밀폐특성이 좋고 토크의 전단 작용에 대한 저항력이 크다.

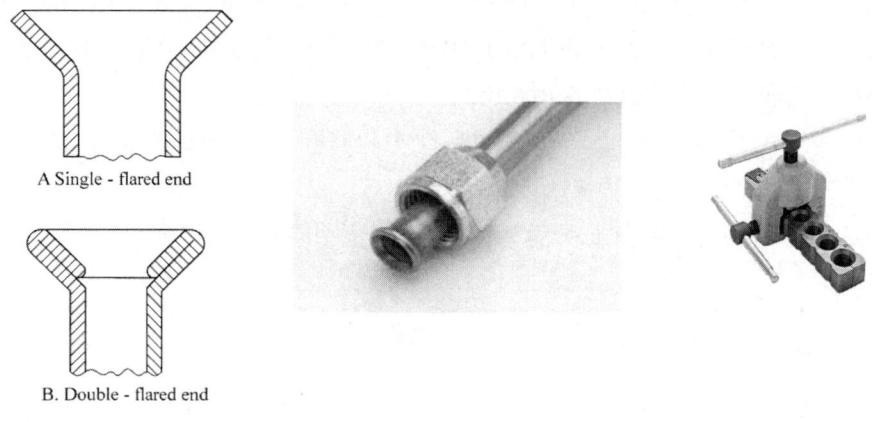

· 싱글플레어 ·   · 플레어링 키트 ·

⑧ **스프링 백(Springback)** : 탄성에 의해 처음 상태로 돌아가므로 1~3° 이상 더 구부린다.
⑨ **디렉셔널 마크(directional mark)** : 일직선으로 벤딩하기 위해 표기하는 마크

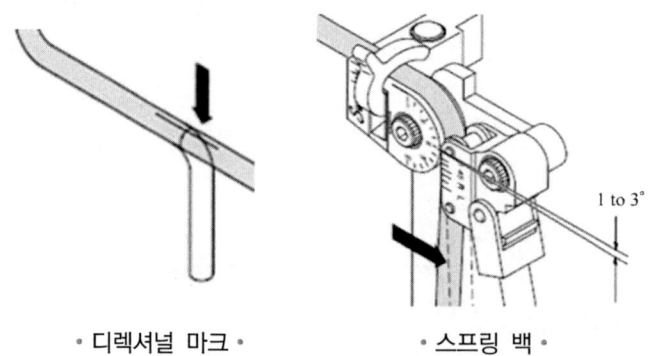

· 디렉셔널 마크 ·   · 스프링 백 ·

(2) 항공기용 튜브, 호스, 피팅

① **튜브** : 금속재이며 운동하지 않는 곳 즉, 고정된 부분에 사용되고 표기는 바깥지름(분수)과 두께(소수)로 한다.(튜브의 사이즈를 나타낼 때 튜브는 피팅에 안으로 들어가서 플레어링해서 고정되므로 외경을 사이즈로 한다.) (예 outside diameter is 1/2"inch by .058inch wall : 바깥지름이 1/2"inch이고 튜브의 두께는 0.058inch)
  ㉠ 내식강(3000psi) 튜브 : 유압계통의 고압에 사용한다.

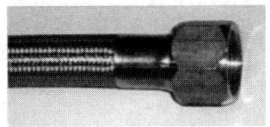

ⓛ 알루미늄(1500psi) 튜브 : 유압계통에 사용한다.
② **호스** : 고무나 테프론으로 만들어지며 운동하는 부분이나 진동이 심한 곳에 사용한다.(호스는 일반적으로 밖으로 체결되므로 호스의 사이즈를 나타낼 때 내경을 나타낸다.)
 ㉠ 호스 장착 시 주의 사항
  ⓐ 호스에 압력이 가해지면 수축할 수 있으므로 5~8%의 여유간격을 주어야 하며 연결부위에 힘을 주지 않는다.

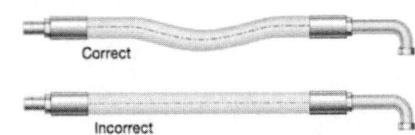

  ⓑ 최소 굽힘 반지름을 주어야 한다.

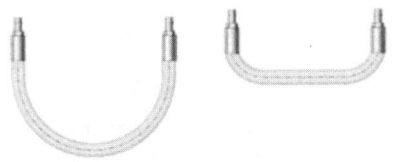

  ⓒ 클램프를 60cm(23.6inch) 간격을 유지하여 진동을 방지해야 한다.
  ⓓ 2개의 공구를 사용해야 한다.
  ⓔ 열을 받지 않게 열차단판을 설치하고 마멸을 방지하기 위해 테잎을 감아준다.
  ⓕ 주변 구조물과 닿지 않도록 해야 한다.
  ⓖ 유관 식별을 위해서 식별표를 부착한다.
  ⓗ 비틀린 호스에 고압이 흐르면 결함이 발생하거나 너트가 풀릴 수 있으므로 호스의 뒤틀림 방지를 위해서 호스를 따라 길게 새겨진 색깔 줄이 뒤틀리지 않게 한다.
 ㉡ 호스의 식별(Hose identification)
  ⓐ Military specification number (군 규격 넘버)
  ⓑ Size by dash number (그림 10/16 inch)
  ⓒ The quarter and year of cure or manufacture (그림 1971년 6~9월)

ⓓ The manufacturer's code identification number (제조사 규격 넘버)
③ 피팅 : 호스나 튜브를 연결 시 사용한다.(elbow, tee, cross, union, plug)

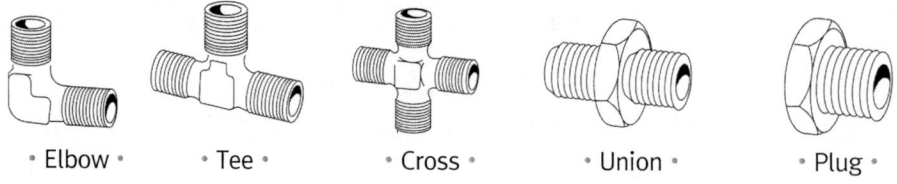

- Elbow -   - Tee -   - Cross -   - Union -   - Plug -

07 케이블

(1) 케이블

조종계통의 조종변위를 전달하는 부품이다. 즉 조종실에서 러더, 엘리베이터, 에일러론을 움직일 수 있게 케이블로 연결되어 있다.

(2) 케이블 구성

① 와이어(Wire)
② 스트랜드(Strand) : 실 또는 철사를 꼬아서 만든 줄
③ 코어(Core) : (로프의) 중심 핵심
④ 와이어 로프(Wire rope) : 항공기용 케이블 항공기의 시스템을 조작하는 것
⑤ 케이블(cable) : 조종계통의 조종변위를 전달하는 부품

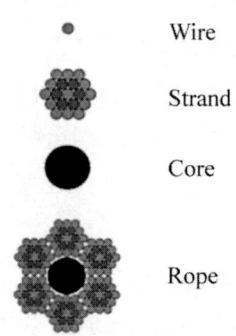

Wire
Strand
Core
Rope

(3) 케이블의 방청과 세척

① 방청유(nox-rust)에 3~5분간 담그고 방청 와이어의 상호 마모 수명 연장
② 케이블 크리닝(cleaning)
   ㉠ 마른 수건 사용
   ㉡ 녹 제거는 #300~400 정도의 미세한 샌드페이퍼(sand paper) 사용
   ㉢ 고착된 방청유에는 케로신(kerosene) 적신 깨끗한 수건 사용
   ㉣ 케로신이 많으면 방청유가 스며나와 부식이 되므로 가능한 한 소량 사용
   ㉤ 그리스제거제, 수증기 세척 등은 케이블 윤활유까지 제거해버리기 때문에 사용금지
   ㉥ 정비 매뉴얼에 따라 구부려서 육안검사

(4) 케이블 검사 방법

① 케이블의 와이어에 잘림, 마멸, 부식 등이 없는지 검사한다.
② 와이어의 잘린 선을 검사할 때 헝겊으로 케이블을 감싸서 다치지 않게 한다.
③ 풀리나 페어리드는 케이블과 항상 마찰을 일으키므로 세밀히 검사한다.
④ 7×7케이블은 1인치당 3가닥, 7×19 케이블은 6가닥 잘려 있으면 교환한다.

(5) 케이블 종류

① 플렉시블 케이블(flexible cable) : 조종 케이블(컨트롤 케이블)로 사용되며 굽힘 피로에 잘 견디는 성질을 가지고 있다.
   ㉠ 7×7 케이블 : 7개의 와이어로 1개의 묶음을 만들고 이 묶음(strand)을 다시 7개로 묶어 1개의 케이블로 구성되며 케이블 지름 2/32인치 이상은 부조종 계통(2차 조종계통)에 사용되며 cut limit는 1인치당 3가닥 이상 절단되면 교환한다.
   ㉡ 7×19 케이블 : 19개의 와이어로 1개의 묶음을 만들고 이 묶음을 다시 7개의 케이블로 구성한다. 케이블 지름 1/8인치 이상 주조종면(엘리베이터 러더 에일러론)에 사용된다.
   ㉢ cut limit는 1인치당 6가닥 이상 절단되면 교환

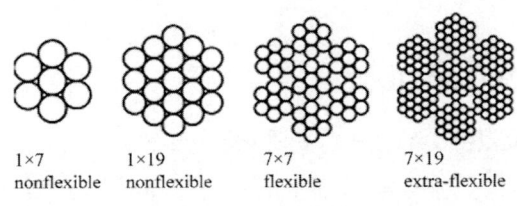

• 항공기 케이블 종류 •

② 넌 플렉시블 케이블(non-flexible cable) : 강성이 강한 와이어 로프의 일종으로 쉽게 구부러지지 않으며 유연성이 없어 풀리를 거치지 않는 직선운동 방향에만 사용한다. 7개 또는 19개의 와이어로 된 가닥(strand)으로 구성되어 있다.(1×7, 1×19)

(6) 케이블 어셈블리(Cable Assembly)

① 스웨징 연결방법(swaging method) : 일반적으로 가장 많이 사용하며 연결부분강도 100%로 스웨징 케이블 단자에 케이블을 끼우고 스웨징 공구나 장비로 압착하여 연결한다.

② 5단 엮기 케이블작업(5tuck woven cable splice) : 연결부분강도 75%이고 부싱(bushing)이나 심블(thimble)을 이용하여 가닥을 풀어서 엮고 와이어를 감싼다. 7×7, 7×19케이블로 지름이 3/32 이상 케이블에 사용한다.

· 부싱(bushing) ·   · 심블(thimble) ·

③ 랩 솔더 케이블 작업(납땜 이음방법, wrap solder cable splice) : 연결부분강도 90%이며 1×19케이블에 적용되며 고온에서는 사용을 금지한다. 케이블을 부싱이나 심블 위에 구부려 돌리고 와이어를 감아서 스테아르산(stearic acid)의 땜납 용액에 담아 케이블 사이에 스며들게 한다. 케이블 지름이 3/32in 이하인 가요성 케이블이나 1×9케이블에 적용된다.(스테아르산 : 일종의 유화제로 섞이지 않는 물과 기름 같은 두 물질을 잘 섞이게 하는 역할)

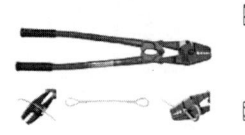   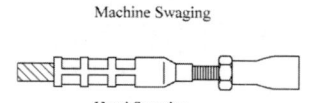      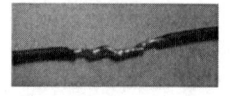

· 스웨징 연결방법 ·   · 스웨징 공구 ·   · 5단 엮기 케이블작업 ·   · 랩 솔더 케이블 작업 ·

(7) 조종계통의 장력(tension)

① 턴버클(turnbuckle) : 조종케이블의 장력조절
  ㉠ 턴버클의 구성 : 턴버클 배럴(barrel)과 2개의 터미널 엔드로 구성
  ㉡ 턴버클의 엔드는 왼나사와 오른나사로 구성

ⓒ 턴버클 엔드의 종류 : 포크엔드, 아이엔드
ⓓ 체결검사 : 배럴에 검사구멍이 있으면 핀을 꽂아보아 들어가지 않으면 물려있는 상태이다.(일반적으로 엔드의 나사가 배럴에서 3~4개 이상 나오면 안됨)

· 턴버클 ·

② **케이블 텐시아미터(cable tensiometer)** : 케이블 장력을 측정하며 단위는 파운드(pound)를 사용하고 측정 시 6inch 간격을 둔다.
  ㉠ C-5 : 수치계산표(Calibration Table)와 라이저(Raiser)로 구성되어 케이블 지름에 따라 라이저를 교체해야 하며 수치계산표를 이용하여 장력을 알아낸다.
  ㉡ C-8 : 앤빌(Anvil)과 플런저(Plunger)로 구성
  ㉢ Digital

③ **케이블 텐션 레귤레이터(cable tension regulator)** : 온도 변화와 관계없이 장력을 자동으로 일정하게 조절

· C-5 ·

· C-8 ·

· 케이블 텐션 레귤레이터 ·

(8) 케이블 장력 조절 이유

① 항공기 조종 케이블의 재질은 탄소강
② 항공기 외부 스킨의 재질은 알루미늄합금
③ 케이블이 느슨하면 조종력 전달이 안 되고 케이블이 팽팽하면 민감하다.
④ 기체가 팽창하면 고정되어 있는 케이블이 당겨지므로 여름 케이블 장력이 증가하고 겨울 케이블 장력이 감소한다.

(9) 리깅(Rigging)

① **사전적 의미** : 적당하게 배치시키는 일

② 지상에서의 조종계통 케이블 작업으로 항공기 조종면과 연결된 케이블의 장력을 최적의 상태로 조절하여 각 조종계통에서 최대 효율이 나올 수 있게 조정하는 작업이다.
③ 온도에 의해서 변하므로 적절한 장력 조절이 중요하다. 너무 느슨하면 조종력 전달이 잘 안 되고 팽팽하면 민감하다.
④ 경비행기는 수동으로 조절하고 대형항공기는 자동으로 조절됨

(10) 구조적인 리깅(Structural Alignment)

① Wing dihedral angle(날개 상반각) : 제조업체에서 정해준 특정 위치에서 보드(수평계 경사계)를 이용하여 체크한다.

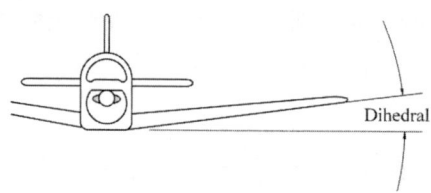

② Wing incidence angle(날개 붙임각) : 붙임은 보통 날개의 뒤틀림을 확인하기 위하여 날개의 표면에 두 군데를 체크한다. 리딩에지에 deicer 부츠를 설치한 경우 체크에 신중해야 한다.

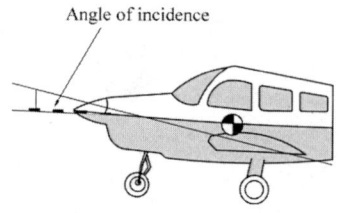

③ Verticality of the fin(꼬리날개의 수직) : 수평 안정판의 리깅이 체크된 후 수직 안정판이 수평안정판과 정확히 수직을 이루고 있는지를 체크한다. 측정은 수직안정판의 꼭대기 부분의 지정된 지점에서 좌우 수평안정판에 주어진 점까지 길이를 측정해서 규정된 범위 이내여야 한다.

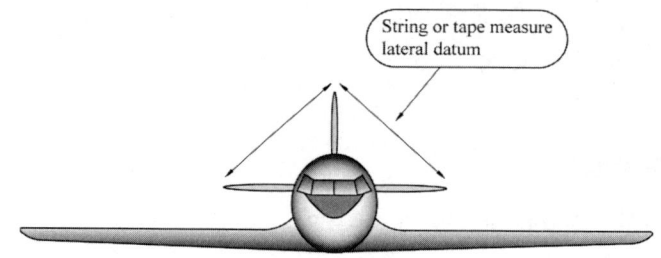

④ Checking Engine Alignment(엔진 얼라인먼트 체크) : 엔진은 일반적으로 추력 라인에 평행으로 장착되지만 날개 밑에 장착되는 파일론 형식의 엔진은 평행하지 않을 수도 있으므로 엔진 얼라인먼트 체크를 한다.

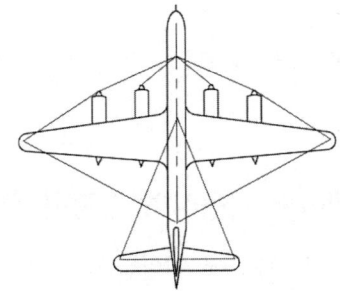

⑤ A symmetry check(대칭 점검) : 점검 매뉴얼에 체크포인트를 참고하여 강철테이프, 스프링 저울 등을 사용하여 기체 구조의 대칭을 점검한다.
⑥ Horizontal stabilizer incidence(수평안정판 붙임각)
⑦ Horizontal stabilizer dihedral(수평안정판 상반각)

(11) 케이블 조종계통에 사용되는 부품

① 풀리(pulley) : 케이블을 유도하고 케이블의 방향을 바꾸는데 사용한다.
② 벨 크랭크(bell crank) : 로드와 케이블의 운동방향을 전환(직선운동을 회전운동으로)하고자 할 때 사용한다.
③ 페어 리드(Fair lead) : 조종 케이블의 작동 중 최소의 마찰력으로 케이블과 접촉하여 직선 운동을 하며 케이블을 3° 이내에서 방향을 유도한다.
④ 토크 튜브(Torque tube) : 비틀림각 또는 비틀림 운동은 컨트롤 시스템이 필요한 곳에 서로 반대 방향으로 움직임을 전송하기 위해 사용된다.
⑤ 케이블 드럼(Cable drum) : 케이블 드럼은 트림 탭 시스템에 주로 사용되며 트림 탭 컨트롤 휠은 시계방향 또는 시계반대방향으로 움직인다. 케이블 드럼은 트림 탭 케이블을 작동시키기 위해서 감거나 푼다.

  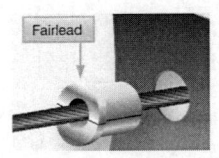 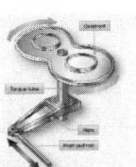 

· 풀리 ·   · 벨 크랭크 ·   · 페어 리드 ·   · 퀘트란트 토크튜브 ·   · 드럼 ·

(12) 수동조종 장치

① 의미 : 풀리, 로드 또는 레버를 이용한 링크기구로 기계적으로 조종력 전달
② 장점 : 값이 싸고 가공 및 정비가 용이하고 무게가 가벼우며 동력이 필요 없고 신뢰성이 높다.
③ 단점 : 항공기의 고속화·대형화로 큰 조종력이 필요하게 되어 기계적인 조종 장치의 한계점 도달

(13) 케이블 조종 계통(케이블 사용하여 조종력 전달)

① 장점 : 항공기 구조상 굽은 통로에 원활한 작동이 가능하고 조종계통의 기본이며 신뢰성이 높다. 무게가 가볍고 느슨함이 없고 방향 전환이 자유롭고 가격이 저렴하다.
② 단점 : 마찰이 크고 마멸이 많으며 큰 장력이 필요하다.

(14) 푸시풀 로드(rod) 조종 계통(케이블 대신 로드 사용)

① 장점 : 케이블 조종 계통에 비해 마찰 및 늘어남이 없으며 온도 변화에 따른 팽창 등의 변화가 없고 정비 및 관리가 용이하다.
② 단점 : 무겁고 관성력이 크며 느슨함이 있고 값이 케이블에 비해 비싸다. 조종력의 전달거리가 짧아 소형 항공기에 주로 사용한다.

(15) 플라이-바이-와이어(FBW, Fly-by-Wire)

① 의미
  ㉠ A320에서부터 시작되어 전선에 의한 비행, 기계식, 유압식 제어가 아닌 전기신호 사용하여 보조날개·승강타·방향타를 제어한다.
  ㉡ 기계적 연결 대신 조종사의 조작을 전기적 신호로 바꾸어서 와이어(전선)로 전기-유압서보·액추에이터(actuator)에 입력하여 전기적으로 제어하는 방식
② 장점
  ㉠ 케이블이나 유압 배관 등 기계부품의 삭감과 전자기기의 자기진단기능에 의한, 조종계의 정비성의 향상과 중량이 그만큼 줄어든다.
  ㉡ 기계적인 기구에서 신호 선으로 바뀜으로 인해 조종계통을 설계함에 있어서 설계자유도가 향상된다. 조이스틱(Joystick)형 조종간의 등장이 가능해졌다.
  ㉢ 조종사의 부담이 줄어든다.

③ 단점
- ㉠ 비행제어컴퓨터와 그에 따른 환경조절시스템을 설치해야 하므로 공간적·중량적 제약을 받는다.
- ㉡ 기체의 제어를 소프트웨어에 의존하기 때문에 소프트웨어에 하자가 생기면 사고로 연결될 우려가 있다.
- ㉢ 해당 기능이 정상적으로 작동하고 있는지 체크하기 쉽지 않다.
- ㉣ 기체가 정전이 되어 컴퓨터가 멈추면, 조종불능이 된다.

(16) 비가역식 조종 방식(인공 감각 장치)
① 인공 감각 스프링(artificial feeling spring)이나 봅 웨이트(bob weight)를 사용한다.
② 동압에 따른 링크 기구의 힘 전달비를 변화시켜 조종간의 움직임과 조종면의 작동량을 조종사가 느낄 수 있게 한다.

08 세이프티 와이어와 코터핀

(1) 세이프티 와이어(Safety wire)

비행 중이나 작동 중 진동에 의해 헐거워지거나 탈락되는 것을 방지하기 위하여 사용한다.

① 단선식(single wire method)
- ㉠ 3개 또는 그 이상의 부품이 기하학적으로 밀집(2인치 이하)
- ㉡ 비상용 장치 : 비상용 브레이크 레버, 산소조정기, 소화제 발사장치 등의 핸들 커버의 가드 등에 사용(0.02in 구리도금 와이어 사용)

② 복선식(double twist wire method)
- ㉠ 넓은 간격(4~6in)에 사용되고 3개가 최대수이다.
- ㉡ 연속해서 걸 수 있는 수는 최대길이 24in이며 6인치 이상 떨어져 있는 패스너(fastener) 금지
- ㉢ 홀이 0.045in 이상일 때 0.032in 와이어를 사용하며 0.045in 이하이면 0.020in 와이어 사용
- ㉣ pig tail의 길이는 1/4~1/2in, 꼬임은 3~6번 한다.

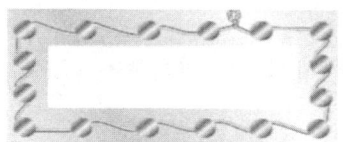
· 단선식(single wrap method) ·

· 복선식(double twist wire method) ·

(2) 턴버클 세이프티 와이어 종류(turnbuckle safety wire)

① 복선식(double wrap method)
   1/8in 이상 케이블
② 단선식(single wrap method)
   1/8in(약 3.3mm) 이하 케이블
③ clip에 의해 고정하는 방법

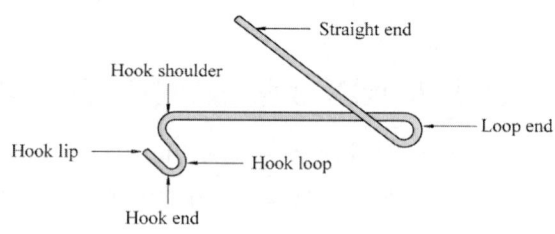
· Clip형 ·

(3) 코터핀(Cotter pin)

① 코터핀 : 코터핀(cotter pin)은 캐슬너트에 체결되어 진동에 의해 풀리는 것을 방지하기 위하여 사용한다.
   ㉠ 코터핀은 재사용하면 안 된다.
   ㉡ 캐슬너트, 나사산, 코터핀 등의 구조물에 손상이 가지 않도록 플라스틱 해머를 사용한다.
   ㉢ 핀 끝을 구부려서 고정시킬 때 펼쳐지게 해야 하며 꼬임이 있어서는 안 된다.
   ㉣ 핀 끝을 절단 시에 직각으로 절단하지 않으면 상처를 입을 수 있기 때문에 대각선으로 자르는 것을 금지한다.

② 코터핀 방법
   ㉠ 우선식(prefered method) : 아무런 지시가 없을 때 코터핀 끝부분을 위 아래로 구부려서 체결한다. 위로 구부린 코터 핀의 길이가 볼트 지름을 넘으면 안 되며 아래쪽으로 구부린 핀은 와셔의 표면에 닿지 않는다.

· 차선식와 우선식 ·

   ㉡ 차선식(alternate method) : 코터 핀이 너트 바깥 지름을 넘지 말아야 한다. 윗부분이 코터핀 끝을 구부릴 수 없는 공간이면 차선식을 사용한다.

09 측정 작업

측정작업(PME precision measering eqipment)

① 주의사항
- 교정일자 확인 및 영점조절은 기본이다.
- 온도변화에 민감하여 측정 장소의 온도가 일정해야 한다.
- 스핀들을 돌릴 때 무리한 힘을 가하면 안 된다.
- 정반 위에 놓을 때 조심하며 바닥에 떨어뜨리면 안 된다.
- 사용 후 닦아 보관하며 앤빌과 스핀들이 밀착되게 하지 않는다.
- 3번 이상 측정하여 평균값을 낸다.

② 버니어캘리퍼스(vernier calipers) : 안지름, 바깥지름, 깊이 측정

㉠ 측정방법

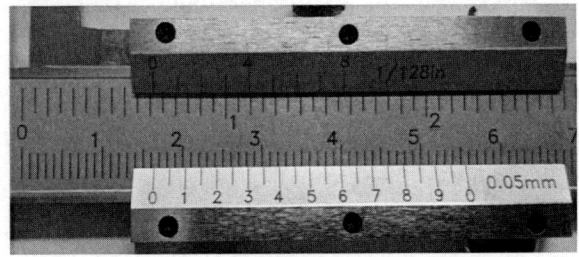

ⓐ 1/128" graduated vernier (upper scale)
ⓑ Readings on the main scale : 10/16"
ⓒ Vernier scale reading : 3/128"
ⓓ Final reading : 10/16 + 3/128 = 83/128"

③ 마이크로미터(The micrometer) : 안지름, 바깥지름, 깊이 측정

㉠ 측정방법(inch)

Sleeve scale   0.**0**000
Sleeve scale   0.0**0**00
Thimble scale   0.00**0**0
Vernier scale   0.000**0**

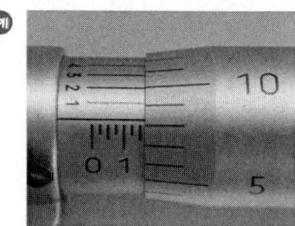 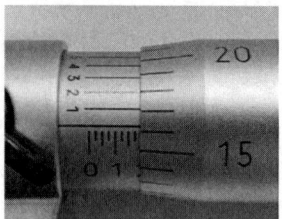

Sleeve scale	0.1000		Sleeve scale	0.1000
	0.0500			0.0750
Thimble scale	0.0080		Thimble scale	0.0160
Vernier scale	0.0002		Vernier scale	0.0002
TOTAL	**0.1582**		**TOTAL**	**0.1912**

④ 다이얼 게이지(dial gauge)

㉠ 축의 변형이나 편심(한쪽으로 치우친 부분 확인)

㉡ 평면의 요철(평면이 평평한지 확인)

㉢ 측정하려고 하는 부분에 측정자를 대어 스핀들의 미소한 움직임을 기어장치로 확대하여 눈금판 위에 지시되는 치수를 읽어 길이를 비교하는 길이 측정기

• 다이얼게이지 편심측정 •

10 토크렌치

(1) 토크(Torque)
물체에 작용하여 물체를 회전시키는 힘으로 Length × Force를 말한다.

(2) 토크의 단위
① in.lbs.(Inch pounds)
② ft.lbs(Foot pounds)
③ Nm(Newton meters)

(3) 토크렌치(Torque wrench) 주의사항

① 오버토크시 큰 하중이 걸려 나사를 손상 볼트가 절단 되며 토크가 부족하면 볼트 너트 피로파괴(fatigue failure) 촉진 마모
② 무조건 너트 쪽에 토크 렌치 사용 원칙
주위 구조물이나 여유 공간 없을 때 볼트머리에 하며 볼트의 생크나 조임부와의 마찰을 고려하여 토크를 크게 한다.
If you must torque the bolts head of a nut-bolt combination instead of the nut because the nut is not accessible, tighten it to the upper limit of the torque range (in this case 80 inch-pounds)
· Boeing 너트 최대 토크 값의 + - 10%, airbus 너트 토크 값의 1.2배 사용
③ 측정공구이자 정밀공구이므로 사용 전 0점 조절하고 교정 날짜(calibration date) 확인
At least once per year
④ 토크 값이 00 ~ 00 in-lb인 이유는 가열 시 팽창 볼트 전단 나사산 손상 이유로 Cold 부분은 최대값으로 토크를 주고 Hot 부분은 최소값으로 토크값을 준다.
⑤ Wet Torque : 나사산에 구조물이 굳어서 붙기 때문에 콤파운드를 바르고 최소값
⑥ Dry Torque : 일반적으로 중간 값
Torque to the mid-point of the torque range. If the torque range is 60 to 80 inch-Pounds, torque the fastener to 70 inch-pounds.
⑦ 일반공구 아니라서 살살 다루고 던지지말고 라쳇, breaker bar 대용으로 사용을 금한다.

⑧ 끝까지 토크렌치를 사용하지말고 손(hand torque), 렌치(wrench) 사용하고 결정적인 순간에 토크렌치를 사용한다.
⑨ 클릭 타입의 토크렌치는 안에 스프링이 설치되어 있어 지시점이 제일 낮은 곳에 맞추어 보관한다.
⑩ 적당한 토크 렌치를 선택한다. 기계적인 특성상 낮은 범위에서 정확도 보장못해 high - low torque range에서 대게 최소 20%는 사용 안 한다.
⑪ Torque nuts & bolts with clean and dry threads.
⑫ 캐슬너트일 경우 최소값으로 체결한 후 조금씩 돌려 캐슬너트의 슬롯부분을 일치시켜 코터핀을 체결한다.
⑬ 모든 코크 렌치는 수직방향으로 천천히 부드럽게 코트 렌치를 돌린다.(slow, smooth)
⑭ 여러 개의 패스너에 토크를 적용할 때 순서에 의한 절차는 부품에 여러 개 볼트가 있을 때 매뉴얼에 정상적으로 확인된 순서에 따라서 토크 값을 준다. 만약 명시되지 않았다면 180도 떨어진 볼트 순서로 토크 값을 준다.

(4) Torque wrench 종류

① **고정식** : 토크 렌치 사용 전에 먼저 정확한 토크 값을 고정 및 설정시킨 다음에 사용하면 설정토크값 이상이 되었을 때 소리가 나게 하여 알려준다.
　㉠ 프리셋 토크 드라이버(preset torque driver) : 규정된 토크를 미리 드라이버에 고정하고 규정치 이상의 토크가 걸리면 헛돈다.
　㉡ 오디어블 인디케이팅 토크 렌치(audible indicating torque wrench) : 토크 값을 미리 고정시켜 놓고 규정 값이 걸리면 금속이 부딪히는 작은 소리와 함께 손으로 감각을 느낄 수 있다. 그래서 미국에서는 click wrench라고도 한다.
② **지시식** : 토크 렌치를 사용하면서 동시에 눈금을 눈으로 보면서 동시에 토크를 맞춘다.
　㉠ 디플렉팅 빔 토크 렌치(deflecting beam torque wrench) : 지시 바늘의 끝이 토크의 지시
　㉡ 리지드 프레임 토크 렌치(rigid frame torque wrench) : 다이얼에 토크 양이 지시된다.(사용하기 전에 적색 니들을 '0'에 맞추고 파란색 니들을 적색 니들이 잘 끌고 갈 수 있게 오른쪽 부분에 위치시킨다.)

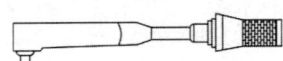

• 프리셋 토크 드라이버 •   • 오디어블 인디케이팅 토크렌치 •

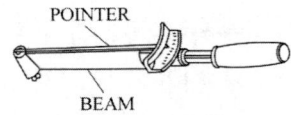
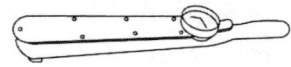

• 디플렉팅 빔 토크렌치 •   • 리지드 프레임 토크렌치 •

(5) 토크렌치 익스텐션 바(Torque wrench extension bar) 사용

길이가 짧으면 힘이 많이 들어가고 길이가 길면 힘이 적게 들어가므로 너트를 돌리기 위한 힘은 같다.
- 원래 길이(L) × 원래 토크(T) = 전체길이(L+E) × 적어진 토크(R)
- 원래 토크(T) = 원래길이(L) × 적어진 토크(R)
- 전체길이(L+E)

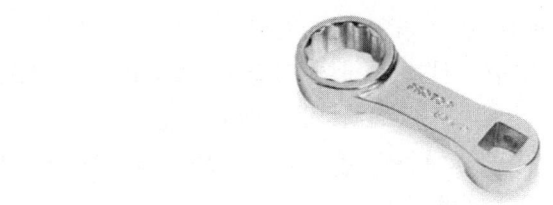

• 토크 어댑터 •

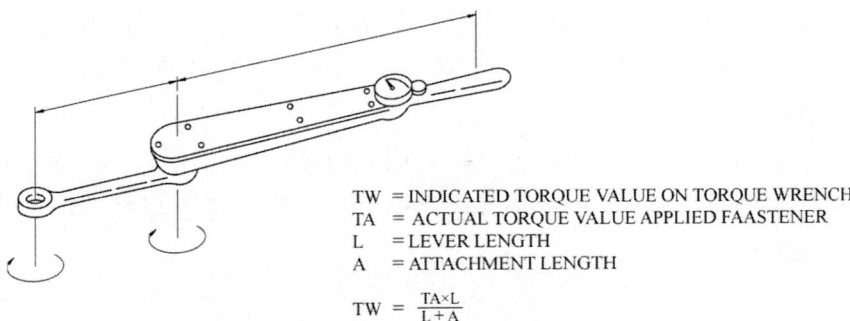

TW = INDICATED TORQUE VALUE ON TORQUE WRENCH
TA = ACTUAL TORQUE VALUE APPLIED FAASTENER
L = LEVER LENGTH
A = ATTACHMENT LENGTH

$$TW = \frac{TA \times L}{L + A}$$

Nonconcentric Attachments to Torque Wrench

• 리지드프레임 익스텐션 바 사용 •

11 항공기에 작용하는 힘과 응력

(1) 항공기에 작용하는 힘

① L(Lift) : 양력으로 항공기 수직 상방으로 작용하는 공기력의 합성 성분
② W(Weight) : 중력이며 항공기 수직 상방으로 작용하는 기체/탑재물의 중량
③ T(Thrust) : 추력이며 항공기 진행 방향으로 작용하는 추진력
④ D(Drag) : 항력이며 항공기 진행 역방향으로 작용하는 공기력 합성 성분

(2) 응력(Structural loads / stress)

① 응력의 단위 : kg/cm^2 or psi(pound per square inch로서 가로세로 1인치인 정사각형에 1파운드가 누르는 힘을 말한다.)
② 항공기 관련 5가지 응력
  ㉠ 압축(Compression) : 압력에 의해 가해지는 응력으로 항공기 착륙장치는 항공기가 지상에 계류 시 항공기 무게에 의해서 압축응력을 받는다. 특히 비행 중 날개 윗면에는 양력에 의해 압축이 발생한다.
  ㉡ 인장(Tension) : 힘을 가하여 부재를 잡아 당길 때 걸리는 응력으로 비행 중 날개 아랫면에 양력에 의해 인장응력이 발생한다.
  ㉢ 굽힘(Bending) : 판재가 굽힘 하중을 받을 때 중립선 위로는 인장응력, 아래로는 압축응력이 동시에 발생한다.
  ㉣ 비틀림(Torsion) : 부재의 양끝에 비틀림 모멘트가 작용하여 중심축에서 거리가 멀어지면 비틀림 응력도 커진다. 항공기 꼬리날개에 바람으로 인해 동체 전체에 비틀림이 작용하여 꼬리날개 바로 앞부분은 다른 외피에 비해서 두껍게 만들어진다.
  ㉤ 전단(Shearing) : 2개의 판재를 Rivet이나 Bolt로 체결할 때 양쪽으로 판재가 당겨진다면 Rivet 또는 Bolt의 그립부분에 서로 다른 방향으로 힘이 작용하여 전단된다.

12 항공기 기체의 구조(Aircraft construction)

항공기의 기체는 크게 5가지 즉, 동체(fuselage), 날개(wing), 꼬리날개(horizontal + elevator & vertical stabilizer + rudder), 착륙장치(landing gear), 엔진 마운트 및 나셀(engine mount & nacelle)로 구분된다.

(1) 동체(fuselage)의 구조

① **동체의 기능** : 항공기 몸체로 승객, 승무원, 화물의 수용 공간이며 기체 전반의 하중을 담당하고 비행 조종 모멘트를 전달하는 beam 역할을 한다. 날개, 꼬리날개, 착륙장치 및 기관의 부착부이면서 공기저항을 최소화 할 수 있는 기하학적 모양을 유지하고 있다.

② **트러스 구조(Truss Fuselage Construction)** : 트러스 구조 스킨은 외형만 유지하고 하중을 트러스(뼈대)가 담당하는 구조로 제작비용이 저렴하여 소형기에만 사용된다. 외피는 방수처리가 된 캔버스 천을 사용하며 외피는 하중을 지지하지 못한다. 설계가 쉽고 가격이 싸지만 구조강도에 비해 무겁고 유선형으로 만들기가 어려워서 저속항공기만 사용한다. 인장하중에는 강하고 압축하중에 약하다.

　㉠ 프랫 트러스(Pratt truss) : 초창기 모델로 목재와 금속 구조로 되어 있어 무겁고 유선형으로 만들기가 어렵다. 4개의 세로대(longeron)와 론저론, 수직웨브, 수평웨브(web), 대각보강선으로 구성되어 있다.

　㉡ 워렌 트러스(Warren truss) : 4개의 세로대(longeron)와 대각보강선으로 구성되어 보강(Web)과 버팀줄이 없다.(강관의 접점을 용접)

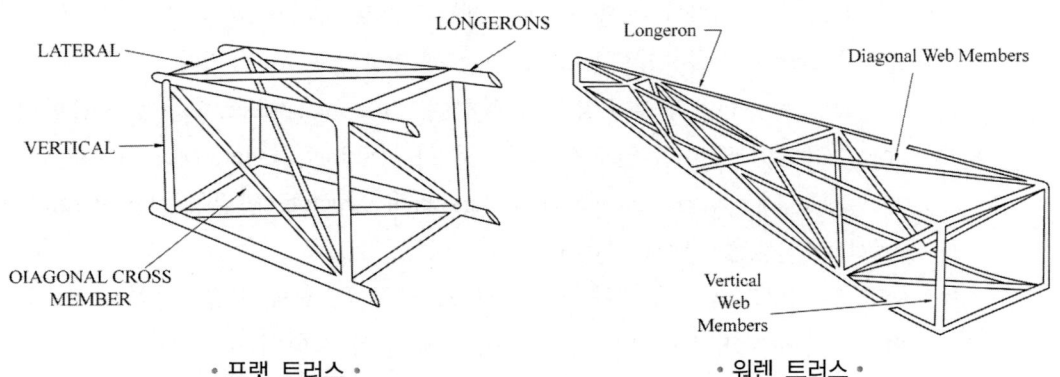

· 프랫 트러스 ·　　　　· 워렌 트러스 ·

③ 응력 외피 구조(Stressed Skin Structure)
   ㉠ 모노코크(Monocoque)구조 : 모노는 단일, 코크는 껍질이란 의미를 가지며 외피와 프레임만으로 모든 하중을 견딜 수 있는 단일 외피형 구조이며 기체에 작용하는 하중 외피가 모두 담당하여 외피를 두껍게 만들기 때문에 무게가 증가된다. 현재 로켓과 미사일에 사용된다.
   ㉡ 세미모노코크(Semi- Monocoque)구조 : 현재 대부분의 항공기가 사용하는 구조 방식으로 트러스구조와 모노코크 구조의 중간 개념이며 외피(전단응력)와 골격(그 외의 모든 하중)이 하중을 담당하고 외피는 세로지(stringer)와 함께 인장 및 압축응력을 담당한다. 다른 방식에 비해 설계가 어렵고 제작비가 많이 들어 소형항공기에는 사용하지 않는다. 프레임 및 벌크헤드가 동체의 형태를 구성하며 Longitudinal members로 Longeron(세로대), stringer(세로지)가 있다. Longeron은 동체에 받는 하중을 스킨으로 전달하고 비틀림과 좌굴을 방지하며 동체의 길이방향으로 연속적으로 붙어있으며 세로지와 굽힘 모멘트에 의한 인장·압축응력에 충분한 강도로 설계되어 있다.

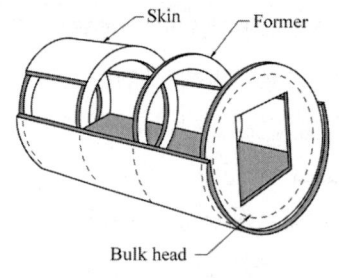
· 모노코크 구조 ·

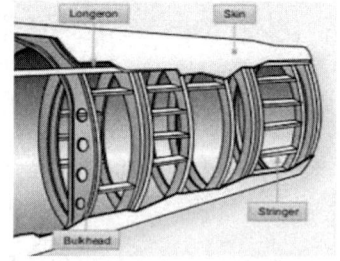
· 세미모노코크 구조 ·

④ 샌드위치 구조
   ㉠ 2장의 스킨 사이에 core를 끼워서 샌드위치로 제작한 판을 이용한 구조
   ㉡ 보강재 스트링거를 사용한 것보다 강도 강성이 크고 가볍다.
   ㉢ 부분적인 buckling과 피로강도에 강하여 Aileron, spoiler, flap에 사용한다.
   ㉣ Core : 강성이 약하고 밀도가 작은 것 사용(Skin : Kevlar, core : normax)
   ㉤ 코어 형태(Core type) : Honeycomb sandwich structure(벌집형), Foam sandwich structure(거품형), Wave type(파형)
   ㉥ 샌드위치 구조 장점 : 무게에 비해 강도가 크고 음 진동에 잘 견딘다. 피로와 굽힘하중에 강하며 보온 방습성이 우수하고 부식 저항이 강하고 진동에 대한 감쇠성이 크다. 항공기 무게 감소 가능하다.
   ㉦ 샌드위치 구조 단점 : 손상상태를 파악하기 어렵고 집중하중과 고온에 약하다.

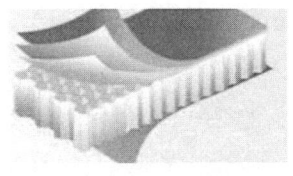  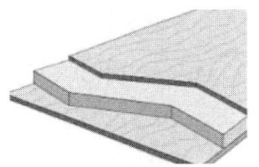

· 벌집형 ·　　　　　　· 파형 ·　　　　　　· 거품형 ·

⑤ 페일 세이프 구조(Fail safe Structure) : Main structure가 피로파괴되더라도 치명적이거나 과도한 구조 변형이 생기지 않도록 설계된 구조

　㉠ 다경로 하중 구조(Redundant Structure) : 많은 수의 부재로 되어 하중을 분담해서 담당하도록 설계된 구조로 하나의 구조가 파괴되도 다른 많은 부재에 하중이 분배되어 치명적인 부담을 덜어준다.

　㉡ 이중 구조(Double Structure) : 1개의 큰 재료를 사용하는 대신 2개의 작은 부재를 결합해 그 이상의 강도를 갖게 하는 구조방식이며 Crack이 발생한 경우 결합면이 막아주고 강도 유지

　㉢ 대치 구조(Back-up Structure) : 규정된 하중은 모두 좌측 부재가 담당하고 있으며 우측 부재는 예비 부재로 좌측 부재가 파괴된 후에 부재를 대신하여 전체 하중을 담당하도록 설계된 구조

　㉣ 하중 경감 구조(Load Dropping) : 딱딱한 보강재를 댄 구조방식으로 보강재는 할당량 이상의 하중분담이 큰 부재 위 작은 부재를 겹쳐 만든 구조

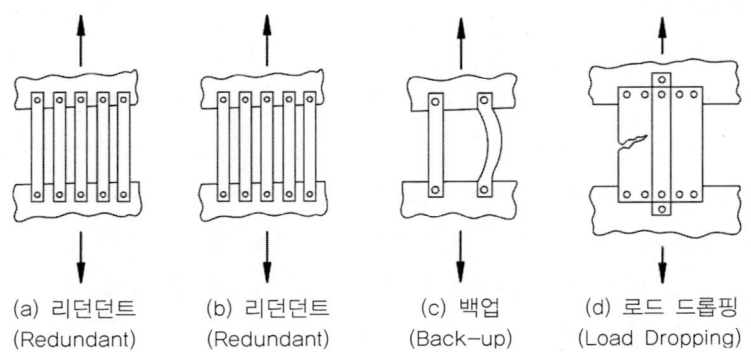

(a) 리던던트 (Redundant)　(b) 리던던트 (Redundant)　(c) 백업 (Back-up)　(d) 로드 드롭핑 (Load Dropping)

⑥ 항공기 동체 구조물의 기능(Function of aircraft structures)
　㉠ 세로대(Longeron) : 굽힘하중
　㉡ 세로지(Stringer) : 좌굴(buckling) 방지
　㉢ 벌크헤드(Bulkhead) : 동체의 비틀림

⑦ 항공기 동체 구조물(Basic Structure Member Terms)
　㉠ 수직구조(Vertical members) : 정형재(Former), 프레임(Frame), 링(Ring), 벌크헤드(Bulkhead)

ⓛ 세로방향(Longitudinal menbers) : 론저론(Longeron), 스트링거(stringer)
⑧ 항공기 문(door)
　㉠ 플러그 타입 도어(Plug Type Door) : 모든 승객 출입구(Passenger Entrance Door), 서비스 도어, Bulk Cargo Door가 플러그 타입이며 객실 여압에 의한 후프 텐션(Hoop Tension)은 Door 자체가 감당하지만 비상시 신속하게 열어야 하므로 인장력과 전단력은 문 주변 구조물이 담당한다.
　ⓛ 넌 플러그 타입 도어(Non-Plug Type Door) : Side cargo Door가 대표적이며 객실 여압에 의한 인장력은 화물실 도어의 윗부분의 힌지와 Lower Latch를 통해 동체로 전달된다.

(2) 날개(Wings)

날개의 기능은 양력을 발생시키고 보조날개(Aileron)에서는 비행 조종 모멘트를 발생시키고 랜딩기어의 동력장치와 외부 장착물을 장착하는 곳으로 연료탱크가 위치하고 조종 케이블이 설치되어 있다.

① 날개의 구조
　㉠ 트러스형 날개 : 날개보와 리브로 구성되어 있고 위에 얇은 금속판이나 우포를 씌운 것
　ⓛ 응력외피형 구조
② 응력외피구조의 날개 구성
　㉠ 스파(Wing Spar) : 항공기 날개의 가로방향으로 굽힘하중을 견디는 중요 부위로 스킨 및 스트링거의 응력을 스파에 전달하는 역할을 담당하고 Stabilizer, aileron, elevator, rudder, flap에 설치되어 있다.
　ⓛ 세로지(Stringer) : 압축응력에 의한 좌굴(buckling : 기둥의 윗쪽에 높은 하중으로 좌굴(휘어져서)되서 파괴되는 경우 압축력에 의해 굽힘이 되어 파괴되는 현상)을 방지한다.
　ⓒ 리브(Wing Rib) : 날개 캠버의 형태를 만들어내는 부재로 airfoil 유지하는 중요 부위이며 스킨 및 스트링거의 응력을 스파에 전달하는 역할을 담당하고 Stabilizer, aileron, elevator, rudder, flap에 설치되어 있다.

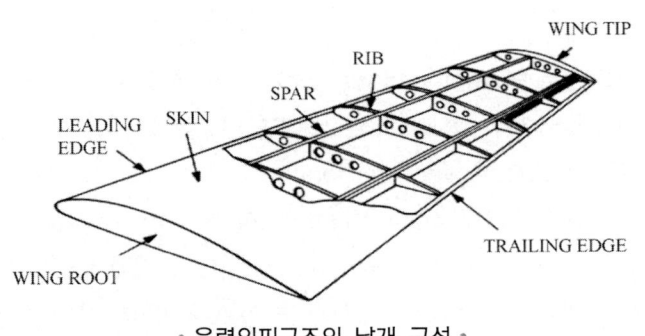

· 응력외피구조의 날개 구성 ·

③ 비행 중 항공기 날개에 걸리는 응력
  ㉠ 비행 중 양력으로 인해서 날개 윗면 압축응력 그리고 아랫면에는 인장응력
  ㉡ 지상에서는 날개 윗면 인장 아랫면 압축

· 비행 중 윗면 압축 아랫면 인장 ·

· 지상에서는 윗면 인장 아랫면 압축 ·

④ 캔틸리버(Cantilever wing) : 외팔보
  ㉠ 지주식 날개(Braced type wing) : 날개중심하부와 동체의 랜딩기어를 Wing strut 로 연결
  ㉡ 외팔보식(Cantilever wing with no external supports) : 모든 응력이 날개 장착부에 집중되어 충분한 강도를 가지도록 설계하므로 무게가 무겁다.

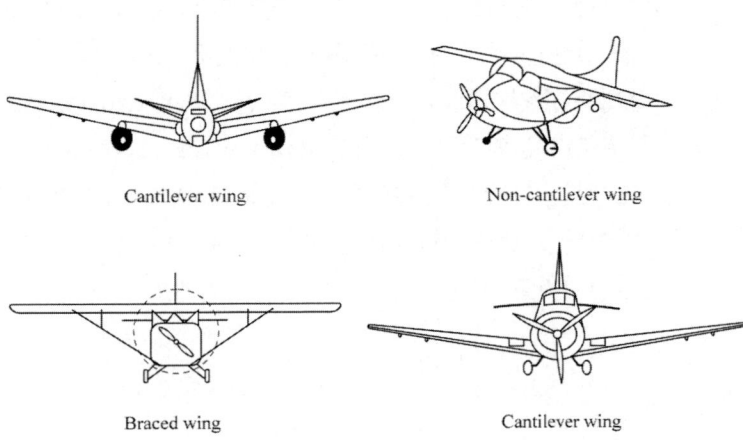

⑤ 연료탱크
  ㉠ 인테그럴 연료 탱크(integral fuel tank) : 전·후방 스파 사이의 공간을 그대로 밀폐시켜 여러 개의 탱크로 제작, 별도의 탱크가 필요없어 무게가 가볍다.
  ㉡ 셀형 연료 탱크(cell type fuel tank)
    ⓐ 셀프 실링 타입(self sealing type) : 탱크 파손 시 자체 밀폐 효과(구식 군용기)
    ⓑ 넌 셀프 실링 타입(non self sealing type) : 천에 얇게 고무를 입힌 것으로 밀폐 효과는 없으나 셀프 실링 타입보다 연료 적재를 많이 한다.
  ㉢ 블래더형 연료탱크(bladder type fuel tank) : 금속 제품의 연료 탱크를 스파 사이에 내장하여 사용

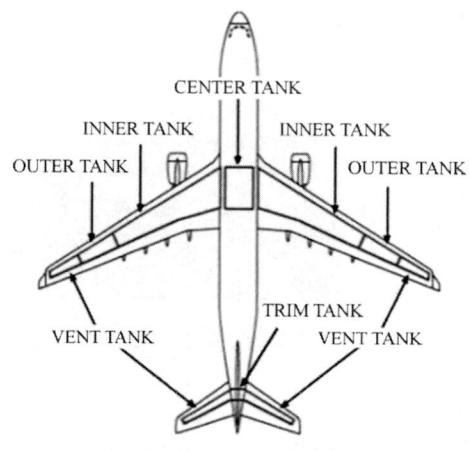
• 인테그럴 연료 탱크(A330) •

• 셀형 연료 탱크 •

(3) 꼬리날개(Empennage section)

① 수직꼬리날개는 방향타(rudder)와 수직 안정판(vertical stabilizer)으로 구성되어 항공기의 방향 안정을 유지하고 방향타는 방향을 조종한다.
② 수평꼬리날개는 승강타(elevator)와 수평 안정판(horizontal stabilizer)으로 구성되어 동체의 취부각(붙임각)은 날개의 down wash 고려해 수평보다 조금 상향
③ 꼬리 날개가 없는 항공기는 추락한다. 돌풍에 의해 기수가 들리더라도 수평안전판은 엘리베이터를 내린 것과 같은 효과를 주어 항공기의 기수를 낮추는 역할을 하므로 한정판이라고 부른다.

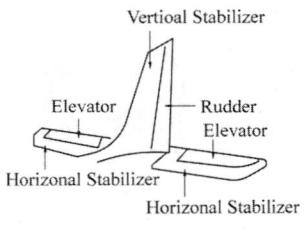

• 꼬리날개 •

(4) 비행 조종면(Flight controls)

① 1차 조종면(Primary Control Surface)
  ㉠ 엘리베이터(Elevator)
    ⓐ 날개 끝에서 날개 끝까지 축(가로축 lateral axis)을 중심으로 하는 회전운동인 키놀이(pitching) 운동에 해당된다.
    ⓑ 조종간을 당기면 Elevator는 위로 올라가서 Elevator의 캠버(Camber) 감소하고 아래쪽을 향한 공기역학적 힘이 발생하며 아래쪽 방향으로의 힘이 생겨 비행기의 꼬리부분을 누르게 되어 무게중심 기준으로 Nose는 위로 올라가게 되는 피치운동이 발생한다. 반대로 조종간을 밀면 엘리베이터(Elevator)가 아래로 젖혀지고 꼬리는 올라가고 기수(Nose)는 아래로 내려가는 피치(Pitch) 운동이 발생한다.
  ㉡ 에일러론(Aileron)
    ⓐ 항공기 동체의 앞과 끝을 연결한 세로축(longitudinal axis) 중심으로 항공기는 가속, 감속, 등속으로 직선 회전 운동인 옆놀이(rolling) 운동에 관련되며 왼쪽과 오른쪽에 위치한 도움날개는 서로 반대방향으로 작동되는 차동 조종장치(Differential Ailerons)이다.
    ⓑ 조종간을 우측으로 돌리면 오른쪽 에일러론은 위쪽, 왼쪽 에일러론은 아래쪽으로 내려간다. 이때 오른쪽 에일러론(Aileron)은 캠버(Camber)감소, 날개의 양력(Lift) 감소, 아래로 내려가고 왼쪽 에일러론(Aileron)은 캠버(Camber)증가, 날개의 양력(Lift) 증가, 위로 올라간다.
  ㉢ 러더(Rudder)
    ⓐ 항공기의 무게중심과 세로축 가로축이 만드는 평면에 수직인 수직축(vertical axis)을 중심으로 좌우로 회전하는 운동인 빗놀이(yawing)운동에 해당된다.
    ⓑ 조종석 러더(Rudder) 페달(왼쪽)을 발로 차면 러더(Rudder)도 왼쪽으로 움직이며 공기흐름에 영향을 주게 되어 오른쪽으로 양력이 발생되어 항공기는 왼쪽 방향으로 간다.

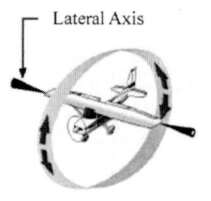 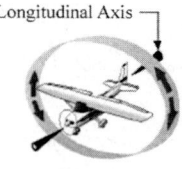 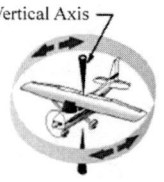

PITCHING　　　　　ROLLING　　　　　YAWING
Lateral Pitch Elevators　Longitudinal Roll Ailerons　Vertical Yaw Rudder

· 3축 운동 ·

② **2차 조종면(Secondary Control Surface)** : 2차 조종면은 플랩(Flap), 탭(Tab), 스포일러(Spoiler), 스피드 브레이크(Speed brake) 등이 있다.

　㉠ 플랩(Flap) : Wing의 leading edge 부근과 trailing edge 부근을 구부리거나 slot 등을 사용하여 camber를 크게 하여 최대 양력계수(CL_{MAX})를 증가시키는 장치
　　ⓐ 뒷전 플랩(Trailing Edge Flap) : Plain flap, Split flap, Zap flap, Slotted flap, Double slotted flap, Fowler flap, Blown flap, Blow jet
　　ⓑ 앞전 플랩(Leading Edge Flap) : Slot & slat, Krueger flap, Droop, Handley page slot, Local camber

　㉡ 탭(Tab)
　　ⓐ 트림 탭(Trim Tab, 조종력을 0으로 환원시켜주는 탭) : 조종면의 힌지 모멘트를 감소시켜 조종사의 조종력을 0으로 조정해 주는 역할을 하며 조종사가 조종석에서 임의로 탭의 위치를 조절할 수 있도록 되어 있다.
　　ⓑ 밸런스 탭(Balance Tab, 조종력 감소) : 조종면이 움직이는 방향과 반대의 방향으로 움직일 수 있게 기계적으로 연결
　　ⓒ 서보 탭(Servo Tab, 조종력 감소) : 조종석의 조종장치와 직접 연결되어 탭만 작동시켜 조종면을 움직이게 설계되어 조종력이 감소되며 대형항공기에 사용된다.
　　ⓓ 스프링 탭(Spring Tab, 조종력 감소) : 혼과 조종면 사이에 탭을 설치하여 탭의 작용을 배가시키도록 한 장치이며 스프링의 장력으로 조종력을 조절한다.

③ **고 항력 장치(High Drag Device)**
　㉠ 스피드 브레이크(Speed Brake) : 주로 전투기 위의 동체 위쪽, 꼬리쪽에 평판형태로 부착되어 공기의 저항을 만들어 속력을 줄이는 역할을 한다.
　㉡ 비행 스포일러(Flight Spoiler) : 고속비행 시 대칭적으로 펼치면 공기 브레이크 기능을 하고 에일러론(aileron)을 보조한다.
　㉢ 그라운드 스포일러(Ground Spoiler) : 랜딩 시 양력을 감소시키고 항력을 증가시키는 역할을 한다.

ⓔ 테일 후크(Tail Hook) : 보통 함재기에서 착륙거리를 줄이기 위해서 항공모함에서 사용된다.
ⓜ 드래그 슈트(Drag Chute) : 일종의 낙하산 같은 것으로 착륙거리를 짧게 한다.
ⓗ 역추력장치(Thrust Reverser) : 착륙거리 단축을 위해 배기가스 역류시켜 추력 방향을 반대로 바꾸는 장치이며 소음이 크고 연료소비량이 증가하며 최대 이륙할 때의 추력의 50%이다.

(5) 랜딩기어(Landing Gear)

착륙장치는 항공기가 이륙, 착륙, 지상 활주(Taxing) 및 지상에 정지해 있을 때 항공기 무게를 지지하며 진동을 흡수하고, 특히 착륙 중에는 수직성분에 해당하는 운동에너지를 흡수한다. 빠른 속도로 항행하던 항공기의 지상 착륙 시 랜딩기어는 충격을 흡수하여 기체를 보호하고 속도를 완화하여 원하는 위치에 기체를 정지시키고 지상 이동 및 방향 전환하고 항공기 기체 하중을 지지한다.

① 랜딩기어 종류
  ㉠ 사용목적 : wheels, skids, skis, floats
  ㉡ 장착방법 : 고정형 착륙장치(fixed landing gear), 접개들이형 착륙장치(retractable landing gear)
  ㉢ 타이어 수 : 단일식 착륙장치(single type), 이중식 착륙장치(double type), 보기식(bogie) 착륙장치(한 스트러트에 타이어 4개 이상)
  ㉣ 장착위치 : 앞바퀴형(Tricycle-Type Landing Gear, nose gear type), 뒷바퀴형(Conventional type Landing Gear, tail gear type), 탠덤형(Tandem Landing Gear)

② 앞바퀴식 착륙장치(Nose gear type) 특징
  ㉠ 이착륙 시 동체 후방이 뒷바퀴형보다 위로 들려 있어 이륙 시 공기 저항이 적고 착륙성능이 좋다.
  ㉡ 이착륙 및 지상활주 시 항공기의 자세가 수평이므로 조종사의 시계가 넓고 승객이 안락하다.
  ㉢ 뒷바퀴형은 브레이크를 밟으면 항공기는 주바퀴를 중심으로 앞으로 기울어져 프로펠러 손상 위험이 있으나 앞바퀴형은 앞바퀴가 동체 앞부분을 받쳐주므로 그런 위험이 적다.
  ㉣ 터보 제트기의 경우 배기가스의 배출을 용이하게 한다.
  ㉤ 중심이 주 바퀴의 앞에 있어 지상 전복(ground looping)의 위험이 적다.

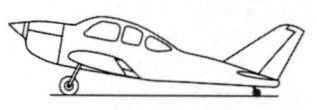
· 뒷바퀴형 ·

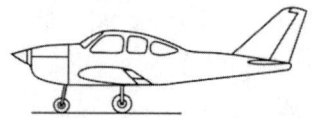
· 앞바퀴형 ·

③ 완충장치(Shock strut) 종류
  ㉠ 고무 완충 장치(완충효율 50%) : 고무의 감쇠성 이용
  ㉡ 평판 스프링 완충 장치(완충효율 50%) : Coil spring or 판 spring의 탄성 이용

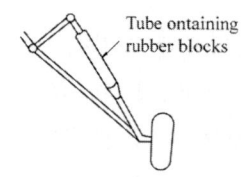
(a) Rubber Block Shock Absober

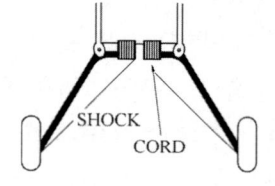
(b) Bungee Shock Absober

· 고무완충장치 ·

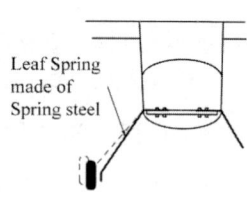

· 평판스프링 완충장치 ·

  ㉢ 공기 압축식 완충 장치(완충효율 47%) : 공기 압축성 이용, 공기 압축력 누설로 사용 안 함
  ㉣ 오레오식 완충 장치(완충효율 75%) : 오리피스와 미터링 핀의 사용, 충격에너지를 작동유의 운동에너지로 변환
  ㉤ Air oleo combination(완충효율 80%) : 오레오식에 공기방 추가, 대형·중량형 항공기 함재기에 사용

④ 오레오식 완충장치(Air/oil shock strut) : 압축성인 공기와 비압축성인 작동유를 이용(Pneumatic/hydraulic shock strut)하여 충격을 완충한다.
  ㉠ 압축행정(Compression stroke) : 항공기 휠이 지면에 닿으면 시작하여 항공기 중심 아래로 향하여 스트러트 압축한다. 미터링 핀이 오리피스를 통해서 들어가고 핀의 형상 때문에 압축행정 모든 지점에서 작동유의 흐름비율을 조절하고 압축 시 높은 열이 쇼크 스트러트의 벽을 통해 분산된다. 하지만 작동유의 양이 불충분하거나 공기가 부족하면 스트러트는 충격을 받는다. 작동유가 오리피스를 통과 미터링 핀의 형상(테이퍼) 자동으로 조절하여 작동유의 흐름비율을 일정하게 해준다.
    • 오리피스 : 작동유를 천천히 통과시켜주는 구멍이 작은 관
    • 미터링핀 : 작동유가 천천히 통과되도록 오리피스 안으로 들어가는 막대기의 일종

ⓛ 확장행정(Extension stroke) : 압축행정 끝에서 발생되며 압축공기가 스프링처럼 작용하여 스트러트가 정상 돌아가며 스누빙(snubbing, 급정지) 댐핑효과가 작동유를 리턴시킨다. 팽창이 급히 정지되지 않으면 반동되어 항공기가 위아래로 흔들리며 슬리브(sleeve), 스페이서(spacer), 범퍼링(bumpering)이 스트러트의 팽창 제한을 한다.

⑤ **스트러트 구성** : 스트러트 아래는 실린더 아래쪽 회전축(axle)이 장착되어 휠 장착지점을 제공하며 윗부분에는 필러 인렛(filler inlet)과 공기 밸브 어셈블리로 구성된 피팅(fitting)이 위쪽 끝에 위치해서 스트러트에 유압유를 채우고 공기로 팽창시킨다.

ⓘ 토션 링크(tosion links) : 위쪽 쇼크 스트러트 실린더 아래쪽 피스톤에 연결되어 Shock strut의 실린더와 피스톤이 상대적으로 회전하는 것을 방지하고 피스톤이 과도하게 빠지는 것을 방지한다. 링크는 중심에서 힌지(hinge)역할을 하며 피스톤이 스트러트 내부에서 위, 아래로 움직일 수 있게 한다.

ⓛ 센터링 캠(centering cam) : 노스기어(Nose gear) 내부에 설치되어 이륙 시 랜딩기어가 지면과 떨어졌을 때 중심으로 align시켜 휠 웰(wheel well)로 똑바로 접히게 해주는 역할로 구조의 손상이나 착륙장치의 손상을 방지해준다.

ⓒ 트루니언(trunnion) : 착륙장치와 동체를 연결하고 양끝은 베어링에 지지되며 이를 회전축으로 하여 착륙장치가 펼쳐지거나 접어 들여진다.

ⓔ 시미댐퍼(Shimmy damper) : 바퀴의 측면으로 진동하려는 경향을 감소시키는 것. 지상 활주 중 지면과 타이어의 마찰에 의해 타이어 밑면의 가로축 방향의 변형바퀴의 선회축 둘레의 진동과의 합성된 진동이 좌우로 발생하는데 이를 시미하고 시미현상을 감쇄 방지하기 위한 장치

⑥ **랜딩기어 & 조종실 계기색** : 착륙장치의 위치를 조종사에게 시각적으로 알려주기 위해 조종실에 계기가 장착되어 있다.
ⓘ Landing gear up & lock일 때는 아무 등도 들어오지 않는다.
ⓛ Landing gear가 작동 중일 때 적색(red light)
ⓒ Landing gear down & lock일 때 녹색(green light)

(6) 브레이크

① **기능에 따른 분류**
ⓘ 정상 브레이크 : 평상시 사용
ⓛ 파킹 브레이크 : 비행기를 장시간 계류시킬 때 사용
ⓒ 비상, 보조 브레이크 : 주 브레이크가 고장 시 별도로 사용(축압기)

② 작동과 구조 형식에 따른 분류
  ⊙ 슈 브레이크(shoe brake) 소형 항공기 : 휠 안쪽에 드럼을 장착하고 슈나 패드를 드럼쪽으로 팽창시켜 제동
  ⓒ 팽창 튜브식 브레이크(Expender Tube Type) : 둘레에 있는 브레이크 라이닝이 브레이크 드럼을 마찰하도록 밀어 제동
  ⓒ 디스크식 브레이크 : 바퀴와 함께 회전하는 로터(rotor)와 휠축에 고정된 스테이터(stator)로 구성되며 스테이터(=pad)가 로터를 양쪽으로 압축하여 휠을 회전, 정지시키는 역할
    • Single disk brake(싱글 디스크 브레이크), Multiple disk brake(멀티플 디스크 브레이크), Segmented rotor(세그멘트 로터)
③ 웨어 인디케이터 핀(Wear indicator pin) : 멀티디스크 브레이크는 회전판과 고정판으로 구성되어 있으며 회전판에 있는 브레이크 패드의 마모상태를 확인하기 위한 핀이다.
④ **스폰지(Sponge) 현상** : 브레이크 장치 계통에 공기가 작동유와 섞여 있을 경우 공기의 압축성 효과로 인해 브레이크 장치가 작동할 때 푹신푹신하여 제동이 제대로 되지 않는 현상
⑤ 브리딩(bleeding) : 스폰지 현상이 발생하면 계통에서 공기가 포함된 작동유를 전부 제거해야 한다. 공기가 다 빠지면 기포가 발생하지 않으며 페달을 밟으면 뻣뻣하다. 브리딩 방법은 다음과 같다.
  ⊙ Gravity Method(중력식) : 페달을 밟아 압력이 걸렸을 때 브레이크 블리드 밸브를 통해 공기 브리딩
  ⓒ Pressure Method(압력식) : 브레이크 쪽에서 압력을 가해 레저버 상부의 주입구를 통해 공기 브리딩

(7) 타이어(Tire)

① 타이어 역할은 이륙 시 순간하중(impulsive load)과 발생되는 고열(heat generation)을 견디고 항공기의 무게(heavy load)를 지탱하고 고속질주(high speed)가 가능해야 한다.
  ⊙ 타이어 안에 질소(nitrogen)를 사용하는 이유는 폭발에 대한 안정성과 타이어 수명 연장
  ⓒ 일반 공기는 압축 공기 중에 함유된 수분 및 산소가 급격한 온도 상승으로 발화되어 폭발할 가능성이 있고 화학적 산화현상을 억제하여 타이어의 수명을 연장하기 위해 질소(nitrogen)만 사용한다.

② 타이어 종류
  ㉠ 바이어스(bias) 타입 : ply를 서로 번갈아 타이어 코드의 배열 각도 다른 방향 엇갈려 있으며 부드러운 승차감이나 커브 시 트레드 움직임이 커서 내마찰성, 운전 안정성이 나쁘기 때문에 레이디얼 타이어로 대체한다.
  ㉡ 레이디얼(radial) 타입 : 타이어 코드가 직각 배열 상태이며 벨트층을 이용하여 둘레 방향의 힘을 견디므로 벨트의 강성이 높아 승차감이 다소 떨어지지만 고속 주행이나 장거리 주행에 적합하다.

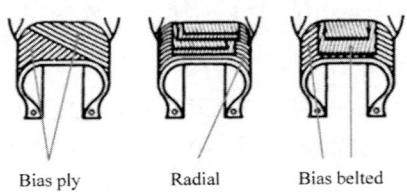

• 바이어스 타입과 레이디얼 타입 •

③ 타이어 규격

46×18-20, 32 R2

- 46 : 바깥지름
- 20 : 림 지름
- R : 레이디얼
- 18 : 타이어의 폭
- 32 : 플라이수(강도)
- 2 : 재생횟수

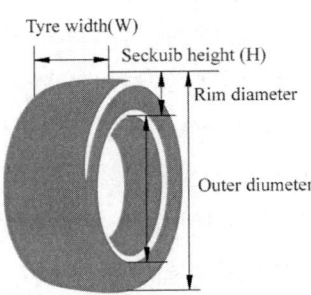

• 타이어 규격 •

④ 타이어 구성
  ㉠ 그루브(groove) : 트레드(tread) 부분의 홈을 말하며 젖은 노면에서 주행 시 배수성을 높이는 기능을 한다.
  ㉡ 사이드월(side wall) : 트레드와 비드를 연결하는 타이어의 측면부분으로 타이어의 상표명, 사이즈가 적혀있는 부분이며 주행 중 지속적으로 반복되는 수축과 팽창을 견디고 습기나 마찰로부터 카카스를 보호하는 역할을 한다.

ⓒ 트레드(thread) : 직접 노면과 접촉하는 부분으로 패턴이 보이는 표면을 말하며 두껍고 내마모성이 뛰어난 고무층으로 되어 있어 노면으로부터의 충격을 막고 내부의 카카스를 보호하여 타이어의 수명 연장 역할을 한다.

ⓔ 카카스(carcass) : 고무로 감싸진 코드층으로 구성되어 있는 타이어의 골격이며 코드층에 따라 레이디얼 구조와 바이어스 구조로 구분한다. 강한 공기압을 지탱하기 위해 강해야 하며 하중변화와 충격을 흡수하도록 유연성 또한 있어야 한다.

ⓜ 벨트(belt) : 레이디얼 타이어의 트레드 부분과 카카스 사이에 원주방향에 들어가는 강력한 보강층이며 카카스를 강하게 잡아 타이어의 탄성을 높이고 안정성을 갖게 하는 부분이다.

ⓑ 비드(bead) : 타이어와 림이 결합하는 부분으로 높은 압력의 공기와 넓은 타이어를 림과 고정시키는 역할을 한다. 튜브리스 타입은 타이어로부터 바람이 빠지지 않게 고정하는 역할을 한다.

ⓢ 이너 라이너(inner liner) : 튜브리스 타입에 공기 방출을 막기 위하여 사용된다.

ⓞ 사이프(sipes) : 트레드 블록에 조각칼로 벤 듯한 작은 홈으로 각 블록에 유연성을 부여하고 수막현상을 막는다. 사이프가 너무 많으면 작은 돌멩이가 잘 박히고 수명이 단축된다. 특히 스노우 타이어에 많이 적용된다.

ⓩ 숄더(shoulder) : 트레드의 모서리 부분으로 사이드월과 연결되는 부분으로 손상 시에는 절대 수리하면 안 되고 타이어를 교환해야 한다.

ⓒ 비드(bead assembly) : 카카스의 끝부분을 감아주는 철선이 있는 영역으로 철선에 고무막을 입히고 나일론 코드지를 감싸 만들었다. 비드는 타이어를 휠림(wheel rim)에 장착 및 고정시키는 역할을 한다.

ⓚ 체이퍼(chafer) : 타이어의 장탈착 시 손상 보호하고 휠의 접촉면 보강재로 휠로부터 전해지는 열을 차단한다.

ⓣ 플리퍼(Flipper) : Bead의 외측면 보강재

ⓟ 브레이커스(Breakers) : Tread와 carcass의 접착 및 충격에 따른 완충 효과를 증대시킨다.

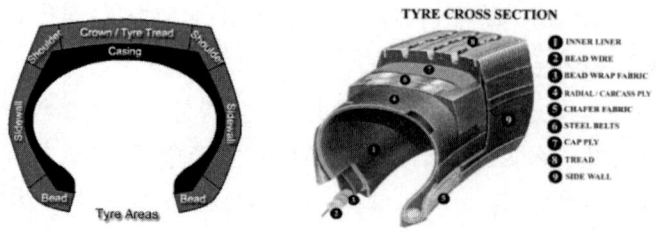

• 타이어 구조 •

⑤ 퓨즈 플러그(Fuse plug) : 재료는 저용융점(녹는점) 금속인 납, 주석, 안티몬, 코발트를 사용하며 타이어 휠에 3~4개가 설치되어 있고 브레이크 과도 사용시 타이어가 과열되어 타이어 공기 압력 및 온도가 지나치게 높아지면 퓨즈 플러그가 녹아 공기 압력을 빼주어 타이어가 터지는 것을 방지해준다. 압력 이하로 줄어들면 퓨즈 외부를 싸고 있던 압력 seal이 수축되어 밀폐시킨다.

⑥ 슬립 페이지 마크(Slip page mark) : 바퀴와 타이어 사이에 미끄러짐을 확인하기 위한 폭 1인치, 길이 2인치 크기의 적색 페인트 마크를 말한다.

⑦ 안티 스키드 시스템(Anti skid system) : 스키드란 착륙하여 활주 중에 갑자기 브레이크를 밟으면 바퀴에 제동이 걸려 바퀴는 회전하지 않고 지면과 마찰을 일으키면서 타이어가 미끄러지는 현상으로 스키드가 일어나 바퀴마다 지상과의 마찰력 다를 때 타이어는 부분적으로 닳아서 파열되며, 타이어가 파열되지 않더라도 바퀴의 제동효율이 떨어진다. 휠이 스키드 상태가 되면 제동 성능이 급격히 저하되므로 안티 스키드 시스템은 이를 방지하는 역할을 해주고 바퀴의 마찰력을 균등하게 해주고 스키드 현상을 방지하기 위한 장치이다.

⑧ 타이어 보관(Storing Aircraft Tire)
  ㉠ 습기 찬 곳을 피해 건조하고 시원한 곳에 보관한다.
  ㉡ 연료 오일 그리스 솔벤트 주의한다.(고무 파괴시킴)
  ㉢ 비눗물로 세척한다.
  ㉣ 어두운 곳에 보관하고 직사광선을 피해야 한다.(32F ~ 80F)
  ㉤ 가능하면 타이어 랙(rack)에 수직으로 세우는 것이 원칙. 옆으로 쌓는다면 높게 하지 않는다.

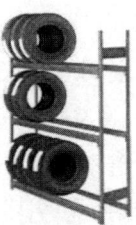

• 타이어 랙 •

⑨ 타이어 정비 주의사항
  ㉠ Wheel과 tire가 터지면 재질이 약한 사이드 월(side wall)부분이 손상되므로 앞쪽이나 뒤쪽으로만 접근한다.
  ㉡ Axel 근처로는 절대로 접근하지 않는다. Tire의 과열 팽창으로 인한 wheel flange의 파손으로 위험하다.
  ㉢ 냉각되면 폭발 위험이 있는 이산화탄소, 액체소화기를 사용하지 않는다.

ⓔ 항공기 wheel은 화씨 350도 이상 되면 fuse plug를 이용하여 압력을 빼준다.

(8) 엔진마운트와 나셀(Engine Mount & Nacelle)

① **엔진마운트** : 마운트라는 뜻은 결합시키다라는 뜻으로 항공기 엔진을 항공기 기체에 연결하는 부위를 말하며 항공기 엔진의 추력을 기체에 전달하는 구조물이다.
  ㉠ 왕복엔진(Reciprocating Engine) : 프로펠러의 관성력에 의해 발생하는 토크하중과 착륙시 엔진베드가 상하로 진동하는 상하방향 하중을 견뎌야 한다. 대향형 엔진은 베드마운트(Bed mount), 성형엔진은 링마운트(ring mount)가 사용된다.

· 베드마운트 ·

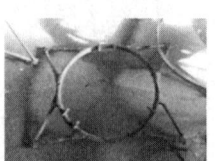
· 링마운트 ·

  ㉡ 제트엔진 : 제트엔진의 경우 전투기처럼 엔진을 동체 내부에 장착하는 방법, 기업가들이 타고 다니는 비즈니스형 엔진의 경우 후방에 엔진이 양쪽에 장착되어 있지만 무게중심 문제로 파일론 방식이 가장 많다. 포드마운트(pod mount)는 앞쪽(forword) 마운트와 뒤쪽(after) 마운트에 의해 주익 밑에 엔진을 장착하여 정비점검이 용이하고 화재에 대한 안전성이 우수하여 현대 대형기의 엔진장착에 많이 쓰인다.

② **파일론(Pylon)** : 프로펠러 항공기의 날개나 동체에 엔진 나셀이나 포드를 견고하게 장착시키는 스트러트(strut)의 개념으로 모양은 송전탑처럼 좌우 일정한 형태이다. 엔진을 지탱하기 위하여 앞뒤쪽 마운트(FWD/AFT Mount)로 나누어져 있다.

③ **나셀(Nacelle)** : 엔진 및 각종 장치를 수용하는 내부와 공기역학적인 유선형 모양의 외형을 나타내며 외피, 카울링, 방화벽, 기관마운트를 포함한다.

④ **카울링(Cowling)** : 나셀의 앞부분에 위치하여 정비할 때 쉽게 장탈착하기 위한 부분으로 유선형이다.

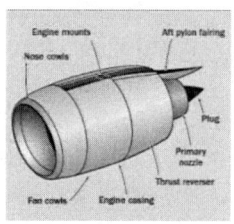
· 나셀 ·

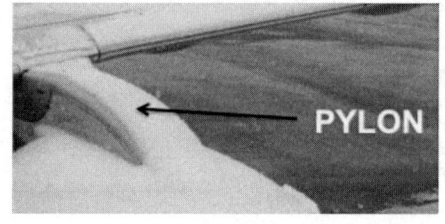
· 파일론 ·

⑤ QEC(Quick Engine Change) Engine : 항공기에서 쉽게 장착하고 떼어낼 수 있는 엔진. 특히 부수되는 연료계통, 유압계통, 전기계통, Control Linkage 및 Engine Mount 등을 신속하고 용이하게 장·탈착할 수 있다.

13 항공기 구역 식별(Location Identification)

기록과 지시의 단계를 간소화하기 위해 컴퓨터로 기록된 정비기록계통에 사용이 되며 정비사들의 검사 또는 정비할 곳을 쉽게 찾아내기 위함이다. 즉 정비의 용이성을 목적으로 구역을 정해놓은 것을 말한다.

(1) 스테이션 넘버(Station number)

항공기를 옆에서 볼 때 기준선을 0으로 동체 전·후방을 따라 위치

① 동체 스테이션(FS : fuselage station)
② 날개 스테이션(WS : wing station)
③ 안정판 스테이션(SS : stabilizer station)

(2) 워터 라인(Water line)

항공기를 옆에서 볼 때 동체 낮은 부분에서 어떠한 정해진 거리만큼 떨어진 수평면의 수직선을 측정한 높이

(3) 버톡 라인(Buttock line)

항공기를 위에서 볼 때 항공기의 꼬리부분부터 앞부분까지 연결하는 기준선으로 항공기 수직중심선을 기준으로 좌우 평행한 폭을 나타낸 것

① Left buttock line(LBL)
② Right buttock line(RBL)

(4) Zone number

① 100 동체 하부

② 200 동체 상부
③ 300 꼬리날개
④ 400 파워플랜트
⑤ 500 왼쪽 날개
⑥ 600 오른쪽 날개
⑦ 700 랜딩기어
⑧ 800 화물실 및 승객도어

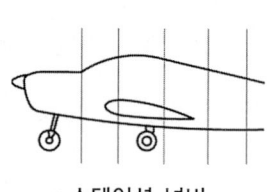
• 스테이션 넘버 •

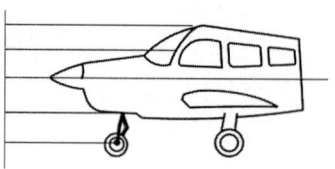
• 워터 라인 •

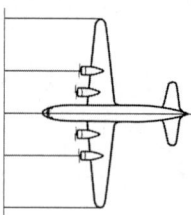
• 버틱 라인 •

14 제빙방빙

(1) 항공기 착빙(aircraft icing)

① 착빙의 종류
    ㉠ 구조착빙(structual icing)
    ㉡ 흡입착빙(induction icing) : 공기흡입구, 기화기, 피토관
② 착빙의 형태
    ㉠ 맑은(clear) 착빙
    ㉡ 거친(rime) 착빙
    ㉢ 혼합(mixed) 착빙

(2) 항공기 제빙(de-icing)

Clean Surface를 만들기 위해 항공기로부터 Frost, Ice, Slush Or Snow를 제거하는 절차
① 알콜분출식 De-Ice truck(이소프로필 알코올, 글리세린성분)
② 터널식 제빙(뉴욕 JFK 공항의 터널식 제빙시설)
③ 제빙부츠식(deicing boots)

(3) 항공기 방빙(anti-icing)

제한된 시간 동안(Holdover Time) 항공기의 Clean Surface에 Frost또는 Ice의 형성, Snow 또는 Slush가 쌓이는 것을 방지하는 절차

① **전열식** : 전열선에 의해 날개 앞전을 가열하거나 전기 히터를 사용하는 방법은 주로 작은 부분에 사용
  ㉠ Propeller blade
  ㉡ VHF antenna
  ㉢ Pitot tube
  ㉣ Windshield
  ㉤ Stall vane
  ㉥ Drain mast

② **가열공기식** : 엔진 압축기 배출공기(bleed air) 사용하여 고온의 공기를 이용하여 결빙을 방지하는 방법
  ㉠ 날개 앞전 부분
  ㉡ 엔진 흡입구(Engine air inlet)
  ㉢ Nose dome
  ㉣ 엔진 제어에 필요한 압력 측정부
  ㉤ Inlet Guide Vane

15 부식(Corrosion)

(1) 부식

표면에 접하는 물, 산, 알칼리 등의 매개체에 의해 금속이 화학적으로 침해되는 것(전기화학적 작용)

(2) 부식의 매개체(Corrosive Agent)

부식 발생의 원인을 제거하기 위해서는 부식 발생을 돕는 각종 매개체와 항공기 구조부재의 접촉을 막거나 접촉이 되었을 시는 빠른 시간 안에 제거하거나 최소화 시켜야 한다.

① Acid & Alkali(산과 알칼리) : 활주로 동결 방지제의 염산
② Salt(염분) : 해면상의 대기 염분
③ Water(물)
④ Air(공기)
⑤ Mercury(수은)
⑥ Organic Growth(유기물 성장) : 탱크 내의 유기물

(3) 부식 검사

① Corrosion Inspection은 보통 GVI(General Visual Inspection) 또는 DVI(Detailed Visual Inspection) 방법으로 점검하며, 때로는 NDI 방법이 적용되기도 한다.
② Corrosion이 노출되지는 않았지만 징후가 있거나 예상되는 부분은 NDI를 수행 또는 해당 부위를 분해하여 Corrosion 유무를 확인한다.

(4) 부식의 종류

① 표면 부식(surface corrosion)
  ㉠ 세척용 화학약품이 연마된 금속표면에 산소가 결합하여 화학작용으로 발생한다.
  ㉡ 습기가 접촉하게 되면 금속 표면의 애칭(Etching)이 심해져 까칠까칠한 서리가 얼어붙은 것처럼 된다.
  ㉢ 불만족한 세척에 의해 발생
② 점 부식(pitting corrosion)
  ㉠ 알루미늄합금, 마그네슘합금, 스테인리스강의 표면에 발생하는 일반적인 부식이며 처음에 백색이나 회색의 부식 생성물이 나타나고 점차 홈 내에 침전된다. 미리 예방하거나 찾기 힘들고 빨리 진행되므로 위험한 부식이다.
  ㉡ 자연 또는 인위적인 보호 피막이 손상되어 국부적으로 금속면에 작은 우물과 같은 형태로 나타난다.
  ㉢ AL합금, Mg합금, Stainless Steel, Ni, Cr도금 등 모든 금속에서 발생한다.
③ 입자간 부식(intergranular corrosion)
  ㉠ 합금조직이 균일하게 밀집되지 않고 빈틈이나 변형이 있는 곳에 생기는 부식으로 초기상태는 쉽게 검출이 안되고 탐지하기 어려워 초음파검사, 엑스레이 검사로 탐지한다. 부식이 진행되면 금속이 부풀거나 박리되며 금속 표면에 돌기가 생기고 얇은 조각(나무결 섬유조직처럼)으로 벗겨진다.

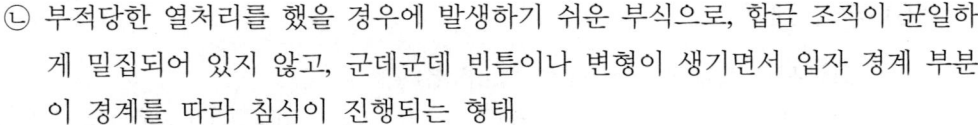

　　　ⓒ 부적당한 열처리를 했을 경우에 발생하기 쉬운 부식으로, 합금 조직이 균일하게 밀집되어 있지 않고, 군데군데 빈틈이나 변형이 생기면서 입자 경계 부분이 경계를 따라 침식이 진행되는 형태
　　　ⓒ 초기 단계에서 Corrosion 탐지가 어렵다.
　　　ⓔ 초음파 검사, 와전류 검사 및 X-Ray 탐지
　　④ 전해 부식(galvanic corrosion)
　　　㉠ 알루미늄합금 스테인리스(stainless)강 같은 이질 금속이 접촉되는 부분에 발생 이음매에 전위차에 의해 부식 생성물이 부풀어 올라 식별이 쉽다.
　　　ⓒ 서로 다른 금속이 접촉하면 기전력이 발생하고 습기와 만나서 전류가 흘러 부식이 발생한다.
　　　ⓒ 갈바닉부식을 방지하기 위해 사이에 절연물질을 사용한다.
　　　ⓔ 마그네슘과 강이 접촉하면 마그네슘 반응성이 커서 마그네슘이 부식되며 주석과 강이 접촉하면 강이 부식된다.
　　　ⓜ 반응성 차이가 큰 금속이 접촉하면 부식현상이 커진다.
　　⑤ 응력 부식(stress corrosion)
　　　㉠ 강한 인장응력과 부식조건이 복합적으로 나타날 때 발생
　　　ⓒ 금속에 일정한 응력이 걸린 상태에서, 부식되기 쉬운 환경에 노출로 인한 합성효과에 의해 발생한다.
　　　ⓒ 잔류응력이나 내부 응력이 재료 내의 결정 입자를 왜곡시켜, 원자의 잔류 에너지를 크게 하고 전위를 낮게 함으로써 부식이 발생한다.
　　⑥ 마찰 부식(fretting corrosion)
　　　㉠ 재료가 서로 밀착되어 작은 진동이 일어날 때 발생한다.
　　　ⓒ 밀착된 2개의 금속판이 진동 등에 의해 서로 맞부딪혀 발생한다.
　　　ⓒ Steel에서는 갈색가루(녹)로 나타나고 Al합금에서는 흑색을 띤 가루로 나타난다.
　　　ⓔ 금속표면이 서로 맞부딪힘으로써 표면의 금속입자가 박리되고 입자가 산화되는 것이 발생원인이다.
　　　ⓜ 볼트로 결합된 부품 사이의 미세한 움직임
　　⑦ 미생물 부식(microbial corrosion)
　　　㉠ 연료 탱크 내 미생물에 의해 발생하며, 연료 내 박테리아와 진균류가 원인이다.
　　　ⓒ 점 부식(Pitting Corrosion)과 비슷한 외관을 가지고 있다.
　　　ⓒ 미생물은 연료와 물의 접촉면에서 서식하며, 금속 구조물을 약화시킨다.
　　　ⓔ 케로신을 연료로 사용하는 항공기에 발생한다.

(5) 부식 제거

① **화학적 부식제거(Chemical Method)**
  ㉠ 알루미늄 합금(al alloy) 부식 제거제 : 서프 디러스트(surf derust), #624, B-55, Cee Bee3, 타코우 #15, Mil-c-38334, 컴파운드(compound)
  ㉡ 마그네슘 합금(mg alloy) 부식 제거제 : 크롬산용액, 다우 #15, 크로믹 액시드 피클(chromic acid pickle)
  ㉢ 강 부식 제거제 : 포스포릭 액시드(phosphoric acid) 성분의 러스트 리무버(rust remover), 서프 디러스트 #670

② **기계적인 부식 처리(Mechanical Method)**
  ㉠ 나일론수세미(scrubber)를 사용하여 제거하며 심한 경우 울 브러쉬(wool brush), 와이어 브러쉬(wire brush)로 제거
  ㉡ 500메쉬보다 작은 glass bead로 표면에 blasting해서 부식을 제거하고 브러쉬 사용 후 5~10배 확대경을 사용해 검사
  ㉢ 기타 : 샌드 페이퍼(sand paper), grit 방, 나일론 패드(nylon pad), 스크래퍼(scraper), 와이어 브러쉬(wire brush)

(6) 화학 피막 처리(부식방지처리)

금속에 보호 피막을 만들기 위해 도료의 밀착성을 위해 밑바탕에 용액을 사용하여 화학적으로 표면에 산화피막, 인산염의 얇은 막을 만드는 방법

① **철강재료** : 인산염처리(parkerizing)
② **마그네슘합금** : 중크롬산염(dichromate)
③ **알루미늄합금**
  ㉠ 알클래드(Alclad) : 알루미늄합금 위에 5.5% 두께로 순수 알루미늄을 압착시킨 것으로 부식을 방지하고 합금의 표면에 스크래치를 방지하며 내식성을 개선한다.
  ㉡ 알로다인(Alodine) : 전기를 사용하지 않고 알로다인 용액에 알루미늄을 넣어서 산화피막을 입히거나 반복해서 칠한다.
  ㉢ 아노다이징(Anodizing) : 알루미늄을 양극으로 해서 전기를 보내면 양극에서 산소가 발생하고 산소로 인해 알루미늄이 산화되고 산화알루미늄 피막을 형성시켜 균일성이 높은 피막이 형성되어 내식성과 내마모성을 개선한다.
    • 아노다이징 종류 3가지
      ⓐ 황산법(전해액 : 황산) : 투명한 피막이 형성되며 경제적이어서 가장 널리 쓰이며 염색성이 우수하여 착색력이 좋다.

ⓑ 수산법(전해액 : 수산) : 용액가격이 비싸고 두껍고 강한 피막이 형성되며 순수알루미늄의 경우 최고의 피막형성이 가능하다.
ⓒ 혼산법(전해액 : 황산과 옥살산) : 경질 아노다이징에 적합하며 황산법에 비해 견고하며 광택이 우수하다.

16 ESDS

(1) ESDS(Electro Static Discharge Sensitive)

전자 장비를 손으로 접촉할 때 인체에 있는 정전기에 의해 장비 부품이 파손되는 것을 방지하기 위해 작업자는 WRIST STRAP 등을 사용한다.

(2) 종류

① ESDS lavel : 정전기에 민감한 고가의 항공기 부품은 노란색 라벨이 부착되어 있다.
② Wrist strap : 손목에 착용하고 그라운드에 접지시키고 몸 동작에 의해 발생되는 정전기 방출(2volt 이하 유지)
③ Floor mat(절연 매트) & Table mat(테이블 매트) : 작업대에 근접하는 인체로부터 정전기를 방출하고 작업대 위에 부품을 보호한다.(Electro Static Discharge Protective Matting)

(3) 스테틱 디스차져(Static Discharger)

구름입자와 항공기가 전면 충돌하면 항공기 앞부분에 10~20만 볼트의 높은 정전기가 발생하게 되어 통신 및 항법장치에 심한 잡음이 생겨 정전기 스파크 발생으로 항공기 운항에 큰 지장을 준다. 스테틱 디스차져는 대기중으로 정전기를 방출시키는 원리로서 대형항공기의 경우 68개가 장착된다.

17 비파괴검사

(1) 비파괴 검사 정의와 원리

① 파괴하지 않고 검사하는 것(재료 원형과 기능을 전혀 변화시키지 않고). 다리, 철도, 철 구조물, 파이프라인 등 철강재, 금속끼리 용접 이용한 접합
② 재료에 물리적 에너지(햇빛, 열, 방사선, 음파, 전기)를 적용하여 조직의 이상이나 결함의 존재로 인해 적용된 에너지의 특성이 변하는 것을 적당한 변환자를 이용, 변화량을 측정하여 조직의 이상 여부나 결함의 정도를 알아내는 모든 검사

(2) 비파괴검사(NDT)의 목적

① **신뢰성의 향상** : 시험체의 상태를 확인하여 위해하다고 판단되는 결함들을 미리 제거하여 수명을 연장시킬 수 있고, 안심하고 사용할 수 있게 된다.
② **제조기술의 개량** : 비파괴검사의 결과를 분석·검토하여 제조 조건을 수정·보완함으로써 제조기술의 발전이 가능하다.
③ **원가의 절감**
　㉠ 제조시 : 불량품의 조기발견으로 공수와 시간을 절약, 원가절감효과
　㉡ 사용 유지시 : 구조물의 수명 예측으로 급속한 파손을 방지, 안전하고 경제적인 관리가 되어 원가 절감효과

(3) 비파괴 검사 종류

① **방사선투과검사(RT : Radiographic Testing)** : 모든 재질의 검사 가능(제품 형상이 복잡한 경우 제외)하고 검사 결과는 필름으로 영구적으로 기록을 남길 수 있지만 검사비용이 많이 들고 방사선 위험 관련 안전관리 문제가 발생된다. 원리는 물질을 파고드는 성질을 가진 X선, 감마선에 노출한 뒤 필름 현상을 판독한다.
② **초음파탐상검사(UT : Ultrasonic Testing)** : 초음파를 이용하여 소재의 내부결함을 검출하거나 두께 측정에 이용하는 것으로 초음파가 내부로 침투되어 진행하며 초음파의 경로상에 결함이 존재할 경우, 그 결함에 의해 초음파는 반사되어 되돌아 오는 성질을 원리로 한다. 결함 위치를 정확히 알 수 있고 검사결과를 즉시 알 수 있으며 방사선처럼 인체에 유해하지 않은 반면 결함의 종류 식별이 불가능하다.
③ **육안검사(VT : Visual Testing)** : 가장 오래된 비파괴 검사(빠르고 경제적)이며 신뢰성은 검사자의 능력과 경험을 바탕으로 한다. 확대경과 눈을 사용(flashlight, ball joint)하고 광학 장치를 사용(fiberscope, borescope)한다.

④ **침투탐상검사(PT Penetrant Testing)** : 육안 검사가 힘든 작은 균열 발견, 재료에 상관없이 다양하게 쓰이며 침투제(Penetranting liquid)를 표면에 바르고 균열된 부분으로 스며들게 만들고 일정한 시간이 지난 후 현상제(developer)를 사용하여 검사하고 세척한다. 종류로는 형광물질을 함유한 침투액을 사용하는 형광침투검사와 염료를 함유한 침투액을 사용하는 염료침투검사가 있다.

순서는 검사준비(분해 세척) → 침투처리(적색 침투액을 뿌린다.) → 세척처리(표면에 남아있는 침투액을 살짝 제거한다.) → 현상처리(현상액을 뿌려 침투된 침투액과 결합하여 눈에 잘 보인다.) → 건조처리 → 검사 → 검사 후 처리한다.

⑤ **자분탐상검사(MT : Magnetic Particle Testing)** : 강자성체(강 패스너, 랜딩기어 구성품, 강 피팅)에만 가능하여 비철금속인 알루미늄 검사가 불가하며 표면의 결함 탐지에 적합하다. 시험체를 자화시켜 시험체 결함이 존재하면 자장의 연속성이 깨어져 이 부분에 누설자장이 형성되면 시험체의 표면에 자분살포 누설자장이 형성된 부위에 자분이 달라붙어 시험체 조직의 결함 검사가 가능하다.

㉠ 좋은 검사결과를 위해 자기력선은 결함 크기가 가장 긴 쪽과 90°를 이루어야 한다.
㉡ 습식자분(석유 오일 포함), 건식자분(가루)으로 구분
㉢ 자장의 방향은 일반적으로 오른손 법칙을 따른다.
㉣ 순서 : 검사준비(분해 세척) → 자화(검사부위를 자석으로 만든다.) → 자분의 적용(자기력선이 잘 보이게 하기 위하여 자분을 뿌린다.) → 검사(균열을 검사한다.) → 탈자(자석의 성질을 없애 원상태로 만든다.) → 탈자 후의 탈자(자장 지시계를 사용하여 완전히 탈자가 되었는지 확인한다.) → 후처리(세척 조립)

⑥ **와전류 검사(ECT : Eddy Current Testing)** : 표면을 검출하는 비파괴검사 중 가장 정밀하다. 와전류란 소용돌이 전류라는 뜻으로 교류 주파수를 테스트 코일에 공급하면 코일이 전류를 운반하고 부품에 같은 주파수의 자장을 유도하면 와전류가 흐르게 된다. 와전류의 크기 변화가 자장에 영향을 주어 전기적으로 분석한다. 랜딩기어 장탈 후 각종 패스너 등을 한꺼번에 고속으로 검사가 가능하다.

⑦ **누설 검사(HT : Hydraulic Testing)**

18 용접

(1) 용접의 원리

용접은 접합하고자 하는 2개 이상의 물체나 재료의 접합 부분을 용융 또는 반용융 상태에서 용가재(용접봉)를 첨가하여 접합하거나, 접합하고자 하는 부분을 적당한 온도로 가열한 후 압력을 가하여 서로 접합시키는 기술을 말한다.

(2) 용접의 기본요소

① 모재(base metal) : 용접 대상이 되는 재료
② 열원 : 용접모재, 용가재를 용융시키는데 필요한 열을 발생시키는 것
③ 용가재(filler metal) : 용접시 용착금속이 되도록 용융시킨 금속
④ 스패터(spatter) : 용융용접 중 용융금속의 미세한 입자가 주위로 튀어나가는 현상
⑤ 슬래그(slag) : 용접 비드 위에 쌓인 비금속 물질
⑥ 크래이터(crater) : 용접시 용융지가 그대로 응고되어 움푹하게 패인 부분
⑦ 오버랩(overlap) : 용착금속이 토우부분에서 모재 또는 용착금속에 융합하지 않고 겹쳐진 부분
⑧ 토우(toe) : 용접 금속의 표면과 모재가 만나는 자리
⑨ 언더컷(undercut) : 모재의 용융된 부분에 용착금속이 채워지지 않아 용착금속의 표면과 모재 표면이 접하는 부분에 만들어진 낮은 도랑같은 홈
⑩ 루트(root) : 그루브의 아랫부분
⑪ 맞대기 용접(butt welding) : 두 모재가 서로 평행한 표면이 되도록 마주보고 있는 상태에서 실시하는 용접
⑫ 아크(arc) : 두 개의 서로 다른 전극 사이에 있는 기체가 매개체, 즉 플라즈마로 되어 이루어지는 전기적 방전
⑬ 용입(penetration) : 모재가 용접열원에 의해 깊이 방향으로 녹아 들어가는 현상

(3) 금속결합방법

① 기계적 접합 : 볼트, 너트, 리벳
② 야금적 접합
   ㉠ 융접(fusion welding) : 접합하고자 하는 2개 이상의 물체(주로 금속)의 접합부분을 용융 또는 반용융 상태로 하면서 여기에 용가재를 넣어 접합하는 방식

ⓒ 압접(pressure welding) : 접합부분을 적당한 온도로 가열하거나 또는 냉간상태에서 압력을 주어 접합하는 방식
ⓒ 납땜(brazing and soldering) : 모재를 전혀 녹이지 않고 모재보다 용융점이 낮은 금속을 녹여 접합부에 넣어 표면장력(원자 간의 확산 침투)으로 접합하는 방식
  • 볼트(bolt), 리벳팅(riveting), 납땜(brazing, soldering), 용접(welding)
    ⓐ 연납땜(soldering) 450℃ 이하 납
    ⓑ 경납땜(brazing) : 융해점이 450℃ 이상되는 Ag(은), Cu(구리), Al(알루미늄) 합금으로 된 접합 금속을 이용하여 금속을 접합시키는 방법

(4) 용접종류

융접	Arc welding	비소모 전극식	TIG
			Plasma welding
		소모 전극식	MIG
			CO_2 gas shielded arc welding
			피복 아크 용접
	Gas welding	산소아세틸렌 용접	
		산소수소 용접	
압접	Resistance welding	겹치기 저항 용접	Spot welding
			Seam welding
		맞대기 저항 용접	Flash welding
			Upset welding
	Forge welding		
	Cold pressure welding		
	Ultrasonic welding		
	Friction welding		
납땜	Soft soldering		
	brazing		

① 산소 아세틸렌 용접(Oxyacetylene Welding) : 금속부품의 모서리를 고온의 불꽃으로 녹여서 접합시키는 용접으로 산소에 아세틸렌을 섞어 토치(torch)로 연소시킨다. 산소 아세틸렌 용접은 산소와 아세틸렌이 혼합 발생하는 높은 열을 이용해서 금속을 용접, 절단하는 장치이다.
  ㉠ 아세틸렌 실린더(Acetylene cylinder : 황색) : 냄새가 심하고 산소와 결합 시 위험하여 연결되는 호스색깔은 빨간색이다.

ⓛ 산소 실린더(Oxygen cylinder : 녹색) : 오일의 접촉을 차단시켜야 하며 연결되는 호스의 색깔은 녹색이다.
ⓒ 압력 조절기(Pressure regulator) : 호스 바뀜을 위해 다른 방향 나사산을 가진다.
ⓔ 웰딩 토치(Welding torch) : 정확한 비율로 혼합시키는 장치
ⓜ 산소 아세틸렌 불꽃 조절(Flame Adjustment)
  ⓐ 중성불꽃(표준불꽃) : 산소와 아세틸렌의 혼합비 1 : 1로서 일반용접이며 강, 경강, 주철의 용접에 쓰인다.
  ⓑ 산화불꽃(산소 과잉 불꽃) : 산소의 양이 아세틸렌의 양보다 많은 불꽃으로 황동, 청동, 구리의 용접에 쓰인다.
  ⓒ 탄화불꽃(아세틸렌 과잉 불꽃) : 아세틸렌의 양이 산소보다 많을 때 생기는 불꽃으로 알루미늄, 스테인리스강, 스텔라이트의 용접에 사용된다.

② **불활성 가스 아크 용접**(inert gas arc welding)
  ㉠ 일반 용접은 고온이 된 금속은 공기 중의 산소에 의하여 용접부 재질 변화가 온다. 이러한 공기를 용접부 보호를 위해 고온에서 금속과 반응하지 않는 불활성 가스를 용접부로 흘려보내 용접하는 아크 용접을 말한다.
  ㉡ 불활성 가스로는 아르곤이나 헬륨을 사용하여 슬러그나 잔류 플럭스를 제거할 필요가 없다.

③ **불활성 가스 금속 아크 용접**(MIG : metal inert gas welding) : 가스용접의 일종으로 고온에서도 금속과 반응하지 않는 아르곤, 헬륨, 이산화탄소 같은 가스를 사용하는 용접법으로 TIG는 전극과 용접봉을 별도로 사용하는 것이고 MIG는 용접봉 자체가 전극이 되는 것이다. 전극으로 금속선(wire)을 사용하며 용가재를 아크열로 융해하면서 용접한다. 금속선이 소모되므로 소모식 불활성 아크 용접이며 3mm 이상의 알루미늄, 스테인리스, 구리합금, 고탄소강에 쓰인다.

④ **텅스텐 불활성 가스 용접**(TIG : Tungsten Inert Gas Arc Welding)
  ㉠ 비소모성 텅스텐 전극(텅스텐은 거의 소모되지 않는다.)이 사용되어 산소와의 차단을 막아주는 아르곤이나 헬륨같은 불활성 가스를 흘려보내 텅스텐봉을 전극으로 써서 가스용접과 비슷한 조작방법으로 알루미늄, 마그네슘, 동, 티탄 및 이들의 합금과 내열강의 용접에 사용되는 비소모 전극식 불활성 가스 아크 용접법이다.
  ㉡ 아르곤 : 가격이 싸고 많이 사용되어 알곤용접이라고도 하며 헬륨보다 무거워서 알루미늄과 마그네슘 용접부분이 양호하고 깨끗한 면을 제공한다.

⑤ **플라즈마 용접**(plasma arc welding)
  ㉠ TIG용접의 특수한 형태이며 고속의 플라즈마 제트를 이용한 용접이다. 보호가스 외에도 플라즈마 가스가 공급되며 텅스텐 전극봉은 수냉형 수축노즐 내부

에 위치한다. 노즐과 모재 사이의 거리가 변하더라도 아크열을 받는 모재 부위의 면적은 거의 변하지 않는다는 장점이 있다.
ⓒ 가스 중에 아크를 발생시키면 가스는 해리되어 원자 상태가 되고 이 때 다량의 열이 발생된다. 이 아크와 가스의 혼합물을 용접 열원으로 이용하는 방법으로 안정도가 높고 비드 폭이 좁고 속도가 빠르고 변형이 적다.

⑥ 전기 저항 용접(Electric Resistance Welding)
ⓐ 압점의 종류로서 용접하는 2개의 금속을 붙이거나 포개어 전류를 통하게 하여 접촉면에 발생하는 저항열을 이용하여 접합하려는 부분을 가열한 후 압력을 가해 접합하는 방법이다.
ⓑ 종류로는 점용접, 심용접, 플래쉬 용접 등이 있다.

19 항공기 무게중심(Center of Gravity)

(1) 무게와 균형(Weight and Balance)

① 항공기는 선박보다 기체의 균형을 잡기가 매우 민감하다.
② 무게중심을 무시하면 이륙이 힘들거나 연비에도 영향
③ 승객 화물을 적절한 위치에 탑재하여 무게와 균형을 맞춘다.
④ 탑재관리사(loadmaster)는 화물의 위치를 결정한다.
⑤ 기종에 따라 제작사가 규정한 허용범위(cg limit) 내 위치해야 함
⑥ 화물컨테이너, 납(lead) 또는 열화우라늄(폐기우라늄) 사용
⑦ 열화우라늄 비중 크지만(비중 19 정도로 철의 2.5배)
⑧ 방사능 문제로 텅스텐합금(Tungsten alloy aircraft ballast) 사용

(2) 평균공력시위(MAC : Mean Aerodynamic Chord)

항공기의 무게중심은 평균 공력 시위상의 위치로 나타내며 무게중심을 표시하는 방법은 평균 공력 시위에 대한 %로 나타낸다. 아래 그림에서 MAC의 위치는 윙의 앞전에서 뒷전까지의 거리이며 %MAC는 그 거리 위에 무게중심이 앞전으로부터 얼마나 떨어져 있는지를 나타낸다.

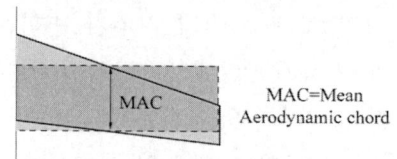

• MAC와 무게중심의 공식 •
CG : 기준선에서 항공기의 무게중심
S : 기준선에서 MAC 앞전까지의 거리

(3) 항공기 무게중심 측정 이유

먼저 빈무게(empty weight) 상태에서 항공기 무게중심을 계산한 후 그 다음 연료, 승객, 화물의 탑재 무게와 탑재위치를 이용해 모멘트를 계산하여 새로운 CG를 구하고 위치를 확인하여 CG의 중심한계를 벗어나면 화물의 위치 조정한다. 추가로 새로운 무게를 탑재할 때에도 무게중심의 위치조절이 가능하다.

① 항공기 CG(무게 중심)가 앞쪽에 있을 경우
  ㉠ Nose-up 트림 필요하며 수평비행 유지하려면 수평 꼬리날개 아래쪽 당기는 힘이 필요하다.
  ㉡ 날개하중이 크게 되며 많은 양력이 필요하다.
  ㉢ 양력을 얻으려면 날개의 받음각이 커야 하며 그에 따른 저항이 커진다.
  ㉣ 순항속도가 떨어지고 Stall Speed 커진다.
② 항공기 CG(무게 중심)가 뒤쪽에 있을 경우
  ㉠ Nose-Down 트림 필요 저항이 적어 순항 속도가 빠르다.
  ㉡ 안정성이 줄어들어 안정성을 높이기 위해 수평미익에서 양력을 반대로 발생하도록 설계한다.

(4) 항공기 무게

① **총 중량(Gross Weight)** : 항공기에 탑재 가능한 총중량이며 항공기 기체 무게, 연료, 윤활유, 승객, 화물 등 탑재물의 무게를 다한 무게를 말하며 온 무게라고도 한다. 항공기에 인가된 최대하중(형식 증명서 type certificate 명시)
② **이륙중량(Take off Weight)** : 항공기 이륙 순간의 허용무게로 총 중량(Gross Weight)에서 비행준비 및 지상 활주에 사용되는 연료와 윤활유의 무게를 제한 무게이다.

③ **착륙중량(Landing Weight)** : 항공기 착륙할 때의 무게, 착륙 시에 가질 수 있는 무게의 상한치 총 중량에서 이륙 및 비행에 쓰인 연료와 윤활유의 무게를 제한 무게 무게를 초과시 연료를 배출(DUMP)해서 착륙중량 이하로 만듦
④ **영연료중량(Zero Fuel Weight)** : 연료와 오일의 무게를 제외한 최대 허용 중량이며 여객기에서 안전 및 경제성을 고려해 운항관리 목적상 사용
⑤ **유상하중(Payload)** : 승객, 수화물, 화물 등 항공사의 수입원이 되는 중량을 말한다. 유상하중의 크고 작음에 따라 항공기 운항의 실효를 판단할 수 있다.
⑥ **운항자중(Operating Weight)** : 주로 민간기에 사용하는 중량 표시 방법으로 승무원, 수화물, 긴급용 장비 등 운항에 필요한 장비 및 인원을 포함시켜 나타낸 중량이다. 운항자 중에 승객, 수화물, 화물, 우편들의 페이로드의 중량을 더한 것이 Zero연료 중량이다.
⑦ **기본빈무게(BEW : Basic empty weight)** : Empty weight에 항공기가 움직이는데 필수적으로 필요한 윤활유, 냉각수(있으면), 압오일(있으면) 등과 unusable fuel weight를 더한 수치
⑧ **자체무게(EW : Empty Weight)** : 항공기에 승무원, 화물 등이 아무 것도 실려있지 않고 항공기의 고정된 위치에 영구적으로 장착된 모든 운용장비들의 무게이다. 비배출 윤활유와 비배출 연료의 무게를 포함한다.
⑨ **테어(Tare)** : 항공기의 무게를 측정하는데 필요한 장비, 즉 초크(chocks), 블록(blocks), 슬링(slings), 잭(jacks) 등의 무게이다. 항공기의 실제 무게를 얻기 위하여 이 무게는 제외되어야 한다.

※ 항공기 무게-1

TAXI WEIGHT	TAKE OFF WEIGHT	LANDING WEIGHT	ZERO FUEL WEIGHT	STANDARD OPERATING WEIGHT	BASIC EMPTY WEIGHT
					OPERATING ITEM
				PAYLOAD(ALLOWABLE CABIN LOAD)	
			RESERVE FUEL (FUEL DESTINATION)		
		BURN OFF FUEL			
	TAXI FUEL				

* Fuel = Taxi Fuel + Burnout Fuel + Reserve Fuel
 연료 = 택시연료 + 목적지까지 갈 때 소비되는 연료 + 예비연료

※ 항공기 무게-2

MEW	A/C 자체무게				Useful load		
BEW	A/C 자체무게	standard item					
SOW	A/C 자체무게	standard item	operating item				
ZPW	A/C 자체무게	standard item	operating item	payload			
TIW	A/C 자체무게	standard item	operating item	payload	reserve fuel	burnoff fuel	taxi fuel
TOW	A/C 자체무게	standard item	operating item	payload	reserve fuel	burnoff fuel	
LDW	A/C 자체무게	standard item	operating item	payload	reserve fuel		

BEW는 항공기 하중에 영향을 줄 수 없는 다시 말해서 고정 및 장착된 무게를 의미하므로 항공기 무게 중심을 구하는데 기본이 되며 유효하중(useful load)은 항공기의 하중에 영향을 미칠 수 있는 것들로 구성된다. 항공기의 무게중심을 나타내는 방법에는 "기준선에서 얼마나 떨어져있는지"와 "MAC의 리딩에지에서 몇 %되는 지점" 두 가지로 말할 수 있다. 항공기의 무게중심은 MAC에 포함되어야 하기 때문이다.

- MEW : Manufacture's Empty Weight
- BEW : Basic Empty Weight
- SOW : Standard Operating Weight
- ZPW : Zero Fuel Weight
- TIW : Taxi Weight = Ramp Weight
- LDW : L/D Weight

* Standard item
  ① 사용 불가능한 연료 및 액체
  ② 엔진오일
  ③ 화장실 액체 및 화학물질
  ④ 소화기, 조명탄, 비상용 산소 장비품
  ⑤ galley, buffet, bar의 구조물
  ⑥ 보조용 전자장비품
* Operating item
  ① 승무원, 승무원 휴대품
  ② 탑재매뉴얼, 항행 장비품
  ③ 음식과 음료
  ④ 먹을 수 있는 물
  ⑤ 구명정, 구명복

(5) 무게중심 구하기

① Datum(기준선) 데이텀 : 항공기에서 어떤 부품의 위치를 나타낼 때 사용하는 기준이 가상의 수직 평면. 아무 곳이나 상관없고 항공기마다 다르지만 보통 기수(nose)나 날개 뿌리의 앞전(leading edge)을 기준

② Arm(팔길이) : 기준선부터 어떤 부품 또는 항공기의 특정 부분까지의 수평 거리이며 기준선 뒤쪽으로 잰 거리는 (+), 기준선 앞쪽으로 잰 거리는 (-) 부호

③ Moment(모멘트) : 어떤 무게와 무게까지의 팔 길이를 곱한 값이며 값은 어떤 무게에 의한 회전력(토크값)을 의미하고 kg-cm 또는 in-lb 단위로 나타낸다.

④ Center of gravity(CG) 무게중심 : 항공기의 평형점을 나타내고 항공기의 앞쪽과 뒤쪽의 무거운 정도가 정확하게 같아지는 점

⑤ 공식

$$무게중심 = \frac{각각의\ 모멘트의\ 합}{각각의\ 무게의\ 합}$$

20 항공기 세척

(1) 의미와 목적

도장(painting), 실링(sealing), 도금(plating), 화학피막처리를 위한 사전작업으로 목적은 부식방지 미관확보(먼지, 수분, 액체 등에 의한 이물질 오염)를 하고 부식(오염 물질에 습기 함유 및 염분이 첨가)을 방지하고 경제적인 운항(표면 oil & fat 피막은 항력과 중력 증가)을 위하여 세척을 한다.

(2) 세척 방법 3가지

① **알칼리 크리닝** : 기체 금속면 계면 활성제, 부식억제제를 포함한 알칼리계의 세제를 분사하거나 브러시로 표면을 문질러 세제가 다 건조하기 전에 물로 닦아내는 방법으로 순서는 마스킹 → 기름성분 제거 → 물 크리닝 → 건조이다.

② **유기용제(organic solvent) 크리닝** : 시너(thinner)·용제(solvent), 솔벤트, 케로신, 세척용 신사, 톨루엔, MEK, 아세톤 등 기름을 녹일 수 있는 액체상태의 유기화학 물질 등을 사용한다. 유기용제는 기름을 잘 녹이며 피부에 묻으면 지방질을 통과하여 체내에 흡수되며 쉽게 증발하여 호흡을 통하여도 잘 흡수된다. 인화성이 있어 불이 잘 붙으며 중독성이 강하여 뇌와 신경에 해를 끼쳐 마취작용과 두통을 일으킨다.

③ **화학적 크리닝(chemical cleaning)** : 마그너스 178, 스팀 크리너, Cee-Bee A-697, MG #153, 마그너스 61-DR 등이 사용된다.

MEMO

CHAPTER

4

필기편

항공장비

Chapter 4 항공장비

01 항공전기 계통

1 전기회로

(1) 직류와 교류

① CGS 단위계(cm, g, sec)

②

지수	단위		지수	단위	
10^{-1}	d	데시	10^{1}	da	데카
10^{-2}	c	센티	10^{2}	h	헥토
10^{-3}	m	밀리	10^{3}	k	킬로
10^{-6}	μ	마이크로	10^{6}	M	메가
10^{-9}	η	나노	10^{9}	G	기가
10^{-12}	p	피코	10^{12}	T	테라
10^{-15}	f	펨토	10^{15}	P	페타

※ 단위 표시는 대괄호로 표시한다. 1[km]

③ 궤도별로 전자 배치 공식 : 파울리 공식에 의한 궤도 전자수 = $2n^2$개
- #1 : 2개(K각 궤도)
- #2 : 8개(L각 궤도)
- #3 : 18개(M각 궤도)
- #4 : 32개(N각 궤도)
- #5 : 50개(O각 궤도)
- #6 : 72개(P각 궤도)
- #7 : 98개(Q각 궤도)

※ Si_{14}(실리콘)의 궤도수와 가전자수 : 궤도수 3개, 가전자수 4개

④ **전자의 이동 방향** : (-) → (+) 이동한다.
   전류의 흐름 방향 : (+) → (-) 흐른다.
   빛의 속도, 전파의 속도 : 3×10^8 m/sec
⑤ **정전기** : 전자(전기)가 멈추어 있다가 외부로부터 요인이 발생했을 때 자유전자가 돌아다니며 전기를 일으키는 것
   ㉠ 동전기 : 전자(전기)가 지속적으로 이동 또는 흐르는 것
   ㉡ 대전 : 전기 성분을 띠는 현상
   ㉢ 대전체 : 전기 성분을 띠는 물체
⑥ **전하** : 대전체가 띠고 있는 전기 또는 이온
   ㉠ 전하량 : 전하의 양 또는 전기량(기호 : Q, 단위 : [C] 쿨롱)
   $$1C = 6.25 \times 10^{18} \text{개의 전자량}$$
   ㉡ 전자 1개의 전하량 = $1/6.25 \times 10^{18} = 1.6 \times 10^{-19}$ C
⑦ **전기의 3요소** : 전류, 전압, 저항
   ㉠ 전압 : 전기적인 압력(기호 : V, 단위 : [V] 볼트)
   ㉡ 기전력 : 전류를 연속적으로 만드는 힘
   ㉢ 전위 : 어느 지점으로부터 전기의 위치
   ㉣ 전위차 : 두 지점 사이의 상대적인 차이
   ㉤ 전류 : 도체의 단면을 단위 시간당 지나간 전하량(기호 : I, 단위 : [A] 암페어)
      • 1A 정의 : 1초 동안 전하 1C이 이동했을 때 전류량/값
   ㉥ 저항 : 전류의 흐름을 방해하는 성질(기호 : R, 단위 : [Ω])
   $$R = \rho \frac{\ell}{A} [\Omega]$$
   ㉦ 저항을 결정하는 4요소
      ⓐ 물질 자체가 갖는 저항값 : 고유저항(비저항)에 비례
         • 기호 : ρ(로우)
         • 단위 : [Ω·m] 옴미터
      ⓑ 도선, 도체, 전선의 길이에 비례
         • 기호 : ℓ
         • 단위 : [m]
      ⓒ 도선, 도체, 전선의 굵기/단면적에 반비례
         • 기호 : A
         • 단위 : [m²]
      ⓓ 온도 : 온도가 높을수록 저항(R)도 커진다.
         (서미스터 : 온도가 높을수록 저항(R)값이 적어지는 물질)

- 기호 : T
- 단위 : [℃]

⑧ **옴의 법칙** : 전류 I의 크기는 공급된 전압 V에 비례하고 저항 R에는 반비례한다.(V = IR)

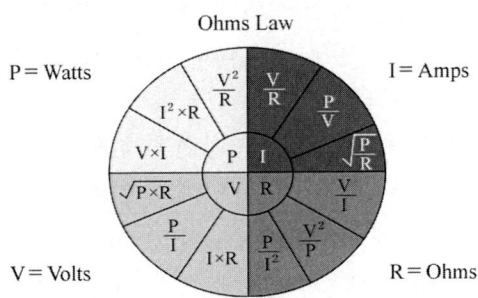

⑨ **전력** : 전기가 발생시키는 에너지의 양(기호 : P, 단위 : [W] 와트)
  ㉠ P = VI
  ㉡ 1[W] 정의 : 전압 1[V]에 전류 1[A]를 흘렸을 때의 전력의 크기

⑩ **전력량** : 단위시간당 사용한 전력크기(기호 : W, 단위 : [wh] 와트아우어)
  ㉠ PW = P · t(시간)[wh] = VI · t[VA · sec]

⑪ **줄의 법칙** : 1V 전압과 1A의 전류가 흐를 때 발열량은 전류의 제곱과 저항값을 곱한 값에 비례한다.
  ㉠ $H = I^2R \cdot tJ(1J = 0.24cal, 1cal = 4.2J)$

⑫ **전자석** : 철심에 도선을 감아 전류를 흐르게 하면 전자석이 되고, 이때의 자기력선은 오른손 엄지방향(N극)으로 발생한다.

⑬ **앙페르의 오른나사 법칙** : 도체에 전류가 흐르면 주위에 와류 자장이 형성된다. 이때 전류의 방향을 나사의 진행방향과 일치시키면 자기력선의 방향은 오른나사가 돌아가는 방향이 된다.

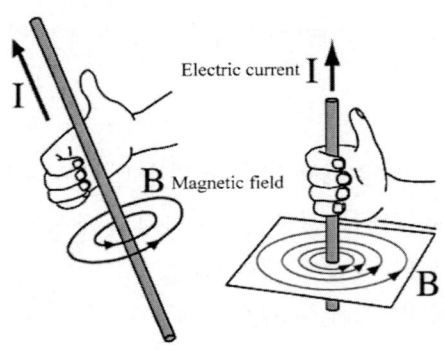

⑭ **렌츠의 법칙** : 코일이 감긴 원형철심에 자석을 가까이 하거나 멀리하면, 자속의 변화를 방해하는 방향으로 코일에 유도 기전력이 발생하는 법칙이다.

⑮ **전자기유도작용** : 코일에 흐르는 전류를 변화시키면 코일과 교차하는 자속도 변화하기 때문에 코일에 그 자속변화를 방해하는 방향으로 기전력이 발생한다. 즉, 전류를 차단하면 자기가 사라지는데, 이를 막기 위해 역기전력이 유도된다.

⑯ **static discharger** : 항공기가 고속으로 비행하면 공기 중의 먼지, 비, 눈, 얼음 등과의 마찰에 의해 기체표면에 정전기가 발생한다. 이 정전기는 점차 축적되어 매우 짧은 간격의 펄스형태로 코로나 방전을 하므로 항공기의 무선통신에 잡음 방해를 일으킨다. 이런 유해한 잡음을 없애기 위해 정전기 방출장치(방전장치)를 장착한다. 길이 10cm 정도의 핀(pin) 모양을 tail section과 wing tip에 장착한다.

⑰ **직류(DC : Direct Current)** : 일정한 크기와 방향으로 흐르는 전류. 직류에서의 전압은 거의 변화가 없지만 전류의 크기는 변화한다.
 ㉠ 장점
  ⓐ 저장이 가능하다.
  ⓑ 전원을 이동 가능하다.(소형으로 휴대 용이)
  ⓒ 전원이 교류에 비해 안정적이다.(전압이 일정하여 품질 우수)
  ⓓ 직류 모터는 속도 조정이 용이하다.
  ⓔ 정밀 제어에 유리하다.
  ⓕ 무효전력이 발생하지 않아 전력소모가 적고 힘이 좋다.
  ⓖ 주파수가 없어 통신장애가 발생하지 않는다.
 ㉡ 단점
  ⓐ 전압이 일정하여 전압의 변경이 어렵다.
  ⓑ 많은 전기를 저장하기 어렵다.
  ⓒ 대용량 전기 공급 및 장거리 송전이 교류보다 불리하다.
  ⓓ 방전이 되면 충전하거나 교체해야 한다.

⑱ **교류(AC : Alternating Current)** : 시간의 경과에 따라 일정한 주기를 가지고 크기와 방향을 바꾸는 전류
 ㉠ 장점
  ⓐ 3상 전력을 생산 가능하며 전압의 변경이 용이하다.
  ⓑ 대용량의 에너지를 사용 및 장거리 송전에 유리하다.
  ⓒ 대용량의 모터 제작이 가능하다.
  ⓓ 충전이나 전력 교체가 필요 없다.

ⓒ 단점
　　　ⓐ 전기를 저장할 수 없다.
　　　ⓑ 직류에 비해 안정적이지 못하다.
　　　ⓒ 교류 모터는 속도 조정이 용이하지 않다.
　　　ⓓ 전자기파가 발생하여 통신장애가 발생한다.
　　　ⓔ 정전 용량 및 리액턴스에 의한 대책이 필요하다.
　　　ⓕ 고압 송전으로 인하여 환경에 유해하다.
⑲ 등가회로 : 저항을 통일시켜 단순화시킨 것
　　㉠ 직렬연결 : 한 개의 전선으로 전류를 흘려서 여러 개의 부하를 연결한 회로
　　㉡ 병렬연결 : 여러 개의 전선으로 전류를 흘려서 여러 개의 부하를 연결한 회로
⑳ 직렬연결의 특성
　　㉠ 전류값이 동일하다.($I = I_1 = I_2 = I_3$)
　　㉡ 각 부하(R_1, R_2, R_3)에 걸리는 전압은 다르다.
　　　($V \neq V_1 \neq V_2 \neq V_3$, $V = V_1 + V_2 + V_3$)
㉑ 병렬연결의 특성
　　㉠ 각 부하에 흐르는 전류값이 다르다.($I \neq I_1 \neq I_2 \neq I_3$, $I = I_1 + I_2 + I_3$)
　　㉡ 각 부하에 걸리는 전압은 동일하다.($V = V_1 = V_2 = V_3$)
㉒ 직류 회로에서의 합성 저항값 구하기(RT)
　　㉠ 직렬연결 : $R_T = R_1 + R_2 + R_3 + \cdots + R_n [\Omega]$
　　㉡ 병렬연결 : $R_T = \dfrac{1}{\dfrac{1}{R_1} + \dfrac{1}{R_2} + \dfrac{1}{R_3} + \cdots + \dfrac{1}{R_n}} [\Omega]$
㉓ 키르히호프 법칙

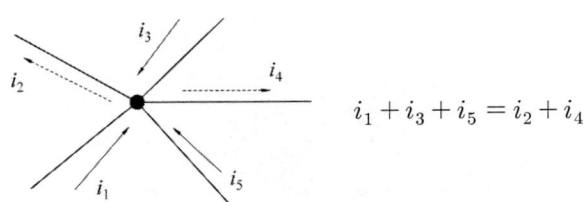

$i_1 + i_3 + i_5 = i_2 + i_4$

　　㉠ 제1법칙(전류법칙, KCL법칙) : 어떤 회로에서 접속점으로 흘러들어오는 총전류값은 접속점으로 흘러나가는 총 전류값과 같다.(전체 전류값의 총대수합은 0이다.)

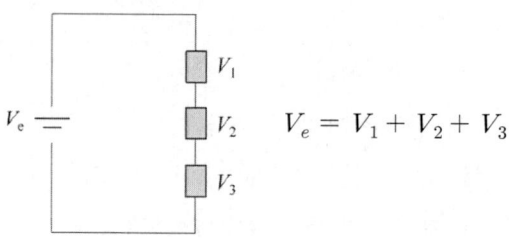

ⓒ 제2법칙(전압법칙, KVL법칙) : 어떤 회로에서 공급된 전압은 각 부하에 걸리는 각각의 전압을 합한 것과 같다.(전체 전압의 총대수합은 0이다.)

㉔ **콘덴서** : 전기를 축적하는 기능을 가지고 있고, 직류전류를 차단하고 교류전류를 통과시키는 목적에도 사용된다. 금속판에 직류전압을 걸면, 전기가 축적되며, 축적되는 동안에는 전류가 흐른다. 그러나 축적이 완료된 상태에서는 전류는 흐르지 않게 된다. 따라서 순간적으로 전류가 흐르지만 나중에는 흐르지 않아 직류를 통과시키지 않으려는 직류차단 용도로 사용된다. 반대로 교류는 항상 교대로 극성이 바뀌어 흐르므로 충방전효과로 인하여 교류전류는 통과시키게 된다.

㉠ 구조 : 2장의 금속판을 평행으로 놓고 그 사이에 절연물(유전체)을 삽입한 구조로 되어 있다. 금속판에는 알루미늄박, 주석박 등이 사용되고, 절연물에는 종이, 운모, 전해액을 포함한 산화피막 또는 공기 등이 사용된다. 절연물에 따라 종이콘덴서, 전해콘덴서, 세라믹콘덴서, 마일러콘덴서 등이 된다.

ⓒ 정전용량 : 콘덴서가 전하를 축적하는 용량. 캐패시턴스라고 한다.(기호 : C, 단위 : [F] 패럿)

정전용량 C는 유전체의 유전율 ϵ과 전극판의 면적 A에 비례하고 전극 사이의 거리 d에 반비례한다.

$C = \epsilon \dfrac{A}{d}$ [F]

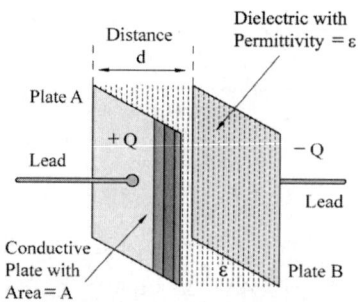

ⓒ 전하량 : 전압 V를 가했을 경우 정전용량 C인 콘덴서에 축적되는 전하량 Q.
Q = CV[C]

㉕ 직류 회로에서의 합성 정전용량값 구하기(CT)

　㉠ 직렬연결 : $C_T = \dfrac{1}{\dfrac{1}{C_1} + \dfrac{1}{C_2} + \dfrac{1}{C_3} + \cdots + \dfrac{1}{C_n}}$ [F]

　㉡ 병렬연결 : $C_T = C_1 + C_2 + C_3 + \cdots + C_n$ [F]

㉖ 교류 정현파(사인파)의 발생

　㉠ 사이클(cycle) : 한 주기와 주기 사이
　㉡ 주기(period) : 한 사이클 동안 걸린 시간
　㉢ 주파수(frequency) : 초당 주기(사이클) 횟수(기호 : f, 단위 : [Hz])
　㉣ 가정용(일반) : 220[V], 60[Hz]
　㉤ 항공용 : 115[V], 400[Hz]

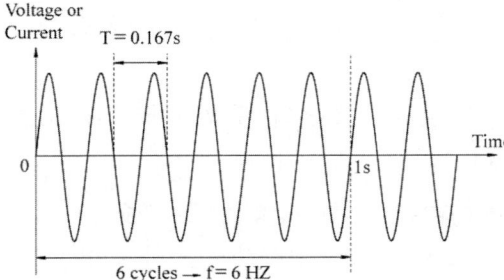

$f = \dfrac{1}{T}$　　f : frequency

$f = \dfrac{1}{f}$　　T : period

　㉥ 각 주파수(각속도) : 발전기에서 코일이 회전할 때, 각의 이동이 생기고 각이 회전하는데, 각이 이동한 속도(기호 : w(오메가), 단위 : [°/sec])
　　 $w = 2\pi f$ [rad/sec]

㉗ 교류값

　㉠ 기본값(순간값/순시값) : 시간의 변화에 따라 매 순간 변화하는 교류의 값
　　ⓐ 전류의 기본값 표시 : $i = I_m \sin\theta = I_m \sin\omega t$
　　ⓑ 전압의 기본값 표시 : $v = V_m \sin\theta = V_m \sin\omega t$

　㉡ 최대값(정상값) : 기본값 중 최대크기의 값
　　ⓐ 전류의 최대값 : I_m
　　ⓑ 전압의 최대값 : V_m

　㉢ 실효값(유효값) : 실제 교류전기가 에너지를 발휘하는 값
　　(교류값을 직류값으로 환산한 값)
　　ⓐ 전류의 실효값 : $\dfrac{I_m}{\sqrt{2}} = 0.707 I_m$

ⓑ 전압의 실효값 : $\dfrac{V_m}{\sqrt{2}} = 0.707\,V_m$

ⓒ 평균값 : 반주기(교번) 값을 평균한 값

　ⓐ 전류의 평균값 : $\dfrac{2}{\pi}I_m = 0.637\,I_m$

　ⓑ 전압의 평균값 : $\dfrac{2}{\pi}V_m = 0.637\,V_m$

㉘ 교류회로의 합성저항

㉠ 인덕턴스(Inductance) : 회로에 흐르는 전류의 변화에 의해 전자기유도로 생기는 역기전력의 비율을 나타내는 양(단위 : [H] 헨리, 기호 : L)

㉡ 자체 인덕턴스 : 역기전력이 자기 자신의 회로에 흐르는 전류의 변화로 유도

㉢ 상호 인덕턴스 : 결합되어 있는 상대방의 회로에 흐르는 전류의 변화로 유도

㉣ 캐패시턴스(Capacitance) : 전하를 저장할 수 있는 전기용량(단위 : [F] 패럿, 기호 : C)

㉤ 리액턴스(Reactance) : 교류회로에서 전류의 방향이 바뀌어 흐름을 방해하는 작용(단위 : [Ω], 기호 : X)

㉥ 유도리액턴스(Inductive Reactance) : 인덕터에 의한 작용

㉦ 용량리액턴스(Capacitive Reactance) : 캐패시터에 의한 작용

㉧ 임피던스(Impedance) : 교류회로에서는 저항(R)과 리액턴스(인덕턴스와 캐패시터)를 저항에 합성한 저항(단위 : [Ω], 기호 : Z)

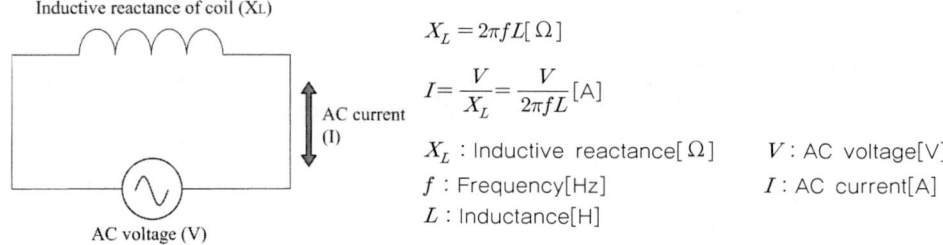

㉙ 유도 리액턴스 : 교류회로에서 전류의 흐름을 방해하는 코일의 저항. 교류 전류를 코일에 흘려주면 방향이 변하면서 자기장이 형성되는데, 자기장의 변화를 방해하는 방향으로 유도 기전력이 형성되어 공급된 전류의 방향과 반대가 되어 코일이 저항 역할을 하게 된다.

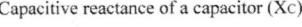

$$X_C = \frac{1}{2\pi f C} = \frac{1}{\omega C}[\Omega]$$

$$I = \frac{V}{X_C} = 2\pi f CV [A]$$

X_C : Capacitive reactance[Ω]
f : Frequency[Hz]
C : Capacitance[F]
V : AC voltage[V]
I : AC current[A]

㉠ 용량 리액턴스 : 축전기 양극에 전압을 걸면 전하가 모여 안의 두 개의 판 사이에 외부 전압과 같은 전압이 형성된다. 외부 전압이 낮아지면 축전기 내부의 전하를 다시 이동시켜 항상 외부 전압과 같은 전압이 되려 한다. 이때 흐르는 전하는 외부 전압 변화를 거스르는 방향이며 이로 인해 발생하는 저항

㉡ 임피던스 : $Z = \sqrt{R^2 + \left(2\pi f L - \dfrac{1}{2\pi f C}\right)^2}$

㉢ RLC 회로 공진 : 유도 리액턴스(X_L)와 용량 리액턴스(X_C)가 같을 때, 전류 값이 최대가 되면서 이때를 공진이라 한다.(공진조건 : $X_L = X_C$)

㉣ 공진 주파수 : $f_0 = \dfrac{1}{2\pi\sqrt{LC}}$[Hz](직병렬 동일)

㉚ **교류값의 표시방법**
  ㉠ 복소수 표시법
    ⓐ $i = I_m(\cos\theta + j\sin\theta)$
    ⓑ $v = V_m(\cos\theta + j\sin\theta)$
  ㉡ 삼각함수 표시법
    ⓐ $i = I_m\sin(\omega t + \theta)$
    ⓑ $v = V_m\sin(\omega t + \theta)$
  ㉢ 지수함수 표시법
    ⓐ $i = I_m i^{j\theta}$
    ⓑ $v = V_m \nu^{j\theta}$
  ㉣ 극좌표 표시법
    ⓐ $i = I_m^{\angle\theta}$
    ⓑ $v = V_m^{\angle\theta}$

㉛ **단상교류전력**
  ㉠ 유효전력 : 교류 회로에서 전원에서 공급되어 부하에서 유효하게 이용되는 전력. 전원에서 부하로 실제 소비되는 전력으로 평균전력, 소비전력이라 부른다.

단위는 와트 [W].

$P = VI\cos\theta$ [W]

ⓛ 피상전력 : 교류 회로에서 전압계는 실효 전압을 지시하고 전류계는 실효 전류를 지시하는데, 전압과 전류의 곱. 단위는 볼트암페어 [VA].

$P_a = VI$ [VA]

ⓒ 무효전력 : 교류 회로의 리액턴스에 일어나는 전력으로 외부에는 어떤 일도 하지 않은 전력. 단위는 바르 [Var].

$P_r = VI\sin\theta$ [Var]

ⓔ 역률 : 피상전력 중에서 유효전력으로 사용되는 비율로서 부하의 역률이 1에 가까울수록 효율이 좋다.

$\cos\theta = \dfrac{R}{Z}$

(2) 회로보호장치 및 제어장치

① **회로보호장치** : 회로 내에서 과전압이나 단락 등에 의해 과전류가 흐르는 것을 차단하여 회로 및 전기기기의 손상을 방지하는 장치로서 일반적으로 전원부 가까운 곳에 설치한다.(회로보호장치 용량의 단위 : 암페어 [A])

ⓛ 퓨즈 : 납과 주석의 합금으로 만들어지며 규정용량 이상의 전류가 흐르면 녹아서 끊어진다. 규격 단위는 [A], 한 번 사용 후 끊어지면 재사용 불가

ⓐ 항공기 기준 예비퓨즈를 사용량의 50% 구비

ⓒ 전류제한기 : 높은 전류를 짧은 시간에 흐를 수 있도록 만든 퓨즈로 동력회로에 사용되며 재질은 녹는점이 일반퓨즈의 재질보다 높은 구리를 사용한다.

ⓒ 회로차단기 : circuit breaker, 규정용량 이상의 과전류가 흐르면 접점이 열려 전류를 차단시키는 장치. 이상 회로가 정상으로 바뀌면 재사용(리셋 후 /on) 가능

ⓐ 용어
- 트립(trip) : 회로 고장시 자동으로 off 상태로 전환되는 것
- 리셋(Reset) : on 상태로 전환하는 것

ⓔ 열보호장치 : 과열되면 자동으로 바이메탈이 휘어져 전류를 차단하는 스위치로 열이 식으면 다시 본래 위치로 돌아와 회로를 연결시킨다.

ⓜ 전류차단기 : 회로차단기와 유사하지만, 일정시간 동안 전류의 초과를 허용한다.

② **회로제어장치** : 항공기 운항 중에 전기회로나 전기기기의 기능이 필요할 때 작동하도록 제어하는 장치(전기의 사용여부를 결정하는 스위치를 의미)

㉠ 스위치 종류
ⓐ 토글(Toggle) 스위치 : 레버와 접점이 반대로 붙는 것으로, 항공기에서 많이 사용한다.
ⓑ 웨퍼(Wefer) 스위치 : 동시에 여러 회로를 스위칭하는 스위치
ⓒ 누름 단추 스위치(푸시버튼) : 1개 고정점과 1개 이동 접촉점으로 누르면 켜지고 누르면 꺼지는 스위치로 조종실 계기 패널에 많이 사용된다.
ⓓ 마이크로 스위치 : 특정 범위/조건에서만 스위칭하는 스위치
ⓔ 로터리 선택 스위치(회전선택 스위치) : 여러 개 회로 중에서 1개 회로만 선택 적으로 스위칭하는 스위치
ⓕ 계전기 스위치(Relay 스위치) : 적은 전류 값의 전자석을 이용하여 큰 전류 값의 장치를 스위칭하는 스위치(이동식, 고정식)
ⓖ 근접스위치(프럭시마이티 스위치) : 기계적 접촉점을 없앤 스위치(항공기 출입문 개폐 경보장치)

㉡ 접점에 따른 종류
ⓐ 단극단투(Single pole single Throw) : SPST형 스위치
ⓑ 단극쌍투(Single pole double Throw) : SPDT형 스위치
ⓒ 쌍극단투(double pole single Throw) : DPST형 스위치
ⓓ 쌍극쌍투(double pole double Throw) : DPDT형 스위치

③ **계전기(릴레이)** : 코일에 전류를 흘리면 철심이 자석이 되는 성질을 이용하여 스위치의 접점을 닫거나 열거나 하는 장치. 항공기 조종석에 설치되어 있는 스위치에 의하여 원거리에 있는 회로를 제어할 수 있는 전자기 스위치이다.
㉠ 계전기(릴레이) 사용 목적
ⓐ 큰 전류가 흐르는 도선의 길이가 짧아진다.
ⓑ 도선의 중량이 감소한다.
ⓒ 도선의 저항에 의한 전압강하를 줄인다.
ⓓ 다른 전자장치에 대한 전자유도장해를 줄인다.
ⓔ 적은 전류로 제어하므로 스파크에 의한 스위치 손상을 방지한다.

④ **저항기(Resistor)** : 전기회로의 전압을 다양하게 변환하기 위해, 전류의 흐름을 제어하는 소자이다. 고정식, 조절식, 가변식이 있다.
㉠ 고정 저항기의 저항값 : 색띠(color band)에 의해 표시한다.

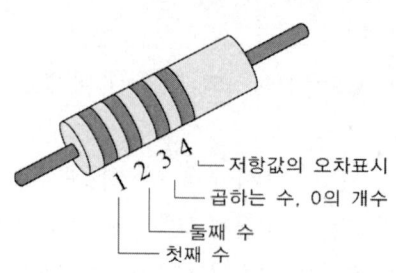

색	첫 번째 띠	두 번째 띠	세 번째 띠(단위)	네 번째 띠(오차)	열계수
검정	0	0	$\times 10^0$		
갈색	1	1	$\times 10^1$	±1% (F)	100rpm
빨강색	2	2	$\times 10^2$	±2% (G)	50rpm
주황색	3	3	$\times 10^3$		15rpm
노랑색	4	4	$\times 10^4$		25rpm
초록색	5	5	$\times 10^5$	±0.5% (D)	
파랑색	6	6	$\times 10^6$	±0.25% (C)	
보라색	7	7	$\times 10^7$	±0.1% (B)	
회색	8	8	$\times 10^8$	±0.05% (A)	
흰색	9	9	$\times 10^9$		
금색			×0.1	±5% (J)	
은색			×0.01	±10% (K)	
없음				±20% (M)	

(3) 직류 및 교류 측정장비

① **직류 측정 계기** : 직류 전류계, 직류 전압계, 저항계, 휘스톤 브릿지, 멀티미터
② **교류 측정 계기** : 교류 전류계, 교류 전압계, 전력계, 주파수계, 오실로스코프
③ **전류계** : 부하에 직렬로 연결하여 전류를 측정한다. 전류계의 감도보다 큰 전류를 측정하려면 션트저항(분류기)을 전류계에 병렬로 연결하여 대부분의 전류를 션트저항으로 흐르게 하고, 전류계에는 감도보다 적은 전류가 흐르게 한다.
④ **전압계** : 부하에 병렬로 연결하여 전압을 측정한다. 전압계의 감도보다 큰 전압을 측정하려면 직렬저항(배율기)을 전압계에 직렬로 연결하여 대부분의 전압이 직렬저항에서 강하되고, 전압계에는 감도보다 작은 전압이 걸리게 한다.
⑤ **저항계** : 옴의 법칙에 의해 전류와 반비례 관계로 회로의 단선 여부 추측 또는 저항값 측정 시에 사용한다.

⑥ **메거(절연저항계)** : 절연저항 측정 시 사용한다.
  ㉠ 목적 : 절연체인 전선의 단선이나 누전을 확인한다.
  ㉡ 방법 : 도선의 한 쪽 끝에 빨강 프로브를 대고 검정 프로브는 접지시킨다. 메거의 파워스위치를 눌러 전압을 가하여 전류가 흐르지 않으면 정상이고, 전류가 흐르면 누전된 것이다.(저항과 전류의 반비례 관계로 절연저항 값이 무한대면 누설전류가 없어 정상이고, 절연저항 값이 10[MΩ] 이하이면 누전이 있다.)
⑦ **멀티미터** : 전압, 전류, 저항을 하나의 기기로 측정할 수 있게 만든 기기
  ㉠ 아날로그와 디지털이 있다.
  ㉡ 주의사항 : 전류계는 직렬, 전압계는 병렬 연결한다.
  ㉢ 측정하고자 하는 전류 및 전압의 값을 알 수 없기에 큰 범위부터 낮추어 측정한다.
  ㉣ 저항이 큰 부하의 전압을 측정할 때는 저항이 큰 전압계를 사용한다.
  ㉤ 전류계와 전압계는 전원이 공급된 상태에서 사용하지만 저항계는 전원이 차단된 상태에서 사용한다.
⑧ **오실로스코프** : 전압계와 동일하지만, 전압계는 전압의 크기만 나타내는 반면, 오실로스코프는 시간적으로 변하는 전기적인 신호(파형, 전압, 주기, 주파수, 평균값, 실효값 등)를 화면에 나타내는 기기다. 직류와 교류 모두 측정하며, 여러 신호를 동시에 측정하고, 주로 디지털이 많이 이용된다.
⑨ **션트저항** : 전류계에서 최대측정값 이상의 전류를 측정 시 추가 연결하는 저항

② 직류 및 교류 전력

(1) 축전지

① 축전지 사용 이유
  ㉠ 기동 전동기의 구동, 시동 시 전원으로 사용
  ㉡ 엔진 정지 시 전지장치 전원으로 사용
  ㉢ 발전기 고장 시 잠시 동안의 비행 확보를 위한 비상 전원으로 사용
  ㉣ 발전기의 출력과 부하와의 불균형 조정
② 축전지(항공기용)의 종류
  ㉠ 산성 축전지 : 황산납 축전지(납산축전지)
  ㉡ 알칼리 축전지 : 니켈-카드뮴 축전지
  ㉢ 1차 전지 : 건전지처럼 1회용
  ㉣ 2차 전지 : 충전 가능한 충전용 전지, 축전지 포함

③ 납산축전지(lead acid battery)
  ㉠ 화학반응식

  $$\underset{\text{과산화납}}{\underset{\text{양극판}}{PbO_2}} + \underset{\text{묽은황산}}{\underset{\text{전해액}}{2H_2SO_4}} + \underset{\text{해면상납}}{\underset{\text{음극판}}{Pb}} \leftarrow \underset{\text{황산납}}{\underset{\text{양극판}}{PbSO_4}} + \underset{\text{물}}{\underset{\text{전해액}}{2H_2O}} + \underset{\text{황산납}}{\underset{\text{음극판}}{PbSO_4}}$$

  ㉡ 전해액 : 묽은황산(순수황산 + 증류수), 무색무취이나 불순물이 섞이면 독한 냄새가 난다.
  ㉢ 축전지 구조
    ⓐ 극판 : 격자에 작용물질(과산화납, 해면상납)을 묽은황산으로 반죽하여 소결시킨 것으로 페이스트식이다.(클래드식 : 격자에 납산화물을 도금시켜 놓은 것)
    ⓑ 격자의 재질 : 납과 안티몬(Sb), 납은 결합력은 좋으나 잘 녹아 안티몬을 합금시킨 것이다.
    ⓒ 셀(cell, 단전지)
      • 한 셀당 2[V] 전압 생성
      • 셀당 방전종지 전압 : 1.75[V]
      • 12[V] 축전지는 6개, 24[V] 축전지는 12개의 셀로 구성
      • 각 셀마다 음극판이 양극판보다 1개 더 많은 것은 양극판의 작용물질이 더 활발하게 반응하므로 음극판의 용량을 증가시키기 위해서다.
    ⓓ 격리판 : 격리판 한쪽에는 작은 홈이 있어 이를 양극판에 끼운다. 양극판의 작용물질이 음극판보다 화학적 반응이 더 활발하므로 그만큼 빨리 전해액이 홈을 타고 들어와 침투확산이 잘 되도록 하기 위해서다. 양극판에 의한 산화부식을 방지하는데 목적이 있다.
  ㉣ 브릿지 현상 : 작용물질의 탈락이나 불순물의 침전에 의해 축전지 밑바닥에서 양극판과 음극판이 단락되는 것
  ㉤ 캡(플러그)의 역할 : 전해액 보충, 비중 측정, 충전시 산소 및 수소가스 방출
    ⓐ 전해액 비중(1.26 ~ 1.28)
      • 방전시 : 황산 소비, 물 생성, 비중 감소(충전상태 미흡)
      • 충전시 : 물 소비, 황산 생성, 비중 증가(충전상태 양호)
        ※ 비중계로 축전지의 충·방전 상태 점검 가능

ⓑ 전해액의 온도와 비중관계
- 전해액 온도가 높아지면 황산이온의 팽창으로 비중값이 감소한다.
- 전해액 온도가 낮아지면 황산이온의 수축으로 비중값이 증가한다.
※ 온도에 따라 변화된 비중값을 표준온도(20)의 비중값으로 수정해야 한다.
$S_{20} = S_t + 0.0007(t - 20)$
온도 21 ~ 32℃(70 ~ 90℉)에서의 전해액 비중변화는 작기 때문에 비중 수정이 필요없다.

ⓗ 전해액 누설시 : 황산이 산성이므로 알칼리성인 암모니아수, 중탄산소다 등을 뿌려 중화시킨다.

ⓢ 전해액 만들기
ⓐ 증류수(65%)에다 황산(35%)을 조금씩 부어 섞는다.(황산에 증류수를 부으면 심한 열이 발생하여 위험하다.)
ⓑ 용기는 산화되지 않는 그릇으로 질그릇, 유리그릇, 목재용기 등을 사용한다.(철제용기는 사용하지 않음)

ⓞ 축전지 수명의 단축요인
ⓐ 자기방전 및 과방전 : 장시간 방전되면 부도체인 황산납으로 굳어져 재충전이 되지 않는 상태가 된다. 이렇게 영구적 황산납으로 굳어지는 현상을 설페이션(황화현상)이라 한다.(1일 자기방전율 : 0.3 ~ 1.5%)
ⓑ 과충전 : 산소가스가 과다발생하면 산화작용으로 양극판이 부풀어 오르면서 작용물질이 탈락하기 쉽고 심하면 격자까지 균열되어 부스러진다.
ⓒ 충방전 반복 : 작용물질이 팽창과 수축을 계속하여 반복하면 사이클링(충방전 반복작용)이 쇠약해져 그 결과 작용물질이 결합력 약화로 탈락하게 된다.

④ 알칼리 축전지(Ni-Cd battery)
㉠ 화학반응식

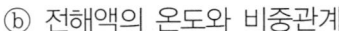

양극판	음극판		양극판		음극판
$Ni(OH)_3$	+ Cd	=	$Ni(OH)_2$	+	$Cd(OH)$
수산화제2니켈	카드뮴		수산화제1니켈		수산화카드뮴

㉡ 전해액 : KOH(수산화칼륨)
ⓐ 화학반응에 참여하지 않고 통전역할만 하므로 충방전 시에도 비중의 변화가 없다.(전해액 비중 : 1.24 ~ 1.3)
㉢ 전해액 만드는 방법 : 납산축전지와 동일하게 증류수에 수산화칼륨을 조금씩 부어 섞는다.

ⓔ 특징
  ⓐ 전해액이 화학반응에 참여하지 않아 수명이 길다.(납산축전지의 2~3배)
  ⓑ 유지보수비가 적게 든다.
  ⓒ 고율방전 시 성능이 우수하다.
  ⓓ 충방전 시 전압의 변화가 적다.
  ⓔ 재충전 소요시간이 짧다.
  ⓕ 고부하에서도 내구성이 좋다.
  ⓖ 가격이 비싸다.
  ⓗ 자원부족으로 대량생산이 어렵다.
  ⓘ 에너지 밀도가 낮다.(셀당 전압이 1.2~1.25[V])
  ⓙ 12[V] 축전지 : 10개의 셀을 직렬 연결
  ⓚ 24[V] 축전지 : 19개의 셀을 직렬 연결
ⓜ 취급시 주의사항
  ⓐ 납산 축전지와 분리하고, 공구 및 장치들도 구별해서 사용한다.
  ⓑ 수산화칼륨이 독성 및 부식성이 강하므로 반드시 보호장구를 착용한다.
  ⓒ 전해액이 공기 중의 이산화탄소와 결합하여 흰색의 탄산칼륨을 만들 수 있으므로 축전지 세척시 캡을 꼭 막는다.
  ⓓ 중화제 : 아세트산, 레몬주스, 붕산염용액
⑤ **축전지 용량** : [AH] = 방전전류[A] × 방전시간[H]
  ㉠ 축전지 방전시간율 : 항공기 축전지는 5시간 방전율을 적용한다.
  ㉡ 축전지 용량 결정의 요소 : 셀당 극판수, 전해액량, 극판의 넓이(크기)
    (축전지를 병렬연결하면 용량이 증가한다.)
⑥ **축전지 충전방법**
  ㉠ 정전류 충전법 : 충전기를 사용하여 일정한 전류로 충전하는 방법
    ⓐ 충전 완료 시간을 예측할 수 있다.
    ⓑ 시간을 초과하면 과충전의 위험이 있다. 충전 전류는 축전지 용량의 10% 정도로 한다.
  ㉡ 정전압 충전법 : 발전기나 충전기 등을 사용하여 일정한 전압으로 충전하는 방법
    ⓐ 충전 초기에 전류값이 큰 단점이 있다.(열로 인한 극판 손상)
    ⓑ 충전이 진행됨에 따라 차츰 전류가 감소하여, 충전상태에 도달하면 거의 전류가 흐르지 않게 되어 가스발생이 거의 없고 충전 능률도 우수하게 된다.
    ⓒ 충전완료 시간을 예측할 수 없기 때문에 중간중간 충전 상태를 확인하여 과충전을 방지한다.

ⓓ 항공기 내에서의 발전기에 의한 충전은 정전압 충전법이다.
⑦ **충전 시 주의사항**
㉠ 통풍이 잘되는 곳에서 충전할 것
㉡ 충전 중인 축전지에 충격을 가하지 않을 것
㉢ 배선 접속을 반대로 하지 않을 것(역충전 주의)
㉣ 충전기의 접지선을 반드시 접지할 것
㉤ 축전지 전해액 비중조정은 충전 완료 후에 할 것
㉥ 납산 축전지 충전시에는 화기를 가까이 하지 말고, 스파크가 발생하지 않도록 할 것(충전 시 발생하는 수소가스가 폭발성이므로 위험하다.)
㉦ 납산축전지 전해액 온도가 45℃ 이상 되지 않도록 할 것(열에 의한 극판과 격리판 손상)
㉧ 알칼리 축전지 충전 시에 완충 전후 3~4시간 지난 후에 물을 첨가한다.
⑧ **축전기(콘덴서, 캐패시터)** : 전자회로에서 부품으로 사용되며 전기를 저장하는 역할을 한다.
⑨ **축전지의 차이점 및 특성**

항목	황산납	니켈-카드뮴
전해액	묽은 황산(산성)	수산화칼륨(알칼리성)
비중의 변화	비중변화가 일정한 패턴(1.275~1.3)	비중변화가 불규칙/불변(1.24~1.3)
충전, 방전의 상태 확인	"비중계"	"전압계" (내부의 셀전압을 체크)
셀당 전압	2.0[V] ※ 항공용 12[V] = 6셀(직렬연결) 　　　　24[V] = 12셀	1.25[V] ※ 12[V] = 10셀×1.25 = 12.5[V] 　24[V] = 19셀×1.25 = 23.75[V]
용량	용량단위 : [Ah] 암페어아우어, 암페어시 ⇒ 전류량 ※ 50[Ah] ⇒ 50[A]×1시간 사용 가능 　　　　25[A]×2시간 사용 가능 　　　　100[A]×30분(0.5시간) 사용 가능	
용량 증가	※ 50[Ah], 12[V]용, 2개(이상) 　직렬연결 : 전압 12×2 = 24[V], 용량 불변 50[Ah] 　병렬연결 : 전압 불변, 용량 증가 50×2 = 100[Ah]	
항공기 사용기준	5시간 이상 방전 가능 조건	
축전지의 장탈착방법	장탈시 : (-)선을 먼저 제거하고, (+)선을 제거 장착시 : (+)선을 먼저 연결하고, (-)선을 연결	

(2) 직류 및 교류 발전기

① **플레밍의 오른손법칙** : 자기장 내에 있는 도체를 자속과 직각인 방향으로 움직여 회전시키면서 자속을 끊으면 전자유도현상에 의하여 유도 기전력이 발생하여 도체에 전류가 흐르게 된다.
  ㉠ 오른손 엄지 : 도체의 운동방향, 전자력의 방향
  ㉡ 오른손 검지 : 자기장(자기력선)의 방향
  ㉢ 오른손 중지 : 전류의 방향
   • 자속밀도 B[T]인 자계와 직각으로 놓인 길이 l[m]의 도선이 v[m/sec]의 속도로 자속을 자를 때, 유도 기전력 $e = Blv\sin\theta$
② **직류 발전기** : 계자를 하우징에 고정시키고 전기자를 회전시켜 전기를 발생시킨다.
  ㉠ 직류 발전기의 구성 요소
   ⓐ 전기자(amature) : 회전부분으로 전기자 코일의 권선방법은 중권이다.
   ⓑ 계자(exciting magnetic field) : 고정부분
   ⓒ 정류자(commutator)
   ⓓ 브러시(brush) : 1/3 ~ 1/2 이상 마모되면 교환한다.
  ㉡ 직류발전기의 종류
   ⓐ 직권 발전기 : 전기자 코일과 계자 코일을 직렬로 연결
   ⓑ 분권 발전기 : 전기자 코일과 계자 코일을 병렬로 연결
   ⓒ 복권 발전기 : 전기자 코일에 2개의 계자 코일을 직렬 및 병렬로 연결
  ㉢ 직류 발전기의 보조장치
   ⓐ 카본파일식 전압조정기 : 카본파일이 계자 코일과 직렬로 연결되어 있다.(카본파일 : 카본 판을 여러 장 겹친 것으로 접촉압력을 가하면 시트 사이의 간격이 좁아져 접촉저항이 감소한다. 반대로 압력이 감소하면 접촉저항은 증가하여 가변저항 역할을 한다.)
   ⓑ 역전류 차단기 : 발전기가 고장나거나 성능 저하시 출력전압이 낮아질 때, 축전지에서 발전기로 역전류가 흐르는 것을 차단하는 장치이다.
   ⓒ 전류제한기 : 부하공급 전류를 일정하게 조절한다.
  ㉣ 직류 발전기의 병렬운전 : 직류 발전기의 병렬운전 조건은 발전기의 출력전압을 같도록 하는 것이다.(이퀄라이저 회로 : 출력전압이 같도록 조정하는 회로)
③ **교류 발전기** : 내부의 로터(회전자)를 회전시켜 스테이터(고정자)에서 전기를 생산한다.
  ㉠ 교류 발전기 구성요소
   ⓐ stator(고정자) : 교류전기가 발생되는 부분
    • 스테이터 철심 : 얇은 규소강판을 성층시킴

• 스테이터 코일 : 3선의 코일이 120° 위상차로 Y결선되어 있음.(항공기는 중성선이 더 있어서 3상 4선식 Y결선)
ⓑ rotor(회전자) : 로터 내부의 철심에 코일이 감겨있고 전류가 들어오면 전자석이 된다. 로터가 회전하면서 자속을 끊어 스테이터 코일에 전기가 발생되도록 한다.
ⓒ 정류기 : 실리콘 다이오드 6개를 사용하여 교류를 직류로 정류시킨다.
ⓓ 슬립링과 브러시 : 슬립링과 브러시가 접촉하여 전기를 공급한다.

ⓛ 교류 발전기의 종류
ⓐ 기본형 발전기 : 전기자, 계자, 슬립링, 브러시로 구성된 발전기
(슬립링과 브러시의 마찰로 고장이 일어나 슬립링/브러시 리스 발전기 사용)
ⓑ 슬립링/브러시 less 발전기 : 전기자(고정자), 계자(회전자)로 대부분의 교류 발전기로 사용한다.
ⓒ 단상, 2상, 3상 발전기 : 전기를 얻는 전기자의 수에 따라 분류된다.

④ 교류 발전기의 출력 주파수

$$f = \frac{P \cdot N}{120} [\text{Hz}]$$

(P : 계자의 극수, N : 분당 회전수 rpm = rotation/min)

⑤ 교류 발전기의 보조장치
㉠ 정속구동장치(Constant Speed Drive : CSD) : 항공기에서는 출력 주파수가 400Hz로 일정하게 유지되어야 한다. 그래서 엔진의 구동축과 발전기축 사이에 정속구동장치를 설치하여 엔진의 회전수에 관계없이 항상 일정한 회전수를 발전기축에 전달한다.(항공기 AC전원 : 115[V], 400[Hz] ± 1[Hz]로 2[Hz]가 넘으면 안됨.)
㉡ 교류 전압 조정기
ⓐ 출력 조정 전압 : 28[V]
ⓑ 출력전압 조정방법 : 로터(계자)에 흐르는 전류를 제어한다.
ⓒ 정류 및 역류방지 : 다이오드
㉢ 인버터(inverter) : 직류(DC)를 교류(AC)로 변환시키는 장치. 종류에는 회전식과 고정식이 있다.
㉣ 정류기(rectifier) : 항공기 주전원에는 직류 발전기 대신 변압 정류기에 의해 직류를 공급한다. 최근에는 대부분의 항공기가 반도체 정류기인 다이오드를 이용하여 정류기로 사용한다.

⑥ **교류 발전기의 병렬 운전조건**
  ㉠ 기전력(전압)의 크기가 같을 것
  ㉡ 위상이 같을 것
  ㉢ 주파수가 같을 것
⑦ **교류 발전기의 특징** : 구조가 간단하고, 출력효율이 우수하고, 정비 및 유지보수가 용이하다.
⑧ **3상 교류 결선방법**
  ㉠ Y결선 : $I_p = I_l$, $V_l = \sqrt{3}\, V_p$
  ㉡ △결선 : $V_p = V_l$, $I_l = \sqrt{3}\, I_p$
⑨ **3상 교류 전력(Y결선)**
  ㉠ 상전압, 상전류 : $P_a = 3 V_p I_p$ [VA]
  $$P = 3 V_p I_p \cos\theta\,[\text{W}]$$
  $$P_r = 3 V_p I_p \sin\theta\,[\text{VAR}]$$
  ㉡ 선간전압, 선전류 : $P_a = \sqrt{3}\, V_l I_l$ [VA]
  $$P = \sqrt{3}\, V_l I_l \cos\theta\,[\text{W}]$$
  $$P_r = \sqrt{3}\, V_l I_l \sin\theta\,[\text{VAR}]$$
⑩ **브러시리스(brushless) 교류 발전기** : 정류자, 브러시, 슬립링이 없어 회전자계를 여과시켜 고정 스테이터에서 전기를 생산한다.
  ㉠ 정류자와 브러시의 마모가 없어 불꽃발생이 없으며 유지보수비가 적다.
  ㉡ 정류자와 브러시, 슬립링과 브러시 사이의 전기저항 및 전도율의 변화가 없어 출력파형이 안정하다.
  ㉢ 고공 비행 시 성능이 우수하다.
  ㉣ 구조가 복잡하고 가격이 비싸다.
⑪ **계자 플래싱(field flashing)** : 계자에 잔류자기가 전혀 남아 있지 않아 발전을 시작하지 못할 때, 외부전원을 통하여 잠시 동안 계자 코일에 전류를 공급하는 것
  ㉠ 외부전원을 공급하는 것 : 타여자 방식(전자석)
  ㉡ 자기가 발전한 전원을 공급하는 것 : 자여자 방식(영구자석)

항목	직류 발전기	교류 발전기
전기 생산	전기자	스테이터
브러시 수명	짧다.	길다(슬립링 있어서).
여자 방법	자여자(영구자석)	타여자(전자석)

항목	직류 발전기	교류 발전기
정류	정류자	다이오드
역류 방지	역류방지기(컷 아웃 릴레이)	다이오드
조정기	전압 조정기, 전류 조정기, 역류 방지기	전압 조정기

(3) 직류 및 교류 전동기

① 플레밍의 왼손법칙 : 자기장 내에 있는 도체에 전류가 흐르면 힘(전자력)이 작용하여 도체가 움직인다.
  ㉠ 왼손 엄지 : 도체의 운동방향, 전자력의 방향
  ㉡ 왼손 검지 : 자기장(자기력선)의 방향
  ㉢ 왼손 중지 : 전류의 방향
    • 전자력 $F = Bil\sin\theta$ [N]
      (B : 자속밀도[T], l : 도선길이[m], θ : 도선과 자계방향과의 각)

② 전동기의 종류
  ㉠ 직류 전동기 : 직권 전동기, 분권 전동기, 복권 전동기
  ㉡ 교류 전동기 : 만능 전동기, 유도 전동기, 동기 전동기

③ 직류 전동기
  ㉠ 직류 전동기의 구성요소 : 전기자, 계자, 정류자
  ㉡ 전기자 철심
    ⓐ 밀폐형 슬롯 : 전기자 코일을 감으며 밀폐형이어서 전기자 회전시 원심력에 의한 코일의 이탈을 방지한다.
    ⓑ 전기자 철심은 철손을 줄이기 위해 규소강판(규소+순철)을 얇게 해서 성층시킴
  ㉢ 전기자 코일 : 코일을 운모로 감싸서 절연시킨다.
    ⓐ 결선방법 : 파권(직렬권)
  ㉣ 전기자 반작용 : 전기자에 전류가 흐르면 전기자에서 자기력이 발생하여 계자 전류에 의한 자속의 분포와 크기가 변화한다. 전기자가 기울어져서 브러시에 아크가 발생하여 마멸되며 출력이 저하된다.(대책 : 브러시 이동, 보극 설치, 보상권선 설치)
  ㉤ 직권 전동기 : 계자 코일과 전기자 코일이 직렬로 권선. 시동회전력이 크고, 회전속도의 변화가 크다.
  ㉥ 가역 전동기 : 직권 전동기의 계자나 전기자 코일의 전류 방향 중 하나만 바꾸면 전기자의 회전방향은 반대로 된다.

ⓢ 분권 전동기 : 계자 코일과 전기자 코일을 병렬로 권선. 회전속도가 일정하다. 회전력이 낮다.

ⓞ 복권 전동기 : 전기자 코일과 계좌 코일을 직렬 및 병렬로 권선. 회전력이 크고 회전속도가 일정하고, 구조가 복잡하다.

④ **교류 전동기**

㉠ 만능 전동기(교류 정류자 전동기) : 직류 및 교류를 모두 사용할 수 있는 전동기

㉡ 유도 전동기 : 계자의 자기력과 전기자 코일의 유도전류(와전류). 교류에 대한 작동 특성이 좋고, 부하 감당 범위가 넓고, 브러시와 정류자가 없다.

㉢ 브러시와 정류자가 없는 전동기 : 브러시와 정류자의 마모가 없어 불꽃발생이 없으며 유지보수비가 적게 든다. 브러시와 정류자 사이의 저항 및 전도율의 변화가 없어 출력이 안전하다.

㉣ 동기 전동기 : 교류 발전기의 전원 주파수와 동기하여 회전하는 전동기로서, 회전식 계기에 사용된다.

⑤ **교류전원 주파수와 회전자 회전수**

$N = \dfrac{120 \cdot f}{P}$ [rpm]

- N : 회전력
- f : 전원 주파수
- P : 자석의 극수(N, S)

⑥ **전동기의 정비**

㉠ 베어링-회전 : 윤활상태가 불량하면 축의 원활한 회전이 안되어 전동기 속도가 느려지면서 과열된다.

㉡ 축 : 베어링이 마멸되거나 파손되면 축의 지지가 안되어 회전시 평형을 잃어 진동과 소음이 발생한다.

㉢ 브러시 스프링-력이 크다 : 전기 흐름은 양호하나 브러시와 정류자 사이의 마찰이 심해 마멸이 촉진되고 과열된다.

㉣ 장력이 작다 : 접촉불량으로 인해 접촉저항이 증가하여 전류 및 회전속도가 감소하고 스파크가 발생한다.

㉤ 전기자 및 계자 권선의 단락 : 권선이 단락되면 과전류가 흘러 속도가 빨라지고 과열된다.

㉥ 인가전압 : 높으면 과전류가 흘러 속도가 빨라지고 과열되고, 낮으면 전류가 감소하여 속도가 느려진다.

⑦ 전기자 회로시험
   ㉠ 그로울러 : 단락, 단선, 접지 시험이 가능하다.
   ㉡ 멀티미터, 메거 : 단선 및 접지만 시험 가능하다.
   ㉢ 단락시험 : 그로울러 위에 전기자를 올려놓고 돌리면서 실톱 등을 대보면 단락된 곳에서 떤다.
   ㉣ 단선시험 : 두 개의 테스터 프로브 중, 하나는 정류자편에 고정하고, 다른 하나는 나머지 정류자편에 번갈아가며 찍어보고, 전류가 흐르면 정상이고 그렇지 않으면 단선된 것이다.
   ㉤ 접지시험 : 두 개의 테스터 프로브 중, 하나는 하우징에 고정시키고 다른 하나는 나머지 정류자편에 번갈아가며 찍어보고, 전류가 흐르면 접지된 것이고 그렇지 않으면 정상이다.

3 변압, 변류 및 정류기

(1) 변압, 변류 및 정류기

① **상호유도작용** : 철심에 두 개의 코일을 감은 경우, 1차 코일에 흐르는 전류를 변화시키면 자속도 변화하기 때문에 코일에 자속변화를 방해하는 방향으로 2차 코일에 기전력이 발생한다. 전원에 접속되어 있는 권선을 1차 권선 N_1라 하고, 부하에 접속되어 있는 권선을 2차 권선 N_2라 한다.

• 변압비(권수비) : $a = \dfrac{N_1}{N_2} = \dfrac{E_1}{E_2}$

② **변압기** : 교류전압을 높이거나 낮추거나 하는 전압변동장치
   ㉠ 승압변압기 : 전압이 높아지면, 전류가 낮아진다.
   ㉡ 감압(강압)변압기 : 전압이 낮아지면, 전류가 높아진다.
   ㉢ $P_1 = V_1 I_1$
      $P_1 = P_2 \Rightarrow V_1 I_1 = V_2 I_2$
      변압기 공식 : $\dfrac{N_1}{N_2} = \dfrac{V_1}{V_2} = \dfrac{I_2}{I_1}$

③ **분류기(shunt)** : 전류계의 측정범위를 확대하기 위해 전류계에 병렬로 접속하여 사용하는 저항기. 전류계의 내부 저항 R, 분류기의 저항을 R_m로 하면,
   $I_2 = I_1 \left(1 + \dfrac{R}{R_m}\right)$

④ 배율기 : 전압계의 측정범위를 확대하기 위해 전압계에 직렬로 접속하여 사용하는 저항기. 전압계의 내부 저항 R, 배율기의 저항을 R_m 로 하면,

$$V_2 = V_1\left(1 + \frac{R_m}{R}\right)$$

⑤ 정류기(rectifier) : 교류를 직류로 바꾸는 장치
 ㉠ 정류기 종류
  ⓐ 반파 정류기 : 다이오드 1개 사용
  ⓑ 전파 정류기 : 다이오드 2개 이상 사용
   • 중간탭 정류기 : 다이오드 2개
   • 브리지형 정류기 : 다이오드 4개
   • 삼상정류기 : 다이오드 6개
⑥ 인버터(inverter) : 직류를 교류로 바꾸는 장치

02 항공계기 계통

1 계기일반

(1) 항공계기의 특성

① 항공계기의 구비조건
 ㉠ 무게가 경량
 ㉡ 내구성이 튼튼해야 한다.
 ㉢ 정확성, 신뢰성
 ㉣ 판독의 용이성
 ㉤ 비자성 금속 사용
 ㉥ 진동으로부터 보호
 ㉦ 유해 반사광선 방지(무광 검정색 사용)
 ㉧ 온도, 기압보정
② 일반계기는 호선, 방사선의 색표식에 의해 운용한계 등을 나타낸다.
 ㉠ 붉은색 방사선 : 최소, 최대운용한계
 ㉡ 노란색 호선 : 경계, 경고범위

ⓒ 초록색 호선 : 상용 안전운용 / 계속운용 범위
ⓔ 푸른색 호선 : 왕복엔진에서 기화기안전운용범위
ⓜ 백색 호선 : 실속속도 / 플랩조작속도 범위
ⓗ 백색 방사선 : 눈금과 계기의 일치 여부 표시

(2) 계기의 종류

① 통상적으로 계기판은 T자로 배열된다.
  ㉠ 구조상 분류 : 기계식, 자이로식, 전기식, 전자식
  ㉡ 용도상 분류
    ⓐ 비행계기(비행상태, 정보, 자료지시) : 고도계, 속도계, 승강계, 마하계
    ⓑ 기관엔진계기(기관 상태지시) : 회전계기, 압력계기, 온도계기
    ⓒ 항법계기(항공기 진로, 자세, 위치 자료 지시) : 자이로 컴퍼스, VOR/DME, 자기 컴퍼스
    ⓓ 기타계기 : 공압력계, 유압력계, 객실고도계
  ㉢ 지시방법상 분류

(3) 계기의 작동원리

가) 피토 정압관(Pitot static tube)

유체의 흐름으로 인해 발생하는 압력 차이를 이용하여 유체의 속도를 측정하는 장치로서 이 장치에 또 하나의 튜브를 만들어 그 외에 구멍과 연결하여 공기의 흐름방향에서 static pressure를 측정할 수 있게 한 장치이다.

① 피토압(Total pressure) : Pt(전압) = $Ps + Pd$
② 정압(static pressure) : Ps
③ 동압(Dynamic pressure) : Pd(차압) = $Pt - Ps$
④ 고도계 : 정압(Ps) 이용
⑤ 속도계 : 차압(Pd) 이용
⑥ 마하계 : 차압(Pd) 이용
⑦ 승강계 : 정압(Ps) 이용

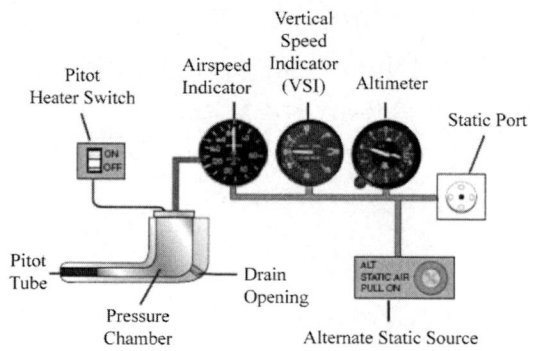

※ 누설검사 : 지상에서 정압관에 압력을 넣어 검사한다.
  (W-1 type, MB-1 테스터기 사용)

나) 공함
① 기압압력을 기계적 변위량으로 변환하여 지시하는 장치
② **공함의 종류**
  ㉠ 아네로이드형 : 정압을 인지해서 알려주는 것(고도계에서 사용)
  ㉡ 다이어프램형 : 차압(동압)을 인지해서 알려주는 것
  ㉢ 벨로스형 : 여러 개(2개 이상)의 다이어프램형을 겹쳐놓은 것
  ㉣ 버든 튜브형(부르동관) : 모든(기체, 액체) 압력을 이용해서 알려주는 것

다) 고도계
① 각 고도별 기압의 수치를 항공기 고도로 지시하는 일종의 기압계 형식의 고도계
② **고도의 종류**
  ㉠ 절대고도 : 항공기에서 지구표면(해면, 산악) 사이의 수직고도
  ㉡ 진고도 : 해면을 기준으로 하는 고도(해발고도)
  ㉢ 기압고도 : 표준대기압(29.92inHg, 14.7psi, 760mmHg)을 기준으로 하는 고도
  ㉣ 객실고도 : 객실기압기준고도(8000ft 기준)
  ㉤ 밀도고도 : 공기의 밀도 기준으로 환산된 고도
③ **고도계 셋팅(보정 방법)**
  ㉠ QNE셋팅 : 표준대기압 기준 셋팅
  ㉡ QNH셋팅 : 해발고도 기준 셋팅(진고도)
  ㉢ QFE셋팅 : 활주로 고도가 "0"으로 지시되도록 셋팅(비행 이착륙 훈련시 많이 사용)

④ 일반적 오차
  ㉠ 누설오차 : 압력이 누설되어 발생하는 오차. 실(seal)을 이용해서 기밀
  ㉡ 마찰오차 : 기계적인 요소들의 접촉에 의해서 발생하는 기계적 오차
  ㉢ 온도오차 : 온도변화의 영향으로 나타나는 오차
  ㉣ 진동오차 : 항공기 진동에 의해서 발생되는 오차(오차를 줄이기 위해서 진동방지완충장치 사용)
  ㉤ 위치오차 : 항공기 자세 변환에 의한 오차
  ㉥ 시차 : 계기를 보는 각도에 따라 발생된 오차
    ⓐ 계기 내의 습기/기타 요인에 의한 오차는 습기 제거를 위해 불활성 기체 주입 (질소, 헬륨)
⑤ 고도계 오차
  ㉠ 눈금오차 : 계기에 진동을 가한 후, 기계적 오차를 뺀 나머지 발생하는 오차
  ㉡ 온도오차 : 온도변화에 의해서 계기팽창, 수축에 따른 오차
  ㉢ 탄성오차 : 일정한 온도하에서 계기 재료 자체의 탄성 변화에 따른 오차
    ⓐ 히스테리시스오차 : 불규칙하게 오차 발생
    ⓑ 편위오차 : 어떤 특정값으로 편중되어 발생
    ⓒ 잔류효과오차 : 초기화(리셋) 후에도 남아있는 오차
    ⓓ 기계적 오차 : 진동, 마찰 등의 기계적 요인에 의한 오차

라) 속도계(air speed indicator)
① 피토, 정압관에서 피토압(Pt)과 정압(Ps)을 수감하여 두 압력의 차압(Pd)을 다이어프램을 이용 지시하는 계기
② 적용원리 : 베르누이 정리
  ㉠ $Pd = \frac{1}{2}\rho v^2$, $Pt - Ps = \frac{1}{2}\rho v^2$
  ㉡ $V = \sqrt{\frac{2(Pt-Ps)}{\rho}} = \sqrt{\frac{2Pd}{\rho}}$
③ 속도의 종류
  ㉠ 지시대기속도(IAS) : 오차를 고려하지 않은 계기 지시 자체 속도
  ㉡ 수정대기속도(CAS) : IAS에서 각종 오차를 고려/수정한 속도
  ㉢ 등가대기속도(EAS) : CAS에서 공기의 압축효과를 고려한 속도
  ㉣ 진대기속도(TAS) : EAS에서 공기의 밀도를 고려한 속도

④ 속도의 단위
  ㉠ mph 단위 : mile/hour
  ㉡ mile(육상마일) : 1mile = 1609m
  ㉢ 해리(해상마일) : 1해리 = 1852m
  ㉣ 노트(NT, knots) 단위 : 1해리/시간, mile/hour(주로 대형 항공기)

마) 마하계(Machmeter, Mach number indicator)
항공기의 속도를 음속의 속도 지수로 표시하는 계기(음속 = 340m/s)

바) 승강계(Vertical speed indicator)
① 항공기의 수직 속도계. 항공기의 수직/승하강 속도를 분당 ft 단위(ft/min)로 지시하는 계기
② 승하강시 P_1의 변화가 P_2와 동일해질 때까지의 분당 속도단위
③ 모세관의 굵기가 크다 : 지연시간이 짧아진다. 감도가 둔해진다.
④ 모세관의 굵기가 작다 : 지연시간이 길어진다. 감도는 예민해진다.($P_1 = P_2$되는 시간)
  ㉠ 순간수직속도계(IVSI) : 지연시간을 단축시키기 위하여 가속펌프를 사용한 승강계

사) 영각지시계, 실속경고지시계

아) 압력계기
① 압력의 종류
  ㉠ 절대압력 : 진공상태를 기준으로 측정한 압력
    ⓐ 절대압력 = 표준대기압 ± 게이지압력
        (표준대기압보다 높은 것 : 정압 (+)값)
        (표준대기압보다 낮은 것 : 부압 (-)값)
  ㉡ 게이지압력 : 일반적인 대기압 상태에서 각종 지시계가 나타내는 압력
② **압력수감장치** : 공함
  ㉠ 아네로이드형, 다이어프램형, 벨로스형, 버든튜브형
  ㉡ 압력계기의 종류
    ⓐ 윤활유 압력계 : 오일이 정상적으로 공급되는지를 압력으로 지시
        (공함 : 버든튜브, 지시압력 : 게이지압력)
    ⓑ 연료 압력계 : 연료탱크에서 기화기(왕복엔진)와 제어기(제트엔진)에 공급되는 연료의 압력지시

(공함 : 다이어프램 또는 벨로스, 지시압력 : 대기압과 연료의 절대압의 차압을 게이지압으로 지시)

ⓒ 기관압력비계기(EPR계기) : 제트(가스터빈)기관에서만 사용, 엔진 입구의 공기압력과 배기가스의 압력을 수감하여 두 압력의 비율을 지시
(공함 : 벨로스)

ⓓ 흡입공기 압력계(매니폴드 압력계) : 왕복기관에서만 사용, 공기+연료혼합 압력을 지시
(공함 : 아네로이드+다이어프램, 지시압력 : 외부대기압에 따른 공기+연료 혼합(매니폴드 압력)을 절대압으로 지시)

ⓔ 흡인압력계기 : 자이로 계기에서 회전동력원을 진공압으로 사용시 진공압을 지시하는 계기
(공함 : 다이어프램 또는 벨로스, 지시압력 : 대기압과 진공압의 차압을 지시)

자) 온도계기

① 일반적인 온도측정 원리
  ㉠ 물리적 상태 변화 : 액체가 기체로 변할 때 변화 원리 적용
    ⓐ 사용액체 : 염화메틸
  ㉡ 용적변화(부피) : 알콜, 수은, 바이메탈 금속
  ㉢ 전기적 성질 변화 : 전기저항(온도가 상승하면 저항 증가), 열전대의 원리
  ㉣ 복사능력 변화 : 광학 스펙트럼

② 온도계기의 종류
  ㉠ 증기압식 온도계 : 액체가 증발해서 기체가 되는 원리를 적용한 온도 계기
    ⓐ 사용액체 : 염화메틸
    ⓑ 증기압을 기계적 변위로 변환시키는 장치
    ⓒ 버든 튜브(부르동관)
  ㉡ 바이메탈식 온도계 : 2개의 금속 조각을 이용, 금속별 열, 온도에 따른 팽창, 수축 차이를 이용한 온도 계기
    ⓐ 항공기에서 외부 대기온도 측정용으로 사용
  ㉢ 전기저항식 온도계기 : 전기를 사용(전원 : DC 12[V] or 24[V])
    ⓐ 온도변화에 따른 전기저항값이 변할 때, 전류값이 변화하는 원리를 적용한 계기
    ⓑ 전기저항식 온도계기의 사용되는 저항체 조건
      • 온도와 저항 변화 관계가 직선적일 것

- 온도 이외의 다른 요소와 불변일 것
- 전기저항계수가 클 것

ⓒ 재료 : 백금, 순수니켈, 코발트 등
- 주의사항 : 전기연결선이 open(단선)시 지시 → 저항 증가, Full scale
- 전기연결선이 short(합선, 단락)시 지시 → off scale

ⓔ 열전쌍식 온도계 : 외부전원 연결 없이 온도 특성이 다른 2개의 금속 끝을 연결, 접합점의 온도변화에 따라 열전류가 생긴 것을 지시 눈금으로 표시하는 계기

ⓐ 열전쌍의 조합
- 구리(동)-콘스탄탄 : ~300℃까지 측정 가능, 왕복기관의 CHT(실린더헤드 온도) 온도 측정
- 철-콘스탄탄 : ~800℃까지 측정 가능, 왕복기관의 CHT(실린더헤드 온도) 온도 측정
- 크로멜-알루멜 : ~1400℃까지 측정 가능, 제트엔진 EGT(배기가스 온도) 온도 측정
- 여러 개의 열전쌍온도계를 병렬연결하여 평균값을 얻는다.

차) 자기 계기(Magnetic Compass)

① **지자기** : 지구의 자기성분
② **지자기의 3요소**
   ㉠ 편각, 편차 : 진북과 자북 간의 차이각(6° 20″)
   ㉡ 복각 : 지구의 자력선과 지구 수평과 이루는 각(적도 0°, 양극 90°)
   ㉢ 수평분력 : 지자기 자력선의 수평성분
      ⓐ 수직분력은 3요소가 아니다.
③ **방위** : 지구북쪽 끝 지점을 기준으로 CW(시계)방향으로 방향(각도)을 숫자로 표시한 것
   ㉠ 나방위 : 나침반(자기컴퍼스) 자체가 가르키는 기준 방위
   ㉡ 자방위 : 자북(MN) 기준 방위(나방위 + 자차)
   ㉢ 진방위 : 진북(TN) 기준 방위(자방위 + 편차, 나방위 + 자차 + 편차)
④ **자기오차** : 자차 또는 정적오차
   ㉠ 불이차(불이자기오차) : 자기컴퍼스의 제작 또는 설치상의 오차
   ㉡ 반원차 : 전기 관련 발생오차, 수직철재구조 영향을 받은 오차
   ㉢ 사분원차 : 수평철재구조에 영향을 받은 오차
⑤ **동적오차** : 비행 시 발생하는 오차, 복각의 영향으로 발생

㉠ 북선 오차 : 복각 영향으로 발생 오차, 북진 시 선회할 경우 최대오차 발생
　　　㉡ 가속도 오차 : 항공기 비행시 급가, 감속할 경우, 컴파스 카드가 쏠림으로 인해 발생하는 오차
　　　㉢ 와동 오차 : 항공기 비행시 난기류, 악천후 등의 영향으로 발생하는 오차, 항공기가 동서진 비행시 최대로 발생(동서 오차)
　⑥ **자차 수정시기** : 자차수정 = 컴파스 스윙(compass swing)
　　　㉠ 자차수정장소 = 컴파스 로즈(compass rose)
　　　㉡ 장소기준 : 건물과 건물 간의 간격 30m, 항공기와 항공기 간의 간격 10m
　　　　　ⓐ 100시간 주기, 발생요인이 있을 경우
　⑦ **원격자기 계기**
　　　㉠ 마그네신 자기 계기 : 마그네신을 이용한 자기컴파스(사용전원 : AC 26[V], 400[Hz]) 지자기의 수감부를 항공기 내부에서 자기 영향이 작은 날개 끝이나 꼬리부분에 설치하고 지시부를 계기판에 설치한다.
　　　㉡ 자이로신 자기 계기 : 자이로+플럭스 밸브를 이용한 자기컴파스(사용전원 : AC 115[V], 400[Hz]). 대형항공기에 사용하고 자기탐지능력과 방향 지시 자이로의 강직성을 전기적으로 조합시켜 자차가 거의 없고 북선오차와 같은 동적오차도 없다.
　　　㉢ 자이로 플럭스 게이트 자기 계기 : 자이로+플럭스 게이트를 이용한 자기컴파스. 자이로신 컴파스와 흡사, 수평안정을 진자식으로 하여 얻는 자이로신 컴파스의 플럭스 밸브 대신 지자기를 탐지하는 수감부인 플럭스 게이트는 자이로에 의해서 수평안정을 줌으로써 플럭스 게이트 자신이 지자기 수감뿐만 아니라 자이로 특성인 강직성을 갖게 된다.

카) **자이로(Gyro) 계기** : 중심점을 가지고 지속/계속 회전하는 장치
　① **동력원** : 진공압, 공기압, 전기
　② **종류**
　　　㉠ 1축 자이로 : x축
　　　㉡ 2축 자이로 : x, y축
　　　㉢ 3축 자이로 : x, y, z축(항공용)
　③ **자이로의 특성**
　　　㉠ 강직성 : 자이로가 우주 공간에 대해서 항상 일정한 방향을 유지하는 성질
　　　　　ⓐ 편위 : 360°/24시간 ⇒ 15°/1시간당(지구자전으로 인한 편차를 가지는 것)
　　　㉡ 섭동성(세차성) : 자이로에 외부에서 힘을 가하면 회전 진행 방향 90° 후에 힘이 작용하는 성질 : 섭동성과 강직성은 반비례 관계

$$\omega = \frac{M(외력)}{I(관성모멘트) \cdot W(회전각속도)} = \frac{M(외력)}{L(각운동량)}$$

④ 지시계의 종류

㉠ 자이로 수평 지시계(인공 수평의) : 3축 자이로를 이용하고, 항공기의 자세를 지시하는 계기(자이로의 특성 중, 강직성 + 섭동성 이용)

㉡ 방향자이로 지시계(정침의) : 3축 자이로를 이용하고, 항공기 선회 시 선회각을 지시하는 계기(자이로 특성 중 강직성만 이용)

㉢ 선회경사계

ⓐ 선회계 : 항공기가 선회시 선회각속도를 지시하는 계기(자이로의 특성 중 섭동성만 이용)

ⓑ 분당 선회각을 I/분당, °/min

ⓒ 선회계의 종류
- 2분계 : 180°/1분을 선회(1바늘), 360°/1분(2바늘)
- 4분계 : 90°/1분을 선회(1바늘), 180°/1분(2바늘)

ⓓ 경사계 : 항공기가 수평비행 시/선회 시 날개의 쳐짐을 알 수 있도록 지시하는 계기(날개의 무게중심이 편중되어 있는 정도)

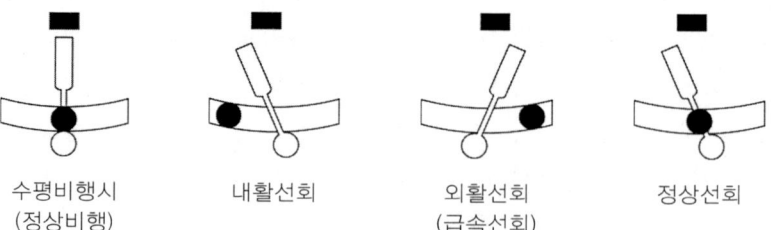

수평비행시 (정상비행)   내활선회   외활선회 (급속선회)   정상선회

타) 기타계기

① 회전계기

㉠ 왕복기관 : 크랭크축의 1분당 회전수 지시, rpm단위

㉡ 제트기관 : 압축기의 회전수를 최대출력의 회전수와 비교해서 %단위로 지시

ⓐ 회전계기의 종류
- 원심력식 회전계 : 플라이웨이트 무게의 원심력을 이용한 지시 계기. 경, 소형 항공기에 주로 사용
- 와전류식 회전계기(맴돌이 전류) : 전류와 자기관계를 이용한 지시 계기. 경, 소형 항공기에 주로 사용
- 전기식 회전계 : 교류전동기 중 동기전동기를 사용하여 발전기축과 연결되어 기관의 회전수를 전달/지시하는 계기. 일반 항공기에서 주로 사용

- 동기계(Synchro Scope) : 쌍발이상이 다발항공기에서 기준(마스터)엔진에 대한 다른 엔진의 회전속도가 일치 여부를 지시하는 계기

② **액량, 유량계기**
  ㉠ 액량계 : 연료, 윤활유, 작동유 등의 양을 탱크에서 부피(갤론 gallon) 또는 무게(파운드 Ibs) 단위로 지시하는 계기
   ⓐ 액량계의 종류
    - 직독식 액량계 : 사이트 글라스식, 부자식, 딥스틱식, 액압식.
                 경, 소형 항공기용에 주로 사용
    - 전기용량식 액량계 : 콘덴서, 캐패시터의 원리를 적용한 액량계기
                     일반적으로 항공기에서 주로 사용하는 액량계기
  ㉡ 유량계 : 탱크에서 각종 장치로 흐르는 연료, 윤활유의 시간당 공급량을 지시하는 계기
   ⓐ 유량계의 종류
    - 차압식 유량계 : 유량 통로에 오리피스를 설치하여 오리피스 통과 전후의 압력차(차압)를 비교하여 유량을 지시
    - 베인식 유량계 : 연료, 윤활유 흐름 통로에 베인(회전체+날개조각)을 설치하여 연료공급량과 회전체의 비율을 적용하여 유량을 지시하는 계기
    - 동기전동기식 유량계 : 연료, 윤활유 흐름 통로에 임펠러 장치를 동기 전동기와 연결 회전하므로 임펠러에서 회전에 따른 공급량을 지시하는 계기 교류전동기로서 사용전원의 주파수와 일치, 제트 기관에서 주로 사용된다.
  ㉢ 단위
   ⓐ 부피 : gallon/h, GPH, 1Gallon=3.79ℓ
   ⓑ 무게 : ℓbs/h, PPH, ℓIbs=0.45kg(고공 비행 시, 밀도 변화에 따른 오차를 줄이기 위해 제트기관에 사용)

③ **원격지시 계기** : 먼 거리에 위치한 장치의 기계적 신호를 계기실에 보내기 위해 전기적 신호로 변환하여 지시하는 중간변환 장치
  ㉠ 원격지시계기의 종류
   ⓐ 직류셀신(직류데신) : 사용전원이 DC 12V, 24V
     (제작사 : 미국 G.E사, 사용 : 착륙장치, 플랩위치, 연료탱크(부자식)에 연결 사용)
   ⓑ 오토신 : 사용전원 AC 26V, 400Hz
     (제작사 : 미국 벤딕스사, 사용 : 착륙장치, 플랩위치 지시 등)
   ⓒ 마그네신 : 사용전원 AC 26V, 400Hz
     (제작사-미국 벤딕스사, 사용 : 착륙장치, 플랩위치 지시 등)

ⓓ 기본구성 : 수갑부(장치), 지시부(계기), 고정자, 회전자
ⓔ 오토신/마그네신의 비교
- 오토신 : 크기가 크고, 정밀도가 좋다. 회전자(전자석) 사용
- 마그네신 : 크기가 작고, 정밀도가 떨어진다. 회전자(영구자석) 사용

파) 전자집합계기

① ADC(Air Data Computer) : 비행자료 컴퓨터, 각종 계기로부터 수집된 자료를 가공, 계산하여 한 개의 통합 화면으로 지시하는 계기
   ㉠ RMI계기(수선자기 지시계) : 항공기의 방위(ADF + VOR)를 통합 지시
   ㉡ HSI계기(수평상태 지시계) : 항공기의 자세에 관한 통합 지시
   ㉢ ADI계기(자세방향 지시계) : 항공기 자세+비행코스(경로)를 통합 지시
② CMCS(Central Maintenance Computer System) : 중앙정비컴퓨터 체계, 각종 장치의 결함 정보를 지시하는 장치
   ㉠ EFIS(전자비행계기 장치) : 항공기에 각종 계기 이상유무를 지시하는 장치
   ㉡ EICAS(엔진상태 승무원 경고 장치) : 엔진에 관한 이상유무를 통합 지시하는 장치

03 항공기 공유압 및 환경조절 계통

1 공, 유압

(1) 공압계통

가) 공압계통

일반적으로 대형 항공기에서 유압계통에 이상이 발생하여 작동유에 의한 유압계통을 작동시키기가 불가능할 때 보조적인 수단으로 사용된다.

공기압(보조수단)	유압(주작동수단)
압축성	비압축성
가볍다.	무겁다.
1회성 사용	반복적 사용
레저버, 귀환관 불필요	레저버, 귀환관 필요
누설 허용	누설 허용 안됨

① 공압계통의 구성

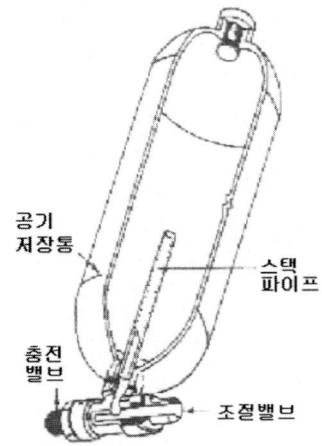

㉠ 압축기 : 공압을 발생시킨다.
㉡ 지상충전밸브 : 지상에서 공기를 보급시켜 줄 수 있다.
㉢ 공기저장통 : 발생한 공압을 저장할 수 있다.
㉣ 압력계기 : 공압을 확인한다.
㉤ 수분제거기 : 공기에 포함되어 있는 수분이나 오일을 제거하기 위한 장치이다.

② 계통 내의 밸브 종류
㉠ 압력조절밸브 : 공기압을 조절한다.
㉡ 감압밸브 : 높은 압력의 공기가 흡입플런저에 뚫려 있는 작은 공기 통로를 통과함으로써 공기의 압력이 낮아지게 하여 저장계통에 공급되는 밸브로 공기압을 조절한다.
㉢ 셔틀밸브 : 유압과 공기압을 필요에 따라 선택할 때 사용되는 밸브로 유압 대신 공기 사용 가능하게 한다.
㉣ 공기 블리드밸브 : 계통의 공기압을 뺀다.

③ 스택파이프 : 제거되지 않은 수분이나 윤활유가 계통으로 섞여 나가지 않도록 하기 위한 것이다.

④ 압축공기 저장통의 압력
㉠ 고압 : 1000 ~ 3000psi
㉡ 중압 : 100 ~ 150psi
㉢ 저압 : 1 ~ 10psi

(2) 유압계통

가) 유압유의 성질
① 윤활성이 우수해야 한다.
② 점도가 낮아야 한다.
③ 화학적 안정성이 높아야 한다.
④ 장치와 결합성이 좋아야 한다.
⑤ 체적계수가 커야 한다.
⑥ 내연성이 커야 한다.
⑦ 열전도율이 좋아야 한다.
⑧ 밀도가 작아야 한다.(밀도 = $\dfrac{질량}{부피}$)
⑨ 거품성 기포가 발생하지 않아야 한다.
⑩ 독성이 없어야 한다.
⑪ 휘발성이 적어야 한다.
⑫ 값이 저렴해야 한다.
⑬ 구하기 쉬워야 한다.

나) 유압유의 종류
① **식물성유** : 파마자 기름과 알콜의 혼합물로 구성. 파란색. 구형항공기에 사용되어 부식성과 산화성이 커서 잘 사용하지 않는다.
② **광물성유** : 원유로 제조되며 붉은색. 인화점이 낮아 화재의 위험이 있다. 브레이크 계통, 합성고무 네오플랜실 사용한다.
③ **합성유** : 인산염과 에스테르의 혼합물로 화학적으로 제조되며 자주색. 인화점이 높아 대부분의 항공기에 사용. 온도 사용범위 -54 ~ 115℃이다.
④ **실(seal) : 가스켓**
  ㉠ 식물성유 : 천연고무 사용
  ㉡ 광물성유 : 네오플랜실 사용
  ㉢ 합성유 : 뷰틸, 실리콘, 데프론실 사용(현대 항공기에서 자주 사용)

다) 압력손실 요소
점성, 관의 지름과 길이, 흐름의 속도, 층류와 난류, 오리피스

라) 압력(파스칼 원리)

- 힘(피스톤의 힘) = 압력(P) × 면적(A)
- 체적(V) = 면적(A) × 거리(D) : 피스톤의 이동거리

마) 유압계통의 구조

① 유압계통은 작동유에 압력을 가해 기계적인 에너지를 압력에너지로 변환시키는 계통이다.
② 작동유를 저장하는 레저버
  ㉠ 압력을 가하는 펌프
  ㉡ 압력을 안정 또는 비상시 동력공급을 위한 축압기
  ㉢ 작동유의 청결을 위한 여과기
  ㉣ 펌프를 구동시키는 모터 또는 동력원
  ㉤ 유체의 방향, 압력, 유량을 조절하는 밸브
  ㉥ 유체에너지를 기계적인 일로 변화시키는 장치(작동기)
  ㉦ 압력관, 귀환관 및 동력펌프 이용
③ 레저버 : 작동유를 펌프에 공급하고, 귀환하는 작동유를 저장하며, 공기 및 불순물을 제거하는 장소
④ 작동유 저장용량
  ㉠ 38℃ 150% 보충
  ㉡ 축압기 포함 120% 보충(축압기에 작동유가 들어 있는 경우)
  ㉢ 배플, 핀 : 기포, 공기 발생 방지
⑤ 스탠드 파이프 : 펌프 연결관 등이 고장으로 인하여 비상시에 비상펌프로 작동유를 사용하게 한다.
⑥ 유압펌프 : 유체에 압력을 가하는 장치
  ㉠ 정용량형 펌프 : 기어형, 제로터형, 베인형
  ㉡ 가변용량형 펌프 : 피스톤펌프(항공기에서 가장 많이 사용하고, 상황에 따라 유량 조절한다.)
  ㉢ 수동펌프 : 재래식, 일부 항공기에서 동력펌프 고장 시에 비상용으로 또는 유압계통은 지상에서 점검할 때 사용한다.(싱글 액팅식, 더블 액팅식 수동펌프)

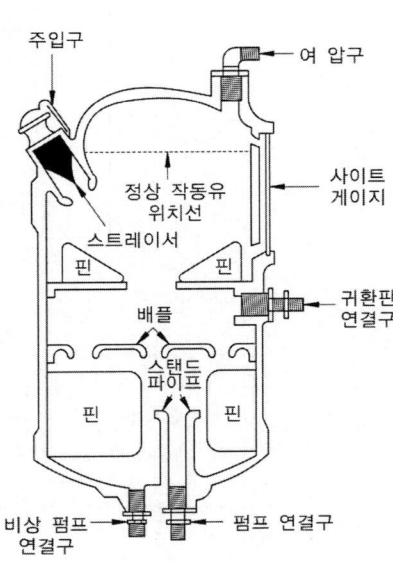

⑦ **축압기(accumulator)** : 작동유를 저장하는 통으로서, 여러 개의 유압기기가 동시에 사용될 때 동력 펌프를 돕고, 동력 펌프가 고장났을 때 저장된 작동유를 압력기기에 공급한다. 계통 내의 서지(surge) 현상을 방지하고, 계통의 충격적인 압력을 흡수하면 압력 조정기의 개폐 빈도를 줄여 펌프나 압력 조정기의 마멸을 적게 한다.
  ㉠ 압력으로 다이어프램이 위로 운동을 하여 작동유를 계속 공급하게 함으로써 유압기기가 작동되도록 한다. 작동유의 계통압력이 충전된 공기의 압력보다 높을 때에는 작동유에 의하여 다이어프램이 밑으로 밀려 내려오므로 공기가 압축되고 작동유 가충전, 계통압력과 공기압력이 같아져 평행
  ㉡ 다이어프램형
    ⓐ 블래더형 : 다이어프램보다 많은 압력을 받는 곳에 사용
    ⓑ 피스톤형 : 공간을 적게 차지하고, 구조가 튼튼해서 현대 항공기에 많이 사용
⑧ **여과기** : 계통 내에 마멸에 의해 발생하는 금속가루를 여과시켜 준다.
  쿠노형과 미크론형이 있다.

바) 압력 조절 제한 및 제어 장치

① 압력조절기(pressure regulator)

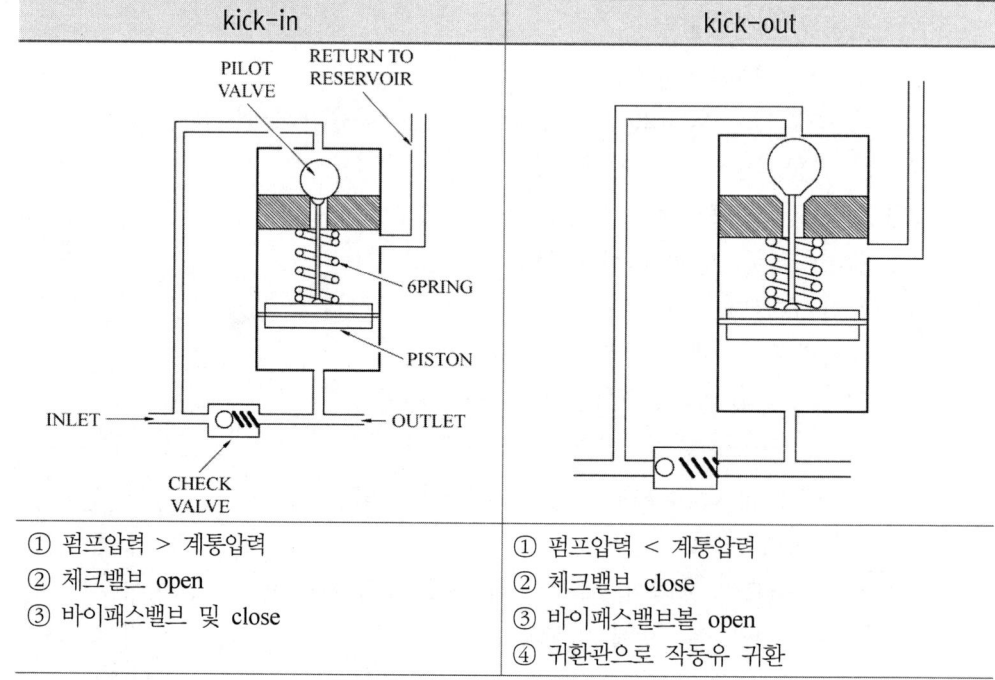

kick-in	kick-out
① 펌프압력 > 계통압력 ② 체크밸브 open ③ 바이패스밸브 및 close	① 펌프압력 < 계통압력 ② 체크밸브 close ③ 바이패스밸브볼 open ④ 귀환관으로 작동유 귀환

② **릴리프 밸브** : 계통 내의 압력을 규정된 값 이하로 제한하는데 사용, 과도한 압력으로 인하여 계통 내의 관이나 부품이 파손되는 것을 방지한다.(가장 높은 압력으로 세팅되어야 한다.)
  ㉠ 압력조절 나사에 의해 세팅된 압력값에 의해 초과된 압력은 귀환관을 통해 돌려지고 세팅된 압력만큼 각 계통에 전달된다.
    ⓐ Cracking 압력 : 작동유가 귀환관으로 흐를 때 압력
    ⓑ Override 압력 : Cracking 압력에서 정격압력으로 흐를 때 압력
    ⓒ Full draw 압력 : 정상압력 10% 초과의 압력
    ⓓ Resorting 압력 : 정상압력 10% 미만의 압력
③ **감압 밸브** : 계통 압력보다 낮은 압력이 필요한 일부 계통을 위해 설치
④ **퍼지 밸브** : 스프링이 플런저를 밀어 출구를 열게 되어, 공기가 섞인 작동유는 레저버로 배출시킨다.(펌프 공급관과 출구쪽에 거품 발생하는 것 제거) 공기가 있는 쪽의 압력이 낮아 출구가 열려 공기가 빠지고, 공기가 빠져 압력이 높아지면 닫혀 계통으로 흘러간다.
⑤ **디부스터밸브** : 피스톤형으로 브레이크의 작동을 신속하게 하기 위한 밸브로 신속하게 제동 및 귀환이 가능하다.
⑥ **프라이오리티 밸브** : 작동유의 압력이 일정 압력 이하로 떨어지면 유로를 막아 작동기구의 중요도 우선 순위에 따라 먼저 필요한 계통만 작동시키는 밸브

사) 흐름방향 및 유량제어 장치
① **선택밸브** : 유로 선택
② **체크밸브** : 흐름방향을 한쪽 방향으로 제어
③ **시퀀스밸브** : 유로의 흐름에 우선 순위를 정하여 순서대로 흐름
④ **바이패스밸브** : 필요에 따라 유로 연결
⑤ **셔틀밸브** : 유압계통고장시 비상계통분리 사용 가능
⑥ **선택밸브** : 작동 실린더의 운동방향을 결정하는 밸브
  ㉠ 기계적 : 회전형, 포핏형, 스풀형, 피스톤형, 플런저형
  ㉡ 전기적 : 회전형 선택밸브
⑦ **체크밸브** : 한쪽방향으로만 작동유 흐름 허용하는 밸브(역류 방지)
  ㉠ 볼형, 콘형, 스위형
⑧ **오리피스** : 흐름률 제한하는 흐름 제한기
  ㉠ 오리피스 체크밸브 : 오리피스 + 체크밸브의 기능을 합한 것

ⓛ 랜딩기어 작동 시
ⓐ 업 : 빨리 올라가게 한다.
ⓑ 다운 : 천천히 내려가게 한다.
⑨ **시퀀스 밸브** : 착륙장치, 도어 등과 같이, 2개 이상의 작동기를 정해진 순서에 따라 작동되도록 유압을 공급하기 위한 밸브(타이밍 밸브)
㉠ 이륙(L/G up, door close)
㉡ 착륙(door open, L/G down)
⑩ **셔틀밸브** : 정상유압계통에 고장이 생겼을 때 비상계통을 사용할 수 있도록 하는 밸브(고장 시에 작동유를 막고, 공기압으로 대체시킨다.)
⑪ **유압퓨즈** : 유압계통의 관이나 호스가 파손되거나 기기 내의 실(seal)에 손상이 생겼을 때 과도한 누설을 방지하기 위한 장치
⑫ **유압관 분리 밸브(Quick disconnect couplring : 신속분리밸브)** : 유압펌프 및 브레이크 등과 같은 유압기기를 장탈할 때 작동유가 외부로 유출되는 것을 최소화하기 위하여 유압기기에 연결된 유압관에 장착한다.

아) 유압 작동기 및 작동 계통
① **유압 작동기** : 가압된 작동유를 받아 기계적인 운동으로 변환시키는 장치
㉠ 직선 운동 작동기 : 피스톤이 직선으로 운동하는 작동기
ⓐ 싱글액팅 : 유압작동, 스프링귀환, 브레이크 계통
ⓑ 더블액팅 : 유압작동, 유압귀환, 착륙장치
ⓒ 래크-피니언 : 직선운동을 회전운동으로 바꿈, 와이퍼, 스티어링 사용
② **유압 모터** : 작동유로 회전축을 회전시킨다.

자) 착륙장치의 작동
① **up 시** : 다운락 해제, L/G up, door close
② **down 시** : 업락 해제, door open, L/G down
㉠ 활주 : 지상에서 이동하는 것
㉡ 주기장 : 계속 머물러있는 것
㉢ 계류장 : 잠시 주차하는 것
③ **브레이크 계통**
㉠ 독립식 : 소형 항공기에 주로 사용
㉡ 동력 부스트식 : 무게가 가벼운 항공기에 사용
㉢ 동력 브레이크 제어 계통 : 많은 양의 작동유가 요구되는 대형 항공기에 사용

④ 브레이크의 종류
  ㉠ 슈브레이크 : 브레이크 드럼과 밀착되어 마찰에 의해 제동. 소형항공기
  ㉡ 팽창 튜브 브레이크 : 작동유의 힘으로 브레이크 블록을 밀어 드럼과 접촉으로 제동. 소형항공기
  ㉢ 단일 디스크 브레이크 : 피스톤이 디스크를 밀착시켜 라이닝과 제동
  ㉣ 다중 디스크 브레이크 : 큰 제동력이 필요한 대형항공기가 마찰력을 크게 하기 위해 다중디스크를 장착하여 제동. 대형항공기
⑤ 디부스트 밸브로부터 오는 압력관
  ㉠ 브리드 밸브
  ㉡ 작동실린더
  ㉢ 압력판
  ㉣ 귀환스프링
  ㉤ 고정판
  ㉥ 회전판
  ㉦ 뒷고정판
⑥ 스펀지 현상 : 브레이크 유압 계통에 공기가 있을 때 발생하는 현상으로 작동유가 전달되지 않아 제동되지 않는다. 브레이크 페달을 계속 밟아 브리드 작업을 통해 공기를 빼준다.
  ㉠ Auti skid : 타이어가 지면에 미끄러져 심하게 손상되는 것 방지
  ㉡ Nose Steering system : 지상 활주 중 앞바퀴에 의하여 방향을 조종한다.
  ㉢ Shimmy Damper : 바퀴회전축 흔들림, 노면 충격으로부터 충격 완화. 좌우로 흔들림 현상 억제
⑦ 착륙등(Landing light) : 노스기어, 윙루트

2 환경조정

(1) 객실여압 및 환경조절

가) 기내환경
① 공기의 구성 : 질소 78%, 산소 21%, 기타 1%로 되어 있다.
  ㉠ 11000km까지는 1000m마다 6.5℃씩 감소
  ㉡ 10,000ft : 신체에 무리없는 고도

ⓒ 8,000ft : 객실여압고도(10.92psi), ICAO에서 규정
ⓔ 35,000ft : 순항고도(3.46psi)
② 객실의 공기는 엔진으로부터 바이패스되는 공기를 브리딩하여 공급한다. 축류형 엔진의 8과 15스테이지에 있다.
③ **차압** : 고도와 객실고도의 차이로 인하여 기체 외부와 내부에 다른 압력이 작용하는 압력. 비행기 구조가 견디는 차압은 설계에 의해 정해진다.

나) 공기조화계통(air conditioning system)
① 냉각장치와 가열장치를 이용하여 객실 내부로 유입되는 압축공기의 온도를 인체에 알맞게 조절하는 장치로 여압계통과 함께 사용한다.
② 공기압을 생성하는 4가지 요소
   ㉠ 왕복기관 : 과급기(슈퍼차져, 터보차져)에 의한 펌프에서 공급
   ㉡ 가스터빈 기관 : 압축기의 압축공기(8단, 15단에서 브리드)
   ㉢ 보조동력장치(APU : Auxiliary Power Unit) : 압축공기압 생성 및 전기생산
   ㉣ GPC(Ground pneumatic cart) : 공압을 생성하여 엔진에 공급하는 시동 지원 장비

다) 냉·난방계통(21 ~ 27°C로 세팅)
① **가열계통**
   ㉠ 소형항공기 : 히터머프 안으로 통과시켜 램에어가 가열
   ㉡ 대형항공기 : 연소가열기를 설치하여 램에어를 가열(엔진압축공기)
② **냉각계통**
   ㉠ 공기순환 냉각방식(Air cycle cooling system) : 냉각터빈과 구동되는 ACM을 냉각시키는 열교환기 구성
   ㉡ 팽창터빈 : 가장 온도가 낮은 곳

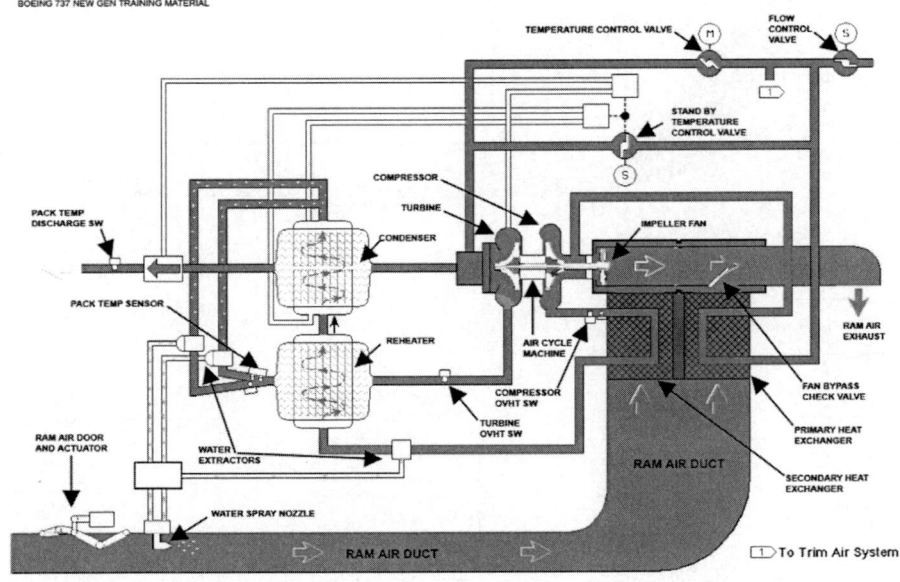

ⓒ 증기순환 냉각방식(vapor cycle cooling system) : 냉매, 프레온 가스 이용. 수증기가 발생하면 프레온가스가 증발해서 가스를 충전해야 한다.

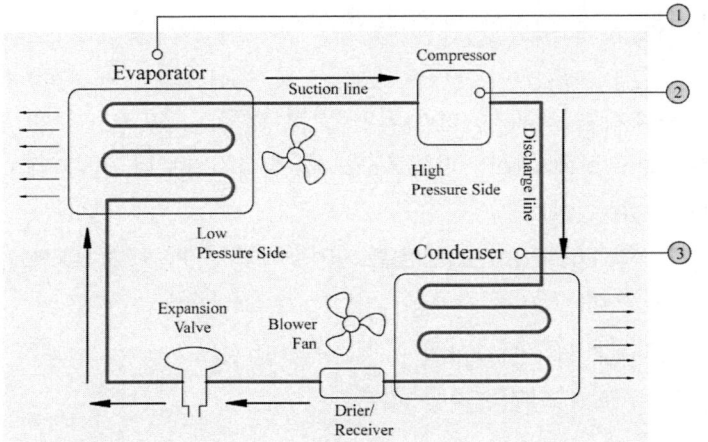

① At the evaporator, heat from the emvient air evaponates the liquid refrigerant, thus cooling the air

② The compressor circulates the refrigerant gas and compresses it increasing its pressure and making inflating the tire of a bicycle

③ At the condenser, ambient air cools and liquefies the hot refrigerant gas, which then reeniers the refrigerant cycle, as seen in a domestic refrigerator, the inside is kept cool as heat is expelled

다) 객실 압력조절 장치

① 아웃 플로우 밸브(out flow valve) : 방출밸브(discharge valve)로서 객실 압력을 조절하는 기능, 고도에 관계없이 계속 공급되는 압축된 공기를 동체의 옆이나 꼬리부분 또는 날개의 필릿을 통하여 공기를 외부로 배출하여 객실의 압력을 원하는 압력으로 유지(기체강도를 유지하기 위해 공기를 방출하여 차압 조절)

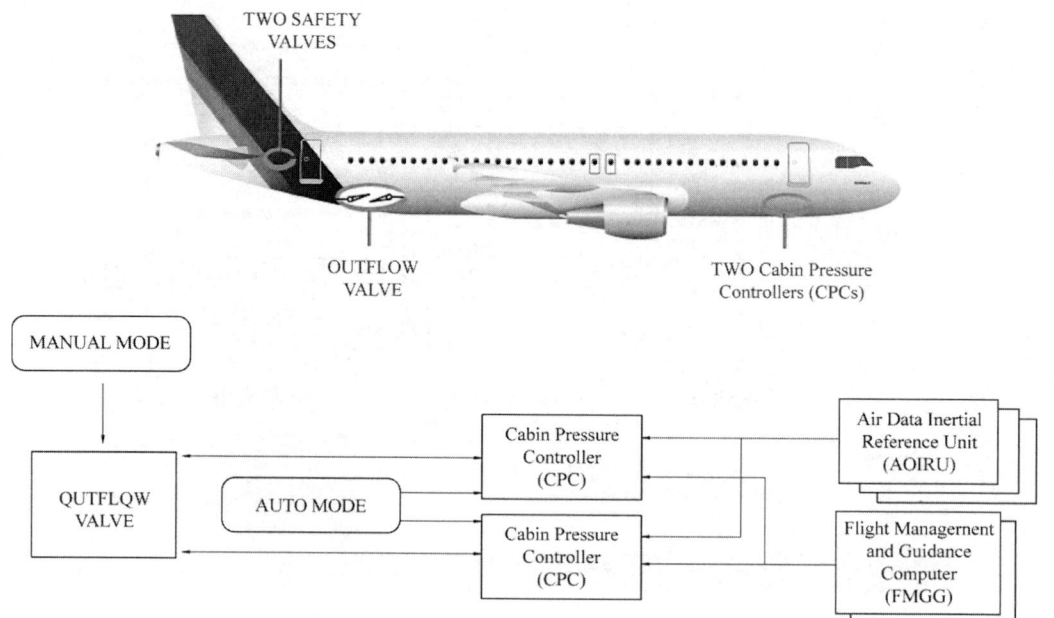

② **객실 압력 조절기(cabin pressure regulator)** : 규정된 객실 고도의 기압이 되도록 아웃플로 밸브의 위치를 정하고, 자동적으로 동기압 범위에 있어 설정값을 조절해주며, 차압영역에서는 미리 설정한 차압 유지

③ **객실 압력 안전 밸브**
  ㉠ 객실 압력 릴리프 밸브 : 차압 초과시, open되어 일정 압력 유지
  ㉡ 부압 릴리프 밸브(negatire pressure) : 비행고도보다 객실기압보다 높을 때, 대기공기가 들어오도록 하는 밸브
  ㉢ 덤프 밸브 : 지상 정지 후, 솔레노이드 밸브를 열어 객실 공기를 전부 제거

④ **객실 여압 정비**
  ㉠ 객실 동압 시험 : 객실의 압력을 증가시켜 누설 상태 검사
  ㉡ 객실 정압 시험 : 동체 구조가 안전한지를 검사

(2) 산소계통

가) 산소계통

① **보충용 산소장치** : 객실고도가 최고객실고도보다 높아질 때, 호흡용 공기에 산소를 보충하는 장치

② **방호용 호흡장치** : 객실에 연기, 화재가 발생하였을 때 유해가스로부터 보호하는 장치

③ 구급용 산소장치 : 저산소증으로부터 구급, 의료용으로 사용되는 장치

나) 기체산소계통

① **고압용** : 1850psi, 녹색 표시
  ㉠ 감압밸브에서 400psi로 감압, 압력조절기에서 70psi로 감압해서 사용
  ㉡ 5년에 한 번 안전검사를 해야 한다.
② **저압용** : 300~425psi, 노란색 표시
  ㉠ 충전압력이 150%에 달하면, 녹색의 원판 그린디스크가 빠진다.

다) 액체산소계통

① -204~149℃ 사이에서 투명한 액체로 되어 있다.
② 액체에서 가스로 변할 때, 체적이 862배, 압력은 12000psi 고압 발생
③ **자연발화(spontaneous combustion)** : 산소는 오일, 그리스와 결합하여 쉽게 인화된다.
④ 표준온도에서 산소는 무색, 무취, 무미다.
⑤ 산소용기의 산소 순도 : 99.5%이다.
⑥ 고도에 따른 기능 변화
  ㉠ 위험역(18000ft 이상) : 기억력, 의식 상실
  ㉡ 장해역(15000~18000ft) : 불쾌감, 과신, 시력 감퇴, 시간 상실
  ㉢ 저산소역(10000~15000ft) : 피로, 두통, 판단 착오
    ⓐ 정상 캐빈 고도 : 8000ft
    ⓑ 최대 캐빈 고도 : 15000ft
    ⓒ 산소마스크 출현 : 13000ft

04 항공기 방빙 및 비상 계통

1 제빙, 제우 및 방빙계통

(1) 제빙, 제우 및 방빙계통

① **방빙(Anti-icing)** : 결빙의 우려가 있는 항공기의 부분에 화학물질이나 가열공기 및 전열기를 사용하여 미리 방지하는 것이다.

② **제빙(De-icing)** : 결빙된 항공기에 공기압을 이용하여 얼음을 제거하는 것이다. 최신 항공기에는 방빙 시스템이 완벽하여 공기압식 제빙계통이 없다.

③ **제우(rain-removal)** : 항공기 운항 중에 우천 시, 시야 확보를 위해 윈드실드의 빗물을 제거하는 것

④ **결빙에 의한 악영향**
　㉠ 추력감소 및 항력 증가
　㉡ 양력감소 및 중력 증가
　㉢ 진동 발생
　㉣ 엔진효율 감소

⑤ **주요 결빙 장소**
　㉠ 픽토튜브 : 열선
　㉡ 윈드실드 : 열선, 알콜
　㉢ 프로펠러 : 열선, 알콜(슬링어링에서 분사)
　㉣ 엔진흡입구 : 열선
　㉤ 날개앞전 : 압축공기
　㉥ 꼬리날개 : 압축공기
　㉦ 드레인마스터 : 열선

⑥ **대표적인 제빙 및 방빙 방법**
　㉠ 전기적 방법(열선)
　㉡ 알콜(이소프로필, 에틸렌글리콜)
　㉢ 고온압축공기

⑦ **공기를 이용한 결빙 방지**
　㉠ 압축기 고온 공기(브리드에어)
　㉡ 연소가열기
　㉢ 배기가스 이용

⑧ 램에어를 이용한 것
　　㉠ Airfoil heater : 결빙 억제
　　㉡ Cabin heater : 객실 난방
⑨ 제빙부츠 : 압력조절기와 공기배출기를 사용하는 방법과 기관구동진공펌프에 의한 방법이 있다. 분배밸브에 의해 압축공기가 공급된다. 정비 시에 윤활유, 연료, 그리스 등을 제거하기 위해 묽은 비눗물이나 물을 사용
⑩ 제우계통
　　㉠ 와이퍼 : 전기식과 유압식으로 일반적인 우천 시 사용
　　㉡ 제트 블래스트 : 고압에어를 이용하여 불어날린다. 가랑비 등에 사용
　　㉢ 레인 리펠런트 : 와이퍼와 함께 방우제(발수액)를 사용하여 윈드실드 표면에 안착하지 못하게 한다. 다량의 우천 시에 사용

(2) 화재탐지 및 소화계통

가) 화재 등급 분류
① 일반화재(A급) : 옷, 테이블, 커튼, 카펫
② 유류화재(B급) : 석유, 휘발유, 경유, 벙커유
③ 전기화재(C급) : 전기회선
④ 금속화재(D급) : 금속물질

나) 화재방지계통
① 화재탐지기의 종류
　　㉠ 온도 상승률 탐지기
　　㉡ 복사 감지 탐지기
　　㉢ 연기 탐지기
　　㉣ 과열 탐지기
　　㉤ 일산화탄소 탐지기
　　㉥ 가연성 혼합 가스 탐지기
　　㉦ 육안 감지(승무원 또는 승객에 의한 감시)
② 소화제
　　㉠ 항공기의 소화제는 적은 양으로도 소화능력이 높아야 한다.
　　㉡ 저장이 용이해야 한다.
　　㉢ 보관에 있어 장기간 안정되어야 한다.

㉣ 구조부재를 부식시키지 않아야 한다.
㉤ 충분한 방출 압력이 있어야 한다.
㉥ 물 : A급 화재만 사용
㉦ 이산화탄소 : B급과 C급 사용
㉧ 프레온가스 : B급과 C급 사용, 소화능력이 뛰어나고 안정되어 있어 인체에 무해하나 오존층 파괴 우려
㉨ 사염화탄소 : 독성으로 인해 사용금지
㉩ 분말소화제 : B급, C급, D급 사용
㉪ 질소 : 이산화탄소와 유사. 일부 군용기만 사용

④ **고정소화기** : 소화제는 액화가스이고, HRD(수초 간에 다량의 소화제를 노즐이나 다공간을 통해 분사하는 장치) 특성을 위해 가압하여 고압 가스용기에 저장
  ㉠ 황색 디스크 : 운항승무원(조종사)이 조종실에서 소화기 스위치를 작동시켜 소화액 분사(일반)
  ㉡ 적색 디스크 : 화재 시, 안전플러그가 과열로 인하여 작동(소화기 압력 1.5 이상 시 자동 방출)

③ **휴대용 배치소화기 수(객실)** : 조종실에 1개 배치해야 하고, T류 항공기 객실에 승객수에 따라 배치해야 한다.

승객수	소화기수
6~30	1
31~60	2
61~200	3
201~300	4
301~400	5
401~500	6
501~600	7
601 이상	8

다) 화재경고장치의 특성

무게가 가볍고, 장착이 용이해야 하고, 정비취급이 간단해야 한다.

① **열전쌍식(thermo-couple)** : 급격한 온도 상승에 의한 화재 탐지 장치. 서로 다른 금속을 접합한 열전쌍을 이용하여 직렬로 연결하고, 고감도 릴레이를 사용하여 경고장치를 작동시킨다.

② **열스위치식(thermal s/w)** : 완만한 온도 상승에 의한 화재 탐지 장치. 바이메탈에 의해 접촉점이 떨어져 있다가 온도가 상승하면 금속이 퍼지면서 접촉점이 연결되어 회로를 작동시킨다.

③ **저항루프식(resistance loof type)** : 전기 저항이 온도에 의해 변화하는 세라믹 또는 일정 온도에 달하면 급격하게 전기 저항이 떨어지는 융점이 낮은 소금을 이용하여 온도 상승을 전기적으로 탐지한다.
  ㉠ 펜월(Fenwal) : 센서 단면에 중심선이 1개
  ㉡ 키드(kidde) : 센서 단면에 중심선이 2개
④ **광전지식** : 빛을 받으면 전압이 발생하는 포토셀 원리를 이용하여 화재 시, 연기로 인한 반사광으로 화재를 탐지한다.
⑤ **연기 감지식** : 화물실, 전자장비실, 화장실 등 연기로 센서의 저항값 변화에 의해 감지(조종실에서 경고음 또는 경고등으로 감지)
  • Thermister : 열 발생 시, 저항이 급격히 감소하여 회로를 작동시켜 감지한다.

2 비상계통

(1) 비상계통

가) 비상장비

① **긴급 탈출 장치** : 항공법으로 탈출 시 승무원과 승객이 90초 이내에 탈출하도록 미끄럼과 로프가 있어야 한다.
② **구명장비품** : 구명조끼(구명동의)는 의자 밑에 위치하고 일반용(이산화탄소 2개)과 유아용(이산화탄소 1개)이 있다.
③ **구명보트** : 5~6인승과 25인승이 있다.
④ **비상신호장비** : 비상위치 무선표지 설비(121.5Hz와 243Hz의 주파수로 48시간 조난신호 송신)
⑤ 연기, 불꽃 신호 장비(주간 : 연기, 야간 : 불꽃)
⑥ 휴대용 확성기
⑦ 그 외 비상장비 : 손전등, 손도끼, 구급약품

나) 지상지원장비(GPU)

① **시동 지원장비** : 항공기 엔진 시동 시, 전기 또는 압축공기를 공급하는 장비
  ㉠ MD-3 : 120V, 400Hz, 전기 공급
  ㉡ GTC(가스터빈 압축기) : 공기압 공급
  ㉢ GTG(가스터빈 발전기) : 전기 공급

② **지상보조 지원장비** : 항공기를 지상에서 점검 또는 정비 시 지원하는 장비
  ㉠ 유압시험대 : 유압계통 작동점검, 유압공급, 작동유 여과 및 배출
  ㉡ 조명장비, NF-2 조명장비 : 야간 정비 시 자체 동력으로 사용되는 장비
  ㉢ 가열장비 : 기온이 낮을 때 고온 압축공기에 의해 예열, 건조, 방한으로 사용
    ⓐ APU
      • 메인 엔진 첫 스타트 시, 팬에 최초로 에어를 공급 및 기내 전기 생성
      • 메인 엔진이 작동하기 시작하면, APU는 작동이 중단된다.
    ⓑ hung start : 엔진 RPM이 낮아 자체적으로 가속 불가 상태
      hot start : 과도한 연료와 공기로 인하여 엔진 고열화 상태(즉시, 엔진을 off 시켜야 한다.)

05 항공기 통신 및 항법 계통

1 통신계통

(1) 유선통신

가) 기내인터폰 및 방송장치
① 운항승무원(cockpit) : 조종사
② 객실승무원(cabin) : CA, 안전요원, 청소부, 보안 등
③ 운항승무원 상호간 통화장치(flight inter phone system) : 조종사 간에 통화, 지상에서 Taxing시 관재탑과 교신
④ 승무원 상호간 통화장치(service interphone system) : 조종실과 객실 승무원, 조종실과 정비사 간에 통화
⑤ 객실 인터폰 장치(cabin interphone system) : 승무원 간에 통화
⑥ 기내방송장치(passenger address system) : 조종사, 승무원이 승객에게 통화
  ㉠ 기내방송장치 우선순위
    ⓐ cockpit 방송
    ⓑ cabin 방송
    ⓒ 재생 방송
    ⓓ 음악 방송

ⓒ 오락프로그램 제공장치(Passenger Entertainment System) : 승객에게 방송 및 오락 프로그램을 제공하는 장치

(2) 무선통신

- **전자파** : 항공기 무선통신에 사용되는 무선전파
- **적외선** : 열선, 파장이 길어 안정된 파장(780nm 이상)
- **가시광선** : 눈으로 지각되는 파장범위를 가진 파장(380~780nm)
- **우주선** : 지구 외부로부터 빠른 속도로 지구에 날아오는 방사선(380nm 이하)
- **자외선** : 화학선, 파장이 짧아 해롭다.
- **전리층** : 지구상에 대기를 구성하고 있는 분자나 원자는 태양으로부터 오는 자외선, X선에 의해 전리된다. 분자, 원자, 이온, 전자가 혼재하는 층을 전리층이라 한다.
- **전리** : 외부에너지를 통해, 즉 태양에너지를 통해 이온화되는 것

① **전파의 생성** : 전계가 시간적으로 변하면 자계가 생기고 자계는 전계를 발생시켜 파동 발생

② **주파수 변조 방법**
  ㉠ 진폭변조(AM) : 반송파의 진폭을 신호파의 파형에 따라서 변화시키는 변조 방식(원거리)
  ㉡ 주파수변조(FM) : 반송파의 진폭은 일정하게 한 채로 신호를 주파수의 변화로 변환해 송신하는 방식(근거리)
  ㉢ 위상변조(PM) : 신호파의 순시값에 따라서 반송파의 위상을 바꾸는 방식의 변조 방식

③ **전파의 성질**
  ㉠ 지상파(ground wave) : 10km 이내의 근거리 통신에 이용된다.
    ⓐ 직접파 : 대지면에 접촉되지 않고 송신 안테나로부터 직접 수신안테나에 도달되는 전파. 송신 안테나와 수신안테나의 높이를 높일수록 도달거리는 길어진다.(HF, VHF, UHF, SHF, UHF, EHF)
    ⓑ 대지 반사파 : 대지에서 반사되어 도달되는 파
      - 각 대기층에서 굴절/반사되어 장거리 송신에 사용
      - 대지에서 반사될 때, 수직편파는 위상 불변. 수평편파는 위상이 180° 변화
      - HLF, LF, MF

ⓒ 지표파 : 지표에 따라 전파되는 파. 수평편파는 대지에서 반사할 때 위상이 180°만큼 변화되지만 수직편파는 변화되지 않는다.
　　　ⓓ 회절파 : 산이나 큰 건물이 뒤로 회절해서 도달하는 파로 전파의 회절은 초단파나 극초단파에서 일어난다. 회절은 주파수가 낮을수록, 즉 파장이 길수록 심하다.
　　ⓒ 공간파(sky wave)
　　　ⓐ 대류권 산란파 : 대류권 내에서 불규칙한 기류에 의해 산란되어 전파되는 파
　　　ⓑ 라디오 덕트(radio duct) : 역전층 안에 들어간 전파는 마치 덕트(duct) 안에 들어간 것과 같아 역전층 외부로 좀처럼 빠져나가지 못하여 가시거리보다 먼 거리까지 전파되는 이상대기층
　　　ⓒ 전리층파 : 전리층에서 반사되거나 산란되어 전파되는 파(E층 반사파, F층 반사파, 전리층 활행파, 전리층 산란파)
　　　　• 높이 : D층(50~90km), E층(100km), F층(200~400km)
　　　　• 전자밀도 : D층에서 F층으로 갈수록 높아진다.
　　　　• 최적 운용 주파수(FOT) : 최고 사용 주파수의 약 80% 정도의 주파수를 선정하여 사용하는 경우를 말한다.
　　　　• 임계주파수(critical frequency) : 지상으로부터 전리층에 수직으로 입사한 전파는 어떤 주파수보다 낮으면 거의 수직방향을 반사하고 그 주파수보다 높으면 투과하는데 이 경계를 임계주파수라 한다.
④ **전파에 의한 현상**
　ⓒ 전파회절 : 광선을 불투명한 물체로 가렸을 때, 멀어짐에 따라 그림자 윤곽이 흐려져서 보이는 것
　ⓒ 페이딩 : 수신전기장 세기가 둘 이상의 경로를 달리는 전파 사이의 간섭 또는 전파 경로의 상태 변화 등으로 시간적 변동 현상. 전리층의 변동요인, 주야간 발생
　　• 페이딩현상 방어책 : 다이버시티 방식 사용
　ⓒ 에코 : 송신안테나에서 수신까지 성분이 도달하는데 시간의 차이가 생기는데 같은 신호가 되풀이 되는 현상
　ⓔ 다중신호 : 전파가 정방향, 역방향으로 진행하여 수신점에 도달하고, 지구 위를 여러 개의 신호가 겹치는 현상
　ⓜ 태양흑점 : 태양의 흑점이 증가해서 전리층 내의 전자밀도도 증가하여 F층의 임계 주파수가 높아져서 높은 주파수가 잘 반사된다.

ⓑ 자기폭풍 : 태양표면의 폭발이나 흑점의 활동이 심할 경우에 지구 자기장이 갑자기 비정상적으로 변하는 현상. 지자기의 변동요인, 주야간 발생
  ⓐ 델린저 현상 : 태양면의 폭발로 방출된 다량의 자외선이 전리층 전자 밀도를 증가시켜 단파통신(HF)을 방해하는 현상. 주로 주간 발생
  ⓑ HF가 전파의 장애현상을 더 많이 받는다.

⑤ 주파수 대역
  ㉠ VLF(Very Low Frequency) : 초장파, 3 ~ 30[kHz]
  ㉡ LF(Low Frequency) : 장파, 30 ~ 300[kHz], 오메가 항법장치
  ㉢ MF(Middle Frequency) : 중파, 0.3 ~ 3[MHz](300 ~ 3000[kHz]), ADF
  ㉣ HF(High Frequency) : 단파, 3 ~ 30[MHz], 장거리, 국제용 통신
  ㉤ VHF(Very High Frequency) : 초단파, 30 ~ 300[MHz], 단거리, 국내용 통신
  ㉥ UHF(Ultra High Frequency) : 극초단파, 300 ~ 3000[MHz], 군용 통신
  ㉦ SHF(Super High Frequency) : 초고주파, 3 ~ 30[GHz], 우주통신
  ㉧ EHF(Extremely High Frequency) : 밀리미터파, 30 ~ 300[GHz], 위성통신

가) HF 통신

원거리 통신, 국제선 통화(전리층 반사를 이용 멀리까지 가능)

① SSB(Single Side Band) : 단측파대, 주파수 폭을 줄이기 위해서 변조 후에 나타나는 양측파대 중 하나만 취하는 것
② DSB(Double Side Band) : 양측파대, 진폭변조에서 반송파 성분과 상·하측 파대 모두를 송신하는 것
③ SSB 통신 방식의 특징
  ㉠ 한쪽 측파대만을 사용하기 때문에 점유 주파수 대역폭이 $\frac{1}{2}$로 줄어든다.
  ㉡ 같은 수신 전기장의 세기에 대하여 송신 전력이 DSB 방식보다 적어도 된다.
  ㉢ 송신기의 소비전력이 DSB 방식보다 적게 든다.
  ㉣ 선택성 페이딩의 영향을 DSB 방식보다 적게 받는다.
  ㉤ 수신기의 출력에 있어서 신호대 잡음(S/N)이 개선된다.
  ㉥ 비트(Beat) 방해가 일어나지 않는다.
  ㉦ DSB 방식에 비하여 송신기를 소형으로 제작할 수 있다.
④ SSB파의 점유주파수 대역폭의 3가지 방식
  ㉠ 억압반송파 SSB : 반송파 최대전력 $\frac{1}{10000}$로 억압

ⓛ 저감반송파 SSB : 반송파 최대전력 $\frac{1}{100}$로 억압

ⓒ 전반송파 SSB : 반송파 전부 전송
  ⓐ 반송파 : 무선 통신에서 정보를 실어 보내는 사인파, 펄스파
  ⓑ 상측파대 : 반송파 주파수보다 높은 주파수
  ⓒ 하측파대 : 반송파 주파수보다 낮은 주파수
  ⓓ 측파대 : 반송파를 변조할 때 반송파 양쪽에 발생하는 전파의 주파수 성분
  ⓔ 복조 : 변조의 반대로서, 전파를 언어로 변환
  ⓕ 포락선검파방법 : 피변조파의 포락선에 비례한 신호파를 발생시키는 진폭변조 방식
    • 포락선 : 최대 진폭을 이은 선
    • 헤테로다인 : 가청주파로 변조되어 있지 않은 A전파나 단측파대에 대해 검파하는 방법
    • 슈퍼헤테로다인 : 수신전파를 주파수 변환기를 통해 일정한 주파수의 중간 주파수로 떨어뜨려 중간 주파수 증폭기로 충분히 증폭을 취한 후에 검파하는 방법
    • 검파 : 무선전파를 정류하여 전파에 들어있는 정보를 찾아내는 것

⑤ **선택호출장치(SELCAL : selective calling system)** : 지상무선국이 특정 항공기와 교신하고 싶을 때 불러내는 장치이다. HF에서는 SELCAL이 연결되어 음성 입력 및 수신 음성 출력을 기내 인터폰 장치를 통하여 조종사의 송수화기와 연결된다.

나) VHF 통신

국내선, 근거리통신, 페이딩 심함(좁은 영역(공간)에서 전파간섭 발생). 조정패널, 송수신기, 안테나에 사용되고, 118~136.9Hz

① **비상주파수** : VHF 121.5MHz, UHF 243MHz
  ㉠ 스퀠치회로 : 신호압력이 없을 때에 임펄스성 잡음에 의해 동작되며 신호를 수신할 때 스퀠치가 작동되어 있을 경우에는 백색 잡음이 가해져도 동작이 멈춰서는 안 된다.(FM에서 잡음을 없애주는 것)
② **백색 잡음** : 0~∞까지 주파수 세기가 골고루 다분포되어 있는 잡음
  ㉠ 임펄스성 잡음 : 단시간 과도소란에 의한 특성의 잡음

다) UHF 통신

① 225~400MHz로, 주로 군용항공기에서 사용

② 기상송신기의 출력은 10 ~ 30w이다.
③ **주파수절환** : 주파수 채널을 변환시키는 것
④ 가드채널은 243MHz

라) 항공기 안테나

저속기에서는 LF, MF, HF용으로 기체 외부에 붙인 와이어 안테나를 이용하다가 고속기에서는 공기 저항을 감소시키기 위해 기체 외피를 안테나로 사용하거나, 내부에 내장하는 플러시형을 사용한다. 외부에는 크기가 작고 저항이 적은 초단파 이상의 것이 많다.

① 안테나의 종류
  ㉠ 와이어 안테나(wire antenna) : 시속 약 300마일 이하로 운행되는 항공기의 HF와 LF/MF 자동 방향 탐지기에 요구되는 센스(sense) 안테나 75MHz 마커 수신을 위한 안테나에 사용된다. 결빙 발생을 최소화하기 위해 평행하거나 20°를 넘지 않는 각으로 설치
  ㉡ 로드 안테나(rod antenna) : 경비행기에서 좋은 성능을 발휘하지만 높은 속도에서는 부적당하다. 송수신시 전방향서비스를 위해 수직형태 설계
  ㉢ 수평 비 안테나 : 토끼 귀 모양으로 된 텔레비전 안테나와 비슷하며 완전하게 단일 방향으로 만들 수 없는 결점이 있다. 저속 항공기에 적합하다.
  ㉣ 블레이드 안테나(blade antenna) : 수직축은 통신목적을 위한 수직 안테나로 되어 있으며, 항법 비 안테나는 꼭대기의 뒤로 벌어진 수평구조에 포함된다.
    ⓐ 공기저항 최소로 설계, 유리섬유구조의 밀폐된 매질
    ⓑ ATC트랜스폰더, DME, VHF안테나
  ㉤ 접시형 안테나(parabolic antenna) : 항공기에 사용되는 레이더는 주로 접시형 반사기를 사용하는데 대표적인 접시형 안테나로는 기상 레이더용이 있다.
  ㉥ 슬롯 안테나 : 보통 접시형 안테나의 여진용 또는 항공기용 레이더의 복사기로 사용되는데, 항공기에서는 글라이드 슬로프의 수신용 안테나로 사용된다.
  ㉦ 나팔형 안테나 : 실제로 사용할 때는 전자 나팔에 반사기를 결합하여 사용하며 항공기에서는 전파 고도계에 사용된다.
  ㉧ 원통형 안테나 : 마커비컨
  ㉨ 탐침형(Probe) 안테나 : HF통신
  ㉩ 다이플 안테나 : VOR, LOC

마) 미래 데이터 통신

① 현재 : HF, VHF통신을 사용하므로, 잡음과 전파방해에 의해 신뢰성이 낮다.
② 미래 : 데이터통신(컴퓨터 통신)
③ 항공 이동 위성 서비스 시스템(AMSS : Aeronautical Mobile Satellite System)
　㉠ 항공교통관제(ATC)
　㉡ 운항관리통신(AOC)
　㉢ 항공업무통신(AAC)
　㉣ 항공여객통신(APC)
④ 항공 이동 위성 서비스의 주요 구성 요소
　㉠ 인공위성
　㉡ 지상지구국
　㉢ 항공기지구국
⑤ 항공 이동 위성 서비스 시스템의 채널 및 대역
　㉠ C밴드 : 4 ~ 8GHz, 패트리어트 미사일 추적
　㉡ L밴드 : 1 ~ 2GHz, 장거리 공중 감시레이더
　㉢ S밴드 : 2 ~ 4GHz, ASR
　㉣ X밴드 : 8 ~ 12.5GHz, 기상레이더

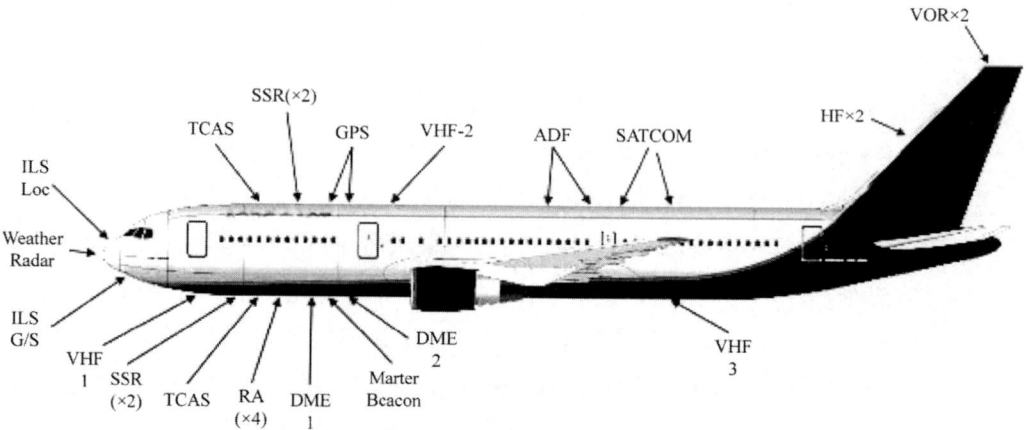

ADF : Auto matic Direction Finder
DME : Distance Measuring Equipment
GPS : Global Positioning System
G/S : Glide Slope
HF : High Frequency
ILS : Instrument Landion System

Loc : Auto matic Direction Finder
RA : Distance Measuring Equipment
SATCOM : Global Positioning System
SSR : Glide Slope
TCAS : High Frequency
VOR : Instrument Landion System

② 항법계통

- **항법장치** : 목적지까지 자기의 현재 위치를 측정하여 거리나 방향을 알고 측정결과에 따라 진행방향을 유지하여 비행하는 방법이다.

  ※ 항법의 4요소 : 위치(자기), 방향, 거리, 시간(도착)
  항법의 3요소 : 위치, 방향, 시간

  ※ 항법의 방법
  - 지문항법 : 해안선이나 철도노선을 보면서 비행
  - 추측항법 : 지점의 방위와 거리를 계산하여 추측 비행(도플러, 관성항법), 자체적 가능.
  - 무선전파항법 : 전파의 직진성과 속도가 일정한 것을 이용
  - 천측항법 : 달, 별, 태양을 이용해서 비행

  ※ 항공기의 항법등
  - 좌측 : 적색
  - 우측 : 녹색
  - 꼬리 : 백색

(1) 원조항법

가) 기록장치

① 음성기록장치(CVR : cockpit voice recorder) : 사고 전 30분 기록
  ㉠ 항공기 후미 위치
  ㉡ 4채널(조종사, 부조종사, 지정된 음성, 기관사)

② 비행기록장치(FDR : Flight Data recorder) : 사고 전 25시간 기록(시간, 고도, 기수방위, 수직강하속도, 속도)
  ㉠ 8채널
  ㉡ 주파수는 37.5MHz, 1100℃ 30분간, 6000m 바다 속에서 견딘다. 자체 배터리 10년간 지속된다.
  ㉢ DFDR(digital FDR) : 63채널

④ 비행 자료 집적 기록 장치(AIDS : Air Inteagrated Data System) : 항공기가 비행 중에 얻어진 자료를 항상 해독하여 항공기 운항상태를 수시로 개선하기 위한 종합시스템
  ㉠ 기상시스템
  ㉡ 지상자료 해독시스템

나) 경고장치

① **FMS(Flight Management System)** : 비행관리장치
　㉠ warning(경고) : 즉각 조치가 필요한 긴급사태(적색문자, 숫자 표시)
　㉡ caution(주의) : 이상이 발생한 시간적인 경우가 있는 상황(호박색)
　㉢ advisory(충고) : 보정조정이 필요한 상태(호박색)

② **조종실의 시각, 청각 경고**
　㉠ 엔진 화재 : 벨소리
　㉡ 속도 초과 : 크랙커음
　㉢ 착륙장치 : 경적음
　㉣ 이륙 : 단속경적음
　㉤ 객실여압 : 단속적 경적음
　㉥ 자동조정장치 해제 : 부저음
　㉦ 수평 안정판 작동 : C코드음
　㉧ 결심고도 : C코드음

③ **대지접근 경고장치(GPWS : Ground Proximity Warning System)**
　㉠ 모드Ⅰ : 강차율이 크다.
　㉡ 모드Ⅱ : 지표 접근율이 크다.
　㉢ 모드Ⅲ : 이륙 후의 고도 감소가 크다.
　㉣ 모드Ⅳ : 착륙은 하지 않았으나 고도가 부족하다.
　㉤ 모드Ⅴ : 글라이드 슬로프의 밑에 편이가 지나치다.
　㉥ 모드Ⅵ : 전파고도의 음성(call out) 기능
　㉦ 모드Ⅶ : 전단풍(windshear)의 검출 기능

④ **항공기 충돌방지 장치(ACAS : Airborne Collision Aroidance System)** : 항공기의 접근을 탐지하고 조종사에게 항공기의 위치정보나 충돌 회피 정보를 제공한다.
　㉠ ACASⅠ : 위치정보
　㉡ ACASⅡ : 위치정보+수직면
　㉢ ACASⅢ : 위치정보+수직면+수평면

⑤ **공중 충돌방지 장치(TCAS : Traffic Collision Avoidance System)** : ACAS와 동일. 미국에서 사용한다.
　㉠ 회피정보는 승강계(IVSI : Instantaneous Vertical Speed Indicator)에 적색구간으로 표시되어 그 고도만 회피하면 된다.
　㉡ 충돌방지등(Anti collision light)
　　ⓐ 동체 상부

ⓑ 수직꼬리날개
ⓒ 로고등(꼬리)
ⓓ 날개
⑥ ELT(Emergency Locator Transmitter) : 비상 송신기

다) 관제장치

① **Radar(radio detection and ranging)** : 전파방사에 의하여 생긴 반사파를 이용하여 물체의 존재를 탐지하는 무선장치, 거리+방향을 알 수 있다.
  ㉠ 1차 레이더 : 레이더에서 발사된 전파가 부딪혀 되돌아오는 것
  ㉡ 2차 레이더 : 송신주파수와 다른 주파수로 수신되는 것

$$d(전체거리) = \frac{C(빛의\ 속도) \cdot T(탐지시간)}{2}$$

※ $c = 3 \times 10^5$

② **1차 감시 레이더(PSR : Primary Surveillence Radar)**
  ㉠ ASR(Airport Surveillence Radar) : 공항 감시레이더, 항공기 진입, 출발 관제 수행, 공항터미널 반경 60~70NM, 거리, 방위 정보 제공(1NM = 1.852km)
  ㉡ ARSR(Airport Route Surveillence Radar) : 항로감시레이더, 항공로만 감시(폭 4km)
  ㉢ ASDE(Airport Surface Detection Equipment) : 지상감시레이더, 활주로, 유도로 상의 이동물체를 스캔하여 감시, 통제
  ㉣ PAR(Precision Approach Radar) : 정밀진입레이더, 착륙지점으로부터 거리 측정, 부채꼴빔을 주사시켜 거리정보 제공(좌우상하로 주사)

③ **2차 감시 레이더(SSR : Secondary Surveillence Radar)** : 지상 장비실에서 질문파를 발사하면 항공기 트랜스폰더가 질문신호에 대응하는 응답신호를 지상시설에 반송하는 시스템

④ **2차 감시 레이더 모드-S의 특징**
  ㉠ 항공기의 개별적인 어드레스
  ㉡ 체널관리
  ㉢ 모노펄스측 각
  ㉣ 현용 SSR과의 혼용성
  ㉤ 기상충돌방지 시스템(ACAS)로의 이용
  ㉥ 데이터링크
    • 트랜스폰더 : 수신된 신호에 대해서 자동으로 응답하는 신호수신기

⑤ ATC Transponder(Air Traffic Control Transponder) : 항공교통 관제레이더 시스템으로부터의 질문신호를 수신해 응답하는 장비로서 송수신기이다. 통상 이것은 보조감시 레이더 시스템으로 알려져 있으며, 주 레이더보다 원거리로부터 보다 정확하게 항공기를 발견과 식별이 가능해졌다. 보조 레이더 기지국과 트랜스폰더의 시스템을 총칭해서 항공교통 관제용 레이더 신호 시스템(ATCRBS)이라고 부른다. 기본이 되는 모드A 트랜스폰더는 4자리수 코드로 응답한다(각 자리는 0에서 7까지 값을 가진다.). 이것을 4096(8^4 = 4,096) 코드 트랜스폰더라고 부른다.

이 코드는 조종사가 항공교통관제기지국으로부터 인가 지시, 비행 방식(VFR 등)과 상태(무선장치의 고장, 하이잭 등)에 따라 설정한다. 관제측은 이 정보로부터 각 항공기를 식별할 수 있다.

모드C 트랜스폰더는 4자리수 코드와 항공기의 기압 고도를 100피트(30.48m) 단위 값을 암호화한 데이터로 응답한다. 현대에서 주로 사용하는 모드S 트랜스폰더는 한층 더 확대된 디지털 식별 코드로 응답한다. 이 코드는 각 항공기마다 특유하며 음성에 의한 교신이 불가능해도 항공기를 식별할 수 있다. 또한, 항공교통 관제 레이더 시스템으로부터 트래픽 정보를 받고, 기상 디스플레이에 표시할 수 있다. IFF 트랜스폰더는 피아 식별 장치로 군에서 사용되고 있으며, 민간의 항공교통 관제로 사용되고 있는 모드 이외의 특별한 모드를 사용하고 있다.

(2) 자립항법

가) 전파고도계

항공기에서 지표를 향해 전파를 발사하여, 그 반사파가 되돌아올 때까지 시간을 측정하는 장치이다. 지형과 항공기 사이의 수직거리인 절대 고도를 지시한다. 20 ~ 2,500 feet 이하에서만 작동한다.

① **펄스식 전파 고도계** : 기상에서 아래쪽으로 발사한 펄스가 지표면에서 반사되어 다시 기상 수신기에 도달하는 시간에 항공기와 지표면 사이의 거리를 구하는 방식의 고도계이다.
② **FM식 전파 고도계** : 0 ~ 750m까지의 낮은 고도를 측정하는 데 이용되며 주로 활주로에 접근, 착륙시 이용된다.

나) 기상레이더

항로 및 주변의 기상 정보를 야간이나 시계가 나쁜 상태에서도 조종사에게 관련 정보를 저어 많은 여객기에 사용되고 있다. 사전에 악천후 영역을 탐지해서 비교적 기류의 변화가 작은 곳을 찾아 비행함으로써 안전운행을 도모하고, 악천후 영역을 미리 알아냄으로써 신속하게 항로를 변경하여 비행시간의 단축과 연료절약이 가능하도록 한다.

① 사용주파수
  ㉠ C밴드(파장 5.6cm) : 폭우나 구름을 관측하는 경우 감쇠가 적은 C밴드 사용 폭우시 원거리 탐지
  ㉡ X밴드(파장 3.2cm) : 9GHz 대역의 주파수 사용. 강우가 없는 경우나 적은 경우에 관측에 사용
② pensil beam : 항공기에서 사용(빔이 좌우로 회전하여 감지)
  ㉠ 팬 빔 : X밴드와 C밴드를 사용하나, 일반적으로 많이 사용하는 것은 X밴드이다.
  ㉡ Tilt angle beam
  ㉢ Cosecant squar beam
  ㉣ Contrd beam

다) 도플러 레이더

이동체 속도에 비례하여 수신주파수가 변화한다는 도플러 원리를 이용한 항법장치로 지상원조시설을 필요로 하지 않고 직접적으로 항행할 수 있는 기상항법장치이다.

① 현재는 관성항법장치 INS(Inertial Navigation System)으로 대체
② 도플러 레이더에서 발사한 전파를 발사, 수신하여 이 시간차를 측정하여 대지속도가 연속적으로 얻어지고 속도를 적분함으로써 거리를 구하는 방법
③ 도플러의 원리
  ㉠ 이동체의 속도에 비례하여 수신 주파수가 변화한다.
  ㉡ 지상보조시설을 필요로 하지 않는 기상 항법장치
  ㉢ 측풍을 받는 항공기가 좌로 이동했을 경우 좌측빔의 검지된 대지속도가 우측빔에 검지된 대지속도보다 높게 된다. 그 후에 주파수 차이를 검출 기수방위 속도의 직각방향성분을 계산하여 편류각(Drift angle)을 지시기에 표시
  ㉣ 편류각 : 측풍에 의해 가고자 하는 방향(진행방향)에서 벗어난 각도
④ 도플러 레이더의 구성
  ㉠ 송신기, 수신기, 주파수 추적기, 지시기로 구성
  ㉡ 사용주파수 : 8.8 ~ 13.5GHz

라) 관성항법장치(INS : Inertial Navigation System)

물체가 이동할 때 항상 가속도가 가해지지만 가속도를 적분하면 속도가 나오고, 또 적분하면 이동한 거리가 나온다는 가속도 이용한 항법장치이다.(가속도계 → 가속도 자료 → 적분기 → 속도 → 적분기 → 거리)

① **적분기, 컴퓨터 회로** : 위치(거리)
   ㉠ 짐벌/플랫폼(자이로) : 자세
   ㉡ 관성항법장치의 구성
② **가속도계(Accelerometer)** : 가속도 측정. 가속도를 전기 신호로 변환하는 센서. 가속도계의 출력 중에서 지구상의 이동에 의한 출력만을 계산을 통하여 얻어낸다. 가속도계에서 측정되는 힘
③ **자이로스코프(Gyroscope)** : 이동체의 회전 운동 검출
④ **레이트 적분 자이로**
   ㉠ 강성(Rigidity) : 스핀축 방향을 바꿀 정도의 외력이 작용하지 않는 한 스핀축이 항상 관성 공간의 일정 방향을 계속 유지하는 성질(자이로의 강성을 이용하여 이동체의 회전운동 검출. 안정 플랫폼이 필요)
   ㉡ 안정플랫폼 : 국지 수평에 평행하게 북향으로 설치한 플랫폼 위에 정북, 정동으로 가속도계 설치
   ㉢ 구성 : 방위 자이로(Azimuth Gyro), 노스 자이로(North Gyro), 이스트 자이로(East Gyro)
⑤ **레이저 자이로**
   ㉠ 특징
      ⓐ 스트랩 다운(Strap Down) 관성 기준 장치
      ⓑ 가속도계와 자이로를 직접 기체에 설치
      ⓒ 가상적인 기준축이 컴퓨터에 의해서 만들어짐
   ㉡ 종류
      ⓐ 링레이저 자이로 : 각속도에 비례하는 우회 레이저광과 좌회 레이저광의 도달 시간 차이를 측정
      ⓑ 광파이버 레이저 자이로 : 1 ~ 수 km의 광파이버에의 우회빔과 좌회빔의 위상차를 간섭계로 읽어서 각속도 측정, 반지름 수 cm로 감은 자이로도 제작 가능
   ㉢ 장단점
      ⓐ 소형, 경량, 적은 소비전력
      ⓑ 보수가 쉽고, 신뢰성이 향상되고 수리비가 적다.

ⓒ 고정밀도의 레이저 자이로 필요
ⓓ 고속도, 고정밀도 컴퓨터가 필요

⑥ 관성 항법 장치의 특징
㉠ 완전한 자립 항법 장치
㉡ 시계, 천후, 지상, 해면 상태, 전파 방해 등의 외부의 영향을 받지 않는다.
㉢ 완전한 Silent항법이다.
㉣ 운영지역에 제한이 없다.
㉤ 기체의 데이터와 항법 데이터가 연속적이다.
㉥ 전문 항법사가 필요없다.(조종사가 조작 가능)

⑦ INS의 단점
㉠ 가격이 비싸다(OMEGA의 3배 정도).
㉡ 수리비용이 비싸다(기계적 Gyro의 고장이 빈번하다).
㉢ 오차의 발생(시간당 1kmile ~ 1.5kmile)
㉣ 지구자전에 의한 보정이 필요 : 정지된 상태에서 alignment 한다.
㉤ 항공기의 이동에 따른 보정이 필요 : kmile 보정

마) 위성항법장치(GPS : Global Positioning System)

인공 위성에서 지구로부터 전파를 수신하여 다시 전파를 발사하는 송수신기를 장착하기 때문에 거리 또는 거리 변화율이 측정되며 위치 결정이 가능하다. 항법 위치 정보 제공, 통신 서비스 제공, 수색 감시 서비스 제공

① 갈릴레오 GPS 체계 : 유럽 EU용
베이도우 GPS 체계 : 중국에서 개발 중
GLONNES GPS 체계 : 소련에서 개발 중
㉠ 코리올리의 힘(전향력) : 지구가 회전하기 때문에 어떤 물체에 도달하기까지 휘어지는 현상
㉡ 3차원(위도, 경도, 고도) 위치를 결정 : 4개의 위성이 필요
㉢ 2차원(위치, 경도) 위치를 결정 : 3개의 위성이 필요

② GPS 특징
㉠ 전세계적 연속 위치 결정 가능
㉡ 혼신의 영향 있음
㉢ 이용코드, 동시병행 수신 가능하여 정밀 자료율을 얻음
㉣ C/A코드 100m, P코드 10m 이내로 3차원 위치

③ 항행시스템 분류
   ㉠ VHF데이터 링크
   ㉡ 항공이동 위성통신 시스템
   ㉢ 2차 감시 레이더모드-S
   ㉣ 항공교통서비스(ATS)
④ 항법시설
   ㉠ 위성항법장치(GNSS)
   ㉡ 마이크로웨이브 착륙장치(MLS)
   ㉢ 항공교통서비스(ATS)
⑤ 감시시설
   ㉠ 위성항법장치
   ㉡ 항공교통서비스
   ㉢ 2차 감시 레이더모드-S
   ㉣ 자동항행 감시 시스템(ADS)

바) 지시계기

① 자세 방향 지시계(ADI : Attitude Director Indicator)
   ㉠ 강직성과 섭동성을 이용
   ㉡ 피칭, 롤링, 요잉 확인
   ㉢ ILS 운용모드
② 수평 상태 지시계(HSI : Horizontal Situation Indicator)
   ㉠ 기수방위 : 컴퍼스카드
   ㉡ 비행코스 : 코스 이탈 확인
   ㉢ To/from 관계 : 거리 표시
③ 전자식 총합 지시 계기

PFD	ND	MAIN EICAS	PFD	ND
조종사		AUX EICAS	부조종사	

㉠ PFD(Primary Flight Display) : 주비행표시 장치로, 자세, 속도, 고도, 기수방위, 자동조종 작동모드, ILS모드, 마커비콘
㉡ ND(Navigation Display) : 항법 표시 장치로, 항법 관련 자료(위치, 기수방위, 비행방향, 설정코스, 거리, 목적지 도착시간)
㉢ EICAS(Engine Indication and Crew Alerting System) : 기관지시 승무원 경고 장치

㉣ MAIN : EGT, 기관압력비, 연료량, 온도, 착륙장치, 플랩, 객실여압, 이상발생경고
   ㉤ UX : N2, 연료흐름량, 윤활유, 오일압력, 오일량, 기관진동, 바이브레이션
   ㉥ PFD + ND = EFIS(Electronic Flight Instrument System) : 전자비행계기 장치

(3) 지상항법

가) 자동방향 탐지기(ADF : Automatic direction Finder)

190 ~ 1,750kHz대의 전파를 사용하여 무선국으로부터 전파도래 방향을 알아 항공기의 방위 시각 또는 청각장치를 통해서 알아내는 장치이다.

① **구성** : 무지향 표지시설(NDB, 호밍 비컨(homing beacon) : 장파대 또는 중파대의 A_2전파를 무지향으로 발사하여 항공기의 방향탐지를 가능하게 한다.

   ㉠ 루프 안테나(loop antenna) : 지름 1m 내외의 정사각형, 원형, 다각형 등의 형태에 코일을 감은 것으로 이 코일 내를 관통하는 자기력선속이 변화할 때 유기되는 기전력을 이용한다.

   ㉡ 고니오미터(gonionmeter) : 안테나 소자를 회전시키지 않고서도 루프 안테나를 회전시키는 것과 같은 효과를 얻는 장치이다.

   ㉢ 방향 지시기 : 안테나 내부의 2상 교류 발전기에 의한 $\sin\theta$, $\cos\theta$ 신호와 수신기에 의한 방위 신호를 위상계에 가하여 방위를 지시한다.

   ㉣ 수신기 : 이동국의 방향 탐지기는 200 ~ 1,800kHz의 주파수 범위를 사용하고, 지상의 공항용 방향 탐지기는 VHF대에서 100 ~ 150MHz, UHF대에서는 200 ~ 400MHz의 주파수 범위를 사용하고 방식은 이중 또는 삼중 슈퍼헤테로다인 방식이며, 원격제어에 의한 채널 전환 및 주파수 합성방식에 의한 자동 조절방식을 많이 사용한다.

   ㉤ 무지향 표지 시설(NDB : Non-Directional Beocon) : 호밍 비컨. 광범위하게 사용된 최초의 전자항법 시설을 말한다. 항공기에 탑재된 DF(Direction Finder, 방향 탐지기) 또는 ADF(Automatic Direction Finder, 자동방향 탐지기)는 NDB로부터의 신호를 받는다. ADF 계기는 항공기 헤딩(기수 방위)과 NDB가 있을 방향과의 각도 차이를 나타낸다. NDB 저파(400 또는 1020Hz)와 중파(190~535kHz)를 사용하고, 코드화된 세 문자 식별부호, 컴퍼스 로케이터는 무선 비컨이 ILS 마커 대용으로 활용되며, 음성송신이 없을 때는 송신소 등급부호 다음에 "W"자로 표기된다. 가격이 저렴해서 소규모 공항에는 아직도 사용되고 있지만 급속히 GPS로 교체되어 오고 있다. NDB 시설을 유지하는 비용이 비싸기 때문이다.

나) 전방향 표지시설(VOR : VHF omni-directional radio range beacon)

자북을 나타내는 전파와 자북으로부터 시계방향으로 회전하는 지향성이 있는 전파 2개를 수신하고, 자북을 지시하는 전파를 받기부터 지향성 전파를 수신하기까지 시간 차를 측정하여 발신국의 위치를 알 수 있다. 목적지까지 안전하게 방위각 정보 제공. 108~118MHz. RMI 또는 HSI에 나타낸다. ADF 보다 정밀도가 높다. VOR은 현재에도 항공 관제 시스템의 근간이 되고 있다. VOR수신기는 VOR기지국의 위치 정보를 바탕으로, 진로 편향 표시기(Course Deviation Indicator, CDI)에 항로에서 이탈정도(deviation)가 표시된다. 많은 VOR 기지국에는 거리 측정 장치(Distance Measuring Equipment, DME)가 함께 설치되어 있어서 기지국과 항공기 사이의 가시선상 거리를 표시할 수 있다.

다) 전술항행장치(TACAN : Tactical air navigation system)

TACAN 지상국의 채널을 항공기에서 선택하면 지상국에 대한 방위와 거리가 동시에 기내 지시기에 표시된다. 주파수 및 채널수(252개)가 DME와 동일하다.

① **특징**
  ㉠ 방위, 거리정보에 대한 항법장치의 일원화가 가능하다.
  ㉡ 클리어 채널(Clear channel) 방식이다.
  ㉢ 방위 및 거리 정확도가 우수하다.
  ㉣ 지상장치는 일정한 동작허용주기로 동작되므로 안전하다.
  ㉤ 신호는 모두 1세트의 펄스로 구성되므로 동작에 착오가 적다.
  ㉥ 지상장치는 VOR 지상장치와 함께 정비하여 VOR/TAC 시스템을 구성할 수 있으며, TACAN의 거리계통은 DME 시스템의 역할을 한다.

② **방위측정** : VOR과 같이 지상국에서 송신되는 전파에 진폭 변위된 방위정보를 가하여 기상 장비에서 수신

③ **지상장비의 안테나 구성**
  ㉠ 무지향성 수직안테나의 주위에 15rps로 회전하는 한조의 반사기와 9조의 도파기
  ㉡ 회전축에 방위기준신호 발사시기를 규정하는 신호기 설치
  ㉢ 반사기 : 카디오이드(Cardioid)형 제작(안테나의 지향특성)

④ TACAN의 지상국의 동작

지상안테나	기상장치가 발사한 질문펄스 수신
제어 송수신 전환기	질문펄 수중 다음 사용채널의 주파수 선별
수신부	송신계통의 일정한 동작주기에 필요한 불규칙 펄스 발생하여 응답펄스(질문펄스 해독)에 함께 출력
부호지시부	기준방위 신호 및 지상국 식별신호 발생하여 응답펄스와 조합하여 정보요소 우선순위 선정한 후 정해진 지연시간을 주어 송신펄스를 부호화
송신부	증폭을 변조하여 고주파 신호로 전환
지상안테나	송신부의 고주파 신호를 발사 기준 방위신호의 방위 정보를 송신

⑤ TACAN기상장치
  ㉠ 항공기로부터 지상국까지의 거리와 방위를 측정 기상의 지시계기에 표시하는 항행 원조장치
  ㉡ 공대공 모드를 갖추면 TACAN의 기상장치에 의해 항공기 상호 간의 직접거리가 지시된다.
  ㉢ 사용주파수 : UHF대의 962~1213MHz, 기상제어기에 의해 채널 선택
  ㉣ 송수신장치 : 디지털 신시사이저 광대역 증폭기, YIF 필터 등 구성

라) 거리측정시설(DME : Distance Measuring Equipment)

항공기와 VOR 기지국과의 거리를 알려주는 시스템이다. VOR 기지국과 방위 차이는 VOR에 의해 알려주고, 거리는 DME가 알려주므로 조종사는 자기의 위치를 알 수 있다. 이 시스템은 VOR/DME로 불린다. DME는 미국이나 일본에서 사용되는 군용 항법 시스템 TACAN(TACtical Air Navigation)의 일부로 활용된다. VOR과 TACAN을 통합한 지상국은 VOR/TAC으로 불린다. VOR/DME 또는 VOR/TACAN에서 사용하는 주파수는 국제 표준에 의해 정해지는데 조종사는 특정 VOR 주파수를 선택하면 DME이나 TACAN 주파수를 자동적으로 선택하는 기능이 기기에 내장되고 있다.

마) 쌍곡선 항법장치(Hyperbolic navigation system)

미리 위치를 알고 있는 두 송신국으로부터 전파를 수신하고, 그 도달시간의 차이 또는 위상차를 측정하여 위치를 결정하는 방식을 쌍곡선 항법이라고 한다.

① 로란(LORAN : long range navigation) : 장거리 항법을 하도록 하는 것으로 LORAN 시스템은 특히 일반 항공기 산업 분야의 항법 유도 시스템으로서 인기가

있었지만, 소형기에서는 GPS, 여객기는 관성 유도 장치(INS, IRS)에게 그 자리를 내주었다. 지상 2개소 이상의 로란기지국에서 발사되는 전파를 로란 수신기로 수신하여 그 전파의 도래 시간차를 측정하고, 로란 챠트상에 위치선을 결정하여, 교점을 구해서 현재의 위치를 결정하는 항법이다.

② **오메가** : 10 ~ 14kHz의 초장파(VLF)를 사용한 쌍곡선 항법 2개의 송신북으로부터 발사되는 전파의 위상차를 측정해서 위치 결정

바) 계기 착륙 시설(ILS : Instrument Landing System)

활주로 최종적인 진입을 유도하는 장치로 그 시설의 성능에 따라 CAT-Ⅰ, Ⅱ, Ⅲ 등으로 분류한다. 로컬라이저(Localizer)가 활주로 중심으로부터 좌우의 차이를 나타내고, 글라이드슬롭(Glide Slope)이 상하 방향의 차이를 나타낸다. 착륙지점 전방 일정 거리를 가리키는 마커 신호(IM, MM, OM)는 각각 다른 소리를 내며 계기(indicator)에 전시되는 램프 색에 의해서 활주로까지의 거리를 나타낸다.

① Localizer : 활주로 중심선 좌우 25° 이내로 유도 안내
② Glide slope : 활주로 착륙 진입시 지면과의 경사각(2.5 ~ 3°)
③ Marker beacon : 활주로 끝으로부터 진입거리 제공
  ㉠ 내측마커 : 3000Hz(백색)
  ㉡ 중간마커 : 1300Hz(호박색)
  ㉢ 외측마커 : 400Hz(자색)
④ ILS의 지상 설비
  ㉠ Localizer Transmitter
  ㉡ Glide Path Transmitter
  ㉢ ILS Marker Beacons
⑤ ILS의 기상 설비
  ㉠ Localizer Receiver
  ㉡ Glide Path Receiver
  ㉢ Marker Beacon Receiver
  ㉣ ILS Indicator
  ㉤ Mark Beacon Lights
⑥ ILS의 원리
  ㉠ Localizer : 정밀한 수평방향의 접근 유도신호를 제공하는데 40채널의 VHF 스펙트럼을 사용한다. 주파수는 108.1 ~ 111.95MHz를 간격으로 구분하여 0.1MHz 단위가 홀수인 것을 사용한다.

ⓛ 안테나 : 활주로 후방 250m 지점. 11개의 다이폴 안테나(11개의 케리어 안테나, 10개의 사이드밴드 안테나)
  ⓐ 원리 : 90Hz와 150Hz의 변조도 차이로 각도 계산
  ⓑ 주파수 : 108 ~ 112MHz(VHF파)
  ⓒ 송신기 출력 : 35W
  ⓓ 유효 통달 거리 : 25NM

⑦ 로컬라이저 코스의 패턴
  ㉠ Glide slope : 하강 비행각을 표시해주는 것으로 계기착륙 조작 중에 활주로에 대하여 적정한 강하각을 유지하기 위해 수직방향의 유도를 위한 것이다.
    ⓐ 원리 : 90Hz와 150Hz의 변조도 차이로 각도 계산
    ⓑ 주파수 : 329 ~ 335MHz(UHF파)
    ⓒ 송신기 출력 : 12W
    ⓓ 유효 통달 거리 : 10NM 이상
    ⓔ 경보 플래그 : 의사 코드에 비행기가 들어왔을 때 경보 발생
  ㉡ Marker Beacon : 최종 접근 진입로상에 설치되어 지향성 전파를 수직으로 발사시켜 활주로까지 거리를 지시해 준다.
    ⓐ 용도 : 항공기에서 활주로 끝까지의 거리 표시
    ⓑ 주의 사항 : 수신기의 감도를 저감도로 하여 측정

마커의 종류	식별 부호		마커의 통과시간
	음성	등화	
Inner Marker	3000Hz(연속 도트)	백	3초
Middle Marker	1300Hz(도트와 대시)	적	6초
Outer Marker	400Hz(연속 대시)	청	12초
항공로 마커	3000Hz(모르스 부호)	백	-

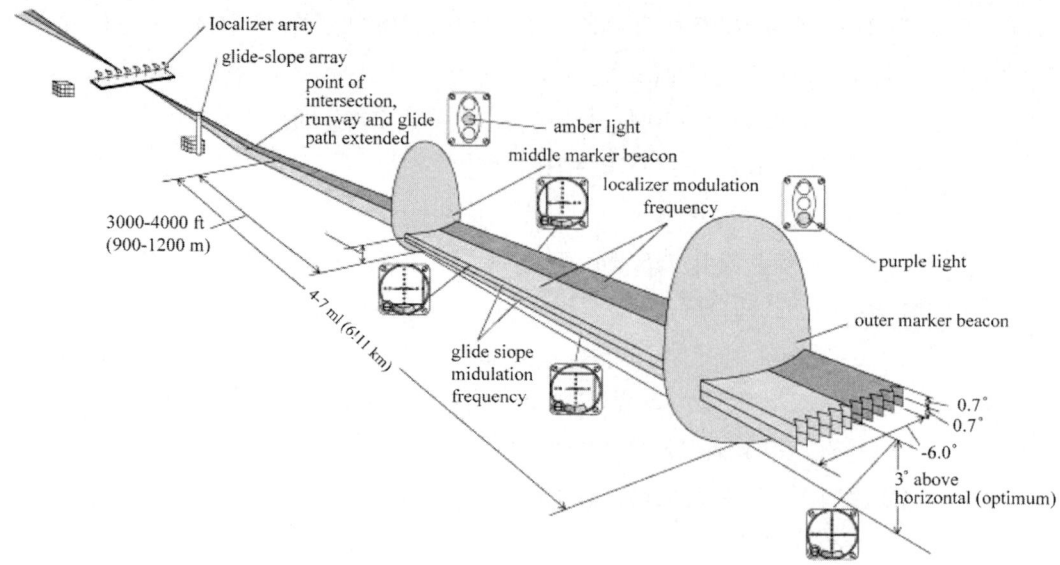

사) 마이크로파 착륙시설(MLS : Microwave Landing System)
ILS보다 넓은 광역대에서 안내해주는 차세대 착륙 시스템

① MLS의 문제점
- ㉠ Single Approach Path
- ㉡ 활주로 연장선상의 직선 진입만 가능
- ㉢ 항공기 소음지역 존재
- ㉣ 공항 운용시간 제한
- ㉤ Site Sensitivity and High Installation Cost
- ㉥ Channel Limitation - 40 channel only

② MLS의 특징
- ㉠ Wide Range of Glide Path
- ㉡ STOL, VTOL & Helicopter의 유도
- ㉢ Small Landing Area에서도 가능
- ㉣ Roof-Top Heliport
- ㉤ Segments and Curved Approach
- ㉥ Missed Approaches & Departure Guidance
- ㉦ 넓은 유도 범위
- ㉧ 방위각 : 40도
- ㉨ 고도 : 0도 ~ 15도, 20000ft

ㅊ 유효 범위 : 20NM
ㅋ 200 channels(5031 ~ 5090.6MHz)
ㅌ Data Communication
③ MLS의 구성
  ㄱ 방위유도장치(Azimuth Element)
  ㄴ 고저유도장치(Elevation Element)
  ㄷ 거리측정장치(DME/N)
  ㄹ 후방 방위 유도 장치(Back Azimuth Element)
  ㅁ 플레어 유도 장치(Flare Element)
  ㅂ 정밀 거리 측정 장치(DME/P)
④ MLS의 신호 형식 : 방위각, 고도각뿐만 아니라 각종 데이터도 시분할 방식으로 전송하여 준다.
⑤ MLS의 측각 원리 : TO주사와 FRO주사의 수신 시간 차이를 측정하여 방위각을 측정한다. 고도 유도 장비도 동일한 원리이다.

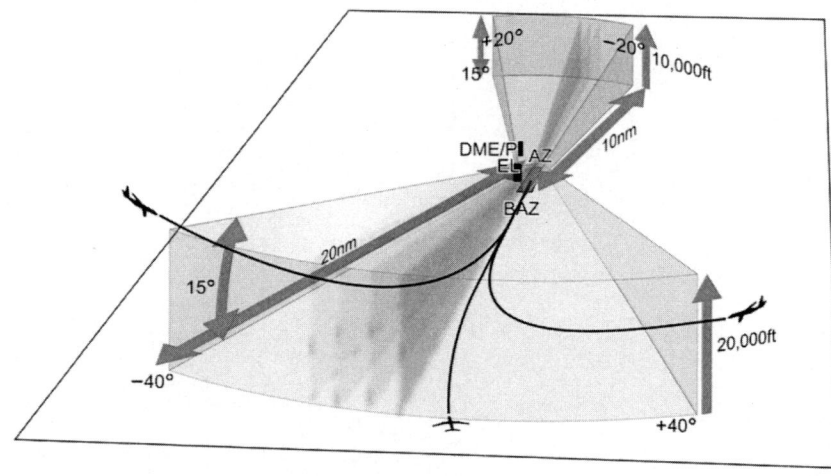

MEMO

CHAPTER 5

필기편

기출문제

2013 제1회 항공산업기사 기출문제

제1과목 항공역학

01 유체의 연속방정식에 관한 설명으로 틀린 것은?

㉮ 압축성의 영향을 무시하면 밀도 변화는 없다.
㉯ 단면적을 통과하는 단위시간당 유체의 질량을 질량유량이라고 한다.
㉰ 아음속의 일정한 유체흐름에서 단면적이 작아지면 유체속도는 감소한다.
㉱ 관내 흐름이 정상흐름이면 동일관 내 임의의 두 단면에서 각각의 질량유량을 동일하다.

02 제트기가 최대 항속거리를 비행하기 위한 항공기의 비행상태는? (단, C_L은 역계수, C_D는 항력계수)

㉮ C_L/C_D이 최소의 상태
㉯ C_L/C_D이 최대의 상태
㉰ $C_L^{1.5}/C_D$이 최대의 상태
㉱ $C_L^{\frac{1}{2}}/C_D$이 최대의 상태

해설

구분	최대항속거리	최대항속시간
프로펠러	$(\dfrac{C_L}{C_D})_{max}$	$(\dfrac{C_L^{\frac{3}{2}}}{C_D})_{max}$
제트	$(\dfrac{C_L^{\frac{1}{2}}}{C_D})_{max}$	$(\dfrac{C_L}{C_D})_{max}$

03 그림과 같은 날개의 단면에서 시위선은?

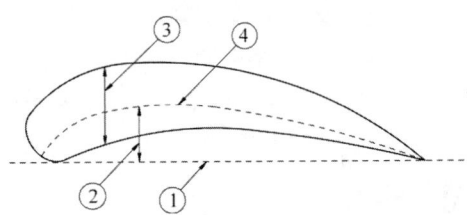

㉮ 1 ㉯ 2
㉰ 3 ㉱ 4

ANSWER 01 ㉰ 02 ㉱ 03 ㉮

04 다음 중 프로펠러의 추력을 계산하는 식으로 옳은 것은? (단, C_t는 추력계수, n은 프로펠러 회전속도, D는 프로펠러의 지름, ρ는 공기밀도를 나타낸다.)

㉮ $C_t \rho n^2 D^4$ ㉯ $C_t \rho n^2 D^3$
㉰ $C_t \rho n^3 D^4$ ㉱ $C_t \rho n^2 D^5$

해설
$T = C_t \cdot \rho \cdot n^2 \cdot D^4$ (추력)
$Q = C_q \cdot \rho \cdot n^2 \cdot D^5$ (토크)
$P = C_p \cdot \rho \cdot n^3 \cdot D^5$ (동력)

05 항공기의 세로 안정성(static longitudinal stability)을 좋게 하기 위한 방법으로 틀린 것은?

㉮ 꼬리날개 면적을 크게 한다.
㉯ 꼬리날개의 효율을 작게 한다.
㉰ 날개를 무게 중심보다 높은 위치에 둔다.
㉱ 무게 중심을 공기역학적 중심보다 전방에 위치시킨다.

해설 세로안정성 증가 방법
① 무게중심이 날개의 공기역학적 중심보다 앞에 위치
② 무게중심이 날개의 공기역학적 중심보다 아래 위치
③ 꼬리 날개 부피 증가
④ 꼬리 날개 효율 증가

06 항공기를 오른쪽으로 선회시킬 경우 가해주어야 할 힘은? (단, 오른쪽 방향으로 양(+)으로 한다.)

㉮ 양(+)피칭 모멘트
㉯ 음(-)롤링 모멘트
㉰ 제로(0)롤링 모멘트
㉱ 양(+)롤링 모멘트

07 헬리콥터에서 직교하는 세 개의 X, Y, Z 축에 대한 모든 힘과 모멘트 합이 각각 0이 되는 상태를 무엇이라 하는가?

㉮ 전진상태   ㉯ 균형상태
㉰ 자전상태   ㉱ 회전상태

해설 헬리콥터에서의 모든 힘과 모멘트 합이 각각 0이 되는 상태는 균형상태이다.

08 다음 중 프로펠러 효율을 높이는 방법으로 가장 옳은 것은?

㉮ 저속과 고속에서 모두 큰 깃각을 사용한다.
㉯ 저속과 고속에서 모두 작은 깃각을 사용한다.
㉰ 저속에서는 작은 깃각을 사용하고 고속에서는 큰 깃각을 사용한다.
㉱ 저속에서는 큰 깃각을 사용하고 고속에서는 작은 깃각을 사용한다.

ANSWER 04 ㉮ 05 ㉯ 06 ㉱ 07 ㉯ 08 ㉰

09 비행기의 무게가 1500kgf이고, 날개면적이 40m², 최대 양력계수가 1.5일 때 착륙속도는 몇 [m/s]인가? (단, 공기밀도는 0.125kgf·s²/m⁴이고, 착륙속도는 실속속도의 1.2배로 한다.)

㉮ 10   ㉯ 16
㉰ 20   ㉱ 24

해설 착륙속도 = $V_s \times 1.2$

$$V_s = \sqrt{\frac{2 \cdot W}{\rho \cdot s \cdot C_{Lmax}}} = \sqrt{\frac{2 \times 1500}{0.125 \times 40 \times 1.2}}$$

$$\therefore 착륙\ 속도 = \sqrt{\frac{2 \times 1500}{0.125 \times 40 \times 1.2}} \times 1.2 = 24$$

10 다음 중 가장 큰 조종력이 필요한 경우는?

㉮ 비행속도가 느리고 조종면의 크기가 큰 경우
㉯ 비행속도가 느리고 조종면의 크기가 작은 경우
㉰ 비행속도가 빠르고 조종면의 크기가 큰 경우
㉱ 비행속도가 빠르고 조종면의 크기가 작은 경우

해설 $F_e(조종력) = K \cdot H_e$

$\begin{bmatrix} K : 조종계통에 의한 이득 \\ H_e : 힌지모멘트 \end{bmatrix}$

$H_e = C_h \cdot \frac{1}{2} \cdot \rho \cdot V^2 \cdot b \cdot c^2$
$\quad = C_h \cdot \frac{1}{2} \cdot \rho \cdot V^2 \cdot c \cdot s$

11 헬리콥터의 원판하중(Disk loading : DL)을 옳게 나타낸 것은? (단, W는 헬리콥터 무게, R은 주회전 날개의 반지름이다.)

㉮ $\dfrac{W}{2\pi R}$ ㉯ $\dfrac{W}{2\pi R^2}$
㉰ $\dfrac{W}{\pi R}$ ㉱ $\dfrac{W}{\pi R^2}$

해설 원판하중 = $\dfrac{항공기무게}{회전날개의\ 면적}$

12 다음 중 항공기의 상승률과 하강률에 가장 큰 영향을 주는 것은?

㉮ 받음각   ㉯ 잉여마력
㉰ 가로세로비   ㉱ 비행자세

해설 $R \cdot C = \dfrac{75(Pa - Pr)}{W} = \dfrac{75 \cdot 잉여마력}{W}$

13 무게가 3000kgf인 항공기가 경사각 30°, 150km/h의 속도로 정상선회를 하고 있을 때 선회반지름은 약 몇 [m]인가?

㉮ 218   ㉯ 307
㉰ 436   ㉱ 604

해설
$$R = \frac{V^2}{g \cdot \tan\theta} = \frac{(\frac{150}{3.6})^2}{9.8 \times \tan 30°} = 307$$

ANSWER 09 ㉱ 10 ㉰ 11 ㉱ 12 ㉯ 13 ㉯

14 항공기 무게 5000kgf, 날개면적 40m², 속도 100m/s, 밀도 1/2kgf·s²/m⁴, 양력계수 0.5일 때 양력은 몇 [kgf]인가?

㉮ 40000 ㉯ 45000
㉰ 50000 ㉱ 60000

해설
$L = \dfrac{1}{2} \cdot \rho \cdot V^2 \cdot s \cdot C_L$
$= \dfrac{1}{2} \times \dfrac{1}{2} \times 100^2 \times 40 \times 0.5$

15 대기의 특성 중 음속에 가장 직접적인 영향을 주는 물리적 요소는?

㉮ 온도 ㉯ 밀도
㉰ 기압 ㉱ 습도

해설 $a = \sqrt{\gamma \cdot R \cdot T}$
　γ : 비열비　　R : 기체상수
　T : 절대온도
비열비와 기체상수는 변화될 수 없으므로 절대온도만이 음속을 변화시킬 수 있다.

16 초음속 전투기는 큰 관성커플링을 일으켜 받음각과 옆미끄럼각을 계속 증가시켜 발산하게 되는데 이를 무엇이라 하는가?

㉮ 키놀이 커플링 ㉯ 공력 커플링
㉰ 빗놀이 커플링 ㉱ 옆놀이 커플링

해설
• 커플링 : 한 축의 운동에 의하여 다른 축의 운동이 같이 발생하는 현상으로 안정성에 좋지 못하다.
• 옆놀이 커플링의 종류
  - 공력적 커플링 : 빗놀이 발생 시 쳐든각 효과에 의하여 옆놀이 발생
  - 관성 커플링 : 옆놀이 발생 시 원심력에 의하여 키놀이 발생

17 해면상 표준대기에서의 정압(Static pressure)의 값으로 틀린 것은?

㉮ 0kg/m²
㉯ 2116.21695lb/ft²
㉰ 29.92in·Hg
㉱ 1013mbar

해설 $t_0 = 15℃$
$P_0 = 101325\text{N/m}^2(\text{Pa}) = 1.01325\text{bar}$
　$= 1013.25\text{mbar} = 10332\text{kgf/m}^2$
　$= 2116.2\text{lb/ft}^2 = 760\text{mmHg} = 29.92\text{inHg}$
$\rho_0 = 1.225\text{kg/m}^3 = 0.125\text{kgf} \cdot \text{s}^2/\text{m}^4$
$g_0 = 9.8\text{m/s}^2$
$a_0 = 340\text{m/s}$

18 이륙중량이 1500kgf, 기관출력이 200hp인 비행기가 5000m 고도를 50%의 출력으로 270km/h 등속도 순환비행 하고 있을 때 양항비는 얼마인가?

㉮ 5   ㉯ 10
㉰ 15 ㉱ 20

해설
$L = W$
$D = T$
$\rightarrow \dfrac{L}{D} = \dfrac{W}{T} \rightarrow T = W \cdot \dfrac{D}{L}$
$\rightarrow T = W \cdot \dfrac{1}{\text{양항비}}$
$\rightarrow \text{양항비} = \dfrac{W}{T} = \dfrac{1500}{200 \times 0.5}$

ANSWER　14 ㉰　15 ㉮　16 ㉱　17 ㉮　18 ㉰

19 날개의 항력발산(Drag divergence) 마하수를 높이기 위한 적절한 방법이 아닌 것은?

㉮ 날개를 워시 인(Wash in) 해준다.
㉯ 가로세로비가 작은 날개를 사용한다.
㉰ 날개에 후퇴각(Sweep back angle)을 준다.
㉱ 얇은 날개를 사용하여 표면에서의 속도 증가를 줄인다.

20 항공기가 A지점에서 정지 상태로부터 일정한 가속도로 이륙을 시작하여 30초 후에 900m 떨어진 B지점을 통과하여 이륙했다고 할 때, 이 항공기의 평균 이륙속도는 몇 [m/s]인가?

㉮ 50　　㉯ 60
㉰ 70　　㉱ 90

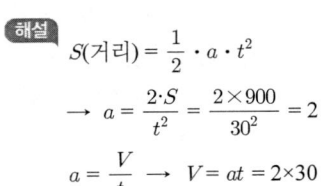

[해설] $S(거리) = \dfrac{1}{2} \cdot a \cdot t^2$
$\rightarrow a = \dfrac{2 \cdot S}{t^2} = \dfrac{2 \times 900}{30^2} = 2$
$a = \dfrac{V}{t} \rightarrow V = at = 2 \times 30$

제2과목 ✈ 항공기관

21 열역학에서 가역과정에 대한 설명으로 옳은 것은?

㉮ 마찰과 같은 요인이 있어도 상관없다.
㉯ 계와 주위가 항상 불균형 상태이어야 한다.
㉰ 주위의 작은 변화에 의해서는 반대과정을 만들 수 없다.
㉱ 과정이 일어난 후에도 처음과 같은 에너지양을 갖는다.

[해설] 물체의 상태가 바뀌었다가 외부에 아무런 변화도 남기지 않고 처음 상태로 되돌아가는 과정으로, 일반적으로 자연계에서 물질의 변화 과정은 엔트로피가 증가하는 방향, 즉 비가역 과정이 대부분이다. 하지만 가역 과정은 과정 중 마찰이나 저항과 같은 열 현상 등의 변화가 포함되지 않는 순역학적 변화 과정이다. 가역 과정은 엔트로피가 증가하지 않아 자연계 내에서 자발적으로 일어날 수 없다.

22 가스터빈기관의 교류고전압 축전기 방전 점화계통(A.C capacitor discharge ignition system)에서 고전압 펄스(Pulse)를 형성하는 곳은?

㉮ 접점(Breaker)
㉯ 정류기(Rectifier)
㉰ 멀티로브 캠(Multilobe cam)
㉱ 트리거 변압기(Trigger transformer)

[해설] 교류 고전압 축전기 방전 점화계통은 교류 115V, 400Hz를 사용한다. 여기에서 트리거 변압기에서는 약 20000V 정도의 고전압이 유기된다.

ANSWER　19 ㉮　20 ㉯　21 ㉱　22 ㉱

23 프로펠러 깃의 허브중심으로 깃끝까지의 길이가 R, 깃각이 β일 때 이 프로펠러의 기하학적 피치는?

㉮ $2\pi R\tan\beta$ ㉯ $2\pi R\sin\beta$
㉰ $2\pi R\cos\beta$ ㉱ $2\pi R\sec\beta$

해설 기하학적 피치 = $2\pi r \cdot \tan\beta$

24 왕복기관에서 발생되는 진동의 원인이 아닌 것은?

㉮ 토크의 변동
㉯ 오일 조절 링의 마모
㉰ 크랭크 축의 비틀림 진동
㉱ 왕복 관성력과 회전 관성력의 불균형

25 터보제트기관에서 비추력을 증가시키기 위하여 가장 중요한 것은?

㉮ 고회전 압축기의 개발
㉯ 고열에 견딜 수 있는 압축기의 개발
㉰ 고열에 견딜 수 있는 터빈 재료의 개발
㉱ 고열에 견딜 수 있는 배기 노즐의 개발

해설 비추력(열효율)을 증가시키기 위해서는 터빈 입구 온도(TIT)를 상승시키거나 단열 효율을 증가시켜야 한다. 고온에 노출되는 터빈의 경우 재료의 강도 및 냉각법 등이 문제가 될 수 있다.

26 9개의 실린더를 갖고 있는 성형기관(Radial engine)의 점화순서로 옳은 것은?

㉮ 1, 2, 3, 4, 5, 6, 7, 8, 9
㉯ 8, 6, 4, 2, 1, 3, 5, 7, 9
㉰ 1, 3, 5, 7, 9, 2, 4, 6, 8
㉱ 9, 4, 2, 7, 5, 6, 3, 1, 8

해설

구분	점화순서
4실린더 직렬	1-3-4-2 or 1-2-4-3
4실린더 대향형	1-3-2-4 or 1-4-2-3
6실린더 직렬	1-5-3-6-2-4
6실린더 대향형	1-6-3-2-5-4 or 1-4-5-2-3-6
단열 9실린더 성형	1-3-5-7-9-2-4-6-8
2열 14실린더 성형	1-10-5-14-9-4-13-8-3-12-7-2-11-6 (+9, -5)
2열 18실린더 성형	1-12-5-16-9-2-13-6-17-10-3-14-7-18-11-4-15-8 (+11, -7)

27 가스터빈기관의 연료부품 중 연료소비율을 알려주는 것은?

㉮ 연료 매니폴드(Fuel manifold)
㉯ 연료 오일냉각기(Fuel oil cooler)
㉰ 연료 조절장치(Fuel control unit)
㉱ 연료흐름 트랜스미터(Fuel flow transmitter)

해설 연료흐름 트랜스미터(Fuel Flow Transmitter) 엔진으로 공급되고 있는 연료량을 측정할 수 있다.

ANSWER 23 ㉮ 24 ㉯ 25 ㉰ 26 ㉰ 27 ㉱

28 다음 중 내연기관이 아닌 것은?

㉮ 가스터빈기관 ㉯ 디젤기관
㉰ 증기터빈기관 ㉱ 가솔린기관

[해설] 연료를 연소시켜서 생긴 연소가스 그 자체가 직접 피스톤 또는 터빈블레이드(깃) 등에 작용하여 연료가 가지고 있는 열에너지를 기계적인 일로 바꾸는 기관을 말한다. 실린더 내에서 연료와 공기와의 혼합기체에 점화하여 폭발시켜서 피스톤을 움직이는 왕복운동형 기관을 가리킬 때가 많으나, 가스터빈·제트기관·로켓 등도 내연기관이다. 내연기관을 사용하는 연료에 의해 가스기관·가솔린기관·석유기관·디젤기관 등으로 분류된다. 석유·가스·가솔린 기관은 점화플러그(점화전)에 의해 전기불꽃으로 점화되고, 디젤기관은 연료를 고온·고압의 공기 속에 분사하여 자연발화시킨다. 피스톤의 행정·동작에 따라 4행정·2행정 사이클 방식이 있다.

29 피스톤의 지름이 16cm, 행정거리가 0.15m, 실린더 수가 6개인 왕복기관의 총 행정체적은 약 몇 [cm³]인가?

㉮ 18095 ㉯ 19095
㉰ 20095 ㉱ 21095

[해설] 총 행정체적
= 행정체적×실린더 수(피스톤의 단면적×행정거리×실린더 수)
$= \dfrac{\pi 16^2}{4} \times 15 \times 6 = 18095.57 cm^3$

30 정속 프로펠러를 장착한 항공기가 순항 시 프로펠러 회전수를 2300rpm에 맞추고 출력을 1.2배 높이면 회전계가 지시하는 값은?

㉮ 1800rpm ㉯ 2300rpm
㉰ 2700rpm ㉱ 4600rpm

[해설] 정속 프로펠러는 비행 속도나 기관 출력의 변화에 상관없이 프로펠러를 항상 일정한 속도로 유지하는 것으로, 출력이 높아지더라도 rpm은 일정하다.

31 항공기 왕복기관의 회전속도가 증가함에 따라 마그네토 1차 코일에서 발생되는 전압의 변화를 옳게 설명한 것은?

㉮ 증가한다.
㉯ 감소한다.
㉰ 일정한 상태를 지속한다.
㉱ 전압조절기 맞춤에 따라 변한다.

32 가스터빈기관의 핫 섹션(Hot section)에 대한 설명으로 틀린 것은?

㉮ 큰 열응력을 받는다.
㉯ 가변 스테이터 베인이 붙어 있다.
㉰ 직접 연소가스에 노출되는 부분이다.
㉱ 재료는 니켈, 코발트 등의 내열합금이 사용된다.

[해설] 가변 스테이터 베인(VSV)은 압축기 전방에 위치하고 있다.
(cold section - 공기 흡입부, 압축기, hot section - 연소실, 터빈, 배기노즐)

ANSWER 28 ㉰ 29 ㉮ 30 ㉯ 31 ㉮ 32 ㉯

33 가스터빈기관에서 사용하는 합성오일은 오래 사용할수록 어두운 색깔로 변색되는데 이것은 오일속의 어떤 첨가제가 산소와 접촉되면서 나타나는 현상인가?

㉮ 점도지수향상제　㉯ 부식방지제
㉰ 산화방지제　　　㉱ 청정분산제

34 가스터빈기관에서 배기가스의 온도 측정 시 저압터빈 입구에서 사용하는 온도 감지센서는?

㉮ 열전대(Thermocouple)
㉯ 서모스탯(Thermostat)
㉰ 서미스터(Thermistor)
㉱ 라디오미터(Radiometer)

[해설] 열전대는 주로 크로멜과 알루멜(가스터빈기관의 배기가스 온도 측정) 또는 철과 콘스탄탄(왕복기관의 실린더 헤드 온도 측정)을 사용한다.

35 초기압력과 체적이 각각 P_1 = 1000N/cm², V_1 = 1000cm³인 이상기체가 등온상태로 팽창하여 체적이 2000cm³이 되었다면, 이 때 기체의 엔탈피 변화는 몇 [J]인가?

㉮ 0　　㉯ 5
㉰ 10　 ㉱ 20

[해설] PV = 일정(등온 상태일 경우)
온도의 변화가 없으므로 엔탈피(내부 에너지와 유동 에너지의 합)의 변화도 없다.

36 터보제트기관과 왕복기관의 오일소비량을 옳게 나타낸 것은?

㉮ 터보제트기관 = 왕복기관
㉯ 터보제트기관 ≥ 왕복기관
㉰ 터보제트기관 ≪ 왕복기관
㉱ 터보제트기관 ≫ 왕복기관

[해설] 일반적으로 가스터빈기관의 윤활은 왕복기관에 비해 윤활유의 소모량이 적다.

37 오일펌프 릴리프밸브(Oil pump relief valve)의 역할은?

㉮ 오일냉각기를 보호한다.
㉯ 오일계통에 오일의 압력을 증가시킨다.
㉰ 오일계통이 막힐 경우 재순환 회로에 오일을 공급한다.
㉱ 펌프출구의 압력이 높을 때 펌프입구로 오일을 되돌린다.

[해설] 릴리프 밸브는 펌프 출구의 압력이 규정값 이상으로 높을 때, 열려서 오일을 다시 펌프 입구로 되돌려 보내주는 역할을 한다.

38 항공기용 왕복기관의 연료계통에서 베이퍼록(Vapor lock)의 원인이 아닌 것은?

㉮ 연료 온도 상승
㉯ 연료의 낮은 휘발성
㉰ 연료에 작용되는 압력의 저하
㉱ 연료탱크 내부 슬로싱(sloshing)

[해설] vapor lock(증기폐색)
윤활유나 연료와 같이 고온부를 통과할 때 증기로 변하여 체적이 커지게 되면, 라인 내부를 막아 더 이상의 흐름을 막는 현상

ANSWER　33 ㉰　34 ㉮　35 ㉮　36 ㉱　37 ㉱　38 ㉯

39 항공용 왕복기관의 플로트(float)식 기화기에 대한 설명으로 옳은 것은?

㉮ 플로트실 유면은 니들밸브와 시트(seat) 사이에 와셔(washer)를 첨가하면 유면이 상승한다.
㉯ 플로트실 유면은 니들밸브와 시트 사이에 와셔를 제거하면 유면이 하강한다.
㉰ 주 연료노즐에서 분사량은 플로트실의 압력과 벤투리의 압력차에 따라 결정된다.
㉱ 니들밸브와 시트 사이의 와셔를 제거하면 공급연료의 감소로 혼합비가 희박해진다.

[해설] 부자식 기화기는 부자 챔버에는 대기압이 작용하여 벤츄리 튜브의 압력이 감소하면 분사노즐로 연료를 밀어내는 힘이 된다. 피스톤이 흡입 행정에 들어가면 실린더 내의 압력이 감소하여 흡입 메니폴드를 통하여 공기를 실린더로 끌어 들인다. 이때 공기는 기화기의 벤츄리를 통과하게 되고 벤츄리에서 압력이 감소하여 부자 챔버와 분사 노즐 사이에 차압이 발생하고 이 차압에 의하여 연료는 분사된다.

40 왕복기관에 사용되는 기어(Gear)식 오일펌프의 사이드 클리어런스(Side clearance)가 크면 나타나는 현상은?

㉮ 오일 압력이 높아진다.
㉯ 오일 압력이 낮아진다.
㉰ 과도한 오일 소모가 나타난다.
㉱ 오일펌프에 심한 진동이 발생한다.

[해설] 기어식 오일펌프에서 클리어런스(간극)가 커지게 되면, 오일에 압력을 가하여 공급하지 못하기 때문에 압력이 낮아지게 된다.

제3과목 항공기체

41 다음 중 설계하중을 옳게 나타낸 것은?

㉮ 종극하중×종극하중계수
㉯ 한계하중×안전계수
㉰ 극한하중×설계하중계수
㉱ 극한하중×종극하중계수

[해설]
① 설계하중(design load)은 구조물 설계 시 부재에 작용할 것으로 예상되는 하중을 말하며 한계하중과 안전계수를 곱하여 나타낸다.
② 한계하중(제한하중 Limt load) : 비행시 예상되는 최대의 하중으로 한계하중 범위 내에서는 변형이 일어나더라도 복귀되어야 한다. 항공기에 여러 번 반복하여 하중이 작용하더라도 기체 구조 부분에 영구변형이 일어나지 않는 제한된 하중이다.
③ 극한하중(ultimate load) : 구조물이 파괴되지 않으나 구조물의 변형이 생길 수 있는 하중으로 극한하중은 한계하중에 안전계수(일반적인 계수 1.5)를 곱한 하중을 극한하중이라 하며, 구조상 최대하중이다.
④ 안전계수(facter of safety)는 한계하중에 대한 강도의 여유이다. 안전계수가 너무 작으면 재료가 파단되고 너무 크면 재료가 낭비되고 기능발휘에 부적절하므로 합리적인 수준의 안전을 보장하기 위하여 사용한다. 항공기의 일반적인 구조물의 경우 1.5를 적용하지만 유형별 항공기마다 제한하중배수가 다르다.(수송기는 +2.5~-1.0, 아크로바틱은 +6.0~-3.0)

42 철강재료의 표면만을 경화시키는 방법으로 부적절한 것은?

㉮ 질화(nitriding)
㉯ 침탄(carbonizing)
㉰ 숏피닝(shot peening)
㉱ 아노다이징(anodizing)

ANSWER 39 ㉰ 40 ㉯ 41 ㉯ 42 ㉱

해설 항공기에 사용하는 철을 표면경화시키는 방법은 질화법과 침탄법을 많이 사용하며 숏 피닝은 쇼트를 강재의 표면에 분사하여 표면층에 잔류 압축 응력을 발생시켜 가공경화에 의해서 이를 강화하는 일종의 표면 가공 경화법이다. 아노다이징은 알루미늄합금에 부식을 위한 산화피막 처리를 말한다.

43 평형 방정식에 관계되는 지지점과 반력에 대한 설명으로 옳은 것은?

㉮ 롤러 지지점은 수평 반력만 발생한다.
㉯ 힌지 지지점은 1개의 반력이 발생한다.
㉰ 고정 지지점은 수직 및 수평반력과 회전모멘트 등 3개의 반력이 발생한다.
㉱ 롤러 지지점은 수직 및 수평방향과 구속되어 2개의 반력이 발생한다.

해설 지점 종류에는 롤러(roller), 로커(rocker), 연결재(link), 힌지(hinge), 고정(fixed)이 있으며 롤러(roller) 지지점은 수직반력만 발생하고 수평반력은 존재하지 않는다. 힌지(hinge) 지지점은 수직, 수평 2개의 반력이 발생한다. 고정(fix) 지지점은 수직반력, 수평반력, 회전모멘트의 3개의 반력이 발생한다.

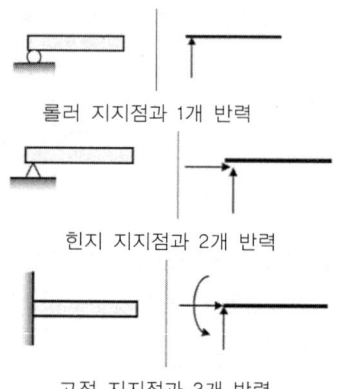

롤러 지지점과 1개 반력
힌지 지지점과 2개 반력
고정 지지점과 3개 반력

44 다음 중 황동의 주합금 원소는 구리와 무엇인가?

㉮ 아연   ㉯ 주석
㉰ 알루미늄 ㉱ 바나듐

해설 황동(brass)은 구리와 아연의 합금으로 탄피, 장식품, 선박 및 기계의 부분품에 많이 사용되며 특히 10원짜리 동전(구리 65%, 아연 35%)에 사용된다. 구리합금 중에서 가장 오래 전부터 사용되어 왔던 청동(bronze)은 구리와 주석의 합금이다. 참고로 500원, 100원짜리 동전은 구리 75% 니켈 25%로 이루어진 백동이며, 50원짜리는 양은으로 만들어진다.

45 조종 컬럼이나 조종간에서 힘을 케이블 장치에 전달하는데 사용되는 조종계통의 장치는?

㉮ 풀리   ㉯ 페어리드
㉰ 벨 크랭크 ㉱ 쿼드런트

해설 ㉮ 풀리(Pulley : 도르래) : 케이블을 유도하고 케이블의 방향을 바꾸는데 사용
㉯ 페어 리드(Fair lead) : 진동에 의해 기체구조에 접촉될 가능성 있는 곳에 사용되며 조종 케이블의 작동 중 최소의 마찰력으로 케이블과 접촉하여 직선 운동을 하며 케이블을 3도 이내에서 방향을 유도한다.
㉰ 벨 크랭크(bell crank) : 2개의 arm 가지고 있고 직선운동을 회전운동으로 바꾸고 로드와 케이블의 운동방향을 전환하고자 할 때 사용

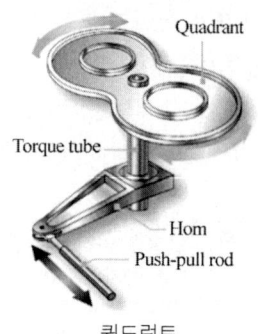

쿼드런트

ANSWER 43 ㉰ 44 ㉮ 45 ㉱

46 그림과 같이 판재를 굽히기 위해서는 Flat A의 길이는 약 몇 인치가 되어야 하는가?

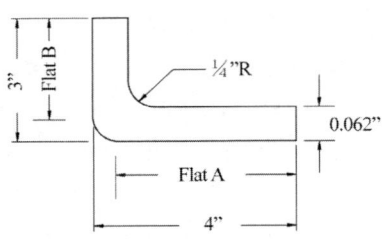

㉮ 2.8 ㉯ 3.7
㉰ 3.8 ㉱ 4.0

해설 Flat A의 왼쪽 끝부분의 수치가 정확하지 않지만 중립선에 대한 성형점을 나타내는 것으로 판단하고 곧바로 4 - 0.031 = 3.97이 계산된다. Flat A를 두 부분으로 나누어 앞부분의 중립선에 대한 세트백을 계산하면 T/2를 대입해서 SB = Tan(90/2)(0.25+0.031) = 0.281이 되고 뒷부분의 직선거리는 4-(Outside setback) = 4-Tan(90/2)(0.25+0.062) = 3.688이 된다. 두 부분을 더하면 3.979가 계산된다.

47 7×7케이블에 대한 설명으로 옳은 것은?

㉮ 7개의 와이어를 모두 모아서 한 번에 1개의 가닥으로 만든 케이블
㉯ 49개의 와이어를 모두 모아서 한 번에 1개의 가닥으로 만든 케이블
㉰ 7개의 와이어를 모두 모아서 7번 꼬아 1개의 가닥으로 만든 케이블
㉱ 7개의 와이어를 만든 가닥 1개를 7개 모아 다시 1개의 가닥으로 만든 케이블

해설 플렉시블 케이블(flexible cable)의 종류
① 7×7 케이블 : 7개의 와이어로 1개의 묶음을 만들고 이 묶음(strand)을 다시 7개로 묶어 1개의 케이블로 구성되며 부조종 계통(2차 조종계통)에 사용된다.
② 7×19 케이블 : 19개의 와이어로 1개의 묶음을 만들고 이 묶음을 다시 7개의 케이블로 구성되며 주로 주조종면(엘리베이터, 러더, 에일러론)에 사용된다.

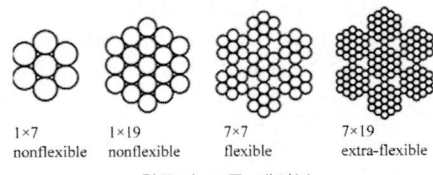

항공기 조종 케이블

48 접개들이식 착륙장치에 대한 설명으로 틀린 것은?

㉮ 착륙장치를 업(Up) 또는 다운(Down)시키는 비상장치를 갖추고 있다.
㉯ 착륙장치 다운 락은 다운 락 번지(Down Lock Bungee)에 의해 이루어진다.
㉰ 착륙장치의 부주의한 접힘은 기계적인 다운 락, 안전스위치, 그라운드 락과 같은 안전장치에 의해 예방된다.
㉱ 착륙장치의 상태를 나타내는 경고장치가 있고, 혼(Horn) 또는 음성 경고장치와 적색 경고등으로 구성된다.

해설 접개들이식 착륙장치란 고정식이 아닌 랜딩기어가 리트랙션(retraction)된다는 말로 랜딩기어가 지상에서 접힐 수 있으므로 다운된 부분을 고정시켜주는 비상장치(Emergency Extension System)가 설치되어 있으며 랜딩 시 랜딩기어를 내릴 때 고장으로 펼쳐지지 않을 때 다운시키는 장치가 되어 있다. 랜딩기어를 업 시켜주기 위한 비상 장치는 설치되지 않는다.
지상에서 항공기 랜딩기어가 접히지 못하게 하는 안전장치
① landing gear squat switch
② Ground Locks

ANSWER 46 ㉯ 47 ㉱ 48 ㉮

③ Landing Gear Position Indicators
  ㉠ Landing gear up & lock 아무 등도 들어오지 않는다.
  ㉡ Landing gear가 작동 중이면 적색등
  ㉢ Landing gear down & lock이면 녹색등
④ Nose Wheel Centering
⑤ Gear pin ground lock devices
⑥ Down lock

49 다음 중 날개의 주 구조인 스파의 형태가 아닌 것은?

㉮ 단스파(Mono-spar)
㉯ 정형재(Former)
㉰ 박스빔(Box Beam)
㉱ 다중스파(Multispar)

[해설] 일반적으로 스파의 구조는 3가지 형태로 나뉜다.
① Monospar
② Multispar
③ Box beam
초음속비행기의 주날개는 얇은 날개꼴을 사용하기 때문에 구조물을 배치할 공간이 부족하지만 날개의 하중을 버티기 위하여 멀티 스파를 사용하고 미익의 경우 Spar를 배치할 공간이 부족하여 일체형 Spar를 사용한다.
정형재(Former)는 모노코크에서의 한 구조물이다.

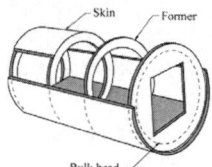
정형재(Former)

50 항공기에 사용되는 페일세이프 구조의 방식만으로 나열된 것은?

㉮ 모노코크구조, 이중구조, 다경로 하중구조, 하중경감구조
㉯ 다경로 하중구조, 이중구조, 대치구조, 하중경감구조
㉰ 트러스구조, 이중구조, 하중경감구조, 모노코크구조
㉱ 다경로 하중구조, 트러스구조, 하중경감구조, 모노코크구조

[해설] 페일세이프구조(Fail safe Structure)
Main structure가 피로파괴 되더라도 치명적이거나 과도한 구조 변형이 생기지 않도록 설계된 구조
① 다경로 하중 구조(Redundant Structure) : 많은 수의 부재로 되어 하중을 분담해서 담당하도록 설계된 구조로 하나의 구조가 파괴되도 다른 많은 부재에 하중이 분배되어 치명적인 부담을 덜어준다.
② 이중 구조(Double Structure) : 1개의 큰 재료를 사용하는 대신 2개의 작은 부재를 결합해 그 이상의 강도를 갖게 하는 구조방식이며 Crack이 발생한 경우 결합 면이 막아주고 강도 유지
③ 대치 구조(Back-up Structure) : 규정된 하중은 모두 좌측 부재가 담당하고 있으며 우측 부재는 예비 부재로 좌측 부재가 파괴된 후에 부재를 대신하여 전체 하중을 담당하도록 설계된 구조
④ 하중 경감 구조(Load Dropping) : 딱딱한 보강재를 댄 구조방식. 보강재는 할당량 이상의 하중분담 큰 부재 위 작은 부재를 겹쳐 만든 구조

ANSWER 49 ㉯ 50 ㉯

51 금속의 늘어나는 성질을 이용하여 곡면 용기를 만드는 작업으로 성형 블록이나 모래주머니를 사용하는 가공 방법은?

㉮ 굽힘 가공 ㉯ 절단 가공
㉰ 플랜지 가공 ㉱ 범핑 가공

해설 판금작업 종류(metal work)
㉮ 굽힘가공 : 얇은 판을 굽히는 작업으로 판을 굽히는 기계를 밴딩머신이라고 한다.
㉯ 전단가공 : 판금 작업시 불필요한 부분을 잘라내는 가공이며 종류에는 블랭킹(blanking), 펀칭(punching), 트리밍(treaming), 세이빙(shaving)이 있다.
㉰ 플랜징가공 : 맬릿을 이용하여 원통의 가장자리 등을 늘려서 단을 짓는 가공
㉱ 범핑가공 : 가운데가 움푹 들어간 구형면을 앞뒤 양면을 판금 가공하는 것으로 원형을 유지해야 하므로 성형블록이나 모래주머니를 사용한다.

52 양극 산화 처리 작업 방법 중 사용 전압이 낮고, 소모 전력량이 적으며, 약품 가격이 저렴하고 폐수 처리도 비교적 쉬워 가장 경제적인 방법은?

㉮ 수산법 ㉯ 인산법
㉰ 황산법 ㉱ 크롬산법

해설 아노다이징 종류
① 황산법(전해액 : 황산) : 투명한 피막이 형성되며 경제적이어서 가장 널리 쓰이며 염색성이 우수하여 착색력이 좋다.
② 수산법(전해액 : 수산) : 두껍고 강한 피막이 형성되며 용액 가격이 비싸고 순수알루미늄의 경우 최고의 피막형성이 가능하다.
③ 혼산법(전해액 : 황산과 옥살산) : 경질 아노다이징에 적합하며 황산법에 비해 견고하며 광택이 우수하다.
④ 크롬산법 : 듀랄루민에 적합한 아노다이징으로 내식성은 좋으나 염색 처리용으로는 사용하지 않는다.

53 항공기의 이착륙 중이나 택시 중 랜딩기어 노스휠(Nose wheel)의 이상 진동을 막는 시미 댐퍼의 형태가 아닌 것은?

㉮ 베인(Vane) 타입
㉯ 피스톤(Piston) 타입
㉰ 스프링(Spring) 타입
㉱ 스티어 댐퍼(Steer damper) 타입

해설 시미댐퍼의 타입
㉯ 피스톤 타입(Piston-Type) : 항공기 유압 노스 휠 스티어링이 장착되지 않은 항공기는 추가적인 외부 시미댐퍼장치를 사용한다. 이 경우 완충 스트럿 실린더 위쪽에 단단히 부착되어 있다. 블리드 홀을 통해서 제한된 작동유의 흐름을 조절해서 진동을 흡수한다.
㉮ 베인 타입(Vane-Type) : 가끔 사용되는 베인 형식의 시미 댐퍼는 중심축에 밸브 오리피스와 나누어진 베인에 의해 작동유의 공간이 발생된다. 노스 기어가 진동을 시작하면 베인이 작동유로 채워진 내부 공간의 크기를 변경하기 위해서 회전한다. 기어 진동은 유체 흐름의 비율에 따라서 흡수된다.
㉱ 스티어링 댐퍼(Steer Damper) 타입 : 대형 항공기 스티어링 실린더는 필요한 댐핑을 제공하기 위해서 스티어링 실린더에서 압력을 유지한다.(댐핑 : 진동에너지 흡수) 이것을 스피어링 댐핑이라고 하며 오래된 항공기는 스티어링 댐퍼가 베인타입이다. 그럼에도 불구하고 노스휠을 조종하고 진동을 흡수하는 역할도 한다.

ANSWER 51 ㉱ 52 ㉰ 53 ㉰

54 기체 수리방법 중 크리닝 아웃(Cleaning Out)에 대한 설명으로 옳은 것은?

㉮ 트리밍, 커팅, 파일링 작업을 말한다.
㉯ 균열의 끝부분에 뚫는 작업을 말한다.
㉰ 닉크(Nick) 등 판의 작은 흠을 제거하는 작업이다.
㉱ 날카로운 면 등이 판의 가장자리에 없도록 하는 작업이다.

해설 손상부분의 처리방법(For Stress Concentration)
① Cleaning out : 손상부분 완전 제거작업 (Trimming, Cutting, Filing)
② Clean up : 수리재 모서리부분 매끈하게 정리
③ Stop Hole : 구조부재에 균열이 일어난 경우 균열이 계속해서 진전되지 않도록 균열 끝부분에 뚫어주는 구멍
④ Smooth Out : Scrach, Nick, 작은 흠을 손상의 깊이가 코어에 미치지 않는다면 강도상에 문제가 없으므로 스무스 아웃을 한다.
⑤ Lightening hole : 중량 감소의 목적으로 불필요한 부분 재료 절단
⑥ pilot hole : 드릴 작업시 정확한 판금을 위해 작은 구멍을 먼저 만들고 드릴링한다.
⑦ relief hole : 2개 이상의 굽힘교차점을 제거하여 응력 집중을 방지한다.

55 그림과 같은 V-n선도에서 실속속도(V_s) 상태로 수평비행하고 있는 항공기의 하중배수(n_s)는 얼마인가?

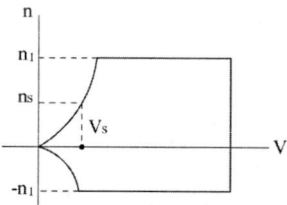

㉮ 1   ㉯ 2
㉰ 3   ㉱ 4

해설 하중배수(n) = $\frac{L}{W}$ = V^2/V_s
실속도 상태로 최대양력은 실속도에서 중량과 같으므로 분자와 분모가 같다는 의미로 하중배수는 1이 된다.

56 그림과 같이 단면적 20cm², 10cm²로 이루어진 구조물의 a-b 구간에 작용하는 응력은 몇 [kN/cm²]인가?

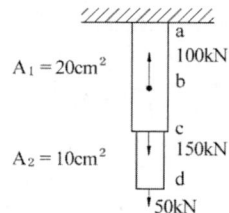

㉮ 5   ㉯ 10
㉰ 15   ㉱ 20

해설 응력 = 힘/면적 = 100/20 = 5kN/cm²

57 인터널 렌칭볼트(Internal wrenching bolt)가 주로 사용되는 곳은?

㉮ 정밀공차볼트와 같이 사용된다.
㉯ 표준육각볼트와 같이 아무 곳에나 사용된다.
㉰ 크레비스볼트(Clevis bolt)와 같이 사용된다.
㉱ 비교적 큰 인장과 전단이 작용하는 부분에 사용된다.

해설 볼트의 종류
① 육각볼트 : 일반적인 볼트
② 드릴헤드볼트 : 안전결선을 하도록 구멍이 나있음

③ 정밀공차볼트 : 볼트와 체결부위 사이에 공차가 너무 없어 타력을 가해서 체결하며 사용부위는 심한 반복운동과 진동을 받는 부분에 사용
④ 인터널 렌칭볼트 : 고강도로 만들어지며 큰 인장력과 전단력이 작용하는 부분에 사용되며 알렌치를 사용하여 체결하며 나사부가 생크부분에 차지하는 비중이 커서 고인장에 사용된다.
⑤ 특수볼트 : 클레비스볼트는 전단하중에 사용되므로 볼트의 그립부분이 길고 나사부가 짧다. 반대로 아이볼트는 인장하중에 견뎌야 하므로 나사부가 굉장히 길다. 이유는 전단에 작용되는 볼트의 생크부분은 나사산과 접치면 안되기 때문이다.

58 그림과 같은 응력변형률 선도에서 접선계수(Tangent modulus)는? (단, $\overline{S_1 T}$ 는 점 S_1에서의 접선이다.)

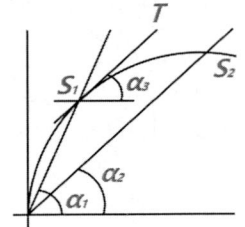

㉮ $\tan\alpha_1$
㉯ $\tan(\alpha_1 - \alpha_2)$
㉰ $\tan\alpha_3$
㉱ $\tan\alpha_2$

해설

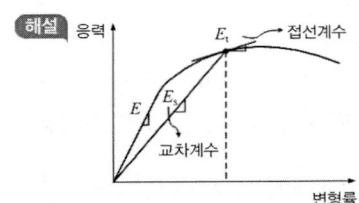

접선계수와 교차계수

위 그림은 응력과 변형률 선도(stress strain diagram)으로 재료의 강성을 볼 수가 있다. 기울기가 클수록 강한 재질을 뜻하며, $\tan\alpha_3$는 접선계수이고 $\tan\alpha_1$, $\tan\alpha_2$는 교차계수를 말한다.

59 손상된 판재의 리벳에 의한 수리작업시 리벳수를 결정하는 식으로 옳은 것은?
(단, N : 리벳의 수, L : 판재의 손상된 길이, D : 리벳지름, 1.15 : 특별계수, t : 손상된 판의 두께, σ_{max} : 판재의 최대인장응력, τ_{max} : 판재의 최대전단응력이다.)

㉮ $N = 1.15 \times \dfrac{2tL\sigma_{max}}{(\dfrac{\pi D^2}{4})\tau_{max}}$

㉯ $N = 1.15 \times \dfrac{tL\sigma_{max}}{(\dfrac{\pi D^2}{4})\tau_{max}}$

㉰ $N = 1.15 \times \dfrac{(\dfrac{\pi D^2}{4})\tau_{max}}{tL\sigma_{max}}$

㉱ $N = 1.15 \times \dfrac{(\dfrac{\pi D^2}{4})\tau_{max}}{2tL\sigma_{max}}$

해설 손상 부분의 받는 응력에 따라 리벳 수량 결정되는데 공식은

① $N = 1.15 \times \left(\dfrac{T \times L}{\dfrac{\pi}{4}D^2}\right) \times \left(\dfrac{\sigma_{max}}{\tau_{max}}\right)$

② $N = 1.15 \times \dfrac{4LT\sigma}{\pi D^2 \tau}$

ANSWER 58 ㉰ 59 ㉯

60 동체의 세로방향모형을 형성하며, 길이 방향으로 작용하는 휨 모멘트와 동체 축 방향의 인장력과 압축력을 담당하는 구조재는?

㉮ 외피(Skin)
㉯ 프레임(Frame)
㉰ 벌크헤드(Bulkhead)
㉱ 스트링어(Stringer)와 세로대

해설  항공기 동체 구조물(Basic Structure Member Terms)

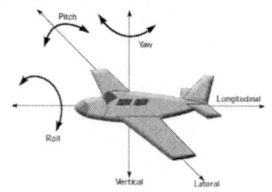

항공기 세로방향
(longitudinal)

① 수직구조(Vertical members)
  ㉠ 정형재(Former)
  ㉡ 프레임(Frame)
  ㉢ 링(Ring)
  ㉣ 벌크헤드(Bulkhead) : 동체의 비틀림
② 세로방향(Longitudinal members)
  ㉠ 론저론(Longeron) : 굽힘하중
  ㉡ 스트링거(stringer) : 좌굴(buckling) 방지
Longitudinal의 사전적인 의미는 세로방향(longitudinal), 종적인, 경도의 뜻을 가지고 있으며 항공기를 위에서 봤을 때 노스부분과 꼬리부분을 연결하는 선을 의미하므로 론저론과 스트링거로 구성된다.

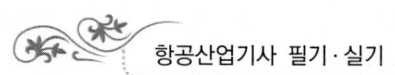 항공장비

61 1차 감시 레이더(Radar)에 대한 설명으로 옳은 것은?

㉮ 전파를 수신만 하는 레이더이다.
㉯ 전파를 송신만 하는 레이더이다.
㉰ 송신한 전파가 물체(항공기)에 반사되어 되돌아오는 전파를 스크린에 표시하는 방식이다.
㉱ 송신한 전파가 물체(항공기)에 닿으면 항공기는 이 전파를 수신하여 필요한 정보를 추가한 후 다기 송신하여 스크린에 표시하는 방식이다.

해설 공항 감시 레이더(1차 감시 레이더)를 ASR(Airport Surveillance Radar), 2차 감시 레이더를 SSR(Secondary Surveillance Radar)이라고 부른다. 먼저 ASR(1차)에서 공항으로 접근하고 있는 항공기의 기체에 전파를 쏘아서 반사되어 오는 시간 차이와, 레이더의 회전각도에 의해 그 항공기의 위치를 산출해낸다.

62 다음 중 항공기에 외부 전원을 접속할 때 켜지는 표시등이 아닌 것은?

㉮ "AUTO" 표시등
㉯ "AVAIL" 표시등
㉰ "AC CONNECTED" 표시등
㉱ "POWER NOT IN USE" 표시등

해설 GPU(Ground Power Unit)이 연결되어 있으므로 엔진이나 APU를 작동하지 않아도 외부로부터 AC전원을 공급받을 수 있다. 외부 AC전원 공급 연결 단자(External AC Power Receptacle)는 Nose Gear Wheel Well 안쪽에 또는 동체 앞 우측에 마련되어 있다. 연결 단자 옆 패널에는

ANSWER 60 ㉱ 61 ㉰ 62 ㉮

현재 GPU로부터 공급되는 외부전원을 기체에서 사용하고 있는지 여부를 볼 수 있는 표시등이 있어서 지상요원이 실수로 외부전원을 차단하는 경우가 없도록 한다. GPU는 엔진처럼 115V 400Hz의 AC(Alternating Current, 교류) 전원을 공급한다. GPU가 기체 외부 AC전원 공급 연결 단자에 연결되어 있는 경우에는 GROUND POWER SWITCH상단에 위치한 GRD POWER AVAILABLE LIGHT가 점등한다. GROUND POWER switch를 ON 위치로 켠다. (ON으로 하더라도 스위치는 가운데 위치로 자동복귀). GROUND POWER switch를 켜게 되면 GPU로부터 AC TRANSFER BUS에 AC 전원이 공급되기 시작한다. 「AC CONNECTED」는 리셉터클에 전원플러그가 접속되었다는 표시이고, 「POWER NOT IN USE」는 항공기 계통에서 외부전원을 사용하지 않는다는 표시이다.

[GROUND POWER]
GRD POWER AVAILABLE light ...... ON
GROUND POWER switch ...... ON
    Verify SOURCE OFF lights ... Off
    Verify BUS TRANSFER SOURCE OFF lights ... Off
    Verify STANDBY PWR OFF light ... Off

Standby Power : "AUTO"가 되면 비행중 Engine Generator가 고장났을 때, Battery Power에서 자동으로 Standby Electrical Bus에 Power가 공급된다. Standby Electrical Bus에는 운항에 꼭 필요한 필수장비만 연결되어 있으며, Battery Power의 특성상 오래 사용할 수 없으므로 신속히 대처해야 한다.

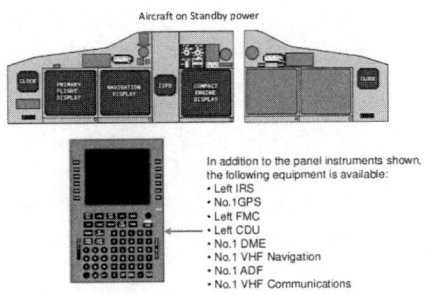

63 일반적으로 항공기 특정 부분에 결빙이 되었을 때 발생하는 현상이 아닌 것은?

㉮ 전파수신 방해
㉯ 계기지시 방해
㉰ 항력 감소, 양력 증가
㉱ 항공기의 비행성능 저하

해설 항공기의 결빙은 여러 가지 영향을 주며, 성능이나 효율을 저하시킨다. 결빙되면 항력이 증가하고, 양력은 감소하며 심한 진동이 발생되고 계기 지시에 이상이 생긴다. 조종면에 불균형이 생기고, 슬롯은 움직이지 않게 되며, 무선 수신이 곤란하게 되고 기관 성능이 저하된다.

64 배기가스 온도계에 대한 설명으로 틀린 것은?

㉮ 알루멜-크로멜 열전쌍을 사용한다.
㉯ 제트기관의 배기가스 온도를 측정, 지시하는 계기이다.
㉰ 열전쌍의 열기전력은 두 접합점 사이의 온도차에 비례한다.
㉱ 열전쌍은 서로 직렬로 연결되어 배기가스의 평균온도를 얻는다.

해설 배기가스 온도계(EGT : exhaust gas temperature) 배기가스의 흐름 단면은 도너츠형이 되어 있으

ANSWER 63 ㉰ 64 ㉱

므로, 한 곳의 연소 가스의 온도를 측정한 것만으로 전체를 알 수 없어 대형 엔진의 경우 여러 곳의 온도를 측정하여 각 위치의 평균값을 배기가스 온도로 한다. 다수의 열전쌍(thermocouple)을 병렬로 배치하여 구성된 회로에 발생한 열기전력의 전압차가 평균 전압과 같아지기까지 포텐시오미터를 회전시켜 그 위치가 계기에 표시된다. 열전쌍으로는 알루멜-크로멜이 주로 사용된다.

65 다음 중 Ground Speed를 만들어 내는 시스템은?

㉮ Air data system
㉯ Yaw damper system
㉰ Global positioning system
㉱ Inertial navigation system

[해설] 관성항법장치(INS : Inertial Navigation System) 측정한 가속도를 기초로 자신의 위치를 구하는 항법 장치. 3차원의 가속도를 측정하는 가속도계 및 그 측정된 가속도로부터 속도·이동거리 등을 계산하는 컴퓨터로 만들어진 관성항법장치를 이용한다. 종래의 천체 측정에 의한 항법 또는 지상으로부터의 전파에 의한 항법과는 달리, 외부로부터의 원조가 필요없기 때문에 악천후·전파장애 등의 영향을 받지 않고도 단시간에 현재위치를 포함한 여러 항법제원을 산출·표시할 수 있으므로, 관성항법장치를 장비한 항공기에는 항공사가 필요치 않다. 관성항법장치에 의해서 얻어진 정보를 미리 프로그램되어 있는 항법데이터로 컴퓨터 처리를 함으로써, 비행 중 조종사의 필요에 따라 항공기의 현재위치(위도 및 경도)뿐만 아니라 진방위, 비행코스, 대지속도(ground speed), 편류수정각, 현재 비행위치의 풍향과 풍속, 목적지 또는 도중 통과점까지의 거리 및 그곳까지의 도착시간, 목적지 및 통과점의 장소, 코스를 벗어난 거리와 각도 등의 정보 제공이 가능하다.

66 축전지 터미널(Battery terminal)에 부식을 방지하기 위한 방법으로 가장 적합한 것은?

㉮ 납땜을 한다.
㉯ 증류수로 씻어낸다.
㉰ 페인트로 얇은 막을 만들어 준다.
㉱ 그리스(Grease)로 얇은 막을 만들어 준다.

[해설] 축전지 단자(Battery terminal)는 과산화납과 연결되어 있기에 산화되기 쉬워 부식이 발생한다. 부식을 제거하지 않고 방치해두면 충·방전 작용이 원활히 이루어지지 않아 축전지 수명이 단축된다. 만약 부식이 발생하였을 때는 부식물을 깨끗이 제거한 다음 그리스(grease)를 얇게 발라주어야 한다.

67 유압계통에서 축압기(Accumulator)의 목적은?

㉮ 계통의 유압 누설시 차단
㉯ 계통의 결함 발생시 유압 차단
㉰ 계통의 과도한 압력 상승 방지
㉱ 계통의 서지(Surge) 완화 및 유압 저장

[해설] 축압기(Accumulator) 가압된 작동유를 저장하는 저장통으로, 여러 개의 유압 기기가 동시에 사용될 때 동력 펌프를 돕고, 동력 펌프가 고장났을 때에는 저장되었던 작동유를 유압 기기에 공급한다. 유압 계통의 서지(surge) 현상을 방지하고, 압력을 흡수하면 압력 조정기의 개폐 빈도를 줄여 펌프나 압력 조정기의 마멸을 감소시킨다.

ANSWER 65 ㉱ 66 ㉱ 67 ㉱

68 자기 컴퍼스의 오차에서 동적오차에 해당하는 것은?

㉮ 와동오차   ㉯ 불이차
㉰ 사분원오차 ㉱ 반원오차

해설
- 자기 컴퍼스의 동적오차 : 북선오차(선회오차), 가속도오차, 와동오차
- 자기 컴퍼스의 정적오차 : 불이차, 반원차, 사분원차

69 그림과 같은 브리지(Bridge)회로가 평형되었을 때 R의 값은? (단, 저항의 단위는 모두 Ω이다.)

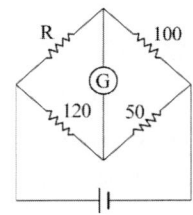

㉮ 60   ㉯ 80
㉰ 120   ㉱ 240

해설 대각선으로 서로 마주보고 있는 저항끼리 곱한다.
$100\,\Omega \times 120\,\Omega = 50\,\Omega \times R$
$R = 240\,\Omega$

70 객실의 압력을 조절하기 위한 장치는?

㉮ Outflow Valve
㉯ Recirculation Valve
㉰ Pressure Valve
㉱ Negative Pressure Relief Valve

해설 ㉮ 아웃 플로우 밸브(Out flow valve) : 방출 밸브로서 객실 압력을 조절하는 것이다. 고도에 관계없이 계속 공급되는 압축된 공기를 동체 옆이나 꼬리 부분 또는 날개의 필릿을 통하여 공기를 외부로 배출시킴으로써 객실의 압력을 원하는 압력으로 유지되도록 하는 밸브이다.
㉯ 재순환 밸브(Recirculation Valve) : 공기가 계통 내로 유입되는 비율을 제어하기 위한 밸브
㉰ 압력 밸브(Pressure Valve) : 내부 압력 이상 증가 시, 나사를 조정하여 파괴되는 것을 방지하는 밸브
㉱ 부압 릴리프 밸브(Negative Pressure Relief Valve) : 객실 여압 계통에서 대기압이 객실 안의 기압보다 높은 경우 객실로 자유롭게 들어오도록 사용하는 장치로 진공 밸브라고도 한다.

71 공함에 대한 설명으로 틀린 것은?

㉮ 승강계, 속도계에도 이용이 된다.
㉯ 밀폐식 공함을 아네로이드라고 한다.
㉰ 공함은 기계적 변위를 압력으로 바꾸어 주는 장치이다.
㉱ 공함재료는 탄성한계 내에서 외력과 변위가 직선적으로 비례적이다.

해설 공함(Pressure capsule)
압력을 기계적 변위로 바꾸는 장치로서 공함에는 사용목적에 따라 2종류가 있다.
① 진공 공함(밀폐형 공함) : 내부가 진공으로 되어 있고 공함의 외부에 가해진 압력만으로 변위량이 결정되므로 절대 압력의 측정에 이용된다. 고도계(아네로이드)에 이용된다.
② 차압 공함(개방형 공함) : 공함의 내부와 외부에 가해지는 압력차에 의해서 변위량이 결정되므로 압력차를 측정하기 위해서 이용된다. 속도계(다이어프램), 승강계(아네로이드)에 이용된다.
공함의 재료는 탄성한계 내에서 외부압력과 변위가 직선적으로 비례해야 한다.

ANSWER 68 ㉮ 69 ㉱ 70 ㉮ 71 ㉯

72 다음 중 장거리 항법장치가 아닌 것은?

㉮ INS   ㉯ 지문항법
㉰ 오메가   ㉱ 도플러항법

해설 ① 오메가 항법 : 10~14kHz의 초장파(VLF)를 사용한 쌍곡선 항법이다. 2개의 송신국으로부터 발사되는 전파의 위상차를 측정해서 위치를 결정하는 것으로 8개국이 오메가 항법 송신국으로 운용 중에 있다.
② 도플러 레이더 : 이동체의 속도에 비례하여 수신 주파수가 변화한다는 도플러 원리를 이용한 것이며, 지상 원조 시설을 필요로 하지 않고 직접적으로 행할 수 있는 기상 항법 장치이다.
③ 관성항법장치 : 로켓이나 비행기가 이동할 때에는 항상 가속도가 가해지고 있지만, 이 가속도를 적분하면 속도가 구해지며, 다시 적분하면 이동한 거리가 나온다는 가속도(관성)를 이용한 항법이다.

73 항공 교통 관제(ATC) 트랜스폰더(Transponder)에서 Mode C의 질문에 대해 항공기가 응답하는 비행고도는?

㉮ 진고도   ㉯ 절대고도
㉰ 기압고도   ㉱ 객실고도

해설 항공용 트랜스폰더(Transponder)는 라디오 주파수를 통해 상호 문의를 통하도록 제공하는 전기장치로서 항공기에서 상대 비행 물체를 식별하여 공중 충돌을 방지하는 시스템의 일부이다.
• mode 1 : 2디지트, 5비트 임무 코드를 제공한다.(군전용, 조종석에서 선택)
• mode 2 : 4디지트, 8진법으로 제공한다.(군전용, 특정 항공기 타입에 따라서 지상 또는 조종석에서 선택)
• mode 3/A : 4디지트, 8진법 식별코드를 ATC(군 및 민간)에서 정한 항공기(일명 Squawk Code)에게 제공한다.
• mode 4 : 3펄스로 암호화 코드를 제공한다.(군전용)
• mode 5 : Mode S와 유사한 암호화 능력을 제공하며, ADS-B와 GPS 위치를 전송을 포함한다.(군전용)
• mode C : Mode 3/C로 알려진 것으로 항공기 기압고도를 위해 10비트 Gray Code를 제공한다.(군 및 민간 사용)
• mode S : 원래 데이터 패킷 업링크(1030Mhz)와 다운링크(1090Mhz) 포맷을 표준화한 것을 말하며, 선택적인 문의(각 항공기는 고정된 24비트 주소로 설정)에 응답하기 위한 트랜스폰더(transponder) 레이더 설계에 사용된다. 또한 다운링크 데이터 포맷은 독립적으로 위치나 속도 같은 정보를 사용할 수 있다.(군 및 민간 사용)

74 항공기에서 직류를 교류로 변환시켜 주는 장치는?

㉮ 정류기(Rectifier)
㉯ 인버터(Inverter)
㉰ 컨버터(Converter)
㉱ 변압기(Transformer)

해설 ㉮ 정류기(Rectifier) : 교류(AC)를 직류(DC)로 변환시켜주는 장치
㉯ 인버터(Inverter) : 직류(DC)를 교류(AC)로 변환시켜주는 장치
㉰ 컨버터(Converter) : 회로망 변환기라고 하며, 신호 변환, 교류와 직류 간의 변환, 교류 주파수의 상호변환, 상수의 변환 등을 하는 장치
㉱ 변압기(Transformer) : 교류(AC)를 승압 또는 감압시켜주는 장치

75 항공기에서 화재탐지를 위한 장치가 설치되어 있지 않은 곳은?

㉮ 조종실 내   ㉯ 화장실
㉰ 동력장치   ㉱ 화물실

ANSWER 72 ㉯ 73 ㉰ 74 ㉯ 75 ㉮

해설 항공기에서 방화구조, 화재탐지, 소화기능이 요구되는 부분
동력장치, 보조동력장치, 연소가열기, 화물실, 객실, 화장실, 휠 랜딩기어 베이, 장비품 냉각장치, 연료탱크 벤트용, 벤트서지 탱크

76 다음 중 지향성 전파를 수신할 수 있는 안테나는?

㉮ Loop ㉯ Sense
㉰ Dipole ㉱ Probe

해설 자동방향탐지기(ADF : automatic direction finder)
전파가 빛과 같이 직진하는 성질을 이용하여 특정 전파, 즉 지상에서 발사되는 무지향성의 전파를 수신하여 전파발신국의 방향을 탐지할 수 있는 장치를 방향탐지기라 하는데, 항공기에 탑재되고 있는 방향탐지기는 전파표지로부터의 전파도래방향을 지시하고 조종사에게 기수방향을 부여하는 것을 모두 자동적으로 하고 있다. ADF는 루프 안테나·센스 안테나 및 수신기와 그 제어기로서 구성된다. 이 루프 안테나의 특성(8자형 지향특성이라고도 한다.)을 이용해서 루프 안테나를 회전시키면서 전파를 수신하여 전파가 어느 방향으로부터 도래하면 그것이 최소 수신점이 되도록 자동으로 루프안테나를 회전시켜 발신국을 탐지하는 구조로 되어 있다. 그래서 센스 안테나(무지향성 수직 안테나)를 짝지으면 루프 안테나의 8자형 지향특성은 단지향성(單指向性)이 되어 최소감도의 방위의 한쪽 방향만을 지시하게 된다.

77 착륙 및 유도 보조장치와 가장 거리가 먼 것은?

㉮ 마커 비컨 ㉯ 관성항법장치
㉰ 로컬라이저 ㉱ 글라이더슬로프

해설 착륙유도장치
로컬라이저, 글라이드 슬로프, 마커 비컨

78 착륙장치의 경보회로에서 그림과 같이 바퀴가 완전히 올라가지도 내려가지도 않은 상태에서 스크롤 레버를 줄이게 되면 일어나는 현상은?

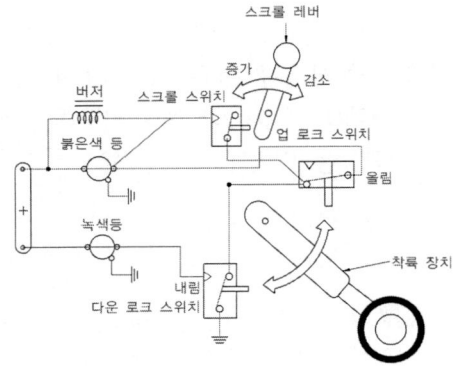

㉮ 버저만 작동된다.
㉯ 녹색등만 작동된다.
㉰ 버저와 녹색등만 작동된다.
㉱ 녹색등과 적색등 모두 작동된다.

해설 착륙장치의 경고회로
• 완전 펼침 : 녹색
• 고착 또는 작동 중 : 적색
• 완전 올림 : 무색

79 유압계통에 과도한 압력이 걸리는 원인으로 옳은 것은?

㉮ 여압계통이 오작동을 하기 때문
㉯ 압력 릴리프밸브 조절이 잘못 됐기 때문
㉰ 리저버(Reservoir) 내에 작동유가 너무 많기 때문
㉱ 사용하고 있는 작동유의 등급이 적당치 못하기 때문

해설 압력 릴리프 밸브(pressure Relief valve)
작동유에 의한 계통 내의 압력을 규정된 값 이하

ANSWER 76 ㉮ 77 ㉯ 78 ㉰ 79 ㉯

로 제한하는데 사용되는 것으로, 과도한 압력으로 인하여 계통 내의 관이나 부품이 파손될 수 있는 것을 방지하는 장치이다. 규정의 압력을 초과하면 밸브가 열리고, 유체를 방출하여 압력을 낮추는 안전밸브(safety valve)라고도 한다.

80 회전계 발전기(Tacho-Generator)에서 3개의 선 중 2개 선이 바꾸어 연결되면 지시는 어떻게 되겠는가?

㉮ 정상지시 ㉯ 반대로 지시
㉰ 다소 낮게 지시 ㉱ 작동하지 않는다.

해설 3상 발전기를 운전하는 경우에는 발전기의 회전방향을 확인해야 한다. 발전기 내부의 코일에서는 상당 2가닥씩 즉, 발전기의 각 극을 구성하는 코일에 전류가 들어가는 시작선 1선과 코일의 끝선 1선, 이렇게 해서 2가닥이 되는 것이고, 각 120도의 위상차를 가지면서 서로 평형을 이루는 세 위상의 인출선이 총 6가닥이 되는 것이다. 발전기 내부에서는 6가닥이지만, 각 상을 이루는 코일의 시, 종 인출선들이 델타, 또는 와이와 같은 3상 결선을 하면서 발전기 외부로 나올 때는 이미 3가닥으로 줄어서 인출된다. 제조사의 매뉴얼에 의해 각 상단자에 맞게 연결하면 정상방향으로 회전하게 되지만, 다르게 연결하게 되면 회전방향이 다를 수 있다. 이를 역상이 되었다고 한다. 따라서 반대로 지시하게 된다.

ANSWER 80 ㉯

2013 제2회 항공산업기사 기출문제

제1과목 항공역학

01 고정익 항공기의 실속속도(Stall speed)를 증가시키는 방법이 아닌 것은?

㉮ 날개 하중의 증가
㉯ 비행 고도의 증가
㉰ 선회반경의 증가
㉱ 최대 양력계수의 감소

[해설] $V_s = \sqrt{\dfrac{2 \cdot W}{\rho \cdot s \cdot C_{Lmax}}}$

$\dfrac{W}{s}$ = 날개 하중(익면하중)

고도 증가 → 밀도 감소

02 프로펠러의 진행비(Advance ratio)를 옳게 나타낸 것은? (단, n : 프로펠러 회전속도, D : 프로펠러 지름, V : 속도이다.)

㉮ $\dfrac{V}{nD}$ ㉯ $\dfrac{nD}{V}$
㉰ $\dfrac{n}{VD}$ ㉱ $\dfrac{D}{Vn}$

03 헬리콥터 주회전날개의 공력 및 회전 동역학 특성에 대한 설명으로 틀린 것은?

㉮ 전진비행 속도의 증가에 따라 역풍영역(Reverse flow aone)이 증가한다.
㉯ 주회전 날개의 리드-래그 힌지(Lead-lag hinge)가 없으면 전진비행이 불가능하다.
㉰ 전진비행 속도의 증가에 따라 좌우측 주회전 날개 회전면에서 공기속도의 불균형이 증가한다.
㉱ 주회전 날개에 설치된 다양한 힌지 중 플래핑 힌지(Flapping hunge)가 헬리콥터 가동비행능력과 직접적인 연관이 있다.

[해설] 플래핑 힌지가 없으면 전진 비행 시 양력 불균형 발생으로 비행이 불가능

04 활공비행의 한 종류인 급강하 비행시(활공각 90°) 비행기에 작용하는 힘을 나타낸 식으로 옳은 것은? (단, L = 양력, D = 항력, W = 항공기 무게이다.)

㉮ $L = D$ ㉯ $D = 0$
㉰ $D = W$ ㉱ $D + W = 0$

ANSWER 01 ㉰ 02 ㉮ 03 ㉯ 04 ㉰

05 항공기 중량이 900kgf, 날개면적이 10m² 인 제트항공기가 수평 등속도로 비행할 때 추력은 몇 [kgf]인가? (단, 양항비는 3 이다.)

㉮ 300 ㉯ 250
㉰ 200 ㉱ 150

해설
$L = W$
$D = T$
$\rightarrow \dfrac{L}{D} = \dfrac{W}{T} \rightarrow T = W \cdot \dfrac{D}{L}$
$\rightarrow T = W \cdot \dfrac{1}{\text{양항비}} = 900 \times \dfrac{1}{3} = 300$

06 다음 중 동압, 정압 및 전압과의 관계가 옳은 것은?

㉮ 동압 = 전압 × 정압
㉯ 전압 = 정압 + 동압
㉰ 정압 = 전압 + 동압
㉱ 정압 = 동압 ÷ 전압

해설 베르누이의 정리
전압 = 정압 + 동압 = 항상 일정

07 형상항력(Profile drag)으로만 짝지어진 것은?

㉮ 압력항력, 마찰항력
㉯ 압력항력, 유도항력
㉰ 마찰항력, 유도항력
㉱ 유해항력, 유도항력

해설
- 형상항력 : 압력항력 + 마찰항력
- 압력항력 : 흐름의 떨어짐에 의한 항력
- 마찰항력 : 유체의 점성에 의한 항력
- 유도항력 : 내리흐름에 의하여 양력이 기울어져 생기는 항력
- 유해항력 : 양력에 의한 항력을 제외한 모든 항력

08 프로펠러의 역할을 옳게 설명한 것은?

㉮ 항공기의 전진속도에 의해 풍차회전을 일으킨다.
㉯ 기관으로부터 지시마력을 받아 양력을 발생시킨다.
㉰ 기관으로부터 제동마력을 받아 양력을 발생시킨다.
㉱ 기관으로부터 제동마력을 받아 추력을 발생시킨다.

해설 제동마력 = 지시마력 - 마찰마력
- 지시마력 : 평균유효압력에 의하여 계산된 마력
- 제동마력 : 실제 기관의 크랭크축에서 나오는 마력

ANSWER 05 ㉮ 06 ㉯ 07 ㉮ 08 ㉱

09 키놀이 진동시 속도와 고도는 변화하나 받음각이 일정하고 수직방향의 가속도는 거의 변하지 않는 주기운동을 무엇이라 하는가?

㉮ 단주기 운동
㉯ 승강키 주기 운동
㉰ 장주기 운동
㉱ 도움날개 주기 운동

[해설] ① 장주기 운동
  ㉠ 주기가 20~100초로 매우 긴 운동이다.
  ㉡ 운동에너지와 위치에너지가 교대로 교환된다.
  ㉢ 키놀이 자세, 비행속도, 비행 고도에는 상당한 변화가 있지만 받음각은 거의 일정하다.
② 단주기 운동
  ㉠ 주기가 0.5~5초 사이로 상대적으로 짧은 운동이다.
  ㉡ 외부의 영향을 받은 비행기는 키놀이 감쇠에 의해 진폭이 감쇠되어 평형의 상태로 돌아온다.
  ㉢ 조종간을 자유롭게 하여 감쇠한다.
③ 승강키 자유운동
  ㉠ 승강키를 자유롭게 했을 때 발생하는 아주 짧은 주기의 진동이다.
  ㉡ 주기는 0.3~1.5초 사이이다.

10 음속에 가까운 속도로 비행시 속도를 증가시킬수록 기수가 오히려 내려가는 경향이 생겨 조종간을 당겨야 하는 현상은?

㉮ 더치 롤(Dutch roll)
㉯ 턱 언더(Tuck under)
㉰ 내리흐름(Down wash)
㉱ 나선불안정(Spiral divergence)

11 라이트형제는 인류 최초의 유인동력비행을 성공하던 날 최고기록으로 59초 동안 이륙 지점에서 250m 지점까지 비행하였다. 당시 측정된 43km/h의 정풍을 고려한다면 대기속도는 약 몇 [km/h]인가?

㉮ 20   ㉯ 40
㉰ 60   ㉱ 80

[해설] 항공기 속도+정풍속도 = 날개 위 흐름의 속도
항공기 속도 = $\frac{이동거리}{시간} = \frac{250}{59}$ (m/s)
$= \frac{250}{59} \times 3.6$ (km/h)
$\therefore \frac{250}{59} \times 3.6 + 43$

12 수평스핀과 수직스핀의 낙하속도와 회전각속도 크기를 옳게 나타낸 것은?

㉮ 수평스핀 낙하속도 > 수직스핀 낙하속도, 수평수핀 회전각속도 > 수직스핀 회전각속도
㉯ 수평스핀 낙하속도 < 수직스핀 낙하속도, 수평수핀 회전각속도 < 수직스핀 회전각속도
㉰ 수평스핀 낙하속도 > 수직스핀 낙하속도, 수평수핀 회전각속도 < 수직스핀 회전각속도각속도
㉱ 수평스핀 낙하속도 < 수직스핀 낙하속도, 수평수핀 회전각속도 > 수직스핀 회전각속도

[해설] ① 정상스핀(수직스핀) : 하강하는 속도는 40~80m/s로 빠르나 회전 속도가 느려 회복 가능한 특수 비행법이다.
② 수평스핀 : 하강하는 속도는 수직스핀에 비하여 느리나 회전 속도가 빨리 회복이 불가능하다.

ANSWER 09 ㉰ 10 ㉯ 11 ㉰ 12 ㉱

13 공기의 동점성계수 단위로 옳은 것은?

㉮ stokes   ㉯ poise
㉰ cm/s   ㉱ g/cm-s

해설
- stokes : 동점성계수의 c·g·s 단위로 cm^2/s이다.
- poise : 점성계수의 c·g·s 단위로 $dyne·s/cm^2$ 또는 $g/s·cm$이다.

14 일정 고도에서 정상수평비행시 그림과 같은 마력곡선을 갖는 비행기에 대한 설명으로 옳은 것은?

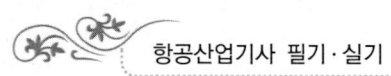

㉮ 실속속도는 300mph이다.
㉯ 최대속도는 550mph이다.
㉰ 300mph에서 잉여마력은 22hp이다.
㉱ 제트비행기의 전형적인 마력곡선이다.

해설

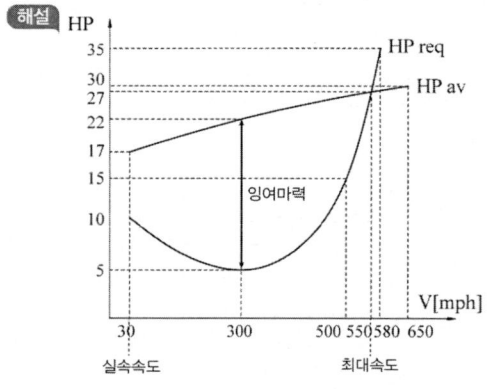

15 헬리콥터의 코리올리스 효과를 주는 코리올리스 가속도를 옳게 나타낸 것은?
(단, R : 헬리콥터 깃의 반지름, V_r : 법선 방향의 속도, ω : 각속도이다.)

㉮ $\dfrac{d\omega}{dt}$ ㉯ $r\dfrac{d\omega}{dt}$
㉰ $r\omega$ ㉱ $2V_r\omega$

해설
- 원심가속 : $\dfrac{dV_r}{dt}$
- 구심가속 : $-r\omega^2$
- 회전가속 : $r\dfrac{d\omega}{dt}$
- 코리올리스가속 : $2V_rw$

16 직사각형 날개의 가로세로비를 나타낸 식으로 틀린 것은? (단, b : 날개의 길이, c : 날개의 시위, s : 날개의 면적이다.)

㉮ $\dfrac{b}{c}$ ㉯ $\dfrac{b^2}{s}$
㉰ $\dfrac{s}{c^2}$ ㉱ $\dfrac{c^2}{s}$

해설 $AR = \dfrac{b}{c} = \dfrac{b^2}{s} = \dfrac{s}{c^2}$

17 플랩 앞전이 시일(Seal)로 밀폐되어 있어서 플랩 상하면의 압력차에 의해서 오버행 밸런스(Overhang balance)와 같은 역할을 하는 것은?

㉮ 탭 밸런스(Tab balance)
㉯ 혼 밸런스(Horn balance)
㉰ 프리즈 밸런스(Frise balance)
㉱ 인터널 밸런스(Internal balance)

ANSWER 13 ㉮ 14 ㉯ 15 ㉱ 16 ㉱ 17 ㉱

18 비행기의 세로안정과 관련된 꼬리날개 부피(Tail volume)를 옳게 표현한 것은?

㉮ 수평꼬리날개의 면적 × 수평꼬리날개의 두께
㉯ 수평꼬리날개의 길이 × 날개의 공기역학적 중심에서 수평꼬리날개의 압력중심까지의 거리
㉰ 수평꼬리날개의 면적 × 무게중심에서 수평꼬리날개의 압력중심까지의 거리
㉱ 수평꼬리날개의 길이 × 무게중심에서 수평꼬리날개의 압력중심까지의 거리

19 비압축성 유체에 대한 설명으로 옳은 것은?

㉮ 밀도의 변화를 무시할 수 있다.
㉯ 비압축성 유체에서 음속의 크기는 0이다.
㉰ 초음속 영역에서의 유체는 비압축성으로 가정해도 된다.
㉱ 큰 배관에서 발생하는 수격현상은 대표적인 비압축성 유동의 예이다.

20 항공기의 임계 마하수(Critical mach number)에 대한 설명으로 옳은 것은?

㉮ 모든 비행기의 임계 마하수는 0.8이다.
㉯ 비행기가 비행할 때 최초로 충격파가 발생될 때의 마하수이다.
㉰ 일반적으로 임계 마하수는 항력발산 마하수보다 값이 크다.
㉱ 저속 프로펠러 비행기에서 아주 중요한 설계 요소이다.

제2과목 항공기관

21 독립된 소형 가스터빈기관으로 외부의 동력 없이 기관을 시동시키는 시동 계통은?

㉮ 전동기식 시동계통
㉯ 공기 터빈식 시동계통
㉰ 가스 터빈식 시동계통
㉱ 시동-발전기식 시동계통

[해설] 가스터빈식 시동계통은 동력터빈을 가진 독립된 소형 가스터빈기관으로, 외부동력 없이 시동이 가능하고 고출력에 비해 무게가 가볍다는 장점이 있으나, 구조가 복잡하고 가격이 비싸다는 단점이 있다.

22 왕복기관의 오일 냉각기 흐름조절 밸브 (Oil cooler flow control valve)가 열리는 조건은?

㉮ 기관으로부터 나오는 오일의 온도가 너무 높을 때
㉯ 기관으로부터 나오는 오일의 온도가 너무 낮을 때
㉰ 기관오일펌프 배출체적이 소기펌프 출구체적보다 클 때
㉱ 소기펌프 배출체적이 기관오일펌프 입구체적보다 클 때

[해설] 오일 냉각기 흐름조절 밸브는 냉각기로 들어오는 오일의 온도가 규정값보다 낮으면 냉각기를 거치지 않고 바이패스시켜 정상작동 시키며, 오일 온도조절 밸브라고도 한다.

ANSWER 18 ㉰ 19 ㉮ 20 ㉯ 21 ㉰ 22 ㉯

23 비행 중 기관 고장시 프로펠러를 페더링(Feathering)시켜야 하는 이유로 옳은 것은?

㉮ 기관의 진동을 유발해 화재를 방지하기 위하여
㉯ 풍차(Windmill)의 효과로 인해 추력을 얻기 위하여
㉰ 프로펠러 회전을 멈춰 추가적인 손상을 방지하기 위하여
㉱ 전면과 후면의 차압으로 프로펠러를 회전시키기 위하여

해설 페더링이란, 기관 고장 시 풍차작용에 의해 엔진을 회전시키려는 것을 방지하고, 저항을 적게 해주는 것을 의미한다. 따라서 기관의 고장을 프로펠러에 의해 추가/가속시키지 못하도록 반드시 페더링을 시켜주어야 한다.

24 가스터빈기관에서 연료계통의 여압 및 드레인 밸브(P&D valve)의 기능이 아닌 것은?

㉮ 일정 압력까지 연료 흐름을 차단한다.
㉯ 1차 연료와 2차 연료 흐름으로 분리한다.
㉰ 연료 압력이 규정치 이상 넘지 않도록 조절한다.
㉱ 기관 정지시 노즐에 남은 연료를 외부로 방출한다.

해설 여압 및 드레인 밸브(pressurizing & drain valve)
① 연료의 흐름을 1차와 2차로 분리한다.
② 기관 정지 시 연료 매니폴드나 연료 노즐에 남아있는 잔여 연료를 외부로 방출한다.
③ 연료의 압력이 일정 압력이 될 때까지 연료의 흐름을 차단한다.

25 가스터빈기관에서 주로 사용하는 윤활계통의 형식은?

㉮ dry sump, jet and spray
㉯ dry sump, dipt and splash
㉰ wet sump, spray and splash
㉱ wet sump, dip and pressure

해설 가스터빈엔진에서 오일 배유계통은 드라이-섬프(Dry-Sump)형 윤활계통으로 된 엔진에서 엔진을 윤활시킨 오일을 엔진으로부터 엔진 외부에 장착된 오일 탱크로 귀환시키는 계통을 말한다.

26 정속 프로펠러(Constant-speed propeller)는 기관속도를 정속(on-speed)으로 유지하기 위해 프로펠러 피치를 자동으로 조정해 주도록 되어 있는데 이러한 기능은 어떤 장치에 의해 조정되는가?

㉮ 3-way 밸브
㉯ 조속기(Governor)
㉰ 프로펠러 실린더(Propeller cylinder)
㉱ 프로펠러 허브 어셈블리(Propeller hub assembly)

해설 가버너(조속기)는 항공기의 기관 회전수를 감지하고 프로펠러 깃 각을 어떠한 작동조건하에서도 선택된 RPM을 유지하기 위해 변화시키는 장치를 말한다. 가버너는 스피더 스프링, 카운터 밸런스, 플라이웨이트, 파일럿 밸브 등으로 구성되어 있다.

ANSWER 23 ㉰ 24 ㉰ 25 ㉮ 26 ㉯

27 윤활계통 중 오일탱크의 오일을 베어링까지 공급해주는 것은?

㉮ 드레인계통(Drain system)
㉯ 가압계통(Pressure system)
㉰ 브래더계통(Breather system)
㉱ 스캐빈지계통(Scavenge system)

28 과급기(Supercharger)를 장착하지 않은 왕복기관의 경우 표준 해면상(Sea level)에서 최대 흡기압력(Maximum manifold pressure)은 몇 [inHg]인가?

㉮ 17 ㉯ 27.2
㉰ 29.92 ㉱ 30.92

해설 표준기압(atm) = 760mmHg = 10.33m(H_2O)
= 1.033kg_f/cm^2 = 1.013bar
= 14.7psi = 29.92inHg

29 축류식 압축기의 1단당 압력비가 1.6이고, 회전자 깃에 의한 압력 상승비가 1.3일 때 압축기의 반동도는?

㉮ 0.2 ㉯ 0.3
㉰ 0.5 ㉱ 0.6

해설 반동도(Φ_c)
$= \dfrac{\text{회전자 깃에 의한 압력 상승}}{\text{단당 압력 상승}} \times 100(\%)$
$= \dfrac{P_2 - P_1}{P_3 - P_1} \times 100(\%)$
$= \dfrac{1.3P_1 - P_1}{1.6P_1 - P_1} = \dfrac{0.3}{0.6} = 0.5$

30 가스터빈기관에서 rpm의 변화가 심할 때 그 원인이 아닌 것은?

㉮ 주연료장치 고장
㉯ 연료라인의 결빙
㉰ 가변 정기 베인 리깅 불량
㉱ 연료 부스터 압력의 불안정

31 브레이튼 사이클(Brayton cycle)의 이론 열효율을 옳게 표시한 것은? (단, γ_p : 압력비, k : 비열비이다.)

㉮ $1 - \gamma_p^{\frac{1}{\kappa-1}}$ ㉯ $1 - \gamma_P^{\frac{\kappa-1}{\kappa}}$
㉰ $1 - \gamma_p^{\frac{\kappa}{\kappa-1}}$ ㉱ $1 - \gamma_a^{\frac{1-\kappa}{\kappa}}$

해설 $\eta_{th} = \dfrac{\text{참일}}{\text{공급열량}} = \dfrac{\text{공급열량} - \text{방출열량}}{\text{공급열량}} \dfrac{W}{Q_1}$
$= \dfrac{Q_1 - Q_2}{Q_1} = 1 - \left(\dfrac{1}{\gamma}\right)^{\frac{k-1}{k}}$

32 왕복기관과 비교한 가스터빈기관의 특징으로 틀린 것은?

㉮ 단위추력당 중량비가 낮다.
㉯ 대부분의 구성품이 회전운동으로 이루어져 진동이 많다.
㉰ 고도에 따라 출력을 유지하기 위한 과급기가 불필요하다.
㉱ 가스터빈기관은 롤러베어링 또는 볼베어링을 주로 사용한다.

해설 가스터빈기관

ANSWER 27 ㉯ 28 ㉰ 29 ㉰ 30 ㉯ 31 ㉱ 32 ㉯

33 지시마력이 80HP인 항공기 왕복기관의 제동마력이 64HP라면 기계효율은?

㉮ 0.20 ㉯ 0.25
㉰ 0.80 ㉱ 1.25

해설 $\eta_m = \dfrac{bHP}{iHP} = \dfrac{64HP}{80HP} = 0.8$

34 왕복기관에 노크현상을 일으키는 요소가 아닌 것은?

㉮ 압축비 ㉯ 연료의 옥탄가
㉰ 실린더 온도 ㉱ 연료의 이소옥탄

해설 왕복기관에서 사용되는 연료 중 노크현상이 가장 일어나지 않는 연료는 이소옥탄이다.

35 다음 중 공기 흡입기관이 아닌 제트기관은?

㉮ 로켓 ㉯ 램제트
㉰ 펄스제트 ㉱ 터보 팬

해설 로켓기관은 다른 가스터빈기관과는 다르게 액체 또는 고체의 산화제와 연료를 사용하여 움직이며, 외부 공기는 별도로 흡입하지 않는다.

36 가스터빈기관의 추력에 영향을 미치는 요소가 아닌 것은?

㉮ 옥탄가 ㉯ 고도
㉰ 기관RPM ㉱ 비행속도

해설 가스터빈기관의 추력은 비행하는 고도나 기관의 RPM, 비행속도, 온도 등의 영향을 받는다. 왕복기관은 옥탄가가 높은 고급 가솔린 연료를 사용하지만, 가스터빈기관은 가격이 싼 연료를 사용한다.

37 고고도에서 비행시 조종사가 연료/공기 혼합비를 조정하는 주된 이유는?

㉮ 결빙을 방지하기 위하여
㉯ 역화를 방지하기 위하여
㉰ 실린더를 냉각하기 위하여
㉱ 혼합기가 농후해지는 것을 방지하기 위하여

38 고압 점화 케이블을 유연한 금속제 관속에 넣어 느슨하게 장착하는 주된 이유는?

㉮ 접지회로 저항을 줄이기 위하여
㉯ 고고도에서 방전을 방지하기 위하여
㉰ 케이블 피복제의 산화와 부식을 방지
㉱ 작동 중 고주파의 전자파 영향을 줄이기 위하여

39 왕복기관의 부자식 기화기에서 부자실(Float chamber)의 연료 유면이 높아졌을 때 기화기에서 공급하는 혼합비는 어떻게 변하는가?

㉮ 농후해진다.
㉯ 희박해진다.
㉰ 변하지 않는다.
㉱ 출력이 증가하면 희박해진다.

해설 부자식 기화기 플로우트실, 벤투리, 스로틀밸브, 쵸크밸브로 구성되어 있다. 부자식 기화기에서 부자실은 연료펌프로 연료통에서 끌어올린 연료를 기화기 내에 잠깐 저장하는 공간으로, 연료 유면이 높아지면 혼합비는 농후해진다.

ANSWER 33 ㉰ 34 ㉱ 35 ㉮ 36 ㉮ 37 ㉱ 38 ㉱ 39 ㉮

40 브레이튼 사이클(Brayton cycle)의 이상적인 기본 사이클 과정으로 옳은 것은?

㉮ 단열압축-등적가열-단열팽창-등적방열
㉯ 단열압축-등압가열-단열팽창-등적방열
㉰ 단열압축-등적가열-등압방열-단열팽창
㉱ 단열압축-등압가열-단열팽창-등압방열

[해설] 브레이튼 사이클(정압 사이클)은 2개의 단열 과정과 2개의 정압 과정으로 이루어진다.

제3과목 ✈ 항공기체

41 알루미늄 합금을 용접할 때 가장 적합한 불꽃은?

㉮ 탄화불꽃 ㉯ 중성불꽃
㉰ 산화불꽃 ㉱ 활성불꽃

[해설] 산소 아세틸렌 불꽃 조절(Flame Adjustment)
① 중성불꽃(표준불꽃) : 산소와 아세틸렌의 혼합비 1 : 1로서 일반용접이며 연강, 경강, 주철의 용접에 쓰인다.
② 산화불꽃(산소 과잉 불꽃) : 산소의 양이 아세틸렌의 양보다 많은 불꽃으로 황동, 청동, 구리의 용접에 쓰인다.
③ 탄화불꽃(아세틸렌 과잉 불꽃) : 아세틸렌의 양이 산소보다 많을 때 생기는 불꽃으로 알루미늄, 스테인리스강, 스텔라이트의 용접에 사용된다.

42 테어무게(Tare weight)에 대한 설명으로 옳은 것은?

㉮ 항공기에 인가된 최대중량을 의미한다.
㉯ 항공기에 장착된 모든 운용 장비품을 포함한 무게를 의미한다.
㉰ 중량 측정시 사용하는 보조장치 측 (Choke), 블록(Block), 지지대(Stand) 등의 무게를 의미한다.
㉱ 항공기에 사용되는 작동유, 기관 냉각액 등의 총 무게를 의미한다.

[해설] ① 총 중량(Gross Weight) : 항공기에 탑재 가능한 총중량이며 항공기 기체 무게, 연료, 윤활유, 승객, 화물 등 탑재물의 무게를 다한 무게를 말하며 온 무게라고도 한다. 항공기에 인가된 최대하중(형식 증명서 type certificate 명시)
② 이륙중량(Take off Weight) : 항공기 이륙 순간의 허용무게 총 중량(Gross Weight)에서 비행준비 및 지상 활주에 사용되는 연료와 윤활유의 무게를 제한 무게이다.
③ 착륙중량(Landing Weight) : 항공기 착륙할 때의 무게, 착륙 시에 가질 수 있는 무게의 상한치 총 중량에서 이륙 및 비행에 쓰인 연료와 윤활유의 무게를 제한, 무게를 초과시 연료를 배출(DUMP)해서 착륙중량 이하로 만듦
④ 영연료중량(Zero Fuel Weight) : 연료와 오일의 무게를 제외한 최대 허용 중량이며 여객기에서 안전 및 경제성을 고려해 운항관리 목적상 사용
⑤ 유상하중(Payload) : 승객, 수화물, 화물 등 항공사의 수입원이 되는 중량을 말한다. 유상하중의 크고 작음에 따라 항공기 운항의 실효를 판단할 수 있다.
⑥ 운항자중(Operating Weight) : 주로 민간기에 사용하는 중량 표시 방법으로 승무원, 수화물, 긴급용 장비 등 운항에 필요한 장비 및 인원을 포함시켜 나타낸 중량이다. 운항자중에 승객, 수화물, 화물, 우편들의 페이로드의 중량을 더한 것이 Zero연료 중량이다.

ANSWER 40 ㉱ 41 ㉮ 42 ㉰

⑦ 빈무게(BEW : Basic empty weight) : Empty weight에 항공기가 움직이는데 필수적으로 필요한 윤활유, 냉각수(있으면), 유압오일(있으면) 등과 unusable fuel weight를 더한 수치
⑧ 자체무게(EW Empty Weight) : 항공기에 승무원, 화물 등이 아무것도 실려있지 않고 항공기의 고정된 위치에 영구적으로 장착된 모든 운용장비들의 무게이다. 비배출 윤활유와 비배출 연료의 무게를 포함한다.
⑨ 테어(Tare) 중량 : 항공기의 무게를 측정하는데 필요한 장비, 즉 초크(choks), 블록(blocks), 슬링(slings), 잭(jacks) 등의 무게이다. 항공기의 실제 무게를 얻기 위하여 이 무게는 제외되어야 한다.

43 리벳작업을 위한 구멍뚫기 작업시 설명으로 옳은 것은?

㉮ 드릴작업 전 리밍작업을 한다.
㉯ 구멍은 리벳 직경보다 약간 작게 한다.
㉰ 리밍작업시 효율을 높이기 위해 회전 방향을 바꿔가면서 가공한다.
㉱ 드릴 작업 후 구멍의 버(Burr)는 되도록 보존하도록 한다.

해설 리벳작업시 드릴링(Drilling), 리밍(Reaming), 디버링(Deburring) 순서로 진행되며 리밍작업은(reaming) 드릴작업 후 드릴로 뚫은 구멍의 내면을 리머로 다듬질하는 작업이고 드릴 앞에 비트처럼 사용한다. 드릴링할 때 리벳과 리벳 구멍의 알맞은 간격이 0.002~0.004in로 구멍은 리벳의 직경보다 약간 크며 드릴작업 후 디버링으로 버(burr)를 제거해야 판재와 판재 사이에 공간이 안 생긴다. 리밍은 관계 없지만 디버링시 회전방향을 바꿔가면서 가공하면 안 된다.

44 볼트의 부품번호가 AN 3 DD 5 A인 경우에 A에 대한 설명으로 옳은 것은?

㉮ 볼트의 재질을 의미한다.
㉯ 나사 끝에 구멍이 있음을 의미한다.
㉰ 볼트 머리에 두 개의 구멍이 있음을 의미한다.
㉱ 미해군과 공군에 의한 규격으로 승인된 부품이다.

해설 볼트의 식별(AN 3 DD H 5 A)
- AN : 규격(Airforce-Nary Aeronautical Standard)
- 3 : 볼트 지름이 3/16인치
- DD : 재질 2024 알루미늄 합금
- H : 머리에 구멍 유무(H : 구멍 유무 표시 : 구멍 무)
- 5 : 볼트 길이가 5/8인치
- A : 나사 끝에 구멍 유무(A : 구멍 유무 표시 : 구멍 유)

45 그림과 같은 그래프를 갖는 완충장치의 효율은 약 몇 %인가?

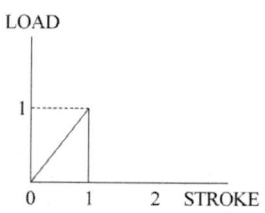

㉮ 30 ㉯ 40
㉰ 50 ㉱ 60

해설 하중과 행정의 그래프(load-stroke curve)이며 동일하게 운동에너지가 흡수될 때 스프링, 고무 등에 따라 다른 속도로 흡수하게 된다. 문제에 나온 그래프는 직선형 스프링(linear spring)에서 나오는 형태를 나타내고 있다.
① 고무 완충 장치(완충효율 50%) : 고무의 감쇠성 이용

ANSWER 43 ㉰ 44 ㉯ 45 ㉰

② 평판 스프링 완충 장치(완충효율 50%) : Coil spring or 판 spring의 탄성 이용
③ 공기 압축식 완충 장치(완충효율 47%) : 공기 압축성 이용. 공기 압축력 누설로 사용안함
④ 오레오식 완충 장치(완충효율 75%) : 오리피스와 미터링 핀을 사용하여 작동유의 흐름을 조절하고 충격에너지를 작동유의 운동에너지로 변환한다.
⑤ Air oleo combination(완충효율 80%) : 오레오식에 공기방 추가. 대형 중량형 항공기 함재기에 사용

46 기체표면과 공기와의 마찰열이 높은 초음속 항공기의 재료로 쓰이는 것은?

㉮ 주철 ㉯ 니켈 크롬강
㉰ 마그네슘 합금 ㉱ 티타늄 합금

해설 ㉮ 주철(cast iron) : 탄소의 함유량이 2.0% 이상인 철로 녹는점은 1150℃이다. 가마솥, 맨홀 등의 주물제품으로 사용된다.
㉯ 니켈 크롬강(nickel-chrome steel) : 니켈과 크롬을 함유하는 강으로 커넥팅로드와 기어 등에 쓰인다.
㉰ 마그네슘합금(magnesium alloy) : 가장 가벼운 재료로 경량성, 내식성, 진동흡수능력이 월등히 높다. 마그네슘의 녹는점은 650℃으로 낮은편이다.
㉱ 티타늄 합금(titaniumalloy) : 불꽃시험(spark test)으로 구분할 수 있으며 상온에서 놀라운 내부식성을 가진 합금이다.
단단하고 내열성이 좋고 가벼우며 적정 범위 내에서 일반 금속은 열을 받을수록 강도가 떨어지지만 적정 범위 내에서 열을 받으면 더 강도가 증가하는 특이한 성질을 가지고 있다. 가볍고 내열성이 좋아 제트엔진 터빈의 재질이나 초음속항공기 기체표면에 쓰이지만 티타늄 재료비 가공비 비싸다.

47 일정한 응력을 받는 재료가 일정한 온도에서 시간이 경과함에 따라 하중이 일정하더라도 변형률이 변화하는 현상은?

㉮ 크랙(Crack)
㉯ 피로(Fatigue)
㉰ 크리프(Creep)
㉱ 응력집중(Stress concentration)

해설 크리프(creep) 현상은 일종의 파괴되는 것으로 소재에 일정한 하중이 가해진 상태에서 시간의 경과 그리고 높은 온도에 따라 소재의 변형이 계속되는 현상이다. 건물 외벽이 시간이 지남에 따라 갈라지는 현상이다.

48 다음 중 항공기 기관을 장착하거나 보호하기 위한 구조물이 아닌 것은?

㉮ 나셀 ㉯ 포드
㉰ 카울링 ㉱ 킬빔

해설 ㉮ 나셀(Nacelle)은 엔진 및 각종 장치를 수용하는 내부와 공기 역학적인 유선형 모양의 외형을 나타내며 외피, 카울링, 방화벽, 기관마운트를 포함하는 것으로 기관을 둘러싼 부분을 말한다.
㉯ 포드는 항공기 아래에 매다는 유선형 물체자체를 말한다. 민항기는 날개 밑에 엔진이 달려있어 포드형 마운트라고 하여 엔진이 달린 부분을 포드(Pod)라고 하고 전투기는 별도로 미사일, 센서나 전자장비를 탑재하는 부분을 포드라고 한다.
㉰ 카울링은 기관에 부수되는 보기 주위를 쉽게 장탈착하기 위해서 접근할 수 있도록 하는 것을 카울링이라고 한다.
㉱ 킬빔(keel beam)은 용의 뼈라는 뜻으로 동체와 주날개의 결합 부분에 이착륙시에 걸리는 반복하중에 견딜 수 있도록 강력하게 설계되어 있어 기체에서 가장 튼튼한 부분이다.

ANSWER 46 ㉱ 47 ㉰ 48 ㉱

49 두께가 0.01in인 판의 전단흐름이 30lb/in일 때 전단응력은 몇 [lb/in²]인가?

㉮ 3000 ㉯ 300
㉰ 30   ㉱ 0.3

[해설] 전단흐름이란 고체가 아닌 액체에서 전단변형이 계속되어 변형에 의해 생기는 흐름을 말한다.
$vt = f$ (v : 응력, t : 두께, f : 전단흐름)
$30 = 0.01 \times$ 전단응력
전단응력 $= \dfrac{30}{0.01} = 3000$

50 판금 성형법의 접기가공(Folding)에 대한 설명으로 틀린 것은?

㉮ 굴곡반경이란 가공된 재료의 곡선상의 내측 반경을 말한다.
㉯ 얇은 판이나 플레이트 등을 굴곡하는 것을 접기가공이라 한다.
㉰ 세트백은 굽힘 접선에서 성형점까지의 길이를 나타낸 것이다.
㉱ 스프링백의 양은 굽힘 반지름, 굽힘각과는 관계없고 재질의 단단한 정도에 따라 달라진다.

[해설] 판재나 철선을 굽혔다가 놓으면 탄성에 의해 변형이 남아 있는 상태에서 약간 본래의 위치로 되돌아오는 현상을 말한다. 스프링 백을 우려하여 1~3도 정도 더 구부리는데 경도가 높을수록, 두께(wall thickness)가 얇을수록, 굽힘 반지름(bend radius)이 클수록, 굽힘 각도(bend angle)가 클수록 더 구부린다.

51 항공기 타이어를 밸런싱(Balancing)하는 주된 목적은?

㉮ 진동과 과도한 마모를 줄이기 위하여
㉯ 브레이크의 효율을 향상시키기 위하여
㉰ 비행 중 타이어의 회전을 막기 위하여
㉱ 1차 조종면의 움직임을 확인하기 위하여

[해설] 항공기 타이어의 진동은 타이어와 휠 어셈블리가 불균형되는 원인이 된다. 불균형되면 객실에 가장 큰 소음과 진동을 발생시키는 데 이를 방지하고 성능을 개선하기 위해 밸런싱한다.

항공기 타이어와 휠 밸런싱 스탠드

52 그림과 같은 수송시의 V-n 선도에서 A와 D의 연결선은 무엇을 나타내는가?

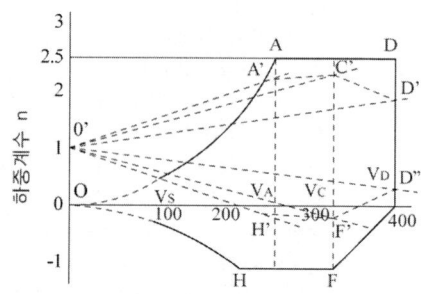

㉮ 돌풍 하중배수   ㉯ 양력계수
㉰ 설계 순항속도   ㉱ 설계제한 하중배수

[해설]
• A와 D의 연결선 : 최대제한하중배수
• H와 F의 연결선 : 최소제한하중배수
• VA 설계운용속도(Design maneuvering speed)
• VC 설계순항속도(Design cruising speed)
• VD 설계급강하속도(Design diving speed)

ANSWER 49 ㉮ 50 ㉱ 51 ㉮ 52 ㉱

53
유효길이 16in인 토크렌치와 유효길이 4in인 연장공구를 사용하여 1500in-lb 의 토크를 이루려면 이때 필요한 토크렌치의 토크는 몇 [in-lb]인가?

㉮ 1000   ㉯ 1200
㉰ 1300   ㉱ 1500

해설 트럭과 자동차의 핸들 크기가 다르듯이 길이가 짧으면 힘이 많이 들어가고 길이가 길면 힘이 적게 들어간다.
- 원래 길이(L)×원래 토크(T) = 전체길이(L+E)×적어진 토크(R)
- 원래 토크(T) = $\dfrac{\text{원래길이(L)}\times\text{적어진 토크(R)}}{\text{전체길이(L+E)}}$
- 토크렌치 지시값 = (16×1500)/(16+4)
  = 1200in-lb

토크 어댑터(Torque adapter)

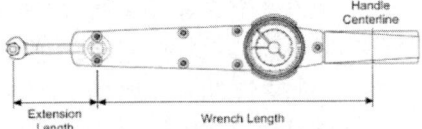
리지드 프레임 토크렌치 연장공구 사용

54
케이블 조종 계통(Cable control system)에서 케이블 안내기구로 사용되는 것은?

㉮ 풀리(Pulley)
㉯ 벨크랭크(Bell crank)
㉰ 토크튜브(Torque tube)
㉱ 푸시-풀 로드(Push-pull rod)

해설 케이블 조종계통에 사용되는 부품
① 풀리(pulley) : 케이블을 유도하고 케이블의 방향을 바꾸는데 사용
② 벨크랭크(bell crank) : 로드와 케이블의 운동방향을 전환(직선운동을 회전운동으로)하

고자 할 때 사용
③ 페어 리드(Fair lead) : 조종 케이블의 작동 중 최소의 마찰력으로 케이블과 접촉하여 직선 운동을 하며 케이블을 3도 이내에서 방향을 유도
④ 토크튜브(Torque tube) : 비틀림각 또는 비틀림 운동은 컨트롤 시스템이 필요한 곳에 서로 반대 방향으로 움직임을 전송하기 위해 사용된다.
⑤ 케이블 드럼(Cable drum) : 케이블 드럼은 트림 탭 시스템에 주로 사용되며 트림 탭 컨트롤 휠은 시계방향 또는 시계반대방향으로 움직인다. 케이블 드럼은 트림 탭 케이블을 작동시키기 위해서 감거나 푼다.
풀리는 케이블 안내기구로 사용되지만 벨 크랭크, 토크튜브, 푸시풀로드는 힘을 전달하는 데 사용된다.

55
항공기가 효율적인 비행을 하기 위해서는 조종면의 앞전이 무거운 상태를 유지해야 하는데, 이것을 무엇이라 하는가?

㉮ 평형상태(On balance)
㉯ 과대평형(Over balance)
㉰ 과소평형(Urder balance)
㉱ 정적평형(Static balance)

해설 평형상태는 돌풍이나 조종계통의 움직임이 없고 가속이 없으며 안정된 비행상태에 있는 것을 말한다.
① 정적평형(Static balance) : 물체가 정지시 자체 무게만으로 지지되어, 정지상태를 유지하려는 현상
  ㉠ 과소평형(under balance) : 조종면을 평행으로 했을 때 뒷전이 내려가는 현상으로 플러터(flutter)의 주원인이 된다.
  ㉡ 과대 평형(over balance) : 조종면을 평행으로 했을 때 뒷전이 올라가는 현상(-)
② 동적 평형(dynamic balance) 물체가 운동 시 작용하는 힘들에 의해 평형을 이루어 원래의 운동 상태를 유지하려는 현상

ANSWER 53 ㉯ 54 ㉮ 55 ㉯

56 두랄루민을 시작으로 개량되기 시작한 고강도 알루미늄 합금으로 내식성보다는 강도를 중시하여 만들어진 것은?

㉮ 1100 ㉯ 2014
㉰ 3003 ㉱ 5056

해설 두랄루민(Duralumin)은 알루미늄에 Cu, Mg, Mn, Si, Fe(Fe, Si는 불순물)같은 원소를 합금하여 만들어졌으며 두랄루민의 대표적인 알루미늄 합금은 2017이고 초두랄루민은 2024이다. 초초두랄루민은 7075계열로 개량 합금을 말한다. 고장력 알루미늄 합금(high tensile aluminum alloys)은 알루미늄 합금 중에서 높은 강도를 갖는 합금의 총칭이며 용체화 처리 후의 시효에 의한 석출경화 처리로서 강도를 높여 준다. 고장력 알루미늄합금의 종류에는 2014, 2219, 2024, 2048, 7075 등이 있다.

57 제작비용이 적게 들기 때문에 소형기에서 주로 사용되며 외피는 공기력의 전달만을 하도록 되어 있는 항공기 구조 형식은?

㉮ 응력외피구조 ㉯ 트러스구조
㉰ 샌드위치구조 ㉱ 페일세이프구조

해설 트러스 구조(Truss Fuselage Construction)스킨은 외형만 유지하고 하중을 트러스(뼈대)가 담당하는 구조로 제작비용이 저렴하여 소형기에만 사용된다. 외피는 방수처리가 된 캔버스 천을 사용하며 외피는 하중을 지지하지 못한다. 설계가 쉽고 가격이 싸지만 구조강도에 비해 무겁고 유선형으로 만들기가 어려워서 저속항공기만 사용한다. 인장하중에는 강하고 압축하중에 약하다.
① 프랫 트러스(Pratt truss) : 초창기 모델로 목재와 금속 구조로 되어 있어 무겁고 유선형으로 만들기가 어렵다. 4개의 런저론(longeron), 수직웨브, 수평웨브(web), 대각보강선으로 구성되어 있다.
② 워렌 트러스(Warren truss) : 4개의 론저론(longeron)과 대각보강선으로 구성되어 보강 Web와 버팀줄이 없다.(강관의 접점을 용접)

58 항공기 날개를 구성하는 주요부제로만 나열된 것은?

㉮ 외피, 세로대, 스트링거, 리브
㉯ 외피, 벌크헤드, 스트링거, 리브
㉰ 날개보, 리브, 벌크헤드, 외피
㉱ 날개보, 리브, 스트링거, 외피

해설 항공기 날개 구조물의 기능
① 날개보(Wing Spar) : 굽힘하중
② 스트링거(Stringer) : 좌굴(buckling) 방지
③ 리브(Rib) : 외피에 작용하는 하중 Spar에 전달하며 공기역학적인 형태 유지
④ 외피(Skin) : 응력외피로 높은 강도 요구

59 케이블 턴버클 안전결선 방법에 대한 설명으로 옳은 것은?

㉮ 배럴의 검사구멍에 핀을 꽂아 핀이 들어가지 않으면 양호한 것이다.
㉯ 단선식 결선법은 턴버클 엔드에 최소 6회 감아 마무리한다.
㉰ 복선식 결선법은 케이블 직경이 1/8in 이상인 경우에 주로 사용한다.
㉱ 턴버클 엔드의 나사산이 배럴 밖으로 5개 이상 나오지 않도록 한다.

해설 턴버클(turnbuckle) 체결검사
① 간혹 턴버클 배럴에 검사구멍(witness hole)이 있는 턴버클이 있는데 핀을 꽂아 들어간다면 터미널 엔드가 빠질수 있으므로 들어가면 안된다.
② 일반적으로 앤드의 나사가 배럴에서 3개 이상 나오면 안되고 들어가는 부분도 나사산 4개이상의 길이가 들어가면 안된다.
③ 복선식 (double wrap method) 1/8 인치 이상 케이블, 단선식 (single wrap method) 1/8인치 이하 케이블 (약3.3mm)
④ 턴버클 생크 주위로 와이어를 최소 4회 감는다.

ANSWER 56 ㉯ 57 ㉯ 58 ㉱ 59 ㉰

60 화학적 피막 처리 방법의 하나로 알루미늄 합금의 표면에 0.00001~0.00005in의 크로메이트처리(크롬산염 : Chromate treatment)를 하여 내식성과 도장 작업의 접착 효과를 증진시키는 부식방지 처리방법은?

㉮ 알로다인처리   ㉯ 알크레이드처리
㉰ 양극산화처리   ㉱ 인산염피박처리

해설 알루미늄 부식 방지
① Alclad(알클래드) : 알루미늄합금 위에 5.5% 두께로 순수 알루미늄을 압착시킨 것으로 내식성 개선, 부식방지하고 합금의 표면이 긁히는 것을 방지한다.
② Alodine(알로다인) : 전기를 사용하지 않고 알로다인 용액에 알루미늄을 넣어서 산화피막을 입히거나 반복해서 칠한다. 알루미늄 합금의 표면에 0.00001~0.00005in의 크로메이트처리(Chromate treatment)를 하여 내식성과 도장 작업의 접착 효과를 증진시키는 부식방지 처리방법이다.
③ Anodizing(아노다이징) : 알루미늄을 양극으로 해서 전기를 보내면 양극에서 산소가 발생, 산소로 인해 알루미늄 산화되고 산화알루미늄 피막 형성, 균일성이 높은 피막이 형성되고 내식성, 내마모성이 개선된다.

제4과목 항공장비

61 다음 중 히스테리시스(Histerisis)로 인한 고도계의 오차는?

㉮ 눈금오차   ㉯ 온도오차
㉰ 탄성오차   ㉱ 기계적 오차

해설 고도계 오차의 종류
㉮ 눈금오차 : 일정한 온도에서 진동을 가하여 기계적 오차를 뺀 계기 특유의 오차. 일반적으로 고도계의 오차는 눈금 오차를 말하며 수정이 가능하다.
㉯ 온도오차 : 온도의 변화에 의하여 고도계의 각 부분이 팽창, 수축하여 생기는 오차
㉰ 탄성오차 : 히스테리시스, 편위, 잔류 효과와 같이 일정한 온도에서의 탄성체 고유의 오차로서 재료의 특성 때문에 발생한다.
㉱ 기계적 오차 : 계기 각 부분의 마찰, 기구의 불평형, 가속도와 진동 등에 의하여 바늘이 일정하게 지시하지 못함으로써 생기는 오차. 이들은 압력의 변화와 관계가 없으며 수정이 가능하다.

62 유압계통에 사용되는 작동유의 기능이 아닌 것은?

㉮ 열을 흡수한다.
㉯ 필요한 요소 사이를 밀봉한다.
㉰ 움직이는 기계요소를 윤활시킨다.
㉱ 부품의 제빙 또는 방빙 역할을 한다.

해설 작동유의 기능
• 동력을 전달한다.
• 움직이는 기계요소를 윤활시킨다.
• 필요한 요소 사이를 밀봉한다.
• 열을 흡수한다.

ANSWER 60 ㉮ 61 ㉰ 62 ㉱

63 DME의 주파수 할당에 대한 설명으로 틀린 것은?

㉮ 채널 간격은 10MHz이다.
㉯ UHF파 126채널(Channel)로 되어 있다.
㉰ 저채널에서는 상공에서 지상은 지상에서 상공보다 높다.
㉱ 상공에서 지상, 지상에서 상공의 주파수 차이는 63MHz이다.

해설 거리측정시설(DME : Distance Measuring Equipment)
항행 중인 항공기에 UHF대의 전파를 이용해서 DME 설치점에서의 거리정보를 연속적으로 보내는 장치. 전파의 속도가 일정한 것을 이용한 2차 레이더로, 우선 항공기에 비치한 질문기(interrogator)에서 특정한 지상국을 선정하여 정해진 펄스전파를 발사한다. 지상국에서는 이 펄스전파를 수신하는 동시에 응답기(transponder)가 다른 주파수의 펄스 응답전파를 보낸다. 항공기에서는 심문 펄스전파의 발사시간과 돌아온 응답 펄스전파가 도착한 시간의 차를 측정하여 거리로 환산한다. 단, 오늘날에는 보통 VOR(초음파 전방향식 무선표지)을 병설하고, 그 유효거리(400km)의 범위 내에서 DME로 거리를, VOR에 의해 방위를 알아낸다. 이 방식을 VOR/DME라고 하며, 종래의 NDB(무지향성 무선표지) 대신 항행 원조시설의 중심이 되어가고 있다. 기상, 지상 모두 126개의 채널을 가지며, 1MHz의 간격을 가지고 있다. 질문파에 대하여 63MHz 차이의 응답파를 발사한다.

64 그림과 같은 Wheatstone bridge가 평형이 되려면 X의 저항은 몇 Ω이 되어야 하는가?

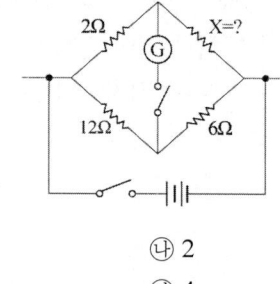

㉮ 1 ㉯ 2
㉰ 3 ㉱ 4

해설 대각선으로 서로 마주보고 있는 저항끼리 곱한다.
$2Ω × 6Ω = 12Ω × R$
$R = 1Ω$

65 유압계통에서 필터 내에서 바이패스 릴리프 밸브(Bypass relief valve)의 주된 목적은?

㉮ 유압유 공급 라인에 압력이 과도해지는 것으로부터 계통을 보호하기 위하여
㉯ 필터 엘리먼트가 막힐 경우 유압유를 계통에 공급하기 위하여
㉰ 회로 압력을 설정 값 이하로 제한하여 계통을 보호하기 위하여
㉱ 필터 엘리먼트(Element) 내에 유압유 압력이 높아지면 귀환 라인으로 유압유를 보내기 위하여

해설 여과기(filter)
유압 계통 내에서 각종 밸브나 펌프에 의해 작은 입자의 금속 가루가 발생한다. 이를 여과시키지 않으면 구성 부품에 손상을 입히거나 작동 불량을 초래한다. 단위는 미크론이다. 여과기에는 쿠노형과 미크론형이 있다.

ANSWER 63 ㉰ 64 ㉮ 65 ㉯

① 쿠노형 여과기(cuno filter) : 수십장의 원판으로 구성되어 원판 사이를 통해 내측으로 밀려 하우징에 쌓이게 된다. 대부분의 쿠노형 여과기는 바이패스 릴리프 밸브(Bypass relief valve)라고 하는 스프링의 볼형 밸브를 입구와 출구 사이에 설치하여 계통 내에 금속가루가 완전히 막히게 되는 것을 대비한다.

② 미크론형 여과기(micron filter) : 최근 유압계통으로 작동 부품 사이의 간격이 극히 적고, 압력 저하가 작은 리저버 입구의 귀환라인에 장착하는 경우가 많다.

66 100V, 1000W의 전열기에 80V를 가하였을 때의 전력은 몇 [W]인가?

㉮ 1000 ㉯ 640
㉰ 400   ㉱ 320

해설 우선적으로 전열기의 저항을 계산한다.

$P(전력) = V(전압) \times I(전류) = V \times \dfrac{V}{R}$

$1000W = \dfrac{100V \times 100V}{R}$

$R = 10\,\Omega$

10cv의 저항값을 가진 전열기에 80V의 전압을 인가하면,

$P(전력) = V(전압) \times I(전류) = V \times \dfrac{V}{R}$

$= \dfrac{80V \times 80V}{10\,\Omega} = 640W$

67 다음 중 피토관의 동압관과 연결된 계기는?

㉮ 고도계   ㉯ 선회계
㉰ 자이로계기 ㉱ 속도계

해설 피토-정압관을 이용한 계기는 속도계, 승강계, 고도계가 있고, 자이로의 특성을 이용한 계기는 자세계, 선회계, 방향지시계가 있다. 속도계는 전압과 정압의 차이(동압)로 측정하며 고도계는 정압을 절대 압력계로 나타낸다. 항공기가 상승이나 하강할 때 정압의 변화율을 측정함으로써 고도의 변화율을 승강계를 통하여 지시한다.

68 비상조명계통(Emergency light system)에 대한 설명으로 옳은 것은?

㉮ 비상조명계통은 비행시에만 작동된다.
㉯ 항공기에 전기공급을 차단할 때는 비상조명스위치를 Arm에 선택해야 배터리의 방전을 방지할 수 있다.
㉰ On position에서는 전원상실에 관계없이 자체 배터리에서 전기가 공급되어 작동된다.
㉱ 비상조명등은 항공기 주배터리가 방전되었을 때 켜진다.

해설 비행시에는 armed 위치로 하고 지상 주기시에는 축전지 방전을 위해 off 위치로 한다.
on 위치는 모든 비상조명이 ON 상태가 된다.

ANSWER 66 ㉯ 67 ㉱ 68 ㉰

69 RMI(Radio magnetic indicator)가 지시하는 것은?

㉮ 비행고도
㉯ VOR 거리
㉰ 비행코스의 단위
㉱ VOR 방위

해설 무선 자기 방위 지시계
(RMI : Radio magnetic indicator)
집합계기 중에서 가장 많이 이용되고 있는 것으로 대형기에서는 물론 모두 장착되어 있지만, 중소형기에도 이용된다. 기수 방위 및 지상 무선국과 위치 관계를 알 수 있어 조종사는 대략적인 현재 위치를 파악할 수 있다. 컴퍼스에서 받은 자방위 또는 INS에서 받은 진방위와 ADF, VOR에서 받은 무선방위를 조합하여 방위에 관한 지시를 정리하여 지시하는 것이다.

70 자여자 직류 발전기의 계자권선에 잔류 자기를 회생시키는 방법은?

㉮ 브러시(Brush)를 재설치한다.
㉯ 전기자를 계속하여 회전시킨다.
㉰ 정류자(Commutor) 편에 만들어진 자기를 제거한다.
㉱ 축전지를 사용하여 계자권선을 섬광(Flashing)시킨다.

해설 계자 플래싱(Field flashing)
발전기가 처음 발전을 시작할 때 남아있는 계자(전류자기)에 의존하는데, 만약 계자가 남아 있지 않으면 발전이 안 되므로 외부전원을 잠시 흘려주는 것이다.

71 싱크로 전기기기에 대한 설명으로 틀린 것은?

㉮ 회전축의 위치를 측정 또는 제어하기 위해 사용되는 특수한 회전기이다.
㉯ 각도 검출 및 지시용으로 2개의 싱크로 전기기기를 1조로 사용한다.
㉰ 구조는 고정자 측에 1차권선, 회전자 측에 2차권선을 갖는 회전변압기이고, 2차측에는 정현파 교류가 발생하도록 되어 있다.
㉱ 항공기에서는 컴퍼스 계기상에 VOR국이나 ADF국 방위를 지시하는 지시계기로서 사용되고 있다.

해설 싱크로(synchro)
전동기나 발전기와 같이 고정자(stastor)와 회전자(amature)로 구성되어 있고, 각도와 회전력 등의 정보를 전송하는 목적으로 하는 전기 기기이다.(제작사에 따라 명칭이 텔레신, 오토신, 셀신으로 다르다.) 싱크로는 교류 발전기와 비슷한 구조로 고정자는 적층 철심에 서로 120° 간격으로 3개의 권선이 있는 3상 교류 발전기의 고정자와 같다. 각종 자이로계, 컴퍼스계, RMI, HSI, ADI, VOR, ADF, 기상 레이더, 전파 고도계, 고도계, 승강계, 속도계 등의 각종 계기에 사용된다.

ANSWER 69 ㉱ 70 ㉱ 71 ㉰

72 3상 교류발전기의 보조기기에 대한 설명으로 틀린 것은?

㉮ 교류발전기에서 역전류 차단기를 통해 전류가 역류하는 것을 방지한다.
㉯ 기관의 회전수에 관계없이 일정한 출력 주파수를 얻기 위해 정속구동장치가 이용된다.
㉰ 교류발전기에서 별도의 직류발전기를 설치하지 않고 변압기 정류기 장치(TR unit)에 의해 직류를 공급한다.
㉱ 3상 교류발전기는 자계권선에 공급되는 직류전류를 조절함으로써 전압조절이 이루어진다.

해설 3상 교류 발전기는 영구 자석 발전기, 교류 여자기, 주발전기가 하나로 되어 있다. 정속 구동 장치를 매개로 엔진으로 구동된다.
① 영구자석 발전기가 먼저 교류를 발전한다. 정류되어 28V의 직류가 되어 발전기를 제어하는 전원이 된다.
② 영구자석 발전기에 의해 얻어지는 28V 직류는 전압 조절기를 거쳐 교류 여자기의 계자로 보내져 교류 여자기를 여자한다. 이에 여자기의 전기자에 3상 교류가 발생한다.
③ 여자기가 발전한 교류는 3상 전파 정류기에 의해 직류로 변환되어 주발전기의 계자를 여자한다. 이에 주발전기의 전기자에 3상 교류가 발생한다.
④ 주발전기의 3상 교류는 전압 정류기로 보내지며, 115V를 유지하도록 여자기의 계자 전류를 조절한다.

73 그림과 같이 활주로에 비행기가 착륙하고 있다면 지상 로컬라이저(Localizer) 안테나의 일반적인 위치로 가장 적당한 곳은?

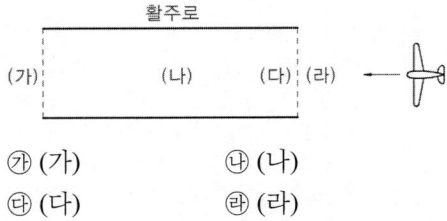

㉮ (가)   ㉯ (나)
㉰ (다)   ㉱ (라)

해설 로컬라이저와 글라이드 슬로프는 활주로 착륙 지점 안쪽에 위치해 있고, 마커비컨은 활주로 착륙 진입지점 바깥쪽에 위치해 있다.

74 비행 중 제빙기 부츠를 팽창시키기 위해 공기 압력을 팽창순서대로 가해주는 장치는?

㉮ 배출기
㉯ 분배 밸브
㉰ 진공 안전 밸브
㉱ 압력조절기와 안전 밸브

해설 제빙 부츠식
날개나 조종면의 앞전에 팽창 및 수축될 수 있는 고무 부츠를 부착시켜, 가압된 공기와 진공 상태의 공기를 분배 밸브에 의해 교대로 가하여 결빙된 얼음을 제거하는 방식이다.

ANSWER 72 ㉰ 73 ㉮ 74 ㉯

75 발전기 출력 제어 회로에 사용되는 제너 다이오드(Zener diode)의 목적은?

㉮ 정전류제어 ㉯ 역류방지
㉰ 정전압제어 ㉱ 과전류방지

해설 제너다이오드
PN접합형 실리콘 다이오드에 역바이어스 전압을 걸어 전압이 낮은 경우에는 역방향 전류는 거의 흐르지 않고, 제너 전압을 넘어서면 전류가 급격히 흐르는 다이오드이다. 회로의 전압을 일정하게 유지할 필요가 있는 정전압 회로에 사용되는 정전압 다이오드이다.

76 승객이 이용하는 비디오 정보 시스템인 에어쇼에 제공되는 입력 정보가 아닌 것은?

㉮ ADS(Air Data System)
㉯ ATC(Air Traffic System)
㉰ FMS(Flight Management System)
㉱ INS(Inertial Navigation System)

해설 Air show 객실 비디오 정보 시스템
INS, 오메가/VLF 항법장치, FMS, ADS 등으로부터 입력 정보를 받아 DIU(Digital Interface Unit)에 의해 처리되어 항공기 모니터 혹은 프로젝션 스크린에 나타낸다.
① Air show 지시내용
 • 비행로가 표시된 지도(현 항공기 위치와 이전 비행로 포함)
 • 현재 비행 정보(속도, 고도, 거리, 목적지까지 시간)
 • 항공사 또는 국가 로고
 • 안내문 또는 승객을 위한 그래픽
② 선택가능 모드
 • AUTO mode(모든 화면이 자동적으로 순환)
 • MPA mode(지도)
 • INFO mode(비행정보)
 • LOGO mode(항공사 로고와 메시지)

77 다음 중 원격 지시 컴퍼스(Compass)의 종류가 아닌 것은?

㉮ 자이로신 컴퍼스(Gyrosyn compass)
㉯ 마그네신 컴퍼스(Magnesyn compass)
㉰ 스탠드-바이 컴퍼스(Stand-by compass)
㉱ 자이로 플럭스 게이트 컴퍼스(Gyro flux gate compass)

해설 ㉮ 자이로신 컴퍼스(Gyrosyn compass) : 항공기에 사용하는 나침반으로 방향 탐색 수신장치에 안정된 방향을 지시할 수 있도록 자이로를 사용한 방식으로 대형항공기 사용, 외부전원 115v 400Hz 3상 교류이다. 자기탐지능력과 방향 지시 자이로의 강직성을 전기적으로 조합시켜 자차가 거의 없고 북선오차와 같은 동적오차도 없다.
㉯ 마그네신 컴퍼스(Magnesyn compass) : 영구자석을 이용한 방식으로 지자기의 수감부를 항공기 내부에서 자기 영향이 작은 날개 끝이나 꼬리부분에 설치하고 지시부를 계기판에 설치한다.
㉱ 자이로 플럭스 게이트 컴퍼스(Gyro flux gate compass) : 자이로신 컴퍼스와 흡사, 수평안정을 진자식으로 하여 얻는 자이로신 컴퍼스의 프럭스 밸브 대신 지자기를 탐지하는 수감부인 플럭스 게이트는 자이로에 의해서 수평안정을 줌으로써 플럭스 게이트 자신이 지자기 수감뿐만 아니라 자이로 특성인 강직성을 갖게 된다.

ANSWER 75 ㉰ 76 ㉯ 77 ㉰

78 객실의 고도 상승률이 클 때 조절방법으로 옳은 것은?

㉮ 아웃플로 밸브를 빨리 닫는다.
㉯ 아웃플로 밸브를 천천히 닫는다.
㉰ 객실 압축기 속도를 감소시킨다.
㉱ 객실 압축기 속도를 증가시킨다.

[해설] 아웃플로우밸브는 착륙할 때 착륙장치의 마이크로스위치에 의하여 지상에는 완전히 열리도록 함으로써 출입문을 열 때 기압차에 의한 사고가 발생하지 않도록 한다. 비행 중에 고도가 증가함에 따라 객실 안의 공기 배출을 적게 하기 위하여 밸브가 점차적으로 닫히게 되며, 객실 고도가 높고 낮은 정도는 OFV의 개폐 정도에 좌우된다.

79 항공기가 산악 또는 지면과의 충돌 사고를 방지하는데 사용되는 장비는?

㉮ Air traffic control system
㉯ Inertial navigation system
㉰ Distance measuring equipment
㉱ Ground proximity warning system

[해설]
㉮ Air traffic control system : ATC, 항공교통관제
㉯ Inertial navigation system : INS, 관성항법장치
㉰ Distance measuring equipment : DME, 거리측정시설
㉱ Ground proximity warning system : GPWS, 대지접근경고장치

80 여러 개의 열스위치(Thermal switch)와 한 개의 경고등으로 구성되어 있는 화재탐지장치의 연결방법은?

㉮ 스위치는 서로 직렬, 경고등도 직렬이다.
㉯ 스위치는 서로 병렬이고, 경고등은 직렬이다.
㉰ 스위치는 서로 병렬이고, 경고등도 병렬이다.
㉱ 스위치는 서로 직렬이고, 경고등은 병렬이다.

[해설] 서멀 스위치형 화재탐지기
온도 상승을 바이메탈로 탐지하는 화재탐지기다. 스위치 부분이 가열되는 것에 의해 화재를 탐지하고, 통상적으로 여러 개의 스위치가 장착되고 회로에 병렬로, 경고등과 경고음은 직렬로 연결되어 있다.

ANSWER 78 ㉮ 79 ㉱ 80 ㉯

2013 제4회 항공산업기사 기출문제

제1과목 ✈ 항공역학

01 레이놀즈(Reynolds Number)에 대한 설명으로 옳은 것은?

㉮ 관성력과 중력의 비이다.
㉯ 관성력과 점성력의 비이다.
㉰ 관성력과 유체 탄성의 비이다.
㉱ 유체의 동압과 정압의 비이다.

해설 레이놀즈수(Re)
$= \dfrac{관성력}{점성력} = \dfrac{\rho AV^2}{\mu \dfrac{AV}{L}} = \dfrac{\rho VL}{\mu} = \dfrac{VL}{\nu}$

$\begin{bmatrix} \mu : 점성계수 \\ \nu : 동점성계수 \end{bmatrix}$

02 유체흐름과 관련된 용어의 설명으로 옳은 것은?

㉮ 박리 : 층류에서 난류로 변하는 현상
㉯ 층류 : 유체가 진동을 하면서 흐르는 흐름
㉰ 난류 : 유체 유동 특성이 시간에 대해 일정한 정상류
㉱ 경계층 : 벽면에 가깝고 점성이 작용하는 유체의 층

03 정상선회비행 상태의 항공기에 작용하는 힘의 관계로 옳은 것은?

㉮ 원심력 > 구심력   ㉯ 중력 ≤ 원심력
㉰ 원심력 = 구심력   ㉱ 원심력 < 구심력

해설
• 정상선회 : 원심력 = 구심력
• 외활(스키드 : skid) : 원심력 > 구심력
• 내활(슬립 : slip) : 원심력 < 구심력

04 날개 면적이 96m²이고 날개 길이가 32m일 때 가로세로비는 약 얼마인가?

㉮ 2.1   ㉯ 3.0
㉰ 9.0   ㉱ 10.7

해설 $AR = \dfrac{b}{c} = \dfrac{b^2}{s} = \dfrac{s}{c^2} = \dfrac{32^2}{96}$

05 비행기가 트림(trim) 상태의 비행은 비행기 무게 중심 주위의 모멘트가 어떤 상태인가?

㉮ "부(-)"인 경우
㉯ "정(+)"인 경우
㉰ "영(0)"인 경우
㉱ "정"과 "영"인 경우

해설 트림상태 = 평형상태

ANSWER 01 ㉯ 02 ㉱ 03 ㉰ 04 ㉱ 05 ㉰

06 물체에 작용하는 공기력에 대한 설명으로 옳은 것은?

㉮ 공기력은 공기의 밀도와 속도의 제곱에 비례하고 면적에 반비례한다.
㉯ 공기력은 공기의 밀도와 속도의 제곱에 반비례하고 면적에 반비례한다.
㉰ 공기력은 속도의 제곱에 비례하고 공기밀도와 면적에 비례한다.
㉱ 공기력은 공기의 밀도와 속도의 제곱에 반비례하고 면적에 비례한다.

해설 $F \sim \dfrac{1}{2} \cdot \rho \cdot V^2 \cdot S$

07 날개하중이 30kgf/m²이고, 무게가 1000kgf인 비행기가 700m 상공에서 급강하하고 있을 때 항력계수가 0.1이라면 급강하 속도는 몇 m/s인가? (단, 밀도는 0.06kgf·s²/m⁴이다.)

㉮ 100　　㉯ 100√3
㉰ 200　　㉱ 100√5

해설
$$V_D = \sqrt{\dfrac{2 \cdot W}{\rho \cdot S \cdot C_D}} = \sqrt{\dfrac{2}{\rho \cdot C_D} \cdot \dfrac{W}{S}}$$
$$= \sqrt{\dfrac{2}{0.06 \times 0.1} \times 30}$$
날개하중 = $\dfrac{W}{S}$

08 항공기의 비항속거리(Specific range)와 비항속시간(Specific endurance)을 옳게 나타낸 것은? (단, dt : 비행시간, ds : dt 동안 비행거리, dQ : 비행 중 dt 동안 소비한 연료량이다.)

㉮ 비항속거리 : $\dfrac{dQ}{ds}$, 비항속시간 : $\dfrac{dQ}{dt}$
㉯ 비항속거리 : $\dfrac{ds}{dQ}$, 비항속시간 : $\dfrac{dQ}{dt}$
㉰ 비항속거리 : $\dfrac{ds}{dQ}$, 비항속시간 : $\dfrac{dt}{dQ}$
㉱ 비항속거리 : $\dfrac{dQ}{ds}$, 비항속시간 : $\dfrac{dt}{dQ}$

09 비행기에 작용하는 모든 힘의 합이 영(0)이며, 키놀이, 옆놀이 및 빗놀이 모멘트의 합도 영(0)인 경우의 상태는?

㉮ 정렬 상태　　㉯ 평형 상태
㉰ 안정 상태　　㉱ 고정 상태

10 지름이 6.7ft인 프로펠러가 2800rpm으로 회전하면서 80mph로 비행하고 있다면 이 프로펠러의 진행률은 약 얼마인가?

㉮ 0.23　　㉯ 0.37
㉰ 0.62　　㉱ 0.76

해설
$J = \dfrac{V}{n \cdot D}$
mph = mile/h, 1mile = 5280ft
1h = 3600s, 80mph = $\dfrac{80 \times 5280 \text{ ft}}{3600 \text{ s}}$

∴ $J = \dfrac{\dfrac{80 \times 5280}{3600}}{\dfrac{2800}{60} \times 6.7}$

ANSWER　06 ㉰　07 ㉮　08 ㉰　09 ㉯　10 ㉯

11 NACA 0018 날개골을 받음각 1°의 상태로 공기의 흐름에 놓았을 때 설명으로 틀린 것은?

㉮ 흐름 방향 아래로 추력이 발생
㉯ 흐름 방향의 수직으로 양력이 발생
㉰ 흐름 방향과 같은 방향으로 항력이 발생
㉱ 날개골의 윗면과 아래면의 압력에 차이가 발생

해설 추력은 공기흐름의 반대방향으로 발생

12 다음 중 비행기의 세로안정에 가장 큰 영향을 미치는 것은?

㉮ 수평꼬리날개   ㉯ 도살핀
㉰ 수직꼬리날개   ㉱ 도움날개

해설 도살핀, 수직꼬리날개는 방향 안정성에 영향을 준다.

13 그림과 같은 초음속 흐름에 쐐기형 에어포일 주위에 충격파와 팽창파가 생성될 때 각각의 흐름의 마하수(M)와 압력(P)에 대한 설명으로 틀린 것은?

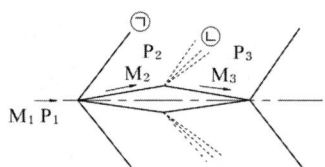

㉮ ㉠은 충격파이며 $M_1 > M_2$, $P_1 < P_2$이다.
㉯ ㉡은 팽창파이며 $M_2 > M_3$, $P_1 < P_2$이다.
㉰ ㉠은 충격파이며 $M_1 > M_2$, $P_2 > P_3$이다.
㉱ ㉡은 팽창파이며 $M_2 < M_3$, $P_2 > P_3$이다.

14 헬리콥터의 수평 최대속도를 비행기와 같은 고속으로 비행할 수 없는 이유가 아닌 것은?

㉮ 전진하는 깃 끝의 충격실속 때문
㉯ 후퇴하는 깃의 날개 끝 실속 때문
㉰ 후퇴하는 깃 뿌리의 역풍범위가 커지기 때문
㉱ 회전날개(Rotor blades)의 강도상 문제 때문

15 받음각이 클 때 기체 전체가 실속되고 그 결과 옆놀이와 빗놀이를 수반하여 나선을 그리면서 고도가 감소되는 비행 상태는?

㉮ 스핀(Spin) 상태
㉯ 더치 롤(Dutch roll) 상태
㉰ 크랩 방식(Crab method)에 의한 비행 상태
㉱ 윙다운 방식(Wing down method)에 의한 비행 상태

16 프로펠러 동력 계수를 옳게 나타낸 것은?
(단, P : 동력, n : 초당 회전수, D : 직경)

㉮ $\dfrac{P}{n^3 D^4}$ ㉯ $\dfrac{P}{\rho n^3 D^4}$

㉰ $\dfrac{P}{n^3 D^5}$ ㉱ $\dfrac{P}{\rho n^3 D^5}$

해설 $P(동력) = C_t \cdot \rho \cdot n^3 \cdot D^5$

$C_t(동력계수) = \dfrac{P}{\rho \cdot n^3 \cdot D^5}$

ANSWER 11 ㉮ 12 ㉮ 13 ㉯ 14 ㉱ 15 ㉮ 16 ㉱

17 프로펠러 비행기의 항속거리를 나타내는 식은? (단, B : 연료탑재량, V : 순항속도, P : 순항 중의 기관의 출력, D : 직경, t : 항속시간, C : 마력당 1시간에 소비하는 연료량이다.)

㉮ $\dfrac{V}{t}$ ㉯ $\dfrac{C \cdot P}{V \cdot B}$

㉰ $\dfrac{V \cdot B}{C \cdot P}$ ㉱ $\dfrac{P \cdot B}{C \cdot V}$

[해설] 항속거리 = 속도×시간

시간 = $\dfrac{B}{P \cdot C}$

속도 = V

∴ 항속거리 = $\dfrac{B}{P \cdot C} \times V$

18 필요마력에 대한 설명으로 옳은 것은?

㉮ 속도가 작을수록 필요마력은 크다.
㉯ 항력이 작을수록 필요마력은 작다.
㉰ 날개하중이 작을수록 필요마력은 커진다.
㉱ 고도가 높을수록 밀도가 증가하여 필요마력은 커진다.

[해설] $Pr = \dfrac{D \cdot V}{75}$

(D : 항력, V : 항공기 속도)

19 비행기의 이륙활주거리가 겨울에 비해 여름철이 더 긴 주된 이유는?

㉮ 활주로 온도가 증가함에 따라 밀도 감소
㉯ 활주로 노면의 습도 증가로 인한 항력 증가
㉰ 활주로 온도가 증가함에 따라 지면 마찰력 감소
㉱ 온도 증가에 따라 동체가 팽창하여 형상항력 증가

20 일반적인 헬리콥터 비행 중 주회전날개에 의한 필요마력의 요인으로 보기 어려운 것은?

㉮ 유도속도에 의한 유도항력
㉯ 공기의 점성에 의한 마찰력
㉰ 공기의 박리에 의한 압력항력
㉱ 경사충격 발생에 따른 조파항력

[해설] 필요마력
항력을 이기고 전진하기 위하여 필요한 마력으로 항력×속도로 계산되며 주회전면의 회전속도가 음속 이상으로 증가하지 않으므로 조파항력은 생각하지 않는다.

ANSWER 17 ㉰ 18 ㉯ 19 ㉮ 20 ㉱

제2과목 항공기관

21 제트기관 항공기가 정지상태에서 단위면적(m^2)당 40kg/s 질량을 속도 500m/s로 방출할 때 팽창압력은 대기압이며, 노즐 단면적은 0.2m^2라면 추력은 몇 [kN]인가?

㉮ 4   ㉯ 8
㉰ 10   ㉱ 20

해설 $F = m_a \times V_j = 40 \times 0.2 \times 500 = 4000N = 4kN$

22 가스터빈기관이 정해진 회전수에 정격출력을 낼 수 있도록 연료조정장치와 각종 기구를 조정하는 작업을 무엇이라 하는가?

㉮ 모터링(Motoring)
㉯ 트리밍(Trimming)
㉰ 크랭킹(Cranking)
㉱ 고장탐구(Troubleshooting)

해설 트리밍이란, 제작사에서 정한 정격에 맞도록 기관을 조절하는 것으로, 또 다른 정의는 기관이 정해진 엔진 rpm에서 정격추력을 내도록 연료조정장치를 조정하는 것을 의미한다. 제작사의 지시에 따라 수행하며, 습도가 없고 무풍일 때가 좋으나 바람이 불 때는 항공기를 정풍이 되도록 해야 한다. 시기는 FCU 교환 시, 엔진 교환 시, 배기노즐 교환 시에 반드시 수행하여야 한다.

23 그림과 같은 단순 가스터빈기관의 P-V 선도에서 압축기가 공기를 압축하기 위해 소비한 일은 선도의 어떤 면적과 같은가?

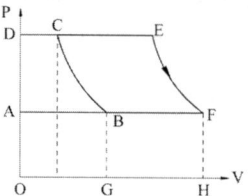

㉮ 도형 ABCDA   ㉯ 도형 BCEFB
㉰ 도형 OGBCDO   ㉱ 도형 AFEDA

24 가스터빈기관의 압축효율이 가장 좋은 압축기 입구에서 공기 속도는?

㉮ 마하 0.1 정도   ㉯ 마하 0.2 정도
㉰ 마하 0.4 정도   ㉱ 마하 0.5 정도

해설 압축기에 의해 흡입관에서의 공기속도를 압축 가능한 마하 0.5 정도로 조절하여 준다.

25 다음 중 역추력 장치를 사용하는 가장 큰 목적은?

㉮ 이륙시 추력 증가
㉯ 기관의 실속 방지
㉰ 재흡입 실속 방지
㉱ 착륙 후 비행기 제동

해설 역추력장치는 항공기가 착륙 시 활주거리를 단축시키기 위하여 사용하는 장치를 말한다. 보통 역추력장치에 의해 얻을 수 있는 역추력은 정상 추력의 약 40~50% 정도이다. 항공기가 지상 접지 후부터 작동하기 시작하여 항공기가 일정 속도 이하가 되면 작동을 멈추고 브레이크로 제동을 하여야 한다.

ANSWER 21 ㉮ 22 ㉯ 23 ㉮ 24 ㉱ 25 ㉱

26 항공기용 왕복기관의 이상적인 사이클은?

㉮ 오토사이클 ㉯ 카르노사이클
㉰ 디젤사이클 ㉱ 브레이튼사이클

해설 왕복기관의 가장 이상적인 사이클은 오토사이클이다.

27 왕복기관의 입력식 기화기에서 저속혼합조정(Idle mixture control)을 하는 동안 정확한 혼합비를 알 수 있는 계기는?

㉮ 공기압력계기
㉯ 연료유량계기
㉰ 연료압력계기
㉱ RPM 계기와 MAP 계기

28 프로펠러(Propeller)의 깃 트랙(Blade track)에 대한 설명으로 옳은 것은?

㉮ 프로펠러의 피치(Pitch)각이다.
㉯ 프로펠러가 1회전하여 전진한 거리이다.
㉰ 프로펠러가 1회전하여 생기는 와류(Vortex)이다.
㉱ 프로펠러 블레이드(Propeller blade) 선단의 회전궤적이다.

29 왕복기관의 마그네토 낙차(Drop)를 점검할 때 좌측 또는 우측의 단일 마그네토 점검을 2~3초 이내에 해야 하는 이유로 가장 옳은 것은?

㉮ 기관이 과열될 수 있기 때문이다.
㉯ 마그네토에 과부하가 걸리기 때문이다.
㉰ 점화플러그가 오염(Fouling)되기 때문이다.
㉱ 마그네토 과열로 기능을 상실하기 때문이다.

해설 마그네토의 정상작동 여부는 기관의 RPM을 점검하는 것으로, 두 개의 마그네토를 작동시키다가 한 개만 작동하도록 하여 RPM의 감소폭을 측정하여 규정값 이내인지를 확인하는 것을 마그네토 낙차 시험이라 한다.

30 건식 윤활유 계통 내의 배유 펌프의 용량이 압력펌프의 용량보다 큰 이유로 옳은 것은?

㉮ 기관부품에 윤활이 적절하게 될 수 있도록 윤활유의 최대 압력을 제한하고 조절하기 위해
㉯ 윤활유에 거품이 생기고 열로 인해 팽창되어 배유되는 윤활유의 양이 많아지기 때문에
㉰ 기관이 마모되고 갭(Gap)이 발생하면 윤활유 요구량이 커지기 때문
㉱ 윤활유를 기관을 통하여 순환시켜 예열이 신속히 이루어지게 하기 위해서

해설 윤활유는 순환하는 유체로 계통 내에서 거품이 생기고 기포가 발생하여 윤활유의 체적이 증가하므로 결과적으로 윤활유의 양은 증가하게 된다. 따라서 배유 펌프의 용량은 압력펌프보다 약 20% 이상 크게 만들어야 한다.

ANSWER 26 ㉮ 27 ㉱ 28 ㉱ 29 ㉰ 30 ㉯

31 실린더 체적이 80in³, 피스톤 행정체적이 70in³이라면 압축비는 얼마인가?

㉮ 7 : 1 ㉯ 8 : 1
㉰ 9 : 1 ㉱ 1 : 1

32 이상기체에 대한 설명으로 틀린 것은?

㉮ 엔탈피는 온도만의 함수이다.
㉯ 내부에너지는 온도만의 함수이다.
㉰ 비열비(Specific heat ratio) 값은 항상 1이다.
㉱ 상태방정식에서 압력은 체적과 반비례 관계이다.

〔해설〕 비열비$(k) = \dfrac{C_p}{C_v}$로 구할 수 있으며, 비열비는 기체의 종류마다 다르다.
$\begin{bmatrix} C_p : \text{정압비열} \\ C_v : \text{정적비열} \end{bmatrix}$

33 정속 프로펠러를 장착한 왕복기관을 시동할 때, 프로펠러 제어 레버(Propeller control lever)를 어디에 위치시켜야 하는가?

㉮ LOW RPM ㉯ HIGH RPM
㉰ HIGH PITCH ㉱ VARIABLE

〔해설〕 프로펠러를 장착한 왕복기관을 시동 시 기관의 회전력을 줄여주기 위하여 HIGH RPM(LOW PITCH)으로 작동시킨다.

34 가스터빈기관의 윤활계통에 대한 설명으로 틀린 것은?

㉮ 가스터빈은 고회전하므로 윤활유 소모량이 많기 때문에 윤활유 탱크의 용량이 크다.
㉯ 주 윤활 부분은 압축기 축과 터빈축의 베어링부와 액세서리 구동기어의 베어링부이다.
㉰ 건식펌프형은 탱크가 기관 외부에 장착되고 윤활유의 공급과 배유는 펌프로 강압하여 이송한다.
㉱ 가스터빈 윤활계통은 주로 건식펌프형이고 습식펌프형은 저출력 왕복기관에 쓰인다.

〔해설〕 가스터빈기관의 윤활은 주로 압축기와 터빈의 축을 지지하는 베어링이나 각종 기어에서 이루어진다. 윤활계통은 연료계통과는 다르게 순환식 구조를 가지기 때문에 윤활유는 재사용이 가능하며, 가스터빈기관의 윤활은 왕복기관에 비해 윤활유의 소모량은 적으나 윤활이 제대로 이루어지지 않으면 그 영향은 치명적이라 할 수 있다.

35 왕복기관에서 마그네토의 작동을 정지시키려면 1차 회로를 어떻게 하여야 하는가?

㉮ 접지에서 분리시킨다.
㉯ 축전지에서 연결시킨다.
㉰ 점화스위치를 OFF 위치에 둔다.
㉱ 점화스위치를 BOTH 위치에 둔다.

〔해설〕 마그네토는 점화 스위치를 off시키면 1차 회로가 접지되어 정지하게 된다.

ANSWER 31 ㉯ 32 ㉰ 33 ㉯ 34 ㉮ 35 ㉰

36 케로신 연료를 주로 사용하는 제트기관의 연료와 공기 혼합비(공연비)에 대한 설명으로 틀린 것은?

㉮ 연소에 필요한 최적의 이론적인 공연비는 약 15 : 1이다.
㉯ 연소실로 유입되는 공기 중 1차 공기만이 연소에 사용된다.
㉰ 연소실에서는 연소 효율을 높이기 위해 공연비를 14 : 1에서 18 : 1 정도로 제한한다.
㉱ 스웰 가이드 베인(Swirl Guide Vane)은 연소실에서 공기 유입량을 조절해 주는 역할을 한다.

해설 스웰 가이드 베인은 연소실 입구에서 들어오는 공기에 강한 선회를 주어 적당한 와류를 발생시켜 압축공기의 연소실로 유입되는 속도를 감소시키고 화염 전파 속도를 증가시키는 역할을 한다.

37 일반적으로 가스터빈기관에서 프리터빈(Free turbine)이 부착된 기관은?

㉮ 터보제트   ㉯ 램제트
㉰ 터보프롭   ㉱ 터보팬

해설 프리터빈은 주로 터보프롭 기관에서 프로펠러를 회전시키고, 터보샤프트 기관에서는 로터(회전자)를 회전시킨다.

38 왕복기관의 분류 방법으로 옳은 것은?

㉮ 연소실의 위치 및 냉각 방식에 의하여
㉯ 냉각 방식 및 실린더 배열에 의하여
㉰ 실린더 배열과 압축기의 위치에 의하여
㉱ 크랭크 축의 위치와 프로펠러 깃의 수량에 의하여

해설 왕복기관은 주로 실린더 배열 방법에 따른 분류와 냉각 방법에 따른 분류로 나눌 수 있다.

39 가스터빈기관의 연료 분사 방법에 대한 설명으로 옳은 것은?

㉮ 1차 연료는 균등한 연소를 얻을 수 있도록 비교적 좁은 각도로 분사된다.
㉯ 1차 연료는 물분사와 함께 이루어지며 비교적 좁은 각도로 분사된다.
㉰ 2차 연료는 연소실 벽면보호와 균등한 연소를 위해 비교적 좁은 각도로 분사된다.
㉱ 2차 연료는 시동을 용이하게 하기 위해 비교적 넓은 각도로 분사된다.

해설 비행 속도에 따라 연료의 분사각도나 양을 조절해 주어야 하기 때문에 1차 연료는 노즐 중심의 작은 홈을 통해 분사각은 넓고 가깝게 분사된다. 또한 2차 연료는 가장자리의 큰 홈을 통해 분사각은 좁고 멀리 분사된다.

ANSWER 36 ㉱ 37 ㉰ 38 ㉯ 39 ㉰

40 항공기 왕복기관의 회전수가 일정한 상태에서 고도가 증가할 때 기관출력에 대한 설명으로 옳은 것은? (단, 기온의 변화는 없으며, 과급기는 없다.)

㉮ 밀도가 감소하여 출력이 감소한다.
㉯ 밀도가 증가하나 출력은 일정한다.
㉰ 밀도가 증가하여 출력이 감소한다.
㉱ 밀도가 일정하므로 출력이 일정하다.

해설 고도가 증가하면 공기의 밀도는 감소하고, 그에 따라 기관의 출력도 감소하게 된다. 이러한 현상을 방지하기 위하여 과급기를 사용한다.

제3과목 항공기체

41 항공기 호스(Hose)를 장착할 때 주의사항으로 틀린 것은?

㉮ 호스가 꼬이지 않도록 한다.
㉯ 내부 유체를 식별할 수 있도록 식별표를 부착한다.
㉰ 호스의 진동을 방지하도록 클램프(Clamp)로 고정한다.
㉱ 호스에 압력이 가해질 때 늘어나지 않도록 정확한 길이로 설치한다.

해설 호스 장착시 주의 사항
① 5∼8%의 여유간격을 주어야 하며 연결부위에 힘을 주지 않는다.
② 최소 굽힘 반지름을 주어야 한다.
③ 클램프를 60cm(23.6inch) 간격을 유지하여 진동을 방지해야 한다.
④ 2개의 공구를 사용해야 한다.
⑤ 열을 받지 않게 열차단판을 설치한다.
⑥ 주변 구조물과 닿지 않도록 해야 한다.
⑦ 유관 식별을 위해서 식별표를 부착한다.
⑧ 호스의 뒤틀림 방지를 위해서 호스를 따라 길게 새겨진 색깔이 뒤틀리지 않게 한다.

42 재료에 가해지는 힘이 제거되면 원래의 상태로 돌아가려는 성질은?

㉮ 탄성   ㉯ 전단
㉰ 항복   ㉱ 소성

해설 ㉮ 탄성 : 외력을 가했을 때 변형이 생겼다가 외력을 제거하면 본래의 형태로 되돌아오는 성질이다.
㉱ 소성 : 탄성과는 반대되는 성질로 외력에 의해 변형이 생긴 후 외력이 제거되어도 다시 본래의 형태로 돌아오지 않는 성질을 말한다.

43 항공기 날개에 장착되는 장치의 위치가 다르게 짝지어진 것은?

㉮ 크루거 플랩(Kruger Flap), 슬랫(Slat)
㉯ 크루거 플랩(Kruger Flap), 스플릿 플랩(Split Flap)
㉰ 슬롯 플랩(Slotted Flap), 스플릿 플랩(Split Flap)
㉱ 슬롯 플랩(Slotted Flap), 플레인 플랩(Plaint Flap)

해설 ① 뒷전 플랩(Trailing Edge Flap)
Plain flap, Split flap, Zap flap, Slotted flap, Double slotted flap, Fowler flap, Blown flap, Blow jet
② 앞전 플랩(Leading Edge Flap)
Slot & slat, Krueger flap, Droop, Handley page slot, Local camber

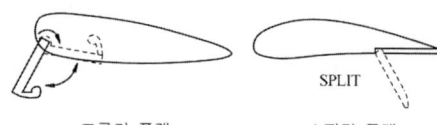
크루거 플랩   스플릿 플랩

ANSWER 40 ㉮ 41 ㉱ 42 ㉮ 43 ㉯

44 리벳 머리 부분에 볼록하게 튀어나온 띠 (Dash)가 두 개 나란히 표시되어 있다면 이 리벳의 재질 기호는?

㉮ AD ㉯ DD
㉰ D   ㉱ A

해설 리벳의 재질을 구분하기 위해 리벳 헤드에 표기가 되어 있다.

1100	A	표기가 없다.
2117	AD	Dimple
5056	B	raised cross
2017	D	raised dot
2024	DD	2 raised dashes
7050	E	raised circle

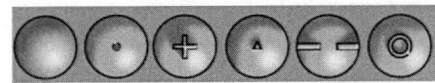

1100 2117 5056 2017 2024 7050

45 인공시효경화 처리로 강도를 높일 수 있는 가장 좋은 알루미늄 합금은?

㉮ 1100 ㉯ 2024
㉰ 3003   ㉱ 5052

해설 시효경화(Age-hardening)
① 금속재료를 일정한 시간 적당한 온도하에 놓아두면 단단해지는 현상을 시효경화라고 한다.
② 열처리(heat treatment) : 너무 경화되어(굳어서) riveting하면 균열(crack)이 발생하므로 부드러운 상태로 만들기 위해 열처리한다.
③ 2017(D)은 열처리 후 1시간 이내 연한 성질을 가지고 있어 riveting 가능하고 2024(DD)는 열처리 후 10~20분 이내 리벳팅(riveting) 가능하다.
④ 아이스박스 리벳은 2017(D), 2024(DD)를 말하며 경도를 높인 후 시효경화의 진행을 지연하고 부드러운 상태를 오래 지속시키기 위해 드라이아이스가 들어있는 아이스박스에 보관하여 리벳팅 가능한 시간을 연장시킨다.

46 판재를 굴곡작업하기 위한 그리고 같은 도면에서 굴곡 접선의 교차부분에 균열을 방지하기 위한 구멍의 명칭은?

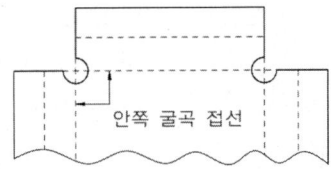
안쪽 굴곡 접선

㉮ Pilot hole ㉯ Lightening hole
㉰ Relief hole ㉱ Countsunk hole

해설 손상부분의 처리방법(For Stress Concentration)
① Cleaning out : 손상부분 완전 제거작업 (Trimming, Cutting, Filing)
② Clean up : 수리재 모서리부분 매끈하게 정리
③ Stop Hole : 구조부재에 균열이 일어난 경우 균열이 계속해서 진전되지 않도록 균열 끝부분에 뚫어주는 구멍
④ Smooth Out : Scratch, Nick, 작은 홈을 손상의 깊이가 코어에 미치지 않는다면 강도상에 문제가 없으므로 스무스 아웃을 한다.
⑤ Lightening hole : 중량 감소의 목적으로 불필요한 부분 재료 절단
⑥ pilot hole : 드릴 작업시 정확한 판금을 위해 작은 구멍을 먼저 만들고 드릴링한다.
⑦ relief hole : 2개 이상의 굽힘교차점을 제거하여 균열 및 응력 집중을 방지한다.

ANSWER 44 ㉯ 45 ㉯ 46 ㉰

47 항공기 일부의 부재 파손으로부터 안정성을 보장하기 위한 구조는?

㉮ 경량구조(Light weight structure)
㉯ 샌드위치구조(Sandwich structure)
㉰ 모노코크구조(Monocoque structure)
㉱ 페일세이프구조(Fail-safe structure)

해설 페일세이프구조(Fail safe Structure)
메인 구조물(Main structure)이 피로파괴 되더라도 치명적이거나 과도한 구조 변형이 생기지 않도록 설계된 구조로 종류에는 다경로 하중 구조(Redundant Structure), 이중 구조(Double Structure), 대치 구조(Back-up Structure), 하중 경감 구조(Load Dropping)가 있다.

48 하중배수선도에 대한 설명으로 옳은 것은?

㉮ 수평비행을 할 때 하중배수는 0이다.
㉯ 하중배수선도에서 속도는 진대기속도를 말한다.
㉰ 구조역학적으로 안전한 조작범위를 제시한 것이다.
㉱ 하중배수는 정하중을 현재 작용하는 하중으로 나눈 값이다.

해설 하중배수선도(V-n선도)

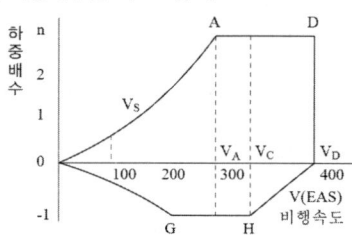

V-n 선도

구조상의 안전을 유지하기 위해 항공기의 조작에 제한이 있어야 하므로 구조 역학적으로 항공기의 안전한 비행 범위를 정해주는 것으로 항공기의 안전 운항을 담당하는 해당기관에서 2가지를 제시한다. 항공기 제작자에게 하중에 대하여 구조 역학적으로 안전하게 설계 및 제작을 제시하고 항공기 사용자에게는 안전하게 비행하기 위하여 적당한 속도 범위에서 비행상태가 보장될 수 있도록 운용하라는 것이다. 그래프에서 X축은 등가대기속도를 나타내고 Y축은 하중배수를 나타낸 것이고 하중배수는 항공기의 날개에 걸리는 실제 하중의 크기를 비행기 중량으로 나눈 값이다.

49 다음과 같은 단면에서 X축에 관한 단면의 2차 모멘트($I_x = \int_A y^2 dA$)는 몇 cm⁴인가?

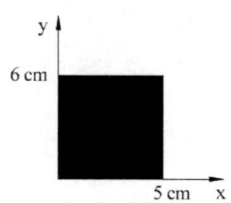

㉮ 240   ㉯ 300
㉰ 360   ㉱ 420

해설 도심에 의한 단면 2차 모멘트 = $\frac{bh^2}{12}$

도심에서 무게중심을 원점으로 하는 x축에 관한 단면 2차 모멘트 = $\frac{bh^2}{3}$

$\frac{bh^2}{3} = \frac{5 \times 6^3}{3} = 360$

ANSWER 47 ㉱ 48 ㉰ 49 ㉰

50 트라이사이클 기어(Tricycle gear)에 대한 설명으로 틀린 것은?

㉮ 이착륙 중에 조종사에게 좋은 시야를 제공한다.
㉯ 기어의 배열은 노스기어와 메인기어로 되어 있다.
㉰ 빠른 착륙속도에서 강한 브레이크를 사용할 수 있다.
㉱ 항공기 중력 중심이 메인 기어 후방으로 움직여 그라운드 루핑을 방지한다.

[해설] 앞바퀴형 랜딩기어의 장점
① 이착륙시 동체 후방이 뒷바퀴형보다 위로 들려 있어 이륙시 공기 저항이 적고 착륙성능이 좋다.
② 이착륙 및 지상활주시 항공기의 자세가 수평이므로 조종사의 시계가 넓고 승객이 안락하다.
③ 뒷바퀴형은 브레이크를 밟으면 항공기는 주바퀴를 중심으로 앞으로 기울어져 프로펠러 손상 위험있으나 앞바퀴형은 앞바퀴가 동체 앞부분을 받쳐주므로 그럼 위험이 적다.
④ 터보 제트기의 경우 배기가스의 배출을 용이하게 한다.
⑤ 중심이 주 바퀴의 앞에 있어 지상 전복(ground looping)의 위험이 적다.

트라이사이클 랜딩기어

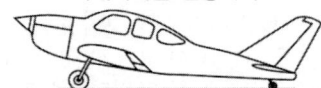
컨벤셔널 랜딩 기어

51 다음 중 같은 재질을 가진 금속 판재의 굽힘 허용값을 결정하는 요소가 아닌 것은?

㉮ 재질의 두께   ㉯ 굽힘각도
㉰ 굽힘기의 용량   ㉱ 곡률반지름

[해설] 굴곡 허용량(BA ; Bend Allowance)은 평판을 굽히는데 소요되는 여유길이이다.(판재를 굽히는데 재료의 길이가 얼마나 필요한지를 알 수 있다.) 공식에서 볼 수 있듯이 θ = 굽힘각도, T = 재질의 두께, R = 곡률반지름이 굴곡 허용량과 관계가 있다.

$$BA = 2\pi(R + \frac{T}{2})\frac{\theta}{360}$$

52 항공기의 최대 총무게에서 자기무게를 뺀 것으로 승무원, 승객, 화물 등의 무게를 포함하는 무게는?

㉮ 테어무게(Tare Weight)
㉯ 유효하중(Useful Load)
㉰ 최대허용무게(Max allowable Weight)
㉱ 운항자기무게(Operating Empty Weight)

[해설] ㉮ 테어(Tare) 무게 : 항공기의 무게를 측정하는데 필요한 장비, 즉 초크(choks), 블록(blocks), 슬링(slings), 잭(jacks) 등의 무게이다. 항공기의 실제 무게를 얻기 위하여 이 무게는 제외되어야 한다.
㉯ 유효하중(Useful load) : 최대인가이륙무게에서 자기무게를 뺀 것을 의미하며 조종사, 승무원, 최대오일, 최대연료, 승객, 화물을 포함한다.
㉱ 운항자중(Operating Weight) : 주로 민간기에 사용하는 중량 표시 방법으로 승무원, 수화물, 긴급용 장비 등 운항에 필요한 장비 및 인원을 포함시켜 나타낸 중량이다. 운항자중에 승객, 수화물, 화물, 우편들의 페이로드의 중량을 더한 것이 Zero연료 중량이다.

ANSWER 50 ㉱   51 ㉰   52 ㉯

53 모노코크구조와 비교하여 세미모노코크구조의 차이점에 대한 설명으로 옳은 것은?

㉮ 리브를 추가하였다.
㉯ 벌크헤드를 제거하였다.
㉰ 외피를 금속으로 보강하였다.
㉱ 프레임과 세로대, 스트링어를 보강하였다.

해설 응력 외피 구조(Stressed Skin Structure)
① 모노코크구조(Monocoque) : 외피로만 모든 하중을 견딜 수 있는 단일 외피형 구조이며 기체에 작용하는 하중 외피가 모두 담당하여 외피를 두껍게 만들기 때문에 무게가 증가된다. 현재 missile에 사용
② 세미모노코크 구조(Semi-Monocoque) : 기체 구조무게 감소로 현대 항공기 동체 구조로 사용하고 있으며 외피(전단응력)와 골격(그 외의 모든 하중)이 하중을 담당하고 외피는 세로지(stringer)와 함께 인장 및 압축응력을 담당한다. 프레임 및 벌크헤드가 동체의 형태를 구성하며 Longitudinal members로 Longeron(세로대), stringer(세로지)가 있다. Longeron은 동체에 받는 하중을 스킨으로 전달하며 비틀림과 좌굴을 방지하며 동체의 길이방향으로 연속적으로 붙어있으며 세로지와 굽힘 모멘트에 의한 인장, 압축응력에 충분한 강도로 설계되어 있다.

54 항공기 조종계통에서 회전운동을 이용하여 직선운동의 방향을 90도 변환시키는 부품은?

㉮ 벨 크랭크(Bell crank)
㉯ 토크 튜브(Torque tube)
㉰ 클레비스 핀(Clevis pin)
㉱ 푸쉬 풀 로드(Push pull rod)

해설 케이블 조종계통에 사용되는 부품
㉮ 벨 크랭크(bell crank) : 로드와 케이블의 운동방향을 전환(직선운동을 회전운동으로)하고자 할 때 사용
㉯ 토크 튜브(Torque tube) : 비틀림각 또는 비틀림 운동은 컨트롤 시스템이 필요한 곳에 서로 반대 방향으로 움직임을 전송하기 위해 사용된다.
㉰ 클레비스 핀(Clevis pin) : U자형 구조물의 양쪽 끝부분의 구멍에 끼우는 핀으로 두 구조물 사이에 끼워서 사용되어 전단응력의 하중을 많이 받는다.
㉱ 푸쉬 풀 로드(Push pull rod) : 말 그대로 밀고 당기는 막대기란 뜻으로 항공기 조종계통에 케이블과 같이 쓰인다.

55 비소모성 텅스텐 전극과 모재 사이에서 발생하는 아크열을 이용하여 비피복 용접봉을 용해시켜 용접하며 용접 부위를 보호하기 위해 불활성가스를 사용하는 용접 방법은?

㉮ TIG 용접   ㉯ 가스 용접
㉰ MIG 용접   ㉱ 플라즈마 용접

해설 ① 텅스텐 불활성 가스 용접(TIG)-불활성 가스(Ar, He) 분위기에서 텅스텐봉을 전극으로써서 가스용접과 비슷한 조작방법으로 용가제를 아크로 융해하면서 용접, 텅스텐을 거의 소모하지 않으므로 비용극식 또는 비소모식 불활성 가스 아크 용접법
② 가스용접 : 가연가스(아세틸렌, 수소, 도시, LP 등)와 산소와의 혼합가스의 연소열을 이용하여 용접
③ MIG 용접 : 용가재인 전극 와이어를 연속적으로 보내어 아크를 발생시키는 방법, 용극 또는 소모식 불활성 가스 아크 용접법
④ 플라즈마 용접 : 가스체를 고온으로 가열하여 플라즈마를 형성하게 하는 아크를 통과 고온의 이온화된 기체의 열을 이용해 금속을 용해하여 용접

ANSWER 53 ㉱   54 ㉮   55 ㉮

56 단줄 유니버설 헤드 리벳(Universal head rivet) 작업을 할 때 최소 끝거리 및 리벳의 최소 간격(Pitch)은?

㉮ 최소 끝거리는 리벳 직경의 2배 이상, 최소 간격은 리벳 직경의 3배
㉯ 최소 끝거리는 리벳 직경의 2배 이상, 최소 간격은 리벳 길이의 3배
㉰ 최소 끝거리는 리벳 직경의 3배 이상, 최소 간격은 리벳 길이의 4배
㉱ 최소 끝거리는 리벳 직경의 2배 이상, 최소 간격은 리벳 직경의 4배

해설
- 연거리(Edge distance) : 판재의 모서리(끝부분)와 리벳의 중심까지의 거리
  ① 일반 리벳의 연거리 2D~4D(D는 리벳의 지름)
  ② 접시머리리벳의 연거리 2.5D~4D
  ③ 연거리가 너무 크면 판의 가장자리가 들린다.
  ④ 연거리가 너무 작으면 가장자리가 깨진다.
- 리벳 간격(Rivet spacing)
  ① pitch : 리벳 중심과 리벳 중심 사이의 거리
  ② 3D~12D(보통 6~8D)
  ③ 횡축 피치(Transverse pitch)
  ④ 열간 피치(Row pitch) : 보통 4.5D~6D (최소 2.5D)

57 다음 중 앞바퀴형 착륙장치의 장점으로 틀린 것은?

㉮ 조종사의 시야가 좋다.
㉯ 이착륙 저항이 작고 착륙성능이 양호하다.
㉰ 가스터빈기관에서 배기가스 분출이 용이하다.
㉱ 중심이 주바퀴 뒤쪽에 있어 지상전복 위험이 적다.

해설 앞바퀴식 착륙장치(Nose gear type) 특징

앞바퀴식 착륙장치

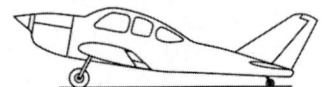
뒷바퀴식 착륙장치

① 이착륙시 동체 후방이 뒷바퀴형보다 위로 들려 있어 이륙시 공기 저항이 적고 착륙성능이 좋다.
② 이착륙 및 지상활주시 항공기의 자세가 수평이므로 조종사의 시계가 넓고 승객이 안락하다.
③ 뒷바퀴형은 브레이크를 밟으면 항공기는 주바퀴를 중심으로 앞으로 기울어져 프로펠러 손상 위험있으나 앞바퀴형은 앞바퀴가 동체 앞부분을 받쳐주므로 그런 위험이 적다.
④ 터보 제트기의 경우 배기가스의 배출을 용이하게 한다.
⑤ 중심이 주 바퀴의 앞에 있어 지상 전복(ground looping)의 위험이 적다.

ANSWER 56 ㉮ 57 ㉱

58 부적절한 열처리로 결정립계가 큰 반응성을 갖게 되어 입자의 경계에서 발생하며 항공기에 치명적 손상을 줄 수 있는 부식은?

㉮ 찰과 부식
㉯ 응력부식
㉰ 입계 부식
㉱ 이질금속 간의 부식

해설 입자 간 부식(intergranular corrosion)
① 합금조직이 균일하게 밀집되지 않고 빈틈이나 변형이 있는 곳에 생기는 부식이며 초기 상태는 쉽게 검출이 안되고 탐지하기 어려워 초음파 검사, 엑스레이 검사로 탐지하며 부식이 진행되면 금속이 부풀거나 박리되며 금속 표면에 돌기가 생기고 얇은 조각(나무결 섬유조직처럼)으로 벗겨진다.
② 부적당한 열처리를 했을 경우에 발생하기 쉬운 부식으로, 합금 조직이 균일하게 밀집되어 있지 않고, 군데군데 빈틈이나 변형이 생기면서 입자 경계 부분이 경계를 따라 침식이 진행되는 형태이다.
③ 초기 단계에서 Corrosion 탐지가 어렵다.
④ 초음파 검사, 와전류 검사 및 X-Ray 탐지.

59 고장력강으로 니켈강에 크롬이 0.8~1.5% 함유된 것으로 강도를 요하는 봉재나 판재 그리고 기계 동력을 달하는 축, 기어, 캠, 피스톤 등에 널리 사용되는 것은?

㉮ 니켈강
㉯ 니켈-크롬강
㉰ 크롬강
㉱ 니켈-크롬-몰리브덴강

해설 합금강의 종류
① 니켈강(2XXX)
 ㉠ 탄소강+니켈(3~3.75%)
 ㉡ 경도(hardness), 인장강도(tensile strength)
 ㉢ Bolt, key, clevis, pin
② 니켈 크롬강(3XXX)
 ㉠ 탄소강+니켈(1.5~5%)+크롬(1% 이하)
 ㉡ 내부식성
 ㉢ 조종 케이블, 스프링, 캠, 피스톤
③ 몰리브덴 강(4XXX)
 ㉠ 탄소강+몰리브덴
 ㉡ 내마모성
 ㉢ 용접할 부분(엔진마운트, 랜딩기어)
④ 크롬강(5XXX)
 ㉠ 탄소강+크롬
 ㉡ 경도(hardness), 내부식성(corrosion resistant property)
 ㉢ 베어링의 볼과 롤러
⑤ 크롬 바나듐 강(6XXX)
 ㉠ 탄소강+바나듐(18%)+크롬(1%)
 ㉡ 강도
 ㉢ 스프링
⑥ 니켈크롬몰리브덴강(8XXX)
 ㉠ 가장 우수한 구조용강
 ㉡ Ni-Cr강+Mo(0.15~0.7%)

ANSWER 58 ㉰ 59 ㉯

60
항공기 무게 측정 결과가 다음과 같다면 자기무게의 무게중심의 위치는? (단, 8G/L(G/L당 7.5lbs)의 오일이 -30in의 거리에 보급되어 있다.)

무게점	순무게(lbs)	거리(in)
좌측 주바퀴	617	68
우측 주바퀴	614	68
앞바퀴	152	26

㉮ 61.64   ㉯ 51.64
㉰ 57.67   ㉱ 66.14

해설
무게중심 = $\dfrac{\text{각각의 모멘트의 합}}{\text{각각의 무게의 합}}$ 이다.

$$= \frac{(617 \times 68)+(614 \times 68)+(152 \times 26)+(-30 \times 8 \times 7.5)}{617+614+152+(8 \times 7.5)}$$

$$= \frac{41956+41752+3952+(-1800)}{1443}$$

= 85860/1443 = 59.50in
결론은 항공기의 무게중심은 기준선에서 59.50in 떨어진 위치에 있다.

제4과목 항공장비

61
다음 중 화학적 방빙(Anti-icing) 방법을 주로 사용하는 곳은?

㉮ 프로펠러   ㉯ 화장실
㉰ 피토튜브   ㉱ 실속경고 탐지기

해설

결빙 부분	방빙 및 제빙 방법
날개 앞전	가열공기
수직, 수평 안정판의 앞전	가열공기
윈드실드 및 창문	전열기, 알콜
히터, 기관 공기 흡입구	전열기
실속 경고 장치	전열기
프로펠러 깃의 앞전	전열기, 알콜
왕복엔진 기화기(플로트형)	가열공기, 알콜
드레인 마스트	전열기
피토관	전열기

62
계기의 지시속도가 일정할 때, 기압이 낮아지면 진대기 속도의 변화는?

㉮ 감소한다.
㉯ 변화가 없다.
㉰ 증가한다.
㉱ 변화는 일정하지 않다.

해설 진대기속도(TAS)
지시 대기 속도에서 계기 오차를 보정하고 기압 고도와 공기압축성, 온도를 보충하고 밀도 변화를 보정하여 구해진 속도. 기압은 기상이나 온도에도 변화한다.

ANSWER 60 ㉮ 61 ㉮ 62 ㉯

63 자세계(Attitude Director indicator : AD)가 지시하는 4가지 요소는?

㉮ 하강(Flight down) 자세, 피치(Pitch) 자세, 요(Yaw) 변화율, 미끄러짐(Slip)
㉯ 롤(Roll) 자세, 선회(Left & Right turn) 자세, 요 변화율, 미끄러짐
㉰ 롤 자세, 피치 자세, 가수 방위(Heading) 자세, 미끄러짐
㉱ 롤 자세, 피치 자세, 요 변화율, 미끄러짐

해설 비행 자세 지시계(ADI)
현재의 비행 자세(Attitude)는 롤(roll) 자세, 피치(pitch) 자세, 요(yaw) 변화율 및 미끄러짐(slip)의 4개의 요소로 표시하고 있는 것이 많다. 미리 설정된 모드로 비행하기 위한 명령 장치(flight director : FD). 자세의 현상과 편위를 수정하기 위한 조작 명령의 2종(roll command, pitch command)이 표시된다.

64 납산 축전지(Lead acid battery)의 양극판과 음극판의 수에 대한 설명으로 옳은 것은?

㉮ 같다.
㉯ 양극판이 한 개 더 있다.
㉰ 양극판이 두 개 더 있다.
㉱ 음극판이 한 개 더 있다.

해설 양극판이 음극판보다 더 활성적이므로 양극판을 보호하고 용량을 증대시킬 목적으로 음극판을 1장 더 두고 있다. 그러므로 양극판은 항상 음극판 사이에 있게 되며, 각 셀의 양면에는 음극판이 있게 된다.

65 다음 중 유선통신 방식이 아닌 것은?

㉮ Call System
㉯ Flight Interphone System
㉰ Service Interphone System
㉱ Automatic Direction System

해설 Call System, Flight Interphone System, Service Interphone System은 항공기 기내에서 사용하는 유선통신 방식의 기내 인터폰이고, ADF 장치는 기상과 무선국과의 무선통신 방식으로 하는 항법장치다.

66 항공계기에 요구되는 조건에 대한 설명으로 옳은 것은?

㉮ 기체의 유효 탑재량을 크게 하기 위해 경량이어야 한다.
㉯ 계기의 소형화를 위해 화면은 작게 하고 본체는 장착이 쉽도록 크게 해야 한다.
㉰ 주위의 기압과 연동이 되도록 승강계, 고도계, 속도계의 수감부와 케이스는 노출이 되도록 해야 한다.
㉱ 항공기에서 발생하는 진동을 알 수 있도록 계기판에는 방진장치를 설치해서는 안 된다.

해설 ① 유효 탑재량을 크게 하기 위해 계기 또한 가능한 한 경량으로 요구된다.
② 계기판의 크기는 한계가 있어 계기는 소형화해야 한다.
③ 계기에 따라 내구성의 기간은 다르지만, 정확도를 가능한 한 유지하는 것이 좋다.
④ 변화하는 대기에서 온도, 기압, 자세, 가속도, 진동의 영향을 적게 받는 것이 요구된다.
⑤ 제작 시 온도에 의한 영향이 일정한 범위 내로 유지시킨다.
⑥ 대기 기압에 의해 수감부와 케이스의 누출에 주의해야 한다.

ANSWER 63 ㉱ 64 ㉱ 65 ㉱ 66 ㉮

⑦ 기계적인 부품에 의한 계기는 진동에 의한 마찰이 크므로 진동 장치를 내장한다.
⑧ 계절에 따른 온도 변화가 심하여 자동적으로 보정되도록 제작된다.
⑨ 프로펠러, 엔진 등에 의해 진동이 발생하므로 감안하여 계기를 제작한다.
⑩ 우천 시, 습도 상승 방지를 위해 방청 처리로 밀폐되어 있다.
⑪ 수상 비행기 및 해안가 비행장 등에서 염분이 있는 바람에 영향을 받지 않게 한다.
⑫ 곰팡이로 인하여 전기적인 고장이 있으므로 계기 외내부에 항균 페인트를 바른다.
⑬ 광범위한 기압 변화에 노출되므로 밀폐하여 영향을 받지 않도록 한다.

에는 서미스터, 경고등, 경보음, 계전기, 스위치 등으로 되어 있다.

67 자이로의 섭동 각속도를 옳게 나타낸 것은? (단, M : 외부력에 의한 모멘트, L : 자이로 로터의 관성 모멘트이다.)

㉮ $\dfrac{M}{L}$ ㉯ $\dfrac{L}{M}$
㉰ $L - M$ ㉱ $M \times L$

해설 $\omega = \dfrac{M(외력)}{I(관성모멘트) \cdot W(회전각속도)}$
$= \dfrac{M(외력)}{L(각운동량)}$

68 저항 루프형 화재 탐지계통을 이루는 장치가 아닌 것은?

㉮ 타임 스위치 ㉯ 서미스터
㉰ 경고 계전기 ㉱ 화재경고등

해설 저항루프형(Resistance Loop Type)
전기 저항이 온도에 의해 변화하는 세라믹이나, 일정 온도에 달하면 급격하게 전기 저항이 떨어지는 융점이 낮은 소금을 이용하여 온도 상승을 전기적으로 탐지한다. 펜월형은 공융염이 사용되고, 키드형은 세라믹이 사용된다. 전기 회로

69 그림과 같은 회로의 회전계는?

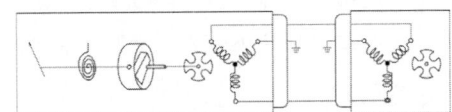

㉮ 기계식 회전계
㉯ 전기식 회전계
㉰ 전자식 회전계
㉱ 맴돌이 전류식 회전계

해설 전기식 회전계(Electrical tachometer)
엔진과 계기까지의 거리가 멀어 엔진 근처에서 회전속도를 전기신호로 바꾸어 지시기에서 회전속도로 표시하는 계기. 3상 교류발전기가 엔진에 장치되어 엔진의 회전 속도에 비례한 주파수의 3상 교류 전압이 발생한다. 이 전압은 지시기로 들어가고, 지시기 내에는 3상 전동기가 입력축에 결합되어 있어 전기적으로 지시된다.

70 주파수가 100Hz이고 4A의 전류가 흐르는 교류회로에서 인덕턴스 0.01H인 코일의 리액턴스는 몇 [Ω]인가?

㉮ 1π ㉯ 2π
㉰ 3π ㉱ 4π

해설 유도 리액턴스
$X_L = 2\pi f L = 2\pi \times 100\text{Hz} \times 0.01\text{H} = 2\pi\,\Omega$

ANSWER 67 ㉮ 68 ㉮ 69 ㉯ 70 ㉯

71 다음 중 교류 유도 전동기의 가장 큰 장점은?

㉮ 직류 전원도 사용할 수 있다.
㉯ 다른 전동기보다 아주 작고 가볍다.
㉰ 높은 시동 토크(Torque)를 갖고 있다.
㉱ 브러시(Brush)나 정류자편이 필요없다.

해설 유도 전동기(Induction Motor)
교류 전동기에서 가장 많이 사용되는 것으로 고정자가 만드는 회전자계에 의해 전기전도체인 회전자에 유도전류가 발생하여 슬립에 대응한 토크가 발생한다.(회전자의 회전속도는 계자극의 회전속도보다 늦다.) 동기 전동기에 비해 탈조가 없어, 토크 변동이 큰 부하에 적합하다. 직류 전동기에 비해 소형화, 고출력화가 가능하다. 직류 전동기에 있는 정류자와 브러시가 필요없어 유지, 보수가 용이하다.

72 다음 중 전기자 코어에서 와전류의 순환을 방지하기 위한 방법은?

㉮ 코어를 절연시킨다.
㉯ 전기자 전류를 제한한다.
㉰ 코어는 얇은 철판을 겹쳐서 만든다.
㉱ 코어 재질과 동일한 가루로 된 철을 사용한다.

해설 전기자(armature)
전동기가 회전하는 주요부로서 축과 철심, 절연되어 철심에 감겨있는 전기자 코일, 정류자 등으로 구성된다. 축의 양끝은 베어링으로 되어 있다. 전기자 철심(armature core)으로는 자기력선을 잘 통과시키고, 와전류의 감소와 발열을 방지하기 위해 규소 강판을 절연시켜 겹쳐 만든 성층 철심을 사용한다.

73 객실압력 조절시 객실압력 조절기에 직접적으로 영향을 받은 것은?

㉮ 공압계통의 압력
㉯ 슈퍼차저의 압축비
㉰ 아웃플로우 밸브의 개폐
㉱ 터보 콤프레셔 속도

해설 아웃플로우밸브는 착륙할 때 착륙장치의 마이크로스 위치에 의하여 지상에는 완전히 열리도록 함으로써 출입문을 열 때 기압차에 의한 사고가 발생하지 않도록 한다. 비행 중에 고도가 증가함에 따라 객실 안의 공기 배출을 적게 하기 위하여 밸브가 점차적으로 닫히게 되며, 객실 고도가 높고 낮은 정도는 OFV의 개폐 정도에 좌우된다.

74 항공기가 하강하다가 위험한 상태에 도달하였을 때 작용되는 장비는?

㉮ INS
㉯ Weather Radar
㉰ GPWS
㉱ Radio Altimeter

해설
㉮ INS : 관성항법장치
㉯ Weather Radar : 기상레이더
㉰ GPWS : 대지접근경고장치
㉱ Radio Altimeter : 전파고도계

75 다음 중 화재탐지장치에서 감지센서로 사용되지 않는 것은?

㉮ 바이메탈(Bimetal)
㉯ 열전대(Thermocouple)
㉰ 아네로이드(Aneroid)
㉱ 공용염(Eutectic salt)

해설
㉮ 바이메탈 : 서멀 스위치형 화재탐지기
㉯ 열전대 : 서모 커플형 화재탐지기
㉱ 공용염 : 저항 루프형 화재탐지기

ANSWER 71 ㉱ 72 ㉰ 73 ㉰ 74 ㉰ 75 ㉰

76 계기착륙장치(Instrument landing system)에 대한 설명으로 틀린 것은?

㉮ 계기착륙장치의 지상 설비는 로컬라이져, 글라이드 슬롭, 마커비콘으로 구성된다.
㉯ 항공기가 글라이드 슬롭 위쪽에 위치하고 있을 때는 지시기의 지침은 아래로 흔들린다.
㉰ 항공기가 로컬라이져 코스의 좌측에 위치하고 있을 때는 지시기의 지침은 좌우로 움직인다.
㉱ 로컬라이져 코스와 글라이드 슬롭은 90Hz와 150Hz로 변조한 전파로 만들어지고 항공기 수신기로 양쪽의 변조도를 비교하여 코스 중심을 구한다.

해설 착륙유도장치(Instrument landing system)
ILS의 지상시설은 로컬라이저, 글라이드 슬로프, 마커비콘으로 구성된다. 로컬라이저와 글라이드 슬로프는 계기상의 지시침과 반대로 항공기의 위치를 나타낸다. VHF 전파를 발생하여 150Hz, 90Hz의 변조한 전파로 항공기에 전달한다. 글라이드 슬로프 주파수는 로컬라이저 주파수와 짝을 이루고 있으며, 조종사는 원하는 로컬라이저 주파수를 선택하면 자동적으로 글라이드 슬로프 주파수가 선택된다.

77 유압 장치와 공압 장치를 비교할 때 공압 장치에서 필요없는 부품은?

㉮ 축압기   ㉯ 리듀싱 밸브
㉰ 체크 밸브   ㉱ 릴리프 밸브

해설 ㉮ 축압기(Accumulator) : 가압된 작동유를 저장하는 저장통으로, 여러 개의 유압 기기가 동시에 사용될 때 동력 펌프를 돕고, 동력 펌프가 고장났을 때에는 저장되었던 작동유를 유압 기기에 공급한다. 유압 계통의 서지(surge) 현상을 방지하고, 압력을 흡수하면 압력 조정기의 개폐 빈도를 줄여 펌프나 압력 조정기의 마멸을 감소시킨다.
㉯ 감압 밸브(reducing valve) : 계통의 압력보다 낮은 압력이 필요한 일부 계통을 위하여 설치하는 것이다. 일부 계통의 압력을 요구 수준까지 낮추고, 이 계통 내에 갇힌 작동유의 열팽창에 의한 압력 증가를 막는다.
㉰ 체크 밸브(check valve) : 한쪽 방향으로만 작동유의 흐름을 허용하고, 반대 방향의 흐름은 차단하는 밸브이다.
㉱ 릴리프 밸브(Relief valve) : 작동유에 의한 계통 내의 압력을 규정된 값 이하로 제한하는데 사용되는 것으로, 과도한 압력으로 인하여 계통 내의 관이나 부품이 파손될 수 있는 것을 방지하는 장치이다.

78 유압 장치의 작동기가 동작하고 있지 않은 상태에서 계통 작동유의 압력이 고르지 못할 때 압력에 대한 완충작용과 동시에 압력조절기의 작동 빈도를 낮추기 위한 장치는?

㉮ 리저버   ㉯ 축압기
㉰ 체크밸브   ㉱ 선택밸브

해설 ㉮ 리저버(Reservoir) : 작동유를 펌프에 공급하고, 계통으로부터 귀환하는 작동유를 저장하는 동시에, 공기 및 각종 불순물을 제거하는 장소의 역할을 한다.

ANSWER 76 ㉰ 77 ㉮ 78 ㉯

㉯ 축압기(Accumulator) : 가압된 작동유를 저장하는 저장통으로, 여러 개의 유압 기기가 동시에 사용될 때 동력 펌프를 돕고, 동력 펌프가 고장났을 때에는 저장되었던 작동유를 유압 기기에 공급한다. 유압 계통의 서지(surge) 현상을 방지하고, 압력을 흡수하면 압력 조정기의 개폐 빈도를 줄여 펌프나 압력 조정기의 마멸을 감소시킨다.

㉰ 체크 밸브(check valve) : 한쪽 방향으로만 작동유의 흐름을 허용하고, 반대 방향의 흐름은 차단하는 밸브이다.

㉱ 선택 밸브(select valve) : 작동 실린더의 운동 방향을 결정하는 밸브이다. 기계적으로 작동되는 것과 전기적으로 작동되는 것이 있고, 기계적으로 작동되는 밸브에는 회전형, 포핏형, 스풀형, 피스톤형, 플런저형이 있다.

테나 커플러(antenna coupler)가 부착된다. 안테나 커플러는 전파를 수신하기 위해 안테나의 길이를 짧게 하기 위해 보상해주는 회로 장치이다. VHF 통신용은 주로 블레이드형 안테나를 사용하고, HF 통신용은 와이어형 안테나를 사용한다.

79 9A의 전류가 흐르고 있는 4Ω 저항의 양끝 사이의 전압은 몇 [V]인가?

㉮ 12   ㉯ 23
㉰ 32   ㉱ 36

해설 $V = IR = 9A \times 4Ω = 36V$

80 항공기 안테나에 대한 설명으로 옳은 것은?

㉮ 첨단 항공기는 안테나가 필요없다.
㉯ 일반적으로 주파수가 높을수록 작아진다.
㉰ VHF 통신용으로는 주로 루프 안테나가 사용된다.
㉱ HF 통신용은 전리층 반사파를 이용하기 때문에 안테나가 필요없다.

해설 최신 항공기는 각종 통신장치로 인하여 다양한 안테나를 장착하고 있다. 일반적으로 주파수가 클수록 큰 안테나를 사용해야 하지만 항공기에는 비교적 작은 안테나를 사용할 수 밖에 없어 송수신기와 안테나의 전기적인 매칭을 위해 안

ANSWER 79 ㉱ 80 ㉯

2014 제1회 항공산업기사 기출문제

제1과목  항공역학

01 전진하는 회전날개 깃에 작용하는 양력을 헬리콥터 전진속도(V)와 주 회전날개의 회전속도(v)로 옳게 설명한 것은?

㉮ $(v+V)^2$에 비례한다.
㉯ $(v-V)^2$에 비례한다.
㉰ $(v+V/v-V)^2$에 비례한다.
㉱ $(v-V/v+V)^2$에 비례한다.

02 물체 표면을 따라 흐르는 유체의 천이(Transition) 현상을 옳게 설명한 것은?

㉮ 충격 실속이 일어나는 현상이다.
㉯ 층류에 박리가 일어나는 현상이다.
㉰ 층류에서 난류로 바뀌는 현상이다.
㉱ 흐름이 표면에서 떨어져 나가는 현상이다.

03 무게가 100kg인 조종사가 2000m의 상공을 일정속도로 낙하산으로 강하하고 있을 때 낙하산 지름이 7m, 항력계수가 1.3이라면 낙하속도는 약 몇 [m/s]인가?

(단, 공기밀도는 $0.1 kg_f \cdot s^2/m^4$이며 낙하산의 무게는 무시한다.)

㉮ 6.3   ㉯ 4.4
㉰ 2.2   ㉱ 1.6

해설 일정속도로 강하한다. → 항력과 무게가 같다.

$D = W = \frac{1}{2} \cdot \rho \cdot V^2 \cdot S \cdot C_D$

$\rightarrow V = \sqrt{\dfrac{2 \cdot W}{\rho \cdot S \cdot C_D}}$

$\therefore V = \sqrt{\dfrac{2 \times 100}{0.1 \times \dfrac{\pi \times 7^2}{4} \times 1.3}}$

04 무게가 500kgf인 비행기가 30°의 경사로 정상선회를 하고 있다면 이 때 비행기의 원심력은 약 몇 [kgf]인가?

㉮ 250   ㉯ 289
㉰ 353   ㉱ 433

해설
$L\sin\theta$ = 원심력
$L\cos\theta = W$

$\rightarrow \dfrac{L\sin\theta}{L\cos\theta} = \dfrac{원심력}{W}$

$\rightarrow \tan\theta = \dfrac{원심력}{W}$

$\rightarrow$ 원심력 $= W \cdot \tan\theta$

$\therefore$ 원심력 $= 500 \times \tan 30°$

ANSWER   01 ㉮   02 ㉰   03 ㉮   04 ㉯

05 다음과 같은 [조건]에서 헬리콥터의 원판 하중은 약 몇 [kgf/m²]인가?

조건
- 헬리콥터의 총중량 : 800kgf
- 기관 출력 : 160hp
- 회전날개의 반지름 : 2.8m
- 회전날개의 깃의 수 : 2개

㉮ 25.5 ㉯ 28.5
㉰ 30.5 ㉱ 32.5

해설 원판하중 = $\dfrac{\text{항공기 무게}}{\text{주회전 날개 회전면적}} = \dfrac{W}{\pi \cdot r^2}$

∴ 원판하중 = $\dfrac{800}{\pi \times 2.8^2}$

06 그림과 같은 프로펠러 항공기 이륙 경로에서 이륙거리는?

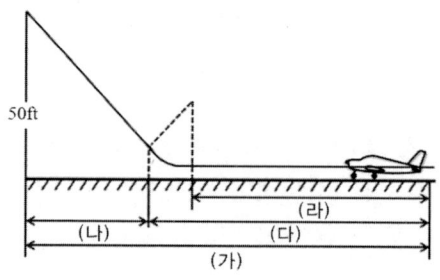

㉮ (가) ㉯ (나)
㉰ (다) ㉱ (라)

해설 이륙 거리 = 지상활주거리+장애물 고도까지의 수평거리

07 항공기의 필요동력과 속도와의 관계로 옳은 것은?

㉮ 속도에 반비례한다.
㉯ 속도의 제곱에 비례한다.
㉰ 속도의 세제곱에 비례한다.
㉱ 속도의 제곱에 반비례한다.

해설 필요동력 = $D \cdot V$

$D = \dfrac{1}{2} \cdot \rho \cdot V^2 \cdot S \cdot C_D$

∴ 필요동력 = $\dfrac{1}{2} \cdot \rho \cdot V^3 \cdot S \cdot C_D$

08 프로펠러가 회전하면서 작용하는 원심력에 의해 발생되는 것으로 짝지어진 것은?

㉮ 휨응력, 굽힘모멘트
㉯ 인장응력, 비틀림모멘트
㉰ 압축응력, 굽힘모멘트
㉱ 압축응력, 비틀림모멘트

09 다음 [보기]에서 설명하는 대기의 층은?

보기
- 고도에 따라 기온이 감소한다.
- 대기의 순환이 일어난다.
- 기상현상이 일어난다.

㉮ 대류권 ㉯ 성층권
㉰ 중간권 ㉱ 열권

ANSWER 05 ㉱ 06 ㉮ 07 ㉰ 08 ㉯ 09 ㉮

10 비행기의 이륙활주거리를 짧게 하기 위한 방법이 아닌 것은?

㉮ 기관의 추력을 크게 한다.
㉯ 비행기의 무게를 감소한다.
㉰ 슬랫(slat)과 플랩(flap)을 사용한다.
㉱ 항력을 줄이기 위해 작은 날개를 사용한다.

해설 이륙 활주거리를 짧게 하기 위해서는 양력을 증가시켜야 하기 때문에 면적이 큰 날개를 사용한다.

11 100m/s로 비행하는 프로펠러 항공기에서 프로펠러를 통과하는 순간의 공기 속도가 120m/s가 되었다면, 이 항공기의 프로펠러 효율은 약 얼마인가?

㉮ 76% ㉯ 83.3%
㉰ 91% ㉱ 97.4%

해설 $\eta = \dfrac{항공기 속도}{프로펠러에서의 속도} \times 100(\%)$

$\therefore \dfrac{100}{120} \times 100$

12 비행기가 음속에 가까운 속도로 비행시 속도를 증가시킬수록 기수가 내려가는 현상은?

㉮ 피치 업(pitch up)
㉯ 턱 언더(tuck under)
㉰ 디프 실속(deep stall)
㉱ 역 빗놀이(adverse yaw)

13 고정익 항공기의 도살 핀(dorsal fin)과 벤트랄 핀(ventral fin)의 기능에 대한 설명으로 틀린 것은?

㉮ 더치롤 특성을 저해시킬 수 있다.
㉯ 큰 받음각에서 요댐핑(yaw damping)을 증가시키는데 효과적이다.
㉰ 나선발산(spiral divergence) 시의 비행특성에 영향을 준다.
㉱ 프로펠러에서 발생하는 나선후류의 영향을 줄이는 역할을 한다.

해설
- 더치롤 : 가로방향 불안정이라고도 부르며, 가로 진동과 방향진동이 결합된 운동이다. 이 현상은 세로안정성에 비하여 가로안정성이 너무 좋아 발생되는 현상으로 가로안정성을 감소시키거나 방향안정성을 증가시켜 감소시킬 수 있다. 도살핀과 벤드랄핀은 방향안정성에 도움이 되므로 더치롤 특성을 저해시킬 수 있다.
- 요 댐퍼(yaw damper) : 방향 안정성 증가를 위하여 기수가 갑작스럽게 움직이면 방향키를 자동적으로 움직여 기수를 반대 방향으로 움직이게 도와주는 장치를 말한다.
- 나선 발산 : 나선 불안정이라고도 부르며, 동적 가로 불안정의 한 요소이다. 이 현상은 방향 안정성이 가로 안정성보다 훨씬 커서 발생한다.

14 비행기가 고속으로 비행할 때 날개 위에서 충격실속이 발생하는 시기는?

㉮ 아음속에서 생긴다.
㉯ 극초음속에서 생긴다.
㉰ 임계 마하수에 도달한 후에 생긴다.
㉱ 임계 마하수에 도달하기 전에 생긴다.

해설 임계 마하수
날개 위 한 점의 속도가 마하수 1이 되었을 때의 항공기 속도로 임계마하수 이후에 날개에 음속 이상의 흐름 속도가 발생하므로 충격파에 의한 충격실속은 임계 마하수 이후에 발생한다.

ANSWER 10 ㉱ 11 ㉯ 12 ㉯ 13 ㉱ 14 ㉰

15 비행기의 세로안정을 좋게 하기 위한 방법이 아닌 것은?

㉮ 수직꼬리날개의 면적을 증가시킨다.
㉯ 수평꼬리날개 부피계수를 증가시킨다.
㉰ 무게중심이 날개의 공기역학적 중심 앞에 위치하도록 한다.
㉱ 무게중심에 관한 피칭모멘트 계수가 받음각이 증가함에 따라 음(-)의 값을 갖도록 한다.

해설 수직꼬리날개의 면적은 방향안정성과 관계가 있다.

16 활공기에서 활공거리를 증가시키기 위한 방법으로 옳은 것은?

㉮ 압력항력을 크게 한다.
㉯ 형상항력을 최대로 한다.
㉰ 날개의 가로세로비를 크게 한다.
㉱ 표면 박리현상 방지를 위하여 표면을 적절히 거칠게 한다.

해설 $\tan\theta = \dfrac{고도}{활공거리} = \dfrac{1}{양항비}$

활공거리 = 고도 × 양항비 = 고도 × $\dfrac{L}{D}$

∴ 활공거리를 증가시키기 위해서는 항력을 감소하여야 하고 항력 감소를 위해서는 유도항력을 감소시키기 위해 가로세로비가 큰 날개를 사용하여야 한다.

17 날개(wing)의 공기력 중심에 대한 설명으로 옳은 것은?

㉮ 받음각이 클수록 앞쪽으로 이동한다.
㉯ 캠버가 클수록 같은 양력변화에 따라 이동량이 크다.
㉰ 압력 중심과 공기력 중심은 일치하는 것이 일반적이다.
㉱ 키놀이 모멘트의 크기가 받음각에 대하여 변화되지 않는 점을 말한다.

18 레이놀즈수(Reynolds number)에 대한 설명으로 틀린 것은?

㉮ 무차원수이다.
㉯ 유체의 관성력과 점성력의 비이다.
㉰ 레이놀즈수가 클수록 유체의 점성이 크다.
㉱ 유체의 속도가 빠를수록 레이놀즈수는 크다.

해설 레이놀즈수(Re)
$= \dfrac{관성력}{점성력} = \dfrac{\rho A V^2}{\mu \dfrac{AV}{L}} = \dfrac{\rho VL}{\mu} = \dfrac{VL}{\nu}$

μ : 점성계수
ν : 동점성계수

ANSWER 15 ㉮ 16 ㉰ 17 ㉱ 18 ㉰

19 일반적인 형태의 비행기는 3축에 대한 회전운동을 각각 담당하는 3종류의 주조종면을 가진다. 하지만 수평꼬리날개가 없는 전익기나 델타익기의 경우 2축에 대한 회전운동을 1종류의 조종면이 복합적으로 담당하는데 이때의 조종면의 명칭은?

㉮ 카나드(canard)
㉯ 엘레본(elevon)
㉰ 플래퍼론(flaperon)
㉱ 테일러론(taileron)

[해설]
㉮ 카나드 : 귀 날개라고도 불린다. 수평안정판을 움직여 승강키(elevator)로 사용하며, 수평안정판을 항공기 전방으로 옮겨 부착했다.
㉯ 엘레본 : 삼각날개의 경우 수평안정판이 따로 없어 도움날개(aileron)와 승강키(elevator)를 동시에 사용할 수 있도록 만든 조종면이다.
㉰ 플래퍼론 : 도움날개(aileron)에 플랩(flap)의 기능을 추가한 조종면이다.
㉱ 테일러론 : 도움날개(aileron)와 승강키(elevator)를 동시에 사용할 수 있도록 만든 조종면으로 엘레본과 비슷하지만 테일러론은 도움날개 또는 승강키만으로도 사용이 가능하다.

20 프로펠러 항공기가 최대 항속시간으로 비행하기 위한 조건으로 옳은 것은?

㉮ $(C_D^{3/2}/C_L)$최소
㉯ $(C_L^{3/2}/C_D)$최소
㉰ $(C_D^{3/2}/C_L)$최대
㉱ $(C_L^{3/2}/C_D)$최대

[해설]

	항속거리	항속시간
프로펠러	$(\dfrac{C_L}{C_D})_{max}$	$(\dfrac{C_L^{\frac{3}{2}}}{C_D})_{max}$
제트	$(\dfrac{C_L^{\frac{1}{2}}}{C_D})_{max}$	$(\dfrac{C_L}{C_D})_{max}$

제2과목 항공기관

21 표준상태에서의 이상기체 20ℓ를 5기압으로 압축하였을 때 부피는 몇 ℓ가 되겠는가? (단, 변화과정 중 온도는 일정하다.)

㉮ 0.25 ㉯ 2.5
㉰ 4   ㉱ 10

22 항공기 왕복기관의 부자식 기화기에서 가속 펌프를 사용하는 주된 목적은?

㉮ 이륙시 기관 구동펌프를 가속시키기 위해서
㉯ 고출력 고정시 부가적인 연료를 공급하기 위해서
㉰ 높은 온도에서 혼합가스를 농후하게 하기 위해서
㉱ 스로틀(throttle)이 갑자기 열릴 때 부가적인 연료를 공급시키기 위해서

[해설] 스로틀 밸브를 갑자기 열어 기관을 가속시킬 때 공기의 비중이 연료보다 적기 때문에 공기 유량은 바로 증가하지만 연료는 관성이 크기 때문에 즉시 증가된 양으로 분출되지 못한다. 이 때문에 연료지연이 발생하여 잠시 동안 희박한 혼합비상태로 된다. 이로 인하여 엔진의 정지나 역화가 발생하여 엔진 출력의 감소현상이 발생하는데 이러한 현상을 방지하기 위해 가속장치를 장착한다.

ANSWER 19 ㉯ 20 ㉱ 21 ㉰ 22 ㉱

23 지시마력을 나타내는 식 iHP = PmiLANK/75×2×60에서 N이 의미하는 것은?
(단, Pmi : 지시평균 유효압력, L : 행정길이, A : 실린더 단면적, K : 실린더 수이다.)

㉮ 기계효율
㉯ 축마력
㉰ 기관의 분당 회전
㉱ 제동평균 유효압력

해설 N은 기관의 분당 회전수(RPM)를 나타낸다.

24 보정캠(compensated cam)을 가진 마그네토를 장착한 9기통 성형기관의 회전속도가 100rpm일 때 [보기]의 각 요소가 옳게 나열된 것은?

┌보기
│ ㉠ 보정 캠의 회전수(rpm)
│ ㉡ 보정 캠의 로브수
│ ㉢ 분당 브레이커 포인트 열림 및 닫힘 횟수

㉮ ㉠ 50 ㉡ 9 ㉢ 900
㉯ ㉠ 50 ㉡ 9 ㉢ 450
㉰ ㉠ 100 ㉡ 9 ㉢ 450
㉱ ㉠ 100 ㉡ 18 ㉢ 900

25 그림과 같은 브레이튼 사이클 선도의 각 단계와 가스터빈 기관의 작동 부위를 옳게 짝지은 것은?

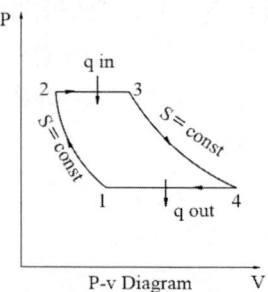
P-v Diagram

㉮ 1 → 2 : 디퓨져
㉯ 2 → 3 : 연소기
㉰ 3 → 4 : 배기구
㉱ 4 → 1 : 압축기

해설
㉮ 1 → 2 : 압축기
㉯ 2 → 3 : 연소실
㉰ 3 → 4 : 터빈
㉱ 4 → 1 : 대기 중으로 방출

26 다음 중 프로펠러 조속기의 파일롯(pilot) 밸브의 위치를 결정하는데 직접적인 영향을 주는 것은?

㉮ 엔진오일 압력   ㉯ 조종사의 위치
㉰ 펌프오일 압력   ㉱ 플라이 웨이트

해설 파일럿 밸브는 플라이 웨이트의 원심력과 스피더 스프링의 장력에 의하여 작동하며, 오일의 흐름을 제어하는 역할을 한다.

ANSWER 23 ㉰ 24 ㉯ 25 ㉯ 26 ㉱

27 원심형 압축기의 단점으로 옳은 것은?

㉮ 단당 압력비가 작다.
㉯ 무게가 무겁고 시동출력이 낮다.
㉰ 동일 추력에 대하여 전면면적이 크다.
㉱ 축류형 압축기와 비교해 제작이 어렵고 가격이 비싸다.

[해설] 원심식 압축기의 단점
① 전면 면적이 크므로 항력이 크다.
② 압축기 입구와 출구의 압력비가 낮다.
③ 효율이 낮다.
④ 많은 양의 공기를 처리할 수 없다.

28 디토네이션(detonation)을 발생시키는 과도한 온도와 압력의 원인이 아닌 것은?

㉮ 늦은 점화시기
㉯ 높은 흡입공기 온도
㉰ 연료의 낮은 옥탄값
㉱ 희박한 연료-공기 혼합비

[해설] 디토네이션은 혼합기 온도와 압력이 상승했을 때 발생하게 되고, 정상 점화 후에 주로 발생하게 된다.

29 왕복기관을 시동할 때 기화기 공기 히터 (carburetor air heater)의 조작 장치 상태는?

㉮ Hot 위치
㉯ Neutral 위치
㉰ Cracked 위치
㉱ Cold(normal) 위치

30 프로펠러 작동시 원심(centrifugal) 비틀림 모멘트는 어떤 작용을 하는가?

㉮ 피치각을 감소시킨다.
㉯ 피치각을 증가시킨다.
㉰ 회전 방향으로 깃(blade)을 굽히게(bend) 한다.
㉱ 비행 진행방향의 뒤쪽으로 깃(blade)을 굽히게 한다.

[해설] 회전 중인 프로펠러에는 원심력, 비틀림력, 굽힘력이 작용하게 되는데, 이때 발생하는 원심 비틀림력으로 인해 프로펠러의 피치각은 감소하게 된다.

31 다음 중 터보제트기관의 회전수가 일정할 때 밀도만 고려 시 추력이 가장 큰 경우는?

㉮ 고도 10000ft에서 비행할 때
㉯ 고도 20000ft에서 비행할 때
㉰ 대기온도 15℃인 해면에서 작동할 때
㉱ 대기온도 25℃인 지상에서 작동할 때

32 항공기용 가스터빈기관 연료계통에서 연료매니폴드로 가는 1차연료와 2차연료를 분배하는 부품은?

㉮ P&D 밸브   ㉯ 체크밸브
㉰ 스로틀밸브   ㉱ 파워레버

[해설] 여압 및 드레인 밸브(pressurizing & drain valve)
① 연료의 흐름을 1차와 2차로 분리한다.
② 기관 정지 시 연료 매니폴드나 연료 노즐에 남아있는 잔여 연료를 외부로 방출한다.
③ 연료의 압력이 일정 압력이 될 때까지 연료의 흐름을 차단한다.

ANSWER 27 ㉰ 28 ㉮ 29 ㉱ 30 ㉮ 31 ㉰ 32 ㉮

33 오일의 점성은 다음 중 무엇을 측정하는 것인가?

㉮ 밀도 ㉯ 발화점
㉰ 비중 ㉱ 흐름에 대한 저항

[해설]
- 점성 : 흐름에 대한 저항을 말한다.
- 점도 : 유체의 끈적거림의 정도를 표시한 것
- 점도지수 : 점도의 온도에 따른 변화를 나타낸 것으로 점도지수가 높을수록 점도의 변화가 작다는 것을 나타낸다.

34 항공기관의 후기 연소기에 대한 설명으로 틀린 것은?

㉮ 전면 면적의 증가 없이 추력을 증가시킨다.
㉯ 연료의 소비량 증가 없이 추력을 증가시킨다.
㉰ 총 추력의 약 50%까지 추력의 증가가 가능하다.
㉱ 고속 비행하는 전투기에 사용시 추력이 증가된다.

[해설] 후기 연소기는 2차 공기 내에 연소되지 않은 산소가 다량 함유되어 있기 때문에 터빈 출구에 장착된 후기 연소기에서 연료를 분사하여 총 추력의 50%의 추력을 증가시키는 장치이다. 하지만 후기 연소기를 사용하면 연료 소비율은 약 2~3배 가량 증가한다는 단점이 있다. 따라서 단시간 동안 고속 비행이 필요한 전투기 등에 사용되며, 이륙 및 상승 시, 초음속 비행 시에 주로 사용한다.

35 왕복성형기관의 크랭크축에서 정적평형은 어느 것에 의해 이루어지는가?

㉮ Dynamic damper
㉯ Counter weight
㉰ Dynamic suspension
㉱ Split master rod

[해설] 정적 평형은 카운터웨이트, 동적 평형은 다이나믹 댐퍼에 의해 이루어진다.

36 밸브 가이드(valve guide)의 마모로 발생할 수 있는 문제점은?

㉮ 높은 오일 소모량
㉯ 낮은 오일 압력
㉰ 낮은 실린더 압력
㉱ 높은 오일 압력

[해설] 밸브 가이드의 마모나 파손이 생기게 되면 윤활유 소모량이 증가하게 된다.

37 [보기]에 나열된 왕복기관의 종류는 어떤 특성으로 분류한 것인가?

> [보기]
> V형, X형, 대향형, 성형

㉮ 기관의 크기
㉯ 실린더의 회전 형태
㉰ 기관의 장착 위치
㉱ 실린더의 배열 형태

[해설] V형, X형 등의 엔진 종류는 실린더의 배열 방법에 따라 구분한 것이다.

ANSWER 33 ㉱ 34 ㉯ 35 ㉯ 36 ㉮ 37 ㉱

38 판재로 제작된 기관부품에 발생하는 결함으로서 움푹 눌린 자국을 무엇이라고 하는가?

㉮ Nick ㉯ Dent
㉰ Tear ㉱ Wear

해설 덴트(Dent)
움푹 들어간 곳, 찌그러진 곳을 말한다.

39 제트기관 시동시 EGT가 규정 한계치 이상으로 증가하는 과열 시동의 원인이 아닌 것은?

㉮ 연료의 과다 공급
㉯ 연료조정장치의 고장
㉰ 시동기 공급 동력의 불충분
㉱ 압축기 입구부에서 공기 흐름의 제한

해설 과열시동은 비정상적으로 연료가 과도하게 흐르거나 연료를 조절해주는 장치 등이 고장을 일으켰을 때 발생하게 된다.

40 일반적인 아음속기의 공기흡입구 형상으로 옳은 것은?

㉮ 확산(divergent)형 덕트
㉯ 수축(convergent)형 덕트
㉰ 수축-확산(convergent-divergent)형 덕트
㉱ 확산-수축(divergent-convergent)형 덕트

해설 아음속기에서 사용하는 공기 흡입부는 공기의 속도는 감소시키고, 압력은 증가시켜야 하기 때문에 확산형을 사용한다.

제3과목 항공기체

41 다음 중 항공기의 총무게(gross weight)에 대한 설명으로 옳은 것은?

㉮ 항공기의 무게 중심을 말한다.
㉯ 기체무게에서 자기무게를 뺀 무게이다.
㉰ 항공기 내의 고정위치에 실제로 장착되어 있는 하중이다.
㉱ 특정 항공기에 인가된 최대하중으로서 형식증명서(type certificate)에 기재되어 있다.

해설 ① 총 중량(Gross Weight) : 항공기에 탑재 가능한 총중량이며 항공기 기체 무게, 연료, 윤활유, 승객, 화물 등 탑재물의 무게를 다한 무게를 말하며 온 무게라고도 한다. 항공기에 인가된 최대하중(형식 증명서 type certificate 명시)
② 자체무게(EW : Empty Weight) : 항공기에 승무원, 화물 등이 아무것도 실려있지 않고 항공기의 고정된 위치에 영구적으로 장착된 모든 운용장비들의 무게이다. 비배출 윤활유와 비배출 연료의 무게를 포함한다.

ANSWER 38 ㉯ 39 ㉰ 40 ㉮ 41 ㉱

42 유효길이 20in의 토크렌치에 10in인 연장공구를 사용하여 1000in-lbs의 토크로 볼트를 조이려고 한다면 토크렌치의 지시값은 약 몇 [in-lbs]인가?

㉮ 100   ㉯ 333
㉰ 666   ㉱ 2000

해설 길이가 짧으면 힘이 많이 들어가고 길이가 길면 힘이 적게 들어간다.
- 원래 길이(L)×원래 토크(T)
  = 전체길이($L+E$)×적어진 토크(R)
- 원래 토크(T) = $\dfrac{\text{원래길이}(L) \times \text{적어진 토크}(R)}{\text{전체길이}(L+E)}$
- 토크렌치 지시값 = (20×1000)/(20+10)
  = 666.66

43 금속재료의 인장시험에 대한 설명으로 옳은 것은?

㉮ 재료시험편을 서서히 인장시켜 항복점, 인장강도, 연신율 등을 측정하는 시험이다.
㉯ 재료시험편을 서서히 인장시켜 브리넬 인장, 로크웰 경도 등을 측정하는 시험이다.
㉰ 재료시험편을 서서히 인장시켰을 때 탄성에 의한 비커스 경도, 쇼어 경도 등을 측정하는 시험이다.
㉱ 재료시험편을 서서히 인장시켜 충격에 의한 충격강도, 취성강도를 측정하는 것이다.

해설 금속재료의 인장시험은 재료에 인장하중을 가하여 하중과 변형과의 관계를 알아보는 것으로 인장강도, 항복점, 탄성률, 연신율 등 그 재료의 기본적인 기계적 성질을 측정하는 것을 말한다.

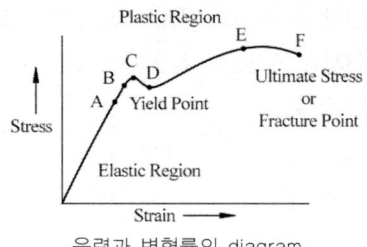

응력과 변형률의 diagram

44 항공기 재료인 알루미늄 합금은 어디에 해당하는가?

㉮ 철금속   ㉯ 비철금속
㉰ 비금속   ㉱ 복합재료

해설
㉮ 철금속 : 강도 경도 인성이 우수하고 열처리를 통해 쉽게 성질을 변화시킨다.
㉯ 비철금속 : 철금속 재료보다 녹는점이 낮고 열 및 전기전도도 우수
[ex] 금, 은, 구리, 알루미늄, 망간 등
㉰ 비금속 : 금속이 아닌 재료
[ex] 고무, 나무, 종이, 플라스틱, 유리

45 세미모노코크(semi-monocoque) 구조형식의 항공기에서 동체가 비틀림 하중에 의해 변형되는 것을 방지하는 역할을 하며 프레임과 유사한 모양의 부재는?

㉮ 표피(skin)
㉯ 스트링어(stringer)
㉰ 스파(spar)
㉱ 벌크헤드(bulkhead)

해설 벌크헤드(Bulkhead)는 동체의 앞(farword), 뒤(rear)에 설치되어 있으며 동체의 원형 모양을 유지하기 위해서 강도가 크고 두꺼운 재료로 만들어졌으며 동체의 비틀림 변형에 저항하고 여압을 유지해준다.

ANSWER 42 ㉰   43 ㉮   44 ㉯   45 ㉱

46 세미모노코크(semi-monocoque) 구조 형식 날개의 구성 부재가 아닌 것은?

㉮ 표피(skin) ㉯ 링(ring)
㉰ 스파(spar) ㉱ 리브(rib)

해설 동체구조물 중 세미모노코크(Semi-Monocoque) 구조는 Longitudinal members로 론저론(Longeron), 스트링거(stringer)가 있으며 수직부재(Vertical members)로는 정형재(Formers), Frame, Ring, Bulkhead 등으로 구성된다. 날개의 구조물로는 스파, 리브, 외피, 스트링거가 구성된다.

47 가스용접기에서 가스용기와 토치를 연결하는 호스의 구분에 대한 설명으로 옳은 것은?

㉮ 산소호스는 노란색, 아세틸렌가스 호스는 검정색으로 표시한다.
㉯ 산소호스는 빨강색, 아세틸렌가스 호스는 하얀색으로 표시한다.
㉰ 산소호스는 녹색(또는 초록색), 아세틸렌가스 호스는 빨간색으로 표시한다.
㉱ 산소호스와 아세틸렌가스 호스는 호스에 기호를 표시하여 구별한다.

해설 산소 아세틸렌 용접(Oxyacetylene Welding)에서는 Acetylene cylinder(황색)와 Oxygen cylinder (녹색) 두 가지가 있다. 여기에서 연결하는 호스 색깔 역시 다른데 아세틸렌 실린더에 연결되는 호스는 빨간색이고 산소 실린더에 연결되는 호스 색깔은 녹색이다.

48 그림과 같은 단면에서 y축에 관한 단면의 1차모멘트는 몇 [cm³]인가? (단, 점선은 단면의 중심선을 나타낸 것이다.)

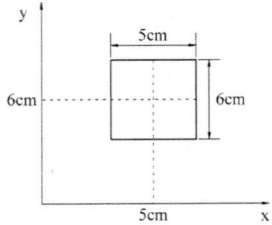

㉮ 150 ㉯ 180
㉰ 200 ㉱ 220

해설 단면 1차 모멘트(first moment area)

임의의 도형에서 도심($\bar{x}, \bar{y}$)를 구하기 위함이며 단위는 거리×최소 면적이므로 cm²로 나타낸다.
① X축을 기준한 단면 1차 모멘트
$G_X = \int_A y dA = A \times \bar{y}(\text{cm}^3)$
② Y축을 기준한 단면 1차 모멘트
$G_Y = \int_A x dA = A \times \bar{x}(\text{cm}^3)$

$\bar{x}$ = X축에서 도심까지의 거리이므로 5cm이며 점선과 점선이 만나는 점이 도심(G)이다.
Y축에 대한 단면 1차 모멘트이고 단면적(A) = 30이고 $\bar{x}$ = 5이므로 150cm³이 정답이다.

ANSWER 46 ㉯ 47 ㉰ 48 ㉮

49 SAE 6150 합금강에서 숫자 "6"이 의미하는 것은?

㉮ 크롬-바나듐   ㉯ 4%의 탄소강
㉰ 크롬-몰리브덴   ㉱ 0.04%의 탄소강

해설 탄소강은 특수 원소(니켈, 크롬, 망간, 규소, 몰리브덴, 텅스텐, 바나듐)를 한 가지 이상 첨가하여 특수한 성질을 가지게 한 것이다. 탄소강(1XXX), 니켈강(2XXX), 니켈 크롬강(3XXX), 몰리브덴강(4XXX), 크롬강(5XXX), 크롬 바나듐강(6XXX), 니켈 크롬 몰리브덴강(8XXX) 등이 있으며 뒤에 2자리 숫자(50)는 탄소의 평균 함유량을 나타내며 0.50% 탄소함유를 뜻한다. AA는(영국) 자동차 서비스 협회(Automobile Association)이며 SAE는 미국 자동차 기술 협회(Society of Automotive Engineers)의 약어이다.

50 판금 작업시 구부리는 판재에서 바깥면의 굽힘 연장선의 교차점과 굽힘 접선과의 거리를 무엇이라 하는가?

㉮ 세트백(set back)
㉯ 굽힘각도(degree of bend)
㉰ 굽힘여유(bend allowance)
㉱ 최소반지름(minimum radius)

해설 ① 세트백(Set Back) : 성형점에서(mold point)에서 굴곡 접선(bend tanget line)까지의 거리
② 굴곡반경(Radius of Bend) : 접어 구부러진 재료의 안쪽에서 측정한 반경
③ 굴곡 허용량(BA bend allowance) : 접어 구부린 부분에 중립선상의 굴곡 접선 간의 길이
④ 성형점(Mold Point) : 접어 구부러진 재료의 바깥에서 연장한 직선의 교점
⑤ 굴곡 접선(Bend Tangent Line) : R의 중심에서 굴곡이 시작하거나 끝나는 선 즉 직선과 곡선을 나누어주는 선이다.

51 판금성형 작업시 릴리프 홀(relief hole)의 지름치수는 몇 인치 이상의 범위에서 굽힘반지름의 치수로 하는가?

㉮ 1/32   ㉯ 1/16
㉰ 1/8   ㉱ 1/4

해설 릴리프 홀(Relief hole)의 목적은 2개 이상 판재 굽힘 시 굽힘이 교차하는 장소는 응력이 집중하여 교점에 균열이 발생하는데 응력집중이 일어나는 교점에 응력제거 구멍을 뚫어주는 홀이며 판금성형 작업 시 릴리프 홀(relief hole) 지름치수는 1/8인치 이상의 범위에서 작업한다.

52 접개식 강착장치(retractable landing gear)에서 부주의로 인해 착륙장치가 접히는 것을 방지하기 위한 안전장치를 나열한 것은?

㉮ Down lock, safety pin, up lock
㉯ Down lock, up lock, ground lock
㉰ Up lock, safety pin, ground lock
㉱ Downlock, safety pin, groundlock

해설 지상에서 항공기 랜딩기어가 접히지 못하게 하는 안전장치는
① landing gear squat switch
② Ground Locks
③ Landing Gear Position Indicators
④ Nose Wheel Centering
⑤ Gear pin ground lock devices
⑥ Down lock

ANSWER 49 ㉮ 50 ㉮ 51 ㉰ 52 ㉱

53 그림과 같은 항공기에서 앞바퀴에 170kg, 뒷바퀴 전체에 총 540kg이 작용하고 있다면 중심위치는 기준선으로부터 약 몇 [m] 떨어진 지점인가?

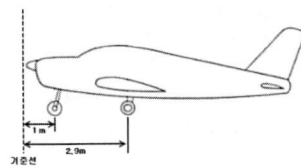

㉮ 2.91 ㉯ 2.45
㉰ 1.31 ㉱ 1

해설 항공기의 무게중심(CG : Center of gravity)을 구하는 문제로 공식은
무게중심 = 각각의 모멘트의 합 / 각각의 무게의 합 이다.
무게중심 = (170×1)+(540×2.9)/170+540 = 2.44
그러므로 항공기의 무게중심은 기준선에서 2.44m 되는 지점이다.

54 항공기용 볼트의 부품번호가 AN 3H-5A 인 경우 이 볼트의 재질은?

㉮ 알루미늄합금 ㉯ 내식강
㉰ 마그네슘합금 ㉱ 합금강

해설 AN 규격(AIRFORCE-NAVY AERONAUTICAL STANDARD)
- 3 : 볼트 지름이 3/16인치
- 재질 : 대쉬(-) : 합금강
- DD : 알루미늄 합금
- C : 내식강
- H : 머리에 구멍 유무(H : 구멍 유무 표시 : 구멍 무)
- 5 : 볼트 길이가 5/8인치
- A : 나사 끝에 구멍이 유무(A : 구멍 우무 표시 : 구멍 유)

55 그림과 같은 V-n 선도에서 조종사가 아무리 급격한 조작을 하여도 구조상 안전하게 기체가 파괴에 이르지 않는 비행상황에 해당되는 것은?

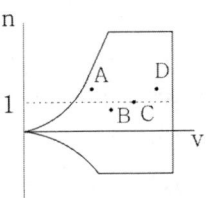

㉮ A ㉯ B
㉰ C ㉱ D

해설 VA 설계운용속도(Design maneuvering speed)
항공기가 어떤 속도로 수평 비행을 하다가 갑자기 조종 스틱을 당겨서 최대 양력계수의 상태로 될 때 큰 날개에 작용하는 하중배수가 그 항공기의 설계 제한 하중배수와 같게 되면 이 수평속도를 설계운용속도라고 한다.
설계운용속도 이하에서의 속도에서 급격한 조작을 하더라도 최대양력계수를 넘지 않게 되고 하중배수가 설계제한하중배수에 미치지 못하므로 어떤 조작을 해도 구조상 안전하다는 것이다. 설계운용속도 이상에서의 조작은 하중배수가 설계제한하중배수를 넘게 되면 구조상 문제가 될 수 있으므로 급격한 조작은 하면 안 된다.
그림에서 설계운용속도는 B 바로 앞에 부분이므로 A만 포함된다.

ANSWER 53 ㉯ 54 ㉱ 55 ㉮

56 두 판을 연결하기 위하여 외줄(single row) 둥근머리리벳(round head rivet) 작업을 할 때 리벳 최소연거리 및 리벳 간격으로 옳은 것은? (단, D는 리벳의 직경이다.)

㉮ 연거리 : 0.5D, 리벳간격 : 2D
㉯ 연거리 : 2D, 리벳간격 : 3D
㉰ 연거리 : 2.5D, 리벳간격 : 2D
㉱ 연거리 : 5D, 리벳간격 : 3D

[해설]

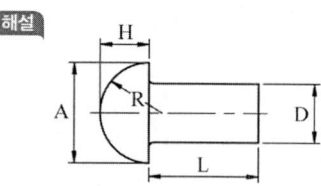

리벳의 지름(D)과 길이(L)

모서리부분과 가장 근접하는 리벳머리의 중심과의 거리를 연거리(끝거리)라고 한다. 일반 리벳(유니버설, 둥근머리 등)의 연거리는 리벳생크의 지름의 2배에서 4배이지만 플러쉬 리벳(접시머리리벳)은 2.5배에서 4배이다. 일렬로 배열한 리벳과 리벳의 중심 간 거리를 피치라고 하고 3D~12D(보통 6~8D)로 한다.

57 페일세이프(failsafe) 구조 개념을 옳게 설명한 것은?

㉮ 절대 파괴가 안 되는 완벽한 구조이다.
㉯ 이상적인 목표이나 실제로는 불가능한 구조이다.
㉰ 일부 구조물이 파손되더라도 전체 구조물의 안전을 보장하는 구조이다.
㉱ 파손이 일어나면 안전이 보장될 수 없다는 구조이다.

[해설] 페일세이프구조(Fail safe Structure)란 주요 부재(Main structure)가 피로파괴 되더라도 치명적이거나 과도한 구조 변형이 생기지 않도록 설계된 구조이다.

58 조종간이나 방향키 페달의 움직임을 전기적인 신호로 변환하고 컴퓨터에 입력 후 전기, 유압식 작동기를 통해 조종계통을 작동하는 조종방식은?

㉮ Power control system
㉯ Automatic pilot system
㉰ Fly-by-wirecontrolsystem
㉱ Push pull rod control system

[해설] 플라이 바이 와이어(FBW, fly-by-wire) 방식은 말 그대로 전선에 의한 비행, 기계식, 유압식 제어가 아닌 전기신호를 사용하여 보조날개, 승강타, 방향타를 제어하는 방식이며 기계적 연결 대신 조종사의 조작을 전기적 신호로 바꾸어서 와이어(전선)로 액추에이터(actuator)에 입력하여 전기적으로 제어하는 방식을 말한다.

ANSWER 56 ㉯ 57 ㉰ 58 ㉰

59 두 종류의 금속이 접촉한 곳에 습기가 침투하여 전해질이 형성될 때 전지현상에 의하여 양극이 되는 부분에 발생하는 부식은?

㉮ 표면부식
㉯ 점부식
㉰ 입자간부식
㉱ 이질금속간부식

해설
① 표면 부식(surface corrosion) : 세척용 화학약품이 연마된 금속표면에 산소와 결합하여 화학작용으로 발생한다.
② 점 부식(pitting corrosion) : 알루미늄합금, 마그네슘합금, 스테인레스강의 표면에 발생하는 일반적인 부식을 말하며 처음에 백색이나 회색의 부식 생성물이 나타나고 점차 홈 내에 침전된다. 미리 예방하거나 찾기 힘들고 빨리 진행되므로 위험한 부식이다.
③ 입자간 부식(intergranular corrosion) : 합금조직이 균일하게 밀집되지 않고 빈틈이나 변형이 있는 곳에 생기는 부식이다. 초기상태는 쉽게 검출이 안 되고 탐지하기 어려워 초음파 검사, 엑스레이 검사로 탐지하며 부식이 진행되면 금속이 부풀거나 박리되며 금속표면에 돌기가 생기고 얇은 조각으로 벗겨진다.
④ 전해 부식(galvanic corrosion) : 알루미늄합금, 스테인리스(stainless)강 같은 이질 금속이 접촉되는 부분에 발생한다. 이음매에 전위차에 의해 부식 생성물이 부풀어 올라 식별이 쉽다. 서로 다른 금속이 접촉하면 기전력이 발생하고 습기와 만나서 전류가 흘러 부식이 발생
⑤ 응력 부식(stress corrosion) : 강한 인장응력과 부식조건이 복합적으로 나타날 때 발생
⑥ 마찰 부식(fretting corrosion) : 볼트로 결합된 부품 사이의 미세한 움직임 같이 재료가 서로 밀착되어 작은 진동이 일어날 때 발생한다.
⑦ 미생물 부식(microbial corrosion) : 연료 탱크 내 미생물에 의해 발생하며, 연료 내 박테리아와 진균류가 원인이다.

60 항공기 기체 구조의 리깅(rigging) 작업 시 구조의 얼라인먼트(alignment) 점검 사항이 아닌 것은?

㉮ 날개 상반각
㉯ 수직 안정판 상반각
㉰ 수평 안정판 장착각
㉱ 착륙 장치의 얼라인먼트

해설 리깅시 얼라인먼트 체킹이 필요한 곳은 다음이 포함된다.
① 날개 상반각(Wing dihedral angle)
② 취부각, 붙임각(Wing incidence angle)
③ 수직, 수평꼬리날개의 직각 체크(Verticality of the fin)
④ 엔진 얼라이먼트(Engine alignment)
⑤ 대칭 체크(symmetry check)
⑥ 수평안정판 취부각(Horizontal stabilizer incidence)
⑦ 수평안정판 상반각(Horizontal stabilizer dihedral)
수직안정판에서는 상반각이 존재하지 않는다.

ANSWER 59 ㉱ 60 ㉯

제4과목 항공장비

61 단파(HF) 통신에서 안테나 커플러(antenna coupler)의 주된 목적은?

㉮ 송수신 장치와 안테나를 접속시키기 위하여
㉯ 송수신 장치와 안테나의 전기적인 매칭(matching)을 위하여
㉰ 송수신 장치에서 주파수 선택을 용이하게 하기 위하여
㉱ 송수신 장치의 안테나를 항공기 기체에 장착하기 위하여

해설 일반적으로 주파수가 클수록 큰 안테나를 사용사용할 수 밖에 없어 송수신기와 안테나의 전기적인 매칭을 위해 안테나 커플러(antenna coupler)해야 하지만 항공기에는 비교적 작은 안테나가 부착된다. 안테나 커플러는 전파를 수신하기 위해 안테나의 길이를 짧게 하기 위해 보상해주는 회로 장치이다.

62 다음 중 항공기 결빙을 막거나 조절하는데 사용되는 방법이 아닌 것은?

㉮ 아세톤 분사
㉯ 고온공기 이용
㉰ 전기적 열에 의한 가열
㉱ 공기가 주입되는 부츠(boots)의 이용

해설 제빙, 방빙 방법
알콜 분사, 고온의 압축공기, 전열기, 제빙부츠

63 서로 다른 종류의 금속을 접합하여 온도계기로 사용하는 열전대(thermocouple)에 대한 설명으로 옳은 것은?

㉮ 사용하는 금속은 동과 철이다.
㉯ 브리지 회로를 만들어 전압을 공급한다.
㉰ 출력에 나타나는 전압은 온도에 반비례 한다.
㉱ 지시계 접합부의 온도를 바이메탈로 냉점보정한다.

해설 서로 다른 금속 사이의 온도차를 준 경우 발생하는 전압을 열기전력이라 하고, 열기전력을 이용할 목적으로 서로 다른 금속을 접합한 것을 서모커플이라 한다. 열전대의 조합은 크로멜-알루멜, 철-콘스탄탄이 널리 이용된다. 서모커플식 온도계에서는 콜드 정션의 온도가 알려져 있지 않으면 온도 측정을 할 수 없다. 따라서 바이메탈에 의해 콜드 정션의 온도가 기계적으로 지시되고 핫정션과의 온도차에 의한 기전력에 지시계의 온도가 추가되어 핫정션의 온도가 나타난다.

64 전자기파 60MHz 주파수에 파장은 몇 [m]인가?

㉮ 5   ㉯ 10
㉰ 15   ㉱ 20

해설 파장(λ) = $\dfrac{빛의 속도(C)}{주파수(f)}$ = $\dfrac{3 \times 10^8}{60 \times 10^6}$ = 5m

ANSWER 61 ㉯ 62 ㉮ 63 ㉱ 64 ㉮

65 정류기(rectifier)의 기능은 무엇인가?

㉮ 직류를 교류로 변환
㉯ 계기 작동에 이용
㉰ 교류를 직류로 변환
㉱ 배터리 충전에 사용

[해설] 정류기(rectifier)
교류를 직류로 변환하는 장치

66 최대값이 141.4V인 정현파 교류의 실효값은 약 몇 [V]인가?

㉮ 90   ㉯ 100
㉰ 200 ㉱ 300

[해설] 실효값(V_s) = $\dfrac{최대값(V_{peak})}{\sqrt{2}}$ = $\dfrac{141.4V}{\sqrt{2}}$ = 100V

67 항공기 유압회로에서 필터(filter)에 부착되어 있는 차압지시계(differential pressure indicator)의 주된 목적은?

㉮ 필터 엘리멘트(element)가 오염되어 있는 상태를 알기 위한 지시계이다.
㉯ 필터 입력회로에 유압의 압력차를 지시하기 위한 지시계이다.
㉰ 필터 출력회로에서 귀환되어 유압의 압력차를 지시하기 위한 지시계이다.
㉱ 필터 출력회로에 압력이 높아질 경우 압력차를 알기 위한 지시계이다.

[해설] 항공기 유압만 아니라 모든 유압에서 필터의 역할은 이물질을 걸러내는 것이다. 필터에 이물질이 쌓이게 되면 관로에 저항이 증가하게 되어 필터의 전후에 압력차가 발생하게 된다. 필터 막힘을 사용자에게 알려 주기 위해서 차압계가 달려 나오기도 하고 추가로 장착하기도 한다. 차압계에는 그냥 눈으로 확인할 수 있도록 된 것도 있고 센서를 달아서 전기신호를 받을 수 있도록 된 것도 있다.

68 다용도 측정기기 멀티미터(multimeter)를 이용하여 전압, 전류 및 저항 측정시 주의 사항이 아닌 것은?

㉮ 전류계는 측정하고자 하는 회로에 직렬로, 전압계는 병렬로 연결한다.
㉯ 저항계는 전원이 연결되어 있는 회로에 절대로 사용하여서는 아니 된다.
㉰ 저항이 큰 회로에 전압계를 사용할 때는 저항이 작은 전압계를 사용하여 계기의 션트 작용을 방지해야 한다.
㉱ 전류계와 전압계를 사용할 때는 측정 범위를 예상해야 하지만, 그렇지 못할 때는 큰 측정 범위부터 시작하여 적합한 눈금에서 읽게 될 때까지 측정범위를 낮추어 간다.

[해설] 전류계는 회로와 직렬, 저항계와 전압계는 병렬로 연결한다. 저항계는 테스터기에서 전류가 흘러나오기 때문에 전원이 연결되어 있는 회로에 연결해서는 안 된다. 회로 내에 과전류와 과전압이 있을 수 있기에 전류계와 전압계는 테스터기의 큰 측정 범위부터 시작해서 지시값을 읽을 수 있을 때까지 낮추어 측정한다.

ANSWER 65 ㉰ 66 ㉯ 67 ㉮ 68 ㉰

69 항공기에서 주교류 전원이 없을 때 배터리 전원으로 교류전원을 발생시키는 장치는?

㉮ 컨버터 ㉯ DC발전기
㉰ 인버터 ㉱ 바이브레이터

해설 교류 발전기의 고장으로 인하여 교류 전원을 생성시킬 수 없는 경우에는 배터리에서 나오는 직류 전원을 인버터를 통해서 교류로 변환시켜 사용할 수 있다.

70 위성 통신에 관한 설명으로 틀린 것은?

㉮ 지상에 위성 지구국과 우주에 위성이 필요하다.
㉯ 통신의 정확성을 높이기 위하여 전파의 상향과 하향 링크 주파수는 같다.
㉰ 장거리 광역통신에 적합하고 통신거리 및 지형에 관계없이 전송 품질이 우수하다.
㉱ 위성 통신은 지상의 지구국과 지구국 또는 이동국 사이의 정보를 중계하는 무선통신방식이다.

해설 위성통신을 이용한 3차원의 위치(위도, 경도, 고도)를 결정하기 위해서는 우주에 4개의 위성과의 지상에 지구국과의 거리를 측정하는 것이 필요하다. 인공위성을 이용하여 전세계 어느 곳이라도 교신 가능한 데이터 및 음성 통신능력과 전파장애, 불감지역 등의 관계없이 가능하다. VHF 대역을 데이터 통신용으로 이용할 수 있다.

71 자기컴퍼스의 조명을 위한 배선 시 지시오차를 줄여주기 위한 효율적인 배선방법으로 옳은 것은?

㉮ −선을 가능한 자기컴퍼스 가까이에 접지시킨다.
㉯ +선과 −선은 가능한 충분한 간격을 두고 −선에는 실드선을 사용한다.
㉰ 모든 전선은 실드선을 사용하여 오차의 원인을 제거한다.
㉱ +선과 −선을 꼬아서 합치고 접지점을 자기컴퍼스에서 충분히 멀리 뗀다.

해설 자기 컴퍼스의 정면 상부에는 내부 조명용 소형 전구가 있고, 전구와 연결된 배선은 점등시 전류에 의한 자장으로 오차를 만들지 않도록 동축선이 이용되고 있다. 영구자석에 대한 지시오차를 줄이기 위해서 +, −극의 배선을 꼬아서 접지점을 멀리 둔다.

72 객실압력 경고 혼(horn)이 울리는 고도와 승객 산소공급 계통의 산소마스크가 자동으로 나타나게 되는 고도는 각각 몇 [ft]인가?

㉮ 8000ft, 14000ft
㉯ 8000ft, 10000ft
㉰ 10000ft, 15000ft
㉱ 10000ft, 14000ft

해설 여압 장치가 갖추어진 항공기는 객실고도가 8000ft 이하로 유지되므로 산소흡입은 불필요하나, 여압 장치의 고장 등으로 인하여, 10000ft 이상이 되면 경고음이 작동하고, 14000ft가 되면 산소마스크가 내려온다.

ANSWER 69 ㉰ 70 ㉯ 71 ㉱ 72 ㉱

73 자이로신 컴퍼스의 자방위판(컴퍼스 카드)은 어떤 신호에 의해 구동되는가?

㉮ 플럭스 밸브에서 전기 신호
㉯ 방향자이로 지시계(정침의)의 신호
㉰ 자이로수평 지시계(수평의)의 신호
㉱ 초단파 전방위 무선 표시장치(VOR)의 신호

해설) 자기 컴퍼스에는 많은 오차들이 있으나, 이 오차를 제거하기 위해 개발된 것이 자이로신 컴퍼스다. 지자기를 플럭스 밸브(자장을 감지하여 그 방향으로 향하는 전기 신호로 변환하는 장치)에 의해서 검출하고 플럭스 밸브에서는 전기 신호로 자방위가 발신된다.

74 다음 중 자장항법장치(independent position determining)가 아닌 장비는?

㉮ VOR   ㉯ Weather radar
㉰ GPWS   ㉱ Radio altimeter

해설) 전방향 표지시설(VOR : VHF ommni-diretional radio range beacon)
비행하는 항공기에게 VHF대역에서 방위각 정보를 제공하는 지상시설로 초단파 전방향 무선 표지 시설이다.
VOR은 공항에 있는 시설이고, 기상 레이더, 대지접근 경고장치, 전파고도계는 항공기에 있는 장치다.

75 속도를 지시하는 방법으로 전압(total pressure)과 정압(static pressure) 차를 감지하여 해면고도에서의 밀도를 도입하여 계기에 지시하는 속도는?

㉮ 등가대기속도(EAS)
㉯ 진대기속도(TAS)
㉰ 지시대기속도(IAS)
㉱ 수정대기속도(CAS)

해설) ㉮ 등가대기속도(EAS) : CAS에서 공기의 압축성을 고려한 경우의 값으로 고쳐진 속도
㉯ 진대기속도(TAS) : EAS에서 밀도가 변해서 생기는 지시의 변화를 수정한 속도
㉰ 지시대기속도(IAS) : 전압, 정압, 지시기 오차 등을 포함한 실제 지시한 속도
㉱ 수정대기속도(CAS) : IAS에서 전압, 정압, 지시기 오차 등을 수정한 속도

76 다음 중 가변 용량 펌프에 해당하는 것은?

㉮ 제로터형 펌프   ㉯ 기어형 펌프
㉰ 피스톤형 펌프   ㉱ 베인형 펌프

해설)
• 유압펌프 : 기계적 에너지를 유압에너지로 바꾸는 것으로 유체에 압력을 가하는 장치이다. 종류에는 기어형, 지로터형, 베인형, 피스톤형이 있다. 저압에는 기어형이 사용되고, 고압에는 피스톤형이 이용된다.
• 피스톤형 펌프 : 피스톤이 실린더 내에서 왕복운동을 하여 펌프 작용을 하며, 고속, 고압의 유압장치에 적합하다. 구조가 복잡하고 값이 비싸다. 고정 체적형과 가변 체적형이 있다.

ANSWER 73 ㉮ 74 ㉮ 75 ㉰ 76 ㉰

77 교류 발전기의 출력 주파수를 일정하게 유지시키는데 사용되는 것은?

㉮ Magn-amp
㉯ Brushless
㉰ Carbon pile
㉱ Constant speed drive

해설 정속 구동 장치(CSD : constant speed drive) 항공기의 교류 발전기는 전압을 일정하게 유지함과 동시에 주파수 또한 일정하게 유지할 필요가 있다. 그렇기에 엔진과 발전기 사이에 정속 구동 장치를 설치하여 엔진의 회전수가 변화해도 발전기의 회전수가 일정하게 유지되도록 하고 있다.

78 배기가스를 히터로 사용하는 계통에서 부품의 결함을 검사하는 방법으로 가장 효율적인 것은?

㉮ 자기탐상검사를 주기적으로 실시한다.
㉯ 주기적으로 일산화탄소 감지시험을 한다.
㉰ 기관오버홀 시 히터를 새 것으로 교환한다.
㉱ 매 100시간마다 배기계통의 부품을 교환한다.

해설 난방에 이용되는 압축공기는 가열되어 있으나, 온도를 높일 경우 추가로 가열해야 한다. 연소가열기, 전열기, 열교환기 등을 사용한다. 소형기의 경우 여압공기가 아니므로, 히터머프(heater muff)를 내부로 통과시켜 주위로 지나는 램에어가 가열되도록 하는 방법이다. 배기관에 균열이 조금이라도 있을 때 인체에 유해한 일산화탄소가 포함된 배기가스가 객실 내부로 유입되어 위험하다. 정비 시 비눗물을 칠하여 거품이 발생되어 새는지 확인해야 한다.

79 전자식 객실 온도 조절기에서 혼합 밸브의 목적은?

㉮ 차가운 공기흐름의 방향 변화를 위해
㉯ 공기를 가스에서 액체로 변화시키기 위해
㉰ 장치 내의 프레온과 오일을 혼합하기 위해
㉱ 더운 공기와 찬 공기를 혼합하여 분배하기 위해

해설 객실의 공기 온도 조절은 터빈을 거쳐서 직접 객실로 가는 찬 공기에다 1차 열교환기만 거친 따뜻한 공기를 온도 조절기에 의해 조절하여 섞이게 하고, 엔진 압축기로부터 공급되는 블리드 에어를 객실 온도 조절 밸브에서 조절하여 앞의 것들과 섞이게 한 다음, 수분 분리기를 거쳐 객실로 공급한다. 전자식 객실 온도 조절기(Electronic temperature control system)의 작동은 서미스터에 의한 저항치 변화의 신호를 받아 혼합 밸브 작동기를 조절한다.

80 통신위성시스템에서 지구국의 일반적인 구성이 아닌 것은?

㉮ 송수신계   ㉯ 감쇠계
㉰ 변복조계   ㉱ 안테나계

해설 통신위성시스템에서 항공기 지구국은 송·수신기가 기내에 장착되어 있는데, 변조기, 복조기, 신호 발생기, 음성코드 장치, 내부 통제 시스템, 증폭기, 안테나 시스템으로 구성되어 있다.

ANSWER 77 ㉱ 78 ㉯ 79 ㉱ 80 ㉯

2014 제2회 항공산업기사 기출문제

제1과목 항공역학

01 다음 중 마하 트리머(Mach trimmer)로 수정할 수 있는 주된 현상은?

㉮ 더치 롤(Duch roll)
㉯ 턱 언더(Tuck under)
㉰ 나선 불안정(Spiral divergence)
㉱ 방향 불안정(Directional divergence)

해설 마하트리머
턱 언더가 발생하면 항공기의 기수가 아래쪽으로 내려가므로 이 현상을 방지하기 위해 수평안정판을 기수가 올라가는 방향으로 움직여주는 장치를 말한다.

02 양항비가 10인 항공기가 고도 2000m에서 활공시 도달하는 활공거리는 몇 [m]인가?

㉮ 10000   ㉯ 15000
㉰ 20000   ㉱ 40000

해설
$\tan\theta = \dfrac{고도}{활공거리} = \dfrac{1}{양항비}$
∴ 활공거리 = 고도×양항비 = 2000×10

03 층류와 난류에 대한 설명으로 틀린 것은?

㉮ 난류는 층류에 비해 마찰력이 크다.
㉯ 난류는 층류보다 박리가 쉽게 일어난다.
㉰ 층류에서 난류로 변하는 현상을 천이라 한다.
㉱ 층류에서는 인접하는 유체층 사이에 유체입자의 혼합이 없고 난류에서는 혼합이 있다.

해설 난류가 층류보다 흐름의 떨어짐(박리)에 강하기 때문에 흐름의 떨어짐을 방지하기 위해서는 흐름을 난류로 바꿔주는 와류발생장치를 장착하여야 한다.

04 고정 날개 항공기의 자전운동(Auto rotation)이 발생할 수 있는 조건은?

㉮ 낮은 받음각 상태
㉯ 실속 받음각 이전 상태
㉰ 최대 받음각 상태
㉱ 실속 받음각 이후 상태

해설 자전운동
실속각 이전의 받음각 상태에서 옆놀이가 발생하면 평형의 상태로 되돌아오려는 가로 안정성이 생기지만 실속각 이상의 받음각에서 옆놀이 운동이 발생하여 비행기가 평형의 상태로 돌아오지 못하고 계속 옆놀이를 유지하는 상태를 말한다.

ANSWER 01 ㉯ 02 ㉰ 03 ㉯ 04 ㉱

05 다음 중 항공기의 가로안정성을 높이는 데 일반적으로 가장 기여도가 높은 것은?

㉮ 수직꼬리날개　㉯ 주 날개의 상반각
㉰ 수평꼬리날개　㉱ 주 날개의 후퇴각

[해설] 가로안정성 요소
• 쳐든각 효과
• 뒤젖힘각 효과
• 날개의 동체 부착 높이
• 수직꼬리날개의 면적

06 다음 중 테이퍼형 날개(taper wing)의 실속특성으로 옳은 것은?

㉮ 날개 끝에서부터 실속이 일어난다.
㉯ 날개 뿌리에서부터 실속이 일어난다.
㉰ 초음속에서 와류의 형태로 실속이 감소한다.
㉱ 스팬(span) 방향으로 균일하게 실속이 발생한다.

[해설] 날개별 실속특성
• 직사각형 날개 : 날개 뿌리부터 실속 발생
• 테이퍼형 날개 : 날개 끝에서부터 실속 발생
• 타원형 날개 : 스팬 방향으로 균일하게 실속이 발생

07 무게가 1500kg인 비행기가 30°경사각, 100km/h의 속도로 정상선회를 하고 있을 때 선회반경은 약 몇 [m]인가?

㉮ 13.6　　㉯ 136.4
㉰ 1364　　㉱ 1500

[해설]
$$R = \frac{V^2}{g \cdot \tan\theta} = \frac{(\frac{100}{3.6})^2}{9.8 \times \tan 30°}$$

08 비행기가 수평 비행시 최소 속도를 나타내는 식으로 옳은 것은? (단, W : 비행기 무게, ρ : 밀도, S : 기준면적, C_{LMAX} : 최대양력계수이다.)

㉮ $\sqrt{\dfrac{2W\rho}{SC_{LMAX}}}$　㉯ $\sqrt{\dfrac{SW}{\rho C_{LMAX}}}$

㉰ $\sqrt{\dfrac{2W}{\rho SC_{LMAX}}}$　㉱ $\sqrt{\dfrac{2S\rho}{WC_{LMAX}}}$

[해설]
$$L = W = \frac{1}{2} \cdot \rho \cdot V^2 \cdot S \cdot C_{Lmax}$$
$$V = \sqrt{\frac{2 \cdot W}{\rho \cdot S \cdot C_{Lmax}}}$$

09 헬리콥터를 전진비행 또는 원하는 방향으로의 비행을 위해 회전면을 기울여 주는 조종장치는?

㉮ 페달
㉯ 콜렉티브 조종레버
㉰ 피치 암
㉱ 사이클릭 조종레버

[해설]
• 페달 : 기수의 방향 조종
• 콜렉티브 조종레버 : 헬리콥터 상하운동

10 레이놀즈수(Reynolds Number)에 대한 설명으로 틀린 것은?

㉮ 단위는 cm²/s이다.
㉯ 동점성계수에 반비례한다.
㉰ 관성력과 점성력의 비를 표시한다.
㉱ 임계레이놀즈수에서 천이현상이 일어난다.

ANSWER　05 ㉯　06 ㉮　07 ㉯　08 ㉰　09 ㉱　10 ㉮

해설
$$Re = \frac{관성력}{점성력} = \frac{\rho \cdot A \cdot V^2}{\mu \cdot \frac{A \cdot V}{L}} = \frac{\rho \cdot V \cdot L}{\mu}$$
$$= \frac{V \cdot L}{\nu}$$

레이놀즈 수는 힘과 힘의 비율로 단위가 없는 무차원수이다.
cm²/s = stokes(동점성계수의 cgs단위)

11 헬리콥터가 자전강하(Auto-Rotation)를 하는 경우로 가장 적합한 것은?

㉮ 무동력 상승비행
㉯ 동력 상승비행
㉰ 무동력 하강비행
㉱ 동력 하강비행

해설 자전 하강
헬리콥터 기관 고장 시 최소한의 양력을 만들기 위하여 하강하는 속도에 의해 주회전날개를 회전시켜 양력을 확보하는 비행을 말한다.

12 밀도가 0.1kg·s²/m⁴인 대기를 120m/s의 속도로 비행할 때 동압은 몇 [kg/m²]인가?

㉮ 520   ㉯ 720
㉰ 1020   ㉱ 1220

해설 $q(동압) = \frac{1}{2} \cdot \rho \cdot V^2 = \frac{1}{2} \times 0.1 \times 120^2$

13 이륙중량이 1500kg, 기관출력이 250HP인 비행기가 해면고도를 80%의 출력으로 180km/h로 순항비행할 때 양항비는?

㉮ 5.0   ㉯ 5.25
㉰ 6.0   ㉱ 6.25

해설
$L = W$
$D = T$
$\rightarrow \frac{L}{D} = \frac{W}{T} \rightarrow T = W \cdot \frac{D}{L}$
$\rightarrow T = W \cdot \frac{1}{양항비}$
$\therefore 양항비 = W \cdot \frac{1}{T} = 1500 \times \frac{1}{250 \times 0.8}$

14 비행기의 방향 조종에서 방향키 부유각(Float angle)에 대한 설명으로 옳은 것은?

㉮ 방향키를 밀었을 때 공기력에 의해 방향키가 변위되는 각
㉯ 방향키를 당겼을 때 공기력에 의해 방향키가 변위되는 각
㉰ 방향키를 고정했을 때 공기력에 의해 방향키가 변위되는 각
㉱ 방향키를 자유로 했을 때 공기력에 의해 방향키가 자유로이 변위되는 각

ANSWER   11 ㉰   12 ㉯   13 ㉮   14 ㉱

15 프로펠러의 회전수가 3000rpm, 지름이 6ft, 제동마력이 400HP일 때 해발고도에서의 동력계수는 약 얼마인가? (단, 해발고도에서 공기밀도는 0.002378slug/ft³이다.)

㉮ 0.015 ㉯ 0.035
㉰ 0.065 ㉱ 0.095

해설

$P(동력) = C_t \cdot \rho \cdot n^3 \cdot D^5$

$C_t = \dfrac{P}{\rho \cdot n^3 \cdot D^5} = \dfrac{400}{0.002378 \times (\dfrac{3000}{60})^3 \times 6^5}$

16 프로펠러 항공기의 항속거리를 최대로 하기 위한 조건으로 옳은 것은? (단, C_{Dp}는 유해항력계수, C_{Di}는 유도항력계수이다.)

㉮ $C_{Dp} = C_{Di}$ ㉯ $C_{Dp} = 2C_{Di}$
㉰ $C_{Dp} = 3C_{Di}$ ㉱ $3C_{Dp} = C_{Di}$

17 다음 중 프로펠러 효율에 대한 설명으로 옳은 것은?

㉮ 축동력에 비례한다.
㉯ 회전력계수에 비례한다.
㉰ 진행률에 비례한다.
㉱ 추력계수에 반비례한다.

해설

$J(진행률) = \dfrac{V}{n \cdot D}$

$\eta = \dfrac{T \cdot V(프로펠러의 동력)}{P(엔진의 동력)}$

$= \dfrac{C_t \cdot \rho \cdot n^2 \cdot D^4 \cdot V}{C_p \cdot \rho \cdot n^3 \cdot D^5} = \dfrac{C_t}{C_p} \cdot \dfrac{V}{n \cdot D}$

$= \dfrac{C_t}{C_p} \cdot J$

18 항공기에 장착된 도살핀(Dorsal fin)이 손상되었을 때 발생되는 현상은?

㉮ 방향 안정성 증가
㉯ 동적 세로 안정 감소
㉰ 방향 안정성 감소
㉱ 정적 세로 안정 증가

해설 도살핀

수직꼬리날개와 동체를 연결하는 큰 판으로 도살핀 장착 시 큰 옆미끄럼 각에서의 안정성이 증가하고, 수직 꼬리 날개의 유효가로세로비를 감소시켜 실속각을 증가시킨다.

19 다음 중 뒤젖힘 날개의 가장 큰 장점은?

㉮ 임계마하수를 증가시킨다.
㉯ 익단 실속을 막을 수 있다.
㉰ 유도항력을 무시할 수 있다.
㉱ 구조적 안전으로 초음속기에 적합하다.

20 유도항력계수에 대한 설명으로 옳은 것은?

㉮ 유도항력계수와 유도항력은 반비례한다.
㉯ 유도항력계수는 비행기 무게에 반비례한다.
㉰ 유도항력계수는 양력의 제곱에 반비례한다.
㉱ 날개의 가로세로비가 크면 유도항력계수는 작다.

해설

$D_i(유도항력) = \dfrac{1}{2} \cdot \rho \cdot V^2 \cdot S \cdot C_{Di}$

$C_{Di}(유도항력계수) = \dfrac{C_L^2}{\pi \cdot e \cdot AR}$

ANSWER 15 ㉱ 16 ㉮ 17 ㉰ 18 ㉰ 19 ㉮ 20 ㉱

제2과목 항공기관

21 속도 1080km/h로 비행하는 항공기에 장착된 터보제트 기관이 294kg/s로 공기를 흡입하여 400m/s로 배기시킬 때 비추력은 약 얼마인가?

㉮ 8.2   ㉯ 10.2
㉰ 12.2 ㉱ 14.2

22 그림과 같은 브레이튼(Brayton) 사이클의 P-V 선도에 대한 설명으로 옳은 것은?

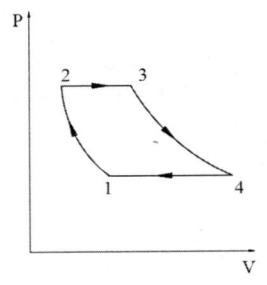

㉮ 1-2 과정 중 온도는 일정하다.
㉯ 2-3 과정 중 온도는 일정하다.
㉰ 3-4 과정 중 엔트로피는 일정하다.
㉱ 4-1 과정 중 엔트로피는 일정하다.

23 가스터빈기관의 연료계통에서 연료필터(또는 연료여과기)는 일반적으로 어느 곳에 위치하는가?

㉮ 항공기 연료탱크 위에 위치한다.
㉯ 기관연료펌프의 앞뒤에 위치한다.
㉰ 기관연료계통의 가장 낮은 곳에 위치한다.
㉱ 항공기 연료계통에서 화염원과 먼 곳에 위치한다.

[해설] 가스터빈기관의 연료계통 및 윤활계통에서 여과기(필터)는 대부분 펌프의 앞이나 뒤에 설치하여 펌프에서 나온 연료나 윤활유를 걸러준다.

24 다음 중 비가역 과정에서의 엔트로피 증가 및 에너지 전달의 방향성에 대한 이론을 확립한 법칙은?

㉮ 열역학 제0법칙 ㉯ 열역학 제1법칙
㉰ 열역학 제2법칙 ㉱ 열역학 제3법칙

[해설] 열역학 제2법칙
고립계에서 총 엔트로피의 변화는 항상 증가하거나 일정하며 절대로 감소하지 않는다. 에너지 전달에는 방향이 있다는 것이다. 즉 자연계에서 일어나는 모든 과정들은 가역과정이 아니라는 것이다.

ANSWER 21 ㉯ 22 ㉰ 23 ㉯ 24 ㉰

25 대형 터보팬기관에서 역추력 장치를 작동시키는 방법은?

㉮ 플랩 작동시 함께 작동한다.
㉯ 항공기의 자중에 따라 고정된다.
㉰ 제동장치가 작동될 때 함께 작동한다.
㉱ 스로틀 또는 파워레버에 의해서 작동한다.

해설 터보팬기관에서 역추력 장치를 작동시키기 위해서는 착륙과정 중 스로틀이나 파워레버를 내렸다가 역추력 장치와 함께 최대로 작동시켰다가 정지시킨다.

26 왕복기관의 고압 마그네토(Magneto)에 대한 설명으로 틀린 것은?

㉮ 전기누설 가능성이 많은 고공용 항공기에 적합하다.
㉯ 콘덴서는 브레이커 포인트와 병렬로 연결되어 있다.
㉰ 마그네토의 자기회로는 회전영구자석, 폴슈(Pole shoe) 및 철심으로 구성되었다.
㉱ 1차 회로는 브레이커 포인트가 붙어있을 때에만 폐회로를 형성한다.

해설 고압 마그네토를 장착한 항공기는 전기누설의 가능성이 크기 때문에 고공용 항공기에 적합하지 않다.

27 왕복기관에서 실린더의 압축비로 옳은 것은? (단, V_C : 간극체적(Clearance volume), V_S : 행정체적이다.)

㉮ $\dfrac{V_S}{V_C}$ ㉯ $\dfrac{V_C+V_S}{V_S}$

㉰ $\dfrac{V_C}{V_S}$ ㉱ $\dfrac{V_S+V_C}{V_C}$

28 초음속 항공기의 기관에 사용하는 배기노즐로 초음속 제트를 효율적으로 얻기 위한 노즐은?

㉮ 수축노즐   ㉯ 확산노즐
㉰ 수축확산노즐   ㉱ 동축노즐

해설 초음속 항공기는 속도의 변화가 다양하기 때문에(아음속→초음속→아음속) 흡입관이나 배기관 모두 가변면적 또는 수축-확산형을 사용해야 한다.

ANSWER 25 ㉱ 26 ㉮ 27 ㉱ 28 ㉰

29 터빈 깃의 냉각방법 중 깃 내부를 중공으로 하여 차가운 공기가 터빈 깃을 통하여 스며 나오게 함으로써 터빈 깃을 냉각시키는 것은?

㉮ 대류 냉각 ㉯ 충돌 냉각
㉰ 공기막 냉각 ㉱ 증발 냉각

[해설]
- 대류 냉각(convection cooling) : 터빈 깃 내부에 막을 설치하고, 블리드 공기를 흐르도록 하여 냉각시킨다. 냉각 방법이 간단하여 많이 사용된다.
- 충돌 냉각(impingement cooling) : 터빈 깃 내부에 작은 공기 통로를 설치하고, 내부 통로의 날개 앞전 방향으로 작은 홈을 내 냉각 공기를 흐르게 하여 안쪽 표면에서 공기를 충돌시켜 냉각시킨다.
- 공기막 냉각(air film cooling) : 터빈 깃을 중공으로 만들고 터빈 깃의 표면에 작은 홈을 내 이곳으로 찬 공기를 빠져나오게 하여 터빈 깃 표면에 얇은 공기막을 형성시켜 터빈 깃에 고온, 고압의 연소가스가 직접적으로 닿는 것을 방지하고 터빈 깃을 보호하며, 냉각을 시킨다.
- 침출 냉각(transpiration cooling) : 터빈 깃을 다공성 재료로 만들어 깃 내부에 공기 통로를 만들어 차가운 공기가 터빈 깃 내부에서 외부로 나가게 함으로써 냉각을 시킨다. 침출 냉각은 냉각 성능이 가장 우수하지만, 재료상의 강도문제로 사용하기 어렵다는 단점이 있다.

30 항공기 왕복기관 연료의 안티노크(Anti-knock)제로 가장 많이 사용되는 것은?

㉮ 벤젠 ㉯ 4에틸납
㉰ 톨루엔 ㉱ 메틸알코올

[해설] 테트라에틸납으로 납 원자에 에틸기 4개가 결합한 화합물이다. 무색 가연성 액체로, 독성이 매우 강하다. 주로 항공기나 자동차용 연료의 내폭성을 높여 노킹현상을 방지하기 위하여 연료와 섞어 사용한다.

31 다음 중 왕복기관에서 순환하는 오일에 열을 가하는 요인 중 가장 작은 영향을 주는 것은?

㉮ 커넥팅로드 베어링
㉯ 연료펌프
㉰ 피스톤과 실린더벽
㉱ 로커암 베어링

32 왕복기관의 작동여부에 따른 흡입 매니폴드(Intake manifold)의 압력계가 나타내는 압력을 옳게 설명한 것은?

㉮ 기관 정지시 대기압과 같은 값, 작동하면 대기압보다 낮은 값을 나타낸다.
㉯ 기관 정지시 대기압보다 낮은 값, 작동하면 대기압보다 높은 값을 나타낸다.
㉰ 기관 정지시나 작동시 대기압보다 항상 낮은 값을 나타낸다.
㉱ 기관 정지시나 작동시 대기압보다 항상 높은 값을 나타낸다.

ANSWER 29 ㉮ 30 ㉯ 31 ㉯ 32 ㉮

33 가스터빈기관의 정상 시동시에 일반적인 시동절차로 옳은 것은?

㉮ Starter "ON" → Ignition "ON" → Fuel "ON" → Ignition "OFF" → Starter "Cut-OFF"
㉯ Starter "ON" → Fuel "ON" → Ignition "ON" → Ignition "OFF" → Starter "Cut-OFF"
㉰ Starter "ON" → Ignition "ON" → Fuel "ON" → Starter "Cut-OFF" → Ignition "OFF"
㉱ Starter "ON" → Fuel "ON" → Ignition "ON" → Starter "Cut-OFF" → Ignition "OFF"

[해설] 기관의 시동 순서
① 스로틀 레버 : idle
② 연료 차단 레버 : close
③ 메인 스위치 : on
④ 연료 계통 차단 스위치 : open
⑤ 연료 부스터 펌프 스위치 : on
⑥ 시동 스위치 : on
⑦ 점화 스위치 : on
⑧ 연료 차단 레버 : open
⑨ EGT 계기 확인 후 정상 작동여부 확인(연료 계통 작동 후 20초 이내 시동 완료, 2분 이내 완속 회전수 도달해야 할 것)
⑩ 기관 시동 스위치 : off
⑪ 점화 스위치 : off

34 가스터빈기관에서 연료/오일 냉각기의 목적에 대한 설명으로 옳은 것은?

㉮ 연료와 오일을 함께 냉각한다.
㉯ 연료는 가열하고 오일은 냉각한다.
㉰ 연료는 냉각하고 오일 속의 이물질을 가려낸다.
㉱ 연료 속의 이물질을 가려내고 오일은 냉각한다.

[해설] 연료오일 냉각기는 차가운 연료는 가열하고, 뜨거운 오일은 냉각을 시킨다. 각각의 유체의 열평형을 이용하여 데우고 식히므로 열교환기라고도 한다.

35 다음 중 프로펠러를 회전시켜 추진력을 얻는 가스터빈기관은?

㉮ 램제트기관   ㉯ 펄스제트기관
㉰ 터보제트기관   ㉱ 터보프롭기관

[해설] 터보 프롭 기관(Turbo Prop, Engine)
비교적 느린 비행속도에서 큰 효율과 추력을 낼 수 있으나, 속도가 마하 0.5(약 610km/h) 이상으로 빨라지게 되면 프로펠러의 효율이 급격히 떨어지게 되어 고속 비행을 하는 항공기에는 적합하지 않다. 또한, 순항 비행 시 100% 추력 중 70~95%를 프로펠러에서 발생하고, 나머지 5~30%를 배기가스의 분사 추력으로 발생한다는 특징이 있다. 주로 소형 항공기에 사용한다.

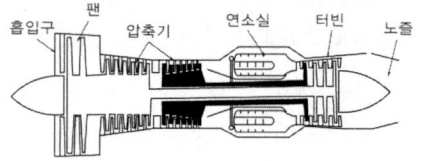

터보프롭 기관

ANSWER 33 ㉮ 34 ㉯ 35 ㉱

36 다음 중 항공기 왕복기관에서 일반적으로 가장 큰 값을 갖는 것은?

㉮ 마찰마력 ㉯ 제동마력
㉰ 지시마력 ㉱ 모두 같다.

해설 지시마력은 실린더 내의 기체가 피스톤에 가한 힘을 나타내는데 일반적으로 가장 큰 값을 갖는다.

37 정속 프로펠러에서 파일롯 밸브(Pilot valve)를 작동시키는 힘을 발생시키는 것은?

㉮ 프로펠러 감속기어
㉯ 조속펌프 유압
㉰ 엔진오일 유압
㉱ 플라이 웨이트

해설 파일럿 밸브는 플라이 웨이트의 원심력과 스피더 스프링의 장력에 의하여 작동하며, 오일의 흐름을 제어하는 역할을 한다.

38 왕복기관의 지시마력을 구하는 방법은?

㉮ 동력계로 측정한다.
㉯ 마찰마력으로 구한다.
㉰ 지시선도(Indicator diagram)를 이용한다.
㉱ 프로니 브레이크(Prony brake)를 이용한다.

해설 지시선도
왕복 기관의 실린더 안의 압력이 피스톤의 움직임에 따라 변하는 모양을 선으로 나타낸 그림

39 항공기 왕복기관을 작동 후 검사하여 보니 오일 소모가 많고 점화플러그가 더러워졌다면 그 원인이 아닌 것은?

㉮ 점화플러그 장착 불량
㉯ 실린더 벽의 마모 증가
㉰ 피스톤링의 마모 증가
㉱ 밸브가이드의 마모 증가

40 프로펠러 깃의 스테이션 넘버(Station number)에 대한 설명으로 옳은 것은?

㉮ 프로펠러 전연에서 후연으로 갈수록 감소한다.
㉯ 프로펠러 허브에서 팁(Tip)으로 갈수록 감소한다.
㉰ 프로펠러 전연(Leading edge)에서 후연(Trailing edge)으로 갈수록 증가한다.
㉱ 프로펠러 허브(Hub)의 중앙은 스테이션 넘버 "0"이다.

해설 깃 스테이션(STA)은 허브의 중심에서 6인치 간격으로 팁까지 나누어 표시한다. 프로펠러의 깃의 성능, 깃의 위치, 손상의 위치, 깃 각을 측정하기 위한 지점을 쉽게 찾기 위해서 설정하였다.

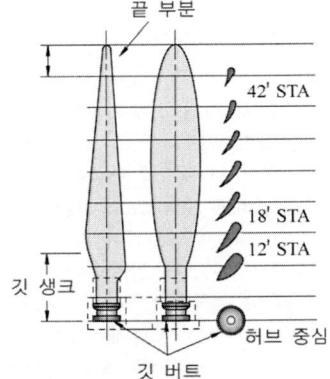

ANSWER 36 ㉰ 37 ㉱ 38 ㉰ 39 ㉮ 40 ㉱

제3과목 항공기체

41 복합재료(Composite material)를 설명한 것으로 옳은 것은?

㉮ 금속과 비금속을 배합한 합성재료
㉯ 샌드위치 구조로 만들어진 합성재료
㉰ 2가지 이상의 재료를 화학반응을 일으켜 만든 합금재료
㉱ 2가지 이상의 재료를 일체화하여 우수한 성질을 갖도록 한 합성재료

해설 복합재료란 두 종류 이상의 소재를 인위적으로 조합하여 원래의 소재보다 뛰어난 성질이나 아주 새로운 성질을 갖도록 만들어진 재료로 Matrix(모체 or 기반)+Reinforce(보강재 or 강화제)로 구성된다. 예를 들면 철근, 지푸라기는 보강재이고 시멘트, 흙은 모체이다. 참고로 현재 얇은 알루미늄 판재와 유리섬유 박판을 여러겹 적층하여 강도를 유지하는 글레어(glare)도 사용된다.

42 응력 외피형 날개의 주요 구조 부재가 아닌 것은?

㉮ 스파(Spar)   ㉯ 리브(Rib)
㉰ 스킨(Skin)   ㉱ 프레임(Frame)

해설 응력외피구조의 날개 구성
① 스파(Wing Spar) : 항공기 날개의 가로방향으로 굽힘하중을 견디는 중요 부위로 스킨 및 스트링거의 응력을 스파에 전달하는 역할을 담당하고 Stabilizer, aileron, elevator, rudder, flap에 설치되어 있다.
② 세로지(Stringer) : 압축응력에 의한 좌굴(buckling, 기둥의 윗쪽에 높은 하중으로 좌굴(휘어져서)되서 파괴되는 경우 압축력에 의해 굽힘이 되어 파괴되는 현상)을 방지한다.
③ 리브(Wing Rib) : 날개 캠버의 형태를 만들어 내는 부재로 airfoil을 유지하는 중요 부위로 스킨 및 스트링거의 응력을 스파에 전달하는 역할을 담당하고 Stabilizer, aileron, elevator, rudder, flap에 설치되어 있다. 프레임은 동체에서 윈드실드나 승객출입구 등을 형성하기 위한 틀을 말한다.

43 리벳 머리 모양에 따른 분류기호 중 둥근 머리 리벳은?

㉮ AN 426   ㉯ AN 455
㉰ AN 430   ㉱ AN 470

해설
① 카운트성크리벳(Countersunk or flush head, AN426 or MS20426) : 공기의 저항을 줄이기 위해서 항공기 외피에 사용한다.
② 유니버셜리벳(universal head, AN470 or MS20470) : 모든 다른 리벳 대신에 사용되며 소형기는 외피에, 대형기는 내부 구조에 사용한다.
③ 둥근머리 리벳(round head, AN430 or MS 20430) : 기체 내부 구조 두꺼운 판의 결합에 사용
④ 납작머리리벳(flat head, AN441 or AN442) : 내부 구조에 사용
⑤ 브래지어리벳(Brazier head, AN455 or AN 456) : 머리 부분이 지름이 크고 높이가 낮아서 얇은 판의 항공기 외피용

ANSWER 41 ㉱ 42 ㉱ 43 ㉰

44 그림과 같은 판재 가공을 위한 레이아웃에서 성형점(Mold point)을 나타낸 것은?

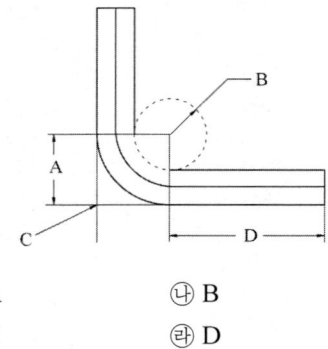

㉮ A ㉯ B
㉰ C ㉱ D

해설
㉮ A : 세트백(SB : Set Back)
성형점(mold point)에서 굴곡 접선(bend tangent line)까지의 거리(outside setback)이다.
㉯ B : 굴곡반경(Radius of Bend)
접어 구부러진 재료의 안쪽에서 측정한 반경으로 보통 튜브를 굽힐 때 튜브벤더의 반지름을 말한다.
㉰ C : 성형점(Mold Point)
외부접선과 외부접선을 확장하여 연결하였을 때 만나는 점, 즉 접어 구부러진 재료의 바깥에서 연장한 직선의 교점을 말한다.

45 거스트 락(Gust Lock) 장치에 대한 설명으로 옳은 것은?

㉮ 비행 중인 항공기의 조종면을 돌풍으로부터 파손되지 않게 고정시키는 장치이다.
㉯ 내부 고정장치, 조종면 스누버, 외부 조종면 고정장치가 있다.
㉰ 동력 조종장치 항공기는 유압실린더의 댐퍼 작용으로 가스트 락 장치가 반드시 필요하다.
㉱ 가스트 락 장치는 지상에서 오작 하지 않도록 해야 한다.

해설 거스트 락(Gust Lock) 장치
거스트는 사전적인 의미로 돌풍을 뜻하여 돌풍 고정장치라고 하며 조종실 내에 컨트롤 락 할 수 있는 내부 고정장치, 항공기를 지상에 계류 시 바람에 의해서 조종면이 정지 장치에 부딪히는 것을 방지하기 위한 지상 잠금장치가 있다.

46 그림과 같이 길이 ℓ인 캔틸레버보의 자유단에 집중력 P가 작용하고 있다면 보의 최대굽힘모멘트는? (단, A는 보의 단면적, E는 탄성계수이다.)

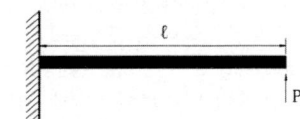

㉮ $\dfrac{P\ell^2}{2AE}$ ㉯ $\dfrac{P\ell}{AE}$

㉰ $\dfrac{P^2\ell}{2AE}$ ㉱ $P\ell$

해설 기둥 등에 집중 하중이 걸릴 때 지지점에 있어서의 반력과 지지점으로부터 하중까지 거리의 곱을 하중점에서의 굽힘 모멘트라 한다.
$P \times \ell = P\ell$

ANSWER 44 ㉰ 45 ㉯ 46 ㉱

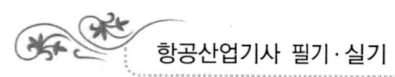

47 완충효율이 우수하여 대형기의 착륙장치에 많이 사용되는 완충(Shock absorber) 장치 형식은?

㉮ 오레오(Oleo)식
㉯ 공기압력(Air pressure)식
㉰ 평판스프링(Plate spring)식
㉱ 고무완충(Rubber absorber)식

[해설] ① 고무 완충 장치(완충효율 50%) : 고무의 감쇠성 이용
② 평판 스프링 완충 장치(완충효율 50%) : Coil spring or 판 spring의 탄성 이용
③ 공기 압축식 완충 장치(완충효율 47%) : 공기 압축성 이용. 공기 압축력 누설로 사용안함
④ 오레오식 완충 장치(완충효율 75%) : 오리피스와 미터링 핀을 사용하여 작동유의 흐름을 조절하고 충격에너지를 작동유의 운동에너지로 변환한다.
⑤ Air oleo combination(완충효율 80%) : 공기의 압축성 효과를 최대로 하기 위하여 오레오식 스트러트 위에 공기방을 추가한 완충장치로 대형 중량형 항공기 함재기에 사용된다.

48 가스 중에 아크를 발생시키면 가스는 이온화되어 원자 상태가 되고, 이때 다량의 열이 발생하는데 이 아크와 가스의 혼합물을 용접의 열원으로 이용하는 용접은?

㉮ 플라스마 용접
㉯ 금속 불활성가스 용접
㉰ 산소아세틸렌 용접
㉱ 텅스텐 불활성가스 용접

[해설] ① 플라스마(plasma) : 기체 상태의 물질에 계속 열을 가하여 온도를 올려주면, 이온핵과 자유전자로 이루어진 입자들의 집합체가 만들어지는데 물질의 세 가지 형태인 고체, 액체, 기체와 더불어 '제4의 물질상태'로 불리며, 매우 높은 온도 상태의 물질을 플라스마라고 한다.
② 플라스마 용접(Plasma Welding) : 플라스마의 불길로 하는 용접으로 금속 가운데서 연강, 스테인리스강, 니켈합금, 동, 동합금, 티타늄합금, 저합금강의 용접에 사용되며 정밀용접, 슬래그, 스패터가 없다. 아크 용접에서 아크상에 전류가 흐르는 것은 아크가 플라스마 상태이며 플라스마는 매우 높은 온도 상태로 되는데, 이 높은 온도의 플라스마를 적당한 방법을 통해 한 방향으로 분출시키는 것을 플라스마 제트라 부르고 이를 이용하여 각종 금속의 용접이나 절단 등의 열원으로 이용하는 것을 플라스마 용접이라 한다. TIG와 유사하나 텅스텐 용접봉이 구리전극의 노즐 속에 내장되어 아크를 발생하고, 이것을 통하여 용접시료와의 아크가 연결되어 주용접상태가 되므로 전극봉의 오염 혹은 마모가 작고, 정밀하고 고밀도 용접이 가능하다.

49 다음 중 인성(Thoughness)에 대한 설명으로 옳은 것은?

㉮ 재료에 온도를 서서히 증가하였을 때 조직 구조가 변형되는 현상이다.
㉯ 재료의 시험편을 서서히 잡아 당겨서 파괴되었을 때 파단면의 조직이 변화된 현상이다.
㉰ 취성(Brittleness)의 반대되는 성질로서 충격에 잘 견디는 성질을 말한다.
㉱ 재료를 일정한 온도와 하중을 가한 상태에서 시간에 따라 변형률이 변화하는 현상이다.

[해설] 인성은 재료의 질긴 성질을 말한다. 예를 들면 철금속은 비철금속에 대하여 일반적으로 인성이 우수하다. 구리는 비철금속이나 인성이 우수한 재료이다. 대체적으로 비철금속이 인성이 낮다. 인성(toughness)은 질긴 성질, 찢어지거나 파괴되지 않으려는 성질을 말하며 취성과는 반대된다.

ANSWER 47 ㉮ 48 ㉮ 49 ㉰

50 머리에 스크루 드라이버를 사용하도록 홈이 파여 있고 전단 하중만 걸리는 부분에 사용되며 조종계통의 장착핀 등으로 자주 사용되는 볼트는?

㉮ 내부렌치볼트 ㉯ 아이볼트
㉰ 육각머리볼트 ㉱ 클레비스볼트

해설 클레비스의 사전적 의미는 U자형 고리라는 뜻으로 U자형 고리 양쪽 끝에 체결되는 볼트를 클레비스 볼트라고 한다. U자형 고리 양쪽 고리와 중간에 다른 부재가 서로 체결되는 부분이 양쪽으로 당겨지면서 전단력이 발생하므로 나사부가 밑에만 형성되어 있는 볼트를 말한다. 아이볼트는 눈처럼 생겨 동그랗게 만들어진 부분에 와이어로프를 걸어 당겨지므로 인장력이 발생하는 곳에 사용된다. 내부 렌치볼트는 고인장력에 사용하는 볼트로 알렌렌치를 사용하여 체결한다.

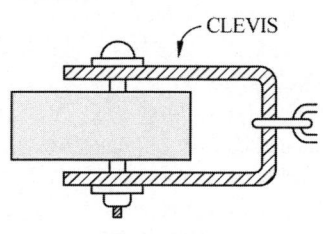

클레비스 볼트

51 항공기의 고속화에 따라 기체재료가 알루미늄합금에서 티타늄합금으로 대체되고 있는데 티타늄합금과 비교한 알루미늄합금의 어떠한 단점 때문인가?

㉮ 너무 무겁다.
㉯ 전기저항이 너무 크다.
㉰ 열에 강하지 못하다.
㉱ 공기와의 마찰로 마모가 심하다.

해설 항공기가 속도가 빨라짐에 따라 기체와 공기와의 마찰로 기체 표면의 온도가 올라가 기체재료도 티타늄합금으로 대체되고 있다. 티타늄합금은 녹는점이 높고 피로에 대한 저항성도 뛰어나고 상온에서 내식성이 가장 우수하며 적정 범위 내에서 열을 받으면 더 강도가 증가하는 특이한 성질을 가지고 있다. 티탄의 비중은 4.5이며 방화벽, 압축기 블레이드, 프레임 등에 쓰인다.

52 리벳 작업시 리벳 성형머리(Bucktail)의 높이를 리벳지름(D)으로 옳게 나타낸 것은?

㉮ 0.5D ㉯ 1D
㉰ 1.5D ㉱ 2D

해설 리벳의 생크 지름을 D라고 한다면 그림과 같이 벅테일의 높이(Driven head thickness)는 0.5D가 되야 하며 벅테일의 지름(Driven head diameter)은 1.5D여야 한다. 예를 들면 리벳지름이 3mm라면 벅테일의 높이는 1.5mm가 되어야 하며 벅테일의 지름이 4.5mm가 되어야 이상적인 리벳 작업이라고 할 수 있다.

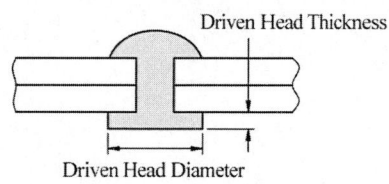

벅테일(driven head)의 높이와 지름

ANSWER 50 ㉱ 51 ㉰ 52 ㉮

53 페일 세이프(Fail-safe) 구조 중 큰 부재 대신에 같은 모양의 작은 부재 2개 이상을 결합시켜 하나의 부재와 같은 강도를 가지게 함으로써 치명적인 파괴로부터 안전을 유지할 수 있는 구조형식은?

㉮ 이중구조(Double Structure)
㉯ 대치구조(Back-up Structure)
㉰ 예비구조(Redundant Structure)
㉱ 하중경감구조(Load Dropping Structure)

해설 페일세이프구조(Fail safe Structure)
Main structure가 피로파괴 되더라도 치명적이거나 과도한 구조 변형이 생기지 않도록 설계된 구조
① 다경로 하중 구조(Redundant Structure) : 많은 수의 부재로 되어 하중을 분담해서 담당하도록 설계된 구조로 하나의 구조가 파괴되도 다른 많은 부재에 하중이 분배되어 치명적인 부담을 덜어준다.
② 이중 구조(Double Structure) : 1개의 큰 재료를 사용하는 대신 2개의 작은 부재를 결합해 그 이상의 강도를 갖게 하는 구조방식이며 Crack이 발생한 경우 결합면이 막아주고 강도 유지
③ 대치 구조(Back-up Structure) : 규정된 하중은 모두 좌측 부재가 담당하고 있으며 우측 부재는 예비 부재로 좌측 부재가 파괴된 후에 부재를 대신하여 전체 하중을 담당하도록 설계된 구조
④ 하중 경감 구조(Load Dropping) : 딱딱한 보강재를 댄 구조방식으로 보강재는 할당량 이상의 하중분담 큰 부재 위 작은 부재를 겹쳐 만든 구조

54 세미모노코크(Semi-monocoque)형식의 동체구조에 대한 설명으로 옳은 것은?

㉮ 구조재가 3각형을 이루는 기체의 뼈대가 하중을 담당하고 표피가 우포로 되어 있는 형식이다.
㉯ 하중의 대부분을 표피가 담당하며, 금속이 각 껍질(Shell)로 되어 있는 형식이다.
㉰ 스트링어(Stringer), 벌크헤드(Bulkhead), 프레임(Frame) 및 외피(Skin)로 구성되어 골격과 외피가 하중을 담당하는 형식이다.
㉱ 트러스재를 활용하여 강도를 보충하고 외피를 씌워 항력을 감소시킨 현대항공기의 대표적인 형식이다.

해설 세미모노코크(Semi-Monocoque) 구조
기체 구조무게 감소로 현대 항공기 동체 구조로 사용하고 있으며 외피(전단응력)와 골격(그 외의 모든 하중)이 하중을 담당하고 외피는 세로지(stringer)와 함께 인장 및 압축응력을 담당한다. 프레임 및 벌크헤드가 동체의 형태를 구성하며 Longitudinal members로 Longeron(세로대), stringer(세로지)가 있다. Longeron은 동체에 받는 하중을 스킨으로 전달하고 비틀림과 좌굴을 방지하며 동체의 길이방향으로 연속적으로 붙어있으며 세로지와 굽힘 모멘트에 의한 인장, 압축응력에 충분한 강도로 설계되어 있다.
㉮는 트러스구조, ㉯는 모노코크구조를 말하고 있다.

53 ㉮ 54 ㉰

55 길이 200cm의 강철봉이 인장력을 받아 0.4cm의 신장이 발생하였다면 이 봉의 인장 변형률은?

㉮ 15×10^{-4}
㉯ 20×10^{-4}
㉰ 25×10^{-4}
㉱ 30×10^{-4}

해설 인장변형률(tensil strain) : 원래 길이에 대해 얼마나 늘어났는지를 알아보는 것으로
$$\epsilon = \frac{d' - d}{d} = \frac{200.4 - 200}{200} = \frac{0.4}{200} = 0.002$$
$$= 20 \times 10^{-4}$$

56 SAE 규격으로 표시한 합금강의 종류가 옳게 짝지어진 것은?

㉮ 13XX : 망간강
㉯ 23XX : 망간-크롬강
㉰ 51XX : 니켈-크롬-몰리브덴강
㉱ 61XX : 니켈-몰리브덴강

해설

강의 종류	재료 번호	
탄소강	1XXX	SAE 1025 미국 자동차 기술인 협회 규격 앞 두 자리(10) : 합금강 종류 (탄소강) 뒤 두 자리(25) : 탄소의 평균 함유량(0.25% 탄소 함유)
망간강	13XX	
니켈강	2XXX	
니켈 크롬강	3XXX	
몰리브덴강	4XXX	
니켈 크롬 몰리브덴강	43XX	
니켈 몰리브덴강	46XX	
크롬강	5XXX	
크롬 바나듐강	6XXX	
니켈 크롬 몰리브덴강	8XXX	

57 다음 중 이질 금속 간 부식이 가장 잘 일어날 수 있는 조합은?

㉮ 납 - 철
㉯ 구리 - 알루미늄
㉰ 구리 - 니켈
㉱ 크롬 - 스테인리스강

해설 부식의 원리는 원자는 중앙에 핵이 있고 주위에 전자(-)와 양자(+)로 구성되는데 숫자가 같으면 균형(중성)을 말하며 전자가 더 많으면 음이온(negative ion)이어서 황산화작용을 하고 양자가 더 많으면 양이온(positive ion)으로 산화작용을 하게 된다. 모든 금속은 전자를 버리고 싶어 하는데 정도에 따라서 이온화 경향이 크다 혹은 적다라고 표현한다. 예를 들면 알루미늄과 같이 이온화 경향이 큰 금속은 동시에 전자를 많이 방출하려는 경향이 크고 백금과 같이 이온화 경향이 적은 금속은 전자의 방출도 적다. 이온화 경향이 큰 금속일수록 산화가 잘되고 반응성이 크며 간격이 클수록 부식이 잘 일어난다.

K	Ca	Na	Mg	Al	Zn	Fe	Ni
Sn	Pb	H	Cu	Hg	Ag	Pt	Au

ANSWER 55 ㉯ 56 ㉮ 57 ㉯

58 항공기의 무게를 측정한 결과 그림과 같다면 이 때 중심위치는 MAC의 몇 [%]에 있는가? (단, 단위는 cm이다.)

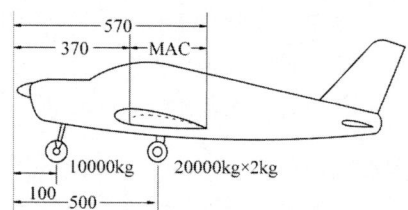

㉮ 20 ㉯ 25
㉰ 30 ㉱ 35

해설 평균공력시위(MAC : mean aerodynamic chord) 운송용 항공기의 무게중심은 통상 MAC의 백분율로 표시한다.

$\%MAC = \dfrac{CG - S}{MAC} \times 100$

CG = 총모멘트의 합 / 총무게의 합
　 = (10000×100)+(20000×500)+
　　(20000×500)/50000
　 = (1000000+10000000+10000000)/50000
　 = 21000000/50000 = 420
S = 370in, MAC = 200in
모멘트 = 무게×기준선에서 거리
(420-370)/200×100 = 25%

59 항공기 조종계통에 대한 설명으로 옳은 것은?

㉮ 케이블을 왕복으로 설치하는 것은 피해야 한다.
㉯ 케이블 장력이 커지면 풀리에 큰 반력이 생기고 마찰력이 커져 조종성이 떨어진다.
㉰ 케이블 풀리 간격이 조작하는 거리보다 짧아지는 것이 조종성 안정에 좋다.
㉱ 케이블 로드(Rod)보다 작은 공간을 필요로 하므로 현대 항공기에서 많이 사용된다.

해설 케이블 장력이 커지면 케이블이 팽팽해져 조종성이 민감하게 되어 조종하기가 힘들고 케이블 장력이 작아지면 느슨하게 되어 조종력 전달이 안 된다.
① 조종성 : 조종사의 의도대로 항공기가 움직여 주는 특성을 말하며 민항기는 조종사의 의도대로 곧장 움직인다면 휘청거려 승객들이 불편하고 이에 반해 전투기는 조종간을 움직이는 동시에 재빨리 움직여야 한다. 결론은 항공기 고유의 특성에 맞게 조종성을 맞추어야 한다.
② 안정성 : 불안하지 않고 안정된 자세를 유지하는 특성을 말하며 항공기가 수평으로 날아가지 못하고 기수가 위아래로 움직이는 것은 안정성이 낮다라고 한다. 그래서 항공기는 동적안정성과 정적안정성을 모두 가져야 한다.

60 그림과 같이 반대방향으로 하중이 작용하는 구조물에서 B-C구간의 내력은 몇 [N]인가?

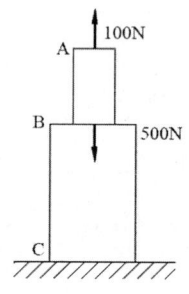

㉮ 100 ㉯ -100
㉰ 400 ㉱ -400

해설 내력(internal force)이란 재료에 힘이 작용할 때 평형을 위해 그 힘과 반대 방향으로 크기가 같은 저항력이 생기는 것으로 단순하게 풀어보면 -500+100 = -400

ANSWER 58 ㉯ 59 ㉯ 60 ㉱

제4과목 항공장비

61 지상의 항행원조시설 없이 항공기의 대지속도, 편류각, 비행거리를 직접적이고 연속적으로 구하여 장거리를 항행할 수 있게 하는 자립항법장치는?

㉮ 오메가항법 ㉯ 도플러레이더
㉰ 전파고도계 ㉱ 관성항법장치

해설
㉮ 오메가 항법 : 10~14kHz의 초장파(VLF)를 사용한 쌍곡선 항법이다. 2개의 송신국으로부터 발사되는 전파의 위상차를 측정해서 위치를 결정하는 것으로 8개국이 오메가 항법 송신국으로 운용 중에 있다.
㉯ 도플러 레이더 : 이동체의 속도에 비례하여 수신 주파수가 변화한다는 도플러 원리를 이용한 것이며, 지상 원조 시설을 필요로 하지 않고 직접적으로 행할 수 있는 기상 항법 장치이다. 지표면과 항공기 사이에 반사파에 의해 대지속도가 얻어지고, 적분함으로써 비행거리가 구해진다. 좌우측 도플러빔의 주파수 차이를 검출하여 편류각을 얻는다.
㉰ 전파고도계 : 기체상에서 지표면으로 전파를 발사하여 반사파가 되돌아올 때까지 속도를 측정하는 장치이다. 기압 고도계와 다르게 지형과 항공기 사이의 수직거리로 절대고도계라고 하며, 고고도용의 펄스형과 저고도용의 FM형이 있다.
㉱ 관성항법장치 : 로켓이나 비행기가 이동할 때에는 항상 가속도가 가해지고 있지만, 이 가속도를 적분하면 속도가 구해지며, 다시 적분하면 이동한 거리가 나온다는 가속도(관성)를 이용한 항법이다.

62 납산 축전지(Lead acid battery)에서 사용되는 전해액은?

㉮ 수산화칼륨 용액
㉯ 불산 용액
㉰ 수산화나트륨 용액
㉱ 묽은 황산 용액

해설 납산 축전지를 충·방전시키면 내부에서는 양극판과 음극판이 전해액과 화학반응을 일으킨다. 충·방전 작용은 양극판의 활성물질인 과산화납과 음극판의 활성물질인 해면상납 및 전해액인 묽은 황산에 의하여 형성된다.

63 광전 연기 탐지기(Photo electric smoke detector)에 대한 설명으로 틀린 것은?

㉮ 연기 탐지기 내부는 빛의 반사가 없도록 무광 흑색 페인트로 칠해져 있다.
㉯ 연기 탐지기 내의 광전기 셀에서 연기를 감지하여 경고 장치를 작동시킨다.
㉰ 연기 탐지기 내부로 들어오는 연기는 항공기 내외의 기압차에 의한다.
㉱ 광전기 셀은 정해진 온도에서 작동될 수 있도록 가스로 채워져 있다.

해설 광전 연기 탐지기(Photo electric smoke detector) 광전 튜브 등을 사용하여 전기적으로 작동시킨다. 비컨 램프는 항상 켜져있으며, 연기가 들어오면 반사광이 광전 튜브 또는 감광 트랜지스터를 통해 경고장치를 작동시킨다. 내부는 검게 칠해져 있고, 감시해야 하는 장소의 공기를 기체 내외의 압력차에 의한다.

ANSWER 61 ㉯ 62 ㉱ 63 ㉱

64 직류 발전기에서 정류작용을 일으키는 요소는?

㉮ 계자권선   ㉯ 전기자 권선
㉰ 계자철심   ㉱ 브러시와 정류자

해설 직류발전기는 고정 측에 자극을, 회전자 측에 전기자 코일을 두고, 전기자를 회전시키면 코일에 발생하는 기전력은 교류여서 정류한 후 직류로 변환해야 한다. 코일의 양 끝에 도체(정류자)를 장치하고 브러시를 통하여 기전력이 직류가 된다.

65 항공기 비상사태 시 승객을 보호하고 탈출 및 구출을 돕기 위한 비상 장비가 아닌 것은?

㉮ 소화기   ㉯ 휴대용 버너
㉰ 구명보트 ㉱ 비상 신호용 장비

해설 탈출용 미끄럼대, 탈출용 로프, 구명조끼, 구급함, 휴대용 소화기, 휴대용 산소, 휴대용 확성기, 방연 안경, 방수 손전등, 비상 신호등, 비상 도끼, 구명 보트, 비상 식량, 비상 송신기 등이 있다.

66 그림과 같은 회로에서 B와 C단자 사이가 단선되었다면 저항계(Ohm-meter)에 측정된 저항값은 몇 [Ω]인가?

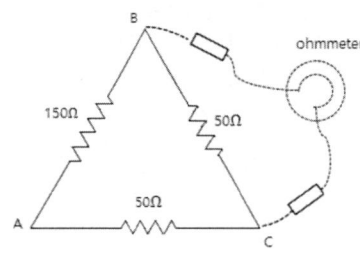

㉮ 0   ㉯ 50
㉰ 150   ㉱ 200

해설 코일 결선 시, BC가 단선되어 측정된 선간저항은 A-B, A-C의 저항을 더하면 된다.
150Ω + 50Ω = 200Ω

67 지자기의 요소 중 지자기 자력선의 방향과 수평선 간의 각을 의미하는 요소는?

㉮ 복각   ㉯ 수직분력
㉰ 편각   ㉱ 수평분력

해설 지자기 3요소
① 편각(편차) : 북반구를 기준으로 지구상의 현재 위치에서 진북극(지리상 북극점) 방향과 자기북극(나침반의 빨간 바늘 방향) 방향 사이의 각도
② 복각 : 지구상의 어느 점에서 지구 자기장의 방향과 그 곳의 수평면이 이루는 각도. 적도에서 0°, 극에서 최대가 된다.
③ 수평분력 : 지구 자기력의 수평 성분. 적도에서 최대, 극에서 0°가 된다.

68 항공기의 연료 탱크에 150lb의 연료가 있고 유량계기의 지시가 75PPH로 일정하다면 연료가 모두 소비되는 시간은?

㉮ 30분   ㉯ 1시간 30분
㉰ 2시간   ㉱ 2시간 30분

해설 유량계(Flowmeter)
엔진에 유입하는 연료의 유량을 측정하고 조정실에 장치되어 있는 연료 유량계로 표시한다. 항공기의 연료유량은 파운드/시간(lb/h) 또는 갤런/시간(gal/h)로 나타낸다.

연료유량(PPH) = $\frac{파운드(lb)}{시간(h)}$

75(PPH) = $\frac{150(lb)}{시간(h)}$

시간은 2시간이 된다.

ANSWER 64 ㉱ 65 ㉯ 66 ㉱ 67 ㉮ 68 ㉰

69 정전기방전장치(Static discharger)에 대한 설명으로 틀린 것은?

㉮ 무선 수신기의 간섭 현상을 줄여주기 위해 동체 끝에 장착한다.
㉯ 비닐이 씌워진 방전장치는 비닐 커버에서 1inch 나와 있어야 한다.
㉰ Null-field 방전장치의 저항은 0.1Ω을 초과해서는 안 된다.
㉱ 항공기에 충전된 정전기가 코로나 방전을 일으킴으로써 무선통신기에 잡음 방해를 발생시킨다.

[해설] 정전기방전장치(Static discharger)
항공기가 고속으로 비행하면 공기 중의 먼지나 비, 눈, 얼음 등의 마찰에 의해 기체 표면에 정전기가 발생한다. 정전기는 점차 축적되어 매우 짧은 간격의 펄스 형태로 코로나 방전을 하여 항공기 무선 통신에 잡음 방해를 일으킨다. 이런 잡음을 없애기 위해 길이 10cm 정도의 pin 모양을 꼬리날개 부분과 주날개 팁에 장착해서 대기 중으로 방전시킨다.

70 다음 중 계기 착륙 장치(ILS)와 관계가 없는 것은?

㉮ 로컬라이저(Localizer)
㉯ 전 방향 표시 장치(VOR)
㉰ 마커 비컨(Maker Beacon)
㉱ 글라이드 슬로프(Glide Slope)

[해설] 계기 착륙 장치(ILS)는 지상 시설과 기상 장치로 나뉜다. 활주로 중심선 방위정보를 나타내는 로컬라이저, 착륙점을 기점으로 경사각을 따라 수직면 유도를 하는 글라이드 슬로프, 활주로 끝에서부터 거리 정보를 제공하는 마커 비컨이 있다.

71 다음 중 유압계통의 장점이 아닌 것은?

㉮ 원격조정이 용이하다.
㉯ 과부하에 대해서도 안전성이 높다.
㉰ 장치상 구조는 복잡하나 신뢰성이 크다.
㉱ 운동속도의 조절 범위가 크고 무단변속을 할 수 있다.

[해설] 유압 계통의 장점
① 유압계통의 중량에 비해서 큰 힘과 동력이 얻어지고 조절하기 쉽다.
② 작동 또는 조작시, 운동 방향의 조절이 용이하고 반응 속도도 빠르다.
③ 운동 속도의 조절 범위가 크고 무단 변속을 할 수 있다.
④ 원격 조정이 용이하다.
⑤ 과부하에 대해서도 안전성이 높다.
⑥ 회로 구성이 간단하다.

72 다음 중 피토압에 영향을 받지 않는 계기는?

㉮ 속도계   ㉯ 고도계
㉰ 승강계   ㉱ 선회 경사계

[해설] 피토-정압관을 이용한 계기는 속도계, 승강계, 고도계가 있고, 자이로의 특성을 이용한 계기는 자세계, 선회계, 방향지시계가 있다. 속도계는 전압과 정압의 차이(동압)로 측정하며 고도계는 정압을 절대 압력계로 나타낸다. 항공기가 상승이나 하강할 때 정압의 변화율을 측정함으로써 고도의 변화율을 승강계를 통하여 지시한다.

73 제빙부츠를 취급할 때에 주의해야 할 사항으로 틀린 것은?

㉮ 부츠 위에서 연료 호스(Hose)를 끌지 않는다.
㉯ 부츠 위에 공구나 정비에 필요한 공구를 놓지 않는다.
㉰ 부츠를 저장하는 경우 그리스나 오일로 깨끗하게 닦은 다음 기름 종이로 덮어둔다.
㉱ 부츠에 흠집이나 열화가 확인되면 가능한 빨리 수리하거나 표면을 다시 코팅한다.

해설 제빙 부츠 정비 시 주의사항
① 부츠 위에서 연료 호스를 끌지 않는다.
② 가솔린, 오일, 그리스, 오염 등 부츠의 고무를 열화시킬 수 있는 물이나 액체는 접촉시키지 않는다.
③ 부츠 위에 공구 등을 놓지 않는다.
④ 부츠에 흠집이나 열화가 확인된 경우, 가능한 빨리 수리하거나 표면을 다시 코팅한다.
⑤ 부츠를 저장하는 경우, 천이나 종이로 덮어 둔다.

74 단거리 전파 고도계(LRRA)에 대한 설명으로 옳은 것은?

㉮ 기압 고도계이다.
㉯ 고고도 측정에 사용된다.
㉰ 평균 해수면 고도를 지시한다.
㉱ 전파 고도계로 항공기가 착륙할 때 사용된다.

해설 단거리 전파 고도계
(low range radio altimeter : LRRA)
전파 고도계의 종류로 착륙시 항공기에서 활주로와 항공기와의 수직거리를 측정하는 장치다. 절대고도를 지시하고, 고고도용의 펄스형과 저고도용의 FM형이 있다.

75 모든 부품을 항공기 구조에 전기적으로 연결하는 방법으로 고전압 정전기의 방전을 도와 스파크 현상을 방지시키는 역할을 하는 것은?

㉮ 접지(Earth)
㉯ 본딩(Bonding)
㉰ 공전(Static)
㉱ 절제(Temperance)

해설 ㉮ 접지(Earth) : 감전 등의 전기사고 예방 목적으로 전기기기와 대지(大地)를 도선으로 연결하여 기기의 전위를 0으로 유지하는 것. 어스라고도 한다.
㉯ 본딩(Bonding) : 2개 이상의 분리된 금속 구조물 또는 기계적으로는 접합되어 있으나, 전기적으로는 연결이 불충분한 금속 구조물을 전기적으로 완전히 연결시키는 것이다. (전기적 차이로 인한 금속 부식을 방지.)
㉰ 공전(Static) : 대기 중의 전기가 일으키는 무선 수신 장해를 일으키는 잡음.

76 항공기의 기압식 고도계를 QNE 방식에 맞춘다면 어떤 고도를 지시하는가?

㉮ 기압고도   ㉯ 진고도
㉰ 절대고도   ㉱ 밀도고도

해설 고도계의 보정 방법
① QNH 세팅 : 그 지역의 기압을 고도계에 세팅해서 사용하는 것으로 14000ft 미만에서 비행할 경우 많이 사용한다. 활주로의 해발 고도를 나타내는 세팅으로 바늘은 비행 중에도 해면고도를 나타낸다. 관제탑에서 정보를 받아 기압눈금을 수정함으로써 다른 항공기와 일정한 고도 유지. 진고도라 한다.
② QNE 세팅 : 고도계를 표준기압인 29.92inHg의 표준대기압으로 세팅하고 사용하는 것으로 QNH를 통보해주는 곳이 없는 해상비행 또는 14000ft 이상의 고고도 비행을 할 경우

ANSWER 73 ㉰ 74 ㉱ 75 ㉯ 76 ㉮

항공기간의 고도차를 유지하기 위함이다. 기압고도라고 한다.
③ QFE 세팅 : 활주로상에서 고도계가 0ft를 지시하는 것으로 주로 단거리 비행시 사용하는 방법이다. 절대고도라 한다.

77 객실 여압계통에서 대기압이 객실 안의 기압보다 높은 경우 객실로 자유롭게 들어오도록 사용하는 장치로 진공 밸브라고도 하는 것은?

㉮ 부압 릴리프 밸브
㉯ 객실 하강률 조절기
㉰ 압축비 한계 스위치
㉱ 슈퍼차저 오버스피드 밸브

해설
- 객실여압 조절장치 : 아웃 플로우 밸브, 객실 압력 조절기, 객실 압력 릴리프 밸브, 부압 릴리프 밸브, 덤프 밸브 등이 있다.
- 부압 릴리프 밸브(negative pressure relief valve) : 대기압이 객실 압력보다 높을 때 작동되는 밸브. 진공밸브라고도 하며, 항공기가 객실고도보다 더 낮은 고도로 하강 시, 지상에서 객실 압력과 대기압을 일치시켜 줄 필요가 있을 때 열린다.

78 유압계통에서 장치의 작용과 펌프의 가압에서 발생하는 압력 서지(Surge)를 완화시키는 것은?

㉮ 축압기(Accumulator)
㉯ 체크 밸브(Check valve)
㉰ 압력 조절기(Pressure regulator)
㉱ 압력 릴리프 밸브(Pressure relief valve)

해설
㉮ 축압기(Accumulator) : 가압된 작동유를 저장하는 저장통으로, 여러 개의 유압 기기가 동시에 사용될 때 동력 펌프를 돕고, 동력 펌프가 고장났을 때에는 저장되었던 작동유를 유압 기기에 공급한다. 유압 계통의 서지(surge) 현상을 방지하고, 압력을 흡수하면 압력 조정기의 개폐 빈도를 줄여 펌프나 압력 조정기의 마멸을 감소시킨다.
㉯ 체크 밸브(Check valve) : 한쪽 방향으로만 작동유의 흐름을 허용하고, 반대 방향의 흐름은 차단하는 밸브이다.
㉰ 압력 조절기(Pressure regulator) : 일정 용량식 펌프를 사용하는 유압계통에 사용하는 장치로, 불규칙한 배출 압력을 규정 범위로 조절하고, 계통 압력이 요구되지 않을 때에는 펌프에 부하가 걸리지 않도록 한다.
㉱ 압력 릴리프 밸브(Pressure relief valve) : 압력 용기 또는 배관 등에 부착되어 규정의 압력을 초과하면 밸브가 열리고, 유체를 방출하여 압력을 낮추는 안전 밸브

ANSWER 77 ㉮ 78 ㉮

79 자동 방향 탐지기(ADF)의 구성 요소가 아닌 것은?

㉮ 전파 자방위 지시계(RMI)
㉯ 무지향성 표시 시설(NDB)
㉰ 자이로 컴퍼스(Gyro Compass)
㉱ 루프(Loop), 감도(Sense) 안테나

해설 자동 방향 탐지기(ADF)의 구성 요소
무지향 표시 시설(NDB), 루프 안테나, 수신기(방향 탐지기), 방위 지시기

80 압력센서의 전압값을 기준전압 5V의 10bit 분해능의 A/D컨버터로 변환하려 한다면 센서의 출력 전압이 2.5V일 때 출력되는 이상적인 디지털 값은?

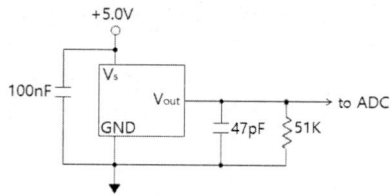

㉮ 128 ㉯ 256
㉰ 512 ㉱ 1024

해설 A/D 컨버터(analog to digital converter)
아날로그 신호를 디지털 신호로 변환하는 회로, 또는 유니트를 말한다. 변환 방법과 어떤 형식의 디지털 신호로 변환시키는지에 따라 다양한 종류가 있다. 반대로 디지털 신호를 아날로그 신호로 변환하는 회로나 유니트를 D/A 컨버터라고 한다. 분해능이 1024이고 최대전압이 5V인 A/D 컨버터를 가지고 계산하면, 5V/1024bit = 0.004882V/bit이다. 이 때, 센서의 출력전압은 2.5V/0.004882V/bit = 512bit가 된다.

ANSWER 79 ㉰ 80 ㉰

2014 제4회 항공산업기사 기출문제

제1과목 ✈ 항공역학

01 양의 세로안정성을 가지는 일반형 비행기의 순항 중 트림 조건으로 알맞은 것은? (단, 화살표는 힘의 방향, ◐는 무게중심을 나타낸다.)

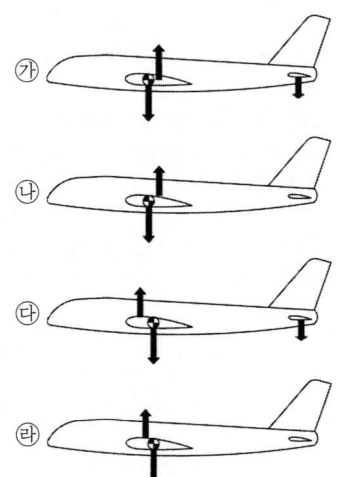

해설 세로안정성을 좋게 하는 방법
① 무게중심이 공력중심보다 앞에 위치
② 무게중심이 공력중심보다 아래 위치
③ 꼬리날개 부피 증가
④ 꼬리날개 효율 증가

02 다음 중 동점성계수의 단위는?
㉮ m^2/s ㉯ $kg \cdot s/m^2$
㉰ $kg/m \cdot s$ ㉱ $kg \cdot m/s^2$

해설
$$\nu = \frac{\mu}{\rho} = \frac{kg_f \cdot s/m^2}{kg_f \cdot s^2/m^4} = m^2/s = 10000 cm^2/s$$
$$= 10000 stokes$$

03 날개면적이 $100m^2$이고 평균공력시위가 5m일 때 가로세로비는 얼마인가?
㉮ 1 ㉯ 2
㉰ 3 ㉱ 4

해설
$$AR = \frac{b}{c} = \frac{b^2}{S} = \frac{S}{c^2}$$
$$\therefore AR = \frac{100}{5^2}$$

ANSWER 01 ㉮ 02 ㉮ 03 ㉱

04 중량이 2500kgf, 날개면적이 10m², 최대 양력계수가 1.6인 항공기의 실속속도는 몇 m/s인가? (단, 공기의 밀도는 $0.125 kg_f \cdot s^2/m^4$로 가정한다.)

㉮ 40 ㉯ 50
㉰ 60 ㉱ 100

[해설] $V_s = \sqrt{\dfrac{2 \cdot W}{\rho \cdot S \cdot C_{Lmax}}} = \sqrt{\dfrac{2 \times 2500}{0.125 \times 10 \times 1.6}}$

05 날개의 뒤젖힘각 효과(Sweepback effect)에 대한 설명으로 옳은 것은?

㉮ 방향안정과 가로안정 모두에 영향이 있다.
㉯ 방향안정과 가로안정 모두에 영향이 없다.
㉰ 가로안정에는 영향이 있고 방향안정에는 영향이 없다.
㉱ 방향안정에는 영향이 있고 가로안정에는 영향이 없다.

06 동체에 붙는 날개의 위치에 따라 쳐든각 효과의 크기가 달라지는데 그 효과가 큰 것에서 작은 순서로 나열된 것은?

㉮ 높은날개 - 중간날개 - 낮은날개
㉯ 낮은날개 - 중간날개 - 높은날개
㉰ 중간날개 - 낮은날개 - 높은날개
㉱ 높은날개 - 낮은날개 - 중간날개

07 날개에서 발생하는 와류(Vortex)에 대한 설명으로 틀린 것은?

㉮ 높은 받음각에서는 점성효과에 의한 유동박리(Flow separation)로 발생하며 추가적인 양력 감소의 주요 요인이다.
㉯ 와류면(Vortex surface)을 걸쳐 압력 차이를 유지할 수 있는 날개표면와류(Bound vortex)는 양력발생과 직접적인 관련이 있다.
㉰ 날개의 양력분포에 따라 발생하여 공기흐름방향(Down-stream)으로 이동하며 유도항력 발생의 주요 요인이다.
㉱ 윙렛(Winglet)은 날개 끝에서 발생하는 와류(Wing tip vortex)에 의한 유도항력을 감소시키기 위한 효과적인 장치이다.

[해설] ㉮ 흐름의 떨어짐에 의한 와류로 항력증가의 원인이다.
㉯ 속박와류로 양력이론 중 쿠타쥬코프스키 양력이론에서 양력을 설명하기 위하여 사용한다.
㉰ 와류에 의한 내리흐름으로 유도항력의 원인이 된다.
㉱ 윙렛은 날개 끝 와류의 발생을 방지하여 유도항력을 감소시킨다.

ANSWER 04 ㉯ 05 ㉮ 06 ㉮ 07 ㉮

08 헬리콥터는 제자리 비행시 균형을 맞추기 위해서 주 회전날개 회전면이 회전방향에 따라 동체의 좌측이나 우측으로 기울게 되는데 이는 어떤 성분의 역학적 평형을 맞추기 위해서인가? (단, x, y, z는 기체축(동체축) 정의를 따른다.)

㉮ x축 모멘트의 평형
㉯ x축 힘의 평형
㉰ y축 모멘트의 평형
㉱ y축 힘의 평형

해설 좌·우 운동 = 세로축 중심 가로운동
= x축 중심 y운동
= y축 운동의 평형

09 조종면에서 앞전 밸런스(Leading edge balance)를 설치하는 주된 목적은?

㉮ 양력 증가 ㉯ 조종력 경감
㉰ 항력 감소 ㉱ 항공기 속도 증가

해설 조종력 경감장치 : 밸런스(balance), 탭(tab)

10 제트항공기가 최대항속거리를 비행하기 위한 조건은?

㉮ $(C_L/C_D)_{max}$ ㉯ $(C_L^{1/2}/C_D)_{max}$
㉰ $(C_L^{3/2}/C_D)_{max}$ ㉱ $(C_L/C_D^{1/2})_{max}$

해설

	항속거리	항속시간
프로펠러	$(\frac{C_L}{C_D})_{max}$	$(\frac{C_L^{\frac{3}{2}}}{C_D})_{max}$
제트	$(\frac{C_L^{\frac{1}{2}}}{C_D})_{max}$	$(\frac{C_L}{C_D})_{max}$

11 키돌이(Loop) 비행 시 상단점에서의 하중배수를 0이라고 하면 이론적으로 하단점에서의 하중배수는 얼마인가?

㉮ 0 ㉯ 1
㉰ 3 ㉱ 6

12 항공기의 양항비가 8인 상태로 고도 600m에서 활공을 한다면 수평 활공 거리는 몇 m인가?

㉮ 2500 ㉯ 3200
㉰ 4200 ㉱ 4800

해설 $\tan\theta = \frac{고도}{활공거리} = \frac{1}{양항비}$
∴ 활공거리 = 고도×양항비 = 600×8

13 항공기 이륙거리를 줄이기 위한 방법이 아닌 것은?

㉮ 항공기의 무게를 가볍게 한다.
㉯ 플랩과 같은 고양력 장치를 사용한다.
㉰ 기관의 추력을 작게 하여 이륙 활주 중 가속도를 증가시킨다.
㉱ 맞바람을 받으면서 이륙하여 바람의 속도만큼 항공기의 속도를 증가시킨다.

해설 이륙거리를 감소시키기 위해서는 양력 증가를 위해 추력을 최대로 하여야 한다.

ANSWER 08 ㉱ 09 ㉯ 10 ㉯ 11 ㉱ 12 ㉱ 13 ㉰

14 프로펠러의 역피치(Reversing)를 사용하는 주된 목적은?

㉮ 후진비행을 위해서
㉯ 추력의 증가를 위해서
㉰ 착륙 후의 제동을 위해서
㉱ 추력을 감소시키기 위해서

해설 역피치
프로펠러의 피치를 반대로 하여 추력 성분의 방향을 항공기 뒤쪽으로 바꿔 추력을 감소시키고 항력을 증가시켜 착륙거리의 감소를 위하여 사용한다.

15 다음 중 날개의 캠버와 면적을 동시에 증가시켜 양력을 증가시키는 플랩은?

㉮ 평 플랩(Plain flap)
㉯ 스프릿 플랩(Split flap)
㉰ 파울러 플랩(Fowler flap)
㉱ 슬롯티드 평 플랩(Slotted plain flap)

16 헬리콥터 날개의 지면효과를 가장 옳게 설명한 것은?

㉮ 헬리콥터 날개의 기류가 지면의 영향을 받아 회전면 아래의 항력이 증가되어 헬리콥터의 무게가 증가되는 현상
㉯ 헬리콥터 날개의 기류가 지면의 영향을 받아 회전면 아래의 양력이 증가되어 헬리콥터의 무게가 증가되는 현상
㉰ 헬리콥터 날개의 후류가 지면에 영향을 주어 회전면 아래의 항력이 증가되고 양력이 감소되는 현상
㉱ 헬리콥터 날개의 후류가 지면에 영향을 주어 회전면 아래의 압력이 증가되어 양력의 증가를 일으키는 현상

17 선회비행성능에 대한 설명으로 틀린 것은?

㉮ 정상선회를 하려면 원심력과 양력의 수평성분이 같아야 한다.
㉯ 원심력이 양력의 수평성분인 구심력보다 더 크면 스키드(Skid)가 나타난다.
㉰ 선회반경을 최소로 하기 위해서는 비행속도를 최소로 하고, 경사각 또한 최소로 하는 것이 좋다.
㉱ 슬립(Slip)은 경사각이 너무 크거나 방향타의 조작량이 부족할 경우 일어나기 쉽다.

해설 $R = \dfrac{V^2}{g \cdot \tan\Phi}$

∴ 선회반경을 감소시키기 위해서는 비행속도를 최소로 하고 경사각을 최대로 하여야 한다.

18 ICAO에서 설정한 해면고도 표준대기에 대한 값이 틀린 것은?

㉮ 압력은 29.92inHg이다.
㉯ 온도는 섭씨 0도이다.
㉰ 밀도는 1.255kg/m³이다.
㉱ 음속은 340.29m/s이다.

해설
$t_0 = 15℃$
$P_0 = 101325 N/m^2 (Pa) = 1.01325 bar$
$= 1013.25 mbar = 10332 kg_f/m^2$
$= 2116.2 lb/ft^2 = 760 mmHg = 29.92 inHg$
$\rho_0 = 1.225 kg/m^3 = 0.125 kg_f \cdot s^2/m^4$
$g_0 = 9.8 m/s^2$
$a_0 = 340 m/s$

ANSWER 14 ㉰ 15 ㉰ 16 ㉱ 17 ㉰ 18 ㉯

19 경계층에 대한 설명으로 옳은 것은?

㉮ 난류에서만 존재한다.
㉯ 유체의 점성이 작용하는 영역이다.
㉰ 임계 레이놀즈수 이상에서 생긴다.
㉱ 흐름의 속도에 영향을 받지 않는다.

해설 경계층
지표면 가까이에는 점성이 작용하여 속도가 감소하나 고도가 증가 될수록 점성의 작용이 감소하여 흐름이 원래의 속도로 돌아간다. 이 때 원래 흐름속도의 99%되는 지점을 연결한 층을 경계층이라 말하며, 경계층 밑으로는 점성의 영향을 고려하여야 하며, 경계층 위로는 점성의 영향을 무시할 수 있다.

20 비행속도가 100m/s이고 프로펠러를 지나는 공기의 속도는 비행속도와 유도속도의 합으로 120m/s가 된다면 공기의 밀도가 0.125kg$_f$·s^2/m^{4}이고, 프로펠러 디스크의 면적이 2m^{2}일 때 발생하는 추력은 몇 [kg$_f$]인가?

㉮ 300   ㉯ 600
㉰ 1200 ㉱ 3000

해설 $T = 2 \cdot \rho \cdot A \cdot (V+w) \cdot w$
  V : 항공기 속도
  w : 유도속도
• 유도속도 : 프로펠러에 의하여 순수하게 증가한 속도
∴ $V = 100$m/s
  $w = 120-100$m/s $= 20$m/s
  $2 \times 0.125 \times 2 \times (100+20) \times 20$

제2과목 항공기관

21 터빈기관을 사용하는 도중 배기가스 온도(EGT)가 높게 나타났다면 다음 중 주된 원인은?

㉮ 연료필터 막힘
㉯ 과도한 연료흐름
㉰ 오일압력의 상승
㉱ 과도한 바이패스비

해설 프로펠러의 경우는 착륙 시에 프로펠러를 역(逆)피치로 하여 역추력을 발생시킴으로써 차륜 브레이크와 함께 제동효과를 높인다.

22 프로펠러의 역추력(Reverse thrust)은 어떻게 발생하는가?

㉮ 프로펠러의 회전속도를 증가시킨다.
㉯ 프로펠러의 회전강도를 증가시킨다.
㉰ 프로펠러를 부(Negative)의 깃각으로 회전시킨다.
㉱ 프로펠러를 정(Positive)의 깃각으로 회전시킨다.

ANSWER 19 ㉯ 20 ㉰ 21 ㉯ 22 ㉰

23 같은 형식의 가스터빈기관을 무엇이라고 하는가?

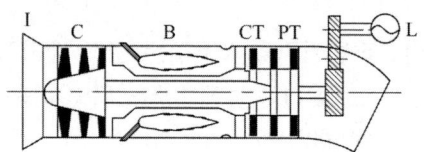

㉮ 터보팬기관 ㉯ 터보제트기관
㉰ 터보축기관 ㉱ 터보프롭기관

해설 터보 샤프트 기관(Turbo Shaft Engine)
압축기-연소실-터빈의 기본구조와 별개로 자유 동력 터빈과 감속기어를 가지고 있다. 크게 가스 발생기 부분과 동력 터빈 부분으로 나눌 수 있는데, 가스 발생기에서 발생된 연소 에너지를 자유 동력 터빈과 감속기어를 통해 프로펠러와 같은 회전자 등에 전달함으로써 동력을 발생시킨다. 주로 회전익 항공기와 산업용으로 사용한다.

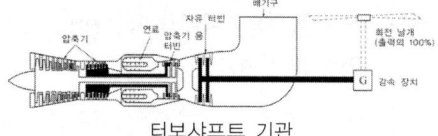

터보샤프트 기관

24 연료계통에 사용되는 릴리프 밸브(Relief valve)에 대한 설명으로 옳은 것은?

㉮ 연료펌프의 출구 압력이 규정치 이상으로 높아지면 펌프 입구로 되돌려 보낸다.
㉯ 연료 여과기(Fuel filter)가 막히면 계통 내에 여과기를 통과하지 않고 연료를 공급한다.
㉰ 연료 압력 지시부(Fuel pressure transmitter)의 파손을 방지하기 위하여 소량의 연료만 통과시킨다.
㉱ 연료조절장치(Fuel control unit)의 윤활을 위하여 공급되는 연료 압력을 조절한다.

해설 릴리프 밸브(relief valve)
펌프 출구 압력이 과도하게 높을 때, 다시 펌프 입구로 돌려보내어 준다.

25 왕복기관에서 저압점화계통을 사용할 때 주된 단점과 관계되는 것은?

㉮ 플래시 오버 ㉯ 캐패시턴스
㉰ 무게의 증대 ㉱ 고전압 코로나

해설 저압점화계통을 장착한 항공기는 무게가 증대된다는 단점이 있다.

26 가스터빈기관의 공기흡입 덕트(Duct)에서 발생하는 램 회복점을 옳게 설명한 것은?

㉮ 램 압력상승이 최대가 되는 항공기의 속도
㉯ 마찰압력 손실이 최소가 되는 항공기의 속도
㉰ 마찰압력 손실이 최대가 되는 항공기의 속도
㉱ 흡입구 내부의 압력이 대기 압력으로 돌아오는 점

해설 압력 회복점(ram pressure recovery point)
압축기 입구의 정압과 대기압과 같아지는 항공기의 속도를 말하며, 압력 회복점이 낮을수록 성능이 좋은 흡입관이다.

ANSWER 23 ㉰ 24 ㉮ 25 ㉰ 26 ㉱

27 가스터빈기관에서 가변정익(Variable stator vane)의 목적을 설명한 것으로 옳은 것은?

㉮ 로터의 회전속도를 일정하게 한다.
㉯ 유입공기의 절대속도를 일정하게 한다.
㉰ 로터에 대한 유입공기의 받음각을 일정하게 한다.
㉱ 로터에 대한 유입공기의 상대속도를 일정하게 한다.

28 왕복기관의 피스톤 지름이 16cm인 피스톤에 65kgf/cm²의 가스압력이 작용하면 피스톤에 미치는 힘은 약 몇 [ton]인가?

㉮ 10   ㉯ 11
㉰ 12   ㉱ 13

29 그림과 같은 오토(Otto) 사이클의 p-V선도에서 압축비를 나타낸 식은?

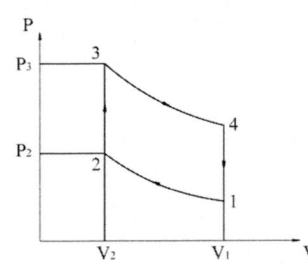

㉮ $\dfrac{V_1}{V_2}$ ㉯ $\dfrac{V_2}{V_1}$

㉰ $\dfrac{V_2}{V_1+V_2}$ ㉱ $\dfrac{V_1}{V_1+V_2}$

30 왕복기관 오일계통에 사용되는 슬러지 챔버(Sludge chamber)의 위치는?

㉮ 소기펌프(Scavenge pump)의 주위에
㉯ 크랭크 축의 크랭크 핀(Crank pin)에
㉰ 오일 저장탱크(Oil storage tank)에
㉱ 크랭크 축 끝의 트랜스퍼 링(Transfer ring)에

해설 크랭크 핀은 무게를 감소시키고 윤활유의 통로 역할을 하며, 불순물을 저장할 수 있는 역할을 하도록 내부를 비어 있는 형태(중공)로 만든다.

31 열역학 제2법칙에 대한 설명이 아닌 것은?

㉮ 에너지 전환에 대한 조건을 주는 법칙이다.
㉯ 열과 일 사이의 에너지 전환과 보존을 말한다.
㉰ 열은 그 자체만으로는 저온 물체로부터 고온 물체로 이동할 수 없다.
㉱ 자연계에 아무 변화를 남기지 않고 어느 열원의 열을 계속하여 일로 바꿀 수는 없다.

해설 열역학 제2법칙
고립계에서 총 엔트로피의 변화는 항상 증가하거나 일정하며 절대로 감소하지 않는다. 에너지 전달에는 방향이 있다는 것이다. 즉 자연계에서 일어나는 모든 과정들은 가역과정이 아니라는 것이다.

ANSWER 27 ㉰   28 ㉱   29 ㉮   30 ㉯   31 ㉯

32 열기관에서 열효율을 나타낸 식으로 옳은 것은?

㉮ $\dfrac{일}{공급열량}$ ㉯ $\dfrac{공급열량}{방출열량}$

㉰ $\dfrac{방출열량}{일}$ ㉱ $\dfrac{방출열량}{공급열량}$

33 가스터빈기관의 오일필터를 손상시키는 힘이 아닌 것은?

㉮ 고주파수로 인한 피로 힘
㉯ 흐름체적으로 인한 압력 힘
㉰ 오일이 뜨거운 상태에서 발생하는 압력 힘
㉱ 열순환(Thermal cycling)으로 인한 피로 힘

34 왕복기관의 진동을 감소시키기 위한 방법으로 틀린 것은?

㉮ 압축비를 높인다.
㉯ 실린더수를 증가시킨다.
㉰ 피스톤의 무게를 적게 한다.
㉱ 평형추(Counter weight)를 단다.

[해설] 왕복기관은 노킹현상으로 인한 소음과 진동이 심하다. 하지만 실린더를 증가시키고 평형추를 추가하여 균형을 잡아주면 진동을 감소시킬 수 있다.

35 다음 중 가스터빈기관에서 사용되는 시동기의 종류가 아닌 것은?

㉮ 전기식 시동기(Electric starter)
㉯ 마그네토 시동기(Magneto starter)
㉰ 시동 발전기(Starter generator)
㉱ 공기식 시동기(Pneumatic starter)

[해설] 가스터빈기관의 시동기에는 전기식(전동기식, 시동-발전기식), 공기식(공기터빈식, 가스터빈식, 공기충돌식)이 있다.

36 다음 중 왕복기관의 출력에 가장 큰 영향을 미치는 압력은?

㉮ 섬프압력
㉯ 오일압력
㉰ 연료압력
㉱ 다기관압력(MAP)

[해설] 매니폴드 압력(MAP)
왕복기관의 출력과 가장 밀접한 관계를 가지며, 과급기가 없는 기관에서 매니폴드 압력이 대기압보다 항상 낮으나 과급기가 있는 기관에 있어서는 대기압보다 높아질 수 있다. 매니폴드 내에 수감부를 설치하고 조종석의 계기판에 지시하도록 한다.

ANSWER 32 ㉮ 33 ㉰ 34 ㉮ 35 ㉯ 36 ㉱

37 흡입밸브와 배기밸브의 팁 간극이 모두 너무 클 경우 발생하는 현상은?

㉮ 점화시기가 느려진다.
㉯ 오일 소모량이 감소한다.
㉰ 실린더의 온도가 낮아진다.
㉱ 실린더의 체적효율이 감소한다.

[해설] 밸브 간극이 클 경우 밸브는 늦게 열리고, 빨리 닫히기 때문에 실린더의 체적효율은 감소한다.

구분	열림	닫힘	밸브개폐 구간길이
밸브간극이 작으면	빨리 열림	늦게 닫힘	길어짐
밸브간극이 크면	늦게 열림	빨리 닫힘	짧아짐

38 가스터빈기관에서 축류 압축기의 1단당 압력비가 1.8일 때 압축기가 3단이라면 압력비는 약 얼마인가?

㉮ 5.4   ㉯ 5.8
㉰ 6.5   ㉱ 7.8

39 항공기 왕복기관의 연료계통에서 저속과 순항 운전시 닫히지만 고속 운전시에 열려서 연소온도를 낮추고 디토네이션을 방지시킬 목적으로 농후 혼합비가 되도록 도와주는 밸브의 명칭은?

㉮ 저속 장치
㉯ 혼합기 조절장치
㉰ 가속 장치
㉱ 이코노마이저 장치

[해설] 이코노마이저
순항 시 연료의 소비를 최소로 해주며 순항속도 이상의 모든 속도에서 추가로 필요한 연료를 조절하여 공급해주는 역할을 하는 출력증가장치로 저속과 순항속도 이상에서는 닫히고, 고속에서는 연소온도를 감소시키고 디토네이션을 방지하고 농후혼합비를 공급하기 위해 열린다. 경제적인 연료소모가 이루어진다. 이코노마이저를 갖춘 기화기에서는 보통 순항속도에서는 가장 희박한 혼합기가 되게 하고, 고출력에서는 적절한 농후혼합이 되도록 한다.

40 정속 프로펠러를 사용하는 왕복기관에서 순항시 스로틀 레버만을 움직여 스로틀을 증가시킬 때 나타나는 현상이 아닌 것은?

㉮ 기관의 출력(HP)은 변하지 않는다.
㉯ 기관의 흡기 압력(MAP)이 증가한다.
㉰ 프로펠러 블레이드 각도가 증가한다.
㉱ 기관의 회전수(RPM)는 변하지 않는다.

ANSWER   37 ㉱   38 ㉯   39 ㉱   40 ㉮

제3과목 항공기체

41 실속 속도가 90mph인 항공기를 120 mph로 비행 중에 조종간을 급히 당겼을 때 항공기에 걸리는 하중 배수는 약 얼마인가?

㉮ 1.5 ㉯ 1.78
㉰ 2.3 ㉱ 2.57

해설
최대양력(L_{max}) = $C_{Lmax} \times \frac{1}{2} \times V^2 \times \rho \times S$

최대양력은 실속속도에서 중량과 같아야 하므로
중량(W) = $C_{Lmax} \times \frac{1}{2} \times V_S^2 \times \rho \times S$

하중배수 = $\frac{L}{W} = \frac{C_{Lmax} \frac{1}{2} \rho V^2 S}{C_{Lmax} \frac{1}{2} \rho V_S^2 S} = \frac{V^2}{V_S^2}$

$= \frac{120^2}{90^2} = 1.7778$

하중배수는 항공기 날개에 걸리는 실제 하중의 크기를 기본하중(비행기 중량)으로 나눈 수치이다.

42 다음 중 해수에 대해 내식성이 가장 강한 것은?

㉮ 티타늄 ㉯ 알루미늄
㉰ 마그네슘 ㉱ 스테인리스강

해설 해수의 조성은 염소 이온이 가장 많고, 나트륨 이온은 가장 많은 양이온이며 용존산소의 농도에 따라 부식을 생성한다. 부식이 가장 심한 탄소강(carbon steel)부터 주철, 청동, 황동, 모넬, 알루미늄, 스테인리스강, 티타늄 순이다. 티타늄이 항공기 재료로 사용되는 이유는 가벼우면서도 아주 단단하고 부식이 잘 되지 않기 때문이다.

43 클레비스 볼트(Clevis bolt)에 대한 설명으로 틀린 것은?

㉮ 인장 하중이 걸리는 곳에 사용한다.
㉯ 전단 하중이 걸리는 곳에 사용한다.
㉰ 조종 계통에 기계적인 핀의 역할로 끼워진다.
㉱ 보통 스크류 드라이버나 십자 드라이버를 사용한다.

해설 클레비스의 사전적 의미는 U자형 고리라는 뜻으로 U자형 고리 양쪽 끝에 체결되는 볼트를 클레비스 볼트라고 한다. U자형 고리 양쪽 고리와 중간에 다른 부재가 서로 체결되는 부분에 전단력이 발생하므로 나사부가 밑에만 형성되어 있는 볼트를 말한다.

44 대형 항공기의 날개에 부착되는 2차 조종면으로서 비행 중에 옆놀이 보조 장치로도 사용되는 것은?

㉮ 도움날개 ㉯ 뒷전 플랩
㉰ 스포일러 ㉱ 앞전 플랩

해설 1차 조종면(Primary Control Surface)은 Elevators, Ailerons, Rudder 등이 있으며 2차 조종면은 Flap, Tab, Spoilers, Speed brakes 등이 있다. 스포일러의 역할은 비행속도를 감소해주며 활주거리를 짧게 하는 브레이크 작용을 해주고 비행 중 도움날개 작동 시 양날개 바깥쪽의 공중 스포일러 일부를 좌우 따로 움직여서 도움날개 보조한다.

ANSWER 41 ㉯ 42 ㉮ 43 ㉮ 44 ㉰

45 다음 중 일반적인 항공기의 V-n선도에서 최대 속도는?

㉮ 설계급강하속도
㉯ 실속속도
㉰ 설계돌풍운용속도
㉱ 설계운용속도

해설 ① VA : 설계운용속도(Design maneuvering speed), 항공기의 구조적 손상 없이 최대 그리고 급격한 조작으로 안전하게 기동할 수 있는 최대속도
② VC : 설계순항속도(Design cruising speed)
③ VD : 설계급강하속도(Design diving speed)
④ 최소제한하중배수 : GH선
⑤ 최대제한하중배수 : AD선

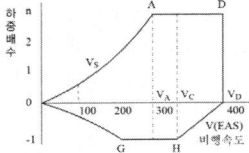

46 다음 중 용접 조인트 형식에 속하지 않는 것은?

㉮ Lap Joint   ㉯ Tee Joint
㉰ Butt Joint ㉱ Double Joint

해설 ① 버트 조인트(Butt Joint) : 판의 두께가 1/16in 이하의 얇은 재료에 사용하며 용접 소재가 겹치는 부분이 없는 조인트이다.
② 티 조인트(Tee Joint) : 골프티처럼 한 판재에 수직재를 용접시 형성되는 조인트이다.
③ 랩 조인트(Lap Joint) : 두 판재가 서로 겹쳐지는 조인트로 스폿 용접시 사용된다.
④ 코너 조인트(corner joint) : 두 개의 판재의 끝부분을 수직으로 붙일 때 사용되는 조인트이다.
Double Joint는 없지만 Double lap Joint는 랩 조인트의 한 종류이다.

47 무게가 1220lb이고, 모멘트가 30500 in-lb인 항공기에 무게가 80lb이고, 900in-lb의 모멘트를 갖는 장치를 장착하였다면 이 항공기의 무게중심 위치는 약 몇 [in]인가?

㉮ 20   ㉯ 24
㉰ 28   ㉱ 32

해설 항공기의 무게중심(CG : Center of gravity)을 구하는 문제로 공식은
무게중심 = $\frac{각각의\ 모멘트의\ 합}{각각의\ 무게의\ 합}$ 이다.
무게가 1220lb이며 총 모멘트의 합이 30500in-lb 항공기의 무게중심은 30500/1220 = 25, 즉 항공기의 무게중심은 기준선에서 25inch 되는 지점이다. 이런 항공기에 무게가 80lb이고 900in-lb의 모멘트를 가진 장치를 장착한다면 모멘트를 분자에, 무게를 분모에 합하여 다시 계산하면
무게중심 = $\frac{각각의\ 모멘트의\ 합}{각각의\ 무게의\ 합}$
= 30500+900/1220+80
= 31400/1300 = 24.15inch
로 변경되었다.

48 응력외피형 구조의 날개 스파가 주로 담당하는 하중은?

㉮ 날개의 압축   ㉯ 날개의 진동
㉰ 날개의 비틀림 ㉱ 날개의 굽힘

해설 항공기 날개의 가로방향으로 굽힘하중을 견디는 중요 부위로서 스킨 및 스트링거의 응력을 스파에 전달하는 역할을 담당한다. 사용되는 부위는 Stabilizer, aileron, elevator, rudder, flap에 사용된다.

ANSWER 45 ㉮ 46 ㉱ 47 ㉯ 48 ㉱

49 지상활주 중 지면과 타이어 사이의 마찰에 의한 타이어 밑면의 가로축 방향의 변형과 바퀴의 선회 축 둘레의 진동과의 합성 진동에 의하여 발생하는 착륙 장치의 불안정한 공진 현상을 감쇠시키는 것은?

㉮ 올레오(Oleo) 완충장치
㉯ 시미 댐퍼(Shimmy damper)
㉰ 번지 스프링(Bungee spring)
㉱ 작동 실린더(Actuating cylinder)

해설 올레오 완충장치는 압축성인 공기와 비압축성인 유압유를 이용하여 충격하중을 견디는 완충장치이며 시미 댐퍼(Shimmy damper)는 지상활주 중 지면과 타이어의 마찰에 의해 타이어 밑면의 가로축 방향의 변형바퀴의 선회축 둘레의 진동과의 합성된 진동이 좌우로 발생하는데 이를 시미라고 하고 이런 시미현상은 감쇄 방지하기 위한 장치이다.
번지스프링은 Ground시 내려가 있는 랜딩기어를 다시 접히지 않게 하는 역할을 해준다. 작동 실린더는 리트랙션 랜딩기어에서 랜딩기어를 내리기 위한 작동 실린더로 사용된다.

50 양극처리(Anodizing)에 대한 설명으로 옳은 것은?

㉮ 양극피막은 전기에 대해 불량도체이다.
㉯ 금속표면에 산화피막을 형성시키는 것이다.
㉰ 순수한 알루미늄을 황산에 담궈 얇게 코팅하는 것이다.
㉱ 부식에 대한 저항은 약해지지만 페인트 칠하기에 좋은 표면이 형성된다.

해설 알루미늄합금에 사용하는 피막처리로 Anode (양극)라는 단어와 oxidizing(산화)의 단어가 합성되어 아노다이징이라고 부르며 금속을 양극에 걸쳐 전해액으로 전해하면 표면에 산화피막을 형성시키고 알루미늄 합금의 부식을 방지한다.

51 조종석에서 케이블 또는 케이블로부터 조종면으로 힘을 전달하는 장치가 아닌 것은?

㉮ 페어리드(Fair lead)
㉯ 쿼드런트(Quardrant)
㉰ 토크튜브(Torque tube)
㉱ 케이블 드럼(Cable drum)

해설
㉮ 페어리드(Fair lead) : 조종 케이블의 작동 중 최소의 마찰력으로 케이블과 접촉하여 직선 운동을 하며 진동에 의해 기체구조에 접촉될 가능성이 있는 곳에 사용되며 케이블을 3도 이내에서 방향을 유도한다.
㉯ 쿼드런트(Quardrant) : 조종 컬럼이나 조종간에서 힘을 케이블 장치에 전달하는데 사용되는 조종계통의 장치
㉰ 토크튜브(Torque tube) : 비틀림각 또는 비틀림 운동은 컨트롤 시스템이 필요한 곳에 서로 반대 방향으로 움직임을 전송하기 위해 사용된다.
㉱ 케이블 드럼(Cable drum) : 케이블 드럼은 트림 탭 시스템에 주로 사용되며 트림 탭 컨트롤 휠은 시계방향 또는 시계반대방향으로 움직인다. 케이블 드럼은 트림 탭 케이블을 작동시키기 위해서 감거나 푼다.

ANSWER 49 ㉯ 50 ㉯ 51 ㉮

52 첨단 복합재료로서 가장 오래전부터 실용화를 시도한 섬유이며 가격이 비교적 비싸고 화학 반응성이 커서 취급이 어려운 강화섬유는?

㉮ 알루미나섬유   ㉯ 탄소섬유
㉰ 아라미드섬유   ㉱ 보론섬유

해설 Reinforce의 종류
① 탄소섬유(carbon/graphite fiber)
  ㉠ 열팽창계수가 작아서 정밀성이 필요한 항공 우주용 구조물에 이용된다.
  ㉡ 강도와 강성이 높아 날개 동체 같은 1차 구조부(윙의 스킨)에 사용한다.
  ㉢ 탄소섬유는 알루미늄과 접촉시 부식 위험이 있어 특별부식방지처리한다.
② 아라미드(aramid fiber)
  ㉠ Aromatic polymide fiber 아로매틱 폴리마이드 화이버의 줄임말
  ㉡ Kevlar 듀퐁사의 등록상표명
  ㉢ 알루미늄의 4배의 인장강도
  ㉣ 카본/그라파이트에 비교해서 압축강도는 떨어짐
  ㉤ 아라미드(aramid fiber) = 케블러(Kevlar)
  ㉥ 높은 인장강도 유연성 가짐, 비중이 작다.
  ㉦ 높은 응력과 진동을 받는 항공기 부품에 가장 이상적이다.
③ 보론섬유(boron fiber)
  ㉠ 압축강도 인성에 최고로 잘 견딤, 높은 경도를 가지고 있다.
  ㉡ 값이 제일 비싸 일부 전투기에만 사용
  ㉢ 착륙시 탑재물의 충격하중에 견디기 위해 보론 섬유의 비탄성률을 활용한 것이다.
④ 알루미나 섬유(alumina fibers)
  ㉠ 구부림에 대한 저항이 강하여 잘 부러지지 않는 특성을 가지고 있다.
  ㉡ 알루미나를 주원료로 하는 섬유이며 경도, 절연성이 우수하기 때문에 기계부품이나 집적회로의 기판으로 쓰인다.

53 날개의 가동 장치에서 날개 앞전부분의 일부를 앞으로 밀어내어 날개 본체와 간격을 만들어 높은 압력의 공기를 날개의 윗면으로 유도하여 날개의 윗면을 따라 흐르는 기류의 떨어짐을 막고 실속 받음각을 증가시키는 동시에 최대 양력을 증대시키는 장치는?

㉮ 플랩   ㉯ 스포일러
㉰ 슬랫   ㉱ 이중간격플랩

해설 항공기가 랜딩시 양력을 발생하려면 익면적을 증가시켜야 하는데 플랩은 뒷전에 붙어서 증가시켜주지만 슬랫은 앞전에 설치되어 익면적을 증가시켜 저속에서 양력을 보상해주는 고양력장치이다. 소형항공기의 슬랫(slat)은 조종사가 임의로 작동을 못하며 받음각이 커져 실속 전에 자동으로 펼쳐진다. 플랩과 날개를 연결할 때 틈이 발생하는데 이를 슬롯(slot)이라고 한다. 착륙시 양력을 높이기 위해 슬롯과 슬랫이 앞뒤로 펼쳐져서 단면적을 크게 한다.($L = C_{L\max} \frac{1}{2}\rho V^2 \delta$)

54 다음 중 장착 전에 열처리가 요구되는 리벳은?

㉮ DD : 2024   ㉯ A : 1100
㉰ KE : 7075   ㉱ M : MONEL

해설 아이스박스인 2017(D) 2024(DD)는 경도를 높인 후 시효경화의 진행을 지연하고 부드러운 상태를 오래 지속시키기 위해 드라이아이스가 들어있는 아이스박스에 보관하여 리베팅 가능한 시간을 연장시키며 시효경화가 진행되었다면 다시 열처리하여 사용해야 한다.

ANSWER 52 ㉱ 53 ㉰ 54 ㉮

55 항공기 구조설계의 변화를 시대적인 흐름 순서대로 옳게 나열한 것은?

㉮ 페일세이프설계(Fail safe design) → 안전수명설계(Safe life design) → 손상허용설계(Damage tolerance design)
㉯ 손상허용설계(Damage tolerance design) → 안전수명설계(Safe life design) → 페일세이프설계(Fail safe design)
㉰ 페일세이프설계(Fail safe design) → 손상허용설계(Damage tolerance design) → 안전수명설계(Safe life design)
㉱ 안전수명설계(Safe life design) → 페일세이프설계(Fail safe design) → 손상허용설계(Damage tolerance design)

해설 ① 안전수명설계(safe life design) : 계획된 설계수명 동안 부재가 파손되지 않는 범위 내의 응력 허용
② 페일-세이프설계(fail-safe design) : 구조의 일부가 파손이 되어도 최소한 착륙 시까지 안전비행 보장
③ 손상허용설계(damage tolerance design) : 기체 구조 부재 내에 초기 결함의 내재 가능성을 미리 파악한다. 항공기의 Operational Life 동안 중대한 피로 균열, 부식 또는 Accidental Damage가 발생하더라도 그 손상이 탐지될 때까지 기체 구조는 파손이나 과도한 변형 없이 하중을 견딜 수 있도록 보증하여 따라서 손상 상태가 치명적 크기로 진전되기 전에 발견될 수 있는 주기적 점검을 요하는 정비방식과 연계되어 있다.
시대적인 흐름으로 살펴본다면 과거와 달리 현재 대형항공기에는 결함을 미리 예측하여 균열의 성장 및 파괴조건을 검사한다.

56 중심축을 중심으로 대칭인 일정한 직사각형 단면으로 이루어진 보에 하중이 작용하고 있다. 이때 보의 수직응력 중 최대 인장 및 압축응력을 나타낸 것으로 옳은 것은? (단, M : 굽힘모멘트, I : 단면의 관성 모멘트, c : 중립축으로부터 양과 음의 방향으로 맨끝 요소까지의 거리이다.)

㉮ $\dfrac{c}{MI}$ ㉯ $\dfrac{I}{Mc}$

㉰ $\dfrac{Mc}{I}$ ㉱ $\dfrac{Ic}{M}$

해설 최대 인장응력 및 압축응력을 구할 때 $\sigma = \dfrac{Mc}{I}$, 2차 모멘트 I를 구하고 굽힘모멘트의 최대 최소 모멘트를 구한다. c는 도심으로부터 가장 멀리 있는 곳까지의 거리이다.

57 높이가 H 이고 폭이 B 인 그림과 같은 직사각형의 무게중심을 원점으로 하는 X축에 대한 관성모멘트는?

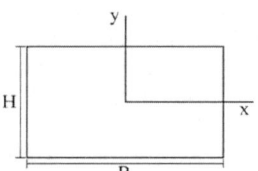

㉮ $\dfrac{BH^3}{36}$ ㉯ $\dfrac{BH^3}{24}$

㉰ $\dfrac{BH^3}{12}$ ㉱ $\dfrac{BH^3}{4}$

해설 도심에 의한 단면 2차 모멘트 = $\dfrac{bh^3}{12}$
도심에서 무게중심을 원점으로 하는 x축에 관한 단면 2차모멘트 = $\dfrac{bh^3}{3}$

ANSWER 55 ㉱ 56 ㉰ 57 ㉰

58 0.040인치 두께의 판을 서로 접합하고자 할 때 다음 중 가장 적절한 리벳의 직경은?

㉮ 6/32인치   ㉯ 5/32인치
㉰ 4/32인치   ㉱ 3/32인치

해설 사용하고자 하는 리벳을 설정할 때 리벳생크의 지름은 두꺼운 판재의 3배를 사용한다. 0.04인치이므로 리벳의 지름을 0.12인치(12/100 = 3/25 = 3.84인치) 이상의 것을 사용한다.

59 버킹바(Bucking bar)의 용도로 옳은 것은?

㉮ 드릴을 고정하기 위해 사용한다.
㉯ 리벳을 리벳건에 끼우기 위해 사용한다.
㉰ 리벳의 머리를 절단하기 위해 사용한다.
㉱ 리벳 체결시 반대편에서 벅테일을 성형하기 위해 사용한다.

해설 솔리드 섕크 리벳을 사용할 때 성형 헤드(Manufactured head)에는 리벳건을 사용하고 가공헤드(driven head)는 리벳건에 맞서는 막대기를 뜻하는 버킹 바(bucking bar)를 사용하여 체결한다.

버킹바

60 다음 중 볼트의 용도 및 식별에 대한 설명으로 가장 거리가 먼 내용은?

㉮ 볼트머리의 X표시는 합금강을 표시한 것이다.
㉯ 볼트머리의 –표시는 내식강을 표시한 것이다.
㉰ 텐션볼트(Tension bolt)는 인장 하중이 걸리는 곳에 사용된다.
㉱ 쉬어볼트(Shear bolt)는 전단 하중이 많이 걸리는 곳에 사용된다.

해설 AN 볼트를 식별할 때는 볼트 머리부분에 볼트의 재질을 나타내는 모양이 있다. X표시는 합금강, 삼각형은 정밀공차볼트, 쌍대시는 알루미늄 합금볼트, 대시는 내식강볼트 등으로 재질을 나타낸다.

제4과목 ✈ 항공장비

61 대형 항공기 공기조화 계통에서 기관으로부터 브리드(Bleed)된 뜨거운 공기를 냉각시키기 위하여 통과시키는 곳은?

㉮ 연료탱크   ㉯ 물 탱크
㉰ 기관 오일 탱크   ㉱ 열교환기

해설 공기순환 냉각방식
팽창터빈과 이에 구동되는 압축기로 구성된 ACM, 가열 공기를 냉각시키는 열교환기 등으로 구성되어 있다. 열교환기는 항공기의 Ram Air를 이용하여 Bleed Air를 냉각시킨다.

ANSWER 58 ㉰ 59 ㉱ 60 ㉯ 61 ㉱

62 항공기에 장착된 고정용 ELT(Emergency Locator Transmitter)가 송신조건이 되었을 때 송신되는 주파수가 아닌 것은?

㉮ 121.5MHz   ㉯ 203.0MHz
㉰ 243.0MHz   ㉱ 406.0MHz

해설 항공기 구명 무선기
(ELT : Emergency Locator Transmitter)
항공기의 무선 설비로서 항공기의 조난 시에 A3X 전파 121.5MHz 및 243MHz, 406.0MHz를 사용하여 조난자의 표류 지점을 수색기(또는 선박)가 탐지할 수 있도록 48시간 동안 구조신호를 자동적으로 송신하는 장치. 항공기에 대한 설비 의무와 기술적 조건은 국제 민간 항공 협약 부속서의 규정에 따라 국제적으로 통일되어 있다.

63 저항 30Ω과 리액턴스 40Ω을 병렬로 접속하고 양단에 120V의 교류전압을 가했을 때 전전류는 몇 A인가?

㉮ 5   ㉯ 6
㉰ 7   ㉱ 8

해설 RLC 병렬회로에서 전체 전류

$$I_T = \frac{V}{\sqrt{(\frac{1}{R})^2 + (\frac{1}{X_L} - \frac{1}{X_C})^2}}$$

$$= \frac{120V}{\sqrt{(\frac{1}{30\Omega})^2 + (\frac{1}{40\Omega})^2}} = 5A$$

64 주파수 체배 증폭회로로 C급이 많이 사용되는 이유는?

㉮ 찌그러짐이 적다.
㉯ 능률이 적다.
㉰ 자려발진을 방지한다.
㉱ 고조파분이 많다.

해설 증폭회로는 능동 디바이스의 바이어스점에 따라 출력신호의 파형이 입력신호의 파형과 다르고, 그에 따라 A급, AB급, B급, C급으로 나뉘며 각각 특징 있는 용도를 가진다. 넓은 주파수대역에서 균일한 증폭률을 얻기 위한 광대역 증폭회로, 인덕턴스와 커패시턴스를 병렬로 접속시킨 동조(同調)회로를 사용하는 협대역 증폭회로, 직류를 내포하는 저주파증폭용의 직류 증폭회로 등이 있다. 신호의 반 사이클 시간보다 더 짧은 시간만 전류가 흐르므로 출력 파형은 큰 왜곡을 동반하고 효율이 높아 보통 고주파 전력 증폭에 널리 사용한다.

분류 구분	A급	B급	AB급	C급
동작점	전달특성곡선의 진선부의 중앙점	전달특성곡선의 차단점	전달특성곡선의 중앙점과 차단점 사이	전달특성곡선의 차단점 밖
유통각	θ=2π	θ=π	π<θ<2π	θ<π
파형	전파	반파	전파보다 작고 반파보다 큼	반파보다 작음
왜곡	거의 없음	반파정도 왜곡	약간 왜곡	반파이상 왜곡
전력손실	큼	적음	약간 있음	거의 없음
효율	50% 이하	78.5% 이하	50% 이상	78.5% 이상
용도	무왜 증폭기 완충 증폭기	Push-pull 증폭기	저주파 증폭기	체배 증폭기 RF전력 증폭기

ANSWER 62 ㉯   63 ㉮   64 ㉱

65 대형 항공기에서 주로 비상전원으로 사용하는 발전기로 유압펌프를 구동시켜 모든 발전기가 정지된 경우라도 유압을 사용할 수 있도록 하며 프로펠러의 피치를 거버너로 조절해서 정주파수의 발전을 하는 발전기는?

㉮ 3상 교류발전기
㉯ 공기 구동 교류발전기
㉰ 단상 교류발전기
㉱ 브러시리스 교류발전기

해설 공기 구동 발전기(Air driven generator)
주로 유압 펌프를 구동시켜 모든 발전기가 정지된 경우라도 일부의 유압을 사용할 수 있도록 하며 프로펠러의 피치를 거버너로 조절해서 정주파수의 발전을 하고 전압 조절은 주발전기에서 사용하는 것과 같은 방법으로 하는 발전기

66 Proximity Switch에 대한 설명으로 옳은 것은?

㉮ Switch와 피검출물과의 기계적 접촉을 없앤 구조의 Switch이다.
㉯ Micro Switch라고 불리며, 주로 착륙장치 및 플랩 등의 작동 전동기 제어에 사용된다.
㉰ Switch의 Knob를 돌려 여러 개의 Switch를 하나로 담당한다.
㉱ 조작 레버가 동작상태를 표시하는 것을 이용하여 조종실의 각종 조작 Switch로 사용된다.

해설 근접 스위치(Proximity Switch)
마이크로 스위치의 스프링 손상에 대한 방지책으로 개발된 것으로 내부에는 발진기(Oscillator)가 장치되어 있고 금속 타겟이 발진기의 검출부인 코일에 접근하면 금속에는 코일로부터의 전자기유도에 의해 와전류가 생겨 코일 부하가 되고 금속편이 접근하면 전기적 진동을 정지한다. 논리회로로 조합되어 랜딩기어의 up-down의 작동표시, 도어의 개폐표시, 플랩의 작동상태 표시 등에 사용된다.

67 시동 토크가 크고 압력이 과대하게 되지 않으므로 시동 운전 시 가장 좋은 전동기는?

㉮ 분권 전동기   ㉯ 직권 전동기
㉰ 복권 전동기   ㉱ 화동복권 전동기

해설 직류 전동기의 여자 방식에 따라 분류된다.
① 가역 전동기 : 회전 방향을 필요에 따라 스위치 조작으로 반대로 할 수 있다.
② 분권 전동기 : 전기자 코일과 계자 코일이 병렬로 연결된 것. 회전 속도에 따라 계자 전류가 변화하지 않아 부하에 따른 속도의 변화가 일정하다.
③ 직권 전동기 : 전기자 코일과 계자 코일이 서로 직렬로 연결된 것. 시동 시, 전기자 코일과 계자 코일 모두에 전류가 많이 흘러 시동 회전력이 크다는 것이 장점
④ 복권 전동기 : 전기자 코일과 계자 코일이 직렬과 병렬로 연결된 것. 직권과 분권의 장점을 가지고 있어, 회전력이 크고 정속도 특성을 나타낸다.

68 자기 컴퍼스의 정적오차에 속하지 않는 것은?

㉮ 자차   ㉯ 불이차
㉰ 북선오차   ㉱ 반원차

해설 자기 컴퍼스의 정적오차
반원차, 사분원차, 불이차(이 세 가지를 합하여 자차라고 한다.)

ANSWER 65 ㉯ 66 ㉮ 67 ㉯ 68 ㉰

69 다음 중 인천공항에서 출발한 항공기가 태평양을 지나면서 통신할 때 사용하는 적합한 장치는?

㉮ MF 통신장치   ㉯ LE 통신장치
㉰ VHF 통신장치 ㉱ HF 통신장치

해설 항공 주파수 대역에는 HF, VHF, UHF가 사용된다. HF는 전파의 흡수가 적은 F층에서 반사되어 원거리에 전파되는 특징이 있어 원거리 통신이 가능하고, VHF는 파장이 매우 짧고 높은 주파수의 전파는 이온층에서 반사되지 않고 직진하여 근거리 통신에 적합하다.

70 마커비콘(Marker beacon)의 이너 마커(Inner marker)의 주파수와 등(Light) 색은?

㉮ 400Hz, 황색   ㉯ 3000Hz, 황색
㉰ 400Hz, 백색   ㉱ 3000Hz, 백색

해설 ① 외측마커(OM) : 400Hz, 활주로 끝에서부터 7km, 자색(purple)
② 중앙마커(MM) : 1300Hz, 활주로 끝에서부터 1050m, 호박색(amber)
③ 내측마커(IM) : 3000Hz, 활주로 끝에서부터 300m, 백색(white)

71 객실여압조종 계통에서 등압 미터링 밸브가 열림 위치에 있을 때는?

㉮ 객실 압력이 감소할 때
㉯ 객실 고도가 감소할 때
㉰ 객실 압력이 증가할 때
㉱ 배출 밸브가 닫힐 때

해설 기준 챔버 압력이 감소하면 등압 벨로우는 부풀고 등압 미터링 밸브를 완전히 닫아버리고, 기준 챔버 압력은 차압 다이아프램으로 움직이는 대기압에 의해 차압 미터링 밸브를 통해서 조절된다. 대기압이 감소하면서 미터링 밸브는 더욱 크게 열리고 그에 비례해서 기준 챔버압을 감소시킨다.

72 다음 중 전기적인 방빙을 사용하는 부분이 아닌 것은?

㉮ 정압공   ㉯ 피토튜브
㉰ 코어 카울링 ㉱ 프로펠러

해설

결빙 부분	방빙 및 제빙 방법
날개 앞전	가열공기
수직, 수평 안정판의 앞전	가열공기
윈드실드 및 창문	전열기, 알콜
히터, 기관 공기 흡입구	전열기
실속 경고 장치	전열기
프로펠러 깃의 앞전	전열기, 알콜
왕복엔진 기화기(플로트형)	가열공기, 알콜
드레인 마스트	전열기
피토관	전열기

ANSWER 69 ㉱ 70 ㉱ 71 ㉮ 72 ㉰

73 변압기에 성층 철심을 사용하는 이유는?

㉮ 동손을 감소시킨다.
㉯ 유전체 손실을 적게 한다.
㉰ 와전류 손실을 감소시킨다.
㉱ 히스테리시스 손실을 감소시킨다.

해설
- 히스테리시스 손실 : 변압기 철심을 자화할 때 자성체의 히스테리시스 현상에 의한 손실
- 와전류 손실 : 자계 변화에 의해 변압기 철심이 유기되는 맴돌이 전류에 의한 손실. 이 손실을 감소시키기 위해 철심은 절연된 규소강(성층 철심)을 사용한다.

74 지상에 설치된 송신소나 트랜스폰더를 필요로 하는 항법장치는?

㉮ 거리 측정 장치(DME)
㉯ 자동방향탐지기(ADF)
㉰ 2차 감시 레이더(SSR)
㉱ SELCAL(Selective Calling System)

해설 SELCAL(selective calling system)
지상 무선국이 특정 항공기와 교신하고자 할 때 불러내는 장치. 각 항공기에는 각각 다른 코드(4개의 저주파 혼합)가 지정되어 있고, 지상국이 HF, VHF 통신장치를 매개로 항공기에 코드를 송신하면 수신한 항공기 중에서 지정된 코드와 일치하는 항공기에만 조종실에서 호출에 응할 수 있다.

75 다음 중 연료 유량계의 종류가 아닌 것은?

㉮ 차압식 유량계
㉯ 부자식 유량계
㉰ 배인식 유량계
㉱ 동기 전동기식 유량계

해설 연료 유량계의 종류
차압식 유량계, 베인식 유량계, 동기 전동기식 유량계
① 차압식 유량계(differential pressure type flowmeter) : 유체가 흐름으로써 생기는 차압을 이용하여 유체의 유량을 측정하는 방식의 유량계. 오리피스 유량계, 피토관, 층류 유량계 등이 있지만 일반적으로 차압식 유량계라 하면 오리피스 유량계를 가리키는 경우가 많다.
② 베인식 유량계(Vane-Type FlowMeter) : 유량계기 입구를 통하여 연료의 흐름이 있을 때에는 베인은 연료의 질량과 속도에 비례하는 동압을 받아 회전하게 된다. 이 때, 베인의 각 변위를 오토신의 변환기에 의하여 전기 신호로 바꾸어 지시계에 전달함으로써 유량을 지시한다. 만일, 베인이 고장이 나서 움직이지 않을 때에는 바이패스 밸브가 열려, 유량이 측정되지 않더라도 연료는 바로 기관으로 보낼 수 있도록 되어 있다.
③ 동기 전동기식 유량계(Synchronous Motor Flow Meter) : 연료의 유량이 많은 제트기관에 사용되는 질량 유량계로서, 연료에 일정한 각속도를 준다. 이 때의 각 운동량을 측정하여 연료의 유량을 무게의 단위로 지시하도록 한다. 작동원리는 임펠러를 전기 전동기에 의하여 일정한 속도로 회전시키면 연료는 임펠러를 지나서 일정하게 각속도 운동을 실행하게 된다. 이 때, 임펠러를 떠나는 연료의 각 운동량은 회전 속도가 일정하므로 유량에만 비례하여 이 각 운동량을 가진 연료가 터빈을 지나면서 각 변위량을 오토신이나 마그네신을 이용하여 지시계에 원격으로 전달한다. 그러나 이러한 방법은 임펠러를 일정한 속도로 회전시켜야 하며, 전원의 주파수가 변동하면 유량의 지시 변화가 일어나기 때문에 전원이 정밀해야만 한다.

ANSWER 73 ㉰ 74 ㉱ 75 ㉯

76 자이로(Gyro)에 관한 설명으로 틀린 것은?

㉮ 강직성은 자이로 로터의 질량이 커질수록 강하다.
㉯ 강직성은 자이로 로터의 회전이 빠를수록 강하다.
㉰ 섭동성은 가해진 힘의 크기에 반비례하고 로터의 회전속도에 비례한다.
㉱ 자이로를 이용한 계기로는 선회경사계, 방향자이로 지시계, 자이로 수평지시계가 있다.

해설
- 섭동성(세차성) : 외부에서 가해진 착력점으로부터 로터의 회전방향으로 90° 회전한 점에 힘이 작용하여 축을 움직이게 하는 성질. 섭동성은 로터의 무게가 증가하거나 회전각 속도가 크면 감소하고 로터를 기울이려는 외력에 비례하며 강직성과의 반대 성질이 있다. 섭동성을 이용한 계기로써는 선회계가 있는데 항공기가 좌우 방향으로 선회하는 속도를 나타내는 항공 계기. 유리관 속에 까만 구슬이 든 경사계가 계기 아래쪽에 함께 붙어 있다. 선회계의 성질과 강직성을 이용한 선회경사계가 있다.
- 강직성 : 로터가 회전하고 있을 때는 로터 회전축은 일정한 방향을 유지하는 성질이 있다. 로터 회전 속도가 큰 만큼 강하다. 로터 질량이 회전축에서 멀리 분포하고 있는 만큼 강하다.

77 자동조종 항법장치에서 위치정보를 받아 자동적으로 항공기를 조종하여 목적지까지 비행시키는 기능은?

㉮ 유도 기능
㉯ 조종 기능
㉰ 안정화 기능
㉱ 방향탐지 기능

해설 자동조종장치의 목적
① 안정 기능
② 상승 및 선회 제어 기능
③ 무선 항법 장치들과의 결합으로 유도 기능

78 화재감지계통(Fire Detector System)에 대한 설명으로 옳은 것은?

㉮ 감지기의 꼬임, 눌림 등은 허용범위 이내이더라도 수정하는 것이 바람직하다.
㉯ 감지기의 접속부를 분리했을 때에는 반드시 Cooper Crush Gasket을 교환해야 한다.
㉰ 감지기의 절연저항 점검은 테스터기(Multi-Meter)로 충분하다.
㉱ Ionization Smoke Detector는 수리를 위해서 기내에서 분해할 수 있다.

해설 화재감지기의 계통 내의 와이어 및 센서 등의 꼬임이나 눌림 등은 허용범위 이내더라도 수정하지 않고 반드시 원래 장착된 상태로 있어야 한다. 계통 내의 누설전류 확인을 위해 절연저항 점검은 절연저항계(megger)로 한다. 연기감지기에는 광전식과 이온화식으로 나뉜다. 감지기를 포함하여 전자장비 component는 기내에서 오퍼레이션 체크 후, Shop으로 이동시켜 점검 및 교환한다. 이온화식에는 방사성 물질인 Americium241을 포함하고 있어 기내에서 탈착 후 파기해야 한다.

ANSWER 76 ㉰ 77 ㉮ 78 ㉯

79 유압계통에서 유압작동실린더의 움직임의 방향을 제어하는 밸브는?

㉮ 체크밸브   ㉯ 릴리프밸브
㉰ 선택밸브   ㉱ 프라이오러티밸브

해설
㉮ 체크 밸브(Check valve) : 한쪽 방향으로만 작동유의 흐름을 허용하고, 반대 방향의 흐름은 차단하는 밸브이다.
㉯ 릴리프 밸브(Relief valve) : 작동유에 의한 계통 내의 압력을 규정된 값 이하로 제한하는데 사용되는 것으로, 과도한 압력으로 인하여 계통 내의 관이나 부품이 파손될 수 있는 것을 방지하는 장치이다.
㉰ 선택 밸브(selection valve) : 작동 실린더의 운동 방향을 결정하는 밸브이다. 기계적으로 작동되는 것과 전기적으로 작동되는 것이 있고, 기계적으로 작동되는 밸브에는 회전형, 포핏형, 스풀형, 피스톤형, 플런저형이 있다.
㉱ 프라이오리티 밸브(Priority Valve) : 작동유의 압력이 일정 압력 이하로 떨어지면 유로를 막아 작동 기구의 중요도에 따라 우선 필요한 계통만을 작동시키는 기능을 가진 밸브이다.

80 공함(Pressure capsule)을 응용한 계기가 아닌 것은?

㉮ 선회계   ㉯ 고도계
㉰ 속도계   ㉱ 승강계

해설 공함(Pressure capsule)
압력을 기계적 변위로 바꾸는 장치. 대표적으로 고도계(아네로이드), 속도계(다이어프램), 승강계(아네로이드)가 있다.

ANSWER 79 ㉰ 80 ㉮

2015 제1회 항공산업기사 기출문제

제1과목  항공역학

01 항공기가 세로 안정하다는 것은 어떤 것에 대해서 안정하다는 의미인가?

㉮ 롤링(Rolling)
㉯ 피칭(Pitching)
㉰ 요잉(Yawing)과 피칭(Pitching)
㉱ 롤링(Rolling)과 피칭(Pitching)

해설 세로안정성
가로축 중심 세로운동에 대한 안정성 → 세로운동(피칭)에 대한 안정성

02 비행기의 무게가 2500kg, 큰 날개의 면적이 30m²이며, 해발고도에서의 실속속도가 100km/h인 비행기의 최대양력계수는 약 얼마인가? (단, 공기의 밀도는 0.125kg·s²/m⁴이다.)

㉮ 1.5   ㉯ 1.7
㉰ 3.0   ㉱ 3.4

해설
$$W = \frac{1}{2} \cdot \rho V_s^2 \cdot S \cdot C_{Lmax}$$
$$\rightarrow C_{Lmax} = \frac{2 \cdot W}{\rho \cdot V^2 \cdot S}$$
$$\therefore C_{Lmax} = \frac{2 \times 2500}{0.125 \times (\frac{100}{3.6})^2 \times 30}$$

03 항공기 날개에서의 실속현상이란 무엇을 의미하는가?

㉮ 날개상면의 흐름이 층류로 바뀌는 현상이다.
㉯ 날개상면의 항력이 갑자기 0이 되는 현상이다.
㉰ 날개상면의 흐름속도가 급격히 증가하는 현상이다.
㉱ 날개상면의 흐름이 날개상면의 앞전 근처로부터 박리되는 현상이다.

해설 실속
양력이 감소하여 무게보다 양력이 작아지는 현상을 말한다. 받음각이 증가하여 날개에 흐름의 떨어짐이 생기면 양력이 감소하게 되므로 날개에 발생하는 흐름의 떨어짐으로 실속이 발생할 수 있다.

ANSWER 01 ㉯ 02 ㉯ 03 ㉱

04 날개의 시위길이가 6m, 공기의 흐름 속도가 360km/h, 공기의 동점성계수가 0.3cm²/sec일 때 레이놀즈수는 약 얼마인가?

㉮ 1×10^7 ㉯ 2×10^7
㉰ 1×10^9 ㉱ 2×10^9

해설 레이놀즈수(Re)

$$= \frac{관성력}{점성력} = \frac{\rho A V^2}{\mu \frac{AV}{L}} = \frac{\rho VL}{\mu} = \frac{VL}{\nu}$$

$\begin{bmatrix} \mu : 점성계수 \\ \nu : 동점성계수 \end{bmatrix}$

$$\therefore \frac{\frac{360}{3.6} \times 100 \times 6 \times 100 (cm^2/sec)}{0.3 (cm^2/sec)}$$

05 헬리콥터의 자동회전(Autorotation)비행에 대한 설명이 아닌 것은?

㉮ 호버링의 일종으로 양력과 무게의 균형을 유지한다.
㉯ 기관이 고장났을 경우 로터블레이드의 독립적인 자유회전에 의한 강하비행을 말한다.
㉰ 위치에너지를 운동에너지로 바꾸면서 무동력으로 하강하는 것이다.
㉱ 공기흐름은 상향공기흐름을 일으켜 착륙에 필요한 양력을 발생시킨다.

해설 호버링
헬리콥터가 고도와 전·후, 좌·우의 변화 없이 비행하는 것을 말한다.

06 프로펠러 깃의 미소길이에 발생하는 미소양력이 dL, 항력이 dD이고, 이 때의 유효 유입각(effective advance angle)이 α라면 이 미소길이에서 발생하는 미소추력은?

㉮ $dL\cos\alpha - dD\sin\alpha$
㉯ $dL\sin\alpha - dD\cos\alpha$
㉰ $dL\cos\alpha + dD\sin\alpha$
㉱ $dL\sin\alpha + dD\cos\alpha$

해설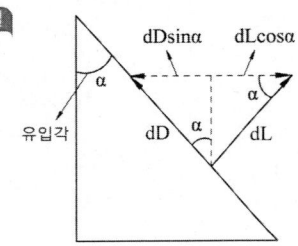

$\therefore T = dL\cos\alpha - dD\sin\alpha$

07 표준대기의 기온, 압력, 밀도, 음속을 옳게 나열한 것은?

㉮ 15℃, 750mmHg, 1.5kg/m³, 330m/s
㉯ 15℃, 760mmHg, 1.2kg/m³, 340m/s
㉰ 18℃, 750mmHg, 1.5kg/m³, 340m/s
㉱ 158℃, 756mmHg, 1.2kg/m³, 330m/s

해설 $t_0 = 15℃$
$P_0 = 101325 N/m^2 (Pa) = 1.01325 bar$
    $= 1013.25 mbar = 10332 kg_f/m^2$
    $= 2116.2 lb/ft^2 = 760 mmHg = 29.92 inHg$
$\rho_0 = 1.225 kg/m^3 = 0.125 kg_f \cdot s^2/m^4$
$g_0 = 9.8 m/s^2$
$a_0 = 340 m/s$

ANSWER 04 ㉯ 05 ㉮ 06 ㉮ 07 ㉯

08 무게가 500lbs인 비행기의 마력곡선이 그림과 같다면 수평정상비행할 때 최대 상승률은 몇 [ft/min]인가? (단, HP_{req}는 필요마력, HP_{av}는 이용마력, 비행경로선과 추력선 사이각, 비행경로각은 작다.)

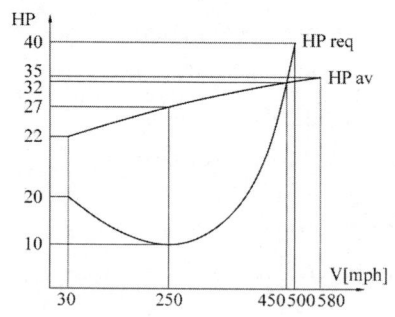

㉮ 1122 ㉯ 1555
㉰ 2360 ㉱ 2500

해설

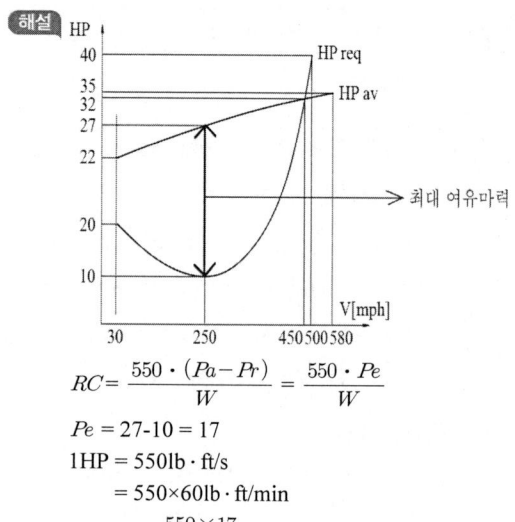

$$RC = \frac{550 \cdot (Pa-Pr)}{W} = \frac{550 \cdot Pe}{W}$$

$Pe = 27-10 = 17$
$1HP = 550 lb \cdot ft/s$
$= 550 \times 60 lb \cdot ft/min$

$\therefore RC = \frac{550 \times 17}{500} HP$

$= \frac{550 \times 17}{500} \times 60 lb \cdot ft/min$

09 항공기의 동적안정성이 양(+)인 상태에서의 설명으로 옳은 것은?

㉮ 운동의 주기가 시간에 따라 일정하다.
㉯ 운동의 주기가 시간에 따라 점차 감소한다.
㉰ 운동의 진폭이 시간에 따라 점차 감소한다.
㉱ 운동의 고유진동수가 시간에 따라 점차 감소한다.

해설 동적 안정
평형상태에서 벗어난 후 시간이 지남에 따라 다시 평형 상태로 돌아가려는 경향을 말하며, 운동의 진폭이 시간이 경과하면 감소한다.

10 비행기의 방향 안정에 일차적으로 영향을 주는 것은?

㉮ 수평꼬리날개 ㉯ 플랩
㉰ 수직꼬리날개 ㉱ 날개의 쳐든각

11 항공기 주위를 흐르는 공기의 레이놀즈수와 마하수에 대한 설명으로 틀린 것은?

㉮ 마하수는 공기의 온도가 상승하면 커진다.
㉯ 레이놀즈수는 공기의 속도가 증가하면 커진다.
㉰ 마하수는 공기 중의 음속을 기준으로 나타낸다.
㉱ 레이놀즈수는 공기흐름의 점성을 기준으로 한다.

해설 $M = \frac{항공기 속도}{음속}$
온도 상승 시 음속이 증가하므로 마하수는 감소한다.

ANSWER 08 ㉮ 09 ㉰ 10 ㉰ 11 ㉮

12 유체흐름을 이상유체(Ideal fluid)로 설정하기 위한 조건으로 옳은 것은?

㉮ 압력변화가 없다.
㉯ 온도변화가 없다.
㉰ 흐름속도가 일정하다.
㉱ 점성의 영향을 무시한다.

해설 이상유체
비점성, 비압축성 유체

13 프로펠러에 흡수되는 동력과 프로펠러의 회전수(n), 프로펠러의 지름(D)에 대한 관계로 옳은 것은?

㉮ n의 제곱에 비례하고 D의 제곱에 비례한다.
㉯ n의 제곱에 비례하고 D의 3제곱에 비례한다.
㉰ n의 3제곱에 비례하고 D의 4제곱에 비례한다.
㉱ n의 3제곱에 비례하고 D의 5제곱에 비례한다.

해설
$T = C_t \cdot \rho \cdot n^2 \cdot D^4$
$Q = C_q \cdot \rho \cdot n^2 \cdot D^5$
$P = C_p \cdot \rho \cdot n^3 \cdot D^5$

14 비행기의 조종력을 결정하는 요소가 아닌 것은?

㉮ 조종면의 크기
㉯ 비행기의 속도
㉰ 비행기의 추진효율
㉱ 조종면의 힌지모멘트 계수

해설 F_e(조종력) $= K \cdot H_e$
$\begin{bmatrix} K : \text{조종계통에 의한 이득} \\ H_e : \text{힌지모멘트} \end{bmatrix}$
$H_e = C_h \cdot \frac{1}{2} \cdot \rho \cdot V^2 \cdot b \cdot c^2$
$= C_h \cdot \frac{1}{2} \cdot \rho \cdot V^2 \cdot c \cdot s$

15 정상선회에 대한 설명으로 옳은 것은?

㉮ 경사각이 크면 선회반경은 커진다.
㉯ 선회반경은 속도가 클수록 작아진다.
㉰ 경사각이 클수록 하중배수는 커진다.
㉱ 선회시 실속속도는 수평비행 실속속도보다 작다.

해설 선회시 하중 배수 $= \frac{1}{\cos\theta}$

∴ $\cos\theta$는 180°까지 각도가 증가할수록 값이 작아지므로 θ이 커지면 하중배수는 증가한다.

ANSWER 12 ㉱ 13 ㉱ 14 ㉰ 15 ㉰

16 헬리콥터 회전날개의 추력을 계산하는데 사용되는 이론은?

㉮ 기관의 연료소비율에 따른 연소이론
㉯ 로터 블레이드의 코닝각의 속도변화 이론
㉰ 로터 블레이드의 회전관성을 이용한 관성 이론
㉱ 회전면 앞에서의 공기유동량과 회전면 뒤에서의 공기유동량의 차이를 운동량에 적용한 이론

해설 운동량 이론
회전면 앞쪽과 뒤쪽의 공기량의 차이로 추력을 설명한 이론

17 비행기가 착륙할 때 활주로 15m 높이에서 실속속도보다 더 빠른 속도로 활주로에 진입하며 강하하는 이유는?

㉮ 비행기의 착륙거리를 줄이기 위해서
㉯ 지면효과에 의한 급격한 항력 증가를 줄이기 위해서
㉰ 항공기 소음을 속도 증가를 통해 감소시키기 위해서
㉱ 지면 부근의 돌풍에 의한 비행기의 자세교란을 방지하기 위해서

18 프로펠러 항공기가 최대 항속거리로 비행할 수 있는 조건으로 옳은 것은? (단, C_D는 항력계수, C_L은 양력계수이다.)

㉮ $(C_D/C_L)_{최대}$ ㉯ $(C_L^{1/2}/C_D)_{최대}$
㉰ $(C_L/C_D)_{최대}$ ㉱ $(C_D^{1/2}/C_L)_{최대}$

해설

	항속거리	항속시간
프로펠러	$(\frac{C_L}{C_D})_{max}$	$(\frac{C_L^{\frac{3}{2}}}{C_D})_{max}$
제트	$(\frac{C_L^{\frac{1}{2}}}{C_D})_{max}$	$(\frac{C_L}{C_D})_{max}$

19 그림과 같은 항공기의 운동은 어떤 운동의 결합으로 볼 수 있는가?

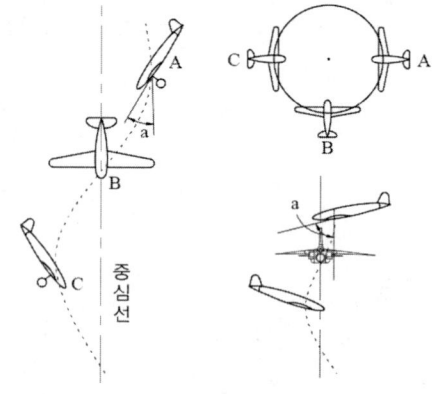

㉮ 자전운동(Autorotation) + 수직강하
㉯ 자전운동(Autorotation) + 수평선회
㉰ 균형선회(Turn coordination) + 빗놀이
㉱ 균형선회(Turn coordination) + 수직강하

ANSWER 16 ㉱ 17 ㉱ 18 ㉰ 19 ㉮

20 날개 뿌리 시위길이가 60cm이고 날개 끝 시위길이가 40cm인 사다리꼴 날개의 한 쪽 날개 길이가 150cm일 때 평균 시위길이는 몇 cm인가?

㉮ 40 ㉯ 50
㉰ 60 ㉱ 75

해설
날개 평균 시위길이 = 날개면적 / 날개길이

사다리꼴 날개의 면적 = 작은시위길이×날개길이 + (큰시위길이 − 작은시위길이)×날개길이 / 2

∴ 시위길이 = $\dfrac{40 \times 150 + \dfrac{(60-40) \times 150}{2}}{150}$

제2과목 항공기관

21 체적 10cm³ 속의 완전기체가 압력 760 mmHg 상태에서 체적이 20cm³로 단열 팽창하면 압력은 몇 [mmHg]로 변하는가? (단, 비열비는 1.4이다.)

㉮ 217 ㉯ 288
㉰ 302 ㉱ 364

22 왕복기관의 마그네토가 점화에 유효한 고전압을 발생할 수 있는 최소 회전속도를 무엇이라고 하는가?

㉮ E-갭 스피드(E-gap speed)
㉯ 아이들 스피드(idle speed)
㉰ 2차 회전수(secondary speed)
㉱ 커밍-인 스피드(coming-in speed)

해설 마그네토가 점화에 필요한 전압을 생산할 수 있는 최저회전속도를 coming-in speed라 한다. 엔진이 저속일 때 coming-in speed를 맞추기 위해서는 임펄스 커플링의 태엽을 감아 엔진속도가 작아도 마그네토 속도는 점화가 가능하도록 하는 시동보조장치를 사용한다.

23 항공기용 왕복기관의 밸브 개폐 시기가 다음과 같다면 밸브 오버랩(valve overlap)은 몇 도[°]인가?

I.O : 30° BTC E.O : 60° BBC
I.C : 60° ABC E.C : 15° ATC

㉮ 15 ㉯ 45
㉰ 60 ㉱ 75

해설 밸브 오버랩 = I.O+E.C = 30°+15° = 45°

24 가스터빈기관의 효율이 높을수록 얻을 수 있는 장점이 아닌 것은?

㉮ 연료 소비율이 작아진다.
㉯ 활공거리를 길게 할 수 있다.
㉰ 같은 적재연료에서 항속거리를 길게 할 수 있다.
㉱ 필요한 적재 연료의 감소분만큼 유상 하중을 증가시킬 수 있다.

25 팬 블레이드의 미드 스팬 쉬라우드(mid span shroud)에 대한 설명으로 틀린 것은?

㉮ 유입되는 공기의 흐름을 원활하게 하여 공기역학적인 항력을 감소시킨다.
㉯ 팬 블레이드 중간에 원형링을 형성하게 설치되어 있다.
㉰ 상호 마찰로 인한 마모현상을 줄이기 위해 주기적으로 코팅을 한다.
㉱ 공기흐름에 의한 블레이드의 굽힘현상을 방지하는 기능을 한다.

[해설] 미드 스팬 쉬라우드는 블레이드의 중간지점마다 수직방향으로 설치하며, 모든 블레이드 장착 시 중간지점에 원형링 모양을 형성하게 한다. 이것은 공기흡입으로 인하여 좌우로 흔들려 서로 부딪혀 마모되는 것들을 방지할 수 있고 블레이드의 굽힘을 막아준다는 장점이 있다. 블레이드의 마찰을 줄일 수 있으나 미드 스팬 쉬라우드끼리 마찰이 생기므로 주기적으로 코팅을 해주어야 한다.

26 항공기 기관용 윤활유의 점도지수(viscosity Index)가 높다는 것은 무엇을 의미하는가?

㉮ 온도변화에 따른 윤활유의 점도 변화가 작다.
㉯ 온도변화에 따른 윤활유의 점도 변화가 크다.
㉰ 압력변화에 따른 윤활유의 점도 변화가 작다.
㉱ 압력변화에 따른 윤활유의 점도 변화가 크다.

[해설] 점도지수는 점도의 온도에 따른 변화를 나타낸 것으로 점도지수가 높을수록 점도의 변화가 작다는 것을 나타낸다.

27 [보기]에서 왕복기관과 비교했을 때 가스터빈기관의 장점만을 나열한 것은?

┤보기├
(A) 중량당 출력이 크다.
(B) 진동이 작다.
(C) 소음이 작다.
(D) 높은 회전수를 얻을 수 있다.
(E) 윤활유의 소모량이 적다.
(F) 연료소모량이 적다.

㉮ (A), (B), (D), (E)
㉯ (A), (C), (D), (F)
㉰ (B), (C), (E), (F)
㉱ (A), (D), (E), (F)

[해설] 가스터빈기관은 왕복기관에 비해 고속 출력으로 작동하므로 소음이 심하고, 연료소모량이 많다.

28 경항공기에서 프로펠러 감속기어(reduction gear)를 사용하는 주된 이유는?

㉮ 구조를 간단히 하기 위하여
㉯ 깃의 숫자를 많게 하기 위하여
㉰ 깃 끝 속도를 제한하기 위하여
㉱ 프로펠러 회전속도를 증가시키기 위하여

해설 깃 끝 속도가 비교적 빠를 경우 프로펠러가 파손될 수 있으므로 감속기어를 통해 깃 끝 속도를 제한한다.

29 정속 프로펠러에서 프로펠러가 과속상태(over speed)가 되면 조속기 플라이 웨이트(fly weight)의 상태는?

㉮ 밖으로 벌어진다.
㉯ 무게가 감소된다.
㉰ 안으로 오므라든다.
㉱ 무게가 증가된다.

해설 정속 프로펠러가 과속 회전상태일 때,
• 플라이웨이트가 벌어진다.
• 파일럿 밸브가 위로 올라간다.
• 작동 실린더의 윤활유가 배출된다.
• 카운터웨이트가 벌어진다.
• 블레이드 각이 증가한다.
• rpm이 감소, 정속회전상태로 돌아간다.

30 왕복기관의 실린더를 분해 및 조립할 때 주의사항으로 틀린 것은?

㉮ 실린더를 장착할 때 12시 방향의 너트를 먼저 조인 후 다른 너트를 조인다.
㉯ 실린더를 떼어내기 전에 외부에 부착된 부품들을 먼저 떼어낸다.
㉰ 실린더를 떼어낼 때 피스톤 행정을 배기 상사점 위치에 맞춘다.
㉱ 실린더를 장착할 때 피스톤 링의 터진 방향을 링의 개수에 따라 균등한 각도로 맞춘다.

해설 실린더를 분해/조립 시 피스톤은 압축행정 상사점(전)에 위치시킨다.

31 가스터빈기관에서 압축기 실속(compressor stall)의 원인이 아닌 것은?

㉮ 압축기의 손상
㉯ 터빈의 변형 또는 손상
㉰ 설계 rpm 이하에서의 기관 작동
㉱ 기관 시동용 블리드 공기의 낮은 압력

해설 항공기 날개의 양력은 받음각이 커질수록 증가하고 어떤 받음각에서 최대가 되었다가 받음각이 더 커지면 날개 윗면에 흐르는 공기가 떨어져 양력은 급격히 감소, 항력이 증가하는 현상이 발생하는데 이러한 현상을 실속이라 한다. 압축기에서도 rotor blade와 stator blade에서 이러한 현상이 발생하며 이는 공기의 흡입속도가 작고 rotor의 회전속도가 클 때 받음각이 커져서 발생하게 된다.

32 왕복기관 동력을 발생시키는 행정은?

㉮ 흡입행정 ㉯ 압축행정
㉰ 팽창행정 ㉱ 배기행정

해설 왕복기관에서 4행정(5현상) 중 실제 동력을 발생시키는 행정은 폭발(팽창)행정이다.

33 가스터빈기관의 시동계통에서 자립회전속도(self-accelerating speed)의 의미로 옳은 것은?

㉮ 시동기를 켤 때의 회전속도
㉯ 점화가 일어나서 배기가스 온도가 증가되기 시작하는 상태에서의 회전속도
㉰ 아이들(idle) 상태에 진입하기 시작했을 때의 회전속도
㉱ 시동기의 도움 없이 스스로 회전하기 시작하는 상태에서의 회전속도

해설 가스터빈기관에서의 자립회전속도란 시동 초기에 외부 발전기 또는 보조동력장치의 도움을 받아 기관을 회전시키다가 일정 속도까지 도달하게 되면 외부 발전기나 보조동력장치의 도움 없이 회전할 수 있게 되는데 이때의 회전속도를 자립회전속도라 한다.

34 윤활유 여과기에 대한 설명으로 옳은 것은?

㉮ 카트리지형은 세척하여 재사용이 가능하다.
㉯ 여과능력은 여과기를 통과할 수 있는 입자의 크기인 미크론(micron)으로 나타낸다.
㉰ 바이패스밸브는 기관 정지시 윤활유의 역류를 방지하는 역할을 한다.
㉱ 바이패스밸브는 필터 출구압력이 입구압력보다 높을 때 열린다.

해설 여과기는 카트리지형(종이-1회용), 스크린형(금속망-재사용 가능), 스크린-디스크형(금속망-재사용 가능)이 있다. 기관에는 여과기가 막혀도 윤활유를 원활하게 공급하기 위하여 바이패스 밸브를 설치한다. (체크밸브-역류방지, 릴리프 밸브-펌프출구 압력이 과도하게 높을 때 다시 펌프 입구로 되돌려보낸다.)

35 항공기 왕복기관의 오일 탱크 안에 부착된 호퍼(hopper)의 주된 목적은?

㉮ 오일을 냉각시켜 준다.
㉯ 오일 압력을 상승시켜 준다.
㉰ 오일 내의 연료를 제거시켜 준다.
㉱ 시동시 오일의 온도 상승을 돕는다.

해설 호퍼 탱크(hopper tank)
기관의 난기 운전 시 윤활유가 평소보다 빨리 데워질 수 있도록 탱크 안에 별도의 탱크를 만들고, 윤활유의 온도가 빨리 올라갈 수 있도록 하여 난기운전시간을 단축시킨다.

ANSWER 32 ㉰ 33 ㉱ 34 ㉯ 35 ㉱

36 단열변화에 대한 설명으로 옳은 것은?

㉮ 팽창일을 할 때는 온도가 올라가고 압축일을 할 때는 온도가 내려간다.
㉯ 팽창일을 할 때는 온도가 내려가고 압축일을 할 때는 온도가 올라간다.
㉰ 팽창일을 할 때와 압축일을 할 때에 온도가 모두 올라간다.
㉱ 팽창일을 할 때와 압축일을 할 때에 온도가 모두 내려간다.

37 부자식 기화기에서 기관이 저속상태일 때 연료를 분사하는 장치는?

㉮ Venturi
㉯ Main discharge nozzle
㉰ Main orifice
㉱ Idle discharge nozzle

38 가스터빈기관의 연소실에 부착된 부품이 아닌 것은?

㉮ 연료노즐   ㉯ 선회깃
㉰ 가변정익   ㉱ 점화플러그

해설) 연소실은 케이스, 라이너, 이그나이터(점화플러그), 연료노즐, 선회깃 등으로 이루어져 있다. 가변정익은 압축기 입구에 장착되어 있다.

39 항공기 왕복기관의 제동마력과 단위시간당 기관이 소비한 연료 에너지와의 비는 엇인가?

㉮ 제동열효율   ㉯ 기계열효율
㉰ 연료소비율   ㉱ 일의 열당량

해설) 제동열효율
제동마력과 단위시간당 기관이 소비한 열에너지의 비를 말한다.

40 다음 중 민간 항공기용 가스터빈기관에 주로 사용되는 연료는?

㉮ JP-4   ㉯ Jet A-1
㉰ JP-8   ㉱ Jet B-5

해설) ① 군용 연료
㉠ JP-4 : 등유와 낮은 증기압의 가솔린과의 합성 연료, 낮은 증기압의 JP-3라 할 수 있다. JET B형과 유사하다.
㉡ JP-5 : 높은 인화점의 등유(kerosene)계 연료, 폭발의 위험성이 적어 함재기에 주로 많이 사용된다. Jet A형과 Jet A-1형과 유사하다.
㉢ JP-6 : 낮은 증기압과 JP-4보다 높은 인화점과 JP-5보다 낮은 어는점을 가지고 있다.
② 민간용 연료
㉠ Jet A형, Jet A-1형 : JP-5와 유사하나 어는점이 약간 높다.
㉡ Jet B형 : JP-4와 유사하나 어는점이 약간 높다.

ANSWER 36 ㉯ 37 ㉱ 38 ㉰ 39 ㉮ 40 ㉯

제3과목 항공기체

41 복합재료에서 모재(matrix)와 결합되는 강화재(reinforcing material)로 사용되지 않는 것은?

㉮ 유리 ㉯ 탄소
㉰ 에폭시 ㉱ 보론

[해설] 복합소재란 두 종류 이상의 소재를 인위적으로 조합하여 원래의 소재보다 뛰어난 성질이나 아주 새로운 성질을 갖도록 만들어진 재료이며 구성은 Matrix(모체 or 기반 : 보통 액체)와 Reinforce (보강재 or 강화제)로 이루어진다.
강화제(Reinforce)의 종류에는 유리섬유(glass fiber), 탄소섬유(carbon/graphite fiber), 아라미드(aramid fiber), 보론섬유(boron fiber) 등이 있다. 에폭시는 접착제 즉 액체 형태의 모체로 사용된다.

42 접개들이 착륙장치를 비상으로 내리는 (down) 3가지 방법이 아닌 것은?

㉮ 핸드펌프로 유압을 만들어 내린다.
㉯ 축압기에 저장된 공기압을 이용하여 내린다.
㉰ 핸들을 이용하여 기어의 업(up)락크를 풀었을 때 자중에 의하여 내린다.
㉱ 기어핸들 밑에 있는 비상 스위치를 눌러서 기어를 내린다.

[해설] 비상시 랜딩기어 내려주는 시스템 (Emergency Extension Systems)
① 주요 전원시스템 고장 시 사용한다.
② 일부 항공기는 랜딩기어를 내려주는 시스템에 문제가 발생되면 조종실에 비상시에 사용되는 릴리즈 핸들(emergency release handle) 사용. 핸들 작동되면 uplocks 해제 랜딩기어에 작용하는 중력에 의해 생성된 힘으로 free-fall 시킴
③ 유압시스템에 문제가 발생되면 축압기의 공기압을 사용하여 랜딩기어를 내린다.
④ 다른 항공기는 랜딩기어를 내릴 수 있게 열어주기 위하여 공압을 사용하는 비 기계적인 백업(non-mechanical back-up)을 사용한다.
⑤ 소형 항공기의 리트랙션 시스템은 비상시 랜딩기어를 내리기 위한 free-fall valve를 사용하며 약간의 힘을 강제적으로 적용, 크랭크 기어를 수동으로 확장시켜야 한다.

43 조종간의 작동에 대한 설명으로 옳은 것은?

㉮ 조종간을 뒤로 당기면 승강타가 내려간다.
㉯ 조종간을 앞으로 밀면 양쪽의 보조날개가 내려간다.
㉰ 조종간을 왼쪽으로 움직이면 왼쪽의 보조날개가 내려간다.
㉱ 조종간을 오른쪽으로 움직이면 왼쪽의 보조날개가 내려간다.

[해설] 조종간을 조종사의 가슴 쪽인 앞으로 당기면 승강타가 올라가서 항공기가 상승하고 반대로 뒤로 밀면 승강타가 내려가서 하강한다. 조종간을 오른쪽으로 움직이면 차동조절장치인 오른쪽 보조날개는 올라가고 왼쪽 보조날개가 내려감에 따라 오른쪽으로 선회하는데 도움을 준다.

ANSWER 41 ㉰ 42 ㉱ 43 ㉱

44 판재를 절단하는 가공 작업이 아닌 것은?

㉮ 펀칭(punching) ㉯ 블랭킹(blanking)
㉰ 트리밍(trimming) ㉱ 크림핑(crimping)

해설 펀칭(punching)은 드릴작업이나 단조작업시 구멍을 뚫어 구멍뚫린 판재가 제품을 말하는 것이고, 블랭킹(blanking)은 반대로 제거되는 부분이 구멍뚫린 판재이다. 트리밍(trimming)은 판금작업 시 불필요한 것을 없애는 것으로 클리밍 아웃에 속한다. 클림핑은 클림핑 툴을 사용하여 압착하여 하네스나 단선들의 단자와 연결하기 위한 것이다.

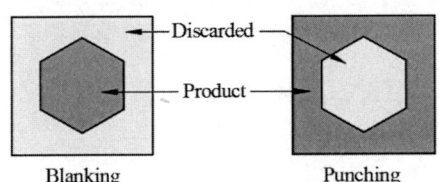

블랭킹과 펀칭

45 진주색을 띠고 있는 알루미늄합금 리벳은 어떤 방식처리를 한 것인가?

㉮ 양극처리를 한 것이다.
㉯ 금속도료로 도장한 것이다.
㉰ 크롬산 아연 도금한 것이다.
㉱ 니켈, 마그네슘으로 도금한 것이다.

해설 알루미늄 부식방식 처리에는 알루미늄합금 위에 5.5% 두께로 순수알루미늄을 압착시킨 것으로 Alclad(알클래드)가 있고 두 번째 전기를 사용하지 않고 알로다인 용액에 알루미늄을 넣어서 산화피막 입히거나 반복해서 칠하는 방법으로 Alodine(알로다인) 마지막으로 Anodizing(아노다이징) 알루미늄을 양극으로 해서 전기를 보내면 양극에서 산소가 발생되어 진주색을 띠게 되고 산소로 인해 알루미늄 산화되고 산화알루미늄 피막 형성하는 Anodizing(아노다이징)이 있다.

46 용접 작업에 사용되는 산소·아세틸렌 토치 팁(tip)의 재질로 가장 적당한 것은?

㉮ 납 및 납합금
㉯ 구리 및 구리합금
㉰ 마그네슘 및 마그네슘 합금
㉱ 알루미늄 및 알루미늄 합금

해설 원자번호 29번 원소인 구리는 한자어로 동이다.(동전은 구리로 만듦) 구리의 종류는 청동(주석), 황동(아연), 백동(니켈)이 있으며 전성과 연성이 좋다. 특히 주목할 것은 전기와 열이 잘 통하므로 전선, 용접작업에 사용되는 팁으로 사용된다. 산소 아세틸렌 용접시 토치를 사용시 역류, 인화, 역화 등을 조심해야 하며 팁은 구리나 구리합금으로 만들어지고 크기는 숫자로 표시하며 팁은 항상 팁 세제로 깨끗이 세척해야 한다.

47 한쪽 끝은 고정되어 있고 다른 한쪽 끝은 자유단으로 되어 있는 지름이 4cm, 길이가 200cm인 원기둥의 세장비는 약 얼마인가?

㉮ 100   ㉯ 200
㉰ 300   ㉱ 400

해설 기둥이 좌굴에 얼마나 잘 견디는지 계산되고 좌굴을 알아보기 위해 사용되며 세장비가 크면 좌굴이 잘 일어난다. 세장비는 기둥의 길이 L과 최소 회전 반지름 R과의 비, 즉 기둥의 길이를 최소 회전 반경으로 나눈 값이다.
λ(세장비) $= L/\sqrt{(I/A)}$
λ = 세정비, $L = 200$
I = 관성모멘트 $= \pi D^4/64 = 3.14 \times 4 \times 4 \times 4 \times 4/64$
$= 12.56$
A = 단면적 $= \pi D^4 2/4 = 3.14 \times 4 \times 4/4 = 12.56$
$200/\sqrt{12.56/12.56} = 200$
그러므로 세정비는 200

ANSWER 44 ㉱ 45 ㉮ 46 ㉯ 47 ㉯

48 연료를 제외한 적재된 항공기의 최대 무게를 나타내는 것은?

㉮ 최대 무게(maximum weight)
㉯ 영 연료 무게(zero fuel weight)
㉰ 기본 자기 무게(basic empty weight)
㉱ 운항 빈 무게(operating empty weight)

해설 영 연료 중량(Zero Fuel Weight)
연료와 오일의 무게를 제외한 최대 허용 중량이며 여객기에서 안전 및 경제성을 고려해 운항관리 목적상 사용. 연료가 있는 날개는 무게로 인해 비행 중 굽힘 모멘트에 잘 견딘다. 굽힘모멘트에 견디는 주익의 강도가 한계중량을 결정한다.

49 샌드위치(sandwich) 구조에 대한 설명으로 옳은 것은?

㉮ 트러스구조의 대표적인 형식이다.
㉯ 강도와 강성에 비해 다른 구조보다 두꺼워 항공기의 중량이 증가하는 편이다.
㉰ 동체의 외피 및 주요 구조부분에 사용되는 경우가 많다.
㉱ 구조골격의 설치가 곤란한 곳에 상하 외피 사이에 벌집 구조를 접착재로 고정하여 면적당 무게가 적고 강도가 큰 구조이다.

해설 ① 트러스의 정의는 지붕·교량 따위를 버티기 위해 떠받치는 구조물이며 여기서 기체에 작용하는 하중은 오로지 트러스에서만 받고, 외피는 공기력만 전달한다. 제작비용이 적어서 주로 소형기에 많이 쓴다.
② 샌드위치 구조의 장점
  ㉮ 무게에 비해 강도가 크다.
  ㉯ 음 진동에 잘 견딘다.
  ㉰ 피로와 굽힘하중에 강하다.
  ㉱ 보온 방습성이 우수하고 부식 저항이 있다.
  ㉲ 진동에 대한 감쇠성이 크다.
  ㉳ 항공기 무게 감소 가능
  ㉴ 샌드위치 구조는 항공기의 조종면과 날개 팁부분, 객실 등에 사용된다.

50 항공기의 안전운항을 담당하는 기관에서 항공기를 사용 목적이나 소요 비행 상태의 정도에 따라 분류하여 정하는 하중배수와 같은 값이 될 때의 속도는?

㉮ 설계운용속도   ㉯ 설계급강하속도
㉰ 설계순항속도   ㉱ 설계돌풍운용속도

해설 VA 설계운용속도(Design maneuvering speed)

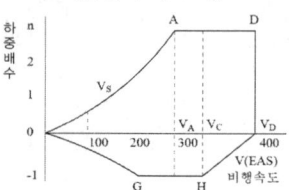

항공기가 어떤 속도로 수평 비행을 하다가 갑자기 조종 스틱을 당겨서 최대 양력계수의 상태로 될 때 큰 날개에 작용하는 하중배수가 그 항공기의 설계 제한 하중배수와 같게 되면 이 수평 속도를 설계 운용 속도라고 한다. 설계운용속도 이하에서의 속도에서 급격한 조작을 하더라도 최대양력계수를 넘지 않게 되고 하중배수가 설계제한하중배수에 미치지 못하므로 어떤 조작을 해도 구조상 안전하다는 것이다. 설계운용속도 이상에서의 조작은 하중배수가 설계제한하중배수를 넘게 되면 구조상 문제가 될 수 있으므로 급격한 조작은 하면 안 된다.

ANSWER 48 ㉯ 49 ㉱ 50 ㉮

51 플러쉬 머리(flush head) 리벳작업을 할 때 끝거리 및 리벳간격의 최소기준으로 옳은 것은?

㉮ 끝거리는 리벳직경의 2.5배 이상, 간격은 3배 이상
㉯ 끝거리는 리벳직경의 3배 이상, 간격은 2배 이상
㉰ 끝거리는 리벳직경의 2배 이상, 간격은 3배 이상
㉱ 끝거리는 리벳직경의 3배 이상, 간격은 3배 이상

해설 플러쉬 머리 리벳은 다른 말로 접시머리리벳(countersunk rivet)이다. 모서리부분과 가장 근접하는 리벳머리의 중심과의 거리를 연거리(ED 끝거리)라고 한다. 연거리를 계산하는 이유는 너무 짧으면 판재에 균열이 생기고 너무 길면 판재 끝부분이 들리므로 적당한 연거리를 맞춘다. 일반 리벳(유니버셜리벳 등)의 연거리는 리벳섕크의 지름의 2배에서 4배이지만 플러쉬 리벳(접시머리리벳)은 2.5배에서 4배이다. 일렬로 배열한 리벳과 리벳의 중심간 거리를 피치라고 하고 3D~12D(보통 6~8D)로 한다.

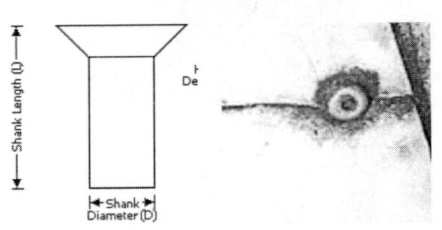

플러쉬 리벳의 지름(D)과 길이(L)   일반리벳의 연거리가 짧은 경우

52 다음 중 항공기의 부식을 발생시키는 요소로 볼 수 없는 것은?

㉮ 탱크 내의 유기물
㉯ 해면상의 대기 염분
㉰ 암회색의 인산철피막
㉱ 활주로 동결 방지제의 염산

해설 부식의 매개체(Corrosive Agent)
부식 발생의 원인을 제거하기 위해서는 부식발생을 돕는 각종 매개체가 항공기 구조부재와의 접촉을 막거나 접촉이 되었을 시는 빠른 시간 안에 제거하거나 최소화 시켜야 한다.
① Acid&Alkali(산과 알카리) 활주로 동결 방지제의 염산
② Salt(염분) 해면상의 대기 염분
③ Water(물)
④ Air(공기)
⑤ Mercury(수은)
⑥ Organic Growth(유기물 성장) 탱크 내의 유기물
참고로 암회색의 인산철피막은 강의 부식을 방지하기 위한 파커라이징에서 사용된다.

53 항공기의 무게중심이 기준선에서 90in에 있고, MAC의 앞전이 기준선에서 82in인 곳에 위치한다면 MAC가 32in인 경우 중심은 몇 [%MAC]인가?

㉮ 15   ㉯ 20
㉰ 25   ㉱ 35

해설 S : 기준선에서 MAC의 길이를 뺀 길이
$$\%MAC = \frac{CG-S}{MAC} \times 100$$
$$= (90-82)/32 \times 100 = 25$$
평균공력시위(MAC : mean aerodynamic chord) 운송용 항공기의 무게중심은 통상 MAC의 백분율로 표시한다.

ANSWER 51 ㉮ 52 ㉰ 53 ㉰

54 그림과 같은 항공기 동체 구조에 대한 설명으로 틀린 것은?

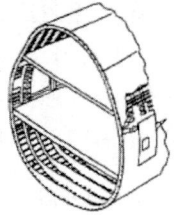

㉮ 외피가 두꺼워져 미사일의 구조에 적합하다.
㉯ 응력스킨구조의 대표적인 형식 중 하나이다.
㉰ 외피는 하중의 일부만 담당하고 나머지 하중은 골조구조가 담당한다.
㉱ 벌크헤드, 프레임, 세로대, 스트링어, 외피 등의 부재로 이루어진다.

해설 그림은 세미모노코크(Semi-Monocoque) 구조를 나타내고 있으며 기체 구조무게 감소로 현대 항공기 동체 구조로 사용하고 있으며 외피(전단응력)와 골격(그 외의 모든 하중)이 하중을 담당하고 외피는 세로지(stringer)와 함께 인장 및 압축응력을 담당한다.
프레임 및 벌크헤드가 동체의 형태를 구성하며 Longitudinal members로 론저론(Longeron), 스트링거(stringer)가 있다. Longeron은 동체에 받는 하중을 스킨으로 전달하며 비틀림과 좌굴을 방지하며 동체의 길이방향으로 연속적으로 붙어있으며 세로지와 굽힘 모멘트에 의한 인장, 압축응력에 충분한 강도로 설계되어 있다.
다른 응력 외피 구조의 하나는 모노코크 (Monocoque) 구조로 외피로만 모든 하중을 견딜 수 있는 단일 외피형 구조이며 기체에 작용하는 하중을 외피가 모두 담당하여 하중을 견디기 위하여 외피를 점점 두껍게 만들기 때문에 무게가 증가된다. 현재 미사일에 사용된다.

55 진공백을 이용한 항공기의 복합재료 수리시 사용되는 것이 아닌 것은?

㉮ 요크   ㉯ 브리더
㉰ 필 플라이   ㉱ 브레더

해설 복합재료의 제조에 있어서 진공백 성형 공정은 많은 생산량을 필요로 하지 않고 고품질이 요구되는 우주항공용 복합재료를 제조 시 사용되며 소재는 프리프레그(prepreg)가 사용된다. 순서는 다음과 같다.
프리프레그 위에 이형필름-필플라이-흡수제-이형필름-브리더-진공필름 순으로 적층하여 제조한다.
① 이형필름(Release Film) : 수지가 금형에 붙는 것을 방지
② 필-플라이(Peel-ply) : 복합소재가 접합되기 전까지의 표면 오염을 방지하기 위해 사용
③ 흡수제(Bleeder) : 수지를 흡수할 수 있는 용도
④ 브리더(Breather) : 진공백 내부의 공기의 흐름 통로
요크는 자분탐상검사에서 검사하고자 하는 시편을 자화시킬 때 사용한다.

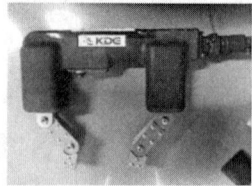

요크

ANSWER 54 ㉮ 55 ㉮

56 고속 항공기 기체의 재료로서 알루미늄 합금이 적합하지 않을 경우 티타늄 합금으로 대체한다면 알루미늄합금의 어떠한 이유 때문인가?

㉮ 마찰저항이 너무 크다.
㉯ 온도에 대한 제1변태점이 비교적 낮다.
㉰ 충격에너지를 효과적으로 흡수하지 못한다.
㉱ 비중이 높아 항공기 기체의 중량이 너무 크다.

해설 두랄루민의 치명적 약점은 섭씨 300도에서 강도가 저하되는 것이다. 음속 이상으로 비행할 경우 공기와의 마찰로 인해 비행체의 표면 온도가 급격히 상승하는데 실제로 음속의 3배 속도로 비행 시 그 온도가 450도까지 올라간다. 이에 대체하기 위해 연구 개발된 재료가 티타늄 합금이다. 알루미늄보다 무겁지만 용융점이 섭씨 1670도로 알루미늄이(660도)에 비해서 높아 초음속 비행기 외피로 사용된다.

57 케이블 조종계통에 사용되는 페어리드의 역할이 아닌 것은?

㉮ 작은 각도의 범위에서 방향을 유도한다.
㉯ 작동 중 마찰에 의한 구조물의 손상을 방지한다.
㉰ 케이블의 엉킴이나 다른 구조물과의 접촉을 방지한다.
㉱ 케이블의 직선운동을 토크튜브의 회전운동으로 바꿔준다.

해설 페어 리드(Fair lead)는 쉽게 말하면 케이블이 길게 연결되면 쳐지는 경향이 있어 케이블을 쳐지지 않게 잘 지나가게 해주는 그로밋과 비슷한 것으로 조종 케이블의 작동 중 최소의 마찰력으로 케이블과 접촉하여 직선 운동을 하며 케이블

을 3도 이내에서만 방향을 유도시킬 수 있으며 벨 크랭크(bell crank)는 로드와 케이블의 운동 방향을 전환(직선운동을 회전운동으로)하고자 할 때 사용한다.

58 그림과 같이 길이 L 전체에 등분포하중 q를 받고 있는 단순보의 최대전단력은?

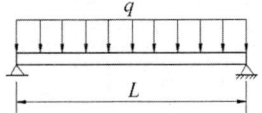

㉮ q/L ㉯ $qL/4$
㉰ $qL/2$ ㉱ $qL^2/8$

해설 ① 등분포하중(uniformly load) q가 보에 균등하게 분포하고 있는 경우 지점반력은 서로 대칭이므로 전체하중 qL의 중간이므로
$R_A = R_B = \dfrac{wl}{2}$ 이다.

② 임의의 거리 x에서의 전단력은
$V_x = R_A - qx = \dfrac{wl}{2} - qw$

$V_{x=0} = R_A - qx = R_A, \ R_A = \dfrac{wl}{2}$

그러므로 전단력은 $\dfrac{wl}{2}$

③ 임의의 거리 x에서의 최대굽힘 모멘트는
$M_x = R_A x - \dfrac{ql^2}{2}, \ M_{x=l/2} = \dfrac{ql^2}{8}$
(최대 굽힘 모멘트는 전단력 $V = 0$이 되는 $x = \dfrac{1}{2}$인 지점에서 발생된다.

ANSWER 56 ㉯ 57 ㉱ 58 ㉰

59 리벳을 열처리하여 연화시킨 다음 저온 상태의 아이스박스에 보관하면 리벳의 시효 경화를 지연시켜 연화상태가 유지되는 리벳은?

㉮ 1100 ㉯ 2024
㉰ 2117 ㉱ 5056

해설 아이스박스 리벳의 종류에는 2017(D), 2024(DD)가 있으며 시효경화성(시간이 지남에 따라 단단해지는 성질)을 가지고 있어 경도를 높인 후 시효경화의 진행을 지연하고 부드러운 상태를 오래 지속시키기 위해 드라이아이스가 들어있는 아이스박스에 보관하여 리베팅 가능한 시간을 연장시킨다.

60 [보기]와 같은 구조물을 포함하고 있는 항공기 부위는?

┌─보기─────────────────┐
│ 수평·수직안정판, 방향키, 승강키 │
└──────────────────────┘

㉮ 착륙장치 ㉯ 나셀
㉰ 꼬리날개 ㉱ 주날개

해설 항공기의 조종성과 안정성을 제공하는 꼬리날개(Empennage)는 수직꼬리날개와 수평꼬리날개로 구분되며 수직꼬리날개의 구성은 방향타(rudder)와 수직 안정판(vertical stabilizer)으로 수평꼬리날개는 승강타(elevator)와 수평 안정판(horizontal stabilizer)으로 구성된다.

제4과목 ✈ 항공장비

61 황산납 축전지(lead acid battery)의 과충전 상태를 의심할 수 있는 증상이 아닌 것은?

㉮ 전해액이 축전지 밖으로 흘러나오는 경우
㉯ 축전지에 흰색 침전물이 너무 많이 묻어있는 경우
㉰ 축전지 셀의 케이스가 구부러졌거나 찌그러진 경우
㉱ 축전지 윗면 캡 주위에 약간의 탄산칼륨이 있는 경우

해설 축전지 셀의 케이스가 구부러졌거나 찌그러진 경우는 축전지가 과충전 되었거나 열에 의하여 변형된 것이므로 셀을 교환해야 한다. 탄산칼륨의 결정체가 너무 많이 형성되어 있을 때에는, 과충전 되었거나 온도와 전해액이 너무 높아 흘러나온 경우이다. 이 때에는 전해액의 높이를 점검하고, 축전지를 깨끗이 닦아낸 다음에 정전류 충전법에 의하여 재충전한다.

62 외력을 가하지 않는 한 자이로가 우주공간에 대하여 그 자세를 계속적으로 유지하려는 성질은?

㉮ 방향성 ㉯ 강직성
㉰ 지시성 ㉱ 섭동성

해설 • 섭동성(세차성) : 외부에서 가해진 착력점으로부터 로터의 회전방향으로 90° 회전한 점에 힘이 작용하여 축을 움직이게 하는 성질. 섭동성은 로터의 무게가 증가하거나 회전각 속도가 크면 감소하고 로터를 기울이려는 외력에 비례하며 강직성과의 반대 성질이 있다. 섭동

성을 이용한 계기로써는 선회계가 있는데 항공기가 좌우 방향으로 선회하는 속도를 나타내는 항공 계기. 유리관 속에 까만 구슬이 든 경사계가 계기 아래쪽에 함께 붙어 있다. 선회계의 성질과 강직성을 이용한 선회경사계가 있다.
- 강직성 : 로터가 회전하고 있을 때는 로터 회전축은 일정한 방향을 유지하는 성질이 있다. 로터 회전 속도가 큰 만큼 강하다. 로터 질량이 회전축에서 멀리 분포하고 있는 만큼 강하다.

63 항공기 조리실이나 화장실에서 사용한 물은 배출구를 통해 밖으로 빠져나가는데 이 때 결빙방지를 위해 사용되는 전원에 대한 설명으로 옳은 것은?

㉮ 지상에서는 저전압, 공중에서는 고전압 전원이 항상 공급된다.
㉯ 공중에서는 저전압, 지상에서는 고전압 전원이 항상 공급된다.
㉰ 공중에서만 전원이 공급되며 이 때 전원은 고전압이다.
㉱ 지상에서만 전원이 공급되며 이 때 전원은 저전압이다.

[해설] 드레인 마스트(Drain mast)의 방빙 방법
항공기가 지상에 있을 때는 저전압, 비행 중에는 고전압을 공급하는 전기히터를 이용한다.

64 운항 중 목표 고도로 설정한 고도에 진입하거나 벗어났을 때 경보를 냄으로써 조종사의 실수를 방지하기 위한 장치는?

㉮ SELCAL
㉯ Radio altimeter
㉰ Altitude alert system
㉱ Air traffic control

[해설] ㉮ SELCAL : 선택호출장치
㉯ Radio altimeter : 전파고도계
㉰ Altitude alert system : 고도경보장치, 고도를 정확히 인지하지 못하는 위험을 사전에 방지하기 위한 장치. 운항 중인 항공기에서 조종사에게 현재 고도를 확인시키고, 지정한 고도와의 차이를 알려준다.
㉱ Air traffic control : 항공교통관제

65 고도계에서 발생되는 오차가 아닌 것은?

㉮ 북선오차   ㉯ 기계오차
㉰ 온도오차   ㉱ 탄성오차

[해설] ① 고도계 오차 : 눈금오차, 온도오차, 탄성오차, 기계적 오차
② 자기 컴퍼스의 동적오차 : 북선오차(선회오차), 가속도오차, 와동오차
③ 자기 컴퍼스의 정적오차 : 불이차, 반원차, 사분원차

ANSWER 63 ㉮ 64 ㉰ 65 ㉮

66 유압계통에서 압력조절기와 비슷한 역할을 하지만 압력조절기보다 약간 높게 조절되어 있어 그 이상의 압력이 되면 작동되는 장치는?

㉮ 체크밸브 ㉯ 리저버
㉰ 릴리프밸브 ㉱ 축압기

해설
㉮ 체크 밸브(Check valve) : 한쪽 방향으로만 작동유의 흐름을 허용하고, 반대 방향의 흐름은 차단하는 밸브이다.
㉯ 레저버(Reservoir) : 작동유를 펌프에 공급하고, 계통으로부터 귀환하는 작동유를 저장하는 동시에, 공기 및 각종 불순물을 제거하는 장소의 역할을 한다.
㉰ 릴리프 밸브(Relief valve) : 작동유에 의한 계통 내의 압력을 규정된 값 이하로 제한하는데 사용되는 것으로, 과도한 압력으로 인하여 계통 내의 관이나 부품이 파손될 수 있는 것을 방지하는 장치이다.
㉱ 축압기(Accumulator) : 가압된 작동유를 저장하는 저장통으로, 여러 개의 유압 기기가 동시에 사용될 때 동력 펌프를 돕고, 동력 펌프가 고장났을 때에는 저장되었던 작동유를 유압 기기에 공급한다. 유압 계통의 서지(surge) 현상을 방지하고, 압력을 흡수하면 압력 조정기의 개폐 빈도를 줄여 펌프나 압력 조정기의 마멸을 감소시킨다.

67 항공기 계기의 분류에서 비행계기에 속하지 않는 것은?

㉮ 고도계 ㉯ 회전계
㉰ 선회경사계 ㉱ 속도계

해설
• 비행계기 : 고도계, 선회경사계, 속도계
• 회전계(tachometer) : 엔진, 로터블레이드 등의 회전 속도를 알기 위해서 이용되는 계기

68 항공계기의 구비 조건이 아닌 것은?

㉮ 정확성 ㉯ 대형화
㉰ 내구성 ㉱ 경량화

해설
① 유효 탑재량을 크게 하기 위해 계기 또한 가능한 한 경량으로 요구된다.
② 계기판의 크기는 한계가 있어 계기는 소형화해야 한다.
③ 계기에 따라 내구성의 기간은 다르지만, 정확도를 가능한 한 유지하는 것이 좋다.
④ 변화하는 대기에서 온도, 기압, 자세, 가속도, 진동의 영향을 적게 받는 것이 요구된다.
⑤ 제작 시 온도에 의한 영향이 일정한 범위 내로 유지시킨다.
⑥ 대기 기압에 의해 수감부와 케이스의 누출에 주의해야 한다.
⑦ 기계적인 부품에 의한 계기는 진동에 의한 마찰이 크므로 진동 장치를 내장한다.
⑧ 계절에 따른 온도 변화가 심하여 자동적으로 보정되도록 제작된다.
⑨ 프로펠러, 엔진 등에 의해 진동이 발생하므로 감안하여 계기를 제작한다.
⑩ 우천 시, 습도 상승 방지를 위해 방청 처리로 밀폐되어 있다.
⑪ 수상 비행기 및 해안가 비행장 등에서 염분이 있는 바람에 영향을 받지 않게 한다.
⑫ 곰팡이로 인하여 전기적인 고장이 있으므로 계기 외내부에 항균 페인트를 바른다.
⑬ 광범위한 기압 변화에 노출되므로 밀폐하여 영향을 받지 않도록 한다.

69 미국연방항공국(FAA)의 규정에 명시된 항공기의 최대 객실고도는 약 몇 [ft]인가?

㉮ 6000 ㉯ 7000
㉰ 8000 ㉱ 9000

해설 여압장치가 갖추어진 항공기의 객실 기압고도는 2400m(8000ft) 이하로 유지된다.

ANSWER 66 ㉰ 67 ㉯ 68 ㉯ 69 ㉰

70 정비를 위한 목적으로 지상근무자와 조종실 사이의 통화를 위한 장치는?

㉮ Cabin interphone system
㉯ Flight interphone system
㉰ Passenger address system
㉱ Service interphone system

해설 기내 인터폰의 종류
① 운항 승무원 상호 간 통화 장치(Flight Interphone) : 조종실 내에서 운항 승무원 상호간의 통화 연락을 위해 각종 통신이나 음성 신호를 각 운항 승무원석에 배분한다.
② 캐빈 인터폰 장치(Cabin Interphone) : 조종실과 객실 승무원석 및 각 배치로 나누어진 객실 승무원 상호간의 통화 연락을 하기 위한 전화 장치이다.
③ 승무원 상호간 통화 장치(Service Interphone) : 비행 중에는 조종실과 객실 승무원석 및 갤리(galley) 간의 통화 연락을, 지상에서는 조종실과 정비, 점검상 필요한 기체 외부와의 통화 연락을 하기 위한 장치이다.(B747에서는 정비용으로만 사용)
④ 기내 방송 장치(Passenger address system) : 항공기 기내에서 승객들에게 방송하는 장치로서, 안내방송 우선순위는 조종실, 객실, 음악 순으로 된다.

71 화재탐지기로 사용하는 장치가 아닌 것은?

㉮ 유닛식 탐지기
㉯ 연기 탐지기
㉰ 이산화탄소 탐지기
㉱ 열전쌍 탐지기

해설 온도 상승률 탐지기, 복사 감지 탐지기, 스모크 탐지기, 과열 탐지기, 일산화탄소 탐지기, 가연성 혼합기 탐지기, 광화이버 탐지기, 승무원 또는 승객의 감시

72 계기 착륙 장치(Instrument Landing System)에서 활주로 중심을 알려 주는 장치는?

㉮ 로컬라이저(localizer)
㉯ 마커 비컨(marker beacon)
㉰ 글라이드 슬로프(glide slope)
㉱ 거리 측정 장치(distance measuring equipment)

해설 계기 착륙 장치(ILS)는 지상 시설과 기상 장치로 나뉜다. 활주로 중심선 방위정보를 나타내는 로컬라이저, 착륙점을 기점으로 경사각을 따라 수직면 유도를 하는 글라이드 슬로프, 활주로 끝에서부터 거리 정보를 제공하는 마커 비컨이 있다.

73 면적이 $2in^2$인 A피스톤과 $10in^2$인 B피스톤을 가진 실린더가 유체역학적으로 서로 연결되어 있을 경우 A피스톤에 20lbs의 힘이 가해질 때 B피스톤에 발생되는 힘은 몇 [lbs]인가?

㉮ 100 ㉯ 20
㉰ 10   ㉱ 5

해설 힘(F) = 압력(P)×면적(A)
피스톤 A와 피스톤 B에 가해지는 압력이 연결되어 동일하다고 하면,
$2in^2 : 10in^2 = 20lbs : xlbs$
x = 100lbs

ANSWER 70 ㉱ 71 ㉰ 72 ㉮ 73 ㉮

74 소형항공기의 12V 직류전원계통에 대한 설명으로 틀린 것은?

㉮ 직류발전기는 전원전압을 14V로 유지한다.
㉯ 배터리와 직류발전기는 접지귀환방식으로 연결된다.
㉰ 메인 버스와 배터리 버스에 연결된 전류계는 배터리 충전시(-)를 지시한다.
㉱ 배터리는 엔진시동기(Starter)의 전원으로 사용된다.

해설 소형항공기에는 12V가 사용된다. 발전기에는 전압 조정기가 있어 엔진의 회전수가 변하거나 부하가 변동해도 전원 전압을 14V로 유지한다. 이는 축전지를 충전하기 위해 정격전압에 의해 약 2V 높은 전압을 유지하게 되어 있다. 배선 방식은 축전지와 직류발전기의 (-)단자를 직접 기체에 연결하는 접지귀환방식이다. 축전지는 발전기와 병렬로 연결되어 고장 시 비상전원이 되고, 엔진 스타터의 전원으로 사용된다. 메인 버스와 축전지 버스는 전류계에 연결되어 발전 전압이 높게 충전하면 전류계는 (+)를, 축전지가 부하에 전류를 공급하고 있을 때는 (-)를 지시한다.

75 변압기(transformer)는 어떠한 전기적 에너지를 변환시키는 장치인가?

㉮ 전류   ㉯ 전압
㉰ 전력   ㉱ 위상

해설 변압기(transformer)는 교류 전압을 승압 또는 감압시키는 장치이다.

76 항법시스템을 자립, 무선, 위성항법시스템으로 분류했을 때 자립항법시스템(self contained system)에 해당되는 장치는?

㉮ LORAN(long range navigation)
㉯ VOR(VHF omnidirectional range)
㉰ GPS(global positioning system)
㉱ INS(inertial navigation system)

해설 ㉮ LORAN(long range navigation) : 쌍곡선 항법장치로 두 송신국으로부터 전파를 수신하고, 도달 시간의 차 또는 위상차를 측정하여 위치를 결정하는 방식으로, 송신국으로부터 원거리에 있는 선박 또는 항공기 항행 위치를 제공하는 무선 항법 원조 시설이다.
㉯ VOR(VHF omnidirectional range) : 비행하는 항공기에게 VHF대역에서 방위각 정보를 제공하는 지상시설로 초단파 전방향 무선표지 시설이다.
㉰ GPS(global positioning system) : 인공 위성에는 지상국으로부터 전파를 수신하여 다시 전파를 발사하는 송수신기를 장착하기 때문에 거리 변화율이 측정되며, 이것으로 위치 결정이 가능하다. 항법용 위치 정보 제공, 통신 서비스 제공, 수색 감시 서비스 제공 등을 한다. 3차원 위치(위도, 경도, 고도)를 결정하기 위해서는 4개의 위성과 거리를 측정하는 것이 필요하다.
㉱ INS(inertial navigation system) : 로켓이나 비행기가 이동할 때에는 항상 가속도가 가해지고 있지만, 이 가속도를 적분하면 속도가 구해지며, 다시 적분하면 이동한 거리가 나온다는 가속도(관성)를 이용한 항법이다. 이때, 기준좌표축을 선정하고 유지시키는 역할을 자이로스코프(Platform과 Gimbal로 구성)가 한다.

ANSWER 74 ㉰ 75 ㉯ 76 ㉱

77 화재탐지기에 요구되는 기능과 성능에 대한 설명으로 틀린 것은?

㉮ 화재의 지속기간 동안 연속적인 지시를 할 것
㉯ 화재가 지시하지 않을 때 최소전류요구이어야 할 것
㉰ 화재가 진화되었다는 것에 대해 정확한 지시를 할 것
㉱ 정비작업 또는 정비취급이 복잡하더라도 중량이 가볍고 용이할 것

해설 ① 지상이나 비행 중에 화재가 발생하지 않은 경우에는 작동이나 경고를 발생시키지 않을 것
② 화재가 발생하였을 때에는 그 장소를 신속하고 정확하게 표시할 것
③ 화재가 계속 진행하고 있을 때에는 연속적으로 표시할 것
④ 화재가 꺼진 후에는 정확하게 지시를 멈출 것
⑤ 화재가 다시 발생한 경우에도 위의 ②, ③의 항목대로 작동할 것
⑥ 조종실에서 화재 탐지와 화재 경고 장치의 기능을 시험할 수 있을 것
⑦ 윤활유, 물, 열, 진동, 관성력 및 그 밖의 하중에 대하여 충분한 내구성을 가질 것
⑧ 무게가 가볍고, 장착이 용이하며, 정비나 취급이 간단할 것
⑨ 항공기 전원에서 직접 전력을 공급받으며, 전력 소비가 적을 것
⑩ 화재 탐지는 화재 구역마다 독립적인 계통으로 있을 것
⑪ 화재 경고는 조종실에 경고음을 발함과 동시에 화재의 장소를 알리는 경고등이 켜질 것

78 지상파(ground wave)가 가장 잘 전파되는 것은?

㉮ LF ㉯ UHF
㉰ HF ㉱ VHF

해설 지상파가 가장 잘 전파되는 주파수 대역은 장파(LF, 30~300kHz)이다.
① 직접파 : 송신 안테나에서 발사된 전파 가운데 전리층에서 반사되지 아니하고 직접 수신 안테나에 도달하는 전파
② 대지반사파 : 대지, 건물 등에서 반사되어 도달되는 전파
③ 지표파 : 지표면을 따라 도달되는 전파
④ 회절파 : 대기의 용기부나 지상에 있는 전파 장애물을 넘어서 도달되는 전파

79 그림과 같은 회로도에서 a, b 간에 전류가 흐르지 않도록 하기 위해서는 저항 R은 몇 [Ω]으로 해야 하는가?

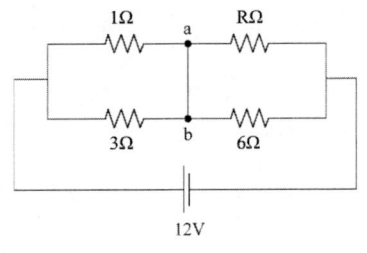

㉮ 1 ㉯ 2
㉰ 3 ㉱ 4

해설 대각선으로 서로 마주보고 있는 저항끼리 곱한다.
$1Ω × 6Ω = 3Ω × R$
$R = 2Ω$

80 항공기 부품의 이용목적과 이에 적합한 전선이나 케이블의 종류를 옳게 연결한 것은?

[이용목적]
㉠ 화재경보장치의 센서 등 온도가 높은 곳
㉡ 배기온도 측정을 위한 크로멜 알루멜 서모커플
㉢ 음성신호나 미약한 신호 전송
㉣ 기내 영상신호나 무선신호 전송

[전선 또는 케이블의 종류]
A. 니켈 도금 동선에 유리와 테프론으로 절연한 전선
B. 크로멜 알루멜을 도체로 한 전선
C. 전선 주위를 구리망으로 덮은 쉴드 케이블
D. 고주파 전송용 동축 케이블

㉮ ㉠ - B ㉯ ㉡ - C
㉰ ㉢ - A ㉱ ㉣ - D

해설 ① 기관, APU 등의 주변 온도가 높은 곳에는 니켈 도금 동선에 유리와 테프론으로 절연한 전선을 사용한다.
② 화재 경보 장치의 센서(수감부) 주위에는 고온에 견딜 수 있는 니켈 도금 동선에 유리와 테프론으로 절연한 전선을 사용한다.
③ 기관, APU 등의 배기온도는 크로멜 알루멜 서모커플로 측정하는데, 일반 전선은 오차가 있으므로, 크로멜 알루멜을 도체로 한 전선을 사용한다.
④ 음성신호, 미약한 신호의 전송에는 일반 전선으로는 노이즈가 있어, 전선 주위를 구리망으로 덮은 쉴드 케이블을 사용한다.
⑤ 기내 영상신호, 무선신호에는 외부 도체가 차단작용을 하는 고주파 전송용 동축 케이블을 사용한다.

ANSWER 80 ㉱

2015 제2회 항공산업기사 기출문제

제1과목 항공역학

01 비행기가 1000km/h의 속도로 10000m 상공을 비행하고 있을 때 마하수는 약 얼마인가? (단, 10000m 상공에서의 음속은 300m/s이다.)

㉮ 0.50　　㉯ 0.93
㉰ 1.20　　㉱ 3.33

해설 $M = \dfrac{V}{c} = \dfrac{\frac{1000}{3.6}}{300}$

02 이용동력(PA), 잉여동력(PE), 필요동력(PR)의 관계를 옳게 나타낸 것은?

㉮ PA+PE = PR　　㉯ PR×PA = PE
㉰ PE+PR = PA　　㉱ PA×PE = PR

03 항공기 이륙거리를 짧게 하기 위한 방법으로 옳은 것은?

㉮ 정풍(Head wind)을 받으면서 이륙한다.
㉯ 항공기 무게를 증가시켜 양력을 높인다.
㉰ 이륙시 플랩이 항력 증가의 요인이 되므로 플랩을 사용하지 않는다.
㉱ 기관의 가속력을 가능한 최소가 되도록 한다.

해설 항공기가 정풍을 받으면 날개 위 흐름 속도가 항공기 속도에 공기의 흐름속도가 더해져 빨라지므로 양력이 증가한다.

04 헬리콥터가 전진비행 시 나타나는 효과가 아닌 것은?

㉮ 회전날개 회전면의 앞부분과 뒷부분의 양항비가 달라짐
㉯ 회전면 앞부분의 양력이 뒷부분보다 크게 됨
㉰ 왼쪽 방향으로 옆놀이 힘(roll force)이 발생함
㉱ 기관의 가속력을 가능한 최소가 되도록 한다.

해설 전진 비행 시 전진깃 위의 흐름 속도는 항공기의 속도가 추가되고 후퇴깃은 항공기의 속도만큼 감소하므로 전진하는 반원의 양력이 증가하고 후퇴하는 반원의 양력이 감소한다.

ANSWER 01 ㉯　02 ㉰　03 ㉮　04 ㉯

05 비행기가 2500m 상공에서 양항비 8인 상태로 활공한다면 최대 수평활공거리는 몇 [m]인가?

㉮ 1500   ㉯ 2000
㉰ 15000 ㉱ 20000

해설) $\tan\theta = \dfrac{고도}{활공거리} = \dfrac{1}{양항비}$
활공거리 = 고도×양항비 = 2500×8

06 비행기의 정적세로안정성을 나타낸 그림과 같은 그래프에서 가장 안전한 비행기는? (단, 비행기의 기수를 내리는 방향의 모멘트를 음(-)으로 하며, C_M은 피칭모멘트계수, α는 받음각이다.)

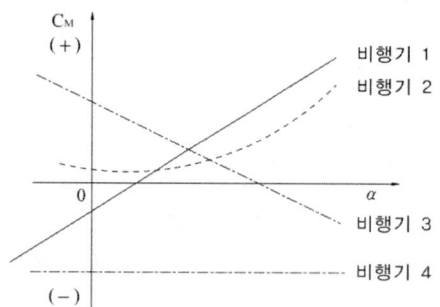

㉮ 비행기 1   ㉯ 비행기 2
㉰ 비행기 3   ㉱ 비행기 4

해설) 안정성은 비행기가 평형의 상태로 되돌아오려는 경향을 말하므로 받음각 증가시 기수를 아래로 내리려는 -기울기가 발생하여야 안정성이 좋다.

07 대기권을 낮은 층에서부터 높은 층의 순서로 나열한 것은?

㉮ 대류권 – 극외권 – 성층권 – 열권 – 중간권
㉯ 대류권 – 성층권 – 중간권 – 열권 – 극외권
㉰ 대류권 – 열권 – 중간권 – 극외권 – 성층권
㉱ 대류권 – 성층권 – 중간권 – 극외권 – 열권

08 프로펠러의 효율이 80%인 항공기가 기관의 최대 출력이 800ps인 경우 이 비행기가 수평 최대속도에서 낼 수 있는 최대 이용마력은 몇 [ps]인가?

㉮ 640   ㉯ 760
㉰ 800   ㉱ 880

해설) $Pa = BHP \times \eta = 800 \times 0.8$

09 속도가 360km/h, 동점성계수가 0.15 cm²/s인 풍동 시험부에 시위(Chord)가 1m인 평판을 넣고 실험할 때 이 평판의 앞전(Leading edge)으로부터 0.3m 떨어진 곳의 레이놀즈수는 얼마인가? (단, 레이놀즈수의 기준속도는 시험부속도이고, 기준길이는 앞전으로부터 거리이다.)

㉮ 1×10^5 ㉯ 1×10^6
㉰ 2×10^5 ㉱ 2×10^6

해설) 레이놀즈수(Re)
$= \dfrac{관성력}{점성력} = \dfrac{\rho A V^2}{\mu \dfrac{AV}{L}} = \dfrac{\rho VL}{\mu} = \dfrac{VL}{\nu}$

$\begin{bmatrix} \mu : 점성계수 \\ \nu : 동점성계수 \end{bmatrix}$

$\therefore \dfrac{\dfrac{360}{3.6}\times 100 \times 0.3 \times 100 (\text{cm}^2/\text{sec})}{0.15(\text{cm}^2/\text{sec})}$

ANSWER 05 ㉱   06 ㉰   07 ㉯   08 ㉮   09 ㉱

10 프로펠러의 직경이 2m, 회전속도 1800 rpm, 비행속도 360km/h일 때 진행률(advance ratio)은 약 얼마인가?

㉮ 1.67 ㉯ 2.57
㉰ 3.17 ㉱ 3.67

해설
$$J = \frac{V}{n \cdot D} = \frac{\frac{360}{3.6}(m/s)}{\frac{1800(회전수)}{60(s)} \times 2(m)}$$

11 키돌이(loop) 비행 시 발생되는 비행이 아닌 것은?

㉮ 수직상승 ㉯ 배면비행
㉰ 수직강하 ㉱ 선회비행

12 항공기가 수평비행이나 급강하로 속도를 증가할 때 천음속 영역에 도달하게 되면 한쪽 날개가 실속을 일으켜서 양력을 상실하여 급격한 옆놀이를 일으키는 현상을 무엇이라 하는가?

㉮ 딥 실속(Deep stall)
㉯ 턱 언더(Tuck under)
㉰ 날개 드롭(Wing drop)
㉱ 옆놀이 커플링(Rolling coupling)

13 항공기의 방향 안정성이 주된 목적인 것은?

㉮ 수평 안정판 ㉯ 주익의 상반각
㉰ 수직 안정판 ㉱ 주익의 붙임각

14 날개골의 모양에 따른 특성 중 캠버에 대한 설명으로 틀린 것은?

㉮ 받음각이 0도일 때도 캠버가 있는 날개골은 양력을 발생한다.
㉯ 캠버가 크면 양력은 증가하나 항력은 비례적으로 감소한다.
㉰ 두께나 앞전 반지름이 같아도 캠버가 다르면 받음각에 대한 양력과 항력의 차이가 생긴다.
㉱ 저속비행기는 캠버가 큰 날개골을 이용하고, 고속 비행기는 캠버가 작은 날개골을 사용한다.

해설 캠버 증가 시 양력과 항력 모두 증가

15 받음각이 0도일 경우 양력이 발생하지 않는 것은?

㉮ NACA 2412 ㉯ NACA 4415
㉰ NACA 2415 ㉱ NACA 0018

해설 받음각이 0°일 때 양력이 발생하지 않는 날개골
= 윗면의 두께와 아랫면의 두께가 같아 캠버가 0인 날개골
= 대칭형 날개골

ANSWER   10 ㉮   11 ㉱   12 ㉰   13 ㉰   14 ㉯   15 ㉱

16 [보기]와 같은 현상의 원인이 아닌 것은?

> **보기**
> 비행기가 하강 비행을 하는 동안 조종간을 당겨 기수를 올리려 할 때, 받음각과 각속도가 특정값을 넘게 되면 예상한 정도 이상으로 기수가 올라가고, 이를 회복할 수 없는 현상

㉮ 쳐든각 효과의 감소
㉯ 뒤젖힘 날개의 비틀림
㉰ 뒤젖힘 날개의 날개끝 실속
㉱ 날개의 풍압중심이 앞으로 이동

해설
- 보기는 피치업에 대한 설명으로 고속기의 세로불안정 중 하나이다. 쳐든각 효과의 감소는 가로 불안정을 가져온다.
- 피치업 원인
  - 뒤젖힘 날개의 날개 끝 실속
  - 풍압 중심의 앞으로 이동
  - 수평꼬리 날개의 충격파 발생으로 인한 승강키 효율 감소

17 항공기의 중립점(NP)에 대한 정의로 옳은 것은?

㉮ 항공기에서 무게가 가장 무거운 점
㉯ 항공기 세로길이 방향에서 가운데 점
㉰ 받음각에 따른 피칭모멘트가 0인 점
㉱ 받음각에 따른 피칭모멘트가 일정한 점

18 정상수평선회하는 항공기에 작용하는 원심력과 구심력에 대한 설명으로 옳은 것은?

㉮ 원심력은 추력의 수평성분이며 구심력과 방향이 반대다.
㉯ 원심력은 중력의 수직성분이며 구심력과 방향이 반대다.
㉰ 구심력은 중력의 수평성분이며 원심력과 방향이 같다.
㉱ 구심력은 양력의 수평성분이며 원심력과 방향이 반대다.

19 그림과 같은 전진속도 없이 자동회전(Auto rotation) 비행하는 헬리콥터의 회전날개에서 회전력을 증가시키는 힘을 발생하는 영역은?

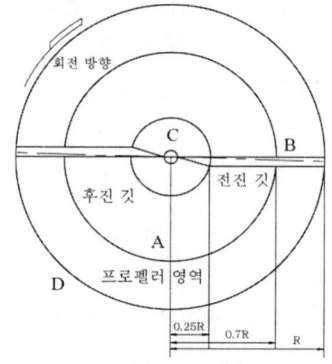

㉮ A지역   ㉯ B지역
㉰ C지역   ㉱ D지역

해설 A : 자동회전 영역
B : 프로펠러 영역
C : 실속 영역

ANSWER 16 ㉮ 17 ㉰ 18 ㉱ 19 ㉮

20 날개 뒤쪽 공기의 하향흐름에 의해 양력이 뒤로 기울어져 그 힘의 수평성분에 해당하는 항력은?

㉮ 조파항력 ㉯ 유도항력
㉰ 마찰항력 ㉱ 형상항력

제2과목 항공기관

21 항공기용 가스터빈기관 오일계통에 사용되는 기어 펌프의 작동에 대한 설명으로 옳은 것은?

㉮ 아이들기어(idle gear)는 동력을 전달받아 회전하고 구동기어(drive gear)는 아이들기어에 맞물려 자연스럽게 회전한다.
㉯ 구동기어(drive gear)는 동력을 전달받아 회전하고 아이들기어(idle gear)는 구동기어에 맞물려 자연스럽게 회전한다.
㉰ 구동기어(drive gear)와 아이들기어(idle gear) 모두 오일 압력에 의해 자연적으로 회전한다.
㉱ 구동기어(drive gear)와 아이들기어(idle gear) 모두 동력을 전달받아 회전한다.

22 공기를 외부의 열로부터 차단하고 열의 출입을 수반하지 않은 상태에서 팽창시키면 온도는 어떻게 되는가?

㉮ 감소한다.
㉯ 상승한다.
㉰ 일정하다.
㉱ 감소하다가 증가한다.

해설 열의 출입을 차단하고 공기를 팽창시키게 되면 공기의 면적이 증가되어 온도는 감소하게 된다.

23 가스터빈기관의 흡입구에 형성된 얼음이 압축기 실속을 일으키는 이유는?

㉮ 공기압력을 증가시키기 때문에
㉯ 공기속도를 증가시키기 때문에
㉰ 공기 전압력을 일정하게 하기 때문에
㉱ 공기통로의 면적을 작게 만들기 때문에

해설 공기 흡입구에 결빙이 생기게 되면 얼음으로 인하여 공기가 들어오는 통로의 면적을 작게 만들고, 공기의 흐름을 난류로 만들 수 있어 실속이 발생하게 된다.

24 기관의 손상을 방지하기 위해 왕복기관 시동 후 바로 작동 상태를 점검하기 위하여 확인해야 하는 계기는?

㉮ 흡입 압력계기 ㉯ 연료 압력계기
㉰ 오일 압력계기 ㉱ 기관 회전수계기

해설 왕복기관은 시동되었을 때 오일계통이 안전하게 기능을 발휘하고 있는지를 점검하기 위해 오일 압력계기를 관찰하여야 한다. 시동 후 30여 초 이내에 오일 압력을 지시하지 못하면 엔진을 정지하고 결함부분을 수정하여 준다.

ANSWER 20 ㉯ 21 ㉯ 22 ㉮ 23 ㉱ 24 ㉰

25 왕복기관 항공기가 고고도에서 비행시 조종사가 연료/공기 혼합비를 조정하는 주된 이유는?

㉮ 베이퍼록 방지를 위해
㉯ 결빙을 방지하기 위해
㉰ 혼합비 과농후를 방지하기 위해
㉱ 혼합비 과희박을 방지하기 위해

26 그림과 같은 오토사이클 p-v선도에서 v_1은 $8m^3/kg$, $v_2 = 2m^3/kg$인 경우 압축비는 얼마인가?

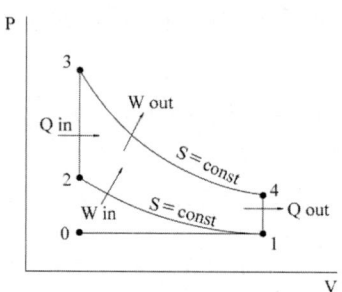

㉮ 2 : 1   ㉯ 4 : 1
㉰ 6 : 1   ㉱ 8 : 1

해설 압축비
피스톤이 하사점에 있을 때의 실린더 체적과 상사점에 있을 때의 체적의 비를 말하며, 압축비를 너무 크게 할 경우 디토네이션, 조기점화 및 노킹 현상 등이 발생할 수 있으므로 적절한 안티 노크성 등을 가진 연료를 사용하여야 한다.
$V_1 : V_2 = 8 : 2$

27 프로펠러 거버너(governor)의 부품이 아닌 것은?

㉮ 파일롯 밸브   ㉯ 플라이웨이트
㉰ 아네로이드   ㉱ 카운터 밸런스

해설 가버너(조속기)는 항공기의 기관 회전수를 감지하고 프로펠러 깃 각을 어떠한 작동조건하에서도 선택된 RPM을 유지하기 위해 변화시키는 장치를 말한다. 가버너는 스피더 스프링, 카운터 밸런스, 플라이웨이트, 파일럿 밸브 등으로 구성되어 있다.

28 가스터빈기관에서 길이가 짧으며 구조가 간단하고 연소효율이 좋은 연소실은?

㉮ 캔형   ㉯ 터뷸러형
㉰ 애뉼러형   ㉱ 실린더형

해설 애뉼러형 연소실은 구조가 간단하고, 길이가 짧고, 전면 면적이 좁고, 연소정지 현상이 거의 일어나지 않으며, 출구온도 분포가 균일하다는 장점이 있으나, 정비가 불편하다.

ANSWER 25 ㉰   26 ㉯   27 ㉰   28 ㉰

29 옥탄가 90이라는 항공기 연료를 옳게 설명한 것은?

㉮ 노말헵탄 10%에 세탄 90%의 혼합물과 같은 정도를 나타내는 가솔린
㉯ 연소 후에 발생하는 옥탄가스의 비율이 90% 정도를 차지하는 가솔린
㉰ 연소 후에 발생하는 세탄가스의 비율이 10% 정도를 차지하는 가솔린
㉱ 이소옥탄 90%에 노말헵탄 10%의 혼합물과 같은 정도를 나타내는 가솔린

해설 연료의 노킹현상을 나타내는 기준으로 안티 노크성이 큰 연료인 이소옥탄의 옥탄가를 100으로 하고 안티 노크성이 낮은 연료인 노말헵탄을 0으로 하여 표준 연료속의 이소옥탄의 체적비율을 옥탄가로 표시한다. 이소옥탄과 노말헵탄이 혼합된 표준 연료를 측정할 수 있는 옥탄가는 100까지이다.

30 왕복기관의 오일탱크에 대한 설명으로 옳은 것은?

㉮ 물이나 불순물을 제거하기 위해 탱크 밑바닥에는 딥스틱이 있다.
㉯ 일반적으로 오일탱크는 오일펌프 입구보다 약간 높게 설치되어 있다.
㉰ 오일탱크의 재질은 일반적으로 강도가 높은 철판으로 제작된다.
㉱ 윤활유의 열팽창을 대비해서 드레인 플러그가 있다.

해설 윤활유 탱크에서 윤활유 펌프까지는 중력식에 의해 공급하기 때문에 윤활유 펌프 입구보다 약간 높게 위치하는 것이 대부분이다.

31 크랭크축의 회전속도가 2400rpm인 14기통 2열 성형기관에서 3-로브 캠판의 회전속도는 몇 rpm인가?

㉮ 200 ㉯ 400
㉰ 600 ㉱ 800

해설 캠판의 속도 $= \dfrac{1}{\text{로브수} \times 2}$

따라서, $\dfrac{2,400}{3 \times 2} = 400$

32 가스터빈기관의 교류 고전압 축전기 방전 점화계통(A.C capacitor discharge ignition)에서 고전압 펄스가 유도되는 곳은?

㉮ 접점(breaker)
㉯ 정류기(rectifier)
㉰ 멀티로브 캠(multilobe cam)
㉱ 트리거 변압기(trigger transformer)

해설 교류 고전압 축전기 방전 점화계통은 교류 115V, 400Hz를 사용한다. 여기에서 트리거 변압기에서는 약 20000V 정도의 고전압이 유기된다.

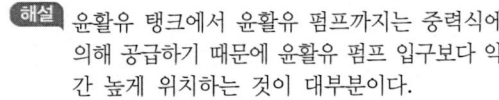

33 왕복기관을 실린더 배열에 따라 분류할 때 대향형 기관을 나타내는 것은?

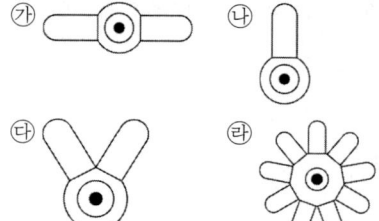

해설 ① 수평대향형, ② 직렬형, ③ V형, ④ 성형

34 프로펠러 깃 선단(tip)이 회전방향의 반대방향으로 처지게(lag)하는 힘은?

㉮ 토크에 의한 굽힘
㉯ 하중에 의한 굽힘
㉰ 공력에 의한 비틀림
㉱ 원심력에 의한 비틀림

35 항공기 왕복기관 점화장치에서 콘덴서(condenser)의 기능은?

㉮ 2차 코일을 위하여 안전간격을 준다.
㉯ 1차 코일과 2차 코일에 흐르는 전류를 조절한다.
㉰ 1차 코일에 잔류되어 있는 전류를 신속히 흡수 제거시킨다.
㉱ 포인트가 열릴 때 자력선의 흐름을 차단한다.

해설 점화장치의 콘덴서는 브레이커 포인트의 아크를 방지하고 철심의 잔류자기를 없애주는 역할을 한다.

36 추진시 공기를 흡입하지 않고 기관 자체 내의 고체 또는 액체의 산화제와 연료를 사용하는 기관은?

㉮ 로켓   ㉯ 펄스제트
㉰ 램제트 ㉱ 터보프롭

해설 로켓기관은 다른 가스터빈기관과는 다르게 액체 또는 고체의 산화제와 연료를 사용하여 움직이며, 외부 공기는 별도로 흡입하지 않는다.

37 터보팬기관의 추력에 비례하며 트리밍(trimming) 작업의 기준이 되는 것은?

㉮ 기관압력비(EPR)
㉯ 연료유량
㉰ 터빈입구온도(TIT)
㉱ 대기온도

해설 엔진 트리밍(engine trimming)
제작사에서 정한 정격에 맞도록 기관을 조절하는 것으로, 또 다른 정의는 기관이 정해진 엔진 rpm에서 정격추력을 내도록 연료조정장치를 조정하는 것을 의미한다. 제작사의 지시에 따라 수행하며, 습도가 없고 무풍일 때가 좋으나 바람이 불 때는 항공기를 정풍이 되도록 해야 한다. 시기는 FCU 교환 시, 엔진 교환 시, 배기노즐 교환 시에 반드시 수행하여야 한다.

ANSWER 33 ㉮ 34 ㉮ 35 ㉰ 36 ㉮ 37 ㉮

38 가스터빈기관의 연료가열기(fuel heater)에 대한 설명으로 틀린 것은?

㉮ 연료의 결빙을 방지한다.
㉯ 오일의 온도를 상승시킨다.
㉰ 압축기 블리드공기를 사용한다.
㉱ 연료의 온도를 빙점(freezing point) 이상으로 유지한다.

해설 연료가열기는 순환하면서 뜨거워진 오일을 이용하여, 차가운 연료를 데우고 뜨거운 오일을 식히는 역할을 한다.

39 가스터빈기관의 연소실 효율이란?

㉮ 공급에너지와 기관의 추력비이다.
㉯ 연소실 입구와 출구 사이의 온도비이다.
㉰ 연소실 입구와 출구 사이의 전압력비이다.
㉱ 공기의 엔탈피 증가와 공급열량과의 비이다.

40 왕복기관 연료계통에 사용되는 이코노마이저 밸브가 닫힌 위치로 고착되었을 때 발생하는 현상으로 옳은 것은?

㉮ 순항속도 이하에서 녹킹이 발생하게 된다.
㉯ 순항속도 이하에서 조기점화가 발생하게 된다.
㉰ 순항속도 이상에서 조기점화가 발생하게 된다.
㉱ 순항속도 이상에서 디토네이션이 발생하게 된다.

해설 이코노마이저
순항 시 연료의 소비를 최소로 해주며 순항속도 이상의 모든 속도에서 추가로 필요한 연료를 조절하여 공급해주는 역할을 하는 출력증가장치로 저속과 순항속도 이상에서는 닫히고, 고속에서는 연소온도를 감소시키고 디토네이션을 방지하기 위해 농후혼합비를 공급하기 위해 열린다. 경제적인 연료소모가 이루어진다. 이코노마이저를 갖춘 기화기에서는 보통 순항속도에서는 가장 희박한 혼합기가 되게 하고, 고출력에서는 적절한 농후혼합이 되도록 한다. 이때 이코노마이저 밸브가 닫혀있는 상태로 고착되었다면 혼합비를 조절하지 못하기 때문에 디토네이션이 발생하게 된다.

제3과목 항공기체

41 다른 재질의 금속이 접촉하면 접촉전기와 수분에 의해 국부전류흐름이 발생하여 부식을 초래하게 되는 현상을 무엇이라 하는가?

㉮ Galvanic corrosion
㉯ Bonding
㉰ Anti-Corrosion
㉱ Age Hardening

해설 항공기 기체는 알루미늄합금이고 만약 볼트가 스테인리스(stainless)강이라면 이 부위에는 이질 금속이 접촉되는 부분에 발생되고 이음매에 전위차에 의해 부식 생성물이 생성되어 이물질이 발생되어 비교적 쉽게 발견된다. 서로 다른 금속이 접촉하면 기전력이 발생하고 습기와 만나서 전류가 흘러 부식이 발생되는 것을 전해부식(galvanic corrosion)이라고 한다.
Bonding은 연결을 의미하고 Anti-Corrosion은 부식이 발생하지 않도록 하는 것이며 Age Hardening은 시효경화의 의미이다.

ANSWER 38 ㉯ 39 ㉱ 40 ㉱ 41 ㉮

42 무게가 2950kg이고 중심위치가 기준선 후방 300cm인 항공기에서 기준선 후방 200cm에 위치한 50kg의 전자 장비를 장탈하고, 기준선 후방 250cm에 위치한 화물실에 100kg의 비상물품을 실었다면 이 때 중심위치는 기준선 후방 약 몇 [cm]에 위치하는가?

㉮ 300 ㉯ 310
㉰ 313 ㉱ 410

해설 항공기의 무게중심(CG : Center of gravity)을 구하는 문제로 공식은

무게중심 = $\dfrac{\text{각각의 모멘트의 합}}{\text{각각의 무게의 합}}$ 이다.

문제에서는 무게중심이 기준선에서 300cm라고 하고 총 무게의 합이 2950kg이라고 하였으므로 화물을 탑재하기 전 총 모멘트의 합 = 300 × 2950 이다. 그러므로 총 모멘트의 합은 885,000이다. 이제 화물을 탑재하고 무게중심을 구하면
탑재 후 무게중심
$= \dfrac{88500 + (200 \times 50) + (250 \times 100)}{2950 + 50 + 100}$

그러므로 탑재 후 무게중심은 296.77이 계산되므로 약 300이다.
결론은 전자장비와 비상물품을 탑재한 후 무게중심의 변화는 전방으로 약 3cm 이동하여 무게중심에는 크게 영향이 없다라는 것을 알 수 있다.

43 올레오 쇼크 스트러트(oleo shock strut)에 있는 미터링 핀(metering pin)의 주된 역할은?

㉮ 스트러트 내부의 공기량을 조정한다.
㉯ 업(up) 위치에서 스트러트를 제동한다.
㉰ 다운(down) 위치에서 스트러트를 제동한다.
㉱ 스트럿가 압착될 때 오일의 흐름을 제한하여 충격을 흡수한다.

해설 항공기와 랜딩기어 손상방지를 막아주고 행정(stroke) 끝부분 충격방지를 하기 위해서 압축행정(Compression stroke)시 작동유가 오리피스를 통과하고 오리피스 중앙을 테이퍼 형상의 미터링 핀이 다시 통과하면서 작동유의 흐름 비율을 일정하게 해준다. 쉽게 말해서 오리피스는 작동유가 지나가는 작은 구멍이라고 생각하면 되고 미터링 핀은 오리피스에 들어가는 테이퍼 형상의 핀이라고 생각하면 된다.

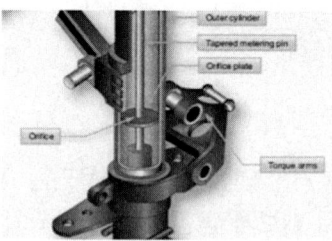

오리피스와 미터링핀

ANSWER 42 ㉮ 43 ㉱

44 다음 중 탄소강을 이루는 5개 원소에 속하지 않는 것은?

㉮ Si   ㉯ Mn
㉰ Ni   ㉱ S

해설 철에는 크게 5가지 성분이 들어있다. 탄소(C), 망간(Mn), 황(S), 인(P), 규소(Si) 등이 함유되어 강의 성질에 영향을 준다. 그리고 이러한 탄소강에 특수 원소(니켈, 크롬, 망간, 규소, 몰리브덴, 텅스텐, 바나듐 등)를 한 가지 이상 첨가하여 특수한 성질을 가지게 하는 것을 특수강이나 합금강이라고 한다.

45 다음 중 알루미늄 합금의 부식 방지법이 아닌 것은?

㉮ 크래딩(cladding)
㉯ 양극처리(anodizing)
㉰ 알로다이징(alodizing)
㉱ 용체화처리(solutioning)

해설 알루미늄 합금을 부식방지하기 위해서는 알루미늄을 클래드(피복)하는 알클래드(Alclad : 알루미늄합금 위에 5.5% 두께로 순수알루미늄을 압착시킨 것), 알로다인(Alodine : 전기를 사용하지 않고 알로다인 용액에 알루미늄을 넣어서 산화피막 입히거나 반복해서 칠한다.) 마지막으로 아노다이징(Anodizing : 알루미늄을 양극으로 해서 전기를 보내면 양극에서 산소가 발생하면 산소로 인해 알루미늄이 산화되고 산화알루미늄 피막 형성)이 있다. 비철금속을 열처리 하는 방법은 용체화처리와 석출경화법이 있으며 용체화처리는 알루미늄합금을 500℃ 전후로 가열하여 시효경화에 관계되는 첨가원소를 충분히 고용시킨 후 상온에 유지시키는 조작을 말한다.

46 항공기가 수평 비행을 하다가 갑자기 조종간을 당겨서 최대 양력계수의 상태로 될 때 큰 날개에 작용하는 하중배수가 그 항공기의 설계제한하중과 같게 되는 수평속도는?

㉮ 설계급강하속도
㉯ 설계운용속도
㉰ 설계돌풍운용속도
㉱ 설계순항속도

해설 항공기에 여러 번 반복하여 하중이 작용하더라도 기체 구조 부분에 영구변형이 일어나지 않는 제한된 하중인 한계하중과하중과 같게 되는 곳은 AD선(최대제한하중배수)을 말하며 하중배수 0에서 A 곡선은 최대양력계수를 말하고 곡선을 초과하면 실속을 나타낸다. V_A는 설계운용속도(Design maneuvering speed)이다.

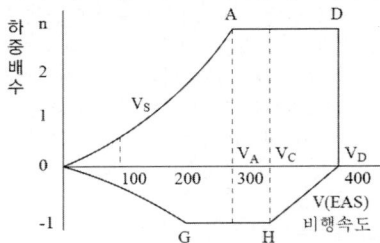

① V_A : 설계운용속도(Design maneuvering speed), 항공기의 구조적 손상 없이 최대 그리고 급격한 조작으로 안전하게 기동할 수 있는 최대속도
② V_C : 설계순항속도(Design cruising speed)
③ V_D : 설계급강하속도(Design diving speed)
④ 최소제한하중배수 : GH선
⑤ 최대제한하중배수 : AD선

ANSWER 44 ㉰   45 ㉱   46 ㉯

47 "1/4-28-UNF-3A" 나사(thread)에 대한 설명으로 옳은 것은?

㉮ 직경은 1/4인치이고 암나사이다.
㉯ 직경은 1/4인치이고 거친나사이다.
㉰ 나사산 수가 인치당 7개이고 거친나사이다.
㉱ 나사산 수가 인치당 28개이고 가는나사이다.

해설 나사의 계열
① 거친나사(UNC, NC) : 강도가 필요하지 않은 곳, 부드러운 곳, 약한 재료에 사용하며, 특히 항공기용 스크류 및 작은 너트에 많이 사용
② 가는나사(UNF, NF) : 항공기에 사용하는 대부분의 볼트에 사용
③ 아주가는나사(UNEF, NEF) : 응력이 큰 장소나 결합되는 길이가 짧은 곳에 주로 사용되며, 항공기 부품에는 사용하지 않는다.
UNF는 Unified National Fine의 약자로 유니파이 가는 나사로 나사산의 각도는 60도이다. 미국·영국·캐나다의 3국이 협정하여 만든 나사이다. 1/4는 나사의 직경을 말하고, 28은 1인치당 나사산의 수 28개, 3은 피팅 등급(가공정밀도가 높으면 숫자가 높다.) 즉 3등급을 말하며, A는 숫나사(B는 암나사)를 뜻한다.

48 가스용접을 할 때 사용하는 산소와 아세틸렌 가스 용기의 색을 옳게 나타낸 것은?

㉮ 산소 용기 : 청색, 아세틸렌 용기 : 회색
㉯ 산소 용기 : 녹색, 아세틸렌 용기 : 황색
㉰ 산소 용기 : 청색, 아세틸렌 용기 : 황색
㉱ 산소 용기 : 녹색, 아세틸렌 용기 : 회색

해설 산소 아세틸렌 용접(Oxyacetylene Welding)에서는 Acetylene cylinder(황색)와 Oxygen cylinder(녹색) 두 가지가 있다. 여기에서 연결하는 호스 색깔 역시 다른데 아세틸렌 실린더에 연결되는 호스는 빨간색이고 산소 실린더에 연결되는 호스 색깔은 녹색이다.

49 모노코크구조의 항공기에서 동체에 가해지는 대부분의 하중을 담당하는 부재는?

㉮ 론저론(longeron)
㉯ 외피(skin)
㉰ 스트링어(stringer)
㉱ 벌크헤드(bulkhead)

해설 응력 외피 구조(Stressed Skin Structure)는 모노코크(Monocoque) 구조와 세미모노코크(Semi-Monocoque) 구조로 나뉜다. 모노코크구조는 외피로만 모든 하중을 견딜 수 있는 단일 외피형 구조이며 기체에 작용하는 하중 외피가 모두 담당하여 외피를 두껍게 만들기 때문에 무게가 증가된다. 반면 세미모노코크(Semi-Monocoque) 구조는 외피(전단응력)와 골격(그 외의 모든 하중)이 하중을 담당하고 외피는 세로지(stringer)와 함께 인장 및 압축응력을 담당한다. 프레임 및 벌크헤드가 동체의 형태를 구성하며 Longitudinal members로 Longeron(세로대), stringer(세로지)가 있다. Longeron은 동체에 받는 하중을 스킨으로 전달하며 비틀림과 좌굴을 방지하며 동체의 길이방향으로 연속적으로 붙어있으며 세로지와 굽힘 모멘트에 의한 인장, 압축응력에 충분한 강도로 설계되어 있다.

ANSWER 47 ㉱ 48 ㉯ 49 ㉯

50 1차 조종면(primary control surface)의 목적이 아닌 것은?

㉮ 방향을 조종한다.
㉯ 가로운동을 조종한다.
㉰ 상승과 하강을 조종한다.
㉱ 이착륙거리를 단축시킨다.

해설 1차 조종면(Primary Control Surface)에는 승강타(Elevators), 보조날개(Ailerons), 방향타(Rudder)가 있으며 방향을 조종하는 것은 방향타, 가로운동을 조종하고 상승과 하강을 조종하는 것은 승강타이다. 2차 조종면(Secondary Control Surface)에는 플랩(Flap), 탭(Tab), 스포일러(Spolers), 스피드 브레이크(Speed brakes) 등이 있으며 이착륙거리를 단축시키는 것은 스포일러나 플랩의 역할이다.

51 상온에서 자연시효경화가 가장 빠른 알루미늄 합금은?

㉮ AA2024   ㉯ AA6061
㉰ AA7075   ㉱ AA7178

해설 아이스박스 리벳인 2017(D)과 2024(DD)는 시효경화의 진행을 지연하고 부드러운 상태를 오래 지속시키기 위해 드라이아이스가 들어있는 아이스박스에 보관하여 리베팅 가능한 시간을 연장시킨다. 아이스박스에서 꺼내어 2017(D)은 1시간 이내 연한 성질을 가지고 있어 리벳팅이 가능하고 2024(DD)는 열처리 후 아이스박스에 넣고 꺼내면 10~20분 이내 riveting 가능하다.

52 다음 중 항공기의 유용하중(useful load)에 해당하는 것은?

㉮ 고정장치 무게   ㉯ 연료 무게
㉰ 동력장치 무게   ㉱ 기체구조 무게

해설 유용하중(Useful load)
① 조종사(pilot), 승무원(crew), 최대오일(max oil), 최대연료(max fuel), 승객(passengers), 화물(baggage)을 포함한다.
② 램프에서의 최대 무게(최대인가이륙무게)에서 자기무게(empty weight)를 뺀 무게이다.

53 인터널 렌칭볼트(internal wrenching bolt)의 사용 시 주의사항으로 옳은 것은?

㉮ 볼트를 풀고 죌 때는 L렌치를 사용한다.
㉯ 카운터성크 와셔를 사용할 때는 와셔의 방향은 무시해도 좋다.
㉰ MS와 NAS의 인터널 렌칭볼트의 호환은 MS를 NAS로 교환이 가능하다.
㉱ 너트의 아래는 충격에 강한 연질의 와셔를 사용한다.

해설

트인터널   카운터성크
렌칭볼   와셔

L렌치

인터널 렌칭 볼트(Internal wreching bolt)는 내부 렌칭볼트라고 하고 고인장하중이나 전단하중에 사용된다. 볼트 헤드부분에 알렌렌치를 사용하도록 되어 있으며 볼트 구멍을 카운터싱크 작업을 하거나 고강도 카운터싱크 와셔를 사용한다. 사용 시 뒤집어서 체결하면 안되고 홈에 맞게 방향에 주의한다. NAS176에서 NAS158과 NAS172에서 NAS144는 나사부의 형태와 그립길이가 같아서 MS20024에서 MS20004는 교환이 가능하지만 전체가 교환 가능한 것은 아니다.(MS : Military Standard, NAS : National Aircraft Standard)

ANSWER 50 ㉱ 51 ㉮ 52 ㉯ 53 ㉮

54 항공기의 주 날개 양쪽에 기관을 장착한 형식에 대한 설명으로 옳은 것은?

㉮ 동체에 흐르는 난기류의 영향이 크다.
㉯ 1개 기관이 고장날 경우 추력 비대칭이 적다.
㉰ 치명적 고장 또는 비상 착륙 등으로 과도한 충격 발생 시 항공기에서 이탈된다.
㉱ 정비 접근성은 안 좋으나 비행 중 날개에 대한 굽힘 하중이 적다.

해설 항공기의 주 날개 양쪽에 기관을 장착한 형식은 날개 아래에 달아야 비행기가 무게 중심을 잡는 데 용이하며 정비가 쉽다. 그리고 다양한 엔진을 장착하기 쉽고 날개의 성능을 저하시키지 않는다. 하지만 단점으로는 엔진의 크기 때문에 랜딩기어가 길어야 한다. 엔진 마운트 위쪽에 shear pin(전단핀)이 설치되어 있어 항공기 엔진의 문제를 진단할 수 있다.

55 조종계통과 비교하여 케이블 조종계통의 장점이 아닌 것은?

㉮ 방향 전환이 자유롭다.
㉯ 다른 조종장치에 비해 무게가 가볍다.
㉰ 구조가 간단하여 가공 및 정비가 쉽다.
㉱ 케이블의 접촉이 적어 마찰이 적고 마모가 없다.

해설
• 케이블 조종 계통(케이블 사용하여 조종력 전달)
  ① 장점 : 항공기 구조상 굽은 통로에 원활한 작동이 가능하고 조종계통의 기본이며 신뢰성이 높다. 무게가 가볍고 느슨함이 없고 방향 전환이 자유롭고 가격이 저렴하다.
  ② 단점 : 마찰이 크고 마멸이 많으며 큰 장력이 필요하다.
• 푸시풀 로드(rod) 조종 계통(케이블 대신 로드 사용)

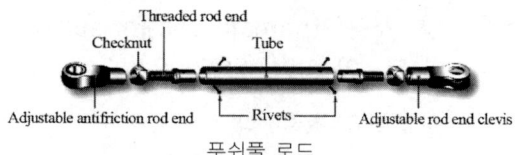
푸쉬풀 로드

① 장점 : 케이블 조종 계통에 비해 마찰 및 늘어남이 없으며 온도 변화에 따른 팽창 등의 변화가 없고 정비 및 관리가 용이하다.
② 단점 : 무겁고 관성력이 크고 느슨함이 있고 값이 케이블에 비해 비싸다. 조종력의 전달거리가 짧아 소형 항공기에 주로 사용한다.

56 반복하중을 받는 항공기의 주구조부가 파괴되더라도 남은 구조에 의해 치명적 파괴 또는 구조변형을 방지하도록 설계된 구조는?

㉮ 응력외피구조
㉯ 트러스(truss)구조
㉰ 페일세이프(fail safe)구조
㉱ 1차 구조(primary structure)

해설 페일세이프구조(Fail safe Structure)란 Main structure가 피로파괴 되더라도 치명적이거나 과도한 구조 변형이 생기지 않도록 설계된 구조로서 다경로 하중 구조(Redundant Structure), 이중 구조(Double Structure), 대치 구조(Back-up Structure), 하중 경감 구조(Load Dropping) 4가지가 있다.
응력 외피 구조(Stressed Skin Structure)는 항공기에 작용하는 응력을 항공기 외피가 담당하는 구조이다.

ANSWER 54 ㉰   55 ㉱   56 ㉰

57 알루미늄 판 두께가 0.051in인 재료를 굴곡 반경 0.125in가 되도록 90° 굴곡 할 때 생기는 세트백은 몇 [in]인가?

㉮ 0.017 ㉯ 0.074
㉰ 0.125 ㉱ 0.176

해설 세트백(SB : Set Back)이란 성형점(mold point)에서 굴곡 접선(bend tangent line)까지의 거리를 나타내며

공식은 $SB = K(R+T) = \tan\left(\dfrac{\theta}{2}\right) \times (R+T)$

SB : 세트백, $\tan 45° = 1$,
$R + T = 0.125 + 0.051$이므로
$SB = 1 \times 0.176 = 0.176$ in

58 턴버클(turn buckle)의 검사방법에 대한 설명으로 틀린 것은?

㉮ 이중결선법인 경우 배럴의 검사 구멍에 핀이 들어가면 장착이 잘 되었다고 할 수 있다.
㉯ 이중결선법인 경우에 케이블의 지름이 1/8in 이상인지를 확인한다.
㉰ 단선 결선법에서 턴버클 생크 주위로 와이어가 4회 이상 감겼는지 확인한다.
㉱ 단선 결선법인 경우 턴버클의 죔이 적당한지는 나사산이 3개 이상 밖에 나와 있는지를 확인한다.

해설 리깅 후 턴버클 점검은 나사산이 3개 이상 배럴 밖으로 나오면 안되며 안전결선 후 배럴에 검사구멍이 있으면 그 구멍에 핀이 들어가면 안 된다. 과거의 턴버클에는 검사구멍이 있었으나 현재는 없는 것이 대부분이다. 들어간다는 것은 턴버클 배럴과 엔드피팅의 연결이 불안전하게 되었다는 뜻이다. 턴버클 생크 주위로 와이어를 최소 4회 감는다. 턴버클 세이프티 와이어(turnbuckle safety wire)의 방법에는 케이블 지름이 1/8인치 이상이면 복선식(double wrap method)으로, 1/8인치 이하 케이블이면 단선식(single wrap method), 그 외 clip에 의해 고정하는 방법이 있다.

59 그림과 같이 보에 집중 하중이 가해질 때 하중 중심의 위치는?

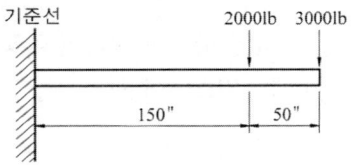

㉮ 기준선에서부터 100"
㉯ 기준선에서부터 150"
㉰ 보의 우측 끝에서부터 20"
㉱ 보의 우측 끝에서부터 180"

해설 하중의 중심을 구하는 공식은 항공기 무게중심을 구하는 식과 같다. 그러므로 총모멘트의 합을 총 무게합으로 나눈 값이 된다. 참고로 모멘트라는 것은 무게와 길이를 곱한 것이다.
150×2000+200×3000/2000+3000
= 300000+600000/5000 = 180
그러므로 기준선에서 시작하여 180인치 되는 부분이 하중 중심의 위치이다. 거꾸로 보의 우측 끝에서부터는 20인치가 정답이다.

60 지름이 10cm인 원형단면과 1m 길이를 갖는 알루미늄합금재질의 봉이 10N의 축하중을 받아 전체길이가 50μm 늘어났다면 이때 인장변형률을 나타내기 위한 단위는?

㉮ N/m^2 ㉯ N/m^3
㉰ $\mu m/m$ ㉱ MPa

해설 변형률(ϵ : strain)은 재료 본래의 길이에 대한 길이 변화량에 대한 직경 변화량이다. 분자는 늘어난 길이, 분모는 원래의 길이이다.

$\dfrac{\text{변경 후 길이}(l_1) - \text{본래의 길이}(l)}{\text{본래의 길이}(l)}$

$= \dfrac{\lambda}{l}$

$= \dfrac{50\mu m}{1m} = 50\mu m/m$

ANSWER 57 ㉱ 58 ㉮ 59 ㉰ 60 ㉰

제4과목 항공장비

61 신호파에 따라 반송파의 주파수를 변화시키는 변조방식은?

㉮ AM ㉯ FM
㉰ PM ㉱ PCM

해설
㉮ AM(Amplitude Modulation) : 전파의 진폭이 신호의 세기로 변화하는 변조 방식으로 진폭 변조라고 한다. AM은 반송파라는 전파에 전송하고자 하는 전파를 싣는 방법 중 하나로, 음성 신호를 반송파에 그대로 싣는 방식
㉯ FM(frequency modulation) : 변조신호에 따라 반송파의 진폭은 변하지 않고 주파수만이 변화하는 주파수 변조방식
㉰ PM(phase modulation) : 반송파의 진폭을 일정하게 하고, 반송파의 위상을 메시지 신호에 따라 변화시키는 방식
㉱ PCM(pulse code modulation) : 송신 측에서 아날로그 파형을 일단 디지털화하여 전송하고 수신 측에서 그것을 다시 아날로그화 함으로써 아날로그 정보를 전송하는 방식

62 객실압력 조절에 직접적으로 영향을 주는 것은?

㉮ 공압계통의 압력
㉯ 슈퍼차저의 압축비
㉰ 터보컴프레셔의 속도
㉱ 아웃플로밸브의 개폐 속도

해설 객실여압 조절장치
아웃 플로우 밸브, 객실 압력 조절기, 객실 압력 릴리프 밸브, 부압 릴리프 밸브, 덤프 밸브 등이 있다.

63 유압계통에서 사용되는 체크밸브의 역할은?

㉮ 역류방지 ㉯ 기포방지
㉰ 압력조절 ㉱ 유압차단

해설 체크 밸브(Check valve)
한쪽 방향으로만 작동유의 흐름을 허용하고, 반대 방향의 흐름은 차단하는 밸브이다.

64 해발 500m인 지형 위를 비행하고 있는 항공기의 절대고도가 1000m라면 이 항공기의 진고도는 몇 [m]인가?

㉮ 500 ㉯ 1000
㉰ 1500 ㉱ 2000

해설
① 진고도(해면고도) : 기준이 되는 평균 해면으로부터의 실제 높이(해면의 높이는 어느 곳이나 동일)
② 절대고도 : 지면으로부터의 항공기 아래까지의 높이(지면의 높이는 어느 곳이나 다름)
③ 해면 500m에 절대고도 1000m를 합한 고도인 1500m가 된다.

ANSWER 61 ㉯ 62 ㉱ 63 ㉮ 64 ㉰

65 항공기 가스터빈기관의 온도를 측정하기 위해 1개의 저항값이 0.79Ω인 열전쌍이 병렬로 6개가 연결되어 있다. 기관의 온도가 500℃일 때 1개의 열전쌍에서 출력되는 기전력이 20.64mV이라면 이 회로에 흐르는 전체 전류는 약 몇 [mA]인가? (단, 전선의 저항 24.87Ω, 계기 내부 저항 23Ω이다.)

㉮ 0.163 ㉯ 0.392
㉰ 0.430 ㉱ 0.526

해설 회로 내의 열전쌍 6개의 합성저항

$$= \cfrac{1}{\cfrac{1}{0.79}+\cfrac{1}{0.79}+\cfrac{1}{0.79}+\cfrac{1}{0.79}+\cfrac{1}{0.79}+\cfrac{1}{0.79}}$$

$= 0.132[\Omega]$
계통의 합성저항
$= 0.132[\Omega] + 24.87[\Omega] + 23[\Omega]$
$= 48.001[\Omega]$
$I = \cfrac{V}{R} = \cfrac{20.64[mV]}{48.66[\Omega]} = 0.429[mA]$

66 항공기 주 전원장치에서 주파수를 400Hz로 사용하는 주된 이유는?

㉮ 감압이 용이하기 때문에
㉯ 승압이 용이하기 때문에
㉰ 전선의 무게를 줄이기 위해
㉱ 전압의 효율을 높이기 위해

해설 항공기가 400Hz를 사용하고 있는 것은 전기 기계나 변압기를 만들 때, 철심이나 구리선 등이 일반 전원의 1/6~1/8 정도면 되고 중량도 가볍기 때문이다.

67 지상에 설치한 무지향성 무선표시국으로부터 송신되는 전파의 도래 방향을 계기상에 지시하는 것은?

㉮ 거리측정장치(DME)
㉯ 자동방향탐지기(ADF)
㉰ 항공교통관제장치(ATC)
㉱ 전파고도계(Radio altimeter)

해설 자동 방향 탐지기(ADF)의 구성 요소
무지향 표시 시설(NDB), 루프 안테나, 수신기(방향 탐지기), 방위 지시기

68 종합전자계기에서 항공기의 착륙 결심고도가 표시되는 곳은?

㉮ Navigation display
㉯ Control display unit
㉰ Primary flight display
㉱ Flight control computer

해설
① PFD(Primary Flight Display) : 조종시 가장 기본이 되는 장치로 속도와 방향, 고도계, 자세계, 수직속도계가 표시되는 장치. 조종사는 자기 비행 상태를 한눈에 알 수 있다.
② ND(Navigation Display) : 항법에 관한 정보를 알려주는 장치로, 항로가 표시되고 항공기가 지정된 항로대로 운항 중인지 아닌지 확인을 할 수 있다. 항로정보, 남은 거리와 TCAS를 통해 주위에 운항 중인 항공기도 확인할 수 있다. 기상정보 또한 표시되어서 CB(적란운) 등 위험한 구간을 회피할 때 이용하기도 한다.
③ MCP(Mode control panel) : 항로설정, 속도설정, 고도설정 등을 할 수 있다.
④ EICAS(Engine indication & crew alert system) : Upper EICAS에서는 엔진계기의 정상작동 여부를 보여주고 경고메시지도 출력된다. lower EICAS에서는 유압, 전기 및 연료의 상태, 랜딩기어 상태 등이 표시되고

ANSWER 65 ㉰ 66 ㉰ 67 ㉯ 68 ㉰

경고메시지도 출력된다.
⑤ CDU(Control Display Unit) : FMC(Flight Management Computer)에 출발 공항, 도착 공항 및 경유 항로를 입력하면 컴퓨터를 통해 자동비행(오토 파일럿)이 가능하도록 해주는 장치다.

69 자이로신 컴퍼스의 플럭스 밸브를 장·탈착시 설명으로 옳은 것은?

㉮ 장착용 나사와 사용공구 모두 자성체인 것을 사용해야 한다.
㉯ 장착용 나사와 사용공구 모두 비자성체인 것을 사용해야 한다.
㉰ 장착용 나사는 비자성체인 것을 사용해야 하며, 사용공구는 보통의 것이 좋다.
㉱ 장착용 나사와 사용공구에 대한 특별한 사용 제한이 없으므로 일반공구를 사용해도 된다.

해설 플럭스 밸브(flux valve)
자이로신 컴퍼스에서 자장을 감지하여 그 방향을 향하는 전기 신호로 변환하는 장치로, 자장에 변화를 줄 수 있으므로, 공구 및 하드웨어는 비자성체를 사용해야 한다.

70 동압(dynamic pressure)에 의해서 작동되는 계기가 아닌 것은?

㉮ 고도계 ㉯ 대기 속도계
㉰ 마하계 ㉱ 진대기 속도계

해설 고도계, 승강계는 정압 이용, 속도계, 마하계는 동압 이용한다.

71 항공기의 수직방향 속도를 분당 피트(feet)로 지시하는 계기는?

㉮ VSI   ㉯ LRRA
㉰ DME ㉱ HSI

해설 ㉮ 승강계(VSI, Vertical speed indicator) : 항공기의 수직 속도계기로, 항공기의 수직/승하강 속도를 분당 ft 단위[ft/min]로 지시하는 계기다. 정압을 이용하고, 공함은 다이어프램을 사용한다.
㉯ 단거리 전파 고도계(low range radio altimeter : LRRA) : 전파 고도계의 종류로 착륙시 항공기에서 활주로와 항공기와의 수직거리를 측정하는 장치다. 절대고도를 지시하고, 고고도용의 펄스형과 저고도용의 FM형이 있다.
㉰ 거리측정시설(DME, Distance measuring equipment) : 항공기의 DME 기상국에 거리 정보를 제공하는 것. TACAN의 거리 계통만을 독립시킨 새로운 항법시설이다. 기상 장치(질문기)와 지상 장치(응답기)로 구성된 2차 레이더의 한 형식이다. 거리 측정은 펄스 신호가 두 점 사이를 왕복하는 시간을 측정하는 것
㉱ 수평상태 지시계(HSI, Horizontal Situation Indicator) : 항공기에 장착하는 비행 계기로서 조종사의 임무를 줄이기 위해 각종 비행 정보를 전시하는 계기이다. 계기 중앙을 기준으로 수평면의 상황을 시현하는데 항법 기준이 되는 VOR/ILS 또는 TACAN 기지국 지시, 헤딩, 활공각 지시기, TO/FROM 등을 표시한다.

72 다른 종류와 비교해서 구조가 간단하여 항공기에 많이 사용되는 축압기(Accumulator)는?

㉮ 스풀(spool)형
㉯ 포핏(poppet)형
㉰ 피스톤(piston)형
㉱ 솔레노이드(solenoid)형

해설 축압기의 종류
① 다이어프램형 : 2개의 오목한 금속 반구를

ANSWER 69 ㉯ 70 ㉮ 71 ㉮ 72 ㉰

합성 고무로 만든 다이어프램 사이에 넣고 조립하여 작동유실과 공기실을 형성한다. 작동유 공급이 없거나 압력이 부족할 때 공기의 압력으로 다이어프램이 밀리면서 공기가 압축되고 작동유가 충전되면서 계통 압력과 평형이 된다.
② 블래더형 : 1개의 금속제 구형 통과 합성 고무제 블래더로 되어 있다. 블래더 중앙에 금속제 디스크가 있어 공압이 블래더를 유압계통으로 밀어내는 것을 방지한다.
③ 피스톤형 : 실린더 안에 피스톤이 있어 공기실과 작동유실이 분리되어 있고, 공간을 작게 차지하고 구조가 튼튼하기 때문에 현대 항공기에 많이 사용되고 있다.

73 병렬운전을 하는 직류 발전기에서 1대의 직류 발전기가 역극성 발전을 할 경우 발전을 멈추기 위해 작동되는 것은?

㉮ 밸런스 릴레이
㉯ 출력 릴레이
㉰ 이퀄라이징 릴레이
㉱ 필드 릴레이

[해설]
① PFD (Primary Flight Display) : 조종시 가장 기본이 되는 장치로 속도와 방향, 고도계, 자세계, 수직속도계가 표시되는 장치. 조종사는 자기 비행 상태를 한눈에 알 수 있다.
② ND (Navigation Display) : 항법에 관한 정보를 알려주는 장치로, 항로가 표시되고 항공기가 지정된 항로대로 운항중인지 아닌지 확인을 할 수 있다. 항로정보, 남은거리와 TCAS를 통해 주위에 운항중인 항공기도 확인할 수 있다. 기상정보 또한 표시되어서 CB(적란운)등 위험한 구간을 회피할 때 이용하기도 한다.
③ MFD (Multi-Function Display) : 다기능시 현기라고 하며, 다수의 데이터를 표시 가능한 디스플레이 기기로서, 버튼으로 여러 기능이 바뀐다. 처음에는 군용기에 사용되었으나, 민간항공기, 자동차로 보급되고 있다.

전투기에 탑재된 것은 헤드다운 디스플레이라 불리운다. PFD와 함께 사용되어 글래스 칵핏을 구성한다.
④ HUD (Head-Up Display) : 인간의 시야에 직접 정보를 영사해서 표시하는 것이다. 이 기술은 군용항공 분야에서 개발되어, 실험적이지만 다양한 분야에 응용되고 있다. 정보를 헬멧에 표시하는 해드 마운트 디스플레이도 있다.

74 화재탐지장치에 대한 설명으로 틀린 것은?

㉮ 광전기셀(photo-electric cell)은 공기 중의 연기가 빛을 굴절시켜 광전기셀에서 전류를 발생한다.
㉯ 열전쌍(thermocouple)은 주변의 온도가 서서히 상승함에 따라 전압을 발생한다.
㉰ 서미스터(thermister)는 저온에서는 저항이 높아지고 온도가 상승하면 저항이 낮아져 도체로서 회로를 구성한다.
㉱ 열스위치(thermal switch)식에 사용되는 Ni-Fe의 합금 철편은 열팽창률이 낮다.

[해설] 서모커플형(Thermo Couple Type)
열전쌍식이라 하며, 온도의 급격한 상승에 의하여 화재를 탐지하는 장치로서, 서로 다른 종류의 금속을 서로 접합한 열전쌍(thermocouple)을 이용하여 필요한 만큼 직렬로 연결하고, 고감도 릴레이를 사용하여 경고 장치를 작동시킨다.

75 램효과(ram effect)에 의해 방빙이나 제빙이 필요하지 않은 부분은?

㉮ Windshield   ㉯ Nose Radome
㉰ Drain Mast   ㉱ Engine Inlet

ANSWER 73 ㉱ 74 ㉯ 75 ㉯

해설

결빙 부분	방빙 및 제빙 방법
날개 앞전	가열공기
수직, 수평 안정판의 앞전	가열공기
윈드실드 및 창문	전열기, 알콜
히터, 기관 공기 흡입구	전열기
실속 경고 장치	전열기
프로펠러 깃의 앞전	전열기, 알콜
왕복엔진 기화기(플로트형)	가열공기, 알콜
드레인 마스트	전열기
피토관	전열기

76 소형 항공기의 직류 전원계통에서 메인 버스(main bus)와 축전지 버스 사이에 접속되어 있는 전류계의 지침이 "+"를 지시하고 있는 의미는?

㉮ 축전지가 과충전 상태
㉯ 축전지가 부하에 전류 공급
㉰ 발전기가 부하에 전류 공급
㉱ 발전기의 출력전압에 의해서 축전지가 충전

해설 소형항공기에는 12V가 사용된다. 발전기에는 전압 조정기가 있어 엔진의 회전수가 변하거나 부하가 변동해도 전원 전압을 14V로 유지한다. 이는 축전지를 충전하기 위해 정격전압에 의해 약 2V 높은 전압을 유지하게 되어 있다. 배선 방식은 축전지와 직류발전기의 (-)단자를 직접 기체에 연결하는 접지귀환방식이다. 축전지는 발전기와 병렬로 연결되어 고장 시 비상전원이 되고, 엔진 스타터의 전원으로 사용된다. 메인 버스와 축전지 버스는 전류계에 연결되어 발전 전압이 높게 충전하면 전류계는 (+)를, 축전지가 부하에 전류를 공급하고 있을 때는 (-)를 지시한다.

77 항공기 동체 상하면에 장착되어 있는 충돌 방지등(anti-collision light)의 색깔은?

㉮ 녹색   ㉯ 청색
㉰ 흰색   ㉱ 적색

해설 충돌 방지등(anti-collision light, Beacon light) 동체 상하면에 설치되어 매분 40~100회로 적색 광을 점멸시켜 해당 항공기의 위치를 알려서 충돌을 회피하려는 목적으로 사용되는 조명이다.

78 항공기의 니켈-카드뮴(Nickel-Cadmium) 축전지가 완전히 충전된 상태에서 1셀(Cell)의 기전력은 무부하에서 몇 [V]인가?

㉮ 1.0~1.1V   ㉯ 1.1~1.2V
㉰ 1.2~1.3V   ㉱ 1.3~1.4V

해설 니켈 카드뮴 축전지 1셀의 기전력은 무부하 상태에서 1.3~1.4V이나, 부하가 가해진 경우 1.2V로 안정되므로 통상 기전력은 1.2V가 되고, 용량의 90% 이상 방전될 때까지 이 전압을 유지한다.

79 다음 중 가시거리에 사용되는 전파는?

㉮ VHF   ㉯ VLF
㉰ HF   ㉱ MF

해설 VHF 항공 주파수 대역
일반적으로 파장이 매우 짧고 높은 주파수의 전자파는 이온층에서 반사되지 않고 직진한다. 지표파는 감쇠가 심하여 공간파에 비해 상대적으로 약하다. 그러므로, 가시거리 통신에만 유효하다. 공대지 통신에 이상적이다.

ANSWER 76 ㉱ 77 ㉱ 78 ㉱ 79 ㉮

80 비행장에 설치된 컴퍼스 로즈(compass rose)의 주 용도는?

㉮ 지역의 지자기의 세기 표시
㉯ 활주로의 방향을 표시하는 방위도 지시
㉰ 기내에 설치된 자기 컴퍼스의 자차수정
㉱ 지역의 편각을 알려주기 위한 기준방향 표시

해설 자기 컴퍼스의 자차 수정(Compass swing)
① 불이차 수정 : 자기 컴퍼스 장착 나사를 축을 일치시키고 조인다.
② 반원차 수정 : 자기 컴퍼스 상부의 보정용 2개 나사를 돌려 수정한다.
③ 사분원차 수정 : 철근이 없는 콘크리트 포장면(컴퍼스 로즈) 위에서 지자기 방위를 기록하고 그 방향으로 항공기 중심축을 맞춘다. 또는 컴퍼스 로즈에서 표준 컴퍼스에 의해 기체의 방향을 측정한다.

ANSWER 80 ㉰

2015 제4회 항공산업기사 기출문제

제1과목 ✈ 항공역학

01 비행기 날개의 가로세로비가 커졌을 때 옳은 설명은?

㉮ 양력이 감소한다.
㉯ 유도항력이 증가한다.
㉰ 유도항력이 감소한다.
㉱ 스팬효율과 양력이 증가한다.

해설
C_{Di}(유도항력계수) $= \dfrac{C_L^2}{\pi \cdot e \cdot AR}$
(e : 스팬효율계수, AR : 가로세로비)

02 제트 항공기가 최대 항속거리로 비행하기 위한 조건은? (단, C_L 양력계수, C_D 항력계수이며, 연료소비율은 일정하다.)

㉮ $\left(\dfrac{C_L^{\frac{1}{2}}}{C_D}\right)$ 최대 및 고고도

㉯ $\left(\dfrac{C_L^{\frac{1}{2}}}{C_D}\right)$ 최대 및 저고도

㉰ $\left(\dfrac{C_L}{C_D}\right)$ 최대 및 고고도

㉱ $\left(\dfrac{C_L}{C_D}\right)$ 최대 및 저고도

해설

	항속거리	항속시간
프로펠러	$\left(\dfrac{C_L}{C_D}\right)_{max}$	$\left(\dfrac{C_L^{\frac{3}{2}}}{C_D}\right)_{max}$
제트	$\left(\dfrac{C_L^{\frac{1}{2}}}{C_D}\right)_{max}$	$\left(\dfrac{C_L}{C_D}\right)_{max}$

03 그림은 주 로터(main rotor)와 테일로터(tail rotor)를 갖는 헬리콥터에서 발생하는 요구마력을 발생 원인별로 속도에 따른 변화를 나타낸 것으로 이에 대한 설명으로 옳은 것은?

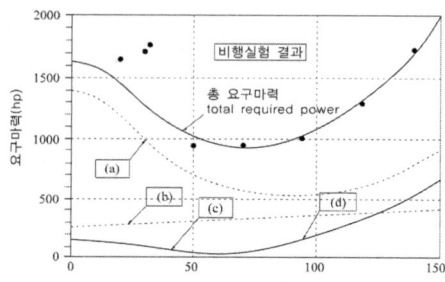

㉮ (a)는 테일로터의 요구마력이다.
㉯ (b)는 주 로터 블레이드의 항력에 의한 형상마력이다.
㉰ (c)는 동체의 항력에 의한 유해마력이다.
㉱ (d)는 주 로터 유도속도에 의한 유도마력이다.

ANSWER 01 ㉰ 02 ㉮ 03 ㉯

04 헬리콥터에서 회전날개의 깃(blade)은 회전하면 회전면을 밑면으로 하는 원추의 모양을 만들게 되는데 이 때 회전면과 원추 모서리가 이루는 각은?

㉮ 피치각(pitch angle)
㉯ 코닝각(coning angle)
㉰ 받음각(angle of attack)
㉱ 플래핑각(flapping angle)

05 방향안정성에 관한 설명으로 틀린 것은?

㉮ 도살핀(dorsal fin)을 붙여주면 큰 옆미 끄럼각에서 방향안정성이 좋아진다.
㉯ 수직꼬리날개의 위치를 비행기의 무게중심으로부터 멀리 할수록 방향안정성이 증가한다.
㉰ 가로 및 방향진동이 결합된 옆놀이 및 빗놀이의 주기 진동을 더치롤(dutch roll)이라 한다.
㉱ 단면이 유선형인 동체는 일반적으로 무게중심이 동체의 1/4 지점 후방에 위치하면 방향안정성이 좋다.

06 비행기의 옆놀이(rolling) 안정에 가장 큰 영향을 주는 것은?

㉮ 수평안정판   ㉯ 주날개의 받음각
㉰ 수직꼬리날개   ㉱ 주날개의 후퇴각

해설 가로안정성 요소
- 쳐든각 효과
- 뒤젖힘각 효과
- 날개의 동체 부착 높이
- 수직꼬리날개의 면적

07 비행기가 하강비행을 하는 동안 조종간을 당겨 기수를 올리려 할 때, 받음각과 각속도가 특정값을 넘게 되면 예상한 정도 이상으로 기수가 올라가게 되는 현상은?

㉮ 피치 업(pitch up)
㉯ 스핀(spin)
㉰ 버페팅(buffeting)
㉱ 딥실속(deep stall)

08 프로펠러 깃을 통과하는 순수한 유도속도를 옳게 표현한 것은?

㉮ 프로펠러 깃을 통과하는 공기속도 + 비행속도
㉯ 프로펠러 깃을 통과하는 공기속도 - 비행속도
㉰ 프로펠러 깃을 통과하는 공기속도 × 비행속도
㉱ 비행속도 ÷ 프로펠러 깃을 통과하는 공기속도

해설 유도속도
순수하게 프로펠러에 의하여 증가된 속도

09 글라이더가 고도 2000m 상공에서 양항비 20인 상태로 활공한다면 도달할 수 있는 수평활공거리는 몇 m인가?

㉮ 2000   ㉯ 20000
㉰ 4000   ㉱ 40000

해설 $\tan\theta = \dfrac{고도}{활공거리} = \dfrac{1}{양항비}$
∴ 활공거리 = 고도 × 양항비 = 2000 × 20 = 40000

ANSWER   04 ㉯   05 ㉱   06 ㉰   07 ㉮   08 ㉯   09 ㉱

10 360km/h의 속도로 표준 해면고도 위를 비행하고 있는 항공기 날개 상의 한 점에서 압력이 100kPa일 때 이 점에서의 유속은 약 몇 [m/s]인가? (단, 표준 해면고도에서 공기의 밀도는 1.23kg/m³이며, 압력은 1.01×10^5 N/m²이다.)

㉮ 105.82　　㉯ 107.82
㉰ 109.82　　㉱ 111.82

[해설]
C_P(압력계수) $= \dfrac{P - P_0}{\dfrac{1}{2} \cdot \rho \cdot V_0^2} = 1 - \left(\dfrac{V}{V_0}\right)^2$

$\rightarrow V = \sqrt{1 - \dfrac{P - P_0}{\dfrac{1}{2} \cdot \rho \cdot V_0^2}} \times V_0$

$\therefore V = \sqrt{1 - \dfrac{100 \times 1000 - 1.01 \times 10^5}{\dfrac{1}{2} \times 1.23 \times \left(\dfrac{360}{3.6}\right)^2}} \times \dfrac{360}{3.6}$

- 압력의 단위가 Pa(N/m²)일 경우 밀도를 kg/m³ 단위
- 압력의 단위가 kg$_f$/m²일 경우 밀도를 kg$_f$·s²/m⁴ 단위 대입

11 이륙과 착륙에 대한 비행성능의 설명으로 옳은 것은?

㉮ 착륙 활주시에 항력은 아주 작으므로 보통 이를 무시한다.
㉯ 이륙할 때 장애물 고도란 위험한 비행 상태의 고도를 말한다.
㉰ 착륙거리란 지상활주거리에 착륙진입거리를 더한 것이다.
㉱ 이륙할 때 항력은 속도의 제곱에 반비례하므로 속도를 증가시키면 항력은 감소하게 되어 이륙한다.

12 중량 3200kg$_f$인 비행기가 경사각 15°로 정상 선회를 하고 있을 때 이 비행기의 원심력은 약 몇 [kg$_f$]인가?

㉮ 857　　㉯ 1600
㉰ 1847　　㉱ 3091

[해설] 원심력 $= W \cdot \tan\theta$
$\therefore 3200 \times \tan15°$

13 수평등속도 비행을 하던 비행기의 속도를 증가시켰을 때 그 상태에서 수평비행하기 위해서는 받음각을 어떻게 하여야 하는가?

㉮ 감소시킨다.
㉯ 증가시킨다.
㉰ 변화시키지 않는다.
㉱ 감소하다 증가시킨다.

[해설] 속도가 증가하면 양력이 증가하여 기수가 상승하려는 현상이 발생한다. 이 현상을 감소시키기 위해서 속도 증가 시 받음각을 감소시켜 양력 증가를 감소시킨다.

14 오존층이 존재하는 대기의 층은?

㉮ 대류권　　㉯ 열권
㉰ 성층권　　㉱ 중간권

ANSWER　10 ㉯　11 ㉰　12 ㉮　13 ㉮　14 ㉰

15 꼬리날개가 주날개의 뒤에 위치하는 일반적인 항공기에서 수평꼬리날개의 체적계수(tail volume coeffcient)에 대한 설명으로 틀린 것은?

㉮ 주날개의 면적에 반비례한다.
㉯ 주날개의 시위길이에 반비례한다.
㉰ 수평꼬리날개의 면적에 비례한다.
㉱ 수평꼬리날개의 시위길이에 비례한다.

해설 수평 꼬리날개 체적계수

$$V_H = \frac{S_t \cdot l}{S \cdot c}$$

- S_t : 꼬리 날개의 면적
- S : 주날개 면적
- l : 무게중심에서 꼬리날개 공력중심까지의 거리
- c : 주날개 시위길이

16 비행기 날개에 작용하는 양력을 증가시키기 위한 방법이 아닌 것은?

㉮ 양력계수를 최대로 한다.
㉯ 날개의 면적을 최소로 한다.
㉰ 항공기의 속도를 증가시킨다.
㉱ 주변 유체의 밀도를 증가시킨다.

해설 $L = \frac{1}{2} \cdot \rho \cdot V^2 \cdot S \cdot C_L$

17 비행기가 수직 강하 시 도달할 수 있는 최대 속도를 무엇이라 하는가?

㉮ 수직속도(vertical speed)
㉯ 강하속도(descending speed)
㉰ 최대침하속도(rate of descent)
㉱ 종극속도(terminal velocity)

18 제트 비행기가 240m/s의 속도로 비행할 때 마하수는 얼마인가? (단, 기온 : 20℃, 기체상수 : 287m²/s²·k, 비열비 : 1.4이다.)

㉮ 0.699   ㉯ 0.785
㉰ 0.894   ㉱ 0.926

해설 $M = \frac{V}{C} = \frac{V}{\sqrt{\gamma \cdot R \cdot T}}$

$$= \frac{240}{\sqrt{1.4 \times 287 \times (273 + 20)}}$$

19 받음각(angle of attack)에 대한 설명으로 옳은 것은?

㉮ 후퇴각과 취부각의 차
㉯ 동체 중심선과 시위선이 이루는 각
㉰ 날개 중심선과 시위선이 이루는 각
㉱ 항공기 진행방향과 시위선이 이루는 각

20 헬리콥터를 전진, 후진, 옆으로 비행을 시키기 위하여 회전면을 경사시키는데 사용되는 조종장치는?

㉮ 동시피치 조종장치
㉯ 추력 조절장치
㉰ 주기피치 조종장치
㉱ 방향조종 페달

ANSWER 15 ㉱ 16 ㉯ 17 ㉱ 18 ㉮ 19 ㉱ 20 ㉰

제2과목 ✈ 항공기관

21 [보기]와 같은 특성을 가진 기관의 명칭은?

┌─보기─────────────────┐
• 비행속도가 빠를수록 추진효율이 좋다.
• 초음속 비행이 가능하다.
• 배기소음이 심하다.
└──────────────────────┘

㉮ 터보프롭기관　　㉯ 터보팬기관
㉰ 터보제트기관　　㉱ 터보축기관

해설) 터보제트기관은 저속일 때는 효율이 떨어지지만, 고속에서는 효율이 가장 좋은 기관이다. 또한 초음속 비행이 가능하나 연료소모량이 많고, 배기 소음이 심하다는 단점이 있다.

22 정상 작동 중인 왕복기관에서 점화가 일어나는 시점은?

㉮ 상사점 전　　㉯ 상사점
㉰ 하사점 전　　㉱ 하사점

해설) 공기와 연료의 혼합가스를 압축하여 팽창시킬 때 발생되는 힘으로 출력을 발생시키므로 피스톤이 상사점 전에 도달할 때 점화를 시키게 된다.

23 장탈과 장착이 가장 편리한 가스터빈기관 연소실 형식은?

㉮ 가변정익형　　㉯ 캔형
㉰ 캔-애뉼러형　　㉱ 애뉼러형

해설) 캔형 연소실은 독립된 각각의 캔이 모여 연소실을 구성하고 있기 때문에 정비가 용이하다는 장점이 있지만, 고공에서 연소정지(frame out) 현상이 일어나기 쉽고, 과열시동을 일으키기 쉬운 등의 단점을 가지고 있다.

24 엔탈피(enthalpy)의 차원과 같은 것은?

㉮ 에너지　　㉯ 동력
㉰ 운동량　　㉱ 엔트로피

해설) 엔탈피는 열량이나 에너지와 동일한 차원이므로 열량과 같은 단위를 쓴다. 화합물 등을 다룰 때는 어떤 온도에서 1atm일 때의 원소의 엔탈피를 0으로 하고 이들 원소에서 만들어진 화합물의 생성열 중 흡열인 경우를 양(陽)으로 표시하며 이 값을 그 온도에서의 화합물의 엔탈피라고 한다.

25 다음 중 프로펠러를 항공기에 장착하는 위치에 따라 형식을 분류한 것은?

㉮ 단열식, 복렬식
㉯ 거버너식, 베타식
㉰ 트랙터식, 추진식
㉱ 피스톤식, 터빈식

해설) 프로펠러 장착 위치에 따라 견인식과 추진식으로 나뉘는데 견인식은 프로펠러가 비행기 앞부분이나 날개에 장착돼 프로펠러가 비행기를 견인하듯 비행하는 방식을 말하며 추진식은 프로펠러가 비행기 몸체 끝이나 날개 끝에 달려 비행기를 밀어내듯이 비행하는 방식을 말한다.

26 가스터빈기관의 점화계통에 사용되는 부품이 아닌 것은?

㉮ 익사이터(exciter)
㉯ 마그네토(magneto)
㉰ 리드라인(lead line)
㉱ 점화플러그(igniter plug)

해설) 마그네토는 왕복기관의 점화계통에 속한다.

ANSWER 21 ㉰　22 ㉮　23 ㉯　24 ㉮　25 ㉰　26 ㉯

27 아음속 항공기의 수축형 배기노즐의 역할로 옳은 것은?

㉮ 속도를 감소시키고 압력을 증가시킨다.
㉯ 속도를 감소시키고 압력을 감소시킨다.
㉰ 속도를 증가시키고 압력을 증가시킨다.
㉱ 속도를 증가시키고 압력을 감소시킨다.

해설 아음속에서 수축통로를 지나는 공기의 속도는 증가하고, 압력은 감소한다.(초음속과 반대)

28 프로펠러 비행기가 비행 중 기관이 고장나서 정지시킬 필요가 있을 때, 프로펠러의 깃각을 바꾸어 프로펠러의 회전을 멈추게 하는 조작을 무엇이라고 하는가?

㉮ 슬립(slip)
㉯ 비틀림(twisting)
㉰ 피칭(pitching)
㉱ 페더링(feathering)

해설 페더링이란, 기관의 고장 시 풍차작용에 의해 엔진을 회전시키려는 것을 방지하고, 저항을 적게 해주는 조작이다.

29 가스터빈기관에 사용되고 있는 윤활계통의 구성품이 아닌 것은?

㉮ 압력펌프   ㉯ 조속기
㉰ 소기펌프   ㉱ 여과기

해설 윤활계통은 윤활유 탱크(oil tank), 윤활유 펌프, 윤활유 여과기, 윤활유 냉각기, 윤활유 온도조절 밸브, 윤활유 온도계 및 윤활유 압력계 등으로 구성되어 있다.

30 항공기용 가스터빈기관에서 터빈깃 끝단의 슈라우드(shrouded) 구조의 특징이 아닌 것은?

㉮ 깃을 가볍게 할 수 있다.
㉯ 터빈깃의 진동억제특성이 우수하다.
㉰ 깃 팁(tip)에서 가스 누설 손실이 적다.
㉱ 깃 팁(tip)에서 공기역학적 성능이 우수하다.

31 왕복기관의 열효율이 25%, 정격마력이 50ps일 때, 총 발열량은 약 몇 kcal/h인가? (단, 1ps는 75kgf·m/s, 1kcal는 427kgf·m이다.)

㉮ 8.75   ㉯ 35
㉰ 31500   ㉱ 12600

해설
$50 \times 75 \times \dfrac{3600}{427} = 31615.925$

$\dfrac{31615.925}{0.25(열효율)} = 126463.7$

∴ 약 12,600kcal/h

32 다음 중 기관에서 축방향과 동시에 반경방향의 하중을 지지할 수 있는 추력베어링 형식은?

㉮ 평면베어링   ㉯ 볼베어링
㉰ 직선베어링   ㉱ 저널베어링

해설 볼 베어링은 다른 형의 베어링보다 마찰이 적어 대형 성형 엔진과 가스터빈기관의 추력 베어링으로 많이 사용한다.

ANSWER 27 ㉱ 28 ㉱ 29 ㉯ 30 ㉮ 31 ㉱ 32 ㉯

33 가스터빈기관 내의 가스의 특성변화에 대한 설명으로 옳은 것은?

㉮ 항공기 속도가 느릴 때 공기는 대기압보다 낮은 압력으로 압축기 입구로 들어간다.
㉯ 연소실의 온도보다 이를 통과한 터빈의 가스 온도가 더 높다.
㉰ 항공기 속도가 증가하면 압축기 입구 압력은 대기압보다 낮아진다.
㉱ 터빈노즐의 수축 통로에서 압력이 감소되면서 배기가스의 속도가 급격히 감소된다.

34 가스터빈기관 연료계통의 고장탐구에 관한 설명으로 틀린 것은?

㉮ 시동 시 연료 흐름량이 낮을 때 부스터 펌프의 결함을 예상할 수 있다.
㉯ 시동 시 연료가 흐르지 않을 때 연료조정장치의 차단밸브 결함을 예상할 수 있다.
㉰ 시동 시 결핍시동(hung start)이 발생하였다면 연료조정장치의 결함을 예상할 수 있다.
㉱ 시동 시 배기가스 온도가 높을 때 연료조정장치의 고장으로 부족한 연료흐름이 원인임을 예상할 수 있다.

35 압력 7atm, 온도 300°C인 0.7m³의 이상기체가 압력 5atm, 체적 0.56m³의 상태로 변화했다면 온도는 약 몇 °C가 되는가?

㉮ 54   ㉯ 87
㉰ 115 ㉱ 187

해설) $\frac{P_1 \times V_1}{T_1} = \frac{P_2 \times V_2}{T_2}$ 에서 섭씨온도를 K으로 변환하여 대입하면,
$\frac{7 \times 0.7}{573} = \frac{5 \times 0.56}{T_2}$ 이므로, T_2=327.42이다.
이를 다시 섭씨 온도로 변화시켜주면,
327-273 = 54
∴ 54°C

36 왕복기관에서 혼합비가 희박하고 흡입밸브(intake valve)가 너무 빨리 열리면 어떤 현상이 나타나는가?

㉮ 노킹(knocking)
㉯ 역화(back fire)
㉰ 후화(after fire)
㉱ 디토네이션(detonation)

해설) 역화란 희박혼합비에서 주로 발생하며 불꽃의 전파속도가 느리기 때문에 흡입 밸브가 열려서 들어오는 새로운 혼합가스에 불을 붙여주어 흡입계통에 역으로 전파되는 현상이다.

37 배기 밸브 제작시 축에 중공(hollow)을 만들고 금속나트륨을 삽입하는 것은 어떤 효과를 위해서인가?

㉮ 밸브서징을 방지한다.
㉯ 밸브에 신축성을 부여하여 충격을 흡수한다.
㉰ 밸브 헤드의 열을 신속히 밸브 축에 전달한다.
㉱ 농후한 연료에 분사되어 농도를 낮춰준다.

해설) 배기밸브는 고온가스에 노출되는 부분으로 냉각을 위하여 내부를 중공으로 만들어 금속나트륨을 넣어준다.

ANSWER 33 ㉮ 34 ㉱ 35 ㉮ 36 ㉯ 37 ㉰

38 왕복기관의 연료계통에서 이코노마이저(economizer) 장치에 대한 설명으로 옳은 것은?

㉮ 연료 절감 장치로 최소 혼합비를 유지한다.
㉯ 연료 절감 장치로 순항속도 및 고속에서 닫혀 희박혼합비가 된다.
㉰ 출력 증강 장치로 순항속도에서 닫혀 희박혼합비가 되도록 한다.
㉱ 출력 증강 장치로 순항속도에서 열려 농후혼합비가 되고 고속에서 닫혀 희박혼합비가 되도록 한다.

해설 순항 시 연료의 소비를 최소로 해주며 순항속도 이상의 모든 속도에서 추가로 필요한 연료를 조절하여 공급해주는 역할을 하는 출력증가장치로 저속과 순항속도 이상에서는 닫히고, 고속에서는 연소온도를 감소시키고 디토네이션을 방지하기 위해 농후혼합비를 공급하기 위해 열린다. 경제적인 연료소모가 이루어진다. 이코노마이저를 갖춘 기화기에서는 보통 순항속도에서는 가장 희박한 혼합기가 되게 하고, 고출력에서는 적절한 농후혼합이 되도록 한다.

39 항공기용 왕복기관 윤활계통에서 소기펌프(scavenge pump)의 역할로 옳은 것은?

㉮ 프로펠러 거버너로 윤활유를 보내준다.
㉯ 크랭크축의 중공 부분으로 윤활유를 보내준다.
㉰ 오일탱크로부터 윤활유를 각각의 윤활 부위로 보내준다.
㉱ 윤활부위를 빠져나온 윤활유를 다시 오일탱크로 보내준다.

해설 소기펌프는 윤활을 마치고 나온 윤활유를 윤활탱크로 다시 돌려보내는 역할을 하며, 윤활 통로를 지나면서 공기와 섞여 윤활유의 체적이 증가하므로 소기펌프는 압력펌프보다 용량이 크게 설계되어 있다.

40 마그네토(magneto)의 배전기 블록(distributor block)에 전기누전 점검 시 사용하는 기기는?

㉮ voltmeter
㉯ feeler gage
㉰ harness tester
㉱ high tension am meter

해설 Harness tester
하네스 테스터는 각종 케이블의 결선 상태나 전기 누전을 확인할 수 있는 기기이다.

제3과목 ✈ 항공기체

41 굴곡 각도가 90°일 때 세트백(set back)을 계산하는 식으로 옳은 것은? (단, T : 두께, R : 굴곡반경, D : 지름이다.)

㉮ $R+T$
㉯ $\dfrac{D+T}{2}$
㉰ $R+\dfrac{T}{2}$
㉱ $\dfrac{R}{2}+T$

해설 세트백(SB : Set Back)이란 성형점(mold point)에서 굴곡 접선(bend tangent line)까지의 거리를 나타내며 공식은
$$SB = K(R+T) = \tan\left(\dfrac{\theta}{2}\right)\times(R+T)$$
$\tan(90/2) = \tan 45 = 1$이므로 $SB = R+T$

ANSWER 38 ㉰ 39 ㉱ 40 ㉰ 41 ㉮

42 그림과 같은 V-n선도에서 GH선은 무엇을 나타내는 것인가?

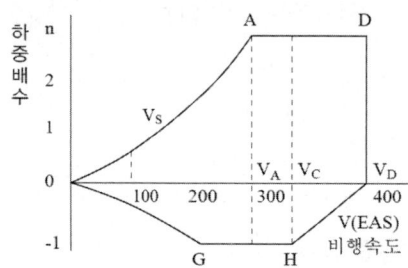

㉮ 돌풍하중배수
㉯ 최소제한하중배수
㉰ 최대제한하중배수
㉱ "+" 방향에서 얻어지는 하중배수

해설 ① VA : 설계운용속도(Design maneuvering speed), 항공기의 구조적 손상 없이 최대 그리고 급격한 조작으로 안전하게 기동할 수 있는 최대속도
② VC : 설계순항속도(Design cruising speed)
③ VD : 설계급강하속도(Design diving speed)
④ 최소제한하중배수 : GH선
⑤ 최대제한하중배수 : AD선

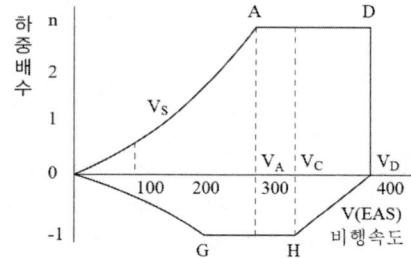

43 그림과 같은 외팔보에 집중하중(P_1, P_2)이 작용할 때 벽지점에서의 굽힘모멘트를 옳게 나타낸 것은?

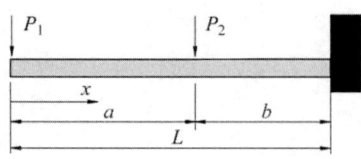

㉮ 0 ㉯ $-P_1 a$
㉰ $-P_1 b + P_2 b$ ㉱ $-P_1 L + P_2 b$

해설

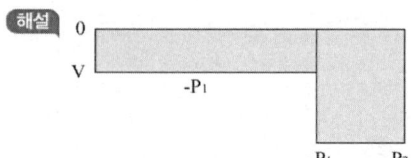

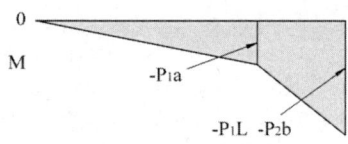

SFD와 BMD

① 첫번째 구간($0 < a < a$)
 $V = -P_1, \quad M = -P_1 x$
② 두 번째 구간($a < x < L$)
 $V = -P_1 - P_2, \quad M = -P_1 x - P_2(x-a)$

2개의 집중하중이 작용하는 경우 임의의 거리 x 위치의 단면에 작용하는 굽힘 모멘트 M_x를 구하면
a구간 : $M_x = -P_1 x$
b구간 : $M_x = -P_1 x - P_2(x-a)$
$M_{x=0} = 0$
$M_{x=a} = -P_1 a$
$(M_{x=L})_{max} = -P_1$
그러므로 $-P_1 L - P_2 b$이다.

ANSWER 42 ㉯ 43 ㉱

44 설계제한하중배수가 2.5인 비행기의 실속속도가 120km/h일 때 이 비행기의 설계운용속도는 약 몇 [km/h]인가?

㉮ 150 ㉯ 240
㉰ 190 ㉱ 300

해설) 하중배수 = L/W = 설계운용속도^2/실속속도^2
2.5 = 설계운용속도^2/120^2
2.5 = 설계운용속도^2/14400
설계운용속도 = $\sqrt{36000}$ = 189.74km/h
항공기별 하중배수(T : 2.5, N : 3.8, A : 6)

45 두께 1mm인 알루미늄 합금판을 그림과 같이 전단가공할 때 필요한 최소한의 힘은 몇 [kg$_f$]인가? (단, 이 판의 최대전단강도는 3600kg$_f$/cm^{2}이다.)

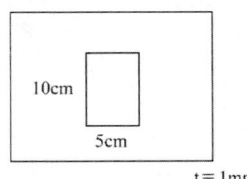

㉮ 10800 ㉯ 36000
㉰ 108000 ㉱ 180000

46 [보기]와 같은 특징을 갖는 강은?

┤보기├
- 크롬 몰리브덴강
- 1%의 몰리브덴과 0.30%의 탄소를 함유함
- 용접성을 향상시킨 강

㉮ AA 1100 ㉯ SAE 4130
㉰ AA 7150 ㉱ SAE 4340

해설) 탄소강은 특수 원소(니켈, 크롬, 망간, 규소, 몰리브덴, 텅스텐, 바나듐)를 한 가지 이상 첨가하여 특수한 성질을 가지게 한 것이다. 탄소강(1XXX), 니켈강(2XXX), 니켈 크롬강(3XXX), 몰리브덴강(4XXX), 크롬강(5XXX), 크롬 바나듐강(6XXX), 니켈 크롬 몰리브덴강(8XXX) 등이 있으며 뒤에 2자리 숫자(30)는 탄소의 평균 함유량을 나타내며 0.30% 탄소함유를 뜻한다. AA는(영국) 자동차 서비스 협회(Automobile Association)이며 SAE는 미국 자동차 기술 협회(Society of Automotive Engineers)의 약어이다.

47 스크류(screw)를 용도에 따라 분류할 때 이에 해당되지 않는 것은?

㉮ 머신 스크류(machine screw)
㉯ 구조용 스크류(structural screw)
㉰ 트라이 윙 스크류(tri wing screw)
㉱ 셀프 탭핑 스크류(self tapping screw)

해설) 용도에 따른 스크류의 분류
① 구조용 스크류 : 같은 크기의 볼트와 같은 강도를 가지며 명확한 그립이 있다.
② 기계용 스크류 : 일반용 나사이며 가장 많이 사용
③ 자동태핑 스크류 : 스스로 나사를 내면서 체결되는 부품(일명 철판피스)
트라이 윙 스크류는 헤드 모양을 나타내는 말로 그림과 같다.

트라이 윙 스크류의 헤드 모양

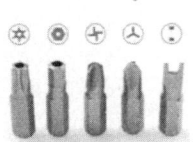
스크류헤드 모양에 따른 비트 모양

ANSWER 44 ㉰ 45 ㉮ 46 ㉯ 47 ㉰

48 경항공기에 사용되는 일반적인 고무완충식 착륙장치(landing gear)의 완충효율은 약 몇 [%]인가?

㉮ 30 ㉯ 50
㉰ 75 ㉱ 100

해설
① 고무 완충 장치(완충효율 50%)
② 평판 스프링 완충 장치(완충효율 50%)
③ 공기 압축식 완충 장치(완충효율 47%)
④ 오레오식 완충 장치(완충효율 75%)
⑤ Air oleo combination(완충효율 80%) : 오레오식 완충 장치 스트러트 위에 공기방을 하나 더 추가시켜 공기의 압축성을 최대로 이용한 완충장치이다.

49 알루미늄 합금 주물로 된 비행기 부품이 공기 중에서 부식하는 것을 방지하기 위하여 어떤 처리를 하는가?

㉮ 카드뮴 도금   ㉯ 침탄
㉰ 양극산화처리   ㉱ 인산염 피막

해설 알루미늄 합금을 부식방지하기 위해서는 알루미늄을 클래드하는 알클래드(Alclad : 알루미늄합금 위에 5.5% 두께로 순수알루미늄을 압착시킨 것), 알로다인(Alodine : 전기를 사용하지 않고 알로다인 용액에 알루미늄을 넣어서 산화피막 입히거나 반복해서 칠한다), 마지막으로 아노다이징(Anodizing : 알루미늄을 양극으로 해서 전기를 보내면 양극에서 산소가 발생하면 산소로 인해 알루미늄이 산화되고 산화알루미늄 피막 형성)이 있다.
카드뮴 도금은 해수에 강한 내식성을 위해 전기 도금에 사용되고 있으며 침탄은 금속재료의 표면에 탄소를 침투시켜 표면경화시키는 것이며 인산염 피막은 철강재료에 부식을 방지하기 위한 방법으로 사용되고 있다.

50 2개의 알루미늄 판재를 리벳팅하기 위해 구멍을 뚫으려 할 때 판재가 움직이려 한다면 사용해야 하는 것은?

㉮ 클레코   ㉯ 리머
㉰ 버킹바   ㉱ 뉴메틱 해머

해설
 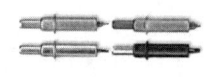
클레코플라이어   클레코

리벳팅 작업시 판재와 판재를 고정시키기 위해서는 마스킹 테이프를 충분히 붙이고 클드릴작업 후 클레코로 고정시키고 추가로 시트 바이스 그립을 사용하여 판재를 고정시킨다. 리머는 작업 후 클레코로 고정시키고 추가로 시트 바이스 그립을 사용하여 판재를 고정시킨다. 리머는 드릴작업 후 구멍에 칩을 없애기 위해서 사용하는 도구이고 버킹바는 솔리드 섕크 리벳을 체결할 때 리벳건 반대쪽에 사용하여 리벳의 드리븐 헤드를 만드는 공구이고 뉴메틱 해머는 압축공기를 사용하는 리벳건을 뜻한다.

51 항공기 무게를 계산하는데 기초가 되는 자기무게(empty weight)에 포함되는 무게는?

㉮ 고정 밸러스트   ㉯ 승객과 화물
㉰ 사용가능 연료   ㉱ 배출 가능 윤활유

해설 자기무게(Empty weight)란 항공기 무게를 계산하는데 기초가 되는 무게로 승무원, 유상하중(승객, 화물, 사용 가능연료, 배출가능 윤활유)을 제외한 사용불능연료(Unusable fuel), 배출 불능의 윤활유, 유압 전체 작동유를 포함한다. 고정 밸러스트는 비중이 높은 화물컨테이너, 납(lead) 또는 열화우라늄(폐기우라늄), 텅스텐합금 사용하여 인위적으로 항공기의 무게 중심을 맞추기 위해 사용된다.

ANSWER 48 ㉯ 49 ㉰ 50 ㉮ 51 ㉮

52 항공기 기관을 날개에 장착하기 위한 구조물로만 나열한 것은?

㉮ 마운트, 나셀, 파일론
㉯ 블래더, 나셀, 파일론
㉰ 인테그럴, 블래더, 파일론
㉱ 캔틸레버, 인테그럴, 나셀

[해설] 엔진 마운트(engine mount)는 기체나 날개 등에 엔진을 고정하기 위한 구조물을 말한다. 이 구조물에 기관을 고정하는 볼트와 접촉면은 방진재로 감싸져 기관의 진동이 기체로 전달되는 것을 줄여준다. 나셀은 이렇게 고정되어 있는 엔진을 외부 물질에 의한 손상을 방지하고 기관의 형상으로 인한 와류를 방지하기 위해 경량소재 등으로 감싸 놓은 것을 말하며, 이 중 기관의 냉각을 도울 목적이 주가 되는 것을 카울이라고 한다. 파일론은 엔진과 연결되는 부위에 테이퍼 형식으로 공기역학적 흐름을 좋게 하기 위해서 만들어진 커버라고 할 수 있다.

53 키놀이 조종계통에서 승강키에 대한 설명으로 옳은 것은?

㉮ 일반적으로 승강키의 조종은 페달에 의존한다.
㉯ 세로축을 중심으로 하는 항공기 운동에 사용한다.
㉰ 일반적으로 수평 안정판의 뒷전에 장착되어 있다.
㉱ 수직축을 중심으로 좌우로 회전하는 운동에 사용한다.

[해설] 키놀이 운동(pitching)은 가로축(lateral axis)을 중심으로 하는 회전운동으로 수평안정판 뒤에 힌지에 의해 부착되어 있는 승강키가 역할을 한다. 빗놀이(yawing) 운동은 수직축(vertical axis)을 중심으로 좌우로 회전하는 운동이며 조종석에 페달을 밟아 움직이는 방향타(Rudder)에 의해 좌우된다. 마지막으로 옆놀이(rolling) 운동은 도움날개(Aileron)에 의해 작동되며 연결한 세로축(longitudinal axis)을 중심으로 항공기는 가속, 감속, 등속으로 직선 또는 회전 운동을 한다.

54 케이블 조종계통의 턴버클 배럴(barrel) 양쪽 끝에 구멍의 용도로 옳은 것은?

㉮ 코터핀 작업을 위하여
㉯ 안전 결선(safety wire)을 하기 위하여
㉰ 양쪽 케이블 피팅에 윤활유를 보급하기 위하여
㉱ 양쪽 케이블 피팅의 나사가 충분히 물려있는지 확인하기 위하여

[해설]

턴버클 배럴

턴버클 배럴과 연결되는 터미널 엔드에 있는 자형구멍은 터미널 엔드 부분의 홈과 일치한 경우 락킹클립을 하기 위한 구멍이다. 안전결선의 종류는 단선, 복선, 락킹클립 3가지이다.
턴버클 검사 요령은 나사산이 3개 이상 배럴 밖으로 나오면 안되고 안전결선 후 배럴 검사구멍 있으면 그 구멍에 핀이 들어가면 안 된다. 그리고 턴버클 생크 주위로 와이어를 최소 4회 감는다.

ANSWER 52 ㉮ 53 ㉰ 54 ㉯

55 알루미늄 합금(aluminum alloy) 2024-T4에서 T4가 의미하는 것은?

㉮ 풀림(annealing) 처리한 것
㉯ 용액 열처리 후 냉간가공품
㉰ 용액 열처리 후 인공시효한 것
㉱ 용액 열처리 후 자연시효한 것

해설 2024로는 알루미늄 합금의 성질을 자세하게 표기가 어려워 뒤에(-)를 붙여 소문명명을 한다. 다음은 미국재료시험협회(ASTM) 열처리 식별 기호(소문명명)를 나타낸 것이다.
- F : 주조상태 그대로인 것
- O : 풀림(어닐링)처리한 것
- H : 냉간가공한 것
- W : 담금질 후 상온시효경화(시간이 지남에 따라 단단해지는 현상)가 진행 중인 것
- T3 : 담금질 후 냉간가공한 것
- T36 : 담금질 후 단면 수축률 6%로 냉간가공
- T4 : 담금질한 후 상온시효(상온에서 냉각)가 완료된 것
- T6 : 담금질한 후 인공시효(인공적으로 온도를 설정해서 냉각) 처리한 것

56 항공기 구조에서 벌크헤드(bulkhead)에 대한 설명으로 옳은 것은?

㉮ 기관이나 연소실을 객실로부터 분리시키기 위한 수직 부재이다.
㉯ 동체나 나셀에서 앞뒤 방향으로 배치되며 다양한 단면 모양의 부재이다.
㉰ 날개에서 날개보를 결합하기 위한 세로 방향 부재이다.
㉱ 방화벽, 압력 유지, 날개 및 착륙장치 부착, 동체의 비틀림 방지, 동체의 형상 유지 등의 역할을 한다.

해설 벌크헤드(Bulkhead)는 동체의 앞뒤에 Wing, landing gear에 설치되어 있으며 동체의 원형 모양을 유지하기 위해서 강도가 크고 두꺼운 재료로 만들어졌으며 동체의 비틀림 변형에 저항하고 여압을 유지해준다.

57 다음 중 항공기 세척 시 사용하는 알칼리 세제는?

㉮ 톨루엔   ㉯ 케로신
㉰ 아세톤   ㉱ 계면활성제

해설 항공기 세척에는 기체 금속면 계면 활성제, 부식억제제 포함한 알칼리계의 세제 분사 및 브러시로 표면을 문질러 세제가 다 건조하기 전에 물로 닦아내는 방법인 알칼리 세척이 있고 두 번째는 유기용제(organic solvent) 크리닝이 있다. 유기용제의 종류에는 솔벤트, 케로신, 세척용 신사, 톨루엔, MEK, 아세톤 등이 있다. 마지막으로 화학적인 세척방법이 있다.

58 세미모노코크 구조의 항공기 동체에서 주 구조물이 아닌 것은?

㉮ 프레임(frame)
㉯ 외피(skin)
㉰ 스트링어(stringer)
㉱ 스파(spar)

해설 동체구조 Semi-Monocoque 구조는 Longitudinal members로 Longeron(세로대), stringer(세로지)가 있으며 Vertical members로는 Formers (정형재), Frame, Ring, Bulkhead 등으로 구성된다. 날개의 구조물로는 스파, 리브, 외피, 스트링거가 있다.

ANSWER 55 ㉱ 56 ㉱ 57 ㉱ 58 ㉱

59 다음 중 리벳팅 작업과정에서 순서가 가장 늦은 과정은?

㉮ 드릴링   ㉯ 리밍
㉰ 디버링   ㉱ 카운터싱킹

해설 카운터성크 리벳팅 작업순서는 도면을 그린 후 카운터싱킹, 드릴링, 리밍(드릴로 뚫은 구멍의 내면을 리머로 다듬질하는 작업), 디버링(소재의 불필요한 돌출부분이나 뾰족한 각을 기계적, 화학적, 전기 화학적으로 제거하는 것), 리벳팅 순으로 한다.

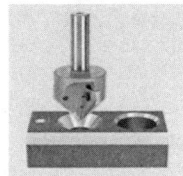 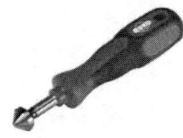

카운터싱킹   디버링 툴

60 착륙장치 계통에 대한 설명으로 틀린 것은?

㉮ 시미댐퍼는 앞 착륙장치의 진동을 감쇠시키는 장치이다.
㉯ 안티-스키드 시스템은 저속에서 작동하며 브레이크 효율을 감소시킨다.
㉰ 브레이크 시스템은 지상활주 시 방향을 바꿀 때도 사용할 수 있다.
㉱ 트럭 형식의 착륙장치는 바퀴수가 4개 이상인 경우로서 이를 보기형식이라고도 한다.

해설 시미 댐퍼(Shimmy damper)는 지상 활주 중 지면과 타이어의 마찰에 의해 타이어 밑면의 가로축 방향의 변형바퀴의 선회축 둘레의 진동과의 합성된 진동이 좌우로 발생하는데 이를 시미라고 하고 이런 시미현상을 감쇄 방지하기 위한 장치를 말한다. 안티 스키드 시스템(Anti skid system)은 착륙하여 고속으로 활주 중에 갑자기 브레이크를 밟으면 바퀴에 제동이 걸려 바퀴는 회전하지 않고 지면과 마찰을 일으키면서 타이어가 미끄러지는 현상을 스키드라고 하고 휠이 스키드 상태가 되면 제동 성능이 급격히 저하되므로 이를 방지하는 역할을 한다. 바퀴의 마찰력을 균등하게 해주고 스키드 현상을 방지하기 위한 장치이다.

제4과목 항공장비

61 화재탐지장치 중 온도상승을 바이메탈로 탐지하는 것은?

㉮ 용량형(Capacitance Type)
㉯ 서머커플형(Thermo Couple Type)
㉰ 저항루프형(Resistance Loop Type)
㉱ 서멀스위치형(Thermal Switch Type)

해설
㉮ 용량형 : 기본적으로는 저항형과 비슷한 전기 회로로 되어 있는데, 정전 용량의 온도에 의한 변화를 이용한 것으로, 탐지 센서로 동축 케이블을 화재 구역에 배치하고 중심선을 루프에 연결해 외피와의 정전 용량 변화에서 온도 상승을 탐지한다.
㉯ 서머커플형 : 열전쌍식이라 하며, 온도의 급격한 상승에 의하여 화재를 탐지하는 장치로서, 서로 다른 종류의 금속을 서로 접합한 열전쌍(thermocouple)을 이용하여 필요한 만큼 직렬로 연결하고, 고감도 릴레이를 사용하여 경고 장치를 작동시킨다.
㉰ 저항루프형 : 전기 저항이 온도에 의해 변화하는 세라믹이나, 일정 온도에 달하면 급격하게 전기 저항이 떨어지는 융점이 낮은 소금을 이용하여 온도 상승을 전기적으로 탐지한다.
㉱ 서멀스위치형 : 열 팽창률이 낮은 니켈-철 합금인 금속 스트럿이 서로 휘어져 있어 평상시에는 접촉점이 떨어져 있으나, 열을 받게 되면 스테인리스강으로 된 케이스가 늘어나게 되므로, 금속 스트럿이 펴지면서 접촉점이 연결되어 회로를 형성시킨다.(바이메탈식)

ANSWER 59 ㉰ 60 ㉯ 61 ㉱

62 다른 항법장치와 비교한 관성항법장치의 특징이 아닌 것은?

㉮ 지상보조시설이 필요하다.
㉯ 전문 항법사가 필요하지 않다.
㉰ 항법데이터를 지속적으로 얻는다.
㉱ 위치, 방위, 자세 등의 정보를 얻는다.

해설 관성항법장치(INS : Inertial navigation system)는 로켓이나 비행기가 이동할 때에는 항상 가속도가 가해지고 있지만, 이 가속도를 적분하면 속도가 구해지며, 다시 적분하면 이동한 거리가 나온다는 가속도(관성)를 이용한 항법이다. 이 때, 기준좌표축을 선정하고 유지시키는 역할을 자이로스코프(Platform과 Gimbal로 구성)가 한다.
① 자이로스코프 : 기준좌표를 설정하여 본체 진행방향 계측
② 가속도계 : 기본적인 센서로 진행방향으로의 가속도를 감지
③ 컴퓨터 : 자이로스코프와 가속도계에서 감지한 각속도 및 가속도와 주변장치(속도계, 고도계 등)로부터 받은 정보를 종합 계산한다.

63 엔진화재에 대한 설명으로 틀린 것은?

㉮ 화재탐지회로는 이중으로 되어 있다.
㉯ 엔진의 화재는 연료나 오일 등에 의해서도 발생한다.
㉰ 엔진의 화재는 주로 압축기 내에서 발생한다.
㉱ T류 항공기의 경우 화재의 탐지 및 소화장비의 구비가 의무화되어 있다.

해설 T류 항공기(항공운송사업을 목적)는 지정 방화구역 내에 장착되어 있는 동력 장치에는 화재의 탐지와 소화 장치를 장비하는 것이 의무화되어 있다. 화재 탐지의 신뢰성을 높이기 위해 탐지회로를 이중으로 한다. 엔진 화재는 연료나 오일 등에 의한 것 외에 가스터빈 엔진의 압축기에서 블리드된 고온 공기가 덕트의 파손에 의해 주위를 과열시키는 것으로도 일어난다.

64 회전계 발전기(Tacho-Generator)에서 3개의 선 중 2개선이 바꾸어 연결되면 지시는 어떻게 되는가?

㉮ 정상지시   ㉯ 반대로 지시
㉰ 다소 낮게 지시 ㉱ 작동하지 않는다.

해설 3상 발전기를 운전하는 경우에는 발전기의 회전방향을 확인해야 한다. 발전기 내부의 코일에서는 상당 2가닥씩, 즉, 발전기의 각 극을 구성하는 코일에 전류가 들어가는 시작선 1선과 코일의 끝선 1선, 이렇게 해서 2가닥이 되는 것이고, 각 120도의 위상차를 가지면서 서로 평형을 이루는 세 위상의 인출선이 총 6가닥이 되는 것이다. 발전기 내부에서는 6가닥이지만, 각 상을 이루는 코일의 시, 종 인출선들이 델타 또는 와이와 같은 3상 결선을 하면서 발전기 외부로 나올 때는 이미 3가닥으로 줄어서 인출된다. 제조사의 매뉴얼에 의해 각 상단자에 맞게 연결하면 정상방향으로 회전하게 되지만, 다르게 연결하게 되면 회전방향이 다를 수 있다. 이를 역상이 되었다고 한다. 따라서, 반대로 지시하게 된다.

65 다음 중 시동특성이 가장 좋은 직류전동기는?

㉮ 션트전동기   ㉯ 직권전동기
㉰ 직병렬전동기   ㉱ 분권전동기

해설 직류 전동기의 여자 방식에 따라 분류된다.
① 가역 전동기 : 회전 방향을 필요에 따라 스위치 조작으로 반대로 할 수 있다.
② 분권 전동기 : 전기자 코일과 계자 코일이 병렬로 연결된 것. 회전 속도에 따라 계자 전류가 변화하지 않아 부하에 따른 속도의 변화가 일정하다.
③ 직권 전동기 : 전기자 코일과 계자 코일이 서로 직렬로 연결된 것. 시동 시, 전기자 코일과 계자 코일 모두에 전류가 많이 흘러 시동 회전력이 크다는 것이 장점이다.

ANSWER 62 ㉮ 63 ㉰ 64 ㉯ 65 ㉯

④ 복권 전동기 : 전기자 코일과 계자 코일이 직렬과 병렬로 연결된 것. 직권과 분권의 장점을 가지고 있어, 회전력이 크고 정속도 특성을 나타낸다.
⑤ 유도 전동기 : 코일에 전류가 흐르면, 자력선이 생기고, 이 자력선에 의해서 회전자에 있는 '션트'라고 부르는 코일에 큰 전류가 발생한다. 이 전류는 합선된 상태이기 때문에 아주 많이 흐르는데, 이 전류와 코일이 만드는 자력선이 '플레밍의 왼손법칙'에 의한 힘을 만들어내게 되어서 회전하는 것으로, 실제로 가장 튼튼하고 값이 싸고, 오래 쓰면서, 많이 쓰이는 것이다.

66 대형 항공기에서 객실여압(Pressurization)장치를 설비하는데 직접적으로 고려하여야 할 점이 아닌 것은?

㉮ 항공기 최대 운용 속도
㉯ 항공기 내부와 외부의 압력차
㉰ 항공기의 기체 구조 자재의 선택과 제작
㉱ 최대 운용 고도에서 일정한 객실 고도의 유지

해설 항공기의 최대 운용 고도에 약 2400m(8000ft)의 객실압력고도를 유지할 수 있어야 한다. 객실차압은 항공기 내·외부의 압력차이고, 차압이 지나치게 크면 동체 구조가 파괴되므로 기체 구조에 따른 자재의 선택과 제작을 해야 한다.

67 무선 통신 장치에서 송신기(Transmitter)의 기능에 대한 설명으로 틀린 것은?

㉮ 신호의 증폭을 한다.
㉯ 교류 반송파 주파수를 발생시킨다.
㉰ 입력정보신호를 반송파에 적재한다.
㉱ 가청신호를 음성신호로 변환시킨다.

해설 송신기(Transmitter)
신호(음성·음악·텔레비전 영상 또는 전신부호·데이터 등)를 전기신호로 바꿔 전력을 크게 해서 공중의 무선전파나 전기 케이블의 전류의 형태로 내보내는 장치

68 자동조종장치를 구성하는 장치 중 현재의 자세와 변화율을 측정하는 센서의 역할을 하는 것이 아닌 것은?

㉮ 서보장치
㉯ 수직자이로
㉰ 고도센서
㉱ VOR/ILS 신호

해설 상승, 하강의 경우 자세 유지를 위해 수직 자이로(VG)가 사용되고, 수평 비행 시 일정한 고도 유지를 위해 기압 고도계를 사용한다. 비행 방향을 유지하기 위해 방위 자이로(DG)를 사용하고, 컴퍼스 시스템으로부터 자방위를 유지한다. VOR/ILS 등의 무선 항법 장치의 유도가 자동적으로 이루어진다.

69 그림과 같은 회로에서 20Ω에 흐르는 전류 I_1은 몇 [A]인가?

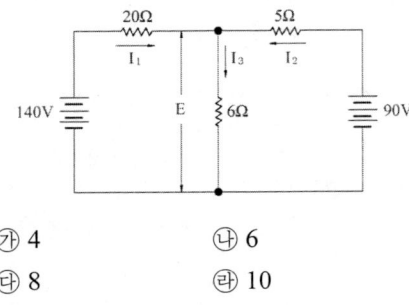

㉮ 4
㉯ 6
㉰ 8
㉱ 10

해설 키르히호프 전류의 법칙을 이용해서, $I_1 + I_2 = I_3$
키르히호프 전압의 법칙을 이용해서,
$20I_1 + 6I_3 = 140$, $5I_2 + 6I_3 = 90$
위의 3개의 식을 연립방정식으로 풀어내면,
$I_1 = 4A$, $I_2 = 6A$, $I_3 = 10A$

ANSWER 66 ㉮ 67 ㉱ 68 ㉮ 69 ㉮

70 유압계통에서 열팽창이 적은 작동유를 필요로 하는 1차적인 이유는?

㉮ 고고도에서 증발감소를 위해서
㉯ 화재를 최소한 방지하기 위해서
㉰ 고온일 때 과대압력 방지를 위해서
㉱ 작동유의 순환불능을 해소하기 위해서

[해설] 작동유는 온도 변화에 대해 물리적으로 안정되야 한다. 차가운 대기 온도에서 펌프 내의 온도는 고온까지 변화한다. 따라서 온도 변화에 대해 점성, 윤활성, 유동성의 변화가 적고 열팽창 계수가 작은 것이 좋다. 온도가 상승하면 압력도 비례하므로 계통 손상을 줄 수 있어 릴리프 밸브로 정해진 수치를 초과하지 않도록 바이패스 시킨다.

71 일반적인 공기식 제빙(De-icing)계통에서 솔레노이드 밸브의 역할은?

㉮ 부츠(Boots)로 물이 공급되도록 한다.
㉯ 장착 위치에 부츠(Boots)를 고정시킨다.
㉰ 부츠(Boots) 내의 수분이 배출되도록 한다.
㉱ 타이머에 따라 분배 밸브(Distributor valve)를 작동시킨다.

[해설] 제빙부츠는 왕복기관 항공기에서는 기관 구동 진공 펌프로 제트 항공기에서는 기관 압축기로부터 브리드 되는 공기에 의해 팽창된다. 팽창 순서는 제빙 부츠 가까이에 부착되어 있는 분배 밸브 또는 솔레노이드로 작동되는 밸브로 조절된다.

72 유압계통에서 저장소(Reservoir)에 작동유를 보급할 때 이물질을 걸러내는 장치는?

㉮ 스탠드 파이프(Stand pipe)
㉯ 화학건조기(Chemical drier)
㉰ 손가락거르개(Finger strainer)
㉱ 수분제거기(Moisture separator)

[해설] 이물질을 걸러내는 장치는 여과기(filter 또는 strainer)라 한다.

73 고휘도 음극선관과 컴바이너(Combiner) 라고 부르는 특수한 거울을 사용하여 1차적인 비행 정보를 조종사의 시선 방향에서 바로 볼 수 있도록 만든 장치는?

㉮ PFD
㉯ ND
㉰ MFD
㉱ HUD

[해설] ㉮ PFD (Primary Flight Display) : 조종시 가장 기본이 되는 장치로 속도와 방향, 고도계, 자세계, 수직속도계가 표시되는 장치. 조종사는 자기 비행 상태를 한눈에 알 수 있다.
㉯ ND (Navigation Display) : 항법에 관한 정보를 알려주는 장치로, 항로가 표시되고 항공기가 지정된 항로대로 운항중인지 아닌지 확인을 할 수 있다. 항로정보, 남은거리와 TCAS를 통해 주위에 운항중인 항공기도 확인할 수 있다. 기상정보 또한 표시되어서 CB(적란운)등 위험한 구간을 회피할 때 이용하기도 한다.
㉰ MFD (Multi-Function Display) : 다기능시현기라고 하며, 다수의 데이터를 표시 가능한 디스플레이 기기로서, 버튼으로 여러 기능이 바뀐다. 처음에는 군용기에 사용되었으나, 민간항공기, 자동차로 보급되고 있다. 전투기에 탑재된 것은 헤드다운 디스플레이라 불리운다. PFD와 함께 사용되어 글래스 칵핏을 구성한다.

ANSWER 70 ㉰ 71 ㉱ 72 ㉰ 73 ㉱

㉰ HUD (Head-Up Display) : 인간의 시야에 직접 정보를 영사해서 표시하는 것이다. 이 기술은 군용항공 분야에서 개발되어, 실험적이지만 다양한 분야에 응용되고 있다. 정보를 헬멧에 표시하는 해드 마운트 디스플레이도 있다.

74 항공기의 비행 중 피토튜브(pitot tube)로부터 얻은 정보에 의해 작동되지 않는 계기는?

㉮ 대기속도계(air speed indicator)
㉯ 승강계(Vertical speed indicator)
㉰ 기압고도계(baro altitude indicator)
㉱ 지상속도계(Ground speed indicator)

해설 피토튜브(pitot tube)로부터 얻은 정보에 의해 고도계, 승강계는 정압 이용, 속도계, 마하계는 동압 이용한다.

75 다음 중 항공기에서 이론상 가장 먼저 측정하게 되는 것은?

㉮ CAS   ㉯ IAS
㉰ EAS   ㉱ TAS

해설 ㉮ 수정대기속도(CAS) : IAS에서 전압, 정압, 지시기 오차 등을 수정한 속도
㉯ 지시대기속도(IAS) : 전압, 정압, 지시기 오차 등을 포함한 실제 지시한 속도
㉰ 등가대기속도(EAS) : CAS에서 공기의 압축성을 고려한 경우의 값으로 고쳐진 속도
㉱ 진대기속도(TAS) : EAS에서 밀도가 변해서 생기는 지시의 변화를 수정한 속도

76 내부 저항이 5Ω인 배율기를 이용한 전압계에서 50V의 전압을 5V로 지시하려면 배율기 저항은 몇 [Ω]이어야 하는가?

㉮ 10   ㉯ 25
㉰ 45   ㉱ 50

해설 배율기(Voltage range Multiplier) : 작은 단위의 측정기구로 큰 단위를 측정하는 기기로 전압계에 직렬로 삽입해서 측정범위를 확대하기 위한 고저항의 저항기를 말한다.
따라서, 배율기는 전압계에 직렬접속된다. 측정하려는 전압을 V, 전압계의 측정가능전압을 V_0, 전압계의 내부저항을 r_0, 배율기의 저항을 R_m이라 하면, 다음과 같이 계산된다.
50V 전압 측정시 전압계는 5V까지만 분담이 가능하므로, 배율기의 분담전압은 나머지 45V가 된다. 전압계와 배율기는 직렬접속이고, 전압계의 내부저항 5Ω에 분담전압 45V이므로,

$$R_m = r_0\left(\frac{V-V_0}{V_0}\right) = 5\Omega \times \left(\frac{50-5}{5}\right) = 45\Omega$$

77 [보기]와 같은 특징을 갖는 안테나는?

┤보기├
• 가장 기본적이며, 반파장 안테나
• 수평 길이가 파장의 약 반 정도
• 중심에 고주파 전력을 공급

㉮ 다이폴안테나   ㉯ 루프안테나
㉰ 마르코니안테나   ㉱ 야기안테나

해설 ㉮ 다이폴안테나(dipole antenna) : 실효 안테나 길이가 2분의 1 파장(반파장)인 도선의 중앙부에서 급전하여 안테나의 중앙을 기준으로 상하, 좌우의 선상 전위 분포나 극성이 언제나 대칭이 되어 다이폴과 같이 작용하는 안테나.
㉯ 루프안테나(loop antenna) : 원형으로 몇 번 감은 와이어(wire)로 되어 있다. 이 형식의 안테나는 매우 큰 결정적 방향성을 가지고

ANSWER 74 ㉱ 75 ㉯ 76 ㉰ 77 ㉮

있는데, 그 때문에 대부분의 무선방향 탐지장치에 사용된다. 와이어의 코일은 알루미늄 합금의 성형덮개 속에 넣어서 유선형으로 하는 동시에, 발생하는 상호간섭을 제거하고 있다. 루프 안테나는 루프면에 평행으로 긴 축을 가지는 8자형의 수감역을 가진다. 따라서 최대감도 2개 방향과 최소감도 2개 방향이 있게 되는데, 그것도 180°의 위상차가 있으나 센스 안테나를 합치면 제거된다.

㉰ 마르코니안테나(Marconi antenna) : 단파에 사용하는 지향성 안테나. 투사기와 반사기가 있으며 20m 이하의 파장에서는 투사기의 소자를 24줄, 20m 이상의 파장에서는 16줄 사용한다. 그리고 병렬로 급전되면, 정재파 전류가 흘러, 소자 전체에 걸쳐서 거의 같은 크기의 전류가 흐르는 것과 같은 모양이 된다. 반사기는 매우 근접한 2개 때로는 3개의 평행 도선으로 그 길이는 2분의 1파장이며, 배열 밀도는 투사기의 2배이다.

㉱ 야기안테나(Yagi antenna) : 수신하고자 하는 전파 파장의 반이 되는 길이(100MHz이면 1.5m)의 쌍극안테나 앞뒤에 그보다 다소 짧은 길이의 금속봉을 약 1/4 파장(100MHz이면 0.75m) 간격을 두고 배치한 것인데, 지향성이 예민하다. 즉, 송신안테나로 사용할 때는 송신기의 출력을 한쪽으로 집중해서 복사할 수 있고, 수신안테나로 사용할 경우는 한쪽 방향에 대해 예민한 감도를 갖는다. 현재 텔레비전 수신에 사용되는 안테나는 대부분 야기안테나의 원리를 응용한 것이다.

78 24V 납산축전지(Lead acid battery)를 장착한 항공기가 비행 중 모선(Main base)에 걸리는 전압은 몇 [V]인가?

㉮ 24　　㉯ 26
㉰ 28　　㉱ 30

해설 축전지에 공급되는 전압은 전압강하를 고려하여 12V 축전지의 경우는 14V이고, 24V 축전지의 경우는 28V이다.

79 QNH 방식으로 보정한 고도계에서 비행 중 지침이 나타내는 고도는?

㉮ 압력고도　　㉯ 진고도
㉰ 절대고도　　㉱ 밀도고도

해설
① QNH 세팅 : 그 지역의 기압을 고도계에 세팅해서 사용하는 것으로 14000ft 미만에서 비행할 경우 많이 사용한다. 활주로의 해발고도를 나타내는 세팅으로 바늘은 비행 중에도 해면고도를 나타낸다. 관제탑에서 정보를 받아 기압눈금을 수정함으로써 다른 항공기와 일정한 고도 유지. 진고도라 한다.
② QNE 세팅 : 고도계를 표준기압인 29.92inHg의 표준대기압으로 세팅하고 사용하는 것으로 QNH를 통보해주는 곳이 없는 해상비행 또는 14000ft 이상의 고고도 비행을 할 경우 항공기간의 고도차를 유지하기 위함이다. 기압고도라고 한다.
③ QFE 세팅 : 활주로 상에서 고도계가 0ft를 지시하는 것으로 주로 단거리 비행시 사용하는 방법이다. 절대고도라 한다.

80 자이로의 강직성에 대한 설명으로 옳은 것은?

㉮ 회전자의 질량이 클수록 약하다.
㉯ 회전자의 회전속도가 클수록 강하다.
㉰ 회전자의 질량관성모멘트가 클수록 약하다.
㉱ 회전자의 질량이 회전축에 가까이 분포할수록 강하다.

해설 • 섭동성(세차성) : 외부에서 가해진 착력점으로부터 로터의 회전방향으로 90° 회전한 점에 힘이 작용하여 축을 움직이게 하는 성질. 섭동성은 로터의 무게가 증가하거나 회전각 속도가 크면 감소하고 로터를 기울이려는 외력에 비례하며 강직성과는 반대 성질이 있다. 섭동성을 이용한 계기로써는 선회계가 있는데 항공기가 좌우 방향으로 선회하는 속도를 나타내는

ANSWER 78 ㉰　79 ㉯　80 ㉯

항공 계기. 유리관 속에 까만 구슬이 든 경사계가 계기 아래쪽에 함께 붙어 있다. 선회계의 성질과 강직성을 이용한 선회경사계가 있다.
- 강직성 : 로터가 회전하고 있을 때는 로터 회전축은 일정한 방향을 유지하는 성질이 있다. 로터 회전 속도가 큰 만큼 강하다. 로터 질량이 회전축에서 멀리 분포하고 있는 만큼 강하다.

2016 제1회 항공산업기사 기출문제

제1과목 ✈ 항공역학

01 항공기가 선회속도 20m/s, 선회각 45° 상태에서 선회비행을 하는 경우 선회반경은 약 몇 m인가?

㉮ 20.4   ㉯ 40.8
㉰ 57.7   ㉱ 80.5

해설
$$R(\text{선회반경}) = \frac{V^2}{g \cdot \tan\theta} = \frac{20^2}{9.8 \cdot \tan 45°} = 40.8$$

02 정상흐름의 베르누이 방정식에 대한 설명으로 옳은 것은?

㉮ 동압은 속도에 반비례한다.
㉯ 정압과 동압의 합은 일정하지 않다.
㉰ 유체의 속도가 커지면 정압은 감소한다.
㉱ 정압은 유체가 갖는 속도로 인해 속도의 방향으로 나타나는 압력이다.

해설 베르누이의 정리
정압 + 동압 = 전압 = 항상 일정
∴ 유체의 속도가 증가하면 동압이 증가하므로 정압은 감소한다.

03 스팬(span)의 길이가 39ft, 시위(chord)의 길이가 6ft인 직사각형 날개에서 양력계수가 0.8일 때 유도받음각은 약 몇 도인가? (단, 스팬효율계수는 1이다.)

㉮ 1.5   ㉯ 2.2
㉰ 3.0   ㉱ 3.9

해설
$$\sin\alpha_i = n\frac{C_L}{\pi \cdot e \cdot AR}, \quad \alpha_i = \sin^{-1}\left(\frac{C_L}{\pi \cdot e \cdot AR}\right)$$
$$\therefore \sin^{-1}\left(\frac{0.8}{\pi \cdot 1 \cdot 39/6}\right) = 2.24$$

04 수평스핀과 수직스핀의 낙하속도와 회전각속도 크기를 옳게 나타낸 것은?

㉮ 수평스핀 낙하속도 > 수직스핀 낙하속도, 수평스핀 회전각속도 > 수직스핀 회전각속도
㉯ 수평스핀 낙하속도 < 수직스핀 낙하속도, 수평스핀 회전각속도 < 수직스핀 회전각속도
㉰ 수평스핀 낙하속도 > 수직스핀 낙하속도, 수평스핀 회전각속도 < 수직스핀 회전각속도
㉱ 수평스핀 낙하속도 < 수직스핀 낙하속도, 수평스핀 회전각속도 > 수직스핀 회전각속도

ANSWER   01 ㉯   02 ㉰   03 ㉯   04 ㉱

05 날개면적이 100m²인 비행기가 400km/h의 속도로 수평비행하는 경우 이 항공기의 중량은 약 몇 kg_f인가? (단, 양력계수는 0.6, 공기밀도는 0.125kg_f·s²/m⁴이다.)

㉮ 60000 ㉯ 46300
㉰ 23300 ㉱ 15600

해설) 수평 비행시 관계식

$$L = W = \frac{1}{2} \cdot \rho \cdot V^2 \cdot S \cdot C_L$$

$$\therefore \frac{1}{2} \times 0.125 \times \left(\frac{400}{3.6}\right)^2 \times 100 \times 0.6 = 46,296$$

06 형상항력을 구성하는 항력으로만 나타낸 것은?

㉮ 유도항력 + 조파항력
㉯ 간섭항력 + 조파항력
㉰ 압력항력 + 표면마찰항력
㉱ 표면마찰항력 + 유도항력

07 항공기의 성능 등을 평가하기 위하여 표준대기를 국제적으로 통일하는데 국제표준대기를 정한 기관은?

㉮ UN   ㉯ FAA
㉰ ICAO ㉱ ISO

08 프로펠러 비행기의 항속거리를 증가시키기 위한 방법이 아닌 것은?

㉮ 연료소비율을 적게 한다.
㉯ 프로펠러 효율을 크게 한다.
㉰ 날개의 가로세로비를 작게 한다.
㉱ 양항비가 최대인 받음각으로 비행한다.

해설) 항속거리 $= \frac{540,000 \cdot \eta}{C} \times \frac{C_L}{C_D} \times \frac{W_1 - W_2}{W_1 + W_2}$

(단위 : m)
(η : 프로펠러 효율, C : 연료소비율,
W_1 : 이륙무게, W_2 : 착륙무게)

09 등속상승비행에 대한 상승률을 나타내는 식이 아닌 것은? (V : 비행속도, γ : 상승각, W : 항공기 무게, T_A : 이용추력, T_R : 필요추력)

㉮ $V\sin\gamma$ ㉯ $\frac{(T_A - T_R)V}{W}$

㉰ $\frac{잉여동력}{W}$ ㉱ $\frac{T_A - T_R}{W}$

해설)
$$상승률 = V \cdot \sin\theta = \frac{75(P_A - P_R)}{W}$$

$$= \frac{75\left(\frac{T_A \cdot V}{75} - \frac{T_R \cdot V}{75}\right)}{W}$$

$$= \frac{(T_A - T_R)V}{W}$$

ANSWER 05 ㉯ 06 ㉰ 07 ㉰ 08 ㉰ 09 ㉱

10 라이트형제는 인류 최초의 유인동력비행을 성공하던 날 최고기록으로 59초 동안 이륙 지점에서 260m 지점까지 비행하였다. 당시 측정된 43km/h의 정풍을 고려한다면 대기속도는 약 몇 [km/h]인가?

㉮ 27 ㉯ 40
㉰ 60 ㉱ 80

해설 대기속도 = 항공기속도+정풍속도
∴ $\frac{260}{59}$(m/s)+43(km/h)
= $\frac{260}{59}$×3.6(km/h)+43(km/h)
=58.8km/h

11 비행기가 장주기 운동을 할 때 변화가 거의 없는 요소는?

㉮ 받음각 ㉯ 비행속도
㉰ 키놀이 자세 ㉱ 비행고도

해설 장주기 운동
• 주기가 20~100초로 매우 긴 운동이다.
• 운동에너지와 위치에너지가 교대로 교환된다.
• 키놀이 자세, 비행속도, 비행 고도에는 상당한 변화가 있지만 받음각은 거의 일정하다.

12 에어포일(airfoil) "NACA 23012"에서 첫 번째 자리 숫자 "2"가 의미하는 것은?

㉮ 최대캠버의 크기가 시위(chord)의 2%이다.
㉯ 최대캠버의 크기가 시위(chord)의 20%이다.
㉰ 최대캠버의 위치가 시위(chord)의 15%이다.
㉱ 최대캠버의 위치가 시위(chord)의 20%이다.

해설
• 2 : 최대 캠버의 크기가 시위의 2%이다.
• 3 : 최대 캠버의 위치가 시위의 15%이다.
• 0 : 평균 캠버선의 뒤쪽 반이 직선이다. (1이면 뒤쪽 반이 곡선)
• 15 : 최대 두께의 크기가 시위의 12%이다.

13 프로펠러의 이상적인 효율을 비행속도(V)와 프로펠러를 통과할 때의 기체 유동속도(V_1) 및 순수 유도속도(ω)로 옳게 표현한 것은? (단, $V_1 = V + \omega$이다.)

㉮ $\frac{V_1}{V_1+\omega}$ ㉯ $\frac{V}{V+\omega}$

㉰ $\frac{2V}{V_1+\omega}$ ㉱ $\frac{2V_1}{V+\omega}$

ANSWER 10 ㉰ 11 ㉮ 12 ㉮ 13 ㉯

14 헬리콥터가 전진비행을 할 때 주회전 날개의 전진깃과 후진깃에서 발생하는 양력차이를 보정해주는 장치는?

㉮ 플래핑 힌지(flapping hinge)
㉯ 리드-래그 힌지(lead-lag hinge)
㉰ 동시 피치 제어간(collective pitch control lever)
㉱ 사이클릭 피치 조종간(cyclic pitch control lever)

해설
- 플래핑 힌지 : 양력 불균형 해소
- 리드-래그 힌지 : 기하학적 불균형 해소
- 동시 피치 제어간(콜렉티브 피치) : 헬리콥터 상·하 조종
- 주기적 피치 제어간(사이클릭 피치 조종간) : 헬리콥터 전·후, 좌우 조종

15 평형상태를 벗어난 비행기가 이동된 위치에서 새로운 평형상태가 되는 경우를 무엇이라고 하는가?

㉮ 동적 안정(dynamic stability)
㉯ 정적 안정(positive static stability)
㉰ 정적 중립(neutral static stability)
㉱ 정적 불안정(negative static stability)

16 헬리콥터 속도가 초과금지속도에 이르면 후진 블레이드 실속징후가 발생하는데 그 징후가 아닌 것은?

㉮ 높은 중량 증가
㉯ 기수 상향 경향
㉰ 비정상적인 진동
㉱ 후진블레이드 방향으로 헬리콥터 경사

17 프로펠러의 회전에 의해 깃이 허브 중심에서 밖으로 빠져 나가려는 힘은?

㉮ 추력   ㉯ 원심력
㉰ 비틀림응력 ㉱ 구심력

18 비행기의 가로축(lateral axis)을 중심으로 한 피치운동(pitching)을 조종하는데 주로 사용되는 조종면은?

㉮ 플랩(flap)
㉯ 방향키(rudder)
㉰ 도움날개(aileron)
㉱ 승강키(elevator)

19 고도 10km 상공에서의 대기온도는 몇 [℃]인가?

㉮ -35   ㉯ -40
㉰ -45   ㉱ -50

해설 15 - 6.5h(단위 : km)
∴ 15 - 6.5×10 = -50

ANSWER 14 ㉮ 15 ㉰ 16 ㉮ 17 ㉯ 18 ㉱ 19 ㉱

20 더치롤(dutch roll)에 대한 설명으로 옳은 것은?

㉮ 가로진동과 방향진동이 결합된 것이다.
㉯ 조종성을 개선하므로 매우 바람직한 현상이다.
㉰ 대개 정적으로는 안정하지만 동적으로는 불안정하다.
㉱ 나선 불안정(spiral divergence) 상태를 말한다.

제2과목 항공기관

21 외부 과급기(external supercharger)를 장착한 왕복엔진의 흡기계통 내에서 압력이 가장 낮은 곳은?

㉮ 흡입 다기관 ㉯ 기화기 입구
㉰ 스로틀밸브 앞 ㉱ 과급기 입구

[해설] 과급기는 압축기의 일종으로 흡입부에 설치하여 일정 고도까지 출력의 감소를 막아 출력을 증가시키는 장치이다. 이륙 시 짧은 시간 동안 최대마력을 높게 해주며, 매니폴드 압력 증가에 의해 평균유효압력을 증가시켜준다.

22 시운전 중인 가스터빈엔진에서 축류형 압축기의 RPM이 일정하게 유지된다면 가변 스테이터 깃(vane)의 받음각은 무엇에 의하여 변하는가?

㉮ 압력비의 감소
㉯ 압력비의 증가
㉰ 압축기 직경의 변화
㉱ 공기흐름 속도의 변화

[해설] 압축기 rpm이 일정하게 유지되는 상태라면 가변 고정자 깃은 흡입공기의 속도에 따라 받음각이 변화하게 된다.

23 왕복엔진의 마그네토에서 접점(breaker point) 간격이 커지면 점화시기와 강도는?

㉮ 점화가 늦게 되고 강도가 약해진다.
㉯ 점화가 늦게 되고 강도가 높아진다.
㉰ 점화가 일찍 발생하고 강도가 약해진다.
㉱ 점화가 일찍 발생하고 강도가 높아진다.

[해설] 브레이커 포인트의 간격이 커지면 점화진각이 작아져 점화가 일찍 발생하고 강도는 약해지고, 간격이 작아지면 점화진각이 커져 점화가 늦게 발생하고 강도는 높아진다.

ANSWER 20 ㉮ 21 ㉱ 22 ㉱ 23 ㉰

24 왕복엔진에 사용되는 고휘발성 연료가 너무 쉽게 증발하여 연료배관 내에서 기포가 형성되어 초래할 수 있는 현상은?

㉮ 베이퍼 락(vapor lock)
㉯ 임팩트 아이스(impact ice)
㉰ 하이드로릭 락(hydraulic lock)
㉱ 이베포레이션 아이스(evaporation ice)

해설 vapor lock(증기폐색)
윤활유나 연료와 같이 고온부를 통과할 때 증기로 변하여 체적이 커지게 되면, 라인 내부를 막아 더 이상의 흐름을 막는 현상

25 가스터빈엔진의 복식(duplex) 연료 노즐에 대한 설명으로 틀린 것은?

㉮ 1차 연료는 아이들 회전 속도 이상이 되면 더 이상 분사되지 않는다.
㉯ 2차 연료는 고속 회전 작동 시 비교적 좁은 각도로 멀리 분사된다.
㉰ 연료 노즐에 압축 공기를 공급하여 연료가 더욱 미세하게 분사되는 것을 도와준다.
㉱ 1차 연료는 시동할 때 이그나이터에 가깝게 넓은 각도로 연료를 분무하여 점화를 쉽게 한다.

해설 복식 노즐(duplex nozzle)
일반적으로 사용되는 노즐로서, 비행 속도에 따라 연료의 분사각도나 양을 조절해주어야 하기 때문에 1차 연료는 노즐 중심의 작은 홈을 통해 분사각은 넓고 가깝게 분사된다. 또한 2차 연료는 가장자리의 큰 홈을 통해 분사각은 좁고 멀리 분사된다.

26 압축비가 동일할 때 사이클의 이론 열효율이 가장 높은 것부터 낮은 것 순서로 나열한 것은?

㉮ 정적 – 정압 – 합성
㉯ 정적 – 합성 – 정압
㉰ 합성 – 정적 – 정압
㉱ 정압 – 합성 – 정적

27 플로트식 기화기에서 이코너마이저 장치의 역할로 옳은 것은?

㉮ 연료가 부족할 때 신호를 발생한다.
㉯ 스로틀밸브가 완전히 열렸을 때 연료를 감소시킨다.
㉰ 순항출력 이상의 높은 출력일 때 농후한 혼합를 만든다.
㉱ 고도에 의한 밀도의 변화에 대하여 혼합비를 적절히 유지한다.

해설 이코노마이저 계통(고출력장치)
① 목적 : 순항 시 연료의 소비를 최소로 해주며 순항속도 이상의 모든 속도에서 추가로 필요한 연료를 조절하여 공급해주는 역할을 하는 출력증가장치로 저속과 순항속도 이상에서는 닫히고, 고속에서는 연소온도를 감소시키고 디토네이션을 방지하기 위해 농후혼합비를 공급하기 위해 열린다. 경제적인 연료소모가 이루어진다. 이코노마이저를 갖춘 기화기에서는 보통 순항속도에서는 가장 희박한 혼합기가 되게 하고, 고출력에서는 적절한 농후혼합이 되도록 한다.
② 종류 : 니들밸브형, 피스톤형, 흡입압력작동형

ANSWER 24 ㉮ 25 ㉮ 26 ㉯ 27 ㉰

28 가스터빈기관에 사용되는 오일의 구비조건이 아닌 것은?

㉮ 유동점이 낮을 것
㉯ 인화점이 높을 것
㉰ 화학 안전성이 좋을 것
㉱ 공기와 오일의 혼합성이 좋을 것

해설 가스터빈기관용 연료의 구비조건
① 연료의 증기압은 낮아야 한다.(베이퍼 락의 위험성 감소)
② 연료의 어는점은 낮아야 한다.(결빙 방지)
③ 옥탄가가 높은 연료여야 하며, 기화성이 높아야 한다.
④ 인화점은 높아야 한다.
⑤ 대량 생산이 가능해야 하며, 가격도 싸야 한다.
⑥ 단위 무게당 발열량이 커야 하고, 계통 내 부품들을 부식시키지 말아야 한다.
⑦ 점성이 낮고, 균질의 연료여야 한다.

29 왕복엔진의 피스톤 지름이 16cm, 행정 길이가 0.16m, 실린더가 6, 제동평균 유효압력이 8kg/cm², 회전수가 2400rpm 일 때의 제동마력은 약 몇 [ps]인가?

㉮ 411.6 ㉯ 511.6
㉰ 611.6 ㉱ 711.6

해설 제동마력(brake horsepower)
엔진에 의해 프로펠러나 다른 장치를 구동하기 위해 얻어지는 실제적인 마력을 제동마력으로 표시한다.

$$bHP = \frac{P_{mb}LANK}{75 \times 2 \times 60}$$

P_{mb} : 제동평균유효압력(kg/cm²)
L : 행정거리(m)
A : 실린더의 단면적
N : 실린더당 분당 회전수(rpm)
K : 실린더 수

$$\therefore \frac{8 \times 0.16 \times \pi (\frac{16}{2})^2 \times 2400 \times 6}{75 \times 2 \times 60} = 411.56608$$

30 다음 중 프로펠러 날개 회전 시 받는 힘이 아닌 것은?

㉮ 원심력   ㉯ 탄성력
㉰ 비틀림력 ㉱ 굽힘력

해설 프로펠러에 작용하는 힘과 응력
① 추력과 휨 응력 : 추력에 의해 발생하며, 항공기가 전진할 때 프로펠러 깃은 전방으로 휘어지는 휨 응력을 받는다.
② 원심력에 의한 인장 응력 : 프로펠러의 회전에 의해 발생하며, 깃이 허브의 중심으로 밖으로 빠져 나가게 만드는 힘을 말한다.
③ 비틀림 응력 : 깃에 작용하는 공기의 합성 속도가 프로펠러 중심 축의 방향과 같지 않을 때 발생하며, 공기력 비틀림 응력과 원심력 비틀림 응력 두 가지가 있다. 비틀림 응력은 프로펠러 회전 속도의 제곱에 비례한다.

31 터보 팬 엔진에 대한 설명으로 틀린 것은?

㉮ 터보제트와 터보프롭의 혼합적인 성능을 갖는다.
㉯ 단거리 이착륙 성능은 터보프롭과 유사하다.
㉰ 확산형 배기노즐을 통해 빠른 속도로 공기를 가속시킨다.
㉱ 터빈에 의해 구동되는 여러 개의 깃을 갖는 일종의 프로펠러기관이다.

해설 터보 팬 기관(Turbo Fan Engine)
가스발생기 전방 또는 후방에 대형 팬을 설치하여 대량의 공기를 빨아들일 수 있다. 터보 프롭 기관의 성능과 터보 제트 기관의 중간 정도의 성능으로 마하 1.0 정도에서 충분한 추력을 유지할 수 있기 때문에 현재에는 대형 여객기에 주로 사용된다. 터보팬기관은 주로 아음속으로 비행하기 때문에 배기노즐은 수축형을 사용한다.

ANSWER 28 ㉱ 29 ㉮ 30 ㉯ 31 ㉰

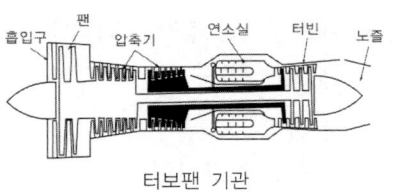

터보팬 기관

32. 항공기용 엔진 중 터빈식 회전엔진이 아닌 것은?

㉮ 램제트엔진 ㉯ 터보프롭엔진
㉰ 가스터빈엔진 ㉱ 터보제트엔진

해설 램제트기관은 가스터빈기관과 다르게 터빈을 사용하지 않는다.

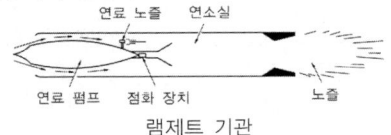

램제트 기관

33. 왕복엔진에 사용되는 기어(gear)식 오일 펌프의 옆간격(side clearance)이 크면 나타나는 현상은?

㉮ 엔진 추력이 증가한다.
㉯ 오일 압력이 낮아진다.
㉰ 오일의 과잉공급이 발생한다.
㉱ 오일펌프에 심한 진동이 발생한다.

해설 기어식 오일펌프에서 클리어런스(간극)가 커지게 되면, 오일에 압력을 가하여 공급하지 못하기 때문에 압력이 낮아지게 된다.

34. 그림과 같은 이론공기 사이클을 갖는 엔진은? (단, Q는 열의 출입, W는 일의 출입을 표시한다.)

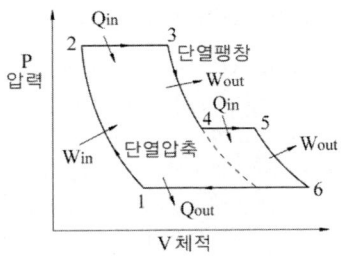

㉮ 2단 압축 브레이튼사이클
㉯ 과급기를 장착한 디젤사이클
㉰ 과급기를 장착한 오토사이클
㉱ 후기연소기를 장착한 가스터빈사이클

35. 가스터빈엔진의 추력 비연료 소비율(thrust specific fuel consumption)이란?

㉮ 1시간 동안 소비하는 연료의 중량
㉯ 단위추력의 추력을 발생하는데 소비되는 연료의 중량
㉰ 단위추력의 추력을 발생하기 위하여 1시간 동안 소비하는 연료의 중량
㉱ 1000km를 순항비행할 때 시간당 소비하는 연료의 중량

해설 추력 비연료 소비율
(thrust specific fuel consumption : TSFC)
1kg의 추력을 발생시키기 위해 1시간 동안 기관에서 소비하는 연료의 중량으로, 추력 비연료 소비율이 작을수록 기관의 성능이 우수하다.

$$TSFC = \frac{W_f \times 3{,}600}{F_n}$$

W_f : 연료 소모량

ANSWER 32 ㉮ 33 ㉯ 34 ㉱ 35 ㉰

36 흡입덕트의 결빙방지를 위해 공급하는 방빙원(anti icing source)은?

㉮ 압축기의 블리드 공기
㉯ 연소실의 뜨거운 공기
㉰ 연료펌프의 연료 이용
㉱ 오일탱크의 오일 이용

해설 흡입덕트의 방빙을 위하여 주로 압축기에서 블리드된 공기를 사용한다. 연소실에서 나오는 공기는 너무 뜨겁기 때문에 사용하지 않는다.

37 다음 중 아음속 항공기의 흡입구에 관한 설명으로 옳은 것은?

㉮ 수축형 도관의 형태이다.
㉯ 수축-확산형 도관의 형태이다.
㉰ 흡입공기 속도를 낮추고 압력을 높여준다.
㉱ 음속으로 인한 충격파가 일어나지 않도록 속도를 감속시켜준다.

해설 아음속 항공기의 흡입구는 주로 확산형을 사용한다.
속도와 단면적에 따른 속도/압력 관계

구분	아음속	초음속
수축 통로	속도↑, 압력↓	속도↓, 압력↑
확산 통로	속도↓, 압력↑	속도↑, 압력↓

38 제트엔진의 추력을 나타내는 이론과 관계있는 것은?

㉮ 파스칼의 원리
㉯ 뉴톤의 제1법칙
㉰ 베르누이의 원리
㉱ 뉴톤의 제2법칙

39 프로펠러의 회전면과 시위선이 이루는 각을 무엇이라 하는가?

㉮ 붙임각   ㉯ 깃각
㉰ 회전각   ㉱ 깃뿌리각

해설 깃각(Blade angle)은 에어포일 시위선과(Chord line) 회전면의 사이각을 말한다.

40 총 배기량이 1500cc인 왕복엔진의 압축비가 8.5라면 총 연소실 체적은 약 몇 cc인가?

㉮ 150   ㉯ 200
㉰ 250   ㉱ 300

해설 연소실 체적(V_c) = $\dfrac{\text{연소실체적}}{(\text{압축비}-1)} = \dfrac{1500}{(8.5-1)}$
= 200cc

ANSWER 36 ㉮ 37 ㉰ 38 ㉱ 39 ㉯ 40 ㉯

제3과목 항공기체

41 항공기의 주 조종면이 아닌 것은?

㉮ 방향키(rudder)
㉯ 플랩(flap)
㉰ 승강키(elevator)
㉱ 도움날개(aileron)

해설 1차 조종면(Primary Control Surface)에는 승강타(Elevators), 보조날개(Ailerons), 방향타(Rudder)가 있으며 방향을 조종하는 것은 방향타, 가로운동을 조종하고 상승과 하강을 조종하는 것은 승강타이다. 2차 조종면(Secondary Control Surface)에는 플랩(Flap), 탭(Tab), 스포일러(Spolers), 스피드 브레이크(Speed brakes) 등이 있으며 이착륙거리를 단축시키는 것은 스포일러나 플랩의 역할이다.

42 일정한 응력(힘)을 받는 재료가 일정한 온도에서 시간이 경과함에 따라 변형률이 증가하는 현상을 무엇이라고 하는가?

㉮ 크리프(creep)
㉯ 파괴(fracture)
㉰ 항복(yielding)
㉱ 피로굽힘(fatigue bending)

해설 크리프(creep) 현상은 일종의 파괴되는 것으로 소재에 일정한 하중이 가해진 상태에서 시간의 경과 그리고 높은 온도에 따라 소재의 변형이 계속되는 현상이다. 건물 외벽이 시간이 지남에 따라 갈라지는 현상이다.

43 엔진마운트와 나셀에 대한 설명으로 틀린 것은?

㉮ 나셀은 외피, 카울링, 구조부재, 방화벽, 엔진마운트로 구성된다.
㉯ 착륙거리를 단축하기 위하여 나셀에 장착된 역추진장치를 사용한다.
㉰ 엔진마운트를 동체에 장착하면 공기역학적 성능이 양호하나 착륙장치를 짧게 할 수 없다.
㉱ 엔진마운트는 엔진을 기체에 장착하는 지지부로 엔진의 추력을 기체에 전달하는 역할을 한다.

해설 엔진 마운트(engine mount)는 기체나 날개 등에 엔진을 고정하기 위한 구조물을 말한다. 이 구조물에 기관을 고정하는 볼트와 접촉면은 방진재로 감싸져 기관의 진동이 기체로 전달되는 것을 줄여준다. 나셀은 이렇게 고정되어 있는 엔진을 외부 물질에 의한 손상을 방지하고 기관의 형상으로 인한 와류를 방지하기 위해 경량소재 등으로 감싸 놓은 것을 말하며, 이 중 기관의 냉각을 도울 목적이 주가 되는 것을 카울이라고 한다. 파일론은 엔진과 연결되는 부위에 테이퍼 형식으로 공기역학적 흐름을 좋게 하기 위해서 만들어진 커버라고 할 수 있다.

ANSWER 41 ㉯ 42 ㉮ 43 ㉰

44 복합재료로 제작된 항공기 부품의 결함 (층분리 또는 내부 손상)을 발견하기 위해 사용되는 검사방법이 아닌 것은?

㉮ 육안검사
㉯ 와전류탐상검사
㉰ 초음파검사
㉱ 동전 두드리기 검사

해설 와전류탐상검사(ETC)는 대상 시험체에 와전류를 유도하여 이 전류와 재질 사이의 상호 작용을 관찰하여 시험체의 상태를 분석하는 비파괴검사로 시험체에 직접 접촉되지 않고 고속으로 검사가 가능하며 표층 균열 검사에 사용된다. 내부 손상에는 적합하지 않다.

45 페일 세이프(fail safe) 구조형식이 아닌 것은?

㉮ 이중(double) 구조
㉯ 대치(back-up) 구조
㉰ 샌드위치(sandwich) 구조
㉱ 다경로하중(redundant load) 구조

해설 페일세이프 구조(Fail safe Structure)
메인 구조물(Main structure)이 피로파괴되더라도 치명적이거나 과도한 구조 변형이 생기지 않도록 설계된 구조로 종류에는 다경로하중 구조(Redundant Structure), 이중 구조(Double Structure), 대치 구조(Back-up Structure), 하중경감 구조(Load Dropping)가 있다.

46 TIG 또는 MIG 아크 용접 시 사용되는 가스끼리 짝지어진 것은?

㉮ 아르곤가스, 헬륨가스
㉯ 헬륨가스, 아세틸렌가스
㉰ 아르곤가스, 아세틸렌가스
㉱ 질소가스, 이산화탄소 혼합가스

해설 텅스텐 불활성 가스 용접(TIG)
불활성 가스(Ar, He) 분위기에서 텅스텐봉을 전극으로 사용해서 가스용접과 비슷한 조작방법으로 용가제를 아크로 융해하면서 용접, 텅스텐을 거의 소모하지 않으므로 비용극식 또는 비소모식 불활성 가스 아크 용접법

47 항공기 타이어 트레드(tire tread)에 대한 설명으로 옳은 것은?

㉮ 여러 층의 나일론 실로 강화되어 있다.
㉯ 강 와이어로부터 패브릭으로 둘러 싸여 있다.
㉰ 내구성과 강인성을 갖기 위해 합성 고무 성분으로 만들어졌다.
㉱ 패브릭과 고무층은 비드 와이어로부터 카커스를 둘러싸고 있다.

해설 20세기 초에는 천연고무를 사용했지만 현재 모든 항공기 타이어는 합성고무(SBR)를 사용하고 있다. 정면에서 좌우의 사이드 월(sidewall) 사이에 울퉁불퉁한 최외부를 말한다. 트레드는 합성고무로 이루어져 있으며 그 밑에 층은 천을 겹겹이 적층시킨 타이어 코드가 있다.

ANSWER 44 ㉯ 45 ㉰ 46 ㉮ 47 ㉰

48 다음과 같은 트러스(truss) 구조에 있어, 부재 DE의 내력은 약 몇 kN인가?

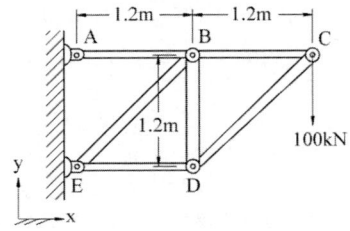

㉮ 141.4　　㉯ 100
㉰ -141.4　　㉱ -100

해설 C에 아래로 작용하는 하중과 BD에 작용하는 하중은 동일하다. BD에는 100kN의 하중이 걸린다. 피타고라스 정리에 의해 정삼각형은 1 : 1 : √2 가 되므로, DE에는 100kN의 하중이 걸린다. 따라서, DE에 걸리는 내력은 -100kN이 된다.

49 코터핀의 장착 및 제거할 때의 주의사항으로 옳은 것은?

㉮ 한 번 사용한 것은 재사용하지 않는다.
㉯ 장착 주변의 구조를 강화시키기 위해 주철 해머를 사용한다.
㉰ 핀 끝을 접어 구부릴 때는 꼬거나 가로 방향으로 구부린다.
㉱ 핀 끝을 절단할 때는 최대한 가늘고 뾰족하게 절단하여 다른 곳과의 연결을 유연하게 한다.

해설 코터핀(cotter pin)의 목적은 캐슬너트에 체결되어 진동에 의해 풀리는 것을 방지하기 위하여 사용하는 것으로 아무런 지시가 없으면 preferred method로 체결하고, 윗 공간이 부족하면 옆으로 체결하는 optional method로 체결한다.
① 코터핀의 재사용은 안 된다.
② 캐슬너트, 나사산, 코터핀 등의 구조물에 손상이 가지 않도록 플라스틱 해머를 사용한다.
③ 핀 끝을 구부려서 고정시킬 때 펼쳐지게 해야 하며 꼬임이 있어서는 안 된다.
④ 핀 끝을 절단할 때는 직각으로 절단하지 않으면 다칠 수 있으므로 대각선으로 자르는 것을 금지한다.

50 항공기의 무게중심(c.g)에 대한 설명으로 가장 옳은 것은?

㉮ 항공기 무게중심은 항상 기준에 있다.
㉯ 항공기가 이륙하면 무게중심은 전방으로 이동한다.
㉰ 제작회사에서 항공기를 설계할 때 결정되며 변하지 않는다.
㉱ 무게중심은 연료나 승객, 화물 등을 탑재하면 이동되며, 비행 중 연료소모량에 따라서도 이동된다.

해설 항공기 무게중심을 구하는 이유는 먼저 빈무게(empty weight) 상태에서 항공기 무게중심을 계산한 후 그 다음 연료, 승객, 화물의 탑재무게와 탑재위치를 이용해 모멘트를 계산하여 새로운 CG를 구하고 위치를 확인하여 CG의 중심한계 벗어나면 화물의 위치를 조정한다. 추가로 새로운 무게를 탑재할 때에도 무게중심의 위치조절이 가능하다.

ANSWER 48 ㉱　49 ㉮　50 ㉱

51 재질의 두께와 구멍(hole)치수가 같을 때 일감의 재질에 따른 드릴의 회전속도가 빠른 순서대로 나열된 것은?

㉮ 구리 – 알루미늄 – 공구강 – 스테인리스강
㉯ 알루미늄 – 구리 – 공구강 – 스테인리스강
㉰ 구리 – 알루미늄 – 스테인리스강 – 공구강
㉱ 알루미늄 – 공구강 – 구리 – 스테인리스강

해설 드릴날의 각도와 압력, 속도는 단단할수록 각도와 압력이 커지고 속도가 줄어든다. (경질재료 및 얇은 판 : 140도 저속, 연질재료 및 두꺼운 판 : 118도 고속, 일반재질 : 118도, 스테인리스 : 140도, 알루미늄 : 90도)

52 항공기 주 날개에 작용하는 굽힘 모멘트(bending moment)를 주로 담당하는 것은?

㉮ 리브(rib)
㉯ 외피(skin)
㉰ 날개보(spar)
㉱ 날개보 플랜지(spar flange)

해설 비행 중 양력으로 인해서 날개 윗면 압축응력 그리고 아랫면에는 인장응력이 발생하고 지상에서는 날개 윗면 인장, 아랫면 압축이 발생한다. 윙 스파(Wing Spar)는 항공기 날개의 가로 방향으로 굽힘하중을 견디는 중요 부위로 스킨 및 스트링거의 응력을 스파에 전달하는 역할을 담당하고 Stabilizer, aileron, elevator, rudder, flap에 설치되어 있다.

53 다음 중 탄소의 함량이 가장 큰 SAE 규격에 따른 강은?

㉮ 4050   ㉯ 4140
㉰ 4330   ㉱ 4815

해설 탄소강은 특수 원소(니켈, 크롬, 망간, 규소, 몰리브덴, 텅스텐, 바나듐)를 한 가지 이상 첨가하여 특수한 성질을 가지게 한 것이다.
탄소강(1XXX), 니켈강(2XXX), 니켈 크롬강(3XXX), 몰리브덴강(4XXX), 크롬강(5XXX), 크롬 바나듐강(6XXX), 니켈 크롬 몰리브덴강(8XXX) 등이 있으며 뒤에 2자리 숫자(50)은 탄소의 평균 함유량을 나타내며 0.50% 탄소함유를 뜻한다.
AA는 (영국) 자동차 서비스 협회(Automobile Association) 이며 SAE는 미국 자동차 기술 협회(Society of Automotive Engineers)의 약어이다.

54 [보기]와 같은 특성을 갖춘 재료는?

| 보기 |
- 무게당 강도 비율이 높다.
- 공기역학적 형상 제작이 용이하다.
- 부식에 강하고 피로응력이 좋다.

㉮ 티타늄합금   ㉯ 탄소강
㉰ 마그네슘합금   ㉱ 복합소재

해설 복합재료 특성은 무게당 강도 비율(알루미늄을 복합재료로 대체 시 30% 이상 인장 압축 강도 증가하고 무게는 20% 감소)이 높고 복잡한 형태나 공기역학적인 곡선 형태의 제작이 쉽다. 일부의 부품과 패스너를 사용하지 않고 제작이 단순하고 비용이 절감되며 유연성이 크고 진동에 강해 피로응력에 잘 견딘다. 부식이 되지 않으며 마멸이 잘 되지 않는다.

ANSWER 51 ㉯ 52 ㉰ 53 ㉮ 54 ㉱

55 0.0625in 두께의 금속판 2개를 접합하기 위하여 1/8in 직경의 유니버설 리벳을 사용하려고 한다면 최소한의 리벳길이는 몇 in가 되어야 하는가?

㉮ 1/4
㉯ 1/8
㉰ 5/16
㉱ 7/16

해설 0.0625in 두께의 금속판 2개를 접합하기 위하여 먼저 사용할 리벳의 지름을 선정한다.
리벳의 지름은 접합하는 두 판재 중 두꺼운 판재 두께의 3배 이상, 즉 지름이 0.0625in×3 = 0.1875 이상 되는 리벳을 사용해야 하지만 문제에서 리벳 지름을 1/8in로 제시하고 있다.
길이는 결합되는 두 판재의 두께를 먼저 더하고 리벳 지름에 1.5배를 더하면 된다.
0.0625 + 0.0625 + 1.5×1/8
= 1/16 + 1/16 + 1.5×1/8
= 2/16 + 3/16 = 5/16in

56 항공기에 사용되는 평와셔(plain washer)에 대한 설명으로 틀린 것은?

㉮ 볼트, 너트를 조일 때 락(lock) 역할을 한다.
㉯ 볼트, 너트를 조일 때 구조물 장착 부품을 보호한다.
㉰ 구조물, 장착 부품의 조임면의 부식을 방지한다.
㉱ 구조물이나 장착 부품의 힘을 분산시킨다.

해설 와셔(washer)는 볼트나 너트에 의한 작용력이 고르게 분산하며 볼트 그립길이를 맞추기 위해 사용한다.
① 평와셔(Flat washer) : 볼트, 너트의 작용력을 고르게 분산시키며 볼트의 그립을 길이를 조정하며 고정 와셔 밑에 사용하며 금속 표면을 보호한다.
② 고정 와셔(lock washer) : 자주 탈거되지 않는 곳에 사용되며 자동너트나 캐슬너트가 사용되지 않는 곳에 사용한다. 종류에는 스프링 락 와셔(Spring lock washer), 평형 안쪽 톱니(Flat internal teeth lock washer), 평형 바깥 톱니(Flat external teeth lock washer)가 있다.

57 두 종류의 이질 금속이 접촉하여 전해질로 연결되면 한쪽의 금속에 부식이 촉진되는 것은?

㉮ 피로 부식
㉯ 점 부식
㉰ 찰과 부식
㉱ 동전기 부식

해설 전해 부식 = 이질금속 간 부식 = 전식부식
= 동전기 부식 = 갈바닉 = galvanic corrosion
① 알루미늄합금 스테인리스(stainless)강 같은 이질 금속이 접촉되는 부분에 발생, 이음매에 전위차에 의해 부식 생성물이 부풀어 올라 식별이 쉽다.
② 서로 다른 금속이 접촉하면 기전력이 발생하고 습기와 만나서 전류가 흘러 부식이 발생
③ 갈바닉 부식을 방지하기 위해 사이에 절연물질을 사용한다.
④ 마그네슘과 강이 접촉하면 마그네슘 반응성이 커서 마그네슘이 부식되며 주석과 강이 접촉하면 강이 부식이 된다. 반응성 차이가 큰 금속이 접촉하면 부식현상이 커진다.

ANSWER 55 ㉰ 56 ㉮ 57 ㉱

58 비행기의 조종간을 앞쪽으로 밀고 오른쪽으로 움직였다면 조종면의 움직임은?

㉮ 승강키는 내려가고, 왼쪽 도움날개는 올라간다.
㉯ 승강키는 올라가고, 왼쪽 도움날개는 내려간다.
㉰ 승강키는 내려가고, 오른쪽 도움날개는 올라간다.
㉱ 승강키는 올라가고, 오른쪽 도움날개는 올라간다.

해설 조종간을 앞쪽으로 밀면 승강키가 내려가 항공기가 하강하고 오른쪽으로 움직이면 오른쪽 도움날개는 많이 올라가고 왼쪽 도움날개는 약간 내려간다. 오른쪽으로 급선회하면 오른쪽의 플라이트 스포일러가 추가로 올라간다.

59 하중배수선도에 대한 설명으로 옳은 것은?

㉮ 수평비행을 할 때 하중배수는 0이다.
㉯ 하중배수선도에서 속도는 진대기속도를 말한다.
㉰ 구조역학적으로 안전한 조작범위를 제시한 것이다.
㉱ 하중배수는 정하중을 현재 작용하는 하중으로 나눈 값이다.

해설 V-n 선도는 하중 또는 Load Factor와 속도를 그래프로 만든 것으로 구조 역학적으로 항공기가 안전한 범위를 제시한다. 수평 비행 시 무게와 양력이 같아지므로 하중배수는 1이며 V-n 선도에서의 속도는 지시대기속도를 나타내며 진대기속도는 조종사도 전체의 10%만 참고한다. 하중배수는 항공기 날개에 걸리는 실제 하중의 크기를 기본하중(비행기 중량)으로 나눈 수치이다.

60 그림과 같은 단면에서 y축에 관한 단면의 2차 모멘트(관성모멘트)는 몇 cm⁴인가?

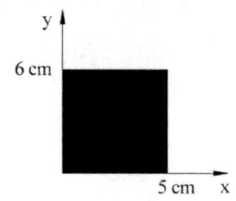

㉮ 175   ㉯ 200
㉰ 225   ㉱ 250

해설 도심에서 무게중심을 원점으로 하는 y축에 관한
단면 2차모멘트 $= \dfrac{hb^3}{3} = \dfrac{6 \times 5^3}{3} = 250\text{cm}^4$

제4과목 항공장비

61 비행기록장치(DFDR : Digital Flight Data Recorder) 또는 조종실음성기록장치(CVR : Cockpit Voice Recorder)에 장착된 수중위치표지(ULD : Under Water Locating Device) 성능에 대한 설명으로 틀린 것은?

㉮ 비행에 필수적인 변수가 기록된다.
㉯ 물속에 있을 때만 작동이 가능하다.
㉰ 매초마다 37.5kHz로 Pulse tone 신호를 송신한다.
㉱ 최소 3개월 이상 작동되도록 설계가 되어 있다.

ANSWER 58 ㉰ 59 ㉰ 60 ㉱ 61 ㉱

해설 ① 조종석 음성 기록장치(CVR : Cockpit Voice Recorder) : 항공기의 음성 기록 장치. 블랙박스라고도 한다. 조종사와 관제사 간의 무선 전화에 의한 교신 내용이나, 조종사와 다른 승무원 간의 대화 내용을 기록하는 녹음기로서 엔드리스 테이프(endless tape)를 사용해 30분 동안의 음성을 기록하도록 되어 있다. 30분이 지나면 소거 헤드로 지우고 새로운 내용을 녹음하게 되는데, 4채널의 내용을 동시에 기록할 수 있도록 되어 있다. 사고가 났을 때, 녹음 내용을 조사할 수 있도록 주요 부분은 고열과 강한 충격에도 견딜 수 있을 만큼 견고한 강철제 케이스에 설치되어 있다.
② 디지털 비행 기록 장치(DFDR : Digital Flight Data Recorder) : 기압, 고도, 대기속도, 수직가속도, 기수방위, 피치각을 의무적으로 기록하며, 의무는 아니나 기체구조, 엔진 및 시스템의 신뢰성 점검과 항공기의 효율적 운영을 위하여 조종, 엔진계통, 항행에 관련된 120여 항목을 기록하는 것도 있다. 디지털 신호로 바꾸어 자기테이프에 기록하고, 최소 기록용량은 25시간이다.
③ 수중위치표지장치(ULD : Underwater Locating Device) : ULB(Underwater Locator Beacon)라고도 하며, 항공기가 해저로 추락한 경우라도 위치를 탐지할 수 있도록 37.5kHz 정도의 저주파로, 4℃에서 최소 1개월(30일) 동안 작동되어야 한다. 수면으로부터 수신이 가능한 거리가 약 6km(20,000ft)에 이르는 장치가 내장되어 있어 해저 속과 같은 열악한 조건에서도 탐지할 수 있도록 구성되어 있다.

62 작동유에 의한 계통 내의 압력을 규정된 값 이하로 제한하는 것은?

㉮ 레귤레이터(regulator)
㉯ 릴리프밸브(relief valve)
㉰ 선택밸브(selector valve)
㉱ 감압밸브(reducing valve)

해설 ㉮ 레귤레이터(regulator) : 일정 용량식 펌프를 사용하는 유압 계통에 필요한 장치로서, 불규칙한 배출 압력을 규정 범위로 조절하고, 계통에서 압력이 불필요 시, 펌프에 부하가 걸리지 않도록 한다. 평형식과 선택식이 있고, 체크 밸브와 바이패스 밸브의 작동에 따라 킥인(kick-in : 계통의 압력이 규정값보다 낮은 상태, 바이패스 밸브가 닫히고 체크 밸브가 열린 상태)과 킥아웃(kick-out : 계통의 압력이 규정값보다 높은 상태, 바이패스 밸브가 열리고 체크 밸브가 닫힌 상태)이 있다.
㉯ 릴리프 밸브(relief valve) : 작동유에 의한 계통 내의 압력을 규정된 값 이하로 제한하는데 사용되는 것으로, 과도한 압력으로 인하여 계통 내의 관이나 부품이 파손될 수 있는 것을 방지하는 장치이다.
㉰ 선택밸브(selector valve) : 작동 실린더의 운동 방향을 결정하는 밸브이다. 기계적으로 작동되는 것과 전기적으로 작동되는 것이 있고, 기계적으로 작동되는 밸브에는 회전형, 포핏형, 스풀형, 피스톤형, 플런저형이 있다.
㉱ 감압밸브(reducing valve) : 계통의 압력보다 낮은 압력이 필요한 일부 계통을 위하여 설치하는 것이다. 일부 계통의 압력을 요구 수준까지 낮추고, 이 계통 내에 갇힌 작동유의 열팽창에 의한 압력 증가를 막는다.

ANSWER 62 ㉯

63 Service Interphone System에 관한 설명으로 옳은 것은?

㉠ 정비용으로 사용된다.
㉡ 운항 승무원 상호 간 통신장치이다.
㉢ 객실 승무원 상호 간 통화장치이다.
㉣ 고장 수리를 위해 서비스센터에 맡겨 둔 인터폰이다.

해설 ① Public Address : 항공기 이륙 전 모든 문, 기내를 통해 방송이 들리는지 확인하기 위한 기내장치이다.
② Flight Interphone : 조종실 내에서 운항 승무원 상호 간의 통화 연락을 위해 각종 통신이나 음성 신호를 각 운항 승무원석에 배분한다.
③ Tape Reproducer : 관제녹음기는 관제사가 사용하는 무선통신 내용, 관제소 간의 정보를 교환하는 전화 내용 등 항공 관제와 관련된 음성통신 내용을 녹음하는 시설이다.
④ Service Interphone : 비행 중에는 조종실과 객실 승무원석 및 갤리(galley) 간의 통화 연락을, 지상에서는 조종실과 정비, 점검상 필요한 기체 외부와의 통화 연락을 하기 위한 장치이다. (B747에서는 정비용으로만 사용)

64 대형 항공기 공압계통에서 공통 매니폴드에 공급되는 공기 공급원의 종류가 아닌 것은?

㉠ 터빈기관의 압축기(compressor)
㉡ 기관으로 구동되는 압축기 (super charger)
㉢ 전기 모터로 구동되는 압축기 (electric motor compressor)
㉣ 그라운드 뉴메틱 카트 (ground pneumatic cart)

해설 여압 공기의 공급원은, 기관의 구동력을 이용한 과급기(super charger), 가스터빈 기관의 압축기에서 가압된 블리드 공기, 지상 공기 압축기(Ground pneumatic compressor) 등이 있다.

65 엔진 계기에 해당하지 않는 것은?

㉠ 오일압력계(oil pressure gage)
㉡ 연료압력계(fuel pressure gage)
㉢ 오일온도계(oil temperature gage)
㉣ 선회경사계(turn & bank indicator)

해설 ㉠ 오일압력계(oil pressure gage) : 항공기 엔진의 회전부를 윤활하기 위해 펌프에서 오일을 가압해주는데, 엔진에 공급된 오일의 압력(게이지압)을 측정하여 정상적으로 공급되었는지 여부를 나타내는 계기이다. 버든튜브식 압력계가 많이 사용된다.
㉡ 연료압력계(fuel pressure gage) : 항공용 피스톤 엔진의 기화기에 공급하는 연료 또는 가스터빈 엔진에 공급하는 연료의 압력을 지시하는 계기이다. 버든튜브 또는 벨로우식 압력계로 게이지압, 직접, 원격 지시 방식이다. (100psi 이하)
㉢ 오일온도계(oil temperature gage) : 엔진부의 오일 온도를 측정하기 위해 사용된다. 전기 저항식과 액체 팽창식이 있고, 전원 전압이 변동해도 지시값은 거의 바뀌지 않으므로 전기저항식 온도계가 많이 이용된다. (-200 ~ 600℃)
㉣ 선회경사계(turn & bank indicator) : 선회계와 경사계가 1개의 케이스에 조합되어 있는 계기. 선회계는 자이로를 이용하여 선회 각속도를 나타내며, 경사계는 수평 비행을 할 때에 항공기 날개의 쳐짐을 나타내고 선회 비행 시에는 정상선회, 스키드(바깥쪽, 외활) 또는 슬립(안쪽, 내활)을 나타내는 계기이다. 자이로의 특성 중 섭동성만 이용한다.

ANSWER 63 ㉠ 64 ㉢ 65 ㉣

66 $R_1 = 10\Omega$, $R_2 = 5\Omega$ 의 저항이 연결된 직렬회로에서 R_2의 양단전압 V_2가 10[V]를 지시하고 있을 때 전체전압은 몇 [V]인가?

㉮ 10 ㉯ 20
㉰ 30 ㉱ 40

해설 직렬회로의 특징은 각 부하에 걸리는 전류는 일정하고, 전압은 다르다.
따라서, 옴의 법칙을 이용하여,
$I_2 = \dfrac{V_2}{R_2} = \dfrac{10[V]}{5[\Omega]} = 2[A]$가 된다.
$I_2 = I_1$이 되므로, $I_1 = 2[A]$가 된다.
옴의 법칙을 이용하여,
$V_1 = I_1 R_1 = 2[A] \times 10[\Omega] = 20[V]$가 된다.
전체 전압은
$V_T = V_1 + V_2 = 20[V] + 10[V] = 30[V]$가 된다.

67 Air-Cycle Air Conditioning System에서 팽창터빈(expansion turbine)에 대한 설명으로 옳은 것은?

㉮ 찬공기와 뜨거운 공기가 섞이도록 한다.
㉯ 1차 열교환기를 거친 공기를 냉각시킨다.
㉰ 공기공급 라인이 파열되면 계통의 압력손실을 막는다.
㉱ 공기조화계통에서 가장 마지막으로 냉각이 일어난다.

해설 공기순환 냉각방식(ACM)
엔진의 압축기에서 나온 가압된 공기는 1차 열교환기를 지나 냉각되어 ACM으로 간다. 다시 2차 열교환기를 지나 냉각되어 팽창터빈을 통해 압력과 온도가 더욱 떨어져 객실에 공급된다.

68 그로울러 시험기(growler tester)는 무엇을 시험하는데 사용하는 것인가?

㉮ 전기자(armature)
㉯ 브러시(brush)
㉰ 정류자(commutator)
㉱ 계자코일(field coil)

해설 그로울러 시험 : 시동모터(스타터)에서 회전력을 발생시키는 중요한 부품이 전기자이다. V자형 연철심편 위에 전기자(amature)를 올려놓고 110V 또는 220V의 교류를 접속하여 전기자(아마추어)의 코일에 통전시켜 단선, 단락에 의한 진동, 접지(절연) 등을 점검한다. 전기자에 이상이 발생하면 교환해야 한다.

69 항공기에서 사용되는 축전지의 전압은?

㉮ 발전기 출력 전압보다 높아야 한다.
㉯ 발전기 출력 전압보다 낮아야 한다.
㉰ 발전기 출력 전압과 같아야 한다.
㉱ 발전기 출력 전압보다 낮거나, 높아도 된다.

해설 항공기에서는 엔진 정지시의 전원, 또는 비상용 전원으로 축전지를 탑재하고 있다. 엔진 가동 중 축전지를 충전하기 위해 발전기와 병렬 운전된다. 또 축전지 전압보다 발전기 출력 전압이 낮으면 역전류로 인하여 고장날 수 있어, 자동적으로 역전류를 차단하는 역류차단장치도 설치되어 있다.

ANSWER 66 ㉰ 67 ㉱ 68 ㉮ 69 ㉯ 70 ㉮

70 공기압식 제빙계통에서 부츠의 팽창 순서를 조절하는 것은?

㉮ 분배밸브 ㉯ 부츠구조
㉰ 진공펌프 ㉱ 흡입밸브

해설 제빙 부츠식
날개나 조종면의 앞전에 팽창 및 수축될 수 있는 고무 부츠를 부착시켜, 가압된 공기와 진공 상태의 공기를 분배 밸브에 의해 교대로 가하여 결빙된 얼음을 제거하는 방식이다.

71 항공계기에 대한 설명으로 틀린 것은?

㉮ 내구성이 높아야 한다.
㉯ 접촉 부분의 마찰력을 줄인다.
㉰ 온도의 변화에 따른 오차가 적어야 한다.
㉱ 고주파수, 작은 진폭의 충격을 흡수하기 위하여 충격마운트를 장착한다.

해설 ① 유효 탑재량을 크게 하기 위해 계기 또한 가능한 한 경량으로 요구된다.
② 계기판의 크기는 한계가 있어 계기는 소형화해야 한다.
③ 계기에 따라 내구성의 기간은 다르지만, 정확도를 가능한 한 유지하는 것이 좋다.
④ 변화하는 대기에서 온도, 기압, 자세, 가속도, 진동의 영향을 적게 받는 것이 요구된다.
⑤ 제작 시 온도에 의한 영향이 일정한 범위 내로 유지시킨다.
⑥ 대기 기압에 의해 수감부와 케이스의 누출에 주의해야 한다.
⑦ 기계적인 부품에 의한 계기는 진동에 의한 마찰이 크므로 진동 장치를 내장한다.
⑧ 계절에 따른 온도 변화가 심하여 자동적으로 보정되도록 제작된다.
⑨ 프로펠러, 엔진 등에 의해 진동이 발생하므로 감안하여 계기를 제작한다.
⑩ 우천 시, 습도 상승 방지를 위해 방청 처리로 밀폐되어 있다.
⑪ 수상 비행기 및 해안가 비행장 등에서 염분이 있는 바람에 영향을 받지 않게 한다.
⑫ 곰팡이로 인하여 전기적인 고장이 있으므로 계기 외·내부에 항균 페인트를 바른다.
⑬ 광범위한 기압 변화에 노출되므로 밀폐하여 영향을 받지 않도록 한다.

72 건조한 윈드실드(windshield)에 레인 리펠런트(rain repellent)를 사용할 수 없는 이유는?

㉮ 유리를 분리시킨다.
㉯ 유리를 애칭시킨다.
㉰ 유리가 뿌옇게 되어 시계가 제한된다.
㉱ 열이 축적되어 유리에 균열을 만든다.

해설 제우 장치의 종류
① 윈드실드 와이퍼 : 와이퍼 블레이드에 의해 물방울을 기계적으로 제거
② 에어 커텐 : 압축 공기를 이용하여 물방울을 제거
③ 레인 리펠런트 : 화학 액체를 분사하여 피막을 만들어 물방울 방지. 강우량이 적거나 건조한 윈드쉴드 표면에 레인 리펠런트가 고착되어 뿌옇게 되기 때문에 사용이 금지된다. 고착되면 제거가 어렵기 때문에 빨리 중성세제로 크리닝해야 한다.
※ 윈도우 워셔 : 세정액을 분사하고 와이퍼를 사용하여 오염 제거

73 길이가 L인 도선에 1[V]의 전압을 걸었더니 1[A]의 전류가 흐르고 있었다. 이때 도선의 단면적을 $\frac{1}{2}$로 줄이고, 길이를 2배로 늘리면 도선의 저항 변화는? (단, 도선 고유의 저항 및 전압은 변함이 없다.)

㉮ $\frac{1}{4}$ 감소 ㉯ $\frac{1}{2}$ 감소
㉰ 2배 증가 ㉱ 4배 증가

해설 저항 : 전류의 흐름을 방해하는 성질
(기호 : R, 단위 : [Ω] 옴)
저항을 결정하는 4요소

ANSWER 71 ㉱ 72 ㉰ 73 ㉱

① 물질 자체가 갖는 고유저항(비저항)에 비례.
(기호 : ρ(로우), 단위 : $[\Omega \cdot m]$ 옴미터)
② 도선, 도체, 전선의 길이에 비례
(기호 : ℓ, 단위 : [m])
③ 도선, 도체, 전선의 굵기/단면적에 반비례
(기호 : A, 단위 : $[m^2]$)
④ 온도에 비례(온도가 커지면 저항 증가, 온도가 작아지면 저항 감소)

$$R = \rho \frac{\ell}{A} [\Omega] = \rho \frac{2\ell}{\frac{1}{2}A} = 4\rho \frac{\ell}{A}$$

따라서, 원래의 저항값보다 4배가 된다.

74 항공계기와 그 계기에 사용되는 공함이 옳게 짝지어진 것은?

㉮ 고도계 - 차압공함, 속도계 - 진공공함
㉯ 고도계 - 진공공함, 속도계 - 진공공함
㉰ 속도계 - 차압공함, 승강계 - 진공공함
㉱ 속도계 - 차압공함, 승강계 - 차압공함

해설 공함(Pressure capsule)

압력을 기계적 변위로 바꾸는 장치로서 공함에는 사용목적에 따라 2종류가 있다. 공함의 재료는 탄성한계 내에서 외부압력과 변위가 직선적으로 비례해야 한다. 고도계는 진공 공함, 속도계 및 승강계는 차압 공함이 이용된다.
① 진공 공함(밀폐형 공함) : 내부가 진공으로 되어 있고 공함의 외부에 가해진 압력만으로 변위량이 결정되므로 절대 압력의 측정에 이용된다. 고도계(아네로이드)에 이용된다.
② 차압 공함(개방형 공함) : 공함의 내부와 외부에 가해지는 압력차에 의해서 변위량이 결정되므로 압력차를 측정하기 위해서 이용된다. 속도계(다이어프램), 승강계(아네로이드)에 이용된다.

75 항공기의 직류 전원을 공급(source)하는 것은?

㉮ TRU
㉯ IDG
㉰ APU
㉱ Static Inverter

해설
㉮ TRU(Transformer Rectifier Unit) : 항공기 전자장비에는 DC 28V로 사용하는 장비들이 있어 3상 115/200V 400Hz의 교류를 직류로 변환하여 공급하는 변압 정류기를 사용한다.
㉯ IDG(Integrated Drive Generator) : CSD와 제네레이터를 결합한 하나의 장치로 통합발전기라고 한다. Non-brush Type이며 슬립링, 정류자 등이 필요없어 무게가 감소되고, 슬립링이 없기 때문에 마모로 인한 정비가 필요없는 이점이 있다.
㉰ APU : 항공기 꼬리날개 내부에 있는 소형 보조동력장치로서 메인엔진의 시동에 사용되고, 전자기기, 냉난방 등에 이용된다. 그러나 연료 소모와 발동 시 소음이 있다.
㉱ Static Inverter : 직류(DC)를 교류(AC)로 변환하는 장치를 말하는데, 항공기에서는 주로 DC 28V를 AC 115V, 400Hz로 변환하는 데 이용된다. 일반적으로 배터리와 같은 직류 비상 전원을 반도체 소자를 통해 115V AC, 400Hz 교류 전원으로 변환하는 비상 필수 장비이다.

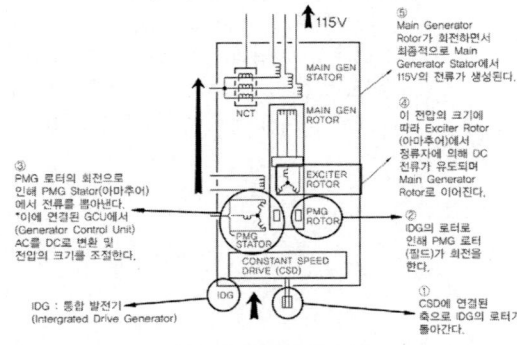

〈IDG의 작동원리 순서〉

ANSWER 74 ㉱ 75 ㉮

76 다음 중 압력측정에 사용하지 않는 것은?

㉮ 벨로즈(bellows)
㉯ 바이메탈(bimetal)
㉰ 아네로이드(aneroid)
㉱ 버든튜브(bourden tube)

해설 ㉮ 벨로즈(bellows) : 여러 개의 주름 모양으로 청동, 황동, 베릴륨 등으로 제작하고, 압력을 변위로 변환하는 목적으로, 2개의 벨로우를 직접 연결하여 한쪽의 내부는 진공으로 하고, 다른 쪽에 측정하려는 압력을 가하면, 결합부의 변위는 측정하려고 하는 압력(절대압력)에 비례하므로, 절대압력을 측정할 수 있다.
㉯ 바이메탈(bimetal) : 열팽창계수가 매우 다른 두 종류의 얇은 금속판(니켈-철)을 포개어 붙여 한 장으로 만든 막대 형태의 부품으로, 열을 가했을 때 휘는 성질을 이용해 기기를 온도에 따라 제어하는 역할을 하는 금속 스트럿
㉰ 아네로이드(aneroid) : 수은 같은 액체를 쓰지 않는 기압계. 속이 빈 원반 모양의 금속통 안의 압력을 낮게 하면, 대기(大氣)의 압력의 변화로써 일어나는 이 금속통의 팽창, 수축 등의 변화가 눈금으로 나타나 기압을 읽을 수 있다.
㉱ 버든튜브(bourden tube) : 단편이 평평한(타원형, 평원형, 원형) 금속관을 C자형으로 굽힌 것으로 관의 한쪽은 닫히고(가동부), 다른 쪽(고정부)으로 압력을 가할 수 있다. 압력이 걸리면, 버든 튜브는 직선에 가깝게 펴지고, 가동부는 압력차에 비례하여 변위된다.

77 전파(radio wave)가 공중으로 발사되어 전리층에 의해서 반사되는데 이 전리층을 설명한 내용으로 틀린 것은?

㉮ 전리층이 전파에 미치는 영향은 그 안의 전자 밀도와는 관계가 없다.
㉯ 전리층의 높이나 전리의 정도는 시각, 계절에 따라 변한다.
㉰ 태양에서 발사된 복사선 및 복사 미립자에 의해 대기가 전리된 영역이다.
㉱ 주간에만 나타나 단파대에 영향이 나타나며 D층에서는 전파가 흡수된다.

해설 전리층
태양 에너지에 의해 공기 분자가 이온화되어 자유 전자가 밀집된 곳을 전리층이라 한다. 전리층은 지상에서 발사한 전파를 흡수 반사하며 무선 통신에 중요한 역할을 한다.
① D영역 : 90km 이하의 부분으로, 이 영역에서는 밤에 이온화가 거의 없어진다. 이 영역 내에 D층이라 부르는 전리층이 존재한다. 이 층의 최대전자밀도는 낮에 $103 \sim 105/cm^2$이다. D층은 매초 100kHz 이하의 장파를 제외하면 전파의 반사층이라 하기보다는 흡수층으로서 작용한다. 전자밀도는 여름에 가장 크며 계절적 변화 또한 매우 심하다.
② E영역 : 90~160km 고도에서 대기분자가 주로 이온화한 상태에 있는 영역을 E층이라고 한다. 이 층은 최대전자밀도가 $105/cm^2$ 정도로 저주파의 전파를 반사한다. 이 층에서는 중파를 반사한다.
③ F영역 : 160km 고도 이상을 말한다. 대부분 대기원자가 이온화된 상태로 있는 영역이다. 이 영역 내에서는 F층(야간)과 F1, F2층(주간)이 형성된다. F영역은 최대전자밀도가 $106/cm^2$ 정도로서 단파통신의 반사층으로서 아주 중요한 부분을 이루고 있다.

ANSWER 76 ㉯ 77 ㉮

78 화재방지계통(fire protection system)에서 소화제 방출 스위치가 작동하기 위한 조건으로 옳은 것은?

㉮ 화재 벨이 울린 후 작동한다.
㉯ 언제라도 누르면 즉시 작동한다.
㉰ Fire shutoff switch를 당긴 후 작동한다.
㉱ 기체 외벽의 적색 디스크가 떨어져 나간 후 작동한다.

해설 T류 항공기(헬리콥터 포함)에는 1개의 엔진에 소화제를 2회 이상 방출할 수 있는 장치가 요구된다. 엔진 소화기에는 매니폴드 방식, 개별 방식의 배관 방법이 있다. Fire shutoff switch를 당겨 엔진 측의 셀렉터 밸브 또는 디렉셔널 밸브로 소화제 방출 방향이 결정된다. 개별 배관 방식은 방출 스위치를 누르는 것만으로 소화제가 방출된다. 소화제가 방출되면 황색 디스크가 떨어져 나간다. 케이블을 잡아당기는 기계적 분사방식, 기폭 전기 회로에 의한 전기적인 방출 스위치를 누르면 폭약에 점화되어 소화제가 방출된다.

79 착륙 및 유도 보조장치와 가장 거리가 먼 것은?

㉮ 마커비컨 ㉯ 관성항법장치
㉰ 로컬라이저 ㉱ 글라이드슬로프

해설 ① 계기 착륙 장치(ILS)는 지상 시설과 기상 장치로 나뉜다. 활주로 중심선 방위정보를 나타내는 로컬라이저, 착륙점을 기점으로 경사각을 따라 수직면 유도를 하는 글라이드슬로프, 활주로 끝에서부터 거리 정보를 제공하는 마커비컨이 있다. 로컬라이저와 글라이드 슬로프는 활주로 착륙지점 안쪽에 위치해 있고, 마커비컨은 활주로 착륙 진입지점 바깥쪽에 위치해 있다.
② 관성항법장치(INS : Inertial Navigation System)는 로켓이나 비행기가 이동할 때에는 항상 가속도가 가해지고 있지만, 이 가속도를 적분하면 속도가 구해지며, 다시 적분하면 이동한 거리가 나온다는 가속도(관성)를 이용한 항법이다. 이 때, 기준좌표축을 선정하고 유지시키는 역할을 자이로스코프(Platform과 Gimbal로 구성)가 한다.

80 지상 관제사가 항공교통관제(ATC, Air Traffic Control)를 통해서 얻는 정보로 옳은 것은?

㉮ 편명 및 하강률
㉯ 고도 및 거리
㉰ 위치 및 하강률
㉱ 상승률 또는 하강률

해설 항공 교통 관제(ATC : Air Traffic Control)는 항공기를 안전하고 능률적으로 운항하기 위하여 행하는 교통관제. 항공관제탑에서 무선 전화로 이착륙을 허가하거나 항로 및 고도를 지시한다. 트랜스폰더에서 부호를 받아 목표 항공기를 식별하는 동시에 거리와 방위, 비행 고도와 비상 신호 등의 항공 관제에서 필요로 하는 레이더를 표시해주는 것이다.

ANSWER 78 ㉰ 79 ㉯ 80 ㉯

2016 제2회 항공산업기사 기출문제

제1과목 ✈ 항공역학

01 반 토크 로터(anti torque rotor)가 필요한 헬리콥터는?

㉮ 동축로터 헬리콥터(coaxial HC)
㉯ 직렬로터 헬리콥터(tandom HC)
㉰ 단일로터 헬리콥터(single rotor HC)
㉱ 병렬로터 헬리콥터(side-by-side rotor HC)

해설 단일회전날개 헬리콥터는 주회전날개가 하나여서 주회전날개의 회전력을 견디기 위하여 동체가 주회전날개의 반대 방향으로 회전하려는 토크가 발생된다. 이 주회전날개 반대방향으로의 동체 회전을 상쇄시키기 위하여 꼬리회전날개(반 토크 로터)를 장착하여야 한다. 동축역회전, 직렬, 병렬 헬리콥터는 주회전 날개 두 개가 서로 반대방향으로 회전하여 동체에 토크가 발생하지 않는다.

02 프로펠러나 터보제트기관을 장착한 항공기가 비행할 수 있는 대기권 영역으로 옳은 것은?

㉮ 열권과 중간권
㉯ 대류권과 중간권
㉰ 대류권과 하부성층권
㉱ 중간권과 하부성층권

해설 프로펠러 항공기나 제트 항공기가 순항하기 좋은 구역은 지상으로 11km 상공에 위치한 대류권 계면이다. 이 구역에서는 대기가 안정되어 기상현상이 없고, 제트기류의 도움을 받을 수 있다. 대류권 계면의 위치는 대류권이 끝나고 성층권이 시작되는 구역이다.

03 프로펠러의 회전 깃단 마하수(rotational tip Mach number)를 옳게 나타낸 식은?
(단, n : 프로펠러 회전수(rpm), D : 프로펠러 지름, a : 음속이다.)

㉮ $\dfrac{\pi n}{60 \times a}$ ㉯ $\dfrac{\pi n}{30 \times a}$
㉰ $\dfrac{\pi n D}{30 \times a}$ ㉱ $\dfrac{\pi n D}{60 \times a}$

해설 프로펠러의 회전 깃단 마하수란 프로펠러 깃의 회전수와 음속의 비를 말한다.
프로펠러 깃의 선속도 = $2 \cdot \pi \cdot n \cdot R = \pi \cdot n \cdot D$
(n : rpm, R : 원의 반지름, D : 원의 지름)
음속 = a
∴ 깃단 마하수 = $\dfrac{\frac{\pi \cdot n \cdot D}{60}}{a}$ (rpm을 초당으로 변환하기 위하여 60으로 나눔) = $\dfrac{\pi n D}{60 \times a}$

ANSWER 01 ㉰ 02 ㉰ 03 ㉱

04 레이놀즈수(Reynolds number)에 대한 설명으로 틀린 것은?

㉮ 무차원수이다.
㉯ 유체의 관성력과 점성력 간의 비이다.
㉰ 레이놀즈수가 낮을수록 유체의 점성이 높다.
㉱ 유체의 속도가 빠를수록 레이놀즈수는 낮다.

해설 레이놀즈수(Re) $= \dfrac{\text{관성력}}{\text{점성력}}$
$= \dfrac{\rho A V^2}{\mu \dfrac{AV}{L}} = \dfrac{\rho VL}{\mu} = \dfrac{VL}{\nu}$

(μ : 점성계수, ν : 동점성계수)

05 이륙거리에 포함되지 않는 거리는?

㉮ 상승거리(climb distance)
㉯ 전이거리(transition distance)
㉰ 자유활주거리(free roll distance)
㉱ 지상활주거리(ground run distance)

해설 이륙거리 구하는 공식
① 이륙거리 = 지상 활주거리 + 장애물고도까지의 수평이동 거리
② 이륙거리 = 지상 활주거리 + 회전거리 + 전이거리 + 상승거리

06 비행기의 키돌이(loop) 비행 시 비행기에 작용하는 하중배수의 범위로 옳은 것은?

㉮ $-6 \sim 0$
㉯ $-6 \sim 6$
㉰ $-3 \sim 3$
㉱ $0 \sim 6$

해설 항공기가 원을 그리며 비행하는 것을 말하며, 상단점에서 속도가 가장 느리므로 하중배수가 0이고, 하단점에서 속도가 가장 빠르므로 하중배수가 6이다.

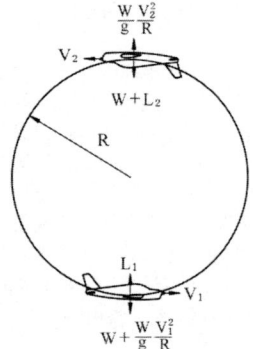

ANSWER 04 ㉱ 05 ㉰ 06 ㉱

07 그림과 같은 비행 특성을 갖는 비행기의 안정 특성은?

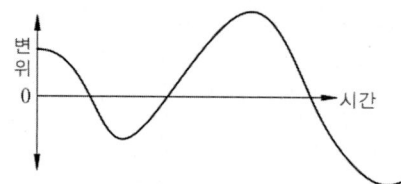

㉮ 정적 안정, 동적 안정
㉯ 정적 안정, 동적 불안정
㉰ 정적 불안정, 동적 안정
㉱ 정적 불안정, 동적 불안정

해설 정적안정은 항공기에 변위가 생겼을 경우 초기에 평형상태를 향하고 있느냐 평형상태에서 멀어지고 있느냐를 구분하는 것으로 위 그림은 초기의 상태가 평형을 향하고 있으므로 정적 안정이다. 동적 안정은 항공기에 변위가 생겼을 경우 시간의 흐름에 따라 진폭이 감소되어 평형을 향하고 있느냐와 진폭이 증가되어 평형에서 멀어지고 있느냐를 구분하는 것으로 진폭이 증가되고 있으므로 동적으로는 불안정이다.

08 양력계수가 0.25인 날개면적 20m²의 항공기가 720km/h의 속도로 비행할 때 발생하는 양력은 몇 N인가? (단, 공기의 밀도는 1.23kg/m³이다.)

㉮ 6150　　㉯ 10000
㉰ 123000　㉱ 246000

해설 양력 = $\frac{1}{2} \cdot \rho \cdot V^2 \cdot S \cdot C_L$, V = 단위를 m/s로 변경하기 위해 3.6으로 나누어 대입

∴ 양력 = $\frac{1}{2} \times 1.23 \times \left(\frac{720}{3.6}\right)^2 \times 20 \times 0.25$

(양력의 단위가 N이 아닌 kg_f로 물어볼 경우 밀도의 단위를 kg_f · s²/m⁴으로 변경하여야 하며 단위 변경 시 밀도값을 9.8로 약분하여야 한다.)

09 직사각형 날개의 가로세로비를 나타내는 것으로 틀린 것은? (단, c : 날개의 코드, b : 날개의 스팬, S : 날개 면적이다.)

㉮ $\frac{b}{c}$　　㉯ $\frac{b^2}{S}$
㉰ $\frac{S}{c^2}$　　㉱ $\frac{S^2}{bc}$

해설 $AR = \frac{b}{c} = \frac{b^2}{s} = \frac{s}{c^2}$

10 두께가 시위의 12%이고 상하가 대칭인 날개의 단면은?

㉮ NACA 2412　㉯ NACA 0012
㉰ NACA 1218　㉱ NACA 23018

해설 대칭인 날개는 캠버가 없는 날개를 뜻하므로 캠버의 크기와 위치가 0인 날개골이 대칭형이다.

11 고도 5000m에서 150m/s로 비행하는 날개면적이 100m²인 항공기의 항력계수가 0.02일 때 필요마력은 몇 ps인가? (단, 공기의 밀도는 0.070kg · s²/m⁴이다.)

㉮ 1890　　㉯ 2500
㉰ 3150　　㉱ 3250

해설 필요마력 = $\frac{D \cdot V}{75}$ ······①
= $\frac{1}{150} \cdot \rho \cdot V^3 \cdot S \cdot C_D$ ······②
= $\frac{W}{75} \cdot \frac{C_D}{C_L^{\frac{3}{2}}} \sqrt{\frac{2cdtoW}{\rho \cdot S}}$ ······③
= $\frac{W \cdot V}{75} \cdot \frac{1}{양항비}$ ······④

※ 4개 공식 중 2번 공식 활용
$\frac{1}{150} \times 0.070 \times 150^3 \times 100 \times 0.02$

(밀도의 단위가 kg/m³일 경우 단위를 kg_f · s²/m⁴로 변경하기 위하여 9.8로 약분하여 대입)

ANSWER 07 ㉯　08 ㉰　09 ㉱　10 ㉯　11 ㉰

12 해면에서의 온도가 20℃일 때 고도 5km의 온도는 약 몇 ℃인가?

㉮ -12.5 ㉯ -15.5
㉰ -19.0 ㉱ -23.5

해설 지상에서 11km(대류권 계면)까지는 1km당 6.5℃씩 감소하므로
∴ 20 - 6.5 × 5

13 활공기가 1km 상공을 속도 100km/h로 비행하다가 활공각 45°로 활공할 때 침하속도는 약 몇 km/h인가?

㉮ 50 ㉯ 70.7
㉰ 100 ㉱ 141.4

해설 침하속도 = $V \cdot \sin\theta$ ∴ $100 \times \sin 45$

14 프로펠러의 후류(slip stream) 중에 프로펠러로부터 멀리 떨어진 후방 압력이 자유흐름(free stream)의 압력과 동일해질 때의 프로펠러 유도속도(induced velocity) V_2와 프로펠러를 통과할 때의 유도속도 V_1의 관계는?

㉮ $V_2 = 0.5V_1$ ㉯ $V_2 = V_1$
㉰ $V_2 = 1.5V_1$ ㉱ $V_2 = 2V_1$

15 프로펠러 항공기의 경우 항속거리를 최대로 하기 위한 조건으로 옳은 것은?

㉮ 양항비가 최소인 상태로 비행한다.
㉯ 양항비가 최대인 상태로 비행한다.
㉰ $\frac{C_L}{\sqrt{C_D}}$가 최대인 상태로 비행한다.
㉱ $\frac{\sqrt{C_L}}{C_D}$가 최대인 상태로 비행한다.

해설

구분	최대항속거리	최대항속시간
프로펠러 항공기	$\left(\frac{C_L}{C_D}\right)_{max}$	$\left(\frac{C_L^{\frac{3}{2}}}{C_D}\right)_{max}$
제트 항공기	$\left(\frac{C_L^{\frac{1}{2}}}{C_D}\right)_{max}$	$\left(\frac{C_L}{C_D}\right)_{max}$

16 일반적인 비행기의 안정성에 관한 설명으로 틀린 것은?

㉮ 고속형 날개인 뒤젖힘 날개(sweep back wing)는 직사각형 날개보다 방향안정성이 적다.
㉯ 중립점(neutral point)에 대한 비행기 무게중심의 위치관계는 비행기의 안정성에 큰 영향을 미친다.
㉰ 단일 기관을 비행기의 기수에 장착한 프로펠러 비행기의 경우 방향안정성이 프로펠러에 영향을 받는다.
㉱ 주 날개의 쳐든각(dihedral angle)이 있는 비행기는 쳐든각이 없는 비행기에 비하여 가로안정성이 더 크다.

해설 쳐든각과 뒤젖힘각은 가로 및 방향안정성에 도움을 주며, 무게중심이 공력중심보다 아래, 앞에 위치하면 세로 안정성에 도움을 준다.

17 운항 중인 항공기에서 조종면의 조종효과를 발생시키기 위해서 주로 변화시키는 것은?

㉮ 날개골의 캠버
㉯ 날개골의 면적
㉰ 날개골의 두께
㉱ 날개골의 길이

ANSWER 12 ㉮ 13 ㉯ 14 ㉱ 15 ㉯ 16 ㉮ 17 ㉮

18 피치업(pitch up) 현상의 원인이 아닌 것은?

㉮ 받음각의 감소
㉯ 뒤젖힘 날개의 비틀림
㉰ 뒤젖힘 날개의 날개 끝 실속
㉱ 날개의 풍압 중심이 앞으로 이동

19 비행기의 선회반지름을 줄이기 위한 방법으로 옳은 것은?

㉮ 선회각을 크게 한다.
㉯ 선회속도를 크게 한다.
㉰ 날개면적을 작게 한다.
㉱ 중력가속도를 작게 한다.

해설 $R = \dfrac{V^2}{g \cdot \tan\Phi}$

20 헬리콥터의 공중 정지비행 시 기수 방향을 바꾸기 위한 방법은?

㉮ 주 회전날개의 코닝각을 변화시킨다.
㉯ 주 회전날개의 회전수를 변화시킨다.
㉰ 주 회전날개의 피치각을 변화시킨다.
㉱ 꼬리 회전날개의 피치각을 조종한다.

제2과목 ✈ 항공기관

21 왕복엔진에서 기화기 빙결(carburetor icing)이 일어나면 발생하는 현상은?

㉮ 오일압력이 상승한다.
㉯ 흡입압력이 감소한다.
㉰ 흡입밀도가 증가한다.
㉱ 엔진회전수가 증가한다.

해설 기화기에서 빙결이 발생하게 되면 공기 흡입부에서 공기가 지나가는 통로가 좁아지거나 막히게 되므로 공기 흡입 압력이 떨어지게 된다.

22 가스터빈엔진 중 저속비행 시 추진 효율이 낮은 것에서 높은 순으로 나열된 것은?

㉮ 터보제트 – 터보팬 – 터보프롭
㉯ 터보프롭 – 터보제트 – 터보팬
㉰ 터보프롭 – 터보팬 – 터보제트
㉱ 터보팬 – 터보프롭 – 터보제트

해설 가스터빈기관(터보샤프트, 터보프롭, 터보팬, 터보제트) 중에서 저속비행일 때 가장 성능이 우수한 기관은 터보프롭기관이다. 터보제트기관은 저속성능이 가장 떨어지나, 고속성능에서 가장 우수한 추력을 낼 수 있는 기관이다.

23 가스터빈엔진용 연료의 첨가제가 아닌 것은?

㉮ 청정제   ㉯ 빙결 방지제
㉰ 미생물 살균제 ㉱ 정전기 방지제

해설 항공용 연료에는 탱크 내부나 라인에서 결빙의 우려가 있기 때문에 결빙방지제나 미생물억제제, 정전기로 인한 화재를 예방하기 위하여 방지제 등을 첨가하여 사용하게 된다.

ANSWER 18 ㉮ 19 ㉮ 20 ㉱ 21 ㉯ 22 ㉮ 23 ㉮

24 아음속 고정익 비행기에 사용되는 공기 흡입덕트(inlet duct)의 형태로 옳은 것은?

㉮ 벨마우스 덕트
㉯ 수축형 덕트
㉰ 수축 확산형 덕트
㉱ 확산형 덕트

[해설] 아음속 항공기의 흡입덕트는 공기 압축이 가능한 마하 0.5 전후로 만들어 주어야 하기 때문에 확산형 흡입덕트를 사용하여 속도는 감소시키고, 압력은 증가시켜준다.

25 내연기관이 아닌 것은?

㉮ 가스터빈엔진 ㉯ 디젤엔진
㉰ 증기터빈엔진 ㉱ 가솔린엔진

[해설] 연료를 연소시켜서 생긴 연소가스 그 자체가 직접 피스톤 또는 터빈블레이드(깃) 등에 작용하여 연료가 가지고 있는 열에너지를 기계적인 일로 바꾸는 기관을 말한다. 실린더 내에서 연료와 공기와의 혼합기체에 점화하여 폭발시켜서 피스톤을 움직이는 왕복운동형 기관을 가리킬 때가 많으나, 가스터빈·제트기관·로켓 등도 내연기관이다. 내연기관을 사용하는 연료에 의해 가스기관·가솔린기관·석유기관·디젤기관 등으로 분류된다. 석유·가스·가솔린 기관은 점화플러그(점화전)에 의해 전기불꽃으로 점화되고, 디젤기관은 연료를 고온·고압의 공기 속에 분사하여 자연발화시킨다. 피스톤의 행정·동작에 따라 4행정·2행정 사이클 방식이 있다.

26 가스터빈엔진의 윤활장치에 대한 설명으로 틀린 것은?

㉮ 재사용하는 순환을 반복한다.
㉯ 윤활유의 누설 방지 장치가 없다.
㉰ 고압의 윤활유를 베어링에 분무한다.
㉱ 연료 또는 공기로 윤활유를 냉각한다.

[해설] 윤활유의 누설을 방지하기 위하여 유압퓨즈를 사용한다.

27 성형엔진에 사용되며 축 끝의 나사부에 리테이닝 너트가 장착되고 리테이닝 링으로 허브를 크랭크축에 고정하는 프로펠러 장착방식은?

㉮ 플랜지식   ㉯ 스플라인식
㉰ 테이퍼식   ㉱ 압축밸브식

28 고열의 엔진 배기구 부분에 표시(marking)를 할 때 납(lead)이나 탄소(carbon) 성분이 있는 필기구를 사용하면 안 되는 가장 큰 이유는?

㉮ 고열에 의해 열응력이 집중되어 균열을 발생시킨다.
㉯ 배기부분의 재질과 화학 반응을 일으켜 재질을 부식시킬 수 있다.
㉰ 납이나 탄소 성분이 있는 필기구는 한 번 쓰면 지워지지 않는다.
㉱ 배기부분의 용접부위에 사용하면 화학 반응을 일으켜 접합 성능이 떨어진다.

[해설] 항공기는 고온부의 경우 섭씨 2,000도까지 온도가 증가하게 된다. 이러한 부분에 납이나 탄소 성분이 포함된 필기구를 사용하게 되면, 가열로 인한 분자 구조의 변형이 일어나 크랙을 발생시키거나 엔진의 파손을 가져올 수 있기 때문에 사용해서는 안 된다.

ANSWER 24 ㉱ 25 ㉰ 26 ㉯ 27 ㉯ 28 ㉮

29 항공기 왕복엔진 연료의 옥탄가에 대한 설명으로 틀린 것은?

㉮ 연료의 안티노크성을 나타낸다.
㉯ 연료의 이소옥탄이 차지하는 체적비율을 말한다.
㉰ 옥탄가가 낮을수록 엔진의 효율이 좋아진다.
㉱ 옥탄가가 높을수록 엔진의 압축비를 더 높게 할 수 있다.

[해설] 옥탄가
연료의 노킹현상을 나타내는 기준으로 안티 노크성이 큰 연료인 이소옥탄의 옥탄가를 100으로 하고 안티 노크성이 낮은 연료인 노말헵탄을 0으로 하여 표준 연료 속의 이소옥탄의 체적비율을 옥탄가로 표시한다. 이소옥탄과 노말헵탄이 혼합된 표준 연료를 측정할 수 있는 옥탄가는 100까지이다.

옥탄값$(O.N.) = 128 - \dfrac{2800}{P.N.}$

30 볼(ball)이나 롤러 베어링(roller bearing)이 사용되지 않는 곳은?

㉮ 가스터빈엔진의 축 베어링
㉯ 성형엔진의 커넥트 로드(connect rod)
㉰ 성형엔진의 크랭크 축 베어링(crank shaft bearing)
㉱ 발전기의 아마추어 베어링(amateur bearing)

[해설] 베어링은 최대의 내마모성을 가지게 하거나, 작동 중 추력하중과 방사상하중을 합한 힘을 받아야 한다. 볼베어링과 롤러베어링은 추력하중과 방사상하중을 잘 견디는 특성을 가지게 된다. 커넥팅로드의 경우는 방사상하중만을 받기 때문에 주로 평형베어링을 많이 사용한다.

31 그림과 같은 브레이튼 사이클(Brayton cycle)에서 2-3 과정에 해당하는 것은?

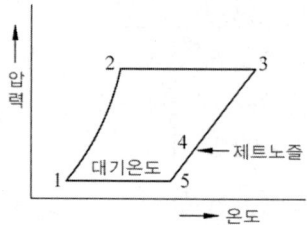

㉮ 압축과정   ㉯ 팽창과정
㉰ 방출과정   ㉱ 연소과정

[해설]
1 → 2 : 온도, 압력 상승(단열압축)
2 → 3 : 압력 일정, 온도 상승(정압수열)
3 → 5 : 온도, 압력 하강(단열팽창)
5 → 1 : 압력 일정, 온도 하강(정압방열)

32 항공기 왕복엔진 작동 중 주의 깊게 관찰하며 점검해야 할 변수가 아닌 것은?

㉮ N1 및 N2 rpm
㉯ 흡기매니폴드압력
㉰ 엔진오일압력
㉱ 실린더 헤드온도

[해설] N1, N2 rpm은 가스터빈에서 저압축기와 고압축기의 회전수를 나타낸다.

33 축류식 압축기의 1단당 압력비가 1.6이고, 회전자 깃에 의한 압력 상승비가 1.3일 때 압축기의 반동도는?

㉮ 0.2   ㉯ 0.3
㉰ 0.5   ㉱ 0.6

[해설] 반동도(Φ_c)
$= \dfrac{\text{회전자깃에 의한 압력 상승}}{\text{단당 압력 상승}} \times 100(\%)$
$= \dfrac{1.3-1}{1.6-1} \times 100 = \dfrac{0.3}{0.6} \times 100 = 50\%$

34 가스터빈엔진의 점화장치를 왕복엔진과 비교하여 고전압, 고에너지 점화장치로 사용하는 주된 이유는?

㉮ 열손실이 크기 때문에
㉯ 사용연료의 기화성이 낮아서
㉰ 왕복엔진에 비하여 부피가 크므로
㉱ 점화기 특성 규격에 맞추어야 하므로

해설 가스터빈엔진에서 사용하는 연료는 기화성이 낮으며, 공기의 속도가 매우 빨라 점화하는데 어려움이 있다. 따라서 고전압, 고에너지의 점화장치를 사용하게 된다.

35 열역학 제1법칙과 관련하여 밀폐계가 사이클을 이룰 때 열전달량에 대한 설명으로 옳은 것은?

㉮ 열전달량은 이루어진 일과 항상 같다.
㉯ 열전달량은 이루어진 일보다 항상 작다.
㉰ 열전달량은 이루어진 일과 반비례 관계를 가진다.
㉱ 열전달량은 이루어진 일과 정비례 관계를 가진다.

해설 에너지 보존의 법칙

36 왕복엔진에서 마그네토의 작동을 정지시키는 방법은?

㉮ 축전지에 연결시킨다.
㉯ 점화스위치를 ON 위치에 둔다.
㉰ 점화스위치를 OFF 위치에 둔다.
㉱ 점화스위치를 BOTH 위치에 둔다.

37 항공기가 400mph의 속도로 비행하는 동안 가스터빈엔진이 2340lbf의 진추력을 낼 때 발생되는 추력마력은 약 몇 hp 인가?

㉮ 1702
㉯ 1896
㉰ 2356
㉱ 2496

38 다발 항공기에서 각 프로펠러의 회전속도를 자동적으로 조절하고 모든 프로펠러를 같은 회전속도로 유지하기 위한 장치를 무엇이라고 하는가?

㉮ 동조기
㉯ 슬립 링
㉰ 조속기
㉱ 피치변경모터

해설 다발 항공기에서 모든 프로펠러를 같은 회전 속도로 유지시키는 장치를 동조기(synchronizer)라 한다.

39 항공기 왕복엔진은 동일한 조건에서 어느 계절에 가장 큰 출력을 발생시키는가?

㉮ 봄
㉯ 여름
㉰ 겨울
㉱ 계절에 관계없다.

해설 항공기 출력은 공기 밀도와 비례하고, 온도와는 반비례하므로 상대적으로 온도가 낮은 겨울철의 출력이 크게 발생한다.

ANSWER 34 ㉯ 35 ㉱ 36 ㉰ 37 ㉱ 38 ㉮ 39 ㉰

40 가스터빈엔진이 정해진 회전수에서 정격 출력을 낼 수 있도록 연료조절장치와 각종 기구를 조정하는 작업을 무엇이라 하는가?

㉮ 리깅(rigging)   ㉯ 모터링(motoring)
㉰ 크랭킹(cranking) ㉱ 트리밍(trimming)

해설 트리밍(trimming)
제작사에서 정한 정격에 맞도록 기관을 조절하는 것으로, 또 다른 정의는 기관이 정해진 엔진 rpm에서 정격추력을 내도록 연료조정장치를 조정하는 것을 의미한다. 제작사의 지시에 따라 수행하며, 습도가 없고 무풍일 때가 좋으나 바람이 불 때는 항공기를 정풍이 되도록 해야 한다. 시기는 FCU 교환 시, 엔진 교환 시, 배기노즐 교환 시에 반드시 수행하여야 한다.

제3과목 항공기체

41 대형항공기에서 리브(rib)가 사용되는 부분이 아닌 것은?

㉮ 플랩
㉯ 엔진마운트
㉰ 에일러론
㉱ 엘리베이터

해설 윙에 설치된 리브(Wing Rib)는 날개 캠버의 형태를 만들어 내는 부재로 에어포일을 유지하는 부위로 스킨 및 스트링거의 응력을 스파에 전달하는 역할을 담당하며 Stabilizer, aileron, elevator, rudder, flap에 사용된다. 마운트(mount)는 "탑재하다, 설치하다"라는 뜻으로 엔진과 날개에 연결부위를 말한다.

42 그림과 같은 그래프를 갖는 완충장치의 효율은 약 몇 %인가?

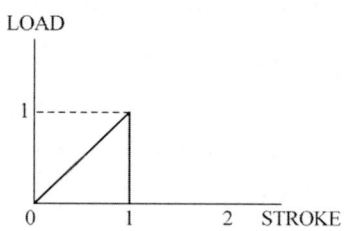

㉮ 30   ㉯ 40
㉰ 50   ㉱ 60

해설 하중과 행정의 그래프(load–stroke curve)이며 동일하게 운동에너지가 흡수될 때 스프링, 고무 등에 따라 다른 속도로 흡수하게 된다. 문제에 나온 그래프는 직선형 스프링(linear spring)에서 나오는 형태를 나타내고 있다.

43 항공기 기체 내부와 외부 구조부에 모두 사용할 수 있는 리벳은?

㉮ 납작머리 리벳(flat head rivet)
㉯ 둥근머리 리벳(round head rivet)
㉰ 접시머리 리벳(countersink head rivet)
㉱ 유니버설머리 리벳(universal head rivet)

해설 대표적인 항공기 리벳 종류 2가지
① 카운터성크 리벳(countersunk head rivet = flush rivet) : 기체 스킨에 체결되어 공기의 저항을 줄이기 위한 리벳
② 유니버설 리벳(universal Head Aircraft Rivet, AN470) : universal은 "일반적, 보편적"이라는 뜻으로 보편적으로 사용하는 리벳이며 현재는 둥근머리 리벳이나 납작머리리벳 대신에 사용된다.

ANSWER 40 ㉱ 41 ㉯ 42 ㉰ 43 ㉱

44 손가락 힘으로 조일 수 있는 곳으로 조립과 분해가 빈번한 곳에 사용하는 너트는?

㉮ 윙 너트 ㉯ 체크 너트
㉰ 플레인 너트 ㉱ 캐슬 너트

해설 ㉮ 나비너트(wing nut) : 빈번하게 장·탈착하는 곳(배터리 장착, 호스 클램프)에 맨손으로 사용
㉯ 체크 너트(check nut) : 진동이나 움직임에 의해 풀리는 것을 방지하기 위해 탭으로 고정할 수 있어 락 너트(lock nut)라고도 한다.
㉰ 평너트(plain nut) : 큰인장하중, 잼너트나 락와셔와 같이 사용
㉱ 캐슬너트(slotted castle nut) 생크에 구멍이 있는 볼트에 사용, 코터핀으로 고정

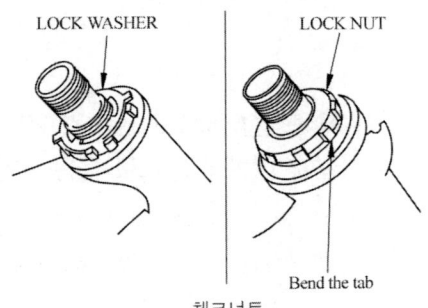

체크너트

45 항공기 구조에서 하중을 담당하는 부재가 파괴되었을 때 그 하중을 예비부재가 전체 하중을 담당하도록 설계된 방식의 페일세이프(fail safe) 구조는?

㉮ 다중경로구조 ㉯ 이중구조
㉰ 하중경감구조 ㉱ 대치구조

해설 페일세이프구조(Fail safe Structure) : Main structure가 피로파괴 되더라도 치명적이거나 과도한 구조 변형이 생기지 않도록 설계된 구조
① 다경로 하중 구조(Redundant Structure) : 많은 수의 부재로 되어 하중을 분담해서 담당하도록 설계된 구조로 하나의 구조가 파괴되도 다른 많은 부재에 하중이 분배되어 치명적인 부담을 덜어준다.

② 이중 구조(Double Structure) : 1개의 큰 재료를 사용하는 대신 2개의 작은 부재를 결합해 그 이상의 강도를 갖게 하는 구조방식이며 Crack이 발생한 경우 결합면이 막아주고 강도 유지
③ 대치 구조(Back-up Structure) : 규정된 하중은 모두 좌측 부재가 담당하고 있으며 우측 부재는 예비 부재로 좌측 부재가 파괴된 후에 부재를 대신하여 전체 하중을 담당하도록 설계된 구조
④ 하중 경감 구조(Load Dropping) : 딱딱한 보강재를 댄 구조방식으로 보강재는 할당량 이상의 하중분담이 큰 부재 위에 작은 부재를 겹쳐 만든 구조

46 항공기 실속 속도 80mph, 설계제한 하중배수 4인 비행기가 급격한 조작을 할 경우에도 구조역학적으로 안전한 속도 한계는 약 몇 mph인가?

㉮ 140 ㉯ 160
㉰ 200 ㉱ 320

해설 하중배수 $= \dfrac{L}{W} = \dfrac{설계운용속도^2}{실속속도^2}$
$= \dfrac{설계운용속도^2}{80^2} = 4$

47 그림과 같이 단면적 20cm², 10cm²로 이루어진 구조물의 a-b구간에 작용하는 응력은 몇 kN/cm²인가?

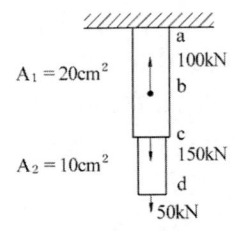

㉮ 5 ㉯ 10
㉰ 15 ㉱ 20

해설 응력 = 힘/면적 = 100/20 = 5kN/cm²

ANSWER 44 ㉮ 45 ㉱ 46 ㉯ 47 ㉮

48 알루미나 섬유에 대한 설명으로 옳은 것은?

㉮ 기계적 특성이 뛰어나므로 주로 전투기 동체나 날개 부품 제작에 사용된다.
㉯ 알루미나 섬유를 일명 "케블러"라고 한다.
㉰ 무색 투명하며 약 1300℃로 가열하여도 물성이 유지되는 우수한 내열성을 가지고 있다.
㉱ 기계적 성질이 떨어져 주로 객실 내부 구조물 등 2차 구조물에 사용된다.

해설 내열성 절연물질의 소재로 석면, 유리섬유 등이 사용되었다. 그 후 내열성이 뛰어나고 고효율성 단열소재로 복합소재의 강화재인 알루미나 섬유(alumina fibers)가 사용되었다. 알루미나 융점은 약 2040도이며 1500도의 고온에서도 단열재나 복합재의 강화재로 사용된다. 항공기 터빈엔진의 배기쪽 등의 고온에 접합되는 부분에 단열재로 사용된다. 케블러는 아라미드 섬유의 상표명으로 비행기나 우주선의 내장재로 쓰인다.

49 항공기 판재 굽힘작업 시 최소 굽힘반지름을 정하는 주된 목적은?

㉮ 굽힘작업 시 낭비되는 재료를 최소화 하기 위해
㉯ 판재의 굽힘작업으로 발생되는 내부 체적을 최대로 하기 위해
㉰ 굽힘 반지름이 너무 작아 응력 변형이 생겨 판재가 약화되는 현상을 막기 위해
㉱ 굽힘작업 시 발생하는 열을 최소화하기 위해

해설 본래의 강도를 유지한 상태로 구부러질 수 있는 최소의 굴곡반경을 말하며 최소 굴곡 반경(minimum radius of bend)이라고 한다. 반경이 작으면 응력과 비틀림이 커지므로 판재가 약화되는 현상을 막기 위해 최소 굽힘 반지름을 정한다.

50 대형 항공기 조종면을 수리하여 힌지라인 후방의 무게가 증가되었다면 어떠한 문제가 발생하는가?

㉮ 기수가 상승한다.
㉯ 기수가 하강한다.
㉰ 플러터(flutter) 발생 원인이 된다.
㉱ 속도가 증가하고 진동이 감소된다.

해설 hinge는 중심축을 말하고 flutter의 사전적인 의미는 "흔들리다. 파닥이다"의 뜻으로 날개의 진동이 감쇄하지 않고 심해지면 frame out 상태가 된다. 공탄성에 의해 속도가 빨라지면서 기체가 받는 공기력이 커지고 기체에 진동을 일으킨다. mass balance로 조종면에 과대평형을 주어 플러터를 방지한다.

51 알루미늄합금과 구조용 강과의 기계적 성질에 대한 설명으로 옳은 것은?

㉮ 동일한 하중에 대한 알루미늄합금의 변형량은 구조용 강철에 비해 약 3배 많다.
㉯ 알루미늄합금은 구조용 강철에 비해 제 1변태점이 약 300℃ 정도가 높다.
㉰ 구조용 강철의 탄성계수는 알루미늄합금의 탄성계수의 약 2배 정도이다.
㉱ 제 1변태점 이상에서 알루미늄합금은 구조용 강철보다 기계적 성질이 좋다.

해설 알루미늄의 특징은 비중 2.69, 용융점 660.2℃이며 전기의 전도율이 좋다. 가볍고 전연성이 커서 가공이 쉬우며 시효 경화되며 변태점이 없다. 위 문제는 프아송의 비에 관한 문제로 탄성계수(E : modulus of elasticity)는 재료에 하중을 준 다음 제거했을 때 본래의 상태로 되돌아오는 성질을 말하며 보통 구조용 강철은 210 GPa면 알루미늄합금의 3배, 구리의 2배이다.

ANSWER 48 ㉰ 49 ㉰ 50 ㉰ 51 ㉮

52 일반적인 금속의 응력 – 변형률 곡선에서 위치별 내용이 옳게 짝지어진 것은?

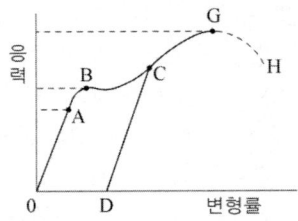

㉮ G : 항복점
㉯ OA : 인장강도
㉰ B : 비례탄성범위
㉱ OD : 영구 변형률

해설
- G : 극한강도(Ultimate strength), 재료가 견딜 수 있는 최대의 응력
- OA : 탄성비례한도(elastic limit), 응력과 변형률이 비례적으로 증감하는 부분
- B : 항복점(Yield point), 응력을 증가시키지 않아도 변형이 연속적으로 갑자기 커지는 상태의 응력. 항복점을 기준으로 탄성영역, 소성영역으로 나뉜다.
- H : 파단점(Rupture strength)

53 연료탱크에 있는 벤트계통(vent system)의 역할로 옳은 것은?

㉮ 연료탱크 내의 증기를 배출하여 발화를 방지한다.
㉯ 비행자세의 변화에 따른 연료탱크 내의 연료유동을 방지한다.
㉰ 연료탱크 내·외의 차압에 의한 탱크구조를 보호한다.
㉱ 연료탱크의 최하부에 위치하여 수분이나 잔류 연료를 제거한다.

해설 Vent는 환기구라는 뜻으로 항공기 연료 탱크의 벤트 계통(tank vent system)은 연료 탱크의 상부 공간을 밖으로 환기시켜 탱크 내·외부의 압력차를 제거하여 reservoir의 수축 팽창을 막고 불필요한 응력 발생을 막는다. ㉯에서 연료유동을 방지하는 것은 baffle plates이다.

54 항공기 도면에서 "Fuselage Station 137"이 의미하는 것은?

㉮ 기준선으로부터 137inch 전방
㉯ 기준선으로부터 137inch 후방
㉰ 버틱라인(BL)으로부터 137inch 좌측
㉱ 버틱라인(BL)으로부터 137inch 우측

해설 Aircraft Station Numbers는 정비사들이 검사 또는 정비할 곳을 쉽게 찾아내어 정비의 용이성을 높이려는 목적으로 기준선을 0으로 동체 전·후방을 따라 위치를 나타내며 종류에는 FS(fuselage station), WS(wing station), SS(stabilizer station) 등이 있다. "Fuselage Station 137"은 "137 inched aft of the zero or fixed reference line" 의미이다.

55 Al 표면을 양극산화처리하여 표면에 산화 피막이 만들어지도록 처리하는 방법이 아닌 것은?

㉮ 수산법
㉯ 크롬산법
㉰ 황산법
㉱ 석출경화법

해설 양극산화처리 : 금속을 양극으로 해서 전기를 보내면 양극에서 산소가 발생 산소로 인해 알루미늄 산화되고 산화알루미늄 피막 형성 균일성이 높은 피막이 형성되고 내식성과 내마모성이 개선된다. 전해액에 따라 황산법, 수산법, 혼산법, 크롬산법으로 나뉜다. 석출경화법(Ph, Precipitation hardening, 쪼갤 석 드러낼 출) : 알루미늄 합금에 사용되는 열처리 방법이다. 알루미늄 합금 내에 존재하는 합금 원소를 알루미늄 모재에 고르게 분산시키는 용체화 처리 후 내부 상태를 유지시키기 위해 급속냉각을 거치고 시효경화를 통해 강도를 높인다. 이 때 200도 온도에서 4 ~ 8시간 노출시키면 내부에 작은 덩어리(강경도를 높이는데 필요한 덩어리)들이 드러나는데 이를 석출경화라고 한다.

ANSWER 52 ㉱ 53 ㉰ 54 ㉯ 55 ㉱

56 다음 중 드릴(drill)로 구멍을 뚫을 때 가장 빠른 드릴 회전을 해야 하는 재료는?

㉮ 주철
㉯ 알루미늄
㉰ 티타늄
㉱ 스테인리스강

해설 드릴 날의 각도는 단단할수록 각도와 압력이 커지고 속도가 줄어든다. (경질재료 및 얇은 판 140도 저속, 연질 재료 및 두꺼운 판 118도 고속, 일반재질 118도, 스테인레스 140도, 알루미늄 90도)

57 하중배수(load factor)에 대한 설명으로 틀린 것은?

㉮ 등속수평비행 시 하중배수는 1이다.
㉯ 하중배수는 비행속도의 제곱에 비례한다.
㉰ 선회비행 시 경사각이 클수록 하중배수는 작아진다.
㉱ 하중배수는 기체에 작용하는 하중을 무게로 나눈 값이다.

해설 선회반경은 항공기가 선회 시 원의 반경을 말한다. 선회반경(TR)은 속도(V)의 제곱에 비례하고 중력가속도(g)와 하중배수(G)에 반비례한다. 속도가 크면 반경이 커지고 하중배수가 클수록 선회반경은 작아진다. 선회비행 시 경사각을 크게 하여 선회반경은 작아지나 하중배수가 커진다. 항공기가 60도 수평선회 한다면 cos60은 0.5이므로 2G 즉, 몸무게가 100kg이면 200kg이 누르는 것과 같다. 참고로 선회반경과 하중배수와의 관계식은 다음과 같다.

$$TR = \frac{V^2}{gG}$$

58 항공기의 기체구조 수리에 대한 내용으로 가장 올바른 것은?

㉮ 수리를 위하여 대치할 재료의 두께는 원래 두께와 같거나 작아야 한다.
㉯ 사용 리벳 수는 같은 재질로 기체의 강도를 고려하여 최소한의 수를 사용한다.
㉰ 같은 두께의 재료로서 17ST의 판재나 리벳을 A17ST로 대체하여 사용할 수 있다.
㉱ 수리 부분의 원래 재료와의 접촉면에는 재료의 성분에 관계없이 부식 방지를 위하여 기름으로 표면처리한다.

해설 A17ST은 2117(AD)이며 17ST는 2017(D)로 일명 아이스박스 리벳을 말한다. 수리용 리벳은 이질 금속 간의 부식을 방지하기 위해 도금처리가 되어 있으며 종류에는 황색(Yellow)을 띠는 크롬산 아연 처리(Zinc Chromate), 은빛 회색(Silver Gray)인 금속 코팅 처리(Metal Spray), 진주빛 회색(Milk Gray)인 양극 산화 처리(Anodized Finish)로 나뉜다.

59 항공기의 구조부재 용접작업 시 최우선으로 고려해야 할 사항은?

㉮ 작업 부위의 청결
㉯ 용접 방향
㉰ 용접 슬러지 제거
㉱ 재질 변화

해설 항공기 용접은 용접과 함께 가해지는 열로 인해 취성이 더해진다. 다시말해서 응력이 작용하므로 재질이 강인지 크롬 몰리브덴강인지 등의 금속 재질을 정확하게 판단하는 것이 중요하다. 그러므로 항공 용접은 모재 전체를 가열하면서 동시에 용접을 하거나 용접 후 모재 전체를 열처리하여 응력을 없애야 한다.

ANSWER 56 ㉯ 57 ㉰ 58 ㉯ 59 ㉱

60 항공기의 최대 총 무게에서 자기무게를 뺀 무게는?

㉮ 유상하중(useful load)
㉯ 테어무게(tare weight)
㉰ 최대허용무게(max allowable weight)
㉱ 운항자기무게(operating empty weight)

해설 useful load란 Taxi Weight(Ramp Weight)에서 무게중심을 구할 때 기준이 되는 Basic Empty Weight(자기무게)를 뺀 무게를 말한다. '임의로 항공기의 하중에 영향을 미치는 것들'이라고 해석 가능하다. 참고로 Basic Empty Weight는 항공기 제조사에서 나오자마자 고정된 기체, 기관, 프레임 등에 standard item을 더한 중량을 말한다. 기체 무게를 줄여 useful load, 특히 payload를 늘리기 위해 B787의 경우 탄소복합소재를 사용한다. 테어 무게(Tare weight)는 항공기의 무게를 측정하는데 필요한 장비(Chock, block, sling, jack) 등의 무게를 말하며 항공기의 실제 무게를 얻기 위하여 이 무게는 제외되어야 한다.

제4과목 항공장비

61 직류 직권 전동기의 속도를 제어하기 위한 가변 저항기(rheostat)의 장착방법은?

㉮ 전동기와 병렬로 장착
㉯ 전동기와 직렬로 장착
㉰ 전원과 직·병렬로 장착
㉱ 전원 스위치와 병렬로 장착

해설 ① 가변 저항기(variable resistor, rheostat) : 연속적 또는 이산적으로 저항값을 바꿀 수 있는 저항기이다. 넓은 의미로는 일반 저항기를 말하지만 보통으로는 비교적 저주파, 대전력용의 권선 가변 저항기(권선 저항기)를 가리키는 경우가 많다. 저항의 절댓값을 필요로 하는 측정용과 분할비를 사용하는 전자회로용으로 나뉜다. 전자에는 플러그형과 다이얼형이 있다. 4~6자릿수의 수치가 얻어진다. 후자에는 권선형(수Ω~수백 ㏀)과 카본형(수㏀~수㏁)이 있다. 또한 계산, 측정 회로 또는 자동 제어용에는 감는 선을 나선 상으로 한 다회전 정밀 가변 저항기가 이용되고, 헬리칼롬, 헬리포트 등으로 불리며 시판되고 있다.

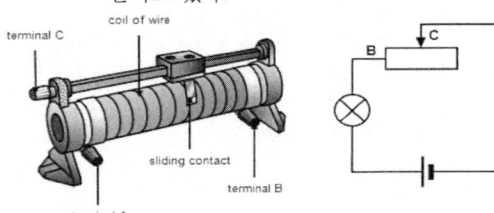

② 직류 직권 전동기 : 전기자코일과 계자코일이 직렬로 접속된 것으로 특징은 기동회전력이 크고, 부하가 증가하면 회전속도가 낮아지고 흐르는 전류가 커지는 장점이 있으나 부하가 감소하면 회전속도가 증가한다.

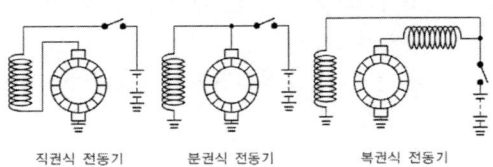

직권식 전동기 분권식 전동기 복권식 전동기

ANSWER 60 ㉮ 61 ㉯

62 싱크로 계기의 종류 중 마그네신(magnesyn)에 대한 설명으로 틀린 것은?

㉮ 교류전압이 회전자에 가해진다.
㉯ 오토신(autosyn)보다 작고 가볍다.
㉰ 오토신(autosyn)의 회전자를 영구자석으로 바꾼 것이다.
㉱ 오토신(autosyn)보다 토크가 약하고 정밀도가 떨어진다.

해설 ① 오토신(Autosyn) : 벤딕스사에서 만들어진 싱크로이다. 전동기나 발전기와 같이 고정자(stastor)와 회전자(amature)로 구성되어 있고, 각도와 회전력 등의 정보 전송을 목적으로 하는 전기 기기이다. 교류 발전기와 비슷한 구조로 고정자는 적층 철심에 서로 120° 간격으로 3개의 권선이 있는 3상 교류 발전기의 고정자와 같다. 각종 자이로계, 컴파스계, RMI, HSI, ADI, VOR, ADF, 기상 레이더, 전파 고도계, 고도계, 승강계, 속도계 등의 각종 계기에 사용된다. 토크가 세고, 크기가 크고, 정밀도가 좋다. 회전자(전자석)를 사용한다.
② 마그네신(Magnesyn) : 싱크로, 오토신, 데이신과 같이 각도를 전기적으로 전송하는 장치이다. 마그네신 발신기는 고정자 내부에 자유롭게 회전할 수 있게 조립된 자석에 의해서 만들어진 자장이다. 26V, 400Hz의 교류 전압에 의해 여자된다. 토크가 약하고, 크기가 작고, 정밀도가 떨어진다. 회전자(영구자석)를 사용한다.

63 고도계에서 발생되는 오차와 발생 요인이 다르게 짝지어진 것은?

㉮ 탄성오차 : 케이스의 누출
㉯ 온도오차 : 온도 변화에 의한 팽창과 수축
㉰ 눈금오차 : 섹터기어와 피니언기어의 불균일
㉱ 기계적오차 : 확대장치의 가동부분, 연결, 백래쉬, 마찰

해설 고도계 오차의 종류
① 눈금오차 : 일정한 온도에서 진동을 가하여 기계적 오차를 뺀 계기 특유의 오차. 일반적으로 고도계의 오차는 눈금 오차를 말하며 수정이 가능하다.
② 온도오차 : 온도의 변화에 의하여 고도계의 각 부분이 팽창·수축하여 생기는 오차
③ 탄성오차 : 히스테리시스, 편위, 잔류 효과와 같이 일정한 온도에서의 탄성체 고유의 오차로서 재료의 특성 때문에 발생한다.
④ 기계적오차 : 계기 각 부분의 마찰, 기구의 불평형, 가속도와 진동 등에 의하여 바늘이 일정하게 지시하지 못함으로써 생기는 오차. 이들은 압력의 변화와 관계가 없으며 수정이 가능하다.

64 항공기의 축압기(accumulator)에 대한 설명으로 틀린 것은?

㉮ 압력 조절기가 너무 빈번하게 작동되는 것을 방지한다.
㉯ 갑작스럽게 계통 압력이 상승할 때 이 압력을 흡수한다.
㉰ 작동유 압력계통의 호스가 파손되거나 손상되어 작동유가 누설되는 것을 방지한다.
㉱ 비상시 최소한의 작동 실린더를 제한된 횟수만큼 작동시킬 수 있는 작동유를 저장한다.

해설 축압기(Accumulator)
가압된 작동유를 저장하는 저장통으로, 여러 개의 유압 기기가 동시에 사용될 때 동력 펌프를 돕고, 동력 펌프가 고장났을 때에는 저장되었던 작동유를 유압 기기에 공급한다. 유압 계통의 서지(surge) 현상을 방지하고, 압력을 흡수하면 압력 조정기의 개폐 빈도를 줄여 펌프나 압력 조정기의 마멸을 감소시킨다.

ANSWER 62 ㉮ 63 ㉮ 64 ㉰

65 수평상태 지시계(HSI)가 지시하지 않는 것은?

㉮ 비행고도
㉯ DME거리
㉰ 기수 방위 지시
㉱ 비행코스와의 관계지시

해설 수평자세 지시계(HSI : horizontal situation indicator) 비행 계기로서 비행 정보를 나타내는 계기이다. 계기 중앙을 기준으로 수평면의 상황을 시현하는데 항법 기준이 되는 VOR/ILS 또는 TACAN 기지국 지시, 헤딩, 활공각 지시기, TO/FROM 등을 나타낸다.

66 항공기에서 화재탐지를 위한 장치가 설치되어 있지 않은 곳은?

㉮ 조종실 내
㉯ 화장실
㉰ 동력장치
㉱ 화물실

해설 ㉯ 화장실 : 과열 탐지기 및 스모크 탐지기
㉰ 동력장치 : 과열 탐지기 및 화재 탐지기
㉱ 화물실 : 스모크 탐지기 및 화재 탐지기

67 10mH의 인덕턴스에 60Hz, 100V의 전압을 가하면 약 몇 암페어(A)의 전류가 흐르는가?

㉮ 15.35
㉯ 20.42
㉰ 25.78
㉱ 26.54

해설 교류회로 내에서 옴의 법칙에 의해서 $V=IZ$로 식을 세울 수 있다.
전류를 구하기 위해 식을 변형시켜 대입하면
$$I = \frac{V}{Z} = \frac{V}{\sqrt{R^2+(X_L-X_C)^2}}$$
$$= \frac{100[V]}{\sqrt{R^2+(2\pi f - \frac{1}{2\pi fC})^2}[\Omega]}$$
$$= \frac{100[V]}{\sqrt{0^2+((2\pi \times 60[Hz]) \times 10 \times 10^{-3}[H])-0)^2}[\Omega]}$$
$$= 26.53[A]$$

68 Transmitter와 Indicator 양쪽 모두 △ 또는 Y결선의 스테이터(stator)와 교류 전자석의 로터(rotor) 사이에 발생되는 전류와 자장 발생에 의해 동조되는 방식의 계기는?

㉮ 데신(desyn)
㉯ 오토신(autosyn)
㉰ 마그네신(magnesyn)
㉱ 일렉트로신(electrosyn)

해설 ㉮ 데신(Desyn, DC synchro) : 싱크로 계기로서 각도의 원격 지시를 하는 장치이다.
㉯ 오토신(autosyn) : 고정자와 회전자로 구성되어 있고, 각도와 회전력의 전송을 목적으로 한 전기계기로, bendix사에서 제작된 싱크로 계기이다.
㉰ 마그네신(magnesyn) : 싱크로, 데이신과 같이 각도를 전기적으로 전송하는 장치이다. 26V, 400Hz의 교류 전압에 의해 여자된다.

ANSWER 65 ㉮ 66 ㉮ 67 ㉱ 68 ㉯

69 항공계기의 색표지(color marking)와 그 의미를 옳게 짝지은 것은?

㉮ 푸른색 호선(blue arc) : 최대 및 최소 운용한계
㉯ 노란색 호선(yellow arc) : 순항 운용 범위
㉰ 붉은색 방사선(red radiation) : 경계 및 경고 범위
㉱ 흰색 호선(white arc) : 플랩을 조작할 수 있는 속도 범위 표시

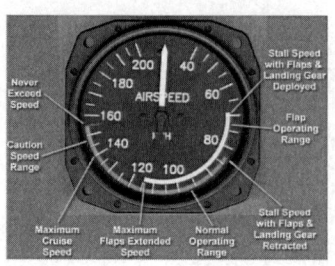

해설 계기의 색표식(Color marking)은 계기의 문자판 또는 유리에 그 기체의 운용 한계 등을 색으로 표시한 것이다. 항공기마다 운용 제한, 최대 작동 한계, 최저 작동 한계 등을 표시하거나 색표식으로 나타내도록 정해져 있다.
① 적색 방사선 : 최대 및 최저 운용 한계를 나타내며 어떠한 경우라도 운용금지 한계를 나타내고 있다.
② 백색 방사선 : 계기의 유리판과 케이스에 걸쳐 표시되어 있으며, 각 색표식들을 계기 앞면 유리판에 표시하였을 때, 유리가 케이스와 정확히 맞물려 있는가를 표시하는 미끄럼 방지표시를 나타내고 있다.
③ 녹색 호선 : 일반적인 사용 안전 운용 범위를 나타내고 있다.
④ 황색 호선 : 일반적인 사용 범위에서 초과 금지 사이의 경계 범위를 나타내고 있다.
⑤ 백색 호선 : 대기 속도계에만 표시되는 색표식으로 플랩(flap)이 있는 기체의 플랩 조작 속도 범위를 나타내고 있다. 범위는 최대 착륙 중량에 있어서 실속 속도를 하한으로 하고 플랩 강하 속도를 상한으로 한다.
⑥ 청색 호선 : 기화기를 장비한 왕복기관에 관계된 기관계기에 표시하는 색으로서, 흡기압력계(Manifold pressure indicator), 기관회전계기(Tachometer), 기통두온도계(Cylinder head temperature indicator)등에 표시한다. 연료와 공기 혼합비가 오토린(Auto-Lean)일 때의 상용안전운용범위를 나타낸다.

70 객실의 개별 승객에게 영화, 음악 등 오락 프로그램을 제공하는 장치는?

㉮ Cabin interphone system
㉯ Passenger address system
㉰ Service interphone system
㉱ Passenger entertainment system

해설 ㉮ 캐빈 인터폰 장치(Cabin Interphone) : 조종실과 객실 승무원석 및 각 배치로 나누어진 객실 승무원 상호 간의 통화 연락을 하기 위한 전화 장치이다.
㉯ 기내 방송 장치(Passenger address system) : 항공기 기내에서 승객들에게 방송하는 장치로서, 안내방송 우선순위는 조종실, 객실, 음악 순으로 된다.
㉰ 승무원 상호 간 통화 장치(Service Interphone) : 비행 중에는 조종실과 객실 승무원석 및 갤리(galley) 간의 통화 연락을, 지상에서는 조종실과 정비, 점검상 필요한 기체 외부와의 통화 연락을 하기 위한 장치이다. (B747에서는 정비용으로만 사용-)
㉱ 오락 프로그램 제공 장치(Passenger entertainment system) : 대형 여객기에는 승객서비스를 위하여 오락 프로그램 제공 시스템을 탑재하고 있다. 프로그램 소스는 클래식, POP 등을 수록한 테이프 코드용 10개 채널과 TV 또는 VTR용 1개 채널 및 라디오용 1개 채널 등 모두 12개 채널이다. 이들 12개 채널의 정보를 각각 독립된 전선으로 각 좌석까지 배선 시 전선의 하중으로 인하여 다중화 장치(MUX, Multiplexer)를 이용하여 분할 디지털 방식으로 다중화하고 1개의 동축 케이블

ANSWER 69 ㉱ 70 ㉱

로 각 좌석 그룹까지 전송하고 있다. 각 좌석 그룹에는 복조기(Demultiplexer)가 있고 좌석마다 장착되어 있는 PCU(Passenger control unit)를 사용하여 승객이 원하는 채널을 다시 조절하면 승객의 헤드폰을 통하여 음성을 보내고 있다. 승객이 오락프로그램을 청취하는 동안 중요한 안내 방송을 못 듣는 일이 없도록 오락프로그램을 일시적으로 중단하고 PA방송을 우선적으로 방송할 수도 있다. (조종실에서 승객에게 안내 방송 시, 객실승무원이 승객에게 안내 방송 시, 승객 호출 시, 승객을 위한 오락 방송 시)

71 항공기 내 승객 안내시스템(Passenger address system)에서 방송의 제1순위부터 순서대로 옳게 나열한 것은?

㉮ Cabin 방송, Cockpit 방송, Music 방송
㉯ Cabin 방송, Music 방송, Cockpit 방송
㉰ Cockpit 방송, Cabin 방송, Music 방송
㉱ Cockpit 방송, Music 방송, Cabin 방송

해설 기내 방송 장치(Passenger address system)
항공기 기내에서 승객들에게 방송하는 장치로서, 안내방송 우선순위는 조종실, 객실, 음악 순으로 된다.

72 자동비행조종장치에서 오토파일롯(auto pilot)을 연동(engage)하기 전에 필요한 조건이 아닌 것은?

㉮ 이륙 후 연동한다.
㉯ 충분한 조정(trim)을 취한 뒤 연동한다.
㉰ 항공기의 기수가 진북(true north)을 향한 후에 연동한다.
㉱ 항공기 자세(roll, pitch)가 있는 한계 내에서 연동한다.

해설 B737의 auto pilot panel
① COURSE : 방향 설정(VOR)
② IAS/MACH : 속도 설정
③ VNAV, LNAV : 수직, 수평 항로 설정(FMC)
④ HEADING : 방향 설정
⑤ ALTITUDE : 고도 설정
⑥ VERT SPEED : 수직 속도 설정
⑦ A/P ENGAGE : auto pilot 실행

73 직류 전원을 교류 전원으로 바꿔주는 것은?

㉮ Static Inverter
㉯ Load Controller
㉰ Battery Charger
㉱ TRU(Transformer Rectifier Unit)

해설 ㉮ Static Inverter : 직류(DC)를 교류(AC)로 변환하는 장치를 말하는데, 항공기에서는 주로 DC 28V를 AC 115V, 400Hz로 변환하는데 이용된다. 일반적으로 배터리와 같은 직류 비상 전원을 반도체 소자를 통해 115V AC, 400Hz 교류 전원으로 변환하는 비상 필수 장비이다.
㉯ Load Controller : 배터리를 충전시킬 때 사용하는 일종의 정류기(rectifier)로, 교류를 직류로 바꾼 다음 충전하게 된다.
㉱ TRU(Transformer Rectifier Unit) : 항공기 AC시스템(115V, 400Hz)을 DC시스템(28V)으로 변환하여 공급하는 변압 정류기를 사용한다. (B747에는 4개, B777에는 3개의 TRU가 장착된다.)

ANSWER 71 ㉰ 72 ㉰ 73 ㉮

74 Full deflection current 10mA, 내부저항이 4Ω인 검류계로 28V의 전압측정용 전압계를 만들려면 약 몇 Ω짜리의 직렬 저항을 이용해야 하는가?

㉮ 2000 ㉯ 2500
㉰ 2800 ㉱ 3000

해설 검류계 내부저항이 있기 때문에 외부에 직렬로 저항을 연결하면 보다 높은 전압을 측정할 수 있다. 직렬 저항이므로 전류는 동일하게 흐른다는 조건으로 계산한다.
$$R = \frac{V}{I} = \frac{28[V]}{10 \times 10^{-3}[A]} = 2800[\Omega]$$

75 기본적인 에어 사이클 냉각 계통의 구성으로 옳은 것은?

㉮ 히터, 냉각기, 압축기
㉯ 압축기, 열교환기, 터빈
㉰ 열교환기, 증발기, 히터
㉱ 바깥공기, 압축기, 엔진브리드공기

해설 공기순환 냉각방식(ACM, Air Cycle Machine)
엔진의 압축기에서 나온 가압된 공기는 1차 열교환기를 지나 냉각되어 ACM으로 간다. 다시 2차 열교환기를 지나 냉각되어 팽창터빈을 통해 압력과 온도가 더욱 떨어져 수분분리기를 통해 객실에 공급된다.

76 유압계통에서 압력이 낮게 작동되면 중요한 기기에만 작동 유압을 공급하는 밸브는?

㉮ 선택밸브(selector valve)
㉯ 릴리프밸브(relief valve)
㉰ 유압퓨즈(hydraulic fuse)
㉱ 우선순위밸브(priority valve)

해설 ㉮ 선택밸브(selector valve) : 작동 실린더의 운동 방향을 결정하는 밸브이다. 기계적으로 작동되는 것과 전기적으로 작동되는 것이 있고, 기계적으로 작동되는 밸브에는 회전형, 포핏형, 스풀형, 피스톤형, 플런저형이 있다.
㉯ 릴리프밸브(relief valve) : 작동유에 의한 계통 내의 압력을 규정된 값 이하로 제한하는데 사용되는 것으로, 과도한 압력으로 인하여 계통 내의 관이나 부품이 파손될 수 있는 것을 방지하는 장치이다.
㉰ 유압퓨즈(hydraulic fuse) : 유압 계통의 관이나 호스가 파손되거나 기기 내의 실에 손상이 생겼을 때 과도한 누설을 방지하기 위한 장치
㉱ 우선순위밸브(priority valve) : 작동유의 압력이 일정 압력 이하로 떨어지면 유로를 막아 작동 기구의 중요도에 따라 우선 필요한 계통만을 작동시키는 기능을 가진 밸브이다.

77 비행 중에 비로부터 시계를 확보하기 위한 제우(rain protection) 시스템이 아닌 것은?

㉮ Air Curtain System
㉯ Rain Repellent System
㉰ Windshield Wiper System
㉱ Windshield Washer System

해설 제우 장치의 종류
㉮ Air Curtain System : 압축 공기를 이용하여 물방울을 제거
㉯ Rain Repellent System : 화학 액체를 분사하여 피막을 만들어 물방울 방지
㉰ Windshield Wiper System : 와이퍼 블레이드에 의해 물방울을 기계적으로 제거
㉱ Windshield Washer System : 세정액을 분사하고 와이퍼를 사용하여 오염 제거

ANSWER 74 ㉰ 75 ㉯ 76 ㉱ 77 ㉰

78 광전연기탐지기에 대한 설명으로 옳은 것은?

㉮ 연기의 양을 측정한다.
㉯ 연기의 반사광을 감지한다.
㉰ 주변 연기의 온도를 측정한다.
㉱ 연기 내 오염물의 정도를 탐지한다.

해설 광전 연기 탐지기(Photo electric smoke detector)
광전 튜브 등을 사용하여 전기적으로 작동시킨다. 비컨 램프는 항상 켜져있으며, 연기가 들어오면 반사광이 광전 튜브 또는 감광 트랜지스터를 통해 경고장치를 작동시킨다. 내부는 검게 칠해져 있고, 감시해야 하는 장소의 공기를 기체 내외의 압력차에 의한다.

79 직류 발전기에서 잔류자기를 잃어 발전기 출력이 나오지 않을 경우 잔류자기를 회복하는 방법으로 가장 적절한 것은?

㉮ 계자코일을 교환한다.
㉯ 계자권선에 직류전원을 공급한다.
㉰ 잔류자기가 회복될 때까지 반대방향으로 회전시킨다.
㉱ 잔류자기가 회복될 때까지 고속 회전시킨다.

해설 계자 플래싱(Field flashing)
발전기가 처음 발전을 시작할 때 남아있는 계자(전류자기)에 의존하는데, 만약 계자가 남아 있지 않으면 발전이 안 되므로 외부전원을 잠시 흘려주는 것이다.

80 HF통신의 용도로 가장 옳은 것은?

㉮ 항공기 상호 간 단거리 통신
㉯ 항공기와 지상 간의 단거리 통신
㉰ 항공기 상호 간 및 항공기와 지상 간의 장거리 통신
㉱ 항공기 상호 간 및 항공기와 지상 간의 단거리 통신

해설 항공 주파수 대역에는 HF, VHF, UHF가 사용된다. HF는 전파의 흡수가 적은 F층에서 반사되어 원거리에 전파되는 특징이 있어 원거리 통신이 가능하고, VHF는 파장이 매우 짧고 높은 주파수의 전파는 이온층에서 반사되지 않고 직진하여 근거리 통신에 적합하다.

ANSWER 78 ㉯ 79 ㉯ 80 ㉰

2016 제4회 항공산업기사 기출문제

제1과목 ✈ 항공역학

01 다음 중 항력 발산 마하수가 높은 날개를 설계할 때 옳은 것은?

㉮ 쳐든각을 크게 한다.
㉯ 날개에 뒤젖힘각을 준다.
㉰ 두꺼운 날개를 사용한다.
㉱ 가로세로비가 큰 날개를 사용한다.

[해설] 항력발산 마하수는 임계마하수를 지나 충격파가 발생하여 항력이 급증하는 마하수를 말하며 항력발산 마하수를 증가시키는 방법은 임계마하수를 증가시키는 방법과 동일하다.
① 뒤젖힘각을 준다.
② 얇은 날개를 사용한다.
③ 가로세로비가 작은 날개를 사용한다.

02 날개의 면적을 유지하면서 가로세로비만 2배로 증가시켰을 때 이 비행기의 유도항력계수는 어떻게 되는가?

㉮ 2배 증가한다.
㉯ 1/2로 감소한다.
㉰ 1/4로 증가한다.
㉱ 1/16로 증가한다.

[해설] 유도항력 계수 : $C_{di} = \dfrac{C_L^2}{\pi \cdot e \cdot AR}$
∴ 가로세로비에 반비례한다.

03 물체 표면을 따라 흐르는 유체의 천이(transition) 현상을 옳게 설명한 것은?

㉮ 충격 실속이 일어나는 현상이다.
㉯ 층류에 박리가 일어나는 현상이다.
㉰ 층류에서 난류로 바뀌는 현상이다.
㉱ 흐름이 표면에서 떨어져 나가는 현상이다.

04 온도가 0℃, 고도 약 2300m에서 비행기가 825m/s로 비행할 때의 마하수는 약 얼마인가? (단, 0℃ 공기 중 음속은 331.2m/s이다.)

㉮ 2.0   ㉯ 2.5
㉰ 3.0   ㉱ 3.5

[해설] $M = \dfrac{V}{C}$ ∴ $M = \dfrac{825}{331}$

ANSWER 01 ㉯ 02 ㉯ 03 ㉰ 04 ㉯

05 에어포일 코드 'NACA 0009'를 통해 알 수 있는 것은?

㉮ 대칭단면의 날개이다.
㉯ 초음속 날개 단면이다.
㉰ 다이아몬드형 날개 단면이다.
㉱ 단면에 캠버가 있는 날개이다.

해설 NACA 0009는 캠버의 크기와 위치가 0이므로 대칭형 날개골이다.

06 다음 중 이륙 활주거리를 줄일 수 있는 조건으로 옳은 것은?

㉮ 추력을 최대로 한다.
㉯ 고항력 장치를 사용한다.
㉰ 비행기의 하중을 크게 한다.
㉱ 항력이 큰 활주 자세로 이륙한다.

해설 $S = \dfrac{W}{2 \cdot g} \cdot \dfrac{V^2}{(T-D-F)}$

07 다음 중 ( ) 안에 알맞은 내용은?

> 비행기에서 무게중심이 날개의 공기역학적 중심보다 앞쪽에 위치할수록 세로 안정은 (㉠)하고, 조종성은 (㉡)한다.

㉮ ㉠ 감소 ㉡ 증가
㉯ ㉠ 감소 ㉡ 감소
㉰ ㉠ 증가 ㉡ 증가
㉱ ㉠ 증가 ㉡ 감소

08 날개드롭(wing drop)에 대한 설명으로 틀린 것은?

㉮ 옆놀이와 관련된 현상이다.
㉯ 한쪽 날개가 충격 실속을 일으켜서 갑자기 양력을 상실하며 발생하는 현상이다.
㉰ 아음속에서 충격파가 과도할 경우 날개가 동체에서 떨어져 나가는 현상을 말한다.
㉱ 두꺼운 날개를 사용한 비행기가 천음속으로 비행 시 발생한다.

해설 날개 드롭
고속기의 가로불안정 중 하나로 항공기가 천음속 영역에 들어와 충격파가 발생하게 되면 양쪽 날개에 동시에 충격파가 발생하는 것이 아니라 한쪽 날개에 먼저 발생하여 갑작스러운 항력의 증가로 충격파가 발생한 날개가 아래로 내려가는 현상을 말한다.

09 500rpm으로 회전하고 있는 프로펠러의 각속도는 약 몇 rad/s인가?

㉮ 32 ㉯ 52
㉰ 65 ㉱ 104

해설 각속도$(W) = 2\pi n$ ∴ $2 \times \pi \times \dfrac{500}{60}$
(문제에서 각속도의 단위를 deg/s로 물어 볼 경우 rad/s 단위에 $\pi/180$을 곱하여 계산하여야 한다.)

ANSWER 05 ㉮ 06 ㉮ 07 ㉱ 08 ㉰ 09 ㉯

10 항공기 형상이 비행안정성에 미치는 영향을 옳게 설명한 것은?

㉮ 후퇴각(sweepback)을 갖는 주 날개에서는 측풍이 날개 익형에서 상대적인 공기속도를 변화시켜 항력 차이에 의한 복원 모멘트로 횡안정성이 개선된다.
㉯ 고익(high wing) 항공기에서는 횡안정성을 저해하는 방향으로 동체 주위의 유동이 날개의 받음각을 변화시킨다.
㉰ 일정한 면적의 꼬리날개는 장착위치가 무게 중심에 가까울수록 수직 및 수평 안정판이 비행 안정성에 기여하는 영향이 크다.
㉱ 상반각을 갖는 주 날개에서는 측풍이 좌측 및 우측 날개에서 받음각 차이로 양력의 차이를 발생시켜 횡안정성이 개선된다.

11 다음 중 실속 받음각 영역이 다른 것은?

㉮ 스핀   ㉯ 방향발산
㉰ 더치 롤   ㉱ 나선발산

[해설] 스핀은 자전현상과 수직강하가 조합된 비행 상태를 말하며, 자전현상은 실속각 이후에만 발생하는 현상이다.

12 항공기 중량이 900kgf, 날개면적이 10m² 인 제트 항공기가 수평 등속도로 비행할 때 추력은 몇 kgf인가? (단, 양항비는 3이다.)

㉮ 300   ㉯ 250
㉰ 200   ㉱ 150

[해설] $T = W \cdot \dfrac{1}{\text{양항비}} \quad \therefore T = 900 \times \dfrac{1}{3}$

13 조종면 효율변수(flap or control effectiveness parameter)를 설명한 것으로 옳은 것은?

㉮ 양력계수와 항력계수의 비를 말한다.
㉯ 플랩의 변위에 따른 양력계수의 변화량을 나타내는 값이다.
㉰ 날개 면적을 날개 면적과 플랩 면적을 합한 값으로 나눈 값이다.
㉱ 플랩 면적을 날개 면적과 플랩 면적을 합한 값으로 나눈 값이다.

[해설] 조종면의 효율변수 = $\dfrac{dC_L(\text{양력계수의 변화량})}{d\delta_f(\text{플랩의 변위})}$

14 프로펠러가 항공기에 가해준 소요동력을 구하는 식은?

㉮ 추력/비행속도   ㉯ 추력 × 비행속도²
㉰ 비행속도/추력   ㉱ 추력 × 비행속도

[해설] 동력(= 출력, 일률) = 힘 × 속도

15 일반적인 헬리콥터 비행 중 주회전날개에 의한 필요마력의 요인으로 보기 어려운 것은?

㉮ 유도속도에 의한 유도항력
㉯ 공기의 점성에 의한 마찰력
㉰ 공기의 박리에 의한 압력항력
㉱ 경사충격파 발생에 따른 조파항력

[해설] 헬리콥터의 주회전날개에서 충격파 발생 시 헬리콥터의 양력 및 추력이 감소하므로 헬리콥터 주회전날개는 충격파 발생 시까지 회전속도를 증가시키지 않는다.

ANSWER 10 ㉱ 11 ㉮ 12 ㉮ 13 ㉯ 14 ㉱ 15 ㉱

16 무게 20000kgf, 날개 면적 80m²인 비행기가 양력계수 0.45 및 경사각 30°인 상태로 정상선회(균형 선회) 비행을 하는 경우 선회반경은 약 몇 m인가? (단, 공기 밀도는 1.22kg/m³이다.)

㉮ 1820 ㉯ 2000
㉰ 2800 ㉱ 3000

해설

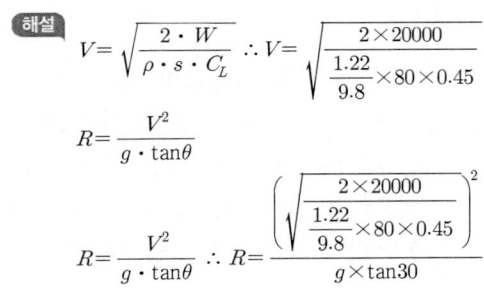

17 상승 가속도 비행을 하고 있는 항공기에 작용하는 힘의 크기를 옳게 비교한 것은?

㉮ 양력 > 중력, 추력 < 항력
㉯ 양력 < 중력, 추력 > 항력
㉰ 양력 > 중력, 추력 > 항력
㉱ 양력 < 중력, 추력 < 항력

18 대기를 구성하는 공기에 대한 설명으로 틀린 것은?

㉮ 공기의 점성계수는 물보다 작다.
㉯ 공기는 압축성 유체로 볼 수 있다.
㉰ 공기의 온도는 고도가 높아짐에 따라서 항상 감소한다.
㉱ 동일한 압력조건에서 공기의 온도 변화와 밀도 변화는 반비례 관계에 있다.

해설 고도가 증가하면 대류권에서는 온도가 감소하나 성층권에서는 온도의 변화가 거의 없으며 열권에서는 온도가 증가한다.

19 비행기가 등속도 수평비행을 하고 있다면 이 비행기에 작용하는 하중배수는?

㉮ 0 ㉯ 0.5
㉰ 1 ㉱ 1.8

해설 $n(\text{하중배수}) = \dfrac{L}{W}$

∴ 수평비행 시 양력과 무게가 같으므로 하중배수는 1

20 헬리콥터 구동 계통에서 자유회전장치(free wheeling unit)의 주된 목적은?

㉮ 주 회전날개 제동장치를 풀어서 작동을 가능하게 한다.
㉯ 시동 중에 주 회전날개 깃의 굽힘 응력을 제거한다.
㉰ 착륙을 위해서 기관의 과회전을 허용한다.
㉱ 기관이 정지되거나 제한된 주 회전날개의 회전수보다 느릴 때 주 회전날개와 기관을 분리한다.

ANSWER 16 ㉮ 17 ㉰ 18 ㉰ 19 ㉰ 20 ㉱

제2과목 항공기관

21 가스터빈 엔진의 연료조정장치(FCU)기능이 아닌 것은?

㉮ 파워레버의 위치에 따른 연료량을 적절히 조절한다.
㉯ 연료 흐름에 따른 연료 필터의 계속 사용 여부를 조정한다.
㉰ 압축기 출구압력 변화에 따라 연료량을 적절히 조절한다.
㉱ 압축기 입구압력 변화에 따라 연료량을 적절히 조절한다.

해설 연료조정장치(Fuel Control Unit)은 압축기 입구나 출구 압력 변화에 따라서나 조종사의 요구(파워레버의 위치)에 따라 연료량을 알맞게 조절하여 공급하는 역할을 한다.

22 가스터빈엔진에서 방빙장치가 필요 없는 곳은?

㉮ 터빈 노즐
㉯ 압축기 전방
㉰ 흡입덕트 입구
㉱ 압축기의 입구 안내깃

해설 방빙장치는 고도가 높아짐에 따라 외기 온도가 낮아지는데 이로써 유체나 공기가 어는 것을 방지하기 위하여 장착하게 된다. 가스터빈기관에서 cold section(공기흡입부, 압축기부)에서 주로 결빙이 많이 발생하게 되고, hot section(연소실부, 터빈부)에서는 연소에 의해 나타나는 높은 열로 인하여 결빙이 발생하지 않는다.

23 프로펠러 깃(propeller blade)에 작용하는 응력이 아닌 것은?

㉮ 인장응력 ㉯ 굽힘응력
㉰ 비틀림응력 ㉱ 구심응력

해설 프로펠러에서 주로 발생하는 응력으로는 비틀림력, 굽힘력, 인장력, 압축력 등이 있고 가장 큰 응력은 원심력에 의한 비틀림력이 가장 크다.

24 정속 프로펠러(constant-speed propeller)는 엔진 속도를 정속으로 유지하기 위해 프로펠러 피치를 자동으로 조정해 주도록 되어 있는데 이러한 기능은 어떤 장치에 의해 조정되는가?

㉮ 3-way 밸브
㉯ 조속기(governor)
㉰ 프로펠러 실린더(propeller cylinder)
㉱ 프로펠러 허브 어셈블리(propeller hub aseembly)

해설 조속기는 항공기의 기관 회전수를 감지하고 프로펠러 깃 각을 어떠한 작동조건하에서도 선택된 RPM을 유지하기 위해 변화시키는 장치를 말한다. 조속기는 스피더 스프링, 카운터 밸런스, 플라이웨이트, 파일럿 밸브 등으로 구성되어 있다.

ANSWER 21 ㉯ 22 ㉮ 23 ㉱ 24 ㉯

25 왕복엔진을 장착한 비행기가 이륙한 후에도 최대 정격 이륙 출력으로 계속 비행하는 경우에 대한 설명으로 옳은 것은?

㉮ 엔진이 과열되어 비행이 곤란해진다.
㉯ 공기흡입구가 결빙되어 출력이 저하된다.
㉰ 엔진의 최대 출력을 증가시키기 위한 방법으로 자주 이용한다.
㉱ 연료소모가 많지만 1시간 이내에서 비행할 수 있다.

해설 항공기가 이륙을 완료한 후에도 이륙 출력으로 비행할 경우 엔진에 무리를 줄 수 있고, 심하게는 엔진 파손의 원인이 되기도 한다.

26 왕복엔진의 마그네토 브레이커 포인트(breaker point)가 과도하게 소실되었다면 브레이커 포인트와 어떤 것을 교환해 주어야 하는가?

㉮ 1차 코일   ㉯ 2차 코일
㉰ 회전자석   ㉱ 콘덴서

해설 마그네토에서 브레이커 포인트에 생기는 과도한 아크를 방지하고, 잔류 자기를 최대한 빠르게 없애도록 하는 역할을 하는 것은 콘덴서이다. 따라서 브레이커 포인트가 소실되었다면 가장 먼저 콘덴서를 확인 후 교환하여야 한다.

27 흡입공기를 사용하지 않는 제트 엔진은?

㉮ 로켓   ㉯ 램제트
㉰ 펄스제트   ㉱ 터보 팬

해설 우주공간에서 주로 활동하는 로켓기관은 외부 공기를 흡입할 수 없다. 따라서 연료와 함께 산소가 포함된 산화제를 사용하기 때문에 흡입공기가 따로 필요치 않다.

28 왕복엔진의 피스톤 오일 링(oil ring)이 장착되는 그루브(groove)에 위치한 구멍의 주요기능은?

㉮ 피스톤 무게를 경감해 준다.
㉯ 윤활유의 양을 조절해 준다.
㉰ 피스톤 벽에 냉각 공기를 보내준다.
㉱ 피스톤 내부 점검을 하기 위한 통로이다.

해설 피스톤링은 압축링, 오일조절링, 오일제거링으로 구분할 수 있다. 오일링에서 그루브에 위치한 홈의 목적은 윤활유를 머무르게 하는 통로의 역할을 함으로써 윤활유의 양을 조절할 수 있도록 한다.

29 열역학에서 주어진 시간에 계(system)의 이전 상태와 관계없이 일정한 값을 갖는 계의 거시적인 특성을 나타내는 것을 무엇이라 하는가?

㉮ 상태(state)
㉯ 과정(process)
㉰ 상태량(property)
㉱ 검사체적(control volume)

해설 상태량이라 함은 물질계의 거시적인 상태에 따라 임의적으로 정해지는 양을 말한다. 대표적으로 온도, 체적, 압력 등이 이에 속한다.

30 피스톤 핀과 크랭크축을 연결하는 막대이며, 피스톤의 왕복 운동을 크랭크축으로 전달하는 일을 하는 엔진의 부품은?

㉮ 실린더 배럴   ㉯ 피스톤 링
㉰ 커넥팅 로드   ㉱ 플라이 휠

해설 왕복기관에서 피스톤과 크랭크축을 연결하는 기구는 커넥팅 로드이다. 피스톤의 왕복운동을 크랭크축의 회전운동으로 바꾸어 주는 역할을 한다.

ANSWER 25 ㉮ 26 ㉱ 27 ㉮ 28 ㉯ 29 ㉰ 30 ㉰

31 왕복엔진에서 물분사 장치에 대한 설명으로 틀린 것은?

㉮ 물을 분사시키면 엔진이 더 큰 추력을 낼 수 있게 하는 안티노크 기능을 가진다.
㉯ 물과 소량의 알코올을 혼합시키는 이유는 배기가스의 압력을 증가시키기 위한 것이다.
㉰ 물분사는 짧은 활주로에서 이륙할 때와 착륙을 시도한 후 복행할 필요가 있을 때 사용한다.
㉱ 물분사가 없는 드라이(dry) 엔진은 작동허용 범위를 넘었을 때 디토네이션으로 출력에 제한이 있다.

해설 물분사장치는 항공기의 추력을 증가시킬 수 있는 장치이다. 물분사장치에서 다양한 액체들을 혼합하여 사용하게 된다. 물(밀도 증가) + 알콜(결빙 방지) + 오일(부식 방지)

32 민간용 가스터빈엔진의 공압 시동기에 대한 설명으로 틀린 것은?

㉮ 시동 완료 후 발전기로서 작동한다.
㉯ APU, GTC에서의 고압 공기를 사용한다.
㉰ 약 20% 전후 엔진 RPM 속도에서 분리된다.
㉱ 엔진에 사용되는 같은 종류의 오일로 윤활된다.

해설 시동기는 전기 시동기와 공기 시동기로 나뉘는데, 시동 완료 후 발전기로 사용되는 시동기는 전기 시동기의 시동 – 발전기식이다.

33 가스터빈엔진의 추력감소 요인이 아닌 것은?

㉮ 대기밀도 증가
㉯ 연료조절장치 불량
㉰ 터빈블레이드 파손
㉱ 이물질에 의한 압축기 로터 블레이드 오염

해설 대기밀도가 증가하게 되면 항공기의 추력은 증가한다. 추력을 증가시키기 위하여 물분사장치를 이용할 수 있는데, 이때 물을 뿌려주는 이유는 공기 밀도를 증가시키기 위함이다.

34 가스터빈엔진의 엔진압력비(EPR, engine pressure ratio)를 나타낸 식으로 옳은 것은?

㉮ 터빈 출구압력/압축기 입구압력
㉯ 압축기 입구압력/터빈 출구압력
㉰ 압축기 입구압력/압축기 출구압력
㉱ 압축기 출구압력/압축기 입구압력

해설 엔진압력비는 축류형 가스터빈엔진에서 추력을 나타내며, 압축기 입구압력과 터빈 출구압력의 비를 말한다.
EPR=터빈출구압력(TDP)/압축기입구압력(CIP)

35 9개의 실린더로 이루어진 왕복엔진에서 실린더 직경 5inch, 행정길이 6inch일 경우 총 배기량은 약 몇 in³인가?

㉮ 118   ㉯ 508
㉰ 1060   ㉱ 4240

해설 총배기량 = 피스톤의 단면적 × 실린더 수 × 행정길이
∴ $\left(\dfrac{\pi D^2}{4}\right) \times 9 \times 6 = 1059.75$

ANSWER 31 ㉯ 32 ㉮ 33 ㉮ 34 ㉮ 35 ㉰

36 왕복엔진의 마그네토 캠축과 엔진 크랭크축의 회전속도비를 옳게 나타낸 식은?
(단, 캠의 로브수와 극수는 같고, n : 마그네토 극수, N : 실린더 수이다.)

㉮ $\dfrac{N+1}{2n}$ ㉯ $\dfrac{N}{n+1}$
㉰ $\dfrac{N}{2n}$ ㉱ $\dfrac{N}{n}$

해설) 기관 1사이클 동안 크랭크축은 2회전, 캠축은 1회전을 하게 된다.

37 그림과 같은 브레이턴사이클(Brayton cycle)의 P-V 선도에 대한 설명으로 틀린 것은?

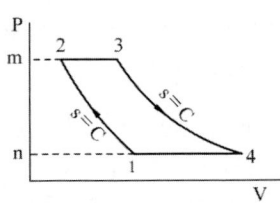

㉮ 넓이 1-2-m-n-1은 압축일이다.
㉯ 1개씩의 정압과정과 단열과정이 있다.
㉰ 넓이 1-2-3-4-1은 사이클의 참 일이다.
㉱ 넓이 3-4-n-m-3은 터빈의 팽창일이다.

해설) 브레이턴 사이클은 2개의 단열과정과 2개의 정압과정으로 이루어져 있다.

38 민간 항공기용 연료로서 ASTM에서 규정된 성질을 갖고 있는 가스터빈기관용 연료는?

㉮ JP-2 ㉯ JP-3
㉰ JP-8 ㉱ JET-A

해설) 항공기용 연료는 크게 민간용과 군용으로 나눌 수 있다. 민간용 연료는 JET-A, JET-A-1, JET-B 타입이 사용되고, 군용 연료는 JP-2, JP-4 등이 사용된다.

39 항공기 가스터빈엔진의 성능평가에 사용되는 추력이 아닌 것은?

㉮ 진추력 ㉯ 총추력
㉰ 비추력 ㉱ 열추력

해설) 가스터빈엔진의 성능평가에 사용되는 추력
㉮ 진추력 : 기관이 비행 중 발생시키는 추력
㉯ 총추력 : 공기 및 연료의 유입 운동량을 고려하지 않았을 때의 추력
㉰ 비추력 : 기관으로 흡입되는 단위 공기 유량에 대한 진추력

40 마하 0.85로 순항하는 비행기의 가스터빈엔진 흡입구에서 유속이 감속되는 원리에 대한 설명으로 옳은 것은?

㉮ 압축기에 의하여 감속한다.
㉯ 유동 일에 대하여 감속한다.
㉰ 단면적 확산으로 감속한다.
㉱ 충격파를 발생시켜 감속한다.

해설) 항공기의 공기흡입구에서의 속도는 마하 0.5 전후가 가장 적당하다. 이러한 공기의 속도를 조절하기 위해 흡입관의 형태는 확산형 흡입도관을 사용하는데, 이때 확산형 흡입도관은 흡입공기의 속도 감소, 압력 증가의 효과를 가져온다.

ANSWER 36 ㉰ 37 ㉯ 38 ㉱ 39 ㉱ 40 ㉰

제3과목 항공기체

41 항공기 기체 제작과 정비에 사용되는 특수용접에 속하지 않는 것은?

㉮ 전기아크용접
㉯ 플라스마용접
㉰ 금속불활성가스용접
㉱ 텅스텐불활성가스용접

해설 특수용접에는 플라즈마, 전자빔 용접 등이 있다. 그 중에서도 단연 많이 쓰이는 특수용접은 항공기 기체, 프레임, 엔진 등의 재료가 티타늄, 알루미늄, 인코넬 등이 쓰이므로 텅스텐불활성가스용접이 가장 많이 쓰이고 있다. 현재 용접의 불확실성 때문에 리벳에 많이 의존하였으나 특수용접의 발달로 점차 확대되고 있다.

42 양극처리(anodizing)에 대한 설명으로 옳은 것은?

㉮ 알루미늄합금에 은도금을 하는 것이다.
㉯ 강철에 순수한 탄소 피막을 입히는 것이다.
㉰ 크롬산이나 황산으로 알루미늄합금의 표면에 산화피막을 만드는 것이다.
㉱ 알루미늄합금의 표면에 순수한 알루미늄 피막을 입히는 것이다.

해설 금속을 양극으로 해서 전기를 보내면 양극에서 산소가 발생, 산소로 인해 알루미늄 산화되고 산화 알루미늄 피막 형성, 균일성이 높은 피막이 형성되고 내식성과 내마모성이 개선된다. 전해액에 따라 황산법, 수산법, 혼산법, 크롬산법으로 나뉜다.
① 은도금 알루미늄 : 표면전도성 및 내식성 위함
② 침탄법 : 표층부에 탄소를 투입시켜 담금질하는 표면경화법
③ 알클래드 : 알루미늄합금 표면에 순수 알루미늄 피막을 입히는 것

43 앞바퀴형 착륙장치의 장점으로 틀린 것은?

㉮ 조종사의 시야가 좋다.
㉯ 이·착륙 저항이 작고 착륙성능이 양호하다.
㉰ 가스터빈엔진에서 배기가스 분출이 용이하다.
㉱ 고속에서 주 착륙장치의 제동력을 강하게 작동하면 전복의 위험이 크다.

해설 nose gear type으로 현재 대부분의 항공기에 해당한다. 고속에서 전복(ground looping : 무게중심이 메인기어 뒤에 있어 급제동 시 동체부분이 돌아가는 현상)은 테일기어를 가진 뒷바퀴형에서 나타난다.

44 페일 세이프 구조 중 다경로 구조(redundant structure)에 대한 설명으로 옳은 것은?

㉮ 단단한 보강재를 대어 해당량 이상의 하중을 이 보강재가 분담하는 구조이다.
㉯ 여러 개의 부재로 되어 있고 각각의 부재는 하중을 고르게 분담하도록 되어 있는 구조이다.
㉰ 하나의 큰 부재를 사용하는 대신 2개 이상의 작은 부재를 결합하여 1개의 부재와 같은 또는 그 이상의 강도를 지닌 구조이다.
㉱ 규정된 하중은 모두 좌측 부재에서 담당하고 우측 부재는 예비 부재로 좌측 부재가 파괴된 후 그 부재를 대신하여 전체하중을 담당한다.

해설 페일세이프구조(Fail safe Structure) : Main structure가 피로파괴 되더라도 치명적이거나 과도한 구조 변형이 생기지 않도록 설계된 구조
㉮는 Load Dropping 구조, ㉰는 Double Structure, ㉱는 Back-up Structure를 말한다.

ANSWER 41 ㉮ 42 ㉰ 43 ㉱ 44 ㉯

45 아이스박스 리벳인 2024(DD)를 아이스박스에 저온 보관하는 이유는?

㉮ 리벳을 냉각시켜 경도를 높이기 위해
㉯ 리벳의 열변화를 방지하여 길이의 오차를 줄이기 위해
㉰ 시효경화를 지연시켜 연한 상태를 연장시키기 위해
㉱ 리벳을 냉각시켜 리벳팅 시 판재를 함께 냉각시키기 위해

해설 시효경화(Age-hardening)
① 금속재료를 일정한 시간 적당한 온도하에 놓아두면 단단해지는 현상을 시효경화라고 한다.
② 열처리(heat treatment) : 너무 경화되어(굳어서) riveting하면 균열(crack)이 발생하므로 부드러운 상태로 만들기 위해 열처리한다.
③ 2017(D)은 열처리 후 1시간 이내에 연한 성질을 가지고 있어 riveting 가능하고 2024(DD)는 열처리 후 10분~20분 이내에 리벳팅(riveting) 가능하다.
④ 아이스박스 리벳은 2017(D), 2024(DD)를 말하며 경도를 높인 후 시효경화의 진행을 지연하고 부드러운 상태를 오래 지속시키기 위해 드라이아이스가 들어있는 아이스박스에 보관하여 리베팅 가능한 시간을 연장시킨다.

46 그림과 같이 벽으로부터 0.8m 지점에 250N의 집중하중이 작용하는 1.0m 길이의 보에 대한 굽힘모멘트 선도는?

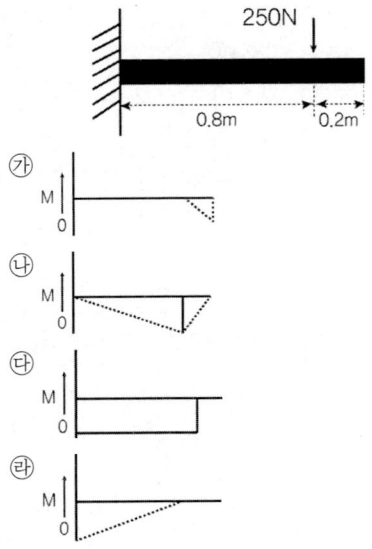

해설 ㉰는 집중하중에 전단모멘트 선도를 나타내는 것이고 ㉱는 굽힘모멘트 선도를 나타내고 있다.

47 외피(skin)에 주 하중이 걸리지 않는 구조형식은?

㉮ 모노코크구조
㉯ 트러스구조
㉰ 세미모노코크구조
㉱ 샌드위치구조

해설 응력 외피 구조(Stressed Skin Structure)에는 모노코크구조(Monocoque)와 세미모노코크 구조(Semi-Monocoque)같은 종류가 있고 모노코크구조는 외피로만 모든 하중을 견딜 수 있는 단일 외피형 구조이며 기체에 작용하는 모든 하중을 외피에 모두 부담시킨 구조이다. 모두 외피가 부담하기 때문에 외피를 좀더 두껍게 만들어 하중을 버티게 된다. 외피를 두껍게 만들기 때문에 무게가 증가된다. 현재 미사일에 사용된다.

ANSWER 45 ㉰ 46 ㉱ 47 ㉯

48 섬유강화플라스틱(FRP)에 대한 설명으로 틀린 것은?

㉮ 내식성, 진동에 대한 감쇠성이 크다.
㉯ 항공기의 조종면에는 FRP 허니컴 구조가 사용된다.
㉰ 경도, 강성이 낮은데 비하여 강도비가 크다.
㉱ 인장강도. 내열성이 높으므로 엔진마운트로 사용된다.

> 해설 fiber reinforced plastics는 가볍고 무게비 강도가 높다. 마운트는 엔진과 윙을 연결하는 부위로 강도를 요구하므로 대부분이 stainless steel을 사용한다.
> 열 변형이 적은 탄소섬유로 제작된 B787은 기존보다 낮은 객실고도, 알맞은 습도, 큰 유리창 등으로 각광받고 있다.

49 최근 대형 항공기의 동체구조에 대한 설명으로 틀린 것은?

㉮ 날개, 꼬리날개 및 착륙장치의 장착점이 존재한다.
㉯ 응력 분산이 용이한 세미모노코크구조가 사용된다.
㉰ 동체의 주요 구조부재는 정형재와 벌크헤드 및 외피로 구성된다.
㉱ 동체는 화물, 조종실, 장비품, 승객 등을 위한 공간으로 활용된다.

> 해설 동체구조물 중 세미모노코크(Semi-Monocoque) 구조는 Longitudinal members로 론저론(Longeron), 스트링거(stringer)가 있으며 수직부재(Vertical members)로는 정형재(Formers), Frame, Ring, Bulkhead 등으로 구성된다. 날개의 구조물로는 스파, 리브, 외피, 스트링거가 구성된다.

50 항공기의 케이블 조종계통과 비교하여 푸시풀로드 조종계통의 장점으로 옳은 것은?

㉮ 마찰이 작다.
㉯ 유격이 없다.
㉰ 관성력이 작다.
㉱ 계통의 무게가 가볍다.

> 해설 ① 케이블 조종 계통(케이블 사용하여 조종력 전달)
> ㉠ 장점
>   • 항공기 구조상 굽은 통로에 원활한 작동이 가능하고 조종계통의 기본이며 신뢰성이 높다.
>   • 무게가 가볍고 느슨함이 없고 방향 전환이 자유롭고 가격이 저렴하다.
> ㉡ 단점 : 마찰이 크고 마멸이 많으며 큰 장력이 필요하다.
> ② 푸시풀 로드(rod) 조종 계통
> ㉠ 장점 : 케이블 조종 계통에 비해 마찰 및 늘어남이 없으며 온도 변화에 따른 팽창 등의 변화가 없고 정비 및 관리가 용이하다.
> ㉡ 단점 : 무겁고 관성력이 크고 느슨함이 있고 값이 케이블에 비해 비싸다. 조종력의 전달거리가 짧아 소형 항공기에 주로 사용한다.

ANSWER 48 ㉱ 49 ㉰ 50 ㉮ 51 ㉰

51 그림과 같은 볼트의 명칭은?

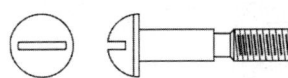

㉮ 아이볼트　　㉯ 육각머리볼트
㉰ 클레비스볼트　㉱ 드릴머리볼트

해설 클레비스의 사전적 의미는 U자형 고리라는 뜻으로 U자형 고리 양쪽 끝에 체결되는 볼트를 클레비스 볼트라고 한다. U자형 고리 양쪽 고리와 중간에 다른 부재가 서로 체결되는 부분이 양쪽으로 당겨지면서 전단력이 발생하므로 나사부가 밑에만 형성되어 있는 볼트를 말한다. 아이볼트는 눈처럼 생겨 동그랗게 만들어진 부분에 와이어 로프를 걸어 당겨지므로 인장력이 발생하는 곳에 사용된다. 드릴헤드 볼트는 세이프티와이어를 위해서 헤드 옆쪽에 구멍이 있는 볼트를 말한다.

52 인장하중(P)을 받는 평판에 구멍이 있다면 구멍 주위에 생기는 응력분포를 옳게 나타낸 것은?

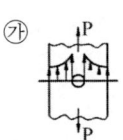 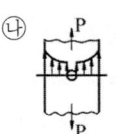

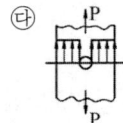 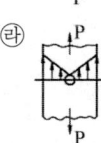

해설 중앙에 구멍이 있는 평판은 구멍 주변으로 응력집중이 생겨 ㉮의 그림같이 구멍 주변에 커다란 응력이 발생되어 재료에 따라 상온에서 작용된다면 크리프 현상이 발생되기도 한다. ㉰의 그림 형태는 균일한 단면에 인장응력이 작용할 때를 나타낸다.

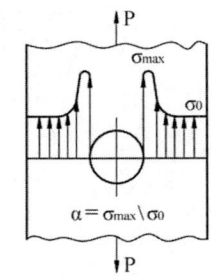

$\alpha = \sigma_{max} \setminus \sigma_0$

53 기계재료가 일정온도에서 일정한 응력이 가해질 때 시간이 경과함에 따라 계속적으로 변형률이 증가하게 되는데 이와 같이 시간 경과에 따라 변하는 변형률을 나타내는 그래프는?

㉮ 피로(fatigue) 곡선
㉯ 크리프(creep) 곡선
㉰ 탄성(elasticity) 곡선
㉱ 천이(transition) 곡선

해설 크리프(creep)는 소재에 일정한 하중이 가해진 상태에서 시간의 경과에 따라 소재의 변형이 계속되는 현상이다.
금속재료와 열가소성 플라스틱이나 고무 같은 특정 비금속재료들은 어떤 온도에서도 크리프 현상이 생긴다. 납과 같이 녹는점이 낮은 재료는 실온에서도 크리프 변형이 발생된다.

54 그림과 같은 V-n 선도에서 실속속도(Vs) 상태로 수평비행하고 있는 항공기의 하중배수(ns)는?

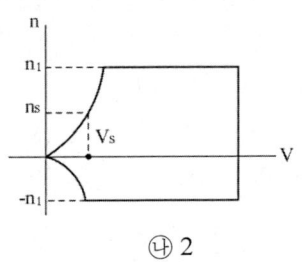

㉮ 1　　㉯ 2
㉰ 3　　㉱ 4

해설 하중배수(n)=$\frac{L}{W}$
실속속도 상태로 수평비행하므로 분자와 분모가 같다는 의미로 하중배수는 1이 된다.

ANSWER
51 ㉰　52 ㉮　53 ㉯　54 ㉮

55 판재 홀 가공 절차 중 리머작업에 대한 설명으로 옳은 것은?

㉮ 강을 리밍할 때 절삭유를 사용하지 않는다.
㉯ 드릴로 뚫은 작은 구멍의 안쪽을 매끈하게 가공한다.
㉰ 홀 가공 시 드릴 작업보다 빠른 회전 속도로 작업한다.
㉱ 드릴로 뚫은 구멍의 안쪽의 부식을 제거한다.

해설 드릴가공 시 냉각 및 윤활을 위해 절삭유(cutting fluid)를 사용한다. 리밍(Reaming)은 드릴작업 후 드릴로 뚫은 구멍의 내면을 리머로 다듬질하는 작업이고 드릴 앞에 비트처럼 사용한다. 홀 가공 시 타원으로 되는 것을 방지하기 위해 느린 속도로 정교하게 작업한다.

56 두께가 40/1000in, 길이가 2.75in인 2024T3 알루미늄 판재를 AD리벳으로 결합하려면 몇 개의 리벳이 필요한가? (단, 2024T3 판재의 극한인장응력은 60000psi, AD리벳 1개당 전단강도는 388 lb, 안전계수는 1.15이다.)

㉮ 15   ㉯ 18
㉰ 20   ㉱ 39

해설
$$N = \underset{\text{안전계수}}{1.15} \times \frac{T \times L \times \sigma_{\max}}{\frac{\pi}{4}D^2 \times \tau_{\max}}$$

D : 리벳 지름, L : 판의 폭, T : 판의 두께
$T_{\max}$ = 판재의 최대 전단응력
$\sigma_{\max}$ = 판재의 최대 인장응력

리벳의 허용 전단응력(τ)과 전단강도(P)의 관계
$1.15 \times 0.04 \times 2.75 \times 60000/388 = 19.57$

57 항공기 연료 계통에 대한 설명으로 틀린 것은?

㉮ 연료 펌프로 가압 공급한다.
㉯ 연료 탑재 위치는 항공기 평형에 영향을 준다.
㉰ 탑재하는 연료의 양은 비행거리 및 시간에 따라 달라진다.
㉱ 연료 탱크 내부에 수분 증발장치가 마련되어 있다.

해설 연료에 수분 제거제를 첨가시키거나 탱크 내부에 생기는 수분은 탱크 내부에 수분 증발장치가 마련되어 있는 것이 아니고 Fuel tank sump quick-drain valve를 통해 Exterior inspection 시에 제거한다.

58 알루미늄 합금판에 순수 알루미늄의 압연 코팅(coating)을 하는 알클래드(alclad)의 목적은?

㉮ 공기 저항 감소
㉯ 표면 부식 방지
㉰ 인장강도의 증대
㉱ 기체 전기저항 감소

해설 알클래드(Alclad)
알루미늄(Al)을 알루미늄합금에 덮다(clad)라는 뜻의 합성어로 알루미늄합금 위에 5.5% 두께로 순수 알루미늄을 압착시킨 것이다. 부식을 방지하고 합금의 표면에 스크래치를 방지하고 내식성을 개선한다.

ANSWER 55 ㉯   56 ㉰   57 ㉱   58 ㉯

59 재료가 탄성한도에서 단위 체적에 축적되는 변형에너지를 나타내는 식은? (단, σ : 응력, E : 탄성계수이다.)

㉮ $\dfrac{\sigma^2}{2E}$ ㉯ $\dfrac{E}{2\sigma^2}$

㉰ $\dfrac{\sigma}{2E^2}$ ㉱ $\dfrac{E}{2\sigma^3}$

해설 단위 체적당 축적 변형에너지는 다음과 같다.
$u = 1/2 \times \sigma \times \epsilon = \sigma/(2 \times E)$
여기서 인장응력$(\sigma) = \epsilon \times E$

60 판재를 굴곡작업하기 위한 그림과 같은 도면에서 굴곡 접선의 교차부분에 균열을 방지하기 위한 구멍의 명칭은?

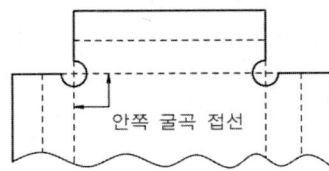

㉮ Lighting hole
㉯ pilot hole
㉰ Countsunk hole
㉱ Relief hole

해설 손상부분의 처리방법(For Stress Concentration)
- Cleaning out : 손상부분 완전 제거작업(Trimming, Cutting, Filing)
- Clean up : 수리재 모서리부분 매끈하게 정리
- Stop Hole : 구조부재에 균열이 일어난 경우 균열이 계속해서 진전되지 않도록 균열 끝 부분에 뚫어주는 구멍
- Smooth Out : Scratch, Nick, 작은 홈의 손상의 깊이가 코어에 미치지 않는다면 강도상에 문제가 없으므로 스무스 아웃을 한다.
- Lightening hole : 중량 감소의 목적으로 불필요한 부분 재료 절단

- pilot hole : 드릴 작업 시 정확한 판금을 위해 작은 구멍을 먼저 만들고 드릴링한다.
- relief hole : 2개 이상의 굽힘교차점을 제거하여 응력 집중을 방지한다.

제4과목 항공장비

61 다음 중 지향성 전파를 수신할 수 있는 안테나는?

㉮ Loop   ㉯ Sense
㉰ Dipol   ㉱ Probe

해설 자동방향탐지기(ADF : automatic direction finder) 전파가 빛과 같이 직진하는 성질을 이용하여 특정 전파, 즉 지상에서 발사되는 무지향성의 전파를 수신하여 전파발신국의 방향을 탐지할 수 있는 장치를 방향탐지기라 하는데, 항공기에 탑재되어 있는 방향탐지기는 전파표지로부터의 전파도래방향을 지시하고 조종사에게 기수방향을 부여하는 것을 모두 자동적으로 하고 있다. ADF는 루프 안테나·센스 안테나 및 수신기와 그 제어기로서 구성된다. 이 루프 안테나의 특성(8자형 지향특성이라고도 한다)을 이용해서 루프 안테나를 회전시키면서 전파를 수신하여 전파가 어느 방향으로부터 도래하면 그것이 최소 수신점이 되도록 자동으로 루프안테나를 회전시켜 발신국을 탐지하는 구조로 되어 있다. 그래서 센스 안테나(무지향성 수직 안테나)를 짝지으면 루프 안테나의 8자형 지향특성은 단지향성(單指向性)이 되어 최소감도의 방위의 한쪽 방향만을 지시하게 된다.

ANSWER 59 ㉮ 60 ㉱ 61 ㉮

62 그림에서 편차(Variation)를 옳게 나타낸 것은?

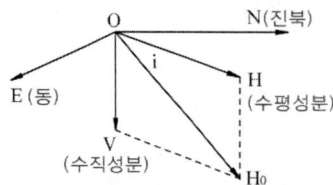

㉮ N-O-H   ㉯ N-O-H₀
㉰ N-O-V   ㉱ E-O-V

해설 지자기 3요소
① 편각(편차) : 북반구를 기준으로 지구상의 현재 위치에서 진북극(지리상 북극점) 방향과 자기북극(나침반의 빨간 바늘 방향) 방향 사이의 각도
② 복각 : 지구상의 어느 점에서 지구 자기장의 방향과 그 곳의 수평면이 이루는 각도. 적도에서 0°, 극에서 최대가 된다.
③ 수평분력 : 지구 자기력의 수평 성분. 적도에서 최대, 극에서 0°가 된다.

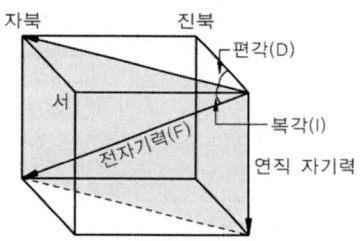

63 다음 중 화학적 방빙(anti-icing)방법을 주로 사용하는 곳은?

㉮ 프로펠러
㉯ 화장실
㉰ 피토튜브
㉱ 실속경고 탐지기

해설

결빙 부분	방빙 및 제빙 방법
날개 앞전	가열공기
수직, 수평 안정판의 앞전	가열공기
윈드실드 및 창문	전열기, 알콜
히터, 기관 공기 흡입구	전열기
실속 경고 장치	전열기
프로펠러 깃의 앞전	전열기, 알콜
왕복엔진 기화기(플로트형)	가열공기, 알콜
드레인 마스트	전열기
피토관	전열기

64 레인 리펠런트(rain repellent)에 대한 설명으로 틀린 것은?

㉮ 물방울이 퍼지는 것을 방지한다.
㉯ 우천 시 항공기 이착륙에 와이퍼(wiper)와 같이 사용된다.
㉰ 표면장력 변화를 위하여 특수용액을 사용한다.
㉱ 강우량이 적을 때 사용하면 매우 효과적이다.

해설 ① 제우 장치의 종류
㉠ Windshield Wiper System : 와이퍼 블레이드에 의해 물방울을 기계적으로 제거
㉡ Air Curtain System : 압축 공기를 이용하여 물방울을 제거
㉢ Rain Repellent System : 화학 액체를 분사하여 피막을 만들어 물방울 방지. 강우량이 적거나 건조한 윈드쉴드 표면에 레인 리펠런트가 고착되어 뿌옇게 되기 때문에 사용이 금지된다. 고착되면 제거가 어렵기 때문에 빨리 중성세제로 크리닝해야 한다.
② Windshield Washer System : 세정액을 분사하고 와이퍼를 사용하여 오염 제거

ANSWER 62 ㉮ 63 ㉮ 64 ㉱

65 SELCAL(selective calling)은 무엇을 호출하기 위한 장치인가?

㉮ 항공기 ㉯ 정비타워
㉰ 항공회사 ㉱ 관제기관

해설 선택호출장치(SELCAL : selective calling system)
지상 무선국이 특정 항공기와 교신하고자 할 때 불러내는 장치다. 각 항공기에는 각각 다른 코드(4개의 저주파 혼합)가 지정되어 있고, 지상국이 HF, VHF 통신장치를 매개로 항공기에 코드를 송신하면 수신한 항공기 중에서 지정된 코드와 일치하는 항공기에만 조종실에서 호출에 응할 수 있다.

66 유압계통에서 유압관 파손 시 작동유의 과도한 누설을 방지하는 장치는?

㉮ 유압퓨즈 ㉯ 흐름 평형기
㉰ 흐름 조절기 ㉱ 압력 조절기

해설
㉮ 유압 퓨즈(hydraulic fuse) : 유압 계통의 관이나 호스가 파손되거나 기기 내의 실에 손상이 생겼을 때 과도한 누설을 방지하기 위한 장치
㉯ 흐름 평형기(flow equalizer) : 2개의 작동기가 동일하게 움직이게 하기 위하여 작동기에 공급되거나, 작동기로부터 귀환되는 작동유의 유량을 같게 하는 장치.
㉰ 흐름 조절기(flow regulator) : 흐름 제어 밸브라고 하며, 계통의 압력 변화에 관계없이 작동유의 흐름을 일정하게 유지시키는 장치.
㉱ 압력 조절기(pressure regulator) : 일정 용량식 펌프를 사용하는 유압 계통에 필요한 장치로서, 불규칙한 배출 압력을 규정 범위로 조절하고, 계통에서 압력이 불필요 시, 펌프에 부하가 걸리지 않도록 한다. 평형식과 선택식이 있고, 체크 밸브와 바이패스 밸브의 작동에 따라 킥인(kick-in : 계통의 압력이 규정값보다 낮은 상태, 바이패스 밸브가 닫히고 체크 밸브가 열린 상태)과 킥아웃(kick-out : 계통의 압력이 규정값보다 높은 상태, 바이패스 밸브가 열리고 체크 밸브가 닫힌 상태)이 있다.

67 20hp의 펌프를 작동시키기 위해 몇 kW의 전동기가 필요한가? (단, 펌프의 효율은 80%이다.)

㉮ 8 ㉯ 10
㉰ 12 ㉱ 19

해설 1[HP] = 746[W]이다. 따라서, 20[HP] = 14920[W]가 된다.
이때, 펌프는 출력이고 전동기는 입력이다. 그러므로, 전동기의 용량을 구하려면 14920[W]에서 효율을 나눈다. (입력을 구할 때는 효율을 나누고, 출력을 구할 때는 효율을 곱한다.)
$\frac{14920[W]}{0.8} = 18650[W] = 18.65[kW]$가 된다.

68 발전기와 함께 장착되는 역전류차단장치(reverse current cut-out relay)의 설치 목적은?

㉮ 발전기 전압의 파동을 방지한다.
㉯ 발전기 전기자의 회전수를 조절한다.
㉰ 발전기 출력전류의 전압을 조절한다.
㉱ 축전지로부터 발전기로 전류가 흐르는 것을 방지한다.

해설 발전기는 슬립링을 통해 로터가 전자석이 되며, 스테이터에서 전기를 생산한다. 구조도 이전 로터의 커뮤테이터에 브러시처럼 소모가 많지 않고, 로터의 슬립링 방식으로 브러시 소모가 아주 적으며, 또한 발전기는 3상 교류발전기이기에 더 많은 전기를 생산하게 되었다. 사실 발전기는 항공기로부터 유래된 것인데 항공기는 중량에 민감하고 지상에서보다 고공비행 시 공기 밀도 저하로 arcing으로 인한 브러시 마모가 심하다. 또한 직류 발전기는 역전류 차단 계전기(reverse current cut-out relay)가 있어야 하는데, 발전기에서 배터리로 충전하다 발전기의 이상으로 배터리 전압이 발전기로 역류되면 모터로 되면서 배터리와 발전기에 심한 손상을 줄 수 있어 반드시 필요한 장치이다.

ANSWER 65 ㉮ 66 ㉮ 67 ㉱ 68 ㉱

69 다음 중 화재 진압 시 사용되는 소화제가 아닌 것은?

㉮ 이산화탄소 ㉯ 물
㉰ 암모니아가스 ㉱ 하론1211

해설 ① 물 : 일반 화재만 사용되고 기름과 전기는 금지(A급 화재만 사용)
② 이산화탄소 : 기름과 전기 화재에 유효(B급과 C급 사용)
③ 하론가스(halon gas)
  ㉠ 하론 1211 : 초기 화재 진압을 위한 소화기용
  ㉡ 하론 1301 : 최고급 소화약제로 전기 시설 등에 사용하는 소화기용

70 다음 중 합성 작동유 계통에 사용되는 씰(seal)은?

㉮ 천연 고무
㉯ 일반 고무
㉰ 부틸합성 고무
㉱ 네오프렌 합성 고무

해설 유압유의 종류에는 식물성유, 광물성유, 합성유가 있다.
① 식물성유 : 파마자 기름과 알콜의 혼합물로 구성되어 있어 알콜 냄새가 나고, 색깔은 파란색이다. 구형 항공기에 사용되어 부식성과 산화성이 크기 때문에 잘 사용하지 않는다. 알코올로 세척이 가능하며, 고온에서는 사용 불가하다. (천연 고무 씰 사용)
② 광물성유 : 원유로 제조되며, 색깔은 붉은색이다. 사용 온도 범위는 -54℃ ~ 71℃인데, 인화점이 낮아 과열되면 화재의 위험이 있다. 현재 유압계통에는 사용하지 않으나, 착륙장치의 완충기나 소형항공기 브레이크 계통에 사용되고 있다. (네오프렌 합성 고무 씰 사용)
③ 합성유 : 인산염과 에스테르의 혼합물로서, 화학적 제조되며, 색깔은 자주색이다. 인화점이 높아 내화성이 크므로 대부분의 항공기에 사용

되고, 사용 온도 범위는 -54℃ ~ 115℃이다. 독성이 있으므로 인체에 주의해야 한다. (테프론, 부틸합성 고무 씰 사용)

71 자이로의 섭동성을 나타낸 그림에서 자이로가 굵은 화살표 방향으로 회전하고 있을 때, 힘(F)을 가하면 실제로 힘을 받는 부분은?

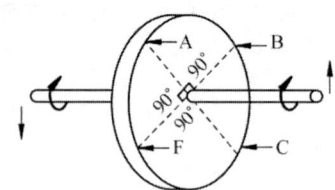

㉮ F ㉯ A
㉰ B ㉱ C

해설 ① 섭동성(세차성) : 외부에서 가해진 착력점으로부터 로터의 회전방향으로 90° 회전한 점에 힘이 작용하여 축을 움직이게 하는 성질. 섭동성은 로터의 무게가 증가하거나 회전각 속도가 크면 감소하고 로터를 기울이려는 외력에 비례하며 강직성과의 반대 성질이 있다. 섭동성을 이용한 계기로써는 선회계가 있는데 항공기가 좌우 방향으로 선회하는 속도를 나타내는 항공 계기. 유리관 속에 까만 구슬이 든 경사계가 계기 아래쪽에 함께 붙어 있다. 선회계의 성질과 강직성을 이용한 선회경사계가 있다.
② 강직성 : 로터가 회전하고 있을 때는 로터 회전축은 일정한 방향을 유지하는 성질이 있다. 로터 회전 속도가 큰 만큼 강하다. 로터 질량이 회전축에서 멀리 분포하고 있는 만큼 강하다.

ANSWER 69 ㉰ 70 ㉱ 71 ㉯

72 정전용량 20μF, 인덕턴스 0.01H, 저항 10Ω이 직렬로 연결된 교류회로가 공진이 일어났을 때 전원전압이 30V라면 전류는 몇 A인가?

㉮ 2 ㉯ 3
㉰ 4 ㉱ 5

해설 전기회로에 인가되는 전원의 주파수가 회로 자체의 고유 주파수와 일치하면 회로에는 큰 전기적 진동이 일어난다. 주파수 증가에 따라 유도 리액턴스는 증가하나, 용량 리액턴스는 감소한다. 이 같은 반대되는 특성으로 코일과 콘덴서의 결합에 의해 서로 같게 되는 주파수가 있다. 두 개의 리액턴스가 같아지는 조건은
$X = X_L - X_C = 0$이 된다.
$Z = \sqrt{R^2 + (X_L - X_C)^2} = \sqrt{10^2 + (0)^2} = 10Ω$
$I = \dfrac{V}{Z} = \dfrac{30V}{10Ω} = 3A$

73 객실고도를 옳게 설명한 것은?

㉮ 운항 중인 항공기 객실의 실제 고도를 해발 고도로 표현한 것
㉯ 항공기 외부의 압력을 표준대기 상태의 압력에 해당되는 고도로 표현한 것
㉰ 항공기 내부의 압력을 표준대기 상태의 압력에 해당되는 고도로 표현한 것
㉱ 항공기 내부의 기온을 현재 비행 상태의 외기 온도에 해당되는 고도로 표현한 것

해설 객실고도(cabin altitude)
객실 내의 압력을 이것과 동등한 해면상으로부터의 고도로 표시한 것. 항공기 고도가 상승함에 따라 객실고도도 증가한다. 항공기 내부에 압력도 같이 감소하게 되어 인체에 영향을 미치게 된다. 따라서 여압을 해서 8000ft로 유지시켜 주어야 한다. 그러나, 아웃플로어밸브의 고장 등으로 인하여 14000ft까지 상승하면 산소마스크가 내려온다. 차압이 다르기 때문에 항공기 고도와 객실고도를 무조건 일치시키면 기체 손상으로 이어진다.

74 액량계기와 유량계기에 관한 설명으로 옳은 것은?

㉮ 액량계기는 대형기와 소형기에 차이 없이 대부분 동압식 계기이다.
㉯ 액량계기는 연료탱크에서 기관으로 흐르는 연료의 유량을 지시한다.
㉰ 유량계기는 연료탱크에서 기관으로 흐르는 연료의 유량을 시간당 부피 또는 무게단위로 나타낸다.
㉱ 유량계기는 직독식, 플로우트식, 액압식 등이 있다.

해설 ① 액량계기 : 연료, 오일, 물, 방빙액, 작동유 등의 액체가 탑재되어 있고 각각의 액량을 표시하는 계기를 설치한다. 액면의 위치를 알아내서 용량을 측정하는 방식이다. 종류에는 사이트게이지식, 부자식, 액압식, 전기용량식이 있고, 현대에는 액압식은 사용하지 않는다.
② 유량계기 : 엔진에 유입되는 연료의 유량을 측정하고 조정실에 장치되어 있는 연료 유량계 지시기로 표시하고 있다. 유량은 파운드/시간 또는 갤런/시간으로 표시된다. 종류에는 차압식, 베인식, 동기 전동기식이 있다.

ANSWER 72 ㉯ 73 ㉰ 74 ㉰

75 유압계통의 압력서지(pressure surge)를 완화하는 역할을 하는 장치는?

㉮ 펌프(pump)
㉯ 리저버(reservoir)
㉰ 릴리프밸브(relief valve)
㉱ 어큐뮬레이터(accumulator)

[해설]
㉮ 펌프(pump) : 외부에서 공급되는 기계적 에너지를 시스템의 압력 에너지로 변환시키는 장치
㉯ 리저버(reservoir) : 작동유를 펌프에 공급하고, 계통으로부터 귀환하는 작동유를 저장하는 동시에, 공기 및 각종 불순물을 제거하는 장소의 역할을 한다.
㉰ 릴리프밸브(relief valve) : 작동유에 의한 계통 내의 압력을 규정된 값 이하로 제한하는 데 사용되는 것으로, 과도한 압력으로 인하여 계통 내의 관이나 부품이 파손될 수 있는 것을 방지하는 장치이다.
㉱ 어큐뮬레이터(accumulator) : 가압된 작동유를 저장하는 저장통으로, 여러 개의 유압기기가 동시에 사용될 때 동력 펌프를 돕고, 동력 펌프가 고장났을 때에는 저장되었던 작동유를 유압 기기에 공급한다. 유압 계통의 서지(surge) 현상을 방지하고, 압력을 흡수하면 압력 조정기의 개폐 빈도를 줄여 펌프나 압력 조정기의 마멸을 감소시킨다.

76 활주로 진입로 상공을 통과하고 있다는 것을 조종사에게 알리기 위한 지상장치는?

㉮ 로컬라이저(localizer)
㉯ 마커비컨(maker beacon)
㉰ 대지접근경보장치(GPWS)
㉱ 글라이드슬로프(glide slope)

[해설] ① 대지접근 경고장치(GPWS : ground proximity warning system) : 항공기의 안전운항을 위한 항공전자장비의 한 가지로서 항공기가 지표 및 산악 등의 지형에 접근할 경우 점멸등과 인공음성으로 조종사에게 이상접근을 경고하는 장치이다. 지상접근경보장치라고도 부른다.
② 계기 착륙 장치(ILS : instrument landing system) : 지상 시설과 기상 장치로 나뉜다. 활주로 중심선 방위정보를 나타내는 로컬라이저, 착륙점을 기점으로 경사각을 따라 수직면 유도를 하는 글라이드슬로프, 활주로 끝에서부터 거리 정보를 제공하는 마커비컨이 있다. 로컬라이저와 글라이드 슬로프는 활주로 착륙지점 안쪽에 위치해 있고, 마커비컨은 활주로 착륙 진입지점 바깥쪽에 위치해 있다.

77 발전기의 무부하(No-load)상태에서 전압을 결정하는 3가지 주요한 요소가 아닌 것은?

㉮ 자장의 세기
㉯ 회전자의 회전 방향
㉰ 자장을 끊는 회전자의 수
㉱ 회전자가 자장을 끊는 속도

[해설] $U_0 = k \cdot \Phi \cdot n$
U_0 : 유도전압[V]
k : 상수
Φ : 각 극의 유효자속[Wb 또는 Vs]
n : 전기자 회전속도[1/s]
위 식에서 k는 계자 자극수(p), 전기자코일의 권수(z)와 권선방법(예 : 전기자 권선의 병렬회로수(a)) 등에 의해서 결정되는 상수로서, 같은 분권식일지라도 크기와 형상에 따라 각각 다르다.

ANSWER 75 ㉱ 76 ㉯ 77 ㉯

78 속도계에만 표시되는 것으로 최대 착륙하중 시의 실속속도에 플랩(flap)을 내릴 수 있는 속도까지의 범위를 나타내는 색표식의 색깔은?

㉮ 녹색 ㉯ 황색
㉰ 청색 ㉱ 백색

해설 계기의 색표식(Color marking)은 계기의 문자판 또는 유리에 그 기체의 운용 한계 등을 색으로 표시한 것이다. 항공기마다 운용 제한, 최대 작동 한계, 최저 작동 한계 등을 표시하거나 색표식으로 나타내도록 정해져 있다.
① 적색 방사선 : 최대 및 최저 운용 한계를 나타내며 어떠한 경우라도 운용금지 한계를 나타내고 있다.
② 녹색 호선 : 일반적인 사용 안전 운용 범위를 나타내고 있다.
③ 황색 호선 : 일반적인 사용 범위에서 초과 금지 사이의 경계 범위를 나타내고 있다.
④ 백색 호선 : 대기 속도계에만 표시되는 색표식으로 플랩(flap)이 있는 기체의 플랩 조작 속도 범위를 나타내고 있다. 범위는 최대 착륙 중량에 있어서 실속 속도를 하한으로 하고 플랩 강하 속도를 상한으로 한다.

79 다음 중 니켈-카드뮴 축전지에 대한 설명으로 틀린 것은?

㉮ 전해액은 질산계의 산성액이다.
㉯ 진동이 심한 장소에 사용 가능하고, 부식성 가스를 거의 방출하지 않는다.
㉰ 과부하 특성이 좋고 큰 전류 방전 시 안정된 전압을 유지한다.
㉱ 한 개의 셀(cell)의 기전력은 무부하 상태에서 1.2 ~ 1.25V 정도이다.

해설 전해액은 비중 1.30의 수산화칼륨(KOH)을 사용한다. 화학반응에 관여 없이 극판 사이의 도체로 사용되므로 비중 변화는 없다. 1셀의 기전력은 무부하 상태에서 1.3 ~ 1.4V지만, 부하가 가해지면 1.2V로 안정된다.

80 전방향 표지시설(VOR) 주파수의 범위로 가장 적절한 것은?

㉮ 1.8 ~ 108kHz
㉯ 18 ~ 118kHz
㉰ 108 ~ 118MHz
㉱ 130 ~ 165MHz

해설 전방향 표지시설(VOR : VHF ommni-directional radio range beacon) : 비행하는 항공기에게 VHF대역에서 방위각 정보를 제공하는 지상시설로 초단파 전방향 무선표지 시설이다. 자북을 나타내는 전파와 자북으로부터 시계방향으로 회전하는 지향성이 있는 전파 2개를 수신하고, 자북을 지시하는 전파를 받기부터 지향성 전파를 수신하기까지 시간차를 측정하여 발신국의 위치를 알 수 있다. 사용주파수 범위는 108 ~ 118[MHz].

ANSWER 78 ㉱ 79 ㉮ 80 ㉰

2017 제1회 항공산업기사 기출문제

제1과목 항공역학

01 비행기의 최대양력계수가 커질수록 이와 관계된 비행성능의 변화에 대한 설명으로 옳은 것은?

① 상승속도가 크고 착륙속도도 커진다.
② 상승속도는 작고 착륙속도는 커진다.
③ 선회반경이 크고 착륙속도는 작아진다.
④ 실속속도가 작아지고 착륙속도도 작아진다.

해설 최대 양력 계수가 증가하면 같은 받음각에서 양력이 증가하므로 받음각을 덜 증가시켜도 양력을 충분히 증가시킬 수 있어 흐름의 떨어짐에 의한 실속이 덜 발생한다.

02 프로펠러 항공기의 항속거리를 최대로 하기 위한 조건으로 옳은 것은? (단, C_{Dp}는 유해항력계수, C_{Di}는 유도항력계수이다.)

① $C_{Dp} = C_{Di}$
② $C_{Dp} = 2C_{Di}$
③ $C_{Dp} = 3C_{Di}$
④ $3C_{Dp} = C_{Di}$

해설 ① $C_D = C_{Dp} + C_{Di}$
$= C_{Dp} + \dfrac{C_L^2}{\pi \cdot e \cdot AR}$
$= C_{Dp} + k \cdot C_L^2$ ……………①
$k = \dfrac{1}{\pi \cdot e \cdot AR}$ ……………②

∴ 프로펠러 항공기 최장거리 비행조건
$\left(\dfrac{C_L}{C_D}\right)_{max} = \left(\dfrac{C_D}{C_L}\right)_{min}$ 을
① 공식에 대입
$\left(\dfrac{C_{Dp} + k \cdot C_L^2}{C_L}\right)_{min}$ ……………③
$= (C_{Dp} \cdot C_L^{-1} + k \cdot C_L)_{min}$ ……………④
여기서 ③의 최소값을 구하기 위하여 C_L값이 0에 수렴하게 미분

$\dfrac{d\left(\dfrac{C_{Dp} + k \cdot C_L^2}{C_L}\right)}{dC_L} = \dfrac{d(C_{Dp} \cdot C_L^{-1} + k \cdot C_L)}{dC_L} = 0$
$\rightarrow -C_{Dp} \cdot C_L^{-2} + k = 0 \rightarrow C_{Dp} = k \cdot C_L^2$

∴ $k \cdot C_L^2 = C_{Di}$이므로 $C_{Dp} = C_{Di}$일 때 최소값

ANSWER 1 ④ 2 ①

03 무게 2000kgf의 비행기가 5km 상공에서 급강하할 때 종극속도는 약 몇 m/s인가? (단, 항력계수 0.03, 날개하중 300kgf/m², 공기의 밀도 0.075kgf·s²/m⁴이다.)

① 350　　② 516.4
③ 620　　④ 771.5

해설　종극속도(V_D)
$= \sqrt{\dfrac{2 \cdot W}{\rho \cdot S \cdot C_D}} = \sqrt{\dfrac{2}{\rho \cdot C_D} \times \dfrac{W}{S}}$

(여기서 $\dfrac{W}{S}$는 날개하중)

$\therefore \sqrt{\dfrac{2}{0.075 \times 0.03} \times 300}$

04 전진비행 중인 헬리콥터의 진행방향 변경은 어떻게 이루어지는가?

① 꼬리 회전날개를 경사시킨다.
② 꼬리 회전날개의 회전수를 변경시킨다.
③ 주 회전날갯깃의 피치각을 변경시킨다.
④ 주 회전날개 회전면을 원하는 방향으로 경사시킨다.

05 다음 중 항공기의 양력(lift)에 영향을 가장 적게 미치는 요소는?

① 양력계수
② 공기 밀도
③ 항공기 속도
④ 공기 점성

해설　양력(L) = $\dfrac{1}{2} \cdot \rho \cdot V^2 \cdot s \cdot C_L$

06 날개의 양력분포가 타원 모양이고 양력계수가 1.2, 가로세로비가 6일 때 유도항력계수는 약 얼마인가?

① 0.012　　② 0.076
③ 1.012　　④ 1.076

해설　$C_{Di} = \dfrac{C_L^2}{\pi \cdot e \cdot AR}$
(AR : 가로세로비, e : 스팬효율계수(타원형날개 = 1))

$\therefore \dfrac{1.2^2}{\pi \times 6}$

07 수직충격파 전후의 유동특성으로 틀린 것은?

① 충격파를 통과하는 흐름은 등엔트로피 흐름이다.
② 수직충격파 뒤의 속도는 항상 아음속이다.
③ 충격파를 통과하게 되면 급격한 압력 상승이 일어난다.
④ 충격파는 실제적으로 압력의 불연속면이라 볼 수 있다.

해설　① 수직 충격파 : 충격파가 흐름방향의 수직으로 발생된 것으로 충격파를 지나는 흐름의 방해를 많이 해, 수직 충격파를 지나면 속도가 천음속으로 떨어진다.
② 경사 충격파 : 충격파가 흐름방향의 수직으로 발생된 것이 아니라 기울어진 것으로 흐름의 방해를 하여 속도가 감소하나 속도가 초음속을 유지한다.

ANSWER　3 ②　4 ④　5 ④　6 ②　7 ①

08 항공기의 착륙거리를 줄이기 위한 방법이 아닌 것은?

① 추력을 크게 한다.
② 익면하중을 작게 한다.
③ 역추력장치를 사용한다.
④ 지면 마찰계수를 크게 한다.

해설 착륙거리 : $S = \dfrac{W}{2g} \cdot \dfrac{V^2}{(D+\mu \cdot W)}$

09 해면상 표준대기에서 정압(static pressure)의 값으로 틀린 것은?

① $0 kg/m^2$
② $2116.2 lb/ft^2$
③ $29.92 inHg$
④ $1013.25 mbar$

10 비행기의 세로안정을 좋게 하기 위한 방법이 아닌 것은?

① 수직꼬리날개의 면적을 증가시킨다.
② 수평꼬리날개 부피계수를 증가시킨다.
③ 무게중심이 날개의 공기역학적 중심 앞에 위치하도록 한다.
④ 무게중심에 관한 피칭모멘트계수가 받음각이 증가함에 따라 음(-)의 값을 갖도록 한다.

해설 수직꼬리날개는 방향 안정성의 중요한 요소이다.

11 직사각형 날개의 가로세로비를 나타낸 식으로 틀린 것은? (단, b : 날개의 길이, c : 날개의 시위, s : 날개의 면적이다.)

① $\dfrac{b}{c}$ ② $\dfrac{b^2}{s}$
③ $\dfrac{s}{c^2}$ ④ $\dfrac{c^2}{s}$

12 무게 4000kg_f인 항공기가 선회경사각 60°로 경사선회하며 하중계수 1.5가 작용한다면 이 항공기의 양력은 몇 kg_f 인가?

① 2000   ② 4000
③ 6000   ④ 8000

해설 문제 오류(산업인력공단에 수정 요청함)
선회 시의 무게$(W) = L\cos\theta$
하중배수 $= \dfrac{L}{W}$
선회 시의 하중배수 $= \dfrac{L}{L\cos\theta} = \dfrac{1}{\cos\theta}$
∴ 문제에서의 선회각이 60°이므로
하중배수 $= \dfrac{1}{\cos 60} = 2$
※ 맞는 풀이
$2 = \dfrac{L}{W} \to 2 = \dfrac{L}{4000} \to L = 2 \times 4000 = 8000$

13 항공기의 조종성과 안정성에 대한 설명으로 옳은 것은?

① 전투기는 안정성이 커야 한다.
② 안정성이 커지면 조종성이 나빠진다.
③ 조종성이란 평형상태로 되돌아오는 정도를 의미한다.
④ 여객기의 경우 비행 성능을 좋게 하기 위해 조종성에 중점을 두어 설계해야 한다.

ANSWER 8 ① 9 ① 10 ③ 11 ④ 12 ③ 13 ②

14 조종면에 발생되는 힌지 모멘트가 증가되는 경우로 옳은 것은?

① 조종면의 폭을 키운다.
② 비행기의 속도를 줄인다.
③ 항공기 주 날개의 무게를 늘린다.
④ 조종면의 평균 시위를 최대한 작게 한다.

해설 H = 조종면에서 발생하는 양력 × 조정면 시위길이 ($\bar{c}$)
$= \frac{1}{2} \cdot \rho \cdot V^2 \cdot S \times \bar{c} \times C_h$ (힌지 모멘트 계수)
여기서 S는 $b \times \bar{c}$이므로
$= \frac{1}{2} \cdot \rho \cdot V^2 \cdot b \cdot \bar{c}^2 \cdot C_h$
$\frac{1}{2} \cdot \rho \cdot V^2$을 동압($q$)으로 변경하여 표현하면
$= q \cdot b \cdot \bar{c}^2 \cdot C_h$

15 비행기의 수직꼬리날개 앞 동체에 붙어있는 도살핀(dorsal fin)의 가장 중요한 역할은?

① 구조 강도를 좋게 한다.
② 가로 안정성을 좋게 한다.
③ 방향 안정성을 좋게 한다.
④ 세로 안정성을 좋게 한다.

16 100m/s로 비행하는 프로펠러 항공기에서 프로펠러를 통과하는 순간의 공기 속도가 120m/s가 되었다면 이 항공기의 프로펠러 효율은 약 얼마인가?

① 0.76 ② 0.83
③ 0.91 ④ 0.97

해설 프로펠러 효율(η) = $\frac{항공기\ 속도}{프로펠러에서의\ 공기\ 속도} \times 100(\%)$
$\therefore \frac{100}{120} \times 100(\%)$

17 항공기 사고의 원인이 되기도 하는 스핀(spin)이 일어날 수 있는 조건으로 가장 옳은 것은?

① 기관이 멈추었을 때
② 받음각이 실속각보다 클 때
③ 한쪽 날개 플랩이 작동하지 않을 때
④ 항공기 착륙장치가 작동하지 않을 때

해설 스핀 현상은 수직강하와 자전현상의 합을 이야기 하며 자전 현상은 받음각이 실속각 이상 일 때만 발생한다.

18 프로펠러의 깃각을 감소시키려는 경향을 갖는 요소로 옳은 것은?

① 추력에 의한 굽힘모멘트
② 회전력에 의한 굽힘모멘트
③ 원심력에 의한 비틀림모멘트
④ 공기력에 의한 비틀림모멘트

ANSWER 14 ① 15 ③ 16 ② 17 ② 18 ③

19 특정한 헬리콥터에서 회전날개(rotor blades)에 비틀림 각을 주는 주된 이유는?

① 회전날개의 무게를 경감하기 위하여
② 회전날개의 회전속도를 증가시키기 위하여
③ 전진비행에서 발생하는 진동을 줄이기 위하여
④ 정지비행 시 균일한 유도속도의 분포를 얻기 위하여

해설 헬리콥터의 정지 비행 시 주회전 날개의 회전속도는 날개 뿌리와 끝이 같으나 실제 움직이는 속도는 날개 끝이 빨라 양력이 날개 끝에서 더 많이 발생하게 된다. 이 현상을 방지하기 위하여 날개 끝으로 갈수록 받음각이 작아질 수 있게 날개에 비틀림을 준다.

20 전리층이 존재하기 때문에 전파를 흡수, 반사하는 작용을 하여 통신에 영향을 주는 대기층은?

① 대류권　② 열권
③ 중간권　④ 성층권

제2과목 ✈ 항공기관

21 왕복엔진을 장착하는 동안 마그네토 점화스위치를 Off 위치에 두는 이유는?

① 점화스위치가 잘못 놓일 수 있는 가능성 때문에
② 엔진장착 도중에 프로펠러를 돌리면 엔진이 시동될 가능성이 있기 때문에
③ 엔진시동 시 역화(back fire)를 방지하기 위하여
④ 엔진을 마운트(mount)에 완전히 장착시킨 후 마그네토 접지선을 점검치 않기 위하여

해설 왕복엔진 장착 시 마그네토 점화스위치를 on시키게 되면 프로펠러의 회전 및 엔진 구동의 원인이 될 수 있다. 따라서 엔진 장착 중에는 항상 마그네토 점화스위치는 off 위치에 두어야 한다.

22 가스터빈엔진의 터빈에서 공기압력과 속도의 변화에 대한 설명으로 옳은 것은?

① 압력과 속도 모두 감소한다.
② 압력과 속도 모두 증가한다.
③ 압력은 증가하고 속도는 감소한다.
④ 압력은 감소하고 속도는 증가한다.

해설 가스터빈엔진에서 터빈은 항공기 속도를 증가시키기 위해 수축통로를 가지고 있다. 따라서 터빈에서의 공기압력과 속도는 압력감소, 속도증가를 나타내게 된다.

ANSWER　19 ④　20 ②　21 ②　22 ④

23 왕복엔진에 장착된 피스톤 링(piston ring)의 역할이 아닌 것은?

① 피스톤의 진동에 의한 경화현상을 방지하는 기능
② 윤활유가 연소실로 유입되는 것을 방지하는 기능
③ 연소실 내의 압력을 유지하기 위한 밀폐 기능
④ 피스톤으로부터 실린더벽으로 열을 전도하는 기능

해설 피스톤 링의 역할
• 기밀 작용 : 연소실 내의 압력과 가스가 누설되는 것을 방지한다. (압축링)
• 윤활유 조절 작용 : 과도한 윤활유가 연소실로 들어가는 것을 방지한다. (오일링)
• 열전도 작용 : 피스톤의 높은 열을 실린더 벽에 전달한다. (압축링 + 오일링)
  – 오일이 과도하게 연소실 내부에 들어가게 되면 탄소 찌꺼기를 남기며, 연소실 내부나 밸브가이드, 링 홈 등에 고착되어 디토네이션이나 조기점화 현상을 일으키게 된다.
  – 크롬으로 도금된 실린더의 경우 압축링에 크롬 도금을 하여 사용할 수 없다.

24 비행 중 엔진고장 시 프로펠러를 페더링(feathering) 시켜야 하는 이유로 옳은 것은?

① 엔진의 진동을 유발해 화재를 방지하기 위하여
② 풍차(windmill) 효과로 인해 추력을 얻기 위하여
③ 프로펠러 회전을 멈춰 추가적인 손상을 방지하기 위하여
④ 전면과 후면의 차압으로 프로펠러를 회전시키기 위하여

해설 페더링이란, 기관의 고장 시 풍차작용에 의해 엔진을 회전시키려는 것을 방지하고, 저항을 적게 하여 엔진의 추가적인 파손을 방지해 준다.

25 초기압력과 체적이 각각 $1000N/cm^2$, $1000cm^3$인 이상기체가 등온상태로 팽창하여 체적이 $2000cm^3$이 되었다면, 이때 기체의 엔탈피 변화는 몇 J인가?

① 0   ② 5
③ 10 ④ 20

해설 PV = 일정(등온 상태일 경우)
온도의 변화가 없으므로 엔탈피(내부 에너지와 유동 에너지의 합)의 변화도 없다.

26 회전동력을 이용하여 프로펠러를 움직여 추진력을 얻는 엔진으로만 짝지어진 것은?

① 터보프롭-터보팬
② 터보샤프트-터보팬
③ 터보샤프트-터보제트
④ 터보프롭-터보샤프트

해설 가스터빈기관(터보샤프트, 터보프롭, 터보팬, 터보제트, 램제트, 펄스제트, 로켓기관) 중에서 프로펠러를 이용하여 추진력을 얻는 기관은 터보샤프트와 터보프롭엔진이 있다.

ANSWER 23 ① 24 ③ 25 ① 26 ④

27 비가역 과정에서의 엔트로피 증가 및 에너지 전달의 방향성에 대한 이론을 확립한 법칙은?

① 열역학 제0법칙
② 열역학 제1법칙
③ 열역학 제2법칙
④ 열역학 제3법칙

해설 열역학 제2법칙
고립계에서 총 엔트로피의 변화는 항상 증가하거나 일정하며 절대로 감소하지 않는다. 에너지 전달에는 방향성이 있다는 것이다. 즉 자연계에서 일어나는 모든 과정들은 가역과정이 아니라는 것이다.

28 터빈엔진(turbine engine)의 윤활유(lubrication oil)의 구비조건이 아닌 것은?

① 인화점이 낮을 것
② 점도지수가 클 것
③ 부식성이 없을 것
④ 산화 안정성이 높을 것

해설 윤활유의 구비조건
㉠ 점성과 유동점은 낮아야 한다.
㉡ 점도지수는 어느 정도 높아야 한다.
㉢ 산화 안정성과 열적 안정성이 높아야 한다.
㉣ 인화점은 높아야 한다.
㉤ 공기와의 분리성이 좋아야 한다.
㉥ 기화성이 낮아야 한다.

29 엔진의 오일탱크가 별도로 장치되어 있지 않고 스플래쉬(splash) 방식에 의해 윤활되는 오일계통을 무엇이라 하는가?

① Hot Tank System
② Wet Sump System
③ Cold Tank System
④ Dry Sump System

해설 Wet Sump는 엔진섬프에 오일을 가지고 있는 방식이다. 섬프 내에 베어링과 구동기어는 스플래쉬 장치에 의해 윤활되고, 이외의 부분은 기어형 압력펌프로부터 오일을 받아 엔진의 여러 부분에 오일제트로 오일을 보내게 된다.

30 다음 중 초음속 전투기 엔진에 사용되는 수축-확산형 가변배기 노즐(VEN)의 출구면적이 가장 큰 작동상태는?

① 전투추력(military thrust)
② 순항추력(cruising thrust)
③ 중간추력(intermediate thrust)
④ 후기연소추력(afterburning thrust)

해설 일반적으로 아음속에서 출구면적이 넓은 경우 항공기의 속도는 감소하고 압력은 증가한다. 하지만 초음속의 경우에는 출구면적이 넓은 경우 아음속과는 반대로 속도는 증가하고 압력은 감소하게 된다. 연소실에서 1차로 연소추력을 발생시키고 2차로 후기연소기에서 추력을 발생하여 초음속의 속도로 비행한다면 출구면적은 넓게 만들어 주어야 추력이 증가한다.

31 [보기]에 나열된 왕복엔진의 종류는 어떤 특성으로 분류한 것인가?

┌─ 보기 ─┐
V형, X형, 대향형, 성형

① 엔진의 크기
② 엔진의 장착 위치
③ 실린더의 회전 형태
④ 실린더의 배열 형태

해설 V형, X형 등의 엔진 종류는 실린더의 배열 방법에 따라 구분한 것이다.

32 왕복엔진 기화기의 혼합기 조절장치(mixture control system)에 대한 설명으로 틀린 것은?

① 고도에 따라 변하는 압력을 감지하여 점화 시기를 조절한다.
② 고고도에서 혼합기가 너무 농후해지는 것을 방지한다.
③ 고고도에서 기압, 밀도, 온도가 감소하는 것을 보상하기 위해 사용된다.
④ 실린더가 과열되지 않는 출력 범위 내에서 희박한 혼합기를 사용하게 함으로써 연료를 절약한다.

해설 혼합기 조절장치는 기압과 온도의 변화를 보상하기 위해 연료 흐름을 조절하는 역할을 한다. 이러한 혼합기 조절장치의 기능은 고고도에서 혼합기가 너무 농후해지는 것을 방지하고, 희박한 혼합기 사용으로 실린더 온도가 과열되지 않는 저출력 범위에서 엔진을 작동하여 연료를 절약하게 한다.

33 2차 공기유량이 16500lb/s이고 1차 공기유량이 3000lb/s인 터보팬엔진에서 바이패스비는?

① 6.3 : 1   ② 5.5 : 1
③ 4.3 : 1   ④ 3.7 : 1

해설 바이패스비란 터보팬기관에서 바이패스되는 공기량(2차 공기량)과 연소실을 통과하는 공기량(1차 공기량)의 비를 말한다.
∴ 16500 : 3000 = 5.5 : 1

34 비행 중 프로펠러에 작용하는 힘의 종류가 아닌 것은?

① 원심력   ② 추력
③ 구심력   ④ 비틀림힘

해설 프로펠러에 작용하는 힘과 응력
• 추력과 휨 응력 : 추력에 의해 발생하며, 항공기가 전진할 때 프로펠러 깃은 전방으로 휘어지는 휨 응력을 받는다.
• 원심력에 의한 인장 응력 : 프로펠러의 회전에 의해 발생하며, 깃이 허브의 중심으로 밖으로 빠져 나가게 만드는 힘을 말한다.
• 비틀림과 응력 : 깃에 작용하는 공기의 합성 속도가 프로펠러 중심 축의 방향과 같지 않을 때 발생하며, 공기력 비틀림 응력과 원심력 비틀림 응력 두 가지가 있다. 비틀림 응력은 프로펠러 회전 속도의 제곱에 비례한다.

35 왕복엔진 배기밸브(exhaust valve)의 냉각을 위해 밸브 속에 넣는 물질은?

① 스텔라이트   ② 취화물
③ 금속나트륨   ④ 아닐린

해설 배기밸브(exhaust valve) : 고온에서 작동되므로 냉각을 위하여 내부를 중공으로 만들어 금속 나트륨(sodium)을 채워 준다. (전체 공간의 60% 정도만 채운다.)

ANSWER   31 ④   32 ①   33 ②   34 ③   35 ③

36 압축비가 8인 오토사이클의 열효율은 약 얼마인가? (단, 공기 비열비는 1.5이다.)

① 0.52　　② 0.56
③ 0.58　　④ 0.64

해설　열효율 $= 1 - \dfrac{1}{\epsilon^{k-1}}$ (ϵ는 압축비)

$\qquad\qquad = 1 - \dfrac{1}{8^{1.5-1}} = 0.64644$

∴ 0.64

37 왕복엔진에서 저압점화계통을 사용할 때 단점은?

① 캐패시턴스　　② 무게의 증대
③ 플래시 오버　　④ 고전압 코로나

해설　저압점화계통은 마그네토 1차 코일에서 유도된 낮은 전압을 각 실린더마다 하나씩 설치된 변압기에서 승압시켜 스파크 플러그로 전달하는 방식으로, 실린더의 수만큼 변압기를 별도로 장착해야 하기 때문에 무게가 증가한다는 단점이 있다.

38 가스터빈엔진에서 가스 발생기(gas generator)를 나열한 것은?

① Compressor, Combustion chamber, Turbine
② Compressor, Combustion chamber, diffuser
③ Inlet duct, Combustion chamber, diffuser
④ Compressor, Combustion chamber, Exhaust

해설　가스터빈엔진에서 가스발생기라 함은 압축기(Compressor), 연소실(Combustion chamber), 터빈(Turbine)을 말하며, 이 때 가스발생기의 순서가 바뀌거나 어느 하나라도 빠지면 가스발생기라 할 수 없다.

39 가스터빈엔진에서 연료계통의 여압 및 드레인 밸브(P&D valve)의 기능이 아닌 것은?

① 일정 압력까지 연료 흐름을 차단한다.
② 1차 연료와 2차 연료 흐름으로 분리한다.
③ 연료 압력이 규정치 이상 넘지 않도록 조절한다.
④ 엔진정지 시 노즐에 남은 연료를 외부로 방출한다.

해설　여압 및 드레인 밸브(pressurizing & drain valve)
　㉠ 기능
　　ⓐ 연료의 흐름을 1차와 2차로 분리한다.
　　ⓑ 기관 정지 시 연료 매니폴드나 연료 노즐에 남아있는 잔여 연료를 외부로 방출한다.
　　ⓒ 연료의 압력이 일정 압력이 될 때까지 연료의 흐름을 차단한다.
　㉡ 유사 장치 : 흐름 분할기(flow divider)와 드립 밸브(drip valve)를 사용하는 항공기도 있다. 흐름 분할기는 여압 밸브의 역할을, 드립 밸브는 드레인 밸브의 역할을 수행한다.

40 가스터빈엔진의 시동 시 정상작동 여부를 판단하는데 중요한 계기는?

① 오일압력계기, 연소실 압력계기
② 오일압력계기, 배기가스온도계기
③ 오일압력계기, 압축기입구 공기온도계기
④ 오일압력계기, 압축기입구 공기압력계기

해설　가스터빈엔진 시동 시 오일압력계기를 통해 과도한 압력의 발생 여부를 확인하고 배기가스온도계기를 통하여 과열시동(hot start)이 일어나는지를 점검하여야 한다.

ANSWER　36 ④　37 ②　38 ①　39 ③　40 ②

제3과목 항공기체

41 항공기에서 복합재료를 사용하는 주된 이유는?

① 무게당 강도가 높다.
② 재료를 구하기가 쉽다.
③ 재질 표면에 착색이 쉽다.
④ 재료의 가공 및 취급이 쉽다.

해설 현재 항공기 분야에서 복합소재는 급격히 증가하고 있는 추세이며, 무게가 중요한 문제로 대두되는 우주선은 복합소재가 기본 구조재로 제조된다. 항공기 재료의 요건으로 경량성, 고강도, 내피로성, 가격 및 제작시간의 단축 등을 요구하며 가장 중요한 부분은 경량성이다. 복합소재는 무게 당 강도비율이 높다. 알루미늄을 복합소재로 대체하면 인장강도가 30%증가하는 반면 무게는 약 20% 감소한다.

42 밀착된 구성품 사이에 작은 진폭의 상대운동이 일어날 때 발생하는 제한된 형태의 부식은?

① 점(pitting)부식
② 피로(fatigue)부식
③ 찰과(fretting)부식
④ 이질금속간(galvanic)부식

해설 fret의 사전적인 의미는 서로 부딪혀서 열을 내다라는 뜻으로 꼬여있는 케이블에서 많이 발생되며 재료가 서로 밀착되어 작은 진동이 일어날 때 발생되며 밀착된 2개의 금속판이 진동 등에 의해 서로 맞부딪혀 발생한다. Steel에서는 갈색 가루(녹)로 나타나고 AL합금에서는 흑색을 띤 가루로 나타나는데 금속표면이 서로 맞부딪힘으로서 표면의 금속입자가 박리되고 입자가 산화로 발생 원인이다.

43 NAS 514 P 428-8 스크류에서 P가 의미하는 것은?

① 재질
② 나사계열
③ 길이
④ 머리의 홈

해설 NAS National Aerospace Standards
514 : series number
P : 헤드에 파인 홈 모양(Phillips Recess)
428 : 지름 4/16 = 1/4, 1인치 당 나사산수 28개
8 : 길이 8/16 = 1/2

44 탄성을 가진 고분자 물질인 합성고무가 아닌 것은?

① 부틸
② 부나
③ 에폭시
④ 실리콘

해설 합성수지의 열경화성 수지에 속하는 에폭시는 고무가 아니고 플라스틱으로 접착강도가 뛰어나 접착제, 항공기도장재료, 전파투과성이 필요한 레이돔에 사용된다. 부나는 타이어 재료로 실리콘은 오일계통에 개스킷, 부틸은 튜브제작에 사용된다.

45 단면적이 A이고, 길이가 L이며 탄성계수가 E인 부재에 인장하중 P가 작용하였을 때, 이 부재에 저장되는 탄성에너지로 옳은 것은?

① $\dfrac{PL^2}{2AE}$
② $\dfrac{PL^2}{3AE}$
③ $\dfrac{P^2L}{2AE}$
④ $\dfrac{P^2L}{3AE}$

해설 탄성에너지 $= \dfrac{1}{2}P\delta = \dfrac{P^2L}{2AE}$
(P : 하중, δ : 변형량)

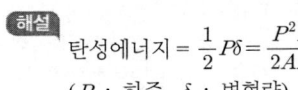
41 ① 42 ③ 43 ④ 44 ② 45 ③

46 구조재료에 발생하는 현상에 대한 설명으로 틀린 것은?

① 반복하중에 의하여 재료의 저항력이 증가하는 현상을 피로라 한다.
② 일정한 응력을 받는 재료가 일정한 온도에서 시간이 경과함에 따라 하중이 일정하더라도 변형률이 변하는 현상을 크리프라 한다.
③ 노치, 작은 구멍, 키, 홈 등과 같이 단면적의 급격한 변화가 있는 부분에 대단히 큰 응력이 발생하는 현상을 응력집중이라 한다.
④ 축방향의 압축력을 받는 부재 중 기둥이 압축하중에 의해 파괴되지 않고 휘어지면서 파단되어 더 이상 하중에 견디지 못하게 되는 현상을 좌굴이라 한다.

해설 항공기 용접에 사용되는 재료의 특성을 알아내기 위해 일부러 파괴하여 인성, 강도, 기계적 성질을 시험하는 기계적 파괴시험의 종류에 인장시험을 한다. 피로(fatigue)는 금속에 반복응력이 발생되면 반복횟수가 증가하여 강도가 저하되어 파단에 이르게 되는데 피로는 반복응력에 의해 저항력이 증가하지 않고 결함이 확대된다.

47 트러스(truss) 구조 형식의 항공기에 없는 부재는?

① 리브(rib) ② 장선(brace wire)
③ 스파(spar) ④ 스트링거(stringer)

해설 항공기 트러스 구조는 스킨은 외형만 유지하고 강관을 이용하여 하중을 트러스가 담당하는 구조로 제작비용이 저렴하여 소형기에만 사용된다. 내부 공간 마련하기가 어렵고 외형이 각진 부분이 많다. 압축에 의해 눌리는 현상인 좌굴(buckling) 방지는 스트링거(Stringer)이며 세미모노코크 구조에 사용된다.

48 조종간의 조종력을 케이블이나 푸시풀로드를 대신하여 전기·전자적으로 변환된 신호 상태로 조종면의 유압작동기를 움직이도록 전달하는 장치는?

① 트림 시스템(trim system)
② 인공감지장치(artificial feel system)
③ 플라이 바이 와이어 장치(fly by wire system)
④ 부스터 조종장치(booster control system)

해설 플라이 바이 와이어(FBW, fly-by-wire) 방식은 말 그대로 전선에 의한 비행, 기계식 제어가 아닌 전기신호 사용하여 보조날개, 승강타, 방향타 제어하는 방식이며 기계적 연결 대신 조종사의 조작을 전기적 신호로 바꾸어서 와이어(전선)로 액추에이터(actuator)에 입력하여 전기적으로 제어 방식을 말한다.

49 그림과 같이 단면의 면적이 10cm²인 원형 강봉에 40kN의 인장하중이 작용하는 경우, 축의 수직인 면에 발생하는 수직응력은 약 몇 MPa인가?

① 40
② 50
③ 60
④ 70

해설 수직응력

축하중(인장이나 압축하중)을 P, 수직응력이 발생하는 단면적을 A, 수직응력 σ (시그마)라 하면 식은 다음과 같다.
하중과 단면적이 주어졌으나 단위가 다르므로 변환해서 계산해야 한다.

$\sigma = \dfrac{P}{A}$ [N/m² 또는 Pa]

$= \dfrac{40,000[N]}{10 \times 0.0001[m^2]} = 40,000,000[Pa] = 40[MPa]$

ANSWER 46 ① 47 ④ 48 ③ 49 ①

50 셀프락킹 너트(self locking nut) 사용에 대한 설명으로 틀린 것은?

① 규정토크 값에 락킹토크 값을 더한 값을 적용한다.
② 볼트에 장착했을 때 너트면보다 2산 이상의 나사산이 나와 있어야 한다.
③ 볼트 지름이 1/4인치 이하이며 코터핀 구멍이 있는 볼트에는 사용할 수 없다.
④ 회전부분의 너트가 연결부를 이루는 곳에 주로 사용된다.

해설 셀프락킹 너트는 사용하기 편하지만 코터핀이나 세이프티 와이어를 사용하지 않으므로 불안하다. 이런 이유로 회전력을 받는 풀리나 벨크랭크, 힌지에 사용하지 않는다. 참고로 장착 시 볼트 나사 끝부분은 2산 이상은 나와야한다.

51 폭이 20cm, 두께가 2mm인 알루미늄판을 그림과 같이 직각으로 굽히려 할 때 필요한 알루미늄판의 세트백(set back)은 몇 mm인가?

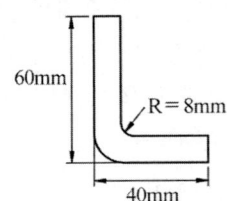

① 8   ② 10
③ 12   ④ 14

해설 세트백(SB : Set Back)이란 성형점에서(mold point)에서 굴곡 접선(bend tanget line)까지의 거리이며 굴곡 허용량(BA bend allowance)은 평판을 굽히는데 소요되는 여유길이(판재를 굽히는데 재료의 길이가 얼마나 필요한지를 알아내기 위한 것)이다. 여기에서의 세트백은 아웃사이드 세트백을 말하며 굴곡 허용량에서는 중립선을 기준으로 한다.

$$SB = K(R+T) = \tan\left(\frac{90°}{2}\right) \times (2+8) = 10[mm]$$

52 2차원의 구조물에 미치는 힘을 해석할 때 정역학의 평형방정식($\sum F = 0$, $\sum M = 0$)은 총 몇 개가 되는가?

① 1   ② 2
③ 3   ④ 6

해설 힘의 평형은 물체를 정역학적으로 해석할 때 매우 중요하다. 이 의미는 물체에 작용하는 모든 외력에 평형방정식을 만족하는 반력을 밝혀내는 것이다. 즉, 같은 축 방향의 모든 힘을 합성하여 그 것이 0이 나오면 물체가 가속 또는 감속을 하지 않으므로, 힘의 평형을 만족한다.

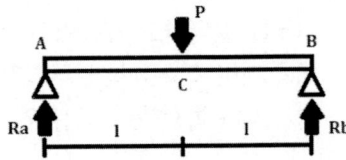

두 축의 힘과 모멘트가 모두 평형을 만족해야 정역학적 해석이 가능하다. ($\sum F = 0$, $\sum M = 0$)
2차원에서 평형방정식은 3개이며, 정역학적으로 해석하기 위해서는 3개의 식을 모두 만족해야 한다.

$$\sum F_x = F_{x1} + F_{x2} + F_{x3} + \cdots + F_{xn} = 0$$
$$\sum F_y = F_{y1} + F_{y2} + F_{y3} + \cdots + F_{yn} = 0$$
$$\sum M = M_1 + M_2 + M_3 + \cdots + M_n = 0$$

ANSWER 50 ④   51 ②   52 ③

53 기체 구조의 고유진동수와 일치하는 진동수를 가지는 외부하중이 부가되면 하중의 크기가 아주 크지 않더라도 파괴가 일어날 수 있는 현상을 무엇이라 하는가?

① 피로 ② 공진
③ 크리프 ④ 항복

해설 진동이 합쳐지다 라는 뜻의 공진은 항공기 엔진에서의 진동수와 날개 떨리는 최대진동수가 합쳐져서 날개가 파단되거나 무게중심이 뒤쪽으로 치우치고 속도가 빠를 때 주날개와 꼬리날개의 진동수가 합쳐져서 발생한다. 이런 현상을 플러터(Flutter) 현상이라고 한다.

54 안티스키드(anti-skid) 기능 중 착륙 시 바퀴가 지면에 닿기 전에 조종사가 브레이크를 밟더라도 제동력이 발생하지 않도록 하여 착륙장치에 무리한 힘이 가해지지 않도록 하는 기능은?

① 페일 세이프 보호(fail safe protection)
② 터치다운 보호(touch down protection)
③ 정상 스키드 컨트롤(normal skid control)
④ 락크된 휠 스키드 컨트롤(locked wheel skid control)

해설
① Fail-safe Protection : Skid Control 시스템이 고장나면 자동으로 브레이크 시스템이 완전 수동으로 작동하게 해준다.
② Touchdown Protection : 착륙을 위해 접근하는 플레어구간에서 기장이 브레이크 페달을 제어할 때 브레이크가 작동하지 못하도록 한다. 터치다운시 브레이크가 작동되면 타이어가 손상되기 때문이다. 브레이크 압력을 모두 return으로 연결하여 접지되는 순간 풀린 상태로 자유회전 시킨다.
③ Normal Skid Control : wheel의 회전이 줄어들면 skid가 일어나므로 skid control valve를 open시켜 휠에서 유압을 bleed 한다. skid 되는 정도를 bleed로 조절해준다.
④ Locked Wheel Skid Control : 한 개의 스트러트에 2개의 휠이 양쪽에 설치되어 있을 때 휠 중 하나가 고장으로 인해 양쪽의 wheel speed가 25knot의 차이가 발생하면 속도가 느린쪽이 skid가 발생하게 되면 빨리 회전되는 휠을 컨트롤 해서 조절한다. 얼음 위에서 wheel이 회전하지 않고 skid 된다면 길게 bleed 하여 브레이크를 완전히 release 해 준다. 30km/h 이하일 때는 작동하지 않는다.

55 항공기의 자세 조종에 사용되는 1차 조종면으로 나열된 것은?

① 승강타, 방향타, 플랩
② 도움날개, 승강타, 방향타
③ 도움날개, 스포일러, 플랩
④ 도움날개, 방향타, 스포일러

해설 1차 조종면(Primary Control Surface)은 Elevators, Ailerons, Rudder 등이 있으며, 2차 조종면은 Flap, Tab, Spoilers, Speed brakes 등이 있다.

56 세미모노코크구조에서 동체가 비틀림에 의해 변형되는 것을 방지해 주며 날개, 착륙장치 등의 장착부위로 사용되기도 하는 부재는?

① 프레임(frame)
② 세로대(longeron)
③ 스트링거(stringer)
④ 벌크헤드(bulkhead)

해설
• 벌크헤드 (Bulkhead) : 동체의 비틀림
• 론저론 (Longeron) : 굽힘하중
• 스트링거 (stringer) : 좌굴(buckling) 방지

ANSWER 53 ② 54 ② 55 ② 56 ④

57 올레오 스트러트(oleo strut) 착륙장치의 구성품 중 토크링크(torque link)에 대한 설명으로 틀린 것은?

① 휠 얼라인먼트를 바르게 한다.
② 피스톤의 과도한 신장을 제한한다.
③ 피스톤과 실린더의 회전을 방지한다.
④ 올레오 스트러트의 전·후 행정을 제한한다.

해설
- 트러니언(trunnion) : 동체와 랜딩기어를 연결시키고 축을 중심으로 착륙 장치가 회전하며 랜딩기어를 리트랙션하는 힌지 역할을 한다.
- 완충 스트럿 어셈블리(shock absorber strut assembly) : inner, outer 실린더로 구성되어 압축, 팽창을 하면서 충격을 흡수해준다.
- 토크 링크(torque link) : 피스톤과 바퀴를 일치시키기 위해서 상부 실린더와 하부 실린더에 연결되어 있다.
- 사이드 스트럿(side strut) : 착륙 장치가 옆 방향으로 접히지 않게 지지한다.
- 항력 스트럿(drag strut) : 완충 스트럿에 연결됨. 완충 스트럿을 지지한다.

58 리벳 작업에 대한 설명으로 옳은 것은?

① 리벳의 최소 연거리는 리벳지름의 2배 정도이다.
② 리벳의 피치는 열과 열 사이의 거리이다.
③ 리벳의 지름은 접합할 판재 중 제일 두꺼운 판재 두께의 2배 정도가 적당하다.
④ 리벳의 열은 판재의 인장력을 받는 방향으로 배열된 리벳의 집합이다.

해설 리벳 피치는 리벳 중심과 리벳 중심과의 거리를 말하며 리벳지름은 두꺼운 판재의 3배 이상의 길이를 선택해야 강도를 견딜 수 있으며 리벳은 동체에 체결되어 전단력을 지지하고 있다.

59 AN 표준규격 재료기호 2024(DD) 리벳이 상온에 노출되고 10분 이내에 리벳팅을 해야 하는 이유는?

① 시효경화가 되기 때문에
② 부식이 시작되기 때문에
③ 시효경화가 멈추기 때문에
④ 열팽창으로 지름이 커지기 때문에

해설 시효경화(Age-hardening)는 금속재료를 일정한 시간 적당한 온도 하에 놓아두면 단단해지는 현상이다. 2017(D)은 열처리 후 1시간 이내 연한 성질을 가지고 있어 riveting 가능하고 2024(DD)는 열처리 후 10분~20분 이내 리벳팅(riveting) 가능하다.

60 경비행기의 방화벽(fire wall) 재료로 사용되는 18-8 스테인리스강(stainless steel)에 대한 설명으로 옳은 것은?

① Cr-Mo 강으로서 열에 강하다.
② 18% Cr과 8% Ni를 갖는 내식강이다.
③ 1.8%의 탄소와 8%의 Cr를 갖는 특수강이다.
④ 1.8%의 Cr과 0.8%의 Ni를 갖는 내식강이다.

해설 주로 18-8 스테인레스강은 18%의 크롬과 8%의 니켈이 포함된 것으로 금속표면에 공기가 침투할 수 없는 막을 형성하여 산소를 차단함으로써 내부 금속의 산화작용을 막는다.

ANSWER 57 ④ 58 ① 59 ① 60 ②

제4과목 항공장비

61 산소계통에서 산소가 흐르는 방식의 종류가 아닌 것은?

① 희석 유량형 ② 압력형
③ 연속 유량형 ④ 요구 유량형

해설 저장방식에 따른 분류
① 기체 산소계통(Vapor) : 산소가스를 압축하여 가스용기에 보관시킨 것으로 충전 압력이 1,200psi, 1,800psi, 2,400psi는 고압형, 300~425psi는 저압형이다.
② 액체 산소계통(Liquid, LOX) : 액체 산소를 저온으로 보존할 수 있는 용기에 넣고 기화시켜 공급하는 방법으로, 액체 산소 방식. 취급이 위험하여 군용기에 사용한다.
③ 고체 산소계통(Solid) : 산소 분자를 많이 함유한 고체 화합물에 화학 반응을 일으키게 하고 산소 가스를 발생시켜 분리해서 공급하는 방식. 반응 시작 후 조절 불가, 다량의 열 발생한다. 최근 대형 항공기의 승객용 보충 공급 장치에 많이 사용된다.

공급방식에 따른 분류
① 연속 유량형(Continuous flow type) : 고도에 맞게 유량조절노브를 돌리면 그 고도에 해당하는 양의 산소가 공급되는 수동식 연속 유량형과 해당 기압고도에 맞게 산소가 자동적으로 조절되어 공급되는 자동식 연속 유량형이 있다.
② 요구 유량형(Demand flow type) : 호흡 시 흡입할 때만 산소가 흘러 공급하는 방식으로, 산소 유량은 캐빈 압력 고도(cabin pressure altitude)에 대해 필요 산소 분압이 확보된 희석 방식과 100% 산소를 흐르게 하는 것이 있으며 필요에 의해 선택 가능하다. 연속 유량형에 비해 경제적이다.
③ 희석 요구 유량형(Dilution demand flow type) : 마스크를 착용한 사용자가 호흡 시에는 마스크 밸브가 닫히고, 조절기의 밸브는 열려서 대기압에 알맞은 양의 산소가 공급된다.
④ 압력 요구 유량형(Pressure demand flow type) : 40,000ft 이상의 고도에서 비행하는 군용기에 사용되며, 객실고도가 38,000ft 이상이 되면 대기압이 떨어져 100% 산소 분압을 유지하기 위해 필요한 압력을 산소마스크에 가하여 산소를 인체에 압입하는 방식이다.

62 니켈-카드뮴 축전지의 특성에 대한 설명으로 옳은 것은?

① 양극은 카드뮴이고 음극은 수산화니켈이다.
② 방전 시 수분이 증발되므로 물을 보충해야 한다.
③ 충전 시 음극에서 산소가 발생되고, 양극에서 수소가 발생된다.
④ 전해액은 KOH이며 셀당 전압은 약 1.2 ~ 1.25V 정도이다.

해설 전해액은 비중 1.30의 수산화칼륨(KOH)을 사용한다. 화학반응에 관여없이 극판 사이의 도체로 사용되므로 비중 변화는 없다. 니켈-카드뮴 축전지의 기본 단위는 셀(cell)이고, 셀당 전압은 1.2~1.25[V]이고, 내부 저항을 고려해서 12[V] 축전지는 10개의 셀을, 24[V] 축전지는 19개의 셀을 직렬로 연결해서 사용한다. 대형 항공기에서는 20셀 또는 22셀의 축전지를 사용한다. 1셀의 기전력은 무부하 상태에서 1.3~1.4V지만, 부하가 가해지면 1.2V로 안정된다.

63 항공기에 사용되는 유압계통의 특징이 아닌 것은?

① 리저버와 리턴라인이 필요 없다.
② 단위중량에 비해 큰 힘을 얻는다.
③ 과부하에 대해서도 안전성이 높다.
④ 운동속도의 조절범위가 크고 무단변속을 할 수 있다.

ANSWER 61 ① 62 ④ 63 ①

해설

공기압(보조수단)	유압(주 작동수단)
압축성	비압축성
가볍다.	무겁다.
1회성 사용	반복적 사용
레저버, 귀환관 불필요	레저버, 귀환관 필요
누설 허용	누설 허용 안됨

- 유압 계통 : 항공기의 엔진으로부터 동력의 전달이 어려운 부분에 동력을 전달하는 매개로서, 기본원리는 계통 내의 액체가 비압축성이라는 가정하에 파스칼의 법칙에 기초를 두어 작동유에 압력을 가하여 기계적인 에너지를 압력 에너지로 변환시키는 계통이다. 작동유를 저장하는 레저버, 압력을 가하는 펌프, 계통 내의 압력을 안정시키거나 비상시의 동력 공급을 위한 축압기, 일정한 압력 유지를 위한 조절기, 밸브 및 작동유의 청결 정도를 위한 여과기 등으로 구성되어 있다. 유압계통의 중량에 비해 큰 힘과 동력이 얻어지고 조절하기 쉽다. 작동 또는 조작 시, 운동방향의 조절이 용이하고 반응 속도도 빠르다. 작동유 누설에 따른 기능 저하 및 복잡한 구조로 인하여 정비시간 소요, 반복적 사용으로 인한 귀환 라인이 필요하다. 조종면의 작동, 착륙장치의 업다운, 제동장치(brake), 앞바퀴 조향(nose-gear steering), 바람막이 닦개(wind-shield wiper), 자동조종장치(auto-pilot)의 작동기 등에 사용된다.
- 공압 계통 : 일반적으로 대형 항공기에서 유압계통에 이상이 발생하여 작동유에 의한 유압계통을 작동시키기가 불가능할 때 보조적인 수단으로 사용된다. 적은 양으로 큰 힘을 얻을 수 있고, 불연성이고 깨끗하다. 착륙 장치의 비상 작동 장치와 비상 브레이크 장치, 화물실 도어의 작동 계통이 있다. 비압축성 작동유와 달리 어느 정도의 누설이 되더라도 압력 전달에는 큰 영향을 주지 않는다. 계통의 무게가 가볍고, 사용한 공기를 대기 중으로 배출시키기 때문에 귀환 라인이 필요 없어 계통이 간단하다. 브레이크, 플랩, 자이로계기, 제빙장치, 도어개폐, 유압펌프, 교류발전기, 시동기, 비상동력원 등에 사용된다.

64 다용도 측정기기 멀티미터(multimeter)를 이용하여 전압, 전류 및 저항측정 시 주의사항으로 틀린 것은?

① 전류계는 측정하고자 하는 회로에 직렬로, 전압계는 병렬로 연결한다.
② 저항계는 전원이 연결되어 있는 회로에 사용해서는 절대 안 된다.
③ 저항이 큰 회로에 전압계를 사용할 때는 저항이 작은 전압계를 사용하여 계기의 션트작용을 방지해야 한다.
④ 전류계와 전압계를 사용할 때는 측정 범위를 예상해야 하지만 그렇지 못할 때는 큰 측정 범위부터 시작하여 적합한 눈금에서 읽게 될 때까지 측정범위를 낮추어 간다.

해설 전류계는 회로와 직렬, 저항계와 전압계는 병렬로 연결한다. 저항계는 테스터기에서 전류가 흘러나오기 때문에 전원이 연결되어 있는 회로에 연결해서는 안 된다. 회로 내에 과전류와 과전압이 있을 수 있기에 전류계와 전압계는 테스터기의 큰 측정 범위부터 시작해서 지시값을 읽을 수 있을 때까지 낮추어 측정한다. 분류기(션트저항기)는 전류계에 병렬로 연결하고, 배율기는 전압계에 직렬로 연결하여 사용한다.

ANSWER 64 ③

65 항공기에서 결심고도에 대한 설명으로 옳은 것은?

① 항공기 이륙 시 조종사가 이륙 여부를 결정하는 고도
② 항공기 착륙 시 조종사가 착륙 여부를 결정하는 고도
③ 항공기가 비행 중 긴급한 사항이 발생하여 착륙 여부를 결정하는 고도
④ 항공기의 착륙장치를 "Down"할 것인가를 결정하는 고도

해설 결심고도(Precision Height)
조종사가 착륙 시도 여부를 결정하는 높이로, 이 고도에서 활주로나 등화시설 등의 시각 참조물이 육안으로 보이면 계속 접근하여 착륙하고, 보이지 않을 경우에는 착륙을 중단하고 복행을 시도하는 높이다. ILS를 이용하여 Glide slope와 Localizer를 잡고 활주로에 진입을 하다가 결심고도에서 조종사는 강하를 멈추고 착륙 또는 복행을 결정해야 한다. 악천후 시 이착륙을 결정짓는 기상 제한치는 ICAO 부속서를 토대로 각국의 항공법과 공항당국, 항공사의 운항규정에 따라 정해져 있다. 일반적으로 착륙 시에는 공항의 활주로 및 항행 안전시설에 따라 정밀접근, 비정밀접근, 선회접근, 시각접근 등으로 구분되며, 정밀접근은 카테고리 Ⅰ, Ⅱ, Ⅲa, Ⅲb, Ⅲc로 세분된다.
① CAT Ⅰ : DH 200ft(60m), 시정 600m 또는 활주로 가시거리 550m 이상
② CAT Ⅱ : DH 100ft(30m), 활주로 가시거리 350m 이상
③ CAT Ⅲa : DH 100ft(30m) 또는 제한 없음, 활주로 가시거리 200m 이상
④ CAT Ⅲb : DH 50ft(15m) 또는 제한 없음, 활주로 가시거리 200m 이상
⑤ CAT Ⅲc : 제한 없음

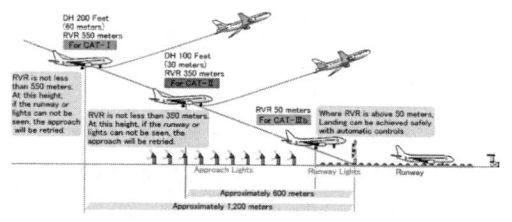

66 자이로를 이용한 계기가 아닌 것은?

① 수평지시계
② 방향지시계
③ 선회경사계
④ 제빙압력계

해설 ① 수평지시계(horizontal indicator) : 계기 비행에 사용하는 진정(眞正) 수평선에 대한 비행기의 기울어진 정도를 표시하는 선회식 계기이다. 자이로 수평 지시계는 항공기 기수방향에 대하여 수직인 자이로축을 가진 3축 자이로로서 자이로의 특성 중에 공간에 대한 강직성과 섭동을 이용한 직립장치를 사용하여 자이로의 회전자 회전축이 언제나 지구 중심을 향하게 함으로써 항공기의 지구 표면에 대한 자세 즉 피치와 경사를 알수 있게 하는 계기이다.
② 방향지시계(Direction Indicator) : 기본적으로 마그네틱 컴파스(Magnetic Compass)의 기능을 구현하기 위해 설계된 기계식 계기로 3축 자이로를 이용하고, 항공기 선회 시 선회각을 지시하는 계기이다. (자이로 특성 중 강직성만 이용) 마그네틱 컴파스(Magnetic Compass)는 여러 가지 오차(Error)들이 발생하므로 특히 난류 시에 정확한 방향(Heading)으로 직진비행이나 정밀한 선회를 하기에는 어렵다.
③ 선회경사계(turn & bank indicator) : 선회계와 경사계가 1개의 케이스에 조합되어 있는 계기. 선회계는 자이로를 이용하여 선회 각속도를 나타내며, 경사계는 수평 비행을 할 때에 항공기 날개의 쳐짐을 나타내고 선회 비행 시에는 정상선회, 스키드(바깥쪽, 외활) 또는 슬립(안쪽, 내활)을 나타내는 계기이다. 자이로의 특성 중 섭동성만 이용한다.
④ 제빙압력계(de-icing pressure indicator) : 날개에 설치된 제빙장치에 공급되는 공기압력을 지시하는 계기이다. (버든튜브, 17psi)

ANSWER 65 ② 66 ④

67 고도계에서 압력에 따른 탄성체의 휘어짐 양이 압력 증가 때와 압력 감소 때가 일치하지 않는 현상의 오차는?

① 눈금오차　② 온도오차
③ 히스테리오차　④ 밀도오차

해설) 고도계 오차의 종류
① 눈금오차 : 일정한 온도에서 진동을 가하여 기계적 오차를 뺀 계기 특유의 오차. 일반적으로 고도계의 오차는 눈금 오차를 말하며 수정이 가능하다.
② 온도오차 : 온도의 변화에 의하여 고도계의 각 부분이 팽창·수축하여 생기는 오차
③ 탄성오차 : 히스테리시스, 편위, 잔류 효과와 같이 일정한 온도에서의 탄성체 고유의 오차로서 재료의 특성 때문에 발생한다.
　㉠ 히스테리시스 : 항공기가 상승하는 도중 어떤 고도에서 읽은 눈금과 하강할 때 읽은 눈금이 서로 다르게 되는 것으로 불규칙하게 오차 발생
　㉡ 편위 : 탄성체의 크리프 현상에 의해서 지시치가 시간과 함께 조금씩 변해가는 것
　㉢ 잔류효과 : 고도계에서 압력을 증가시킨 후 감소하면 시작점 전후에서 발생하는 오차
※ 밀도오차 : 속도계의 대기 밀도에 의해 변해서 생기는 오차

68 유압작동 피스톤의 작동속도를 증가시키는 것으로 옳은 것은?

① 공급유량 감소
② 펌프 회전수 증가
③ 작동 실린더의 직경 증가
④ 작동 실린더의 스트로크(stroke) 감소

해설) $V = \dfrac{Q}{A}$ (V : 피스톤 속도, Q : 유량, A : 면적)
공급유량이 증가할수록, 실린더의 면적이 작을수록, 면적에 대한 직경이 작을수록, 행정(stroke)을 짧게 할수록 피스톤의 작동속도를 증가시킨다.

69 객실여압계통에서 주된 목적이 과도한 객실압력을 제거하기 위한 안전장치가 아닌 것은?

① 압력 릴리프밸브
② 덤프밸브
③ 부압 릴리프밸브
④ 아웃플로밸브

해설) 객실압력 안정밸브
• 객실 압력 릴리프 밸브(Cabin pressure Relief valve) : 여압된 항공기에서 아웃 플로우 밸브에 고장이 생겼거나, 다른 원인에 의해 객실의 차압이 규정 값 이상이 되면 객실 공기를 외부로 배출시켜 차압을 조절한다.
• 덤프밸브 (Dump valve) : 조종실의 컨트롤 스위치에 의해 RAM 위치일 때 솔레노이드 밸브가 개폐되며 객실 공기가 대기로 방출된다.
• 부압 릴리프 밸브(Negative Pressure Relief Valve) : 객실 여압 계통에서 대기압이 객실 안의 기압보다 높은 경우 객실로 자유롭게 들어오도록 사용하는 장치로 진공 밸브라고도 한다.

객실압력 조절장치
• 아웃 플로우 밸브(Out flow valve) : 방출 밸브로서 객실 압력을 조절하는 것이다. 고도에 관계없이 계속 공급되는 압축된 공기를 동체 옆이나 꼬리 부분 또는 날개의 필릿을 통하여 공기를 외부로 배출시킴으로써 객실의 압력을 원하는 압력으로 유지되도록 하는 밸브이다.
• 객실 압력 조절기 : 규정된 객실 고도의 기압이 되도록 아웃 플로우 밸브의 위치를 지정하거나 자동적으로 등기압 범위에 있어서의 설정값을 조절해 주며, 차압 영역에서는 미리 설정한 차압이 유지되도록 한다.

ANSWER　67 ③　68 ②　69 ④

70 활주로에 접근하는 비행기에 활주로 중심선을 제공해주는 지상시설은?

① VOR ② Glide slop
③ Localizer ④ Marker beacon

해설 ① 전방향 표지시설(VOR : VHF ommni-directional radio range beacon) : 비행하는 항공기에게 VHF대역에서 방위각 정보를 제공하는 지상시설로 초단파 전방향 무선표지 시설이다. 자북을 나타내는 전파와 자북으로부터 시계방향으로 회전하는 지향성이 있는 전파 2개를 수신하고, 자북을 지시하는 전파를 받기부터 지향성 전파를 수신하기까지 시간차를 측정하여 발신국의 위치를 알 수 있다. 사용주파수 범위는 108~118[MHz].
② 착륙유도장치(ILS : Instrument landing system) : 활주로 최종적인 진입을 유도하는 장치로 그 시설의 성능에 따라 CAT-Ⅰ, Ⅱ, Ⅲa, Ⅲb, Ⅲc 등으로 분류한다. 지상 시설과 기상 장치로 나누어지고 로컬라이저(Localizer)는 활주로 중심으로부터 좌우의 차이를 나타내고, 글라이드슬로프(Glide Slope)은 상하 방향의 차이를 나타낸다. 착륙지점 전방 일정 거리를 가리키는 마커 신호(Marker beacon)는 각각 다른 소리를 내며 계기(indicator)에 전시되는 램프 색에 의해서 활주로까지의 거리를 나타낸다. 로컬라이저와 글라이드 슬로프는 활주로 착륙지점 안쪽에 위치해 있고, 마커비컨은 활주로 착륙 진입지점 바깥쪽에 위치해 있다.
㉠ 외측마커(Outer Marker) : 400[Hz], 활주로 끝에서부터 7[km], 자색(purple)
㉡ 중앙마커(Middle Marker) : 1300[Hz], 활주로 끝에서부터 1050[m], 호박색(amber)
㉢ 내측마커(Inner Marker) : 3000[Hz], 활주로 끝에서부터 300[m], 백색(white)

71 계자가 8극인 단상교류 발전기가 115V, 400Hz 주파수를 만들기 위한 회전수는 몇 rpm인가?

① 4000 ② 6000
③ 8000 ④ 10000

해설 교류 발전기에서 극수 P와 주파수 f의 관계는 동기 속도를 N(1분간 회전수)으로 하면,
$$f = \frac{P}{2} \times \frac{N}{60}$$
$$400[\text{Hz}] = \frac{8}{2} \times \frac{N[\text{rpm}]}{60}$$
N = 6000[rpm]

72 군용 항공기에서 지상국과 항공기까지의 거리와 방위를 제공하는 항법장치는?

① DME ② TCAS
③ VOR ④ TACAN

해설
• 거리측정시설 (DME) : 항공기의 DME 기상국에 거리 정보를 제공하는 것. TACAN의 거리 계통만을 독립시킨 새로운 항법시설이다. 기상 장치(질문기)와 지상 장치(응답기)로 구성된 2차 레이더의 한 형식이다. 거리측정은 펄스 신호가 두 점사이를 왕복하는 시간을 측정하는 것이다. 주파수 대역은 UHF 960[MHz]~1215[MHz]
• TCAS(traffic alert and collision avoidance system) : ACAS는 국제적인 명칭으로 미국에서 사용하는 명칭이며, 점차 TCAS로 사용하는 추세이다.
• ACAS(airborne collision avoidance system) : 항공기 충돌 방지 시스템은 항공기의 접근을 탐지하고, 조종사에게 그 항공기의 위치 정보나 충돌을 피하기 위한 회피 정보를 제공하여 항공 보안 업무를 지원하는 것이다.
• 전방향 표지시설(VOR : VHF ommni-directional radio range beacon) : 비행하는 항공기에게 VHF대역에서 방위각 정보를 제공하는 지상시설로 초단파 전방향 무선표지 시설이다. 자북을 나타내는 전파와 자북으로부터 시계방향으로 회전하는 지향성이 있는 전파 2개를 수신하고, 자북을 지시하는 전파를 받기부터 지향성 전파를 수신하기까지 시간차를 측정하여 발신국의 위치를 알 수 있다. 사용주파수 범위는 108~118[MHz].

ANSWER 70 ③ 71 ② 72 ④

- 전술항행장치(TACAN : Tactical air navigation system) : 항공기에 방위정보와 거리정보를 제공하는 시설로 군용목적으로 개발되었으며, VORTAC는 방위 및 거리정보에 대한 항법장치의 일원화가 가능하여 VOR과 같이 결합하여 사용하며, 일부 민간 항공기도 이용해서 거리정보를 받을 수 있다. TACAN 지상국의 채널을 항공기에서 선택하면 지상국에 대한 방위와 거리가 동시에 기내 지시기에 표시된다. 주파수 및 채널수(252개)가 DME와 동일하다. 사용 주파수 범위는 UHF대의 962~1213[MHz].

73 그림과 같은 회로에서 저항 6Ω의 양단 전압 E는 몇 V인가?

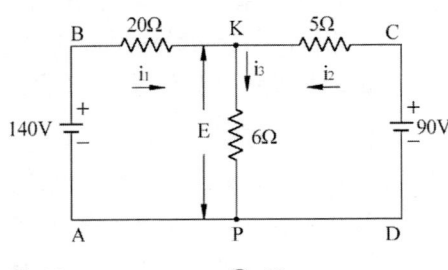

① 20　　② 60
③ 80　　④ 120

[해설] 키르히호프 전류의 법칙을 이용해서, $I_1 + I_2 = I_3$
키르히호프 전압의 법칙을 이용해서, $20I_1 + 6I_3 = 140$, $5I_2 + 6I_3 = 90$
위의 3개의 식을 연립 방정식으로 풀어내면, $I_1 = 4[A]$, $I_2 = 6[A]$, $I_3 = 10[A]$
각 부하에 걸리는 전압을 옴의 법칙(V = IR)으로 풀어내면, $V_1 = 80[V]$, $V_2 = 30[V]$, $V_3 = 60[V]$
따라서, E에 걸리는 전압은 60[V]이다.

74 자기 컴파스의 자침이 수평면과 이루는 각을 무엇이라고 하는가?

① 지자기의 복각　② 지자기의 수평각
③ 지자기의 편각　④ 지자기의 수직각

[해설]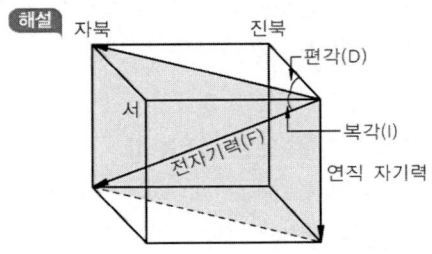

지자기 3요소
① 편각(편차) : 북반구를 기준으로 지구상의 현재 위치에서 진북국(지리상 북극점) 방향과 자기북국(나침반의 빨간 바늘 방향) 방향 사이의 각도
② 복각 : 지구상의 어느 점에서 지구 자기장의 방향과 그 곳의 수평면이 이루는 각도. 적도에서 0°, 극에서 최대가 된다.
③ 수평분력 : 지구 자기력의 수평 성분. 적도에서 최대, 극에서 0°가 된다.

75 신호의 크기에 따라 반송파의 주파수를 변화시키는 변조방식은?

① FM　　② AM
③ PM　　④ PCM

[해설]
① FM(frequency modulation) : 변조신호에 따라 반송파의 진폭은 변하지 않고 주파수만이 변화하는 주파수 변조방식
② AM(Amplitude Modulation) : 전파의 진폭이 신호의 세기로 변화하는 변조 방식으로 진폭 변조라고 한다. AM은 반송파라는 전파에 전송하고자 하는 전파를 싣는 방법 중 하나로, 음성 신호를 반송파에 그대로 싣는 방식
③ PM (phase modulation) : 반송파의 진폭을 일정하게 하고, 반송파의 위상을 메시지 신호에 따라 변화시키는 방식
④ PCM (pulse code modulation) : 송신 측에서 아날로그 파형을 일단 디지털화하여 전송하고 수신 측에서 그것을 다시 아날로그화함으로써 아날로그 정보를 전송하는 방식

ANSWER 73 ②　74 ①　75 ①

76 조종실의 온도변화에 따른 속도계 지시 보상방법으로 옳은 것은?

① 진대기속도를 이용한다.
② 등가대기속도를 이용한다.
③ 장착된 바이메탈(bimetal)을 이용한다.
④ 서멀스위치에 의해서 전기적으로 실시된다.

해설 항공기 계기에 발생하는 오차 중에 온도오차는 온도변화에 의해 기계적인 연결 부분의 수축, 팽창에 기인하거나 수감챔버(Chamber)나 스프링 탄성률 변화에 의하는 것으로 -65~70℃ 간의 것은 일반적으로 바이메탈을 이용한 온도보상 장치(thermal compensator)로 자동으로 수정된다.

77 엔진에 화재가 발생되어 화재차단스위치(fire shuoff switch)를 작동시켰을 때 작동하는 소화준비 과정으로 틀린 것은?

① 발전기의 발전을 정지한다.
② 작동유의 공급밸브를 닫는다.
③ 엔진의 연료 흐름을 차단한다.
④ 화재탐지계통의 활동을 멈춘다.

해설 화재 스위치(Fire Switch)
엔진과 APU 화재 스위치는 기종에 따라 조종실 중심 상부 패널 또는 중앙 콘솔에 장착된다. 엔진 화재 스위치가 작동되었을 때 엔진은 연료조정장치 차단으로 정지하고, 엔진은 항공기 계통으로부터 격리되며, 소화계통이 작동된다. (기종에 따라 좌우로 핸들을 돌려 스위치를 작동시키거나, 안전 커버가 달린 푸시버튼 스위치를 사용한다.)
- Fuel spar valve를 닫는다.
- 엔진 연료계량장치(FMU) 차단솔레노이드의 전원을 끊는다.
- 엔진 유압펌프 차단밸브를 닫는다.
- 엔진구동 유압펌프 밸브를 감압한다.
- 압력조절 및 차단밸브를 닫는다.
- 역추력장치 격리밸브로부터 전원을 제거한다.
- 발전기 자계를 실패하게 한다.
- 예비 발전기 자계를 실패하게 한다.

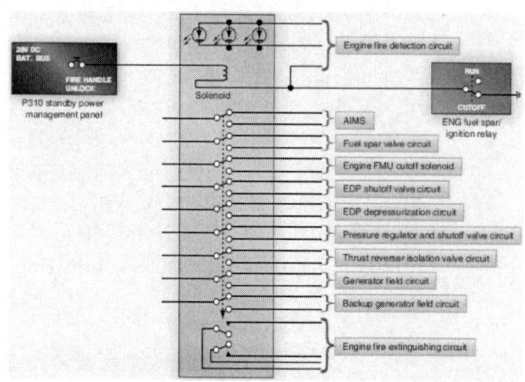

78 자장 내 단일코일로 회전하는 발전기에서 중립면을 통과하는 코일에 전압이 유도되지 않는 이유로 옳은 것은?

① 자력선이 존재하지 않기 때문
② 자력선이 차단되지 않기 때문
③ 자력선의 밀도가 너무 높기 때문
④ 자력선이 잘못된 방향으로 차단되기 때문

해설 자장(Magnetic field) 내에서 운동하는 도체(Conductor)가 자력선의 방향과 90°의 방향으로 자력선의 흐름을 차단하면 도체에 전압이 유도된다. 이 작용을 전자기유도작용이라 하고, 이 때 유도된 전압을 유도기전력(EMF : Electromotive force) 또는 유도전압이라 한다. 즉, 자력선이 차단되지 않기 때문에 유도전압이 발생하지 않는다.

Magnetic Flux
$\Phi_B = BA\cos\theta$

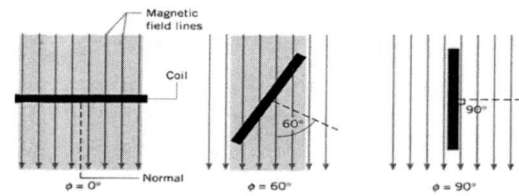

ANSWER 76 ③ 77 ④ 78 ②

79 자이로스코프(gyroscope)의 섭동성에 대한 설명으로 옳은 것은?

① 피치 축에서의 자세변화가 롤(roll) 및 요(yaw)축을 변화시키는 현상
② 극 지역에서 자이로가 극 방향으로 기우는 현상
③ 외부에서 가해진 힘의 방향과 자이로 축의 방향에 직각인 방향으로 회전하려는 현상
④ 외력이 가해지지 않는 한 일정 방향을 유지하려는 현상

해설
- 섭동성(세차성) : 외부에서 가해진 착력점으로부터 로터의 회전방향으로 90° 회전한 점에 힘이 작용하여 축을 움직이게 하는 성질. 섭동성은 로터의 무게가 증가하거나 회전각 속도가 크면 감소하고 로터를 기울이려는 외력에 비례하며 강직성과의 반대 성질이 있다. 섭동성을 이용한 계기로는 선회계가 있는데 항공기가 좌우 방향으로 선회하는 속도를 나타내는 항공 계기이다. 유리관 속에 까만 구슬이 든 경사계가 계기 아래쪽에 함께 붙어 있다. 선회계의 성질과 강직성을 이용한 선회경사계가 있다.
- 강직성 : 로터가 회전하고 있을 때는 로터 회전축은 일정한 방향을 유지하는 성질이 있다. 로터 회전 속도가 큰 만큼 강하다. 로터 질량이 회전축에서 멀리 분포하고 있는 만큼 강하다.

80 제빙 부츠의 이물질을 제거할 때 우선 사용하는 세척제는?

① 비눗물
② 부동액
③ 테레빈
④ 중성 솔벤트

해설 제빙 부츠의 세척은 항공기 세척 시 연성 비누와 물을 사용하고 윤활유와 오일은 비누와 물을 이용하여 세척 후 나프타(naphtha)와 같은 세척제로 제거한다.(부동액은 에틸렌 글리콜, 테레빈은 휘발성 기름, 솔벤트는 용매 및 희석제 화학 성분으로 고무를 경화시킨다.)

제빙 부츠 정비 시 주의사항
- 부츠 위에서 연료 호스를 끌지 않는다.
- 가솔린, 오일, 그리스, 오염 등 부츠의 고무를 열화시킬 수 있는 물이나 액체는 접촉시키지 않는다.
- 부츠 위에 공구 등을 놓지 않는다.
- 부츠에 흠집이나 열화가 확인된 경우, 가능한 한 빨리 수리하거나 표면을 다시 코팅한다.
- 부츠를 저장하는 경우, 천이나 종이로 덮어둔다.

ANSWER 79 ③ 80 ①

2017 제2회 항공산업기사 기출문제

제1과목 ✈ 항공역학

01 헬리콥터의 동시피치제어간(collective pitchcontrol lever)을 올리면 나타나는 현상에 대한 설명으로 옳은 것은?

① 피치가 커져 전진비행을 가능하게 한다.
② 피치가 커져 수직으로 상승할 수 있다.
③ 피치가 작아져 후진비행을 빠르게 한다.
④ 피치가 작아져 수직으로 상승할 수 있다.

해설 동시피치제어간은 헬리콥터 주회전날개의 피치를 동시에 증가시키거나 감소시키는 제어간으로 동시피치제어간을 올리면 피치가 증가하여 상승하게 된다.

02 V 속도로 비행하는 프로펠러 항공기의 프로펠러 유도속도가 $v=-\frac{V}{2}+\sqrt{(\frac{V}{2})^2+\frac{T}{2A\rho}}$ 라면 이 항공기가 정지하였을 때의 유도속도는?(단, T : 발생추력, A : 프로펠러 회전면적, ρ : 공기밀도이다.)

① $v=(\frac{T}{2A\rho})^{\frac{1}{2}}$
② $v=((\frac{V}{2})^2+\frac{T}{2A\rho})^{\frac{1}{2}}$
③ $v=\frac{T}{2A\rho}$
④ $v=-\frac{V}{2}+(\frac{T}{2A\rho})^{\frac{1}{2}}$

해설 $v=-\frac{V}{2}+\sqrt{(\frac{V}{2})^2+\frac{T}{2A\rho}}$ 에서

V가 0이므로

$=-\frac{0}{2}+\sqrt{(\frac{0}{2})^2+\frac{T}{2A\rho}}$

$=\sqrt{\frac{T}{2A\rho}}=(\frac{T}{2A\rho})^{\frac{1}{2}}$

03 그림 같은 비행기의 운동에 대한 설명이 아닌 것은?

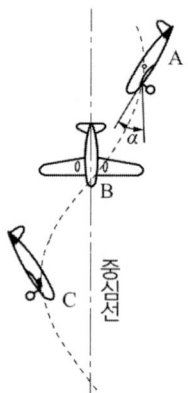

ANSWER 1 ② 2 ① 3 ④

① 수평스핀보다 낙하속도가 크다.
② 옆미끄럼이 생긴다고 할 수 있다.
③ 자동회전과 수직강하가 조합된 비행이다.
④ 비행 중 가장 큰 하중배수는 상단점이다.

해설 그림은 스핀 중에서 수직스핀의 그림이다. 스핀은 자동회전과 수직강하가 조합된 비행으로 수직스핀과 수평스핀이 있고 수직스핀은 회전 속도에 비하여 강하 속도가 빠르며, 수평스핀은 회전 속도에 비하여 강하 속도가 느리고 회복이 불가능하다.

04 조종면의 앞전을 길게 하는 앞전 밸런스(leading edge balance)의 주된 이용 목적은?

① 양력 증가
② 조종력 경감
③ 항력 감소
④ 항공기 속도 증가

해설 밸런스는 조종력 경감을 위하여 조종면을 변형시킨 것으로 앞전 밸런스, 혼 밸런스, 내부 밸런스, 프리즈 밸런스가 있다.

05 비행속도가 300 m/s 인 항공기가 상승각 10°로 상승비행을 할 때 상승률은 약 몇 m/s 인가?

① 52
② 150
③ 152
④ 295

해설 상승률= $V sin\theta$ =300× sin30

06 피토 정압관(pitot static tube)으로 측정하는 것은?

① 비행속도
② 외기온도
③ 하중계수
④ 선회반경

해설 피토 정압관은 전압과 정압의 압력차이인 동압으로 항공기의 속도를 측정하는데 사용한다.

07 지구 북반구에서 서에서 동으로 37 m/s 정도의 속도로 부는 제트기류가 발생하는 대기층은?

① 열권계면
② 성층권계면
③ 중간권계면
④ 대류권계면

08 날개의 폭(span)이 20 m, 평균 기하학적 시위의 길이가 2 m 인 타원날개에서 양력계수가 0.7 일 때 유도항력계수는 약 얼마인가?

① 0.008
② 0.016
③ 1.56
④ 16

해설 유도항력계수= $C_{di} = \dfrac{C_L^2}{\pi \cdot e \cdot AR}$

AR(가로세로비)= $\dfrac{b}{c} = \dfrac{b^2}{s} = \dfrac{s}{c^2}$

타원날개에서의 스팬효율계수(e)=1

$\therefore \dfrac{0.7^2}{\pi \cdot 1 \cdot \dfrac{20}{2}} = 0.01559$

ANSWER 4 ② 5 ① 6 ① 7 ④ 8 ②

09 정상선회하는 항공기의 선회각이 60°일 때 하중배수는?

① 0.5　　② 2.0
③ 2.5　　④ 3.0

해설 선회시의 하중배수 = $\dfrac{1}{\cos\theta}$

10 뒤젖힘각(sweep back angle)에 대한 설명으로 옳은 것은?

① 날개가 수평을 기준으로 위로 올라간 각
② 기체의 세로축과 날개의 시위선이 이루는 각
③ 날개 끝의 붙임각을 날개 뿌리의 붙임각보다 크거나 작게 한 각
④ 25%C(코드길이) 되는 점들을 날개뿌리에서 날개끝까지 연결한 직선과 기체의 가로축이 이루는 각11

11 수직꼬리날개가 실속하는 큰 옆미끄럼각에서도 방행안정을 유지하기 위한 목적의 장치는?

① 윙렛(winglet)
② 도살 핀(dorsal fin)
③ 드루프 플랩(droop flap)
④ 쥬리 스트러트(jury strut)

12 양항비가 10 인 항공기가 고도 2000 m에서 활공 시 도달하는 활공거리는 몇 m 인가?

① 10000　　② 15000
③ 20000　　④ 40000

해설 $\tan\theta = \dfrac{\text{고도}}{\text{거리}} = \dfrac{1}{\text{양항비}}$
거리 = 고도 × 양항비

13 150 lbf 의 항력을 받으며 200 mph 로 비행하는 비행기가 같은 자세로 400 mph 로 비행 시 작용하는 항력은 약 몇 lbf 인가?

① 300　　② 400
③ 600　　④ 800

해설 항력 = $\dfrac{1}{2}\cdot\rho\cdot V^2\cdot S\cdot C_D$

$\therefore \dfrac{1}{2}\cdot\rho\cdot 200^2\cdot S\cdot C_D = 150$

$\dfrac{1}{2}\cdot\rho\cdot 400^2\cdot S\cdot C_D = ?$

$\rightarrow \dfrac{200^2}{400^2} = \dfrac{150}{?} \rightarrow ? = 150 \times 4$

14 프로펠러의 진행률(advance ratio)을 옳게 설명한 것은?

① 추력과 토크와의 비이다.
② 프로펠러 기하피치와 프로펠러 지름과의 비이다.
③ 프로펠러 유효피치와 프로펠러 지름과의 비이다.
④ 프로펠러 기하피치와 유효피치와의 비이다.

ANSWER 9② 10④ 11② 12③ 13③ 14③

해설
$$\eta_p = \frac{\text{프로펠러가 발생한 동력}}{\text{프로펠러 축에 전달된 동력}} = \frac{T \cdot V}{P}$$
$$= \frac{C_t \cdot \rho \cdot n^2 \cdot D^4 \cdot V}{C_p \cdot \rho \cdot n^3 \cdot D^5} = \frac{C_t}{C_p} \cdot \frac{V}{n \cdot D}$$

여기서 $\frac{V}{n \cdot D}$ 를 진행률이라 하며, $\frac{V}{n}$ 를 유효피치라 한다.

15 동체에 붙는 날개의 위치에 따라 쳐든 각 효과의 크기가 달라지는데 그 효과가 큰 것에서 작은 순서로 나열된 것은?

① 높은날개 → 중간날개 → 낮은날개
② 낮은날개 → 중간날개 → 높은날개
③ 중간날개 → 낮은날개 → 높은날개
④ 높은날개 → 낮은날개 → 중간날개

해설 쳐든각 효과는 항공기의 가로안정성이 좋아지는 것을 이야기 하며, 동체에 날개를 높이 붙일수록 가로안정성이 좋아진다.

16 원심력에 의해 양력이 회전날개에 수직으로 작용한 결과로서 헬리콥터 회전날개 깃 끝 경로면(tip path plane)과 회전날개 깃이 이루는 각을 의미하는 용어는?

① 경로각   ② 깃각
③ 회전각   ④ 코닝각

17 다음 중 세로 정안정성이 안정인 조건은?
(단, 비행기가 nose down 시 음의 피칭모멘트가 발생되며, C_m 은 피칭모멘트계수, α 는 받음각이다.)

① $\frac{dC_m}{d\alpha} = 0$ ② $\frac{dC_m}{d\alpha} \neq 0$
③ $\frac{dC_m}{d\alpha} > 0$ ④ $\frac{dC_m}{d\alpha} < 0$

해설 피칭모멘트계수와 받음각은 서로 반비례 관계일 때 안정성이 증가한다.

18 다음 중 층류 날개골에 해당하는 계열은?

① 4자 계열 날개골
② 5자 계열 날개골
③ 6자 계열 날개골
④ 8자 계열 날개골

19 항공기 속도와 음속의 비를 나타낸 무차원수는?

① 마하수   ② 웨버수
③ 하중배수   ④ 레이놀즈수

20 항공기 이륙거리를 줄이기 위한 방법이 아닌 것은?

① 항공기의 무게를 가볍게 한다.
② 플랩과 같은 고양력 장치를 사용한다.
③ 엔진의 추력을 증가하여 이륙활주 중 가속도를 증가시킨다.
④ 바람을 등지고 이륙하여 바람의 저항을 줄인다.

ANSWER 15 ① 16 ④ 17 ④ 18 ③ 19 ① 20 ④

제2과목 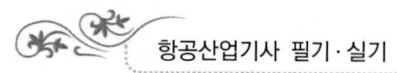 항공기관

21 가스터빈엔진의 윤활계통에서 고온탱크 계통(hot tank type)에 대한 설명으로 옳은 것은?

① 윤활유는 노즐을 거치고 냉각기를 거쳐 탱크로 이동한다.
② 탱크의 윤활유는 연료가열기에 의하여 가열된다.
③ 윤활유는 배유펌프에서 탱크로 곧바로 이동한다.
④ 냉각기가 배유펌프와 탱크사이에 위치하여 냉각된 윤활유가 탱크로 유입된다.

해설 고온탱크계통은 오일냉각기가 압력계통에 위치하는 경우를 말한다. 장점으로는 윤활계통의 압력부에서 오일흐름에 딸려 들어오는 공기의 양이 적어 최대열교환이 발생한다. 이는 작은 냉각계통의 사용이 가능하게 하므로 무게를 줄일 수 있다.

22 왕복엔진과 비교하여 가스터빈엔진의 특징으로 틀린 것은?

① 단위추력 당 중량비가 낮다.
② 대부분의 구성품이 회전운동으로 이루어져 진동이 많다.
③ 고도에 따라 출력을 유지하기 위한 과급기가 불필요하다.
④ 주요 구성품의 상호마찰부분이 없어서 윤활유 소비량이 적다.

해설 가스터빈엔진의 회전동력기관(터보샤프트, 터보프롭)과 제트기관(터보제트, 터보팬)으로 나눌 수 있다. 단위추력당 중량비가 높고, 윤활유의 소비량이 적고, 고속에서 효율이 높고, 진동이 적다는 특징이 있다.

23 수동식 혼합제어장치(mixture control)를 사용하는 왕복엔진을 장착한 비행기가 순항 중 일 때 일반적으로 혼합제어장치의 조작 위치는?

① RICH ② MIDDLE
③ LEAN ④ FULL RICH

해설 경제적인 연료소모를 하기 위하여 순항 시에는 가장 희박(LEAN)한 혼합비가 되게 하고 고출력에서는 적절한 농후(RICH)혼합비가 되도록 한다.

24 성형 왕복엔진에서 마그네토(magneto)를 액세서리부(accessory section)에 부착하지 않고 엔진 전방 부분에 부착하는 주된 이유는?

① 무게중심의 이동이 쉽다.
② 공기에 의한 냉각효과를 높일 수 있다.
③ 엔진 회전력을 이용할 수 있기 때문이다.
④ 공기저항을 줄여 엔진회전의 효율을 높일 수 있다.

해설 성형기관은 실린더의 수가 많으나 전면면적이 넓어 항력이 큰 엔진을 말한다. 일반적으로 실린더 수 증가의 방법으로 복열로 제작하지만, 뒷 열에 위치한 실린더의 냉각이 어렵다는 단점이 있다. 마그네토 또한 액세서리부 보다는 엔진 전방에 장착하여 냉각효율을 증대시키는데 그 목적이 있다.

ANSWER 21 ③ 22 ② 23 ③ 24 ②

25 항공기 왕복엔진의 마찰마력을 옳게 표현한 것은?

① 제동마력과 정격마력의 차
② 지시마력과 정격마력의 차
③ 지시마력과 제동마력의 차
④ 엔진의 용적효율과 제동마력의 차

해설 지시마력(iHP), 제동마력(bHP), 마찰마력(fHP)의 관계
$iHP = fHP + bHP$
$bHP = iHP - fHP$
$fHP = iHP - bHP$

26 항공기 기관용 윤활유의 점도지수(viscosity index)가 높다는 것은 무엇을 의미하는가?

① 온도변화에 따른 윤활유의 점도 변화가 작다.
② 온도변화에 따른 윤활유의 점도 변화가 크다.
③ 압력변화에 따른 윤활유의 점도 변화가 작다.
④ 압력변화에 따른 윤활유의 점도 변화가 크다.

해설 점도지수는 점도의 온도에 따른 변화를 나타낸 것으로, 점도지수가 높을수록 점도의 변화가 작다는 것을 나타낸다.

27 내연기관의 이론 공기 사이클을 해석하는데 가정한 내용으로 틀린 것은?

① 가열은 외부로부터 피스톤과 실린더를 가열하는 것으로 한다.
② 작동 사이클은 공기 표준 사이클에 대하여 계산한다.
③ 비열은 온도에 따라 변화하지 않는 것으로 한다.
④ 열해리는 일어나지 않는 것으로 하고 열손실은 없다고 가정한다.

해설 내연기관이란 연료를 기관 내부에서 직접 연소시켜 열 에너지를 기계적 에너지로 변환시키는 기관을 말하며, 대표적으로 왕복기관, 회전기관, 가스터빈기관이 있다.

28 항공기 왕복엔진에서 2중 마그네토 점화계통을 사용하는 이유가 아닌 것은?

① 출력의 증가
② 점화 안전성
③ 불꽃의 지연
④ 디토네이션의 방지

해설 이중 마그네토(Dual Magneto)는 두 마그네토가 두 스파크플러그를 통해 거의 동시에 점화시킬 때를 말한다. 어느 한 개가 작동되지 않을지라도 다른 마그네토 계통이 점화를 공급할 수 있고, 한 개의 스파크플러그를 사용할 때보다 더 완전하고 더 빠른 연소를 해 줌으로써 엔진 출력이 증가되며, 디토네이션을 방지할 수 있다.

29 가스터빈엔진의 윤활계통에 대한 설명으로 옳은 것은?

① 윤활유 양은 비중을 이용하여 측정한다.
② 배유 윤활유에 함유된 공기를 분리시키는 것은 드웰 챔버(dwell chamber)이다.
③ 냉각기의 바이패스밸브는 입구의 압력이 낮아지면 배유펌프 입구로 보낸다.
④ 윤활유 펌프는 베인(vane)식이 주로 쓰인다.

ANSWER 25 ③ 26 ① 27 ① 28 ③ 29 ②

해설 가스터빈기관의 윤활펌프는 주로 기어식이 사용된다. 또한 윤활유의 양을 측정 및 점검할 때에는 Dip Stick을 사용하며, 냉각기의 바이패스 밸브는 입구의 온도가 비교적 낮으면 바이패스를 시키고 온도가 높으면 냉각기 안으로 윤활유를 보내준다.

30 항공기 왕복엔진의 기본 성능요소에 관한 설명으로 옳은 것은?

① 고도가 증가하면 제동마력이 증가한다.
② 엔진의 배기량을 증가시키기 위해서는 압축비를 줄인다.
③ 회전수가 증가하면 제동마력이 감소 후 증가한다.
④ 총 배기량은 엔진이 2회전하는 동안 전체 실린더가 배출한 배기가스 양이다.

해설 총 배기량은 총 행정체적으로도 나타낼 수 있다. 1개의 실린더 내부의 행정체적에 실린더 수를 곱한 값으로 표시한다. (피스톤의 단면적×행정거리×실린더 수)

31 왕복엔진을 낮은 기온에서 시동하기 위해 오일희석(oil dilution)장치에서 사용하는 것은?

① Alcohol   ② Propane
③ Gasoline   ④ Kerosene

해설 차가운 날씨에 오일의 점성이 크면 시동이 용이하지 않기 때문에 가솔린을 엔진 정지 직전에 오일 탱크에 분사하여 오일의 점성을 낮게 함으로써 다음 시동을 용이하게 한다.

32 가스터빈엔진에서 사용하는 주 연료펌프의 형식으로 옳은 것은?

① 기어 펌프(gear pump)
② 베인 펌프(vane pump)
③ 루트 펌프(roots pump)
④ 지로터 펌프(gerotor pump)

해설 가스터빈엔진에서 사용되는 주 연료 펌프(Main Fuel Pump)의 종류는 기어 펌프, 원심 펌프, 피스톤 펌프(널리 사용)가 있다.

33 원심형 압축기에서 속도에너지가 압력에너지로 바뀌는 곳은?

① 임펠러(impeller)
② 디퓨져(diffuser)
③ 매니폴드(manifold)
④ 배기노즐(exhaust nozzle)

해설 디퓨져: 확산통로라고도 하며, 진행하는 방향으로 면적이 점점 커지는 구간을 말한다. 아음속 상태에서 디퓨져를 지나는 공기는 속도가 감소하고, 압력은 증가하지만, 초음속 상태에서 디퓨져를 지나는 공기는 속도가 증가하고, 압력은 감소하는 현상을 나타낸다.

34 가스터빈엔진에서 펌프출구압력이 규정 값 이상으로 높아지면 작동하는 밸브는?

① 릴리프밸브   ② 체크밸브
③ 바이패스밸브   ④ 드레인밸브

해설 펌프 출구에서 압력을 센싱하여, 그 압력이 규정값 이상으로 높아질 경우 다시 펌프입구로 돌려보내 압력을 조절하는 기능을 가진 밸브는 릴리프밸브이다.
• 체크밸브 : 역류방지

ANSWER 30 ④ 31 ③ 32 ① 33 ② 34 ①

- 바이패스밸브 : 필터 등 라인 내 부품이 막혔을 경우 다른 경로로 우회
- 드레인 밸브 : 내부에 남은 잔류연료를 외부로 방출

35 속도 540 km/h 로 비행하는 항공기에 장착된 터보제트엔진이 196 kg/s 인 중량유량의 공기를 흡입하여 250m/s 의 속도로 배기시킨다면 총추력은 몇 kg인가?

① 4000 ② 5000
③ 6000 ④ 7000

해설 총추력 : 공기 및 연료의 유입 운동량을 고려하지 않았을 때의 추력을 말한다.(항공기가 정지해 있을 때의 추력)

$$F_g = \frac{W_a \times V_j}{g}$$

$$\therefore F_g = \frac{196 \times 250}{9.8} = 5,000$$

36 비행속도가 V(ft/s), 회전속도가 N(rpm) 인 프로펠러의 유효피치(effective pitch)를 옳게 표현한 것은?

① $V \times \frac{N}{60}$ ② $V + \frac{60}{N}$
③ $V + \frac{N}{60}$ ④ $V \times \frac{60}{N}$

해설 유효 피치란 프로펠러 1회전 시 전진하는 실제 거리를 말한다.
∴ 유효 피치 = 속도×회전 시 걸리는 시간
= $V \times \frac{60}{N}$

37 가스터빈엔진에서 RPM의 변화가 심할 때 원인이 아닌 것은?

① 배기가스의 온도가 낮을 때
② 주 연료장치가 고장일 때
③ 연료 부스터 펌프 압력이 불안정할 때
④ 가변 스테이터 베인 리깅이 불량일 때

38 프로펠러 슬립(slip)에 대한 설명으로 옳은 것은?

① 프로펠러가 1분 회전 시 실제 전진거리
② 허브중심으로부터 끝부분까지의 길이를 인치로 나타낸 거리
③ 블레이드 시위 앞전 25%를 연결한 선의 길이와 시위 길이를 나눈 값
④ 기하학적피치와 유효피치의 차이를 기하학적피치로 나눈 % 값

해설 프로펠러 슬립이란 공기가 실제로는 강체가 아닌 유체이므로, 기하학적피치와 유효피치의 차를 기하학적 피치에 대한 백분율로 표시한 것이다.
- 프로펠러 슬립 = (기하학적 피치-유효 피치)/기하학적 피치 ×100(%)

39 오일(oil)의 구비 조건으로 틀린 것은?

① 저인화점일 것
② 열전도율이 좋을 것
③ 화학적 안정성이 좋을 것
④ 양호한 유성(oilness)을 가질 것

해설 오일의 구비조건
㉠ 점성과 유동점은 낮아야 한다.
㉡ 점도지수는 어느 정도 높아야 한다.
㉢ 산화 안정성과 열적 안정성이 높아야 한다.
㉣ 인화점은 높아야 한다.

ANSWER 35 ② 36 ④ 37 ① 38 ④ 39 ①

ⓜ 공기와의 분리성이 좋아야 한다.
ⓑ 기화성이 낮아야 한다.

40 이상기체에 대한 설명으로 틀린 것은?

① 엔탈피는 온도만의 함수이다.
② 내부에너지는 온도만의 함수이다.
③ 상태방정식에서 압력은 체적과 반비례 관계이다.
④ 비열비(specific heat ratio)값은 항상 1 이다.

해설 비열비(k)는 $\dfrac{C_p}{C_v}$로 구할 수 있으며, 비열비는 기체의 종류마다 다르다.
C_p : 정압비열, C_v : 정적비열

제3과목 항공기체

41 다음 중 와셔의 사용방법에 대한 설명으로 옳은 것은?

① 볼트와 같은 재질을 사용하지 않는 것이 좋다.
② 기밀을 요구하는 부분에는 반드시 락크와셔를 사용한다.
③ 와셔의 사용 개수는 락크와셔 및 특수와셔를 포함하여 최대 3개까지 허용한다.
④ 락크와셔는 1·2차 구조부, 부식되기 쉬운 곳에는 사용하지 않는다.

해설 이질금속부식(galvanic corrosion) 때문에 볼트와 와셔는 같은 재질을 사용해야 하며, lock washer는 진동이 심한 곳에 너트가 느슨해지는 것을 방지하기 위해 마찰이나 팽창을 이용한다. 그림처럼 간격이 있으므로 기밀을 요구하는 곳은 사용하지 않으며, 필요 이상의 토크를 주면 기능을 상실한다. 일반와셔는 3개까지 사용하고 lock washer와 같이 사용할 경우 5개까지 사용가능하다.

〈External Tooth Lock Washer〉 〈Split Lock Washer〉

42 다음 중 아크 용접에 속하는 것은?

① 단접법   ② 테르밋 용접
③ 업셋 용접   ④ 원자수소 용접

해설 용접은 융접, 압접, 납땜으로 분류된다. 융접은 접합하고자 하는 부위를 가열하여 녹여서 다른 금속을 첨가시켜 용접하는 것으로 종류에는 아크용접, 가스용접, 플라즈마용접, 테르밋용접, 레이저용접, TIG, MIG, 원자수소용접 등이 있으며 압접은 가열하여 기계적인 압력을 이용하여 용접하며 종류에는 점 용접, 전기저항 용접, 업셋 용접, 단접법, 시임 용접 등이 있다. 실기시험에 출제되는 납땜은 모재보다 녹는점이 낮은 비철금속을 이용하여 용접하는 방식이다.

ANSWER 40 ④ 41 ④ 42 ④

43 항공기엔진 장착 방식에 대한 설명으로 옳은 것은?

① 가스터빈엔진은 구조적인 이유로 동체 내부에 장착이 불가능하다.
② 동체에 엔진을 장착하려면 파일론을 설치하여야 한다.
③ 날개에 엔진을 장착하면 날개의 공기역학적 성능을 저하시킨다.
④ 왕복엔진 장착부분에 설치된 나셀의 카울링은 진동감소와 화재 시 탈출구로 사용된다.

해설 전투기의 경우 가스터빈엔진은 동체 장착이다. 터보팬 엔진의 입구가 커짐에 따라 그라운드와 일정한 간격을 유지하기 위해 기존 podded 형식에서 진보하여 윙과 엔진 사이에 pylon을 설치했다. 1928년 이전에는 엔진을 냉각시키기 위해 나셀을 사용하지 않았지만 더글러스 사의 DC-3 수송기를 처음으로 항력을 감소시켜 속도와 효율을 증가시키기 위해 왕복엔진에 카울(Cowl)을 사용했다.

44 항공기 소재로 사용되고 있는 알루미늄합금의 특성으로 틀린 것은?

① 비강도가 우수하다.
② 시효경화성이 있다.
③ 상온에서 기계적 성질이 우수하다.
④ 순수 알루미늄인 상태에서 큰 강도를 가진다.

해설 순수 알루미늄(1100)은 강도가 낮아 구리를 첨가하여 강도를 높인다. 이것이 Duralumin(2017)이며 다시 마그네슘을 첨가하면 Super Duralumin(2024)이 되며 아연을 더 첨가하면 Extra Super Duralumin(7075) 이 된다.

45 외경이 8 cm, 내경이 7 cm 인 중공원형 단면의 극관성모멘트는 약 몇 cm^4인가?

① 166   ② 252
③ 275   ④ 402

해설 중공원형 무게를 줄이기 위해 중심부에 구멍이 있으나 강도는 비슷하게 유지시키는 것을 말하며 극관성모멘트(단면2차모멘트)란 비틀림에 저항하는 능력이다. 결국은 비틀림 하중을 받는 곳에 무게는 최소화하고 강도를 유지하려고 극관성모멘트를 이용한다.

• 원의 극관성모멘트 = $I_P = \dfrac{\pi D^4}{32}$

• 중공축의 극관성모멘트
$= I_P = \dfrac{\pi}{32}(외경^4 - 내경^4) = \dfrac{\pi}{32}(8^4 - 7^4)$
$= \dfrac{\pi}{32}(4096 - 2401)$
$= 166.32 [cm^4]$

46 항공기 동체의 축방향으로 작용하는 인장력 및 압축력과 동체의 각 단면의 굽힘모멘트를 담당하도록 되어 있는 항공기 구조재는?

① 링(ring)
② 스트링어(stringer)
③ 외피(skin)
④ 벌크헤드(bulkhead)

해설 동체의 축방향은 longeron과 stringer이며 문제에서 각 단면이라고 명시했으므로 Former와 수직으로 가로방향으로 위치하고 있는 stringer가 된다. Former, Ring, Frame은 수직부재이며 bulkhead는 동체 비틀림을 담당한다.

ANSWER 43 ③   44 ④   45 ①   46 ②

47 항공기 조종계통에서 운동의 방향을 바꿔주는 것이 아닌 것은?

① 풀리(pulley)
② 스토퍼(stopper)
③ 벨 크랭크(bell crank)
④ 토크 튜브(torque tube)

해설 조종계통에 스토퍼(stopper)는 Pushrod Linkage Stoppers로 케이블은 턴버클로 장력을 유지하지만 푸시로드는 스토퍼를 이용하여 로드의 길이를 조절한다. 보통 조정면과 탭에 연결되는 부위에 사용된다.

48 이질 금속간의 접촉부식에서 알루미늄 합금의 경우 A군과 B군으로 구분하였을 때 군이 다른 것은?

① 2014
② 2017
③ 2024
④ 3003

해설 현재 사용되는 10원짜리 동전은 알루미늄에 구리를 압착하여 만들어 물 같은 전해질이 가해지면 이질금속부식(galvanic corrosion)이 일어난다. 전해질용액에 두 금속을 연결시켜 전위차에 의한 전자의 이동이 발생해 부식이 일어나는 것을 말하며 용액 속에서 금속 전위를 측정하여 갈바닉 계열을 만들어 부식정도의 예측이 가능하다. 알루미늄 합금은 1100, 3003, 5052, 6061의 그룹과 2014, 2017, 2024, 7075 등의 그룹으로 분류된다.

49 실속속도 100 mph 인 비행기의 설계제한 하중배수가 4 일 때, 이 비행기의 설계운용속도는 몇 mph인가?

① 100
② 150
③ 200
④ 400

해설 하중배수 $= \dfrac{L}{W} = \dfrac{\text{설계운용속도}^2}{\text{실속속도}^2}$ 가 된다.

이 때, 하중배수가 4이므로,

$4 = \dfrac{\text{설계운용속도}^2}{10000}$ 가 된다.

식을 변환하여 계산하면,
설계운용속도 $= \sqrt{40000} = 200[\text{mph}]$

50 항공기의 외피 수리에서 다음의 [조건]에 의하면 알루미늄 판재의 굽힘 허용값은 약 몇 인치인가?

┌─조건─┐
• 곡률 반지름(R) : 0.125inch
• 굽힘각도(°) : 90°
• 두께(T) : 0.040inch

㉮ 0.206　　㉯ 0.228
㉰ 0.342　　㉱ 0.456

해설 굽힘여유 (BA : bend allowance) : 접어 구부린 부분에 중립선상의 굴곡 접선간의 길이

$BA = 2\pi(R + \dfrac{T}{2}) \times \dfrac{\theta}{360}$

$= 2\pi(0.125 + \dfrac{0.05}{2}) \times \dfrac{90}{360} = 0.2355[\text{in}]$

51 0.040 in 두께의 알루미늄 판 2장을 체결하기 위해 재질이 2117 인 유니버셜 헤드리벳을 사용 한다면 리벳의 규격으로 적당한 것은?

① MS 20426D4-6
② MS 20426AD4-4
③ MS 20470D4-6
④ MS 20470AD4-4

ANSWER 47 ②　48 ④　49 ③　50 ③　51 ④

해설 리벳의 지름은 두꺼운 판재의 3배 이상을 사용해야 전단강도를 견딜 수 있으므로
$0.04 \times 3 = 0.12[in] = \frac{4}{32} = \frac{1}{8}$ (diameter in thirty-seconds of an inch)를 사용하고 재질은 2117AD를 사용하고 (참고 2017D) 머리모양은 Universal rivet이 470, countersink rivet는 426이다.

52 다음 중 주조종면이 아닌 것은?

① 러더(rudder)
② 에일러론(aileron)
③ 스포일러(spoiler)
④ 엘리베이터(elevator)

해설 1차 조종면(Primary Control Surface)에는 승강타(Elevator), 보조날개(Aileron), 방향타(Rudder)가 있으며 방향을 조종하는 것은 방향타, 가로운동을 조종하고 상승과 하강을 조종하는 것은 승강타이다. 2차 조종면(Secondary Control Surface)에는 플랩(Flap), 탭(Tab), 스포일러(Spoiler), 스피드 브레이크(Speed brakes) 등이 있다.

53 무게 2000 kg 인 항공기의 중심위치가 기준선 후방 50 cm 에 위치하고 있으며, 기준선 전방 80 cm에 위치한 화물 70 kg을 기준선 후방 80 cm 위치로 이동시켰을 때 새로운 중심 위치는?

① 기준선 후방 55.6 cm
② 기준선 후방 60.6 cm
③ 기준선 후방 65.6 cm
④ 기준선 후방 70.6 cm

해설 Center of gravity (CG : 무게중심)은 항공기의 평형 점을 나타내고 항공기의 앞쪽과 뒤쪽의 무거운 정도가 정확하게 같아지는 점을 말하며 공식은 다음과 같다. 모멘트는 무게와 거리를 곱한 것을 말한다.

무게중심 = $\frac{각각의 모멘트의 합}{각각의 무게의 합}$,

$50 = \frac{각각의 모멘트의 합}{2000}$,

각각의 모멘트의 합 = 100000,

$\frac{[(-)70 \times (-)80] + (70 \times 80) + 100000}{2000 - 80 + 80}$

= 55.6[cm]

결론은 무게중심은 기준선에서 후방 50[cm] 떨어진 위치에 있었지만 화물을 기준선 뒤로 옮기면 무게중심은 기준선에서 55.6[cm] 되는 거리에 있으므로 후방으로 5.6[cm] 이동되었다.

54 항공기 날개의 스팬방향의 주요 구조부재로서 날개에 가해지는 공기력에 의한 굽힘모멘트를 주로 담당하는 부재는?

① 리브(rib)
② 스파(spar)
③ 스킨(skin)
④ 스트링어(stringer)

해설 스팬방향으로는 spar와 stringer가 위치하고 있으며, Wing Spar는 굽힘 모멘트, Stringer는 좌굴(buckling) 방지, Rib는 외피에 작용하는 하중을 Spar에 전달하며 공기역학적인 형태를 유지한다.

ANSWER 52 ③ 53 ① 54 ②

55 그림과 같은 트러스(truss) 구조에 하중 P가 작용할 때, 내력이 작용하지 않는 부재는?(단, 각 단위 부재의 길이는 1 m 이다.)

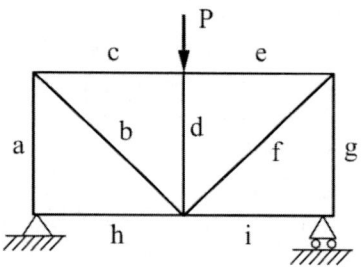

① 부재 a, h ② 부재 h, i
③ 부재 a, g ④ 부재 b, f

해설 트러스 구조(Truss structure) : 강재나 목재를 삼각형 그물 모양으로 짜서 하중을 지탱시키는 구조를 말한다. 교량이나 지붕처럼 넓은 공간에 걸치는 구조물로 많이 쓰인다. 트러스가 삼각형 단위공간으로 구성되는 이유는, 삼각형 구성은 연결점이 회전단이라 하더라도 사각형 공간일 때보다 쉽게 변형이 일어나지 않고 안정된 형태를 유지할 수 있기 때문이다. 각 부재는 축방향력으로 외력과 평형하여 휨/전단력은 발생하지 않는다. 형식에 따라 명칭이 다르다.

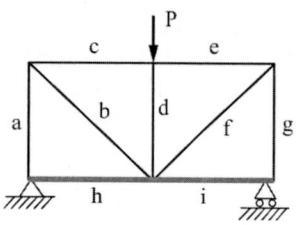

① 절점 (panel point) : 구조물을 구성하는 부재와 부재의 접합점으로, 역학상 절점에는 활절점과 강절점의 두 가지가 있다.
② 활절 (hinged joint) : 부재의 접합점에서의 각 부재의 경사에 의해 부재에 휨 모멘트를 발생하지 않도록 핀으로 접합된 상태.
③ 강절 (rigid joint) : 강접합된 절점(節點). 외력에 의해 뼈대 및 부재가 변형해도 강절점에서의 각 재의 각도는 달라지지 않는다. 한 몸으로 타입된 철근 콘크리트 구조나 용접으로 만들어진 철골조의 기둥과 보의 접합부 등은 강절로 간주한다.

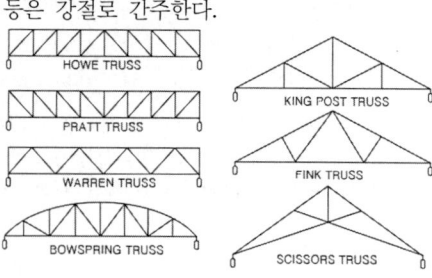

56 특별한 지시가 없을 때 비상용 장치에 사용하는 CY(구리-카드뮴 도금)안전결선의 지름은?

① 0.020 in ② 0.025 in
③ 0.030 in ④ 0.032 in

해설 출입구제어장치, 소화장치 등의 비상용장치의 스위치는 임의로 제어할 수 없게 커버링 되어있다. 비상시 손으로 안전결선을 전단시킨 후 스위치를 조절해야하므로 강도가 낮은 구리(copper or brass)와이어로 복선식이 아닌 Single Wire Method로 체결하며 지름은 0.02[in]이다.

57 온도가 약 700 °F 까지 올라가는 부위에 사용할 수 있는 안전결선 재료는?

① Cu 합금
② Ni-Cu 합금(모넬)
③ 5056 AL 합금
④ 탄소강(아연도금)

해설 안전결선의 사용온도는 화씨 700도 까지는 Monel metal(Al 3~3.5%, 니켈 60~70%, 구리 26~34%, 소량의 철, 망간, 규소 포함)을 사용하고 화씨 1500도는 inconel (Ni-Cr-Fe 합금)을 사용한다.

ANSWER 55 ② 56 ① 57 ②

58 단단한 방부 페인트를 유연하게 하기 위해 솔벤트 유화 세척제와 혼합하여 일반 세척용으로 사용하며, 다른 보호제와 함께 바르거나 씻는 작업이 뒤따라야 하는 세척제는?

① 케로신 ② 메틸에틸케톤
③ 메틸클로로포름 ④ 지방족 나프타

해설 Solvent Cleaners 종류
① 케로신(kerosene) : 두꺼운 표면의 코팅을 연화시키기 위하여 솔벤트 에멀젼 타입 클리너와 혼합된다. 케로신은 드라이 클리닝 용매로 빠르게 증발하지 않으며 세척 후 표면에 적당한 양의 필름이 남아 부식이 일어난다.
② 메틸클로로포름(Methyl chloroform) : 일반 청소 및 기름 제거를 위해 사용되며 통상적으로 불연성이며 사염화탄소(carbon tetrachloride)를 대체하기 위하여 사용된다. 염소계 용제를 사용할 때 필요한 사용 및 안전에 관한 주의 사항을 준수해야하며 장시간 사용은 피부염을 일으킨다.
③ 메틸에틸케톤(MEK : methyl ethyl ketone) : 금속표면에 솔벤트 클리너로서 사용하고 작은 면적에 페인트 리무버로 사용된다. 독성물질이므로 주의 사항을 숙지해야하며 요즘은 환경 친화적인 세척 용액으로 안전하게 대체하고 있다.
④ 지방족 나프타(aliphatic naphtha) : 지방족 나프타는 아크릴 및 고무 세척을 위해 사용이 가능하므로 페인팅 전에 표면을 닦아 내릴 때 사용한다.

59 그림과 같은 응력-변형률 선도에서 극한응력의 위치는?(단, σ는 응력, ε은 변형률을 나타낸다.)

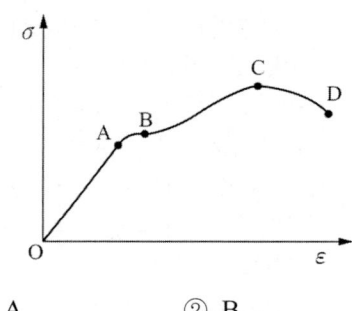

① A ② B
③ C ④ D

해설
- OA : 탄성영역으로 응력과 변형률이 비례적으로 증감하는 부분으로 응력을 제거하면 원상태로 돌아오는 영역
- A : 비례한도(Proportional limit)지점으로 물체에 가한 응력에 비례적으로 변형되는 최대 한계점
- B : 항복점(Yield point) : 응력을 증가 시키지 않아도 변형이 연속적으로 갑자기 커지는 상태
- C : 극한강도(Ultimate strength) : 재료가 견딜 수 있는 최대의 응력
- D : 파단강도(Breaking strength): 물체가 극한강도를 넘어 파괴되기까지에 나타나는 부분

ANSWER 58 ① 59 ③

60 항공기의 날개착륙장치의 트럭형식에서 트럭위치작동기(truck position actuator)에 대한 설명으로 틀린 것은?

① 착륙장치를 접어들이거나 펼칠 때 사용되는 유압작동기이다.
② 착륙장치가 접혀 들어갈 때 공간을 줄이기 위해서도 사용된다.
③ 항공기가 지상에서 수평으로 활주할 때에는 완충스트럿과 트럭빔이 수직이 되도록 댐퍼(damper)의 역할도 한다.
④ 바퀴가 지면으로부터 떨어지는 순간에 완충스트럿과 트럭빔을 특정한 각도로 유지시켜 주는 유압작동기이다.

해설 truck type(bogie : 하나의 스트럿에 4개 이상의 휠이 붙어있는 형식)에는 휠 웰(Wheel well)에 잘 맞추어 들어갈 수 있게 하고 주요 목적은 착륙하는 항공기의 무게가 기울어진 메인 기어에 의해 흡수되므로 착륙 터치다운을 soft하게 하기 위해 작동하는 작동기가 설치되어 있다. 착륙장치를 접어들이거나 펼칠 때 사용되는 유압 작동기는 retraction actuator이다.

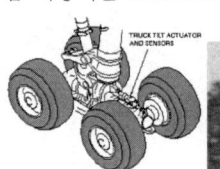

<truck tilt actuator>

제4과목 ✈ 항공장비

61 1차 감시 레이더에 대한 설명으로 옳은 것은?

① 전파를 수신만하는 레이더이다.
② 전파를 송신만하는 레이더이다.
③ 송신한 전파가 물체(항공기)에 반사되어 되돌아오는 전파를 감지하는 방식이다.
④ 송신한 전파가 물체(항공기)에 닿으면 항공기는 이 전파를 수신하여 필요한 정보를 추가한 후 다시 송신하는 방식이다.

해설 공항 감시 레이더(1차 감시 레이더)를 ASR(Airport Surveillance Radar), 2차 감시 레이더를 SSR(Secondary Surveillance Radar)이라고 부른다. 먼저 ASR(1차)에서 공항으로 접근하고 있는 항공기의 기체에 전파를 쏘아서 반사되어오는 시간차와, 레이더의 회전각도에 의해 그 항공기의 위치를 산출해 낸다.

62 FAA에서 정한 여압장치를 갖춘 항공기의 제작순항고도에서의 객실고도는 몇 ft인가?

① 0 ② 3000
③ 8000 ④ 20000

해설 항공기의 여압장치는 순항고도(36,000[ft])에서 11~12[psi]의 객실내부 압력을 유지하도록 설계되어 있다. 여압장치가 갖추어진 항공기의 객실 기압고도는 2,400m(8,000[ft])이하로 유지된다.

63 항공기 버스(bus)에 대한 설명으로 틀린 것은?

① 로드버스(load bus)는 전기 부하에 직접 전력을 공급한다.
② 대기버스(standby bus)는 비상 전원을 확보하기 위한 것이다.
③ 필수버스(essential bus)는 항공기 항법등, 점검등을 작동시키기 위한 전력을 공급한다.
④ 동기버스(synchronizing bus)는 엔진에 의해 구동되는 발전기들을 병렬운전하기 위한 것이다.

해설 버스(bus) : bus-bar라고 하며, 동으로 만들어진 사각형이나 원형의 금속 도체이다. 엔진, APU, GPU의 회전에 의해 발전기에서 출력된 전원이 GCU(generator control unit)를 거쳐 각각의 BUS에 공급된다.
① 로드버스(load bus) : 전기 부하에 전력을 직접 공급하며, 엔진구동발전기의 출력, APU발전기의 출력, 외부전원의 전력이 접속된다. 전기계통이 정상상태로 작동 시 공급된다.
② 대기버스(standby bus) : 비상버스 또는 hot bus라고 하며, 비행 시에 엔진 및 APU 고장으로 인하여 AC 발전기에서 전원 공급을 받지 못할 경우, 항공기의 배터리로부터 전원을 공급받는다. 항법, 통신, 계기, 기타 운항에 필요한 계통에 공급된다.
③ 필수버스(essential bus) : 점화, EFIS, 연료펌프, EICAS 등의 중요한 계통에 공급된다.
④ 동기버스(synchronizing bus) : 병렬접속버스(paralleling bus) 또는 동기조정버스(sync bus)라고 하며, 비행 중 엔진에 의해 구동되는 발전기들을 병렬운전하기 위해 사용된다.

64 항공기에 사용되는 수평철재 구조재에 의해 지자기의 자장이 흩어져 생기는 오차는?

① 반원차   ② 와동오차
③ 불이차   ④ 사분원차

해설
• 자기 컴퍼스의 동적오차 : 북선오차(선회오차), 가속도오차, 와동오차
• 자기 컴퍼스의 정적오차 : 불이차, 반원차, 사분원차
① 반원차 : 항공기 내의 전기기구 및 전선에 의한 불이자기, 영구자석 및 기체구재 중 수직 철재 구조재에 의한 오차이며, 자차 중 가장 크기 때문에 자차를 수정하는 것은 반원차를 수정하는 것이다.
② 와동오차 : 항공기 비행 시 난기류, 악천후 등의 영향으로 발생하는 오차이다.
③ 불이차 : 컴퍼스에 설치된 영구자석 축과 컴퍼스 카드의 남북을 이은 축이 서로 일치하지 않을 때로서 제작 및 설치상의 오차이다. 컴퍼스의 중심선과 항공기 기체축이 서로 평행하지 않은 설치상의 오차로 모든 자방위에서 일정한 크기로 나타난다.
④ 사분원차 : 기체 구조재 중 수평철재 및 연철 재료에 의해 지자기가 흩어지기 때문에 발생하는 오차이다.

65 계기의 색표지 중 흰색 방사선이 의미하는 것은?

① 안전 운용 범위
② 최대 및 최소 운용 한계
③ 플랩 조작에 따른 항공기의 속도 범위
④ 유리판과 계기케이스의 미끄럼방지 표시

해설 계기의 색표식 (Color marking) 은 계기의 문자판 또는 유리에 그 기체의 운용 한계 등을 색으로 표시한 것이다. 항공기마다 운용 제한, 최대 작동 한계, 최저 작동 한계 등을 표시하거나 색표식으로 나타내도록 정해져 있다.

① 적색 방사선 : 최대 및 최저 운용 한계를 나타내며 어떠한 경우라도 운용금지 한계를 나타내고 있다.
② 백색 방사선 : 계기의 유리판과 케이스에 걸쳐 표시되어 있으며, 각 색표식들을 계기 앞면 유리판에 표시하였을 때, 유리가 케이스와 정확히 맞물려 있는가를 표시하는 미끄럼 방지표시를 나타내고 있다.
③ 녹색 호선 : 일반적인 사용 안전 운용 범위를 나타내고 있다.
④ 황색 호선 : 일반적인 사용 범위에서 초과 금지 사이의 경계 범위를 나타내고 있다.
⑤ 백색 호선 : 대기 속도계에만 표시되는 색표식으로 플랩(flap)이 있는 기체의 플랩 조작 속도 범위를 나타내고 있다. 범위는 최대 착륙 중량에 있어서 실속 속도를 하한으로 하고 플랩 강하 속도를 상한으로 한다.
⑥ 청색 호선 : 기화기를 장비한 왕복기관에 관계된 기관계기에 표시하는 색으로서, 흡기압력계(Manifold pressure indicator), 기관회전계기(Tachometer), 기통두온도계(Cylinder head temperature indicator)등에 표시한다. 연료와 공기 혼합비가 오토린(Auto-Lean)일 때의 상용안전운용범위를 나타낸다.

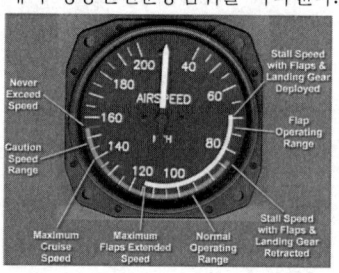

66 선회경사계가 그림과 같이 나타났다면 현재 항공기의 비행 상태는?

① 좌선회 균형 ② 좌선회 내활
③ 좌선회 외활 ④ 우선회 외활

해설 선회경사계 (turn & bank indicator) : 선회계와 경사계가 1개의 케이스에 조합되어 있는 계기. 선회계는 자이로를 이용하여 선회 각속도를 나타내며, 경사계는 수평 비행을 할 때에 항공기 날개의 쳐짐을 나타내고 선회 비행 시에는 정상선회, 스키드(바깥쪽, 외활) 또는 슬립(안쪽, 내활)을 나타내는 계기이다.
  ※ 선회의 종류
  ① 정상 선회(Coordinated turn) : 항공기 선회 시 발생하는 원심력과 구심력(중력)이 균형을 유지하는 상태. (지시바늘은 선회방향, 강철 볼은 중앙에 있다.)
  ② 내활 선회(Slip turn) : 항공기가 선회방향의 안쪽으로 미끄러지고 있는 상태. (구심력이 원심력보다 큰 상태로 선회방향으로 볼이 치우친다.)
  ③ 외활 선회(Skid turn) : 항공기가 선회방향의 바깥쪽으로 밀리고 있는 상태. (원심력이 구심력보다 큰 상태로 선회방향 반대로 볼이 치우친다.)

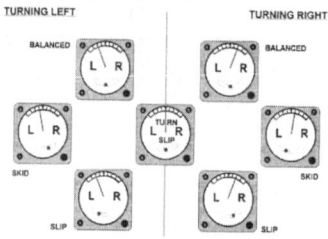

66 ①

67 다음 중 종합계기 PFD에서 지시되지 않는 것은?

① 승강속도 ② 날씨정보
③ 비행자세 ④ 기압고도

해설 PFD (Primary Flight Display) : 조종시 가장 기본이 되는 장치로 속도와 방향, 고도계, 자세계, 수직속도계, ILS(로컬라이저, 글라이드 슬로프, 마커비컨)가 표시되는 장치. 조종사는 자기 비행 상태를 한눈에 알 수 있다.

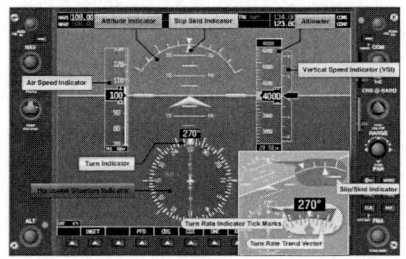

68 작동유 저장탱크에 관한 설명으로 옳은 것은?

① 배플은 불순물을 제거한다.
② 가압식과 비가압식이 있다.
③ 저장탱크의 압력은 사이트게이지로 알 수 있다.
④ 용량은 축압기를 포함한 모든 계통이 필요로 하는 용량의 75% 이상이어야 한다.

해설 저장탱크(Reservoir) : 기능은 작동유를 펌프에 공급하고, 계통 내에서 사용한 후 귀환한 작동유를 저장하며, 공기 및 불순물을 제거하는 장소이다. 계통 내에서 열팽창에 의한 작동유의 증가량을 축적시키는 역할도 한다. 작동유 저장 용량은 38[℃]에서 축압기를 제외한 모든 작동유의 압력계통이 필요로 하는 용량의 150% 이상이거나 축압기를 포함한 모든 계통이 필요로 하는 용량의 120% 이상이어야 한다. 저고도에서 비행하는 항공기는 비가압식 저장탱크가 장착되어 있다. 고고도에서 비행하는 항공기는 압력이 낮아 압축공기(Bleed air)를 이용한 가압식 저장탱크가 장착되어 있다.
  ① 배플, 핀 : 기포, 공기 발생 방지를 한다.
  ② 스탠드 파이프 : 펌프 연결관 등이 고장으로 인하여 비상시에 비상펌프로 작동유를 사용하게 한다.

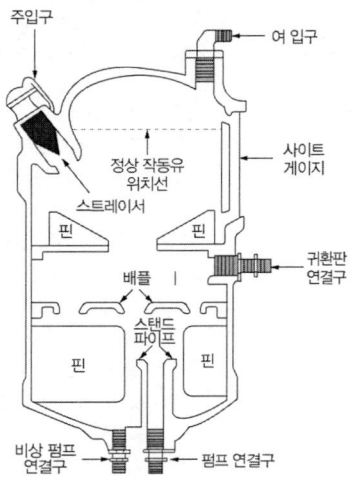

69 계기착륙장치(instrument landing system)의 구성장치가 아닌 것은?

① 로컬라이저(localizer)
② 마커비컨(marker beacon)
③ 기상레이다(weather radar)
④ 글라이드슬로프(glide slope)

해설 ① 기상 레이더(Weather Radar) : 기상 레이더는 조종사에 대해 비행 전방의 기상 상태를 지시기에 알려주는 장치로서, 안전하게 비행하기 위한 것이다. 구름이나 비에 대해 반사되기 쉬운 주파수대(X-밴드)인 9,375[MHz]를 이용하며 안테나에서 발사된 펄스가 전파상의 물체(비나 구름)와 충돌하면 비나 구름 중의 수분의 밀도 또는 습도에 따라 레이더 전파의 반사 현상이 달라진다. 이 반사파를 수신 증폭하여 지시기에 표시되며 영상은 반사파가 강할수록 밝아지고 반사파가 약할 때는 어둡게 표시된다. 반사파의 세기를 처리하여 색으로 표시한다. 기상 레이더의 신호

ANSWER 67 ② 68 ② 69 ③

는 반사파의 강도에 따라 다른 색상으로 나타낸다. 반사파의 강도 순서에 따라 적, 황, 녹, 흑으로 표시되며 난기류는 붉은 자색으로 표시된다.

② 계기착륙장치 (ILS : Instrument landing system) : 활주로 최종적인 진입을 유도하는 장치로 그 시설의 성능에 따라 CAT-Ⅰ, Ⅱ, Ⅲa, Ⅲb, Ⅲc 등으로 분류한다. 지상 시설과 기상 장치로 나누어지고 로컬라이저(Localizer)는 활주로 중심으로부터 좌우의 차이를 나타내고, 글라이드슬로프(Glide Slope)은 상하 방향의 차이를 나타낸다. 착륙지점 전방 일정 거리를 가리키는 마커 신호(Marker beacon)는 각각 다른 소리를 내며 계기(indicator)에 전시되는 램프 색에 의해서 활주로까지의 거리를 나타낸다. 로컬라이저와 글라이드 슬로프는 활주로 착륙지점 안쪽에 위치해 있고, 마커비컨은 활주로 착륙 진입지점 바깥쪽에 위치해 있다.

1) 외측마커 (Outer Marker) : 400[Hz], 활주로 끝에서부터 7[km], 자색 (purple)
2) 중앙마커 (Middle Marker) : 1300[Hz], 활주로 끝에서부터 1050[m], 호박색 (amber)
3) 내측마커 (Inner Marker) : 3000[Hz], 활주로 끝에서부터 300[m], 백색 (white)

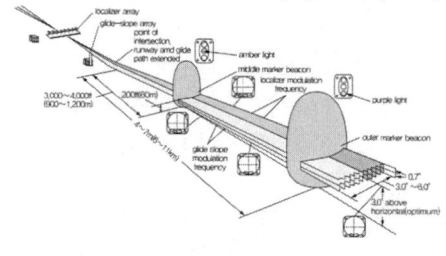

70 그림과 같은 회로에서 합성저항은 몇 Ω인가?

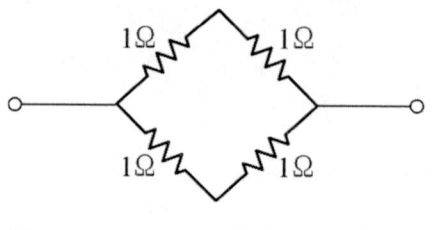

① 1
② 2
③ 3
④ 4

해설 직병렬 관계를 파악하고 전원부로부터 멀리 있는 저항값부터 계산한다.

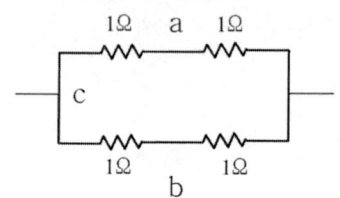

a. 직렬 : $1[\Omega] + 1[\Omega] = 2[\Omega]$
b. 직렬 : $1[\Omega] + 1[\Omega] = 2[\Omega]$
c. 병렬 : $R = \dfrac{1[\Omega]}{\dfrac{1}{2}[\Omega] + \dfrac{1}{2}[\Omega]} = 1[\Omega]$

ANSWER 70 ①

71 온도 변화에 의한 전기저항의 변화를 측정하는 화재경보장치 형식은?

① 바이메탈(bi-metal)식
② 서미스터(thermistor)식
③ 서모커플(themocouple)식
④ 서멀 스위치(thermal switch)식

해설 저항루프화재탐지기(Resistance loop fire detector) : 스테인레스강이나 인코넬튜브로 만들어져 있으며, 인코넬튜브 내부는 온도 변화에 따라 전기저항이 변화할 수 있는 세라믹, 서미스터, 공융염으로 채워져 있으며, 전기적신호를 전송하기 위하여 2개의 니켈전선이 들어 있다. 하나의 니켈전선은 전원공급선이며, 다른전선과 인코넬튜브는 접지선으로 되어 있다. 탐지기 주위 온도가 정상일 때는 세라믹, 서미스터, 공융염의 저항은 커져서 전원공급선에서 접지선으로 전류가 흐르는 것을 방해하지만, 특정 온도로 상승하면 저항이 급격히 낮아져서 전기회로가 구성되어 화재나 과열상태를 지시한다.

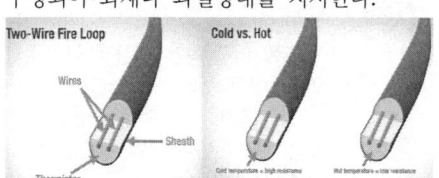

① 바이메탈(bi-metal)식 : 2개의 금속 조각을 이용, 금속별 열, 온도에 따른 팽창, 수축 차이를 이용한 온도 계기. (항공기에서 외부 대기온도 측정용으로 사용)
② 서미스터(thermistor)식 : 서미스터(반도체의 일종으로 온도가 증가하면 저항이 급격히 감소.) 온도변화에 따른 전기저항값이 변할 때, 전류값이 변화하는 원리를 적용한 계기.
③ 서모커플(themocouple)식 : 열전쌍식이라 하며, 온도의 급격한 상승에 의하여 화재를 탐지하는 장치로서, 서로 다른 종류의 금속을 서로 접합한 열전쌍(thermocouple)을 이용하여 필요한 만큼 직렬로 연결하고, 고감도 릴레이를 사용하여 경고 장치를 작동시킨다.
④ 서멀 스위치(thermal switch)식 : 열팽창률이 낮은 니켈-철 합금인 금속 스트럿이 서로 휘어져 있어 평상시에는 접촉점이 떨어져 있으나, 열을 받게 되면 스테인리스강으로 된 케이스가 늘어나게 되므로, 금속 스트럿이 펴지면서 접촉점이 연결되어 회로를 형성시킨다. (바이메탈식)

72 교류 발전기의 출력 주파수를 일정하게 유지하는데 사용되는 것은?

① Brushless
② Magn-amp
③ Carbon pile
④ Constant speed drive

해설 ① 브러시리스 발전기(Brushless generator) : 발전기 출력측의 교류를 정류기를 사용하여 직류로 변환하며 변환된 직류전류가 여자기의 외측 고정부분으로 공급되고 있다. 여자기의 외측은 직류전류를 받아들여 전자석이 되며 이 자석 사이를 코일 U, V, W가 회전하면 이 코일에는 교류가 발생한다. 발생된 교류를 회전정류기를 거치면 다시 직류로 변환되는데 이 직류전류를 사용하여 발전기 회전자의 계자권선을 여자시켜 전자석을 만들어 주게 된다. 그리고 회전자의 계자권선으로 만들어진 전자석이 회전하게 되면 고정자에서는 3상 U, V, W의 교류가 발생하게 된다. 브러시리스 발전기는 브러시가 없기 때문에 유지보수가 거의 필요 없고 신뢰성이 높기 때문에 요즈음의 발전 시스템에는 거의 브러시리스형 발전시스템을 사용한다.
② 자기 증폭기(Magn-amp : magnetic amplifier) : 자심(磁心)에 권선을 감은 리액터의 교류임피던스가 별도로 감긴 제2권선에 흐르는 직류전류의 값에 의해서 변화하는 현상을 이용한 전력증폭기 철심 리액터의 비선형을 이용한 것으로, 리액터에 직류 자화력을 가하여 철심을 포화시켜 부하 전류를 제어하는 방식의 증폭기이다. 구조가 매우 튼튼하고 큰출력을 낼 수 있다. 반도체와는 다르게 방사선에 의한 오작동이 없기 때문에, 현재는 안전상의 이유로 신뢰성이 높은 곳이나 엄격한 요구사항이 필요한 용도로 사용된

ANSWER 71 ② 72 ④

다. 대부분이 트랜지스터를 사용한 증폭기로 대체되어지고 있다.
③ 탄소 파일(Carbon pile) : 탄소 원판을 겹쳐 쌓고, 상하에 전극을 둔 일종의 가변 저항으로, 전극간에 가한 압력에 의해 저항값이 변화하는 것을 이용한 트랜스듀서이다. 변환 특성은 비직선성이며, 온도의 영향을 받기 쉽다.
④ 정속 구동 장치(CSD : constant speed drive) : 항공기의 교류 발전기는 전압을 일정하게 유지함과 동시에 주파수 또한 일정하게 유지할 필요가 있다. 그렇기에 엔진과 발전기 사이에 정속 구동 장치를 설치하여 엔진의 회전수가 변화해도 발전기의 회전수가 일정하게 유지되도록 하고 있다.

73 도선도표(導線圖表, wire chart)상에서 도선의 굵기를 정할 때 고려할 사항이 아닌 것은?

① 전류　　② 주파수
③ 전선의 길이　④ 정착위치의 온도

해설 전선은 미국전선규격(AWG : american wire gauge) 표준규격에 따르는 크기로 제조된다. 규격번호(gauge number)가 클수록 전선 직경은 작아진다. 일반적인 전선크기는 No.40에서 No.0000까지이다. 규격번호는 전선의 직경을 비교하기에 유용하지만, 전선 또는 케이블의 모든 종류의 규격을 정확하게 측정할 수 있는 것은 아니다. 더 굵은 전선은 유연성을 증대하기 위해 몇 가닥의 전선이 하나로 꼬여져 있다. 이 경우에, 총면적은 서큘러밀(circular mil(1/1000[inch]))로 계산된 전선 또는 케이블의 가닥 개수에 한 가닥의 면적을 곱하여 결정할 수 있다. 전력을 송전하고 배전하는 전선의 크기를 선정할 때는 여러 가지 요소들이 고려되어야 한다.
① 전선의 길이
② 운반하고자 하는 전류의 암페어의 수
③ 허용전압강하
④ 요구되는 연속전류(continuous current) 또는 단속전류(intermittent current)
⑤ 예측되거나 측정된 도선의 온도
⑥ 와이어 번들의 장착 위치
⑦ 이상기체(free air)에서 단선(single wire)의 장착여부

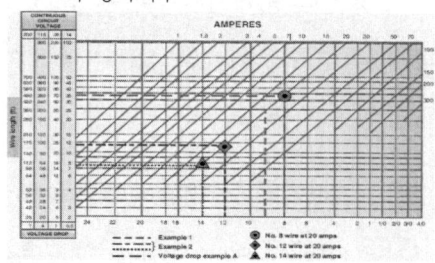

74 다음 중 작동유가 과도하게 흐르는 것을 방지하기 위한 장치는?

① 필터(filter)
② 우선밸브(priority valve)
③ 유압퓨즈(hydraulic fuse)
④ 바이패스밸브(by-pass valve)

해설 ① 필터(filter) : 유압 계통 내에서 각종 밸브나 펌프에 의해 작은 입자의 금속 가루가 발생한다. 이를 여과시키지 않으면 구성 부품에 손상을 입히거나 작동 불량을 초래한다. 단위는 미크론이다. 여과기에는 쿠노형과 미크론형이 있다.
② 우선밸브(Priority Valve) : 작동유의 압력이 일정 압력 이하로 떨어지면 유로를 차단하여 작동 기구의 중요도에 따라 우선 필요한 계통만을 작동시키는 기능을 가진 밸브이다. 시퀀스 밸브와 유사하나, 시퀀스 밸브는 기계적인 힘으로 동작하고, 프라이오리티 밸브는 유압에 의해 동작한다.
③ 유압퓨즈(hydraulic fuse) : 유압 계통의 관이나 호스가 파손되거나 기기 내의 실에 손상이 생겼을 때 과도한 누설을 방지하기 위한 장치이다.
④ 바이패스밸브(by-Pass valve) : 유압 계통 내부에 과도한 압력이 걸리게 되는데, 계통의 손상을 보호를 위해 바이패스 밸브를 작동시킨다. 유압펌프가 과도한 압력을 보낼 경우에도 동작한다.

ANSWER 73 ② 74 ③

75 압력센서의 전압값을 기준전압 5 V 의 10 bit 분해능의 A/D 컨버터로 변환하려 한다면, 센서의 출력전압이 2.5 V 일 때 출력되는 이상적인 디지털 값은?

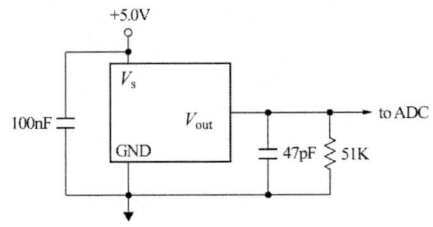

① 128   ② 256
③ 512   ④ 1024

해설 ① A/D컨버터(analog to digital converter) : 연속적인 아날로그 입력을 불연속적인 디지털 출력으로 변환하는 회로이다. A/D컨버터의 분해능은 어느 범위 내의 아날로그 입력(FSR : Full scale range)을 몇 비트의 디지털 값(N : 비트수)으로 변환하는가이다. 즉, 디지털 출력의 1비트에 대응하는 아날로그 입력의 변화량인 아날로그 전압의 최소 단위를 말한다.

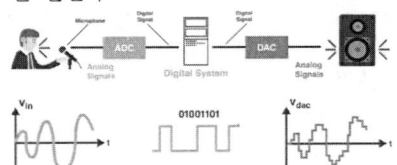

② 분해능(해상도) : 아날로그 신호가 디지털 방식으로 표현될 수 있는 정도의 정도를 나타낸다. 높은 분해능은 전압 범위를 미세하게 나누어 디지털 값으로 더 정확하게 변환할 수 있음을 의미한다.

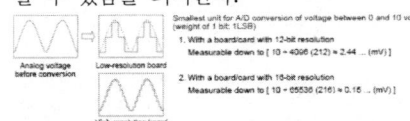

③ 비트(Bit) : 2진수의 각 자리를 말하며, 0과 1로 표현한다. 4자리면 4비트로 「0000」 부터 「1111」 까지 16종류의 숫자를 처리할 수 있고, 8자리면 8비트로 「0000000 0」 부터 「11111111」 까지 256종류의 숫자를 처리할 수 있는 컴퓨터이다.

따라서, $10[bit]$이므로 $2^{10}=1024$종류로 처리할 수 있고, 최대전압이 5[V]인 A/D컨버터를 가지고 계산하면, 분해능은 아날로그 입력 신호를 디지털 출력으로 검출하기 위한 것이므로, $\frac{5[V]}{1024}=0.004882[V]$이다. 이 때, 센서의 출력 신호 값은 $\frac{2.5[V]}{x}=0.004882[V]$이므로, 2.5[v] 일 때, 출력 신호값은 512종류가 된다.

76 저항 루프형 화재탐지계통의 구성품이 아닌 것은?

① 타임스위치   ② 경고벨
③ 테스트 스위치   ④ 경고등

해설 저항루프형(Resistance Loop Type) : 전기 저항이 온도에 의해 변화하는 세라믹이나, 일정 온도에 달하면 급격하게 전기 저항이 떨어지는 융점이 낮은 소금을 이용하여 온도 상승을 전기적으로 탐지한다. 펜월형은 공융염이 사용되고, 키드형은 세라믹이 사용된다. 전기 회로에는 서미스터, 경고등, 경보음, 계전기, 스위치 등으로 되어 있다.

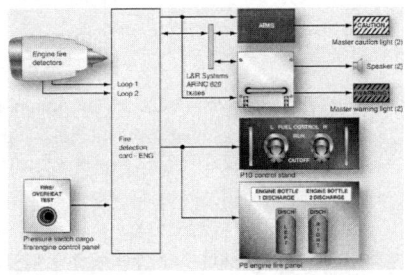

ANSWER 75 ③   76 ①

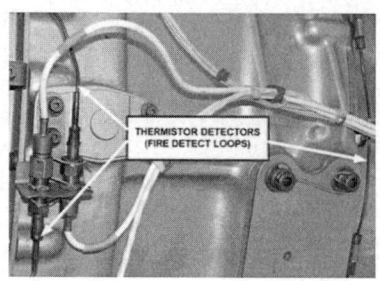

77 주파수 300 MHz 의 파장은 몇 m 인가?

① 1 ② 10
③ 100 ④ 1000

해설 파장$(\lambda) = \dfrac{빛의 속도(C)}{주파수(f)} = \dfrac{3 \times 10^8}{300 \times 10^6} = 1[m]$

78 서로 떨어진 2개의 송신소로부터 동기신호를 수신하고 신호의 시간차를 측정하여 자기위치를 결정하는 장거리 쌍곡선 무선항법은?

① VOR ② ADF
③ TACAN ④ LORANC

해설 ① 전방향표지시설(VOR : VHF ommni-diretional radio range beacon) : 비행하는 항공기에게 VHF대역에서 방위각 정보를 제공하는 지상시설로 초단파 전방향 무선표지 시설이다. 자북을 나타내는 전파와 자북으로부터 시계방향으로 회전하는 지향성이 있는 전파 2개를 수신하고, 자북을 지시하는 전파를 받기부터 지향성 전파를 수신하기까지 시간차를 측정하여 발신국의 위치를 알 수 있다. 사용주파수 범위는 108~118[MHz]
② 자동방향탐지기(ADF : Automatic Direction Finder) : 이 시스템은 190~1750[kHz]대의 전파를 사용하여 무선국으로부터의 전파 도래 방향을 알아 항공기의 방위를 시각 또는 청각 장치를 통해서 알아내는 것. 지상에는 무지향

표지시설(NDB)이 있고, 항공기에는 안테나, 수신기, 방위 지시기, 전원장치로 구성되는 수신장치가 있다.
③ 전술항행장치(TACAN : Tactical air navigation system) : TACAN 지상국의 채널을 항공기에서 선택하면 지상국에 대한 방위와 거리가 동시에 기내 지시기에 표시된다. 주파수 및 채널수(252개)가 DME와 동일하다. 사용주파수 범위는 UHF대의 962[MHz]~1213[MHz]
④ 로란 C(LORAN C : long range navigation C) : 로란(LORAN)의 원리인 쌍곡선 방식으로서 펄스의 도착시간 차에 의해 항공기 위치를 구하는 전파표지의 일종이다. 유효범위는 주간 1500[mile], 야간 2300[mile] 정도이다. 공간파의 영향이 크고 장치도 대형이고 비싸지만 각국에서 전관공역이 설정되어 항공기가 전관공역 내에 들어왔는지를 로란-C에 의해 항공기 위치를 결정하는 나라가 많아서 항공기에 많이 쓰이게 되었다. 로란-C를 극동에서 운용하고 있는 나라는 우리나라 외에 일본, 중국, 러시아 등이다.

ANSWER 77 ① 78 ④

79 항공기에서 사용된 물을 방출하는 드레인 마스트(drain mast)의 방빙 방법으로 옳은 것은?

① 마스트 주변에 알코올을 분사하여 방빙한다.
② 마스트 주변에 배기가스를 공급하여 방빙한다.
③ 마스트 주변의 파이프에 제빙부츠를 장착하여 방빙한다.
④ 항공기가 지상에 있을 때는 저전압, 비행 중에는 고전압을 공급하는 전기히터를 이용한다.

해설 드레인 마스트(Drain mast)의 방빙 방법 : 드레인 포트는 원통인 마스트형으로 되어 있고, 결빙으로 인하여 배출구의 막힘을 방지하기 위해 항공기가 지상에 있을 때는 저전압, 비행 중에는 고전압을 공급하는 전기히터를 이용한다.

결빙 부분	방빙 및 제빙 방법
날개 앞전	가열공기
수직, 수평 안정판의 앞전	가열공기
윈드실드 및 창문	전열기, 알콜
히터, 기관 공기 흡입구	전열기
실속 경고 장치	전열기
프로펠러 깃의 앞전	전열기, 알콜
왕복엔진 기화기 (플로트형)	가열공기, 알콜
드레인 마스트	전열기
피토관	전열기

80 자이로스코프의 섭동성을 이용한 계기는?

① 경사계   ② 선회계
③ 정침의   ④ 인공 수평의

해설
※ 섭동성(세차성) : 외부에서 가해진 착력점으로부터 로터의 회전방향으로 90° 회전한 점에 힘이 작용하여 축을 움직이게 하는 성질. 섭동성은 로터의 무게가 증가하거나 회전각속도가 크면 감소하고 로터를 기울이려는 외력에 비례하며 강직성과의 반대 성질이 있다. 섭동성을 이용한 계기로써는 선회계가 있는데 항공기가 좌우 방향으로 선회하는 속도를 나타내는 항공 계기. 유리관 속에 까만 구슬이 든 경사계가 계기 아래쪽에 함께 붙어 있다. 선회계의 성질과 강직성을 이용한 선회경사계가 있다.
※ 강직성 : 로터가 회전하고 있을 때는 로터 회전축은 일정한 방향을 유지하는 성질이 있다. 로터 회전 속도가 큰 만큼 강하다. 로터 질량이 회전축에서 멀리 분포하고 있는 만큼 강하다.
① 경사계 : 항공기가 수평비행 시/선회 시 날개의 쳐짐을 알 수 있도록 지시하는 계기. (날개의 무게중심이 편중되어 있는 정도를 나타낸다.)
② 선회계 : 섭동성을 이용하여 선회율 지시.
③ 방향지시계 (정침의) : 강직성을 이용하여 항공기의 기수방위 지시.
④ 수평지시계 (수평의) : 강직성과 섭동성을 이용하여 항공기의 자세(피치와 경사) 지시. 로터축을 항상 수직으로 유지하도록 조절된다.

ANSWER 77 ① 78 ④ 79 ④ 80 ②

2017년 제4회 항공산업기사 기출문제

제1과목 항공역학

01 다음 중 방향 안정성이 양(+)인 경우는? (단, β : 옆미끄럼각, C_n: 요잉모멘트계수이다.)

① $\dfrac{dC_n}{d\beta}=0$ ② $\dfrac{dC_n}{d\beta}\neq 0$

③ $\dfrac{dC_n}{d\beta}>0$ ④ $\dfrac{dC_n}{d\beta}<0$

해설 옆미끄럼각은 빗놀이 각과 방향이 반대인 각도로 빗놀이 각과 요잉모멘트계수가 반비례 관계이어야 방향 안정성이 좋아 지므로 옆미끄럼각과 요잉모멘트계수는 서로 정비례 하여야 한다.

02 일반적으로 고정피치 프로펠러의 깃각은 어떤 속도에서 효율이 가장 좋도록 설정하는가?

① 이륙 ② 착륙
③ 순항 ④ 상승

해설 비행 중 가장 많은 시간을 순항에 사용한다.

03 항공기 날개에 관한 설명으로 옳은 것은?

① 날개에서 발생하는 양력은 유도항력을 유발한다.
② 날개의 뒤처짐각은 임계마하수를 낮춘다.
③ 날개의 가로세로비는 날개폭을 넓이로 나눈 값이다.
④ 양력과 항력은 날개면적의 제곱에 비례한다.

해설 유도항력은 양력에 의하여 발생하는 항력이다.

04 등가대기속도(V_e)와 진대기속도(V)에 대한 설명으로 옳은 것은?(단, 밀도비 $\sigma=\dfrac{\rho}{\rho_0}$, P_t : 전압, P_s : 정압, ρ_0 : 해면고도 밀도, ρ : 현재고도 밀도이다.)

① 등가대기속도와 진대기속도의 관계는 $V_e=\sqrt{\dfrac{V}{\sigma}}$ 이다.
② 등가대기속도는 고도에 따른 밀도변화를 고려한 속도이다.
③ 표준대기의 대류권에서 고도가 증가할수록 진대기속도가 등가대기속도보다 느리다.
④ 베르누이의 정리를 이용하여 등가대기속

ANSWER 1 ③ 2 ③ 3 ① 4 ②

도를 나타내면 $V_e = \sqrt{\dfrac{(P_t - P_s)}{\rho_0}}$ 이다.

해설 진대기 속도는 등가대기 속도에서 밀도의 변화를 고려한 속도를 말한다.

$P + \dfrac{1}{2}\rho_0 V_e^2 = P + \dfrac{1}{2}\rho V_t^2$

$\rightarrow \rho_0 V_e^2 = \rho V_t^2 \rightarrow V_e = V_t\sqrt{\dfrac{\rho}{\rho_0}}$

$\rightarrow V_t = V_e\sqrt{\dfrac{\rho_0}{\rho}}$

05 조종면의 폭이 2배가 되면 조종력은 어떻게 되어야 하는가?

① 1/2 로 감소 ② 변함없음
③ 2배 증가   ④ 4배 증가

해설 F_e(조종력) $= K \times H_e = K \cdot q \cdot b \cdot \overline{c}^2 \cdot C_h$
K : 기계적 장치에 의한 이득
H_e : 힌지모멘트, q : 동압, b : 조종면 폭
c : 조종면 시위길이, C_h : 힌지모멘트 계수

06 비행기가 날개를 내리거나 올려 비행기의 전후축(세로축; longitudinal axis)을 중심으로 움직이는 것과 관련된 모멘트는?

① 옆놀이 모멘트(rolling moment)
② 빗놀이 모멘트(yawing moment)
③ 키놀이 모멘트(pitching moment)
④ 방향 모멘트(directional moment)

해설 세로축 중심 : 옆놀이 모멘트
가로축 중심 : 키놀이 모멘트
수직축 중심 : 빗놀이 모멘트

07 항공기가 등속수평비행을 하기 위한 조건으로 옳은 것은?(단, L 은 양력, D 는 항력, T 는 추력, W 는 항공기 무게이다.)

① L = W, T > D
② L = W, T = D
③ T = W, L > D
④ T = W, L = D

08 비행기 무게가 1000 kgf 이고 경사각 30°, 100km/h 의 속도로 정상선회를 하고 있을 때 양력은 약 몇 kgf 인가?

① 500   ② 866
③ 1155   ④ 2000

해설 선회시 양력 $= \dfrac{W}{\cos\theta}$

09 다음 중 압력계수(C_p)의 정의로 틀린 것은?(단, P_∞ : 자유흐름의 정압, p : 임의점의 정압, V : 임의점의 속도, V_∞ : 자유흐름의 속도, ρ : 밀도, q_∞ : 자유흐름의 동압이다.)

① $C_p = \dfrac{p - p_\infty}{q_\infty}$

② $C_p = 2V^2 - p_\infty \rho V_\infty$

③ $C_p = \dfrac{p - p_\infty}{\dfrac{1}{2}\rho V_\infty^2}$

④ $C_p = 1 - \left(\dfrac{V}{V_\infty}\right)^2$

ANSWER 5③ 6① 7② 8③ 9②

해설 압력계수 = $\frac{-동압의 변화량(q_\infty - q)}{자유흐름에서의 동압(q_\infty)}$
= $\frac{정압의 변화량(p - p_\infty)}{자유흐름에서의 동압(q_\infty)}$

$q_\infty = \frac{1}{2}\rho V_\infty^2$

$q = \frac{1}{2}\rho V^2$

10 고정익 항공기 추진에 사용되는 프로펠러에 대한 설명으로 옳은 것은?

① 일반적으로 지상활주 시와 같이 전진비가 낮은 경우에 프로펠러 효율은 최대가 된다.
② 전진비의 증가에 따라 피치각을 증가시켜야 한다.
③ 로터면에 대한 비틀림각을 블레이드 팁(tip)방향으로 증가하도록 분포시킨다.
④ 프로펠러 직경이 큰 경우에는 회전수 변화로 추력을 증감시키는 방법이 일반적으로 사용된다.

해설 프로펠러의 효율을 높이기 위해서는 고속에서 고피치 저속에서 저피치를 유지하여야 한다.

11 꼬리회전날개(tail rotor)가 필요한 헬리콥터는?

① 단일 회전날개 헬리콥터
② 직렬식 회전날개 헬리콥터
③ 병렬식 회전날개 헬리콥터
④ 동축 역회전식 회전날개 헬리콥터

12 착륙 접지 시 역추력을 발생시키는 비행기에 작용하는 순 감속력에 대한 식은?
(단, 추력 : T, 항력 : D, 무게 : W, 양력 : L, 활주로 마찰계수 : μ 이다.)

① $T - D + \mu(W - L)$
② $T + D + \mu(W + L)$
③ $T - D + \mu(W + L)$
④ $T + D + \mu(W - L)$

해설 역추력이 없을 경우에는 추력(앞으로 나아가려는 힘)이 마이너스 값이어야 하나 역추력 장치를 사용하여 추력값을 더해주어 계산한다.

13 레이놀즈수(Reynolds number)에 대한 설명으로 틀린 것은?

① 단위는 cm^2/s 이다.
② 동점성계수에 반비례한다.
③ 관성력과 점성력의 비를 나타낸다.
④ 임계레이놀즈수에서 천이현상이 일어난다.

해설 레이놀즈수는 단위가 없는 무차원수이다.

14 날개골(airfoil)의 정의로 옳은 것은?

① 날개의 단면
② 날개가 굽은 정도
③ 최대두께를 연결한 선
④ 앞전과 뒷전을 연결한 선

ANSWER 10 ② 11 ① 12 ④ 13 ① 14 ①

15 700 ps 짜리 2개의 엔진을 장착한 항공기가 대기속도 50 m/s 로 상승비행을 하고 있다면 이 항공기의 상승률은 몇 m/s 인가?(단, 비행기의 중량은 5000 kgf, 항력은 1000 kgf, 프로펠러 효율은 0.8 이다.)

① 3.4 ② 5.0
③ 6.0 ④ 6.8

해설) 상승률 = $\frac{75(Pa-Pr)}{W}$
$Pa = BHP \times \eta$
$Pr = \frac{DV}{75}$

∴ 상승률 = $\frac{75(700 \times 2 \times 0.8 - \frac{1000 \times 50}{75})}{5000}$

16 다음 중 수평스핀(flat spin) 상태에서 받음각의 크기로 가장 적합한 것은?

① 약 5° ② 10~20°
③ 약 60° ④ 약 95°이상

해설) 정상스핀(수직스핀)의 받음각은 20°~40° 이며, 수평스핀의 받음각은 60°이다.

17 제트 비행기의 최대항속시간에 해당하는 속도는 다음 중 어느 조건에서 이루어지는가?

① 최대 이용추력 ② 최소 이용추력
③ 최대 필요추력 ④ 최소 필요추력

18 전진하는 회전날개 깃에 작용하는 양력을 헬리콥터 전진속도(V)와 주 회전날개의 회전속도(ν)로 옳게 설명한 것은?

① $(\nu - V)^2$에 비례한다.
② $(\nu + V)^2$에 비례한다.
③ $(\frac{\nu + V}{\nu - V})^2$에 비례한다.
④ $(\frac{\nu - V}{\nu + V})^2$에 비례한다.

19 도움날개(aileron) 및 승강키(elevator)의 힌지 모멘트와 이들 조종면을 원하는 위치에 유지하기 위한 조종력과의 관계로 옳은 것은?

① 힌지 모멘트가 크면 조종력도 커야 한다.
② 힌지 모멘트가 커져도 필요한 조종력에는 변화가 없다.
③ 힌지 모멘트가 크면 조종력은 작아도 된다.
④ 아음속 항공기에서는 힌지모멘트가 커질수록 필요한 조종력은 작아진다.

해설) F_e(조종력) $= K \times H_e = K \cdot q \cdot b \cdot \overline{c}^2 \cdot C_h$
K : 기계적 장치에 의한 이득
H_e : 힌지모멘트, q : 동압, b : 조종면 폭
c : 조종면 시위길이, C_h : 힌지모멘트 계수

ANSWER 15 ④ 16 ③ 17 ④ 18 ② 19 ①

20 국제표준대기의 평균 해발고도에서 특성 값을 틀리게 짝지은 것은?

① 온도 : 20 ℃
② 압력 : 1013 hPa
③ 밀도 : 1.225 kg/m^3
④ 중력가속도 : 9.8066 m/s^2

해설 평균 해발고도에서의 온도는 15 ℃ 이다.

제2과목 항공기관

21 가스터빈엔진의 기본 구성요소가 아닌 것은?

① 압축기   ② 터빈
③ 연소실   ④ 감속장치

해설 가스터빈엔진의 기본 구성품은 압축기-연소실-터빈이며, 가스발생기라고도 불린다.

22 가스터빈엔진에 사용되는 연료의 구비조건이 아닌 것은?

① 가격이 저렴할 것
② 어는점이 높을 것
③ 인화점이 높을 것
④ 연료의 중량당 발열량이 클 것

해설 가스터빈기관용 연료의 구비조건
① 연료의 증기압은 낮아야 한다.(베이퍼 락의 위험성 감소)
② 연료의 어는점은 낮아야 한다.(결빙 방지)
③ 옥탄가가 높은 연료여야 하며, 기화성이 높아야 한다.
④ 인화점은 높아야 한다.
⑤ 대량 생산이 가능해야 하며, 가격도 싸야 한다.
⑥ 단위 무게당 발열량이 커야 하고, 계통 내 부품들을 부식시키지 말아야 한다.
⑦ 점성이 낮고, 균질의 연료여야 한다.

23 오일 양이 매우 적은 상태에서 왕복엔진을 시동하였을 때, 조종사는 어떤 현상을 인지할 수 있는가?

① 정상 작동을 한다.
② 오일압력계기가 0을 지시한다.
③ 오일압력계기가 동요(fluctuation)한다.
④ 오일압력계기가 높은 압력을 지시한다.

해설 왕복엔진의 경우 가스터빈엔진에 비해 오일소모량이 많다. 이러한 엔진에서 오일량이 적은 상태에서 시동하였을 경우에는 오일압력계기에서 제대로 된 압력수치를 지시하지 못하고, 오르내림을 반복하게 된다.

24 단(stage) 당 압력비가 1.34 인 9단 축류형 압축기의 출구압력은 약 몇 psi 인가?(단, 압축기 입구압력은 14.7 psi 이다.)

① 177   ② 205
③ 255   ④ 276

해설 $EPR = \dfrac{터빈출구압력}{압축기입구압력}$ 식을 이용하면,

$1.34^9 = \dfrac{x}{14.7}$ 이다.

∴ x=205

ANSWER 20 ① 21 ④ 22 ② 23 ③ 24 ②

25 이륙 시 정속 프로펠러에서 rpm과 피치각은 어떤 상태가 되어야 가장 효율적인가?

① 높은 rpm과 작은 피치각
② 높은 rpm과 큰 피치각
③ 낮은 rpm과 작은 피치각
④ 낮은 rpm과 큰 피치각

해설 정속 프로펠러 : 프로펠러의 효율을 증가시키기 위해 피치를 자유롭게 변화 시키며, 피치 변화에 따라 프로펠러의 회전 속도를 일정하게 만들어주는 프로펠러를 말한다. 프로펠러 중 가장 좋은 효율을 가지고 있다.
- 이륙 시 : 저피치, 고rpm
- 순항 시 : 고피치, 저rpm
- 착륙 시 : 고피치, 저rpm

26 오토사이클의 열효율을 옳게 나타낸 것은?(단, ϵ : 압축비, k : 비열비이다.)

① $1 - \dfrac{1}{\epsilon^{k-1}}$
② $\dfrac{k-1}{\epsilon^{k-1}}$
③ $1 - \epsilon^{\frac{1}{k-1}}$
④ $\dfrac{1}{1 - \epsilon^{k-1}}$

해설 오토사이클의 열효율 : 높은 열효율은 연료소비량의 감소를 가져오며, 정비시간이 단축된다.
$$\eta = 1 - \dfrac{1}{\epsilon^{k-1}}$$

27 왕복엔진 부품 중 윤활유에서 열을 가장 많이 흡수하는 부품은?

① 피스톤
② 배기밸브
③ 푸시로드
④ 프로펠러 감속기어

해설 윤활유에서 열을 가장 많이 흡수하는 곳은 피스톤이다. 윤활유에서 피스톤으로 열이 전달되면, 이 열은 다시 피스톤링을 거쳐 실린더와 냉각핀으로 전달되어 외부로 방출된다.

28 왕복엔진에서 마그네토(magneto)의 브레이커 어셈블리에서 접촉부분은 일반적으로 어떤 재료로 되어 있는가?

① 은(silver)
② 구리(copper)
③ 코발트(Cobalt)
④ 백금(Platinum)-이리듐(Iridium) 합금

해설 브레이커 포인트(breaker point)와 회전캠(rotating cam)으로 구성되어 있다. 브레이커 포인트는 열과 마모에 강한 백금-이리듐 합금(platinum-iridium alloy)으로 제작된다. 또한 브레이커 포인트는 1차코일과 연결되어 있고, 점검 시 윤활유를 2~5방울 정도 떨어뜨려 윤활 시켜 주어야 한다.

29 가스터빈엔진에서 압축기 실속(compressor stall)이 일어나는 경우는?

① 흡입공기압력이 높을 때
② 유입공기속도가 상대적으로 느릴 때
③ 항공기 속도가 터빈 회전속도에 비하여 너무 빠를 때
④ 흡입구로 들어오는 램공기(ram-air)의 밀도가 높을 때

해설 압축기 실속의 원인
① 엔진 흡입구로 들어오는 난류나 난잡한 흐름
② 갑작스런 엔진의 가속으로 인한 과도한 연료 흐름
③ 급감속에 의한 희박한 연료혼합비
④ 압축기의 손상 및 오염

ANSWER 25 ① 26 ① 27 ① 28 ④ 29 ②

⑤ 터빈의 손상으로 인한 압축기 일의 감소와 낮은 압축률
⑥ 설계 rpm이상 또는 이하에서의 엔진 작동

30 가스터빈엔진 점화계통의 구성품이 아닌 것은?

① 익사이터(exciter)
② 이그나이터(igniter)
③ 점화 전선(ignition lead)
④ 임펄스 커플링(impulse coupling)

해설 임펄스 커플링은 왕복엔진이 시동되었을 때 너무 천천히 회전하면 마그네토가 작동하지 않는다. 마그네토의 구동축에 설치된 임펄스 커플링은 엔진 시동을 위해 마그네토에게 순간적으로 고속 회전을 시켜주고 지연 점화를 한다. 이 커플링은 엔진과 마그네토 축 사이의 스프링 기계 연결 장치로서 어느 순간에 마그네토 축을 고속 회전시키기 위해 감기게 되어 있다.

31 다음 중 디토네이션(detonation)을 일으키는 요인은?

① 너무 늦은 점화시기
② 낮은 흡입공기 온도
③ 너무 낮은 옥탄가의 연료사용
④ 너무 높은 옥탄가의 연료사용

해설 디토네이션은 혼합기 온도와 압력이 상승했을 때나 비교적 낮은 옥탄가의 연료를 사용했을 때 발생하게 되고, 정상 점화 후에 주로 발생하게 된다.

32 항공기 왕복엔진의 벤튜리 부분에서 실린더 흡입 공기량으로부터 생긴 부압에 의해 가솔린을 빨아내고 혼합기를 만드는 방식의 기화기는?

① 부자식 기화기
② 충동식 기화기
③ 경계 압력식 기화기
④ 압력 분사식 기화기

해설 부자식 기화기 : 이 기화기는 부자실의 대기압은 벤튜리 튜브에서 압력이 감소할 때 방출 노즐로부터 연료를 분사시키는 방식이다. 피스톤의 흡입 행정일 때 실린더에서 압력을 감소시켜 공기가 실린더의 흡입 매니폴드를 통해 흐르게 한다. 공기가 기화기의 벤튜리를 통해 흐를 때 벤튜리 압력이 감소되어 방출노즐로부터 연료가 분사된다.

33 다음 중 프로펠러 조속기의 파일롯(pilot) 밸브의 위치를 결정하는데 직접적인 영향을 주는 것은?

① 플라이웨이트 ② 엔진오일 압력
③ 조종사의 위치 ④ 펌프오일 압력

해설 파일럿 밸브는 플라이 웨이트의 원심력과 스피더 스프링의 장력에 의하여 작동하며, 오일의 흐름을 제어하는 역할을 한다.

ANSWER 30 ④ 31 ③ 32 ① 33 ①

34 항공기 왕복엔진의 출력증가를 위하여 장착하는 과급기 중 가장 많이 사용되는 형식은?

① 기어식(gear type)
② 베인식(vane type)
③ 루츠식(roots type)
④ 원심식(centrifugal type)

해설 과급기(supercharger)
① 역할 : 압축기의 일종으로 흡입부에 설치하여 일정 고도까지 출력의 감소를 막아 출력을 증가시키는 장치이다. 이륙 시 짧은 시간 동안 최대마력을 높게 해주며, 매니폴드 압력 증가에 의해 평균유효압력을 증가시켜준다.
② 종류 : 원심식(가장 많이 사용), 루츠식, 베인식

35 엔진의 공기 흡입구에 얼음이 생기는 것을 방지하기 위한 방빙(anti icing) 방법으로 옳은 것은?

① 배기가스를 인렛 스트러트(inlet strut)에 보낸다.
② 압축기 통과 전의 청정한 공기를 인렛(inlet) 쪽으로 순환시킨다.
③ 압축기의 고온 브리드 공기를 흡입구(intake), 인렛 가이드 베인(inlet guide vane)으로 보낸다.
④ 더운 물을 엔진 인렛(inlet) 속으로 분사한다.

해설 방빙(anti-icing)과 제빙(de-icing) : 항공기로 흡입되는 공기의 온도가 낮아져 어는점과 유사하게 되면 압축기에 설치되어 있는 입구 안내 깃(inlet guide vane) 등에 얼음이 형성되게 된다. 또한 항공기 날개의 앞전이나 Cockpit glass에도 결빙현상이 나타날 수 있다. 이러한 현상들은 기관으로 흡입되는 공기의 양의 감소와 터빈 입구 온도의 상승, 날개 앞전에서의 박리(separation) 등의 원인이 되어 결과적으로 항공기의 성능이 떨어지기 때문에 방빙 또는 제빙에 각별히 신경써야 한다. 이러한 현상은 압축기에서 비교적 높은 단에서 만들어진 압축공기를 이용하거나 제빙부츠, Bleed air를 이용하여 방지 및 제거할 수 있다.

36 가스터빈엔진의 오일 필터를 손상시키는 힘이 아닌 것은?

① 압력변화로 인한 피로 힘
② 흐름체적으로 인한 압력 힘
③ 가열된 오일에 의한 압력 힘
④ 열순환(thermal cycling)으로 인한 피로 힘

해설 오일 필터에 작용하는 힘
① 열순환으로 인한 피로 힘
② 오일이 찬 상태에서 발생하는 압력 힘
③ 흐름체적으로 인한 압력 힘
④ 고주파수로 인한 피로 힘

37 가스터빈엔진에서 사용되는 추력증가 장치로만 짝지어진 것은?

① Reverse Thrust, Afterburner
② Afterburner, Water-injection
③ Afterburner, Noise suppressor
④ Reverse Thrust, Water-injection

해설 가스터빈엔진에서의 추력증가장치는 후기연소기(Afterburner)와 물분사장치(Water-injection)가 있다.

ANSWER 34 ④ 35 ③ 36 ③ 37 ②

38 왕복엔진에서 밸브 오버랩의 주된 효과가 아닌 것은?

① 실린더 냉각효과를 높여준다.
② 실린더의 체적 효율을 높여준다.
③ 크랭크 축의 마모를 감소시켜 준다.
④ 배기가스를 완전히 배출시키는데 유리하다.

해설 밸브 오버랩(valve overlap) : 이론상 배기 행정이 끝나고 흡입 행정이 시작되어야 하나, 기관의 체적효율 증대를 위하여 흡입 밸브와 배기 밸브가 동시에 열려있을 때를 밸브 오버랩이라고 한다.
① 장점 : 체적효율이 증대되고, 배기가스의 완전 배출되고, 냉각효율이 우수하다.
② 단점 : 연료소비가 많아진다.

39 항공기용 왕복엔진으로 사용하는 성형엔진에 대한 설명으로 옳은 것은?

① 단열 성형엔진은 실린더 수가 짝수로 구성되어 있다.
② 성형엔진의 2열은 짝수의 실린더 번호가 부여된다.
③ 성형엔진의 1열은 홀수의 실린더 번호가 부여된다.
④ 14기통 성형엔진의 크랭크 핀은 2개이다.

해설 ① 단열성형 : 1열의 크랭크에 7, 9개의 홀수개의 실린더를 장착
② 복열성형 : 2열의 크랭크에 7*2, 9*2 개의 실린더가 전후방으로 배치된다. 전열은 짝수, 후열은 홀수 번호의 실린더로 12시 방향의 후열 실린더가 되고 1번 실린더가 되고, 후방에서 볼 때 시계방향으로 번호가 부여된다.(실린더 번호는 엔진을 앞에서 봤을 때는 반시계반향/조종석에서 봤을 때는 시계방향)
③ 4열성형 : 4열의 크랭크에 7*4개의 실린더가 배열

40 비열비(k)에 대한 식으로 옳은 것은?(단, C_p : 정압비열, C_v : 정적비열이다.)

① $k = \dfrac{C_v}{C_p}$ ② $k = \dfrac{C_p}{C_v}$

③ $k = 1 - \dfrac{C_p}{C_v}$ ④ $k = \dfrac{C_p - 1}{C_v}$

해설 비열비(k)는 $\dfrac{C_p}{C_v}$로 구할 수 있으며, 비열비는 기체의 종류마다 다르다.
C_p : 정압비열, C_v : 정적비열

제3과목 항공기체

41 구조부재의 일부분에 균열과 같은 결함이 잠재할 수 있다고 가정하고 기체의 안전한 사용 기간을 규정하여 안전성을 확보하는 설계 개념은?

① 정적강도설계 ② 안전수명설계
③ 손상허용설계 ④ 페일세이프설계

해설 ① 안전수명설계(safe life design) : 계획된 설계수명 동안 부재가 파손되지 않는 범위 내의 응력을 허용
② 페일-세이프설계(fail-safe design) : 구조의 일부가 파손이 되어도 최소한 착륙 시까지 안전비행 보장
③ 손상허용설계(damage tolerance design) : 기체 구조 부재 내에 초기 결함의 내재 가능성을 미리 파악. 항공기의 Operational Life 동안 중대한 피로 균열, 부식이 발생하더라도 그 손상이 탐지될 때까지 기체 구조는 파손이나 과도한 변형 없이 하중을 견딜 수 있도록 보증하여 손상 상태가 치명적 크기로 진전되기 전에 발견될 수 있는 주기적 점검을 요하는 정비방식과 연계되어 있다.

ANSWER 38 ③ 39 ④ 40 ② 41 ③

42 부품 번호가 AN 470 AD 3-5 인 리벳에서 "AD"는 무엇을 나타내는가?

① 리벳의 직경이 $\frac{3}{16}$ 인치이다.
② 리벳의 길이는 머리를 제외한 길이이다.
③ 리벳의 머리모양이 유니버셜 머리이다.
④ 리벳의 재질이 알루미늄 합금인 2117 이다.

해설
- AN : Air Force-Navy Aeronautical Standards
- 470 : universal head rivet
- AD : 2117 재질. 고강도리벳. 상온에서 작업가능
- 3 : 리벳 지름 (3/32 inch)
- 5 : 리벳 길이 (5/16 inch)

43 다음 중 SAE 규격에 따른 합금강으로 탄소를 가장 많이 함유하고 있는 것은?

① 6150   ② 4130
③ 2330   ④ 1025

해설 SAE(Society of Automotive Engineers)은 미국 자동차 기술인 협회 규격으로 뒷자리 2자리는 탄소의 평균 함유량을 나타낸다. 1번이 탄소 함유량이 0.50%로 가장 높다.

44 항공기 엔진을 장착하거나 보호하기 위한 구조물이 아닌 것은?

① 킬빔   ② 나셀
③ 포드   ④ 카울링

해설
① Keel beam : 동체와 main wing과 결합부분으로 이착륙 시 발생하는 반복하중을 견디도록 가장 튼튼한 부분.
② pod : 과거 여객기의 경우 엔진을 podded 형태로 장착하였으나 날개의 공기흐름에 방해를 주면 안되므로 밑으로 장착해야하는데 팬이 커지면서 Pylon 형태로 바뀌었다.

45 착륙장치(landing gear)에 사용되는 올레오 완충장치(oleo shock absorber)의 충격흡수 원리에 대한 설명으로 옳은 것은?

① 스트럿 실린더(strut cylinder)에 공급되는 공기의 마찰에너지를 이용하여 충격을 흡수한다.
② 헬리컬 스프링(helical spring)이 탄성체의 탄성변형에너지형식으로 충격을 흡수한다.
③ 공기의 압축성효과에 의한 탄성에너지와 작동유흐름 제한에 따른 에너지 손실에 의해 충격을 흡수한다.
④ 리프스프링(leaf spring) 자체가 랜딩 스트럿(landing strut)역할을 하여 충격을 굽힘에너지로 흡수한다.

해설 oleo 충격흡수 원리에 대해서 설명하는 과정에서 일반적인 스프링인 헬리컬이나 리프스프링 등의 스프링 관련 충격흡수와는 거리가 멀다. Pneumatic/hydraulic shock strut의 원리는 공기의 압축성과 작동유 비압축성 이용하여 충격을 흡수한다.

46 접개식 강착장치(retractable landing gear)에서 부주의로 인해 착륙장치가 접히는 것을 방지하기 위한 안전장치를 나열한 것은?

① down lock, safety pin, up lock
② down lock, up lock, ground lock
③ up lock, safety pin, ground lock
④ down lock, safety pin, ground lock

해설 항공기가 그라운드에 있을 때 랜딩기어가 접히는 것을 방지하기 위해서 ground lock sleeve의

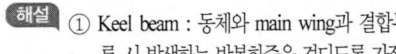
42 ④   43 ①   44 ①   45 ③   46 ④

down lock를 하고 L/G Safety Lock Pin (ground lock pin) 장착 확인한다. 푸시백시에는 steering을 방지하기 위해 bypass pin을 확인해야 한다.

47 티타늄합금의 성질에 대한 설명으로 옳은 것은?

① 열전도 계수가 크다.
② 불순물이 들어가면 가공 후 자연경화를 일으켜 강도를 좋게 한다.
③ 티타늄은 고온에서 산소, 질소, 수소 등과 친화력이 매우 크고, 또한 이러한 가스를 흡수하면 강도가 매우 약해진다.
④ 합금원소로써 Cu가 포함되어 있어 취성을 감소시키는 역할을 한다.

[해설] 열전도계수가 높으면 열에 의해 수축이 잘된다는 뜻으로 티타늄은 비중이 4.5의 중금속으로 열팽창계수, 열전도(15W/Mk)가 낮으며 티타늄 합금은 보통 알루미늄이나 바나듐을 함유하고 있다. 티타늄은 산소와의 친화력이 매우 강해 대기 중에서 산화가 진행되지만 산화막이 치밀해서 많이 진행되지 않아 내식성이 좋다.

48 실속속도가 90 mph 인 항공기를 120 mph 로 수평 비행 중 조종간을 급히 당겨 최대 양력계수가 작용하는 상태라면 주날개에 작용하는 하중배수는 약 얼마인가?

① 1.5   ② 1.78
③ 2.3   ④ 2.57

[해설] 하중배수 $= \dfrac{L}{W} = \dfrac{설계운용속도^2}{실속속도^2} = \dfrac{120^2}{90^2} = 1.77$

49 그림과 같이 100 N 의 힘(P)이 작용하는 구조물에서 지점 A 의 반력(R_1)은 몇 N 인가?(단, 구조물 ABC는 4분원이다.)

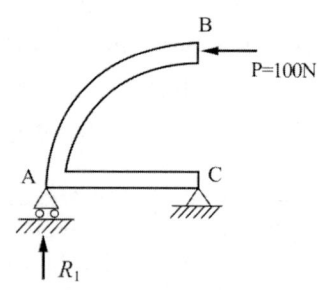

① 100   ② 50
③ 25   ④ 0

[해설] 단순보(simple beam) : 2개의 받침점으로 받쳐지는데 한쪽이 핀(pin) 지점, 다른 쪽이 롤러 지점으로 되어 있는 보를 말한다. 핀 지점은 수직과 수평방향으로 반력을 가지고, 롤러 지점은 수직방향에 대한 반력을 가진다. 정정(靜定)보의 일종인데, 힘의 균형 조건만으로 반동변형력(反動變形力)이 정해진다. 단순보는 힘의 균형 조건만으로 반동변형력(反動變形力)이 정해지는 정정(靜定)보의 일종이다. 핀 지점은 회전받침점(hinged support)이라고도 하며, 상하좌우 방향의 힘에 저항하지만, 회전(모멘트)에 대해서는 저항없이 자유롭게 움직이는 받침점을 말하고, 롤러받침을 이동받침점이라고도 하며, 지지면의 수직방향에 저항하고 평행방향에는 이동이 자유로운 받침점을 말한다.

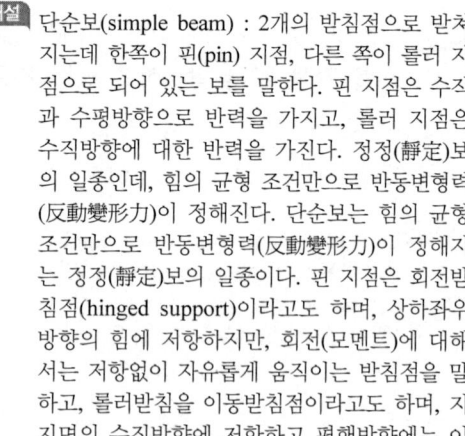

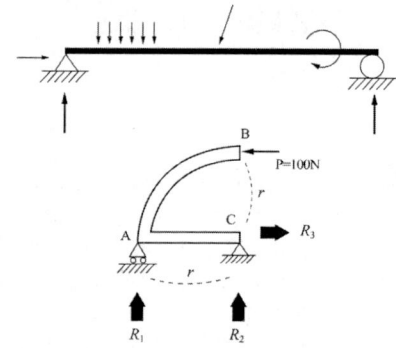

ANSWER 47 ③ 48 ② 49 ①

① X축방향의 힘의 합력 $\sum F_x : R_3 - P = 0$
$\Rightarrow R_3 = P = 100[N]$
② Y축방향의 힘의 합력 $\sum F_y : R_1 + R_2 = 0$
③ B지점의 모멘트의 합력
$\sum M_B = 0$
$\Rightarrow (P \times r) - (R_1 \times r) = 0$
$R_1 = 100[N]$
④ 각지점에 작용하는 반력
$R_1 = 100[N], R_2 = -100[N], R_3 = 100[N]$

50 항공기에 작용하는 하중에 대한 설명으로 옳은 것은?

① 구조물에 가해지는 힘을 응력이라 한다.
② 하중에는 탑재물의 중량, 공기력, 관성력, 지면반력, 충격력 등이 있다.
③ 구조물인 항공기는 하중을 지지하기 위한 외력으로 응력을 가진다.
④ 면적 당 작용하는 내력의 크기를 하중이라 한다.

해설 구조물에 가해지는 힘을 하중(load)라고 하고 단위는 kg으로 표기된다. 면적 당 작용하는 내력의 크기는 압력(pressure)을 말한다. 응력(stress)는 내부에서 생기는 저항력이다.

51 숏 피닝(shot peening) 작업으로 나타나는 주된 효과는?

① 내부균열 및 변형 방지
② 크롬 도금으로 인한 표면부식 방지
③ 표면강도 증가와 스트레스부식 방지
④ 광택감소로 인한 표면마찰증가와 내열성 증가

해설 shot(발사)이라는 단어와 볼핀해머의 peen(두둘기다)의 합성어로 금속의 피로강도를 높이기 위해 스틸, 알루미늄, 유리 등의 작은 알갱이의 구술을 강하게 분사시켜 표면에 0.2mm를 압축시키는 방법이다.

52 표와 같은 항공기의 기본 자기무게에 대한 무게중심(c.g)의 위치는 몇 cm 인가?

측정항목	측정무게	거리(cm)
왼쪽 바퀴	3200	135
오른쪽 바퀴	3100	135
앞 바퀴	700	-45
연료	2500	-10

① 176.4
② 187.6
③ 194.4
④ 201.6

해설 기본자기무게(Basic Empty Weight)는 기체(airframe), 동력장치(power plant), 필요장비(required equipment), 고정 작동장비(operating equipment), 배출하고 남은 잔여 연료와 오일, 고정 밸러스트(fixed ballast), 엔진 액체 냉각액 등을 포함하는 무게를 말한다. 따라서, 연료의 무게를 제외시키고 계산하면 된다.

무게중심$(C.G)$
$= \dfrac{\text{각각의 모멘트의 합}}{\text{각각의 무게의 합}}$
$= \dfrac{(3200 \times 135) + (3100 \times 135) + (700 \times (-45))}{3200 + 3100 + 700}$
$= 117[cm]$
(문제 및 보기에 오류)

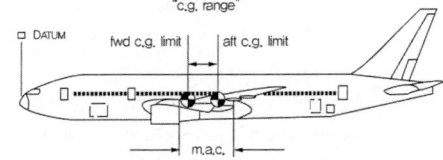

ANSWER 50 ② 51 ③ 52 ②

53 리브너트(rivnut)를 사용하는 방법으로 옳은 것은?

① 금속면에 우포를 씌울 때 사용한다.
② 두꺼운 날개 표피에 리브를 붙일 때 사용한다.
③ 한쪽면에서만 작업이 가능한 제빙장치 등을 설치할 때 사용한다.
④ 기관마운트와 같은 중량물을 구조물에 부착할 때 사용한다.

[해설] 리브너트는 Rivet nut의 줄임말로 1930년에 상품명을 rivnut로 사용하였다. thread가 안쪽에 있어 블라인드 리벳으로 사용되며 특히 항공기 날개의 제빙부츠나 static discharger에 사용된다. solid shank rivet과 달리 blind rivet은 중공으로 되어있어 체결강도가 낮아 기관마운트 같은 중량물에 사용되어서는 안 된다.

54 [보기]에서 설명하는 작업의 명칭은?

┤보기├
• 플러쉬 헤드 리벳의 헤드를 감추기 위해 사용
• 리벳 헤드의 높이보다 판재의 두께가 얇은 경우 사용

① 디버링(deburing)
② 딤플링(dimpling)
③ 클램핑(clamping)
④ 카운터 싱킹(counter sinking)

[해설] 접시머리리벳을 flush rivet 또는 countersunk rivet이라고 한다. 카운터싱킹 작업은 항공기 외피에 카운터성크 리벳을 체결하기 위해 항공기 외피를 부채꼴모양으로 깎아 없애는 작업이다. 그러나 판재가 0.04in 미만이거나 체결하고자 하는 총 판재의 두께가 리벳 머리 높이보다 작은 경우는 판재를 깎아 없애지 않고 판재의 구멍 주위를 움푹 굽히는 작업을 해야 하는데 이를 딤플링이라고 한다.

55 항공기 구조의 특정 위치를 쉽게 알 수 있도록 위치를 표시하는 것 중 기준 수평면과 일정거리를 두며 평행한 선은?

① 기준선(datum line)
② 버턱선(buttock line)
③ 동체 수위선(body water line)
④ 동체 위치선(body station line)

[해설] water line은 동체 낮은 부분에서 어떠한 정해진 거리만큼 떨어진 수평면의 수직선을 측정한 높이 즉 라인 0으로부터 하부로부터 상부의 수직거리를 측정한 높이를 말한다. Buttock은 궁둥이라는 뜻으로 buttock line은 항공기를 위에서 바라본 관점으로 수직중심선을 기준으로 좌우 평행한 폭을 나타낸 것을 말한다.

56 항공기 기체 판재에 적용한 릴리프 홀(relief hole)의 주된 목적은?

① 무게 감소
② 강도 증가
③ 좌굴 방지
④ 응력 집중 방지

[해설] 2개 이상 판재 굽힘 시 굽힘이 교차하는 곳은 응력이 집중하여 교점에 균열이 발생하는데 응력집중이 일어나는 부분에 응력제거구멍을 뚫어주는 홀을 말한다. 판금성형 작업 시 릴리프 홀(relief hole) 지름치수는 1/8인치 이상의 범위에서 작업한다.

ANSWER 53 ③ 54 ② 55 ③ 56 ④

57 FRCM(Fiber Reinforced Composite Material)의 모재(matrix) 중 사용온도 범위가 가장 큰 것은?

① FRC(Fiber Reinforced Ceramic)
② FRP(Fiber Reinforced Plastic)
③ FRM(Fiber Reinforced Metallics)
④ C/C 복합재 (Carbon-Carbon Composite Material)

해설 Fiber(섬유) Reinforced(보강된) Composite(혼합된) Material(물질) 이란 뜻으로 두 종류 이상의 소재를 인위적으로 조합하여 원래의 소재보다 뛰어난 성질이나 아주 새로운 성질을 갖도록 만들어진 재료를 말한다. 보통 Matrix(모재)는 액체형태를 Reinforce(유리섬유, 탄소섬유, 아라미드 등)는 고체형태를 가진다. C/C 복합재는 2000°C 까지 유지되어 브레이크에 사용된다. FRC는 1000°C까지 유지된다.

58 토크렌치의 길이는 10 인치이고, 5 인치의 연장공구를 사용하여 작업을 하여 토크렌치의 지시값이 300 lb 이라면 실제 너트에 가해진 토크는 몇 in-lb 인가?

① 400   ② 450
③ 500   ④ 550

해설 toque는 볼트나 너트를 돌리기 위한 힘을 나타낸다. 하지만 토크렌치의 길이가 짧으면 힘이 많이 들어가고 길면 힘이 적게 들어가게 되며 결국 너트를 돌리는 힘은 같다.
원래 길이 X 실제 토크 = 전체길이 X 지시값 토크
10 X 실제 토크 = (10+5) X 300
$= \dfrac{(10+5) \times 300}{10} = \dfrac{4500}{10} = 450[\text{in-lb}]$

59 리벳작업을 위한 구멍뚫기 작업에 대한 설명으로 옳은 것은?

① 드릴작업 전 리밍작업을 한다.
② 드릴작업 후 구멍의 버(burr)는 되도록 보존하도록 한다.
③ 구멍은 리벳 직경보다 약간 작게 한다.
④ 리밍작업 시 회전방향을 일정하게 하여 가공한다.

해설 Drilling, Reaming, de-burring 순으로 작업하고 burr을 제거하지 않으면 판재와 판재 사이에 공간이 생기며 리벳을 위한 hole이 작으면 안 들어가고 크면 충분한 강도를 갖지 못하므로 리벳과 리벳 구멍의 알맞은 간격 0.002~0.004in (0.0508~0.1016mm) 을 유지한다.

60 항공기 조종장치의 종류가 아닌 것은?

① 동력 조종장치(power control system)
② 매뉴얼 조종장치(manual control system)
③ 부스터 조종장치(booster control system)
④ 수압식 조종장치(water pressure control system)

해설 매뉴얼 조종장치는 수동조종장치이며 부스터 조종장치는 aileron, rudder, elevator 같은 조종면에 조종사의 힘을 덜어주기 위한 조종장치로 항공기의 조종장치의 한 종류이다.

ANSWER 57 ④ 58 ② 59 ④ 60 ④

제4과목 항공장비

61 전원회로에서 전압계(voltmeter)와 전류계(ammeter)를 부하로 연결하는 방법으로 옳은 것은?

① 전압계와 전류계 모두 직렬연결 한다.
② 전압계와 전류계 모두 병렬연결 한다.
③ 전압계는 병렬, 전류계는 직렬연결 한다.
④ 전압계는 직렬, 전류계는 병렬연결 한다.

해설 전기회로 내에서 부하와 전압계(volt meter)는 병렬 연결, 전류계(ampere meter)는 직렬로 연결해야 한다.

62 VOR국은 전파를 이용하여 방위 정보를 항공기에 송신하는데 이때 VOR국에서 관찰하는 항공기의 방위는?

① 진방위 ② 상대방위
③ 자방위 ④ 기수방위

해설 전방향 표지시설(VOR : VHF ommni-diretional radio range beacon) : 비행하는 항공기에게 VHF대역에서 방위각 정보를 제공하는 지상시설로 초단파 전방향 무선표지 시설이다. 자북을 나타내는 전파와 자북으로부터 시계방향으로 회전하는 지향성이 있는 전파 2개를 수신하고, 자북을 지시하는 전파를 받기부터 지향성 전파를 수신하기까지 시간차를 측정하여 발신국의 위치를 알 수 있다. ADF와 VOR의 차이점은 ADF가 기수 방향에 대한 NDB국과의 상대방위(relative bearing)만을 얻을 수 있는데 비해 VOR은 기수방향과 상관없이 항공기 입장에서 VOR 지상국이 위치한 곳에 대한 자침방위(Magnetic Bearing)각을 알 수 있다는 점이다. 특히 VOR은 NDB보다 정확도가 높아 계기비행 항공기는 의무적으로 VOR 수신기를 탑재하고 있으며, 유효거리는 200NM(370km)이다. VOR System은 VOR Ground Station으로부터 방위전파를 발사하여 항공기에 비행방향을 지시하게 하는 무선항행시설이다. VOR 지상국은 자북을 기준으로 방위정보를 000degrees부터 359degrees까지 방사한다. 사용주파수 범위는 108~118[MHz]. RMI 또는 HSI에 나타낸다. ADF 보다 정밀도가 높다. VOR은 현재에도 항공 관제 시스템의 근간이 되고 있다. VOR수신기는 VOR기지국의 위치 정보를 바탕으로, 진로 편향 표시기(Course Deviation Indicator, CDI) 에 항로에서가 이탈정도(deviation) 표시된다. 많은 VOR 기지국에는 거리 측정 장치(Distance Measuring Equipment, DME)가 함께 설치되어 있어서 기지국과 항공기 사이의 가시선상 거리를 표시할 수 있다.

63 교류발전기의 정격이 115V, 1kVA, 역률이 0.866이라면 무효전력(reactive power)은 얼마인가?(단, 역률(power factor) 0.866은 cos30°에 해당한다.)

① 500 W ② 866 W
③ 500 Var ④ 866 Var

해설 무효전력(Reactive power) : 전기기기에 전압 V(실효값)를 인가했을 때, 전류의 실효값을 I, 전압과 전류의 위상차를 θ 라 하면, 무효전력은 전압 V와 전류 $I\sin\theta$ (전압과 직각분)를 곱한 것. (단위는 [VAR])

P_s (피상전력) $= VI$
$\Rightarrow I = \dfrac{P_s}{V} = \dfrac{1000[VA]}{115[V]} = 8.7[A]$
P_p (무효전력) $= VI\sin\theta$
$= 115[V] \times 8.7[A] \times \sin30°$
$= 500[VAR]$

ANSWER 61 ③ 62 ③ 63 ③

64 열을 받게 되면 스테인리스강으로 된 케이스가 늘어나게 되므로, 금속 스트럿이 펴지면서 접촉점이 연결되어 회로를 형성시키는 화재경고장치는?

① 열전쌍식 화재경고장치
② 광전지식 화재경고장치
③ 열 스위치식 화재경고장치
④ 저항 루프형 화재경고장치

해설
① 열전쌍식 화재경고장치 : 서머커플이라 하며, 온도의 급격한 상승에 의하여 화재를 탐지하는 장치로서, 서로 다른 종류의 금속을 서로 접합한 열전쌍(thermocouple)을 이용하여 필요한 만큼 직렬로 연결하고, 고감도 릴레이를 사용하여 경고 장치를 작동시킨다.
② 광전지식 화재경고장치 : 광전 튜브 등을 사용하여 전기적으로 작동시킨다. 비컨 램프는 항상 켜져있으며, 연기가 들어오면 반사광이 광전 튜브 또는 감광 트랜지스터를 통해 경고장치를 작동시킨다. 내부는 검게 칠해져 있고, 감시해야 하는 장소의 공기를 기체 내외의 압력차에 의한다.
③ 열 스위치식 화재경고장치 : 열 팽창률이 낮은 니켈-철 합금인 금속 스트럿이 서로 휘어져 있어 평상시에는 접촉점이 떨어져 있으나, 열을 받게 되면 스테인레스강으로 된 케이스가 늘어나게 되므로, 금속 스트럿이 펴지면서 접촉점이 연결되어 회로를 형성시킨다. (바이메탈식)
④ 저항 루프형 화재경고장치 : 전기 저항이 온도에 의해 변화하는 세라믹이나, 일정 온도에 달하면 급격하게 전기 저항이 떨어지는 융점이 낮은 소금을 이용하여 온도 상승을 전기적으로 탐지한다.

65 왕복엔진의 실린더에 흡입되는 공기압을 아네로이드와 다이어프램을 사용하여 절대 압력으로 측정하는 계기는?

① 윤활유 압력계
② 제빙 압력계
③ 증기압식 압력계
④ 흡입 압력계

해설
① 오일압력계 (Oil pressure indicator) : 엔진의 각 부분에 전달되는 오일의 압력을 지시하는 계기이다. 오일압력과 대기압력의 차인 게이지압력(버든튜브)을 나타내며, 오일의 공급 상태를 확인할 수 있다.
② 제빙압력계 (de-icing pressure indicator) : 날개에 설치된 제빙장치에 공급되는 공기압력을 지시하는 계기이다. (버든튜브, 17psi)
③ 증기압식온도계 (Vapor pressure's temperature indicator) : 증발성이 강한 액체(염화메틸)를 넣고 온도변화에 따른 압력을 버든튜브를 이용하여 측정하고, 그 압력에 해당하는 온도를 계산하여 측정하는 온도계이다.
④ 흡입(흡기)압력계 (Manifold pressure indicator) : 왕복기관에서 실린더에 흡입되는 공기, 연료 혼합기의 압력을 측정하는 것으로 매니폴드 압력계라고 한다. 흡입압력계는 흡기압의 절대압력(아네로이드)을 지시하는 계기이므로, 기관이 정지해 있는 경우에는 그 장소의 대기압을 지시한다.

66 솔레노이드 코일의 자계세기를 조정하기 위한 요소가 아닌 것은?

① 철심의 투자율
② 전자석의 코일 수
③ 도체를 흐르는 전류
④ 솔레노이드 코일의 작동 시간

해설 $B = \mu n I$ (B: 자기장, μ: 투자율, n: 코일 감은수, I: 전류)

ANSWER 64 ③ 65 ④ 66 ④

67 공기순환 공기 조화계통(Air cycle air conditioning)에 대한 설명으로 틀린 것은?

① 냉매를 사용하여 공기를 냉각시킨다.
② 수분분리기는 압축공기로부터 수분을 제거하기 위해 사용된다.
③ 항공기 공기압계통에 공기를 공급한다.
④ 항공기 객실에 압력을 가하기 위하여 엔진 추출 공기를 사용한다.

해설 ① 공기순환 냉각방식 (Air cycle cooling system) : 증기순환방식보다 중량이나 용적을 경감할 수 있고 공기를 매체로 하기 때문에 안전성이 높고, 구조가 단순하며, 고장이 적고, 경제적이어서 항공기에 널리 사용하고 있다. 엔진의 압축기에서 나온 가압된 공기는 1차 열교환기를 지나 냉각되어 ACM으로 간다. 다시 2차 열교환기를 지나 냉각되어 팽창터빈을 통해 압력과 온도가 더욱 떨어져 수분분리기를 통해 객실에 공급된다.
② 증기순환 냉각방식 (Vapor cycle cooling system) : 대형항공기에 대부분 사용되고 있고, 냉각성능이 우수하고, 지상에서 엔진 비작동시, 사용 가능하다. 고압 리시버의 액체 냉각액이 팽창밸브를 통해 Evaporator(증발기)에서 냉각액의 압력과 온도는 낮아진다. 증발기에서 차가워진 증기는 압축기에서 압축되어 고압, 고온의 냉각액이 콘덴서에서 기체 프레온(freon)은 외기(대기) 공기가 프레온에서 열을 빼앗는 열교환기를 통해 고압 기체였던 프레온은 열을 빼앗겨 액체로 응축한다. 프레온은 액체에서 증기로 변할 때 열을 흡수하는 성질이 있어, 객실 공기의 열을 흡수하여 기화되어 냉각된다.

68 수평의(vertical gyro)는 항공기에서 어떤 축의 자세를 감지하는가?

① 기수 방위
② 롤 및 피치
③ 롤 및 기수방위
④ 피치 및 기수 방위

해설 수평의 (vertical gyro) : 비행 중의 항공기는 3개의 축을 기준으로 자세가 변한다. 버티컬 자이로(VG)로 피치축 및 롤축에 대한 항공기의 자세를 감지한다. 선회 시 및 가감속 시에 항공기의 중력 방향으로 로터축이 기울어 오차가 발생한다. 자이로의 강직성과 섭동성(세차성)을 이용한다.

69 VHF 무전기의 교신가능 거리에 대한 설명으로 옳은 것은?

① 장애물이 있을 때에는 100 km 이내로 제한된다.
② 송신 출력을 높여도 가시거리 이내로 제한된다.
③ 항공기 운항속도를 늦추면 더 먼 거리까지 교신이 가능하다.
④ 안테나 성능향상으로 장애물과 상관없이 100 km 이상 교신이 가능하다.

해설 VHF (Very high frequency) : 일반적으로 파장이 매우 짧고 높은 주파수의 전자파는 이온층에서 반사되지 않고 직진한다. 지표파는 감쇠가 심하여 공간파에 비하여 상대적으로 약하다. 따라서, VHF 대역은 가시거리 통신에만 유효하다. 보통 공대지 통신에는 VHF 대역이 이상적이다. 118.0~136.975[MHz]의 대역으로 조정 패널, 송수신기, 안테나로 구성되어 있다. (안테나 커플러는 HF 전파를 수신하기 위해 안테나의 길이를 짧게 하기 위해 보상해주는 회로 장치이다.)
  ※ VHF (Very high frequency) 통신장치의 특징
  ① 주파수 대역은 30~300[MHz]

ANSWER 67 ① 68 ② 69 ②

② 근거리 통신으로 국내선 통신에 적합하다.
③ 페이딩이 심하다.
④ 조정패널, 송수신기, 안테나에 사용된다.
⑤ 항공용 통신 주파수 대역은 118~136.9[Hz]
⑥ 잡음을 없애기 위해 스퀠치 회로를 사용한다.

70 압력조절기에서 킥인(kick-in)과 킥아웃(kick-out)상태는 어떤 밸브의 상호작용으로 하는가?

① 체크밸브와 릴리프밸브
② 체크밸브와 바이패스밸브
③ 흐름조절기와 릴리프밸브
④ 흐름평형기와 바이패스밸브

해설 압력조절기 (pressure regulator) : 일정 용량식 펌프를 사용하는 유압 계통에 필요한 장치로서, 불규칙한 배출 압력을 규정 범위로 조절하고, 계통에서 압력이 불필요 시, 펌프에 부하가 걸리지 않도록 한다. 평형식과 선택식이 있고, 체크 밸브와 바이패스 밸브의 작동에 따라 킥인 (kick-in : 계통의 압력이 규정값보다 낮은 상태, 바이패스 밸브가 닫히고 체크 밸브가 열린 상태)과 킥아웃(kick-out : 계통의 압력이 규정값보다 높은 상태, 바이패스 밸브가 열리고 체크 밸브가 닫힌 상태)이 있다.

71 항공기 속도에서 등가대기속도에서 대기 밀도를 보정한 속도는?

① IAS
② CAS
③ TAS
④ EAS

해설 ① 지시대기속도 (IAS) : 전압, 정압, 지시기 오차 등을 포함한 실제 지시한 속도.
② 수정대기속도 (CAS) : IAS에서 전압, 정압, 지시기 오차 등을 수정한 속도.
③ 진대기속도 (TAS) : EAS에서 밀도가 변해서 생기는 지시의 변화를 수정한 속도.

④ 등가대기속도 (EAS) : CAS에서 공기의 압축성을 고려한 경우의 값으로 고쳐진 속도.

72 그림에서 압력계에 나타나는 압력은 몇 kgf/cm²인가?(단, 단면적은 A측 2cm², B측 10cm² 이며, 작용하는 힘은 A측 50 kgf, B측 250 kgf 이다.)

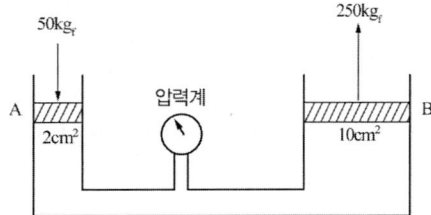

① 25
② 50
③ 100
④ 250

해설 압력은 면적 당 작용하는 힘이다. 따라서, 압력계에 작용하는 A지점과 B점의 압력은 동일해야 한다.
A지점의 압력 :
$P = \dfrac{F}{A} = \dfrac{50 kgf}{2 cm^2} = 25 [kgf/cm^2]$
B지점의 압력 :
$P = \dfrac{F}{A} = \dfrac{250 kgf}{10 cm^2} = 25 [kgf/cm^2]$

73 자이로의 섭동 각속도를 나타낸 것으로 옳은 것은?(단, M : 외부력에 의한 모멘트, L : 각 운동량이다.)

① $\dfrac{M}{L}$
② $\dfrac{L}{M}$
③ $L - M$
④ $M \times L$

해설
$\omega = \dfrac{M(\text{외력})}{I(\text{관성모멘트}) \cdot W(\text{회전각속도})}$
$= \dfrac{M(\text{외력})}{L(\text{각운동량})}$

ANSWER 70 ② 71 ③ 72 ① 73 ①

74 축전지 터미널(battery teminal)에 부식을 방지하기 위한 방법으로 가장 적합한 것은?

① 납땜을 한다.
② 증류수로 씻어낸다.
③ 페인트로 얇은 막을 만들어 준다.
④ 그리스(grease)로 얇은 막을 만들어 준다.

해설 축전지 단자 (Battery terminal)은 과산화납과 연결되어 있기에 산화되기 쉬워 부식이 발생한다. 부식을 제거하지 않고 방치해두면 충,방전 작용이 원활히 이루어지지 않아 축전지 수명이 단축된다. 만약 부식이 발생하였을 때는 부식물을 깨끗이 제거한 다음 그리스(grease)를 얇게 발라주어야 한다.

75 교류발전기의 병렬운전 시 고려해야 할 사항이 아닌 것은?

① 위상 ② 전류
③ 전압 ④ 주파수

해설 발전기의 병렬운전 조건 : 연료절감 및 장비소손 등을 보호하는 측면에서 발전기 병렬 운전은 필수적이다.
① 정격 전압이 같을 것
② 위상이 일치할 것
③ 정격 주파수가 같을 것
④ 파형이 같을 것

76 압축공기 제빙부츠 계통의 팽창순서를 제어하는 것은?

① 제빙장치 구조 ② 분배밸브
③ 흡입 안전밸브 ④ 진공펌프

해설 ※ 제빙 부츠식(De-icing boots) : 날개나 조종면의 앞전에 팽창 및 수축될 수 있는 고무부츠를 부착시켜, 가압된 공기와 진공상태의 공기를 분배 밸브에 의해 교대로 가하여 결빙된 얼음을 제거하는 방식이다.
※ 분배 밸브(Distributor Valve) : 조절 밸브로서 비교적 복잡한 제빙부츠 계통에서 사용된다. 타이머 또는 조절기에 의해 제어되는 전기작동식 솔레노이드밸브이며 일부 계통에서 분배 밸브는 제빙부츠와 한 쌍으로 구성되어 있다. 또한 분배 밸브의 기능을 내부에 장착하고 있는 조절 밸브와 다르다. 적당한 팽창시간이 경과되면 펌프의 압력 쪽에서 진공 쪽으로 부츠의 연결을 전환하며 불필요한 공기를 외부로 배출한다.

77 항공기가 산악 또는 지면과 충돌하는 것을 방지하는 장치는?

① Air traffic control system
② Inertial navigation system
③ Distance measuring equipment
④ Ground proximity warning system

해설 ① Air traffic control system : 항공기를 안전하고 능률적으로 운항하기 위하여 행하는 교통관제. 항공관제탑에서 무선 전화로 이착륙을 허가하거나 항로 및 고도를 지시한다. 트랜스폰더에서 부호를 받아 목표 항공기를 식별하는 동시에 거리와 방위, 비행 고도와 비상신호 등의 항공 관제에서 필요로 하는 레이더를 표시해 주는 것이다.
② Inertial navigation system : 로켓이나 비행기가 이동할 때에는 항상 가속도가 가해지고 있지만, 이 가속도를 적분하면 속도가 구해지며, 다시 적분하면 이동한 거리가 나온다는 가속도(관성)를 이용한 항법이다. 이 때, 기준좌표

ANSWER 74 ④ 75 ② 76 ② 77 ④

축을 선정하고 유지시키는 역할을 자이로스코프(Platform과 Gimbal로 구성)가 한다.
③ Distance measuring equipment : 항공기의 DME 기상국에 거리 정보를 제공하는 것. TACAN의 거리 계통만을 독립시킨 새로운 항법시설이다. 기상 장치(질문기)와 지상 장치(응답기)로 구성된 2차 레이더의 한 형식이다. 거리측정은 펄스 신호가 두 점사이를 왕복하는 시간을 측정한다. 기상, 지상 모두 126개의 채널을 가지며, 1MHz의 간격을 가지고 있다. 질문파에 대하여 63MHz 차이의 응답파를 발사한다. (주파수 대역은 UHF 960[MHz]~1215[MHz])
④ Ground proximity warning system : 항공기의 안전운항을 위한 항공전자장비의 한가지로서 항공기가 지표 및 산악등의 지형에 접근할 경우 점멸등과 인공음성으로 조종사에게 이상접근을 경고하는 장치이다. 지상접근경보장치라고도 부른다.

78 공압계통에 대한 설명으로 옳은 것은?

① 유압과 비교하여 큰 힘을 얻을 수 있다.
② 공압계통은 리저버(reservoir)가 필요하다.
③ 공기압은 비압축성이라 그대로의 힘이 잘 전달된다.
④ 공압계통은 리턴라인(return line)이 필요하다.

해설 ① 유압 계통 : 항공기의 엔진으로부터 동력의 전달이 어려운 부분에 동력을 전달하는 매개로서, 기본원리는 계통 내의 액체가 비압축성이라는 가정하에 파스칼의 법칙에 기초를 두어 작동유에 압력을 가하여 기계적인 에너지를 압력 에너지로 변환시키는 계통이다. 작동유를 저장하는 레저버, 압력을 가하는 펌프, 계통내의 압력을 안정시키거나 비상시의 동력공급을 위한 축압기, 일정한 압력유지를 위한 조절기, 밸브 및 작동유의 청결정도를 위한 여과기 등으로 구성되어 있다. 유압계통의 중량에 비해서 큰 힘과 동력이 얻어지고 조절하기 쉽다. 작동 또는 조작시, 운동방향의 조절이 용이하고 반응 속도도 빠르다. 작동유 누설에 따른 기능 저하 및 복잡한 구조로 인하여 정비시간 소요, 반복적 사용으로 인한 귀환 라인이 필요하다. 조종면의 작동, 착륙장치의 업다운, 제동장치(brake), 앞바퀴 조향(nose-gear steering), 바람막이 닦개(wind-shield wiper), 자동조종장치(auto-pilot)의 작동기 등에 사용된다.
② 공압 계통 : 일반적으로 대형 항공기에서 유압계통에 이상이 발생하여 작동유에 의한 유압계통을 작동시키기가 불가능할 때 보조적인 수단으로 사용된다. 적은 양으로 큰 힘을 얻을 수 있고, 불연성이고 깨끗하다. 착륙 장치의 비상 작동 장치와 비상 브레이크 장치, 화물실 도어의 작동 계통이 있다. 비압축성 작동유와 달리 어느 정도의 누설이 되더라도 압력 전달에는 큰 영향을 주지 않는다. 계통의 무게가 가볍고, 사용한 공기를 대기 중으로 배출시키기 때문에 귀환 라인이 필요 없어 계통이 간단하다. 브레이크, 플랩, 자이로계기, 제빙장치, 도어개폐, 유압펌프, 교류발전기, 시동기, 비상동력원 등에 사용된다.

공기압(보조수단)	유압(주 작동수단)
압축성	비압축성
가볍다.	무겁다.
1회성 사용	반복적 사용
레저버, 귀환관 불필요	레저버, 귀환관 필요
누설 허용	누설 허용 안됨

ANSWER 78 ①

79 자기나침반(magnetic compass)의 자차수정 시기가 아닌 것은?

① 엔진교환 작업 후 수행한다.
② 지시에 이상이 있다고 의심이 갈 때 수행한다.
③ 철재 기체 구조재의 대수리 작업 후 수행한다.
④ 기체의 구조부분을 검사할 때 항상 수행한다.

해설
① 자차수정(Compass swing) : 나침반 자기편차는 조종석에 있는 철제재료와 주변 전기 구성품 작동으로 발생하는 전자기방해(electromagnetic interference)에 의해서 만들어지는 오차이다. 자기편차는 나침반을 스윙(swing)시키면서 보정자석을 조정함으로써 줄일 수 있다. 자차 수정은 보통 비행누적시간 또는 일정한 시간 간격으로 이루어진다. 그리고 대체적으로 대수리나 중정비(heavy maintenance)를 수행하고 나서 수행하기도 하고 새로운 무선(radio)장비 또는 전기식 작동 구성품이 나침반 주위 즉 조종석에 추가 장착이 되었을 때 나침반에 영향을 주기 때문에 오차가 발생하게 되고 이를 수정하기 위해 수행한다.
② 자차수정 시기
 1) 100시간 주기 검사 시
 2) 엔진교환 작업 후
 3) 컴퍼스에 영향을 미칠 수 있는 주요 전기 기기 교환 작업 후
 4) 기체나 날개 구조부분의 대수리 작업 후
 5) 3개월마다
 6) 그 외에 지시에 이상(정상 비행 시, ±10°이상의 오차발생)

80 항공기가 야간에 불시착 했을 때 기내·외를 밝혀주는 비상용조명(emergency light)은 최소 몇 분간 조명하여야 하는가?

① 10분 ② 30분
③ 60분 ④ 90분

해설 비상등(emergency light) : 야간에 불시착했을 때 항공기 외부를 비추는 비상용 조명으로 독립된 비상용 전원(emergency battery)에 의해 작동하도록 되어 있다. 책을 읽을 수 있을 정도로 밝으며 적어도 10분 이상 점등된다.

ANSWER 79 ④ 80 ①

2018 제1회 항공산업기사 기출문제

제1과목 항공역학

01 무동력(power off)비행 시 실속속도와 동력(power on)비행 시 실속속도의 관계로 옳은 것은?

① 서로 동일하다.
② 비교할 수 없다.
③ 동력비행 시의 실속속도가 더 크다.
④ 무동력비행 시의 실속속도가 더 크다.

해설 왕복엔진의 경우 프로펠러 후류의 영향으로 파워온의 실속 속도는 작지만 오프의 경우는 매우 커진다.

02 날개의 길이(span)가 10m이고 넓이가 25m²인 날개의 가로세로비(aspect ratio)는?

① 2   ② 4
③ 6   ④ 8

해설 $AR = \dfrac{b}{c} = \dfrac{s}{c^2} = \dfrac{b^2}{s}$ (b : 날개 길이, c : 날개 시위길이, s : 날개 면적)

$\therefore \dfrac{10^2}{25}$

03 헬리콥터의 제자리 비행 시 발생하는 전이성향편류를 옳게 설명한 것은?

① 주로터가 회전할 때 토크를 상쇄하기 위해 미부로터가 수평추력을 발생시키는 것
② 단일로터 헬리콥터에서 주로터와 미부로터의 추력이 효과적인 균형을 이룰 때 헬리콥터가 옆으로 흐르는 현상
③ 종렬로터와 동축로터 시스템의 헬리콥터에서 토크를 방지하기 위한 로터가 상호 반대로 회전하는 것
④ 헬리콥터의 주로터 회전방향이 반대방향으로 동체가 돌아가려는 성질

04 유체흐름과 관련된 각 용어의 설명이 옳게 짝지어진 것은?

① 박리 : 층류에서 난류로 변하는 현상
② 층류 : 유체가 진동을 하면서 흐르는 흐름
③ 난류 : 유체 유동특성이 시간에 대해 일정한 정상류
④ 경계층 : 벽면에 가깝고 점성이 작용하는 유체의 층

ANSWER 1 ④ 2 ② 3 ② 4 ④

05 프로펠러의 역피치(reverse pitch)를 사용하는 주된 목적은?

① 후진비행을 위해서
② 추력의 증가를 위해서
③ 착륙 후의 제동을 위해서
④ 추력을 감소시키기 위해서

06 임계마하수가 0.70인 직사각형 날개에서 임계마하수를 0.91로 높이기 위해서는 후퇴각을 약 몇 도(°)로 해야 하는가

① 10°
② 20°
③ 30°
④ 40

해설 $\dfrac{\text{직사각형 날개 임계마하수}}{\cos(\text{후퇴각})} = \text{후퇴날개 임계마하수}$

$\therefore \text{후퇴각}(\theta) = \cos^{-1}\left(\dfrac{\text{직사각형 날개 임계마하수}}{\text{후퇴날개 임계마하수}}\right)$

$= \cos^{-1}\left(\dfrac{0.70}{0.91}\right)$

07 비행기의 이륙활주거리를 짧게 하기 위한 방법이 아닌 것은?

① 엔진의 추력을 크게 한다.
② 비행기의 무게를 감소한다.
③ 슬랫(slat)과 플랩(flap)을 사용한다.
④ 항력을 줄이기 위해 작은 날개를 사용한다.

08 항력계수가 0.02이며, 날개면적이 20m²인 항공기가 150m/s로 등속도 비행을 하기 위해 필요한 추력은 약 몇 kgf인가? (단, 공기의 밀도는 0.125kgf·s²/m⁴이다.)

① 433
② 563
③ 643
④ 723

해설 등속도 비행 : 추력 = 항력
$T = D = \dfrac{1}{2} \cdot \rho \cdot V^2 \cdot S \cdot C_D$
$\therefore \dfrac{1}{2} \times 0.125 \times 150^2 \times 20 \times 0.02$

09 항공기가 스핀상태에서 회복하기 위해 주로 사용하는 조종면은?

① 러더
② 에일러론
③ 스포일러
④ 엘리베이터

해설 스핀상태는 수직강하와 자전현상이 결합된 상태로 자전현상에서 회복하기 위해서는 러더를 사용하여 회전 반대방향으로 움직여야 한다.

10 비행기의 방향 조종에서 방향키 부유각(float angle)에 대한 설명으로 옳은 것은?

① 방향키를 고정했을 때 공기력에 의해 방향키가 변위되는 각
② 방향키를 자유로 했을 때 공기력에 의해 방향키가 자유로이 변위되는 각
③ 방향키를 밀었을 때 공기력에 의해 방향키가 변위되는 각
④ 방향키를 당겼을 때 공기력에 의해 방향키가 변위되는 각

ANSWER 5 ③ 6 ④ 7 ④ 8 ② 9 ① 10 ②

11 해면고도에서 표준대기의 특성값으로 틀린 것은?

① 표준온도는 15°F이다.
② 밀도는 1.23kg/m³이다.
③ 대기압은 760mmHg이다.
④ 중력가속도는 32.2ft/s²이다.

해설 표준온도는 15°C이다.

12 날개끝 실속을 방지하는 보조장치 및 방법으로 틀린 것은?

① 경계층 펜스를 설치한다.
② 톱날 앞전 형태를 도입한다.
③ 날개의 후퇴각을 크게 한다.
④ 날개가 워시아웃(wash out) 형상을 갖도록 한다.

해설 후퇴각을 증가시키면 날개 끝 쪽으로 층류흐름이 발생하여 날개 끝 실속이 증가한다.

13 등속수평비행에서 경사각을 주어 선회하는 경우 동일 고도를 유지하기 위한 선회속도와 수평비행속도와의 관계로 옳은 것은? (단, V_L : 수평비행속도, V : 선회속도, $\varnothing$: 경사각이다.)

① $V = \dfrac{V_L}{\sqrt{\cos\varnothing}}$ ② $V = \dfrac{V_L}{\cos\varnothing}$

③ $V = \sqrt{\dfrac{V_L}{\cos\varnothing}}$ ④ $V = \dfrac{\sqrt{V_L}}{\cos\varnothing}$

14 날개하중이 30kgf/m²이고, 무게가 1000kgf인 비행기가 7000m 상공에서 급강하 하고 있을 때 항력계수가 0.1이라면 급강하 속도는 몇 m/s인가? (단, 공기의 밀도는 0.06kgf·s²/m⁴이다.)

① 100 ② $100\sqrt{3}$
③ 200 ④ $100\sqrt{5}$

해설 $V_D(\text{급강하속도}) = \sqrt{\dfrac{2 \cdot W}{\rho \cdot S \cdot C_D}} \rightarrow \dfrac{W}{S} = $ 날개하중

$\therefore \sqrt{\dfrac{2}{0.06 \times 0.1} \times 30}$

15 무게가 4000kgf, 날개면적 30m²인 항공기가 최대양력계수 1.4로 착륙할 때 실속속도는 약 몇 m/s인가? (단, 공기의 밀도는 1/8 kgf·s²/m⁴이다.)

① 10 ② 19
③ 30 ④ 39

해설 $V_S(\text{실속속도}) = \sqrt{\dfrac{2 \cdot W}{\rho \cdot S \cdot C_L}}$

$\therefore \sqrt{\dfrac{2 \times 4000}{\dfrac{1}{8} \times 30 \times 1.4}}$

16 비행기가 트림(trim)상태로 비행한다는 것은 비행기 무게중심 주위의 모멘트가 어떤 상태인 경우인가?

① "부(-)"인 경우
② "정(+)"인 경우
③ "영(0)"인 경우
④ "정"과 "영"인 경우

ANSWER 11 ① 12 ③ 13 ① 14 ① 15 ④ 16 ③

17 비행기가 평형상태에서 이탈된 후, 평형상태와 이탈상태를 반복하면서 그 변화의 진폭이 시간의 경과에 따라 발산하는 경우를 가장 옳게 설명한 것은?

① 정적으로 안정하고, 동적으로는 불안정하다.
② 정적으로 안정하고, 동적으로도 안정하다.
③ 정적으로 불안정하고, 동적으로는 안정하다.
④ 정적으로 불안정하고, 동적으로도 불안정하다.

해설 진폭의 발산 = 동적 불안정
진폭의 일정 = 동적 중립
진폭의 감소 = 동적 안정

18 태양이 방출하는 자외선에 의하여 대기가 전리되어 자유전자의 밀도가 커지는 대기권 층은?

① 중간권 ② 열권
③ 성층권 ④ 극외권

19 프로펠러에 작용하는 토크(torque)의 크기를 옳게 나타낸 것은? (단, ρ : 유체밀도, n : 프로펠러 회전수, C_q : 토크계수, D : 프로펠러의 지름이다.)

① $C_q \rho n D$ ② $\dfrac{C_q D^2}{\rho n}$
③ $C_q \rho n^2 D^5$ ④ $\dfrac{\rho n}{C_q D^2}$

해설 프로펠러 추력 $F = C_t \cdot \rho \cdot n^2 \cdot D^4$
프로펠러 토크 $Q = C_q \cdot \rho \cdot n^2 \cdot D^5$
프로펠러 동력 $P = C_p \cdot \rho \cdot n^3 \cdot D^5$

20 헬리콥터에서 회전날개의 회전 위치에 따른 양력 비대칭 현상을 없애기 위한 방법은?

① 회전깃에 비틀림을 준다.
② 플래핑 힌지를 사용한다.
③ 꼬리 회전날개를 사용한다.
④ 리드-래그 힌지를 사용한다.

제2과목　항공기관

21 가스터빈엔진의 후기연소기가 작동중일 때 배기노즐 단면적의 변화로 옳은 것은?

① 감소된다.
② 증가된다.
③ 변화 없다.
④ 증가 후 감소된다.

해설 후기연소기 작동 시 항공기의 속도는 초음속이며, 초음속에서의 속도증가(압력감소)를 위해서 배기노즐의 단면적은 확산통로로 증가시켜야한다.

ANSWER　17 ①　18 ②　19 ③　20 ②　21 ②

22 그림과 같은 P-V선도는 어떤 사이클을 나타낸 것인가?

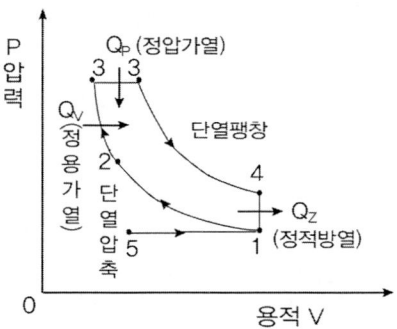

① 정압사이클   ② 정적사이클
③ 합성사이클   ④ 카르노사이클

> **해설**
> ① 정압사이클 : 2개의 단열과정 + 2개의 정압과정
> ② 정적사이클 : 2개의 단열과정 + 2개의 정적과정
> ④ 카르노사이클 : 2개의 단열과정 + 2개의 등온과정

23 왕복엔진에서 순환하는 오일에 열을 가하는 요인 중 가장 영향이 적은 것은?

① 연료펌프
② 로커암 베어링
③ 커넥팅로드 베어링
④ 피스톤과 실린더 벽

> **해설** 오일의 가열은 윤활부나 열교환기 등에서 주로 이루어진다.

24 프로펠러의 평형작업에 관한 설명으로 틀린 것은?

① 2깃 프로펠러는 수직 또는 수평평형검사 중 한 가지만 수행한 후 수정 작업한다.
② 동적 불평형은 프로펠러 깃 요소들의 중심이 동일한 회전면에서 벗어났을 때 발생한다.
③ 정적 불평형은 프로펠러의 무게중심이 회전축과 일치하지 않을 때 발생한다.
④ 깃의 회전궤도가 일정하지 못할 때에는 진동이 발생하므로 깃 끝 궤도검사를 실시한다.

25 가스를 팽창 또는 압축시킬 때 주위와 열의 출입을 완전히 차단시킨 상태에서 변화하는 과정을 나타낸 식은? (단, P는 압력, v는 비체적, T는 온도, k는 비열비이다.)

① Pv = 일정   ② Pv^k = 일정
③ $\dfrac{P}{T}$ = 일정   ④ $\dfrac{T}{v}$ = 일정

26 제트엔진의 압축기에서 압축된 고온의 공기를 일부 우회시켜 압축기 흡입부의 방빙, 연료가열 및 항공기 여압과 제빙에 사용하는데 이 공기를 제어하는 장치는?

① 차단밸브   ② 섬프밸브
③ 블리드밸브   ④ 점화가스밸브

> **해설** 가스터빈엔진의 압축기에서 압축된 공기는 연소실로 보내지는데 일부 공기는 블리드 밸브를 통해 압축기부의 방빙이나 객실여압용 공기로

사용된다.(J-47 가스터빈엔진의 경우 일반적으로 8단 또는 12단에서 공기를 블리드 시킨다.)

27 항공기용 왕복엔진의 이상적인 사이클은?

① 오토사이클 ② 디젤사이클
③ 카르노사이클 ④ 브레이톤사이클

해설 왕복엔진에서 가장 이상적인 사이클은 오토사이클이다.(가스터빈엔진은 브레이톤사이클)

28 체적을 일정하게 유지시키면서 단위질량을 단위온도로 높이는데 필요한 열량은?

① 단열 ② 비열비
③ 정압비열 ④ 정적비열

해설 비열이란 어떠한 물질 1g의 온도를 1℃만큼 상승시키는데 필요한 열량을 말하며, 압력을 일정하게 유지시키는 정압비열과 체적을 일정하게 유지시키는 정적비열로 나눌 수 있다.

29 축류형 압축기에서 1단(stage)의 의미를 옳게 설명한 것은?

① 저압압축기(low compressor)를 말한다.
② 고압압축기(high compressor)를 말한다.
③ 1열의 로터(rotor)와 1열의 스테이터(stator)를 말한다.
④ 저압압축기(low compressor)와 고압압축기(high compressor)의 1쌍을 말한다.

해설 축류식 압축기에서 1단이라 함은 한 열의 고정자 깃과 한 열의 회전자 깃을 합한 것을 의미한다.(J-47엔진에서 12단 축류형의 경우 12열의 고정자 깃과 12열의 회전자 깃으로 구성되어 있다.)

30 속도 1080km/h로 비행하는 항공기에 장착된 터보제트엔진이 294km/s로 공기를 흡입하여 400m/s로 배기 시킬 때 비추력은 약 얼마인가?

① 8.2 ② 10.2
③ 12.2 ④ 14.2

해설 비추력 $F_s = \dfrac{V_j - V_a}{g}$ (V_j는 배기가스 속도, V_a는 비행속도) 일 때,
$F_s = \dfrac{400(m/s) - 1080(km/h)}{g} = \dfrac{400 - 300}{9.8} = 10.2$
∴ 비추력 $F_s = 10.2$

31 왕복엔진의 밸브작동장치 중 유압 타펫(hydraulic tappet)의 장점이 아닌 것은?

① 밸브 개폐시기를 정확하게 한다.
② 밸브 작동기구의 충격과 소음을 방지한다.
③ 열팽창 변화에 의한 밸브간극을 항상 "0"으로 자동 조정한다.
④ 엔진 작동 시 열팽창을 작게하여 실린더 헤드의 온도는 낮춘다.

해설 유압태핏은 캠 트랙 또는 캠 롤러에 가해지는 충격을 완화시키기 위해 스프링이 장착되고, 캠 로브에 의해 들어 올려 진 힘을 푸시로드에 전달하는 역할을 한다. 또한 엔진 오일의 유압을 이용하여 온도 변화에 관계없이 밸브 간극을 항상 '0'가 되도록 하여 밸브 개폐 시기를 정확하게 유지하도록 한다.

ANSWER 27 ① 28 ④ 29 ③ 30 ② 31 ④

32 항공기 엔진의 오일필터가 막혔다면 어떤 현상이 발생 하는가?

① 엔진 윤활계통의 윤활 결핍현상이 온다.
② 높은 오일압력 때문에 필터가 파손된다.
③ 오일이 바이패스 밸브(bypass valve)를 통하여 흐른다.
④ 높은 오일압력으로 체크밸브(check valve)가 작동하여 오일이 되돌아온다.

해설 오일필터가 막혔거나 추운 상태에서 시동을 할 경우 여과기를 거치지 않고 오일이 직접 기관으로 공급되도록 하는 바이패스 밸브가 장착되어 있기 때문에 오일은 정상적으로 흐른다.

33 정속 프로펠러(constant speed propeller)에 대한 설명으로 옳은 것은?

① 조속기에 의해서 자동적으로 피치를 조정할 수 있다.
② 3방향 선택밸브(3way valve)에 의해 피치가 변경된다.
③ 저 피치(low pitch)와 고 피치(high pitch)인 2개의 위치만을 선택 할 수 있다.
④ 깃각(blade angle)이 하나로 고정되어 피치변경이 불가능하다.

해설 정속 프로펠러
프로펠러에 조속기(governor)를 장착하여 조종사가 원하는 rpm을 선택하면 선택한 rpm보다 회전 속도가 빠르면 프로펠러의 깃각을 증가시켜 회전 시 저항이 많아져 회전 속도가 느려지고, 회전 속도가 선택한 rpm보다 느리면 깃각을 감소시켜 회전 시 저항을 감소시켜 회전 속도를 증가시켜 조종사가 선택한 rpm을 유지하고 비행하는 프로펠러를 말한다. 프로펠러 중 가장 효율이 좋다.

34 가스터빈엔진의 연료계통에 사용되는 P&D 밸브(Pressurizing & Dump Valve)의 역할이 아닌 것은?

① 연료의 흐름을 1차 연료와 2차 연료로 분리시킨다.
② 엔진이 정지되었을 때 연료노즐에 남아있는 연료를 외부로 방출한다.
③ 연료의 압력이 일정압력 이상이 될 때까지 연료의 흐름을 차단한다.
④ 펌프 출구압력이 규정 값 이상으로 높아지면 열려서 연료를 기어펌프 입구로 되돌려 보낸다.

해설 여압 및 드레인 밸브(Pressurizing & Dump Valve)
① 연료의 흐름을 1차와 2차로 분리한다.
② 기관 정지 시 연료 매니폴드나 연료 노즐에 남아있는 잔여 연료를 외부로 방출한다.
③ 연료의 압력이 일정 압력이 될 때까지 연료의 흐름을 차단한다.

35 엔진 윤활유 탱크 내 설치된 호퍼(hopper)의 기능은?

① 엔진의 급가속 시 윤활유의 공급량을 증대시킨다.
② 엔진으로부터 배유된 윤활유의 온도를 측정한다.
③ 윤활유에 연료를 혼합하여 윤활유의 점도를 조정한다.
④ 시동 시 신속히 오일온도를 상승시키게 한다.

해설 호퍼 탱크(Hopper tank)
기관의 난기 운전 시 윤활유가 평소보다 빨리 데워질 수 있도록 탱크 안에 별도의 탱크를 만들고, 윤활유의 온도가 빨리 올라갈 수 있도록 하여 난기운전시간을 단축시킨다.

ANSWER 32 ③ 33 ① 34 ④ 35 ④

36 왕복엔진의 크랭크 케이스 내부에 과도한 가스압력이 형성되었을 경우 크랭크 케이스를 보호하기 위하여 설치된 장치는?

① 블리드(bleed) 장치
② 브레더(breather) 장치
③ 바이패스(by-pass) 장치
④ 스케벤지(scavenge) 장치

해설 브레더 장치는 물이나 오일 등을 저장하는 탱크 상단부에 부착하는 부품이다. 탱크의 내부가 완전히 밀폐되어 있으면 진공상태가 되어 탱크 내부의 물질을 제어(펌핑 등)할 수 없게 되고, 외부열로 인한 내부열의 상승으로 탱크 내부에 고압이 발생하게 되어 폭발 등의 위험요소가 발생하게 된다. 이러한 문제를 해결하기 위해 브레더를 부착한다. 브레더를 통해 공기가 순환되며, 탱크 내부의 압력을 대기압과 같은 조건으로 맞춰준다. 또 다른 기능은 필터 역할을 한다. 브레더의 뚜껑의 촘촘한 철망을 이용하여 탱크 내부에 물이나 오일 등을 넣을 때 이물질을 걸러낸다.

37 추진 시 공기를 흡입하지 않고 자체 내의 고체 또는 액체의 산화제와 연료를 사용하는 엔진은?

① 로켓
② 램제트
③ 펄스제트
④ 터보프롭

해설 우주공간에서 주로 활동하는 로켓기관은 외부 공기를 흡입할 수 없다. 따라서 연료와 함께 산소가 함된 산화제를 사용하기 때문에 흡입공기가 따로 필요치 않다.

38 항공기용 왕복엔진의 연료계통에서 베이퍼록(vapor lock)의 원인이 아닌 것은?

① 연료 온도 상승
② 연료의 낮은 휘발성
③ 연료탱크 내부의 거품발생
④ 연료에 작용되는 압력의 저하

해설 Vapor lock(증기폐색)
윤활유나 연료와 같이 고온부를 통과할 때 증기로 변하여 체적이 커지게 되면, 라인 내부를 막아 더 이상의 흐름을 막는 현상

39 헬리콥터용 터보샤프트엔진을 시운전실에서 시험하였더니 24000rpm에서 토크가 51kg·m이었다면 이 때 엔진은 약 몇 마력(ps)인가?

① 1709
② 2105
③ 2400
④ 2571

해설 마력(ps) = RPM×(토크/716) 이므로
= 24000×(51/716) = 1709.49

40 왕복엔진의 작동 중에 안전을 위해 확인해야 하는 변수가 아닌 것은?

① 오일압력
② 흡기압력
③ 연료온도
④ 실린더헤드온도

해설 왕복엔진은 밀폐계 엔진으로서 온도보다는 압력이 중요한 엔진이다. 엔진의 압력이 과도하게 상승하게 되면 엔진의 고장 및 파손의 원인이 되기 때문에 시동 시부터 꼼꼼히 체크해야 한다. 반면 가스터빈엔진은 개방계 엔진으로 압력보다는 온도가 중요하기 때문에 배기가스온도 계기를 확인해 준다.

ANSWER 36 ② 37 ① 38 ② 39 ① 40 ③

제3과목 항공기체

41 SAE 4130 합금강에서 숫자 4는 무엇을 의미하는가?

① 크롬 ② 몰리브덴강
③ 4%의 카본 ④ 0.04%의 카본

해설 탄소강은 특수 원소(니켈 크롬 망간 규소 몰리브덴 텅스텐 바나듐)를 한 가지 이상 첨가하여 특수한 성질을 가지게 한 것이다. 탄소강(1XXX), 니켈강(2XXX), 니켈 크롬강(3XXX), 몰리브덴강(4XXX), 크롬강(5XXX), 크롬 바나듐강(6XXX), 니켈 크롬 몰리브덴강(8XXX) 등이 있으며 뒤에 2자리 숫자(30)은 탄소의 평균 함유량을 나타내며 0.30% 탄소함유를 뜻한다. AA는(영국) 자동차 서비스 협회(Automobile Association) 이며 SAE는 미국 자동차 기술 협회(Society of Automotive Engineers)의 약어이다.

42 세미모노코크(semi monocoque)구조 형식의 비행기 동체에서 표피가 주로 담당하는 하중은?

① 굽힘과 비틀림
② 인장력과 압축력
③ 비틀림과 전단력
④ 굽힘, 인장력 및 압축력

해설 응력 외피 구조에는 Monocoque와 semi monocoque로 나뉜다. Monocoque는 외피로만 모든 하중을 견딜 수 있는 단일 외피형 구조이며 semi monocoque에서 Bulkhead는 동체의 비틀림, Longeron는 굽힘 하중, stringer는 buckling을 방지한다.

43 그림과 같은 외팔보에 집중하중(P_1, P_2)이 작용할 때 벽 지점에서의 굽힘모멘트를 옳게 나타낸 것은?

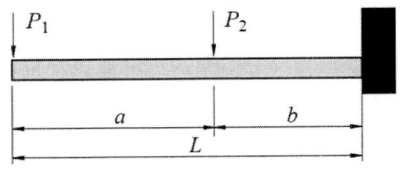

① 0 ② $-P_1 a$
③ $-P_1 L - P_2 L$ ④ $-P_1 b + P_2 b$

해설 외팔보의 벽지점에서 작용하는 하중은 좌측(-) 방향로 계산하면,
모멘트(M) = 하중(W) × 거리(L)
$= -(P_1 \times L) - (P_2 \times b)$
$= -P_1 L - P_2 b$

44 판금작업 시 구부리는 판재에서 바깥면의 굽힘 연장선의 교차점과 굽힘 접선과의 거리를 무엇이라고 하는가?

① 세트백(set back)
② 굽힘각도(degree of bend)
③ 굽힘여유(bend allowance)
④ 최소반지름(minimum radius)

해설 세트백(SB : Set Back)이란 성형점에서(mold point)에서 굴곡 접선(bend tanget line)까지의 거리이며 굴곡 허용량(BA bend allowance)은 평판을 굽히는데 소요되는 여유길이(판재를 굽히는데 재료의 길이가 얼마나 필요한지를 알아냄)이다.

ANSWER 41 ② 42 ③ 43 ③ 44 ①

45 그림과 같은 V-n 선도에서 n_1은 설계 제한 하중 배수, 점선 1-B는 돌풍하중 배수 선도라면 옳게 짝지은 것은?

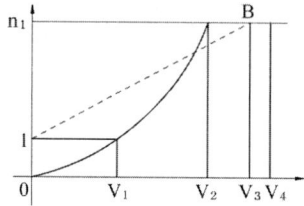

① V_1-실속속도
② V_2-설계순항속도
③ V_3-설계급강하속도
④ V_4-설계운용속도

해설 ① V_1 - 실속속도 (Stall speed)
② V_2 - 설계운용속도 (Design maneuvering speed) : 항공기의 구조적 손상 없이 최대, 급격한 조작으로 안전하게 기동할 수 있는 최대 속도이다.
③ V_3 - 설계순항속도 (Design cruising speed)
④ V_4 - 설계급강하속도 (Design diving speed)

46 양극산화처리 방법 중 사용 전압이 낮고, 소모 전력량이 적으며, 약품 가격이 저렴하고 폐수처리도 비교적 쉬워 가장 경제적인 방법은?

① 수산법   ② 인산법
③ 황산법   ④ 크롬산법

해설 Al 합금의 부식 방지를 위해 Al 합금을 황산(H_2SO_4), 수산($C_2H_2O_4 \cdot 2H_2O$), 크롬산(H_2CrO_4) 용액에 넣고 양극 산화시키면 표면에 산화피막을 형성시킨다.
① 황산(H_2SO_4) : 경제적이므로 가장 널리 사용된다.
② 수산($C_2H_2O_4 \cdot 2H_2O$) : 가격이 비싸지만 두껍고 강한 피막 형성이 가능하다.
③ 크롬산(H_2CrO_4) : 가전제품, 전기통신기기에 사용된다.

47 항공기의 고속화에 따라 기체재료가 알루미늄합금에서 티타늄합금으로 대체되고 있는데 티타늄합금과 비교한 알루미늄합금의 어떠한 단점 때문인가?

① 너무 무겁다.
② 열에 강하지 못하다.
③ 전기저항이 너무 크다.
④ 공기와의 마찰로 마모가 심하다.

해설 순수 알루미늄에 비해 융점이 높아 열에 강하다. (순수 알루미늄 융점 : 660℃, 순수 티타늄 : 1668℃) 그리고 티타늄은 정제과정에서 많은 비용이 들고 가공의 어려움이 있지만 티타늄합금은 고강도, 유연성, 우수한 내식성 그리고 무게(비중 : 4.51g/cm³가 가벼워 연료비를 줄일 수 있다.

48 항공기의 연료계통에 대한 고려 사항으로 틀린 것은?

① 고도에 따른 공기와 연료의 특성변화를 고려해야 한다.
② 항공기의 운동자세와 무관하게 연료를 엔진으로 공급할 수 있어야 한다.
③ 연료의 소모량에 따라 변하는 항공기의 무게중심에 대한 균형을 유지하여야 한다.
④ 연료탱크가 주 날개에 장착된 항공기는 날개 끝 부분의 연료부터 사용해야 한다.

해설 운항관리사는 비행 전 항공기의 연료량을 계산하여야하는데 이를 법정연료라고 한다. 도착지까지 가는 연료 외에 안 좋은 공항상태나 나쁜 기상을 고려하여 비상연료를 추가로 탑재시킨다. 이 비상연료는 날개 끝 부분의 탱크에 저장된다. 또한 연료는 날개에 탑재되므로 롤링에 민감하여 대형항공기 경우 inboard tank에 위치한 centre tank부터 사용되어진다.

ANSWER 45 ① 46 ③ 47 ② 48 ④

49 다음 중 용접 조인트(joint) 형식에 속하지 않는 것은?

① 랩조인트(lap joint)
② 티조인트(tee joint)
③ 버트조인트(butt joint)
④ 더블조인트(double joint)

해설 용접 조인트 형식(types of welding)에는 LAP JOINT, TEE JOINT, BUTT JOINT, CONER FILLET, EDGE SEAM이 있다.

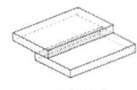  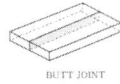
LAP JOINT   TEE JOINT   BUTT JOINT

50 비행 중 발생하는 불균형 상태를 탭을 변위시킴으로써 정적균형을 유지하여 정상 비행을 하도록 하는 장치는?

① 트림탭(trim tab)
② 서보탭(servo tab)
③ 스프링탭(spring tab)
④ 밸런스탭(balance tab)

해설
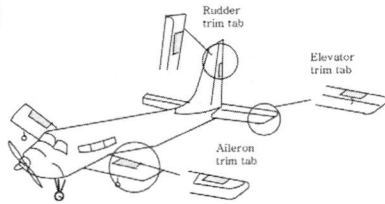

① 트림탭(trim tab) : 항공기에 추력 양력 항력 등이 작용하지만 조종력을 가하지 않고 수평 비행인 상태를 trim이라고 한다. trim control wheel nose down trim 위쪽으로 trim control wheel을 돌리면 trim tab은 아래로 내려가 항공기가 상승하게 된다. nose up trim 아래쪽으로 돌리면 올라가게 된다.
② 서보탭(servo tab) : elevator 뒷부분에 조그만 탭으로 elevator를 움직이려면 공기저항으로 불가능하니까 조그마한 서보 탭(Servo Tab)을 공기역학적인 지렛대의 원리로 elevator를 대신하는 탭을 말한다.
Servo : 대신 일을 해주는 기계장치
③ 스프링탭(spring tab) : 조종사에게 필요한 제어력을 감소시키기 위한 것으로 control horn이 장착되어 낮은 속도에서는 의미가 없고 높은 속도에서 스프링의 장력이 낮아져서 조종면의 이동을 쉽게 도와주는 장치이다. DC-9 항공기에 사용되었으나 지금은 사용되지 않는다.
④ 밸런스탭(balance tab) : 조종력 경감위한 탭으로 밸런스 탭은 1차 조종면에 연결되어 1차 조종면을 컨트롤하면 밸런스 탭은 반대방향으로 움직인다.

51 항공기 중량을 측정한 결과를 이용하여 날개 앞전으로부터 무게중심까지의 거리를 MAC(공력평균시위) 백분율로 표시하면 약 얼마인가?

[결과]
• 앞바퀴(nose landing gear) : 1500kg
• 우측 주바퀴(main landing gear) : 3500kg
• 좌측 주바퀴(main landing gear) : 3400kg

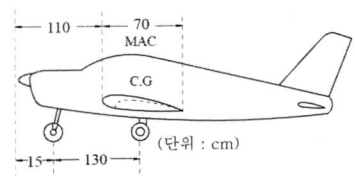

① 14.5% MAC   ② 16.9% MAC
③ 21.7% MAC   ④ 25.4% MAC

해설

$\%MAC = \dfrac{CG-S}{MAC} \times 100$

(S : 기준선에서 MAC의 길이를 뺀 길이)
MAC(평균공력시위) : 항공기의 무게중심을 MAC의 백분율로 표시한다.

CG(무게중심)
$= \dfrac{(15 \times 1500)+(145 \times 3500)+(145 \times 3400)}{1500+3500+3400}$
$= \dfrac{22500+507500+493000}{8400} = 121.79$

$\%MAC = \left(\dfrac{121.79-110}{70}\right) \times 100 = 16.84\%$

52 비상구, 소화제 발사장치, 비상용 제동장치핸들, 스위치, 커버 등을 잘못 조작하는 것을 방지하고, 비상 시 쉽게 제거할 수 있도록 하는 안전결선은?

① 고정 결선(lock wire)
② 전단 결선(shear wire)
③ 다선식 안전결선법(multi wire method)
④ 복선식 안전결선법(double twist method)

해설 Single Wire Method

볼트와 볼트 사이 거리를 2인치 이하, 1개 최대 길이 24인치 이하로 한다. 삼각형, 정사각형, 직사각형 또는 원과 같은 밀접한 간격 또는 닫힌 기하학적 패턴의 나사, 볼트 및 너트에 사용되는 단일 와이어 방법.
출구, 소화기, 비상시 사용되는 손잡이를 덮는 커버, 기어 릴리즈 또는 기타 비상 장비를 비상 시 쉽게 전단(shear)시키기 위해서는 강도가 강한 스테인리스 스틸, 모넬, 카본 스틸 또는 알루미늄 합금 와이어를 사용하지 않는다. 0.020 인치 지름의 copper(구리)나 brass(황동) 와이어를 사용한다.

53 다음과 같은 특징을 갖는 착륙장치의 형식은?

- 지상에서 항공기 동체의 수평 유지로 기내에서 승객들의 이동이 용이하다.
- 고속상태에서 항공기의 급제동이 가능하고 지상전복을 방지하여 안정성이 좋다.
- 조종사는 이,착륙 시 넓은 시야각을 갖는다.

① 고정식 착륙장치
② 앞 바퀴식 착륙장치
③ 직렬식 착륙장치
④ 뒷 바퀴식 착륙장치

해설

앞바퀴식 착륙장치(ticycie)

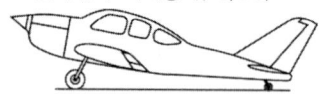
뒷바퀴식 착륙장치(cnventional)

앞바퀴식착륙장치 : 앞 바퀴식은 이착륙 시 후방이 뒷 바퀴형보다 위로 들려 있어 이륙 시 공기저항이 적고 착륙성능이 좋다. 이착륙 항공기의 자세가 수평이므로 조종사의 시계가 넓다. 터보제트기 배기가스 배출이 용이하며 중심이 주 바퀴의 앞에 있어 지상 전복(ground looping)의 위험이 적다.

ANSWER 52 ② 53 ②

54 다음 중 응력을 설명한 것으로 옳은 것은?

① 단위 체적 당 무게이다.
② 단위 체적 당 질량이다.
③ 단위 길이 당 늘어난 길이이다.
④ 단위 면적 당 힘 또는 힘의 세기이다.

해설 응력(應力 응할 응, 힘 력) : 재료에 압축, 인장, 굽힘, 비틀림 등의 하중이 가해질 때 그에 대응하여 재료 내에 생기는 저항력이다. 응력의 단위(kgf/cm², kgf/mm², Pa, N/mm², lbf/ft²)에서 알 수 있듯이 단위 면적 당 힘을 말한다.

55 나셀(nacelle)에 대한 설명으로 옳은 것은?

① 기체의 인장하중을 담당한다.
② 엔진을 장착하여 하중을 담당하기 위한 구조물이다.
③ 기체에 장착된 엔진을 둘러싼 부분을 말한다.
④ 일반적으로 기체의 중심에 위치하여 날개구조를 보완한다.

해설 기체의 인장하중은 stringer, skin 등이 분담하고 엔진을 장착하여 하중을 담당하기 위한 구조물은 엔진마운트, 일반적으로 기체의 중심에 위치하여 날개구조를 보완하는 것은 Keel beam이다. 나셀(Nacelle)은 엔진 및 각종 장치를 수용하는 내부와 공기 역학적인 유선형 모양의 외형을 나타내며 외피, 카울링, 방화벽, 기관마운트를 포함하는 것으로 기관을 둘러싼 부분을 말한다.

56 항공기용 볼트의 부품번호가 AN 3 DD 5 A인 경우 "DD"를 가장 옳게 설명한 것은?

① 부식 저항용 강을 나타낸다.
② 카드뮴 도금한 강을 나타낸다.
③ 싱크에 드릴작업이 되지 않은 상태를 나타낸다.
④ 재질을 표시하는 것으로 2024 알루미늄합금을 나타낸다.

해설
① AN : Air Force - Navy Aeronautical Standards
② 3 : 볼트 지름(3/16인치)
③ DD : 재질(2024 T)
④ 5 : 볼트 길이(5/8인치)

57 원형단면의 봉이 비틀림 하중을 받을 때 비틀림 모멘트에 대한 식으로 옳은 것은?

① 굽힘응력 × (단면계수 ÷ 단면의 반지름)
② 전단응력 × (횡탄성계수 ÷ 단면의 반지름)
③ 전단변형도 × (단면오차모멘트 ÷ 단면의 반지름)
④ 전단응력 × (극관성모멘트 ÷ 단면의 반지름)

해설
$$T = \tau \frac{I_P}{r}$$

- τ : 전단응력
- T : 비틀림 모멘트(봉에 가해지는 비틀림 하중)
- I_P : 극관성 모멘트(봉에 비틀림 하중을 받을 때 즉 토크를 가할 때 비틀어지지 않으려고 저항하는 힘)
- r : 단면의 반지름

비틀림 모멘트는 당연히 전단응력과 극관성 모멘트와 비례하며 반지름에 반비례한다. 항공기 볼트, 크랭크샤프트 등 돌아가면서 동력을 전달하는 기계에 가해지는 하중을 계산하여 설계할 때 사용된다.

58 다음 중 평소에는 하중을 받지 않는 예비 부재를 가지고 있는 구조형식은?

① 이중구조
② 하중경감구조
③ 대치구조
④ 다중하중경로구조

해설 항공기 구조 설계에 있어 안전수명설계(safe life design)으로 제작된 최초의 제트여객기 Comet이 1953년과 1954년에 반복되는 여압에 의해 동체 외피의 금속피로로 추락하였다.
이를 보완하기 위해 운항 중 구조의 일부가 파손되거나 고장이 발생해도 치명적인 사고가 되지 않도록 설계된 장치 또는 시스템을 페일 세이프(fail safe design)라고 한다. 종류에는 다경로하중구조(redundant structure), 이중구조(double structure), 대치구조(back-up structure), 하중경감구조(load dropping structure)있다. 대치구조는 주 부재와 예비 부재를 같이 설치하여 주 부재가 파괴될 경우만 예비 부재가 하중을 담당하는 구조이다.

59 다른 재질의 금속이 접촉하면 접촉전기와 수분에 의해 국부전류흐름이 발생하여 부식을 초래하게 되는 현상을 무엇이라고 하는가?

① Galvanic corrosion
② Bonding
③ Anti-Corrosion
④ Age Hardening

해설 전해 부식(galvanic corrosion)
알루미늄합금 스텐리스(stainless)강 같은 이질 금속이 접촉되는 부분에 발생하며 연결부분에 전위차에 의해 부식 생성물이 부풀어 올라 식별이 쉽다. 서로 다른 금속이 접촉하면 기전력이 발생하고 습기와 만나서 전류가 흘러 부식이 발생하여 갈바닉 부식을 방지 위해 사이에 절연물질 사용한다.

60 항공기 기체수리 작업 시 리벳팅 전에 임시 고정하는 데 사용하는 공구는?

① 시트파스너   ② 딤플링
③ 캠-룩파스너   ④ 스퀴즈

해설 Sheet Fastener(Cleco)
판재와 판재를 리벳으로 체결할 때 드릴링 후 판재가 어긋나지 않도록 하기 위해서 사용하는 임시 패스너이다. 클레코 플라이어를 사용하여 체결하며 클레코의 색깔은 체결 가능한 판재의 지름을 나타낸다.
1/8"   Spring Cleco(Copper색)
5/32"   Spring Cleco(Black)

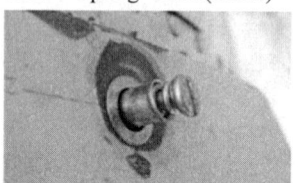

Camloc Fastener

제4과목 항공장비

61 화재감지계통에서 화재의 지시에 대한 설명으로 옳은 것은?

① 가청 알람 시스템과 경고등으로 화재를 확인할 수 있다.
② 화재가 진행하는 동안 발생 초기에만 지시해 준다.
③ 화재가 다시 발생할 때에는 다시 지시하지 않아야 한다.
④ 화재를 지시하지 않을 때 최대의 전력 소모가 되어야 한다.

해설 화재감지계통의 요구사항

ANSWER 58 ③ 59 ① 60 ① 61 ①

① 지상이나 비행 중에 화재가 발생하지 않은 경우에는 작동이나 경고를 발생시키지 않을 것
② 화재가 발생하였을 때에는 그 장소를 신속하고 정확하게 표시할 것
③ 화재가 계속 진행하고 있을 때에는 연속적으로 표시할 것
④ 화재가 꺼진 후에는 정확하게 지시를 멈출 것
⑤ 화재가 다시 발생한 경우에도 위의 2, 3의 항목대로 작동할 것
⑥ 조종실에서 화재 탐지와 화재 경고 장치의 기능을 시험할 수 있을 것
⑦ 윤활유, 물, 열, 진동, 관성력 및 그 밖의 하중에 대하여 충분한 내구성을 가질 것
⑧ 무게가 가볍고, 장착이 용이하며, 정비나 취급이 간단할 것
⑨ 항공기 전원에서 직접 전력을 공급받으며, 전력 소비가 적을 것
⑩ 화재 탐지는 화재 구역마다 독립적인 계통으로 있을 것
⑪ 화재 경고는 조종실에 경고음을 발함과 동시에 화재의 장소를 알리는 경고등이 켜질 것

62 신호에 따라 반송파의 진폭을 변화시키는 변조방식은?

① FM 방식　　② AM 방식
③ PCM 방식　　④ PM 방식

해설 ① FM (frequency modulation) : 변조신호에 따라 반송파의 진폭은 변하지 않고 주파수만이 변화하는 주파수 변조방식.
② AM (Amplitude Modulation) : 전파의 진폭이 신호의 세기로 변화하는 변조 방식으로 진폭 변조라고 한다. AM은 반송파라는 전파에 전송하고자 하는 전파를 싣는 방법 중 하나로, 음성 신호를 반송파에 그대로 싣는 방식.
③ PCM (pulse code modulation) : 송신측에서 아날로그 파형을 일단 디지털화하여 전송하고 수신측에서 그것을 다시 아날로그화 함으로써 아날로그 정보를 전송하는 방식.
④ PM (phase modulation) : 반송파의 진폭을 일정하게 하고, 반송파의 위상을 메시지 신호에 따라 변화시키는 방식.

63 지상 무선국을 중심으로 하여 360도 전방향에 대해 비행 방향을 항공기에 지시할 수 있는 기능을 갖추고 있는 항법장치는?

① VOR　　② M/B
③ LRRA　　④ G/S

해설 ① 전방향표지시설 (VOR : VHF ommni-diretional radio range beacon) : 비행하는 항공기에게 VHF대역에서 방위각 정보를 제공하는 지상시설로 초단파 전방향 무선표지 시설이다. 자북을 나타내는 전파와 자북으로부터 시계방향으로 회전하는 지향성이 있는 전파 2개를 수신하고, 자북을 지시하는 전파를 받기부터 지향성 전파를 수신하기까지 시간차를 측정하여 발신국의 위치를 알 수 있다. 사용주파수 범위는 108~118[MHz].
② 마커신호 (M/B : Marker beacon) : 활주로 중심 연장선상의 일정한 지점에 설치하여 착륙하는 항공기에 수직상공으로 역원추형의 75MHz의 초단파(VHF) 전파를 발사하여 진입로상의 일정한 통과지점에 대한 위치정보를 제공하는 시설로 마커 비컨의 지상국은 Outer Marker, Middle Marker, Inner Marker가 있다.
　1) 내측마커 (I.M) : 200~1500[ft], 3000[Hz], 백색
　2) 중간마커 (M.M) : 3500[ft], 1300[Hz], 호박색
　3) 외측마커 (O.M) : 4~7[NM], 400[Hz], 자색
③ 단거리 전파 고도계 (LRRA : low range radio altimeter) : 전파 고도계의 종류로 낮은 레벨의 착륙접근 시, 항공기에서 활주로와 항공기와의 수직거리를 측정하는 장치다. 0~2500[ft]까지의 항공기 높이를 측정한다. 사용 주파수 대역은 4300[MHz]이다.

④ 글라이드슬로프 (G/S : Glide Slope) : 지상 Glide slope 송신기는 전파를 발사하여 활주로에 착륙하기 위하여 접근 중인 항공기에 안전한 착륙 각도인 약 3[°]의 활공각 정보를 제공하며 활주로 진입단으로부터 750~1,250[ft] 내측에, 활주로 중심선으로부터 400~600[ft] 옆으로 떨어진 위치에 설치된다. Glide slope 주파수 범위는 UHF 328.6[MHz]~335.4[MHz]이며 ILS 주파수(localizer 주파수)를 선택 시 자동으로 선택된다. 지상 Glide slope 송신기에서 발사되는 주파수도 Localizer와 같이 Course(강하로)의 하측에는 150[Hz], 상측은 90[Hz]로 변조되는 지향성 전파를 발사하며 항공기상의 수신기는 두 변조성분에 따른 전계의 강약차이에 의하여 Glide slope 지시계가 상하로 움직이게 하여 적절한 강하 각도를 알려주어 항공기가 안전하게 착륙할 수 있도록 한다.

64 항공기에서 직류를 교류로 변환시켜 주는 장치는?

① 정류기(rectifier)
② 인버터(inverter)
③ 컨버터(converter)
④ 변압기(transformer)

해설
① 정류기 (Rectifier) : 교류(AC)를 직류(DC)로 변환시켜주는 장치.
② 인버터 (Inverter) : 직류(DC)를 교류(AC)로 변환시켜주는 장치.
③ 컨버터 (Converter) : 회로망 변환이라고 하며, 신호 변환, 교류와 직류간의 변환, 교류 주파수의 상호변환, 상수의 변환 등을 하는 장치.
④ 변압기 (Transformer) : 교류(AC)를 승압 또는 감압시켜주는 장치.

65 항공기 날개 부위 중 리딩에지(leading edge)에 발생하는 빙결을 방지 또는 제거하는 방법이 아닌 것은?

① 전기적인 열을 가해 제거
② 압축공기에 의해 팽창되는 장치로 제거
③ 엔진 압축기부에서 추출된 블리드(bleed) 공기로 제거
④ 드레인 마스트(drain mast)에 사용되는 물로 제거

해설 날개, 수평 및 수직 안정판 제방빙계통 (Wing, Horizontal and Vertical Stabilizer Anti-Icing Systems) : 대부분 항공기의 날개 앞전 또는 슬랫, 수평&수직안정판 앞전 등과 같은 구성품에 얼음의 형성을 방지하기 위해 제방빙계통을 장비하고 있다. 가장 일반적으로 사용되는 제방빙계통은 열공압식(thermal pneumatic), 열전기식(thermal electric), 그리고 화학약품(chemical) 방식이 있다. 대부분 항공기는 결빙조건에서 비행이 가능하도록 공기식 제빙부츠 계통이나 화학적 방빙계통을 장비하고 있다. 대형 운송용 항공기는 얼음의 형성을 방지하기 위해 자동적으로 제어되는 최신의 열공압식 또는 열전기식 방빙계통을 적용한다.

결빙 부분	방빙 및 제빙 방법
날개 앞전	가열공기
수직, 수평 안정판의 앞전	가열공기
윈드실드 및 창문	전열기, 알콜
히터, 기관 공기 흡입구	전열기
실속 경고 장치	전열기
프로펠러 깃의 앞전	전열기, 알콜
왕복엔진 기화기 (플로트형)	가열공기, 알콜
드레인 마스트	전열기
피토관	전열기

※ 알콜 : 이소프로필 알콜이나 에틸렌글리콜과 알콜을 섞은 용액

ANSWER 64 ② 65 ④

66 대형항공기의 객실을 여압하기 위해 가장 고려하여야 할 문제는?

① 항공기의 최대운영속도
② 항공기의 최저운영실속속도
③ 항공기의 내부와 외부의 압력 차
④ 항공기의 최저운영고도 이하에서 객실고도

해설 객실고도 (cabin altitude) : 객실 내의 압력을 이것과 동등한 해면상으로부터의 고도로 표시한 것. 항공기 고도가 상승함에 따라 객실고도도 증가한다. 항공기 내부에 압력도 같이 감소하게 되어 인체에 영향을 미치게 된다. 따라서, 항공기의 여압장치는 순항고도(36,000[ft])에서 11~12[psi]의 객실내부 압력을 유지하도록 설계되어 있다. 여압장치가 갖추어진 항공기의 객실 기압고도는 2,400m(8,000[ft])이하로 유지할 수 있어야 한다. 그러나, OFV(아웃플로어밸브)의 고장 등으로 인하여 14000ft까지 상승하면 산소마스크가 내려온다. 차압이 다르기 때문에 항공기 고도와 객실고도를 무조건 일치시키면 기체 손상으로 이어진다. 객실차압(동체 안쪽과 바깥쪽의 압력의 차)에 의해 항공기 동체에 가해지는 내부 응력에 대해 가볍고 강한 동체 구조를 갖게 해야 한다. 차압이 지나치게 크면 동체 구조가 파괴되므로 기체구조에 따른 자재의 선택과 제작을 해야 한다.

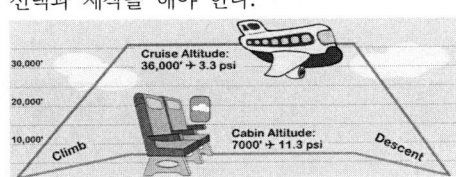

67 공함(pressure capsule)을 응용한 계기가 아닌 것은?

① 선회계   ② 고도계
③ 속도계   ④ 승강계

해설 공함 (Pressure capsule) : 압력을 기계적 변위로 바꾸는 장치. 대표적으로 고도계(아네로이드), 속도계(다이어프램), 승강계(아네로이드)가 있다. 피토-정압관을 이용한 계기는 속도계, 승강계, 고도계가 있다. 속도계는 전압과 정압의 차이(동압)로 측정하며 고도계는 정압을 절대 압력계로 나타낸다. 항공기가 상승이나 하강할 때 정압의 변화율을 측정함으로서 고도의 변화율을 승강계를 통하여 지시한다. (자이로의 특성을 이용한 계기는 자세계, 선회계, 방향지시계가 있다.)

※ 선회계 : 각변위의 빠르기(각속도)를 측정 또는 검출하는 것으로, 레이트 자이로와 같이 1축 자이로 짐발 구성으로 되어 있는 경우가 많다.

68 그림과 같은 불평형 브리지회로에서 단자 A, B간의 전위차를 구하고, A와 B 중 전위가 높은 쪽을 옳게 표시한 것은?

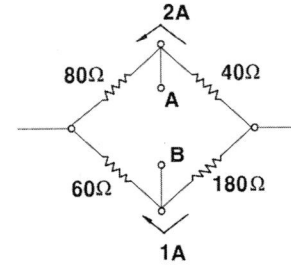

① 100V, A < B
② 220V, A < B
③ 100V, A > B
④ 220V, A > B

해설 불평형 브리지회로 : 불평형 브리지 조건은 Vout이 0이 되지 않을 때 발생하고, 기계적 변형, 온도 또는 압력과 같은 물리적인 양을 측정하는데 사용된다.

ANSWER 66 ③   67 ①   68 ③

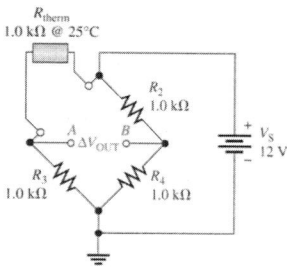

A와 B의 양단 전위차를 구하기 위해서는 전류의 방향을 파악해야 한다. 전류가 R_1을 지나 A와 R_3가 병렬구조, R_2를 지나 B와 R_4가 병렬구조로 되어 있어, 옴의 법칙(Ohm's law)으로 A에는 160[V], B에는 60[V]의 전압이 걸리게 된다. 따라서, A와 B의 양단 전위차는 100[V]이고, A의 전압이 B의 전압보다 높다.

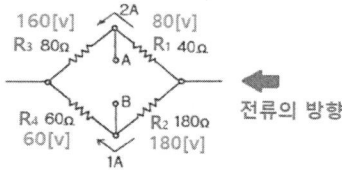

69 ND(navigation display)에 나타나지 않는 정보는?

① DME data
② Ground speed
③ Radio Altitude
④ Wind Speed/Direction

해설 ① PFD (Primary Flight Display) : 조종 시 가장 기본이 되는 장치로 속도와 방향, 고도계, 자세계, 수직속도계가 표시되는 장치. 조종사는 비행 상태를 한눈에 알 수 있다.
② ND (Navigation Display) : 항법에 관한 정보를 알려주는 장치로, 항로가 표시되고 항공기가 지정된 항로대로 운항중인지 아닌지 확인을 할 수 있다. 항로정보, 남은거리와 TCAS를 통해 주위에 운항중인 항공기도 확인할 수 있다. 기상정보 또한 표시되어서 CB(적란운)등 위험한 구간을 회피할 때 이

용하기도 한다.
③ MCP (Mode control panel) : 항로설정, 속도설정, 고도설정 등을 할 수 있다.
④ EICAS (Engine indication & crew alert system) : Upper EICAS에서는 엔진계기의 정상작동여부를 보여주고 경고메시지도 출력된다. lower EICAS에서는 유압, 전기 및 연료의 상태, 랜딩기어 상태등이 표시되고 경고메시지도 출력된다.
⑤ CDU (Control Display Unit) : FMC(Flight Management Computer)에 출발공항, 도착공항 및 경유 항로를 입력하면 컴퓨터를 통해 자동비행(오토 파일럿)이 가능하도록 해주는 장치다.

Boeing 777 Navigation Display

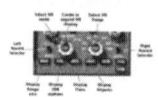

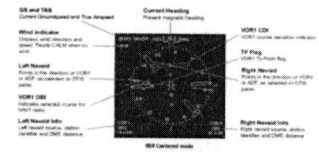

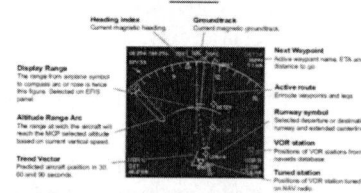

Airbus 320 Navigation Display

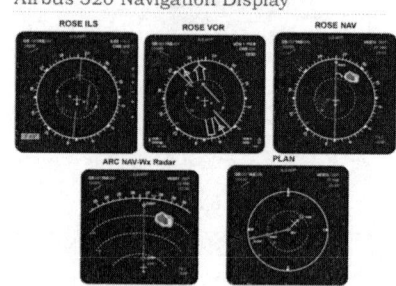

ANSWER 69 ③

70 다음 중 오리피스 체크밸브에 대한 설명으로 옳은 것은?

① 유압 도관 내의 거품을 제거하는 밸브
② 유압 계통 내의 압력 상승을 막는 밸브
③ 일시적으로 작동유의 공급량을 증가시키는 밸브
④ 한 방향의 유량은 정상적으로 흐르게 하고 다른 방향의 유량은 작게 흐르도록 하는 밸브

해설 오리피스형 체크 밸브 (Orifice-type check valve) : 일부 체크 밸브는 한쪽 방향으로는 유체흐름을 자유롭게 해주고 반대 방향으로는 제한된 흐름을 허용한다. 이러한 체크 밸브를 오리피스형 체크 밸브 또는 감쇠밸브(damping valve)라 한다. 오리피스형 체크 밸브는 유압착륙장치(hydraulic landing gear)에서 사용된다. 착륙장치가 올라갈 때 체크 밸브는 최대 속도로 무거운 기어(gear)를 들어올리기 위해 전체 유체흐름을 주고, 기어를 내릴 때는 체크 밸브에 있는 오리피스를 통해 유압유의 흐름을 제한하여 기어가 급격하게 떨어지는 것을 막는다.

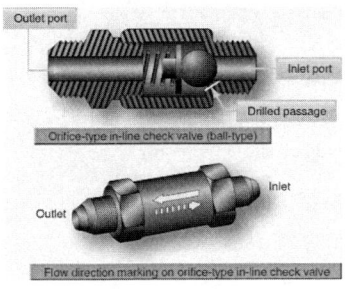

71 위성으로부터 전파를 수신하여 자신의 위치를 알아내는 계통으로서 처음에는 군사 목적으로 이용하였으나 민간 여객기, 자동차용으로도 실용화되어 사용 중인 것은?

① 로란(LORAN)
② 관성항법(INS)
③ 오메가(OMEGA)
④ 위성항법(GPS)

해설 ① 장거리무선항법장치 (LORAN : Long range navigation) : 쌍곡선 항법장치로 두 송신국으로부터 전파를 수신하고, 도달 시간의 차 또는 위상차를 측정하여 위치를 결정하는 방식으로, 송신국으로부터 원거리에 있는 선박 또는 항공기 항행 위치를 제공하는 무선 항법 원조 시설이다. LORAN 시스템은 특히 일반 항공기 산업 분야의 항법 유도 시스템으로서 인기가 있었지만, 소형기에서는 GPS, 여객기는 관성 항법 장치(INS, IRS)에게 그 자리를 내 주었다. 지상 2개소 이상의 로란기 지국에서 발사되는 전파를 로란 수신기로 수신하여 그 전파의 도래 시간차를 측정하고, 로란 차트 상에 위치선을 결정하여, 교점을 구해서 현재의 위치를 결정하는 항법이다.
② 관성항법장치 (INS : Inertial navigation system)은 로켓이나 비행기가 이동할 때에는 항상 가속도가 가해지고 있지만, 이 가속도를 적분하면 속도가 구해지며, 다시 적분하면 이동한 거리가 나온다는 가속도(관성)를 이용한 항법이다. 이 때, 기준좌표축을 선정하고 유지시키는 역할을 자이로스코프(Platform과 Gimbal로 구성)가 한다.
  1) 자이로스코프 : 기준좌료를 설정하여 본체 진행방향 계측.
  2) 가속도계 : 기본적인 센서로 진행방향으로의 가속도를 감지.
  3) 컴퓨터 : 자이로스코프와 가속도계에서 감지한 각속도 및 가속도와 주변장치(속도계, 고도계 등)로부터 받은 정보를 종합 계산한다.
③ 오메가항법 (Omega navigation) : 10[kHz]

ANSWER 70 ④   71 ④

~14[kHz]의 초장파(VLF)를 사용한 쌍곡선 항법이다. 2개의 송신국으로부터 발사되는 전파의 위상차를 측정해서 위치를 결정하는 것으로 8개국이 오메가 항법 송신국으로 운용 중에 있다.

④ 위성항법장치 (GPS : Global positioning system) : 위치 정보는 GPS 수신기로 3개 이상의 위성으로부터 정확한 시간과 거리를 측정하여 3개의 각각 다른 거리를 삼각 방법에 따라서 현 위치를 정확히 계산할 수 있다. 현재 3개의 위성으로부터 거리와 시간 정보를 얻고 1개 위성으로 오차를 수정하는 방법을 널리 쓰고 있다. 나침반과 달리 위성항법시스템은 위도, 경도, 고도의 위치뿐만 아니라 3차원의 속도정보와 함께 정확한 시간까지 얻을 수 있다. 항법용 위치 정보 제공, 통신 서비스 제공, 수색 감시 서비스 제공 등을 한다.

저장탱크가 장착되어 있다.
① 배플, 핀 (Baffle, Pin) : 기포, 공기 발생 방지를 한다.
② 스탠드파이프 (Stand pipe) : 펌프 연결관 등이 고장으로 인하여 비상시에 비상펌프로 작동유를 사용하게 한다.

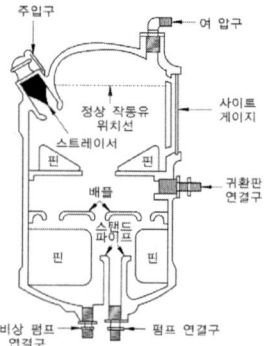

72 유압계통에서 레저버(reservoir) 내에 있는 스탠드파이프(stand pipe)의 주된 역할은?

① 벤트(vent) 역할을 한다.
② 비상 시 작동유의 예비공급 역할을 한다.
③ 탱크 내의 거품이 생기는 것을 방지하는 역할을 한다.
④ 계통 내의 압력 유동을 감소시키는 역할을 한다.

해설 저장탱크 (Reservoir) : 기능은 작동유를 펌프에 공급하고, 계통 내에서 사용한 후 귀환한 작동유를 저장하며, 공기 및 불순물을 제거하는 장소이다. 계통 내에서 열팽창에 의한 작동유의 증가량을 축적시키는 역할도 한다. 작동유 저장용량은 38[℃]에서 축압기를 제외한 모든 작동유의 압력계통이 필요로 하는 용량의 150% 이상이거나 축압기를 포함한 모든 계통이 필요로 하는 용량의 120% 이상이어야 한다. 저고도에서 비행하는 항공기는 비가압식 저장탱크가 장착되어 있다. 고고도에서 비행하는 항공기는 압력이 낮아 압축공기(Bleed air)를 이용한 가압식

73 도체의 단면에 1시간 동안 10800C의 전하가 흘렸다면 전류는 몇 A 인가?

① 3 ② 18
③ 30 ④ 180

해설 전류는 도체의 단면을 단위 시간당 지나간 전하량. (기호 : I, 단위 : [A] 암페어)
1[A]는 1초 동안 전하 1[C]이 이동했을 때, 전류량/값이다.
따라서, $\dfrac{10800[C]}{3600[\sec]} = 3[A]$

74 무선 통신 장치에서 송신기(transmitter)의 기능에 대한 설명으로 틀린 것은?

① 신호를 증폭한다.
② 교류 반송파 주파수를 발생시킨다.
③ 입력정보신호를 반송파에 적재한다.
④ 가청신호를 음성신호로 변환시킨다.

ANSWER 72 ② 73 ① 74 ④

해설 송신기 (Transmitter) : 주파수가 높은 전류를 만들어 내는 장치이다. 이 교류 전류를 안테나에 흐르게 하면 그 교류 전류와 같은 파형을 한 전파가 공간으로 나간다. 이 때 정현파(Sine Wave)의 교류 전류를 안테나에 흘려도 전파는 나가지만, 이것만으로는 전파에 정보가 포함되어 있지 않아 통신장치라 말할 수 없다. 모든 무선 송신장치는 먼저 어떤 높은 주파수의 정현파 전류를 만들고 이 정현파 전류를 그대로 안테나에 흐르게 하는 것이 아니라 변조(정보를 포함한 신호로 변화)시킨다. 이 변조된 교류 전류를 증폭시켜 안테나로 보낸다.
① 정현파 발진기 (Sine wave oscillator) : 기본 고주파를 발생시킨다.
② 주파수 체배기 (Frequency multiplier) : 발진기에서 발생한 고주파를 송신 주파수(반송 주파수)가 되도록 몇 배로 체배(정배수)한다.
③ 신호 (Signal) : 전파(반송파)에 실은 정보로서 전달하고자 하는 내용을 전류의 강약으로 바꾼 것이다. 신호의 강도는 반송파에 대한 전기장의 세기로 나타낸다.
④ 변조기 (Modulator) : 변조(고주파의 진폭 또는 주파수 등을 그보다 낮은 신호로 변화시켜 주는 것)시키는 장치이다. 진폭변조와 주파수 변조방식을 많이 사용한다. 진폭변조 특성은 변조가 간단하고, 복조도 간단하다. 가장 역사가 오래된 변조방식으로 특히 복조과정이 매우 간단하기 때문에 라디오 등에 많이 사용된다. 다만 외부의 전기적인 잡음영향을 많이 받는다. 주파수 변조는 진폭변조의 단점(주변 잡음영향을 많이 받는 것)을 없앤 것으로 신호에 따라 반송파 주파수가 변하는 방식이다. 주변에서 발생하는 전기적 노이즈는 진폭에 영향을 주고 주파수에는 영향을 주지 않는다. 따라서 주변 노이즈 영향을 적게 받아 깨끗한 음질을 즐길 수 있게 된다. 다만 복조하는 과정이 복잡하고, 가격이 비싼 단점이 있다.
⑤ 증폭기 (Amplifier) : 변조된 반송파의 전력은 작으므로 필요한 크기의 전력으로 만들어 안테나로 보낼 필요가 있으므로 전력 증폭기로 증폭한다.

75 D급 화재의 종류에 해당하는 것은?

① 기름에서 일어나는 화재
② 금속물질에서 일어나는 화재
③ 나무 및 종이에서 일어나는 화재
④ 전기가 원인이 되어 전기 계통에 일어나는 화재

해설 국제화재방지협회 (NFPA : national fire protection association) : Standard 10의 휴대용 소화기에 정의된 것처럼, 기내에서 일어나는 것이 가능하다고 생각되는 화재의 등급은 A, B, C, D급 화재로 분류된다.
① A급 화재 (Class A Fires) : 기본적으로 목재, 직물, 종이, 고무제품, 그리고 플라스틱과 같은, 통상의 가연재료에 발생하는 화재.
② B급 화재 (Class B Fires) : 가연성액체, 석유계 오일, 그리스, 타르, 유성도료, 락카, 솔벤트, 알콜, 그리고 인화성가스에서 발생하는 유류화재.
③ C급 화재 (Class C Fires) : 비전도성인 소화용재의 사용이 중요한 곳에서 전압을 가한 전기장치에서 발생하는 전기화재.
④ D급 화재 (Class D Fires) : 마그네슘, 티타늄, 지르코늄, 나트륨, 리튬, 그리고 포타슘과 같은, 가연성 금속에서 발생하는 금속화재.

76 다음 중 항법계기에 속하지 않는 계기는?

① INS   ② CVR
③ DME   ④ TACAN

해설 ① 관성항법장치 (INS : Inertial navigation system)은 로켓이나 비행기가 이동할 때에는 항상 가속도가 가해지고 있지만, 이 가속도를 적분하면 속도가 구해지며, 다시 적분하면 이동한 거리가 나온다는 가속도(관성)를 이용한 항법이다. 이 때, 기준좌표축을 선정하고 유지시키는 역할을 자이로스코프(Platform과 Gimbal로 구성)가 한다.
1) 자이로스코프 : 기준좌료를 설정하여 본체 진행방향 계측.

ANSWER 75 ② 76 ②

2) 가속도계 : 기본적인 센서로 진행방향으로의 가속도를 감지.
3) 컴퓨터 : 자이로스코프와 가속도계에서 감지한 각속도 및 가속도와 주변장치(속도계, 고도계 등)로부터 받은 정보를 종합 계산한다.

② 조종석음성기록장치 (CVR : Cockpit voice recorder) : 항공기의 음성 기록 장치. 블랙박스라고도 한다. 조종사와 관제사 간의 무선 전화에 의한 교신 내용이나, 조종사와 다른 승무원 간의 대화 내용을 기록하는 녹음기로서 엔드리스 테이프(endless tape)를 사용해 30분 동안의 음성을 기록하도록 되어 있다. 30분이 지나면 소거 헤드로 지우고 새로운 내용을 녹음하게 되는데, 4채널의 내용을 동시에 기록할 수 있도록 되어 있다. 사고가 났을 때, 녹음 내용을 조사할 수 있도록 주요 부분은 고열과 강한 충격에도 견딜 수 있을 만큼 견고한 강철제 케이스에 설치되어 있다.

③ 거리측정시설 (DME : Distance measuring equipment) : 항공기의 DME 기상국에 거리 정보를 제공하는 것. TACAN의 거리 계통만을 독립시킨 새로운 항법시설이다. 기상 장치(질문기)와 지상 장치(응답기)로 구성된 2차 레이더의 한 형식이다. 거리측정은 펄스 신호가 두 점사이를 왕복하는 시간을 측정한다. 기상, 지상 모두 126개의 채널을 가지며, 1MHz의 간격을 가지고 있다. 질문파에 대하여 63MHz 차이의 응답파를 발사한다. (주파수 대역은 UHF 960[MHz]~1215[MHz])

④ 전술항행장치 (TACAN : Tactical air navigation system) : 항공기에 방위정보와 거리정보를 제공하는 시설로 군용목적으로 개발되었으며, VORTAC는 방위 및 거리정보에 대한 항법장치의 일원화가 가능하여 VOR과 같이 결합하여 사용하며, 일부 민간 항공기도 이용해서 거리정보를 받을 수 있다. TACAN 지상국의 채널을 항공기에서 선택하면 지상국에 대한 방위와 거리가 동시에 기내 지시기에 표시된다. 주파수 및 채널수(252개)가 DME와 동일하다. 사용주파수 범위는 UHF대의 962[MHz]~1213[MHz].

77 계기착륙장치인 로컬라이저 (localizer)에 대한 설명으로 틀린 것은?

① 수신기에서 90Hz, 150Hz 변조파 감도를 비교하여 진행방향을 알아낸다.
② 로컬라이저의 위치는 활주로의 진입단 반대쪽에 있다.
③ 활주로에 대하여 적절한 수직 방향의 각도 유지를 수행하는 장치이다.
④ 활주로에 접근하는 항공기에 활주로 중심선을 제공하는 지상시설이다.

해설 방위각시설 (Localizer) : 지상 방위각시설(Localizer 장치)의 위치는 계기 진입용 활주로의 진입단 반대측에 있는 활주로 중심선 연장선에 설치하여 이착륙 항공기와 충돌하지 않도록 활주로에서 적어도 1,000[ft] 떨어진 곳에 있다. Localizer 전파는 활주로의 진입방향에 있는 Middle Marker와 Outer Marker 쪽으로 발사되며, 반대방향으로도 전파가 발사되는데 진입 측 전파를 전방 진행방향(Front Course), 반대쪽을 후방 진행방향(Back Course)이라 부른다. Localizer는 2,000[ft]의 고도에서 최저 25[NM](노티컬마일)까지 빔(Beam)이 전달될 수 있도록 전파를 발사한다. 진행방향(Course)의 폭은 보통 3~6°로서 활주로 끝단(TH : Threshold)에서 700[ft]이고 주파수의 범위는 108.10~111.975[MHz]이다. 항공기상의 계기에는 지상송신기에서 나오는 좌우 주파수(90[Hz], 150[Hz])의 변조성분에 따른 전계의 강약차이에 의하여 Localizer 지시계가 좌우로 움직이므로 조종사는 항공기를 활주로 중앙에 위치시킬 수 있다(50[kHz] 단위의 40개 채널 사용).

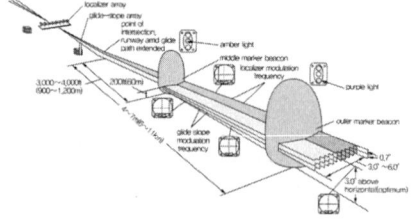

ANSWER 77 ③

78 다음 중 황산납축전지 캡(cap)의 용도가 아닌 것은?

① 외부와 내부의 전선연결
② 전해액의 보충, 비중측정
③ 충전 시 발생되는 가스배출
④ 배면비행 시 전해액의 누설방지

해설 전해액은 강한 부식성이 있어 취급 시에는 보안경, 고무장갑, 고무 앞치마 등을 착용하고, 피부에 닿았을 때는 중화제(아세트산, 레몬주스, 붕산염용액)로 세척한다. 완전히 충전된 후 3~4시간 방치한 후, 레벨 조절을 위해 물 또는 전해액(수산화칼륨)을 규정 레벨까지 보충한다. 전해액을 만들기 위해서는 납산축전지와 동일하게 증류수에 수산화칼륨을 조금씩 부어 섞는다. 전해액이 공기 중의 이산화탄소와 결합하여 흰색의 탄산칼륨을 만들 수 있으므로 축전지 세척 시 캡을 꼭 막는다. 외부의 축전지 단자(Battery terminal)와 축전지 내부의 과산화납과 연결되어 있기에 산화되기 쉬워 부식이 발생한다. 부식을 제거하지 않고 방치해두면 충·방전 작용이 원활히 이루어지지 않아 축전지 수명이 단축된다. 만약 부식이 발생하였을 때는 부식물을 깨끗이 제거한 다음 그리스(grease)를 얇게 발라주어야 한다.
① 캡 (Cap) : 비중측정 및 증류수 보충.
② 벤트 : 캡 위에 구멍 2곳이 있고, 충전 시 발생하는 가스배출.
③ 납추 : 캡 내부에 위치하고, 기울어지면 닫혀서 전해액이 새어나오는 것을 방지.

79 교류와 직류 겸용이 가능하며, 인가되는 전류의 형식에 관계없이 항상 일정한 방향으로 구동될 수 있는 전동기는?

① Induction motor
② Universal motor
③ Reversible motor
④ Synchronous motor

해설
① 유도전동기 (Induction motor) : 고정자에 교류 전압을 가하여 전자 유도로써 회전자에 전류를 흘려 회전력을 생기게 하는 교류 전동기. 삼상 코일을 감은 고정자에 삼상 교류를 흘리면 회전 자계가 생기고 이것에 의해 회전자 도체에 기전력이 생김으로써 전류가 흘러 회전자를 회전시킨다.
② 교직양용, 만능전동기 (Universal motor) : 교류에서나 직류에서나 모두 동작하도록 만든 직권 전동기
③ 가역전동기 (Reversible motor) : 전기 입력의 특성 변화 또는 교체에 의해 회전 방향이 쉽게 역전하는 직류 또는 교류 전동기.
④ 동기전동기 (Synchronous motor) : 전기적 에너지를 기계적 에너지로 바꾸는 장치의 일종으로 부하의 크기에 관계없이 전원 주파수에 비례하는 일정 속도로 회전하는 교류 전동기. 동기 발전기와 동일한 구조를 가지며 고정자 권선을 직류로 여자하고 회전자 권선에 주파수 f사이클의 교류 전류를 가하여 적당한 방법으로 기동하여 주면 동기속도 n=60f/p(회/분)으로 정속 회전을 계속한다.

80 버든 튜브식 오일압력계가 지시하는 압력은?

① 동압   ② 대기압
③ 게이지압 ④ 절대압

해설 오일압력계 (Oil pressure indicator) : 엔진의 각 부분에 전달되는 오일의 압력을 지시하는 계기이다. 오일압력과 대기압력의 차인 게이지압력(버든튜브)을 나타내며, 오일의 공급상태를 확인할 수 있다.
① 동압 (Dynamic pressure) : 흐름이 가지는 운동 에너지를 나타내는 양. 총압(흐름에 수직인 면의 압력, 즉 흐름을 가상적으로 막았을 때의 압력)과 정압(靜壓, 흐름에 평행한 면상의 압력)의 차이다. ρ, v를 각각 유체의 밀도와 속도로 하면 $\frac{1}{2}\rho V^2$로 나타내어진다.

ANSWER 78 ① 79 ② 80 ③

② 대기압 (Atmospheric pressure) : 공기 무게에 의해 생기는 대기의 압력으로 지구상의 모든 물질은 대기압, 즉 공기의 압력을 받고 있다. 대기압 상태에서 진공 유리관을 수은 그릇에 넣었을 때, 대기압이 작용하기 때문에 수은이 76[cm]올라간다. 수은의 비중은 13.595[g/cm^3]이므로 76[cm] ×13.595[g/cm^3] = 1033.22[g/cm^{2}A] = 1.0332[kg/cm^{2}A] 이다.

③ 게이지압 (Gauge pressure) : 현재의 대기압을 0으로 두고 측정한 압력(대기압을 제외하고 대기압을 "0"으로 해서 측정한값)을 말한다. 보통 단순히 압력이라고 불리기도 한다. (게이지압 = 절대압 - 대기압)

④ 절대압 (Absolute pressure) : 완전 진공을 기준으로 한 압력(대기압을 포함하여 완전 진공 상태에서 출발해서 측정한값)을 말한다. 게이지압에 대기압을 가한 압력으로, kg/cm^2 abs 또는 ata와 같이 표시한다. (게이지압 = 절대압 + 대기압)

2018 제2회 항공산업기사 기출문제

제1과목 항공역학

01 에어포일(airfoil)의 공력중심에 대한 설명으로 틀린 것은?

① 일반적으로 압력중심보다 뒤에 위치한다.
② 일반적으로 공력중심에 대한 피칭모멘트계수는 음의 값이다.
③ 받음각이 변해도 피칭모멘트가 일정한 기준점을 말한다.
④ 대부분의 아음속 에어포일은 앞전에서 시위선 길이의 1/4에 위치한다.

해설 공력중심이란 받음각이 변해도 모멘트의 값이 일정한 기준점을 말하며, 일반적으로 무게중심이 압력중심보다 앞에 위치할 때 안정성이 좋다.

02 헬리콥터 회전날개의 추력을 계산하는데 사용되는 이론은?

① 엔진의 연료소비율에 따른 연소이론
② 로터 블레이드의 코닝각의 속도변화 이론
③ 로터 블레이드의 회전관성을 이용한 관성이론
④ 회전면 앞에서의 공기유동량과 회전면 뒤에서의 공기유동량의 차이를 운동량에 적용한 이론

해설 헬리콥터의 추력을 구하는 이론으로는 운동량 이론, 요소 이론, 와동 이론 등이 있으며, 회전면 앞에서의 공기유량과 회전면 뒤에서의 공기유동량의 차이를 운동량에 적용한 이론을 운동량 이론이라 한다.

03 2000m의 고도에서 활공기가 최대 양항비 8.5인 상태로 활공한다면 이 비행기가 도달할 수 있는 최대수평거리는 몇 m인가?

① 25500
② 21300
③ 17000
④ 12300

해설
$$\tan\theta = \frac{고도}{거리} = \frac{1}{양항비}$$
∴ 거리 = 고도 × 양항비

04 공기를 강체로 가정하여 프로펠러를 1회전 시킬 때 전진하는 거리를 무엇이라 하는가?

① 유효 피치
② 기하학적 피치
③ 프로펠러 슬립
④ 프로펠러 피치

해설
- 기하학적 피치 : 프로펠러 1 회전 시 전진하는 이론적인 거리를 말한다.
- 유효 피치 : 프로펠러 1 회전 시 전진하는 실제 거리를 말한다.

ANSWER 1 ① 2 ④ 3 ③ 4 ②

05 대기권을 높은 층에서부터 낮은 층의 순서로 나열한 것은?

① 대류권 → 열권 → 중간권 → 성층권 → 극외권
② 대류권 → 성층권 → 중간권 → 열권 → 극외권
③ 극외권 → 열권 → 중간권 → 성층권 → 대류권
④ 극외권 → 성층권 → 중간권 → 열권 → 대류권

06 다음 중 정적 중립을 나타낸 것은?

①
②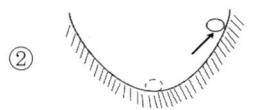
③
④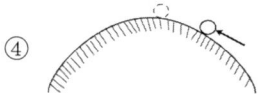

해설 공의 위치가 A에서 B로 변경되었을 때 그 곳에서 평형상태를 유지하는 것을 정적 중립이라 한다.

07 이상기체의 온도(T), 밀도(ρ), 그리고 압력(P)과의 관계를 옳게 나타낸 식은? (단, V : 체적, v : 비체적, R : 기체상수이다.)

① $P = TV$
② $Pv = RT$
③ $P = \dfrac{RT}{\rho}$
④ $P = RV$

08 층류와 난류에 대한 설명으로 옳은 것은?

① 층류는 난류보다 유속의 구배가 크다.
② 층류는 난류보다 경계층(boundary layer)이 두껍다.
③ 층류는 난류보다 박리(separation)가 되기 쉽다.
④ 난류에서 층류로 변하는 지역을 천이지역(transition region)이라고 한다.

해설 층류가 난류보다 박리가 잘 발생하여 흐름을 난류로 만들어 박리를 방지하는 와류발생장치(vortex generator)를 장착한다.

09 다음 중 프로펠러에 의한 동력을 구하는 식으로 옳은 것은? (단, n : 프로펠러 회전수, D : 프로펠러의 직경, ρ : 유체밀도, C_P : 동력계수이다.)

① $C_P \rho n^3 D^5$
② $C_P \rho n^2 D^4$
③ $C_P \rho n^3 D^4$
④ $C_P \rho n^2 D^5$

해설 프로펠러 추력 $F = C_t \cdot \rho \cdot n^2 \cdot D^4$
프로펠러 토크 $Q = C_q \cdot \rho \cdot n^2 \cdot D^5$
프로펠러 동력 $P = C_p \cdot \rho \cdot n^3 \cdot D^5$

ANSWER 5 ③ 6 ① 7 ② 8 ③ 9 ①

10 날개골의 모양에 따른 특성 중 캠버에 대한 설명으로 틀린 것은?

① 받음각이 0도 일 때도 캠버가 있는 날개골은 양력을 발생한다.
② 캠버가 크면 양력은 증가하나 항력은 비례적으로 감소한다.
③ 두께나 앞전 반지름이 같아도 캠버가 다르면 받음각에 대한 양력과 항력의 차이가 생긴다.
④ 저속비행기는 캠버가 큰 날개골을 이용하고 고속비행기는 캠버가 작은 날개골을 사용한다.

해설 캠버가 증가하면 양력과 항력이 동시에 증가한다.

11 헬리콥터 회전날개의 조종장치 중 주기 피치조종과 피치조종을 위해서 사용되는 장치는?

① 평형 탭(balance tab)
② 안정바(stabilizer bar)
③ 회전경사판(swash plate)
④ 트랜스미션(transmission)

해설 주기적 피치 조종(cyclic pitch control)은 회전경사판(swash plate)을 경사지게 만들어 주회전날개 각 깃의 피치각을 다르게하여 조종하는 방법이다.

12 키돌이(loop) 비행 시 상단점에서의 하중배수를 0이라고 하면 이론적으로 하단점에서의 하중배수는 얼마인가?

① 0
② 1
③ 3
④ 6

13 등속수평비행을 하기 위한 힘의 관계를 옳게 나열한 것은?

① 양력 = 무게, 추력 > 양력
② 양력 > 무게, 추력 = 항력
③ 양력 > 무게, 추력 > 항력
④ 양력 = 무게, 추력 = 항력

14 비행기의 무게가 3000kg, 경사각이 60°, 150km/h의 속도로 정상선회하고 있을 때 선회반지름은 약 몇 m인가?

① 102.3
② 200
③ 302.3
④ 500

해설
$$선회반지름(R) = \frac{V^2}{g \cdot \tan\theta} = \frac{(\frac{150}{3.6})^2}{9.8 \times \tan 60}$$

15 비행기의 동적안정성이 (+)인 비행 상태에 대한 설명으로 옳은 것은?

① 진동수가 점차 감소한다.
② 진동수가 점차 증가한다.
③ 진폭이 점차로 증가한다.
④ 진폭이 점차로 감소한다.

해설 동적안정성이 (+)인 상태는 동적 안정인 상태를 말하며 동적 안정인 상태는 진폭이 점점 감소한다.

ANSWER 10 ② 11 ③ 12 ④ 13 ④ 14 ① 15 ④

16 받음각이 클 때 기체 전체가 실속되고 그 결과 옆놀이와 빗놀이를 수반하여 나선을 그리면서 고도가 감소되는 비행 상태는?

① 스핀(spin) 상태
② 더치 롤(dutch roll) 상태
③ 크랩 방식(crab method)에 의한 비행 상태
④ 윙다운 방식(wing down method)에 의한 비행 상태

해설 받음각이 실속각 이상에서 옆놀이를 하면 아래쪽 날개는 더욱 내려가려는 경향이 생기고 위쪽 날개는 더욱 올라가려는 경향이 생겨 항공기가 회전하게 되는데 이 현상을 자전현상이라 하며, 자전현상과 수직강하가 결합된 비행을 스핀이라 한다.

17 제트항공기가 최대항속시간을 비행하기 위해 최대가 되어야 하는 것은? (단, C_L은 양력계수, C_D는 항력계수이다.)

① $(\dfrac{C_L^{\frac{3}{2}}}{C_D})$
② $(\dfrac{C_L}{C_D})$
③ $(\dfrac{C_L^{\frac{1}{2}}}{C_D})$
④ $(\dfrac{C_L}{C_D^{\frac{1}{2}}})$

해설

	최대항속거리	최대항속시간
프로펠러 항공기	$(\dfrac{C_L}{C_D})_{\max}$	$(\dfrac{C_L^{\frac{3}{2}}}{C_D})_{\max}$
제트 항공기	$(\dfrac{C_L^{\frac{1}{2}}}{C_D})_{\max}$	$(\dfrac{C_L}{C_D})_{\max}$

18 정지상태인 항공기가 가속도 $2m/s^2$로 가속되었을 때, 30초 되었을 때 거리는 몇 m인가?

① 100
② 400
③ 900
④ 1200

해설 $S = \dfrac{1}{2} \cdot a \cdot t^2 = \dfrac{1}{2} \times 2 \times 30^2$

19 항공기를 오른쪽으로 선회시킬 경우 가해주어야 할 힘은? (단, 오른쪽 방향으로 양(+)으로 한다.)

① 양(+) 피칭모멘트
② 음(-) 롤링모멘트
③ 제로(0) 롤링모멘트
④ 양(+) 롤링모멘트

20 레이놀즈수(Reynold's number)를 나타내는 식으로 옳은 것은? (단, c : 날개의 시위길이, μ : 절대점성계수, ν : 동점성계수, ρ : 공기밀도, V : 공기속도이다.)

① $\dfrac{Vc}{\rho}$
② $\dfrac{Vc}{\nu}$
③ $\dfrac{Vc}{\mu}$
④ $\dfrac{Vc\nu}{\rho}$

해설 레이놀즈수$(Re) = \dfrac{관성력}{점성력}$
$= \dfrac{\rho A V^2}{\mu \dfrac{AV}{L}} = \dfrac{\rho VL}{\mu} = \dfrac{VL}{\nu}$

ANSWER 16 ① 17 ② 18 ③ 19 ④ 20 ②

제2과목 항공기관

21 가스터빈엔진에서 길이가 짧으며 구조가 간단하고, 연소효율이 좋은 연소실은?

① 캔형   ② 터뷸러형
③ 애뉼러형   ④ 실린더형

해설 애뉼러형 연소실은 구조가 간단하고, 길이가 짧고, 전면 면적이 좁고, 연소정지 현상이 거의 일어나지 않으며, 출구온도 분포가 균일하다는 장점이 있으나, 정비가 불편하다.

22 가스터빈엔진 연료의 성질에 대한 설명으로 옳은 것은?

① 발열량은 연료를 구성하는 탄화수소와 그 외 화합물의 함유물에 의해서 결정된다.
② 가스터빈엔진 연료는 왕복엔진보다 인화점이 낮다.
③ 유황분이 많으면 공해문제를 일으키지만 엔진 고온부품의 수명은 연장된다.
④ 연료 노즐에서의 분출량은 연료의 점도에는 영향을 받으나, 노즐의 형상에는 영향을 받지 않는다.

해설 가스터빈기관용 연료의 구비조건
① 연료의 증기압은 낮아야 한다.(베이퍼 락의 위험성 감소)
② 연료의 어는점은 낮아야 한다.(결빙 방지)
③ 옥탄가가 높은 연료여야 하며, 기화성이 높아야 한다.
④ 인화점은 높아야 한다.
⑤ 대량 생산이 가능해야 하며, 가격도 싸야 한다.
⑥ 단위 무게당 발열량이 커야 하고, 계통 내 부품들을 부식시키지 말아야 한다.
⑦ 점성이 낮고, 균질의 연료여야 한다.

23 항공기엔진의 오일 교환을 정해진 기간마다 해야 하는 주된 이유로 옳은 것은?

① 오일이 연료와 희석되어 피스톤을 부식시키기 때문
② 오일의 색이 점차 짙게 변하기 때문
③ 오일이 열과 산화에 노출되어 점성이 커지기 때문
④ 오일이 습기, 산, 미세한 찌꺼기로 인해 오염되기 때문

해설 엔진오일을 교환하지 않고 지속적으로 사용할 경우 점성이 떨어지고, 산화되어 윤활 성능이 떨어진다. 또한 미세하게 찌꺼기가 발생하고 그 찌꺼기가 엔진 구동을 방해해 엔진의 수명을 단축시킨다.

24 왕복엔진용 윤활유의 점도에 관한 설명으로 틀린 것은?

① 점도는 윤활유의 흐름을 저항하는 유체마찰을 뜻한다.
② 일반적으로 겨울철에는 고점도 윤활유를 사용한다.
③ 윤활유의 점도를 알 수 있는 것으로 SUS가 사용된다.
④ 점도 변화율은 점도지수(viscosity index)로 나타낸다.

해설 유온상승 시간을 빠르게 하고, 엔진의 예열시간이 줄어들며 냉간구동시간을 줄여 엔진의 데미지를 최소화할 수 있어 겨울철에는 저점도의 윤활유를 사용하는 것이 좋다.

ANSWER 21 ③ 22 ① 23 ④ 24 ②

25 왕복엔진 점화과정에서의 이상 연소가 아닌 것은?

① 역화 ② 조기점화
③ 디토네이션 ④ 블로우바이

해설 블로우바이(blow-by)란, 엔진 등에서 연소가스가 피스톤 또는 밸브를 빠져나올 때 이상하게 유출되는 현상을 말한다. 블로우다운(blow-down)은 배기밸브가 닫히기 시작할 때 새어나오는 가스분출로 안전밸브 과대압의 배출 등을 말한다.

26 터빈엔진을 사용하는 도중 배기가스온도(EGT)가 높게 나타났다면 다음 중 주된 원인은?

① 과도한 연료흐름
② 연료필터 막힘
③ 과도한 바이패스비
④ 오일압력의 상승

해설 가스터빈엔진에서 배기가스온도가 높게 나타날 때의 주된 원인은 연료가 과도하게 흘러들어가 공기와의 혼합비가 변할 때 온도 상승이 나타나기 쉽다.

27 가스터빈엔진에서 사용되는 시동기의 종류가 아닌 것은?

① 전기식 시동기(electric starter)
② 시동 발전기(starter generator)
③ 공기식 시동기(pneumatic starter)
④ 마그네토 시동기(magneto starter)

해설 가스터빈엔진의 시동기에는 전기식(전동기식, 시동-발전기식), 공기식(공기터빈식, 가스터빈식, 공기충돌식)이 있다.

28 4500lbs의 엔진이 3분 동안 5ft의 높이로 끌어 올리는데 필요한 동력은 몇 ft·lbs/min인가?

① 6500 ② 7500
③ 8500 ④ 9000

해설 동력 $= \dfrac{ft \times bls}{\min} = \dfrac{5 \times 4500}{3} = \dfrac{22500}{3} = 7500$

29 가스터빈엔진에서 윤활유의 구비 조건이 아닌 것은?

① 유동점이 낮아야 한다.
② 부식성이 낮아야 한다.
③ 점도지수가 낮아야 한다.
④ 화학안정성이 높아야 한다.

해설 가스터빈엔진의 윤활유 구비조건
- 점성과 유동성은 낮아야 한다.
- 점도지수는 어느 정도 높아야 한다.
- 산화 안정성과 열적 안정성이 높아야 한다.
- 인화점은 높아야 한다.
- 공기와의 분리성이 좋아야 한다.
- 기화성이 낮아야 한다.

30 항공기 왕복엔진에서 마력의 크기에 대한 설명으로 옳은 것은?

① 가장 큰 값은 마찰마력이다.
② 가장 큰 값은 제동마력이다.
③ 가장 큰 값은 지시마력이다.
④ 마력들의 크기는 모두 같다.

해설 지시마력은 실린더 내의 기체가 피스톤에 가한 힘을 나타내는데 일반적으로 가장 큰 값을 갖는다.
$iHP = fHP + bHP$
$bHP = iHP - fHP$

ANSWER 25 ④ 26 ① 27 ④ 28 ② 29 ③ 30 ③

$fHP = iHP - bHP$ (iHP : 지시마력, bHP : 제동마력, fHP : 마찰마력)

31 벨마우스(bellmouth) 흡입구에 대한 설명으로 틀린 것은?

① 헬리콥터 또는 터보프롭 항공기에 사용 가능하다.
② 흡입구는 공력 효율을 고려하여 확산형으로 제작한다.
③ 흡입구에 아주 얇은 경계층과 낮은 압력손실로 덕트 손실이 거의 없다.
④ 대부분 이물질 흡입방지를 위한 인렛 스크린을 설치한다.

해설 항공기 흡입부의 공기 특성을 고려하여 유선형으로 만드는데 이러한 구조를 벨마우스 흡입구라 한다. 이런 경우에는 벨마우스의 입구는 점점 좁아지는 수축형으로 진행하도록 설계한다.

32 왕복엔진의 피스톤 지름이 16cm인 피스톤에 6370kPa의 가스압력이 작용하면 피스톤에 미치는 힘은 약 몇 kN인가?

① 63   ② 98
③ 110 ④ 128

해설 힘(kN) = 압력(kPa)×면적(m^2)

힘(kN) = $6370 \times \dfrac{\pi \times 0.16^2}{4}$

= 6370×0.020096
= 128.01152
∴ 128kN

33 왕복엔진의 점화계통에서 E-gap 각이란 마그네토의 폴(pole)의 중립위치로부터 어떤 지점까지의 각도를 말하는가?

① 접점이 열리는 지점
② 접점이 닫히는 지점
③ 1차 전류가 가장 낮은 점
④ 2차 전류가 가장 낮은 점

해설 E-gap이란 중립위치를 지나 브레이커 포인트가 열렸을 때 회전한 사이각도를 말 한다. 이는 브레이커 포인트가 순간적으로 떨어질 때 가장 강한 스파크를 얻기 위하여 중립위치 몇 도 후에 위치시키며, 내부 점화시기라 하기도 한다.(보통 제작자와 모델에 따라 5°~17°까지 변하며, 4극자석은 정확히 12°의 E-gap을 갖는다.)

34 왕복엔진의 평균유효압력에 대한 설명으로 옳은 것은?

① 사이클 당 유효일을 행정길이로 나눈 값
② 사이클 당 유효일을 행정체적으로 나눈 값
③ 행정길이를 사이클 당 엔진의 유효일로 나눈 값
④ 행정체적을 사이클 당 엔진의 유효일로 나눈 값

해설 1사이클 동안 1개의 실린더에서 수행된 일은 이 평균유효압력에 행정체적을 곱하여 구한다. 역으로 1사이클 중 1개의 실린더에서 수행된 일을 행정체적으로 나누면 평균유효압력이 된다.

ANSWER 31 ② 32 ④ 33 ① 34 ②

35 일반적으로 왕복엔진의 배기가스 누설 여부를 점검하는 방법으로 옳은 것은?

① 배기가스온도(EGT)가 비정상적으로 올라가는지 살펴본다.
② 공기흡입관의 압력계기가 안정되지 않고 흔들리며 지시(fluctuating indication)하는지 살펴본다.
③ 엔진카울 및 주변 부품 등에 심한 그을음(exhaust soot)이 묻어 있는지 검사한다.
④ 엔진 배기부분을 알칼리 용액 또는 샌드 블라스팅(sand blasting)으로 세척을 하고 정밀검사를 한다.

해설 엔진을 감싸고 있는 부품이나 엔진커버 또는 엔진 카울 등에 나타나는 그을음을 통해 왕복엔진 배기가스의 누설 여부를 검사할 수 있다.

36 그림과 같은 브레이튼 사이클의 P-V선도에서 각 과정과 명칭이 틀린 것은?

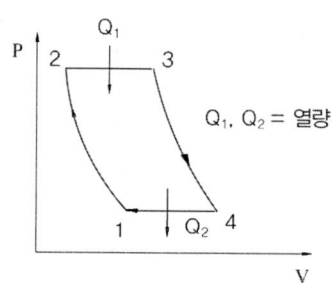

Q₁, Q₂ = 열량

① 1 - 2 : 단열압축
② 2 - 3 : 정적수열
③ 3 - 4 : 단열팽창
④ 4 - 1 : 정압방열

해설 1-2 : 단열압축, 2-3 : 정압수열, 3-4 : 단열팽창, 4-1 : 정압방열

37 왕복엔진의 압력식 기화기에서 저속혼합조정(idle mixture control)을 하는 동안 정확한 혼합비를 알 수 있는 계기는?

① 공기압력계기
② 연료유량계기
③ 연료압력계기
④ RPM 계기와 MAP 계기

38 프로펠러 깃의 허브중심으로부터 깃끝까지의 길이가 R, 깃각이 β일 때 이 프로펠러의 기하학적 피치는?

① $2\pi R tan\beta$ ② $2\pi R sin\beta$
③ $2\pi R cos\beta$ ④ $2\pi R sec\beta$

해설 기하학적 피치 = $2\pi R tan\beta$

39 프로펠러를 [보기]와 같이 분류한 기준으로 가장 적합한 것은?

┌보기──────────────┐
• 유형 A : 고정피치 프로펠러
• 유형 B : 지상조정피치 프로펠러
• 유형 C : 정속 프로펠러
└──────────────────┘

① 프로펠러의 최대 회전 속도
② 프로펠러 지름의 최대 크기
③ 프로펠러 피치의 조정 방식
④ 프로펠러 유효피치의 크기

해설 프로펠러의 피치 변경 방법에 따른 방식에 의해 고정피치, 조정피치, 가변피치(2단 가변 피치, 정속 프로펠러, 역피치, 페더링) 등으로 구분할 수 있다. 피치 변경방법으로는 유압식, 전동식, 기계식이 사용된다.

ANSWER 35 ③ 36 ② 37 ④ 38 ① 39 ③

40 제트엔진의 추력을 결정하는 압력비(EPR: Engine Pressure Ratio)의 정의는?

① $\dfrac{\text{터빈입구압력}}{\text{엔진입구압력}}$ ② $\dfrac{\text{엔진입구압력}}{\text{터빈입구압력}}$

③ $\dfrac{\text{터빈출구압력}}{\text{엔진입구압력}}$ ④ $\dfrac{\text{엔진입구압력}}{\text{터빈출구압력}}$

> **해설** 엔진압력비는 축류형 가스터빈엔진에서 추력을 나타내며, 압축기 입구압력과 출구압력의 비를 말한다.
> $$EPR = \dfrac{\text{터빈출구압력}}{\text{엔진입구압력}}$$

제3과목 항공기체

41 실속속도가 120km/h인 수송기의 설계 제한 하중배수가 4.4인 경우 이 수송기의 설계운용속도는 약 몇 km/h인가?

① 228 ② 252
③ 264 ④ 270

> **해설**
> 하중배수 $= \dfrac{L}{W} = \dfrac{\frac{1}{2}\rho V^2 C_L S}{\frac{1}{2}\rho V^2 C_W S} = \dfrac{\text{설계운용속도}^2}{\text{실속속도}^2}$
>
> $4.4 = \dfrac{\text{설계운용속도}^2}{120^2}$
>
> ∴ 설계운용속도 $= \sqrt{4.4 \times 120^2} = \sqrt{63360}$
> $= 251.71 [\text{km/h}]$

42 키놀이 조종계통에서 승강키에 대한 설명으로 옳은 것은?

① 일반적으로 승강키의 조종은 페달에 의존한다.
② 세로축을 중심으로 하는 항공기 운동에 사용한다.
③ 일반적으로 수평 안정판의 뒷전에 장착되어 있다.
④ 수직축을 중심으로 좌·우로 회전하는 운동에 사용한다.

> **해설** 항공기의 가로축(날개끝과 다른 날개끝을 이은 선)을 중심으로 항공기의 기수가 상하운동을 하는 것을 Pitching(키놀이)라고 하며 세로안정성과 관련이 있다.
> 페달에 의존하는 것은 Rudder이며, 세로축 중심은 Rolling(옆놀이)이며, 수직축을 중심으로 좌우로 회전하는 운동은 Yawing(빗놀이)이다.

43 세미모노코크(semi monocoque)구조에 대한 설명으로 틀린 것은?

① 트러스 구조보다 복잡하다.
② 뼈대가 모든 하중을 담당한다.
③ 하중의 일부를 표피가 담당한다.
④ 프레임, 정형재, 링, 스트링거로 이루어져 있다.

> **해설** 세미모노코크는 Longeron(세로대), stringer(세로지), Formers(정형재), Frame, Ring 등으로 구성되어 트러스 구조보다 복잡하다. 뼈대가 모든 하중을 담당하는 것을 트러스 구조를 말한다.

ANSWER 40 ③ 41 ② 42 ③ 43 ②

44 다음 중 착륙거리를 단축시키는데 사용하는 보조 조종면은?

① 스테빌레이터(stabilator)
② 브레이크 브리딩(brake bleeding)
③ 플라이트 스포일러(flight spoiler)
④ 그라운드 스포일러(ground spoiler)

해설 Stabilator는 안정판으로 Pitching운동하게 되면 수평안정판, Yawing운동 시 수직안정판이 항공기 자세를 안정화시켜준다. 스포일러의 종류에는 flight spoiler와 ground spoiler가 있는데 flight spoiler는 비행 중 항공기의 속도를 줄여 고도를 낮추기도 하고 선회할 때 대형항공기의 경우 Inboard Aileron와 함께사용되어 선회를 돕는다.

45 항공기용 알루미늄합금 판재에 드릴작업을 할 때 가장 적합한 드릴각도, 작업속도, 작업압력을 옳게 나열한 것은?

① 118°, 고속회전, 손힘을 균일하게
② 140°, 저속회전, 매우 힘있게
③ 90°, 저속회전, 변화있게
④ 75°, 저속회전, 매우 세게

해설 경질재료는 140도 저속으로 연질재료(변형에 대한 저항력이 적은 재료, 즉 경도가 낮은 재료)는 118도, 고속으로 스테인레스는 140도, 일반 알루미늄은 90도, 일반적으로 단단할수록 각도와 압력이 커지고 속도가 줄어든다.

46 항공기 날개구조에서 리브(rib)의 기능으로 옳은 것은?

① 날개 내부구조의 집중응력을 담당하는 골격이다.
② 날개에 걸리는 하중을 스킨에 분산시킨다.
③ 날개의 스팬(span)을 늘리기 위하여 사용되는 연장 부분이다.
④ 날개의 곡면상태를 만들어주며, 날개의 표면에 걸리는 하중을 스파에 전달시킨다.

해설 리브(rib)는 스파(spar)와 스트링거(stringer)와 크로스 형태로 결합되어 leading edge부터 trailing edge까지 연결된다. 양력을 발생시키기위한 날개의 표면형태를 만들어주며 스킨과 스트링거의 하중을 스파에 전달하는 역할을 한다. 리브는 날개뿐아니라 ailerons, elevators, rudders, stabilizers 에도 사용된다.

47 AN426AD3-5 리벳의 부품번호에 대한 각 의미로 옳게 짝지어진 것은?

① 426 : 플러시머리리벳
② AD : 알루미늄 합금 2017T
③ 3 : 3/16인치의 직경
④ 5 : 5/32인치의 길이

해설
- AN : Air Force & Navy Aerospace Standard
- 426 : 카운터성크 리벳(Flush rivet)
- AD : 2117
- 3 : 리벳 지름(3/32 inch)
- 5 : 리벳 길이(5/16 inch)

ANSWER 44 ④ 45 ① 46 ④ 47 ①

48 다음 중 토크렌치의 형식이 아닌 것은?

① 빔 식(beam type)
② 제한 식(limit type)
③ 다이얼 식(dial type)
④ 버니어 식(vernier type)

해설 토크렌치의 형식에는 사용 전에 미리 토크 값을 고정하는 고정식(Preset torque driver, Audible indicating torque wrench)과 토크 렌치를 사용하면서 눈으로 보면서 동시에 토크를 맞추는 지시식(Deflecting beam torque wrench, Rigid frame torque wrench)으로 구분된다. beam type은 Deflecting beam torque wrench, limit type은 Preset torque driver, Audible indicating torque wrench, dial type은 Rigid frame torque wrench을 말한다.

49 다음 중 대형 항공기 연료탱크 내 연료 분배계통의 구성품에 해당하지 않는 것은?

① 연료 차단 밸브
② 섬프 드레인 밸브
③ 부스트(승압) 펌프
④ 오버라이드 트랜스퍼 펌프

해설
- 연료 차단 밸브 : emergency(화재)시 engine으로 들어가는 연료를 차단한다.
- 섬프 드레인 밸브 : 엔진으로 연료와 물이 같이 유입되는 것을 방지하기 위해 사전에 차단해 주는 밸브이므로 분배계통에 포함되지 않는다.
- 부스트(승압) 펌프 : main fuel pump로 연료를 보내주는 역할. 압력을 올려주니 승압펌프라고 한다.

50 다음과 같은 항공기 트러스 구조에서 부재 BD의 내력은 몇 kN인가?

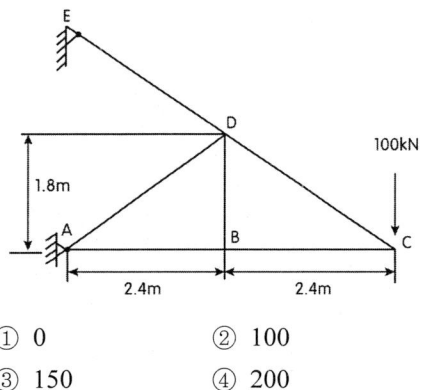

① 0
② 100
③ 150
④ 200

해설 무응력 부재 (Zero-force members) : 트러스의 안정성 확보 및 구조에 작용하는 외력이 변경되었을 때, 지지점을 제공하는 부재이다. 무응력 부재를 먼저 결정하면, 구조해석이 단순화 된다.
※ 트러스에서 무응력 부재를 찾는 방법
① 트러스의 임의의 절점이 2개의 부재만으로 형성되고, 이 절점에 외력이나 반력이 작용하지 않는다면, 그 2개의 부재는 무응력 부재이다.
② 한 절점이 3개의 부재로 형성되고, 이중 나머지 2개의 부재가 서로 평행하고 외력이나 반력이 절점에 작용하지 않는다면, 나머지 하나의 부재는 반드시 무응력 부재가 된다.

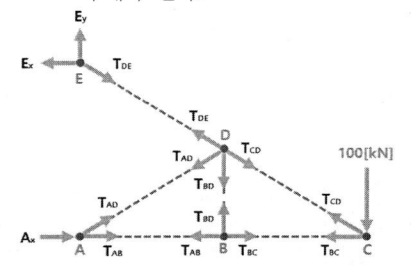

B점은 3개의 부재로 형성된다. 그중 T_{AB}와 T_{BC}부재는 서로 평행이고, B점에 어떤 하중도 반력도 없으므로, 나머지 부재인 T_{BD}는 무응력 부재가 되어, 즉 응력값이 0이 된다. (B점에서 힘의 합력이 0이어야 하는데, T_{BD}에 힘이 있으면, y방향의 힘의 균형이 안 이루어진다.)

ANSWER 48 ④   49 ②   50 ①

51 그림과 같이 인장력 P를 받는 봉에 축적되는 탄성에너지에 관한 설명으로 틀린 것은?

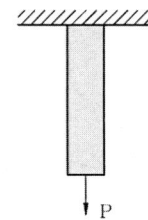

① 봉의 길이에 비례한다.
② 하중의 제곱에 비례한다.
③ 봉의 단면적에 비례한다.
④ 재료의 탄성계수에 반비례한다.

해설 탄성에너지(U) $= \frac{1}{2}P\lambda = \frac{P^2 L}{2AE} = \frac{\sigma^2 V}{2E}$
탄성에너지는 단면적(A), 탄성계수(E)에 반비례하고 인장하중(P), 길이(L)에 비례한다.

52 항공기의 구조물에서 프레팅(fretting)부식이 생기는 원인으로 가장 적합한 것은?

① 잘못된 열처리에 의해 발생
② 표면에 생성된 산화물에 의해 발생
③ 서로 다른 금속간의 접촉에 의해 발생
④ 서로 밀착된 부품간에 아주 작은 진동에 의해 발생

해설 프레팅(fretting)부식은 접촉하는 두 물질사이에 약간의 clearance이 발생되면 마찰에 의해 발생된다. 특히 기체에서 볼트헤드와 접촉면 부위나 압축기 블레이드 뿌리부분과 디스크사이에서 많이 발생된다. 1번은 intergranular, 2번은 surface, 3번은 galvanic corrosion을 말한다.

53 항공기엔진의 카울링에 대한 설명으로 옳은 것은?

① 엔진을 둘러싸고 있는 전체부분이다.
② 엔진과 기체를 차단하는 벽의 구조물이다.
③ 엔진의 추력을 기체에 전달하는 구조물이다.
④ 엔진이나 엔진에 부수되는 보기 주위를 쉽게 접근할 수 있도록 장·탈하는 덮개이다.

해설 1번은 나셀(nacelle) 2번은 방화벽(firewall) 3번은 파일런(pylon)을 말한다.

54 다음 중 인 수지용기의 라벨에 "pot life 30min, shelf life 12 Mo."라고 적혀 있다면 옳은 설명은?

① 수지가 선반에 보관된 기간이 12개월이다.
② 얇은 판재 두께의 12배의 넓이로 작업한다.
③ 수지를 촉매와 섞어 혼합시키면 30분 안에 사용하여 작업을 끝내야 한다.
④ 용기의 크기는 최소 12in 크기로 최소 30분 동안 혼합한다.

해설 The period of time life 30분, shelf life 12개월. shelf life은 플라스틱 용기에 들어있는 특정제품이 빛, 열, 습기, 미생물과 같은 물질에 의해 영향을 받을 수 있기 때문에 품질이 유지되는 저장수명 기간을 표기한 것이다. pot life은 수지용기를 오픈하여 촉매와 섞어 혼합 후 공정에 적합한 상태로 유지되는 시간을 말한다.

ANSWER 51 ③ 52 ④ 53 ④ 54 ③

55 다음 중 변형률에 대한 설명으로 틀린 것은?

① 변형률은 길이와 길이의 비이므로 차원은 없다.
② 변형률은 변화량과 본래의 치수와의 비를 말한다.
③ 변형률은 비례한계 내에서 응력과 정비례 관례에 있다.
④ 일반적으로 인장봉에서 가로변형률은 신장률을 나타내며, 축변형률은 폭의 증가를 나타낸다.

해설 재료의 구조적인 특징을 나타내는 지표로 사용되는 Poisson's Ratio 프아송의 비를 설명한 것으로 인장봉은 축 방향 변형률이 늘어나고 가로 변형률은 줄어든다. 힘이 가해지는 방향이 세로 변형률(Longtudinal strain)이라고 하고 힘과 수직방향 변형이 가로변형률(Lateral strain) 즉 폭의 증가, 감소를 말합니다.

56 두께 0.051in의 판을 $\frac{1}{4}$in 굴곡반경으로 90° 굽힌다면 굴곡허용량(bend allowance)은 약 몇 in인가?

① 0.342   ② 0.433
③ 0.652   ④ 0.833

해설 B.A.(bend allowance)
$= \frac{\theta}{360} 2\pi (R + \frac{T}{2})$
$= \frac{90}{360} \times 2 \times 3.14 \times (\frac{1}{4} + \frac{0.051}{2}) = 0.43[inch]$

57 항공기의 중량과 균형(weight and balance) 조정을 수행하는 주된 목적은?

① 순항 시 수평비행을 위하여
② 항공기의 조종성 보장을 위하여
③ 효율적인 비행과 안전을 위하여
④ 갑작스러운 돌풍 등 예기치 않은 비행 조건에 대처하기 위하여

해설 과거에 영국 항공사 Easyjet에서 항공기 A319에 154명의 탑승객 중 135명이 남성이었으며 여성은 단 19명에 불과해 이륙중량을 넘어 이륙하지 못하는 사고가 발생되어 자발적으로 내린 승객에게 돈을 지불하고 이륙했다고 한다. 항공기의 balance가 불균형하게 되면 조종면을 무리하게 control하여 공기 저항으로 인해 연료소비가 많아 효율적인 비행이 어려워진다.

58 SAE 규격으로 표시한 합금강의 종류가 옳게 짝지어진 것은?

① 13XX : 망간강
② 23XX : 망간-크롬강
③ 51XX : 니켈-크롬-몰리브덴강
④ 61XX : 니켈-몰리브덴강

해설 철과 탄소가 결합되면 탄소강. 탄소강의 성질을 개량하기 위해 철의 5대 원소인 탄소, 규소, 망간, 인, 황 이외에 다른 원소 니켈(내식성), 크롬(내식, 인장강도), 몰리브덴(담금질성 증가) 등을 첨가하면 합금강(alloy steel) 또는 특수강이라고 한다. Society of Automotive Engineers(미국자동차기술학회) 합금강의 규격을 정하여 사용한다. 잘 알려져있는 Stainless Steel에 니켈(8%) 크롬(18%)가 함유되어 녹이 잘 슬지 않는다. 앞 2자리는 합금원소에 따라 바뀌고 뒤에 2자리는 탄소함유량을 나타낸다. 일반 탄소강은 10XX로 시작하고 41XX-망간크롬, 51XX, 52XX-크롬, 61XX-크롬 바나듐, 46XX, 48XX-니켈몰리브덴, 86XX, 87XX, 88XX-니켈크롬몰리브덴강을 말한다.

ANSWER 55 ④ 56 ② 57 ③ 58 ①

59 강관의 용접작업 시 조인트 부위를 보강하는 방법이 아닌 것은?

① 평 가세트(flat gassets)
② 스카프 패치(scarf patch)
③ 손가락 판(finger strapes)
④ 삽입 가세트(insert gassets)

[해설] 강관의 조인트 부위를 보강하기 위해 위 그림과 같이 Longeron에 finger strapes를 사용하거나 튜브형태의 insert gussets을 사용한다. scarf patch 방법은 목재 연결시 절단면을 넓게 만들어 단면적을 넓혀 단단하게 하는 이음방식의 하나이다.

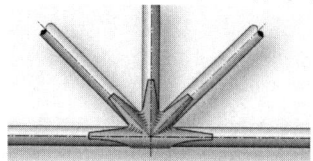

60 복합재료의 강화재 중 무색 투명하며 전기부도체인 섬유로서 우수한 내열성 때문에 고온 부위의 재료로 사용하는 것은?

① 아라미드섬유 ② 유리섬유
③ 알루미나섬유 ④ 보론섬유

[해설]
- 아라미드 섬유(제품명 Kevlar) : 충격에 강해 손상에 노출된 곳에 사용될 정도로 강도가 높아 드릴링, 커팅이 쉽지 않다. 흡습력이 높은 단점이 있다.
- 보론섬유 : 인장, 압축강도 높으며 알루미늄과 결합시 갈바닉부식이 진행되지 않아 기체 균열시 보강재로 사용된다. 가격이 높고 보통 군용기에 사용된다.
- 유리 섬유 : 페어링, 레이돔, 윙팁, 헬리콥터 로터 블레이드에 사용되며 다른 복합 재료보다 저렴한 비용으로, 비전도성이며 백색을 띠고 있다.
- 알루미나섬유 : 높은 내열성, 고강도의 성질을 가지고 있어 열교환기부품이나 플러그에도 사용된다.

제4과목 항공장비

61 항공기에서 고도 경고 장치(altitude alert system)의 주된 목적은?

① 지정된 비행 고도를 충실히 유지하기 위하여
② 착륙 장치를 내릴 수 있는 고도를 지시하기 위하여
③ 고 양력 장치를 펼치기 위한 고도를 지시하기 위하여
④ 항공기가 상승 시 설정된 고도에 진입된 것을 지시하기 위하여

[해설] 고도경고장치 (Altitude alert system) : 고도를 정확히 인지하지 못하는 위험을 사전에 방지하기 위한 장치. 운항 중인 항공기에서 조종사에게 현재 고도를 확인시키고, 지정한 고도와의 차이를 알려준다.

62 교류회로에서 피상전력이 100kVA이고 유효전력은 80kW, 무효전력은 60kVar일 때 역률은 얼마인가?

① 0.60 ② 0.75
③ 0.80 ④ 1.25

[해설] 역률 (power factor) : 유효전력과 피상전력의 비. 교류 회로의 능률을 나타내는 수치.

$$P_f(역률) = \frac{P(유효전력)}{P_S(피상전력)} = \frac{80 \times 10^3 [W]}{100 \times 10^3 [VA]} = 0.8$$

ANSWER 59 ② 60 ③ 61 ① 62 ③

63 항공기의 자기컴퍼스가 270°(W)를 가리키고 있고, 편각은 6°40′, 복각은 48°50′인 경우 항공기가 비행하는 실제 방향은?

① 221°10′　② 263°20′
③ 276°40′　④ 318°50′

해설 편각보정

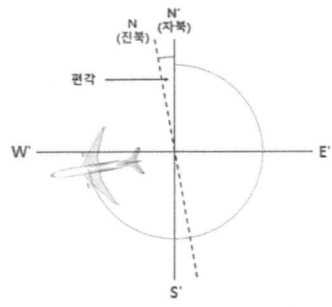

자기컴퍼스가 나타내는 항공기의 주향은 N270°E이다. 이는 자기컴퍼스의 자침이 자북을 기준으로 동쪽으로 270° 돌아가 있는 상태를 의미한다. 편각을 6°40′W라 하면 편각을 보정해서 진북을 기준으로 볼 때 항공기가 비행하는 실제 방향은 N263°20′E가 되는 것이다. (동편각일 때는 측정각도에서 편각을 빼주면 된다.)

64 피토관 및 정압공에서 받은 공기압의 차압으로 속도계가 지시하는 속도를 무엇이라고 하는가?

① 지시대기속도(IAS)
② 진대기속도(TAS)
③ 등가대기속도(EAS)
④ 수정대기속도(CAS)

해설
① 지시대기속도 (IAS) : 전압, 정압, 지시기 오차 등을 포함한 실제 지시한 속도.
② 진대기속도 (TAS) : EAS에서 밀도가 변해서 생기는 지시의 변화를 수정한 속도.
③ 등가대기속도 (EAS) : CAS에서 공기의 압축성을 고려한 경우의 값으로 고쳐진 속도.
④ 수정대기속도 (CAS) : IAS에서 전압, 정압, 지시기 오차 등을 수정한 속도.

65 지상 근무자가 다른 지상 근무자 또는 조종사와 통화할 수 있는 장치는?

① 객실(cabin) 인터폰
② 화물(freight) 인터폰
③ 서비스(service) 인터폰
④ 플라이트(flight) 인터폰

해설
① 객실 인터폰 장치 (Cabin Interphone System) : 조종실과 객실 승무원석 및 각 배치로 나누어진 객실 승무원 상호간의 통화 연락을 하기 위한 전화 장치이다.
② 화물(freight) 인터폰 (Cargo Intercom System) : 화물 인터컴 시스템은 화물기 작동에 필요한 교신 능력을 제공하고 화물수송책임자와 조종실과 화물실과의 교신을 가능하게 한다.
③ 승무원 상호간 통화 장치 (Service Interphone System) : 비행 중에는 조종실과 객실 승무원석 및 갤리(galley) 간의 통화 연락을, 지상에서는 조종실과 정비, 점검 상 필요한 기체 외부와의 통화 연락을 하기 위한 장치이다. (B747에서는 정비용으로만 사용)
④ 운항 승무원 상호간 통화 장치 (Flight Interphone System) : 조종실 내에서 운항 승무원 상호간의 통화 연락을 위해 각종 통신이나 음성 신호를 각 운항 승무원석에 배분한다.

ANSWER 63 ② 64 ① 65 ③

66 엔진을 시동하여 아이들(idel)로 운전할 경우 발전기 전압이 축전지 전압보다 낮게 출력될 때 발생되는 현상은?

① 발전기와 축전지가 부하로부터 분리된다.
② 축전지는 부하로부터 분리되고, 발전기가 전체의 부하를 담당한다.
③ 발전기와 축전지가 병렬로 접속되어 전체 부하를 담당한다.
④ 역전류 차단기에 의해 발전기가 부하로부터 분리된다.

해설 항공기에서는 엔진 정지시의 전원, 또는 비상용 전원으로 축전지를 탑재하고 있다. 엔진 가동 중 축전지를 충전하기 위해 발전기와 병렬 운전된다. 또 축전지 전압보다 발전기 출력 전압이 낮으면 역전류로 인하여 고장날 수 있어, 자동적으로 역전류를 차단하는 역류차단장치도 설치되어 있다.

※ 발전기는 슬립링을 통해 로터가 전자석이 되며, 고정자(스테이터)에서 전기를 생산한다. 구조도 이전 회전자(로터)의 정류자(커뮤테이터)에 브러시처럼 소모가 많지 않고, 로터의 슬립링 방식으로 브러시 소모가 아주 적으며, 또한 발전기는 3상 교류발전기이기에 더 많은 전기를 생산하게 되었다. 사실 발전기는 항공기로부터 유래된 것인데 항공기는 중량에 민감하고 지상에서보다 고공비행 시 공기밀도 저하로 arcing으로 인한 브러시 마모가 심하다. 또한 직류 발전기는 역전류 차단 계전기(reverse current cut-out relay)가 있어야 하는데, 발전기에서 배터리로 충전하다 발전기의 이상으로 배터리 전압이 발전기로 역류되면 모터로 되면서 배터리와 발전기에 심한 손상을 줄 수 있어 반드시 필요한 장치이다.

67 유압계통에서 작동기의 작동방향을 결정하기 위해 사용되는 것은?

① 축압기(accumilator)
② 체크 밸브(check valve)
③ 선택 밸브(selector valve)
④ 압력 릴리프 밸브(pressure relif valve)

해설 ① 축압기 (Accumulator) : 가압된 작동유를 저장하는 저장통으로, 여러 개의 유압 기기가 동시에 사용될 때 동력 펌프를 돕고, 동력 펌프가 고장났을 때에는 저장되었던 작동유를 유압 기기에 공급한다. 유압 계통의 서지(surge) 현상을 방지하고, 압력을 흡수하면 압력 조정기의 개폐 빈도를 줄여 펌프나 압력 조정기의 마멸을 감소시킨다.
② 체크 밸브 (check valve) : 한쪽 방향으로만 작동유의 흐름을 허용하고, 반대 방향의 흐름은 차단하는 밸브이다.
③ 선택 밸브 (selector valve) : 작동 실린더의 운동 방향을 결정하는 밸브이다. 기계적으로 작동되는 것과 전기적으로 작동되는 것이 있고, 기계적으로 작동되는 밸브에는 회전형, 포핏형, 스풀형, 피스톤형, 플런저형이 있다.
④ 압력 릴리프 밸브 (pressure relif valve) : 과도한 압력에 의한 구성요소의 파손 또는 유압관의 파열을 방지하기 위해 사용된다. 압력안전밸브는 압력조절 스크류(screw)에 의해 작동 최대 압력을 설정할 수 있다. 만일 계통압력이 설정압력을 초과하면 압력관의 유압유를 회수관을 통해 저장소로 되돌아가게 한다. 압력안전밸브는 구조 및 용도에 따라 분류된다. 가장 일반적인 타입으로 볼형(ball-type), 슬리브형(sleeve-type), 포핏형(poppet-type)이 있다. 엔진구동펌프를 주공급원으로 하는 대형유압계통에서는 엔진이 작동하는 한 유압펌프는 계속 압력이 걸리게 되고 이는 압력안전밸브 내부의 온도를 증가시켜 유압유 및 패킹(packing)의 기능을 급격히 저하시키기 때문에 압력안전밸브(pressure relief valves)는 압력조절기 용도로 사용될 수 없다. 그러나 소형, 저압계통, 또는 펌프가 전동식이고 간헐적으로 사용된다면 압력조절기로써 사용할 수 있다.

ANSWER 66 ④ 67 ③

68 서머커플형(thermocouple type)화재 탐지장치에 관한 설명으로 옳은 것은?

① 연기 감지에 의해 작동한다.
② 빛의 세기에 의해 작동한다.
③ 급격한 움직임에 의해 작동한다.
④ 온도상승에 의한 기전력 발생으로 작동한다.

해설 서모커플식화재탐지장치 (Themocouple type fire detector) : 열전쌍식이라 하며, 온도의 급격한 상승에 의하여 화재를 탐지하는 장치로서, 서로 다른 종류의 금속을 서로 접합한 열전쌍(thermocouple)을 이용하여 필요한 만큼 직렬로 연결하고, 고감도 릴레이를 사용하여 경고 장치를 작동시킨다.

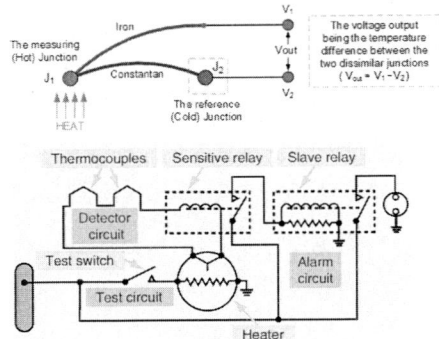

69 고도계의 오차 중 탄성오차에 대한 설명으로 틀린 것은?

① 재료의 피로 현상에 의한 오차이다.
② 온도 변화에 의해서 탄성계수가 바뀔 때의 오차이다.
③ 확대장치의 가동부분, 연결 등에 의해 생기는 오차이다.
④ 압력 변화에 대응한 휘어짐이 회복되기까지의 시간적인 지연에 따른 지연 효과에 의한 오차이다.

해설 고도계 오차의 종류
① 눈금오차 : 일정한 온도에서 진동을 가하여 기계적 오차를 뺀 계기 특유의 오차. 일반적으로 고도계의 오차는 눈금 오차를 말하며 수정이 가능하다.
② 온도오차 : 온도의 변화에 의하여 고도계의 각 부분이 팽창, 수축하여 생기는 오차.
③ 탄성오차 : 히스테리시스, 편위, 잔류 효과와 같이 일정한 온도에서의 탄성체 고유의 오차로서 재료의 특성 때문에 발생한다.
  1) 히스테리시스 : 항공기가 상승하는 도중 어떤 고도에서 읽은 눈금과 하강할 때 읽은 눈금이 서로 다르게 되는 것으로 불규칙하게 오차 발생.
  2) 편위 : 탄성체의 크리프 현상에 의해서 지시치가 시간과 함께 조금씩 변해가는 것.
  3) 잔류효과 : 고도계에서 압력을 증가시킨 후 감소하면 시작점 전후에서 발생하는 오차.
④ 기계적오차 : 계기 각 부분의 마찰, 기구의 불평형, 가속도와 진동 등에 의하여 바늘이 일정하게 지시하지 못함으로써 생기는 오차. 이들은 압력의 변화와 관계가 없으며 수정이 가능하다.

70 다음 중 엔진의 상태를 지시하는 엔진계기의 종류가 아닌 것은?

① RPM 계기
② ADI
③ EGT 계기
④ Fuel flowmeter

해설 ① RPM 계기 : 엔진의 회전속도를 지시하는 회전계기로서, 왕복엔진에서는 크랭크축의 회전수를 rpm으로 지시하고, 가스터빈엔진에서는 압축기의 회전수를 최대회전수의 백분율로 나타낸다.
② 비행 자세 지시계 (ADI : attitude direction indicator) : 현재의 비행자세(Attitude)는 롤(roll) 자세, 피치(pitch) 자세, 요(yaw) 변화

율 및 미끄러짐(slip)의 4개의 요소로 표시하고 있는 것이 많다. 미리 설정된 모드로 비행하기 위한 명령 장치(FD : flight director). 자세의 현상과 편위를 수정하기 위한 조작 명령의 2종(roll command, pitch command)이 표시된다.

③ 배기가스 온도계 (EGT : exhaust gas temperature) : 배기가스의 흐름 단면은 도너츠형이 되어 있으므로, 한 곳의 연소 가스의 온도를 측정한 것만으로 전체를 알 수 없어 대형 엔진의 경우 여러 곳의 온도를 측정하여 각 위치의 평균값을 배기가스 온도로 한다. 다수의 열전쌍(thermocouple)을 병렬로 배치하여 구성된 회로에 발생한 열기전력의 전압차가 평균 전압과 같아지기까지 포텐시오미터를 회전시켜 그 위치가 계기에 표시된다. 열전쌍으로는 알루멜-크로멜이 주로 사용된다.

④ 연료 유량계 (Fuel flowmeter) : 기체 또는 액체가 단위시간에 흐르는 양(체적 또는 질량)을 측정하는 계기이다. 유체의 양을 체적으로 나타내는 유량계를 체적유량계라 하고, 질량으로 나타내는 유량계를 질량 유량계라 한다. 유량계의 종류는 매우 많아, 유체의 종류나 측정조건, 사용목적 등에 따라 적절한 선택이 필요하다. 항공기에서는 탱크에서 엔진계통에 유입되는 연료, 윤활유의 시간당 공급량을 지시하는 계기를 말한다.
※ 유량계의 종류
1) 차압식 유량계 : 유량 통로에 오리피스를 설치하여 오리피스 통과 전후의 압력차(차압)를 비교하여 유량을 지시한다.
2) 베인식 유량계 : 연료, 윤활유 흐름 통로에 베인(회전체+날개조각)을 설치하여 연료공급량과 회전체의 비율을 적용하여 유량을 지시한다.
3) 동기전동기식 유량계 : 연료, 윤활유 흐름 통로에 임펠러 장치를 동기 전동기와 연결 회전하므로 임펠러에서 회전에 따른 공급량을 지시한다. 교류전동기로서 사용전원의 주파수와 일치, 제트 기관에서 주로 사용된다.

71 엔진의 회전수와 관계없이 항상 일정한 회전수를 발전기축에 전달하는 장치는?

① 정속구동장치(C.S.D)
② 전압 조절기(voltage regulator)
③ 감쇠 변압기(damping transformer)
④ 계자 제어장치(field control relay)

해설 ① 정속 구동 장치 (CSD : constant speed drive) : 항공기의 교류 발전기는 전압을 일정하게 유지함과 동시에 주파수 또한 일정하게 유지할 필요가 있다. 그렇기에 엔진과 발전기 사이에 정속 구동 장치를 설치하여 엔진의 회전수가 변화해도 발전기의 회전수가 일정하게 유지되도록 하고 있다.

② 전압 조절기 (voltage regulator) : 전압 조정기는 발전기의 부하와 회전속도에 관계없이 발전기 전압을 항상 일정하게 유지하는 기능을 한다. 전압조정의 주된 목적은 전압맥동에 의한 전기장치의 기능장애를 방지하고, 동시에 축전지와 전기장치를 과부하로부터 보호하는 것이다. 전압조정기는 설치위치에 따라 발전기 부착식과 발전기와 분리된 형식으로 구별할 수 있다.

③ 감쇠 변압기 (damping transformer) : 감쇠 변압기는 헌팅방지(부궤환을 걸어줌으로써 발진을 방지하여 안정화를 도모) 장치이다. C자의 성층철심 중앙에 위치된 두 개의 권선으로 구성되어 있다. 감쇠 변압기의 1차는 익사이터(여진기 : 여진 전력을 공급하기 위한 발전기나 발진기 또는 증폭기)의 출력과 연결되어 있다. 여진기 전압에 변화가 발생하면 감쇠 변압기의 1차 전압이 2차 전압을 유도한다. 2차 전압은 레귤레이터 코일에 작용하여 전기자의 움직임을 감쇠시킨다. 이는 헌팅(전류, 전압, 주파수 흔들림) 및 발전기 단자 전압의 과도한 변화를 방지할 수 있다. 전압 조정 가변저항기는 AC 발전기 전압의 조정된 값을 올리거나 내리는 데 사용된다.

④ 계자 제어장치 (field control relay) : 과전압 제어릴레이와 계자제어릴레이는 발전기제어회로와 함께 과도한 전압이 있을 때 계통

ANSWER 71 ①

을 보호한다. 과전압제어릴레이는 발전기 출력이 32[V]에 도달할 때 접속되고, 계자제어 릴레이의 트립코일(trip coil)로 회로를 형성하여 과전압 상황을 경고하는 표시등 회로가 완성된다.

72 항공기 방화시스템에 대한 설명으로 옳은 것은?

① 방화시스템은 감지(detection), 소화(extinguishing), 탈출(evacuation)시스템으로 구성되어 있다.
② 엔진의 화재감지에 사용되는 감지기(detector)는 주로 스모그감지장치(smoke detector)이다.
③ 연속 저항 루프 화재 탐지기에는 키드시스템(kidde system)과 팬웰시스템(fenwal system)이 있다.
④ 항공기에서 화재가 감지되면 자동적으로 해당 소화시스템(extinguishing system)이 작동되어 화재를 진압한다.

해설 화재방화시스템은 감지(detection)와 소화(extinguishing) 시스템으로 구성되어 있고, 열에 민감한 재료를 사용하여 탐지하게 되며, 화재가 발생하면 경고장치에 전기적 신호를 보내어 운항승무원에게 알려준다. 메인엔진&APU에는 화재 및 과열탐지기, 화물실&화장실에는 연기탐지기, 착륙장치수납실&날개앞전에는 과열탐지기가 사용된다. 화재가 발생하면 운항승무원에 의해 해당 소화시스템(extinguishing system)이 작동되어 화재를 진압한다. (엔진, 화물실, 화장실에는 고정식 소화기가 배치되어 있고, 객실에는 휴대용소화기가 배치되어 있다.)
※ 연속저항루프화재탐지기 (Continuous Resistance loop fire detector) : 스테인레스강이나 인코넬 튜브로 만들어져 있으며, 인코넬튜브 내부는 온도 변화에 따라 전기저항이 변화할 수 있는 세라믹, 서미스터, 공융염으로 채워져 있으며, 전기적 신호를 전송하기 위하여 2개의 니켈전선이 들어 있다. 하나의 니켈전선은 전원공급선이며, 다른 전선과 인코넬튜브는 접지선으로 되어 있다. 탐지기 주위 온도가 정상일 때는 세라믹, 서미스터, 공융염의 저항은 커져서 전원공급선에서 접지선으로 전류가 흐르는 것을 방해하지만, 특정 온도로 상승하면 저항이 급격히 낮아져서 전기회로가 구성되어 화재나 과열상태를 지시한다.

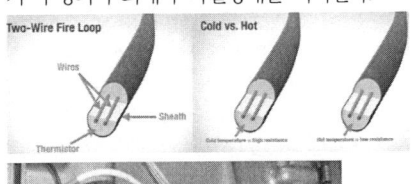
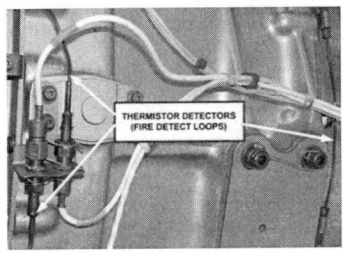

73 자기 콤파스(magnetic compass)의 북선오차에 대한 설명으로 틀린 것은?

① 항공기가 선회할 때 발생하는 오차이다.
② 항공기가 북극 지방을 비행할 때 콤파스 회전부가 기울어져 발생하는 오차이다.
③ 항공기가 북진하다 선회할 때 실제 선회각보다 작은각이 지시된다.
④ 콤파스 회전부의 중심과 지지점이 일치하지 않기 때문에 발생한다.

해설 ① 자기 컴퍼스의 동적오차 : 북선오차(선회오차), 가속도오차, 와동오차
1) 북선오차 (Northern turning error) : 자기 적도 이외의 위도에서 지자기 수직성분이 존재하는데 항공기 선회 시, 선회각을 주면 컴퍼스 카드면이 지자기의 수직성분과 직각 관계가 흐트러져서 올바른 자방위를 지시하지 못한다. 북진하다가 동서로 선회할 때 오차가 가장 크므로 북선오차라 하며,

ANSWER 72 ③ 73 ②

선회 시 나타나므로 선회오차라고 한다.
2) 가속도오차 (Acceleration error) : 컴퍼스 카드 등을 포함하는 가동부의 무게 중심은 지지점보다 아래에 있어 가속 시에 카드면은 앞으로 기울고, 감속 시에 뒤로 기울어 컴퍼스 카드면이 지자기의 수직성분과 직각 관계가 흐트러져서 올바른 자방위를 지시하지 못한다. 항공기가 동서로 향하고 있는 경우 가장 크게 나타나고, 남북으로 향할 때는 거의 나타나지 않아 동서오차라고 한다.
3) 와동오차 (Swirl error) : 항공기 비행 시 난기류, 악천후 등의 영향으로 발생하는 오차이다.

② 자기 컴퍼스의 정적오차 : 불이차, 반원차, 사분원차
1) 불이차 (Constant deviation) : 컴퍼스에 설치된 영구자석 축과 컴퍼스 카드의 남북을 이은 축이 서로 일치하지 않을 때로서 제작 및 설치상의 오차이다. 컴퍼스의 중심선과 항공기 기체축이 서로 평행하지 않은 설치상의 오차로 모든 자방위에서 일정한 크기로 나타난다.
2) 반원차 (Semicircular deviation) : 항공기 내의 전기기구 및 전선에 의한 불이자기, 영구자석 및 기체구재 중 수직 철재구조재에 의한 오차이며, 자차 중 가장 크기 때문에 자차를 수정하는 것은 반원차를 수정하는 것이다.
3) 사분원차 (Quadrant deviation) : 기체 구조재 중 수평철재 및 연철재료에 의해 지자기가 흩어지기 때문에 발생하는 오차이다.

74 다음 중 붉은 색을 띠며 인화점이 낮은 작동유는?

① 식물성유   ② 합성유
③ 광물성유   ④ 동물성유

해설 유압유의 종류
① 식물성유 : 파마자 기름과 알콜의 혼합물로 구성되어 있어 알콜 냄새가 나고, 색깔은 파란색이다. 구형 항공기에 사용되어 부식성과 산화성이 크기 때문에 잘 사용하지 않는다. 알콜로 세척이 가능하며, 고온에서는 사용 불가하다. (천연 고무 씰 사용.)
② 광물성유 : 원유로 제조되며, 색깔은 붉은색이다. 사용 온도 범위는 -54℃~71℃인데, 인화점이 낮아 과열되면 화재의 위험이 있다. 현재 유압계통에는 사용하지 않으나, 착륙장치의 완충기나 소형항공기 브레이크 계통에 사용되고 있다. (네오프렌 합성 고무 씰 사용.)
③ 합성유 : 인산염과 에스테르의 혼합물로서, 화학적 제조되며, 색깔은 자주색이다. 인화점이 높아 내화성이 크므로 대부분의 항공기에 사용되고, 사용 온도 범위는 -54℃~115℃이다. 독성이 있으므로 인체에 주의해야 한다. (테프론, 부틸합성 고무 씰 사용.)

75 현대 항공기에서 사용되는 결빙 방지 방법이 아닌 것은?

① 화학물질 처리
② 발열소자를 사용한 가열
③ 팽창식 부츠를 활용한 제빙
④ 기계적 운동으로 인한 마찰열 발생

해설 비행중인 항공기 표면에 결빙이 형성되면 성능에 막대한 영향을 초래한다. 날개 앞전, 공기 흡입구, 윈드실드, 피토관, 프로펠러 등 대기에 노출되는 부분이 잘 발생한다. 방빙 방법으로는 가열된 공기를 사용하는 방법, 전열선으로 해당 부분을 가열하는 방법, 알콜 분사하는 방법 등이 있다.

74 ③   75 ④

결빙 부분	방빙 및 제빙 방법
날개 앞전	가열공기
수직, 수평 안정판의 앞전	가열공기
윈드실드 및 창문	전열기, 알콜
히터, 기관 공기 흡입구	전열기
실속 경고 장치	전열기
프로펠러 깃의 앞전	전열기, 알콜
왕복엔진 기화기 (플로트형)	가열공기, 알콜
드레인 마스트	전열기
피토관	전열기

※ 알콜 : 이소프로필 알콜이나 에틸렌글리콜과 알콜을 섞은 용액

76 객실여압(cabin pressurization)장치가 있는 항공기의 순항고도에서 적절한 객실고도는?

① 6000ft
② 8000ft
③ 10000ft
④ 12000ft

해설 항공기의 여압장치는 순항고도(36,000[ft])에서 11~12[psi]의 객실내부 압력을 유지하도록 설계되어 있다. 여압장치가 갖추어진 항공기의 객실 기압고도는 2,400m(8,000[ft])이하로 유지된다.

77 황산 납 축전지(lead acid battery)의 충전 작용의 결과로 나타나는 현상은?

① 전해액 속의 황산의 양은 줄어든다.
② 물의 양은 증가하고 전해액은 묽어진다.
③ 내부 저항은 증가하고 단자 전압은 감소한다.
④ 양극판은 과산화납으로, 음극판은 해면상납이 된다.

해설 양극판이 음극판보다 더 활성적이므로 양극판을 보호하고 용량을 증대시킬 목적으로 음극판을 1장 더 두고 있다. 그러므로 양극판은 항상 음극판 사이에 있게 되며, 각 셀의 양면에는 음극판이 있게 된다.
축전지 셀의 케이스가 구부러졌거나 찌그러진 경우는 축전지가 과충전 되었거나 열에 의하여 변형된 것이므로 셀을 교환해야 한다. 탄산칼륨의 결정체가 너무 많이 형성되어 있을 때에는, 과충전 되었거나 온도와 전해액이 너무 높아 흘러나온 경우이다. 이 때에는 전해액의 높이를 점검하고, 축전지를 깨끗이 닦아낸 다음에 정전류 충전법에 의하여 재충전한다. 납산 축전지를 충, 방전시키면 내부에서는 양극판과 음극판이 전해액과 화학반응을 일으킨다. 충, 방전 작용은 양극판의 활성물질인 과산화납과 음극판의 활성물질인 해면상납 및 전해액인 묽은 황산에 의하여 형성된다.

78 다음 중 자동착륙시스템(autoland system)의 종류가 아닌 것은?

① Dual system
② Triplex system
③ Dual-Dual system
④ Triplex-Triplex system

해설 활주로 운영등급 (CAT : category) : 일반적으로 착륙시에는 공항의 활주로 및 항행 안전시설에 따라 정밀접근, 비정밀접근, 선회접근, 시각접근 등으로 구분되며, 정밀접근은 항공기가 착륙 여부 결정에 있어 3개의 카테고리로 나눈다. 성능에 따라 CAT-Ⅰ, Ⅱ, Ⅲa, Ⅲb, Ⅲc 등으로 분류한다. (카테고리 Ⅲ에서는 활주로 시정거리를 3등급으로 나눈다.)
1) CAT Ⅰ : DH 200ft(60m), 시정 600m 또는 활주로 가시거리 550m이상
2) CAT Ⅱ : DH 100ft(30m), 활주로 가시거리 350m이상
3) CAT Ⅲa : DH 100ft(30m) 또는 제한없음, 활주로 가시거리 200m이상

ANSWER 76 ② 77 ④ 78 ④

4) CAT Ⅲb : DH 50ft(15m) 또는 제한없음, 활주로 가시거리 200m이상
5) CAT Ⅲc : 제한없음
※ CAT Ⅲc : 최신의 대형 항공기들은 착륙 시 자동조종장치를 fail-operational autopilot 수준으로 갖추고 있어 autopilot을 2~3개 활성화한 상태로 착륙한다. 착륙 도중에 1개의 autopilot 컴퓨터가 고장나도 안전한 착륙을 보장하기 위함이다. (As Ⅲb but without decision height or visibility minimums, also known as "zero-zero.")

① Single autopilot : 자동 착륙이 불가하며, 결심고도 이전에 autopilot을 해제하고 수동 착륙으로 전환해야 한다.
② Fail-passive MODE (Dual autopilot) : 2개의 autopilot으로 착륙하는 도중 1개의 신호를 받을 수 없게 되면 수동 착륙으로 전환해야 한다. ILS 신호와 오차가 커지기 때문에 안전상의 이유로 1개의 autopilot 사용을 금지하고 있다. (in case of failure, the aircraft stays in a controllable position and the pilot can take control of it to go around or finish landing. It is usually a dual-channel system.)
③ Fail-operational (Triple autopilot) : 3개의 autopilot으로 착륙하는 도중 1개의 신호를 받을 수 없게 되어도 자동 착륙이 가능하다. 단, 이 상황에서는 등급이 낮아져 Fail-passive MODE와 동일한 등급으로 취급되야 한다. (in case of a failure below alert height, the approach, flare and landing can still be completed automatically. It is usually a triple-channel system or dual-dual system.)

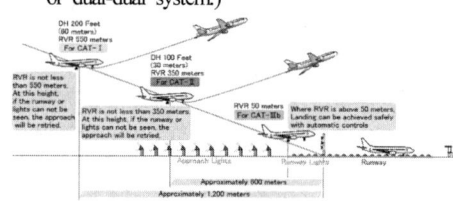

79 항공기의 전기회로에 사용되는 스위치에 대한 설명으로 틀린 것은?

① 푸시버튼스위치는 접속방식에 따라 SPUT, SPWT, DPUT, DPWT가 있다.
② 항공기의 토글스위치는 운동부분이 공기 중에 노출되지 않도록 케이스로 보호되어 있다.
③ 회선선택스위치는 한 회로만 개방하고 다른 회로는 동시에 닫히게 하는 역할을 한다.
④ 마이크로스위치는 짧은 움직임으로 회로를 개폐시키는 것으로, 착륙장치와 플랩 등을 작동시키는 전동기의 작동을 제한하는 스위치로 사용된다.

해설
① 각 스위치(푸시버튼, 슬라이드, 토글 등)는 타입에 따라, SPST, SPDT, DPST, DPDT로 분류되고, 구조부가 케이스로 보호되어 있다.
② 회전선택스위치 (Rotary-Selector Switch) : 여러개의 스위치를 대신하여 사용된다. 스위치의 노브(knob)가 회전할 때, 스위치는 하나의 회로를 연결하고 다른 나머지들의 회로를 폐쇄시킨다. 점화 스위치와 전압계 선택 스위치가 대표적이다.

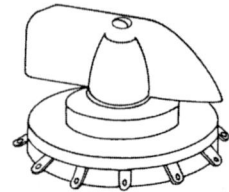 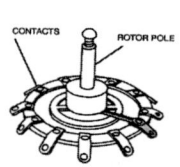

③ 마이크로 스위치 (Micro Switch) : 3부분으로 나누어진 스프링을 변형을 가한 상태로 고정하고 핀 플런저(pin plunger)가 스프링을 누르면 접점이 되돌아오는 동작을 이용하여 회로를 선택한다. 랜딩기어의 작동표시, 도어의 개폐표시, 플랩의 작동상태 표시 등에 사용된다.

ANSWER 79 ①

80 항공기 안테나에 대한 설명으로 옳은 것은?

① 첨단 항공기는 안테나가 필요 없다.
② 일반적으로 주파수가 높을수록 안테나의 길이가 짧아진다.
③ ADF는 주로 다이폴 안테나가 사용된다.
④ HF 통신용은 전리층 반사파를 이용하기 때문에 안테나가 필요없다.

해설 최신 항공기는 각종 통신장치로 인하여 다양한 안테나를 장착하고 있다. 일반적으로 주파수가 클수록 큰 안테나를 사용해야 하지만 항공기에는 비교적 작은 안테나를 사용할 수밖에 없어 송수신기와 안테나의 전기적인 매칭을 위해 안테나 커플러(antenna coupler)가 부착된다. 안테나 커플러는 전파를 수신하기 위해 안테나의 길이를 짧게 하기 위해 보상해주는 회로 장치이다. 항공 주파수 대역에는 HF, VHF, UHF 가 사용된다. HF는 전파의 흡수가 적은 F층에서 반사되어 원거리에 전파되는 특징이 있어 원거리 통신이 가능하고, VHF는 파장이 매우 짧고 높은 주파수의 전파는 이온층에서 반사되지 않고 직진하여 근거리 통신에 적합하다. VHF 통신용은 주로 블레이드형 안테나를 사용한다. HF 통신용은 주로 와이어형 안테나를 사용한다.

※ 자동방향탐지기 (ADF : automatic direction finder) : 전파가 빛과 같이 직진하는 성질을 이용하여 특정 전파, 즉 지상에서 발사되는 무지향성의 전파를 수신하여 전파발신국의 방향을 탐지할 수 있는 장치를 방향탐지기 라 하는데, 항공기에 탑재되고 있는 방향탐지기는 전파표지로부터의 전파도래방향을 지시하고 조종사에게 기수방향을 부여하는 것을 모두 자동적으로 하고 있다. ADF는 루프 안테나·센스 안테나 및 수신기와 그 제어기로서 구성된다. 이 루프 안테나의 특성 (8자형 지향특성이라고도 한다)을 이용해서 루프 안테나를 회전시키면서 전파를 수신하여 전파가 어느 방향으로부터 도래하면 그것이 최소 수신점이 되도록 자동으로 루프 안테나를 회전시켜 발신국을 탐지하는 구조로 되어 있다. 그래서 센스 안테나(무지향성 수직 안테나)를 짝지으면 루프 안테나의 8자형 지향특성은 단지향성(單指向性)이 되어 최소감도의 방위의 한쪽 방향만을 지시하게 된다.

ANSWER 80 ②

2018 제4회 항공산업기사 기출문제

제1과목 ✈ 항공역학

01 공기가 아음속의 흐름으로 풍동 내의 지점 1을 밀도 ρ, 속도 250 m/s 로 통과하고 지점2를 밀도 $\frac{4}{5}\rho$인 상태로 지난다면, 이 때 속도는 약 몇 m/s 인가? (단, 지점2의 단면적은 지점1의 $\frac{1}{2}$이다.)

① 155　　② 215
③ 465　　④ 625

해설 $\rho_1 \cdot A_1 \cdot V_1 = \rho_2 \cdot A_2 \cdot V_2$

$\therefore \rho \times A \times 250 = \frac{4}{5}\rho \times \frac{1}{2} A \times V$

$V = \frac{5}{4} \times 2 \times 250$

02 날개의 뒤젖힘각 효과(sweep back effect)에 대한 설명으로 옳은 것은?

① 방향안정과 가로안정 모두에 영향이 있다.
② 방향안정과 가로안정 모두에 영향이 없다.
③ 가로안정에는 영향이 있고 방향안정에는 영향이 없다.
④ 방향안정에는 영향이 있고 가로안정에는 영향이 없다.

03 유도항력계수에 대한 설명으로 옳은 것은?

① 유도항력계수와 유도항력은 반비례한다.
② 유도항력계수는 비행기무게에 반비례한다.
③ 유도항력계수는 양력의 제곱에 반비례한다.
④ 날개의 가로세로비가 커지면 유도항력계수는 작아진다.

해설 유도항력 계수 : $C_{di} = \dfrac{C_L^{\,2}}{\pi \cdot e \cdot AR}$ (e : 스팬효율계수, AR : 날개가로세로비, C_L : 양력계수)

04 중량이 2000kgf 항공기가 받음각 4°로 등속 수평비행을 하고 있을 때 이 항공기에 작용하는 항력은 몇 kgf인가?

① 100　　② 200
③ 300　　④ 400

ANSWER 1 ④　2 ①　3 ④　4 ①

05 프로펠러 깃의 받음각에 가장 큰 영향을 주는 2가지 요소는?

① 깃각과 인장력
② 굽힘모멘트와 추력
③ 비행속도와 회전수
④ 원심력과 공기탄성력

06 그림과 같은 날개(wing)의 테이퍼비(taper ratio)는 얼마인가?

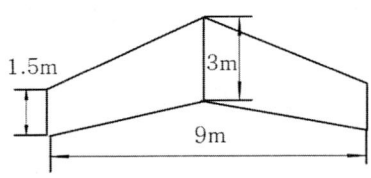

① 0.5   ② 1.0
③ 3.5   ④ 6.0

해설) 테이퍼비 : 날개의 뿌리 시위(C_r)의 길이와 날개 끝 시위(C_t) 길이와의 비율을 말한다.
$\lambda = C_r/C_t$
$\therefore \frac{1.5}{3}$

07 그림과 같이 초음속 흐름에 쐐기형 에어포일 주위에 충격파와 팽창파가 생성될 때 각각의 흐름의 마하수(M)와 압력(P)에 대한 설명으로 옳은 것은?

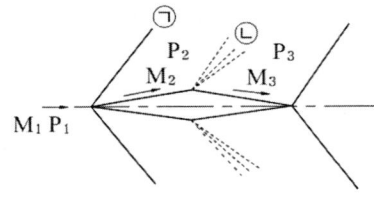

① ㉠은 충격파이며 $M_1 > M_2$, $P_1 < P_2$이다.
② ㉡은 충격파이며 $M_2 < M_3$, $P_2 > P_3$이다.
③ ㉠은 팽창파이며 $M_1 < M_2$, $P_1 > P_2$이다.
④ ㉡은 팽창파이며 $M_2 > M_3$, $P_2 < P_3$이다.

해설) ㉠은 충격파이며 충격파를 지나면 속도는 감소하고 압력은 증가한다.
㉡은 팽창파이며 팽창파를 지나면 속도는 증가하고 압력은 감소한다.

08 항공기가 선회경사각 30°로 정상선회 할 때 작용하는 원심력이 3000kgf이라면 비행기의 무게는 약 몇 kgf인가?

① 6150   ② 6000
③ 5800   ④ 5196

해설) $W = L\cos\theta$
원심력 $= L\sin\theta$
$\rightarrow \frac{원심력}{W} = \frac{L\sin\theta}{L\cos\theta} \rightarrow \frac{원심력}{W} = \tan\theta \rightarrow W = \frac{원심력}{\tan\theta}$

09 수직강하와 함께 비행기의 자전(auto rotation)운동을 이루는 현상은?

① 스핀(spin) 현상
② 디프실속(deep stall) 현상
③ 날개드롭(wing drop) 현상
④ 가로방향 불안정(dutch roll) 현상

ANSWER 5 ③ 6 ① 7 ① 8 ④ 9 ①

10 항공기 총 중량 24000kgf의 75%가 주(제동)바퀴에 작용한다면 마찰계수가 0.7일 때 주바퀴의 최소 제동력은 몇 kgf 이어야 하는가?

① 5250
② 6300
③ 12600
④ 25200

해설 제동력 = 중량×마찰계수
∴ 제동력 = 24000×0.7×0.75

11 비행기의 세로안정을 향상시키는 방법이 아닌 것은?

① 꼬리날개효율을 높인다.
② 꼬리날개부피를 최대한 줄인다.
③ 무게중심의 위치를 공기역학적 중심 앞으로 위치시킨다.
④ 무게중심과 공기역학적 중심과의 수직거리를 양 (+)의 값으로 한다.

해설 ① 모멘트가 작아야 안정성이 좋아지므로 무게중심과 공기역학적 중심 간의 수평거리(a)가 음(-)값을 가지면 안정성이 좋아진다. 즉 무게중심이 공기역학적 중심보다 앞에 위치하면 안정성이 좋아진다.
② 무게중심과 공기역학적 중심 간의 수직거리(b)가 양(+)값을 가지면 안정성이 좋아진다. 즉 무게중심이 공기역학적 중심보다 아래에 위치하여야 안정성이 좋아진다.
③ $S_t \cdot l$은 꼬리 부피라 하며, 이 값이 클수록 안정성이 좋다.
④ q_t/q를 꼬리날개 효율이라 하며, 이 값이 클수록 안정성이 좋다.

12 제트 비행기의 속도에 따른 추력변화 그래프 분석을 통해 알 수 있는 최대항속거리에 대한 조건으로 옳은 것은?

① 속도에 대한 필요추력의 비가 최대인 값
② 속도에 대한 필요추력의 비가 최소인 값
③ 속도에 대한 이용추력의 비가 최대인 값
④ 속도에 대한 이용추력의 비가 최소인 값

13 회전익장치가 하나뿐인 헬리콥터는 질량이 큰 동체가 하나의 점에 매달려 있는 것과 같아 한번 흔들리면 전후·좌우로 자연스럽게 진동운동을 하게 되는데 이런 현상을 무엇이라 하는가?

① 지면효과(ground effect)
② 시계추작동(pendular action)
③ 코리오리스 효과(coriolis effect)
④ 편류(drift or translating tendency)

14 지구를 둘러싸고 있는 대기를 지표에서 고도가 높아지는 방향으로 순서대로 나열한 것은?

① 성층권, 대류권, 중간권, 열권, 외기권
② 대류권, 중간권, 열권, 성층권, 외기권
③ 성층권, 열권, 중간권, 대류권, 외기권
④ 대류권, 성층권, 중간권, 열권, 외기권

ANSWER 10 ③ 11 ② 12 ② 13 ② 14 ④

15 일반적인 프로펠러의 깃뿌리에서 깃끝으로 위치 변화에 따른 깃각의 변화를 옳게 설명한 것은?

① 커진다.
② 작아진다.
③ 일정하다.
④ 종류에 따라 다르다.

해설 프로펠러의 깃 끝에서 뿌리까지 회전속도는 같으나 깃 끝으로 갈수록 깃의 이동 거리가 길어져 실제 속도인 깃 선속도가 깃 끝에서 증가한다. 따라서 같은 깃각을 가지고 있으면 깃 끝에서 양력이 증가하게 되므로 깃 끝으로 갈수록 깃각을 작게하여 양력을 깃 뿌리에서 끝까지 비슷하게 만드는 것이 좋다.

16 직경 20cm 인 원형배관이 직경 10cm 인 원형 배관과 연결되어 있다. 직경 20cm 인 원형배관을 지난 공기가 직경 10cm 인 원형배관을 지나게 되면 유속의 변화는 어떻게 되는가?

① 2배로 증가한다.
② $\frac{1}{2}$ 로 감소한다.
③ 4배로 증가한다.
④ $\frac{1}{4}$ 로 감소한다.

해설
$A_1 \cdot \rho_1 \cdot V_1 = A_2 \cdot \rho_2 \cdot V_2$
$\rightarrow \frac{\pi \cdot D_1^2}{4} \cdot \rho_1 \cdot V_1 = \frac{\pi \cdot D_2^2}{4} \cdot \rho_2 \cdot V_2$
∴ 직경이 2배 증가하면 속도는 4배 증가한다.

17 수평꼬리날개에 의한 모멘트의 크기를 가장 옳게 설명한 것은? (단, 양(+), 음(-)의 부호는 고려하지 않는다.)

① 수평꼬리날개의 면적이 클수록, 수평꼬리날개 주위의 동압이 작을수록 커진다.
② 수평꼬리날개의 면적이 클수록, 수평꼬리날개 주위의 동압이 클수록 커진다.
③ 수평꼬리날개의 면적이 작을수록, 수평꼬리날개 주위의 동압이 클수록 커진다.
④ 수평꼬리날개의 면적이 작을수록, 수평꼬리날개 주위의 동압이 작을수록 커진다.

해설 수평꼬리 날개는 피치모멘트를 발생 시키며, 피치모멘트 공식은
키놀이 모멘트 = 양력 × 시위길이
$M = \frac{1}{2} \cdot \rho \cdot V^2 \cdot S \cdot C_M \times \overline{C}$
$= q \cdot C_M \cdot S \cdot \overline{C}$
또는 $C_M = \frac{M}{q \cdot S \cdot \overline{C}}$

- M : 키놀이 모멘트
- q : 동압
- S : 날개면적
- $\overline{C}$: 평균공력시위(MAC)
- C_M : 키놀이모멘트계수

18 항공기엔진이 정지한 상태에서 수직강하하고 있을때 도달할 수 있는 최대속도인 종극속도 상태의 경우는?

① 항공기 양력과 항력이 같은 경우
② 항공기 양력의 수평분력과 항력의 수직분력이 같은 경우
③ 항공기 총중량과 항공기에 발생되는 항력이 같아지는 경우

ANSWER 15 ② 16 ③ 17 ② 18 ③

④ 항공기 총중량과 항공기에 발생되는 양력이 같은 경우

19 헬리콥터에서 양력 불균형이 일어나지 않도록 하는 주 회전날개 깃의 플래핑 작용의 결과로 나타나는 현상으로 옳은 것은?

① 후퇴하는 깃에는 최대상향 변위가 기수 전방에서 나타난다.
② 후퇴하는 깃에는 최대상향 변위가 기수 후방에서 나타난다.
③ 전진하는 깃에는 최대상향 변위가 기수 후방에서 나타난다.
④ 전진하는 깃에는 최대상향 변위가 기수 전방에서 나타난다.

해설 양력 불균형 현상을 제거하기 위하여 플래핑 힌지에서 전진깃이 동체 옆에서 상승하여 양력을 감소시키나 회전하는 날개에는 섭동성이 발생하여 전진깃이 동체 옆에서 상승하는 것이 아니라 동체 전방에서 상승하게되는 블로우 백 현상이 발생한다.

20 다음 중 양(+)의 가로안정성(lateral stability)에 기여하는 요소로 거리가 먼 것은?

① 저익(low wing)
② 상반각(dihedral angle)
③ 후퇴각(sweep back angle)
④ 수직꼬리날개(vertical tail)

해설 가로안정성은 고익에서 증가한다.

제2과목 항공기관

21 가스터빈엔진의 압축기 블레이드 오염(dirty or contamination)으로 발생되는 현상이 아닌 것은?

① 연료소모율 증가
② 엔진 서지(surge)
③ 엔진 회전속도 증가
④ 배기가스 온도 증가

해설 압축기 블레이드에 오염물질이 발생하면, 심한 경우 압축기 실속(stall)이 발생할 수 있어 연료 소모량이 증가하고, 진동 발생, rpm의 감소, 배기가스온도(EGT) 증가 등의 원인이 될 수 있다.

22 왕복엔진의 크랭크 핀(crank pin)의 속이 비어 있는 이유가 아닌 것은?

① 윤활유의 통로 역할을 한다.
② 열팽창에 의한 파손을 방지한다.
③ 크랭크축의 전체 무게를 줄여준다.
④ 탄소 침전물 등 이물질을 모으는 슬러지 실(sludge chamber) 역할을 한다.

해설 크랭크 핀(crank pin)은 커넥팅 로드의 핀과 연결되는 부분으로 피스톤 핀과 마찬가지로 무게 감소, 오일의 통로, 탄소침전물 또는 기타 찌꺼기들이 모이는 방의 역할(sludge chamber)을 하도록 중공으로 만들어 준다.

23 제트엔진에서 착륙거리를 줄이기 위하여 사용하는 장치는?

① 베인
② 방향타
③ 노즐
④ 역추력 장치

ANSWER 19 ④ 20 ① 21 ③ 22 ② 23 ④

해설 역추력장치는 항공기가 착륙 시 활주거리를 단축시켜 주기 위하여 사용하는 장치를 말한다. 보통 역추력장치에 의해 얻을 수 있는 역추력은 정상추력의 약 40~50% 정도이다. 항공기가 지상 접지 후부터 작동하기 시작하여 항공기가 일정속도 이하가 되면 작동을 멈추고 브레이크로 제동을 하여야 한다.

24 압축비가 8인 경우 오토사이클(otto cycle)의 열효율은 약 몇 %인가? (단, 압축비는 1.4이다.)

① 48.9   ② 56.5
③ 78.2   ④ 94.5

해설 열효율 = $1 - \dfrac{1}{\epsilon^{k-1}}$ (ϵ는 압축비)
(압축비가 1.4일 때)
$1 - \dfrac{1}{8^{1.4-1}} = 0.564$ ∴ 56.5%

25 터보제트엔진의 추진효율이 1일 때는?

① 비행속도가 음속을 돌파할 때
② 비행속도와 배기가스 속도가 같을 때
③ 비행속도가 배기가스 속도보다 빠를 때
④ 비행속도가 배기가스 속도보다 늦을 때

해설 가스터빈엔진의 추진효율은 공기가 기관을 통과하면서 얻은 운동에너지에 의한 동력과 추진 동력의 비를 나타낸다. 이 때 추진효율이 1일 경우는 항공기의 비행속도와 배기가스의 속도가 같다는 것을 의미한다.

26 열역학에서 가역과정에 대한 설명으로 옳은 것은?

① 마찰과 같은 요인이 있어도 상관없다.
② 주위의 작은 변화에 의해서는 반대과정을 만들 수 없다.
③ 계와 주위가 항상 불균형 상태여야 한다.
④ 과정이 일어난 후에도 처음과 같은 에너지양을 갖는다.

해설 가역과정(이상적 과정)은 계가 어떤 상태에서 다른 상태로 변화된 후에 계와 주위에 아무런 영향을 주지 않으면서 처음의 상태로 되돌아올 수 있는 과정을 말한다. (역학적 에너지 → 열에너지 → 역학적 에너지, 자연계에서는 존재하지 않는다.)

27 항공기 연료 "옥탄가 90"에 대한 설명으로 옳은 것은?

① 노말햅탄 10%에 세탄 90%의 혼합물과 같은 정도를 나타내는 가솔린이다.
② 연소 후에 발생하는 옥탄가스의 비율이 90% 정도를 차지하는 가솔린이다.
③ 연소 후에 발생하는 세탄가스의 비율이 10% 정도를 차지하는 가솔린이다.
④ 이소옥탄 90%에 노말햅탄 10%의 혼합물과 같은 정도를 나타내는 가솔린이다.

해설 연료의 노킹현상을 나타내는 기준으로 안티 노크성이 큰 연료인 이소옥탄의 옥탄가를 100으로 하고 안티 노크성이 낮은 연료인 노말햅탄을 0으로 하여 표준 연료속의 이소옥탄의 체적비율을 옥탄가로 표시한다. 이소옥탄과 노말햅탄이 혼합된 표준 연료를 측정할 수 있는 옥탄가는 100까지이다.

ANSWER 24 ② 25 ② 26 ④ 27 ④

28 윤활계통 중 오일탱크의 오일을 베어링까지 공급해 주는 것은?

① 트레인계통(drain system)
② 가압계통(pressure system)
③ 브래더계통(breather system)
④ 스캐빈지계통(scavenge system)

해설 오일탱크 내의 오일은 윤활부인 베어링까지 보낼 때, 가압계통을 통해 일정 압력으로 승압 후 보내어진다.

29 비행속도가 V, 회전속도가 n(rpm)인 프로펠러의 1회전 소요시간이 $\frac{60}{n}$초 일 때, 유효피치를 나타내는 식은?

① $\frac{60V}{n}$ ② $\frac{60n}{V}$
③ $\frac{nV}{60}$ ④ $\frac{V}{60}$

해설 유효 피치 = 속도×1회전 시 걸리는 시간
$= V \times \frac{60}{n} = \frac{60V}{n}$

30 FADEC(full authority digital electronic control)에서 조절하는 것이 아닌 것은?

① 오일 압력
② 엔진 연료 유량
③ 압축기 가변 스테이터 각도
④ 실속 방지용 압축기 블리드 밸브

해설 FADEC는 일종의 고성능 마이크로컴퓨터로 되어 있고, 비행 상태에 최적인 기관 조절을 행하기 때문에 다수의 입력신호(기관 상태량 외에 비행 상태량을 포함)를 전산처리하고 출력은 기관 연료 유량만이 아니라 압축기 가변 스테이터 각도, 실속 방지용 압축기 블리드 밸브, ACCS(작동간격 조절계통) 등의 기관 특성을 종합적으로 일괄 조절하고 있다. 또한 FADEC 장착 기관의 경우 기관 연료 유량의 미터링은 토크모터 등의 미터링부 기능만을 갖춘 단순한 FCU에 의해 실시되고 있다. 일반적으로 FADEC은 기관에서 가장 저온의 팬 케이스부에 장착되어 있다. 또 계통의 신뢰성을 높이기 위해 서로 독립된 2중의 계통으로 구성되어 있고 고장의 경우는 자기 진단 기능(BITE)에 의해 자동적으로 정상적인 계통으로 교체되도록 되어 있다. FADEC는 유압기계식 FCU와 아날로그전자식 FCU와 비교해서 조절 정밀도가 높고 연료비의 개선과 기관 안정운전(기관실속, 초과 회전수 및 터빈 입구 온도 초과 등의 이상 현상 방지)에 뛰어나기 때문에 최신의 고성능 기관(PW2037, PW4000 시리즈, CF6-80 C2, CFM-56, V2500 등)에 계속 사용되고 있다.

31 왕복엔진의 고압 마그네토(magneto)에 대한 설명으로 틀린 것은?

① 콘덴서는 브레이커 포인트와 병렬로 연결되어 있다.
② 전기누설 가능성이 많은 고공용 항공기에 적합하다.
③ 1차회로는 브레이커 포인트가 붙어있을 때에만 폐회로를 형성한다.
④ 마그네토의 자기회로는 회전영구자석, 폴 슈(pole shoe) 및 철심으로 구성되어 있다.

해설 고압 마그네토를 장착한 항공기는 전기누설의 가능성이 크기 때문에 고공용 항공기에 적합하지 않다.

ANSWER 28 ② 29 ① 30 ① 31 ②

32 왕복엔진의 부자식 기화기에서 부자실 (float chamber)의 연료 유면이 높아졌을 때 기화기에서 공급하는 혼합비는 어떻게 변하는가?

① 농후해진다.
② 희박해진다.
③ 변하지 않는다.
④ 출력이 증가하면 희박해진다.

해설 부자식 기화기 플로우트실, 벤투리, 스로틀밸브, 쵸크밸브로 구성되어 있다. 부자식 기화기에서 부자실은 연료펌프로 연료통에서 끌어올린 연료를 기화기 내에 잠깐 저장하는 공간으로, 연료 유면이 높아지면 혼합비는 농후해진다.

33 가스터빈엔진의 공압시동기(pneumatic)에 공급되는 고압공기 동력원이 아닌 것은?

① 지상동력장치(ground power unit)
② 보조동력장치(auxiliary power unit)
③ 다른 엔진의 배기가스(exhaust gas)
④ 다른 엔진의 블리드 공기(bleed air)

해설 엔진의 배기가스는 온도가 높아 시동기 동력원으로는 적합하지 않다.

34 왕복엔진에서 엔진오일의 기능이 아닌 것은?

① 재생작용   ② 기밀작용
③ 윤활작용   ④ 냉각작용

해설 일반적인 오일의 기능은 윤활, 기밀, 냉각, 청결, 완충, 방청, 소음방지 등이다.

35 다음 중 고공에서 극초음속으로 비행할 경우 성능이 가장 좋은 엔진은?

① 터보팬엔진   ② 램제트엔진
③ 펄스제트엔진 ④ 터보제트엔진

해설 초음속과 극초음속에서 가장 좋은 성능을 나타내는 엔진은 램제트엔진이다. 터빈과 압축기를 없애며, 무게를 획기적으로 줄이고 고속성능을 높였으나, 오히려 아음속과 같은 저속에서는 성능이 떨어진다.

36 속도 1080km/h로 비행하는 항공기에 장착된 터보제트엔진이 중량유량 294kgf/s로 공기를 흡입하여 400m/s로 배기분사시킬 때 진추력은 몇 N 인가?

① 1000   ② 3000
③ 29400   ④ 108000

해설 진추력은 기관이 비행 중 발생시키는 추력을 말한다.

$$F_n = \frac{W_a}{g}(V_j - V_a)$$

(W_a : 흡입공기의 중량 유량, g : 중력가속도, V_j : 배기가스속도, V_a : 비행속도이다.)

① 단위환산(km/h → m/s) : 1080km/h
　= 1080÷3.6 = 300m/s
② 진추력 = $\frac{294 kgf/s}{9.8}(400 m/s - 300 m/s)$
　= 3000kgf/s
③ 단위환산(kgf/s → N) : 3000kgf/s×9.8
　= 29400N

ANSWER 32 ① 33 ③ 34 ① 35 ② 36 ③

37 정속프로펠러의 블레이드 각이 증가하면 나타나는 현상은?

① 회전수가 감소한다.
② 엔진출력이 감소한다.
③ 진동과 소음이 심해진다.
④ 실속 속도가 감소하고 소음이 증가한다.

해설 정속프로펠러의 블레이드 각이 증가하면 과속 회전상태임을 나타낸다. 이 때 조속기 플라이 웨이트(fly weight)는 밖으로 벌어지게 되며, 회전수는 감소하게 된다.

38 겨울철 왕복엔진 작동(reciprocating engine operation in winter)전 점검사항이 아닌 것은?

① 연료 가열(fuel heating)
② 섬프 드레인(sump drain)
③ 엔진 예열(engine preheat)
④ 결빙 방지제 첨가(anti-icing fluid additive)

해설 겨울철 왕복엔진 작동 전 점검사항
① 섬프 드레인 : 섬프(오수 또는 구정물)는 온도변화에 따라 얼음이나 물로 환원될 수 있고, 이런 물이 탱크 내부와 기화기 안쪽의 필터 아래 또는 연료 조절장치에 모이게 되어 엔진 파괴의 원인이 되기도 한다. 라인과 필터에서 물이 결빙되면 막히는 원인이 되기도 한다. 적은 량의 물이 얼었을 때 연료펌프, 선택밸브(Selector Valve)와 기화기(Carburetor)의 적절한 작동을 방해할 수도 있다.
② 엔진 예열 : 예열은 외기 온도가 +10°F(-12.2℃) 또는 그 이하에서 필요하며, 제작회사 매뉴얼에 규정되어 있다. 예열은 극도로 추운 환경에서나 또는 시동 후에는 의미가 없다. 겨울철 시동에서 예열을 자주 하지 않을 경우 엔진 파손의 원인이 된다. 일부 파손의 종류는 실린더, 피스톤 스커트의 끌림과 피스톤 링의 깨어짐 등이 있다. 예열을 실린더 헤드에만 한다면 오일계통에 부족한 가열에 의한 결함이 일어날 수도 있다. 온도가 +10°F(-12.2℃) 이하에서 예열은 엔진, 오일공급탱크와 필요한 오일계통을 완벽하게 수행해야 한다.
③ 결빙 방지제 첨가 : 비록 적절한 연료사용과 섬프의 적절한 배수가 됐다하더라도 결빙된다면 매우 위험한 상황이 된다. 어떠한 조건 아래에서 물이 부유(浮遊)되거나 얼음결정으로 녹아 있을 수 있다. 이러한 물의 부유 또는 얼음결정의 용액으로 있을 때에는 섬프에 의하여 제거되지는 않는다. 이러한 형태의 얼음결정은 필히 이소프로필 알코올(Iso-propylAlcohol) 또는 에틸렌 글리콜모노메틸 에테르 (EGME : Ethylene Glycol Monomethyl Ether)와 같은 방빙 첨가물을 연료에 첨가한다. 이 두 가지 첨가물은 물을 흡수하고 혼합기의 결빙점(Freezing point)을 낮게 만들어 준다. 알코올 또는 EGME를 사용할 때에는 해당되는 지시서를 필히 주의 있게 적용해야 한다.

39 항공용 왕복엔진의 효율과 마력에 대한 설명으로 틀린 것은?

① 지시마력은 지압선도로부터 구할 수 있다.
② 연료소비율(SFC)은 1마력당 1시간 동안의 연료소비량이다.
③ 기계효율은 지시마력과 이론마력의 비이다.
④ 축마력은 실제 크랭크축으로부터 측정한다.

해설 기계효율(mechanical efficiency)은 제동마력과 지시마력의 비로 나타낸다.

ANSWER 37 ① 38 ① 39 ③

40 지시마력을 나타내는 식 $iHP = \dfrac{P_{mi}LANK}{75 \times 2 \times 60}$ 에서 N이 의미하는 것은? (단, P_{mi} : 지시평균 유효압력, L : 행정길이, A : 실린더 단면적, K : 실린더 수이다.)

① 축마력
② 기계효율
③ 제동평균 유효압력
④ 엔진의 분당 회전수

해설 실린더 내의 기체가 피스톤에 가한 힘을 지시마력(indicated horsepower)으로 표시한다.
$iHP = \dfrac{P_{mi}LANK}{75 \times 2 \times 60}$
(P_{mi} : 지시평균유효압력(kg/cm²), L : 행정거리(m), A : 실린더의 단면적(m²), N : 실린더당 분당 회전수(rpm), K : 실린더 수)

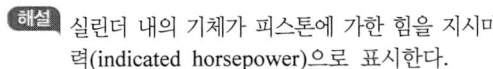

41 다음 AA(Aluminum Association) 규격의 알루미늄 합금 중 마그네슘 성분이 없거나 가장 적게 함유된 것은?

① 2024 ② 3003
③ 5052 ④ 7075

해설 2000 시리즈는 주성분(구리 Cu) + 첨가성분(Mg)
3000 시리즈의 주성분(망간 Mn)
5000 시리즈의 주성분(마그네슘 Mg) + 첨가성분(Mg)
7000 시리즈의 주성분(아연 Zn) + 첨가성분(Mg)
1100 2100 3003 등은 마그네슘이 전혀 포함되어있지 않다.

42 다음 중 날개에 발생한 비틀림 하중을 감당하기에 가장 효과적인 것은?

① 스파   ② 스킨
③ 리브   ④ 토션박스

해설
- skin : shearing. torsion(비틀림)
- spar : bending
- stringer : bending. buckling
- torsion box : spar와 rib로 만들어져 얇은 표면의 성질을 이용하거나 허니컴 구조로 밀폐시켜 bending시 반대쪽이 비틀림 하중에 효과적이다.

43 항공기 기체의 비틀림 강도를 높이기 위한 방법으로 틀린 것은?

① 기체의 길이를 증가시킨다.
② 기체 표피의 두께를 증가시킨다.
③ 표피소재의 전단계수를 증가시킨다.
④ 기체의 극단면 2차 모멘트를 증가시킨다.

해설 비틀림 강도를 높이기 위해 기체표피의 두께를 증가시켰던 모노코크(monocoque)구조의 단점을 보완하기 위해 현재는 세미 모노코크(semi monocoque)구조로 만들어진다.
「비틀림강도 = 전단응력계수 x 극단면모멘트」이므로 비례하지만 길이와는 반비례한다.

44 금속판재를 굽힘 가공할 때 응력에 의해 영향을 받지 않는 부위를 무엇이라 하는가?

① 굽힘선(bend line)
② 몰드선(mold line)
③ 중립선(neural line)
④ 세트백 선(setback line)

ANSWER 40 ④ 41 ② 42 ④ 43 ① 44 ③

해설 중립선의 정확한 위치는 내측에서 0.445배인 거리이다. 얇은 판 두께의 중심은 보통 $\frac{1}{2}T$ 라고 해도 오차가 없어 중립선(neural line)이라고 한다.

45 항공기가 비행 중 오른쪽으로 옆놀이 현상이 발생하였다면 지상 정비작업으로 옳은 것은?

① 왼쪽 보조날개 고정탭을 올린다.
② 방향타의 탭을 왼쪽으로 굽힌다.
③ 오른쪽 보조날개 고정탭을 올린다.
④ 방향타의 탭을 오른쪽으로 굽힌다.

해설 방향타(rudder)는 빗놀이(yawing)와 관련 있으며 옆놀이 현상(rolling)은 날개의 speedbrake, aleron, tab과 관련있다. 비행 중 오른쪽으로 옆놀이 현상이 발생하였다면 지상에서는 오른쪽 보조날개 고정 탭을 올리거나 공중에서는 왼쪽의 aleron을 올리고 오른쪽의 aleron을 내리면 왼쪽날개는 양력이 줄어들어 내려간다.

왼쪽 보조날개 trim tab

46 높이가 H 이고 폭이 B 인 그림과 같은 직사각형의 무게중심을 원점으로 하는 X 축에 대한 관성모멘트는?

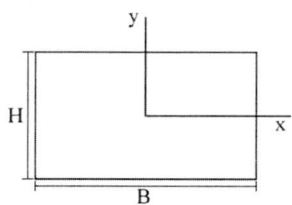

① $\frac{BH^3}{36}$ ② $\frac{BH^3}{24}$
③ $\frac{BH^3}{12}$ ④ $\frac{BH^3}{4}$

해설
• 삼각형의 무게중심을 원점으로 하는 X 축에 대한 단면모멘트 $\frac{BH^3}{36}$
• 사각형의 무게중심을 원점으로 하는 X 축에 대한 단면모멘트 $\frac{BH^3}{12}$

47 경항공기에 사용되는 일반적인 고무완충식 착륙장치(landing gear)의 완충효율은 약 몇 % 인가?

① 30   ② 50
③ 75   ④ 100

해설

오레오식 완충 장치(완충효율 75%)

평판 스프링 완충 장치(완충효율 50%)

고무 완충 장치(완충효율 50%)

ANSWER 45 ③ 46 ③ 47 ②

48 2개의 알루미늄 판재를 리벳팅하기 위해 구멍을 뚫으려할 때 판재가 움직이려 한다면 사용해야 하는 것은?

① 클레코   ② 리머
③ 버킹바   ④ 뉴메틱 해머

해설 fastener의 한 종류로 Cleveland Pneumatic Tool Company 회사에서 개발하여 앞에 글자를 인용하여 클레코라고 한다. 결합하기 전 알루미늄 합금을 판재를 임시로 고정하는데 사용되며 각각의 클레코의 색깔이 사이즈를 나타낸다.

49 다음 중 부식의 종류에 해당되지 않는 것은?

① 응력 부식   ② 표면 부식
③ 입자간 부식   ④ 자장 부식

해설 부식의 종류는 표면 부식(surface corrosion), 점 부식(pitting corrosion), 입자간 부식(intergranular corrosion), 전해 부식(galvanic corrosion), 응력 부식(stress corrosion), 마찰 부식(fretting corrosion), 미생물 부식(microbial corrosion) 등이 있다.

50 알루미나(alumina)섬유의 특징으로 틀린 것은?

① 은백색으로 도체이다.
② 금속과 수지와의 친화력이 좋다.
③ 표면처리를 하지 않아도 FRP나 FRM으로 할 수 있다.
④ 내열성이 뛰어나 공기중에서 1300℃로 가열해도 취성을 갖지 않는다.

해설 알루미나 섬유(alumina fibers)는 무색투명하며 bending에 대한 저항이 강하여 잘 부러지지 않는 특성을 가지고 있다. 경도, 절연성이 우수하기 때문에 기계부품이나 집적회로의 기판으로 쓰인다.

51 샌드위치구조의 특징에 대한 설명이 아닌 것은?

① 습기와 열에 강하다.
② 기존의 보강재보다 중량당 강도가 크다.
③ 같은 강성을 갖는 다른 구조보다 무게가 가볍다.
④ 조종면(control surface)이나 뒷전(trailing edge) 등에 사용된다.

해설 샌드위치 구조 장점
① 무게에 비해 강도가 커서 항공기의 조종면과 날개 팁부분, 객실 등에 사용된다.
② 진동에 의한 감쇠성이 커서 특히 소리 진동에 잘 견딘다.
③ 피로와 굽힘하중에 강하다.
④ 보온 방습성이 우수하고 부식 저항이 있다.

52 볼트그립 길이와 볼트가 장착되는 재료의 두께에 관한 설명으로 옳은 것은?

① 볼트가 장착될 재료의 두께는 볼트그립 길이의 2배여야 한다.
② 볼트그립 길이는 가장 얇은 판 두께의 3배가 되어야 한다.
③ 볼트가 장착될 재료의 두께는 볼트그립 길이에 볼트 직경의 길이를 합한 것과 같아야 한다.
④ 볼트그립 길이는 볼트가 장착되는 재료의 두께와 같거나 약간 길어야 한다.

해설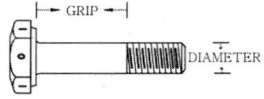

그립(Grip)은 볼트의 길이 중에서 나사산이 없는 부분으로 체결하여야 할 부재의 두께와 일치하거나 조금 길어야한다. 그립이 부재의 두께보다 짧으면 전단되기 쉽기 때문이다.

53 항공기에 일반적으로 사용하는 리벳 중 순수 알루미늄(99.45%)으로 구성된 리벳은?

① 1100 ② 2017-T
③ 5056 ④ 2117-T

해설
① 1100 : 순수 알루미늄으로 강도는 약하나, 열이나 전기전도성이 높고, 내식성이 양호하다.
② 2017 : 두랄루민(Icebox Rivet), 내식성은 약하지만, 강도가 높고 절삭가공성이 양호하다.
③ 5056 : 내식성, 양극산화처리가 양호하다.
④ 2117 : 시효속도를 느리게 하여 상온에서 작업이 가능하여 가장 많이 사용된다.

54 케이블 턴버클 안전결선방법에 대한 설명으로 옳은 것은?

① 배럴의 검사구멍에 핀을 꽂아 핀이 들어가지 않으면 양호한 것이다.
② 단선식결선법은 턴버클 엔드에 최소 10회 감아 마무리 한다.
③ 복선식결선법은 케이블 직경이 1/8 in 이상인 경우에 주로 사용한다.
④ 턴버클엔드의 나사산이 배럴 밖으로 10개 이상 나오지 않도록 한다.

해설 Turnbuckle Safety Wire
① 안전결선 후 배럴 검사구멍에 핀이 들어가면 안 된다
② 턴버클 섕크 주위로 와이어를 최소 4회 감는다.
③ 단선식 결선법은 케이블 지름이 1/8inch 이하일 경우 사용한다.
④ 나사산이 3개 이상 배럴 밖으로 나오면 안 된다.
⑤ Tensiometer로 장력 측정 시 6인치의 간격을 둔다.
⑥ Turnbuckle Safety Wire를 할 때 지름에 케이블 지름에 따라서 와이어의 재료와 와이어의 최소 지름이 결정된다.

55 조종 케이블이 작동 중에 최소의 마찰력으로 케이블과 접촉하여 직선운동을 하게 하며, 케이블을 작은 각도 이내의 범위에서 방향을 유도하는 것은?

① 풀리(pulley)
② 페어리드(fair lead)
③ 벨 크랭크(bell crank)
④ 케이블드럼(cable drum)

해설 ① 풀리(Pulley) : 케이블을 유도하고 케이블의 방향을 바꾸는데 사용한다.

② 페어 리드(Fair lead) : 진동에 의해 기체구조에 접촉될 가능성 있는 곳에 사용되며 조종 케이블의 작동 중 최소의 마찰력으로 케이블과 접촉하여 직선 운동을 하며 케이블을 3도 이내에서 방향을 유도한다.

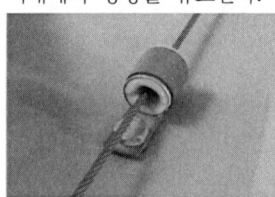

③ 케이블드럼(cable drum)

④ 벨 크랭크(bell crank) : 2개의 arm가지고 있고 직선운동을 회전운동으로 바꾸고 로드와 케이블의 운동방향을 전환하고자 할 때 사용한다.

ANSWER 53 ① 54 ③ 55 ②

56 그림과 같은 수송기의 V-n 선도에서 A와 D의 연결선은 무엇을 나타내는가?

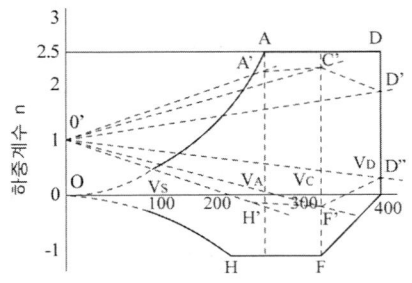

① 돌풍하중배수
② 양력계수
③ 설계 순항속도
④ 설계제한 하중배수

해설 설계운용속도 이하에서의 속도에서 급격한 조작을 하더라도 최대양력계수를 넘지 않게 되고 하중배수가 설계제한하중배수에 미치지 못하므로 어떤 조작을 해도 구조상 안전하다는 것이다. 설계운용속도 이상에서의 조작, 즉 A와 D의 연결선인 설계제한하중배수를 넘게 되면 구조상 문제가 될 수 있으므로 급격한 조작은 하면 안 된다.

57 항공기 나셀에 대한 설명으로 틀린 것은?

① 나셀의 구조는 세미모노코크구조 형식으로 세로부재와 수직부재로 구성되어 있다.
② 항공기 엔진을 동체에 장착하는 경우에도 나셀의 설치는 필요하다.
③ 나셀은 외피, 카울링, 구조부재, 방화벽, 엔진마운트로 구성되며 유선형이다.
④ 나셀은 안으로 통과하여 나가는 공기의 양을 조절하여 엔진의 냉각을 조절한다.

해설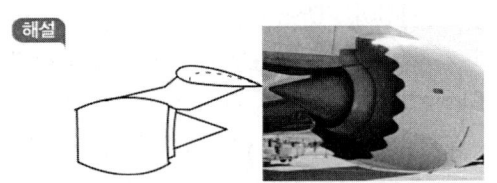

nacelle은 그림과 같이 pylon까지 동체와 분리된 별도의 하나의 독립체이다.
boeing 787 dreamliner은 소음을 줄이기 위해 그림과 같은 형상을 하고 있다.

58 다음 중 한쪽에서만 작업이 가능하도록 고안된 리벳이 아닌 것은?

① 리브 너트(rivnut)
② 체리 리벳(cherry rivet)
③ 폭발 리벳(explosive rivet)
④ 솔리드 생크 리벳(solid shank rivet)

해설 버킹 바를 댈 수 없는 dead space, 어떤 방향에서도 손을 넣을 수 없는 박스구조에서 한쪽에서의 작업만으로 리벳팅 할 수 있는 블라인드 리벳을 사용한다. Manual에 따라서 블라인드 리벳을 사용 시 time limited를 규정하고 있으며 looseness를 주기적으로 점검해야 한다.
종류에는 리브너트(제빙부츠 고정), 폭발 리벳(화재의 위험 있는 곳 사용금지), mechanical lock rivet(huck lock, cherry lock, olympic lock, cherry max rivet), pop 리벳, friction lock 리벳 등이 있다.

ANSWER 56 ④ 57 ② 58 ④

59 엔진이 2대인 항공기의 엔진을 1750kg의 모델에서 1850kg의 모델로 교환하였으며, 엔진은 기준선에서 후방 40cm에 위치하였다. 엔진을 교환하기 전의 항공기 무게평형(weight and balance)기록에는 항공기 무게 15000kg, 무게중심은 기준선후방 35cm에 위치하였다면, 새로운 엔진으로 교환 후 무게중심위치는?

① 기준선 전방 약 32cm
② 기준선 전방 약 20cm
③ 기준선 후방 약 35cm
④ 기준선 후방 약 45cm

해설 ① 엔진 교환 전 항공기 무게중심은 기준선 후방 35cm이므로,
$\dfrac{M}{15000[kg]} = (+)35[cm]$ 이다.
∴ $M = 525000[kg \cdot cm]$
② 엔진 교환 후 항공기 총 무게
$= 5000[kg] + (2 \times 1850[kg]) - (2 \times 1750[kg])$
$= 15200[kg]$
③ 엔진 교환 후 항공기 무게중심은,
$\dfrac{525000 - (2 \times 1750 \times 40) + (2 \times 1850 \times 40)}{15000 - (2 \times 1750) + (2 \times 1850)}$
$= \dfrac{525000 - 140000 + 148000}{15200}$
$= \dfrac{533000}{15200} = (+)35.065[cm]$

60 그림과 같이 길이 2m인 외팔보에 2개의 집중하중 400kg, 200kg이 작용할 때 고정단에 생기는 최대굽힘모멘트의 크기는 약 몇 kg-m 인가?

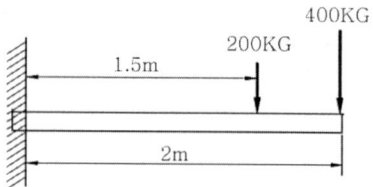

① 1000 ② 1100
③ 1200 ④ 1500

해설 항공기 운항시 전단, 굽힘, 비틀림 하중 등이 작용하기 때문에 항공기의 날개를 설계할 때 사용되며 그림과 같은 외팔보의 굽힘모멘트를 구하는 공식은 다음과 같다.
$M_{max} = W(집중하중) \times L(팔길이)$
$= (200[kg] \times 1.5[m]) + (400[kg] \times 2[m])$
$= 1100[kg \cdot m]$

제4과목 항공장비

61 항공기에서 레인 리펠런트(rain repellent)를 사용하기 가장 적합한 때는?

① 많은 눈이 내릴 때
② 블리드 공기를 사용할 수 없을 때
③ 폭우가 내려 시야를 확보할 수 없을 때
④ 윈드실드(windshield)가 결빙되어 있을 때

해설 제우 장치의 종류
① 윈드실드 와이퍼 : 와이퍼 블레이드에 의해 물방울을 기계적으로 제거.
② 에어 커텐 : 압축 공기를 이용하여 물방울을 제거.

ANSWER 59 ③ 60 ② 61 ③

③ 레인 리펠런트 : 화학 액체를 분사하여 피막을 만들어 물방울 방지. 강우량이 적거나 건조한 윈드쉴드 표면에 레인 리펠런트가 고착되어 뿌옇게 되기 때문에 사용이 금지된다. 고착되면 제거가 어렵기 때문에 빨리 중성세제로 크리닝 해야 한다.

※ 윈도우 워셔 : 세정액을 분사하고 와이퍼를 사용하여 오염 제거.

62 저주파 증폭기에서 수신기 전체의 성능을 판단할 때 활용되는 특성이 아닌 것은?

① 감도 ② 검출도
③ 충실도 ④ 선택도

해설 무선수신기 : 수신 공중선에 유기되는 무수한 신호 중 목적주파수를 선택하여 증폭한 후 복조하여 원래의 신호로 재현하는 장치로서, 슈퍼헤테로다인(Superheterodyne) 방식이 주로 사용된다. 무선수신기의 성능을 나타내는 지표로는 감도, 선택도, 충실도, 안정도 등이 있다.

① 감도(Sensitivity) : 무선수신기가 얼마만큼 미약한 전파까지 수신할 수 있는 가의 능력을 나타내는 지표이다. 수신기 입력에 신호전압을 가할 때, 정상적인 동작에 필요한 출력 또는 S/N을 얻기 위한 최소의 수신기 입력레벨로 감도를 표시한다. 수신기의 감도는 내부잡음, 종합이득 등에 관계되기 때문에 증폭기의 이득이 크고, 내부잡음이 적을수록 수신기의 감도가 향상된다.

② 선택도(Selectivity) : 희망파 이외의 불요파를 얼마만큼 제거할 수 있는가의 능력을 나타내는 지표이다. 선택도 측정에는 1신호 선택도와 2신호 선택도가 있다.
  1) 1신호 선택도 : 1개의 신호발생기를 이용하여 측정하는 선택도.
    • 근접 주파수 선택도 : 중간주파 증폭기의 선택도(Q)에 따라 결정.
    • 영상 주파수 선택도 : 고주파 증폭기의 선택도(Q)에 의해 좌우.
  2) 2신호 선택도(실효선택도) : 2개의 신호 발생기를 이용하여 측정하는 선택도.

• 희망 주파수로 동조시킬 경우 다른 주파수의 방해전파를 제거하는 능력.

③ 충실도(Fidelity) : 전파된 통신 내용을 수신하였을 때 본래의 신호를 어느 정도 정확하게 재생시키는가의 능력을 표시하는 지표이다. 충실도를 좌우하는 주요 요소로는 주파수 특성, 일그러짐, 잡음 등이 있다. 증폭기의 주파수 특성은 회로의 통과 대역폭과 그 대역 내의 이득 편차로 결정되며 주로 중간주파 증폭기의 특성에 기여한다.

④ 안정도(Stability) : 수신기에 일정한 주파수 및 진폭의 희망파를 가할 때, 어느 정도 장시간 일정 출력이 얻어지는가의 능력을 표시하는 지표이다. 수신기의 안정도는 국부발진기의 주파수 안정도로 결정된다. 높은 주파수 안정도가 얻어지는 PLL Synthesizer, 그리고 PLL Synthesizer의 안정도를 더욱 향상시킨 온도보상형 수정발진기(TCXO : Temperature Compensated Crystal Oscillator)를 주로 사용한다.

63 다음 중 3상 교류를 사용하는 항공용 계기는?

① 데신(desyn)
② 오토신(autosyn)
③ 전기용량식 연료량계
④ 전자식 타코메타(tachometer)

해설 ① 델신 (Delsyn, DC selsyn) : 싱크로 계기로서 각도의 원격 지시를 하는 장치이다. 직류 전원을 주로 사용하는 소형항공기에서 플랩위치 지시계, 착륙장치위치 지시계로 많이 사용된다. 120° 간격으로 분할하여 정밀 저항 코일로 감겨진 변환기(transmitter)와 3상 결선의 코일로 감겨진 원형의 코어 안에 영구자석의 회전자가 들어 있는 지시계(indicator)로 구성된다.

② 오토신 (Autosyn) : 벤딕스사에서 만들어진 싱크로이다. 전동기나 발전기와 같이 고정자(stastor)와 회전자(amature)로 구성되어 있고, 각도와 회전력 등의 정보를 전송하는 목적으로 하는 전기 기기이다. 교류 발전기

ANSWER 62 ② 63 ②

와 비슷한 구조로 고정자는 적층 철심에 서로 120° 간격으로 3개의 권선이 있는 3상 교류 발전기의 고정자와 같다. 각종 작동유, 연료, 오일, 연료 등 압력계계통 등 압력을 감지하여 계기에 자동으로 그리고 동기식으로 지시한다. 토크가 세고, 크기가 크고, 정밀도가 좋다. 회전자에는 전자석을 사용하고, 작동전원은 26[V], 400[Hz] 3상 교류를 사용한다.

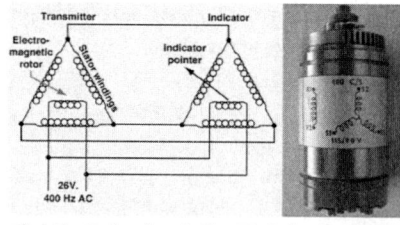

③ 전기식 용량 연료량계 : 공기와 연료 등의 액체의 유전율의 차이를 잘 이용한 액량계로 대형 항공기의 연료량계에는 거의 정전 용량식 액량계가 사용된다. 콘덴서, 변압기, 서보증폭기, 서보모터를 이용한다. 115[V], 400[Hz] 단상 교류를 사용한다.

④ 전기식 회전계 (Electrical tachometer) : 엔진과 계기까지의 거리가 멀어 엔진 근처에서 회전속도를 전기신호로 바꾸어 지시기에서 회전속도로 표시하는 계기. 3상 교류발전기가 엔진에 장치되어 엔진의 회전 속도에 비례한 주파수의 3상 교류 전압이 발생한다. 이 전압은 지시기로 들어가고, 지시기 내에는 3상 전동기가 입력축에 결합되어 있어 전기적으로 지시된다.

64 항공기 VHF 통신장치에 관한 설명으로 틀린 것은?

① 근거리 통신에 이용된다.
② VHF 통신 채널 간격은 30kHz이다.
③ 수신기에는 잡음을 없애는 스퀠치회로를 사용하기도 한다.
④ 국제적으로 규정된 항공 초단파 통신 주파수 대역은 108~136MHz이다.

 VHF (Very high frequency) : 일반적으로 파장이 매우 짧고 높은 주파수의 전자파는 이온층에서 반사되지 않고 직진한다. 지표파는 감쇠가 심하여 공간파에 비하여 상대적으로 약하다. 따라서, VHF 대역은 가시거리 통신에만 유효하다. 보통 공대지 통신에는 VHF 대역이 이상적이다. 118.0~136.975[MHz]의 대역으로 조정패널, 송수신기, 안테나로 구성되어 있다. (안테나 커플러는 HF 전파를 수신하기 위해 안테나의 길이를 짧게 하기 위해 보상해주는 회로 장치이다.)

※ VHF (Very high frequency) 통신장치의 특징
① 주파수 대역은 30~300[MHz] (통신채널 간격 25[kHz])
② 근거리 통신으로 국내선 통신에 적합하다.
③ 페이딩이 심하다.
④ 조정패널, 송수신기, 안테나에 사용된다.
⑤ 항공용 통신 주파수 대역은 118~136.9[MHz]
⑥ 잡음을 없애기 위해 스퀠치 회로를 사용한다.

※ 스퀠치(squelch) 회로 : FM 수신기에서 신호 입력이 없을 때는 잡음이 증폭되어 스피커에서 큰 잡음이 나오는데, 잡음을 억제하는 회로이다. 잡음을 정류하여 저주파 증폭기의 바이어스를 변화시켜 증폭도를 낮추어서 잡음이 스피커에서 나오지 않도록 하고 있다.

65 다음 중 일반적인 계기의 구성부가 아닌 것은?

① 수감부 ② 지시부
③ 확대부 ④ 압력부

 계기지시계통에는 보통 수감부(sensor)와 지시부(indication) 2부분으로 나뉜다. 수감부(sensor)는 항공기 각 부위에서 각 계통의 상태를 감지하여 지시부로 전달하고 지시부는 이를 받아 최종 지시한다. 구형인 소형 항공기의 아날로그 계기에서는 이들 2개의 수감부 및 지시부 기능이 하나의 계기 또는 장치 안에서 이루어진다. 이들을 보통 직독식(direct-sensing instrument) 지시 방식이

ANSWER
64 ② 65 ④

라고 부른다. 이에 반해 항공기가 대형화되면서 지시부와 수감부가 서로 멀리 떨어져 있게 되어 원격탐지(remote-sensing)의 기능이 필요하게 되어, 엔진, 조종면, 압력원 등의 센서(sensor), 트랜스미터(transmitter), 프로브(probe), 탐지기(detector), 스위치(switch), 트랜스듀서(transducer) 등 다양한 수감부를 통해서 정보를 확보하고 이 신호를 멀리 떨어져 있는 조종석 표시장치인 계기로 전달하여 보여준다. 컴퓨터가 제어하는 종합전자계기화면(flat panel computer display screen)은 다중화면 표시기 계기로 한 화면에 여러 계기들의 정보를 확대하여 지시함으로써 그동안 많은 개별 계기들을 장착할 때보다 무게를 줄이고 신뢰성이 높아졌다.

> 해설 자동조종장치의 목적
> ① 안정 기능 : 자동조종(Autopilot)을 통해 항공기는 자세와 방향을 유지할 수 있으며 항공기의 가로(lateral), 수직(vertical), 세로(longitudinal) 3개의 축(axis)에 대해 항공기를 안정시킬 수 있다.
> ② 상승 및 선회 제어 기능 :
> FMS(flight management system)가 개발되어 상승, 하강, 순항, 착륙접근, 착륙까지 제어할 수 있다.
> ③ 유도 기능 : 무선 항법 장치들과의 결합으로 위치정보를 제공받아 자동적으로 목적지까지 비행할 수 있다.

66 다음 중 전위차 및 기전력의 단위는?

① 볼트(V)   ② 오옴(Ω)
③ 패러드(F) ④ 암페어(A)

> 해설 ① 전위 (electric potential) : 전기장 내에서 단위전하가 갖는 위치에너지이다. 스칼라(scalar)량이며, 일반적으로 국제표준단위로 V(volt)라는 단위를 사용한다. 편의상 지표면의 전위를 0[V]로 할 때가 많으며, 전압이라고 한다.
> ② 전위차 (potential difference) : 전기장 내의 두 점 사이의 전위의 차이이다.
> ③ 기전력 (electromotive force) : 전위가 다른 2점간에서는 전위가 높은 쪽으로부터 낮은 쪽으로 전기를 이동시키려는 힘이 작용하는데, 이 힘을 기전력이라 한다. 기전력의 단위는 볼트가 사용된다.

67 자동조종항법장치에서 위치정보를 받아 자동적으로 항공기를 조종하여 목적지까지 비행시키는 기능은?

① 유도 기능   ② 조종 기능
③ 안정화 기능 ④ 방향탐지 기능

68 유압계통에서 열팽창이 적은 작동유를 필요로 하는 1차적인 이유는?

① 고 고도에서 증발감소를 위해서
② 화재를 최대한 방지하기 위해서
③ 고온일 때 과대압력 방지를 위해서
④ 작동유의 순환불능을 해소하기 위해서

> 해설 작동유는 온도 변화에 대해 물리적으로 안정되어야 한다. 차가운 대기 온도에서 펌프 내의 온도는 고온까지 변화한다. 따라서 온도 변화에 대해 점성, 윤활성, 유동성의 변화가 적고 열팽창 계수가 작은 것이 좋다. 온도가 상승하면 압력도 비례하므로 계통 손상을 줄 수 있어 릴리프 밸브로 정해진 수치를 초과하지 않도록 바이패스 시킨다.

69 고도계 오차의 종류가 아닌 것은?

① 눈금오차   ② 밀도오차
③ 온도오차   ④ 기계적오차

> 해설 ※ 고도계 오차의 종류
> ① 눈금오차 : 일정한 온도에서 진동을 가하여 기계적 오차를 뺀 계기 특유의 오차. 일반적

ANSWER 66 ① 67 ① 68 ③ 69 ②

으로 고도계의 오차는 눈금 오차를 말하며 수정이 가능하다.
② 온도오차 : 온도의 변화에 의하여 고도계의 각 부분이 팽창, 수축하여 생기는 오차.
③ 탄성오차 : 히스테리시스, 편위, 잔류 효과와 같이 일정한 온도에서의 탄성체 고유의 오차로서 재료의 특성 때문에 발생한다.
  1) 히스테리시스 : 항공기가 상승하는 도중 어떤 고도에서 읽은 눈금과 하강할 때 읽은 눈금이 서로 다르게 되는 것으로 불규칙하게 오차 발생.
  2) 편위 : 탄성체의 크리프 현상에 의해서 지시값이 시간과 함께 조금씩 변해가는 것.
  3) 잔류효과 : 고도계에서 압력을 증가시킨 후 감소하면 시작점 전후에서 발생하는 오차.
④ 기계적오차 : 계기 각 부분의 마찰, 기구의 불평형, 가속도와 진동 등에 의하여 바늘이 일정하게 지시하지 못함으로써 생기는 오차. 이들은 압력의 변화와 관계가 없으며 수정이 가능하다.
※ 밀도오차 : 속도계의 대기 밀도에 의해 변해서 생기는 오차.

70 항공기의 조명계통(light system)에 대한 설명으로 옳은 것은?

① 객실(cabin)의 조명은 일반적으로 형광등(flood light)에 의해 직접 조명된다.
② 충돌방지등(anti-collision light)은 비행 중에만 점멸(flashing)된다.
③ 패슨 시트 벨트(fasten seat belt) 사인 라이트(sign light)는 항공기의 비행자세에 따라 자동으로 조종(On/Off control) 된다.
④ 조종실의 인테그랄 인스투르먼트 라이트(integral instrument light)는 포텐시오미터(potentiometer)에 의해 디밍 컨트롤(dimming control) 할 수 있다.

해설 기내조명에 사용되고 있는 형광등이나 전구는 승객들의 눈에는 잘 띄지 않도록 되어 있기 때문이다. 천장이나 옆벽에다 반사시키는 간접 조명방식을 채용하고 있어 스미는 불빛은 은은하고 침착한 분위기를 자아낼 수가 있다. 항공기 객실을 비추는 조명등은 양측 창 위에 있는 수납선반 위와 창 윗 쪽에 설치되어 있다. 비행 중 난기류를 만나 항공기가 흔들리거나 해서 형광등이 깨지거나 갈라지는 것 같은 사태가 벌어져도 유리 파편이라든지 하는 것이 승객에게 직접 닿지 않도록 하기 위한 배려이다.
대형운송용항공기는 항공기의 꼭대기와 밑바닥에 충돌방지등(anti-collision light)을 사용한다. 전동기에 의해 작동되는 1개 또는 2개의 회전등(rotating light)으로 이루어진다. 등은 고정되어 있지만, 돌출된 붉은유리(red glass)케이스 내부의 회전반사경 아래에 설치된다. 반사경은 전호(arc)가 있는 상태에서 회전하고 그 결과로 일어나는 섬광률(flash rate)은 분당 40~60[cycle]이다. 최신의 항공기에는 발광다이오드유형(LED-type)의 충돌방지등을 사용한다. 지상 및 비행 중에도 항공기 식별을 위해 점등된다.
Overhead panel에 FASTEN SEAT BELT 사인 라이트(sign light) S/W는 ON, OFF, AUTO로 되어 있다. ON/OFF로 즉시 점등을 시킬 수 있지만, 대부분 AUTO로 하고 비행한다. AUTO에서는 기종에 따라 연동되는 동작이 다르지만, 이착륙을 위한 플랩 또는 랜딩기어의 확장 또는 특정 고도(약 10000[ft]) 이하가 되면 점등된다. 산소 마스크 내려오면 S/W 위치에 상관없이 점등된다. NO SMOKING 사인 라이트도 유사하다.

안전한 주야간 비행 및 승객의 쾌적함을 위해 조명이나 계기의 밝기 조절기능이 있다. 조종실 각 조명의 밝기를 제어하기 위해 포텐시오미터(potentiometer)에 의해 BRT 또는 DIM 컨트롤 할 수 있다.

ANSWER 70 ④

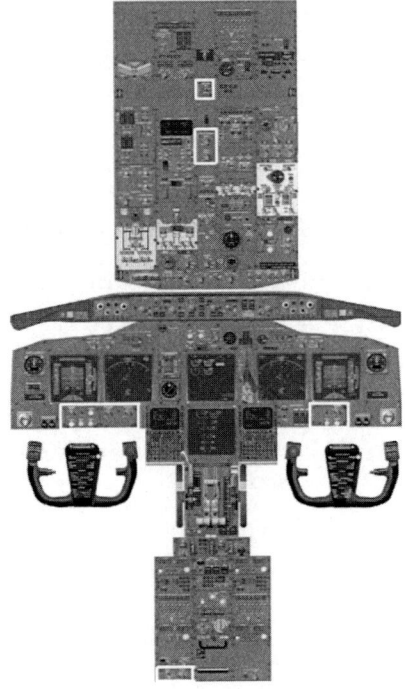

71. 계기의 지시속도가 일정할 때 기압이 낮아지면 진대기속도의 변화는?

① 감소한다.
② 증가한다.
③ 변화가 없다.
④ 변화는 일정하지 않다.

해설 ① 지시 대기속도(Indicated airspeed) : 속도계가 지시하는 속도로서 대기의 밀도(density), 설치 오차(installation error), 계기 오차 등이 수정되지 않은 속도이다. IAS는 공기역학적으로 항공기의 성능을 결정하기 위한 기본 단위로 사용되기 때문에 조종사 운용지침서(POH)에 명시되는 이륙 및 착륙 속도, 최대 속도, 상승 속도, 순항속도 또는 실속속도 등은 모두 IAS이고 고도 및 기온에 따라 변하지 않는다.
② 진 대기속도(true airspeed) : TAS는 대기의 압력과 기온의 변화에 따라 수정대기속도(CAS)를 수정한 속도이며, 현재의 대기 조건에서 공기 속을 이동하는 실제대기속도(actual airspeed)이다. TAS는 고도와 기온에 따라 변하기 때문에 추측항법과 같은 항행 기록부를 작성하는데 활용된다. 해수면의 표준대기 조건에서 CAS는 TAS와 일치한다. 그러나, 고도가 증가함에 따라 공기밀도(density)는 감소하고 밀도고도(density altitude)가 증가함에 따라 주어진 CAS에서 TAS는 증가한다. 진대기속도는 IAS, 기압고도(PA), 기온 등을 적용하여 산출할 수 있으며, 표준대기조건이라고 가정했을 때, 고도가 증가함에 따라 IAS보다 증가한다. 또한 일정한 동력과 일정한 지시고도에서 비행 중 진대기 속도(TAS)는 외부 공기 기온(OAT)이 상승함에 따라 증가한다.

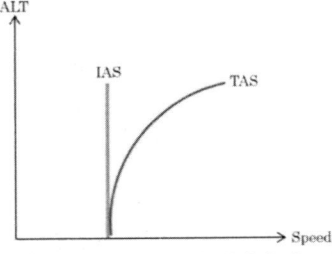

즉, IAS는 고도에 따라 변함이 없으나, TAS는 고도 및 기온에 따라 변한다. 해수면 표준대기 조건에서 두 속도는 일치하나, 고도가 증가함에 따라 밀도의 변화가 발생하고 TAS는 이에 상응한 값으로 증가한다. 또한, 기압은 기상이나 온도에도 변화하기도 하므로 동일 고도상이라고 한다면, TAS는 변화가 없을 수 있다.

72. 다음 중 항공기에 사용되는 화재 탐지기가 아닌 것은?

① 저항 루프(loop)형 탐지기
② 바이메탈(bimetal)형 탐지기
③ 열전대(thermocouple)형 탐지기
④ 코일을 이용한 자기(magnetic)형 탐지기

ANSWER 71 ③ 72 ④

해설
① 열전쌍식 화재경고장치 : 서머커플이라 하며, 온도의 급격한 상승에 의하여 화재를 탐지하는 장치로서, 서로 다른 종류의 금속을 서로 접합한 열전쌍(thermocouple)을 이용하여 필요한 만큼 직렬로 연결하고, 고감도 릴레이를 사용하여 경고 장치를 작동시킨다.
② 광전지식 화재경고장치 : 광전 튜브 등을 사용하여 전기적으로 작동시킨다. 비컨 램프는 항상 켜져있으며, 연기가 들어오면 반사광이 광전 튜브 또는 감광 트랜지스터를 통해 경고장치를 작동시킨다. 내부는 검게 칠해져 있고, 감시해야 하는 장소의 공기를 기체 내외의 압력차에 의한다.
③ 열 스위치식 화재경고장치 : 열 팽창률이 낮은 니켈-철 합금인 금속 스트럿이 서로 휘어져 있어 평상시에는 접촉점이 떨어져 있으나, 열을 받게 되면 스테인레스강으로 된 케이스가 늘어나게 되므로, 금속 스트럿이 펴지면서 접촉점이 연결되어 회로를 형성시킨다. (바이메탈식)
④ 저항 루프형 화재경고장치 : 전기 저항이 온도에 의해 변화하는 세라믹이나, 일정 온도에 달하면 급격하게 전기 저항이 떨어지는 융점이 낮은 소금을 이용하여 온도 상승을 전기적으로 탐지한다.

73 유압계통에 있는 축압기(accumulator)의 설치 위치로 가장 적합한 곳은?

① 공급라인(supply line)
② 귀환라인(return line)
③ 작업라인(working line)
④ 압력라인(pressure line)

해설 축압기(Accumulator) : 가압된 작동유를 저장하는 저장통으로, 여러 개의 유압 기기가 동시에 사용될 때 동력 펌프를 돕고, 동력 펌프가 고장났을 때에는 저장되었던 작동유를 유압 기기에 공급한다. 펌프와 축압기와의 사이에는 체크밸브를 설치하여 유압이 펌프 쪽으로 역류되지 않도록 해야한다. 유압 계통의 서지(surge) 현상을 방지하고, 압력을 흡수하면 압력 조정기의 개폐 빈도를 줄여 펌프나 압력 조정기의 마멸을 감소시킨다. 따라서, 압력라인에 설치되어야 한다.

74 축전지에서 용량의 표시기호는?

① Ah   ② Bh
③ Vh   ④ Fh

해설 축전지 용량의 크기를 결정하는 요소에는 극판의 크기(면적), 극판의 두께, 극판의 수, 전해액의 양 등이 있다. 축전지 용량의 단위는 암페어시(AH)로 표시한다.
용량(AH) = 방전전류(A) × 방전시간(H)

75 지자기의 3요소가 아닌 것은?

① 복각(dip)
② 편차(variation)
③ 자차(deviation)
④ 수평분력(horizontal component)

해설
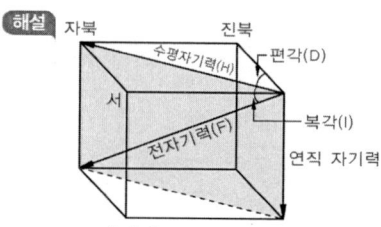

※ 지자기 3요소
① 편각(편차) : 북반구를 기준으로 지구 상의 현재 위치에서 진북극(지리상 북극점) 방향과 자기북극(나침반의 빨간 바늘 방향) 방향 사이의 각도.
② 복각 : 지구 상의 어느 점에서 지구 자기장의 방향과 그 곳의 수평면이 이루는 각도. 적도에서 0°, 극에서 최대가 된다.
③ 수평분력 : 지구 자기력의 수평 성분. 적도에서 최대, 극에서 0°가 된다.

ANSWER   73 ④   74 ①   75 ③

76 기상레이다(weather radar)에 대한 설명으로 틀린 것은?

① 반사파의 강함은 강우 또는 구름 속의 물방을 밀도에 반비례한다.
② 청천 난기류역은 기상레이다에서 감지하지 못한다.
③ 영상은 반사파의 강약을 밝음 또는 색으로 구별한다.
④ 전파의 직진성, 등속성으로부터 물체의 방향과 거리를 알 수 있다.

해설 원리는 구름이나 비에 대해 반사되기 쉬운 주파수대(X-밴드)인 9,375[MHz]를 이용하며 안테나에서 발사된 펄스가 전파상의 물체(비나 구름)와 충돌하면 비나 구름 중의 수분의 밀도 또는 습도에 따라 레이더 전파의 반사 현상이 달라진다. 이 반사파를 수신 증폭하여 그것을 지시기에 표시되며 영상은 반사파에 비례하여, 강할수록 밝아지고 반사파가 약할 때는 어둡게 표시된다. 반사파의 세기를 처리하여 색으로 표시한다. 기상 레이더의 신호는 반사파의 강도에 따라 다른 색상으로 나타낸다. 반사파의 강도 순서에 따라 적, 황, 녹, 흑으로 표시되며 난기류는 붉은 자색으로 표시된다. 기상변화와 그 위치를 육안으로 탐지한다는 것은 주간이라도 곤란하고 특히 야간에는 더 한층 불가능하다.

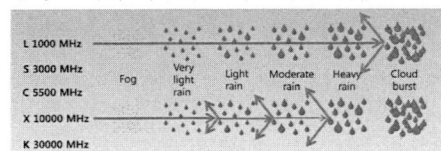

77 5 A/50 mV인 분류기저항 양단에 걸리는 전압이 0.04V 인 경우 이 회로의 전원 버스에 흐르는 전류는 몇 A 인가?

① 1 ② 2
③ 3 ④ 4

해설 분류기 (shunt) : 전류계의 측정범위를 확대하기 위해 전류계에 병렬로 접속하여 사용하는 저항기. 즉, 저항기에 걸리는 전압이 동일하다는 조건으로 계산한다.

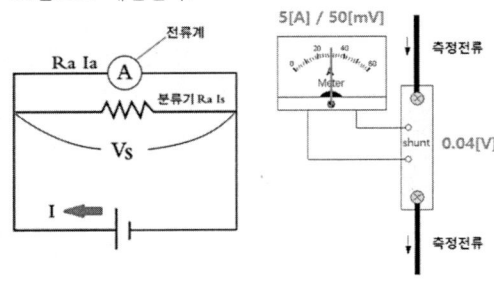

분류기($Shunt$) : $R = \dfrac{V}{I} = \dfrac{50[mV]}{5[A]}$

$= \dfrac{50 \times 10^{-3}[V]}{5[A]} = 0.01[\Omega]$

분류기와 전류계는 병렬구조이므로, 양단에 걸리는 전압 및 내부저항도 동일하다.

$\therefore\ I = \dfrac{V}{R} = \dfrac{0.04[V]}{0.01[\Omega]} = 4[A]$

78 다음 중 직류전동기가 아닌 것은?

① 유도전동기 ② 복권전동기
③ 분권전동기 ④ 직권전동기

해설 ※ 전동기의 종류
1) 직류 전동기 : 직권 전동기, 분권 전동기, 복권 전동기
2) 교류 전동기 : 3상 유도 전동기, 단상 유도 전동기, 교류 정류자 전동기
  ① 유도 전동기 (Induction Motor) : 교류 전동기에서 가장 많이 사용되는 것으로 고정자가 만드는 회전자계에 의해 전기전도체인 회전자에 유도전류가 발생하여 슬립에 대응한 토크가 발생한다.(회전자의 회전속도는 계자극의 회전속도보다 늦다.) 동기 전동기에 비해 탈조가 없어, 토크 변동이 큰 부하에 적합하다. 직류 전동기에 비해 소형화, 고출력화가 가능하다. 직류 전동기에 있는 정류자와 브러시가 필요없

ANSWER 76 ① 77 ④ 78 ①

어 유지, 보수가 용이하다.
② 복권 전동기 : 전기자 코일과 계자 코일이 직렬과 병렬로 연결된 것. 직권과 분권의 장점을 가지고 있어, 회전력이 크고 정속도 특성을 나타낸다.
③ 분권 전동기 : 전기자 코일과 계자 코일이 병렬로 연결된 것. 회전 속도에 따라 계자 전류가 변화하지 않아 부하에 따른 속도의 변화가 일정하다.
④ 직권 전동기 : 전기자 코일과 계자 코일이 서로 직렬로 연결된 것. 시동 시, 전기자 코일과 계자 코일 모두에 전류가 많이 흘러 시동 회전력이 크다는 것이 장점이다. 시동기(Starter)로 사용된다.

79 다음 중 회로보호 장치로 볼 수 없는 것은?
① 퓨즈 ② 계전기
③ 회로차단기 ④ 열보호장치

해설 ① 퓨즈 : 회로에 직렬로 연결하여 정격값 이상의 전류가 흐르면 열에 의해 끊어져 회로 또는 장비를 보호한다. 1회성으로 재사용이 불가하다.
② 릴레이 (계전기) : 전기 신호를 입력으로 하고 그 출력으로 다른 전기 회로를 구동하는 부품으로 전자석으로 동작하는 스위치이다.
③ 서킷브레이커 (회로차단기) : 미리 설정된 정격값 이상의 전류가 흐르면 회로를 차단하는 부품으로 장비에 과전류가 흘렀을 때, 회로 또는 장비를 보호하기 위해 사용한다. 영구성으로 재사용이 가능하다.
④ 열보호장치 : 일정이상 온도가 올라가면 기기의 동작을 멈출 수 있게 해주는 보호 장치이다.

80 미국연방항공국(FAA)의 규정에 명시된 항공기의 최대 객실고도는 약 몇 ft인가?
① 6000 ② 7000
③ 8000 ④ 9000

해설 항공기의 여압장치는 순항고도(36,000[ft])에서 11~12[psi]의 객실내부 압력을 유지하도록 설계되어 있다. 여압장치가 갖추어진 항공기의 객실 기압고도는 2,400m(8,000[ft])이하로 유지된다.

ANSWER 79 ② 80 ③

2019 제1회 항공산업기사 기출문제

제1과목 항공역학

01 항공기의 세로 안정성(static longitudinal stability)을 좋게 하기 위한 방법으로 틀린 것은?

① 꼬리날개 면적을 크게 한다.
② 꼬리날개의 효율을 작게 한다.
③ 날개를 무게 중심보다 높은 위치에 둔다.
④ 무게 중심을 공기역학적 중심보다 전방에 위치시킨다.

해설 세로안정성 증가 방법
① 무게중심이 날개의 공기역학적 중심보다 앞에 위치
② 무게중심이 날개의 공기역학적 중심보다 아래 위치
③ 꼬리 날개 부피 증가
④ 꼬리날개 효율 증가

02 수평스핀과 수직스핀의 낙하속도와 회전 각속도 크기를 옳게 나타낸 것은?

① 낙하속도 : 수평스핀 > 수직스핀, 회전 각속도 : 수평스핀 > 수직스핀
② 낙하속도 : 수평스핀 < 수직스핀, 회전 각속도 : 수평스핀 < 수직스핀
③ 낙하속도 : 수평스핀 > 수직스핀, 회전 각속도 : 수평스핀 < 수직스핀
④ 낙하속도 : 수평스핀 < 수직스핀, 회전 각속도 : 수평스핀 > 수직스핀

해설
- 정상스핀(수직스핀) : 하강하는 속도는 40~80m/s 로 빠르나 회전 속도가 느려 회복 가능한 특수 비행법이다.
- 수평스핀 : 하강하는 속도는 수직스핀에 비하여 느리나 회전 속도가 빨리 회복이 불가능하다.

03 항공기 이륙거리를 짧게하기 위한 방법으로 옳은 것은?

① 정풍(Head wind)을 받으면서 이륙한다.
② 항공기 무게를 증가시켜 양력을 높인다.
③ 이륙 시 플랩이 항력증가의 요인이 되므로 플랩을 사용하지 않는다.
④ 엔진의 가속력을 가능한 최소가 되도록 하여 효율을 높인다.

해설 이륙거리를 짧게 하기 위해서는 양력을 빨리 증가시켜야 한다. 그러기 위해서는 항공기의 속도를 빠르게 하기 위하여 엔진의 가속력을 증가시키고, 무게를 최소화하고, 플랩을 사용하여 양력계수를 높이고, 정풍을 맞아 날개위에서의 바람 속도를 증가시켜야 한다.

ANSWER 1② 2④ 3①

04 비행자세 각속도와 조종간 변위를 일정하게 유지할 수 있는 정상상태 트림비행(steady trimmed flights)에 해당하지 않는 비행상태는?

① 루프 기동비행(loop maneuver)
② 하강각을 갖는 비정렬 선회비행(uncoordinated helical descent turn)
③ 상승각을 갖는 정렬 선회비행(coordinated helical descent turn)
④ 상승각 및 사이드 슬립각을 갖는 직선 비행

해설 루프 기동비행은 항공기가 하강을 한 후 상승을 하며 배면비행을 하여 다시 하강을 하는 비행으로 항공기가 회전을 할 수 있도록 조종간의 변위가 필요하며, 각속도가 최고 상승 위치에서 가장 느리고 최저 하강 위치에서 가장 빠르다.

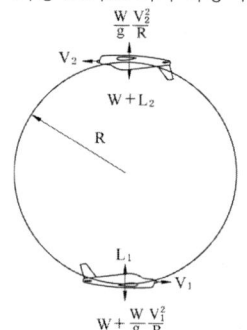

05 비행기 날개위에 생기는 난류의 발생 조건으로 가장 적합한 것은?

① 성층권을 비행할 때
② 레이놀즈수가 0 일 때
③ 레이놀즈수가 아주 클 때
④ 비행기 속도가 아주 느릴 때

해설 레이놀즈수는 층류에서 난류로 변하는 흐름을 숫자로 나타내는 수로 숫자가 증가하면 난류로 변화된다는 것을 나타낸다.

06 헬리콥터 속도-고도선도(velocity height diagram)와 관련된 설명으로 틀린 것은?

① 양력불균형이 심화되는 높은 고도에서의 전진비행 시 비행가능영역이 제한된다.
② 엔진 고장 시 안전한 착륙을 보장하기 위한 비행가능영역을 표시한 것이다.
③ 속도-고도선도는 항공기 중량, 비행고도 및 대기 온도 등에 따라 달라진다.
④ 속도-고도선도는 인증을 받은 후 비행교범의 성능차트로 명시되어야 한다.

07 국제표준대기의 특성값으로 옳게 짝지어진 것은?

① 압력 = 29.92mmHg
② 밀도 = 1.013kg/m³
③ 온도 = 288.15K
④ 음속 = 340.429ft/s

해설 압력 = 29.92inHg, 밀도 = 1.225kg/m³, 음속 = 340m/s

08 프로펠러 항공기의 경우 항속거리를 최대로 하기 위한 조건으로 옳은 것은?

① 양항비가 최소인 상태로 비행한다.
② 양항비가 최대인 상태로 비행한다.
③ $\dfrac{C_L}{\sqrt{C_D}}$ 가 최대인 상태로 비행한다.

ANSWER 4 ① 5 ③ 6 ① 7 ④ 8 ②

④ $\dfrac{\sqrt{C_L}}{C_D}$ 가 최대인 상태로 비행한다.

해설

	최대항속거리	최대항속시간
프로펠러 항공기	$(\dfrac{C_L}{C_D})_{\max}$	$(\dfrac{C_L^{\frac{3}{2}}}{C_D})_{\max}$
제트 항공기	$(\dfrac{C_L^{\frac{1}{2}}}{C_D})_{\max}$	$(\dfrac{C_L}{C_D})_{\max}$

09 에어포일 코드 'NACA 0009'를 통해 알 수 있는 것은?

① 대칭단면의 날개이다.
② 초음속 날개 단면이다.
③ 다이아몬드형 날개 단면이다.
④ 단면에 캠버가 있는 날개이다.

해설 4자계열 날개골에서 앞의 두자리는 캠버의 크기를 말하는 것으로 캠버가 없다는 것은 윗면의 두께와 아랫면의 두께가 같은 대칭형 날개골을 말한다.

10 항공기의 승강키(elevator) 조작은 어떤 축에 대한 운동을 하는가?

① 가로축(lateral axis)
② 수직축(vertical axis)
③ 방향축(directional axis)
④ 세로축(longitudinal axis)

해설 승강키는 가로축을 중심으로 한 세로운동에서 사용되는 조종면이다.

11 무게가 1000lb 이고 날개면적이 100 ft^2 인 프로펠러 비행기가 고도 10000ft 에서 100mph 의 속도, 받음각 3°로 수평정상비행 할 때 필요마력은 약 몇 HP 인가? (단, 밀도 0.001756slug/ft^3, 양력 0.6, 항력 0.2이다.)

① 50.5
② 100
③ 68.2
④ 83.5

해설 문제 오류로 정답 없음(전원 정답처리됨)

12 대류권에서 고도가 상승함에 따라 공기의 밀도, 온도, 압력의 변화로 옳은 것은?

① 밀도, 압력, 온도 모두 증가한다.
② 밀도, 압력, 온도 모두 감소한다.
③ 밀도, 온도는 감소하고 압력은 증가한다.
④ 밀도는 증가하고 압력, 온도는 감소한다.

13 회전원통 주위의 공기를 비회전운동을 시켜서 순환을 생기게 했다. 원통중심에서 1m 되는 점에서의 속도가 10m/s였을 때 볼텍스(vortex)의 세기는 약 몇 m^2/s 인가?

① 62.83
② 94.25
③ 125.66
④ 157.08

해설 와류의 세기 : $\Gamma = 2 \cdot \pi \cdot V \cdot r$ (V : 회전 속도, r : 와류의 반지름 크기)
$\therefore 2 \times \pi \times 10 \times 1 = 62.83$

ANSWER 9 ① 10 ① 11 전항 정답 12 ② 13 ①

14 다음 중 프로펠러 효율을 높이는 방법으로 가장 옳은 것은?

① 저속과 고속에서 모두 큰 깃각을 사용한다.
② 저속과 고속에서 모두 작은 깃각을 사용한다.
③ 저속에서는 작은 깃각을 사용하고 고속에서는 큰 깃각을 사용한다.
④ 저속에서는 큰 깃각을 사용하고 고속에서는 작은 깃각을 사용한다.

15 다음 중 비행기의 안정성과 조종성에 관한 설명으로 가장 옳은 것은?

① 안정성과 조종성은 정비례한다.
② 정적 안정성이 증가하면 조종성도 증가된다.
③ 비행기의 안정성을 최대로 키워야 조종성이 최대가 된다.
④ 조종성과 안정성을 동시에 만족시킬 수 없다.

해설 조종성과 안정성은 상반되는 성질로 조종성이 증가하면 안정성이 감소하고, 안정성이 증가하면 조종성이 감소하므로 동시에 만족시킬 수 없다.

16 유체의 점성을 고려한 마찰력에 대한 설명으로 옳은 것은?

① 마찰력은 유체의 속도에 반비례한다.
② 마찰력은 온도변화에 따라 그 값이 변한다.
③ 유체의 마찰력은 이상유체에서만 고려된다.
④ 마찰력은 유체의 종류에 관계없이 일정하다.

17 프로펠러에 유입되는 합성속도의 방향이 프로펠러의 회전면과 이루는 각은?

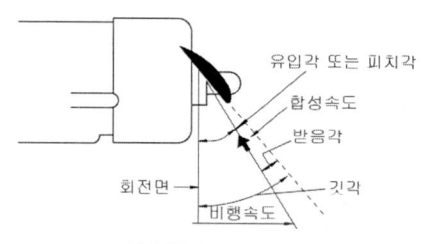

① 받음각 ② 유도각
③ 유입각 ④ 깃각

18 항공기에 쳐든 각(dihedral angle)을 주는 주된 이유로 옳은 것은?

① 익단 실속을 방지할 수 있다.
② 임계 마하수를 높일 수 있다.
③ 가로 안정성을 높일 수 있다.
④ 피칭 모멘트를 증가시킬 수 있다.

해설 쳐든 각 효과(dihedral effect) : 가로 안정성의 가장 중요한 요소로 옆미끄럼 발생 시 쳐든 각을 주면 옆미끄럼 방향의 날개에는 양력이 증가하고 반대쪽 날개에는 양력이 감소하여 옆미끄럼 방향과 반대 방향으로 기울어져 평형의 상태로 돌아오게 된다.

ANSWER 14 ③ 15 ④ 16 ② 17 ③ 18 ③

19 항공기가 선회속도 20m/s, 선회각 45° 상태에서 선회비행을 하는 경우 선회반경은 몇 m인가?

① 20.4 ② 40.8
③ 57.7 ④ 80.5

해설
$R(선회반경) = \dfrac{V^2}{g \cdot \tan\theta}$

$\therefore \dfrac{20^2}{9.8 \times \tan 45} = 40.816$

20 다음과 같은 [조건]에서 헬리콥터의 원판하중은 약 몇 kgf/m²인가?

┌ 조건 ┐
- 헬리콥터의 총중량 : 800kgf
- 기관 출력 : 160hp
- 회전날개의 반지름 : 2.8m
- 회전날개의 깃의 수 : 2개

① 25.5 ② 28.5
③ 30.5 ④ 32.5

해설
원판하중 $= \dfrac{총중량}{깃의 면적}$

$\therefore \dfrac{800}{\pi \times 2.8^2} = 32.48$

제2과목 항공기관

21 가스터빈엔진에 사용되는 윤활유 펌프에 대한 설명으로 틀린 것은?

① 배유펌프가 압력펌프보다 용량이 더 작다.
② 윤활유 펌프엔 베인형, 지로터형, 기어형이 사용된다.
③ 베인형 펌프는 다른 형식에 비해 무게가 가볍고 두께가 얇아 기계적 강도가 약하다.
④ 기어형 펌프는 기어 이와 펌프 내부 케이스 사이의 공간에 오일을 담아 회전시키는 원리로 작동한다.

해설 윤활라인을 지나면서 윤활유에는 불순물, 공기 등이 포함되며, 열팽창이 이루어져 배유펌프로 들어가는 윤활유의 체적은 압력펌프로 들어가는 윤활유의 체적보다 크게 된다. 따라서 배유펌프는 압력펌프보다 용량이 더 큰 것을 사용해야 한다.

22 터보제트엔진과 비교한 터보팬엔진의 특징이 아닌 것은?

① 연료소비가 작다.
② 소음이 작다.
③ 엔진정비가 쉽다.
④ 배기속도가 작다.

해설 터보제트엔진은 후기연소기를 장착하여 초음속 비행이 가능하고, 터보팬 엔진은 가스발생기 앞에 대형 팬이 달려있다. 두 기관을 비교 시 소음이나 연료소비량은 터보제트엔진이 많고, 배기가스의 속도 또한 터보제트엔진이 더 빨라 초음속 비행이 가능하게 한다.

23 왕복엔진의 압축비가 너무 클 때 일어나는 현상이 아닌 것은?

① 후화
② 조기점화
③ 디토네이션
④ 과열현상과 출력의 감소

ANSWER 19 ② 20 ④ 21 ① 22 ③ 23 ①

해설 피스톤이 하사점에 있을 때의 실린더 체적과 상사점에 있을 때의 체적의 비를 압축비라 한다. 압축비를 너무 크게 할 경우 디토네이션, 조기점화 및 노킹 현상 등이 발생할 수 있으므로 적절한 안티 노크성 등을 가진 연료를 사용한다. 후화는 농후혼합비에서 주로 발생하며, 혼합가스가 모두 연소되지 않고 배기 밸브를 통해 연소하면서 나아간다.

24 왕복엔진의 피스톤 형식이 아닌 것은?

① 오목형(recessed type)
② 요철형(irregularly type)
③ 볼록형(dome or convex type)
④ 모서리 잘린 원뿔형(truncated cone type)

해설 피스톤 헤드 모양에 따른 분류(평면형이 널리 사용)
① 평면형(flat type)
② 오목형(recessed type)
③ 컵형(cup type)
④ 돔형(dome type)
⑤ 반원뿔형(truncated type)

25 열역학적 성질(property)을 세기성질(intensive property)과 크기성질(extensive property)로 분류할 경우 크기성질에 해당하는 것은?

① 체적　　② 온도
③ 밀도　　④ 압력

해설 세기성질은 변화가 가능하고 계의 크기(질량 등)에 무관한 계의 물리 성질을 말한다. 압력, 온도, 화합물의 농도, 밀도, 녹는점, 끓는점, 색 등이 이에 속한다. 크기성질은 계의 크기(질량 등)에 비례하는 계의 양이다. 질량, 체적, 열용량 등이 이에 속한다.

26 왕복엔진의 마그네토 브레이커 포인트(breaker point)가 고착되었다면 발생하는 현상은?

① 마그네토의 작동이 불가능하다.
② 엔진 시동 시 역화가 발생한다.
③ 고속 회전 점화 시 과열현상이 발생한다.
④ 스위치를 Off해도 엔진이 정지하지 않는다.

해설 마그네토의 브레이커 포인트가 고착된다면 스파크 플러그로 전기를 보내지 못하기 때문에 정상적인 마그네토의 작동이 불가능하게 되고, 지속적인 점화가 불가능하여 엔진이 정지할 수 있다.

27 왕복엔진에서 과도한 오일소모(excessive oil consumption)와 점화플러그의 파울링(fouling) 원인은?

① 더러워진 오일필터(oil filter)때문
② 피스톤링(piston ring)의 마모 때문
③ 오일이 소기펌프(scavenger pump)로 되돌아가기 때문
④ 캠 허브 베어링(cam hub bearing)의 과도한 간격 때문

해설 파울링(fouling)이란, 점화플러그에서 절연체가 침전물에 덮여 오염되거나 접지 회로를 형성하는 등의 불량한 상태를 말하며, 주로 피스톤링이 마모되어 오일량의 조절이 원활하지 않거나 과도한 오일의 제거가 되지 않을 경우 발생한다.

28 점화플러그를 구성하는 주요부분이 아닌 것은?

① 전극　　② 금속 쉘(shell)
③ 보상 캠　　④ 세라믹 절연체

ANSWER 24 ②　25 ①　26 ①　27 ②　28 ③

해설 스파크 플러그는 마그네토에서 발생된 높은 전기적 에너지를 실린더 내의 혼합가스를 점화시키는데 필요한 에너지로 변환시켜주는 역할을 한다. 전극, 세라믹 절연체, 금속 셸(matal shell)로 구성되어 있다.

29 오토사이클의 열효율에 대한 설명으로 틀린 것은?

① 압축비가 증가하면 열효율도 증가한다.
② 동작유체의 비열비가 증가하면 열효율도 증가한다.
③ 압축비가 1이라면 열효율은 무한대가 된다.
④ 동작유체의 비열비가 1이라면 열효율은 0이 된다.

해설 오토사이클의 이론 열효율은 압축비와 비열비 만의 함수이므로 압축행정만으로 결정되고 최고압력 및 일량과는 관계가 없다. 또 압축비 및 비열비가 클수록 열효율은 높다. 그러나 실제의 오토사이클 기관에서는 압축비가 클 경우 노킹이라는 이상 폭발현상이 일어나므로 압축비를 제한하고 있다. 일반적으로 6~14정도의 압축비로 설계한다.

30 가스터빈엔진에서 연소실 입구압력은 절대압력 80inHg, 연소실 출구압력은 절대압력 77inHg 이라면 연소실 압력손실 계수는 얼마인가?

① 0.0375   ② 0.1375
③ 0.2375   ④ 0.3375

해설 압력손실계수(F) = $1 - \frac{SP(정압)}{VP(동압)} = \frac{출구압력}{입구압력}$

∴ F = $1 - \frac{77}{80}$ = 1-0.9625 = 0.0375

31 정속 프로펠러를 장착한 항공기가 순항 시 프로펠러 회전수를 2300rpm 에 맞추고 출력을 1.2배 높이면 프로펠러 회전계가 지시하는 값은?

① 1800rpm   ② 2300rpm
③ 2700rpm   ④ 4600rpm

해설 정속 프로펠러란 프로펠러에 조속기(governer)를 장착하여 조종사가 원하는 rpm을 선택하면 선택한 rpm보다 회전 속도가 빠르면 프로펠러의 깃각을 증가시켜 회전 시 저항이 많아져 회전 속도가 느려지고, 회전속도가 선택한 rpm보다 느리면 깃각을 감소시켜 회전 시 저항을 감소시켜 회전 속도를 증가시켜 조종사가 선택한 rpm을 유지하고 비행하는 프로펠러를 말한다. 따라서 rpm은 일정하게 유지된다.

32 가스터빈엔진 연료의 구비 조건이 아닌 것은?

① 인화점이 높아야 한다.
② 연료의 빙점이 높아야 한다.
③ 연료의 증기압이 낮아야 한다.
④ 대량생산이 가능하고 가격이 저렴해야 한다.

해설 가스터빈기관용 연료의 구비조건
① 연료의 증기압은 낮아야 한다.(베이퍼 락의 위험성 감소)
② 연료의 어는점은 낮아야 한다.(결빙 방지)
③ 옥탄가가 높은 연료여야 하며, 기화성이 높아야 한다.
④ 인화점은 높아야 한다.
⑤ 대량생산이 가능해야 하며, 가격도 싸야 한다.
⑥ 단위 무게당 발열량이 커야 하고, 계통 내 부품들을 부식시키지 말아야 한다.
⑦ 점성이 낮고, 균질의 연료여야 한다.

ANSWER 29 ③   30 ①   31 ②   32 ②

33 항공기엔진에 사용하는 연료의 저발열량(LHV)에 대한 설명으로 옳은 것은?

① 연료 중 탄소만의 발열량을 말한다.
② 연소 효율이 가장 나쁠 때의 발열량이다.
③ 연소가스 중 물(H_2O)이 액상일 때 측정한 발열량이다.
④ 연소가스 중 물(H_2O)이 증기인 상태일 때 측정한 발열량이다.

해설
- 고발열량: 연료가 연소한 후 연소가스의 온도를 최초 온도까지 내릴 때 분리하는 열량을 말한다. 이때 연소가스 중의 수증기는 응축하여 액체가 되며 응축할 때 응축열을 발산하고 그 응축열까지 포함하여 열량을 계산한 것이 고발열량이며, 총발열량이라고도 한다.
- 저발열량: 연료의 연소 시 연료에 부착된 수분이나 원소 성분인 수소성분이 타면 수증기가 발생한다. 고발열량에서 연소가스 중에 함유된 수증기의 증발열을 뺀 것을 말한다. 통상 고체와 액체 연료의 경우 열량계산을 저발열량 기준으로 하는데 그 이유는 연료를 기화시켜 연소시키기 위해 연료 중에 함유된 수분을 증발시켜야 한다. 액체 상태에서 기체상태로 상변화를 시키기 위해서는 수분의 증발열이 필요하게 되는데 이처럼 수분의 증발열을 뺀 실제로 효용되는 연료의 발열량을 말한다.

34 회전하는 프로펠러 깃(blade)의 선단(tip)이 앞으로 휘게(bend)될 때의 원인과 힘은?

① 토크에 의한 굽힘(torque-bending)
② 추력에 의한 굽힘(thrust-bending)
③ 공력에 의한 비틀림(aerodynamic-twisting)
④ 원심력에 의한 비틀림(centrifugal-twisting)

해설 프로펠러의 깃은 작동 중에는 추력으로 인하여, 진행하는 방향의 프로펠러 면에는 인장력이, 반대면에는 수축력이 작용하게 된다.

35 가스터빈엔진에서 후기연소기(after burner)에 대한 설명으로 틀린 것은?

① 후기연소기는 연료소모가 증가된다.
② 후기연소기의 화염 유지기는 튜브형 그리드와 스포크형이 있다.
③ 후기연소기를 장착하면 후기 연소 모드에서 약 100% 정도 추력 증가를 얻을 수 있다.
④ 후기연소기는 약 5% 의 비교적 적은 비연소 배기가스와 연료가 섞여 점화된다.

36 왕복엔진의 작동여부에 흡입 매니폴드(intake manifold)의 압력계가 나타내는 압력으로 옳은 것은?

① 엔진정지 또는 작동 시 항상 대기압보다 높은 값을 나타낸다.
② 엔진정지 또는 작동 시 항상 대기압보다 낮은 값을 나타낸다.
③ 엔진정지 시 대기압보다 낮은 값을, 엔진작동 시 대기압보다 높은 값을 나타낸다.
④ 엔진정지 시 대기압과 같은 값을 엔진작동 시 대기압보다 낮은 값을 나타낸다.

해설 매니폴드 압력계기는 엔진정지 시 대기압과 같은 값은 나타낸다. 하지만 엔진작동 시 과급기가 설치되지 않은 경우에는 대기압보다 낮은 값을 나타내고, 과급기가 설치되어 있는 경우에는 대기압보다 높은 값을 나타낼 수 있다.

ANSWER 33 ④ 34 ② 35 ③, ④ 36 ④

37 제트엔진 부분에서 압력이 가장 높은 부위는?

① 터빈 출구   ② 터빈 입구
③ 압축기 입구 ④ 압축기 출구

해설 가스터빈엔진에서 압력이 가장 높은 곳은 압축기 출구 또는 디퓨져(확산통로)의 출구 부근이다.

38 가스터빈엔진의 공기식 시동기를 작동시키는 공기 공급 장치가 아닌 것은?

① APU
② GPU
③ D.C power supply
④ 시동이 완료된 다른 엔진의 압축공기

해설 뉴매틱(pneumatic, 공기식) 시동기의 공급 동력원은 보조동력장치(APU, Auxiliary Power Unit), 지상동력장치(GPU, Ground Power Unit), 다른 시동된 엔진과 연결하여 블리드 공기(cross-feed)에 의해 작동하며, 압축기의 코어 엔진(N2)을 구동시킨다.

39 가스터빈엔진에서 저압압축기의 압력비는 2:1, 고압압축기의 압력비는 10:1 일 때의 엔진 전체의 압력비는 얼마인가?

① 5:1   ② 8:1
③ 12:1 ④ 20:1

40 압축비가 일정할 때 열효율이 좋은 순서대로 나열된 것은?

① 정적사이클 > 정압사이클 > 합성사이클
② 정압사이클 > 합성사이클 > 정적사이클
③ 정적사이클 > 합성사이클 > 정압사이클
④ 정압사이클 > 정적사이클 > 합성사이클

해설 열효율이 좋은 순서는 정적사이클 > 합성사이클 > 정압사이클 순이다.

제3과목 항공기체

41 항공기 조종장치의 구성품에 대한 설명으로 틀린 것은?

① 풀리는 케이블의 방향을 바꿀 때 사용되며, 풀리의 베어링은 윤활이 필요 없다.
② 턴버클은 케이블의 장력조절에 사용되며, 턴버클 배럴은 한쪽은 왼나사, 다른 쪽은 오른나사로 되어 있다.
③ 압력 시일(seal)은 케이블이 압력 벌크헤드를 통과하지 않는 곳에 사용되며, 케이블의 움직임을 방해한다면 기밀은 하지 않는다.
④ 페어리드는 케이블이 벌크헤드의 구멍이나 다른 금속이 지나는 곳에 사용되며, 페놀수지 또는 부드러운 금속 재료를 사용한다.

해설 pulley는 케이블 이동 방향을 변경하는데 사용되며 공장에서 만들어질 때 이미 안쪽에 윤활되어 밀봉되었기 때문에 다른 윤활이 필요없다. fairlead는 케이블과의 마찰 때문에 페놀수지(phenolic)나 연한 알루미늄으로 된 금속을 사용한다. Pressure seal은 rear pressure bulkhead

ANSWER 37 ④ 38 ③ 39 ④ 40 ③ 41 ③

에 케이블이나 로드가 통과할 때 사용되며 안쪽의 고정 링(retaining ring)이 빠져나와 pulley가 막힐 수 있으므로 주기적인 검사가 필요하다.

42 항공기 기체의 구조를 1차 구조와 2차 구조로 분류할 때 그 기준에 대한 설명으로 옳은 것은?

① 강도비의 크기에 따라 구분한다.
② 허용하중의 크기에 따라 구분한다.
③ 항공기 길이와의 상대적인 비교에 따라 구분한다.
④ 구조역학적 역할의 정도에 따라 구분한다.

해설
- 1차 구조(primary structure) : bulkhead, frame, longeron, string, skin, spar, rib 등은 항공기의 구조역학적으로 감항성에 영향을 줄 수 있는 하중을 담당하는 구조로 구성되어 있다.
- 2차 구조(secondary structure) : 파손되어도 수리를 하여 항공기의 감항성에 영향을 미치지 않는 구조

43 그림과 같은 일반적인 항공공기의 V-n 선도에서 최대 속도는?

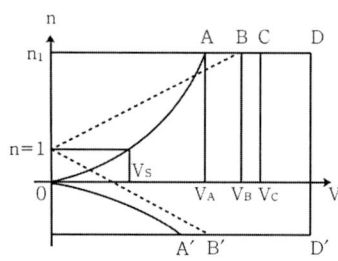

① 실속속도 ② 설계급강하속도
③ 설계운용속도 ④ 설계돌풍운용속도

해설 V-n 선도는 구조역학적으로 안전한 조작범위를 제시하고 있으며 전투기의 순간 선회, 기체 성능을 설명할 때 많이 이용한다.
V_D : 설계급강하속도 (Design diving speed)
V_D는 V_C의 1.25배 이상으로 플랩 등 공력탄성 (aeroelastic)으로 공기역학적 영향 하에서 수축 및 팽창 또는 변형되는 재료의 성질에 의한 위험을 피하기 위한 최대 속도를 말하며 설계급강하속도를 넘게 되면 Structural Failure된다.

44 조종 케이블이나 푸시풀 로드(push-pull rod)를 대체하여 전기·전자적인 신호 및 데이터로 항공기 조종을 가능하게 하는 플라이 바이 와이어(fly-by-wire) 기능과 관련된 장치가 아닌 것은?

① 전기 모터
② 유압 작동기
③ 쿼드런트(quadrant)
④ 플라이트 컴퓨터(flight computer)

해설 플라이 바이 와이어 (FBW, fly-by-wire) 방식은 말 그대로 전선에 의한 비행, 기계식 제어(푸시풀 로드)가 아닌 전기신호 사용하여 보조날개, 승강타, 방향타 제어하는 방식이며 기계적 연결 대신 조종사의 조작을 전기적 신호로 바꾸어서 와이어(전선)로 유압 작동기(actuator)에 입력하여 전기적으로 제어 방식을 말한다.

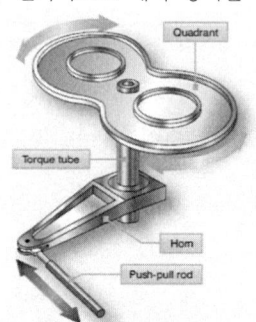

쿼드런트(quadrant)

• 쿼드런트(quadrant) : 케이블을 이용한 기계식 제어에 사용되는 장치로 비틀림각 또는 비틀림 운동은 컨트롤 시스템이 필요한 곳에 서로 반대 방향으로 움직임을 전송하기 위해 사용된다.

ANSWER 42 ④ 43 ② 44 ③

45 양극산화처리 방법이 아닌 것은?

① 질산법 ② 황산법
③ 수산법 ④ 크롬산법

해설 양극산화처리(anodizing) 종류
① 황산법 (전해액 : 황산) : 투명한 피막이 형성되며 경제적이어서 가장 널리 쓰이며 염색성이 우수하여 착색력이 좋다.
② 수산법 (전해액 : 수산) : 두껍고 강한 피막이 형성되며 용액 가격이 비싸고 순수 알루미늄의 경우 최고의 피막형성이 가능하다.
③ 혼산법 (전해액 : 황산과 옥살산) : 경질 아노다이징에 적합하며 황산법에 비해 견고하며 광택이 우수하다.
④ 크롬산법 : 듀랄루민에 적합한 아노다이징으로 내식성은 좋으나 염색 처리용으로는 사용하지 않는다.

46 비행기의 무게가 2500kg이고 중심위치는 기준선 후방 0.5m에 있다. 기준선 후방 4m에 위치한 15kg 짜리 좌석을 2개 떼어내고 기준선 후방 4.5m에 17kg짜리 항법장치를 장착 하였으며, 이에 따른 구조변경으로 기준선 후방 3m에 12.5kg의 무게 증가 요인이 추가 발생하였다면 이 비행기의 새로운 무게중심위치는?

① 기준선 전방 약 0.30m
② 기준선 전방 약 0.40m
③ 기준선 후방 약 0.50m
④ 기준선 후방 약 0.60m

해설 항공기 무게중심 = $\dfrac{\text{각각의 모멘트의 합}}{\text{각각의 무게의 합}}$

$\dfrac{\text{각각의 모멘트의 합}}{2500} = 0.5$

각각의 모멘트의 합 = 0.5 × 2500 = 1250
① 기준선 후방 4m에 위치한 15kg짜리 좌석을 2개 떼어내고 - (4 × 15 × 2)
② 기준선 후방 4.5m에 17kg짜리 항법장치를 장착 + (4.5 × 17)
③ 기준선 후방 3m에 12.5kg의 무게증가 요인이 추가 발생 + (3 × 12.5)

$= \dfrac{1250 - (4 \times 15 \times 2) + (4.5 \times 17) + (3 \times 12.5)}{2500}$

$= \dfrac{1250 - 120 + 76.5 + 37.5}{2500}$

$= \dfrac{1244}{2500} = 0.4976\text{m}$

항공기의 무게중심은 기준선에서 후방으로 0.49m 되는 거리에 있으므로 전방으로 0.01m 이동으로 새로운 무게중심의 이동은 거의 없다.

47 체결 전에 열처리가 요구되는 리벳은?

① A : 1100 ② DD : 2024
③ KE : 7050 ④ M : MONEL

해설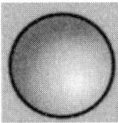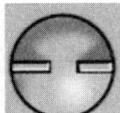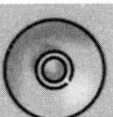
　A 1100　　DD 2024　　E 7075
2017(D) 2024(DD)를 말하며 경도를 높인 후 시효경화의 진행을 지연하고 부드러운 상태를 오래 지속시키기 위해 드라이아이스가 들어있는 아이스박스에 보관하여 리베팅 가능한 시간을 연장시킨다.

48 두랄루민을 시작으로 개량된 고강도 알루미늄 합금으로 내식성보다도 강도를 중시하여 만들어진 것은?

① 1100　　② 2014
③ 3003　　④ 5056

해설 두랄루민(Duralumin)은 알루미늄에 Cu Mg Mn Si Fe (Fe, Si는 불순물)같은 원소를 합금하여 만들어졌으며 두랄루민의 대표적인 알루미늄 합금은 2017이고 초 두랄루민은 2024이다. 초초두랄루민은 7075계열로 개량 합금을 말한다.
고장력 알루미늄 합금(high tensile aluminum alloys)은 알루미늄 합금 중에서 높은 강도를 갖는 합금의 총칭이며 용체화 처리 후의 시효에 의한 석출경화 처리로서 강도를 높혀 준다. 고장력 알루미늄합금의 종류에는 2014, 2219, 2024, 2048, 7075등이 있다.

49 두께가 0.055in 인 재료를 90° 굴곡에 굴곡반경 0.135in 가 되도록 굴곡할 때 생기는 세트백(set back)은 몇 inch 인가?

① 0.167　　② 0.176
③ 0.190　　④ 0.195

해설 세트백(SB : Set Back) : 성형점(mold point)에서에서 굴곡 접선(bend tanget line)까지의 거리. 판재의 구부러지는 외부 접선부터 그 외부 접선이 만나는 점까지의 거리

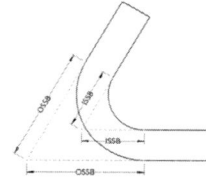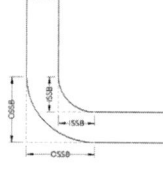

Setback

위 그림에서는 outside setback과 inside setback을 보여준다. 문제에서는 outside setback에 대한 setback을 구하는 문제이다.

$SB = K(R+T) = \tan(\frac{\theta}{2}) \times (R+T)$

$\tan 45° \quad \tan(\frac{90}{2}) = \tan 45° = 1$

R+T = 0.135+0.055 = 0.19 in
SB = 1 * 0.19 = 0.19 in (단위를 꼭 기입한다.)

50 접개들이 착륙장치를 비상으로 내리는(down) 3가지 방법이 아닌 것은?

① 핸드펌프로 유압을 만들어 내린다.
② 축압기에 저장된 공기압을 이용하여 내린다.
③ 핸들을 이용하여 기어의 업락(up-lock)을 풀었을 때 자중에 의하여 내린다.
④ 기어핸들 밑에 있는 비상 스위치를 눌러서 기어를 내린다.

해설 비상시 랜딩기어 시스템(Emergency Extension Systems)
① 주요 전원시스템 고장 시 사용한다.
② 일부 항공기는 랜딩기어를 내려주는 시스템에 문제가 발생되면 조종실에 비상시에 사용되는 릴리즈 핸들(emergency release handle) 사용. 핸들 작동되면 uplocks 해제 랜딩기어에 작용하는 중력에 의해 생성 된 힘으로 free-fall 시킴
③ 유압시스템에 문제가 발생되면 축압기의 공기압을 사용하여 랜딩기어를 내린다.
④ 다른 항공기는 랜딩기어를 내릴 수 있게 열어주기 위하여 공압을 사용하는 비 기계적인 백업(non-mechanical back-up)을 사용한다.
⑤ 소형항공기의 리트랙션 시스템은 비상시 랜딩기어를 내리기 위한 free-fall valve 사용하며 약간의 힘을 강제적으로 적용 크랭크 기어를 수동으로 확장 시켜야 한다.

ANSWER 48 ② 49 ③ 50 ④

51 항공기의 부품 연결이나 장착 시 볼트, 너트 등의 토크 값을 맞추어 조여 주는 이유가 아닌 것은?

① 항공기에는 심한 진동이 있기 때문이다.
② 상승, 하강에 따른 심한 온도 차이를 견뎌야 하기 때문이다.
③ 조임 토크 값이 부족하면 볼트, 너트에 이질금속간의 부식을 초래하기 때문이다.
④ 조임 토크 값이 너무 크면 나사를 손상 시키거나 볼트가 절단되기 때문이다.

해설
- 큰 트럭의 바퀴를 돌리기 위해서는 큰 힘이 필요하므로 핸들의 지름이 길다.
- Torque는 축을 비트는 힘(rotational turning force)을 말한다.
- Torque=Length × Force 이므로 단위는 Ft Lbs, Nm이다.
- 토크 값이 부족하면 볼트와 너트가 쉽게 풀리는 현상이 만들어진다.

52 프로펠러항공기처럼 토크(torque)가 크기 않은 제트엔진항공기에서 2개 또는 3개의 콘볼트(cone bolt)나 트러니언 마운트(trunnion mount)에 의해 엔진을 고정하는 장착 방법은?

① 링마운트방법(ring mount method)
② 포드마운트방법(pod mount method)
③ 배드마운트방법(bed mount method)
④ 피팅마운트방법(fitting mount method)

해설

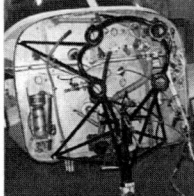
Dynafocal mounts

Fuselage mount

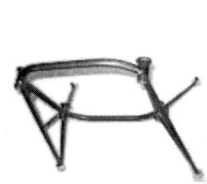
bed mount method

ring mount

Pod는 항공기 동체 밑에 연료, 장비, 무기 등을 싣는 유선형 물체를 말한다.
여객기는 엔진이 달린 부분을 Pod(포드)라고 한다. pod를 동체나 wing에 장착하기 위해선 날개의 공기흐름에 포드가 간섭영향을 주면 안되므로 날개로부터 멀리 장착해야하므로 가능한 얇은 판 비슷한 형태로 포드가 날개에 떨어진 형태로 장착될 수 있도록 연결해주는 부분을 Pylon(파일런)이라고 한다.
- pod mount method : 제트엔진을 장착하는 마운트로 2~3개의 cone bolt와 trunnion mount에 고정
- Ring mount method : 성형기관 장착할 수 있는 마운트로 원형 또는 반원형 링을 용접

53 원형 단면 봉이 비틀림에 의하여 단면에 발생하는 비틀림각을 옳게 나타낸 식은?
(단, L : 봉의 길이, G : 전단탄성계수, R : 반지름, J : 극관성 모멘트, T : 비틀림 모멘트이다.)

① $\dfrac{TL}{GJ}$ ② $\dfrac{GJ}{TL}$

③ $\dfrac{TR}{J}$ ④ $\dfrac{GR}{TJ}$

해설
$$\theta(비틀림각) = \dfrac{T(비틀림모멘트) \times L(길이)}{G(전단탄성계수) \times J(극관성모멘트)}$$
비틀림각은 비틀림모멘트와 비례하고 길이도 비례한다. 전단탄성계수와 극관성모멘트와는 반비례한다. 그러므로 부재의 길이가 길수록 비례해서 비틀림각은 커진다.

ANSWER 51 ③ 52 ② 53 ①

54 리벳의 배치와 관련된 용어의 설명으로 옳은 것은?

① 연거리는 열과 열 사이의 거리를 의미한다.
② 리벳의 피치는 같은 열에 있는 리벳의 중심간 거리를 말한다.
③ 리벳의 횡단피치는 판재의 모서리와 이웃하는 리벳의 중심까지의 거리를 말한다.
④ 리벳의 열은 판재의 인장력을 받는 방향에 대하여 같은 방향으로 배열된 리벳들을 말한다.

해설

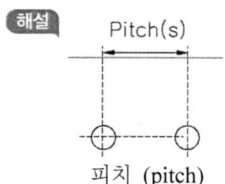

피치 (pitch)

① 연거리 (Edge distance) : 판재의 모서리(끝부분)와 리벳의 중심까지의 거리를 말하며 연거리가 너무 크면 판의 가장자리가 들리고 작으면 가장자리가 손상되므로 일반적으로 2D~4D (접시머리리벳 2.5D~4D) 유지한다.
② 피치 (pitch) : 리벳중심과 리벳 중심사이의 거리이며 3D~12D (보통 6~8D)를 유지한다.
③ 횡축 피치 (Transverse pitch) : 3D~12D (보통 6~8D)
④ 열간 피치(Row pitch) : 4.5D~6D (최소 2.5D)

55 알루미늄 합금이 열처리 후에 시간이 지남에 따라 경도가 증가하는 특성을 무엇이라고 하는가?

① 시효 경화
② 가공 경화
③ 변형 경화
④ 열처리 강화

해설 시효경화 (Age-hardening) : 금속재료를 일정한 시간 적당한 온도 하에 놓아두면 단단해지는 현상이다.
2017(D) 2024(DD)는 경도를 높인 후 시효경화의 진행을 지연하고 부드러운 상태를 오래 지속시키기 위해 드라이아이스가 들어있는 아이스박스에 보관하여 리베팅 가능한 시간을 연장 시킨다.

56 블라인드 리벳(blind rivet)의 종류가 아닌 것은?

① 체리 리벳
② 리브 너트
③ 폭발 리벳
④ 유니버셜 리벳

해설

체리 맥스 리벳   리브 너트

폭발 리벳   유니버셜 리벳

버킹바를 댈 수 없는 협소한 장소(dead space)에서 사용
① 리브너트 : 제빙부츠 고정시킬 때 사용
② 폭발 리벳 : 화재의 위험 있는 곳 사용금지
③ mechanical lock rivet (huck lock, cherry lock, olympic lock, cherry max rivet)
④ pop 리벳
⑤ friction lock 리벳

ANSWER 54 ② 55 ① 56 ④

57 그림과 같이 집중하중을 받는 보의 전단력 선도는?

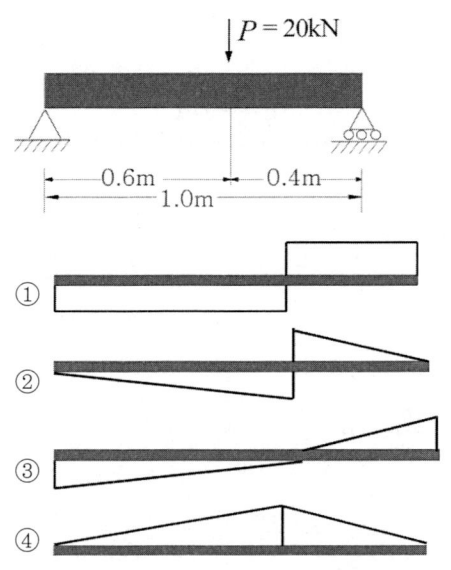

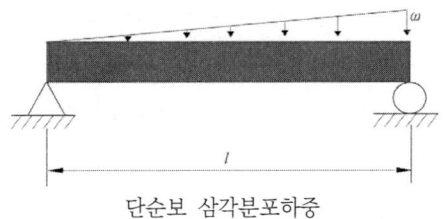

단순보 삼각분포하중

해설 2번 그림은 단순보에서 균일분포하중을 나타내며, 3번은 삼각분포하중을 나타낸다.

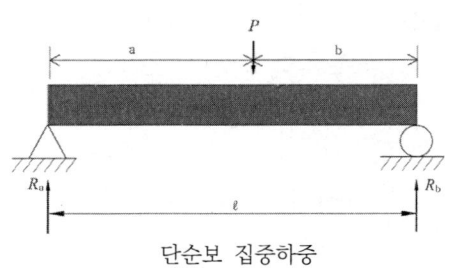

단순보 집중하중

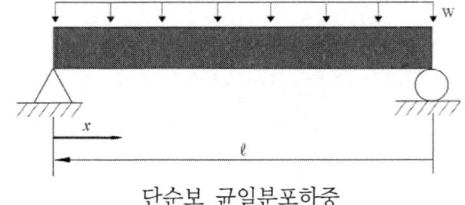

단순보 균일분포하중

58 항공기의 손상된 구조를 수리할 때 반드시 지켜야 할 기본 원칙으로 틀린 것은?

① 중량을 최소로 유지해야 한다.
② 원래의 강도를 유지하도록 한다.
③ 부식에 대한 보호 작업을 하도록 한다.
④ 수리부위 알림을 위한 윤곽변경을 한다.

해설 구조수리의 기본 원칙 4가지
① Maintaining original strength(원래의 강도 유지)
  수리시 같은 재질을 사용하고 손상부위 크기의 2배 이상 Patch 사용
② Maintaining original contour(원래의 윤곽 유지)
  원래의 윤곽과 표면의 매끄러움 유지
③ Keeping weight to a minimum(최소 중량 유지)
  원래의 윤곽과 표면의 매끄러움 유지
④ Corrosion prevention(부식에 대한 보호)
  접촉면 방식처리. 부식 예방 작업 중요

59 샌드위치구조에 대한 설명으로 옳은 것은?

① 보온효과가 있어 습기에 강하다.
② 초기 단계 결함의 발견이 용이하다.
③ 강도비는 우수하나 피로하중에는 약하다.
④ 코어의 종류에는 허니컴형, 파형, 거품형 등이 있다.

해설 ① 샌드위치 구조

ANSWER 57 ① 58 ④ 59 ④

2장의 스킨 사이에 core를 끼워서 샌드위치로 제작한 판을 이용한 구조이며 보강재 스트링거 사용한 것 보다 강도 강성이 크고 가볍고 부분적인 buckling과 피로강도에 강해서 Aileron, spoiler, flap에 사용된다.

② Core type
  ㉮ Honeycomb sandwich structure(벌집형)
  ㉯ Foam sandwich structure(거품형)
  ㉰ Wave type(파형)
③ 장점
  ㉮ 무게에 비해 강도가 크다.
  ㉯ 음 진동에 잘 견딘다.
  ㉰ 피로와 굽힘하중에 강하다.
  ㉱ 보온 방습성이 우수하고 부식 저항이 있다.
  ㉲ 진동에 대한 감쇠성이 크다.
  ㉳ 항공기 무게감소 가능
④ 단점
  ㉮ 손상상태를 파악하기 어렵다.
  ㉯ 집중하중에 약하다.
  ㉰ 고온에 약하다.

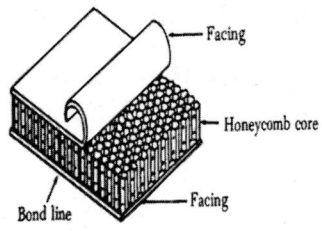

샌드위치 구조

60 길이 1m, 지름 10cm 인 원형단면의 알루미늄합금 재질의 봉이 10N의 축하중을 받아 전체길이가 50μm 늘어났다면 이때 인장변형률을 나타내기 위한 단위는?

① μm/m ② N/m²
③ N/m³ ④ MPa

해설 물체에 하중이 가해지면 물체는 내부에 응력이 생기는 동시에 모양이나 크기가 변화한다.
• 변형률 : 변형의 정도, 변형량과 변형 전 상태량의 비

$$\text{변형률} = \frac{\text{변형량}}{\text{원래의 길이}}$$

$$\epsilon = \frac{\lambda}{l} = \frac{50\mu m}{1m} = 50\mu m/m$$

제4과목 항공장비

61 24V, 1/3HP인 전동기가 효율 75%로 작동하고 있다면, 이때 전류는 약 몇 A인가?

① 7.8   ② 13.8
③ 22.8 ④ 30.0

해설 1[HP] = 746[W]이다.
따라서, $\frac{1}{3}$[HP] = 248.7[W]가 된다.
$I = \frac{P}{V} = \frac{248.7[W]}{24[V]} = 10.36[A]$
효율 75%로 계산하면,
10.36[A] × 0.75 = 7.8[A]가 된다.

62 방빙계통(anti-icing system)에 대한 설명으로 옳은 것은?

① 날개 앞전의 방빙은 공기역학적 특성을 유지하기 위해 사용한다.
② 날개의 방빙장치는 공기역학적 특성보다는 엔진이나 기체구조의 손상방지를 위해 필요하다.
③ 날개 앞전의 곡률 반경이 큰 곳은 램효과(ram effect)에 의해 결빙되기 쉽다.
④ 지상에서 날개의 방빙을 위해 가열공기(hot air)를 이용하는 날개의 방빙장치를 사용한다.

해설 날개, 수평 및 수직 안정판 제방빙계통 (Wing, Horizontal and Vertical Stabilizer Anti-Icing Systems) : 대부분 항공기의 날개 앞전 또는 슬랫,

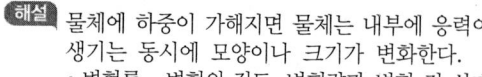

60 ① 61 ② 62 ①

수평&수직안정판 앞전 등과 같은 구성품에 공기역학적 특성의 유지 및 얼음의 형성을 방지하기 위해 제방빙계통을 장비하고 있다. 가장 일반적으로 사용되는 제방빙계통은 열공압식(thermal pneumatic), 열전기식(thermal electric), 그리고 화학약품(chemical) 방식이 있다. 대부분 항공기는 결빙조건에서 비행이 가능하도록 공기식 제빙부츠 계통이나 화학적 방빙계통을 장비하고 있다. 대형 운송용 항공기는 얼음의 형성을 방지하기 위해 자동적으로 제어되는 최신의 열공압식 또는 열전기식 방빙계통을 적용한다.

결빙 부분	방빙 및 제빙 방법
날개 앞전	가열공기
수직, 수평 안정판의 앞전	가열공기
윈드실드 및 창문	전열기, 알콜
히터, 기관 공기 흡입구	전열기
실속 경고 장치	전열기
프로펠러 깃의 앞전	전열기, 알콜
왕복엔진 기화기(플로트형)	가열공기, 알콜
드레인 마스트	전열기
피토관	전열기

※ 알콜 : 이소프로필 알콜이나 에틸렌글리콜과 알콜을 섞은 용액
※ 램효과(ram effect) : 대기 중을 비행하는 비행체에 흡입되는 공기가 공기 흡입구에서 감속되면서 동압이 정압으로 전환되어 압력이 상승하는 효과로서, 엔진의 공기흡입을 돕고 더 많은 추력을 낼 수 있게 한다.

63 종합전자계기에서 항공기의 착륙 결심고도가 표시되는 곳은?

① Navigation display
② Control display unit
③ Primary flight display
④ Flight control computer

해설 ※ 결심고도(Precision Height) : 조종사가 착륙 시도 여부를 결정하는 높이로, 이 고도에서 활주로나 등화시설 등의 시각 참조물이 육안으로 보이면, 계속 접근하여 착륙하고, 보이지 않을 경우에는 착륙을 중단하고 복행을 시도하는 높이다. ILS를 이용하여 Glide slope와 Localizer를 잡고 활주로에 진입을 하다가 결심고도에서 조종사는 강하를 멈추고 착륙 또는 복행을 결정해야 한다. 악천후 시 이착륙을 결정짓는 기상 제한치는 ICAO 부속서를 토대로 각국의 항공법과 공항당국, 항공사의 운항규정에 따라 정해져 있다. 일반적으로 착륙시에는 공항의 활주로 및 항행안전시설에 따라 정밀접근, 비정밀접근, 선회접근, 시각접근 등으로 구분되며, 정밀접근은 카테고리 Ⅰ, Ⅱ, Ⅲa, Ⅲb, Ⅲc로 세분된다.

1) CAT Ⅰ : DH 200ft(60m), 시정 600m 또는 활주로 가시거리 550m 이상
2) CAT Ⅱ : DH 100ft(30m), 활주로 가시거리 350m 이상
3) CAT Ⅲa : DH 100ft(30m) 또는 제한없음, 활주로 가시거리 200m 이상
4) CAT Ⅲb : DH 50ft(15m) 또는 제한없음, 활주로 가시거리 200m 이상
5) CAT Ⅲc : 제한없음

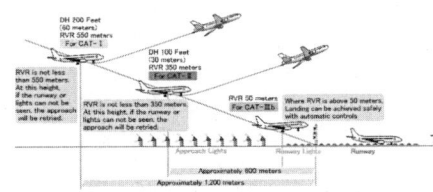

① ND (Navigation Display) : 항법에 관한 정보를 알려주는 장치로, 항로가 표시되고 항공기가 지정된 항로대로 운항중인지 아닌지 확인을 할 수 있다. 항로정보, 남은거리와 TCAS를 통해 주위에 운항중인 항공기도 확인할 수 있다. 기상정보 또한 표시되어서 CB(적란운)등 위험한 구간을 회피할 때 이용하기도 한다.
② CDU (Control Display Unit) : FMC(Flight Management Computer)에 출발공항, 도착공항 및 경유 항로를 입력하면 컴퓨터를 통해 자동비행(오토 파일럿)이 가능하도록 해주는 장치다.
③ PFD (Primary Flight Display) : 조종 시 가장 기본이 되는 장치로 속도와 방향, 고도계, 자세계, 수직속도계, 착륙유도장치가 표시되는 장치. 조종사는 비행 상태를 한눈에 알 수 있다.

ANSWER
63 ③

④ FCC (Flight control computer) : 비행 상태에 따라 최적의 상태로 조종 신호를 만들어 유압 작동기에 보내는 장치로서, 기체를 조종사 대신 운용해주는 장치이다. FCC는 항공기의 모든 기동에 관한 사항을 관장하는 핵심부품으로 이륙 전의 항공기 전(全)시스템의 초기화, 그리고 이륙 후의 비행에 필요한 구동제어 신호 및 다중화 관리를 통한 고장 감시/검출/복원 등의 중요한 일을 한다. 한편, 일반적으로 항공기에 적용되는 유압계통은 신뢰도를 높이기 위하여 2중구조의 유압시스템을 사용하고 있는데, 한 유압 시스템이 고장상태에 있더라도 FCS는 다른 유압 시스템에 의하여 이상 없이 작동된다.

※ FCS (Flight Control system) : Fly-By-Wire 시스템으로 Auto-pilot 시스템이나 Side stick의 electrical signal을 받아서 7개의 EFCS(Electrical Flight Control System)가 elec signal을 Hydraulic Actuator로 보내는 시스템이다.

※ 7개의 EFCS computer
① 2개의 ELACs(Eevator Aileron Computer) : Elevator와 ailerons, THS(Trimmable Horizontal Stabilizer)를 담당한다.
② 2개의 FACs(Flight Augmentation Computer) : Rudder를 담당한다.
③ 3개의 SECs(Spoiler Elevator Computer) : Spoiler, 3개 중 2개는 Elevator, 그리고 THS를 backup한다.

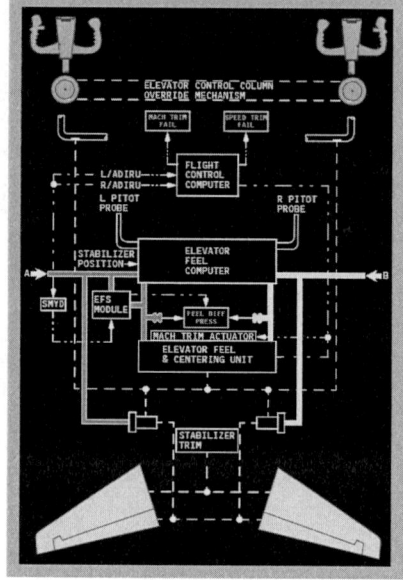

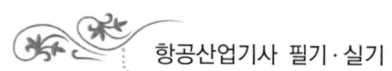

64 감도 20mA이고 내부 저항은 10Ω이며 200A까지 측정할 수 있는 전류계를 만들 때 분류기(shunt)는 약 몇 Ω으로 해야 하는가?

① 1   ② 0.1
③ 0.01   ④ 0.001

해설 분류기 (shunt) : 전류계의 측정범위를 확대하기 위해 전류계에 병렬로 접속하여 사용하는 저항기. 즉, 저항기에 걸리는 전압이 동일하다는 조건으로 계산한다.

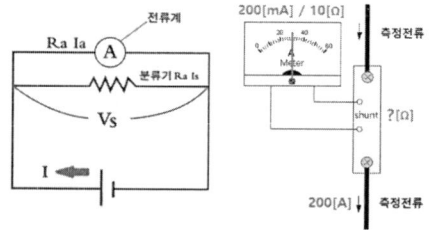

$V = IR = 20[mA] \times 10[\Omega] = 0.2[V]$

$\therefore R = \dfrac{V}{I} = \dfrac{0.2[V]}{200[A]} = 0.001[\Omega]$

ANSWER 64 ④

65 조종사가 산소마스크를 착용하고 통신하려고 할 때 작동시켜야 하는 장치는?

① Public Address
② Flight Interphone
③ Tape Reproducer
④ Service Interphone

해설 ① Public Address or Passenger address : 항공기 이륙 전, 모든 문, 기내를 통해 방송이 들리는지 확인하기 위한 항공기 기내에서 승객들에게 방송하는 장치로서, 안내방송 우선순위는 조종실, 객실, 음악 순으로 된다.
② Flight Interphone : 조종실 내에서 운항 승무원 상호간의 통화 연락을 위해 각종 통신이나 음성 신호를 각 운항 승무원석에 배분하거나, 지상에서는 비행을 위하여 항공기가 택싱(Taxing)하는 동안 지상조업 요원과 조종실내 운항 승무원 간에 통화하기도 한다.
③ Tape Reproducer : 관제녹음기는 관제사가 사용하는 무선통신내용, 관제소간의 정보를 교환하는 전화내용 등 항공 관제와 관련된 음성통신 내용을 녹음하는 시설이다.
④ Service Interphone : 비행 중에는 조종실과 객실 승무원석 및 갤리(galley) 간의 통화 연락을, 지상에서는 조종실과 정비, 점검상 필요한 기체 외부와의 통화 연락을 하기 위한 장치이다.(B747에서는 정비용으로만 사용)

66 서모커플(thermo couple)에 사용되는 금속 중 구리와 짝을 이루는 금속은?

① 백금(platinum)
② 티타늄(titanium)
③ 콘스탄탄(constantan)
④ 스테인리스강(stainless steel)

해설 서로 다른 금속 사이의 온도차를 준 경우 발생하는 전압을 열기전력이라고, 열기전력을 이용할 목적으로 서로 다른 금속을 접합한 것을 서모커플이라 한다. 열전대의 조합은 크로멜-알루멜, 철-콘스탄탄이 널리 이용된다. 서모커플식 온도계에서는 콜드 정션의 온도가 알려져 있지 않으면 온도 측정을 할 수 없다. 따라서 바이메탈에 의해 콜드 정션의 온도가 기계적으로 지시되고 핫정션과의 온도차에 의한 기전력에 지시계의 온도가 추가되어 핫정션의 온도가 나타난다.

※ 열전쌍(thermo couple)의 조합
① 구리(동)-콘스탄탄 : ~300℃까지 측정가능, 왕복기관의 CHT(실린더헤드온도) 온도측정
② 철-콘스탄탄 : ~800℃까지 측정가능, 왕복기관의 CHT(실린더헤드온도) 온도측정
③ 크로멜-알루멜 : ~1400℃까지 측정가능, 제트엔진 EGT(배기가스온도) 온도측정

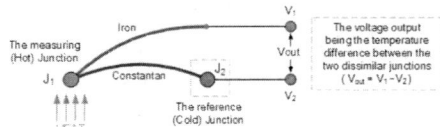

67 유압계통에서 압력이 낮게 작동되면 중요한 기기에만 작동 유압을 공급하는 밸브는?

① 선택밸브(selector valve)
② 릴리프밸브(relief valve)
③ 유압퓨즈(hydraulic fuse)
④ 우선순위밸브(priority valve)

해설 ① 선택 밸브 (selection valve) : 작동 실린더의 운동 방향을 결정하는 밸브이다. 기계적으로 작동되는 것과 전기적으로 작동되는 것이 있고, 기계적으로 작동되는 밸브에는 회전형, 포핏형, 스풀형, 피스톤형, 플런저형이 있다.
② 릴리프 밸브 (Relief valve) : 작동유에 의한 계통 내의 압력을 규정된 값 이하로 제한하는데 사용되는 것으로, 과도한 압력으로 인하여 계통 내의 관이나 부품이 파손될 수 있는 것을 방지하는 장치이다.
③ 유압퓨즈(hydraulic fuse) : 유압 계통의 관이나 호스가 파손되거나 기기 내의 실에 손상이 생겼을 때 과도한 누설을 방지하기 위한

ANSWER 65 ② 66 ③ 67 ④

장치이다.
④ 프라이오리티 밸브 (Priority Valve) : 작동유의 압력이 일정 압력 이하로 떨어지면 유로를 막아 작동 기구의 중요도에 따라 우선 필요한 계통만을 작동시키는 기능을 가진 밸브이다.

68 항공기에 사용되는 전기계기가 습도 등에 영향을 받지 않도록 내부 충전에 사용되는 가스는?

① 산소가스   ② 메탄가스
③ 수소가스   ④ 질소가스

해설 비행 여건상 우기에도 비행하게 되고 또한 비행장 야외에 주기 등을 하게 되는데 이는 외부 기후에 따라 직접 또는 간접으로 습도에 대해서 영향을 받게 되어 있어 이 습기로부터 오차를 줄이기 위해 항공 계기는 내부 및 외부 방청처리가 되어 있고 계기 케이스(case)도 밀봉되어 있다. 그리고 계기 내부에는 습기에 의한 전기적인 누전을 방지하기 위해 불활성 가스(inert gas)로 충전되어 있다. 고공을 비행하는 항공기 내부의 전기적 부품들은 부품들간의 절연이 잘 안되어 전기적 단락이 일어날 수 있으므로, 전기 계기 내부에는 질소, 헬륨 원소 등의 불활성 가스를 충전시켜 산소의 유입을 막아 불꽃(Arc)에 의한 산화를 방지한다.

69 프레온 냉각장치의 작동 중 점검창에 거품이 보인 다면 취해야할 조치로 옳은 것은?

① 프레온을 보충한다.
② 장치에 물을 공급한다.
③ 장치의 흡입구를 청소한다.
④ 계통의 배관에 이물질을 제거한다.

해설 응축장치(콘덴서)에서 액체상태의 냉각제(프레온)가 리시버건조기 안의 필터와 건조제(실리카겔)를 지나면서 습기가 제거된다. 또한 출구쪽에 장착된 점검창을 통해 계통 내에 충전된 양을 나타내는데, 충전이 덜 되면, 거품이 발생되어 점검창으로 확인할 수 있다.

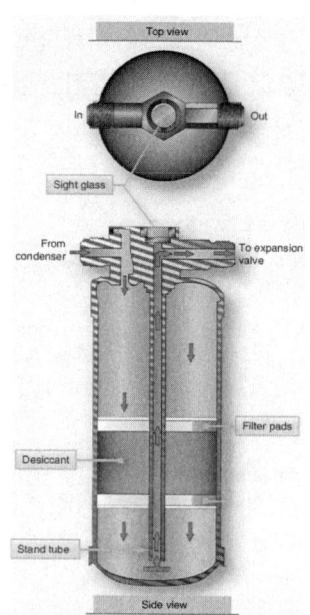

※ 증기순환 냉각방식 (Vapor cycle cooling system) : 일반적으로 공기순환 냉각방식보다 냉각성능이 우수하고, 지상에서 엔진 비작동 시, 사용 가능하다. 고압 리시버의 액체 냉각액이 팽창밸브를 통해 Evaporator(증발기)에서 냉각액의 압력과 온도는 낮아진다. 증발기에서 차가워진 증기는 압축기에서 압축되어 고압, 고온의 냉각액이 콘덴서에서 기체 프레온(freon)은 외기(대기) 공기가 프레온에서 열을 빼앗는 열교환기를 통해 고압 기체였던 프레온은 열을 빼앗겨 액체로 응축한다. 프레온은 액체에서 증기로 변할 때 열을 흡수하는 성질이 있어, 객실 공기의 열을 흡수하여 기화되어 냉각된다.

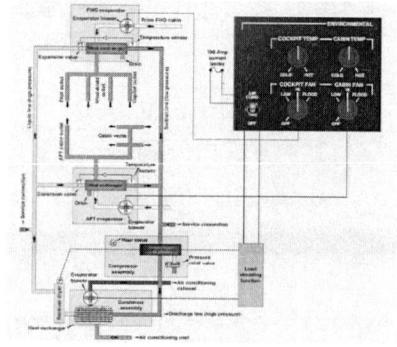

ANSWER
68 ④   69 ①

70 알칼리 축전지(Ni-Cd)의 전해액 점검사항으로 옳은 것은?

① 온도와 점도를 정기적으로 점검하여 일정수준 이상 유지해야한다.
② 비중은 측정할 필요가 없지만 액량은 측정하고 정확히 보존하여야 한다.
③ 일정한 온도와 염도를 유지해야 한다.
④ 비중과 색을 정기적으로 점검해야 한다.

해설 양극(+)판에 수산화니켈2, 음극(-)판에 카드뮴, 전해액에 수산화칼륨을 사용한 축전지로서, 전해액은 비중 1.30의 수산화칼륨(KOH)을 사용한다. 화학반응에 관여하지 않아 극판 사이의 도체로 사용되므로 비중 변화는 없어 비중은 측정할 필요는 없다. 과충전 시 음극판에서 수소가스와 양극판에서 산소가스가 발생하여 상호 재결합으로 물이 만들어진다. 그러나 재결합보다 가스발생 속도가 빠르면 압력으로 인해 안전밸브(Cell relief valve)가 열리고, 물이 분출되어 액량에 변화가 생기고, 충방전 상태를 확인할 수 있다. 납산축전지보다 무게에 비해 효율이 좋고 수명이 길고 저항이 작아 큰 전류를 필요로 하는 곳이나 비행기의 시동 시 사용되며, 전기 자동차에도 사용된다. 니켈-카드뮴 축전지의 기본 단위는 셀(cell)이고, 셀당 전압은 1.2~1.25[V]이고, 내부 저항을 고려해서 12[V] 축전지는 10개의 셀을, 24[V] 축전지는 19개의 셀을 직렬로 연결해서 사용한다. 대형 항공기에서는 20셀 또는 22셀의 축전지를 사용한다. 1셀의 기전력은 무부하 상태에서 1.3~1.4V지만, 부하가 가해지면 1.2V로 안정된다.

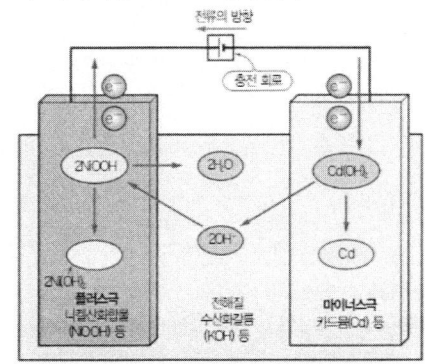

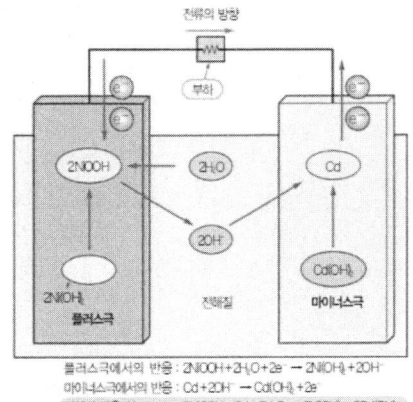

71 항공기엔진과 발전기 사이에 설치하여 엔진의 회전수와 관계없이 발전기를 일정하게 회전하게 하는 장치는?

① 교류발전기　② 인버터
③ 정속구동장치　④ 직류발전기

해설 ① 교류발전기 (AC Generator) : 자석의 양극 사이에 코일을 넣고 자기장에 수직인 축을 중심으로 코일을 빠르게 회전시키면 코일을 지나는 자기력선의 변화 때문에 코일에는 방향이 계속 바뀌는 유도 전류가 발생하는 전자기 유도 법칙을 응용하여 교류 전류의 기전력을 만드는 장치이다. 저속에서도 충전할 수 있고 출력이 크다. 특징으로는 속도 변화에 따른 적용 범위가 넓고 소형·경량이며 반도체 정류기를 사용하기 때문에 정류 특성이 양호하다. 또한 조정기는 전압 조정기만 필요하고 저속 회전에서도 발생 전압이 높기 때문에 축전지를 확실하게 충전할 수 있으며 고속 회전에서도 안정된 성능을 발휘한다.
② 인버터 (Inverter) : 항공기에서 직류전원을 교류전원으로 전환시켜 일부 계통에 사용된다. 입력된 직류전원에 발진회로를 접목하여 직류단속을 하여 교류신호로 바꾸고 트랜스포머를 이용하여 전압 승압하여 사용한다. 이 교류는 주로 계기, 무선, 레이더, 조명, 그리고

70 ②　71 ③

다른 부속품에서 사용된다. 인버터는 보통 400[Hz]의 주파수로 전류를 공급하기 위해 조립되었지만, 일부는 하나의 권선에 26[V] 교류 그리고 또 다른 권선에 115[V]로 1개 이상의 전압을 공급하기 위해 설계된다.

③ 정속구동장치 (CSD : constant speed drive) : 항공기의 교류 발전기는 전압을 일정하게 유지함과 동시에 주파수 또한 일정하게 유지할 필요가 있다. 그렇기에 엔진과 발전기 사이에 정속 구동 장치를 설치하여 엔진의 회전수가 변화해도 발전기의 회전수가 일정하게 유지되도록 하고 있다. 현대항공기에서는 CSD와 발전기가 하나로 합쳐진 통합구동발전기(IDG)를 사용한다.

④ 직류발전기 (DC Generator) : 교류발전기에서 2개의 슬립링 대신에, 1개의 슬립링을 두 조각으로 하여 한 쌍의 정류자 편(commutator segment)으로 하면, 전기자 코일이 회전할 때마다 브러시와 접촉하는 정류자편이 바뀐다. 이렇게 되면 브러시에는 교류 대신에 심하게 맥동하는 직류전압이 유도되어 직류 전압을 발생하는 장치이다. 한 쌍의 정류자편에 접속되는 전기자코일의 수를 증가시키면 유도전압은 더욱 상승하게 되고, 코일의 자속변화가 빠르면 빠를수록 유도전압은 상승한다. 즉, 직류발전기의 전압은 회전속도와 여자전류 (excited current)가 증가함에 따라 상승한다.

72 자동비행조종장치에서 오토파이롯(auto pilot)을 연동(engage)하기 전에 필요한 조건이 아닌 것은?

① 이륙 후 연동한다.
② 충분한 조종(trim)을 취한 뒤 연동한다.
③ 항공기의 기수가 진북(true north)을 향한 후에 연동한다.
④ 항공기 자세(roll, pitch)가 있는 한계 내에서 연동한다.

해설 Cockpit(B737)의 auto pilot panel에서 각 설정을 행한 후, 연동시킨다.

① COURSE : 방향 설정 (VOR)
② IAS/MACH : 속도 설정
③ VNAV, LNAV : 수직, 수평 항로 설정 (FMC)
④ HEADING : 방향 설정
⑤ ALTITUDE : 고도 설정
⑥ VERT SPEED : 수직 속도 설정
⑦ A/P ENGAGE : auto pilot 실행

73 항공계기 중 각 변위의 빠르기(각속도)를 측정 또는 검출하는 계기는?

① 선회계   ② 인공 수평의
③ 승강계   ④ 자이로 콤파스

해설
※ 섭동성(세차성) : 외부에서 가해진 착력점으로부터 로터의 회전방향으로 90° 회전한 점에 힘이 작용하여 축을 움직이게 하는 성질. 섭동성은 로터의 무게가 증가하거나 회전각속도가 크면 감소하고 로터를 기울이려는 외력에 비례하며 강직성과의 반대 성질이 있다. 섭동성을 이용한 계기로써는 선회계가 있는데 항공기가 좌우 방향으로 선회하는 속도를 나타내는 항공 계기. 유리관 속에 까만 구슬이 든 경사계가 계기 아래쪽에 함께 붙어 있다. 선회계의 성질과 강직성을 이용한 선회경사계가 있다.
※ 강직성 : 로터가 회전하고 있을 때는 로터 회전축은 일정한 방향을 유지하는 성질이 있다. 로터 회전 속도가 큰 만큼 강하다. 로터 질량이 회전축에서 멀리 분포하고 있는 만큼 강하다.
1) 경사계 : 항공기가 수평비행 시/선회 시 날개의 처짐을 알 수 있도록 지시하는 계기.(날개의 무게중심이 편중되어 있는 정도를 나타낸다.)
2) 선회계 : 섭동성을 이용하여 선회율 지시
3) 방향지시계 (정침의) : 강직성을 이용하여 항공기의 기수방위 지시
4) 수평지시계 (수평의) : 강직성과 섭동성을 이용하여 항공기의 자세(피치와 경사) 지시. 로

ANSWER 72 ③ 73 ①

터축을 항상 수직으로 유지하도록 조절된다.
① 선회계 (Turn indicator) : 각변위의 빠르기(각속도)를 측정 또는 검출하는 것으로, 레이트 자이로와 같이 1축 자이로 짐발 구성으로 되어 있는 경우가 많다.
② 인공 수평의 (gyro horizon) : 항공기의 자세, 즉 전후좌우의 기울기를 인공적으로 만들어낸 수평선을 기준으로 비행 중의 항공기는 3개의 축을 기준으로 자세가 변한다. 연직방향의 축을 가진 자이로(VG : 수직 자이로)가 있어 공기 또는 전기에 의해서 고속으로 회전하고 있다. 따라서 자이로를 직접 지탱하는 기구(機構)에 수평선을 장치하면 항상 수평을 유지하는 인공적인 수평선이 된다. 한편, 이 수평선에 대해 계기의 전면에 작은 비행기의 모양을 장치해 두면, 인공의 수평선과 이 작은 비행기의 상대적 관계에 의해서 자기의 절대적 자세를 알 수가 있다. 피치축 및 롤축에 대한 항공기의 자세를 감지한다.
③ 승강계 (Vertical speed indicator) : 항공기의 상승 또는 하강에 대한 정보를 분당 feet로 지시하는 계기이다. 밀폐된 내부에는 속도계와 동일한 다이어프램이 있고 정압관과 연결되어 있다. 항공기가 상승하면, 다이어프램의 압력은 대기압의 감소로 감소하여 수축시켜 지시침을 증가시키고, 하강하면, 다이어프램의 압력은 대기압의 증가로 증가하여 팽창시켜 지시침을 감소시킨다. 정압이 일정하면, 다이어프램 내부와 외부의 정압이 일치하여 승강계는 변화하지 않는다.
④ 자이로 컴파스 (gyro compass) : 3축의 자유도를 가진 자이로(로터)의 지북(指北) 작용과 제진(制振) 작용을 주어 지표면 상에서 자이로 축을 남북 방향으로 계속 향하게 하는 장치로 마그네틱 컴파스와 함께 많이 사용된다.

74 작동유의 압력에너지를 기계적인 힘으로 변환시켜 직선운동 시키는 것은?

① 유압 밸브(hydraulic valve)
② 지로터 펌프(gerotor pump)
③ 작동 실린더(actuating cylinder)
④ 압력 조절기(pressure regulator)

해설 ① 유압 밸브(hydraulic valve) : 유압에 의해 작동되거나 제어되는 밸브로서, 압력제어밸브, 유량제어밸브, 방향제어밸브로 분류된다.
② 지로터 펌프(gerotor pump) : 일정 용량형 펌프의 하나로서 구동 원리는 크기가 다른 외주와 내주의 기어가 동일한 방향으로 회전하면서, 생성된 공간만큼 일정하게 연료를 방출한다. 방출 압력은 릴리프 밸브(relief valve)에 의해 조절된다.

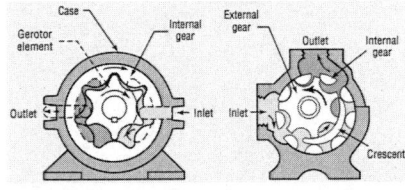

③ 작동 실린더(actuating cylinder) : 유체(작동유, 공기)의 압력을 동력으로 변환시키는 실린더 또는 피스톤 장치이다.
④ 압력 조절기 (pressure regulator) : 일정 용량식 펌프를 사용하는 유압 계통에 필요한 장치로서, 불규칙한 배출 압력을 규정 범위로 조절하고, 계통에서 압력이 불필요 시, 펌프에 부하가 걸리지 않도록 한다. 평형식과 선택식이 있고, 체크 밸브와 바이패스 밸브의 작동에 따라 킥인(kick-in : 계통의 압력이 규정값보다 낮은 상태, 바이패스 밸브가 닫히고 체크 밸브가 열린 상태)과 킥아웃(kick-out : 계통의 압력이 규정값보다 높은 상태, 바이패스 밸브가 열리고 체크 밸브가 닫힌 상태)이 있다.

ANSWER 74 ③

75 키르히호프의 제1법칙을 설명한 것으로 옳은 것은?

① 전기회로 내의 모든 전압강하의 합은 공급된 전압의 합과 같다.
② 전기회로에 들어가는 전류의 합과 그 회로로부터 나오는 전류의 합은 같다.
③ 직렬회로에서 전류의 값은 부하에 의해 결정된다.
④ 전기회로 내에서 전압강하는 강해진 전압과 같다.

해설 키르히호프의 법칙 (Kirchhoff's law) : 1847년 독일의 물리학자 Gustav Robert Kirchhoff가 옴의 법칙을 확장한 것으로 제 1법칙 (전류의 법칙), 제 2법칙 (전압의 법칙)으로 분류된다.
① 키르히호프의 제 1법칙 : 전류의 법칙(KCL)으로, 회로 내에서 임의의 접속점으로 들어가는 전류의 합과 나가는 전류의 합은 같다. (전하량 보존의 법칙)

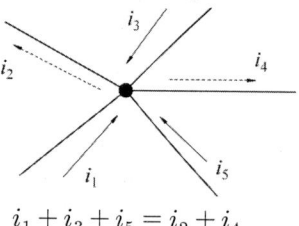

$$i_1 + i_3 + i_5 = i_2 + i_4$$

② 키르히호프의 제 2법칙 : 전압의 법칙(KVL)으로, 임의의 폐회로에서 전체 전압은 각 부하에 걸리는 전압의 합과 같다.(에너지 보존의 법칙)

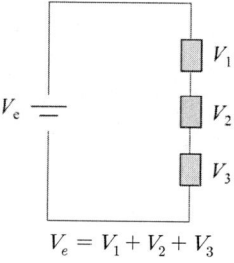

$$V_e = V_1 + V_2 + V_3$$

76 다음 중 VHF 계통의 구성품이 아닌 것은?

① 조정 패널   ② 안테나
③ 송·수신기   ④ 안테나 커플러

해설 ① VHF 통신 장치의 구성 : 조종실에 설치된 조종 패널과, 전자장비실에 설치된 송·수신기 및 항공기 외부에 장착된 안테나로 구성되어 있다. 송신과 수신에 같은 주파수를 사용하고 있기 때문에 보통 때는 수신 상태로 있다가 송신 스위치를 눌렀을 때 송신 상태가 되는 누름 통화(PTT : Push to talk) 방식이 사용된다.

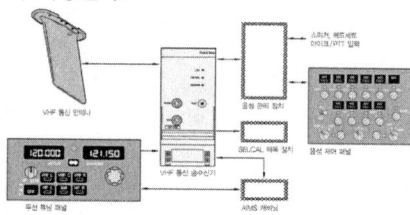

② HF 통신 장치의 구성 : 단파통신 송·수신기(High frequency transceiver), 단파통신 안테나 커플러(HF antenna coupler), 그리고 단파통신 안테나로 구성되어 있다. 단파통신계통에 연관된 구성품들 중에서 무선제어패널(Radio control panel)은 상용 주파수와 상태 정보를 송·수신기로 보내 주고, 무선 주파수(Radio frequency) 입력 쪽에서 음성 신호를 감지한다. 조종실 인터폰장치(Flight interphone system)의 오디오 관리장치 마위아(MAWEA : Modularized avionics warning electronics assembly)에 있는 디지털 비행자료 포착 카드(DFDAC : Digital flight data acquisition card)는 송·수신기로부터 송화기의 푸시 투 토크(PTT : Push-to-talk) 접지 신호를 받는다. 송·수신기와 무선제어패널을 중앙정비컴퓨터(CMC : Central maintenance computer)에 연결되어 있으며, 이 중앙정비컴퓨터에서 송·수신기의 결함을 감시해 준다.

ANSWER 75 ② 76 ④

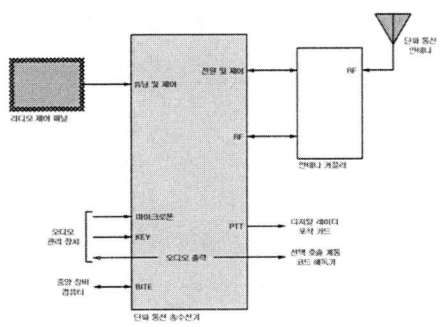

77 안테나의 특성에 대한 설명으로 틀린 것은?

① 안테나 이득은 방향성으로 인해 파생되는 상대적 이득을 의미한다.
② 무지향성 안테나를 기준으로 하는 경우 안테나 이득을 dBi로 표현한다.
③ 지향성 안테나를 기준으로 안테나 이득을 계산할 때 dBd를 사용한다.
④ 안테나의 전압 정재파비는 정재파의 최소전압을 정재파의 최대전압으로 나눈값이다.

해설 안테나에서의 이득(antenna gain)은 방향성(directivity)로 인해 파생되는 상대적 이득을 의미하는 안테나만의 용어로서, 최대전계 방향을 기준으로 isotropic(무지향성, 등방성)한 복사패턴에 대비한 안테나 복사패턴의 비율을 의미한다.

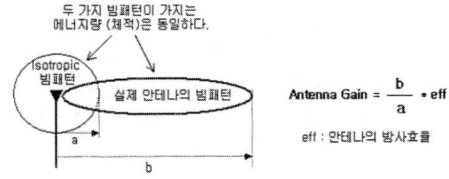

즉, 안테나로 인해 신호가 커지는게 아니라, 사방으로 고르게 퍼져나가야 할 에너지가 일정방향으로 몰리는 경우에 쏠리는 비율을 의미한다. 단위로는 dB를 사용하며, isotropic(무지향성, 등방성) 안테나를 기준으로 하는 (일반적인) 경우는 dBi라고 표현한다. 반면, dipole(지향성, 쌍극자) 안테나를 기준으로 하여 이득을 계산할 때는 dBd라는 단위를 사용한다. 예를들어, Dipole 안테나의 이득은 2.15[dBi]이므로, dBd와 dBi는 아래와 같은 관계를 가진다.

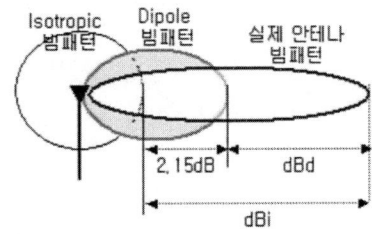

0 dBd = 2.15 dBi , dBi = dBd + 2.15

안테나의 이득이 크다는 것은, 특정방향(즉 신호를 보내기 위한 방향)으로 더욱 샤프하게 전자파가 쏠린다는 의미이다. 결국, 안테나의 이득이 높다는 것은, 전자파를 전달하기 위한 특정방향으로 더욱 강한 전자파를 보낼 수 있다는 의미가 된다. 그렇기 때문에 안테나 이득이 높다고 중요한 것이 아니라, 시스템에서 원하는 만큼 적절한 대역폭과 이득을 가지는게 중요하다.

 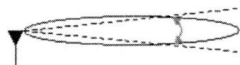

- Low Gain
- Wide Beam width
- High Gain
- Narrow Beam width

※ 전압정재파비 (VSWR : Voltage Standing Wave Ratio) : 전송 선로상에 생기는 입력면 정재파의 크기를 나타내는 것으로서, 정재파의 최소값과 최대값의 비이다. 정재파가 얼마나 크냐를 나타내는 지표이다. 앞에 V(Voltage)가 붙은 것은 전기(전자)회로에서 부르는 표현으로서, RF에서는 주로 VSWR이라고 부른다. 정재파가 반사량에 비례하기 때문에, VSWR은 회로 입력단의 반사량을 의미하는 또 다른 지표로 사용된다. 보통 전압정재파비를 사용하는 경우가 많으며, 1~∞의 범위의 값이 되는데 1에 가까울수록 정합 상태가 좋다. 반사가 전혀 없다면, 정재파도 없기 때문에 비율은 1이 되어 최상의 값을 가지고, 반사량이 아주 크다면 VSWR은 무한대로 가게 될 것이다.

ANSWER 77 ④

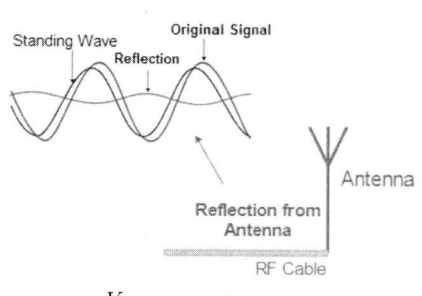

$$VSWR = \frac{V_{max}}{V_{min}} = \frac{1+\Gamma}{1-\Gamma}$$

(V_{max} : 정재파 전압 최대값,
V_{min} : 정재파 전압 최소값,
Γ : 수전단의 전압 반사계수)

$$\Gamma = \frac{Z_T - Z_0}{Z_T + Z_0}$$

(Γ : 수전단의 전압 반사계수,
Z_T : 수전단의 부하 임피던스,
Z_0 : 선로의 특성 임피던스)

78 정상 운전 되고 있는 발전기(generator)의 계자코일(field coil)이 단선될 경우 전압의 상태는?

① 변함없다.
② 약간 저하한다.
③ 약하게 발생한다.
④ 전혀 발생치 않는다.

해설 발전기의 구조는 전기자(또는 회전자), 계자(또는 고정자), 정류자(또는 슬립링), 브러시로 되어 있다. 항공기 엔진의 구동축이 회전하면, 연결된 발전기의 전기자(또는 회전자)가 회전하면서 플레밍의 오른손 법칙에 의하여 계자(또는 고정자)에 유도기전력이 발생하여 각 계통으로 전압을 걸어준다. 계자의 코일이 단선되더라도 무수히 많은 권선수를 갖고 있어 단선된 만큼 전압이 약해진다. 그러나 각 계통과 계자코일에 연결된 단자선이 단선되어버리면 전압이 걸리지 않게 된다.

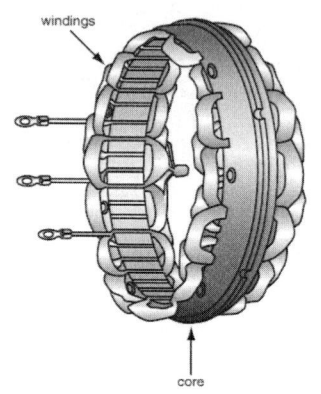

79 전기 저항식 온도계에 사용되는 온도 수감용 저항 재료의 특성이 아닌 것은?

① 저항값이 오랫동안 안정해야 한다.
② 온도 외의 조건에 대하여 영향을 받지 않아야 한다.
③ 온도에 따른 전기저항의 변화가 비례 관계에 있어야 한다.
④ 온도에 대한 저항값의 변화가 작아야 한다.

해설 전기저항식온도계 (Electric resistance thermometer) : 금속의 전기 저항이 온도에 따라 변화하는 성질을 이용한 온도계로서, 온도 측정 부분은 백금, 니켈, 구리 등이 사용되며 절연물과 보호관으로 싸고, 이것과 지시부를 도선으로 연결하여 저항의 변화를 온도 눈금으로 지시 또는 기록하는 계기이다. 또한, 서미스터처럼 온도가 상승하면 오히려 저항값이 떨어지는 재료도 있는데, 이 금속은 대체적으로 화재탐지회로 등에 많이 사용하고 있다. 전기저항식온도계는 외부대기온도, 오일온도, 실린더헤드온도, 기화기의 공기온도 등의 측정에 사용된다. 측정범위는 −70[℃]~+150[℃] 범위로 저온과 중온을 측정하기 위해 사용된다.

ANSWER 78 ③ 79 ④

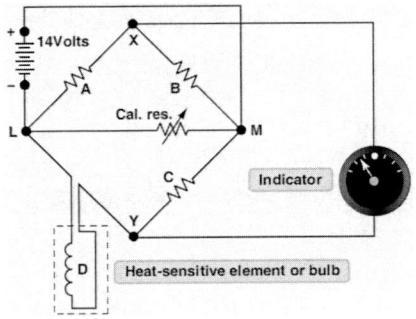

1) 저항체 조건
   ① 저항과 온도와의 관계에 대해 일정한 온도에 일정하게 저항값이 변화해야 한다.
   ② 저항은 온도 외에 다른 조건에서는 변화가 없어야 한다.
   ③ 전기 저항 계수가 커야 한다.(온도 변화에 따라 저항값이 크게 변화해야 한다.)

2) 전기저항식온도계 주의사항
   ① 온도측정을 위한 저항체와 계기 사이에 연결된 도선의 길이나 전선 재료 및 굵기가 다르면 지시값이 변하므로 함부로 연결된 도선을 변경시켜서는 안 된다.
   ② 연결된 도선이 끊어지거나 접촉이 불량하면, 바늘이 최대눈금을 지시하며, 도선이 단락(short)되면, 눈금을 벗어나게(off scale) 지시한다.
   ③ 니켈 등의 저항체는 300℃ 이상에서 성질이 변하므로 300℃ 이상의 고온에 오랫동안 가해서는 안 된다.

80 다음 중 무선원조 항법장치가 아닌 것은?

① Inertial navigation system
② Automatic direction finder
③ Air traffic control system
④ Distance measuring equipment system

해설
1) 관성항법장치 (INS : Inertial navigation system)은 로켓이나 비행기가 이동할 때에는 항상 가속도가 가해지고 있지만, 이 가속도를 적분하면 속도가 구해지며, 다시 적분하면 이동한 거리가 나온다는 가속도(관성)를 이용한 항법이다. 이 때, 기준좌표축을 선정하고 유지시키는 역할을 자이로스코프(Platform과 Gimbal로 구성)가 한다.
   ① 자이로스코프 : 기준좌표를 설정하여 본체 진행방향 계측.
   ② 가속도계 : 기본적인 센서로 진행방향으로의 가속도를 감지.
   ③ 컴퓨터 : 자이로스코프와 가속도계에서 감지한 각속도 및 가속도와 주변장치(속도계, 고도계 등)로부터 받은 정보를 종합 계산한다.

2) 자동방향탐지기 (ADF : Automatic direction finder) : 이 시스템은 190~1750[kHz]대의 전파를 사용하여 무선국으로부터의 전파 도래 방향을 알아 항공기의 방위를 시각 또는 청각 장치를 통해서 알아내는 것. 지상에는 무지향 표지시설(NDB)이 있고, 항공기에는 안테나, 수신기, 방위 지시기, 전원장치로 구성되는 수신장치가 있다.

3) 항공교통관제 (ATC : Air traffic control system) : 항공기를 안전하고 능률적으로 운항하기 위하여 행하는 교통관제. 항공관제탑에서 무선 전화로 이착륙을 허가하거나 항로 및 고도를 지시한다. 트랜스폰더에서 부호를 받아 목표 항공기를 식별하는 동시에 거리와 방위, 비행 고도와 비상 신호 등의 항공 관제에서 필요로 하는 레이더를 표시해 주는 것이다.

4) 거리측정시설 (DME : Distance measuring equipment) : 항공기의 DME 기상국에 거리 정보를 제공하는 것. TACAN의 거리 계통만을 독립시킨 새로운 항법시설이다. 기상 장치(질문기)와 지상 장치(응답기)로 구성된 2차 레이더의 한 형식이다. 거리측정은 펄스 신호가 두 점사이를 왕복하는 시간을 측정한다. 기상, 지상 모두 126개의 채널을 가지며, 1MHz의 간격을 가지고 있다. 질문파에 대하여 63MHz 차이의 응답파를 발사한다.(주파수 대역은 UHF 960[MHz]~1215[MHz])

ANSWER 80 ①

2019 제2회 항공산업기사 기출문제

제1과목 ✈ 항공역학

01 프로펠러 비행기의 이용마력과 필요마력을 비교할 때 필요마력이 최소가 되는 비행속도는?

① 비행기의 최고속도
② 최저상승률일 때의 속도
③ 최대항속거리를 위한 속도
④ 최대항속시간을 위한 속도

해설 필요마력이 최소인 상태의 속도를 경제속도라 말하다. 경제속도로 비행할 경우 연료의 소비가 적어져 최대항속시간으로 비행을 할 수 있다.

02 날개 뿌리 시위 길이가 60cm이고 날개 끝 시위 길이가 40cm인 사다리꼴 날개의 한 쪽 날개 길이가 150cm일 때 양쪽 날개 전체의 가로세로비는?

① 4
② 5
③ 6
④ 10

해설
$AR = \dfrac{b}{c} = \dfrac{b \times b}{c \times b} = \dfrac{b^2}{s}$
$= \dfrac{b}{c} = \dfrac{b \times c}{c \times c} = \dfrac{s}{c^2}$

$\therefore \dfrac{날개 길이^2}{날개의 면적}$

$= \dfrac{(150 \times 2)^2}{150 \times 2 \times 40 + 150 \times 2 \times 20 \times \dfrac{1}{2}} = 6$

03 선회각 Φ로 정상선회비행하는 비행기의 하중배수를 나타낸 식은? (단, W는 항공기의 무게이다.)

① $W\cos\Phi$
② $\dfrac{W}{\cos\Phi}$
③ $\dfrac{1}{\cos\Phi}$
④ $\cos\Phi$

해설 수평 비행 시
하중배수$(n) = \dfrac{L}{W}$
선회시 $W = L\cos\Phi$와 같으므로
선회시 하중배수$(n) = \dfrac{L}{L\cos\Phi}$
$\therefore n = \dfrac{1}{\cos\Phi}$

04 헬리콥터가 비행기처럼 고속으로 비행할 수 없는 이유로 틀린 것은?

① 후퇴하는 깃의 날개 끝 실속 때문에
② 후퇴하는 깃 뿌리의 역풍범위 때문에
③ 전진하는 깃 끝의 마하수의 영향 때문에
④ 전진하는 깃 끝의 항력이 감소하기 때문에

ANSWER 1④ 2③ 3③ 4④

05 프로펠러 항공기의 최대항속거리 비행 조건으로 옳은 것은? (단, C_{D_p} : 유해항력계수, C_{D_i} : 유도항력계수이다.)

① $C_{D_p} = C_{D_i}$
② $3 C_{D_p} = C_{D_i}$
③ $C_{D_p} = 3 C_{D_i}$
④ $C_{D_p} = 2 C_{D_i}$

해설
- 최장시간 비행 조건 : $3 C_{D_p} = C_{D_i}$
- 최장거리 비행 조건 : $C_{D_p} = C_{D_i}$

06 관의 단면이 10cm²인 곳에서 10m/s로 흐르는 비압축성유체는 관의 단면이 25cm²인 곳에서는 몇 m/s의 흐름 속도를 가지는가?

① 3 ② 4
③ 5 ④ 8

해설
$A_1 \cdot V_1 \cdot \rho_1 = A_2 \cdot V_2 \cdot \rho_2$
$\therefore 10 \times 10 = 25 \times V_2 \rightarrow V_2 = \dfrac{10 \times 10}{25} = 4$

07 항공기의 이륙거리를 옳게 나타낸 것은? (단, S_G 지상활주거리(ground run distance), S_R 회전거리(rotation distance), S_T 전이거리(transition distance), S_C 상승거리(climb distance)이다.)

① S_G
② $S_G + S_T + S_C$
③ $S_G + S_R - S_T$
④ $S_G + S_R + S_T + S_C$

해설 이륙거리 구하는 공식
① 이륙거리 = 지상 활주거리+장애물고도까지의 수평이동 거리
② 이륙거리 = 지상 활주거리+회전거리+전이거리+상승거리

08 항공기의 스핀에 대한 설명으로 틀린 것은?

① 수직스핀은 수평스핀보다 회전 각속도가 크다.
② 스핀 중에는 일반적으로 옆미끄럼(side slip)이 발생한다.
③ 강하속도 및 옆놀이 각속도가 일정하게 유지되면서 강하하는 상태를 정상 스핀이라 한다.
④ 스핀상태를 탈출하기 위하여 방향키를 스핀과 반대 방향으로 밀고, 동시에 승강키를 앞으로 밀어내야 한다.

해설 스핀의 종류
① 정상스핀(수직스핀) : 하강하는 속도는 40~80m/s로 빠르나 기수가 아래쪽을 향하고 있어 받음각이 20°~ 40°로 작은 편이고 회전 속도가 느려 회복 가능한 특수 비행법이다.
② 수평스핀 : 하강하는 속도는 수직스핀에 비하여 느리나 기수가 많이 내려가지 않아 받음각이 약 60°로 크고 회전 속도가 빨리 회복이 불가능하다.

09 고도가 높아질수록 온도가 높아지며, 오존층이 존재하는 대기의 층은?

① 열권   ② 성층권
③ 대류권 ④ 중간권

10 양력(lift)의 발생 원리를 직접적으로 설명할 수 있는 원리는?

① 관성의 법칙   ② 베르누이의 정리
③ 파스칼의 정리 ④ 에너지보존 법칙

해설 양력은 연속방정식과 베르누이의 정리로 설명할 수 있다.

ANSWER 5 ① 6 ② 7 ④ 8 ① 9 ② 10 ②

11 양의 세로안정성을 갖는 일반형 비행기의 순항 중 트림 조건으로 옳은 것은?
(단, 화살표는 힘의 방향, ◐는 무게중심을 나타낸다.)

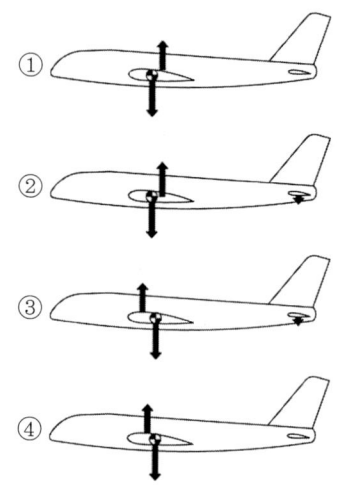

해설 세로안정성을 좋게 하는 방법
① 무게중심이 공력중심보다 앞에 위치
② 무게중심이 공력중심보다 아래 위치
③ 꼬리날개 부피 증가
④ 꼬리날개 효율 증가

12 다음 중 가로세로비가 큰 날개라 할 때 갑자기 실속할 가능성이 가장 적은 날개골은?

① 캠버가 큰 날개골
② 두께가 얇은 날개골
③ 레이놀즈수가 작은 날개골
④ 앞전 반지름이 작은 날개골

해설 실속 성능이 좋은 날개
캠버가 큰 날개, 두께가 두꺼운 날개, 앞전 반지름이 큰 날개, 시위가 길어 레이놀즈수가 큰 날개

13 헬리콥터가 지상 가까이 있을 때, 회전날개를 지난 흐름이 지면에 부딪혀 헬리콥터와 지면사이에 존재하는 공기를 압축시켜 추력이 증가되는 현상을 무엇이라 하는가?

① 지면효과   ② 페더링효과
③ 실속효과   ④ 플래핑효과

14 밀도가 0.1kg·s²/m⁴인 대기를 120m/s의 속도로 비행할 때 동압을 몇 kg/m²인가?

① 520   ② 720
③ 1020   ④ 1220

해설 동압 : $\frac{1}{2} \cdot \rho \cdot V^2 \rightarrow \therefore \frac{1}{2} \times 0.1 \times 120^2 = 720$

15 공력평형장치 중 프리즈 밸런스(frise balance)가 주로 사용되는 조종면은?

① 방향키(rudder)
② 승강키(elevator)
③ 도움날개(aileron)
④ 도살핀(dorsal fin)

해설 프리즈 밸런스는 조종면이 상승 시 많이 올라가게, 하강 시 조금 내려가게 차동으로 작동될 수 있도록 도와주는 작용을 하며 이러한 차동 작동은 도움날개에서 필요한 방식이다.

ANSWER 11 ① 12 ① 13 ① 14 ② 15 ③

16 프로펠러의 기하학적 피치비(geometric pitch ratio)를 옳게 정의한 것은?

① $\dfrac{\text{프로펠러 지름}}{\text{기하학적 피치}}$ ② $\dfrac{\text{기하학적 피치}}{\text{유효 피치}}$

③ $\dfrac{\text{기하학적 피치}}{\text{프로펠러 지름}}$ ④ $\dfrac{\text{유효 피치}}{\text{기하학적 피치}}$

17 평형상태에 있는 비행기가 교란을 받았을 때 처음의 상태로 돌아가려는 힘이 자체적으로 발생하게 되는데 이와 같은 정적안정상태에서 작용하는 힘을 무엇이라 하는가?

① 가속력 ② 기전력
③ 감쇠력 ④ 복원력

18 비행기의 동적 세로안정으로서 속도변화에 무관한 진동이며 진동주기는 0.5~5초가 되는 진동은 무엇인가?

① 장주기 운동 ② 승강키 자유운동
③ 단주기 운동 ④ 도움날개 자유운동

[해설] 단주기 운동
① 주기가 0.5~5초 사이로 상대적으로 짧은 운동이다.
② 외부의 영향을 받은 비행기는 키놀이 감쇠에 의해 진폭이 감쇠되어 평형의 상태로 돌아온다.
③ 조종간을 자유롭게 하여 감쇠한다.

19 무게가 7000kgf인 제트항공기가 양항비 3.5로 등속수평비행할 때 추력은 몇 kgf인가?

① 1450 ② 2000
③ 2450 ④ 3000

[해설] 등속도 수평비행 시의 관계식
$$\dfrac{T}{W} = \dfrac{D}{L} \rightarrow T = W \cdot \dfrac{D}{L} = W \cdot \dfrac{C_L}{C_D} = W \cdot \dfrac{1}{\text{양항비}}$$
$$\therefore 7000 \times \dfrac{1}{3.5} = 2000$$

20 활공비행에서 활공각(θ)을 나타내는 식으로 옳은 것은? (단, C_L : 양력계수, C_D : 항력계수이다.)

① $\sin\theta = \dfrac{C_L}{C_D}$ ② $\sin\theta = \dfrac{C_D}{C_L}$

③ $\cos\theta = \dfrac{C_D}{C_L}$ ④ $\tan\theta = \dfrac{C_D}{C_L}$

[해설] $D = W\sin\theta$
$L = W\cos\theta$
$\rightarrow \dfrac{D}{L} = \dfrac{W\sin\theta}{W\cos\theta} \rightarrow \dfrac{C_D}{C_L} = \tan\theta\ (\theta : \text{활공각})$
∴ 활공각은 양항비에 반비례한다.

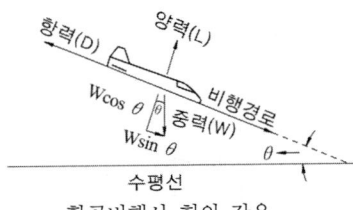

활공비행시 힘의 작용

ANSWER 16 ③ 17 ④ 18 ③ 19 ② 20 ④

제2과목 항공기관

21 왕복엔진에서 로우텐션(low tension) 점화장치를 사용하는 경우의 장점은?

① 구조가 간단하여 엔진의 중량을 줄일 수 있다.
② 부스터 코일(booster coil)이 하나이므로 정비가 용이하다.
③ 점화플러그에 유기되는 전압이 낮아 정비 시 위험성이 적다.
④ 높은 고도 비행 시 하이텐션(high tension) 점화장치에서 발생되는 플래시오버(flash over)를 방지할 수 있다.

해설 저압점화계통(low tension ignition system) : 마그네토 1차 코일에서 유도된 낮은 전압을 각 실린더마다 하나씩 설치된 변압기에서 승압시켜 스파크 플러그로 전달하는 방식이다.(고고도에서 사용할 경우 플래시오버 현상이 잘 생기지 않는다.)

22 프로펠러 날개의 루트 및 허브를 덮는 유선형의 커버로, 공기흐름을 매끄럽게 하여 엔진효율 및 냉각효과를 돕는 것은?

① 램(ram)
② 커프스(cuffs)
③ 가버너(governor)
④ 스피너(spinner)

해설 프로펠러의 허브를 덮고 있는 유선형 덮개. 스피너는 엔진 카울링 속으로 유입되는 공기가 유연하게 흐를 수 있도록 하고 또한 비행기의 유선형 형태를 구성한다.

23 가스터빈엔진에서 배기노즐(exhaust nozzle)의 가장 중요한 기능은?

① 배기가스의 속도와 압력을 증가시킨다.
② 배기가스의 속도와 압력을 감소시킨다.
③ 배기가스의 속도를 증가시키고 압력을 감소시킨다.
④ 배기가스의 속도를 감소시키고 압력을 증가시킨다.

해설 배기노즐의 형태는 수축형과 수축-확산형(가변형)으로 나뉜다. 아음속기에서는 수축형을 초음속기에서는 수축-확산형(가변형)을 주로 사용한다. 이때 배기노즐을 지나가는 배기가스의 속도는 증가시키고 압력은 감소시키는 영향을 받으면서 항공기의 속도를 조절할 수 있다.

24 흡입밸브와 배기밸브의 팁 간극이 모두 너무 클 경우 발생하는 현상은?

① 점화시기가 느려진다.
② 오일소모량이 감소한다.
③ 실린더의 온도가 낮아진다.
④ 실린더의 체적효율이 감소한다.

해설 밸브 간극이 클 경우 밸브는 늦게 열리고, 빨리 닫히기 때문에 실린더의 체적효율은 감소한다.

구분	열림	닫힘	밸브개폐 구간길이
밸브간극이 작으면	빨리 열림	늦게 닫힘	길어짐
밸브간극이 크면	늦게 열림	빨리 닫힘	짧아짐

ANSWER 21 ④ 22 ④ 23 ③ 24 ④

25 가스터빈엔진의 압축기에서 축류식과 비교한 원심식의 특징이 아닌 것은?

① 경량이다.
② 구조가 간단하다.
③ 제작비가 저렴하다.
④ 단(스테이지)당 압축비가 작다.

해설 원심식 압축기의 특징
- 장점
  ① 단당 압축비가 높다.
  ② F.O.D에 강하다.
  ③ 구조가 간단하고, 가격이 싸다.
  ④ 무게가 가볍다.
  ⑤ 회전 속도 범위는 넓으나, 시동 출력이 낮다.
- 단점
  ① 전면 면접이 커서 항력이 크다.
  ② 압축기 입구와 출구의 압력비가 낮다.
  ③ 효율이 낮다.
  ④ 많은 공기를 처리할 수 없다.

26 가스터빈엔진의 축류압축기에서 발생하는 실속(stall) 현상 방지를 위해 사용하는 장치가 아닌 것은?

① 블리드 밸브(bleed valve)
② 다축식 구조(multi spool design)
③ 연료-오일 냉각기(fuel-oil cooler)
④ 가변 스테이터 베인(variable stator vane)

해설 가스터빈엔진의 실속 방지책
  ① 다축식 구조(multi spool engine)
  ② 가변 정익 구조(variable stator vane)
  ③ 블리드 밸브(bleed valve)
  ④ 가변 안내 베인(variable inlet guide vane)
  ⑤ 가변 바이패스 밸브(variable bypass valve)

27 그림과 같은 브레이튼사이클선도의 각 단계와 가스터빈엔진의 작동 부위를 옳게 짝지은 것은?

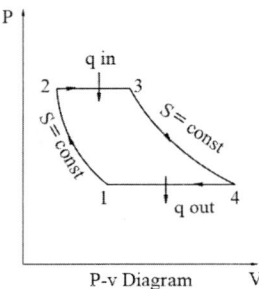

① 1→2: 디퓨저 ② 2→3: 연소기
③ 3→4: 배기구 ④ 4→1: 압축기

해설
① 1 → 2 : 압축기
② 2 → 3 : 연소실
③ 3 → 4 : 터빈
④ 4 → 1 : 대기 중으로 방출

28 가스터빈엔진에서 주로 사용하는 윤활계통의 형식은?

① dry sump, jet and spray
② dry sump, dip and splash
③ wet sump, spray and slpash
④ wet sump, dip and pressure

해설 가스터빈엔진에서 오일 배유계통은 드라이-섬프(Dry-Sump)형 윤활계통으로 된 엔진에서 엔진을 윤활시킨 오일을 엔진으로부터 엔진 외부에 장착된 오일 탱크로 귀환시키는 계통을 말한다.

ANSWER 25 ④ 26 ③ 27 ② 28 ①

29 가스터빈엔진 점화기의 중심전극과 원주 전극 사이의 간극에서 공기가 이온화되면 점화에 어떠한 영향을 주는가?

① 아무 변화가 없다.
② 불꽃방전이 잘 이루어진다.
③ 불꽃방전이 이루어지지 않는다.
④ 플러그가 손상된 것이므로 교환해 주어야 한다.

30 터보제트엔진에서 비행속도 $100 ft/s$, 진추력 $10000 lbf$일 때 추력마력은 약 몇 $ft \cdot lbf/s$인가?

① 1818   ② 2828
③ 8181   ④ 8282

해설
추력마력 = $\dfrac{F_n \times V_a}{75}[PS] = \dfrac{F_n \times V_a}{550}[HP]$

∴ $\dfrac{100 \times 10000}{550} = 1818.18[HP]$

31 피스톤이 하사점에 있을 때 차압 시험기를 이용한 압축점검(compression check)을 하면 안되는 이유는?

① 폭발의 위험성이 있기 때문에
② 최소한 1개의 밸브가 열려있기 때문에
③ 과한 압력으로 게이지가 손상되기 때문에
④ 실린더 체적이 최대가 되어 부정확하기 때문에

해설 압축점검 시 밸브는 모두 닫혀있어야 하나, 밸브가 하나라도 열려있으면 혼합가스가 압축되지 않고 누설된다.

32 왕복엔진의 윤활계통에서 엔진오일의 기능이 아닌 것은?

① 밀폐작용   ② 윤활작용
③ 보온작용   ④ 청결작용

해설 엔진오일의 기능
① 윤활작용 : 작동부품 간의 마찰을 감소시킨다.
② 밀폐작용 : 접촉표면의 틈새를 메워 기밀을 유지시킨다.
③ 냉각작용 : 엔진 각 계통을 순환하며 냉각시킨다.
④ 청결작용 : 쇳가루나 탄소찌꺼기를 걸러준다.
⑤ 완충작용 : 충격을 완화시킨다.
⑥ 방청작용 : 작동부품 표면에 유막을 형성하여 부식을 방지한다.
⑦ 소음방지작용 : 금속면이 직접적으로 부딪혀 발생되는 소리를 감소시킨다.

33 가스터빈엔진의 연료 중 항공 가솔린의 증기압과 비슷한 값을 가지고 있으며 등유와 증기압이 낮은 가솔린의 합성연료이고, 군용으로 주로 많이 쓰이는 연료는?

① JP-4   ② JP-6
③ 제트 A형   ④ AV-GAS

해설
• JP-4 : 등유와 낮은 증기압의 가솔린과의 합성 연료, 낮은 증기압의 JP-3라 할 수 있다. JET B형과 유사하다.
• JP-6 : 낮은 증기압과 JP-4보다 높은 인화점과 JP-5보다 낮은 어는점을 가지고 있다.

ANSWER 29 ② 30 ① 31 ② 32 ③ 33 ①

34 9기통 성형엔진에서 회전영구자석이 6극형이라면, 회전영구자석의 회전속도는 크랭크축 회전속도의 몇 배가 되는가?

① 3
② 1.5
③ 3/4
④ 2/3

해설) 9기통 성형엔진에서 6극형의 회전영구자석이라면 크랭크 축이 2회전할 때, 회전영구자석은 1.5회전을 해야 9기통 실린더 모두를 점화시킬 수 있다. 즉, 크랭크 축의 0.75배(1.5/2)의 속도로 돌아야 모든 실린더의 점화를 1번씩 시킬 수 있으므로 3/4배의 속도로 돌아야 한다.

35 프로펠러의 회전면과 시위선이 이루는 각을 무엇이라 하는가?

① 깃각
② 붙임각
③ 회전각
④ 깃뿌리각

해설) 프로펠러의 회전면과 시위선이 이루는 갓을 깃각이라 한다.

36 왕복엔진의 연료계통에서 증기폐색(vapor lock)에 대한 설명으로 옳은 것은?

① 연료 펌프의 고착을 말한다.
② 기화기(carburetor)에서의 연료 증발을 말한다.
③ 연료흐름도관에서 증기 기포가 형성되어 흐름을 방해하는 것을 말한다.
④ 연료계통에 수증기가 형성되는 것을 말한다.

해설) 증기폐색(vapor lock) : 윤활유나 연료와 같이 고온부를 통과할 때 증기로 변하여 체적이 커지게 되면, 라인 내부를 막아 더 이상의 흐름을 막는 현상이다.

37 흡입공기를 사용하지 않는 제트엔진은?

① 로켓
② 램제트
③ 펄스제트
④ 터보팬엔진

해설) 로켓기관은 다른 가스터빈기관과는 다르게 액체 또는 고체의 산화제와 연료를 사용하여 움직이며, 외부 공기는 별도로 흡입하지 않는다.

38 왕복엔진의 실린더 배열에 따른 종류가 아닌 것은?

① 성형엔진
② 대향형엔진
③ V형엔진
④ 액냉식엔진

해설) 왕복엔진의 실린더 배열방법에 따른 종류는 V형, X형, 대향형, 성형 등으로 나뉘며, 액냉식엔진은 엔진의 냉각법에 따른 종류이다.

39 완전기체의 상태변화와 관계식을 짝지은 것으로 틀린 것은? (단, P 압력, V 체적, T 온도, r 비열비이다.)

① 등온변화 : $P_1 V_1 = P_2 V_2$
② 등압변화 : $\dfrac{T_1}{V_2} = \dfrac{T_2}{V_1}$
③ 등적변화 : $\dfrac{P_1}{T_1} = \dfrac{P_2}{T_2}$
④ 단열변화 : $\dfrac{T_2}{T_1} = \left(\dfrac{P_2}{P_1}\right)^{\frac{r-1}{r}}$

해설) 등압변화 : $\dfrac{T_1}{V_1} = \dfrac{T_2}{V_2}$

ANSWER 34 ③ 35 ① 36 ③ 37 ① 38 ④ 39 ②

40 왕복엔진의 크랭크축에 다이나믹 댐퍼(dynamic damper)를 사용하는 주된 목적은?

① 커넥팅로드의 왕복운동을 방지하기 위하여
② 크랭크축의 비틀림 진동을 감쇠하기 위하여
③ 크랭크축의 자이로 작용(gyroscopic action)을 방지하기 위하여
④ 항공기가 교란되었을 때 원위치로 복원시키기 위하여

해설 다이나믹 댐퍼는 크랭크 축의 동적 안정을 주고, 비틀림 진동을 방지 또는 감쇠시키기 위한 장치이다.

제3과목 항공기체

41 항공기 기체 구조의 리깅(rigging)작업을 할 때 구조의 얼라인먼트(alignment) 점검 사항이 아닌 것은?

① 날개 상반각
② 수직 안정판 상반각
③ 수평 안정판 상반각
④ 착륙 장치의 얼라인먼트

해설 Perform Alignment Check 8가지
① Checking Incidence 장착각 점검
 - 비틀림 여부 확인하기 위해 두 점에서 점
② Horizontal stabilizer incidence 점검
③ Checking Dihedral 상반각 점검
④ Horizontal stabilizer dihedral 점검
⑤ Checking Fin Verticality
 - 날개의 기준선에 의한 수직 안정판의 직각 정도 점검하여 허용 한계 내에 있는지 점검
⑥ Engine alignment 점검
 - 항공기의 세로방향과 엔진이 평행하게 장착되었는지 확인
 - 마운트의 중심선에서부터 동체의 세로 중심선까지의 거리를 측정한다.
⑦ Landing gear alignment 점검
 - 항공기의 세로방향과 엔진이 평행하게 장착되었는지 확인
⑧ Symmetry Check

42 그림과 같이 판재를 굽히기 위해서 Flat A의 길이는 약 몇 인치가 되어야 하는가?

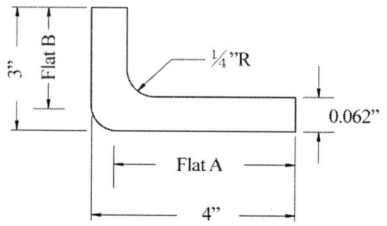

① 2.8   ② 3.7
③ 3.8   ④ 4.0

해설
Flat A = 4 in - outside setback(OSSB)
= outside setback(OSSB)
= $SB = K(R+T)$
= $\tan(\frac{90}{2}) \times (0.25 + 0.062) = 0.312$ in

Flat A = 4-0.312=3.688 in

43 두 판재를 결합하는 리벳작업 시 리벳직경의 크기는?

① 두 판재를 합한 두께의 3배 이상이어야 한다.
② 얇은 판재 두께의 3배 이상이어야 한다.
③ 두꺼운 판재 두께의 3배 이상이어야 한다.

④ 두 판재를 합한 두께의 1/2 이상이어야 한다.

해설 리벳 피치는 리벳 중심과 리벳 중심과의 거리를 말하며 리벳지름은 두꺼운 판재의 3배 이상의 길이를 선택해야 강도를 견딜 수 있으며 리벳은 동체에 체결되어 전단력을 지지하고 있다.

44 너트의 부품번호 AN 310 D-5 R에서 문자 D가 의미하는 것은?

① 너트의 안전결선용 구멍
② 너트의 종류인 캐슬너트
③ 사용 볼트의 직경의 표시
④ 너트의 재료인 알루미늄 합금 2017T

해설
- AN310 : aircraft castle nut
- D : 2017 aluminum alloy
- 5 : 5/16 inch diameter
- R : right-hand thread

45 항공기 무게를 계산하는 데 기초가 되는 자기무게(empty weight)에 포함되는 무게는?

① 고정 밸러스트 ② 승객과 화물
③ 사용 가능 연료 ④ 배출 가능 윤활유

해설 자체무게 (MEW Manufacturer's Empty Weight) 생산라인에서 막 생산되어 나왔을 때의 순수한 항공기 자체의 중량항공기 운항에 필수적인 장비(항공기 골격, 엔진)만을 포함. 승무원, 화물 등이 아무것도 실려있지 않고 항공기의 고정된 위치에 영구적으로 장착된 모든 운용 장비를 말한다.

46 탄소강에 첨가되는 원소 중 연신율을 감소시키지 않고 인장강도와 경도를 증가시키는 것은?

① 탄소   ② 규소
③ 인   ④ 망간

해설 항공기 재료에서 망간이 합금되는 부분은 리벳이나 스킨에 사용되는 두랄루민(2017)이다. 두랄루민을 사용하는 이유는 알루미늄의 낮은 강도를 다른 원소를 포함시켜 비중은 가볍고 강도는 철에 버금가는 비강도(강도/비중)를 높이는 것이다.
- 연신율 : 양끝을 잡아당겼을(인장 하중) 때 재료가 늘어나는 비율

탄소강의 함유한 5대 원소의 영향
① 탄소(C) : 철강 분류하는 주된 원소. 탄소량이 증가시 강경도가 증가, 연신율, 수축률 감소
② 규소(Si) : 인장강도, 경도를 높여주고 연신율, 충격값이 감소되어 냉간가공성이 나쁘다.
③ 망간(Mn) : 연신율을 감소시키지 않고 강도 증가하게 하고 담금질성 향상시킨다.
④ 황(S) : 황화철(FeS)을 형성하여 고온취성을 일으킨다.
⑤ 인(P) : 인화철 형성하여 담금질 시 담금 균열 원인. 상온취성을 일으킨다.

47 연료탱크에 있는 벤트계통(vent system)의 주 역할로 옳은 것은?

① 연료탱크 내의 증기를 배출하여 발화를 방지한다.
② 비행자세의 변화에 따른 연료탱크 내의 연료유동을 방지한다.
③ 연료탱크의 최하부에 위치하여 수분이나 잔류 연료를 제거한다.
④ 연료탱크 내·외의 차압에 의한 탱크구조를 보호한다.

ANSWER 44 ④ 45 ① 46 ④ 47 ④

해설 Vent는 환기구라는 뜻으로 항공기 연료 탱크에 벤트 계통(tank vent system)은 연료 탱크의 상부 공간을 밖으로 환기시켜 탱크 내·외부의 압력차를 제거하여 reservoir 의 수축 팽창을 막고 불필요한 응력발생을 막는다.

48 육각 볼트머리의 삼각형 속에 X자 새겨져 있다면 이것은 어떤 볼트인가?

① 표준볼트 ② 정밀공차볼트
③ 내식성볼트 ④ 내부렌칭볼트

해설

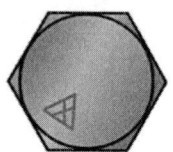
Steel CloseTolerance
정밀공차볼트

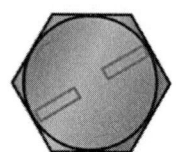
Aluminum Alloy
알루미늄합금볼트

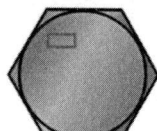
Corrosion Resistant
내식성볼트

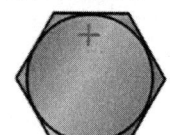
Alloy Steel Tollerance
합금강볼트

49 복합소재의 결함탐지방법으로 적합하지 않은 것은?

① 와전류검사
② X-RAY검사
③ 초음파검사
④ 탭 테스트(tap test)

해설 와전류탐상검사 (Eddy-current Testing) : 전자유도 원리를 이용하여 검사체에 와전류 흐르게 하여 전기적으로 분석하므로 검사체의 재질은 철강, 비철금속 등의 전도체에 가능하다.

50 다음과 같은 단면에서 x, y축에 관한 단면 상승 모멘트($I_{xy} = \int_A xydA$)는 약 몇 cm⁴인가?

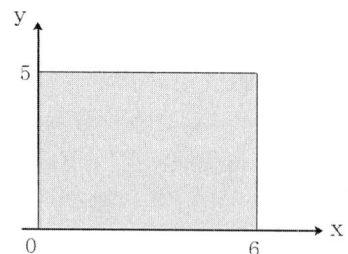

① 56 ② 152
③ 225 ④ 900

해설 단면 2차 모멘트는 보에서 작용하는 즉 항공기 날개와 동체에서의 작용하는 응력을 구하기 위함이며, 단면상승모멘트는 좌굴현상에 대한 저항능력을 계산하여 항공기 날개에 스트링거를 얼마나 어떻게 설치해야 응력에 견디는지 적용된다.

$$I_{xy} = \int xydA = \iint xydxdy = \int_o^b x\,dx \int_0^h y\,dy$$
$$= \frac{b^2}{2} \times \frac{h^2}{2} = \frac{b^2h^2}{4} = \frac{6^2 5^2}{4} = \frac{36 \times 25}{4} = 225 cm^4$$

주측에서는 단면 1차 모멘트와 단면 상승 모멘트는 항상 "0"이다.

51 SAE 1035가 의미하는 금속재료는?

① 탄소강 ② 마그네슘강
③ 니켈강 ④ 몰리브덴강

해설
- SAE : 미국 자동차 기술인 협회 규격
- 10 : 합금강 종류(탄소강)
  예) 13XX(망간강) 2XXX(니켈강) 3XXX(니켈 크롬강) 4XXX(몰리브덴강)
- 35 : 탄소의 평균 함유량 (0.35% 탄소함유)

ANSWER 48 ② 49 ① 50 ③ 51 ①

52 항공기엔진을 날개에 장착하기 위한 구조물로만 나열한 것은?

① 마운트, 나셀, 파일론
② 블래더, 나셀, 파일론
③ 인테그럴, 블래더, 파일론
④ 캔틸레버, 인테그럴, 나셀

해설
- 인테그럴 연료 탱크 (integral fuel tank) : 전후방 스파 사이의 공간을 그대로 밀폐시켜 여러 개의 탱크로 제작되어 무게가 가볍다
- 파일론(pylon) : 외부 장착물을 날개에 연결시켜 주는 지지구조물
- 캔틸레버(cantilever) : 지지대가 없고 한쪽 끝이 고정되고 다른 끝은 받쳐지지 않은 상태로 되어 있는 보
- 나셀(Nacelle) : 엔진을 유선형의 cowling과 fairing 으로 씌운 전체 부분

블래더(bladder)

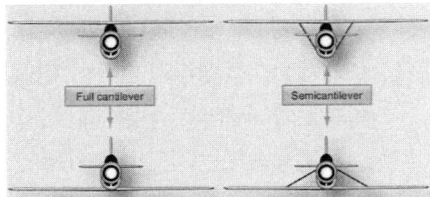
캔틸레버(cantilever)

53 페일세이프구조 중 다경로구조(redundant structure)에 대한 설명으로 옳은 것은?

① 단단한 보강재를 대어 해당량 이상의 하중을 이 보강재가 분담하는 구조이다.
② 여러 개의 부재로 되어 있고 각각의 부재는 하중을 고르게 분담하도록 되어 있는 구조이다.
③ 하나의 큰 부재를 사용하는 대신 2개 이상의 작은 부재를 결합하여 1개의 부재와 같은 또는 그 이상의 강도를 지닌 구조이다.
④ 규정된 하중은 모두 좌측 부재에서 담당하고 우측 부재는 예비 부재로 좌측 부재가 파괴된 후 그 부재를 대신하여 전체하중을 담당하는 구조이다.

해설 페일세이프구조 (Fail safe Structure)는 Main structure가 피로파괴 되더라도 치명적이거나 과도한 구조 변형이 생기지 않도록 설계된 구조이다. 다경로 하중 구조 (Redundant Structure)는 많은 수의 부재로 되어 하중을 분담해서 담당하도록 설계된 구조로 하나의 구조가 파괴되도 다른 많은 부재에 하중이 분배되어 치명적인 부담을 덜어준다.
1번은 하중 경감 구조(Load Dropping), 3번은 이중 구조(Double Structure), 4번은 대치 구조(Back-up Structure)을 말한다.

54 용접 작업에 사용되는 산소·아세틸렌 토치 팁(tip)의 재질로 가장 적절한 것은?

① 납 침 납합금
② 구리 및 구리합금
③ 마그네슘 및 마그네슘 합금
④ 알루미늄 및 알루미늄합금

해설 원자번호 29번 원소인 구리는 한자어로 동이다. (동전은 구리로 만듬) 구리의 종류는 청동(주석), 황동(아연), 백동(니켈)이 있으며 전성과 연성이 좋다. 특히 주목할 것은 전기와 열이 잘 통하므로 전선, 용접작업에 사용되는 팁으로 사용된다. 산소 아세틸렌 용접시 토치를 사용시 역류, 인화, 역화 등을 조심해야하며 팁은 구리나 구리 합금으로 만들어지고 크기는 숫자로 표시하며 팁은 항상 팁 세제로 깨끗이 세척해야한다.

ANSWER 52 ① 53 ② 54 ②

55 주날개(main wing)의 주요 구조요소로 옳은 것은?

① 스파(spar), 리브(rib), 론저론(longeron), 표피(skin)
② 스파(spar), 리브(rib), 스트링거(stringer), 표피(skin)
③ 스파(spar), 리브(rib), 벌크헤드(bulkhead), 표피(skin)
④ 스파(spar), 리브(rib), 스트링거(stringer), 론저론(longeron)

해설 론저론(longeron) : 동체에 받는 하중 스킨으로 전달(굽힘). 동체의 길이방향으로 연속적으로 붙어있으며 세로지와 굽힘응력 담당. 모멘트에 의한 인장 압축응력에 충분한 강도로 설계된다.

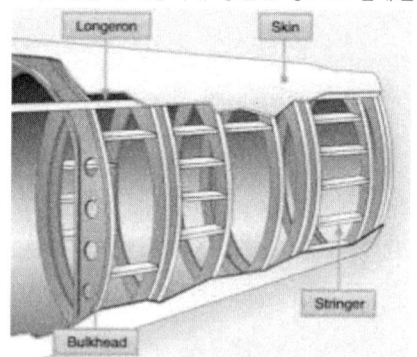
론저론(longeron)

56 다음 중 크기와 방향이 변화하는 인장력과 압축력이 상호 연속적으로 반복되는 하중은?

① 교번하중 ② 정하중
③ 반복하중 ④ 충격하중

해설 동하중의 종류로 교번하중, 충격하중, 반복하중이 있다. 와이어를 커터 없이 전단시키기 위해서 여러분들은 이미 교번하중을 이용하여 즉 압축과 인장을 반복시켜 피로(fatigue)를 만들어 파괴 및 전단시킨다. 교번하중은 이와 같이 압축, 인장이 교대로 작용하여 alternate load라고 하고 반복하중은 압축이 지속적으로 작용한다고 해서 repeated load라고 한다.

57 일정한 응력(힘)을 받는 재료가 일정한 온도에서 시간이 경과함에 따라 변형률이 증가하는 현상을 무엇이라고 하는가?

① 크리프(creep)
② 항복(yield)
③ 파괴(fracture)
④ 피로굽힘(fatigue bending)

해설 크리프(creep)는 소재에 일정한 하중이 가해진 상태에서 시간의 경과에 따라 소재의 변형이 계속되는 현상이다. 금속재료와 열가소성 플라스틱이나 고무 같은 특정 비금속재료들은 어떤 온도에서도 크리프 현상이 생긴다. 예를 들면 세월이 지나면서 유리창의 중력에 의해 유리창의 위쪽보다 아래쪽이 더 두꺼워 졌을 때 크리프 변형을 말한다.

58 설계제한하중배수가 2.5인 비행기의 실속속도가 120km/h일 때 이 비행기의 설계운용속도는 약 몇 km/h인가?

① 150   ② 240
③ 190   ④ 300

해설
$$하중배수 = \frac{L}{W} = \frac{설계운용속도^2}{실속속도^2}$$
$$2.5 = \frac{설계운용속도^2}{120^2},$$
$$설계운용속도 = \sqrt{2.5 \times 14400}$$
$$= \sqrt{36000} = 189.74 km/h$$

ANSWER 55 ② 56 ① 57 ① 58 ③

59 착륙장치(landing gear)가 내려올 때 속도를 감소시키는 밸브는?

① 셔틀밸브
② 시퀀스밸브
③ 릴리프밸브
④ 오리피스 체크밸브

해설 Oleo strut안에 오리피스(orifice)와 미터링 핀에 대해서는 잘 아실 겁니다. 아래 그림과 같이 hole안으로 미터링 핀이 들어가게 되면 작동유가 적게 흐르게 되므로 작동이 늦어집니다. Inner cylinder가 갑자기 타이어의 무게로 갑자기 내려오게 되는 것을 방지하기 위함인데 오리피스 체크밸브를 사용하여 랜딩기어를 내릴 때 천천히 내려오게 합니다.

orifice plate

60 항공기 부식을 예방하기 위한 표면처리 방법이 아닌 것은?

① 마스킹처리(masking)
② 알로다인처리(alodining)
③ 양극산화처리(anodizing)
④ 화학적피막처리(chemical conversion coating)

해설 Masking : 도금 시 볼트헤드 같은 곳에 도금 방지를 위해 테이프나 화학적 물질로 도금을 방지하는 것을 말한다.

알루미늄합금 화학 피막 처리 (부식방지처리)
① 알클래드(Alclad) : 알루미늄 합금 위에 5.5% 두께로 순수 알루미늄을 압착시킨 것으로 부식방지하고 합금의 표면을 스크래치에 방지하고 내식성을 개선한다.
② 알로다인(Alodine) : 전기를 사용하지 않고 알로다인 용액에 알루미늄을 넣어서 산화피막을 입히거나 반복해서 칠한다.
③ 아노다이징 (Anodizing) : 양극처리방법으로 알루미늄을 양극으로 해서 전기를 보내면 양극에서 산소가 발생하고 산소로 인해 알루미늄 산화되고 산화알루미늄 피막을 형성시켜 균일성이 높은 피막이 형성되고 내식성과 내마모성을 개선한다.

제4과목 ✈ 항공장비

61 다음 중 계기착륙장치의 구성품이 아닌 것은?

① 마커비컨   ② 관성항법장치
③ 로컬라이저   ④ 글라이더슬로프

해설 계기착륙장치(ILS : Instrument landing system)는 지상 시설과 기상 장치로 나뉜다. 활주로 중심선 방위정보를 나타내는 로컬라이저, 착륙점을 기점으로 경사각을 따라 수직면 유도를 하는 글라이드슬로프, 활주로 끝에서부터 거리 정보를 제공하는 마커비컨이 있다. 로컬라이저와 글라이드 슬로프는 활주로 착륙지점 안쪽에 위치해 있고, 마커비컨은 활주로 착륙 진입지점 바깥쪽에 위치해 있다.

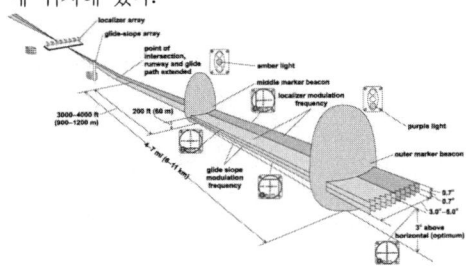

ANSWER 59 ④ 60 ① 61 ②

<LLZ>   <GP>

<MARKER>   <DME>

1) 마커신호 (M/B : Marker beacon) : 활주로 중심 연장선상의 일정한 지점에 설치하여 착륙하는 항공기에 수직상공으로 역원추형의 75MHz의 초단파(VHF) 전파를 발사하여 진입로상의 일정한 통과지점에 대한 위치정보를 제공하는 시설로 마커 비컨의 지상국은 Outer Marker, Middle Marker, Inner Marker가 있다.
   ① 내측마커 (I.M) : 200~1500[ft], 3000[Hz], 백색
   ② 중간마커 (M.M) : 3500[ft], 1300[Hz], 호박색
   ③ 외측마커 (O.M) : 4~7[NM], 400[Hz], 자색

2) 관성항법장치 (INS : Inertial navigation system)은 로켓이나 비행기가 이동할 때에는 항상 가속도가 가해지고 있지만, 이 가속도를 적분하면 속도가 구해지며, 다시 적분하면 이동한 거리가 나온다는 가속도(관성)를 이용한 항법이다. 이 때, 기준좌표축을 선정하고 유지시키는 역할을 자이로스코프(Platform과 Gimbal로 구성)가 한다.
   ① 자이로스코프 : 기준좌료를 설정하여 본체 진행방향 계측.
   ② 가속도계 : 기본적인 센서로 진행방향으로의 가속도를 감지.
   ③ 컴퓨터 : 자이로스코프와 가속도계에서 감지한 각속도 및 가속도와 주변장치(속도계, 고도계 등)로부터 받은 정보를 종합 계산한다.

3) 방위각시설 (LLZ : Localizer) : 지상 방위각 시설(Localizer 장치)의 위치는 계기 진입용 활주로의 진입단 반대 측에 있는 활주로 중심선 연장선에 설치하여 이착륙 항공기와 충돌하지 않도록 활주로에서 적어도 1,000[ft] 떨어진 곳에 있다. Localizer 전파는 활주로의 진입방향에 있는 Middle Marker와 Outer Marker 쪽으로 발사되며, 반대방향으로도 전파가 발사되는데 진입 측 전파를 전방 진행방향(Front Course), 반대쪽을 후방 진행방향(Back Course)이라 부른다. Localizer는 2,000[ft]의 고도에서 최저 25[NM](노티컬마일)까지 빔(Beam)이 전달될 수 있도록 전파를 발사한다. 진행방향(Course)의 폭은 보통 3~6°로서 활주로 끝단(TH : Threshold)에서 700[ft]이고 주파수의 범위는 108.10~111.975[MHz]이다. 항공기상의 계기에는 지상송신기에서 나오는 좌우 주파수(90[Hz], 150[Hz])의 변조성분에 따른 전계의 강약차이에 의하여 Localizer 지시계가 좌우로 움직이므로 조종사는 항공기를 활주로 중앙에 위치시킬 수 있다(50[kHz] 단위의 40개 채널 사용).

4) 활공각시설 (G/S : Glide Slope) : 지상 Glide slope 송신기는 전파를 발사하여 활주로에 착륙하기 위하여 접근 중인 항공기에 안전한 착륙 각도인 약 3[°]의 활공각 정보를 제공하며 활주로 진입단으로부터 750~1,250[ft] 내측에, 활주로 중심선으로부터 400~600[ft] 옆으로 떨어진 위치에 설치된다. Glide slope 주파수 범위는 UHF 328.6[MHz]~335.4[MHz]이며 ILS 주파수(localizer 주파수)를 선택 시 자동으로 선택된다. 지상 Glide slope 송신기에서 발사되는 주파수도 Localizer와 같이 Course(강하로)의 하측에는 150[Hz], 상측은 90[Hz]로 변조되는 지향성 전파를 발사하며 항공기상의 수신기는 두 변조성분에 따른 전계의 강약차이에 의하여 Glide slope 지시계가 상하로 움직이게 하여 적절한 강하 각도를 알려주어 항공기가 안전하게 착륙할 수 있도록 한다.

62 제빙부츠장치(de-icer boots system)에 대한 설명으로 옳은 것은??

① 날개 뒷전이나 안정판(stabilizer)에 장착된다.
② 조종사의 시계 확보를 위해 사용된다.
③ 코일에 전원을 공급할 때 발생하는 진동을 이용하여 제빙하는 장치이다.
④ 고압의 공기를 주기적으로 수축, 팽창시켜 제빙하는 장치이다.

해설 제빙 부츠식(De-icing boots) : 날개나 조종면의 앞전에 팽창 및 수축될 수 있는 고무 부츠를 부착시켜, 가압된 공기와 진공상태의 공기를 분배 밸브에 의해 교대로 가하여 결빙된 얼음을 제거하는 방식이다.

※ 분배 밸브(Distributor Valve) : 조절 밸브로서 비교적 복잡한 제빙부츠 계통에서 사용된다. 타이머 또는 조절기에 의해 제어되는 전기작동식 솔레노이드밸브이며 일부 계통에서 분배 밸브는 제빙부츠와 한 쌍으로 구성되어 있다. 또한 분배 밸브의 기능을 내부에 장착하고 있는 조절 밸브와 다르다. 적당한 팽창시간이 경과되면 펌프의 압력 쪽에서 진공 쪽으로 부츠의 연결을 전환하며 불필요한 공기를 외부로 배출한다.

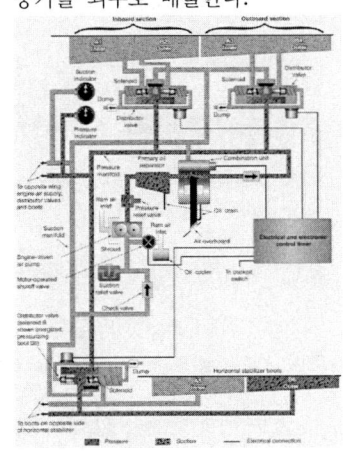

63 다음 중 외기온도계가 활용되지 않는 것은?

① 외기 온도 측정
② 엔진의 출력 설정
③ 배기가스 온도 측정
④ 진대기 속도의 파악

해설 기체표면온도 (TAT : Total Air Temperature) : 측정방식에 따라 외기온도 (SAT : Static Air Temperature)와 기체표면온도로 분류된다. 항공기가 지상에 있을 때는 기본적으로 SAT와 TAT는 일치한다. 항공기에서는 TAT만 계측할 수 있으므로, TAT를 비행속도에 따라 환산하여 추정 SAT를 산출해내고 있다. 고속 비행에서는 마찰, 공기의 압축성, 그리고 경계층(boundary layer) 반응 때문에 정확한 온도 측정이 어렵다. TAT는 SAT 외에 공기를 통과하는 항공기의 고속 움직임에 의해 발생하는 온도 상승값을 더하는 것이다. 이때 공기의 온도 상승은 램(ram) 공기의 상승이다. 디스플레이에 SAT와 TAS를 표시한다. 디지털 계통에서 온도보정신호는 대기자료컴퓨터(ADC)안으로 입력되어 조종석 화면표시장치의 지시와 다른 계통의 온도보정을 위해 적절하게 조절된다.

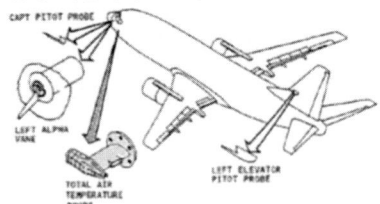

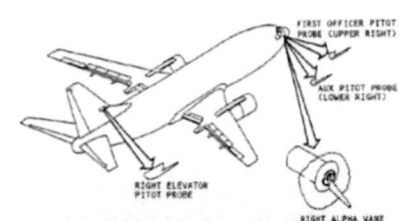

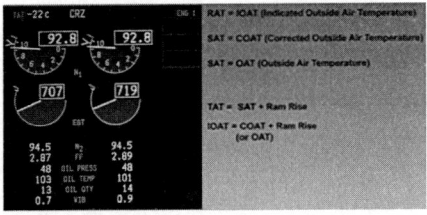

ANSWER 62 ④ 63 ②

64 12000rpm으로 회전하고 있는 교류 발전기로 400Hz의 교류를 발전하려면 몇 극(pole)으로 하여야 하는가?

① 4극 ② 8극
③ 12극 ④ 24극

해설 교류 발전기에서 자석극수 P와 주파수 f의 관계는 동기 속도를 N(1분간 회전수)으로 하면,
$f = \dfrac{P}{2} \times \dfrac{N}{60}$ 이 된다.

$400[Hz] = \dfrac{P}{2} \times \dfrac{12000[rpm]}{60}$

P = 4극

65 황산납 축전지(lead acid battery)의 과충전 상태를 의심할 수 있는 증상이 아닌 것은?

① 전해액이 축전지 밖으로 흘러나오는 경우
② 축전지에 흰색 침전물이 너무 많이 묻어 있는 경우
③ 축전지 셀 케이스가 부풀어 오른 경우
④ 축전지 윗면 캡 주위에 약간의 탄산칼륨이 있는 경우

해설 축전지 셀의 케이스가 구부러졌거나 찌그러진 경우는 축전지가 과충전 되었거나 열에 의하여 변형된 것이므로 셀을 교환해야 한다. 탄산칼륨의 결정체가 너무 많이 형성되어 있을 때에는, 과충전 되었거나 온도와 전해액이 너무 높아 흘러나온 경우이다. 이 때에는 전해액의 높이를 점검하고, 축전지를 깨끗이 닦아낸 다음에 정전류 충전법에 의하여 재충전한다. 전해액이 공기 중의 이산화탄소와 결합하여 흰색의 탄산칼륨을 만들 수 있으므로 축전지 세척 시 캡을 꼭 막는다. 외부의 축전지 단자(Battery terminal)와 축전지 내부의 과산화납과 연결되어 있기에 산화되기 쉬워 부식이 발생한다. 부식을 제거하지 않고 방치해두면 충·방전 작용이 원활히 이루어지지 않아 축전지 수명이 단축된다. 만약 부식이 발생하였을 때는 부식물을 깨끗이 제거한 다음 그리스(grease)를 얇게 발라주어야 한다.

66 통신장치에서 신호 입력이 없을 때 잡음을 제거하기 위한 회로는?

① AGC회로
② 스쿨치회로
③ 프리엠파시스회로
④ 디엠파시스회로

해설
① AGC(automatic gain control) 회로 : 자동이득조절장치로서 전파가 항상 출력에 맞게 일정해지도록 작용하는 장치인데 주로 텔레비전수상기에 장착되어 있어 브라운관의 영상 콘트라스트가 일정해지도록 작용한다. 텔레비전수상기에는 반드시 장착되어 있으며, 전파가 강하거나 약하거나 항상 출력, 즉 브라운관의 영상콘트라스트가 일정해지도록 작용한다. 이득의 변화는 중간주파 및 고주파 회로의 전압(바이어스)을 바꾸어서 하는 것이 보통인데, 실리콘트랜지스터를 사용할 경우는 최고 발진주파수를 얻는 콜렉터 전류보다 큰 영역에서 콜렉터전류를 증가시켜서 이득을 줄이는 순방향 AGC를 채택한다. 이득 제어용의 직류전압을 얻는 방식으로서 평균치형, 첨두치형, 키드(keyed)형 등이 있는데, 이들 모두 제 2검파 후의 출력을 이용해서 제어루프를 형성한다.
② Squelch 회로 : FM 수신기에서 신호 입력이 없을 때는 잡음이 증폭되어 스피커에서 큰 잡음이 나오는데, 잡음을 억제하는 회로이다. 잡음을 정류하여 저주파 증폭기의 바이어스를 변화시켜 증폭도를 낮추어서 잡음이 스피커에서 나오지 않도록 하고 있다.

ANSWER 64 ① 65 ④ 66 ②

③ Pre-emphasis 회로 : FM 무선 전화나 테이프 녹음기 등에서 송신시에 저주파 신호가 높은 주파수 부분을 강조하는 회로로서, 신호 대 잡음비(S/N), 주파수 특성, 일그러짐 특성을 개선하기 위해 전송 주파수의 어떤 부분을 송신측에서 사전에 강조하는 것이다. 주파수 변조 방식의 통신에서는 변조 신호의 주파수가 높은 곳에서 신호 대 잡음(S/N) 비가 나빠지므로 이것을 개선하기 위하여 송신측에서 미리 높은 주파수에 대하여 변조가 강하게 걸리도록 한다. 프리엠퍼시스는 미분 회로에 의해서 주어지고, 그 시상수는 FM 방송에서 50[μs], 텔레비전의 음성에서 75[μs]가 쓰이고 있다. 주파수 변조에서 잡음은 변조 주파수가 높아질수록 커지므로, 낮게 감소시키기 위해 변조 신호의 고역을 미리 일정한 시정수로 강조해 두고, 수신측에서는 역으로 동일한 시정수로 고역을 약하게 해서 종합적인 진폭 주파수 특성을 평탄하게 유지하면서 전송 계통의 잡음 성분을 de-emphasis로 분리 및 감소시킬 수 있다.

④ De-emphasis 회로 : 수신 시 고역이 강조된 주파수 신호를 복원하기 위해 고역 성분을 원 상태로 감소시킴으로써 잡음도 함께 줄여주는 방식을 의미한다. 수신측에서 하는 엠퍼시스. FM방송이나 텔레비전의 음성 신호 전송에서는 변조 주파수가 높은 곳에서 SN 비가 나빠지는 것을 개선하기 위해 높은 주파수에서 변조가 강하게 걸리도록 프리엠퍼시스를 한다. 따라서, 수신측에서는 충실한 재생을 하기 위해 이것을 원상으로 되돌리는 조작이 필요하며, 이러한 조작을 디엠퍼시스라 하고, 이 회로를 디엠퍼시스 회로라 한다. 보통 C(캐패시터)와 R(레지스터)로 이루어지는 적분 회로로 하며, 그 특성은 시상수 CR로 나타내어진다. 수신기에 디 엠파시스를 부가하면 깨끗한 음성신호를 재생할 수 있다.

67 인공위성을 이용하여 3차원의 위치(위도, 경도, 고도), 항법에 필요한 항공기 속도 정보를 제공하는 것은?

① Inertial Navigation System
② Global Positioning System
③ Omega Navigation System
④ Tactical Air Navigation System

해설
1) 관성항법장치 (INS : Inertial navigation system)은 로켓이나 비행기가 이동할 때에는 항상 가속도가 가해지고 있지만, 이 가속도를 적분하면 속도가 구해지며, 다시 적분하면 이동한 거리가 나온다는 가속도(관성)를 이용한 항법이다. 이 때, 기준좌표축을 선정하고 유지시키는 역할을 자이로스코프(Platform과 Gimbal로 구성)가 한다.
   ① 자이로스코프 : 기준좌료를 설정하여 본체 진행방향 계측.
   ② 가속도계 : 기본적인 센서로 진행방향으로의 가속도를 감지.
   ③ 컴퓨터 : 자이로스코프와 가속도계에서 감지한 각속도 및 가속도와 주변장치(속도계, 고도계 등)로부터 받은 정보를 종합 계산한다.
2) 위성항법장치 (GPS : Global positioning system) : 위치 정보는 GPS 수신기로 3개 이상의 위성으로부터 정확한 시간과 거리를 측정하여 3개의 각각 다른 거리를 삼각 방법에 따라서 현 위치를 정확히 계산할 수 있다. 현재 3개의 위성으로부터 거리와 시간 정보를 얻고 1개 위성으로 오차를 수정하는 방법을 널리 쓰고 있다. 나침반과 달리 위성항법 시스템은 위도, 경도, 고도의 위치뿐만 아니라 3차원의 속도정보와 함께 정확한 시간까지 얻을 수 있다. 항법용 위치 정보 제공, 통신 서비스 제공, 수색 감시 서비스 제공 등을 한다.
3) 오메가 항법 (Omega Navigation System) : 10[kHz]~14[kHz]의 초장파(VLF)를 사용한 쌍곡선 항법이다. 2개의 송신국으로부터 발사되는 전파의 위상차를 측정해서 위치를 결정하는 것으로 8개국이 오메가 항법 송신국으로 운용 중에 있다.

ANSWER 67 ②

4) 전술항행장치 (TACAN : Tactical air navigation system) : 항공기에 방위정보와 거리정보를 제공하는 시설로 군용목적으로 개발되었으며, VORTAC는 방위 및 거리정보에 대한 항법장치의 일원화가 가능하여 VOR과 같이 결합하여 사용하며, 일부 민간 항공기도 이용해서 거리정보를 받을 수 있다. TACAN 지상국의 채널을 항공기에서 선택하면 지상국에 대한 방위와 거리가 동시에 기내 지시기에 표시된다. 주파수 및 채널수(252개)가 DME와 동일하다. 사용주파수 범위는 UHF대의 962[MHz]~1213[MHz].

68 객실압력 조절에 직접적으로 영향을 주는 것은?

① 공압계통의 압력
② 슈퍼차저의 압축비
③ 터보컴프레셔 속도
④ 아웃플로밸브의 개폐 속도

해설 여압 공기의 공급원은, 기관의 구동력을 이용한 과급기(super charger), 가스터빈 기관의 압축기에서 가압된 블리드 공기, 지상 공기 압축기(Ground pneumatic compressor) 등이 있다.
※ 아웃플로밸브 (OFV : Out flow valve) : 방출 밸브로서 객실 압력을 조절하는 것이다. 고도에 관계없이 계속 공급되는 압축된 공기를 동체 옆이나 꼬리 부분 또는 날개의 필릿을 통하여 공기를 외부로 배출시킴으로써 객실의 압력을 원하는 압력으로 유지되도록 하는 밸브이다. 착륙할 때 착륙장치의 마이크로스위치에 의하여 지상에는 완전히 열리도록 함으로써 출입문을 열 때 기압차에 의한 사고가 발생하지 않도록 한다. 비행 중에 고도가 증가함에 따라 객실 안의 공기 배출을 적게 하기 위하여 밸브가 점차적으로 닫히게 되며, 객실 고도가 높고 낮은 정도는 OFV의 개폐 정도에 좌우된다.

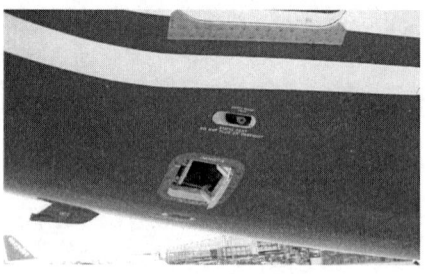

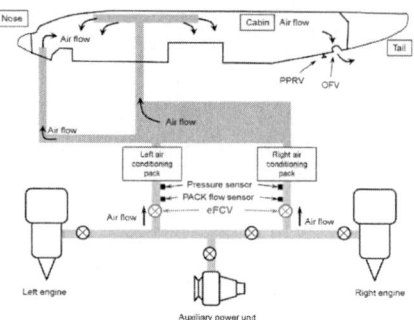

69 10mH의 인덕턴스에 60Hz, 100V의 전압을 가하면 약 몇 암페어(A)의 전류가 흐르는가?

① 15   ② 20
③ 25   ④ 26

해설 교류회로 내에서 전류의 크기를 산출하기 위해서는, 전류의 흐름을 제한하는 저항(R)과 전류의 흐름을 방해하는 요소인 리액턴스(X)를 모두 고려해야 한다.(직류회로는 저항(R)만 고려한다.) 따라서, 옴의 법칙에 의해서 $V=IZ$로 식을 세울 수 있다.
전류를 구하기 위해 식을 변형시켜 대입하면,

$$I = \frac{V}{Z} = \frac{V}{\sqrt{R^2 + (X_L - X_C)^2}}$$

$$= \frac{100[V]}{\sqrt{R^2 + (2\pi f L - \frac{1}{2\pi f LC})^2}[\Omega]}$$

$$= \frac{100[V]}{\sqrt{0^2 + ((2\pi \times 60[Hz]) \times 10 \times 10^{-3}[H]) - 0)^2}[\Omega]}$$

$$= 26.53[A]$$

ANSWER 68 ④ 69 ④

70 항공기에서 거리측정장치(DME)의 기능에 대한 설명으로 옳은 것은?

① 질문펄스에서 응답펄스에 대한 펄스 간 지체시간을 구하여 방위를 측정할 수 있다.
② 질문펄스에서 응답펄스에 대한 펄스 간 지체시간을 구하여 거리를 측정할 수 있다.
③ 응답펄스에서 질문펄스에 대한 시간차를 구하여 방위를 측정할 수 있다.
④ 응답펄스에서 선택된 주파수만을 계산하여 거리를 측정할 수 있다.

해설 거리측정장비 (DME : Distance Measuring Equipment) : 항행 중인 항공기에 연속적으로 거리정보를 제공하는 항행보조방식 중의 하나로서 VOR, 및 Localizer 무선기지국과 같이 설치된다. VOR을 수신하는 항공기는 방위와 DME에 의하여 거리를 파악해서 자기의 위치를 정확히 결정할 수 있다. DME 주파수는 항공기에서 VOR 및 ILS 주파수 선택 시 주파수 1,025~1,150[MHz]로 송신하면 지상국에서는 50[μ sec] 후에 주파수 UHF 960~1,215[MHz]로 항공기에 응답하면 항공기의 수신기는 전파의 왕복시간을 계산하여 거리를 계산한다. DME의 최대 탐지 거리는 399.99[NM]이다. 항공기의 거리 측정 장비 호출기(DME Interrogator)가 송신하는 질문 펄스는 일정한 주기 내에서 미리 정해진 랜덤 패턴 형태로 구성된 2개의 쌍으로 구성된 펄스이다. 이렇게 2개의 펄스(3[μ sec] 폭, 12[μ sec] 간격)를 보내는 것은 간섭이나 잡음에 의한 손실을 예방하기 위함이다. 이를 수신한 지상 거리 측정 장비 자동응답기(DME Transponder)는 50[μ sec] 시간 이후에 다른 주파수로 응답한다. 지상 DME는 해당 항공기뿐만 아니라 다른 항공기로부터의 질문 펄스에 대한 응답도 동일한 채널로 수행하므로 여러 개의 펄스가 동시에 해당 항공기에 수신될 수 있다. 질문한 항공기는 처음에는 거리를 모르므로 어떤 펄스가 나의 응답인지 알 수 없다. 따라서 일단 가장 짧은 시간 T에 도착한 펄스를 선택한다. 이후, 각 질문 펄스에 대하여 T시간 지연된 시간 주변에 자신이 송신한 펄스에 대한 응답이 있는지 검사한다. 만약 없다면 시간 T를 조금 늘리면서 자신의 응답 펄스를 찾는다. 이 과정을 항적모드(Track Mode)라고 한다. 이후 질문 펄스에 대한 응답 펄스를 70% 이상 찾으면, T를 고정하고 DME 표시기(Indicator)에 T를 거리로 환산하여 표시한다. 이후 항공기의 이동 속도에 맞추어 펄스를 잊어버리지 않도록 T를 조금씩 가변하면서 거리를 표시하는 항적모드(Track Mode)에서 작동하며, 계기판에는 "LOCK-ON"으로 표시되면서 DME 지상국까지의 거리가 표시된다. 참고로 지상 DME국의 식별자 신호도 VOR국처럼 약 30초마다 1번씩 모스부호 형태로 송신되어 조종사는 자신이 선택한 지상국을 식별할 수 있다. 대부분의 경우에 DME 안테나는 블레이드 안테나(Blade antenna)로 동체 중심선의 하부면(underside)에 설치되어 전파를 송신 및 수신한다.

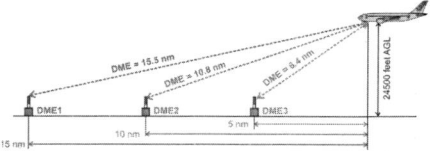

71 실린더에 흡입되는 공기와 연료 혼합기의 압력을 측정하는 왕복엔진계기는?

① 흡기 압력계   ② EPR 계기
③ 흡인 압력계   ④ 오일 압력계

해설 ① 흡입(흡기) 압력계 (Manifold pressure indicator) : 왕복기관에서 실린더에 흡입되는 공기, 연료 혼합기의 압력을 측정하는 것으로 매니폴드 압력계라고 한다. 흡기압력계는 흡기압의 절대압력(아네로이드)을 지시하는 계기이므로, 기관이 정지해 있는 경우에는 그 장소의 대기압을 지시한다.
② EPR 계기 (Engine pressure ratio indicator) : 터빈 엔진은 엔진에 의해서 발생하는 추력과 관련된 압력을 지시하는 계기로서, 4개의 벨로즈들로 구성되어 엔진 전체 배기 압력과 엔진 입구 압력을 비교하여, 비율 변화값에 맞추어 전기적 신호로 압력비를 지시한다.
③ 진공(흡인) 압력계 (Vacuum or suction pressure indicator) : 자이로 로터(rotor)가 진공압으로 구동되는 방식으로 자이로압력

ANSWER 70 ② 71 ①

계(gyro pressure gauge), 진공계(vacuum gauge), 또는 흡인계(suction gauge)라고도 한다. 진공의 자이로를 공기로 회전시킨다. 자이로의 회전속도는 일정한 압력의 범위에 따라 정해지며, 자이로 회전은 진공 압력과 연관된다. 진공 압력은 다이어프램 또는 벨로즈를 사용하여 내부의 수평의(Gyro horizon) 압력을 받고 외부의 대기압을 받아 압력 차이를 지시한다.

④ 오일 압력계 (Oil pressure indicator) : 엔진의 각 부분에 전달되는 오일의 압력을 지시하는 계기이다. 오일 압력계는 기계적 또는 전기적으로 작동하며 기계식 오일 압력계는 버든튜브에서 엔진으로 들어가는 오일의 압력을 측정하여 연결 장치(link)를 이용하여 psi 단위로 지시한다. 오일압력과 대기압력의 차인 게이지압력(버든튜브)을 나타내며, 오일의 공급상태를 확인할 수 있다.

72 다음 중 자기 컴파스에서 발생하는 정적오차의 종류가 아닌 것은?

① 북선오차   ② 반원차
③ 사분원차   ④ 불이차

해설 1) 자기 컴파스의 동적오차 : 북선오차(선회오차), 가속도오차, 와동오차
① 북선오차 (Northern turning error) : 자기 적도 이외의 위도에서 지자기 수직성분이 존재하는데 항공기 선회 시, 선회각을 주면 컴파스 카드면이 지자기의 수직성분과 직각 관계가 흐트러져서 올바른 자방위를 지시하지 못한다. 북진하다가 동서로 선회할 때 오차가 가장 크므로 북선오차라 하며, 선회 시 나타나므로 선회오차라고 한다.
② 가속도오차 (Acceleration error) : 컴파스 카드 등을 포함하는 가동부의 무게 중심은 지지점보다 아래에 있어 가속 시에 카드면은 앞으로 기울고, 감속 시에 뒤로 기울어 컴파스 카드면이 지자기의 수직성분과 직각 관계가 흐트러져서 올바른 자방위를 지시하지 못한다. 항공기가 동서로 향하고 있는 경우 가장 크게 나타나고, 남북으로 향할 때는 거의 나타나지 않아 동서오차라고 한다.
③ 와동오차 (Swirl error) : 항공기 비행 시 난기류, 악천후 등의 영향으로 발생하는 오차이다.
2) 자기 컴퍼스의 정적오차 : 불이차, 반원차, 사분원차
① 불이차 (Constant deviation) : 컴퍼스에 설치된 영구자석 축과 컴퍼스 카드의 남북을 이은 축이 서로 일치하지 않을 때로서 제작 및 설치상의 오차이다. 컴퍼스의 중심선과 항공기 기체축이 서로 평행하지 않은 설치상의 오차로 모든 자방위에서 일정한 크기로 나타난다.
② 반원차 (Semicircular deviation) : 항공기 내의 전기기구 및 전선에 의한 불이자기, 영구자석 및 기체구재 중 수직 철재 구조재에 의한 오차이며, 자차 중 가장 크기 때문에 자차를 수정하는 것은 반원차를 수정하는 것이다.
③ 사분원차 (Quadrant deviation) : 기체 구조재 중 수평철재 및 연철재료에 의해 지자기가 흩어지기 때문에 발생하는 오차이다.

73 교류에서 전압, 전류의 크기는 일반적으로 어느 값을 의미하는가?

① 최대값   ② 순시값
③ 실효값   ④ 평균값

해설 ① 최대값 (Max value) : 정현파의 반주기 동안 최대값으로 나타낸다.($V_m = \sqrt{2} \times V_{r.m.s}$)
② 순시값 (Instantaneous Value) : 정현파에서 시간에 따라 전압 또는 전류가 변하는 값으로, 순시값은 진폭, 주파수, 위상을 통해서 나타낼 수 있다.($V_t = V_m \sin \omega t$ 및 $I_t = I_m \sin \omega t$)
③ 실효값 (Root-mean-square value) : 교류회로의 정현파의 실효값 또는 유효값은 동일한 양의 열을 만들어내는 직류전압과 같다. 공칭전압이라고도 한다. 교류에서 특별한 언급이 없으면 전류 또는 전압에서 주어진

ANSWER 72 ① 73 ③

값은 실효값이고, 실제로 전압과 전류의 실효값이 사용된다. 교류전압계와 교류전류계도 실효값을 측정한다. 저항 R에 대해 교류가 소비하는 전력과 동일한 양을 소비하는 직류의 크기를 말하며, 정현파의 한 주기 동안의 교류의 소비전력을 시간으로 나눈 것이다.($V_{r.m.s} = \dfrac{V_m}{\sqrt{2}}$)

④ 평균값 (Average value) : 교류의 넓이와 동일한 면적을 가진 직류의 크기를 말하며, 정현파의 반주기 동안의 교류의 넓이를 시간으로 나눈 것이다.($V_{av} = \dfrac{2V_m}{\pi}$)

※ 직류는 시간에 따라 일정하므로, 최대값, 평균값, 실효값이 모두 동일하다.

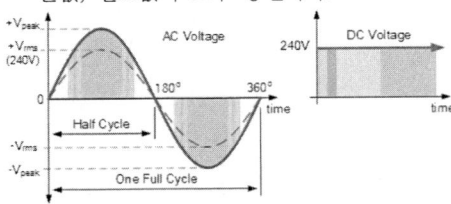

74 화재탐지장치에 대한 설명으로 틀린 것은?

① 열전쌍(thermocouple)은 주변의 온도가 서서히 상승할 때 열전대의 열팽창으로 인해 전압을 발생시킨다.
② 광전기셀(photo-electric cell)은 공기 중의 연기로 빛을 굴절시켜 광전기셀에서 전류를 발생시킨다.
③ 써미스터(thermistor)는 저온에서는 저항이 높아지고, 온도가 상승하면 저항이 낮아지는 도체로 회로를 구성한다.
④ 열스위치(thermal switch)식은 2개 합금의 열팽창에 의해 전압을 발생시킨다.

해설 ① 열전쌍식 화재경고장치 : 서머커플이라 하며, 온도의 급격한 상승에 의하여 화재를 탐지하는 장치로서, 서로 다른 종류의 금속을 서로 접합한 열전쌍 (thermocouple)의 원리

(서로 다른 금속 사이의 온도차를 주어 열기전력을 발생)를 이용하여 필요한 만큼 직렬로 연결하고, 고감도 릴레이를 사용하여 경고 장치를 작동시킨다.
② 광전지식 화재경고장치 : 광전 튜브 등을 사용하여 전기적으로 작동시킨다. 비컨 램프는 항상 켜져있으며, 연기가 들어오면 반사광이 광전 튜브 또는 감광 트랜지스터를 통해 전류를 발생시켜 경고장치를 작동시킨다. 내부는 검게 칠해져 있고, 감시해야 하는 장소의 공기를 기체 내외의 압력차에 의한다.
③ 저항 루프형 화재경고장치 : 인코넬튜브 내부는 온도 변화에 따라 전기저항이 변화할 수 있는 세라믹, 서미스터(thermistor), 공융염으로 채워져 있으며, 전기적신호를 전송하기 위하여 2개의 니켈전선이 들어 있다. 하나의 니켈전선은 전원공급선이며, 다른 전선과 인코넬튜브는 접지선으로 되어 있다. 탐지기 주위 온도가 정상일 때는 세라믹, 서미스터, 공융염의 저항은 커져서 전원공급선에서 접지선으로 전류가 흐르는 것을 방해하지만, 특정 온도로 상승하면 저항이 급격히 낮아져서 전기회로가 구성되어 화재나 과열상태를 지시한다.
④ 열 스위치식 화재경고장치 : 열 팽창률이 낮은 니켈-철 합금인 금속 스트럿이 서로 휘어져 있어 평상시에는 접촉점이 떨어져 있으나, 열을 받게 되면 스테인레스강으로 된 케이스가 늘어나게 되므로, 금속 스트럿이 펴지면서 접촉점이 연결되어 회로를 형성시킨다. 각 스위치들은 서로 병렬로 연결되어 있어 어느 곳에서라도 탐지되면 경고장치를 동작시킨다.(바이메탈식)

75 증기순환 냉각계통의 구성품 중 계통의 모든 습기를 제거해 주는 장치는?

① 증발기   ② 응축기
③ 리시버 건조기   ④ 압축기

해설 ※ 증기순환방식의 작동원리 : 냉동 사이클에는 4가지의 작용을 순환 및 반복함으로서 주기를 이루게 된다.(카르노 사이클)

ANSWER 74 ① 75 ③

① 증발 : 냉매는 증발기 내부에서 액체로부터 기체로 변화한다. 이때, 냉매는 증발 잠열을 필요로 하므로 증발기의 냉각된 주위의 공기로부터 열을 흡수하게 된다. 실내 공기를 Fan에 의해서 순환시키며 온도를 떨어뜨리게 된다.

② 압축 : 증발기 내의 냉매 압력은 낮은 상태로 유지시키고 냉매의 온도가 0℃가 되더라도 계속 증발하려는 성질을 갖고 있으며, 상온에서도 쉽게 액화할 수 있는 압력까지 냉매를 흡입하여 압축시킨다.

③ 응축 : 냉매는 응축기 내에서 외기에 의해 기체로부터 액체로 변화한다. 압축기에서 나온 고온고압가스는 외기에 의해 식혀져 액화되어 리시버 드라이어로 보내진다. 이때, 응축기를 통하여 외기에 의해 방출된 열을 응축열이라 한다.

④ 팽창 : 냉매액은 팽창 밸브에 의해서 증발되기 쉬운 상태까지 압력이 내려간다. 액화된 냉매를 증발기에 보내기 전에 증발하기 쉬운 상태로 압력을 낮추는 작용을 팽창이라 한다. 이 작용을 하는 팽창밸브는 감압작용과 동시에 냉매액의 유량도 조절한다.

※ 증기순환방식의 주요구성부품
1) 냉매(Referigerant) : 냉동효과를 얻기 위해 사용되는 물질을 말하는데 1차 냉매와 2차 냉매로 나눈다.
  ① 1차 냉매 : 프레온, 암모니아 등 저온부에서 열을 흡수하여 액체가 기체로 되고 이를 압축하면 고온부에서 열을 방출하여 다시 액체로 되는 것과 같이 냉매가 상태 변화를 일으킴으로서 열을 흡수, 방출하는 역할을 한다.
  ② 2차 냉매 : 염화나트륨, 브라인 등 저온의 액체를 순환시켜 냉각시키고자 하는 물질과 접촉하여 냉각 작용을 한다.
2) 압축기(Compressor) : 증발기에서 저압 기체로 된 냉매를 고압으로 압축하여 응축기(Condenser)로 보내는 작용을 한다.
3) 응축기(Condenser) : 압축기에서 들어온 고온고압의 기체 냉매를 대기로 열을 방출시켜 액체로 만드는 일종의 방열기이다. 높은 압력에도 견딜 수 있는 구조로 되어 있어야 하며, 방출열이 많을수록 좋다.

4) 건조기(Receiver drier) : 응축기에서 들어온 냉매를 저장도 하며 팽창밸브로 보내는 완전 액체를 공급하는 역할과 그 내부에는 건조제를 봉입하여, 냉매 속의 수분을 흡수하는 역할을 한다. 건조기 상단부에는 사이트 글래스가 설치되어 냉매의 양을 관찰 측정하기도 한다.

5) 팽창밸브(Expansion valve) : 증발기 입구에 설치되며, 응축기와 건조기를 거친 고압의 냉매를 증발기에 저압으로 공급하며 증발기 내에서 기체로 변화된다. 이 때 기화열에 의해 증발기가 저온이 되어 이것을 이용하여 냉방장치에 쓰이게 된다.

6) 증발기(Evaporetor) : 가압된 냉매가 팽창밸브를 통하여 이곳에서 증발되며 온도가 급강하하게 된다. 저온으로 된 증발기 주위를 공기가 통과하면서 낮은 온도로 열교환을 가져오게 되고, 낮은 온도의 공기를 실내로 강제 압송시켜 쾌적한 온도를 유지하게 되는 것이다.

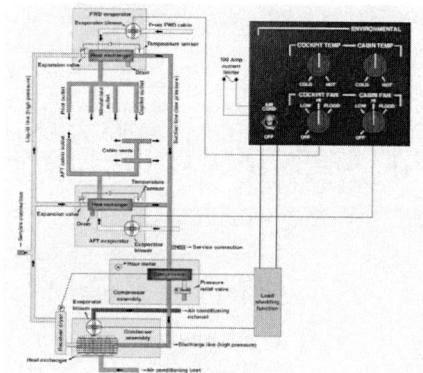

76 4대의 교류발전기가 병렬운전을 하고 있을 경우 1대의 발전기가 고장나면 해당 발전기 계통의 전원은 어디에서 공급받는가?

① 전력이 공급되지 않는다.
② 배터리에서 전원을 공급 받는다.
③ 비상시에 사용되는 버스에서 전원을

76 ④

공급 받는다.
④ 병렬운전하는 버스에서 전원을 공급 받는다.

해설 교류발전기의 병렬운전 조건 : 연료절감 및 장비소손 등을 보호하는 측면에서 발전기 병렬 운전은 필수적이다. 단, 조건에 맞게 동기화가 되어야 한다.
① 정격 전압이 같아야 한다.
② 위상이 일치해야 한다.
③ 정격 주파수가 같아야 한다.
④ 파형이 같아야 한다.
⑤ 용량은 무관하다.

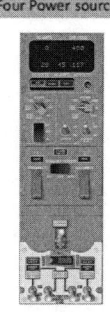
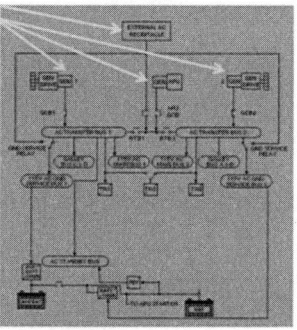

※ B737NG has 1 Battery, 2 IDG from each engine, 1 Generator from APU.
① IDG(Integrated Drive Generator = CSD (Constant Speed Drive)+Generator, Attached in the Acc. Gear box on each engine.
② AC power from Engine or APU supplied thru respective AC TRANSFER BUS and to the electrical unit requiring AC power.
③ 3 TR(Transfomer Rectifier) Units Convert AC to 24v DC. Supply DC Powers as well.
④ TR 1, 2 power DC BUS 1, 2. TR3 is back up source.
⑤ each AC TRANSFER BUS are supplied power with only one Generator at one time.
⑥ 2 BTB(Bus Tie Breaker) controlled automatically which generator to be connected to each AC BUS
⑦ GROUND SERVICE switch located FWD CABIN ATTENDENT's panel. so Cabin crew can interconnect AC power from External power to AC GND SERV BUS 1, 2

77 조종실이나 객실에 설치되며 전기나 기름 화재에 사용하는 소화기는?

① 물 소화기
② 포말 소화기
③ 분말 소화기
④ 이산화탄소 소화기

해설 ① 물 소화기 (Water extinguisher) : 객실에 비치되어 있는 휴대용 소화기로, 일반화재(A급)에 사용하며, 전기나 유류화재 시에는 사용이 금지되어 있다. 소화제인 물에는 동결을 막기 위한 부동액이 섞여 있다.
② 포말 소화기 (Foam extinguisher) : 소화기를 거꾸로 흔들면 속에 있는 탄산수소나트륨 용액과 황산알루미늄 용액이 화학 반응을 일으켜 이산화탄소와 수산화알루미늄이 생기는데, 이때 이산화탄소의 거품과 수산화알루미늄의 거품이 공기의 공급을 차단한다. 이 소화기는 목재, 섬유 등 일반 화재뿐만 아니라 가솔린 등의 유류나 화학 약품 화재에 적당하지만 전기 화재에는 적당하지 않다.
③ 분말 소화기 (Dry chemical extinguisher) : 분말을 이산화탄소나 질소 가스로 가압, 봉입되어 있다가 가스에 의해 분말이 분사된다. 일반화재, 전기화재, 유류화재에 유효하지만, 분말이 시야를 방해하고, 주변 기기의 전기 접점에 비전도성의 분말이 부착될 가능성이 있기 때문에 조종실에서 사용해서는 안된다.
④ 이산화탄소 소화기 (Carbon dioxide extinguisher) : 조종실이나 객실에 설치되어 일반화재, 전기화재, 유류화재에 사용한다. 왕복엔진을 장착한 구형 항공기에서 사용한다.(메인 엔진 또는 APU 화재와 같은, 항공기의 외부에서 화재를 진화하기 위해 램프에서 이용할 수 있는 가장 효과 있는

ANSWER 77 문제 오류로 전항 정답

소화기로 사용된다.) CO_2는 약한 독성으로 간주되지만, 희생자가 20~30[min] 동안 CO_2를 호흡하게 되면 질식에 의해 무의식과 죽음의 원인이 될 수 있어, 좁고 밀폐된 장소에서 사용하면 인체에 위험하다.

⑤ 할론 소화기 (Halon extinguisher) : 조종실이나 객실에 장비되어 있고, 하론 1301(CF3Br)과 소화기 용으로 쓰이는 하론 1211(CF2ClBr)이 있다. 소화기 용으로 쓰이는 하론 1211의 경우 분말 소화기에 비해서 가격은 고가이지만, 화재가 났을 때 불만 깨끗하게 끄고 날아가버리는 특성이 있어 조종실에서 사용 가능하고, 무전도성으로 전기가 흐르는 전자 설비에도 안전하게 사용할 수 있고, 소화 후에 소화제 잔여물이 남지 않아 항공기 전체에 활용된다. 적은 양으로도 화재를 진압할 수 있지만, 오존층 파괴의 단점이 있어 필수 용도를 제외한 곳에서는 지속적으로 사용할 수 없다. 국내에서는 하론 1211과 하론 1301 소화기만 생산하고 있고, 일반화재(A급), 전기화재(B급), 유류화재(C급)에 유효하고 소화능력도 강력하다.

78 유압계통에서 압력조절기와 비슷한 역할을 하며 계통의 고장으로 인해 이상 압력이 발생되면 작동하는 장치는?

① 체크밸브 ② 리저버
③ 릴리프 밸브 ④ 축압기

해설 1) 체크밸브 (Check valve) : 한쪽 방향으로만 작동유의 흐름을 허용하고, 반대 방향의 흐름은 차단하는 밸브이다.
2) 레저버 (Reservoir) : 작동유를 펌프에 공급하고, 계통으로부터 귀환하는 작동유를 저장하는 동시에, 공기 및 각종 불순물을 제거하는 장소의 역할을 한다.
① 배플, 핀 : 유압 계통의 리저버 내에 있는 작동유가 심하게 흔들리거나, 귀환되는 작동유에 의하여 서지 현상으로 작동유에 거품이 발생하거나 펌프안에 공기가 유입되는 것을 방지한다.

② 스탠드 파이프 : 유압 계통의 리저버 내에서 계통내에 이물질이 유입되는 것을 방지하거나, 비상용 유압을 저장하는 역할을 한다. 계통 손상 시, 비상 펌프를 통해 작동유를 공급받게 한다.
3) 릴리프 밸브 (Relief valve) : 작동유에 의한 계통 내의 압력을 규정된 값 이하로 제한하는데 사용되는 것으로, 과도한 압력으로 인하여 계통 내의 관이나 부품이 파손될 수 있는 것을 방지하는 장치이다. 규정의 압력을 초과하면 밸브가 열리고, 유체를 방출하여 압력을 낮추는 안전밸브(safety valve)라고도 한다.
4) 축압기 (Accumulator) : 가압된 작동유를 저장하는 저장통으로, 여러 개의 유압 기기가 동시에 사용될 때 동력 펌프를 돕고, 동력 펌프가 고장났을 때에는 저장되었던 작동유를 유압 기기에 공급한다. 유압 계통의 서지 (surge) 현상을 방지하고, 압력을 흡수하면 압력 조정기의 개폐 빈도를 줄여 펌프나 압력 조정기의 마멸을 감소시킨다.

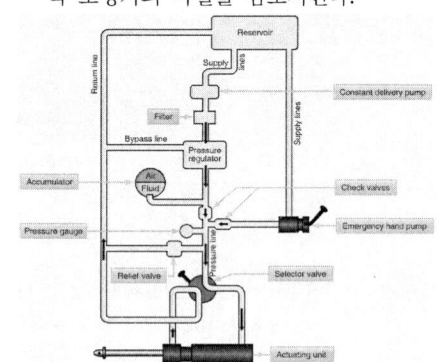

79 셀콜시스템(SELCAL system)에 대한 설명으로 틀린 것은?

① HF, VHF 시스템으로 송·수신된다.
② 양자 간 호출을 위한 화상시스템이다.
③ 일반적으로 코드는 4개의 코드로 만들어져 있다.
④ 지상에서 항공기를 호출하기 위한 장치이다.

해설 선택호출장치 (SELCAL : Selective Calling System) : 지상에서 항공기 호출을 하는 시스템으로 항공기마다 고유의 코드를 가지고 있다. SELCAL 코드라고 하며 알파벳 A~S 사이에서 I, N, O를 제외한 16개의 문자 중 4개의 문자로 구성되어 있다. 해당 지역의 지상국에서 어느 항공기를 호출(call)할 때 사용되며 HF, VHF 두 가지 통신 방법에 의해 수행된다. 항공기에 장착된 VHF, HF 안테나를 통하여 수신되며 수신된 부호 코드를 SELCAL 디코더가 해석을 하여 당 항공기의 코드와 일치하는지 확인한다. 코드가 일치된 것이 확인되면 수신된 시스템, 즉 VHF 또는 HF 중 신호를 수신한 시스템 쪽의 음성조정패널(ACP : Audio Control Panel)에 호출 라이트를 점등하며 차임(chime)을 통하여 승무원에게 오디오로 알려준다. 이 장비가 있어서 조종실 승무원이 항상 HF 또는 VHF의 수신 상태에 주의를 기울일 필요가 없어졌으며 또한 해당국의 수신 상태를 작동상태(Active)로 해놓을 필요조차 없어졌다. 즉, SELCAL을 통해 지상에서 호출할 시 연결하면 된다. 단, 항공기에서 해당 주파수가 선택되어 있지 않으면 호출이 되지 않으므로 항공기는 관할 지역을 비행할 시 항상 지상국 관련 주파수를 설정하여야만 한다. SELCAL 디코더 내부엔 5개의 디코더로 구성되어 있어 채널별로 VHF, HF 시스템이 할당되어 있다. 각 디코더의 역할은 수신된 신호의 코드를 분석하여 당 항공기의 할당된 코드와 같은지 여부를 판단한다. 같을 경우 조종실의 호출을 위해 해당 ACP에 호출 라이트를 점등해 준다.

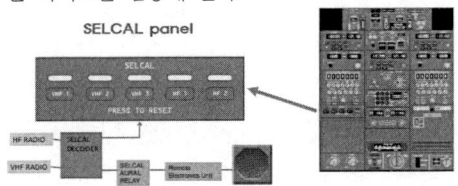

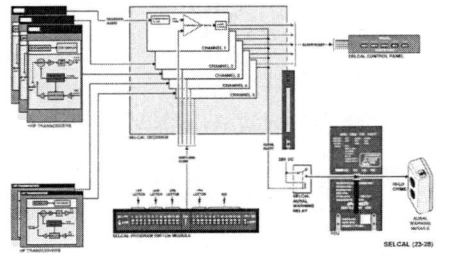

80 항공계기에 표시되어 있는 적색방사선 (red radiation)은 무엇을 의미하는가?

① 플랩 조작 속도 범위
② 계속운전범위(순항범위)
③ 최소, 최대운전 또는 운용한계
④ 연료와 공기 혼합기의 Auto-lean시의 계속운전범위

해설 계기의 색표식 (Color marking) 은 계기의 문자판 또는 유리에 그 기체의 운용 한계 등을 색으로 표시한 것이다. 항공기마다 운용 제한, 최대 작동 한계, 최저 작동 한계 등을 표시하거나 색표식으로 나타내도록 정해져 있다.
① 적색 방사선 : 최대 및 최저 운용 한계를 나타내며 어떠한 경우라도 운용금지 한계를 나타내고 있다.
② 백색 방사선 : 계기의 유리판과 케이스에 걸쳐 표시되어 있으며, 각 색표식들을 계기 앞면 유리판에 표시하였을 때, 유리가 케이스와 정확히 맞물려 있는가를 표시하는 미끄럼 방지표시를 나타내고 있다.
③ 녹색 호선 : 일반적인 사용 안전 운용 범위를 나타내고 있다.
④ 황색 호선 : 일반적인 사용 범위에서 초과 금지 사이의 경계 범위를 나타내고 있다.
⑤ 백색 호선 : 대기 속도계에만 표시되는 색표식으로 플랩(flap)이 있는 기체의 플랩 조작 속도 범위를 나타내고 있다. 범위는 최대 착륙 중량에 있어서 실속 속도를 하한으로 하고 플랩 강하 속도를 상한으로 한다.
⑥ 청색 호선 : 기화기를 장비한 왕복기관에 관계된 기관계기에 표시하는 색으로서, 흡기압력계(Manifold pressure indicator), 기관회전계(Tachometer), 기통두온도계(Cylinder head temperature indicator)등에 표시한다. 연료와 공기 혼합비가 오토린(Auto-Lean)일 때의 상용안전운용범위를 나타낸다.

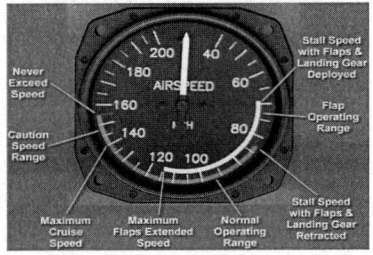

ANSWER 80 ③

2019 제4회 항공산업기사 기출문제

제1과목 ✈ 항공역학

01 프로펠러를 장착한 비행기에서 프로펠러 깃의 날개 단면에 대해 유입되는 합성속도의 크기를 옳게 표현한 식은?

(단, V : 비행속도, r : 프로펠러 반지름, n : 프로펠러 회전수(rps)이다.)

① $\sqrt{V^2-(\pi nr)^2}$
② $\sqrt{V^2+(2\pi nr)^2}$
③ $\sqrt{V^2+(\pi nr)^2}$
④ $\sqrt{V^2-(2\pi nr)^2}$

해설

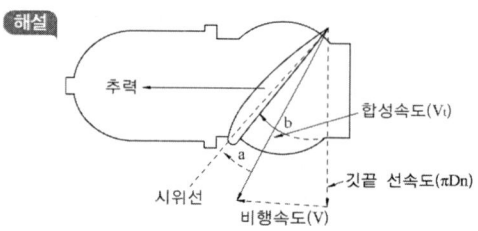

$V_t = \sqrt{V^2+(2\pi nr)^2} = \sqrt{V^2+(\pi nD)^2}$

02 고정 날개 항공기의 자전운동(auto rotation)과 연관된 특수 비행성능은?

① 선회 운동
② 스핀(spin) 운동
③ 키돌이(loop) 운동
④ 온 파일런(on pylon) 운동

해설 스핀 : 자전운동과 수직강하가 조합된 비행 상태를 말한다.

03 일반적인 헬리콥터 비행 중 주 회전날개에 의한 필요마력의 요인으로 보기 어려운 것은?

① 유도속도에 의한 유도항력
② 공기의 점성에 의한 마찰력
③ 공기의 박리에 의한 압력항력
④ 경사충격파 발생에 따른 조파저항

해설 헬리콥터 주 회전날개에 충격파가 발생하면 비행 성능이 급격하게 감소하여 주 회전날개는 충격파가 발생하지 않는 속도에서 회전한다.

04 가로안정(lateral stability)에 대해서 영향을 미치는 것으로 가장 거리가 먼 것은?

① 수평꼬리날개
② 주날개의 상반각
③ 수직꼬리날개
④ 주날개의 뒤젖힘각

해설 수평꼬리날개는 세로안전성에 가장 중요한 요소이다.

ANSWER 1② 2② 3④ 4①

05 헬리콥터는 제자리비행 시 균형을 맞추기 위해서 주 회전날개 회전면이 회전방향에 따라 동체의 좌측이나 우측으로 기울게 되는데 이는 어떤 성분의 역학적 평형을 맞추기 위해서인가? (단, x, y, z는 기체축(동체축) 정의에 따른다.)

① x축 모멘트의 평형
② x축 힘의 평형
③ y축 모멘트의 평형
④ y축 힘의 평형

해설) Y축(가로축)은 날개 끝에서 다른 쪽 끝까지의 축으로 주 회전날개 회전면이 좌·우로 기울이게 되는 것은 해 (가로축)에 변화가 생겨 평형을 잡기 위한 것이다.

06 항공기의 방향 안정성이 주된 목적인 것은?

① 수직 안정판
② 주익의 상반각
③ 수평 안정판
④ 주익의 붙임각

해설) 수직 안정판(수직꼬리날개)는 방향 안정성에서 가장 중요한 요소이다.

07 비행기의 조종면을 작동하는데 필요한 조종력을 옳게 설명한 것은?

① 중력가속도에 반비례한다.
② 힌지 모멘트에 반비례한다.
③ 비행속도의 제곱에 비례한다.
④ 조종면 폭의 제곱에 비례한다.

해설) F_e(조종력)
$= K$(기계적장치에 의한이득)$\times H_e$(힌지모멘트)
$= K \cdot \frac{1}{2} \cdot \rho \cdot V^2 \cdot b \cdot \overline{c^2} \cdot C_h$

08 프로펠러의 회전 깃단 마하수(rotational tip Mach number)를 옳게 나타낸 식은? (단, n : 프로펠러 회전수(rpm), D : 프로펠러 지름(m), a : 음속(m/s)이다.)

① $\frac{\pi n}{60 \times a}$
② $\frac{\pi n}{30 \times a}$
③ $\frac{\pi n D}{30 \times a}$
④ $\frac{\pi n D}{60 \times a}$

해설) $\frac{\text{깃의 선속도}}{\text{음속}} = \frac{\frac{\pi n D}{60}}{a} = \frac{\pi n D}{60 a}$

09 베르누이의 정리에 대한 식과 설명으로 틀린 것은? (단, P_t : 전압, P : 정압, q : 동압, V : 속도, ρ : 밀도이다.)

① $q = \frac{1}{2} \rho V^2$
② $P = P_t + q$
③ 정압은 항상 존재한다.
④ 이상유체 정상흐름에서 전압은 일정하다.

해설) P_t(전압) $= P$(정압)$+ q$(동압) $=$ 일정

10 양력계수가 0.25인 날개면적 20m²의 항공기가 720km/h의 속도로 비행할 때 발생하는 양력은 몇 N인가?

(단, 공기의 밀도는 1.23kg/m³이다.)
① 6150
② 10000
③ 123000
④ 246000

해설) 양력 : $C_L \cdot \frac{1}{2} \cdot \rho \cdot V^2 \cdot S$
∴ $0.25 \times \frac{1}{2} \times 1.23 \times (\frac{720}{3.6})^2 \times 20 = 123000$

ANSWER 5 ④ 6 ① 7 ③ 8 ④ 9 ② 10 ③

11 NACA 2412 에어포일의 양력에 관한 설명으로 옳은 것은?

① 받음각이 영도(0°)일 때 양의 양력계수를 갖는다.
② 받음각이 영도(0°)보다 작으면 양의 양력계수를 가질 수 없다.
③ 최대 양력계수의 크기는 레이놀즈수에 무관하다.
④ 실속이 일어난 직후에 양력이 최대가 된다.

해설 4자 계열 날개골의 앞 두자리는 캠버의 크기와 위치를 말하는 것으로 0이 아닐 경우 캠버가 있는 것이고 캠버가 있는 날개는 받음각이 영도일 때도 양력계수를 갖는다.

12 비행기의 무게가 2000kgf이고 선회 경사각이 30°, 150km/h의 속도로 정상 선회하고 있을 때 선회 반지름은 약 몇 m인가?

① 214 ② 256
③ 307 ④ 359

해설 선회반지름 : $\dfrac{V^2}{g \cdot \tan\theta}$

$\therefore \dfrac{(\frac{150}{3.6})^2}{9.8 \times \tan 30} = 306.84$

13 폭이 3m, 길이가 6m인 평판이 20m/s 흐름 속에 있고, 층류 경계층이 평판의 전길이에 따라 존재한다고 가정할 때, 앞에서부터 3m인 곳의 경계층 두께는 약 몇 m인가? (단, 층류에서의 두께 = $\dfrac{5.2x}{\sqrt{R_e}}$, 동점성계수 0.1×10^{-4} m²/s이다.)

① 0.52 ② 0.63
③ 0.0052 ④ 0.0063

해설 레이놀즈수(Re) $\dfrac{\text{관성력}}{\text{점성력}} = \dfrac{\rho AV^2}{\mu \dfrac{AV}{L}} = \dfrac{\rho VL}{\mu} = \dfrac{VL}{\nu}$

(L : 앞전에서부터의 거리)

경계층의 두께 = $\dfrac{5.2x}{\sqrt{R_e}}$ (x : 앞전에서부터의 거리)

$\therefore \dfrac{5.2 \times 3}{\sqrt{\dfrac{20 \times 3}{0.1 \times 10^{-4}}}} = 0.006368$

14 그림과 같은 프로펠러 항공기의 이륙과정에서 이륙거리는?

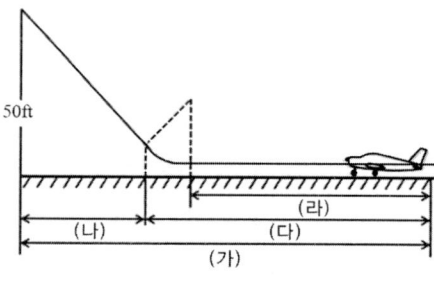

① (가) ② (나)
③ (다) ④ (라)

해설
• 이륙 활주거리 : 지상 활주 거리 + 장애물 고도까지의 수평이동 거리
• 장애물고도 : 항공기가 안전하게 비행할 수 있는 곳까지의 고도이다.

ANSWER 11 ① 12 ③ 13 ④ 14 ①

- 프로펠러 항공기의 장애물고도 : 15m(50ft)
- 제트 항공기의 장애물 고도 : 10.7m(35ft)

15 활공기에서 활공거리를 증가시키기 위한 방법으로 옳은 것은?

① 압력항력을 크게 한다.
② 형상항력을 최대로 한다.
③ 날개의 가로세로비를 크게 한다.
④ 표면 박리현상 방지를 위하여 표면을 적절히 거칠게 한다.

해설 활공거리 : 고도 × $\dfrac{C_L}{C_D}$ → 가로세로비가 큰 날개를 사용하면 유도항력이 감소하여 양항비 ($\dfrac{C_L}{C_D}$)가 증가해 활공거리를 증가시킬 수 있다.

16 대기권의 구조를 낮은 고도에서부터 순서대로 나열한 것은?

① 대류권 → 성층권 → 열권 → 중간권
② 대류권 → 중간권 → 성층권 → 열권
③ 대류권 → 성층권 → 중간권 → 열권
④ 대류권 → 중간권 → 열권 → 성층권

17 프로펠러 비행기가 최대항속거리를 비행하기 위한 조건은?

① 양항비 최소, 연료소비율 최소
② 양항비 최소, 연료소비율 최대
③ 양항비 최대, 연료소비율 최대
④ 양항비 최대, 연료소비율 최소

해설

구분	최대항속거리	최대항속시간
프로펠러 항공기	$\left(\dfrac{C_L}{C_D}\right)_{max}$	$\left(\dfrac{C_L^{\frac{3}{2}}}{C_D}\right)_{max}$
제트 항공기	$\left(\dfrac{C_L^{\frac{1}{2}}}{C_D}\right)_{max}$	$\left(\dfrac{C_L}{C_D}\right)_{max}$

항속거리는 순항속도(V) × 항속시간(t)로 계산이 되며 항속시간은 연료소비율에 반비례하므로 연료소비율이 작아야 항속거리가 증가한다.

18 스팬(span)의 길이가 39ft, 시위(chord)의 길이가 6ft인 직사각형 날개에서 양력계수가 0.8일 때 유도받음각은 약 몇 도(°) 인가? (단, 스팬 효율계수는 1이라 가정한다.)

① 1.5 ② 2.2
③ 3.0 ④ 3.9

해설 유도각 : $\sin\theta = \dfrac{C_L}{\pi \cdot e \cdot AR}$
(e : 스팬효율계수, AR : 가로세로비, C_L : 양력계수)
$\theta = \sin^{-1}(\dfrac{C_L}{\pi \cdot e \cdot AR})$
$AR : \dfrac{b(\text{스팬길이})}{C(\text{시위길이})}$
$\therefore \sin^{-1}(\dfrac{0.8}{\pi \times 1 \times \dfrac{39}{6}}) = 2.245$

19 표준 대기의 기온, 압력, 밀도, 음속을 옳게 나열한 것은?

① 15℃, 750mmHg, 1.5kg/m³, 330m/s
② 15℃, 760mmHg, 1.2kg/m³, 340m/s
③ 18℃, 750mmHg, 1.5kg/m³, 340m/s
④ 18℃, 760mmHg, 1.2kg/m³, 330m/s

ANSWER 15 ③ 16 ③ 17 ④ 18 ② 19 ②

20 비행기가 음속에 가까운 속도로 비행 시 속도를 증가시킬수록 기수가 내려가는 현상은?

① 피치 업(pitch up)
② 턱 언더(tuck under)
③ 디프 실속(deep stall)
④ 역 빗놀이(adverse yaw)

해설 음속 비행에서 속도가 증가하면 양력이 증가하여 기수가 상승하려는 현상이 발생하나 음속에 가까운 빠른 속도에서는 속도가 증가하면 항력이 증가하여 오히려 기수가 내려가는 현상이 발생한다. 이를 턱 언더(tuck under)라 한다.

제2과목 항공기관

21 정적비열 0.2kcal/(kg·K)인 이상기체 5kg이 일정 압력하에서 50kcal의 열을 받아 온도가 0℃에서 20℃까지 증가하였을 때 외부에 한 일은 몇 kcal인가?

① 4   ② 20
③ 30   ④ 70

해설 $W = Q_1 - Q_2 = 50 - Q_2 = 50 - mC_v(T_2 - T_1)$
$= 50 - 5 \times 0.2 \times (293 - 273) = 50 - 20$
$= 30 kcal$

22 프로펠러의 특정 부분을 나타내는 명칭이 아닌 것은?

① 허브(hub)   ② 네크(neck)
③ 로터(rotor)   ④ 블레이드(blade)

해설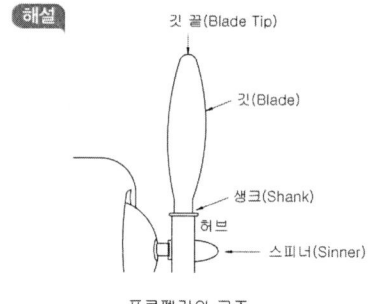
프로펠러의 구조

23 비행 중이나 지상에서 엔진이 작동하는 동안 조종사가 유압 또는 전기적으로 피치를 변경시킬 수 있는 프로펠러 형식은?

① 정속 프로펠러(constant-speed propeller)
② 고정피치 프로펠러(fixed pitch propeller)
③ 조정피치 프로펠러(adjustable pitch propeller)
④ 가변피치 프로펠러(controllable pitch propeller)

해설 비행 중 목적에 따라 조종사에 의해 자동으로 피치 변경이 가능한 프로펠러를 가변피치 프로펠러라 한다.

24 가스터빈엔진에서 실속의 원인으로 볼 수 없는 것은?

① 압축기의 심한 손상 또는 오염
② 번개나 뇌우로 인한 엔진 흡입구 공기 온도의 급격한 증가
③ 가변 스테이터 베인(variable stator vane)의 각도 불일치
④ 연료조정장치와 연결되는 압축기 출구 압력(CDP) 튜브의 절단

해설 가스터빈엔진에서의 실속은 압축기 출구 압력(CDP)이 너무 높을 때와 압축기 입구 온도

ANSWER 20 ② 21 ③ 22 ③ 23 ④ 24 ④

(CIT)가 너무 높을 때, 공기의 흡입속도가 작고 회전속도가 빠를수록 로터 블레이드의 받음각이 커지면서 발생한다. 쵸킹현상의 의해서도 발생할 수 있다.

25 왕복엔진에서 시동을 위해 마그네토(magneto)에 고전압을 증가시키는데 사용되는 장치는?

① 스로틀(throttle)
② 기화기(carburetor)
③ 과급기(supercharger)
④ 임펄스 커플링(impulse coupling)

해설 마그네토가 점화에 필요한 전압을 생산할 수 있는 최저회전속도를 coming-in speed라 한다. 엔진이 저속일 때 coming-in speed를 맞추기 위해서는 임펄스 커플링의 태엽을 감아 엔진속도가 작아도 마그네토 속도는 점화가 가능하도록 하는 시동보조장치를 사용한다.

26 가스터빈엔진에서 배기노즐의 주목적은?

① 난류를 얻기 위하여
② 배기 가스의 속도를 증가시키기 위하여
③ 배기 가스의 압력을 증가시키기 위하여
④ 최대 추력을 얻을 때 소음을 증가시키기 위하여

해설 가스터빈엔진의 추진이론에 따라 항공기의 배기가스 속도를 증가시켜 항공기의 속도를 얻는 방식이므로, 배기노즐은 항공기 배기가스의 속도를 증가시키는 역할을 한다. 아음속 비행을 하는 항공기의 배기노즐은 수축형의 고정형 배기노즐을 사용하고, 초음속 비행을 하는 항공기의 배기노즐을 다양한 속도변화에 따라 조절이 가능한 수축-확산형 또는 가변형의 배기노즐을 사용한다.

27 윤활유 시스템에서 고온 탱크형(hot tank system)에 대한 설명으로 옳은 것은?

① 고온의 소기오일 (scavenge oil)이 냉각되어서 직접 탱크로 들어가는 방식
② 고온의 소기오일 (scavenge oil)이 냉각되지 않고 직접 탱크로 들어가는 방식
③ 오일 냉각기가 소기계통에 있어 오일이 연료 가열기에 의해 가열되는 방식
④ 오일 냉각기가 소기계통에 있어 오일 탱크의 오일이 가열기에 의해 가열되는 방식

해설 윤활유 탱크의 종류는 냉각기의 위치에 따라 Cold Tank와 Hot Tank로 구분한다. Hot Tank는 소기되는 고온의 윤활유가 냉각기를 거치지 않고 직접 탱크로 들어가게 되는 것을 말한다.

28 왕복엔진의 기계효율을 옳게 나타낸 식은?

① $\dfrac{제동마력}{지시마력} \times 100$
② $\dfrac{이용마력}{제동마력} \times 100$
③ $\dfrac{지시마력}{제동마력} \times 100$
④ $\dfrac{지시마력}{이용마력} \times 100$

해설 $\eta_m = \dfrac{bHP}{iHP}$

ANSWER 25 ④ 26 ② 27 ② 28 ①

29 축류형 터빈에서 터빈의 반동도를 구하는 식은?

① $\dfrac{\text{단당 팽창}}{\text{터빈 깃의 팽창}} \times 100$

② $\dfrac{\text{스테이터 깃의 팽창}}{\text{단당 팽창}} \times 100$

③ $\dfrac{\text{회전자 깃에 의한 팽창}}{\text{단당 팽창}} \times 100$

④ $\dfrac{\text{회전자 깃에 의한 압력상승}}{\text{터빈 깃의 팽창}} \times 100$

해설 반동도$(\Phi_t) = \dfrac{\text{회전자 깃에 의한 팽창량}}{\text{단의 팽창량}} \times 100(\%)$
$= \dfrac{P_2 - P_3}{P_1 - P_3} \times 100(\%)$

30 소형 저속 항공기에 주로 사용되는 엔진은?

① 로켓 ② 터보팬엔진
③ 왕복엔진 ④ 터보제트엔진

해설 항공기 엔진 중 소형 저속에서 성능이 우수한 엔진은 왕복엔진이다.

31 다음과 같은 특성을 가진 엔진은?

- 비행속도가 빠를수록 추진효율이 좋다.
- 초음속 비행이 가능하다.
- 배기소음이 심하다.

① 터보팬엔진 ② 터보프롭엔진
③ 터보제트엔진 ④ 터보샤프트엔진

해설 터보제트기관은 저속일 때는 효율이 떨어지지만, 고속에서는 효율이 가장 좋은 기관이다. 또한 초음속 비행이 가능하나 연료소모량이 많고, 배기소음이 심하다는 단점이 있다.

32 압축기 입구에서 공기의 압력과 온도가 각각 1기압, 15℃이고, 출구에서 압력과 온도가 각각 7기압, 300℃일 때, 압축기의 단열 효율은 몇 %인가? (단, 공기의 비열비는 1.4이다.)

① 70 ② 75
③ 80 ④ 85

해설 압축기 단열 효율$(\eta_c) = \dfrac{T_{2i} - T_1}{T_2 - T_1}$,

이때, $T_{2i} = T_1 \times \Upsilon^{\frac{k-1}{k}}$ (Υ는 기관 압력비, k는 비열비)

$T_{2i} = T_1 \times \Upsilon^{\frac{k-1}{k}} = (15+273) \times 7^{\frac{1.4-1}{1.4}} = 502$

$\therefore$ 단열 효율$(\eta_c) = \dfrac{T_{2i} - T_1}{T_2 - T_1}$
$= \dfrac{502 - 288}{573 - 288} = 0.750$

$\therefore 75\%$

33 가스터빈엔진 연료조절장치(FCU)의 수감요소(sensing factor)가 아닌 것은?

① 엔진회전수(RPM)
② 압축기 입구 온도(CIT)
③ 추력레버위치(power lever angle)
④ 혼합기조정위치(mixture control position)

해설 연료조절장치(Fuel Control Unit)의 수감요소는 아래와 같다.
- 스로틀의 위치(조종사의 요구)
- 압축기 입구 온도(CIT : compressor inlet temperature)
- 압축기 출구 압력(CDP : compressor discharge pressure)
- 연소 압력(P_b : burner pressure)
- 압축기 입구 압력(CIP : compressor inlet pressure)

ANSWER 29 ③ 30 ③ 31 ③ 32 ② 33 ④

- 엔진 RPM
- 터빈 온도(turbine temperature)

34 왕복엔진 실린더에 있는 밸브 가이드(valve guide)의 마모로 발생할 수 있는 문제점은?

① 높은 오일 소모량
② 낮은 오일 압력
③ 낮은 오일 소모량
④ 높은 오일 압력

해설 밸브 가이드는 밸브의 정확한 개폐를 위해 밸브 스템(stem)을 지지하여 안내하는 부분을 말한다. 배기 밸브 부분은 스틸, 흡입 밸브 부분은 청동으로 열접합시켜 장착한다. 이런 밸브 가이드의 마모가 발생하게 되면 윤활유 소모량이 증가하게 된다.

35 외부 과급기(external supercharger)를 장착한 왕복엔진의 흡기계통 내에서 압력이 가장 낮은 곳은?

① 과급기 입구
② 흡입 다기관
③ 기화기 입구
④ 스로틀밸브 앞

해설 과급기는 압축기의 일종으로 흡입부에 설치하여 일정 고도까지 출력의 감소를 막아 출력을 증가시키는 장치이다. 이륙 시 짧은 시간 동안 최대마력을 높게 해주며, 매니폴드 압력 증가에 의해 평균유효압력을 증가시켜준다.

36 항공기 엔진에서 소기펌프(scavenge pump)의 용량을 압력펌프(pressure pump)보다 크게 하는 이유는?

① 소기펌프의 진동이 더욱 심하기 때문
② 소기되는 윤활유는 체적이 증가하기 때문
③ 압력펌프보다 소기펌프의 압력이 높기 때문
④ 윤활유가 저온이 되어 밀도가 증가하기 때문

해설 윤활유는 기관 내부에서 공기와 섞여 체적이 증가하기 때문에 소기펌프의 용량이 더 커야 한다.

37 실린더 내경이 6in이고 행정(stroke)이 6in인 단기통 엔진의 배기량은 약 몇 in³인가?

① 28
② 169
③ 339
④ 678

해설 총배기량 = 피스톤의 단면적×실린더 수×행정 길이

$\therefore (\frac{\pi 6^2}{4}) \times 1 \times 6 = 169.56 \text{in}^3$

38 브레이튼 사이클(brayton cycle)의 열역학적인 변화에 대한 설명으로 옳은 것은?

① 2개의 정압과정과 2개의 단열과정으로 구성된다.
② 2개의 정적과정과 2개의 단열과정으로 구성된다.
③ 2개의 단열과정과 2개의 등온과정으로 구성된다.
④ 2개의 등온과정과 2개의 정적과정으로 구성된다.

해설 브레이튼 사이클(brayton cycle, 정압 사이클)은 2개의 단열 과정과 2개의 정압 과정으로 이루어진 사이클을 말한다.

ANSWER 34 ① 35 ① 36 ② 37 ② 38 ①

39 왕복엔진과 비교하여 가스터빈엔진의 점화장치로 고전압, 고에너지 점화장치를 사용하는 주된 이유는?

① 열손실을 줄이기 위해
② 사용연료의 기화성이 낮아 높은 에너지 공급의 위해
③ 엔진의 부피가 커 높은 열공급을 위해
④ 점화기 특정 규격에 맞추어 장착하기 위해

해설 가스터빈엔진에서 사용하는 연료는 기화성이 낮으며, 공기의 속도가 매우 빨라 점화하는데 어려움이 있다. 따라서 고전압, 고에너지의 점화장치를 사용하게 된다.

40 부자식 기화기를 사용하는 왕복엔진에서 연료는 어느 곳을 통과할 때 분무화되는가?

① 기화기 입구
② 연료펌프 출구
③ 부자실(float chamber)
④ 기화기 벤튜리(carburetor venturi)

해설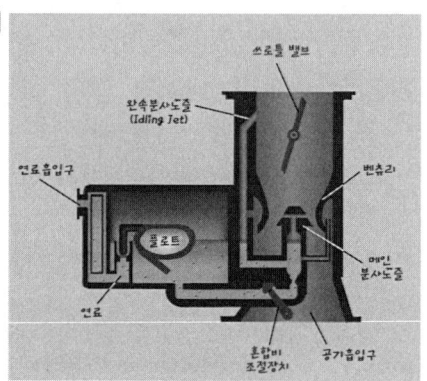
부자식 기화기는 기화기 벤츄리관의 목 부분에 분사노즐을 만들고, 공기 속도의 증가에 따라 부압으로 연료를 끌어올려 분무하여 공기와 혼합하는 방식이다.

제3과목 항공기체

41 다음 중 인공시효 경화처리로 강도를 높일 수 있는 알루미늄 합금은?

① 1100
② 2024
③ 3003
④ 5052

해설 2017(D)와 2024(DD)는 아이스박스 리벳으로 경도를 높힌 후 시효경화의 진행을 지연하고 부드러운 상태를 오래 지속시키기 위해 드라이아이스가 들어있는 아이스박스에 보관하여 리베팅 가능한 시간을 연장시킨다. 2017(D)은 열처리 후 1시간 이내 연한 성질을 가지고 있어 riveting 가능하며 2024(DD)는 열처리 후 10분~20분 이내 riveting 가능하다

42 세미모노코크 구조형식의 날개에서 날개의 단면 모양을 형성하는 부재로 옳은 것은?

① 스파(spar), 표피(skin)
② 스트링거(stringer), 리브(rib)
③ 스트링거(stringer), 스파(spar)
④ 스트링거(stringer), 표피(skin)

해설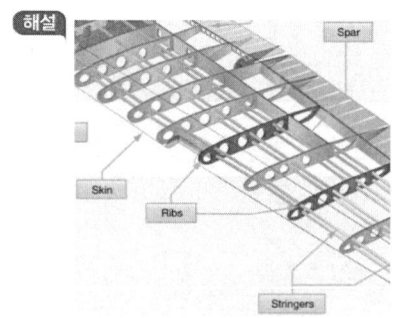
wing Structure

ANSWER 39 ② 40 ④ 41 ② 42 ②

43 항공기 판재 굽힘작업 시 최소 굽힘반지름을 정하는 주된 목적은?

① 굽힘작업 시 발생하는 열을 최소화하기 위해
② 굽힘작업 시 낭비되는 재료를 최소화하기 위해
③ 판재의 굽힘작업으로 발생되는 내부 체적을 최대로 하기 위해
④ 굽힘반지름이 너무 작아 응력 변형이 생겨 판재가 약화되는 현상을 막기 위해

해설

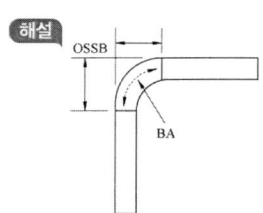

BA (bend allowance) 굴곡 허용량
접어 구부린 부분에 중립선상의 굴곡 접선간의 길이를 말한다. 굽힘 반지름이 작으면 판재에 피로가 발생하기 쉬워 이를 최소화하고 판을 굽히는데 소요되는 재료의 길이를 알 수 있다.

44 다음 중 조종 케이블의 장력을 측정하는 기구는?

① 턴버클(turn buckle)
② 프로트랙터(protractor)
③ 케이블 리깅(cable rigging)
④ 케이블 텐션미터(cable tension meter)

해설 턴버클(turnbuckle)은 조종 케이블의 장력을 조절해주며 케이블 텐션 미터는 케이블 장력을 측정 해준다. 케이블 텐션 레귤레이터 (cable tension regulator)는 온도변화와 관계없이 장력을 자동으로 일정하게 조절해준다. 케이블 텐션 미터의 종류는 C-5와 C-8이 있으며 C-5는 케이블 지름이 측정이 안되는 이유로 케이블 사이즈 게이지(cable size gage)를 사용하고 사이즈에 맞는 라이저(Raiser)를 갈아 끼우는 번거로움 그리고 케이블 리깅 텐션 차트를 참고해야만 장력을 측정할 수 있다.

• Rigging : 케이블은 느슨하면 조종력이 전달이 안되고 팽팽하면 민감하다. 케이블은 온도에 의해 장력이 변하므로 적절한 장력 조절이 필요하다. 지상에서 조종계통 케이블을 작업하여 중립의 비행 제어 시스템을 위치시키고 일시적으로 고정하여 러더, 엘리베이터, 보조날개에 최대 효율이 나올 수 있게 조정하는 작업을 말한다. 다시 말해 항공기 조종면과 연결된 케이블의 장력을 최적의 상태로 조절하는 작업이다

45 항공기 외부 세척방법에 해당하지 않는 것은?

① 습식세척   ② 연마
③ 건식세척   ④ 블라스팅

해설 항공기 외부 세척이란 도장(painting) 실링(sealing) 도금(plating) 화학피막처리 위한 사전작업으로 해석되며 목적은 부식방지, 경제적인 운항을 위함이다. 세척 방법에는 습식, 건식, 광택내기(연마) 등이 있다.

46 기체구조의 형식 중 응력외피구조(stress skin structure)에 대한 설명으로 옳은 것은?

① 2개의 외판 사이에 벌집형, 거품형, 파(wave)형 등의 심을 넣고 고착시켜 샌드위치 모양으로 만든 구조이다.
② 하나의 구조요소가 파괴되더라도 나머지 구조가 그 기능을 담당해 주는 구조이다.
③ 목재 또는 강판으로 트러스(삼각형구조)를 구성하고 그 위에 천 또는 얇은 금속판의 외피를 씌운 구조이다.
④ 외피가 항공기의 형태를 이루면서 항공기에 작용하는 하중의 일부를 외피가 담당하는 구조이다.

ANSWER   43 ④   44 ④   45 ④   46 ④

해설 현재 항공기는 외피에서만 응력을 견디는 구조가 아니고 외피, 스트링거, 세로지(stringer), Longeron (세로대), 프레임 및 벌크헤드(비틀림) 등의 요소가 응력을 분산시키는 Semi-Monocoque 구조를 가지고 있다.
과거에는 외피로만 모든 하중을 견딜 수 있는 단일 외피형 구조로 Bulkhead, former, skin이 기체에 작용하는 하중을 모두 견디기 위해 외피를 두껍게 만들어 항공기 무게가 불가피하게 늘어났다. 현재는 미사일에 사용되고 있다. (Mono-단일 Coque-껍질)

47 다음과 같은 특징을 갖는 강은?

- 크롬 몰리브덴강
- 0.30%의 탄소를 함유함
- 용접성을 향상시킨 강

① AA 1100 ② SAE 4130
③ AA 5052 ④ SAE 4340

해설 탄소강은 특수 원소(니켈 크롬 망간 규소 몰리브덴 텅스텐 바나듐)를 한 가지 이상 첨가하여 특수한 성질을 가지게 한 것이다. 탄소강(1XXX), 니켈강(2XXX), 니켈 크롬강(3XXX), 몰리브덴강(4XXX), 크롬강(5XXX), 크롬 바나듐강(6XXX), 니켈 크롬 몰리브덴강(8XXX) 등이 있으며 뒤에 2자리 숫자(50)은 탄소의 평균 함유량을 나타내며 0.50% 탄소함유를 뜻한다. AA는 (영국) 자동차 서비스 협회(Automobile Association) 이며 SAE는 미국 자동차 기술 협회(Society of Automotive Engineers)의 약어이다.

48 안티스키드장치(anti-skid system)의 역할이 아닌 것은?

① 유압식 브레이크에서 작동유 누출을 방지하기 위한 것이다.
② 브레이크의 제동을 원활하게 하기 위한 것이다.
③ 항공기가 착륙 활주 중 활주속도에 비해 과도한 제동을 방지한다.
④ 항공기가 미끄러지지 않게 균형을 유지시켜준다.

해설 안티 스키드 시스템(Anti skid system) : 착륙하여 고속으로 활주 중에 갑자기 브레이크를 밟으면 바퀴에 제동이 걸려 바퀴는 회전하지 않고 지면과 마찰을 일으키면서 타이어가 미끄러지는 현상을 스키드라고 하고 휠이 스키드 상태 되면 제동 성능이 급격히 저하되므로 이를 방지하는 역할을 한다. 바퀴의 마찰력을 균등하게 해주고 스키드 현상을 방지하기 위한 장치이다.

49 케이블 조종계통(cable control system) 에서 7×19의 케이블을 옳게 설명한 것은?

① 19개의 와이어로 7번을 감아 케이블을 만든 것이다.
② 7개의 와이어로 19번을 감아 케이블을 만든 것이다.
③ 19개의 와이어로 1개의 다발을 만들고, 이 다발 7개로 1개의 케이블을 만든 것이다.
④ 7개의 와이어로 1개의 다발을 만들고, 이 다발 19개로 1개의 케이블을 만든 것이다.

해설 7*7과 7*19은 컨트롤 케이블로 사용되며 항공기의 조종계통에 사용된다.
① 7*7 직선운동방향 사용. 작은 방향을 바꾸기 위한 큰 풀리(pulley)에 사용. 케이블 지름 3/32 이하
② 7*19 19개의 와이어로 된 7개의 Strand로 구성되며 주 조종면에 사용하고 케이블 지름이 1/8 이상

ANSWER 47 ② 48 ① 49 ③

7*7 7*19은 컨트롤 케이블

50 지상 계류 중인 항공기가 돌풍을 만나 조종면이 덜컹거리거나 그것에 의해 파손되지 않게 설비된 장치는?

① 스토퍼(stopper)
② 토크튜브(torque tube)
③ 가스트 락크(gust lock)
④ 장력 조절기(tension regulator)

해설) gust란 돌풍을 말하며 gust lock이란 돌풍을 대비하여 항공기의 조종면이 손상되는 것을 방지하기 위해 플랩, 보조날개, 러더에 미리 잠그는 장치를 말한다.

gust lock on rudder

gust lock on aleron

51 항공기의 무게중심이 기준선에서 90in에 있고, MAC의 앞전이 기준선에서 82in인 곳에 위치 한다면 MAC가 32in인 경우 중심은 몇 %MAC 인가?

① 15   ② 20
③ 25   ④ 35

해설) $\%MAC = \dfrac{CG-S}{MAC} \times 100 = \dfrac{90-82}{32} \times 100 = 25$

S : 기준선에서 MAC 앞전까지의 거리
CG : 기준선에서 무게 중심까지의 거리
평균공력시위란 항공기 날개 전체의 공기 역학적 성능을 가늠할 수 있는 부분이며 항공기의 C.G는 이 평균공력시위선상에서만 이동이 가능하다. 날개의 MAC에 해당하는 부분에서의 날개 앞전과 뒷전을 직선으로 이은 선으로 시위선 범위 내에서만 화물적재나 승객탑승 등으로 인한 CG변동을 허용한다.

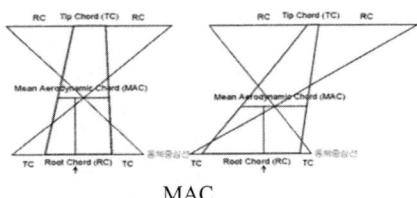
MAC

52 스크류의 식별 기호 AN507 C 428 R 8에서 C가 의미하는 것은?

① 직경   ② 재질
③ 길이   ④ 홈을 가진 머리

해설)
- AN : 표준기호
- 507 : Head Style-납작 카운터성크 헤드(Flat countersunk) (504 : 자동탭핑스크류, 510 : 둥근 납작 머리 스크류, 520 : 둥근머리 스크류)
- C : 내식강 재질(B : 황동, 무표시 : 합금강)
- 4 : 스크류 생크의 지름 4/16inch,
- 28 : 1인치 나사산 수
- R : Thread Direction - Right-hand
- 8 : 스크류의 길이 8/16inch

ANSWER 50 ③ 51 ③ 52 ②

53 벤트 플로트 밸브, 화염차단장치, 서지탱크, 스케벤지펌프 등의 구성품이 포함된 계통은?

① 조종계통 ② 착륙장치계통
③ 연료계통 ④ 브레이크계통

해설
① 벤트 플로트 밸브 (vent float valve) : 항공기 날개 윗부분에 설치되어 있으며, 항공기 엔진에 연료를 공급하기 위해 연료가 없어지면 공기로 대체하여 공간을 가득 채워져야 연료공급이 원활하다. 급유중에 공기를 배출함과 동시에 비행 중 연료 탱크 안에 공기압력을 변경하기 위해서 벤트가 필요하다.
② 서지탱크 (surge tank) : 메인 탱크에 있는 항공기 연료가 팽창하여 넘치게 되면 일시 보관하는 목적으로 사용되는 Tank이다.
③ 스케벤지 펌프(scavenge pump) : Dry Sump Oil System에서 sump에 축적되는 오일을 쿨러를 지나 오일탱크로 다시 반환해주는 펌프이다.

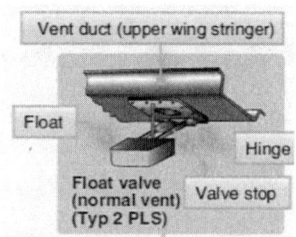
vent float valve

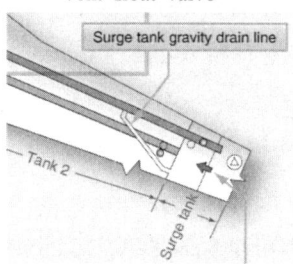
surge tank

54 두께가 0.01in인 판의 전단흐름이 30lb/in일 때 전단응력은 몇 lb/in²인가?

① 3000 ② 300
③ 30   ④ 0.3

해설 항공기에선 주로 외피에 전단응력이 가해진다. 바로 외피와 외피를 이어주는 볼트, 너트, 리벳이 하중을 전담하고 있다. 전단응력은 하중과 면적과 밀접한 관계가 있어서 압력의 단위인 하중/면적(lb/in²)으로 표현되는데 동체의 좌우측 중앙에서의 전단응력은 하중으로 인해 최대로 가해진다.

$$전단흐름 = \frac{lb}{인치},$$
$$전단응력 = \frac{lb}{인치^2} = \frac{전단흐름}{0.01} = \frac{30}{0.01} = 3000$$

55 알루미늄의 표면에 인공적으로 얇은 산화피막을 형성하는 방법은?

① 주석 도금처리
② 파커라이징
③ 카드뮴 도금처리
④ 아노다이징

해설 아노다이징 (Anodizing) : 양극처리방법으로 알루미늄을 양극으로 해서 전기를 보내면 양극에서 산소가 발생하고 산소로 인해 알루미늄 산화되고 산화알루미늄 피막을 형성시켜 균일성이 높은 피막이 형성되고 내식성과 내마모성을 개선한다.

ANSWER 53 ③ 54 ① 55 ④

56 공기의 무게중심 위치를 맞추기 위하여 항공기에 설치하는 모래주머니, 납봉, 납판 등을 무엇이라 하는가?

① 밸러스트(ballst)
② 유상하중(pay load)
③ 테어무게(tare weight)
④ 자기무게(empty weight)

해설
- 자기무게(Empty weight) : 항공기 무게를 계산하는데 기초되는 무게로 승무원, 유상하중(승객, 화물, 사용 가능연료, 배출가능윤활유) 제외한 사용불능연료(Unusable fuel), 배출불능의 윤활유, 유압 전체 작동유를 포함한다.
- 고정 밸러스트(ballst) : 비중이 높은 화물컨테이너, 납(lead) 또는 열화우라늄(폐기우라늄), 텅스텐합금 사용하여 인위적으로 항공기의 무게 중심을 맞추기 위해 사용된다.
- 테어 무게(Tare) : 항공기의 무게를 측정하는 데 필요한 장비(Chock, block, sling, jack) 등의 무게를 말하며 항공기의 실제 무게를 얻기 위하여 이 무게는 제외되어야 한다.

57 한쪽의 길이를 짧게 하기 위해 주름지게 하는 판금가공 방법은?

① 범핑(bumping)
② 크림핑(crimping)
③ 수축가공(shrinking)
④ 신장가공(stretching)

해설 크림핑은 크림핑 툴을 사용하여 다른 연성 재료를 압착하거나 변형시켜 고정하거나 접고(folding) 주름을 잡는 것을 말한다.

크림핑 (crimping pliers)

58 리벳작업에 대한 설명으로 틀린 것은?

① 리벳의 피치는 같은 열에 이웃하는 리벳 중심 간의 거리로 최소한 리벳직경의 5배 이상은 되어야 한다.
② 열간간격(횡단피치)은 최소한 리벳직경의 2.5배 이상은 되어야 한다.
③ 리벳과 리벳구멍의 간격은 0.002~0.004in가 적당하다.
④ 판재의 모서리와 최 외곽열의 중심까지의 거리는 리벳직경의 2~4배가 적당하다.

해설 리벳 피치는 리벳 중심과 리벳 중심과의 거리를 말하며 리벳지름은 두꺼운 판재의 3배 이상의 길이를 선택해야 강도를 견딜 수 있으며 리벳은 동체에 체결되어 전단력을 지지하고 있다.

59 그림과 같은 단면에서 y축에 관한 단면의 1차 모멘트는 몇 cm³인가? (단, 점선은 단면의 중심선을 나타낸 것이다.)

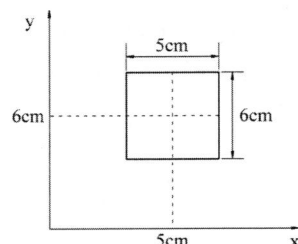

① 150 ② 180
③ 200 ④ 220

해설 ① y축에 관한 단면의 1차 모멘트 = 모멘트 단면적 * y축에서 단면의 중심부터 축까지의 거리
모멘트 단면적 = 30cm², y축에서 단면의 중심부터 축까지의 거리 = 5cm
y축에 관한 단면의 1차 모멘트 = 150cm³
② x축에 관한 단면의 1차 모멘트 = 모멘트 단면적 * x축에서 단면의 중심부터 축까지의 거리
모멘트 단면적 = 30cm², x축에서 단면의 중심부터 축까지의 거리 = 6cm
y축에 관한 단면의 1차 모멘트 = 180cm³

60 그림과 같은 V-n 선도에서 항공기의 순항성능이 가장 효율적으로 얻어지도록 설계된 속도를 나타내는 지점은?

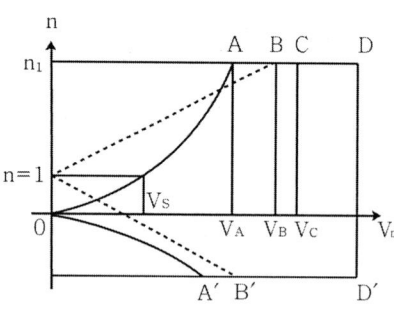

① V_A ② V_B
③ V_C ④ V_D

해설 ① V_A 설계운용속도(Design maneuvering speed) 항공기의 구조적 손상 없이 최대 그리고 급격한 조작으로 안전하게 기동할 수 있는 최대속도
② V_C 설계순항속도(Design cruising speed)
③ V_D 설계급강하속도(Design diving speed)

제4과목 ✈ 항공장비

61 HF(high frequency) system에 대한 설명으로 옳은 것은?

① 항공기 대 항공기, 항공기 대 지상 간에 가시거리 음성통화를 위해 사용한다.
② 작동 주파수 범위는 118[MHz]~137[MHz]이며, 채널별 간격은 8.33[kHz]이다.
③ 송신기는 발진부, 고주파 증폭부, 변조기 및 안테나로 이루어진다.
④ HF는 파장이 짧이 때문에 안테나의 길이가 짧아야 한다.

해설 ① 단파 통신 (HF communication) : 항공기와 지상, 항공기와 타 항공기 상호 간의 HF전파를 이용하여 장거리 통화에 이용된다. HF전파는 전리층의 반사로 원거리까지 전달되는 성질이 있으나 잡음이나 페이딩(fading : 수신되는 전파가 지나온 매질의 변화에 따라 그 수신전파의 세기나 위상이 변동되는 현상)이 많으며, 또한 흑점의 활동 영향으로 전리층이 산란되어 통신 불능이 가끔 발생하는 단점이 있다. HF전파를 이용하여 통신하려면 파장이 길기 때문에 요구되는 안테나의 길이가 무척 길어지지만 항공기 구조와 고속성 때문에 큰 안테나를 장착하지 못하고 작은 안테나가 사용된다. 또한 주파수의 변화에 따라 파장의 실제적인 길이의 변화도 크므로 주파수의 적정한 매칭(matching)이 이루어지도록 자동으로 작동하는 안테나 커플러(antenna coupler)가 부착되어 있다. 장거리 통신용으로 사용되고 있는 현용 HF 통신 시스템은 장거리 항공이동 통신서비스 대역으로 할당된 2.85~22[MHz] 범위에서 국제적으로 몇몇 채널을 지역적으로 할당받아 이용하고 있으며, 1[kHz] 간격으로 채널을 설정할 수 있는 형식과 100[Hz] 간격으로 세밀하게 구분된 채널 간격을 갖는 시스템 등이 주로 사용되고 있다. 일반적으로 장거리 통신에 사용되는 3~30[MHz] 주파수 대역은 아마추어 통신, 어업용 통신, 지상 공중용 통신 등으로 세밀하게 사용용도 및 국가 간 이

ANSWER 60 ③ 61 ③

용주파수 대역이 설정되어 있으며, 다양하고 많은 수요로 인하여, 신호가 포함된 양측파대 통신 방식(DSB : Double Side Band) 중 한쪽만을 이용하는 방식인 주파수 간격 3[kHz]의 단측파대 통신 방식(SSB : Single Side Band)을 사용하고 있다. HF는 전파특성상 장거리 통신이 가능하여 대양과 같이 항법시설이 없는 지역에서 사용할 수 있다는 장점이 있지만, 신뢰성이 매우 낮고 주파수 이용의 증가로 사용상 한계점에 도달하였다고 볼 수 있다. 또한, 통신위성시스템이 일반화되어 HF 통신의 사용 빈도는 줄어들었으나, 위도가 높은 극지방과 같이 위성 통신이 사용되지 못하는 지역에서는 유용하게 사용된다.

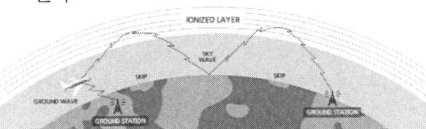

② HF 통신 장치의 구성 : 단파통신 송·수신기(High frequency transceiver), 단파통신 안테나 커플러(HF antenna coupler), 그리고 단파통신 안테나로 구성되어 있다. 단파통신계통에 연관된 구성품들 중에서 무선제어패널(Radio control panel)은 상용 주파수와 상태 정보를 송·수신기로 보내 주고, 무선 주파수(Radio frequency) 입력 쪽에서 음성 신호를 감지한다. 조종실 인터폰장치(Flight interphone system)의 오디오 관리장치 마웨아(MAWEA : Modularized avionics warning electronics assembly)에 있는 디지털 비행자료 포착 카드(DFDAC : Digital flight data acquisition card)는 송·수신기로부터 송화기의 푸시 투 토크(PTT : Push-to-talk) 접지 신호를 받는다. 송·수신기와 무선제어패널을 중앙정비컴퓨터(CMC : Central maintenance computer)에 연결되어 있으며, 이 중앙정비컴퓨터에서 송·수신기의 결함을 감시해 준다.

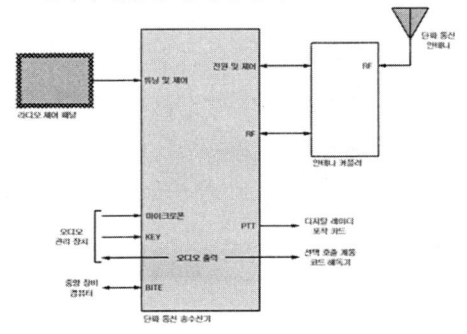

62 항공기용 회전식 인버터(rotary inverter)가 부하 변동이 있어도 발전기의 출력 전압을 일정하기 하기 위한 방법은?

① 직류전원의 전압을 변화시킨다.
② 교류발전기의 전압을 변화시킨다.
③ 직류전동기의 분권 계자 전류를 제어한다.
④ 교류발전기의 회전 계자 전류를 제어한다.

해설 인버터는 직류를 교류로 변환시키는 방법은 고속스위칭으로 아주 짧은 시간동안 직류전기를 연결했다 끊었다를 반복하면서 그 짧은 시간의 길이를 변화시키는 방법이다. 이렇게 스위칭이라는 것을 쓰는 것은 전력반도체에서 전력을 잡아먹는 일을 시키지 않기 위해서가 주된 이유이다. 반도체는 약해서 전력을 먹게 되면, 순간적으로 터져나가기 때문이다. 이 시간 간격을 미리 정해진 방법으로 일반 교류와 같은 모양의 전기가 나오도록 하면서 그 빠르기를 바꿔주면, 바로 주파수가 바뀌게 되며, 곧 속도가 바뀌는 것이 된다. 인버터에는 속도가 없기 때문에 인버터의 속도제어 보다는 인버터를 사용한 전동기의 속도제어다. 직류 전동기와 교류 발전기를 조합해서 사용한다.

※ B737의 Static Inverter는 battery로부터 24[V]의 직류 전원을 정상 전력에 손실이 있는 비상상황 동안 교류 대기전원 버스(AC standby bus)에 공급하기 위한 115[V] 교류 전원으로 변환시킨다. 인버터에서의 전원 공급은 조종실의 상부 패널(overhead panel)의 battery switch와 standby power switch에 의해서 제어된다.

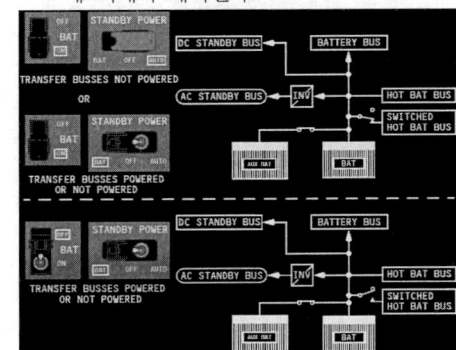

ANSWER 62 ③

63 화재탐지기에 요구되는 기능과 성능에 대한 설명으로 틀린 것은?

① 무게가 가볍고 설치가 용이할 것
② 화재가 시작, 진행 및 종료 시 계속 작동할 것
③ 화재 발생장소를 정확하고 신속하게 표시할 것
④ 화재가 지시하지 않을 때 최소전류가 소비될 것

해설 화재감지계통의 요구사항
① 지상이나 비행 중에 화재가 발생하지 않은 경우에는 작동이나 경고를 발생시키지 않을 것
② 화재가 발생하였을 때에는 그 장소를 신속하고 정확하게 표시할 것
③ 화재가 계속 진행하고 있을 때에는 연속적으로 표시할 것
④ 화재가 꺼진 후에는 정확하게 지시를 멈출 것
⑤ 화재가 다시 발생한 경우에도 위의 2, 3의 항목대로 작동할 것
⑥ 조종실에서 화재 탐지와 화재 경고 장치의 기능을 시험할 수 있을 것
⑦ 윤활유, 물, 열, 진동, 관성력 및 그 밖의 하중에 대하여 충분한 내구성을 가질 것
⑧ 무게가 가볍고, 장착이 용이하며, 정비나 취급이 간단할 것
⑨ 항공기 전원에서 직접 전력을 공급받으며, 전력 소비가 적을 것
⑩ 화재 탐지는 화재 구역마다 독립적인 계통으로 있을 것
⑪ 화재 경고는 조종실에 경고음을 발함과 동시에 화재의 장소를 알리는 경고등이 켜질 것

64 항공기 동체 상·하면에 장착되어있는 충돌 방지등(anti-collision light)의 색깔은?

① 녹색   ② 청색
③ 적색   ④ 흰색

해설 충돌 방지등(Anti-collision light, Beacon light) : 보통 항공기의 수직 꼬리날개나 동체 상하면에 장착되어 있는데, 계속 점멸하면서 해당 항공기의 위치를 주변에 알려서 충돌을 회피하려는 목적으로 사용되는 조명이다. 충돌 사고를 방지하기 위해 보통 다른 등에 비해 더 눈에 잘 띄는 적색, 주황색 등을 사용하며, 백색으로 순간적으로 굉장히 밝은 빛을 내는 충돌 방지 등을 사용하는 항공기도 있다. 이 충돌 방지등은 Beacon Light라고 부르기도 한다. 항공기 기체의 상부와 하부에 장착되어 모든 방향을 향해 회전식 점멸(초당 80~90회) 또는 플래시식 점멸(초당 70회)로 되어 있다.

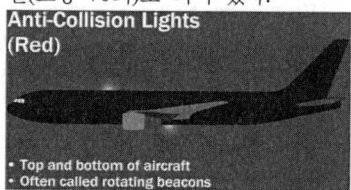

65 지자기의 3요소 중 편각에 대한 설명으로 옳은 것은?

① 플럭스 밸브(flux valve)가 편각을 감지한다.
② 지자력의 지구수평에 대한 분력을 의미한다.
③ 지자기 자력선의 방향과 수평선 간의 각을 말하며 양극으로 갈수록 90°에 가까워진다.
④ 지축과 지자기축이 서로 일치하지 않음으로서 발생되는 진방위와 자방위의 차이이다.

ANSWER 63 ② 64 ③ 65 ④

해설

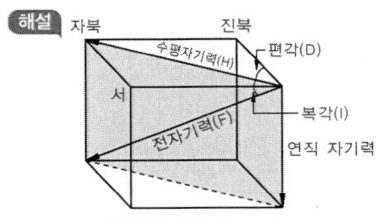

※ 지자기 3요소
① 편각 (편차) : 북반구를 기준으로 지구 상의 현재 위치에서 진북국(지리상 북극점) 방향과 자기북국(나침반의 빨간 바늘 방향) 방향 사이의 각도. 지표면마다 다르다.
② 복각 : 지구 상의 어느 점에서 지구 자기장의 방향과 그 곳의 수평면이 이루는 각도. 영구자석 축과 지구 수평면이 이루는 각도. 적도에서 0°, 극지방으로 갈수록 직각에 가까워져 최대가 된다.
③ 수평분력 : 지(구)자력을 지구 수평면 방향과 수직 방향의 양방향의 분력으로 나누었을 때, 지구 수평면 방향의 분력. 적도에서 최대, 극에서 0°가 된다.

※ 자기 컴퍼스에는 많은 오차들이 있으나, 이 오차를 제거하기 위해 개발된 것이 자이로신 컴퍼스다. 지자기를 플럭스 밸브(자장을 감지하여 그 방향으로 향하는 전기 신호로 변환하는 장치)에 의해서 검출하고 플럭스 밸브에서는 전기 신호로 자방위가 발신된다.

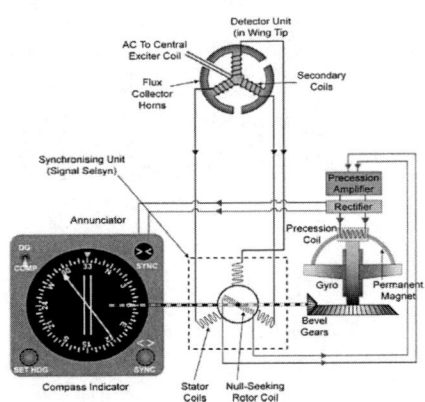

※ 자기 컴퍼스의 방위 : 북쪽을 기준으로 하여 시계방향으로 측정한 각이다.
① 나방위 (compass heading) : 나침반상의 나북을 기준으로 항공기 진로를 시계방향으로 측정한 각도
② 자방위 (magnetic heading) : 지자기축의 북쪽인 자북을 기준으로 시계방향으로 잰 각도 (자방위 = 나방위 + 자차)
③ 진방위 (true heading) : 지축의 북쪽인 진북을 기준으로 항공기 진로를 시계 방향으로 잰 각도 (진방위 = 자방위 + 편차)

※ Flux valve : 지자기의 수평성분을 검출하여, 방향을 전기 신호로 바꾸어 원격 전달하는 장치이다. 자성체의 영향을 받게 되면 자기장 방향에 영향을 주게 되어 오차의 원인이 되고, 검출기의 철심도 자기장 전도가 좋은 자성합금을 사용하고 있기 때문에 자성체가 접근하면 오차의 원인이 된다. 자장에 변화를 줄 수 있으므로, 공구 및 하드웨어는 비자성체를 사용해야 한다.

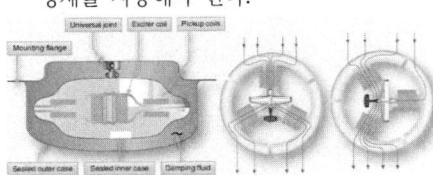

66 그림과 같은 델타(△)결선에서 R_{ab} = 5 [Ω], R_{bc} = 4[Ω], R_{ca} = 3[Ω] 일 때 등가인 Y결선 각 변의 저항은 약 몇 [Ω]인가?

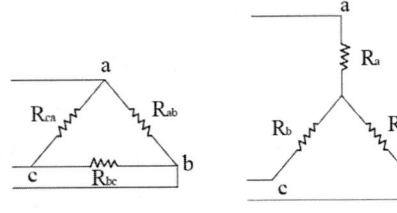

① R_a=1.00, R_b=1.25, R_c=1.67
② R_a=1.00, R_b=1.67, R_c=1.25
③ R_a=1.25, R_b=1.00, R_c=1.67
④ R_a=1.25, R_b=1.67, R_c=1.00

해설
$$R_a = \frac{R_{ab} \times R_{ca}}{R_{ab} + R_{bc} + R_{ca}} = \frac{5 \times 3}{5+4+3} = 1.25[\Omega]$$

ANSWER 66 ④

$$R_b = \frac{R_{ab} \times R_{bc}}{R_{ab} + R_{bc} + R_{ca}} = \frac{5 \times 4}{5+4+3} = 1.67[\Omega]$$

$$R_c = \frac{R_{bc} \times R_{ca}}{R_{ab} + R_{bc} + R_{ca}} = \frac{4 \times 3}{5+4+3} = 1[\Omega]$$

67 고주파 안테나에서 30[MHz]의 주파수에 파장(λ)은 몇 [m]인가?

① 25　　② 20
③ 15　　④ 10

해설 전파 : 전자파가 공중에 전달되어 퍼지는 성질이다. 주파수가 10[kHz]에서 3,000[GHz](3[THz])까지의 전자파 파장(파의 길이)은 빛의 속도를 주파수로 나눈 값이다. (파장의 단위 : [m], 전파 속도의 단위 : [m/s])

$$\lambda = \frac{C}{f} \; (C: \text{빛의 속도}, 3 \times 10^8 [m/s])$$

$$= \frac{3 \times 10^8 [m/s]}{30[MHz]} = \frac{3 \times 10^8}{30 \times 10^6} = 10[m]$$

68 싱크로 전기기기에 대한 설명으로 틀린 것은?

① 회전축의 위치를 측정 또는 제어하기 위해 사용되는 특수한 회전기이다.
② 각도검출 및 지시용으로는 2개의 싱크로 전기기기를 1조로 사용한다.
③ 구조는 고정자측에 1차권선, 회전자측에 2차권선을 갖는 회전변압기이고, 2차측에는 정현파 교류가 발생하도록 되어있다.
④ 항공기에서는 콤파스계기에 VOR국이나 ADF국 방위를 지시하는 지시계기로서 사용되고 있다.

해설 싱크로 (synchro) : 회전 변압기의 일종으로 회전기계의 회전 각도를 측정하여 계기에 정보를 제공한다. 물리적 구조는 전동기에 가깝다. 싱크로의 회전자에 고정되어 있는 1차 코일에 교류 전류를 공급하면, 전자기 유도에 의해서 3개의 방사상으로 배치된 2차 코일에 전류가 발생한다. 고정자의 2차 코일은 서로 120° 간격으로 배치되어 있다. 2차 전류의 상대적 크기를 측정하는 것으로 고정자에 대한 회전자의 각도가 나타나고 2차 전류를 그대로 다른 싱크로에 공급하여 지시부의 회전자 각도를 동기화시킬 수 있다. 두 개의 싱크로 구성되는 장치 전체를 셀신(selsyn : self와 synchronizing의 합성어)이라 부른다. 전동기나 발전기와 같이 고정자(stastor)와 회전자(amature)로 구성되어 있고, 각도와 회전력 등의 정보를 전송하는 목적으로 하는 전기기기이다. (제작사에 따라 명칭이 텔레신, 오토신, 셀신으로 다르다.) 싱크로는 교류 발전기와 비슷한 구조로 고정자는 적층 철심에 서로 120° 간격으로 3개의 권선이 있는 3상 교류 발전기의 고정자와 같다. 각종 자이로계, 컴파스계, RMI, HSI, ADI, VOR, ADF, 기상 레이더, 전파 고도계, 고도계, 승강계, 속도계 등의 각종 계기에 사용된다.

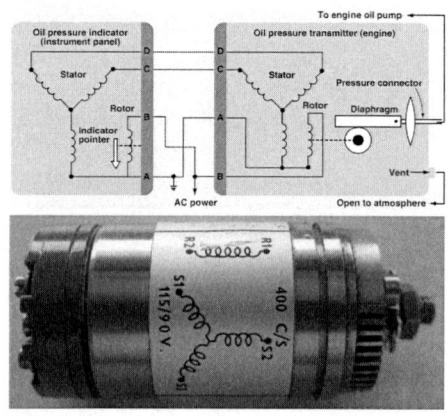

69 지상접근경보장치(G.P.W.S)의 입력 소스가 아닌 것은?

① 전파고도계
② BELOW G/S LIGHT
③ 플랩 오버라이드 스위치
④ 랜딩기어 및 플랩위치 스위치

ANSWER　67 ④　68 ③　69 ②

해설 지상접근경고장치 (Ground proximity warning system) : 미국연방항공청(FAA)은 운항중인 항공기가 조종사도 모르는 사이에 지표나 산악지대에 충돌하는 사고인 CFIT(=controlled flight into terrain)를 방지하기 위해 1975년 12월 미국적의 민간대형기에 GPWS를 의무적으로 장치하도록 했다. 현재 우리나라에서도 항공법시행규칙에 GPWS를 의무적으로 장치하도록 명시돼있다. GPWS는 1개의 컴퓨터와 경보기로 구성돼있어, 컴퓨터에는 전파고도계의 고도, 상승 혹은 하강에 의한 기압고도의 변화율, 착륙장치 및 플랩(flap)의 오르내림, 계량기착륙에 있어서의 글라이드 슬로프(Glide Slope)로부터의 편차정보가 들어간다. 컴퓨터가 이들 정보를 바탕으로 항공기가 지표에 이상접근하고 있다고 판단했을 경우는, 조종실에서 적색 경보등이 점멸함과 동시에 음성에 의한 경보를 내도록 돼 있다. 전파고도계와 연동해 산악지대나 지표 등에 가까이 접근하면, 음성경보는 2단계에 걸쳐 조종사에게 지표충돌 위험성과 그 원인을 알리는 "Sink Rate(강하율)", "Terrain(지형에 주의하라)", Don't sink(강하하지 마라)" 등의 경고음과 함께 그래도 지표충돌 위험성이 높아지면, Woop Woop하는 경보음과 "Pull Up(급상승하라)"라는 음성경고가 울리면서 위험상태로부터 탈출하도록 독촉한다. 조종사는 경고음이 울리면 즉시 엔진의 추력을 높이고 기수를 최대한 올려 충돌을 회피해야 한다. 또, 일단 울리기 시작한 경보음은 회피조작을 수행하고 나서 항공기가 위험한 상태로부터 벗어날 때까지 계속되며 스위치를 끌 수 없도록 되어 있다. GPWS는 다른 경보장치와 달리 경보가 울리면 조종사가 조건반사적으로 기수를 올리게 되므로, 통상 운항이나, 진입착륙에 즈음해서는 경보를 발하지 않도록 설계돼있다.

※ GPWS의 경고 상황
① 절대고도 2,500ft(약760m)이하에서 강하율이 지나치게 클 때
② 절대고도 2,500ft 이하에서 산악 또는 지표로 비정상적으로 접근할 때
③ 이륙후 착륙장치를 접은 후 안전고도 700ft(약 210m)에 달하기 전에 급강하하기 시작
④ 착륙자세를 취하지 않았는데도 플랩(flap) 및 착륙장치가 비정상적으로 낮아지는 경우
⑤ ILS(계기착륙장치)에 의한 착륙진입 시, 글라이드슬로프(Glide Slope)보다 아래쪽으로 일정 수치이상 빗나갔을 때

모드	상황	주의(Aural Alert)	경고(Aural Warning)
1	지나친 하강율	"SINKRATE"	"PULL UP"
2	지형물에 지나치게 가깝게 접근	"TERRAIN"	"PULL UP"
3	이륙, 또는 착륙복행 직후 상승이 멈추면서 고도가 갑자기 내려감	"DON'T SINK"	(no warning)
4	지상지형에 대해 고도의 여유가 없을 때	"TOO LOW-GEAR"	"TOO LOW-TERRAIN"
5	계기착륙(ILS) 시, 글라이드 슬로프(glide slope) 밑을 통과	"GLIDESLOPE"	"GLIDESLOPE"
6	경사각(Bank Angle Protection)	"BANK ANGLE"	(no warning)
7	윈드쉬어(Windshear protection)	"WINDSHEAR"	(no warning)

각각의 경우에 대응한 경보를 일반적으로 컴퓨터로 합성한 인공음성 및 점멸등으로 알려주도록 되어있다. 근래에는 지형레이더(Altitude Radar) 및 GPS등을 조합하여 운항중인 항공기의 정확한 위치를 얻어내는 한편 지리정보시스템(Geographic Information System)과 함께 운용하여 종전에 비해 더 빠르게 경고를 제공하고, 액정화면에 표시되면서 아울러 경고를 발하는 개량 GPWS(enhanced GPWS)도 있다.

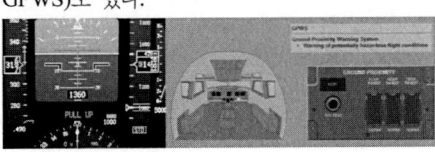

70 유압계통에서 축압기(accumulator)의 사용목적은?

① 계통의 유압 누설 시 차단
② 계통의 과도한 압력 상승 방지
③ 계통의 결함 발생 시 유압 차단
④ 계통의 서지(surge)완화 및 유압저장

해설 축압기 (Accumulator) : 가압된 작동유를 저장

ANSWER 70 ④

하는 저장통으로, 여러 개의 유압 기기가 동시에 사용될 때 동력 펌프를 돕고, 동력 펌프가 고장났을 때에는 저장되었던 작동유를 유압 기기에 공급한다. 유압 계통의 서지(surge) 현상을 방지하고, 압력을 흡수하면 압력 조정기의 개폐 빈도를 줄여 펌프나 압력 조정기의 마멸을 감소시킨다.

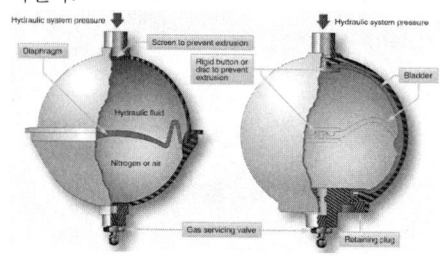

71 14000ft 미만에서 비행할 경우 사용하고, 활주로에서 고도계가 활주로 표고를 지시하도록 하는 방식의 고도계 보정 방법은?

① QNH 보정   ② QNE 보정
③ QFE 보정   ④ QFG 보정

해설 고도계의 보정 방법
① QNH 세팅 : 그 지역의 기압을 고도계에 세팅해서 사용하는 것으로 14000ft 미만에서 비행할 경우 많이 사용한다. 활주로의 해발 고도를 나타내는 세팅으로 바늘은 비행 중에도 해면고도를 나타낸다. 관제탑에서 정보를 받아 기압눈금을 수정함으로써 다른 항공기와 일정한 고도 유지. 진고도라 한다.
② QNE 세팅 : 고도계를 표준기압인 29.92inHg의 표준대기압으로 세팅하고 사용하는 것으로 QNH를 통보해주는 곳이 없는 해상비행 또는 14000ft 이상의 고고도 비행을 할 경우 항공기간의 고도차를 유지하기 위함이다. 기압고도라고 한다.
③ QFE 세팅 : 활주로 상에서 고도계가 0ft를 지시하는 것으로 주로 단거리 비행 시 사용하는 방법이다. 절대고도라 한다.

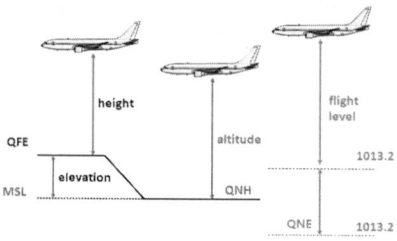

72 다음 중 시동특성이 가장 좋은 직류전동기는?

① 션트전동기   ② 직권전동기
③ 직·병렬전동기   ④ 분권전동기

해설 ※ 전동기의 종류
1) 직류 전동기 : 직권 전동기, 분권 전동기, 복권 전동기
2) 교류 전동기 : 3상 유도 전동기, 단상 유도 전동기, 교류 정류자 전동기
① 유도 전동기 (Induction Motor) : 교류 전동기에서 가장 많이 사용되는 것으로 고정자가 만드는 회전자계에 의해 전기전도체인 회전자에 유도전류가 발생하여 슬립에 대응한 토크가 발생한다.(회전자의 회전속도는 계자극의 회전속도보다 늦다.) 동기 전동기에 비해 탈조가 없어, 토크 변동이 큰 부하에 적합하다. 직류 전동기에 비해 소형화, 고출력화가 가능하다. 직류 전동기에 있는 정류자와 브러시가 필요없어 유지, 보수가 용이하다.
② 복권 전동기 : 전기자 코일과 계자 코일이 직렬과 병렬로 연결된 것. 직권과 분권의 장점을 가지고 있어, 회전력이 크고 정속도 특성을 나타낸다.
③ 분권 전동기 : 전기자 코일과 계자 코일이 병렬로 연결된 것. 회전 속도에 따라 계자 전류가 변화하지 않아 부하에 따른 속도의 변화가 일정하다.
④ 직권 전동기 : 전기자 코일과 계자 코일이 서로 직렬로 연결된 것. 시동 시, 전기자 코일과 계자 코일 모두에 전류가 많이 흘러 시동 회전력이 크다는 것이 장점이다. 시동기(Starter)로 사용된다.

ANSWER 71 ① 72 ②

73 관성항법장치(INS)계통에서 얼라인먼트(alignment)는 무엇을 하는 것인가?

① 플랫폼(platform) 방향을 진북을 향하게 하고, 지구에 대해 수평이 되게 하는 것
② 조종사가 항공기 위치 정보를 입력하는 것
③ 플랫폼(platform)에 놓여진 3축의 가속도계가 검출한 가속도를 적분하여 위치나 속도를 계산하는 것
④ INS가 계산한 위치(위도)와 제어표시장치를 통해 입력한 항공기의 실제 위치를 일치시켜 주는 것

해설 1) 관성항법장치 (INS : Inertial navigation system)은 로켓이나 비행기가 이동할 때에는 항상 가속도가 가해지고 있지만, 이 가속도를 적분하면 속도가 구해지며, 다시 적분하면 이동한 거리가 나온다는 가속도(관성)를 이용한 항법이다. 이 때, 기준좌표축을 선정하고 유지시키는 역할을 자이로스코프(Platform과 Gimbal로 구성)가 한다.
① 자이로스코프 : 기준좌료를 설정하여 본체 진행방향을 계측한다.
② 가속도계 : 기본적인 센서로 진행방향으로의 가속도를 감지한다.
③ 컴퓨터 : 자이로스코프와 가속도계에서 감지한 각속도 및 가속도와 주변장치(속도계, 고도계 등)로부터 받은 정보를 종합 계산한다.

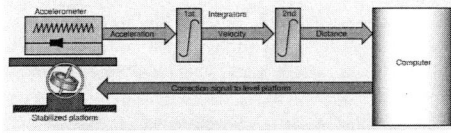

2) 관성참조장치 (IRS : Inertial Reference System) : 최신의 관성항법장치(INS)로서, 피치, 롤 및 요잉 축에 대한 각속도를 감지하기 위해 기존의 INS 기계식 속도 자이로 대신 링 레이저 자이로(laser gyros)를 사용한다. 관성 센서(자이로 및 가속도계)는 짐벌(gimbal)을 사용하지 않고, 기체에 직접 부착되어 있어 움직이는 부분이 없다. 이를 스트랩다운(strapdown) 방식의 관성참조시스템이라 하며, 비행기의 직선 운동 및 회전 운동을 감지한다. 링 레이저 자이로는 두 개의 레이저 광선이 서로 반대 방향으로 삼각형 또는 사각형 회로에 전송된다. 비행기의 회전 방향에 따라 두 광선이 도달하는 시간에 차이가 나는 원리를 이용해 각가속도를 구한다. 이러한 자이로는 세차 운동 및 기타 기계 자이로 결점을 제거하며, 고체 가속도계를 각 운동 평면에 하나씩 3개를 사용하면 정확도가 향상된다. 자이로와 가속도계를 통해 획득한 관성 항법 데이터와 관성 비행 제어 데이터를 항공기의 자세와 위치를 지속적으로 계산할 수 있도록 여러 시스템에 입력된다.

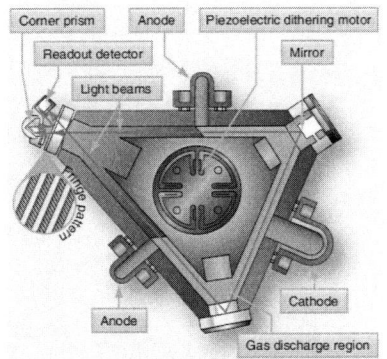

※ INS는 누적된 편류 오차를 줄이기 위해서는 특정한 시간마다 보정해 다시 재조정해야 한다. 비행 계획을 작성할 때, 하나 이상의 지상점을 INS 재조정 체크 포인트로 설정한다. 보정은 경도와 위도 고도를 아는 지정학적 지점을 날아가면서 수행되어야 한다. 그래서 특정한 산이나 언덕, 두 개의 강이 합쳐진 곳 등 쉽게 인식해 정확하게 지나칠 수 있는 지형지물을 랜드마크로 설정한다. 조종사는 그 지상점을 정확히 지나가는 순간에 INS에서 편류 오차를 0으로 재조정해야 하며, 일반적으로 GPS를 통해 보정한다. 또 체크 포인트로 TACAN 또는 VOR 기지국과 같은 항법지원시설을 사용할 수 있다. INS 재조정 횟수는 예상 비행 시간과 INS 편류 속도(drift rate)에 따라 결정된다. 편류 속도

ANSWER 73 ①

가 시간당 1해리를 갖는 경우 대개 1~2시간에 1번 재조정한다. 초기 위치는 GPS로부터 자동으로 획득되며, 비행 중 INS 위치는 수동으로 수정할 필요 없이 알려진 랜드마크로부터 항상 GPS로 업데이트되어 편류 오차를 0으로 줄인다. 모든 INS/GPS 탑재 항공기는 재밍(jamming) 등으로 GPS를 사용할 수 없는 경우 INS만으로 수동 INS 업데이트 절차를 통해 작동 할 수 있다. INS/GPS 시스템은 대개 수동 INS 업데이트가 필요하지 않지만 어떤 특별한 상황에서는 수동 INS 업데이트가 필요할 수 있다. 이제는 여객기뿐만 아니라 전투기 등도 기본 항법 시스템으로 INS를 사용하는 대신 GPS를 사용하고 있다.

※ B737NG IRS alignment
① 상단 패널의 ISDU에서 하단의 다이얼을 돌려 NAV에 놓으면 배터리 전원으로 ON DC가 점등된 후, ALIGN으로 바뀌어 점등된다.
② FMC에서 현 위치의 공항, 게이트를 입력하면 경로가 나오고, SET IRS POS을 누른다.
③ FMC를 사용할 수 없는 경우, 상단 패널의 ISDU에서 다이얼을 돌려 PPOS에 놓고, 직접 현 위치의 공항 경로를 입력하면 된다.

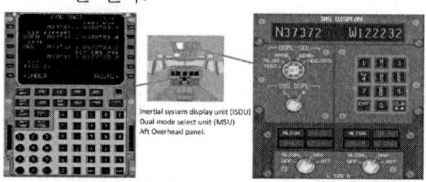

※ IRS OUTPUT

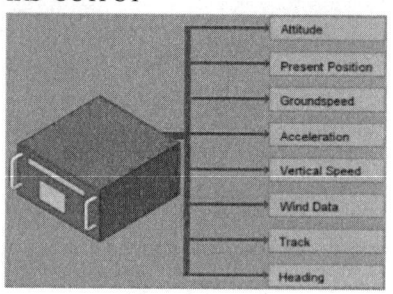

74 유압계통에서 유량제어 또는 방향제어밸브에 속하지 않는 것은?

① 오리피스(orifice)
② 체크밸브(check valve)
③ 릴리프밸브(relief valve)
④ 선택밸브(selector valve)

해설
① 오리피스(orifice) : 유체의 흐름을 측정하고 유량을 조절하기 위하여 구조물의 벽이나 바닥에 구멍을 뚫어 물을 흘려 보내는 유출구이다. 관로의 중간에 관로의 단면적보다 작은 구멍이 있는 얇은 판으로, 유체가 흐를 때 그 압력 차가 유량에 의하여 변환하는 것을 이용하는 것이다. 동심 오리피스, 편심 오리피스가 있다.
② 체크밸브(check valve) : 한쪽 방향으로만 작동유의 흐름을 허용하고, 반대 방향의 흐름은 차단하는 밸브이다.
③ 릴리프밸브(relief valve) : 과도한 압력에 의한 구성요소의 파손 또는 유압관의 파열을 방지하기 위해 사용된다. 압력안전밸브는 압력조절 스크류(screw)에 의해 작동 최대 압력을 설정할 수 있다. 만일 계통압력이 설정압력을 초과하면 압력관의 유압유를 회수관을 통해 저장소로 되돌아가게 한다.
④ 선택밸브(selector valve) : 작동 실린더의 운동 방향을 결정하는 밸브이다. 기계적으로 작동되는 것과 전기적으로 작동되는 것이 있고, 기계적으로 작동되는 밸브에는 회전형, 포핏형, 스풀형, 피스톤형, 플런저형이 있다.

ANSWER 74 ③

75 다음 중 전압을 높이거나 낮추는데 사용되는 것은?

① 변압기 ② 트랜스미터
③ 인버터 ④ 전압 상승기

해설
① 변압기 : 상호 유도 원리를 이용하여 교류 전압을 더 높이거나 낮추는 데 사용되는 기기이다. 1차, 2차 두 개의 코일이 연철심 주위에 감겨 있다. 1차 코일에 교류 전압이 걸리면 교류 전류에 의하여 자속의 변화가 나타나고, 이것은 다시 2차 코일에 유도 기전력을 일으킨다. 2차 코일에 유도되는 기전력의 크기는 1차 코일보다 2차 코일의 감은 수를 많게 하거나 적게 하면 된다.
② 트랜스미터 : 전송하고자 하는 신호(영상, 음성, 데이터)를 전파에 실어 증폭한 후 안테나나 케이블을 통해 출력하는 장치이다. 송신기는 허가된 주파수의 전파를 만드는 발진부(oscillator), 전기적 신호를 전파에 싣는 변조부(modulator), 변조된 신호를 원하는 지역까지 전송하기 위한 증폭부(amplifier) 등으로 구성된다. 송신기는 사용 주파수, 용도, 서비스 지역 등에 따라 출력에 차등을 두고 있다.
③ 인버터 : 항공기에서 직류전원을 교류전원으로 전환시켜 일부 계통에 사용된다. 입력된 직류전원에 발진회로를 접목하여 직류단속을 하여 교류신호로 바꾸고 트랜스포머를 이용하여 전압 승압시킨다. 직류 전동기와 교류 발전기를 조합하여 사용한다. 이 교류는 주로 계기, 무선, 레이더, 조명, 그리고 다른 부속품에서 사용된다. 인버터는 보통 400[Hz]의 주파수로 전류를 공급하기 위해 조립되었지만, 일부는 하나의 권선에 26[V] 교류 그리고 또 다른 권선에 115[V]로 1개 이상의 전압을 공급하기 위해 설계된다.

76 객실 내의 공기를 일정한 기압이 되도록 동체의 옆이나 끝부분 또는 날개의 필릿(fillet)을 통하여 공기를 외부로 배출시켜주는 밸브는?

① 덤프 밸브(dump valve)
② 아웃플로 밸브(out-flow valve)
③ 압력 릴리프 밸브(cabin pressure relief valve)
④ 부압 릴리프 밸브(negative pressure relief valve)

해설
1) 객실압력 안정밸브
① 객실 압력 릴리프 밸브 (Cabin pressure Relief valve) : 여압된 항공기에서 아웃플로우 밸브에 고장이 생겼거나, 다른 원인에 의해 객실의 차압이 규정 값 이상이 되면 객실 공기를 외부로 배출시켜 차압을 조절한다.
② 덤프밸브 (Dump valve) : 조종실의 컨트롤 스위치에 의해 RAM위치 일 때 솔레노이드 밸브가 개폐되며 객실 공기가 대기로 방출된다.
③ 부압 릴리프 밸브 (Negative Pressure Relief Valve) : 객실 여압 계통에서 대기압이 객실 안의 기압보다 높은 경우 객실로 자유롭게 들어오도록 사용하는 장치로 진공 밸브라고도 한다.
2) 객실압력 조절장치
① 아웃 플로우 밸브 (Out flow valve) : 방출 밸브로서 객실 압력을 조절하는 것이다. 고도에 관계없이 계속 공급되는 압축된 공기를 동체 옆이나 꼬리 부분 또는 날개의 필릿을 통하여 공기를 외부로 배출시킴으로써 객실의 압력을 원하는 압력으로 유지되도록 하는 밸브이다. 착륙할 때 착륙장치의 마이크로스위치에 의하여 지상에는 완전히 열리도록 함으로써 출입문을 열 때 기압차에 의한 사고가 발생하지 않도록 한다. 비행 중에 고도가 증가함에 따라 객실 안의 공기 배출을 적게 하기 위하여 밸브가 점차적으로 닫히게 되며, 객실 고도가 높고 낮은 정도는 OFV의 개폐 정도에 좌우된다.
② 객실 압력 조절기 : 규정된 객실 고도의 기압이 되도록 아웃 플로우 밸브의 위치를 지정하거나 자동적으로 등기압 범위에 있어

ANSWER 75 ① 76 ②

서의 설정값을 조절해 주며, 차압 영역에서는 미리 설정한 차압이 유지되도록 한다.

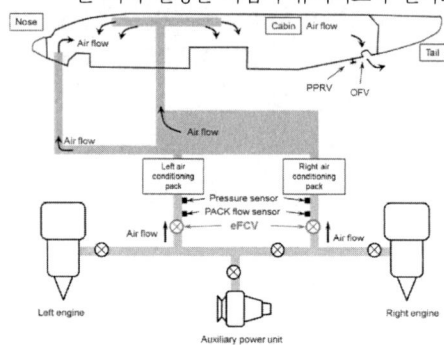

77 다음 중 방빙장치가 되어 있지 않은 곳은?

① 착륙장치 휠 웰
② 주날개 리딩에지
③ 꼬리날개 리딩에지
④ 엔진의 전방 카울링

해설 비행중인 항공기 표면에 결빙이 형성되면 성능에 막대한 영향을 초래한다. 날개 앞전, 공기 흡입구, 윈드실드, 피토관, 프로펠러 등 대기에 노출되는 부분이 잘 발생한다. 가장 일반적으로 사용되는 제방빙계통은 열공압식(thermal pneumatic), 열전기식(thermal electric), 그리고 화학약품(chemical) 방식이 있다. 대부분 항공기는 결빙조건에서 비행이 가능하도록 공기식 제빙부츠 계통이나 화학적 방빙계통을 장비하고 있다. 대형 운송용 항공기는 얼음의 형성을 방지하기 위해 자동적으로 제어되는 최신의 열공압식 또는 열전기식 방빙계통을 적용한다.

결빙 부분	방빙 및 제빙 방법
날개 앞전	가열공기
수직, 수평 안정판의 앞전	가열공기
윈드실드 및 창문	전열기, 알콜
히터, 기관 공기 흡입구	전열기
실속 경고 장치	전열기
프로펠러 깃의 앞전	전열기, 알콜
왕복엔진 기화기(플로트형)	가열공기, 알콜
드레인 마스트	전열기
피토관	전열기

※ 알콜 : 이소프로필 알콜이나 에틸렌글리콜과 알콜을 섞은 용액

78 조종실내의 온도와 열전대식(thermo-couple) 온도계에 대한 설명으로 옳은 것은?

① 조종실내의 온도계는 열전대식(thermo-couple) 온도계가 사용되지 않는다.
② 조종실내의 온도계로 사용되는 열전대식(thermo-couple) 온도계는 최고 100℃까지 측정이 가능하다.
③ 조종실내의 온도가 높아지면 열전대식(thermo-couple) 온도계의 지시값은 낮게 지시된다.
④ 조종실내의 온도가 높아지면 열전대식(thermo-douple) 온도계의 지시값은 높게 지시된다.

해설 온도계의 원리에 따라 액체 온도계(수은 또는 알콜 이용), 기체 온도계(헬륨 또는 수소 이용), 금속 온도계(바이메탈 이용), 전기저항 온도계(저항과 온도의 비례 이용), 열전쌍 온도계(열전대의 기전력과 온도의 비례 이용), 광 온도계(빛의 온도 이용)로 나뉜다. 항공기에서 주로 사용되는 온도계는 전기저항식 온도계와 열전쌍식 온도계이다.
① 전기저항식 온도계 : 도체에 온도가 변화하면 전기저항이 변하는데, 온도에 따라 저항이 변화하면, 반비례 관계인 전류도 변화하여 전류를 측정하여 온도로 환산하는 온도계이다. 니켈, 니켈-망간 합금, 백금 등의 온도수가 큰 재료를 사용한다. 백금이 많이 사용되며, 측정범위는 −200~500[℃]까지 이고, 유체의 온도를 측정할 수 있다. 연료 온도계, 윤활유 온도계, 공기 온도계, 대기 온도계에 사용된다.

ANSWER 77 ① 78 ①

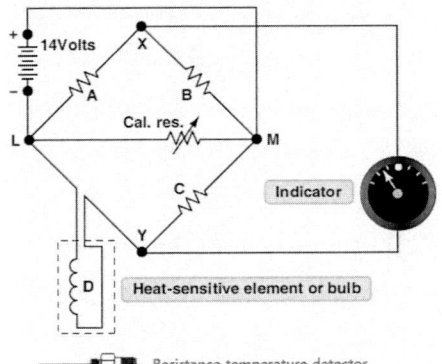

② 열전쌍식 온도계 : 서로 다른 금속 사이의 온도차를 준 경우 발생하는 전압을 열기전력이라하고, 열기전력을 이용할 목적으로 서로 다른 금속을 접합한 것을 서모커플이라 한다. 열전대의 조합은 크로멜-알루멜, 철-콘스탄탄이 널리 이용된다. 측정범위는 -200~1300[℃]까지 이고, 왕복 엔진의 실린더헤드 온도계, 가스터빈 엔진의 배기가스 온도계에 사용된다. 서모커플식 온도계에서는 콜드 정션의 온도가 알려져 있지 않으면 온도 측정을 할 수 없다. 따라서 바이메탈에 의해 콜드 정션의 온도가 기계적으로 지시되고 핫정션과의 온도차에 의한 기전력에 지시계의 온도가 추가되어 핫정션의 온도가 나타난다.

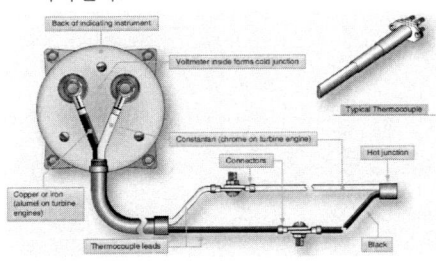

79 축전지의 충전 방법과 방법에 해당하는 다음의 설명이 옳게 짝지어진 것은?

> A. 충전 시간이 길면 과충전의 염려가 있다.
> B. 충전이 진행됨에 따라 가스발생이 거의 없어지며 충전 능률도 우수해 진다.
> C. 충전 완료시간을 미리 예측할 수 있다.
> D. 초기 과도한 전류로 극판 손상의 위험이 있다.

① 정전류 충전 - A, B
  정전압 충전 - C, D
② 정전류 충전 - A, C
  정전압 충전 - B, D
③ 정전류 충전 - B, C
  정전압 충전 - A, D
④ 정전류 충전 - C, D
  정전압 충전 - A, B

해설 항공기 축전지 충전 방법
① 정전류 충전법 : 충전기에 직렬로 연결해서 용량이 작은 것부터 충전하는데, 충전전류는 축전지 용량의 10% 정도로 한다. 충전 완료 시간을 미리 예측할 수 있어 과충전의 위험을 예방할 수 있으나 지나치면 과충전의 염려가 있다. 또한 충전 시간이 길며, 가스 발생량이 많아 폭발 위험성이 크다.
② 정전압 충전법 : 구동발전기 또는 전압이 일정하게 조절되는 축전지를 사용한다. 축전지에 공급되는 전압은 전압강하를 고려해서 12v 축전지는 14v, 24v 축전지는 28v다. 축전지 여러 개를 동시에 충전하려면 병렬로 연결한다. 규정 용량의 충전 완료 시간을 미리 예측할 수 없기 때문에, 일정 시간 간격으로 충전 상태를 확인하여 축전지가 과충전되지 않도록 주의해야 한다. 충전 초기에 전류값이 커서 열로 인한 극판 손상 우려가 있다. 그러나 충전이 진행됨에 따라 차츰 전류가 감소하여 가스발생이 거의 없어지며 충전 능률도 우수해 진다.

ANSWER 79 ②

80 다음 중 피토압에 영향을 받지 않는 계기는?

① 속도계　　② 고도계
③ 승강계　　④ 선회 경사계

해설 피토-정압관을 이용한 계기는 속도계, 승강계, 고도계가 있고, 자이로의 특성을 이용한 계기는 자세계, 선회계, 방향지시계가 있다. 속도계는 전압과 정압의 차이(동압)로 측정하며 고도계는 정압을 절대 압력계로 나타낸다. 항공기가 상승이나 하강할 때 정압의 변화율을 측정함으로서 고도의 변화율을 승강계를 통하여 지시한다.

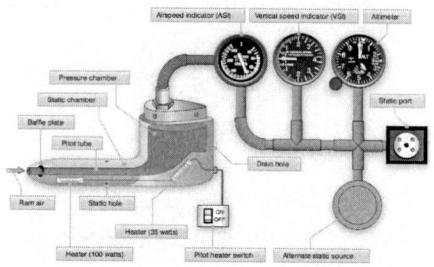

※ 선회경사계(turn & bank indicator) : 선회계와 경사계가 1개의 케이스에 조합되어 있는 계기. 선회계는 자이로를 이용하여 선회 각 속도를 나타내며, 경사계는 수평 비행을 할 때에 항공기 날개의 쳐짐을 나타내고 선회 비행 시에는 정상선회, 스키드(바깥쪽, 외활) 또는 슬립(안쪽, 내활)을 나타내는 계기이다. 자이로의 특성 중 섭동성만 이용한다.

ANSWER
80 ④

2020 제1·2회 항공산업기사 기출문제

제1과목 항공역학

01 다음 중 프로펠러의 효율(η)을 표현한 식으로 틀린 것은? (단, T : 추력, D : 지름, V : 비행속도, J : 진행률, n : 회전수, P : 동력 C_P : 동력계수, C_T : 추력계수이다.)

① $\eta < 1$
② $\eta = \dfrac{C_T}{C_P} J$
③ $\eta = \dfrac{P}{TV}$
④ $\eta = \dfrac{C_T}{C_P} \dfrac{V}{nD}$

해설 프로펠러 효율(η_p)
$= \dfrac{\text{프로펠러가 발생한 동력}}{\text{프로펠러 축에 전달된 동력}} = \dfrac{T \cdot V}{P}$
$= \dfrac{C_t \cdot \rho \cdot n^2 \cdot D^4 \cdot V}{C_p \cdot \rho \cdot n^3 \cdot D^5} = \dfrac{C_t}{C_p} \cdot \dfrac{V}{n \cdot D}$
여기서 $\dfrac{V}{n \cdot D}$를 진행률(J)이라 한다.

02 평형상태로부터 벗어난 뒤에 다시 평형상태로 되돌아가려는 초기의 경향을 표현한 것은?

① 정적 중립
② 양(+)의 정적안정
③ 정적 불안정
④ 음(-)의 정적안정

해설 ① 정적 안정 : 평형상태에서 벗어난 후 다시 평형 상태로 되돌아오려는 초기의 경향을 말한다.
 - 정적 중립 : 평형상태에서 벗어난 후 다시 평형 상태로 되돌아오려거나 평형 상태에서 더 멀어지려고도 하지 않고 그 자세를 유지하는 것을 정적 중립이라 한다.
② 동적 안정 : 평형상태에서 벗어난 후 시간이 지남에 따라 다시 평형 상태로 돌려는 경향을 말하며, 운동의 진폭이 시간이 경과하면 감소한다.
 - 동적 중립 : 시간이 지남에도 운동의 진폭이 변화가 없는 경향을 이야기한다.

03 비행기가 등속도 수평비행을 하고 있다면 이 비행기에 작용하는 하중배수는?

① 0
② 0.5
③ 1
④ 1.8

해설
$n(\text{하중배수}) = \dfrac{\text{양력}(L)}{\text{비행기 무게}(W)}$
$= \dfrac{\text{비행기 무게} + \text{관성력}}{\text{비행기 무게}}$
$= 1 + \dfrac{\text{관성력}}{\text{비행기 무게}}$
이때 관성력 = 질량(kg) × 가속도(a)
비행기 무게 = 질량(kg) × 중력 가속도(g)
$\therefore n = \dfrac{L}{W} = 1 + \dfrac{\text{관성력}}{\text{비행기 무게}} = 1 + \dfrac{a}{g}$
⇒ 등속수평비행 시 무게와 양력이 같으므로 하중배수는 1이다.

ANSWER 1 ③ 2 ② 3 ③

04 다음 중 비행기의 정적여유에 대한 정의로 옳은 것은? (단, 거리는 비행기의 동체 중심선을 따라 nose에서 부터 측정한 거리이다.)

① 정적여유 = 중립점까지의 거리 - 무게중심까지의 거리
② 정적여유 = 공력중심까지의 거리 - 중립점까지의 거리
③ 정적여유 = 무게중심까지의 거리 - 공력중심까지의 거리
④ 정적여유 = 무게중심까지의 거리 - 중립점까지의 거리

05 헬리콥터에서 회전날개의 깃(blade)이 회전하면 회전면을 밑변으로 하는 원추의 모양을 만들게 되는데 이 때 회전면과 원추 모서리가 이루는 각은?

① 피치각(pitch angle)
② 코닝각(coning angle)
③ 받음각(angle of attack)
④ 플래핑각(flapping angle)

06 라이트형제는 인류 최초로 유인동력비행을 성공 하던 날 최고기록으로 59초 동안 이륙 지점에서 260m지점까지 비행하였다. 당시 측정된 43km/h의 정풍을 고려한다면 대기속도는 약 몇 km/h인가?

① 27
② 43
③ 59
④ 80

해설
속도$(V) = \dfrac{거리}{시간} \rightarrow \dfrac{260}{59}$(m/s)
$= \dfrac{260}{59} \times 3.6$(km/h) $= 15.86$(km/h)
정풍속도를 고려하면 → $15.86 + 43 = 58.86$(km/h)

07 [다음]과 같은 현상의 원인이 아닌 것은?

[다음]
비행기가 하강 비행을 하는 동안 조종간을 당겨 기수를 올리려 할 때, 받음각과 각속도가 특정값을 넘게 되면 예상한 정도 이상으로 기수가 올라가고, 이를 회복할 수 없는 현상

① 쳐든각 효과의 감소
② 뒤젖힘 날개의 비틀림
③ 뒤젖힘 날개의 날개끝 실속
④ 날개의 풍압중심이 앞으로 이동

해설 피치업 : 고속으로 하강 비행 시 고도 증가를 위하여 기수를 위로 올릴 때 예상한 각도 이상으로 기수가 들려지는 현상을 말한다.
※ 피치업의 원인 4가지
 • 뒤젖힘 날개의 날개 끝 실속
 • 조종간을 당길 때 발생하는 뒤젖힘 날개의 비틀림
 • 하강 시 날개 풍압중심의 앞쪽 이동
 • 고속 하강 시 수평꼬리 날개의 충격파 발생으로 인한 승강키 효율의 감소

08 헬리콥터의 전진비행 또는 원하는 방향으로의 비행을 위해 회전면을 기울여 주는 조종장치는?

① 사이클릭 조종레버
② 페달
③ 콜렉티브 조종레버
④ 피치 암

ANSWER 4① 5② 6③ 7① 8①

해설 회전 경사판
- 동시 피치 조종간(collective pitch control lever) : 회전 깃의 피치를 동시에 증가시키거나 감소시키는 조종간으로 피치를 동시에 증가 시 양력이 증가하여 비행기가 상승하고, 감소 시 양력이 감소하여 비행기가 하강한다.
- 주기적 피치 조종간(cyclic pitch control lever) : 회전 깃의 원하는 부분의 피치를 조절할 수 있다. 동체의 전방부위의 회전 깃 피치를 증가시키면 후방부의 회전 깃 피치가 감소되며, 회전 깃의 오른쪽 피치를 증가하면 외쪽 피치는 감소하게 된다. 이러한 피치 조절을 통하여 비행기의 전·후, 좌·우 비행을 가능하게 할 수 있다. 또한 블로우 백 현상 발생 시 활용할 수 있다.

09 비행기 무게 1500kgf, 날개면적이 30m² 인 비행기가 등속도 수평비행하고 있을 때 실속속도는 약 몇 km/h 인가? (단, 최대양력계수 1.2, 밀도 0.125kgf·s²/m⁴이다.)

① 87 ② 90
③ 93 ④ 101

해설
$$V_s = \sqrt{\frac{2W}{\rho S C_{Lmax}}} = \sqrt{\frac{2 \times 1500}{0.125 \times 30 \times 1.2}}$$
$$= 25.8 (m/s)$$
$$\rightarrow 25.8 \times 3.6 = 92.88 (km/h)$$

10 비행기 속도가 2배로 증가했을 때 조종력은 어떻게 변화하는가?

① $\frac{1}{2}$로 감소한다.
② $\frac{1}{4}$로 감소한다.
③ 2배로 증가한다.
④ 4배로 증가한다.

해설 F_e(조종력)
$= K$(기계적 장치에 의한이득) $\times H_e$(힌지 모멘트)
$= K \cdot \frac{1}{2} \cdot \rho \cdot V^2 \cdot b \cdot \overline{c^2} \cdot C_h$
∴ 조종력은 속도의 제곱에 비례하므로 속도가 2배 증가하면 조종력은 4배 증가한다.

11 항공기의 정적안정성이 작아지면 조종성 및 평형을 유지하는 것은 어떻게 변화하는가?

① 조종성은 감소되며, 평형유지도 어렵다.
② 조종성은 감소되며, 평형유지는 쉬워진다.
③ 조종성은 증가되며, 평형유지도 쉬워진다.
④ 조종성은 증가하나, 평형유지는 어려워진다.

해설 조종성과 안정성은 상반되는 성질로 조종성이 증가하면 안정성이 감소하고 안정성이 증가하면 조종성이 감소한다. 평형유지는 안정성에 관련된 성질로 안정성이 작아지면 평형성은 작아지고 조종성은 증가한다.

12 날개의 시위(chord)가 2m이고 공기의 유속이 360km/h일 때 레이놀즈수는 얼마인가? (단, 공기의 동점성계수는 0.1 cm²/s이고, 기준 속도는 유속, 기준길이는 날개시위길이이다.)

① 2.0×10^7 ② 3.0×10^7
③ 4.0×10^7 ④ 7.2×10^7

해설 레이놀즈수 $= \frac{관성력}{점성력} = \frac{\rho A V^2}{\mu \frac{AV}{L}} = \frac{\rho VL}{\mu} = \frac{VL}{\nu}$

ANSWER 9 ③ 10 ④ 11 ④ 12 ①

$$\therefore \frac{\frac{360}{3.6}(m/s) \times 100(cm/s) \times 2(m) \times 100(cm)}{0.1 cm^2/s}$$
$$= 20,000,000$$

13 헬리콥터 날개의 지면효과에 대한 설명으로 옳은 것은?

① 헬리콥터 날개의 기류가 지면의 영향을 받아 회전면 아래의 항력이 증가되어 헬리콥터의 무게가 증가되는 현상
② 헬리콥터 날개의 기류가 지면의 영향을 받아 회전면 아래의 항력이 증가되어 헬리콥터의 무게가 증가되는 현상
③ 헬리콥터 날개의 후류가 지면에 영향을 주어 회전면 아래의 항력이 증가되고 양력이 감소되는 현상
④ 헬리콥터 날개의 후류가 지면에 영향을 주어 회전면 아래의 압력이 증가되어 양력의 증가를 일으키는 현상

14 활공비행의 한 종류인 급강하 비행 시(활공각 90°) 비행기에 작용하는 힘을 나타낸 식으로 옳은 것은? (단, L = 양력, D = 항력, W = 항공기 무게이다.)

① L = D ② D = 0
③ D = W ④ D + W = 0

15 대기의 층과 각각의 층에 대한 설명이 틀린 것은?

① 대류권-고도가 증가하면 온도가 감소한다.
② 성층권-오존층이 존재한다.
③ 중간권-고도가 증가하면 온도가 감소한다.
④ 열권-고도는 약 50km이며, 온도는 일정하다.

16 전중량이 4500kgf인 비행기가 400km/h의 속도, 선회반지름 300m로 원운동을 하고 있다면, 이 비행기에 발생하는 원심력은 약 몇 kgf인가?

① 170 ② 18900
③ 185000 ④ 245000

해설
선회반지름$(R) = \frac{V^2}{g \cdot \tan\theta} \rightarrow \tan\theta = \frac{V^2}{g \cdot R} \rightarrow \theta$
$= \tan^{-1}(\frac{V^2}{g \cdot R})$
$\therefore \theta = \tan^{-1}(\frac{(\frac{400}{3.6})^2}{9.8 \cdot 300}) = 2.16$
$W = L\cos\theta \rightarrow L = \frac{W}{\cos\theta} \therefore L = \frac{4500}{\cos 2.16} = 4503$
원심력 $= L\sin\theta \therefore$ 원심력 $= 4503 \cdot \sin 2.16 = 169.7$

17 해면고도로부터의 실제 길이 차원에서 측정된 고도를 의미하는 것은?

① 압력고도 ② 기하학적고도
③ 밀도고도 ④ 지구포텐셜고도

해설
• 기하학적 고도 : 종래의 고도 측정 방법으로 중력가속도 g_0가 변화되는 것을 반영하지 않

은 고도 (중력가속도 g_0가 일정한 고도)
- 지오퍼텐셜 고도 : 고도변화에 따라 중력가속도가 변화된다는 것을 알고 중력가속도가 g_0로 일정하다고 가정하여 중력가속도가 변화되는 위치에너지와 중력가속도가 일정하다고 가정한 위치 에너지를 비교하여 계산한 고도

$m \cdot g_0 \cdot H = m \cdot g \cdot h$
$\rightarrow g_0 \cdot dH = g \cdot dh$
$\rightarrow \dfrac{dH}{dh} = \dfrac{g}{g_0}$ (dh에 대하여 적분)
$\rightarrow H = \dfrac{1}{g_0} \int_0^h g\,dh$

(H : 지오퍼텐셜고도, h : 기학학적고도, g_0 : 표준해면 중력가속도, g : 고도에 따라 변화하는 중력가속도)
- 기압고도 : 기압표준선(표준대기압 760mmHg)으로 부터의 고도
- 진고도 : 해면상에서 부터의 고도
- 절대고도 : 항공기로부터 그 당시의 지형까지의 고도

18 NACA 23012에서 날개골의 최대 두께는 얼마인가?

① 시위의 12% ② 시위의 15%
③ 시위의 20% ④ 시위의 30%

해설 NACA 23012
- 2 : 최대 캠버의 크기가 시위의 2%이다.
- 3 : 최대 캠버의 위치가 시위의 15%이다.
- 0 : 평균 캠버선의 뒤쪽 반이 직선이다.(1이면 뒤쪽 반이 곡선)
- 12 : 최대 두께의 크기가 시위의 12%이다.

19 일반적인 베르누이 방정식 $P_t = P + \dfrac{1}{2}\rho V^2$을 적용할 수 있는 가정으로 틀린 것은?

① 정상류 ② 압축성
③ 비점성 ④ 동일 유선상

20 유도항력계수에 대한 설명으로 옳은 것은?

① 양항비에 비례한다.
② 가로세로비에 비례한다.
③ 속도의 제곱에 비례한다.
④ 양력계수의 제곱에 비례한다.

해설 유도항력 계수 : $C_{di} = \dfrac{C_L^2}{\pi \cdot e \cdot AR}$
(e : 스팬효율계수, AR : 날개가로세로비, C_L : 양력계수)

제2과목 ✈ 항공기관

21 일반적인 가스터빈엔진에서 연료조정장치(fuel control unit)가 받는 주요 입력자료가 아닌 것은?

① 파워레버 위치
② 엔진오일 압력
③ 압축기 출구압력
④ 압축기 입구온도

해설 FCU의 수감부분에서 감지하는 주요 요소는 PLA(파워레버의 위치), 압축기 입구 온도(CIT), 압축기 출구 압력(CDP), 연소 압력(P_b), 압축기 입구 압력(CIP), 엔진 RPM, 터빈온도이다.

ANSWER 18 ① 19 ② 20 ④ 21 ②

22 왕복엔진의 점화시기를 점검하기 위하여 타이밍 라이트(timing light)를 사용할 때, 마그네토 스위치는 어디에 위치시켜야 하는가?

① OFF ② LEFT
③ RIGHT ④ BOTH

해설 타이밍 라이트를 사용하여 왕복엔진의 점화시기를 점검할 때에는 모든 마그네토를 확인하기 위해 BOTH에 위치시켜 점검한다.

23 체적 10cm³의 완전기체가 압력 760mmHg 상태에서 체적 20cm³로 단열팽창하면 압력은 약 몇 mmHg로 변하는가? (단, 비열비는 1.4이다.)

① 217 ② 288
③ 302 ④ 364

해설 단열과정일 때 $P_1 V_1^\gamma = P_2 V_2^\gamma$ (γ는 비열비)

$\therefore P_2 = \dfrac{P_1 V_1^\gamma}{V_2^\gamma} = \dfrac{760 \times 10^{1.4}}{20^{1.4}} = 287.986$

24 터보제트엔진의 추진효율에 대한 설명으로 옳은 것은?

① 추진효율은 배기가스속도가 클수록 커진다.
② 엔진의 내부를 통과한 1차 공기에 의하여 발생되는 추력과 2차 공기에 의하여 발생되는 추력의 합이다.
③ 엔진에 공급된 열에너지와 기계적 에너지로 바뀌진 양의 비이다.
④ 공기가 엔진을 통과하면 얻는 운동에너지에 의한 동력과 추진 동력의 비이다.

해설 제트기관의 추진효율은 공기가 기관을 통과하면서 얻은 운동 에너지에 의한 동력과 추진 동력의 비를 나타낸다.

25 왕복엔진의 분류 방법으로 옳은 것은?

① 연소실의 위치, 냉각방식에 의하여
② 냉각방식 및 실린더 배열에 의하여
③ 실린더 배열과 압축기의 위치에 의하여
④ 크랭크축의 위치와 프로펠러 깃의 수량에 의하여

해설 왕복엔진을 분류할 때 일반적으로 냉각방법에 따른 분류와 실린더 배열 방법에 의해 분류한다.

26 프로펠러 깃각(blade angle)은 에어포일의 시위선(chord line)과 무엇의 사이각으로 정의되는가?

① 회전면
② 상대풍
③ 프로펠러 추력 라인
④ 피치변화시 깃 회전 축

해설 프로펠러 깃각(blade angle)은 에어포일의 시위선(chord line)과 회전면의 사이각을 말한다.

27 왕복엔진 마그네토에 사용되는 콘덴서의 용량이 너무 작으면 발생하는 현상은?

① 점화플러그가 탄다.
② 브레이커 접점이 탄다.
③ 엔진시동이 빨리 걸린다.
④ 2차 권선에 고 전류가 생긴다.

ANSWER 22 ④ 23 ② 24 ④ 25 ② 26 ① 27 ②

해설 마그네토에서 콘덴서는 1차코일과 병렬로 연결되어 있고, 브레이커 포인트가 떨어질 때 불꽃을 방지하며 브레이터 포인트가 소손되는 것을 방지한다. 이때 1차 콘덴서의 용량이 크면 불꽃이 작아지고, 작으면 브레이커 포인트의 마모를 가져온다.

28 항공기 제트엔진에서 축류식 압축기의 실속을 줄이기 위해 사용되는 부품이 아닌 것은?

① 블로우 밸브 ② 가변 안내베인
③ 가변 정익베인 ④ 다축식 압축기

해설 가스터빈엔진 축류식 압축기의 실속을 방지하는 방법은 다음과 같다.
㉠ 다축식 구조(multi spool engine)
㉡ 가변 정익 구조(variable stator vane)
㉢ 블리드 밸브(bleed valve)
㉣ 가변 안내 베인(variable inlet guide vane)
㉤ 가변 바이패스 밸브(variable bypass valve)

29 다음 중 가스터빈엔진 점화계통의 구성품이 아닌 것은?

① 익사이터(exciter)
② 이그나이터(igniter)
③ 점화 전선(ignition lead)
④ 임펄스 커플링(impulse coupling)

해설 가스터빈엔진 점화계통은 고압, 저압에 상관없이 2개의 이그나이터(igniter plug)와 2개의 변압기(exciter), 점화 전선(ignition lead)로 구성된다.

30 왕복엔진 기화기의 혼합기 조절장치(mixture control system)에 대한 설명으로 틀린 것은?

① 고도에 따라 변하는 압력을 감지하여 점화시기를 조절한다.
② 고고도에서 기압, 밀도, 온도가 감소하는 것을 보상하기 위해 사용된다.
③ 고고도에서 혼합기가 농후해지는 것을 방지한다.
④ 실린더가 과열되지 않는 출력 범위 내에서 희박한 혼합기를 사용하게 함으로써 연료를 절약한다.

해설 혼합기 조절장치는 기압과 온도의 변화를 보상하기 위해 연료 흐름을 조절하는 역할을 한다. 이러한 혼합기 조절장치의 기능은 고고도에서 혼합기가 너무 농후해지는 것을 방지하고, 희박한 혼합기 사용으로 실린더 온도가 과열되지 않는 저출력 범위에서 엔진을 작동하여 연료를 절약하게 한다.

31 가스터빈엔진의 윤활계통에 대한 설명으로 틀린 것은?

① 가스터빈 윤활계통은 주로 건식 섬프형이다.
② 건식 섬프형은 탱크가 엔진 외부에 장착된다.
③ 가스터빈엔진은 왕복엔진에 비해 윤활유 소모량이 많아서 윤활유 탱크의 용량이 크다.
④ 주 윤활부분은 압축기와 터빈축의 베어링부, 액세서리 구동기어의 베어링부이다.

해설 일반적으로 가스터빈기관의 윤활유의 양은 왕복기관에 비해 소모량이 적다.

ANSWER 28 ① 29 ④ 30 ① 31 ③

32 수평 대향형 왕복엔진의 특징이 아닌 것은?

① 항공용에는 대부분 공랭식이 사용된다.
② 실린더가 크랭크 케이스 양쪽에 배열되어 있다.
③ 도립식엔진이라 하며 직렬형엔진보다 전면 면적이 크다.
④ 실린더가 대칭으로 배열되어 진동이 적게 발생한다.

해설 직렬형엔진은 실린더를 단순히 1열로 배열한 형태이고, 도립형엔진은 직렬형과 같이 실린더를 1열로 배열한 형태이지만 실린더가 상부가 아닌 하부에 위치해 있는 구조를 말한다. 수평 대향형은 크랭크 축을 기준으로 양쪽으로 실린더를 배열한 구조이며, 항공용 대향형 엔진의 냉각은 주로 공랭식을 사용한다.

33 열역학의 법칙 중 에너지 보존법칙은?

① 열역학 제 0 법칙
② 열역학 제 1 법칙
③ 열역학 제 2 법칙
④ 열역학 제 3 법칙

해설
• 열역학 제0법칙(열평형 상태)
• 열역학 제1법칙(에너지 보존 법칙)
• 열역학 제2법칙(엔트로피 법칙)
• 열역학 제3법칙(네른스크-플랑크 정리)

34 정속 프로펠러(constant speed propeller)는 프로펠러 회전속도를 정속으로 유지하기 위해 프로펠러 피치를 자동으로 조정해 주도록 되어 있는데 이러한 기능은 어떤 장치에 의해 조정되는가?

① 3-way 밸브
② 조속기(governor)
③ 프로펠러 실린더(propeller cylinder)
④ 프로펠러 허브 어셈블리(propeller hub assembly)

해설 가버너(조속기)는 항공기의 기관 회전수를 감지하고 프로펠러 깃 각을 어떠한 작동조건하에도 선택된 RPM을 유지하기 위해 변화시키는 장치를 말한다. 가버너는 스피더 스프링, 카운터 밸런스, 플라이웨이트, 파일럿 밸브 등으로 구성되어 있다.

35 항공기 가스터빈엔진의 역추력장치에 대한 설명으로 틀린 것은?

① 비상착륙 또는 이륙포기 시에 제동능력을 향상시킨다.
② 항공기 착지 후 지상 아이들 속도에서 역추력 모드를 선택한다.
③ 역추력장치의 구동방법은 안전상 주로 전기가 사용되고 있다.
④ 캐스케이드 리버서(cascade reverser)와 클램셸 리버서(clamshell reverser) 등이 있다.

해설 역추력장치는 항공기 제동능력의 향상 및 방향 전환능력을 돕고 제동장치의 수명을 연장시킨다. 가장 널리 사용되는 형태는 캐스케이드 리버서라고 불리는 공기역학적 차단장치와 클램셸 리버서라고 불리는 기계적 차단장치가 있다. 위의 방식은 압축기에서 배출된 고압의 공기를 이용하는 공압 액추에이팅 방식이며, 그외 전기모터를 사용하거나 유압을 이용하는 경우도 있다.

ANSWER 32 ③ 33 ② 34 ② 35 ③

36 실린더 내의 유입 혼합기 양을 증가시키며 실린더의 냉각을 촉진시키기 위한 밸브 작동은?

① 흡입 밸브 래그
② 배기 밸브 래그
③ 흡입 밸브 리드
④ 배기 밸브 리드

해설 왕복엔진의 혼합기 양을 증가시키기 위해 밸브 오버랩를 사용한다. 배기행정 말기에서 흡입밸브가 열리면(Intake valve lead) 새로 유입되는 혼합기의 양이 증가되고 실린더의 냉각효율이 우수해지고, 흡입행정 초기에서 배기밸브가 닫히면(exhaust valve leg) 배기가스의 완전 배출이 가능하다. 하지만 연료소비가 많아진다는 단점이 있다.

37 건식 윤활유 계통내의 배유펌프 용량이 압력펌프 용량보다 큰 이유는?

① 윤활유를 엔진을 통하여 순환시켜 예열이 신속히 이루어지도록 하기 위해서
② 엔진이 마모되고 갭(gap)이 발생하면 윤활유 요구량이 커지기 때문
③ 윤활유에 거품이 생기고 열로 인해 팽창되어 배유되는 윤활유의 부피가 증가하기 때문
④ 엔진부품에 윤활이 적절하게 될 수 있도록 윤활유의 최대 압력을 제한하고 조절하기 위해서

해설 윤활유의 배유펌프는 각 부품들의 윤활을 마치고 섬프에 모인 윤활유를 탱크로 보내주는 역할을 하며, 기관 내부에서 윤활유가 공기 등과 섞여 체적이 증가하기 때문에 배유펌프는 압력펌프보다 큰 용량을 사용해야 한다.

38 오토사이클 왕복엔진의 압축비가 8일 때, 이론적인 열효율은 얼마인가? (단, 가스의 비열비는 1.4이다.)

① 0.54
② 0.56
③ 0.58
④ 0.62

해설 열효율 $= 1 - \dfrac{1}{\epsilon^{k-1}}$ (ϵ는 압축비)

$= 1 - \dfrac{1}{8^{1.4-1}} = 0.56$

39 다음 중 항공기 왕복엔진의 흡입계통에서 유입되는 공기량의 누설이 연료-공기비(fuel-air ratio)에 가장 큰 영향을 미치는 경우는?

① 저속 상태일 때
② 고출력 상태일 때
③ 이륙출력 상태일 때
④ 연속사용 최대출력 상태일 때

40 항공기 터보제트엔진을 시동하기 전에 점검해야 할 사항이 아닌 것은?

① 추력 측정
② 엔진의 흡입구
③ 엔진의 배기구
④ 연결부분 결합상태

해설 가스터빈엔진의 시동 전에는 엔진 흡입구나 배기구 주변에 빨려들어갈 수 있는 물질들이나 후폭풍에 의해 날아갈 수 있는 물질들이 있는지 확인하고 기계나 사람들의 이동도 금지한다. 또한 모든 연결부의 결합이 정상적으로 이루어져 있는지 확인한다.

ANSWER 36 ③ 37 ③ 38 ② 39 ① 40 ①

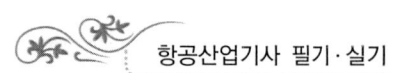

제3과목 항공기체

41 그림과 같이 집중하중 P가 작용하는 단순 지지보에서 지점 B에서의 반력 R_2는?

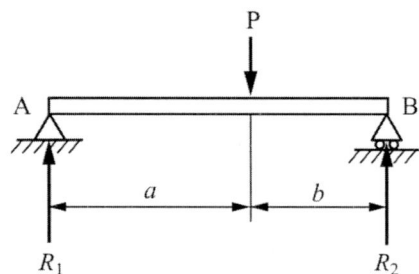

① P ② $\frac{1}{2}P$

③ $\frac{a}{a+b}P$ ④ $\frac{b}{a+b}P$

해설 지점 B에서의 하중을 구하는 것이 아니고 반력을 구하는 문제이므로 반력은 3번이고 하중은 4번이다. (반력 : 외력에 대한 저항력으로서 지점에 생기는 힘)

42 판금성형작업시 릴리프 홀(relief hole)의 지름치수는 몇 인치 이상의 범위에서 굽힘반지름의 치수로 하는가?

① $\frac{1}{32}$ ② $\frac{1}{16}$

③ $\frac{1}{8}$ ④ $\frac{1}{4}$

해설 릴리프 홀 : 2개 이상 판재 굽힘 시 굽힘이 교차하는 장소에 응력이 집중하여 교점에 균열이 발생하는데 응력집중이 일어나는 교점에 응력제거구멍을 뚫어주는 홀을 말하고 판금성형 작업시 릴리프 홀 지름치수는 1/8인치 이상의 범위에서 작업한다.

43 그림과 같은 구조물에서 A단에서 작용하는 힘 200N이 300N으로 증가하면 케이블 AB에 발생하는 장력은 약 몇 N이 증가하는가?

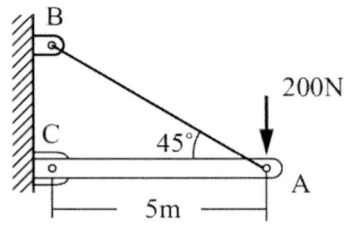

① 141   ② 212
③ 242   ④ 282

해설 정역학의 평형방정식 문제가 아니고 삼각함수를 이용하여 문제를 풀이하면 됩니다.
각도가 45도 이므로 케이블의 길이는
$\sqrt{5*5+5*5} = 7.07$m

$$장력(T) = \frac{하중}{케이블수} \times \frac{케이블길이}{수직거리}$$
$$= \frac{(300-200)*7.07}{5} = 141.4$$

44 리벳작업 시 리벳 성형머리(bucktail)의 일반적인 높이를 리벳 지름(D)으로 옳게 나타낸 것은?

① 0.5D   ② 1D
③ 1.5D   ④ 2D

해설 리벳팅 후 벅테일의 높이가 리벳지름의 0.5배, 폭이 1.5배인지 스틸자로 검사해야 한다.

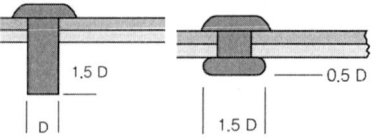

ANSWER 41 ③ 42 ③ 43 ① 44 ①

45 가로 5cm, 세로 6cm 인 직사각형단면의 중심이 그림과 같은 위치에 있을 때 x, y축에 관한 단면의 상승모멘트 $I_{xy} = \int_A xy dA$ 는 몇 cm⁴인가?

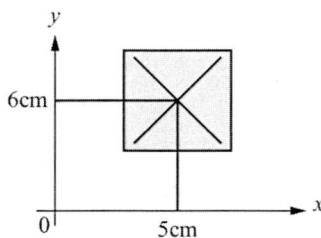

① 750 ② 800
③ 850 ④ 900

해설 I_{xy} = 단면적*(6−0)*(5−0)
$I_{xy} = A*\bar{x}*\bar{y} = 6*5*6*5 = 900\,cm^4$

46 항공기 조종계통은 대기온도 변화에 따라 케이블의 장력이 변하는데 이것을 방지하기 위하여 온도 변화에 관계없이 자동적으로 항상 일정한 케이블의 장력을 유지하는 역할을 하는 것은?

① 턴버클(turn buckle)
② 푸시 풀 로드(push pull rod)
③ 케이블 장력 측정기(cable tension meter)
④ 케이블 장력 조절기(cable tension regulator)

해설 ① Turnbuckle : 조종 케이블의 장력을 조절하는 부품
② Cable Tensiometer : 케이블 텐션미터 케이블 장력을 측정
③ Cable Tension Regulator : 온도변화와 관계없이 장력을 자동으로 일정하게 조절

47 그림과 같은 응력변형률 선도에서 접선계수(tangent modulus)는? (단, S_1T는 점 S_1에서의 접선이다.)

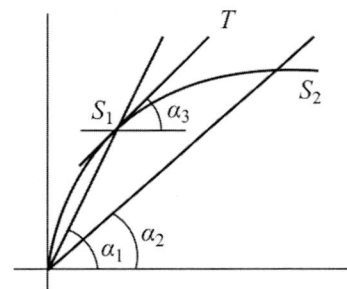

① $\tan\alpha_1$ ② $\tan\alpha_2$
③ $\tan\alpha_3$ ④ $\tan(\dfrac{\alpha_1}{\alpha_2})$

해설 변형률(x축)과 압축응력(y축)의 곡선을 나타내는 그래프이다. 접선계수는 임의의 점 S_1에서 응력-변형률 곡선에 그은 접선이 이루는 각의 기울기를 말한다.
$\dfrac{\triangle 응력}{\triangle 변형률} = \dfrac{\triangle\sigma}{\triangle\epsilon} = \tan\theta$

48 민간 항공기에서 주로 사용하는 인테그랄 연료탱크(Integral fuel tank)의 가장 큰 장점은?

① 연료의 누설이 없다.
② 화재의 위험이 없다.
③ 연료의 공급이 쉽다.
④ 무게를 감소시킬 수 있다.

해설 Integral fuel tank는 날개, 동체 구조물의 일부분을 연료탱크로 사용하기 위해 밀봉제(sealant)로 밀봉되어 있다. 추가되는 구조물 없이 가장 넓은 공간을 마련하여 무게를 감소시킬 수 있다. 기체구조(airframe structure) 내에 구성부분을 탱크로 사용하기 때문에 이를 일체형 연료탱크라고 부른다.

ANSWER 45 ④ 46 ④ 47 ③ 48 ④

49 비소모성 텅스텐 전극과 모재 사이에서 발생하는 아크열을 이용하여 비피복 용접봉을 용해시켜 용접하며 용접부위를 보호하기 위해 불활성가스를 사용하는 용접 방법은?

① TIG용접　② 가스용접
③ MIG용접　④ 플라즈마용접

해설 TIG용접은 Gas Tungsten Arc Welding, GTAW 이라고 하고 항공기 유지보수, 수리에 가장 안전하게 사용된다. MIG와 같이 stainless steel, magnesium, thick aluminum 같은 금속에 용접이 가능하지만 MIG, 전기아크용접과 가장 다른 점은 텅스텐 전극과 모재 사이에 아크를 발생시키는 것이다.

50 케이블 단자 연결방법 중 케이블 원래의 강도를 90% 보장하는 것은?

① 스웨이징 단자방법(swaging terminal method)
② 니코프레스 처리방법(nicopress process)
③ 5단 엮기 이음방법(5 tuck woven splice)
④ 랩솔더 이음방법(wrap solder cable splice)

해설 Cable Splicing의 연결부분강도
① 5단 엮기 케이블작업 (5 tuck woven cable splice) 75%
② 나이코프레스 (Nicopress) 100%
③ 스웨이징 (Swaging Method) 100%
④ 납땜 이음방법 (Wrap solder cable splice) 90%이며 1*19 케이블에 적용하며 고온에서는 사용을 금지한다.

51 딤플링(dimpling)작업 시 주의사항이 아닌 것은?

① 반대방향으로 다시 딤플링을 하지 않는다.
② 판을 2개 이상 겹쳐서 딤플링 하지 않는다.
③ 스커드 판 위에서 미끄러지지 않게 스커드를 확실히 잡고 수평으로 유지한다.
④ 7000시리즈의 알루미늄합금은 홀 딤플링을 적용하지 않으면 균열을 일으킨다.

해설 딤플링 주의사항
① 수평으로 놓고 작업
② 반대 방향으로 딤플링 안됨
③ 판을 2개 이상 겹쳐서 동시에 작업 금지
④ 강한 알루미늄 합금의 균열 문제로 열을 가해서 핫 딤플작업 (7000시리즈 마그네슘)

52 항공기 동체에서 모노코크구조와 비교하여 세미모노코크구조의 차이점에 대한 설명으로 옳은 것은?

① 리브를 추가하였다.
② 벌크헤드를 제거하였다.
③ 외피를 금속으로 보강하였다.
④ 프레임과 세로대, 스트링어를 보강하였다.

해설 하중을 전달하기 위해 외피의 강도에 크게 의지하는 모노코크(monocoque)와 달리 세미모노코크(semi-monocoque)는 프레임과 세로대, 스트링거를 보강하여 하중을 분담하였다.

ANSWER　49 ①　50 ④　51 ③　52 ④

53 항공기용 볼트의 부품 번호가 "AN 6 DD H 7A"에서 숫자 '6'이 의미하는 것은?

① 볼트의 길이가 $\dfrac{6}{16}$ in이다.

② 볼트의 직경이 $\dfrac{6}{16}$ in이다.

③ 볼트의 길이가 $\dfrac{6}{8}$ in이다.

④ 볼트의 직경이 $\dfrac{6}{32}$ in이다.

해설 ① AN : 규격 (Air Force - Navy Aeronautical Standards)
② 6 : 볼트 지름이 6/16인치
③ DD : 재질 2024 알루미늄 합금 (C : 내식강, - : 합금강)
④ H : 머리에 구멍유무 (H : hole 유, 무표시: hole 무)
⑤ 7 : 볼트 길이가 7/8인치
⑥ A : 나사 끝에 구멍이 유무 (A : hole 무, 무표시 : hole 유)

54 그림과 같은 항공기에서 무게중심의 위치는 기준선으로부터 약 몇 m 인가? (단, 뒷바퀴는 총 2개이며, 개당 1000kgf이다.)

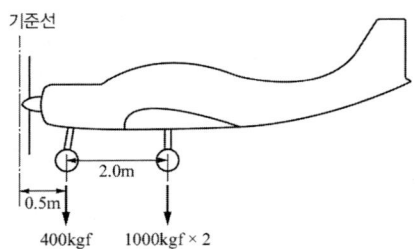

① 0.72 ② 1.50
③ 2.17 ④ 3.52

해설 Center of gravity (CG : 무게중심)은 항공기의 평형 점을 나타내고 항공기의 앞쪽과 뒤쪽의 무거운 정도가 정확하게 같아지는 점을 말하며 공식은 다음과 같다. 모멘트는 무게와 거리를 곱한 것을 말한다.

무게중심 = $\dfrac{\text{각각의 모멘트의 합}}{\text{각각의 무게의 합}}$,

$\dfrac{(0.5*400)+(2.5*1000)+(2.5*1000)}{400+1000+1000}$

$= \dfrac{200+2500+2500}{2400} = 2.17$ m

결론은 무게중심은 기준선에서 후방 2.17m 떨어진 위치에 위치한다.

55 금속표면에 접하는 물, 산, 알칼리 등의 매개체에 의해 금속이 화학적으로 침해되는 현상은?

① 침식 ② 부식
③ 찰식 ④ 마모

해설 부식의 매개체 (Corrosive Agent)
부식 발생의 원인을 제거하기 위해서는 부식발생을 돕는 각종 매개체가 항공기 구조부재와의 접촉을 막거나 접촉이 되었을 시는 빠른 시간 안에 제거하거나 최소화시켜야 한다.
① Acid & Alkali (산과 알카리) 활주로 동결 방지제의 염산
② Salt (염분) 해변상의 대기 염분
③ Water (물)
④ Air (공기)
⑤ Mercury (수은)
⑥ Organic Growth (유기물 성장) 탱크내의 유기물

ANSWER 53 ② 54 ③ 55 ②

56 페일세이프구조(fail safe structure) 방식으로만 나열한 것은?

① 리던던트구조, 더블구조, 백업구조, 로드드롭핑구조
② 모노코크구조, 더블구조, 백업구조, 로드드롭핑구조
③ 리던던트구조, 모노코크구조, 백업구조, 로드드롭핑구조
④ 리던던트구조, 더블구조, 백업구조, 모노코크구조

해설 페일세이프구조 (fail safe structure)
① 다경로 하중구조 (redundant structure)
② 이중 구조 (double structure)
③ 대치 구조 (back up structure)
④ 하중 경감 구조 (load dropping structure)

57 알크래드(alclad)에 대한 설명으로 옳은 것은?

① 알루미늄 판의 표면을 변형경화 처리한 것이다.
② 알루미늄 판의 표면에 순수 알루미늄을 입힌 것이다.
③ 알루미늄 판의 표면을 아연 크로메이트 처리한 것이다.
④ 알루미늄 판의 표면을 풀림 처리한 것이다.

해설 알크래드(alclad) = AL(알루미늄) + CLAD(입은)
알루미늄 합금 2024 7075는 강도 면에서 강하나 부식에 약해서 내식성을 개선할 목적으로 알루미늄 합금의 양면에 내식성이 우수한 순수 알루미늄을 약 5.5% 정도 두께로 붙여 사용한다.

58 브레이크 페달(brake pedal)에 스폰지(sponge) 현상이 나타났을 때 조치 방법은?

① 공기를 보충한다.
② 계통을 블리딩(bleeding)한다.
③ 페달(pedal)을 반복해서 밟는다.
④ 작동유(MIL-H-5606)를 보충한다.

해설 Bleeding은 Brake Pressure를 이용한 Top-Down 방식과 Pressure를 이용하는 방법이 있다. Top-Down 방식은 Cockpit에 Brake를 밟아 작동유를 Drain하여 계통 안에 Bubble을 제거한다. Pressure방식은 반대로 외부에서 작동유에 압력을 가해 Reservoir까지 Bubble을 보내 Vent하는 방법이다.

59 고정익 항공기가 비행 중 날개 뿌리에서 가장 크게 발생하는 응력은?

① 굽힘응력   ② 전단응력
③ 인장응력   ④ 비틀림응력

해설 항공기 날개에서 작용하는 양력은 항공기 동체와 전단응력이 작용한다. 항공기 부품인 스크루, 볼트, 리벳은 전단응력을 버티고 있다.

60 상품명이 케블라(Kevlar)라고 하며 가볍고 인장강도가 크며 유연성이 큰 섬유는?

① 아라미드섬유   ② 보론섬유
③ 알루미나섬유   ④ 유리섬유

해설 아라미드 섬유
"케블라"라고 하며 노란색 섬유의 일종이다. 비중은 작고 높은 인장강도를 가지고 있어 경항공기, 회전익, 대형항공기의 2차 구조물에 사용된다. 재료가 고유명사가 되어 방탄조끼를 케블라라고도 한다.

ANSWER 56 ① 57 ② 58 ② 59 ② 60 ①

제4과목 ✈ 항공장비

61 최대값이 141.4[V]인 정현파 교류의 실효값은 약 몇 [V]인가?

① 90　　② 100
③ 200　　④ 300

해설
$$실효값(V_s) = \frac{최대값(V_{max})}{\sqrt{2}}$$
$$= \frac{141.4[V]}{\sqrt{2}} = 100[V]$$

62 다음 중 항공기의 엔진 계기만으로 짝지어진 것은?

① 회전 속도계, 전파 고도계, 승강계
② 기상 레이더, 승강계, 대기 온도계
③ 회전 속도계, 연료 유량계, 자기 나침반
④ 연료 유량계, 연료 압력계, 윤활유 압력계

해설 엔진계기는 항공기의 엔진 작동 상태를 지시하기 위해 운영매개변수를 측정하도록 설계되었다. 보통 압력, 그리고 온도 지시이다. 또한 엔진회전속도 측정도 포함한다. 가장 일반적인 엔진계기는 연료계, 유량계, 압력계, 회전속도계, 그리고 온도계이다. 왕복엔진구동 항공기와 가스터빈구동 항공기에서 찾아 볼 수 있는 여러 가지의 엔진 계기도 포함한다. 엔진회전계, 연료압력계, 연료유량계, 윤활압력계, 실린더온도계, 저압압축기회전계(N1), 고압압축기회전계(N2), 배기가스온도계 등이 있다.

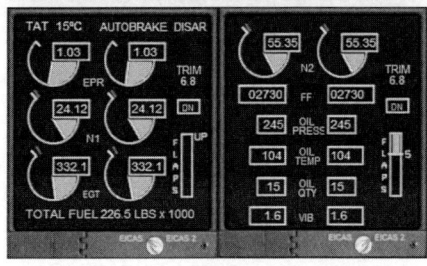

① 연료 유량계 : 엔진에 유입되는 연료의 유량을 측정하고 조정실에 장치되어 있는 지시기로 표시하고 있다. 유량은 파운드/시간 또는 갤런/시간으로 표시된다. 종류에는 차압식, 베인식, 동기 전동기식이 있다.
② 연료 압력계 : 항공용 왕복 엔진의 기화기에 공급하는 연료 또는 가스터빈 엔진에 공급하는 연료의 압력을 지시하는 계기이다. 버든 튜브 또는 벨로우식 압력계로 게이지압, 직접, 원격 지시 방식이다. (100psi 이하)
③ 윤활유(오일) 압력계 : 엔진의 각 부분에 전달되는 오일의 압력을 지시하는 계기이다. 오일 압력계는 기계적 또는 전기적으로 작동하며 기계식 오일 압력계는 버든튜브에서 엔진으로 들어가는 오일의 압력을 측정하여 연결 장치(link)를 이용하여 psi 단위로 지시한다. 오일압력과 대기압력의 차인 게이지압력(버든튜브)을 나타내며, 오일의 공급상태를 확인할 수 있다.

ANSWER 61 ② 62 ④

63 착륙장치의 경고회로에서 그림과 같이 바퀴가 완전히 올라가지도 내려가지도 않은 상태에서 스크롤 레버를 감소로 작동시키면 일어나는 현상은?

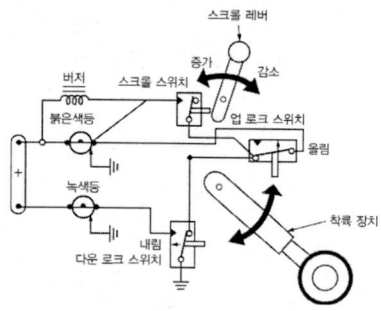

① 버저만 작동된다.
② 녹색등만 작동된다.
③ 버저와 붉은색등이 작동된다.
④ 녹색등과 붉은색등 모두 작동된다.

해설 대형항공기 접개들이식 착륙장치(Retraction system)의 위치 지시계 : 랜딩기어의 동작위치 상태를 조종사에게 알려주기 위해 사용된다. 기어지시를 위한 각각의 기어에 대해 전용 등이 있다. DOWN 또는 UP 상태에 대해서, 착륙장치에 대한 가장 일반적인 표시는 조명된 녹색등이다. 3개의 녹색등이 켜지면 착륙장치가 안전하게 DOWN LOCK 상태를 의미한다. 반대로 모든 등이 꺼지면 기어가 UP LOCK 상태인 것을 지시한다. 기어가 동작 중이거나, DOWN & UP LOCK 상태가 되지 않으면 적색등이 켜진다. 또한, 착륙을 위해 스로틀레버를 감속 상태에 두고, 기어가 동작 중이거나, DOWN LOCK 상태가 되지 않으면 적색등이 켜진다.

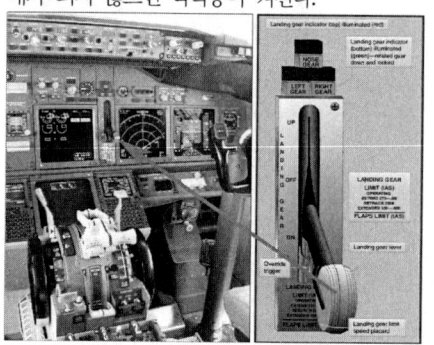

64 항공기의 위치와 방빙(anti-icing) 또는 제빙(de-icing) 방식의 연결이 틀린 것은?

① 조종날개 - 열공압식, 열전기식
② 프로펠러 - 열전기식, 화학식
③ 기화기(carbutetor) - 열전기식, 화학식
④ 윈드실드(windshield), 윈도우(window) - 열전기식, 열공압식

해설 날개, 수평 및 수직 안정판 제방빙계통 (Wing, Horizontal and Vertical Stabilizer Anti-Icing Systems) : 대부분 항공기의 날개 앞전 또는 슬랫, 수평&수직안정판 앞전 등과 같은 구성품에 공기역학적 특성의 유지 및 얼음의 형성을 방지하기 위해 제방빙계통을 장비하고 있다. 가장 일반적으로 사용되는 제방빙계통은 열공압식(thermal pneumatic), 열전기식(thermal electric), 그리고 화학약품(chemical) 방식이 있다. 대부분 항공기는 결빙조건에서 비행이 가능하도록 공기식 제빙부츠 계통이나 화학적 방빙계통을 장비하고 있다. 대형 운송용 항공기는 얼음의 형성을 방지하기 위해 자동적으로 제어되는 최신의 열공압식 또는 열전기식 방빙계통을 적용한다.

결빙 부분	방빙 및 제빙 방법
날개 앞전	가열공기
수직, 수평 안정판의 앞전	가열공기
윈드실드 및 창문	전열기, 알콜
히터, 기관 공기 흡입구	전열기
실속 경고 장치	전열기
프로펠러 깃의 앞전	전열기, 알콜
왕복엔진 기화기(플로트형)	가열공기, 알콜
드레인 마스트	전열기
피토관	전열기

※ 알콜 : 이소프로필 알콜이나 에틸렌글리콜과 알콜을 섞은 용액

ANSWER 63 ③ 64 ③

65 다음 중 화재탐지장치에서 감지센서로 사용되지 않는 것은?

① 바이메탈(bimetal)
② 아네로이드(aneroid)
③ 공용염(eutectic salt)
④ 열전대(thermocouple)

해설
① 서멀스위치형 화재탐지기 : 열 팽창률이 낮은 니켈-철 합금인 금속 스트럿이 서로 휘어져 있어 평상시에는 접촉점이 떨어져 있으나, 열을 받게 되면 스테인레스강으로 된 케이스가 늘어나게 되므로, 금속 스트럿이 펴지면서 접촉점이 연결되는 바이메탈(Bimetal) 원리를 이용하여 회로를 형성시킨다.
② 아네로이드 (Aneroid) : 다이어프램을 진공 밀폐형으로 만들어진 것을 아네로이드(Aneroid)라고 부른다. 아네로이드는 수많은 비행계기에 사용된다. 다이어프램은 표준대기압으로 가스로 채워지고 밀봉된다. 다이어프램과의 공통은 측벽의 팽창과 수축이 압력을 증가 또는 감소시킨다. 고도계와 승강계에 공함으로 사용된다.

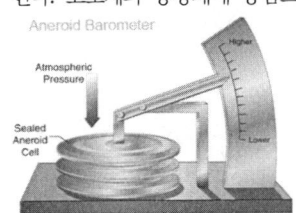

③ 저항루프형 화재탐지기 : 전기 저항이 온도에 의해 변화하는 세라믹이나, 일정 온도에 달하면 급격하게 전기 저항이 떨어지는 융점이 낮은 소금(Eutectic salt)을 이용하여 온도 상승을 전기적으로 탐지한다. 또한 온도에 의해 현저하게 전기저항값이 변화(온도가 상승하면 전기저항값이 급격하게 감소)하는 반도체인 서미스터(Thermistor)를 사용하여 경고 장치를 작동시킨다.
④ 서머커플형 화재탐지기 : 열전쌍식이라 하며, 온도의 급격한 상승에 의하여 화재를 탐지하는 장치로서, 서로 다른 종류의 금속을 서로 접합한 열전쌍(Thermocouple)을 이용하여 필요한 만큼 직렬로 연결하고, 고감도 릴레이를 사용하여 경고 장치를 작동시킨다.

66 SELCAL 시스템의 구성 장치가 아닌 것은?

① 해독장치
② 음성 제어 패널
③ 안테나 커플러
④ 통신 송·수신기

해설
선택호출장치 (SELCAL : Selective Calling System) : 지상에서 항공기 호출을 하는 시스템으로 항공기마다 고유의 코드를 가지고 있다. SELCAL 코드라고 하며 알파벳 A~S 사이에서 I, N, O를 제외한 16개의 문자 중 4개의 문자로 구성되어 있다. 해당 지역의 지상국에서 어느 항공기를 호출(call)할 때 사용되며 HF, VHF 두 가지 통신 방법에 의해 수행된다. 항공기에 장착된 VHF, HF 안테나를 통하여 수신되며 수신된 부호 코드를 SELCAL 디코더가 해석을 하여 당 항공기의 코드와 일치하는지 확인한다. 코드가 일치된 것이 확인되면 수신된 시스템, 즉 VHF 또는 HF 중 신호를 수신한 시스템 쪽의 음성조정패널(ACP : Audio Control Panel)에 호출 라이트를 점등하며 차임(chime)을 통하여 승무원에게 오디오로 알려준다. 이 장비가 있어서 조종실 승무원이 항상 HF 또는 VHF의 수신 상태에 주의를 기울일 필요가 없어졌으며 또한 해당국의 수신 상태를 작동상태(Active)로 해놓을 필요조차 없어졌다. 즉, SELCAL을 통해 지상에서 호출할 시 연결하면 된다. 단, 항공기에서 해당 주파수가 선택되어 있지 않으면 호출이 되지 않으므로 항공기는 관할 지역을 비행할 시 항상 지상국 관련 주파수를 설정하여야만 한다. SELCAL 디코더 내부엔 5개의 디코더로 구성되어 있어 채널별로 VHF, HF 시스템이 할당되어 있다. 각 디코더의 역할은 수신된 신호의 코드를 분석하여 당 항공기의 할당된 코드와 같은지 여부를 판단한다. 같을 경우 조종실의 호출을 위해 해당 ACP에 호출 라이트를 점등해 준다.

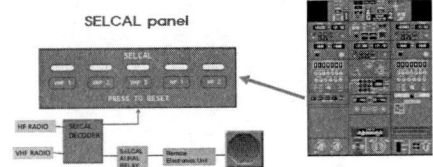

ANSWER 65 ② 66 ③ 67 ①

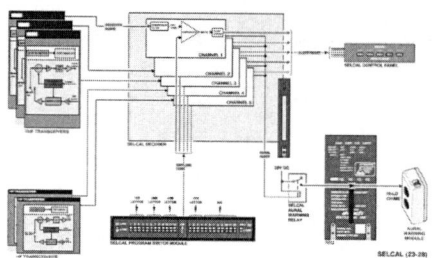

※ 안테나 커플러 (Antenna coupler) : 주로 수직 안정판의 앞전에 안테나가 있으며, 그 바로 아래에 장착되어 있는 2개의 안테나 커플러는 안테나의 일정한 임피던스와 작동 주파수에 따라 변화되는 출력 임피던스와 정합을 시키기 위하여 사용된다. 일반적으로 주파수가 클수록 큰 안테나를 사용해야 하지만 항공기에는 비교적 작은 안테나를 사용할 수밖에 없어 송수신기와 안테나의 전기적인 매칭을 위해 안테나 커플러(antenna coupler)가 부착된다. 안테나 커플러는 전파를 수신하기 위해 안테나의 길이를 짧게 하기 위해 보상해주는 장치이다. 안테나 커플러와 안테나는 동축 케이블로 연결되어 있으며, 안테나 커플러는 동축 케이블을 통해 각 송수신기로 RF 신호를 보내준다. 안테나 커플러는 임피던스 정합기와 제어 회로로 구성되어 있으며, 2.000~29.999[MHz]의 주파수 대역으로 주파수를 맞추어 준다. 주파수가 선택되는 시간은 2~7초 정도 걸린다. 또, 자동적으로 주파수 선택 요소를 조절하기 위해 송신 출력 주파수를 계속 감지한다. 왼쪽 및 오른쪽 단파 통신계통은 동시에 신호가 송신될 수 없으며, 송신되는 동안 다른 쪽의 장거리 통신 안테나 커플러는 사용할 수 없다. 따라서 1개의 안테나로 단파통신 범위에서 RF 신호를 송수신한다.

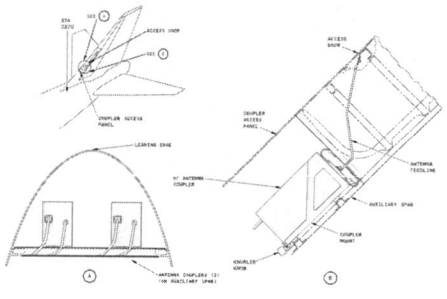

67 3상 교류발전기와 관련된 장치에 대한 설명으로 틀린 것은?

① 교류발전기에서 역전류 차단기를 통해 전류가 역류하는 것을 방지한다.
② 엔진의 회전수에 관계없이 일정한 출력 주파수를 얻기 위해 정속구동장치가 이용된다.
③ 교류발전기에서 별도의 직류발전기를 설치하지 않고 변압기 정류기 장치(TR unit)에 의해 직류를 공급한다.
④ 3상 교류발전기는 자계권선에 공급되는 직류전류를 조절함으로서 전압조절이 이루어진다.

해설 대형항공기에 사용되는 Brushless 교류발전기는 영구 자석 발전기, 교류 여자기, 주발전기가 하나로 되어 있다. 정속 구동 장치를 매개로 엔진으로 구동되어 출력주파수를 400[Hz]로 일정하게 한다. DC bus에는 TRU를 통해 변환하여 공급한다. 직류발전기는 전압조절기, 전류제한기, 역전류차단기가 보조기기로 필요하지만, 교류발전기는 전압조절기만 이용하는데, 반도체회로로 구성된 여자기를 통하여 직류로 계자권선에 공급된다.

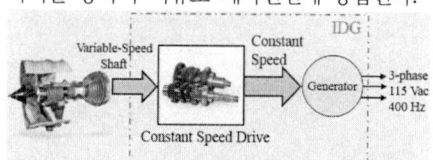

① 영구자석 발전기가 먼저 교류를 발전한다. 정류되어 28V의 직류가 되어 발전기를 제어하는 전원이 된다.
② 영구자석 발전기에 의해 얻어지는 28V 직류는 전압 조절기를 거쳐 교류 여자기의 계자로 보내져 교류 여자기를 여자한다. 이에 여자기의 전기자에 3상 교류가 발생한다.
③ 여자기가 발전한 교류는 3상 전파 정류기에 의해 직류로 변환되어 주발전기의 계자를 여자한다. 이에 주발전기의 전기자에 3상 교류가 발생한다.
④ 주발전기의 3상 교류는 전압조절기로 보내지며, 115V를 유지하도록 여자기의 계자 전류를 조절한다.

ANSWER 67 ①

68 자동착륙시스템과 관련하여 활주로까지 가시거리(RVR)가 최소 46m(150ft) 이상만 되면 착륙할 수 있는 국제민간항공기구의 활주로 시정등급은?

① CAT Ⅰ   ② CAT Ⅱ
③ CAT Ⅲa   ④ CAT Ⅲb

해설 조종사가 착륙 시도 여부를 결정하는 높이로, 이 고도에서 활주로나 등화시설 등의 시각 참조물이 육안으로 보이면, 계속 접근하여 착륙하고, 보이지 않을 경우에는 착륙을 중단하고 복행을 시도하는 높이다. ILS를 이용하여 Glide slope와 Localizer를 잡고 활주로에 진입을 하다가 결심고도에서 조종사는 강하를 멈추고 착륙 또는 복행을 결정해야 한다. 악천후 시 이착륙을 결정짓는 기상 제한치는 ICAO 부속서를 토대로 각국의 항공법과 공항당국, 항공사의 운항규정에 따라 정해져 있다. 일반적으로 착륙시에는 공항의 활주로 및 항행 안전시설에 따라 정밀접근, 비정밀접근, 선회접근, 시각접근 등으로 구분되며, 정밀접근은 카테고리 Ⅰ, Ⅱ, Ⅲa, Ⅲb, Ⅲc로 세분된다.

Category	Decision Height (DH)*2	Runway Visual Range(RVR)*3	Visivility Minimum
CAT I	200ft (61m) or More	1,800 ft (550m) at some airports 1,210 ft (370m) is approved. For single crew operation, increased to 2,600 ft (790m)	2,600 ft (800m)
CAT II	Less than 200ft and more than 100 ft (30m)	1,200 ft (350m)	NA
CAT IIIa	Less than 100 ft (30m) and more than 50 ft (15m)	700 ft (200m)	NA
CAT IIIb	Less than 50 ft (15m) or none	More than 150 ft (46m) and less than 700 ft (200m)	NA
CAT IIIc	No limitation	None	NA

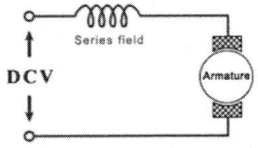

※ 시정(Visibility) : 낮에는 수평방향으로 먼 거리의 지물을 보통 육안으로 식별할 수 있는 최대 거리를 말한다. 대기 중에 안개, 먼지 등 물질의 혼탁 정도에 따라 나타나는 기상요소를 말한다.
※ 활주로 가시거리(Runway visual range) : 항공기가 이륙할 때 활주를 개시하는 시점 또는 항공기가 착륙할 때 접지하는 지점의 지상 5m 높이에서 항공기가 이착륙하는 방향을 볼 때 인지할 수 있는 활주로의 가장 먼 부분의 표시선 또는 등화를 볼 수 있는 최대의 거리를 말한다. 투광계로 측정한다.
※ 공항운영등급(CAT) : 국제민간항공기구(ICAO)에서 카테고리(CAT)라고 하는 5가지 단계에 따라 항공기의 비행 가능 여부를 결정짓는 조건이 다르다. 공항의 착륙 및 이륙을 보조하는 장비들의 수준에 따라 달라진다. 또한 장비들이 정교할수록 항공기의 앞이 전혀 보이지 않는 기상상태에서도 이착륙이 가능하게 된다. 일반적인 국제공항 수준은 CATⅢb를 적용하고 있다.

69 시동 토크가 커서 항공기 엔진의 시동 장치에 가장 많이 사용되는 전동기는?

① 분권 전동기   ② 직권 전동기
③ 복권 전동기   ④ 분할 전동기

해설 ※ 전동기의 종류
1) 직류 전동기 : 직권 전동기, 분권 전동기, 복권 전동기
2) 교류 전동기 : 유도 전동기, 동기 전동기, 교류 정류자 전동기

① 직권 전동기 : 전기자 코일과 계자 코일이 서로 직렬로 연결된 것. 시동 시, 전기자 코일과 계자 코일 모두에 전류가 많이 흘러 시동 회전력이 크다는 것이 장점이다. 시동기(Starter)로 사용된다.

Series DC motor

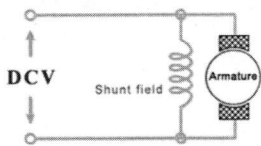

② 분권 전동기 : 전기자 코일과 계자 코일이 병렬로 연결된 것. 회전 속도에 따라 계자 전류가 변화하지 않아 부하에 따른 속도의 변화가 일정하다.

Shunt DC motor

ANSWER 68 ④   69 ②

③ 복권 전동기 : 전기자 코일과 계자 코일이 직렬과 병렬로 연결된 것. 직권과 분권의 장점을 가지고 있어, 회전력이 크고 정속도 특성을 나타낸다.

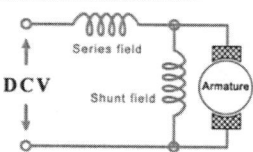

70 항공기를 운항하기 위해 필요한 음성통신은 주로 어떤 장치를 이용하는가?

① GPS 통신장치
② ADF 수신기
③ VOR 통신장치
④ VHF 통신장치

해설 VHF (Very high frequency) : 일반적으로 파장이 매우 짧고 높은 주파수의 전자파는 이온층에서 반사되지 않고 직진한다. 지표파는 감쇠가 심하여 공간파에 비하여 상대적으로 약하다. 따라서, VHF 대역은 가시거리 통신에만 유효하다. 보통 공대지 통신에는 VHF 대역이 이상적이다. 118.0~136.975[MHz]의 대역으로 조정패널, 송수신기, 안테나로 구성되어 있다. (안테나 커플러는 HF 전파를 수신하기 위해 안테나의 길이를 짧게 하기 위해 보상해주는 회로 장치이다.)

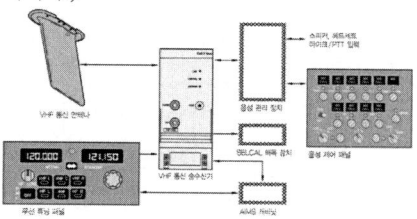

※ VHF (Very high frequency) 통신장치의 특징
① 주파수 대역은 30~300[MHz] (통신채널 간격 25[kHz])
② 근거리 통신으로 국내선 통신에 적합하다.
③ 페이딩이 심하다.

④ 조정패널, 송수신기, 안테나에 사용된다.
⑤ 항공용 통신 주파수 대역은 118~136.9 [MHz]
⑥ 잡음을 없애기 위해 스퀠치 회로를 사용한다.
※ 스퀠치(squelch) 회로 : FM 수신기에서 신호 입력이 없을 때는 잡음이 증폭되어 스피커에서 큰 잡음이 나오는데, 잡음을 억제하는 회로이다. 잡음을 정류하여 저주파 증폭기의 바이어스를 변화시켜 증폭도를 낮추어서 잡음이 스피커에서 나오지 않도록 하고 있다.

71 다음 중 자이로(gyro)의 강직성 또는 보전성에 대한 설명으로 옳은 것은?

① 외력을 가하지 않는 한 일정한 자세를 유지하려는 성질이다.
② 외력을 가하면 그 힘의 방향으로 자세가 변하려는 성질이다.
③ 외력을 가하면 그 힘과 직각방향을 자세가 변하려는 성질이다.
④ 외력을 가하면 그 힘과 반대방향으로 자세가 변하려는 성질이다.

해설 ① 섭동성 (세차성) : 외부에서 가해진 착력점으로부터 로터의 회전방향으로 90° 회전한 점에 힘이 작용하여 축을 움직이게 하는 성질. 섭동성은 로터의 무게가 증가하거나 회전각 속도가 크면 감소하고 로터를 기울이려는 외력에 비례하며 강직성과의 반대 성질이 있다. 섭동성을 이용한 계기로써는 선회계가 있는데 항공기가 좌우 방향으로 선회하는 속도를 나타내는 항공계기. 유리관 속에 까만 구슬이 든 경사계가 계기 아래쪽에 함께 붙어 있다. 선회계의 성질과 강직성을 이용한 선회경사계가 있다.
② 강직성 : 로터가 회전하고 있을 때는 로터 회전축은 일정한 방향을 유지하는 성질이 있다. 로터 회전 속도가 큰 만큼 강하다. 로터 질량이 회전축에서 멀리 분포하고 있는 만큼 강하다.

ANSWER 70 ④ 71 ①

72 전파고도계(radio altimeter)에 대한 설명으로 틀린 것은?

① 전파고도계는 지형과 항공기의 수직거리를 나타낸다.
② 항공기 착륙에 이용하는 전파고도계의 측정범위는 0~2500[ft]정도이다.
③ 절대고도계라고도 하며 높은 고도용의 FM형과 낮은 고도용의 펄스형이 있다.
④ 항공기에서 지표를 향해 전파를 발사하여 그 반사파가 되돌아올 때까지의 시간을 측정하여 고도를 표시한다.

해설 고도계는 기압고도계와 전파고도계로 분류된다. 기압고도계는 해면을 기준으로 하고, 전파고도계는 지표면을 기준으로 한다. 전파고도계(radio altimeter)는 비행 중인 항공기에서 바로 밑의 지표면을 향해서 전파를 발사하고 그 반사파가 되돌아올 때까지의 전파에 소요된 시간을 측정함으로써 항공기와 지표면의 거리, 즉 고도를 측정하는 장치. 절대 고도를 지시하는 것으로 절대고도계라고 하며, 펄스형(고고도용, 29000ft 이상)과 FM형(저고도용, 2500ft 이하)이 있다.

73 매니폴드(manifold) 압력계에 대한 설명으로 옳은 것은?

① EPR 계기라 한다.
② 절대압력으로 측정한다.
③ 상대압력으로 측정한다.
④ 제트엔진에 주로 사용한다.

해설 흡입(흡기) 압력계 (Manifold pressure indicator) : 왕복기관에서 실린더에 흡입되는 공기, 연료 혼합기의 압력을 측정하는 것으로 매니폴드 압력계라고 한다. 흡기압력계는 흡기압의 절대압력(아네로이드)을 지시하는 계기이므로, 기관이 정지해 있는 경우에는 그 장소의 대기압을 지시한다.

74 화재탐지기가 갖추어야 할 사항으로 틀린 것은?

① 화재가 계속되는 동안에 계속 지시해야 한다.
② 조종실에서 화재탐지장치의 기능 시험이 가능해야 한다.
③ 과도한 진동과 온도변화에 견디어야 한다.
④ 화재탐지는 모든 구역이 하나의 계통으로 되어야 한다.

해설 화재감지계통의 요구사항
① 지상이나 비행 중에 화재가 발생하지 않은 경우에는 작동이나 경고를 발생시키지 않을 것
② 화재가 발생하였을 때에는 그 장소를 신속하고 정확하게 표시할 것
③ 화재가 계속 진행하고 있을 때에는 연속적으로 표시할 것
④ 화재가 꺼진 후에는 정확하게 지시를 멈출 것
⑤ 화재가 다시 발생한 경우에도 위의 ②, ③의 항목대로 작동할 것
⑥ 조종실에서 화재 탐지와 화재 경고 장치의 기능을 시험할 수 있을 것
⑦ 윤활유, 물, 열, 진동, 관성력 및 그 밖의 하중에 대하여 충분한 내구성을 가질 것
⑧ 무게가 가볍고, 장착이 용이하며, 정비나 취급이 간단할 것
⑨ 항공기 전원에서 직접 전력을 공급받으며, 전력 소비가 적을 것
⑩ 화재 탐지는 화재 구역마다 독립적인 계통으로 있을 것
⑪ 화재 경고는 조종실에 경고음을 발함과 동시에 화재의 장소를 알리는 경고등이 켜질 것

ANSWER 72 ③ 73 ② 74 ④

75 압력제어밸브 중 릴리프밸브의 역할로 옳은 것은?

① 불규칙한 배출압력을 규정 범위로 조절한다.
② 계통의 압력보다 낮은 압력이 필요할 때 사용된다.
③ 항공기 비행자세에 의한 흔들림과 온도상승으로 인하여 발생된 공기를 제거한다.
④ 계통 안의 압력으로 인하여 계통 안의 관이나 부품이 파손되는 것을 방지한다.

해설 릴리프 밸브(relief valve) : 작동유에 의한 계통 내의 압력을 규정된 값 이하로 제한하는데 사용되는 것으로, 과도한 압력으로 인하여 계통 내의 관이나 부품이 파손될 수 있는 것을 방지하는 장치이다. 계통의 압력이 규정압력 이상으로 초과하게 되면 레저버(Reservoir)로 귀환시키거나, 펌프의 출구 압력이 높을 경우 입구로 귀환시켜 압력을 초기화 시켜준다. 압력조절 스크류(screw)에 의해 작동 최대 압력을 설정할 수 있다. 가장 일반적인 타입으로 볼형(ball-type), 슬리브형(sleeve-type), 포핏형(poppet-type)이 있다.

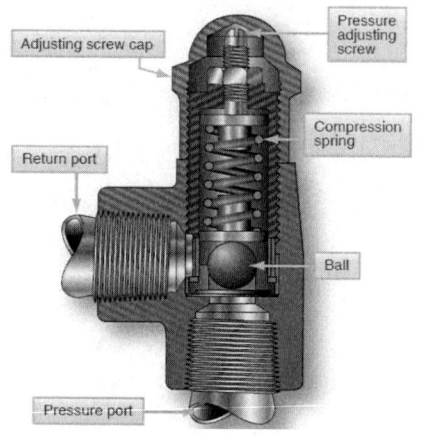

76 유압계통에서 사용되는 체크밸브의 역할은?

① 역류방지 ② 기포방지
③ 압력조절 ④ 유압차단

해설 체크 밸브 (Check valve) : 항공기 유압계통에서의 일반적인 유량 제어 밸브(flow control valve)는 체크 밸브를 말한다. 한쪽 방향으로만 작동유의 흐름을 허용하고, 반대 방향의 흐름은 차단하여 작동유가 역류하는 것을 방지한다.

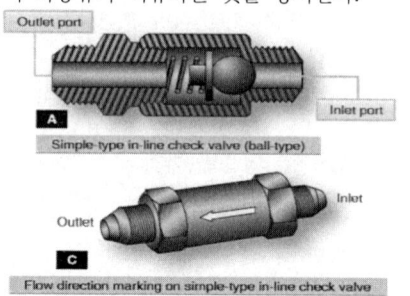

77 지자기 자력선의 방향과 지구 수평선이 이루는 각을 말하며 적도 부근에서는 거의 0도이고 양극으로 갈수록 90도에 가까워지는 것을 무엇이라 하는가?

① 복각 ② 수평분력
③ 편각 ④ 수직분력

해설
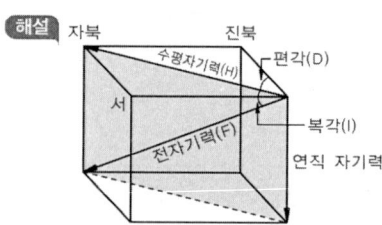

※ 지자기 3요소
① 편각 (편차) : 북반구를 기준으로 지구 상의 현재 위치에서 진북국(지리상 북국점) 방향과 자기북국(나침반의 빨간 바늘 방향) 방향 사이의 각도. 지표면마다 다르다.

ANSWER 75 ④ 76 ① 77 ①

② 복각 : 지구 상의 어느 점에서 지구 자기장의 방향과 그 곳의 수평면이 이루는 각도. 영구자석 축과 지구 수평면이 이루는 각도. 적도에서 0°, 극지방으로 갈수록 직각에 가까워져 최대가 된다.

③ 수평분력 : 지(구)자력을 지구 수평면 방향과 수직 방향의 양방향의 분력으로 나누었을 때, 지구 수평면 방향의 분력. 적도에서 최대, 극에서 0°가 된다.

78 다음 중 항공기에서 이론상 가장 먼저 측정하게 되는 것은?

① CAS
② IAS
③ EAS
④ TAS

해설
① 지시대기속도 (IAS) : 전압, 정압, 지시기 오차 등을 포함한 실제 지시한 속도
② 진대기속도 (TAS) : EAS에서 밀도(고도와 온도)가 변해서 생기는 지시의 변화를 수정한 속도
③ 등가대기속도 (EAS) : CAS에서 공기의 압축성을 고려한 경우의 값으로 고쳐진 속도
④ 수정대기속도 (CAS) : IAS에서 전압, 정압, 지시기 오차 등을 수정한 속도

79 FAA에서 정한 여압장치를 갖춘 항공기의 제작 순항고도에서의 객실고도는 약 몇 [ft]인가?

① 0
② 3000
③ 8000
④ 20000

해설
객실고도 (cabin altitude) : 객실 내의 압력을 이것과 동등한 해면상으로부터의 고도로 표시한 것. 항공기 고도가 상승함에 따라 객실고도도 증가한다. 항공기 내부에 압력도 같이 감소하게 되어 인체에 영향을 미치게 된다. 따라서, 항공기의 여압장치는 순항고도(36,000[ft])에서 11~12[psi]의 객실내부 압력을 유지하도록 설계되어 있다. 여압장치가 갖추어진 항공기의 객실 기압고도는 2,400[m](8,000[ft])이하로 유지할 수 있어야 한다. 그러나, OFV(아웃플로어밸브)의 고장 등으로 인하여 14000[ft]까지 상승하면 산소마스크가 내려온다. 차압이 다르기 때문에 항공기 고도와 객실고도를 무조건 일치시키면 기체 손상으로 이어진다. 객실차압(동체 안쪽과 바깥쪽의 압력의 차)에 의해 항공기 동체에 가해지는 내부 응력에 대해 가볍고 강한 동체 구조를 갖게 해야 한다. 차압이 지나치게 크면 동체 구조가 파괴되므로 기체구조에 따른 자재의 선택과 제작을 해야 한다.

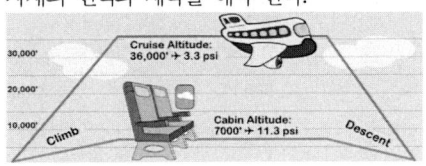

80 다음 중 니켈-카드뮴 축전지에 대한 설명으로 틀린 것은?

① 전해액은 질산계의 산성액이다.
② 한 개 셀(cell)의 기전력은 무부하 상태에서 약 1.2~1.25[V] 정도이다.
③ 진동이 심한 장소에 사용 가능하고, 부식성 가스를 거의 방출하지 않는다.
④ 고부하 특성이 좋고 큰 전류 방전 시 안정된 전압을 유지한다.

해설
니켈-카드뮴 축전지 (Nickel-cadmium battery) : (+)극판에는 수산화니켈2, (-)극판에는 카드뮴, 전해액은 비중 1.30의 알칼리성인 수산화칼륨(KOH)을 사용한다. 화학반응에 관여하지 않아 극판 사이의 도체로 사용되므로 비중 변화는 없어 비중은 측정할 필요는 없다. 과충전 시 음극판에서 수소가스와 양극판에서 산소가스가 발생하여 상호 재결합으로 물이 만들어진다. 그러나, 재결합보다 가스발생 속도가 빠르면 압력으로 인해 안전밸브(Cell relief valve)가 열리고, 물이 분출되어 액량에 변화가 생기고, 충방전 상태를 확인할 수 있다. 기본 단위인 셀(cell)의 셀당 전압은 1.2~1.25[V]이고, 내부 저항을 고려해서 12[V] 축전지는 10개의 셀을, 24[V] 축전지는 19개의 셀을 직렬로 연결해서 사용한다. 대형 항공기에

ANSWER
78 ② 79 ③ 80 ①

서는 20셀 또는 22셀의 축전지를 사용한다. 1셀의 기전력은 무부하 상태에서 1.3~1.4[V]지만, 부하가 가해지면 1.2[V]로 안정된다. 현재 터보프롭과 터보제트 항공기에 사용되는 가장 일반적인 축전지이다. 전압강하(voltage drop) 없이 고속으로 전기를 제공하고 충전 시간을 단축시키는 높은 충전 속도를 가지고 있다. 단, 배터리가 과열로 인해 파손될 우려가 있다. 유지보수 비용이 적다. 전류 사용대비 용량 감소가 적어 성능이 우수하고, 충·방전시 전압의 변화가 적다. 재충전 시간이 짧다. 진동에 강하고 자기 방전이 적고 내구성이 우수하다. 가격이 비교적 비싸다. 자원부족으로 대량생산이 어렵다. 에너지 밀도가 낮다.

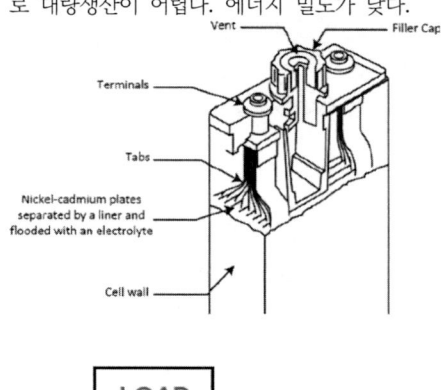

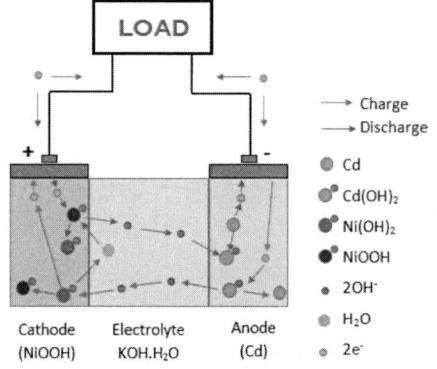

2020 제3회 항공산업기사 기출문제

제1과목 항공역학

01 이륙시 활주거리를 감소시킬 수 있는 방법으로 옳은 것은?

① 플랩을 활용하여 최대양력계수를 증가시킨다.
② 양항비를 높여 항력을 증가시킨다.
③ 최소 추력을 내어 가속력을 줄인다.
④ 양항비를 높여 실속속도를 증가시킨다.

해설 이륙거리를 짧게 하기 위한 방법
① 무게를 가볍게
② 기관의 추력을 크게
③ 항력이 작은 비행 자세로 비행
④ 맞바람을 받으면서 이륙
⑤ 고양력 장치 사용
⑥ 마찰력이 작아야

활주거리$(S) = \dfrac{W}{2g} \dfrac{V^2}{T-D-F}$

02 항공기 날개의 압력중심(center of pressure)에 대한 설명으로 옳은 것은?

① 날개 주변 유체의 박리점과 일치한다.
② 받음각이 변하더라도 피칭모멘트의 값이 변하지 않는 점이다.
③ 날개에 있어서 양력과 항력의 합성력이 실제로 작용하는 작용점이다.
④ 양력이 급격히 떨어지는 지점의 받음각을 말한다.

해설 압력중심(center of pressure)
① 날개 윗면에는 −압력이 부압이 생기고 아랫면에는 +압력인 정압이 생기는데 이 압력 분포의 중심점을 말하며, 압력의 합력점이라 말한다.
② 받음각이 증가하면 날개의 앞전 부분에 부압이 많이 발생하므로 압력 중심이 앞으로 이동하며, 받음각 감소 시 후방으로 이동한다.
③ 압력중심의 위치는 앞전에서부터 압력중심까지의 거리와 시위길이와의 비로 표현한다.
$C.P = \dfrac{l}{c} \times 100(\%)$ (c : 시위길이, l : 앞전에서부터 압력중심까지의 거리)

ANSWER 1 ① 2 ③

03 키놀이 모멘트(pitching moment)에 대한 설명으로 옳은 것은?

① 프로펠러 깃의 각도 변경에 관련된 모멘트이다.
② 비행기의 수직축(상하축; vertical axis)에 관한 모멘트이다.
③ 비행기의 세로축(전후축; longitudinal axis)에 관한 모멘트이다.
④ 비행기의 가로축(가로축; lateral axis)에 관한 모멘트이다.

해설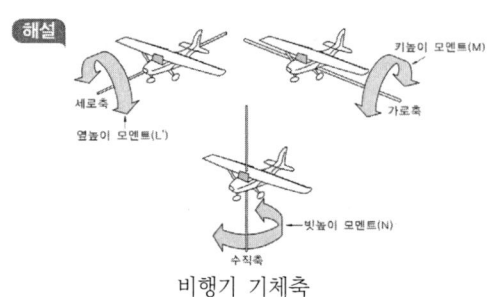

04 헬리콥터 회전날개의 코닝각에 대한 설명으로 틀린 것은?

① 양력이 증가하면 코닝각이 증가한다.
② 무게가 증가하면 코닝각은 증가한다.
③ 회전날개의 회전속도가 증가하면 코닝각은 증가한다.
④ 헬리콥터의 전진속도가 증가하면 코닝각은 증가한다.

해설 원추각(코닝각)
① 회전면과 원추 모서리가 이루는 각
② 원심력과 양력의 합력으로 결정

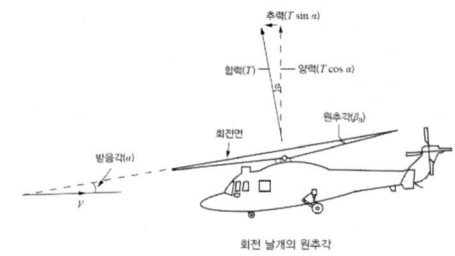

회전 날개의 원추각

05 수평비행의 실속속도가 71km/h인 항공기가 선회경사각 60°로 정상선회비행 할 경우 실속속도는 약 몇km인가?

① 80   ② 90
③ 100 ④ 110

해설
$$V_t = \sqrt{\frac{V^2}{\cos\Phi}} = \frac{V}{\sqrt{\cos\Phi}}$$
$$\therefore \frac{71}{\sqrt{\cos 60}} = 100.4$$

06 엔진고장 등으로 프로펠러의 페더링을 하기 위한 프로펠러의 깃각 상태는?

① 0°가 되게 한다.
② 45°가 되게 한다.
③ 90°가 되게 한다.
④ 프로펠러에 따라 지정된 고유값을 유지한다.

해설 완전 페더링 프로펠러 : 비행 중 기관 고장 시 프로펠러의 회전도 정지하므로 프로펠러의 깃각이 작을 경우 프로펠러가 공기의 저항이 성분이되 항력이 증가한다. 이 현상을 줄이기 위하여 기관 고장 시 프로펠러의 깃각을 비행기의 진행방향과 수평하게 만들어 주는 것을 페더링 이라 말하며, 정속 프로펠러에 페더링 기능을 추가한 프로펠러를 완전 페더링 프로펠러라 한다.

ANSWER 3 ④ 4 ④ 5 ③ 6 ③

07 지름이 20cm와 30cm로 연결된 관에서 지름 20cm 관에서의 속도가 2.4m/s일 때 30cm 관에서의 속도는 약 몇 m/s인가?

① 0.19   ② 1.07
③ 1.74   ④ 1.98

해설
$A_1 \cdot V_1 \cdot \rho_1 = A_2 \cdot V_2 \cdot \rho_2$
$A = \dfrac{\pi d^2}{4}$
$\therefore 2.4 \times \dfrac{\pi 20^2}{4} = x \times \dfrac{\pi 30^2}{4} \rightarrow x = 2.4 \times \dfrac{20^2}{30^2} = 1.066$

08 양항비가 10인 항공기가 고도 2000m에서 활공비행 시 도달하는 활공거리는 몇 m인가?

① 10000   ② 15000
③ 20000   ④ 40000

해설
$\tan\theta = \dfrac{C_D}{C_L} = \dfrac{수평이동거리}{고도변화}$
$\therefore 거리 = 고도변화 \times 양항비 \rightarrow 2000 \times 10 = 20000$

09 프로펠러 비행기가 최대 항속거리를 비행하기 위한 조건으로 옳은 것은? (단, C_L은 양력계수, C_D는 항력계수이다.)

① $\dfrac{C_L}{C_D}$가 최소일 때

② $\dfrac{C_L}{C_D}$가 최대일 때

③ $\dfrac{C_L^{\frac{1}{2}}}{C_D}$가 최대일 때

④ $\dfrac{C_L^{\frac{1}{2}}}{C_D}$가 최소일 때

해설

	최대항속거리	최대항속시간
프로펠러 항공기	$(\dfrac{C_L}{C_D})_{max}$	$(\dfrac{C_L^{\frac{3}{2}}}{C_D})_{max}$
제트 항공기	$(\dfrac{C_L^{\frac{1}{2}}}{C_D})_{max}$	$(\dfrac{C_L}{C_D})_{max}$

10 항공기 날개의 유도항력계수를 나타낸 식으로 옳은 것은? (단, AR : 날개의 가로세로비, C_L : 양력계수, e : 스팬(span) 효율계수이다.)

① $\dfrac{C_L^2}{\pi e AR}$ ② $\dfrac{C_L^3}{\pi e AR}$

③ $\dfrac{C_L}{\pi e AR}$ ④ $\sqrt{\dfrac{C_L^2}{\pi e AR}}$

11 정상수평비행하는 항공기의 필요마력에 대한 설명으로 옳은 것은?

① 속도가 작을수록 필요마력은 크다.
② 항력이 작을수록 필요마력은 작다.
③ 날개하중이 작을수록 필요마력은 커진다.
④ 고도가 높을수록 밀도가 증가하여 필요마력은 커진다.

해설 필요마력 : 항공기가 항력을 이기고 전진하기 위하여 필요한 동력을 마력단위로 변환시킨 것
$= \dfrac{D \cdot V}{75}$ ……①
$= \dfrac{1}{150} \cdot \rho \cdot V^3 \cdot S \cdot C_D$ ……②

ANSWER   7 ②   8 ③   9 ②   10 ①   11 ②

$$= \frac{W}{75} \cdot \frac{C_D}{C_L^{\frac{3}{2}}} \sqrt{\frac{2 \cdot W}{\rho \cdot S}} \quad \cdots\cdots ③$$

$$= \frac{W \cdot V}{75} \cdot \frac{C_D}{C_L} \quad \cdots\cdots ④$$

12 그림과 같은 프로펠러 항공기의 비행속도에 따른 필요마력과 이용마력의 분포에 대한 설명으로 옳은 것은?

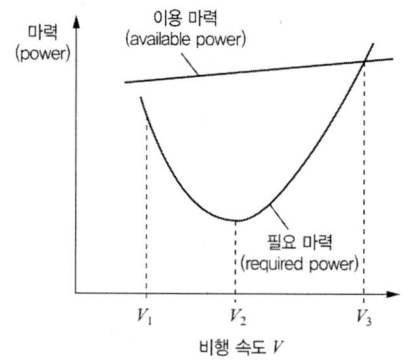

① 비행속도 V1에서 주어진 연료로 최대의 비행거리를 비행할 수 있다.
② 비행속도 V1 근처에서 필요마력이 감소하는 것은 유해항력의 증가에 기인한다.
③ 일반적으로 비행속도 V2에서 최대 양항비를 갖도록 항공기 형상을 설계한다.
④ 비행속도가 V2에서 V3 방향으로 증가함에 따라 프로펠러 토크에 의한 롤 모멘트(roll moment)가 증가한다.

13 등속상승비행에 대한 상승률을 나타내는 식이 아닌 것은? (단, V : 비행속도, γ : 상승각, W : 항공기 무게, T : 추력, D : 항력, P_a : 이용동력, P_r : 필요동력이다.)

① $\dfrac{P_a - P_r}{W}$ ② $\dfrac{잉여동력}{W}$
③ $\dfrac{(T-D)V}{W}$ ④ $\dfrac{V}{W} sin\gamma$

14 다음 중 항공기의 가로안정에 영향을 미치지 않는 것은?

① 동체 ② 쳐든각 효과
③ 도어(door) ④ 수직 꼬리날개

해설
㉮ 쳐든각 효과(dihedral effect) : 가로 안정성의 가장 중요한 요소로 옆미끄럼 발생 시 쳐든각을 주면 옆미끄럼 방향의 날개에는 양력이 증가하고 반대쪽 날개에는 양력이 감소하여 옆미끄럼 방향과 반대 방향으로 기울어져 평형의 상태로 돌아오게 된다.
㉯ 뒤젖힘각 효과(sweepback effect) : 뒤젖힘각 효과도 쳐든각 효과와 같이 가로 안정성의 중요한 요소로 뒤젖힘각이 있는 경우 옆미끄럼 발생 시 옆미끄럼 방향의 날개에는 양력이 증가하고 반대쪽 날개에는 양력이 감소하여 평형의 상태로 돌아오게 된다.
㉰ 동체 : 동체에 장착하는 날개의 위치에 의하여 가로안정성에 영향을 끼치며, 동체 아래에 부착한 날개는 -3°~-4°정도의 쳐든각 효과가 있고, 동체 위에 부착한 날개는 2°~3°정도의 쳐든각 효과가 있다. 즉 동체 위에 부착한 날개는 가로 안정성이 좋다.
㉱ 수직 꼬리날개 : 옆미끄럼 발생 시 수직꼬리날개의 면적이 크면 저항이 증가하여 옆미끄럼을 방지 할 수 있다.

ANSWER 12 ④ 13 ④ 14 ③

15 날개면적이 150m², 스팬(span)이 25m인 비행기의 가로세로비(aspect ratio)는 약 얼마인가?

① 3.0　② 4.17
③ 5.1　④ 7.1

해설
$AR = \dfrac{b}{c} = \dfrac{b^2}{s} = \dfrac{s}{c^2}$

$\therefore \dfrac{25^2}{150} = 4.166$

16 음속을 구하는 식으로 옳은 것은? (단, K : 비열비, R : 공기의 기체상수, g : 중력가속도, T : 공기의 온도이다.)

① $\sqrt{KgRT}$　② $\sqrt{\dfrac{rRT}{K}}$
③ $\sqrt{\dfrac{RT}{gK}}$　④ $\sqrt{\dfrac{gKT}{R}}$

17 헬리콥터의 주회전날개에 플래핑 힌지를 장착함으로써 얻을 수 있는 장점이 아닌 것은?

① 돌풍에 의한 영향을 제거할 수 있다.
② 지면효과를 발생시켜 양력을 증가시킬 수 있다.
③ 회전축을 기울이지 않고 회전면을 기울일 수 있다.
④ 주회전날개 깃 뿌리(root)에 걸린 굽힘 모멘트를 줄일 수 있다.

해설 지면효과 : 이·착륙 시 고도가 감소하여 지면과 가까워지면 양력이 증가하는 현상을 말한다. 이 효과는 고정익 항공기도 같이 발생한다. 회전익 항공기에서 지면효과가 가장 많이 발생되는 높이는 주회전 날개의 반지름 정도의 높이이다.

18 항공기의 성능 등을 평가하기 위하여 표준대기를 국제적으로 통일하여 정한 기관의 명칭은?

① ICAO　② ISO
③ EASA　④ FAA

19 비행기가 고속으로 비행할 때 날개 위에서 충격실속이 발생하는 시기는?

① 아음속에서 생긴다.
② 극초음속에서 생긴다.
③ 임계 마하수에 도달한 후에 생긴다.
④ 임계 마하수에 도달하기 전에 생긴다.

해설 임계마하수 : 날개 위의 공기 흐름 속도는 날개의 모양에 의하여 항공기의 속도보다 항상 빠르다. 그러므로 항공기의 속도가 음속에 도달하지 못했을 때 날개 위의 속도가 음속에 도달할 수 있다. 이 날개위의 속도가 음속에 도달했을 때의 항공기 속도를 임계마하수라 한다.

20 날개 드롭(wing drop) 현상에 대한 설명으로 옳은 것은?

① 비행기의 어떤 한 축에 대한 변화가 생겼을 때 다른 축에서도 변화를 일으키는 현상
② 음속비행 시 날개에 발생하는 충격실속에 의해 기수가 오히려 급격히 내려가는 현상
③ 하강비행 시 기수를 올리려 할 때, 받음각과 각속도가 특정값을 넘게 되면 예상한 정도 이상으로 기수가 올라가는 현상
④ 비행기의 속도가 증가하여 천음속 영

ANSWER 15 ②　16 ①　17 ②　18 ①　19 ③　20 ④

역에 도달하게 되면 한쪽 날개가 충격 실속을 일으켜서 갑자기 양력을 상실하고 급격한 옆놀이(rolling)를 일으키는 현상

제2과목 항공기관

21 왕복엔진의 흡기밸브와 배기밸브를 작동시키는 관련 부품으로 볼 수 없는 것은?

① 캠(cam)
② 푸시 로드(push rod)
③ 로커 암(rocker arm)
④ 실린더 헤드(cylinder head)

해설 캠축에 부착된 캠 로브가 푸시로드를 올리고, 올라간 푸시로드에 의해 로커 암이 내려가 밸브를 열리게 한다.

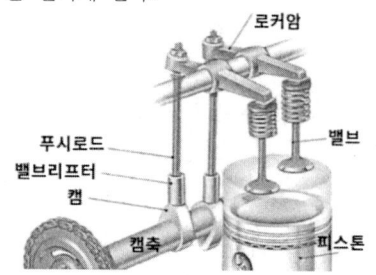

22 복식 연료노즐에 대한 설명으로 틀린 것은?

① 1차 연료는 넓은 각도로 분사된다.
② 공기를 공급하여 미세하게 분사되도록 한다.
③ 2차 연료는 고속회전 시 1차 연료보다 멀리 분사된다.
④ 1차 연료는 노즐의 가장자리 구멍으로 분사되고, 2차 연료는 중심에 있는 작은 구멍을 통해 분사된다.

해설 복식 노즐(duplex nozzle)
일반적으로 사용되는 노즐로서, 비행 속도에 따라 연료의 분사각도나 양을 조절해주어야 하기 때문에 1차 연료는 노즐 중심의 작은 홈을 통해 분사각은 넓고 가깝게 분사된다. 또한 2차 연료는 가장자리의 큰 홈을 통해 분사각은 좁고 멀리 분사된다.

23 터빈엔진에서 과열시동(hot start)을 방지하기 위하여 확인해야 하는 계기는?

① 토크 미터
② EGT 지시계
③ 출력 지시계
④ RPM 지시계

해설 과열시동(hot start)은 시동 시 배기가스의 온도가 규정값보다 높은 것을 의미하는 것으로, 배기가스 온도(EGT : Exhaust Gas Temperature) 계기를 확인해야 한다.

24 다음 중 주된 추진력을 발생하는 기체가 다른 것은?

① 램제트엔진
② 터보팬엔진
③ 터보프롭엔진
④ 터보제트엔진

해설 램제트기관, 터보팬기관, 터보제트기관의 주된 추진력은 배기가스에 의해 발생하지만 터보프롭기관은 배기가스와 함께 프로펠러에서도 발생한다.

ANSWER 21 ④ 22 ④ 23 ② 24 ③

25 왕복엔진을 낮은 기온에서 시동하기 위해 오일희석(oil dilution)장치에서 사용하는 것은?

① Alcohol   ② Propane
③ Gasoline   ④ Kerosene

해설 차가운 날씨에 오일의 점성이 크면 시동이 용이하지 않기 때문에 가솔린을 엔진 정지 직전에 오일 탱크에 분사하여 오일의 점성을 낮게 함으로써 다음 시동을 용이하게 한다.

26 왕복엔진에 사용되는 고휘발성 연료가 너무 쉽게 증발하여 연료비관내에서 기포가 형성되어 초래할 수 있는 현상은?

① 베이퍼 락(vapor lock)
② 임팩트 아이스(impact ice)
③ 하이드로릭 락(hydraulic lock)
④ 이베포레이션 아이스(evaporation ice)

해설 vapor lock(증기폐색)
윤활유나 연료와 같이 고온부를 통과할 때 증기로 변하여 체적이 커지게 되면, 라인 내부를 막아 더 이상의 흐름을 막는 현상을 말한다.

27 고열의 엔진 배기구 부분에 표시(marking)를 할 때 납이나 탄소 성분이 있는 필기구를 사용하면 안되는 주된 이유는?

① 고열에 의해 열응력이 집중되어 균열을 발생시킨다.
② 고압에 의해 비틀림 응력이 집중되어 균열을 발생시킨다.
③ 고압에 의해 전단응력이 집중되어 균열을 발생시킨다.
④ 고열에 의해 전단응력이 집중되어 균열을 발생시킨다.

해설 항공기는 고온부의 경우 섭씨 2,000도까지 온도가 증가하게 된다. 이러한 부분에 납이나 탄소 성분이 포함된 필기구를 사용하게 되면, 가열로 인한 분자 구조의 변형이 일어나 크랙을 발생시키거나 엔진의 파손을 가져올 수 있기 때문에 사용해서는 안 된다.

28 가스터빈엔진에서 압축기 입구온도가 200K, 압력이 $1.0kgf/cm^2$이고, 압축기 출구압력이 $10kgf/cm^2$일 때 압축기 출구온도는 약 몇K 인가? (단, 공기 비열비는 1.4이다.)

① 184.14   ② 285.14
③ 386.14   ④ 487.14

해설 출구온도 = 입구온도 × 압축비$^{\frac{k-1}{k}}$ (k는 비열비)
= $200 \times 10^{\frac{1.4-1}{1.4}}$ = 386.139

29 가스터빈엔진의 공기흡입 덕트(duct)에서 발생하는 램 회복점에 대한 설명으로 옳은 것은?

① 흡입구 내부의 압력이 대기압과 같아질 때의 항공기 속도
② 마찰압력 손실이 최소가 되는 항공기의 속도
③ 마찰압력 손실이 최대가 되는 항공기의 속도
④ 램 압력상승이 최대가 되는 항공기의 속도

ANSWER 25 ③ 26 ① 27 ① 28 ③ 29 ①

해설 압력 회복점(ram pressure recovery point)
압축기 입구의 정압과 대기압과 같아지는 항공기의 속도를 말하며, 압력 회복점이 낮을수록 성능이 좋은 흡입관이다.

30 항공기용 엔진 중 터빈식 회전엔진이 아닌 것은?

① 램제트엔진 ② 터보프롭엔진
③ 터보제트엔진 ④ 터보샤프트엔진

해설 램제트기관은 가스터빈기관과 다르게 터빈을 사용하지 않는다.

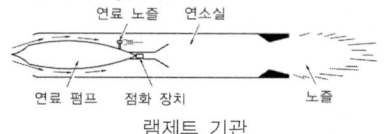

램제트 기관

31 밀폐계(closed system)에서 열역학 제1법칙을 옳게 설명한 것은?

① 엔트로피는 절대로 줄어들지 않는다.
② 열과 에너지, 일은 상호 변환 가능하며 보존된다.
③ 열효율이 100%인 동력장치는 불가능하다.
④ 2개의 열원사이에서 동력 사이클을 구성할 수 있다.

해설 열역학 제1법칙(에너지 보존의 법칙)
에너지 보존의 법칙은 에너지는 여러 가지 형태로 변환이 가능하나 절대적인 양은 일정하다는 것으로 이해할 수 있다.

32 이상기체의 등온과정에 대한 설명으로 옳은 것은?

① 단열과정과 같다.
② 일의 출입이 없다.
③ 엔트로피가 일정하다.
④ 내부에너지가 일정하다.

해설 등온과정이란 일정한 온도를 유지하고 부피와 압력을 변화시키는 과정을 말한다. 온도가 일정하기 때문에 기체나 물질의 내부에너지는 변하지 않기 때문에 계에 흡수된 열은 계가 한 일과 같아야 한다.

33 속도 720km/h로 비행하는 항공기에 장착된 터보제트엔진이 300kgf/s로 공기를 흡입하여 400m/s의 속도로 배기시킨다면 이때 진추력은 몇 kgf인가? (단, 중력가속도는 10m/sec²로 한다.)

① 3000 ② 6000
③ 9000 ④ 18000

해설
- 진추력 $F_n = \dfrac{W_a}{g}(V_j - V_a)$
- W_a : 흡입공기의 중량 유량
- g : 중력가속도
- V_j : 배기가스 속도
- V_a : 비행속도

∴ 진추력$(F_n) = \dfrac{300}{10}(400-200) = 6000$

ANSWER 30 ① 31 ② 32 ④ 33 ②

34 프로펠러 페더링(feathering)에 대한 설명으로 옳은 것은?

① 프로펠러 페더링은 엔진 축과 연결된 기어를 분리하는 방식이다.
② 비행 중 엔진정지 시 프로펠러 회전도 같이 멈추게 하여 엔진의 2차 손상을 방지한다.
③ 프로펠러 페더링을 하게 되면 항력이 증가하여 항공기 속도를 줄일 수 있다.
④ 프로펠러 페더링을 하게 되면 바람에 의해 프로펠러가 공회전하는 윈드밀링(wind milling)이 발생하게 된다.

해설 페더링이란, 기관 고장 시 풍차작용에 의해 엔진을 회전시키려는 것을 방지하고, 저항을 적게 해주는 것을 의미한다. 따라서 기관의 고장을 프로펠러에 의해 추가/가속시키지 못하도록 반드시 페더링을 시켜주어야 한다.

35 가스터빈엔진의 흡입구에 형성된 얼음이 압축기실속을 일으키는 이유는?

① 공기압력을 증가시키기 때문에
② 공기 전압력을 일정하게 하기 때문에
③ 형성된 얼음이 압축기로 흡입되어 로터를 파손시키기 때문에
④ 흡입 안내 깃으로 공기의 흐름이 원활하지 못하기 때문에

해설 흡입구에서 형성된 얼음으로 인해 공기의 흐름이 똑바르지 않고 떨어져 나가는 현상이 발생하는데 이러한 경우에는 양력이 급격히 감소, 항력이 증가하는 현상이 발생하게 된다.

36 왕복엔진의 연료-공기 혼합비(fuel-air ratio)에 영향을 주는 공기밀도변화에 대한 설명으로 틀린 것은?

① 고도가 증가하면 공기밀도가 감소한다.
② 연료가 증가하면 공기밀도는 증가한다.
③ 온도가 증가하면 공기밀도는 감소한다.
④ 대기 압력이 증가하면 공기밀도는 증가한다.

해설 [밀도와 압력] 온도가 일정하다는 조건하에서 밀도는 압력에 비례한다.
[밀도와 온도] 압력이 일정하다는 조건하에서 공기의 밀도는 온도에 반비례한다.
[밀도와 고도] 압력, 온도 및 밀도는 모두 고도가 높아짐에 따라 감소한다.

37 프로펠러에서 기하학적 피치(geometric pitch)에 대한 설명으로 옳은 것은?

① 프로펠러를 1바퀴 회전시켜 실제로 전진한 거리이다.
② 프로펠러를 2바퀴 회전시켜 실제로 전진한 거리이다.
③ 프로펠러를 1바퀴 회전시켜 전진할 수 있는 이론적인 거리이다.
④ 프로펠러를 2바퀴 회전시켜 전진할 수 있는 이론적인 거리이다.

해설 기하학적 피치란 프로펠러가 1회전 시 전진하는 이론적인 거리를 말한다.

ANSWER 34 ② 35 ④ 36 ② 37 ③

38 왕복엔진의 마그네토에서 브레이커포인트 간격이 커지면 발생되는 현상은?

① 점화가 늦어진다.
② 전압이 증가한다.
③ 점화가 빨라진다.
④ 점화불꽃이 강해진다.

해설 브레이커 포인트의 간격이 커지면 점화진각이 작아져 점화가 일찍 발생하고 강도는 약해지고, 간격이 작아지면 점화진각이 커져 점화가 늦게 발생하고 강도는 높아진다.

39 전기식 시동기(electrical starter)에서 클러치(clutch)의 작동 토크 값을 설정하는 장치는?

① Clutch Plate
② Clutch Housing Slip
③ Rachet Adjust Regulator
④ Slip Torque Adjustment Unit

40 왕복엔진의 악세서리(accessory)부품이 아닌 것은?

① 시동기(starter)
② 하네스(harness)
③ 기화기(carburetor)
④ 블리드 밸브(bleed valve)

해설 왕복엔진의 보기구동부분은 엔진에 의하여 구동되는 연료 압력펌프, 연료 분사펌프, 진공펌프, 오일펌프, 속도감지 발전기, 발전기, 마그네토, 시동기, 유압펌프, 오일필터, 기화기 등이 포함되어 있다.

제3과목 항공기체

41 대형 항공기에서 주로 사용하는 3중 슬롯 플랩을 구성하는 플랩이 아닌 것은?

① 상방플랩   ② 전방플랩
③ 중앙플랩   ④ 후방플랩

해설 Triple Slotted Flap은 파울러플랩을 변형시켜 공기역학적인 표면 기능을 향상시킨 하나의 플랩의 세트이다. 이 플랩은 전방플랩(fore flap), 중간플랩(mid flap), 그리고 후방플랩(aft flap)으로 구성된다.

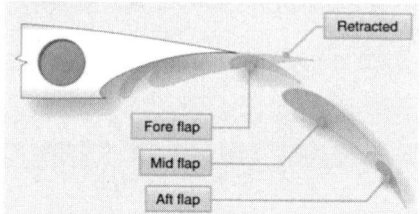

42 항공기엔진 장착 방식에 대한 설명으로 옳은 것은?

① 가스터빈엔진은 구조적인 이유로 동체 내부에 장착이 불가능하다.
② 동체에 엔진을 장착하려면 파일론(pylon)을 설치하여야 한다.
③ 날개에 엔진을 장착하면 날개의 공기역학적 성능을 저하시킨다.
④ 왕복엔진 장착부분에 설치된 나셀의 카울링은 진동감소와 화재 시 탈출구로 사용된다.

해설 엔진 흡입면(engine inlet lip) 발생한 후류는 날개와 엔진과의 간섭항력으로 최대양력 계수를 감소시키고 실속속도를 증가시킨다.
엔진 나셀 스트레이크 (nacelle strake)는 높은

ANSWER 38 ③   39 ④   40 ④   41 ①   42 ③

받음각 자세에서 와류(vortex, 소용돌이 흐름)를 생성해 날개 윗면으로 흘려보내 흐름분리현상을 지연시킨다.

43 복합재료(composite material)를 수리할 때 접착용 수지를 효과적으로 접착시키기(curing) 위하여 열을 가하는 장비가 아닌 것은?

① 오븐(oven)
② 가열건(heat gun)
③ 가열램프(heat lamp)
④ 진공백(vacuum bag)

해설 복합 소재 수리에는 진공을 이용하는 방법, 열을 이용하는 방법으로 나뉜다.
① 진공 장비(Vacuum Equipment) : 진공 백(Vacuum Bag)은 비닐로 만들어진 플라스틱 bag을 이용하여 수리부위를 압착, 밀봉시켜 진공펌프를 이용하여 공기를 빨아들여 제거한다. 재료들은 일회용으로 사용된다.
② 가열 장치(Heat Sources) : 오븐(Oven), 오토클레이브(Autoclave), 가열 부착기(Heat Bonder), 가열 램프(Heat Lamps), 고온 압력 성형기(Heat Press Forming), 열전대(Thermocouples: TC)

44 연료계통이 갖추어야 하는 조건으로 틀린 것은?

① 번개에 의한 연료발화가 발생하지 않도록 해야 한다.
② 각각의 엔진과 보조동력장치에 공급되는 연료에서 오염물질을 제거할 수 있어야 한다.
③ 계통에 저장된 연료를 안전하게 제거하거나 격리할 수 있어야 한다.
④ 고장발생 감지가 유용하도록 한 계통 구성품의 고장이 다른 연료계통의 고장으로 연결되어야 한다.

해설 연료 계통의 기본적인 필요 요건
① 자세 관계없이 계속적으로 공급하기 위해 연료유량계(fuel flowmeter)가 필요하다.
② 연료펌프가 한 번에 1개 이상의 탱크에서 연료 뽑아낼 수 없도록 배열한다.
③ 연료계통 안으로 공기의 유입을 방지하기 위한 장치 필요하다.
④ 연료계통의 독립성으로 엔진으로 가는 독립적인 차단밸브(shutoff valve) 필요하다.
⑤ 낙뢰에 의한 탱크 내부에 있는 연료증기의 점화를 방지한다.

45 티타늄합금에 대한 설명으로 옳은 것은?

① 열전도 계수가 크다.
② 불순물이 들어가면 가공 수 자연경화를 일으켜 강도를 좋게 한다.
③ 티타늄은 고온에서 산소, 질소, 수소 등과 친화력이 매우 크고, 또한 이러한 가스를 흡수하면 강도가 매우 약해진다.
④ 합금원소로써 Cu가 포함되어 있어 취성을 감소시키는 역할을 한다.

해설 순수 티타늄은 철의 1/2 무게에 해당하며 열전도율은 STEEL의 1/4 로서 오스테나이트 스테인레스강과 유사하다.
티타늄은 산소, 탄소, 질소, 수소 등과 친화력이 매우 크기 때문에 순수한 금속을 얻기도 어렵고 특히 티타늄 합금은 고온에서는 급격히 산화되어 본래 요구되는 성질이 없어져 열간 가공과 용접이 어렵다.

46 다음 중 가스용접에 해당되는 것은?

① 산소-수소용접 ② MIG 용접
③ CO_2 용접 ④ TIG 용접

ANSWER 43 ④ 44 ④ 45 ③ 46 ①

해설 용접의 유형
① 가스 용접 (Gas Welding)
② 전기 아크용접(Electric Arc Welding) - MIG, TIG
③ 전기 저항용접 (Electric Resistance Welding)
④ 플라스마 아크용접 (Plasma Arc Welding, PAW)

가스 용접 (Gas Welding)은 6,300°F 온도의 산소와 아세틸렌 혼합해서 용접하고 알루미늄은 4,800°F 온도에서 산소와 수소를 혼합한다.

47 단줄 유니버설 헤드 리벳(universal head rivet) 작업을 할 때 최소 끝거리 및 리벳의 최소 간격(pitch)의 기준으로 옳은 것은?

① 최소 끝거리는 리벳 직경의 2배 이상, 최소 간격은 리벳 직경의 3배
② 최소 끝거리는 리벳 직경의 2배 이상, 최소 간격은 리벳 길이의 3배
③ 최소 끝거리는 리벳 직경의 3배 이상, 최소 간격은 리벳 길이의 4배
④ 최소 끝거리는 리벳 직경의 3배 이상, 최소 간격은 리벳 직경의 4배

해설
① Edge distance (연거리)
2D~4D (접시머리리벳 2.5D~4D)
② pitch (피치, 리벳중심과 리벳 중심사이의 거리)
3D~12D (보통 6~8D)

48 다음 특징을 갖는 배열 방식의 착륙장치는?

- 주 착륙장치와 앞 착륙장치로 이루어져 있다.
- 빠른 착륙속도에서 제동 시 전복의 위험이 적다.
- 착륙 및 지상이동 시 조종사의 시계가 좋다.
- 착륙 활주 중 그라운드 루핑의 위험이 없다.

① 탠덤식 착륙장치
② 후륜식 착륙장치
③ 전륜식 착륙장치
④ 충격흡수식 착륙장치

해설
1) 후륜식 착륙장치 (Tail Wheel-type Landing Gear) : 주 착륙장치가 무게 중심의 앞쪽에 위치하고 꼬리 착륙장치의 하중 지지가 요구된다.
2) 텐덤식 착륙장치(Tandem Landing Gear) : 주 착륙장치와 꼬리 착륙장치로 구성되고 B-47, B-52, U2 정찰기에 사용된다.
3) 전륜식 착륙장치 (Tricycle-type Landing Gear) : 현재 민항기에 주로 사용되고 주 착륙 장치(main gear)와 앞 착륙장치(nose gear)로 구성되고 전복의 위험 없이 큰 제동력을 사용할 수 있다.

49 조종간이나 방향키 페달의 움직임을 전기적인 신호로 변환하고 컴퓨터에 입력 후 전기, 유압식 작동기를 통해 조종계통을 작동하는 조종방식은?

① Cable control system
② Automatic pilot system
③ Fly-By-Wire control system
④ Push Pull Rod control system

ANSWER 47 ① 48 ③ 49 ③

해설 Fly-By-Wire control system
민간에서는 A320에 처음으로 도입하였으며 조종사의 조작을 전기신호로 변환하여 컴퓨터를 거쳐 유압 액추에이러에 전달하여 조종면을 조종한다. 3중 메인 컴퓨터가 담당하고 있어 조종사의 작업량, 피로를 줄이고, 조종사의 실수로 인한 항공기 기체의 하중부담, 실속 등을 방지한다.

50 그림과 같이 하중(W)이 작용하는 보를 무엇이라 하는가?

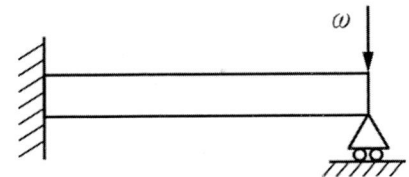

① 외팔보   ② 돌출보
③ 고정보   ④ 고정 지지보

해설

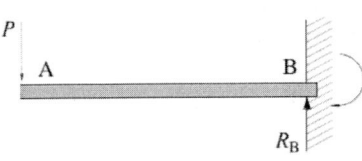
외팔보

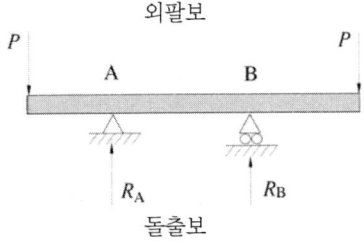
돌출보

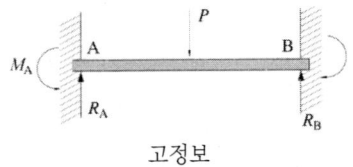
고정보

51 비행기가 양력을 발생함이 없이 급강하할 때 날개는 비틀림 등의 하중을 받게 되며 이러한 하중에 항공기가 구조적으로 견딜 수 있는 설계상의 최대속도는?

① 설계순항속도
② 설계급강하속도
③ 설계운용속도
④ 설계돌풍운용속도

해설 설계급강하속도(design diving speed)
항공기의 속도(X축)과 하중배수(Y축)은 V-n 선도를 나타낸다. V_D에 해당되며 공탄성에 의한 위험 때문에 제한하는 속도로 비틀림이 최소가 되는 자세를 취해도 날개가 비틀림에 저항하지 못하는 최소속도를 말한다.

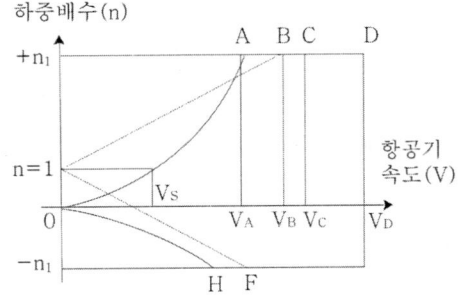

52 실속속도가 90mph인 항공기를 120mph로 수평비행 중 조종간을 급히 당겨 최대 양력계수가 작용하는 상태라면 주날개에 작용하는 하중배수는 약 얼마인가?

① 1.5   ② 1.78
③ 2.3   ④ 2.57

해설 하중배수$(n) = \dfrac{L}{W}$, 실속속도$(V_S) = \sqrt{\dfrac{2}{\rho C_L}\left(\dfrac{W}{S}\right)}$,
양력$(L) = C_L \dfrac{1}{2}\rho V^2 S$

ANSWER 50 ④ 51 ② 52 ②

$$90 = \sqrt{\frac{2}{\rho C_L}\left(\frac{W}{S}\right)}, \quad 90^2 = \frac{2W}{\rho C_L S},$$

무게$(W) = 90^2 * C_L \frac{1}{2} * \rho S$

하중배수$(n) = \frac{L}{W} = \frac{C_L \frac{1}{2} \rho V^2 S}{90^2 * C_L \frac{1}{2} \rho S}$

$= \frac{V^2}{90^2} = \frac{120^2}{8100} = \frac{14400}{8100} = 1.77$

53 항공기 외피용으로 적합하며, 플러시 헤드 리벳(flush head rivet)이라 부르는 것은?

① 납작머리리벳(flat head rivet)
② 유니버설리벳(unversal rivet)
③ 둥근머리리벳(round head rivet)
④ 접시머리리벳(counter sunk head rivet)

해설 Solid shank rivet의 종류로 AN426, 접시머리리벳, Countersunk rivet, flush head rivet 같은 용어이다. 유해항력 감소 위한 공기 저항 감소 위해 스킨(외피)에 사용된다.

54 연료를 제외하고 화물, 승객 등이 적재된 항공기의 무게를 의미하는 것은?

① 최대 무게(maximum weight)
② 영연료 무게(zero fuel weight)
③ 기본자기 무게(basic empty weight)
④ 운항 빈 무게(operating empty weight)

해설 영 연료중량 (Zero Fuel Weight)
Basic Empty Weight, Operating Item, 승객과 화물(payload)이 포함되고 연료만 제외한 항공기 중량을 말한다.
ZFW = Standard Operating Weight + Payload

55 이질 금속간의 접촉부식에서 알루미늄 합금의 경우 A그룹과 B그룹으로 구분하였을 때 그룹이 다른 것은?

① 2014 ② 2017
③ 2024 ④ 5052

해설 전식작용(Galvanic action)은 기계적인 접촉에 의한 금속의 표면 손상이나 오염은 이종금속 부식을 발생시킨다.
이종금속 간 전기전도성의 차이가 크면 클수록, 전기화학적 침식에 의한 부식의 위험성은 더 커진다. 전위가 다른 금속에 따라 그룹으로 나누었다. 예를 들어 양극성 금속은 마그네슘(합금), 알루미늄(합금)이고 음극성 금속은 금, 은, 스테인리스 스틸 등이 포함된다.
The galvanic series of metals and alloys의 표를 참고하면 5052는 인장강도를 위해 마그네슘이 첨가된 알루미늄합금으로 A그룹에 구리가 포함된 2자 계열의 알루미늄 합금은 B그룹에 속한다.

56 너트의 부품 번호가 AN310D-5 일 때 310은 무엇을 나타내는가?

① 너트 계열 ② 너트 지름
③ 너트 길이 ④ 재질 번호

해설 AN310D-5
① AN : AN 표준 기호
② 310 : 너트 종류 (캐슬너트)
③ D : 재질 (2017), F : 강, B : 황동, D : 2017, DD : 2024, C : 스테인리스강
④ 5 : 사용 볼트의 지름 (5/16인치)

ANSWER 53 ④ 54 ② 55 ④ 56 ①

57 손상된 판재를 리벳에 의한 수리작업 시 리벳수를 결정하는 식으로 옳은 것은? (단, L : 판재의 손상된 길이, D : 리벳지름, t : 손상된판의 두께, s : 안전계수, σ_{max} : 판재의 최대인장응력, τ_{max} : 판재의 최대전단응력이다.)

① $s \times \dfrac{8tL\sigma_{max}}{\pi D^2 \tau_{max}}$ ② $s \times \dfrac{4tL\sigma_{max}}{\pi D^2 \tau_{max}}$

③ $s \times \dfrac{\pi D^2 \tau_{max}}{4tL\sigma_{max}}$ ④ $s \times \dfrac{\pi D^2 \tau_{max}}{8tL\sigma_{max}}$

해설 손상 부분의 받는 응력에 따라 리벳 수량 결정되는데 판재의 두께와 폭이 크거나 판재의 인장응력이 크면 리벳이 더 많이 필요하고 리벳의 지름이 크거나 리벳전단응력이 크면 리벳의 수가 덜 필요하다.
판재의 두께(T), 폭(L), 판재의 인장응력(σ_{max})과 비례하고 리벳전단응력(τ_{max}), 리벳의 지름(D)과 반비례한다.

58 페일세이프(fail safe) 구조형식이 아닌 것은?

① 이중(double)구조
② 대치(back-up)구조
③ 다경로(redundant)구조
④ 샌드위치(sandwich)구조

해설 페일세이프구조 (fail safe structure)의 종류
① 다경로 하중구조 (redundant structure)
② 이중 구조 (double structure)
③ 대치 구조 (back up structure)
④ 하중 경감 구조 (load dropping structure)

59 복합재료에서 모재(matrix)와 결합되는 강화재(reinforcing material)로 사용되지 않는 것은?

① 유리   ② 탄소
③ 에폭시 ④ 보론

해설 복합 재료는 두 종류 이상의 소재 즉 액체형태인 Matrix (모재)와 고체형태인 Reinforce(강화제)를 인위적으로 조합하여 원래의 소재보다 뛰어난 성질이나 아주 새로운 성질을 갖도록 만들어진 재료이다.
강화재는 유리섬유(Glass Cloth), 탄소섬유(Carbon/Graphite), 아라미드(Aramid) 및 보론(Boron)섬유 등이 사용되고 모재는 열경화성(Thermoset), 열가소성(Thermoplastic)수지가 사용된다.

60 그림과 같은 평면응력상태에 있는 한 요소가 $\sigma_x = 100 MPa$, $\sigma_x = 20 MPa$, $\tau_{xy} = 60 MPa$의 응력을 받고 있을 때, 최대전단응력은 약 몇 MPa인가?

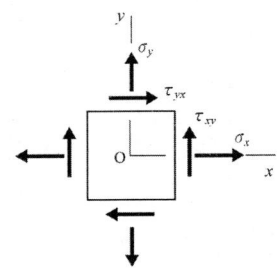

① 67.11   ② 72.11
③ 77.11   ④ 87.11

해설
$$\tau_{max} = \sqrt{(\dfrac{\sigma_x - \sigma_y}{2})^2 + \tau_{xy}^2}$$
$$= \sqrt{(\dfrac{100-20}{2})^2 + 60^2}$$
$$= \sqrt{40^2 + 60^2} = 72.11 \, MPa$$

ANSWER 57 ② 58 ④ 59 ③ 60 ②

제4과목 항공장비

61 장거리 통신에 유리하나 잡음(noise)이나 페이딩(fading)이 많으며 태양 흑점의 활동으로 인한 전리층 산란으로 통신 불능이 가끔 발생되는 항공기 통신장치는?

① HF 통신장치 ② MF 통신장치
③ LF 통신장치 ④ VHF 통신장치

해설 단파 통신 (HF communication) : 항공기와 지상, 항공기와 타 항공기 상호 간의 HF전파를 이용하여 장거리 통화에 이용된다. HF전파는 전리층의 반사로 원거리까지 전달되는 성질이 있으나 잡음이나 페이딩(fading : 수신되는 전파가 지나온 매질의 변화에 따라 그 수신전파의 세기나 위상이 변동되는 현상)이 많으며, 또한 흑점의 활동 영향으로 전리층이 산란되어 통신 불능이 가끔 발생하는 단점이 있다. HF전파를 이용하여 통신하려면 파장이 길기 때문에 요구되는 안테나의 길이가 무척 길어지지만, 항공기 구조와 고속성 때문에 큰 안테나를 장착하지 못하고 작은 안테나가 사용된다. 또한 주파수의 변화에 따라 파장의 실제적인 길이의 변화도 크므로 주파수의 적정한 매칭(matching)이 이루어지도록 자동으로 작동하는 안테나 커플러(antenna coupler)가 부착되어 있다. 장거리 통신용으로 사용되고 있는 현용 HF 통신시스템은 장거리 항공이동 통신서비스 대역으로 할당된 2.85~22[MHz] 범위에서 국제적으로 몇몇 채널을 지역적으로 할당받아 이용하고 있으며, 1[kHz] 간격으로 채널을 설정할 수 있는 형식과 100[Hz] 간격으로 세밀하게 구분된 채널 간격을 갖는 시스템 등이 주로 사용되고 있다. 일반적으로 장거리 통신에 사용되는 3~30[MHz] 주파수 대역은 아마추어 통신, 어업용 통신, 지상공중용 통신 등으로 세밀하게 사용용도 및 국가 간 이용주파수 대역이 설정되어 있으며, 다양하고 많은 수요로 인하여, 신호가 포함된 양측파대 통신 방식(DSB : Double Side Band) 중 한 쪽만을 이용하는 방식인 주파수 간격 3[kHz]의 단측파대 통신 방식(SSB : Single Side Band)을 사용하고 있다. HF는 전파특성상 장거리 통신이 가능하여 대양과 같이 항법시설이 없는 지역에서 사용할 수 있다는 장점이 있지만, 신뢰성이 매우 낮고 주파수 이용의 증가로 사용상 한계점에 도달하였다고 볼 수 있다. 또한, 통신위성시스템이 일반화되어 HF 통신의 사용 빈도는 줄어들었으나, 위도가 높은 극지방과 같이 위성통신이 사용되지 못하는 지역에서는 유용하게 사용된다.

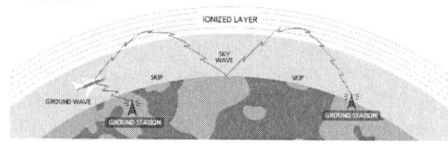

※ HF 통신 장치의 구성 : 단파통신 송·수신기(High frequency transceiver), 단파통신 안테나 커플러(HF antenna coupler), 그리고 단파통신 안테나로 구성되어 있다. 단파통신계통에 연관된 구성품들 중에서 무선제어패널(Radio control panel)은 상용 주파수와 상태 정보를 송·수신기로 보내 주고, 무선 주파수(Radio frequency) 입력 쪽에서 음성 신호를 감지한다. 조종실 인터폰장치(Flight interphone system)의 오디오 관리장치 마위아(MAWEA : Modularized avionics warning electronics assembly)에 있는 디지털 비행자료 포착 카드(DFDAC : Digital flight data acquisition card)는 송수신기로부터 송화기의 푸시 투 토크(PTT : Push-to-talk) 접지 신호를 받는다. 송수신기와 무선제어패널을 중앙정비컴퓨터(CMC : Central maintenance computer)에 연결되어 있으며, 이 중앙정비컴퓨터에서 송·수신기의 결함을 감시해 준다.

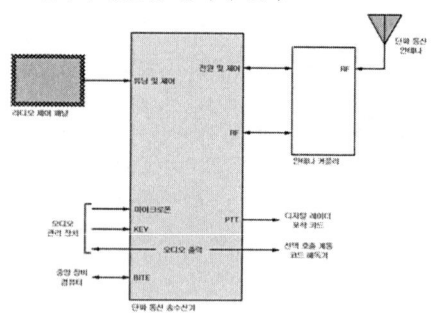

ANSWER
61 ①

62 항공기에 사용되는 전선의 굵기를 결정할 때 고려해야 할 사항이 아닌 것은?

① 도선내 흐르는 전류의 크기
② 도선의 저항에 따른 전압강하
③ 도선에 발생하는 줄(Joule) 열
④ 도선과 연결된 축전지의 전해액 종류

해설 전선은 미국전선규격(AWG : american wire gauge) 표준규격에 따르는 크기로 제조된다. 규격번호(gauge number)가 클수록 전선 직경은 작아진다. 일반적인 전선크기는 No.40에서 No.0000까지이다. 규격번호는 전선의 직경을 비교하기에 유용하지만, 전선 또는 케이블의 모든 종류의 규격을 정확하게 측정할 수 있는 것은 아니다. 더 굵은 전선은 유연성을 증대하기 위해 몇 가닥의 전선이 하나로 꼬여져 있다. 이 경우에, 총면적은 서큘러밀(circular mil(1/1000[inch]))로 계산된 전선 또는 케이블의 가닥 개수에 한 가닥의 면적을 곱하여 결정할 수 있다. 전력을 송전하고 배전하는 전선의 크기를 선정할 때는 여러 가지 요소들이 고려되어야 한다.
① 도선은 충분한 기계적 강도를 갖추어야 한다.
② 저항을 줄여 전력 손실을 줄이기 위해서, 도선의 길이와 굵기는 고려되어야 한다. 굵기가 커지면 가격이 비싸고 무거운 단점이 있다.
③ 도선에 전류가 흐르면 열이 발생하게 된다. 절연체 보호를 위해 전류의 양을 일정 값 이하로 유지해야 한다.
④ 도선이 비교적 높은 온도의 장소에 장착되는 경우, 외부 원인(엔진)에 의해 발생 된 열은 도선 가열의 큰 원인이 된다. 도선의 주변 환경을 고려하여 도선허용전류 및 온도에 맞추어 선정해야 한다.
⑤ 도선에서 발생하는 주울열
⑥ 도선에 흐르는 전류의 크기
⑦ 도선의 저항에 의한 전압강하(도선의 저항은 0.005[Ω]까지 허용되고, 본딩 와이어의 저항은 0.003[Ω]까지 허용된다.)

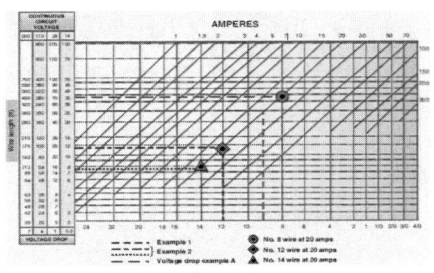

63 항공기 계기 중 압력 수감부를 이용한 것이 아닌 것은?

① 고도계
② 방향지시계
③ 승강계
④ 대기속도계

해설 공함 (Pressure capsule) : 압력을 기계적 변위로 바꾸는 장치. 대표적으로 고도계(아네로이드), 대기속도계(다이어프램), 승강계(아네로이드)가 있다. 피토-정압관을 이용한 계기는 대기속도계, 승강계, 고도계가 있다. 대기속도계는 전압과 정압의 차이(동압)로 측정하며 고도계는 정압을 절대압력계로 나타낸다. 항공기가 상승이나 하강할 때 정압의 변화율을 측정함으로서 고도의 변화율을 승강계를 통하여 지시한다. (자이로의 특성을 이용한 계기는 자세계, 선회계, 방향지시계가 있다.)

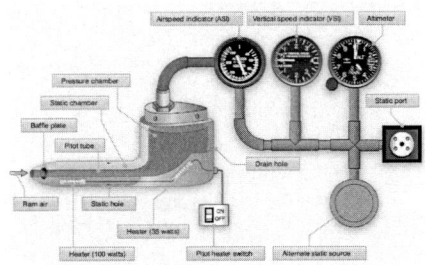

※ 방향지시계 or 정침의 (Direction Indicator) : 기본적으로 마그네틱 컴파스(Magnetic Compass)의 기능을 구현하기 위해 설계된 기계식 계기로 3축 자이로 이용하고, 항공기 선회 시 선회각을 지시하는 계기이다. (자이로 특성중 강직성만 이용) 마그네틱 컴파스(Magnetic Compass)는 여러가지 오차(Error)들이 발생하므로 특히 난류 시에, 정확한 방향

ANSWER 62 ④ 63 ②

(Heading)으로 직진비행이나 정밀한 선회를 하기에는 어렵다.

64 니켈-카드뮴 축전지의 충·방전 시 설명으로 옳은 것은?

① 충·방전 시 전해액(KOH)의 비중은 변화하지 않는다.
② 방전 시 물이 발생되어 전해액의 비중이 줄어든다.
③ 충전 시 전해액의 수면높이가 낮아진다.
④ 방전 시 전해액의 수면높이가 높아진다.

해설 니켈-카드뮴 축전지 (Nickel-cadmium battery) : (+)극판에는 수산화니켈2, (-)극판에는 카드뮴, 전해액은 비중 1.30의 알칼리성인 수산화칼륨(KOH)을 사용한다. 화학반응에 관여하지 않아 극판 사이의 도체로 사용되므로 비중 변화는 없어 비중은 측정할 필요는 없다. 과충전 시 음극판에서 수소가스와 양극판에서 산소가스가 발생하여 상호 재결합으로 물이 만들어진다. 그러나, 재결합보다 가스발생 속도가 빠르면 압력으로 인해 안전밸브(Cell relief valve)가 열리고, 물이 분출되어 액량에 변화가 생기고, 충방전 상태를 확인할 수 있다. 기본 단위인 셀(cell)의 셀당 전압은 1.2~1.25[V]이고, 내부 저항을 고려해서 12[V] 축전지는 10개의 셀을, 24[V] 축전지는 19개의 셀을 직렬로 연결해서 사용한다. 대형 항공기에서는 20셀 또는 22셀의 축전지를 사용한다. 1셀의 기전력은 무부하 상태에서 1.3~1.4[V]지만, 부하가 가해지면 1.2[V]로 안정된다. 현재 터보프롭과 터보제트 항공기에 사용되는 가장 일반적인 축전지이다. 전압강하 (voltage drop) 없이 고속으로 전기를 제공하고 충전 시간을 단축시키는 높은 충전 속도를 가지고 있다. 단, 배터리가 과열로 인해 파손될 우려가 있다. 유지보수 비용이 적다. 전류 사용대비 용량 감소가 적어 성능이 우수하고, 충방전 시 전압의 변화가 적다. 재충전 시간이 짧다. 진동에 강하고 자기 방전이 적고 내구성이 우수하다. 가격이 비교적 비싸다. 자원부족으로 대량생산이 어렵다. 에너지 밀도가 낮다.

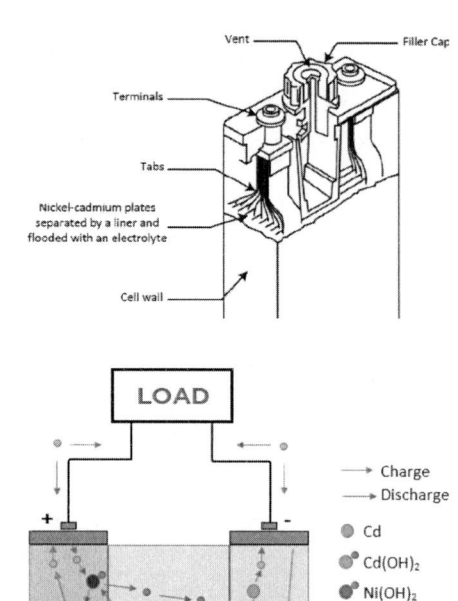

65 터보팬 항공기의 방빙(anti-icing) 장치에 관한 설명으로 틀린 것은?

① 윈드실드는 내부 금속 피막에 전기를 통하여 방빙한다.
② 피토관의 방빙은 내부의 전기 가열기를 사용한다.
③ 날개 앞전의 방빙은 엔진 압축기의 고온 공기를 사용한다.
④ 엔진의 공기흡입장치의 방빙은 화학적 방빙계통을 사용한다.

해설 날개, 수평 및 수직 안정판 제방빙계통 (Wing, Horizontal and Vertical Stabilizer Anti-Icing Systems) : 대부분 항공기의 날개 앞전 또는 슬랫, 수평&수직안정판 앞전 등과 같은 구성품에 공기역학적 특성의 유지 및 얼음의 형성을 방지하기 위해 제방빙계통을 장비하고 있다. 가장 일반적

ANSWER 64 ① 65 ④

으로 사용되는 제방빙계통은 열공압식(thermal pneumatic), 열전기식(thermal electric), 그리고 화학약품(chemical) 방식이 있다. 대부분 항공기는 결빙조건에서 비행이 가능하도록 공기식 제빙 부츠 계통이나 화학적 방빙계통을 장비하고 있다. 대형 운송용 항공기는 얼음의 형성을 방지하기 위해 자동적으로 제어되는 최신의 열공압식 또는 열전기식 방빙계통을 적용한다.

결빙 부분	방빙 및 제빙 방법
날개 앞전	가열공기
수직, 수평 안정판의 앞전	가열공기
윈드실드 및 창문	전열기, 알콜
히터, 기관 공기 흡입구	전열기
실속 경고 장치	전열기
프로펠러 깃의 앞전	전열기, 알콜
왕복엔진 기화기(플로트형)	가열공기, 알콜
드레인 마스트	전열기
피토관	전열기

※ 알콜 : 이소프로필 알콜이나 에틸렌글리콜과 알콜을 섞은 용액

66 다음 중 화재 진압 시 사용되는 소화제가 아닌 것은?

① 물 ② 이산화탄소
③ 할론 ④ 암모니아

해설 ① 물 소화기 (Water extinguisher) : 객실에 비치되어 있는 휴대용 소화기로, 일반화재(A급)에 사용하며, 전기나 유류화재 시에는 사용이 금지되어 있다. 소화제인 물에는 동결을 막기 위한 부동액이 섞여 있다.
② 포말 소화기 (Foam extinguisher) : 소화기를 거꾸로 흔들면 속에 있는 탄산수소나트륨 용액과 황산알루미늄 용액이 화학 반응을 일으켜 이산화탄소와 수산화알루미늄이 생기는데, 이때 이산화탄소의 거품과 수산화알루미늄의 거품이 공기의 공급을 차단한다. 이 소화기는 목재, 섬유 등 일반 화재뿐만 아니라 가솔린 등의 유류나 화학 약품 화재에 적당하지만 전기 화재에는 적당하지 않다.
③ 분말 소화기 (Dry chemical extinguisher) : 분말을 이산화탄소나 질소 가스로 가압, 봉입되어 있다가 가스에 의해 분말이 분사된다. 일반화재, 전기화재, 유류화재에 유효하지만, 분말이 시야를 방해하고, 주변 기기의 전기 접점에 비전도성의 분말이 부착될 가능성이 있기 때문에 조종실에서 사용해서는 안된다.
④ 이산화탄소 소화기 (Carbon dioxide extinguisher) : 조종실이나 객실에 설치되어 일반화재, 전기화재, 유류화재에 사용한다. 왕복엔진을 장착한 구형 항공기에서 사용한다. (메인 엔진 또는 APU 화재와 같은, 항공기의 외부에서 화재를 진화하기 위해 램프에서 이용할 수 있는 가장 효과 있는 소화기로 사용된다.) CO_2는 약한 독성으로 간주되지만, 희생자가 20~30[min] 동안 CO_2를 호흡하게 되면 질식에 의해 무의식과 죽음의 원인이 될 수 있어, 좁고 밀폐된 장소에서 사용하면 인체에 위험하다.
⑤ 할론 소화기 (Halon extinguisher) : 조종실이나 객실에 장비되어 있고, 할론 1301(CF_3Br)과 소화기용으로 쓰이는 할론 1211(CF_2ClBr)이 있다. 소화기 용으로 쓰이는 할론 1211의 경우 분말 소화기에 비해서 가격은 고가이지만, 화재가 났을 때 불만 깨끗하게 끄고 날아가 버리는 특성이 있어 조종실에서 사용 가능하고, 무전도성으로 전기가 흐르는 전자 설비에도 안전하게 사용할 수 있고, 소화 후에 소화제 잔여물이 남지 않아 항공기 전체에 활용된다. 적은 양으로도 화재를 진압할 수 있지만, 오존층 파괴의 단점이 있어 필수 용도를 제외한 곳에서는 지속적으로 사용할 수 없다. 국내에서는 할론 1211과 할론 1301 소화기만 생산하고 있고, 일반화재(Class A), 전기화재(Class B), 유류화재(Class C)에 유효하고 소화능력도 강력하다.

ANSWER 66 ④

67 항공계기에 요구되는 조건으로 옳은 것은?

① 기체의 유효 탑재량을 크게 하기 위해 경량이어야 한다.
② 계기의 소형화를 위하여 화면은 작게 하고 본체는 장착이 쉽도록 크게 해야 한다.
③ 주위의 기압과 연동이 되도록 승강계, 고도계, 속도계의 수감부와 케이스는 노출이 되도록 해야 한다.
④ 항공기에서 발생하는 진동을 알 수 있도록 계기판에는 방진장치를 설치해서는 안된다.

해설
① 유효 탑재량을 크게 하기 위해 계기 또한 가능한 한 경량으로 요구된다.
② 계기판의 크기는 한계가 있어 계기는 소형화 해야 한다.
③ 계기에 따라 내구성의 기간은 다르지만, 정확도를 가능한 한 유지하는 것이 좋다.
④ 변화하는 대기에서 온도, 기압, 자세, 가속도, 진동의 영향을 적게 받는 것이 요구된다.
⑤ 제작 시 온도에 의한 영향이 일정한 범위 내로 유지시킨다.
⑥ 대기 기압에 의해 수감부와 케이스의 누출에 주의해야 한다.
⑦ 기계적인 부품에 의한 계기는 진동에 의한 마찰이 크므로 진동 장치를 내장한다.
⑧ 계절에 따른 온도 변화가 심하여 자동적으로 보정되도록 제작된다.
⑨ 프로펠러, 엔진 등에 의해 진동이 발생하므로 감안하여 계기를 제작한다.
⑩ 우천 시, 습도 상승 방지를 위해 방청 처리로 밀폐되어 있다.
⑪ 수상 비행기 및 해안가 비행장 등에서 염분이 있는 바람에 영향을 받지 않게 한다.
⑫ 곰팡이로 인하여 전기적인 고장이 있으므로 계기 외·내부에 항균 페인트를 바른다.
⑬ 광범위한 기압 변화에 노출되므로 밀폐하여 영향을 받지 않도록 한다.

68 비행 중 비로부터 시계를 확보하기 위한 제우(rain protection)시스템이 아닌 것은?

① Air curtain system
② Rain repellent system
③ Windshield wiper system
④ Windshield washer system

해설 제우 장치의 종류
① Windshield wiper system : 와이퍼 블레이드에 의해 물방울을 기계적으로 제거
② Air curtain system : 압축 공기를 이용하여 물방울을 제거
③ Rain repellent system : 화학 액체를 분사하여 피막을 만들어 물방을 방지. 강우량이 적거나 건조한 윈드쉴드 표면에 레인 리펠런트가 고착되어 뿌옇게 되기 때문에 사용이 금지된다. 고착되면 제거가 어렵기 때문에 빨리 중성세제로 크리닝해야 한다.
※ Windshield washer system : 세정액을 분사하고 와이퍼를 사용하여 오염 제거

69 그림과 같은 회로에서 5[Ω] 저항에 흐르는 전류값은 몇 [A]인가?

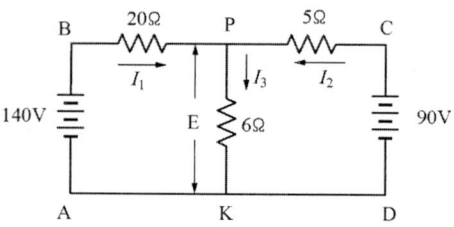

① 1
② 4
③ 6
④ 10

해설 키르히호프 전류의 법칙을 이용해서,
$I_1 + I_2 = I_3$
키르히호프 전압의 법칙을 이용해서,
$2I_1 + 6I_3 = 140$, $5I_2 + 6I_3 = 90$

ANSWER 67 ① 68 ④ 69 ③

위의 3개의 식을 연립 방정식으로 풀어내면,
$I_1 = 4[A]$, $I_2 = 6[A]$, $I_3 = 10[A]$
각 부하에 걸리는 전압을 옴의 법칙(V = IR)으로 풀어내면,
$V_1 = 80[V]$, $V_2 = 30[V]$, $V_3 = 60[V]$
따라서, $5[\Omega]$에 흐르는 전류(I_2)는 6[A]가 된다.

70 자기컴퍼스의 조명을 위한 배선 시 지시 오차를 줄이기 위한 방법으로 옳은 것은?

① 음(-)극선을 가능한 자기컴퍼스 가까이에 접지시킨다.
② 양(+)극선과 음(-)극선은 가능한 충분한 간격을 두고 음(-)극선에는 실드선을 사용한다.
③ 모든 전선은 실드선을 사용하여 오차의 원인을 제거한다.
④ 양(+)극선과 음(-)극선을 꼬아서 합치고 접지점을 자기컴퍼스에서 충분히 멀리 뗀다.

해설 자기 컴퍼스의 정면 상부에는 내부 조명용 소형 전구가 있고, 전구와 연결된 배선은 점등 시 전류에 의한 자장으로 오차를 만들지 않도록 동축선이 이용되고 있다. 영구자석에 대한 지시오차를 줄이기 위해서 (+), (-)극의 배선을 꼬아서 접지점을 멀리 둔다.

71 계기착륙장치(instrument landing system)의 구성 장치가 아닌 것은?

① 로컬라이저(localizer)
② 마커 비컨(marker beacon)
③ 기상 레이다(weather radar)
④ 글라이드 슬로프(glide slope)

해설 계기착륙장치 (ILS : Instrument landing system)는 지상 시설과 기상 장치로 나뉜다. 활주로 중심선 방위정보를 나타내는 로컬라이저, 착륙점을 기점으로 경사각을 따라 수직면 유도를 하는 글라이드 슬로프, 활주로 끝에서부터 거리 정보를 제공하는 마커비컨이 있다. 로컬라이저와 글라이드 슬로프는 활주로 착륙지점 안쪽에 위치해 있고, 마커비컨은 활주로 착륙 진입지점 바깥쪽에 위치해 있다.

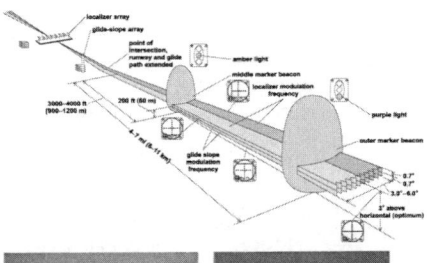

<LLZ>

<GP>

<MARKER>

<DME>]

① 방위각시설 (LLZ : Localizer) : 지상 방위각 시설(Localizer 장치)의 위치는 계기 진입용 활주로의 진입단 반대 측에 있는 활주로 중심선 연장선에 설치하여 이착륙 항공기와 충돌하지 않도록 활주로에서 적어도 1,000[ft] 떨어진 곳에 있다. Localizer 전파는 활주로의 진입방향에 있는 Middle Marker와 Outer Marker 쪽으로 발사되며, 반대방향으로도 전파가 발사되는데 진입 측 전파를 전방 진행방향(Front Course), 반대쪽을 후방 진행방향(Back Course)이라 부른다. Localizer는 2,000[ft]의 고도에서 최저 25[NM](노티컬마일)까지 빔(Beam)이 전달될 수 있도록 전파를 발사한다. 진행방향(Course)의 폭은 보통 3~6°로서 활주로 끝단(TH : Threshold)에서 700[ft]

ANSWER 70 ④ 71 ③

이고 주파수의 범위는 108.10~111.975[MHz]이다. 항공기상의 계기에는 지상송신기에서 나오는 좌우 주파수(90[Hz], 150[Hz])의 변조 성분에 따른 전계의 강약차이에 의하여 Localizer 지시계가 좌우로 움직이므로 조종사는 항공기를 활주로 중앙에 위치시킬 수 있다(50[kHz] 단위의 40개 채널 사용).

② 활공각시설 (G/S : Glide Slope) : 지상 Glide slope 송신기는 전파를 발사하여 활주로에 착륙하기 위하여 접근 중인 항공기에 안전한 착륙 각도인 약 3[°]의 활공각 정보를 제공하며 활주로 진입단으로부터 750~1,250[ft] 내측에, 활주로 중심선으로부터 400~600[ft] 옆으로 떨어진 위치에 설치된다. Glide slope 주파수 범위는 UHF 328.6[MHz]~335.4[MHz]이며 ILS 주파수(localizer 주파수)를 선택 시 자동으로 선택된다. 지상 Glide slope 송신기에서 발사되는 주파수도 Localizer와 같이 Course(강하로)의 하측에는 150[Hz], 상측은 90[Hz]로 변조되는 지향성 전파를 발사하며 항공기상의 수신기는 두 변조성분에 따른 전계의 강약차이에 의하여 Glide slope 지시계가 상하로 움직이게 하여 적절한 강하 각도를 알려주어 항공기가 안전하게 착륙할 수 있도록 한다.

③ 마커신호 (M/B : Marker beacon) : 활주로 중심 연장선상의 일정한 지점에 설치하여 착륙하는 항공기에 수직상공으로 역원추형의 75MHz의 초단파(VHF) 전파를 발사하여 진입로상의 일정한 통과지점에 대한 위치정보를 제공하는 시설로 마커 비컨의 지상국은 Outer Marker, Middle Marker, Inner Marker가 있다.
  1) 내측마커 (I.M) : 200~1500[ft], 3000[Hz], 백색
  2) 중간마커 (M.M) : 3500[ft], 1300[Hz], 호박색
  3) 외측마커 (O.M) : 4~7[NM], 400[Hz], 자색

※ 기상 레이더 (Weather radar) : 항로 및 주변의 기상 정보를 야간이나 시계가 나쁜 상태에서도 조종사에게 관련 정보를 주어 많은 여객기에 사용되고 있다. 사전에 악천후 영역을 탐지해서 비교적 기류의 변화가 작은 곳을 찾아 비행함으로써 안전운행을 도모하고, 악천후 영역을 미리 알아냄으로써 신속하게 항로를 변경하여 비행시간의 단축과 연료 절약이 가능하도록 한다.

72 항공기가 산악 또는 지면과 충돌하는 것을 방지하는 장치는?

① Air traffic control system
② Inertial navigation system
③ Distance measuring equipment
④ Ground proximity warning system

해설 ① 항공교통관제 (ATC : Air traffic control system) : 항공기를 안전하고 능률적으로 운항하기 위하여 행하는 교통관제. 항공관제탑에서 무선 전화로 이착륙을 허가하거나 항로 및 고도를 지시한다. 트랜스폰더에서 부호를 받아 목표 항공기를 식별하는 동시에 거리와 방위, 비행 고도와 비상 신호 등의 항공 관제에서 필요로 하는 레이더를 표시해 주는 것이다.
② 관성항법장치 (INS : Inertial navigation system)은 로켓이나 비행기가 이동할 때에는 항상 가속도가 가해지고 있지만, 이 가속도를 적분하면 속도가 구해지며, 다시 적분하면 이동한 거리가 나온다는 가속도(관성)를 이용한 항법이다. 이 때, 기준좌표축을 선정하고 유지시키는 역할을 자이로스코프(Platform과 Gimbal로 구성)가 한다.
  1) 자이로스코프 : 기준좌료를 설정하여 본체 진행방향 계측.
  2) 가속도계 : 기본적인 센서로 진행방향으로의 가속도를 감지.
  3) 컴퓨터 : 자이로스코프와 가속도계에서 감지한 각속도 및 가속도와 주변장치(속도계, 고도계 등)로부터 받은 정보를 종합 계산한다.
③ 거리측정시설 (DME : Distance measuring equipment) : 항공기의 DME 기상국에 거리 정보를 제공하는 것. TACAN의 거리 계통만을 독립시킨 새로운 항법시설이다. 기상 장치(질문기)와 지상 장치(응답기)로 구성된

ANSWER 72 ④

2차 레이더의 한 형식이다. 거리측정은 펄스 신호가 두 점사이를 왕복하는 시간을 측정한다. 기상, 지상 모두 126개의 채널을 가지며, 1MHz의 간격을 가지고 있다. 질문파에 대하여 63MHz 차이의 응답파를 발사한다. (주파수 대역은 UHF 960[MHz]~1215[MHz])

④ 대지접근경고장치 (GPWS : Ground proximity warning system : 항공기의 안전운항을 위한 항공전자장비의 한가지로서 항공기가 지표 및 산악등의 지형에 접근할 경우 점멸등과 인공음성으로 조종사에게 이상접근을 경고하는 장치이다. 지상접근경보장치라고도 부른다.

73 객실여압장치를 가진 항공기 여압계통 설계 시 고려해야 하는 최소 객실고도는?

① 2400ft ② 8000ft
③ 10000ft ④ 해면고도

해설 객실고도 (cabin altitude) : 객실 내의 압력을 이것과 동등한 해면상으로부터의 고도로 표시한 것. 항공기 고도가 상승함에 따라 객실고도도 증가한다. 항공기 내부에 압력도 같이 감소하게 되어 인체에 영향을 미치게 된다. 따라서, 항공기의 여압장치는 순항고도(36,000[ft])에서 11~12[psi]의 객실내부 압력을 유지하도록 설계되어 있다. 여압장치가 갖추어진 항공기의 객실 기압고도는 2,400[m] (8,000[ft])이하로 유지할 수 있어야 한다. 그러나, OFV(아웃플로어밸브)의 고장 등으로 인하여 14000[ft]까지 상승하면 산소마스크가 내려온다. 차압이 다르기 때문에 항공기 고도와 객실고도를 무조건 일치시키면 기체 손상으로 이어진다. 객실차압(동체 안쪽과 바깥쪽의 압력의 차)에 의해 항공기 동체에 가해지는 내부 응력에 대해 가볍고 강한 동체 구조를 갖게 해야 한다. 차압이 지나치게 크면 동체 구조가 파괴되므로 기체구조에 따른 자재의 선택과 제작을 해야 한다.

74 CVR(Cockpit Voice Recorder)에 대한 설명으로 옳은 것은?

① HF 또는 VHF를 이용하여 통화를 한다.
② 항공기 사고원인 규명을 위해 사용되는 녹음장치이다.
③ 지상에 있는 정비사에게 경고하기 위한 장비이다.
④ 지상에서 항공기를 호출하기 위한 장치이다.

해설 조종실 음성 녹음장치 (CVR : Cockpit Voice Recorder) : 항공기 추락 시 혹은 기타 중대사고 시 원인을 규명하기 위하여 조종실 승무원의 통신 내용 및 대화 내용, 그리고 조종실 내 제반 경고음 등을 녹음하는 장비이다. CVR에 전원이 공급되면 비행 중 항상 작동된다. 테이프 타입은 30분 엔드리스(endless) 타입으로 4채널로 구성되며, 동시에 4채널 입력 신호가 공급되어도 개별적으로 지정된 채널에 녹음 된다. 기억장치가 반도체 타입으로 된 CVR이 사용되면서 120분까지 4채널로 연속적으로 저장된다. 테이프 타입이나 반도체이든 상관없이 마지막 시간을 기준으로 30분, 120분 저장하는 타입으로 끝까지 저장되면 다시 처음부터 저장되기 시작한다. 즉, 저장이 끝나는 시점을 기준으로의 시간을 의미한다. 4개의 채널 각각에 따라서 채널1에는 기관사(First Observer), 채널2에는 부조종사(First Officer), 채널3에는 조종사(Captain), 채널4에는 주변음성(Environment Audio)이 조종실에 장착되어 있는 마이크에 의해 CVR에 저장된다. 항공기가 비행 중이나 활주로 진입하는 중에는 데이터 삭제가 불가능하고 지상에서 정비를 위해서만 삭제가 가능하다. CVR 패널에서 지움 버튼(Erase Button)을 몇 초에서 십여 초 누르면 삭제된다.

ANSWER 73 ② 74 ②

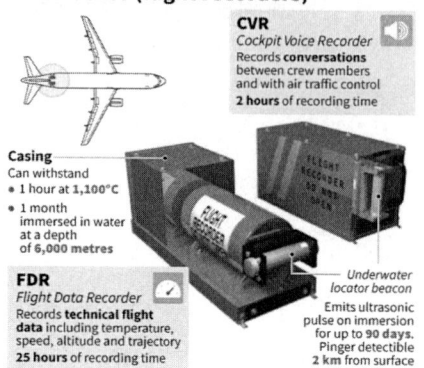

75 자동조종장치(autopilot)의 구성요소에 해당하지 않는 것은?

① 출력부(output elements)
② 전이부(transit elements)
③ 수감부(sensing elements)
④ 명령부(command elements)

해설 자동조종장치의 구성요소 (Autopilot Components) : 대부분 자동비행장치는 스위치와 보조장치를 포함하여 크게 4개의 기본구성요소로 이루어진다. 구성요소는 수감부(Sensing Element), 컴퓨터부(Computing Element), 출력부(Output Element), 명령부(Command Element)이다. 개선된 자동비행장치는 궤환부(Feedback or Follow-up)라는 구성요소가 추가된다.

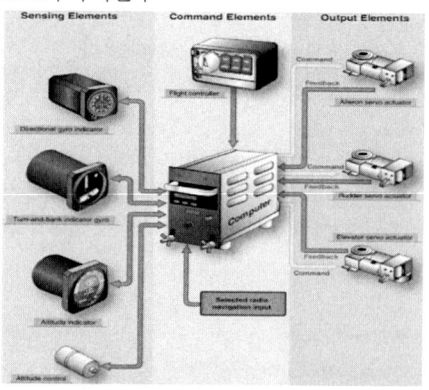

76 유압계통에서 기기의 실(seal)이 손상 또는 유압관의 파열로 작동유가 완전히 새어나가는 것을 방지하기 위해 설치한 안전장치는?

① 유압퓨즈(hydraulic fuse)
② 오리피스밸브(orifice valve)
③ 분리밸브(disconnect valve)
④ 흐름조절기(flow regulator)

해설 ① 유압 퓨즈 (Hydraulic fuse) : 유압 계통의 관이나 호스가 파손되거나 기기 내의 실에 손상이 생겼을 때 과도한 누설을 방지하기 위한 장치이다.

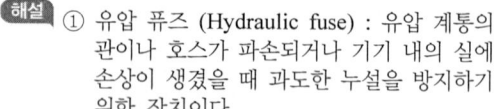

② 오리피스 밸브 (Orifice valve) : 물, 공기, 증기, 오일 등 모든 단상 유체를 측정 할 수있는 유량계 조절 장치의 일종으로, 특정 압력의 유체가 파이프 라인의 오리피스 부분을 통해 흐를 때, 국부적으로 수축 유량이 증가하고 압력이 감소하여 차압이 발생한다. 유체 유속이 클수록 차압이 커진다. 차압을 측정하여 유체 흐름을 얻을 수 있다.

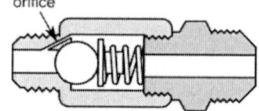

③ 분리 밸브 (Disconnect valve) : 유압 펌프 및 브레이크 등과 같은 유압 기기를 장탈할 때 작동유가 외부로 유출되는 것을 최소화하기 위해 유압 기기에 연결된 유압관에 장착

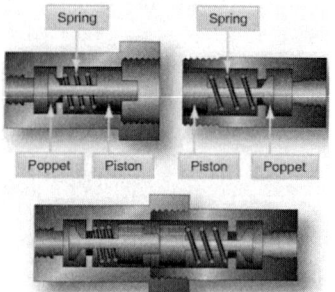

ANSWER 75 ② 76 ①

④ 흐름 조절기 (Flow regulator) : 흐름 제어 밸브라고 하며, 계통의 압력 변화에 관계없이 작동유의 흐름을 일정하게 유지시키는 장치

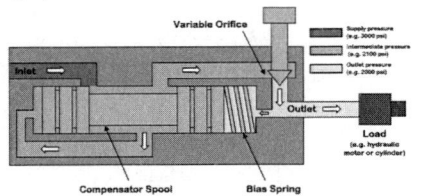

77 항공기 유압계통에서 축압기(accumulator)의 사용 목적으로 옳은 것은?

① 유압유 내 공기 저장
② 작동유의 누출을 차단
③ 계통 내 작동유의 방향 조정
④ 비상 시 계통 내 작동유 공급

해설 축압기 (Accumulator) : 가압된 작동유를 저장하는 저장통으로, 여러 개의 유압 기기가 동시에 사용될 때 동력 펌프를 돕고, 동력 펌프가 고장났을 때에는 저장되었던 작동유를 유압 기기에 공급한다. 유압 계통의 서지(surge) 현상을 방지하고, 압력을 흡수하면 압력 조정기의 개폐 빈도를 줄여 펌프나 압력 조정기의 마멸을 감소시킨다.

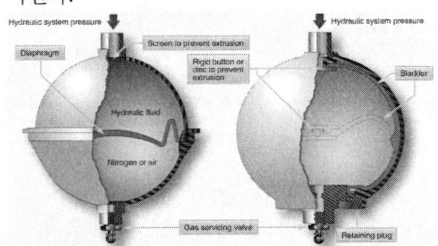

※ 축압기의 종류
① 다이어프램형 : 2개의 오목한 금속 반구를 합성 고무로 만든 다이어프램 사이에 넣고 조립하여 작동유실과 공기실을 형성한다. 작동유 공급이 없거나 압력이 부족할 때 공기의 압력으로 다이어프램이 밀리면서 공기가 압축되고 작동유가 충전되면서 계통 압력과 평형이 된다.
② 블래더형 : 1개의 금속제 구형 통과 합성 고무제 블래더로 되어 있다. 블래더 중앙에 금속제 디스크가 있어 공압이 블래더를 유압계통으로 밀어 내는 것을 방지한다.
③ 피스톤형 : 실린더 안에 피스톤이 있어 공기실과 작동유실을 분리되어 있고, 공간을 작게 차지하고 구조가 튼튼하기 때문에 현대 항공기에 많이 사용되고 있다.

78 직류발전기에서 발생하는 전기자 반작용을 없애기 위한 것은?

① 보극(interpole)
② 직렬권선(series-winding)
③ 병렬권선(shunt-winding)
④ 회전자권선(armature coil)

해설 보극 (commutating pole, inter pole) : 전기자 반작용을 없애기 위해 주된 자극인 N극과 S극의 사이에 설치한 소자극이다. 이 소자극(보극)의 권선은 전기자 권선과 직렬로 연결한다. 이와 같이 보극을 설치하여 부하 시에 보극 바로 밑에 있는 전기자 권선이 만드는 자속을 상쇄할 수 있고, 스파크가 생기지 않는 정류를 할 수 있다. 대부분의 직류발전기에는 보극이 부착되어 있다.

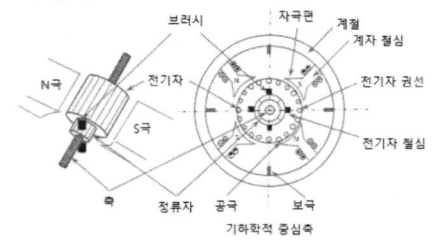

ANSWER 77 ④ 78 ①

79 발전기 출력 제어회로에서 제너다이오드 (zener diode)의 사용 목적은?

① 정전류제어 ② 역류방지
③ 정전압제어 ④ 자기장제어

해설 Transistor voltage regulator : 현대 항공기의 교류발전기 계통은 출력 전압을 제어하기 위해서 트랜지스터를 사용하여 실제로 전류의 흐름을 제어하고, 전자기 코일은 전압을 감지하는 데 사용된다. 트랜지스터 전압 조정기는 진동형과는 다른 반도체 상태로서, 조정기 자체에 움직이는 부품이 없다. 출력 전압은 제너다이오드에 의해 감지된다. PN접합형 실리콘 다이오드에 역바이어스 전압을 걸어, 전압이 낮은 경우에는 역방향 전류는 거의 흐르지 않고, 제너 전압을 넘어서면 전류가 급격히 흐르게 하여 회로의 전압을 일정하게 유지한다.

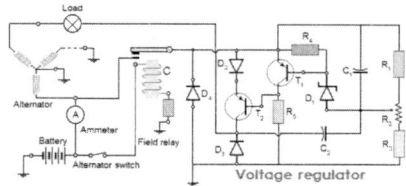

80 항공기 계기에서 플랩의 작동 범위를 표시하는 것은?

① 녹색호선 (green arc)
② 백색호선 (white arc)
③ 황색호선 (yellow arc)
④ 적색방사선 (red radiation)

해설 계기의 색표식 (Color marking) 은 계기의 문자판 또는 유리에 그 기체의 운용 한계 등을 색으로 표시한 것이다. 항공기마다 운용 제한, 최대 작동 한계, 최저 작동 한계 등을 표시하거나 색표식으로 나타내도록 정해져 있다.
① 적색 방사선 : 최대 및 최저 운용 한계를 나타내며 어떠한 경우라도 운용금지 한계를 나타내고 있다.
② 백색 방사선 : 계기의 유리판과 케이스에 걸쳐 표시되어 있으며, 각 색표식들을 계기 앞면 유리판에 표시하였을 때, 유리가 케이스와 정확히 맞물려 있는가를 표시하는 미끄럼 방지표시를 나타내고 있다.
③ 녹색 호선 : 일반적인 사용 안전 운용 범위를 나타내고 있다.
④ 황색 호선 : 일반적인 사용 범위에서 초과 금지 사이의 경계 범위를 나타내고 있다.
⑤ 백색 호선 : 대기 속도계에만 표시되는 색표식으로 플랩(flap)이 있는 기체의 플랩 조작 속도 범위를 나타내고 있다. 범위는 최대 착륙 중량에 있어서 실속 속도를 하한으로 하고 플랩 강하 속도를 상한으로 한다.
⑥ 청색 호선 : 기화기를 장비한 왕복기관에 관계된 기관계기에 표시하는 색으로서, 흡기압력계(Manifold pressure indicator), 기관회전계기(Tachometer), 기통두온도계(Cylinder head temperature indicator)등에 표시한다. 연료와 공기 혼합비가 오토린(Auto-Lean)일 때의 상용안전운용범위를 나타낸다.

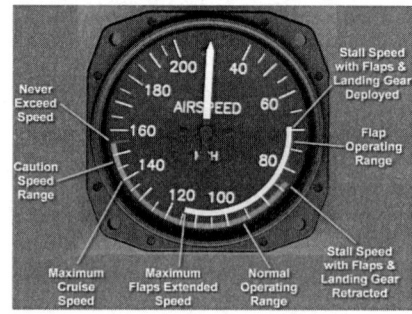

ANSWER 79 ③ 80 ②

제1회 CBT 모의고사 문제

제1과목 ✈ 항공역학

01 프로펠러의 진행비(Advance ratio)를 옳게 나타낸 것은? (단, n : 프로펠러 회전속도, D : 프로펠러 지름, V : 속도이다.)

① $\dfrac{V}{nD}$ ② $\dfrac{nD}{V}$

③ $\dfrac{n}{VD}$ ④ $\dfrac{D}{Vn}$

02 헬리콥터 주회전날개의 공력 및 회전 동역학 특성에 대한 설명으로 틀린 것은?

① 전진비행 속도의 증가에 따라 역풍영역(Reverse flow aone)이 증가한다.
② 주회전 날개의 리드-래그 힌지(Lead-lag hinge)가 없으면 전진비행이 불가능하다.
③ 전진비행 속도의 증가에 따라 좌우측 주회전 날개 회전면에서 공기속도의 불균형이 증가한다.
④ 주회전 날개에 설치된 다양한 힌지 중 플래핑 힌지(Flapping hunge)가 헬리콥터 가동비행능력과 직접적인 연관이 있다.

해설 플래핑 힌지가 없으면 전진 비행 시 양력 불균형 발생으로 비행이 불가능

03 프로펠러의 역할을 옳게 설명한 것은?

① 항공기의 전진속도에 의해 풍차회전을 일으킨다.
② 기관으로부터 지시마력을 받아 양력을 발생시킨다.
③ 기관으로부터 제동마력을 받아 양력을 발생시킨다.
④ 기관으로부터 제동마력을 받아 추력을 발생시킨다.

해설 제동마력 = 지시마력 - 마찰마력
• 지시마력 : 평균유효압력에 의하여 계산된 마력
• 제동마력 : 실제 기관의 크랭크축에서 나오는 마력

04 공기의 동점성계수 단위로 옳은 것은?

① stokes   ② poise
③ cm/s   ④ g/cm·s

해설 • stokes : 동점성계수의 c·g·s 단위로 cm²/s이다.
• poise : 점성계수의 c·g·s 단위로 dyne·s/cm² 또는 g/s·cm이다.

ANSWER 01 ① 02 ② 03 ④ 04 ①

05 항공기의 임계 마하수(Critical mach number)에 대한 설명으로 옳은 것은?

① 모든 비행기의 임계 마하수는 0.8이다.
② 비행기가 비행할 때 최초로 충격파가 발생될 때의 마하수이다.
③ 일반적으로 임계 마하수는 항력발산 마하수보다 값이 크다.
④ 저속 프로펠러 비행기에서 아주 중요한 설계 요소이다.

06 비행기의 무게가 2500kg, 큰 날개의 면적이 30m²이며, 해발고도에서의 실속속도가 100km/h인 비행기의 최대양력계수는 약 얼마인가? (단, 공기의 밀도는 0.125kg·s²/m⁴이다.)

① 1.5　　② 1.7
③ 3.0　　④ 3.4

해설
$W = \frac{1}{2} \cdot \rho V_s^2 \cdot S \cdot C_{Lmax}$
$\rightarrow C_{Lmax} = \frac{2 \cdot W}{\rho \cdot V^2 \cdot S}$
$\therefore C_{Lmax} = \frac{2 \times 2500}{0.125 \times (\frac{100}{3.6})^2 \times 30}$

07 무게가 500lbs인 비행기의 마력곡선이 그림과 같다면 수평정상비행할 때 최대상승률은 몇 [ft/min]인가? (단, HP_req는 필요마력, HP_av는 이용마력, 비행경로선과 추력선 사이각, 비행경로각은 작다.)

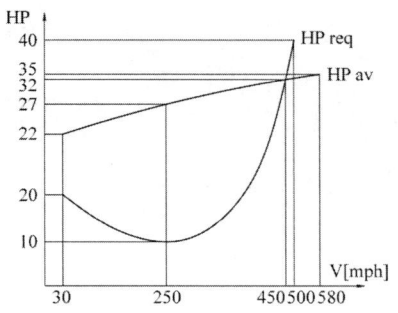

① 1122　　② 1555
③ 2360　　④ 2500

해설
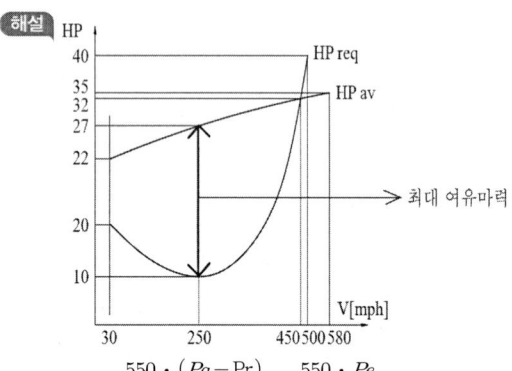

$RC = \frac{550 \cdot (Pa - Pr)}{W} = \frac{550 \cdot Pe}{W}$

$Pe = 27 - 10 = 17$
1HP = 550lb·ft/s
　　 = 550×60lb·ft/min
$\therefore RC = \frac{550 \times 17}{500}$ HP
　　 $= \frac{550 \times 17}{500} \times 60$lb·ft/min

08 비행기의 방향 안정에 일차적으로 영향을 주는 것은?

① 수평꼬리날개　② 플랩
③ 수직꼬리날개　④ 날개의 처든각

09 프로펠러의 이상적인 효율을 비행속도(V)와 프로펠러를 통과할 때의 기체 유동속도(V_1) 및 순수 유도속도(ω)로 옳게 표현한 것은? (단, $V_1 = V + \omega$이다.)

① $\dfrac{V_1}{V_1 + \omega}$ ② $\dfrac{V}{V + \omega}$

③ $\dfrac{2V}{V_1 + \omega}$ ④ $\dfrac{2V_1}{V + \omega}$

10 헬리콥터 속도가 초과금지속도에 이르면 후진 블레이드 실속징후가 발생하는데 그 징후가 아닌 것은?

① 높은 중량 증가
② 기수 상향 경향
③ 비정상적인 진동
④ 후진블레이드 방향으로 헬리콥터 경사

11 비행기의 가로축(lateral axis)을 중심으로 한 피치운동(pitching)을 조종하는데 주로 사용되는 조종면은?

① 플랩(flap)
② 방향키(rudder)
③ 도움날개(aileron)
④ 승강키(elevator)

12 무게 4000kg$_f$인 항공기가 선회경사각 60°로 경사선회하며 하중계수 1.5가 작용한다면 이 항공기의 양력은 몇 kg$_f$인가?

① 2000 ② 4000
③ 6000 ④ 8000

해설 문제 오류(산업인력공단에 수정 요청함)
선회 시의 무게(W) = $L\cos\theta$
하중배수 = $\dfrac{L}{W}$
선회 시의 하중배수 = $\dfrac{L}{L\cos\theta} = \dfrac{1}{\cos\theta}$
∴ 문제에서의 선회각이 60°이므로
하중배수 = $\dfrac{1}{\cos 60} = 2$
※ 맞는 풀이
$2 = \dfrac{L}{W} \rightarrow 2 = \dfrac{L}{4000} \rightarrow L = 2 \times 4000 = 8000$

13 항공기의 조종성과 안정성에 대한 설명으로 옳은 것은?

① 전투기는 안정성이 커야 한다.
② 안정성이 커지면 조종성이 나빠진다.
③ 조종성이란 평형상태로 되돌아오는 정도를 의미한다.
④ 여객기의 경우 비행 성능을 좋게 하기 위해 조종성에 중점을 두어 설계해야 한다.

14 프로펠러의 깃각을 감소시키려는 경향을 갖는 요소로 옳은 것은?

① 추력에 의한 굽힘모멘트
② 회전력에 의한 굽힘모멘트
③ 원심력에 의한 비틀림모멘트
④ 공기력에 의한 비틀림모멘트

ANSWER 09 ② 10 ① 11 ④ 12 ① 13 ② 14 ③

15 프로펠러에 작용하는 토크(torque)의 크기를 옳게 나타낸 것은? (단, ρ : 유체밀도, n : 프로펠러 회전수, C_q : 토크계수, D : 프로펠러의 지름이다.)

① $C_q \rho n D$
② $\dfrac{C_q D^2}{\rho n}$
③ $C_q \rho n^2 D^5$
④ $\dfrac{\rho n}{C_q D^2}$

해설 프로펠러 추력 $F = C_t \cdot \rho \cdot n^2 \cdot D^4$
프로펠러 토크 $Q = C_q \cdot \rho \cdot n^2 \cdot D^5$
프로펠러 동력 $P = C_p \cdot \rho \cdot n^3 \cdot D^5$

16 비행기가 평형상태에서 이탈된 후, 평형상태와 이탈상태를 반복하면서 그 변화의 진폭이 시간의 경과에 따라 발산하는 경우를 가장 옳게 설명한 것은?

① 정적으로 안정하고, 동적으로는 불안정하다.
② 정적으로 안정하고, 동적으로도 안정하다.
③ 정적으로 불안정하고, 동적으로는 안정하다.
④ 정적으로 불안정하고, 동적으로도 불안정하다.

해설 진폭의 발산 = 동적 불안정
진폭의 일정 = 동적 중립
진폭의 감소 = 동적 안정

17 항공기에 쳐든 각(dihedral angle)을 주는 주된 이유로 옳은 것은?

① 익단 실속을 방지할 수 있다.
② 임계 마하수를 높일 수 있다.
③ 가로 안정성을 높일 수 있다.
④ 피칭 모멘트를 증가시킬 수 있다.

해설 쳐든 각 효과(dihedral effect) : 가로 안정성의 가장 중요한 요소로 옆미끄럼 발생 시 쳐든 각을 주면 옆미끄럼 방향의 날개에는 양력이 증가하고 반대쪽 날개에는 양력이 감소하여 옆미끄럼 방향과 반대 방향으로 기울어져 평형의 상태로 돌아오게 된다.

18 대기를 구성하는 공기에 대한 설명으로 틀린 것은?

① 공기의 점성계수는 물보다 작다.
② 공기는 압축성 유체로 볼 수 있다.
③ 공기의 온도는 고도가 높아짐에 따라서 항상 감소한다.
④ 동일한 압력조건에서 공기의 온도 변화와 밀도 변화는 반비례 관계에 있다.

해설 고도가 증가하면 대류권에서는 온도가 감소하나 성층권에서는 온도의 변화가 거의 없으며 열권에서는 온도가 증가한다.

19 항공기가 선회속도 20m/s, 선회각 45° 상태에서 선회비행을 하는 경우 선회반경은 몇 m인가?

① 20.4
② 40.8
③ 57.7
④ 80.5

해설 $R(\text{선회반경}) = \dfrac{V^2}{g \cdot \tan\theta}$
$\therefore \dfrac{20^2}{9.8 \times \tan 45} = 40.816$

ANSWER 15 ③ 16 ① 17 ③ 18 ③ 19 ②

20 다음 중 비행기의 안정성과 조종성에 관한 설명으로 가장 옳은 것은?

① 안정성과 조종성은 정비례한다.
② 정적 안정성이 증가하면 조종성도 증가된다.
③ 비행기의 안정성을 최대로 키워야 조종성이 최대가 된다.
④ 조종성과 안정성을 동시에 만족시킬 수 없다.

해설 조종성과 안정성은 상반되는 성질로 조종성이 증가하면 안정성이 감소하고, 안정성이 증가하면 조종성이 감소하므로 동시에 만족시킬 수 없다.

제2과목 항공기관

21 가스터빈엔진에 사용되는 윤활유 펌프에 대한 설명으로 틀린 것은?

① 배유펌프가 압력펌프보다 용량이 더 작다.
② 윤활유 펌프엔 베인형, 지로터형, 기어형이 사용된다.
③ 베인형 펌프는 다른 형식에 비해 무게가 가볍고 두께가 얇아 기계적 강도가 약하다.
④ 기어형 펌프는 기어 이와 펌프 내부 케이스 사이의 공간에 오일을 담아 회전시키는 원리로 작동한다.

해설 윤활라인을 지나면서 윤활유에는 불순물, 공기 등이 포함되며, 열팽창이 이루어져 배유펌프로 들어가는 윤활유의 체적은 압력펌프로 들어가는 윤활유의 체적보다 크게 된다. 따라서 배유펌프는 압력펌프보다 용량이 더 큰 것을 사용해야 한다.

22 왕복엔진의 피스톤 형식이 아닌 것은?

① 오목형(recessed type)
② 요철형(irregularly type)
③ 볼록형(dome or convex type)
④ 모서리 잘린 원뿔형(truncated cone type)

해설 피스톤 헤드 모양에 따른 분류(평면형이 널리 사용)
① 평면형(flat type)
② 오목형(recessed type)
③ 컵형(cup type)
④ 돔형(dome type)
⑤ 반원뿔형(truncated type)

23 프로펠러 깃의 허브중심으로 깃끝까지의 길이가 R, 깃각이 β일 때 이 프로펠러의 기하학적 피치는?

① $2\pi R \tan\beta$ ② $2\pi R \sin\beta$
③ $2\pi R \cos\beta$ ④ $2\pi R \sec\beta$

해설 기하학적 피치 = $2\pi r \cdot \tan\beta$

24 9개의 실린더를 갖고 있는 성형기관(Radial engine)의 점화순서로 옳은 것은?

① 1, 2, 3, 4, 5, 6, 7, 8, 9
② 8, 6, 4, 2, 1, 3, 5, 7, 9
③ 1, 3, 5, 7, 9, 2, 4, 6, 8
④ 9, 4, 2, 7, 5, 6, 3, 1, 8

ANSWER 20 ④ 21 ① 22 ② 23 ③ 24 ③

해설

구분	점화순서
4실린더 직렬	1-3-4-2 or 1-2-4-3
4실린더 대향형	1-3-2-4 or 1-4-2-3
6실린더 직렬	1-5-3-6-2-4
6실린더 대향형	1-6-3-2-5-4 or 1-4-5-2-3-6
단열 9실린더 성형	1-3-5-7-9-2-4-6-8
2열 14실린더 성형	1-10-5-14-9-4-13-8-3-12-7-2-11-6 (+9, -5)
2열 18실린더 성형	1-12-5-16-9-2-13-6-17-10-3-14-7-18-11-4-15-8 (+11, -7)

25 옥탄가 90이라는 항공기 연료를 옳게 설명한 것은?

① 노말헵탄 10%에 세탄 90%의 혼합물과 같은 정도를 나타내는 가솔린
② 연소 후에 발생하는 옥탄가스의 비율이 90% 정도를 차지하는 가솔린
③ 연소 후에 발생하는 세탄가스의 비율이 10% 정도를 차지하는 가솔린
④ 이소옥탄 90%에 노말헵탄 10%의 혼합물과 같은 정도를 나타내는 가솔린

해설 연료의 노킹현상을 나타내는 기준으로 안티 노크성이 큰 연료인 이소옥탄의 옥탄가를 100으로 하고 안티 노크성이 낮은 연료인 노말헵탄을 0으로 하여 표준 연료속의 이소옥탄의 체적비율을 옥탄가로 표시한다. 이소옥탄과 노말헵탄이 혼합된 표준 연료를 측정할 수 있는 옥탄가는 100까지이다.

26 추진시 공기를 흡입하지 않고 기관 자체 내의 고체 또는 액체의 산화제와 연료를 사용하는 기관은?

① 로켓   ② 펄스제트
③ 램제트 ④ 터보프롭

해설 로켓기관은 다른 가스터빈기관과는 다르게 액체 또는 고체의 산화제와 연료를 사용하여 움직이며, 외부 공기는 별도로 흡입하지 않는다.

27 항공기 왕복엔진에서 마력의 크기에 대한 설명으로 옳은 것은?

① 가장 큰 값은 마찰마력이다.
② 가장 큰 값은 제동마력이다.
③ 가장 큰 값은 지시마력이다.
④ 마력들의 크기는 모두 같다.

해설 지시마력은 실린더 내의 기체가 피스톤에 가한 힘을 나타내는데 일반적으로 가장 큰 값을 갖는다.
$iHP = fHP + bHP$
$bHP = iHP - fHP$
$fHP = iHP - bHP$ (iHP : 지시마력, bHP : 제동마력, fHP : 마찰마력)

28 왕복엔진의 평균유효압력에 대한 설명으로 옳은 것은?

① 사이클 당 유효일을 행정길이로 나눈 값
② 사이클 당 유효일을 행정체적으로 나눈 값
③ 행정길이를 사이클 당 엔진의 유효일로 나눈 값
④ 행정체적을 사이클 당 엔진의 유효일로 나눈 값

해설 1사이클 동안 1개의 실린더에서 수행된 일은 이 평균유효압력에 행정체적을 곱하여 구한다. 역으로 1사이클 중 1개의 실린더에서 수행된 일을 행정체적으로 나누면 평균유효압력이 된다.

ANSWER 25 ④ 26 ① 27 ③ 28 ②

29 그림과 같은 브레이튼 사이클의 P-V선도에서 각 과정과 명칭이 틀린 것은?

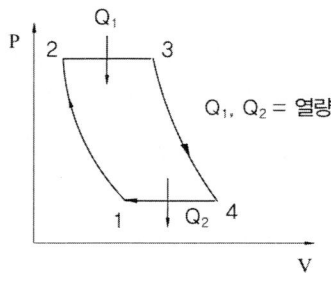

① 1 – 2 : 단열압축
② 2 – 3 : 정적수열
③ 3 – 4 : 단열팽창
④ 4 – 1 : 정압방열

해설 1-2 : 단열압축, 2-3 : 정압수열, 3-4 : 단열팽창, 4-1 : 정압방열

30 왕복엔진의 압력식 기화기에서 저속혼합 조정(idle mixture control)을 하는 동안 정확한 혼합비를 알 수 있는 계기는?

① 공기압력계기
② 연료유량계기
③ 연료압력계기
④ RPM 계기와 MAP 계기

31 볼(ball)이나 롤러 베어링(roller bearing)이 사용되지 않는 곳은?

① 가스터빈엔진의 축 베어링
② 성형엔진의 커넥트 로드(connect rod)
③ 성형엔진의 크랭크 축 베어링(crank shaft bearing)
④ 발전기의 아마추어 베어링(amateur bearing)

해설 베어링은 최대의 내마모성을 가지게 하거나, 작동 중 추력하중과 방사상하중을 합한 힘을 받아야 한다. 볼베어링과 롤러베어링은 추력하중과 방사상하중을 잘 견디는 특성을 가지게 된다. 커넥팅로드의 경우는 방사상하중만을 받기 때문에 주로 평형베어링을 많이 사용한다.

32 왕복엔진의 피스톤 지름이 16cm인 피스톤에 6370kPa의 가스압력이 작용하면 피스톤에 미치는 힘은 약 몇 kN인가?

① 63   ② 98
③ 110   ④ 128

해설 힘(kN) = 압력(kPa)×면적(m²)
$$힘(kN) = 6370 \times \frac{\pi \times 0.16^2}{4}$$
$$= 6370 \times 0.020096$$
$$= 128.01152$$
∴ 128kN

33 완전기체의 상태변화와 관계식을 짝지은 것으로 틀린 것은? (단, P 압력, V 체적, T 온도, r 비열비이다.)

① 등온변화 : $P_1 V_1 = P_2 V_2$
② 등압변화 : $\dfrac{T_1}{V_2} = \dfrac{T_2}{V_1}$
③ 등적변화 : $\dfrac{P_1}{T_1} = \dfrac{P_2}{T_2}$
④ 단열변화 : $\dfrac{T_2}{T_1} = \left(\dfrac{P_2}{P_1}\right)^{\frac{r-1}{r}}$

해설 등압변화 : $\dfrac{T_1}{V_1} = \dfrac{T_2}{V_2}$

34 9기통 성형엔진에서 회전영구자석이 6극형이라면, 회전영구자석의 회전속도는 크랭크축 회전속도의 몇 배가 되는가?

① 3
② 1.5
③ 3/4
④ 2/3

[해설] 9기통 성형엔진에서 6극형의 회전영구자석이라면 크랭크 축이 2회전할 때, 회전영구자석은 1.5회전을 해야 9기통 실린더 모두를 점화시킬 수 있다. 즉, 크랭크 축의 0.75배(1.5/2)의 속도로 돌아야 모든 실린더의 점화를 1번씩 시킬 수 있으므로 3/4배의 속도로 돌아야 한다.

35 가스터빈엔진에서 주로 사용하는 윤활계통의 형식은?

① dry sump, jet and spray
② dry sump, dip and splash
③ wet sump, spray and slpash
④ wet sump, dip and pressure

[해설] 가스터빈엔진에서 오일 배유계통은 드라이-섬프(Dry-Sump)형 윤활계통으로 된 엔진에서 엔진을 윤활시킨 오일을 엔진으로부터 엔진 외부에 장착된 오일 탱크로 귀환시키는 계통을 말한다.

36 가스터빈엔진의 점화장치를 왕복엔진과 비교하여 고전압, 고에너지 점화장치로 사용하는 주된 이유는?

① 열손실이 크기 때문에
② 사용연료의 기화성이 낮아서
③ 왕복엔진에 비하여 부피가 크므로
④ 점화기 특성 규격에 맞추어야 하므로

[해설] 가스터빈엔진에서 사용하는 연료는 기화성이 낮으며, 공기의 속도가 매우 빨라 점화하는데 어려움이 있다. 따라서 고전압, 고에너지의 점화장치를 사용하게 된다.

37 다발 항공기에서 각 프로펠러의 회전속도를 자동적으로 조절하고 모든 프로펠러를 같은 회전속도로 유지하기 위한 장치를 무엇이라고 하는가?

① 동조기
② 슬립 링
③ 조속기
④ 피치변경모터

[해설] 다발 항공기에서 모든 프로펠러를 같은 회전 속도로 유지시키는 장치를 동조기(synchronizer)라 한다.

38 항공기 왕복엔진은 동일한 조건에서 어느 계절에 가장 큰 출력을 발생시키는가?

① 봄
② 여름
③ 겨울
④ 계절에 관계없다.

[해설] 항공기 출력은 공기 밀도와 비례하고, 온도와는 반비례하므로 상대적으로 온도가 낮은 겨울철의 출력이 크게 발생한다.

39 가스터빈엔진이 정해진 회전수에서 정격 출력을 낼 수 있도록 연료조절장치와 각종 기구를 조정하는 작업을 무엇이라 하는가?

① 리깅(rigging)
② 모터링(motoring)
③ 크랭킹(cranking)
④ 트리밍(trimming)

ANSWER 34 ③ 35 ① 36 ② 37 ① 38 ③ 39 ④

해설 트리밍(trimming)
제작사에서 정한 정격에 맞도록 기관을 조절하는 것으로, 또 다른 정의는 기관이 정해진 엔진 rpm에서 정격추력을 내도록 연료조정장치를 조정하는 것을 의미한다. 제작사의 지시에 따라 수행하며, 습도가 없고 무풍일 때가 좋으나 바람이 불 때는 항공기를 정풍이 되도록 해야 한다. 시기는 FCU 교환 시, 엔진 교환 시, 배기노즐 교환 시에 반드시 수행하여야 한다.

40 항공기가 400mph의 속도로 비행하는 동안 가스터빈엔진이 2340lbf의 진추력을 낼 때 발생되는 추력마력은 약 몇 hp인가?

① 1702　② 1896
③ 2356　④ 2496

제3과목 항공기체

41 대형항공기에서 리브(rib)가 사용되는 부분이 아닌 것은?

① 플랩
② 엔진마운트
③ 에일러론
④ 엘리베이터

해설 윙에 설치된 리브(Wing Rib)는 날개 캠버의 형태를 만들어 내는 부재로 에어포일을 유지하는 부위로 스킨 및 스트링거의 응력을 스파에 전달하는 역할을 담당하며 Stabilizer, aileron, elevator, rudder, flap에 사용된다. 마운트(mount)는 "탑재하다, 설치하다"라는 뜻으로 엔진과 날개에 연결부위를 말한다.

42 항공기 기체 내부와 외부 구조부에 모두 사용할 수 있는 리벳은?

① 납작머리 리벳(flat head rivet)
② 둥근머리 리벳(round head rivet)
③ 접시머리 리벳(countersink head rivet)
④ 유니버설머리 리벳(universal head rivet)

해설 대표적인 항공기 리벳 종류 2가지
① 카운터성크 리벳(countersunk head rivet = flush rivet) : 기체 스킨에 체결되어 공기의 저항을 줄이기 위한 리벳
② 유니버설 리벳(universal Head Aircraft Rivet, AN470) : universal은 "일반적, 보편적"이라는 뜻으로 보편적으로 사용하는 리벳이며 현재는 둥근머리 리벳이나 납작머리리벳 대신에 사용된다.

43 일반적인 금속의 응력-변형률 곡선에서 위치별 내용이 옳게 짝지어진 것은?

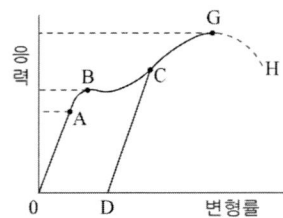

① G : 항복점
② OA : 인장강도
③ B : 비례탄성범위
④ OD : 영구 변형률

해설
- G : 극한강도(Ultimate strength), 재료가 견딜수 있는 최대의 응력
- OA : 탄성비례한도(elastic limit), 응력과 변형률이 비례적으로 증감하는 부분
- B : 항복점(Yield point), 응력을 증가시키지 않아도 변형이 연속적으로 갑자기 커지는 상태의 응력. 항복점을 기준으로 탄성영역, 소성

ANSWER 40 ④　41 ②　42 ④　43 ④

영역으로 나뉜다.
- H : 파단점(Rupture strength)

44 대형 항공기 조종면을 수리하여 힌지라인 후방의 무게가 증가되었다면 어떠한 문제가 발생하는가?

① 기수가 상승한다.
② 기수가 하강한다.
③ 플러터(flutter) 발생 원인이 된다.
④ 속도가 증가하고 진동이 감소된다.

해설 hinge는 중심축을 말하고 flutter의 사전적인 의미는 "흔들이다. 파닥이다"의 뜻으로 날개의 진동이 감쇄하지 않고 심해지면 frame out 상태가 된다. 공탄성에 의해 속도가 빨라지면서 기체가 받는 공기력이 커지고 기체에 진동을 일으킨다. mass balance로 조종면에 과대평형을 주어 플러터를 방지한다.

45 단면적이 A이고, 길이가 L이며 탄성계수가 E인 부재에 인장하중 P가 작용하였을 때, 이 부재에 저장되는 탄성에너지로 옳은 것은?

① $\dfrac{PL^2}{2AE}$ ② $\dfrac{PL^2}{3AE}$
③ $\dfrac{P^2L}{2AE}$ ④ $\dfrac{P^2L}{3AE}$

해설 탄성에너지 $= \dfrac{1}{2}P\delta = \dfrac{P^2L}{2AE}$
(P : 하중, δ : 변형량)

46 구조재료에 발생하는 현상에 대한 설명으로 틀린 것은?

① 반복하중에 의하여 재료의 저항력이 증가하는 현상을 피로라 한다.
② 일정한 응력을 받는 재료가 일정한 온도에서 시간이 경과함에 따라 하중이 일정하더라도 변형률이 변하는 현상을 크리프라 한다.
③ 노치, 작은 구멍, 키, 홈 등과 같이 단면적의 급격한 변화가 있는 부분에 대단히 큰 응력이 발생하는 현상을 응력집중이라 한다.
④ 축방향의 압축력을 받는 부재 중 기둥이 압축하중에 의해 파괴되지 않고 휘어지면서 파단되어 더 이상 하중에 견디지 못하게 되는 현상을 좌굴이라 한다.

해설 항공기 용접에 사용되는 재료의 특성을 알아내기 위해 일부러 파괴하여 인성, 강도, 기계적 성질을 시험하는 기계적 파괴시험의 종류에 인장시험을 한다. 피로(fatigue)는 금속에 반복응력이 발생되면 반복횟수가 증가하여 강도가 저하되어 파단에 이르게 되는데 피로는 반복응력에 의해 저항력이 증가하지 않고 결함이 확대된다.

47 폭이 20cm, 두께가 2mm인 알루미늄판을 그림과 같이 직각으로 굽히려 할 때 필요한 알루미늄판의 세트백(set back)은 몇 mm인가?

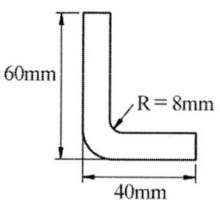

① 8 ② 10

ANSWER 44 ③ 45 ③ 46 ① 47 ②

③ 12   ④ 14

해설 세트백(SB : Set Back)이란 성형점에서(mold point)에서 굴곡 접선(bend tanget line)까지의 거리이며 굴곡 허용량 (BA bend allowance)은 평판을 굽히는데 소요되는 여유길이(판재를 굽히는데 재료의 길이가 얼마나 필요한지를 알아내기 위한 것)이다. 여기에서의 세트백은 아웃사이드 세트백을 말하며 굴곡 허용량에서는 중립선을 기준으로 한다.

48 트러스(truss) 구조 형식의 항공기에 없는 부재는?

① 리브(rib)   ② 장선(brace wire)
③ 스파(spar)   ④ 스트링거(stringer)

해설 항공기 트러스 구조는 스킨은 외형만 유지하고 강관을 이용하여 하중을 트러스가 담당하는 구조로 제작비용이 저렴하여 소형기에만 사용된다. 내부 공간 마련하기가 어렵고 외형이 각진 부분이 많다. 압축에 의해 눌리는 현상인 좌굴(buckling) 방지는 스트링거 (Stringer)이며 세미모노코크 구조에 사용된다.

49 기체 구조의 고유진동수와 일치하는 진동수를 가지는 외부하중이 부가되면 하중의 크기가 아주 크지 않더라도 파괴가 일어날 수 있는 현상을 무엇이라 하는가?

① 피로   ② 공진
③ 크리프   ④ 항복

해설 진동이 합쳐지다 라는 뜻의 공진은 항공기 엔진에서의 진동수와 날개 떨리는 최대진동수가 합쳐져서 날개가 파단되거나 무게중심이 뒤쪽으로 치우치고 속도가 빠를 때 주날개와 꼬리날개의 진동수가 합쳐져서 발생한다. 이런 현상을 플러터(Flutter) 현상이라고 한다.

50 세미모노코크구조에서 동체가 비틀림에 의해 변형되는 것을 방지해 주며 날개, 착륙장치 등의 장착부위로 사용되기도 하는 부재는?

① 프레임(frame)
② 세로대(longeron)
③ 스트링거(stringer)
④ 벌크헤드(bulkhead)

해설
• 벌크헤드 (Bulkhead) : 동체의 비틀림
• 론저론 (Longeron) : 굽힘하중
• 스트링거 (stringer) : 좌굴(buckling) 방지

51 접개들이식 착륙장치에 대한 설명으로 틀린 것은?

① 착륙장치를 업(Up) 또는 다운(Down) 시키는 비상장치를 갖추고 있다.
② 착륙장치 다운 락은 다운 락 번지(Down Lock Bungee)에 의해 이루어진다.
③ 착륙장치의 부주의한 접힘은 기계적인 다운 락, 안전스위치, 그라운드 락과 같은 안전장치에 의해 예방된다.
④ 착륙장치의 상태를 나타내는 경고장치가 있고, 혼(Horn) 또는 음성 경고장치와 적색 경고등으로 구성된다.

해설 접개들이식 착륙장치란 고정식이 아닌 랜딩기어가 리트랙션(retraction)된다는 말로 랜딩기어가 지상에서 접힐 수 있으므로 다운된 부분을 고정시켜주는 비상장치(Emergency Extension System)가 설치되어 있으며 랜딩 시 랜딩기어를 내릴 때 고장으로 펼쳐지지 않을 때 다운시키는 장치가 되어 있다. 랜딩기어를 업 시켜주기 위한 비상 장치는 설치되지 않는다.
지상에서 항공기 랜딩기어가 접히지 못하게 하는 안전장치

ANSWER 48 ④   49 ②   50 ④   51 ①

① landing gear squat switch
② Ground Locks

52 항공기에 사용되는 페일세이프 구조의 방식만으로 나열된 것은?

① 모노코크구조, 이중구조, 다경로 하중구조, 하중경감구조
② 다경로 하중구조, 이중구조, 대치구조, 하중경감구조
③ 트러스구조, 이중구조, 하중경감구조, 모노코크구조
④ 다경로 하중구조, 트러스구조, 하중경감구조, 모노코크구조

해설 페일세이프구조(Fail safe Structure)
Main structure가 피로파괴 되더라도 치명적이거나 과도한 구조 변형이 생기지 않도록 설계된 구조
① 다경로 하중 구조(Redundant Structure) : 많은 수의 부재로 되어 하중을 분담해서 담당하도록 설계된 구조로 하나의 구조가 파괴되도 다른 많은 부재에 하중이 분배되어 치명적인 부담을 덜어준다.
② 이중 구조(Double Structure) : 1개의 큰 재료를 사용하는 대신 2개의 작은 부재를 결합해 그 이상의 강도를 갖게 하는 구조방식이며 Crack이 발생한 경우 결합 면이 막아주고 강도 유지
③ 대치 구조(Back-up Structure) : 규정된 하중은 모두 좌측 부재가 담당하고 있으며 우측 부재는 예비 부재로 좌측 부재가 파괴된 후에 부재를 대신하여 전체 하중을 담당하도록 설계된 구조
④ 하중 경감 구조(Load Dropping) : 딱딱한 보강재를 댄 구조방식. 보강재는 할당량 이상의 하중분담 큰 부재 위 작은 부재를 겹쳐 만든 구조

53 그림과 같이 단면적 20cm², 10cm²로 이루어진 구조물의 a-b 구간에 작용하는 응력은 몇 [kN/cm²]인가?

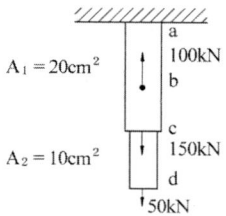

① 5 ② 10
③ 15 ④ 20

해설 응력 = 힘/면적 = 100/20 = 5kN/cm²

54 손상된 판재의 리벳에 의한 수리작업시 리벳수를 결정하는 식으로 옳은 것은?
(단, N : 리벳의 수, L : 판재의 손상된 길이, D : 리벳지름, 1.15 : 특별계수, t : 손상된 판의 두께, σ_{max} : 판재의 최대인장응력, τ_{max} : 판재의 최대전단응력이다.)

① $N = 1.15 \times \dfrac{2tL\sigma_{max}}{(\dfrac{\pi D^2}{4})\tau_{max}}$

② $N = 1.15 \times \dfrac{tL\sigma_{max}}{(\dfrac{\pi D^2}{4})\tau_{max}}$

③ $N = 1.15 \times \dfrac{(\dfrac{\pi D^2}{4})\tau_{max}}{tL\sigma_{max}}$

④ $N = 1.15 \times \dfrac{(\dfrac{\pi D^2}{4})\tau_{max}}{2tL\sigma_{max}}$

해설 손상 부분의 받는 응력에 따라 리벳 수량 결정되는데 공식은

ANSWER 52 ② 53 ① 54 ②

① $N = 1.15 \times \left(\dfrac{T \times L}{\dfrac{\pi}{4}D^2}\right) \times \left(\dfrac{\sigma_{\max}}{\tau_{\max}}\right)$

② $N = 1.15 \times \dfrac{4LT\sigma}{\pi D^2 \tau}$

55 연료를 제외한 적재된 항공기의 최대 무게를 나타내는 것은?

① 최대 무게(maximum weight)
② 영 연료 무게(zero fuel weight)
③ 기본 자기 무게(basic empty weight)
④ 운항 빈 무게(operating empty weight)

해설 영 연료 중량(Zero Fuel Weight)
연료와 오일의 무게를 제외한 최대 허용 중량이며 여객기에서 안전 및 경제성을 고려해 운항관리 목적상 사용. 연료가 있는 날개는 무게로 인해 비행 중 굽힘 모멘트에 잘 견딘다. 굽힘모멘트에 견디는 주익의 강도가 한계중량을 결정한다.

56 케이블 조종계통에 사용되는 페어리드의 역할이 아닌 것은?

① 작은 각도의 범위에서 방향을 유도한다.
② 작동 중 마찰에 의한 구조물의 손상을 방지한다.
③ 케이블의 엉킴이나 다른 구조물과의 접촉을 방지한다.
④ 케이블의 직선운동을 토크튜브의 회전운동으로 바꿔준다.

해설 페어 리드(Fair lead)는 쉽게 말하면 케이블이 길게 연결되면 쳐지는 경향이 있어 케이블을 쳐지지 않게 잘 지나가게 해주는 그로밋과 비슷한 것으로 조종 케이블의 작동 중 최소의 마찰력으로 케이블과 접촉하여 직선 운동을 하며 케이블을 3도 이내에서만 방향을 유도시킬 수 있으며 벨 크랭크(bell crank)는 로드와 케이블의 운동 방향을 전환(직선운동을 회전운동으로)하고자 할 때 사용한다.

57 리벳을 열처리하여 연화시킨 다음 저온 상태의 아이스박스에 보관하면 리벳의 시효 경화를 지연시켜 연화상태가 유지되는 리벳은?

① 1100 ② 2024
③ 2117 ④ 5056

해설 아이스박스 리벳의 종류에는 2017(D), 2024(DD)가 있으며 시효경화성(시간이 지남에 따라 단단해지는 성질)을 가지고 있어 경도를 높인 후 시효경화의 진행을 지연하고 부드러운 상태를 오래 지속시키기 위해 드라이아이스가 들어있는 아이스박스에 보관하여 리베팅 가능한 시간을 연장시킨다.

58 블라인드 리벳(blind rivet)의 종류가 아닌 것은?

① 체리 리벳 ② 리브 너트
③ 폭발 리벳 ④ 유니버셜 리벳

해설

체리 맥스 리벳   리브 너트

폭발 리벳   유니버셜 리벳
버킹바를 댈 수 없는 협소한 장소(dead space)에서 사용

ANSWER 55 ② 56 ④ 57 ② 58 ④

① 리브너트 : 제빙부츠 고정시킬 때 사용
② 폭발 리벳 : 화재의 위험 있는 곳 사용금지
③ mechanical lock rivet (huck lock, cherry lock, olympic lock, cherry max rivet)
④ pop 리벳
⑤ friction lock 리벳

59 항공기의 손상된 구조를 수리할 때 반드시 지켜야 할 기본 원칙으로 틀린 것은?

① 중량을 최소로 유지해야 한다.
② 원래의 강도를 유지하도록 한다.
③ 부식에 대한 보호 작업을 하도록 한다.
④ 수리부위 알림을 위한 윤곽변경을 한다.

해설 구조수리의 기본 원칙 4가지
① Maintaining original strength(원래의 강도 유지)
  수리시 같은 재질을 사용하고 손상부위 크기의 2배 이상 Patch 사용
② Maintaining original contour(원래의 윤곽 유지)
  원래의 윤곽과 표면의 매끄러움 유지
③ Keeping weight to a minimum(최소 중량 유지)
  원래의 윤곽과 표면의 매끄러움 유지
④ Corrosion prevention(부식에 대한 보호)
  접촉면 방식처리. 부식 예방 작업 중요

60 샌드위치구조에 대한 설명으로 옳은 것은?

① 보온효과가 있어 습기에 강하다.
② 초기 단계 결함의 발견이 용이하다.
③ 강도비는 우수하나 피로하중에는 약하다.
④ 코어의 종류에는 허니컴형, 파형, 거품형 등이 있다.

해설 ① 샌드위치 구조
  2장의 스킨 사이에 core를 끼워서 샌드위치로 제작한 판을 이용한 구조이며 보강재 스트링거 사용한 것 보다 강도 강성이 크고 가볍고 부분적인 buckling과 피로강도에 강해서 Aileron, spoiler, flap에 사용된다.
② Core type
  ㉮ Honeycomb sandwich structure(벌집형)
  ㉯ Foam sandwich structure(거품형)
  ㉰ Wave type(파형)
③ 장점
  ㉮ 무게에 비해 강도가 크다.
  ㉯ 음 진동에 잘 견딘다.
  ㉰ 피로와 굽힘하중에 강하다.
  ㉱ 보온 방습성이 우수하고 부식 저항이 있다.
  ㉲ 진동에 대한 감쇠성이 크다.
  ㉳ 항공기 무게감소 가능
④ 단점
  ㉮ 손상상태를 파악하기 어렵다.
  ㉯ 집중하중에 약하다.
  ㉰ 고온에 약하다.

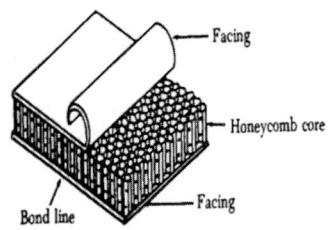

샌드위치 구조

제4과목 ✈ 항공장비

61 24V, 1/3HP인 전동기가 효율 75%로 작동하고 있다면, 이때 전류는 약 몇 A인가?

① 7.8   ② 13.8
③ 22.8   ④ 30.0

해설 1[HP] = 746[W]이다.

59 ④ 60 ④ 61 ②

따라서, $\frac{1}{3}$[HP] = 248.7[W]가 된다.

$I = \frac{P}{V} = \frac{248.7[W]}{24[V]} = 10.36[A]$

효율 75%로 계산하면,
$10.36[A] \times 0.75 = 7.8[A]$가 된다.

62 방빙계통(anti-icing system)에 대한 설명으로 옳은 것은?

① 날개 앞전의 방빙은 공기역학적 특성을 유지하기 위해 사용한다.
② 날개의 방빙장치는 공기역학적 특성보다는 엔진이나 기체구조의 손상방지를 위해 필요하다.
③ 날개 앞전의 곡률 반경이 큰 곳은 램효과(ram effect)에 의해 결빙되기 쉽다.
④ 지상에서 날개의 방빙을 위해 가열공기(hot air)를 이용하는 날개의 방빙장치를 사용한다.

해설 날개, 수평 및 수직 안정판 제방빙계통 (Wing, Horizontal and Vertical Stabilizer Anti-Icing Systems) : 대부분 항공기의 날개 앞전 또는 슬랫, 수평&수직안정판 앞전 등과 같은 구성품에 공기역학적 특성의 유지 및 얼음의 형성을 방지하기 위해 제방빙계통을 장비하고 있다. 가장 일반적으로 사용되는 제방빙계통은 열공압식(thermal pneumatic), 열전기식(thermal electric), 그리고 화학약품(chemical) 방식이 있다. 대부분 항공기는 결빙조건에서 비행이 가능하도록 공기식 제빙부츠 계통이나 화학적 방빙계통을 장비하고 있다. 대형 운송용 항공기는 얼음의 형성을 방지하기 위해 자동적으로 제어되는 최신의 열공압식 또는 열전기식 방빙계통을 적용한다.

결빙 부분	방빙 및 제빙 방법
날개 앞전	가열공기
수직, 수평 안정판의 앞전	가열공기
윈드실드 및 창문	전열기, 알콜
히터, 기관 공기 흡입구	전열기
실속 경고 장치	전열기
프로펠러 깃의 앞전	전열기, 알콜
왕복엔진 기화기(플로트형)	가열공기, 알콜
드레인 마스트	전열기
피토관	전열기

※ 알콜 : 이소프로필 알콜이나 에틸렌글리콜과 알콜을 섞은 용액
※ 램효과(ram effect) : 대기 중을 비행하는 비행체에 흡입되는 공기가 공기 흡입구에서 감속되면서 동압이 정압으로 전환되어 압력이 상승하는 효과로서, 엔진의 공기흡입을 돕고 더 많은 추력을 낼 수 있게 한다.

63 조종사가 산소마스크를 착용하고 통신하려고 할 때 작동시켜야 하는 장치는?

① Public Address
② Flight Interphone
③ Tape Reproducer
④ Service Interphone

해설 ① Public Address or Passenger address : 항공기 이륙 전, 모든 문, 기내를 통해 방송이 들리는지 확인하기 위한 항공기 기내에서 승객들에게 방송하는 장치로서, 안내방송 우선순위는 조종실, 객실, 음악 순으로 된다.
② Flight Interphone : 조종실 내에서 운항 승무원 상호간의 통화 연락을 위해 각종 통신이나 음성 신호를 각 운항 승무원석에 배분하거나, 지상에서는 비행을 위하여 항공기가 택싱(Taxing)하는 동안 지상조업 요원과 조종실내 운항 승무원 간에 통화하기도 한다.
③ Tape Reproducer : 관제녹음기는 관제사가 사용하는 무선통신내용, 관제소간의 정보를 교환하는 전화내용 등 항공 관제와 관련된 음성통신 내용을 녹음하는 시설이다.
④ Service Interphone : 비행 중에는 조종실과

객실 승무원석 및 갤리(galley) 간의 통화 연락을, 지상에서는 조종실과 정비, 점검상 필요한 기체 외부와의 통화 연락을 하기 위한 장치이다.(B747에서는 정비용으로만 사용)

64 착륙장치의 경고회로에서 그림과 같이 바퀴가 완전히 올라가지도 내려가지도 않은 상태에서 스크롤 레버를 감소로 작동시키면 일어나는 현상은?

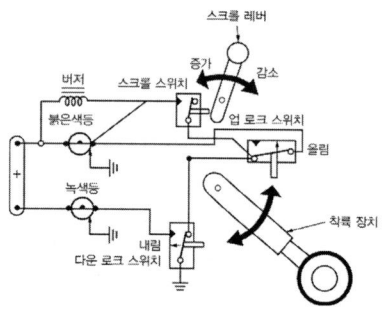

① 버저만 작동된다.
② 녹색등만 작동된다.
③ 버저와 붉은색등이 작동된다.
④ 녹색등과 붉은색등 모두 작동된다.

해설 대형항공기 접개들이식 착륙장치(Retraction system)의 위치 지시계 : 랜딩기어의 동작위치 상태를 조종사에게 알려주기 위해 사용된다. 기어지시를 위한 각각의 기어에 대해 전용 등이 있다. DOWN 또는 UP 상태에 대해서, 착륙장치에 대한 가장 일반적인 표시는 조명된 녹색등이다. 3개의 녹색등이 켜지면 착륙장치가 안전하게 DOWN LOCK 상태를 의미한다. 반대로 모든 등이 꺼지면 기어가 UP LOCK 상태인 것을 지시한다. 기어가 동작 중이거나, DOWN & UP LOCK 상태가 되지 않으면 적색등이 켜진다. 또한, 착륙을 위해 스로틀레버를 감속 상태에 두고, 기어가 동작 중이거나, DOWN LOCK 상태가 되지 않으면 적색등이 켜진다.

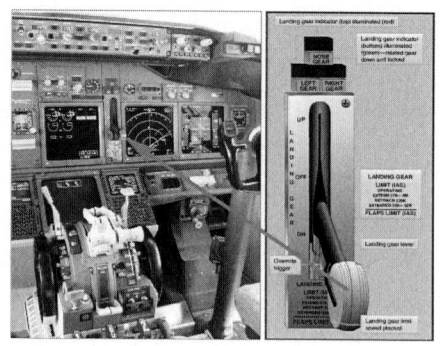

65 항공기의 위치와 방빙(anti-icing) 또는 제빙(de-icing) 방식의 연결이 틀린 것은?

① 조종날개 - 열공압식, 열전기식
② 프로펠러 - 열전기식, 화학식
③ 기화기(carbutetor) - 열전기식, 화학식
④ 윈드실드(windshield), 윈도우(window) - 열전기식, 열공압식

해설 날개, 수평 및 수직 안정판 제방빙계통 (Wing, Horizontal and Vertical Stabilizer Anti-Icing Systems) : 대부분 항공기의 날개 앞전 또는 슬랫, 수평&수직안정판 앞전 등과 같은 구성품에 공기역학적 특성의 유지 및 얼음의 형성을 방지하기 위해 제방빙계통을 장비하고 있다. 가장 일반적으로 사용되는 제방빙계통은 열공압식(thermal pneumatic), 열전기식(thermal electric), 그리고 화학약품(chemical) 방식이 있다. 대부분 항공기는 결빙조건에서 비행이 가능하도록 공기식 제빙 부츠 계통이나 화학적 방빙계통을 장비하고 있다. 대형 운송용 항공기는 얼음의 형성을 방지하기 위해 자동적으로 제어되는 최신의 열공압식 또는 열전기식 방빙계통을 적용한다.

ANSWER 64 ③ 65 ③

결빙 부분	방빙 및 제빙 방법
날개 앞전	가열공기
수직, 수평 안정판의 앞전	가열공기
윈드실드 및 창문	전열기, 알콜
히터, 기관 공기 흡입구	전열기
실속 경고 장치	전열기
프로펠러 깃의 앞전	전열기, 알콜
왕복엔진 기화기(플로트형)	가열공기, 알콜
드레인 마스트	전열기
피토관	전열기

※ 알콜 : 이소프로필 알콜이나 에틸렌글리콜과 알콜을 섞은 용액

66 시동 토크가 커서 항공기 엔진의 시동 장치에 가장 많이 사용되는 전동기는?

① 분권 전동기　② 직권 전동기
③ 복권 전동기　④ 분할 전동기

해설　※ 전동기의 종류
1) 직류 전동기 : 직권 전동기, 분권 전동기, 복권 전동기
2) 교류 전동기 : 유도 전동기, 동기 전동기, 교류 정류자 전동기

① 직권 전동기 : 전기자 코일과 계자 코일이 서로 직렬로 연결된 것. 시동 시, 전기자 코일과 계자 코일 모두에 전류가 많이 흘러 시동 회전력이 크다는 것이 장점이다. 시동기(Starter)로 사용된다.

Series DC motor

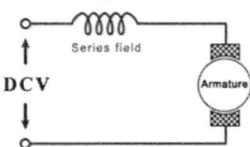

② 분권 전동기 : 전기자 코일과 계자 코일이 병렬로 연결된 것. 회전 속도에 따라 계자 전류가 변화하지 않아 부하에 따른 속도의 변화가 일정하다.

Shunt DC motor

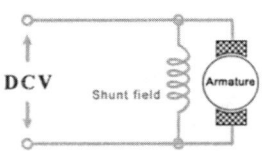

③ 복권 전동기 : 전기자 코일과 계자 코일이 직렬과 병렬로 연결된 것. 직권과 분권의 장점을 가지고 있어, 회전력이 크고 정속도 특성을 나타낸다.

Compound DC motor

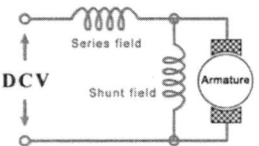

67 항공기를 운항하기 위해 필요한 음성통신은 주로 어떤 장치를 이용하는가?

① GPS 통신장치
② ADF 수신기
③ VOR 통신장치
④ VHF 통신장치

해설　VHF (Very high frequency) : 일반적으로 파장이 매우 짧고 높은 주파수의 전자파는 이온층에서 반사되지 않고 직진한다. 지표파는 감쇠가 심하여 공간파에 비하여 상대적으로 약하다. 따라서, VHF 대역은 가시거리 통신에만 유효하다. 보통 공대지 통신에는 VHF 대역이 이상적이다. 118.0~136.975[MHz]의 대역으로 조정 패널, 송수신기, 안테나로 구성되어 있다. (안테나 커플러는 HF 전파를 수신하기 위해 안테나의 길이를 짧게 하기 위해 보상해주는 회로 장치이다.)

ANSWER　66 ② 　67 ④

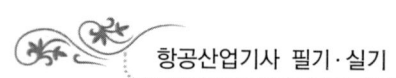

※ VHF (Very high frequency) 통신장치의 특징
① 주파수 대역은 30~300[MHz] (통신채널 간격 25[kHz])
② 근거리 통신으로 국내선 통신에 적합하다.
③ 페이딩이 심하다.
④ 조정패널, 송수신기, 안테나에 사용된다.
⑤ 항공용 통신 주파수 대역은 118~136.9 [MHz]
⑥ 잡음을 없애기 위해 스퀠치 회로를 사용한다.

※ 스퀠치(squelch) 회로 : FM 수신기에서 신호 입력이 없을 때는 잡음이 증폭되어 스피커에서 큰 잡음이 나오는데, 잡음을 억제하는 회로이다. 잡음을 정류하여 저주파 증폭기의 바이어스를 변화시켜 증폭도를 낮추어서 잡음이 스피커에서 나오지 않도록 하고 있다.

68 저항 30Ω과 리액턴스 40Ω을 병렬로 접속하고 양단에 120V의 교류전압을 가했을 때 전전류는 몇 A인가?

① 5   ② 6
③ 7   ④ 8

해설 RLC 병렬회로에서 전체 전류

$$I_T = \frac{V}{\sqrt{(\frac{1}{R})^2 + (\frac{1}{X_L} - \frac{1}{X_C})^2}}$$

$$= \frac{120V}{\sqrt{(\frac{1}{30\Omega})^2 + (\frac{1}{40\Omega})^2}} = 5A$$

69 다음 중 전기적인 방빙을 사용하는 부분이 아닌 것은?

① 정압공   ② 피토튜브
③ 코어 카울링   ④ 프로펠러

해설

결빙 부분	방빙 및 제빙 방법
날개 앞전	가열공기
수직, 수평 안정판의 앞전	가열공기
윈드실드 및 창문	전열기, 알콜
히터, 기관 공기 흡입구	전열기
실속 경고 장치	전열기
프로펠러 깃의 앞전	전열기, 알콜
왕복엔진 기화기(플로트형)	가열공기, 알콜
드레인 마스트	전열기
피토관	전열기

70 변압기에 성층 철심을 사용하는 이유는?

① 동손을 감소시킨다.
② 유전체 손실을 적게 한다.
③ 와전류 손실을 감소시킨다.
④ 히스테리시스 손실을 감소시킨다.

해설
• 히스테리시스 손실 : 변압기 철심을 자화할 때 자성체의 히스테리시스 현상에 의한 손실
• 와전류 손실 : 자계 변화에 의해 변압기 철심이 유기되는 맴돌이 전류에 의한 손실. 이 손실을 감소시키기 위해 철심은 절연된 규소강(성층 철심)을 사용한다.

71 자동조종장치를 구성하는 장치 중 현재의 자세와 변화율을 측정하는 센서의 역할을 하는 것이 아닌 것은?

① 서보장치   ② 수직자이로
③ 고도센서   ④ VOR/ILS 신호

ANSWER 68 ① 69 ③ 70 ③ 71 ①

[해설] 상승, 하강의 경우 자세 유지를 위해 수직 자이로(VG)가 사용되고, 수평 비행 시 일정한 고도 유지를 위해 기압 고도계를 사용한다. 비행 방향을 유지하기 위해 방위 자이로(DG)를 사용하고, 컴퍼스 시스템으로부터 자방위를 유지한다. VOR/ILS 등의 무선 항법 장치의 유도가 자동적으로 이루어진다.

72 그림과 같은 회로에서 20Ω에 흐르는 전류 I_1은 몇 [A]인가?

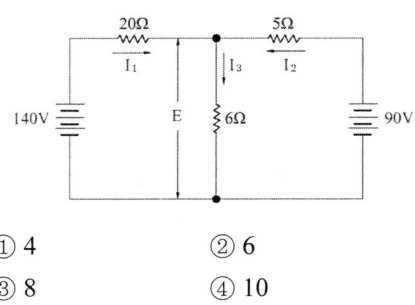

① 4
② 6
③ 8
④ 10

[해설] 키르히호프 전류의 법칙을 이용해서, $I_1 + I_2 = I_3$
키르히호프 전압의 법칙을 이용해서,
$20I_1 + 6I_3 = 140$, $5I_2 + 6I_3 = 90$
위의 3개의 식을 연립방정식으로 풀어내면,
$I_1 = 4A$, $I_2 = 6A$, $I_3 = 10A$

73 고휘도 음극선관과 컴바이너(Combiner)라고 부르는 특수한 거울을 사용하여 1차적인 비행 정보를 조종사의 시선 방향에서 바로 볼 수 있도록 만든 장치는?

① PFD
② ND
③ MFD
④ HUD

[해설]
㉮ PFD (Primary Flight Display) : 조종시 가장 기본이 되는 장치로 속도와 방향, 고도계, 자세계, 수직속도계가 표시되는 장치. 조종사는 자기 비행 상태를 한눈에 알 수 있다.
㉯ ND (Navigation Display) : 항법에 관한 정보를 알려주는 장치로, 항로가 표시되고 항공기가 지정된 항로대로 운항중인지 아닌지 확인을 할 수 있다. 항로정보, 남은거리와 TCAS를 통해 주위에 운항중인 항공기도 확인할 수 있다. 기상정보 또한 표시되어서 CB(적란운)등 위험한 구간을 회피할 때 이용하기도 한다.
㉰ MFD (Multi-Function Display) : 다기능시현기라고 하며, 다수의 데이터를 표시 가능한 디스플레이 기기로서, 버튼으로 여러 기능이 바뀐다. 처음에는 군용기에 사용되었으나, 민간항공기, 자동차로 보급되고 있다. 전투기에 탑재된 것은 헤드다운 디스플레이라 불리운다. PFD와 함께 사용되어 글래스 칵핏을 구성한다.

74 다음 중 항공기에서 이론상 가장 먼저 측정하게 되는 것은?

① CAS
② IAS
③ EAS
④ TAS

[해설]
㉮ 수정대기속도(CAS) : IAS에서 전압, 정압, 지시기 오차 등을 수정한 속도
㉯ 지시대기속도(IAS) : 전압, 정압, 지시기 오차 등을 포함한 실제 지시한 속도
㉰ 등가대기속도(EAS) : CAS에서 공기의 압축성을 고려한 경우의 값으로 고쳐진 속도
㉱ 진대기속도(TAS) : EAS에서 밀도가 변해서 생기는 지시의 변화를 수정한 속도

75 그림과 같은 회로에서 합성저항은 몇 Ω인가?

ANSWER
72 ① 73 ④ 74 ② 75 ①

① 1 　　　　② 2
③ 3 　　　　④ 4

해설 직병렬 관계를 파악하고 전원부로부터 멀리 있는 저항값부터 계산한다.

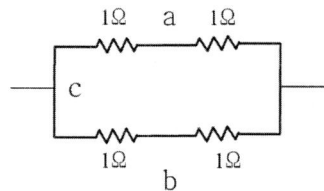

a. 직렬 : $1[\Omega] + 1[\Omega] = 2[\Omega]$
b. 직렬 : $1[\Omega] + 1[\Omega] = 2[\Omega]$
c. 병렬 : $R = \dfrac{1[\Omega]}{\dfrac{1}{2}[\Omega] + \dfrac{1}{2}[\Omega]} = 1[\Omega]$

76 온도 변화에 의한 전기저항의 변화를 측정하는 화재경보장치 형식은?

① 바이메탈(bi-metal)식
② 서미스터(thermistor)식
③ 서모커플(themocouple)식
④ 서멀 스위치(thermal switch)식

해설 저항루프화재탐지기(Resistance loop fire detector) : 스테인레스강이나 인코넬튜브로 만들어져 있으며, 인코넬튜브 내부는 온도 변화에 따라 전기저항이 변화할 수 있는 세라믹, 서미스터, 공융염으로 채워져 있으며, 전기적신호를 전송하기 위하여 2개의 니켈전선이 들어 있다. 하나의 니켈전선은 전원공급선이며, 다른전선과 인코넬튜브는 접지선으로 되어 있다. 탐지기 주위 온도가 정상일 때는 세라믹, 서미스터, 공융염의 저항은 커져서 전원공급선에서 접지선으로 전류가 흐르는 것을 방해하지만, 특정 온도로 상승하면 저항이 급격히 낮아져서 전기회로가 구성되어 화재나 과열상태를 지시한다.

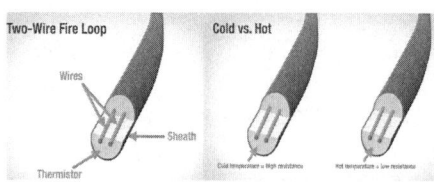

① 바이메탈(bi-metal)식 : 2개의 금속 조각을 이용, 금속별 열, 온도에 따른 팽창, 수축 차이를 이용한 온도 계기. (항공기에서 외부 대기온도 측정용으로 사용)
② 서미스터(thermistor)식 : 서미스터(반도체의 일종으로 온도가 증가하면 저항이 급격히 감소.) 온도변화에 따른 전기저항값이 변할 때, 전류값이 변화하는 원리를 적용한 계기.
③ 서모커플(themocouple)식 : 열전쌍식이라 하며, 온도의 급격한 상승에 의하여 화재를 탐지하는 장치로서, 서로 다른 종류의 금속을 서로 접합한 열전쌍(thermocouple)을 이용하여 필요한 만큼 직렬로 연결하고, 고감도 릴레이를 사용하여 경고 장치를 작동시킨다.
④ 서멀 스위치(thermal switch)식 : 열팽창률이 낮은 니켈-철 합금인 금속 스트럿이 서로 휘어져 있어 평상시에는 접촉점이 떨어져 있으나, 열을 받게 되면 스테인리스강으로 된 케이스가 늘어나게 되므로, 금속 스트럿이 펴지면서 접촉점이 연결되어 회로를 형성시킨다. (바이메탈식)

77 교류 발전기의 출력 주파수를 일정하게 유지하는데 사용되는 것은?

① Brushless
② Magn-amp
③ Carbon pile
④ Constant speed drive

해설 ① 브러시리스 발전기(Brushless generator) : 발전기 출력측의 교류를 정류기를 사용하여 직류로 변환하며 변환된 직류전류가 여자기의 외측 고정부분으로 공급되고 있다. 여자기의 외측은 직류전류를 받아들여 전자석이 되며 이 자석 사이를 코일 U, V, W가 회전

76 ② 　77 ④

하면 이 코일에는 교류가 발생한다. 발생된 교류를 회전정류기를 거치면 다시 직류로 변환되는데 이 직류전류를 사용하여 발전기 회전자의 계자권선을 여자시켜 전자석을 만들어 주게 된다. 그리고 회전자의 계자권선으로 만들어진 전자석이 회전하게 되면 고정자에서는 3상 U, V, W의 교류가 발생하게 된다. 브러시리스 발전기는 브러시가 없기 때문에 유지보수가 거의 필요 없고 신뢰성이 높기 때문에 요즈음의 발전 시스템에는 거의 브러시리스형 발전시스템을 사용한다.

② 자기 증폭기(Magn-amp : magnetic amplifier) : 자심(磁心)에 권선을 감은 리액터의 교류임피던스가 별도로 감긴 제2권선에 흐르는 직류전류의 값에 의해서 변화하는 현상을 이용한 전력증폭기 철심 리액터의 비선형을 이용한 것으로, 리액터에 직류 자화력을 가하여 철심을 포화시켜 부하 전류를 제어하는 방식의 증폭기이다. 구조가 매우 튼튼하고 큰출력을 낼 수 있다. 반도체와는 다르게 방사선에 의한 오작동이 없기 때문에, 현재는 안전상의 이유로 신뢰성이 높은 곳이나 엄격한 요구사항이 필요한 용도로 사용된다. 대부분이 트랜지스터를 사용한 증폭기로 대체되어지고 있다.

③ 탄소 파일(Carbon pile) : 탄소 원판을 겹쳐 쌓고, 상하에 전극을 둔 일종의 가변 저항으로, 전극간에 가한 압력에 의해 저항값이 변화하는 것을 이용한 트랜스듀서이다. 변환 특성은 비직선성이며, 온도의 영향을 받기 쉽다.

④ 정속 구동 장치(CSD : constant speed drive) : 항공기의 교류 발전기는 전압을 일정하게 유지함과 동시에 주파수 또한 일정하게 유지할 필요가 있다. 그렇기에 엔진과 발전기 사이에 정속 구동 장치를 설치하여 엔진의 회전수가 변화해도 발전기의 회전수가 일정하게 유지되도록 하고 있다.

78 다음 중 직류전동기가 아닌 것은?

① 유도전동기　② 복권전동기
③ 분권전동기　④ 직권전동기

해설 ※ 전동기의 종류

1) 직류 전동기 : 직권 전동기, 분권 전동기, 복권 전동기
2) 교류 전동기 : 3상 유도 전동기, 단상 유도 전동기, 교류 정류자 전동기
   ① 유도 전동기 (Induction Motor) : 교류 전동기에서 가장 많이 사용되는 것으로 고정자가 만드는 회전자계에 의해 전기전도체인 회전자에 유도전류가 발생하여 슬립에 대응하는 토크가 발생한다.(회전자의 회전속도는 계자극의 회전속도보다 늦다.) 동기 전동기에 비해 탈조가 없어, 토크 변동이 큰 부하에 적합하다. 직류 전동기에 비해 소형화, 고출력화가 가능하다. 직류 전동기에 있는 정류자와 브러시가 필요없어 유지, 보수가 용이하다.
   ② 복권 전동기 : 전기자 코일과 계자 코일이 직렬과 병렬로 연결된 것. 직권과 분권의 장점을 가지고 있어, 회전력이 크고 정속도 특성을 나타낸다.
   ③ 분권 전동기 : 전기자 코일과 계자 코일이 병렬로 연결된 것. 회전 속도에 따라 계자 전류가 변화하지 않아 부하에 따른 속도의 변화가 일정하다.
   ④ 직권 전동기 : 전기자 코일과 계자 코일이 서로 직렬로 연결된 것. 시동 시, 전기자 코일과 계자 코일 모두에 전류가 많이 흘러 시동 회전력이 크다는 것이 장점이다. 시동기(Starter)로 사용된다.

ANSWER 78 ①

79 다음 중 회로보호 장치로 볼 수 없는 것은?

① 퓨즈 ② 계전기
③ 회로차단기 ④ 열보호장치

해설 ① 퓨즈 : 회로에 직렬로 연결하여 정격값 이상의 전류가 흐르면 열에 의해 끊어져 회로 또는 장비를 보호한다. 1회성으로 재사용이 불가하다.
② 릴레이 (계전기) : 전기 신호를 입력으로 하고 그 출력으로 다른 전기 회로를 구동하는 부품으로 전자석으로 동작하는 스위치이다.
③ 서킷브레이커 (회로차단기) : 미리 설정된 정격값 이상의 전류가 흐르면 회로를 차단하는 부품으로 장비에 과전류가 흘렀을 때, 회로 또는 장비를 보호하기 위해 사용한다. 영구성으로 재사용이 가능하다.
④ 열보호장치 : 일정이상 온도가 올라가면 기기의 동작을 멈출 수 있게 해주는 보호 장치이다.

80 미국연방항공국(FAA)의 규정에 명시된 항공기의 최대 객실고도는 약 몇 ft인가?

① 6000 ② 7000
③ 8000 ④ 9000

해설 항공기의 여압장치는 순항고도(36,000[ft])에서 11~12[psi]의 객실내부 압력을 유지하도록 설계되어 있다. 여압장치가 갖추어진 항공기의 객실 기압고도는 2,400m(8,000[ft])이하로 유지된다.

ANSWER 79 ② 80 ③

제2회 CBT 모의고사 문제

제1과목 ✈ 항공역학

01 비행기 날개의 가로세로비가 커졌을 때 옳은 설명은?

① 양력이 감소한다.
② 유도항력이 증가한다.
③ 유도항력이 감소한다.
④ 스팬효율과 양력이 증가한다.

해설
$$C_{Di}(\text{유도항력계수}) = \frac{C_L^2}{\pi \cdot e \cdot AR}$$
(e : 스팬효율계수, AR : 가로세로비)

02 제트 항공기가 최대 항속거리로 비행하기 위한 조건은? (단, C_L 양력계수, C_D 항력계수이며, 연료소비율은 일정하다.)

① $\left(\dfrac{C_L^{\frac{1}{2}}}{C_D}\right)$ 최대 및 고고도

② $\left(\dfrac{C_L^{\frac{1}{2}}}{C_D}\right)$ 최대 및 저고도

③ $\left(\dfrac{C_L}{C_D}\right)$ 최대 및 고고도

④ $\left(\dfrac{C_L}{C_D}\right)$ 최대 및 저고도

해설

	항속거리	항속시간
프로펠러	$\left(\dfrac{C_L}{C_D}\right)_{max}$	$\left(\dfrac{C_L^{\frac{3}{2}}}{C_D}\right)_{max}$
제트	$\left(\dfrac{C_L^{\frac{1}{2}}}{C_D}\right)_{max}$	$\left(\dfrac{C_L}{C_D}\right)_{max}$

03 정상선회비행 상태의 항공기에 작용하는 힘의 관계로 옳은 것은?

① 원심력 > 구심력 ② 중력 ≤ 원심력
③ 원심력 = 구심력 ④ 원심력 < 구심력

해설
• 정상선회 : 원심력 = 구심력
• 외활(스키드 : skid) : 원심력 > 구심력
• 내활(슬립 : slip) : 원심력 < 구심력

04 날개 면적이 96m²이고 날개 길이가 32m일 때 가로세로비는 약 얼마인가?

① 2.1   ② 3.0
③ 9.0   ④ 10.7

해설
$$AR = \frac{b}{c} = \frac{b^2}{s} = \frac{s}{c^2} = \frac{32^2}{96}$$

ANSWER 01 ③ 02 ① 03 ③ 04 ④

05 다음 중 항공기의 양력(lift)에 영향을 가장 적게 미치는 요소는?

① 양력계수
② 공기 밀도
③ 항공기 속도
④ 공기 점성

해설 양력(L) = $\frac{1}{2} \cdot \rho \cdot V^2 \cdot s \cdot C_L$

06 날개의 양력분포가 타원 모양이고 양력계수가 1.2, 가로세로비가 6일 때 유도항력계수는 약 얼마인가?

① 0.012
② 0.076
③ 1.012
④ 1.076

해설 $C_{Di} = \dfrac{C_L^2}{\pi \cdot e \cdot AR}$
(AR : 가로세로비, e : 스팬효율계수(타원형날개 = 1)
∴ $\dfrac{1.2^2}{\pi \times 6}$

07 비행기의 이륙활주거리를 짧게 하기 위한 방법이 아닌 것은?

① 엔진의 추력을 크게 한다.
② 비행기의 무게를 감소한다.
③ 슬렛(slat)과 플랩(flap)을 사용한다.
④ 항력을 줄이기 위해 작은 날개를 사용한다.

08 항력계수가 0.02이며, 날개면적이 20m²인 항공기가 150m/s로 등속도 비행을 하기 위해 필요한 추력은 약 몇 kgf인가? (단, 공기의 밀도는 0.125kgf·s²/m⁴이다.)

① 433
② 563
③ 643
④ 723

해설 등속도 비행 : 추력 = 항력
$T = D = \dfrac{1}{2} \cdot \rho \cdot V^2 \cdot S \cdot C_D$
∴ $\dfrac{1}{2} \times 0.125 \times 150^2 \times 20 \times 0.02$

09 에어포일 코드 'NACA 0009'를 통해 알 수 있는 것은?

① 대칭단면의 날개이다.
② 초음속 날개 단면이다.
③ 다이아몬드형 날개 단면이다.
④ 단면에 캠버가 있는 날개이다.

해설 4자계열 날개골에서 앞의 두자리는 캠버의 크기를 말하는 것으로 캠버가 없다는 것은 윗면의 두께와 아랫면의 두께가 같은 대칭형 날개골을 말한다.

10 항공기의 승강키(elevator) 조작은 어떤 축에 대한 운동을 하는가?

① 가로축(lateral axis)
② 수직축(vertical axis)
③ 방향축(directional axis)
④ 세로축(longitudinal axis)

해설 승강키는 가로축을 중심으로 한 세로운동에서 사용되는 조종면이다.

ANSWER 05 ④ 06 ② 07 ④ 08 ② 09 ① 10 ①

11 고도 5000m에서 150m/s로 비행하는 날개면적이 100m²인 항공기의 항력계수가 0.02일 때 필요마력은 몇 ps인가? (단, 공기의 밀도는 0.070kg·s2/m4이다.)

① 1890 ② 2500
③ 3150 ④ 3250

해설 필요마력 $= \dfrac{D \cdot V}{75}$ ······①

$= \dfrac{1}{150} \cdot \rho \cdot V^3 \cdot S \cdot C_D$ ······②

$= \dfrac{W}{75} \cdot \dfrac{C_D}{C_L^{\frac{3}{2}}} \sqrt{\dfrac{2cdtoW}{\rho \cdot S}}$ ······③

$= \dfrac{W \cdot V}{75} \cdot \dfrac{1}{양항비}$ ······④

※ 4개 공식 중 2번 공식 활용

$\dfrac{1}{150} \times 0.070 \times 150^3 \times 100 \times 0.02$

(밀도의 단위가 kg/m³일 경우 단위를 kg$_f$·s²/m⁴로 변경하기 위하여 9.8로 약분하여 대입)

12 해면에서의 온도가 20℃일 때 고도 5km의 온도는 약 몇 ℃인가?

① -12.5 ② -15.5
③ -19.0 ④ -23.5

해설 지상에서 11km(대류권 계면)까지는 1km당 6.5℃씩 감소하므로
∴ 20 - 65 × 5

13 활공기가 1km 상공을 속도 100km/h로 비행하다가 활공각 45°로 활공할 때 침하속도는 약 몇 km/h인가?

① 50 ② 70.7
③ 100 ④ 141.4

해설 침하속도 = V·sinθ ∴ 100 × sin45

14 활공비행의 한 종류인 급강하 비행 시(활공각 90°) 비행기에 작용하는 힘을 나타낸 식으로 옳은 것은? (단, L = 양력, D = 항력, W = 항공기 무게이다.)

① L = D ② D = 0
③ D = W ④ D + W = 0

15 대기의 층과 각각의 층에 대한 설명이 틀린 것은?

① 대류권-고도가 증가하면 온도가 감소한다.
② 성층권-오존층이 존재한다.
③ 중간권-고도가 증가하면 온도가 감소한다.
④ 열권-고도는 약 50km이며, 온도는 일정하다.

16 헬리콥터 날개의 지면효과를 가장 옳게 설명한 것은?

① 헬리콥터 날개의 기류가 지면의 영향을 받아 회전면 아래의 항력이 증가되어 헬리콥터의 무게가 증가되는 현상
② 헬리콥터 날개의 기류가 지면의 영향을 받아 회전면 아래의 양력이 증가되어 헬리콥터의 무게가 증가되는 현상
③ 헬리콥터 날개의 후류가 지면에 영향을 주어 회전면 아래의 항력이 증가되

ANSWER 11 ③ 12 ① 13 ② 14 ③ 15 ④ 16 ④

고 양력이 감소되는 현상
④ 헬리콥터 날개의 후류가 지면에 영향을 주어 회전면 아래의 압력이 증가되어 양력의 증가를 일으키는 현상

17 선회비행성능에 대한 설명으로 틀린 것은?

① 정상선회를 하려면 원심력과 양력의 수평성분이 같아야 한다.
② 원심력이 양력의 수평성분인 구심력보다 더 크면 스키드(Skid)가 나타난다.
③ 선회반경을 최소로 하기 위해서는 비행속도를 최소로 하고, 경사각 또한 최소로 하는 것이 좋다.
④ 슬립(Slip)은 경사각이 너무 크거나 방향타의 조작량이 부족할 경우 일어나기 쉽다.

해설 $R = \dfrac{V^2}{g \cdot \tan\Phi}$

∴ 선회반경을 감소시키기 위해서는 비행속도를 최소로 하고 경사각을 최대로 하여야 한다.

18 ICAO에서 설정한 해면고도 표준대기에 대한 값이 틀린 것은?

① 압력은 29.92inHg이다.
② 온도는 섭씨 0도이다.
③ 밀도는 1.225kg/m³이다.
④ 음속은 340.29m/s이다.

해설 $t_0 = 15℃$
$P_0 = 101325 N/m^2(Pa) = 1.01325 bar$
$= 1013.25 mbar = 10332 kg_f/m^2$
$= 2116.2 lb/ft^2 = 760 mmHg = 29.92 inHg$
$\rho_0 = 1.225 kg/m^3 = 0.125 kg_f \cdot s^2/m^4$

$g_0 = 9.8 m/s^2$
$a_0 = 340 m/s$

19 무게가 7000kgf인 제트항공기가 양항비 3.5로 등속수평비행할 때 추력은 몇 kgf인가?

① 1450   ② 2000
③ 2450   ④ 3000

해설 등속도 수평비행 시의 관계식
$$\dfrac{T}{W} = \dfrac{D}{L} \rightarrow T = W \cdot \dfrac{D}{L} = W \cdot \dfrac{C_L}{C_D} = W \cdot \dfrac{1}{양항비}$$
$\therefore 7000 \times \dfrac{1}{3.5} = 2000$

20 활공비행에서 활공각(θ)을 나타내는 식으로 옳은 것은? (단, C_L : 양력계수, C_D : 항력계수이다.)

① $\sin\theta = \dfrac{C_L}{C_D}$ ② $\sin\theta = \dfrac{C_D}{C_L}$
③ $\cos\theta = \dfrac{C_D}{C_L}$ ④ $\tan\theta = \dfrac{C_D}{C_L}$

해설 $D = W\sin\theta$
$L = W\cos\theta$
$\rightarrow \dfrac{D}{L} = \dfrac{W\sin\theta}{W\cos\theta} \rightarrow \dfrac{C_D}{C_L} = \tan\theta\ (\theta : 활공각)$
∴ 활공각은 양항비에 반비례한다.

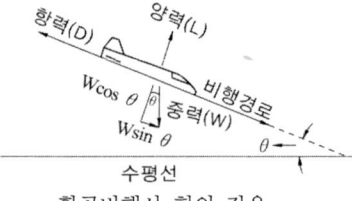
활공비행시 힘의 작용

ANSWER 17 ③ 18 ② 19 ② 20 ④

제2과목 ✈ 항공기관

21 왕복엔진에서 로우텐션(low tension) 점화장치를 사용하는 경우의 장점은?

① 구조가 간단하여 엔진의 중량을 줄일 수 있다.
② 부스터 코일(booster coil)이 하나이므로 정비가 용이하다.
③ 점화플러그에 유기되는 전압이 낮아 정비 시 위험성이 적다.
④ 높은 고도 비행 시 하이텐션(high tension) 점화장치에서 발생되는 플래시오버(flash over)를 방지할 수 있다.

해설 저압점화계통(low tension ignition system) : 마그네토 1차 코일에서 유도된 낮은 전압을 각 실린더마다 하나씩 설치된 변압기에서 승압시켜 스파크 플러그로 전달하는 방식이다.(고고도에서 사용할 경우 플래시오버 현상이 잘 생기지 않는다.)

22 프로펠러 날개의 루트 및 허브를 덮는 유선형의 커버로, 공기흐름을 매끄럽게 하여 엔진효율 및 냉각효과를 돕는 것은?

① 램(ram)
② 커프스(cuffs)
③ 가버너(governor)
④ 스피너(spinner)

해설 프로펠러의 허브를 덮고 있는 유선형 덮개. 스피너는 엔진 카울링 속으로 유입되는 공기가 유연하게 흐를 수 있도록 하고 또한 비행기의 유선형 형태를 구성한다.

23 그림과 같은 단순 가스터빈기관의 P-V 선도에서 압축기가 공기를 압축하기 위해 소비한 일은 선도의 어떤 면적과 같은가?

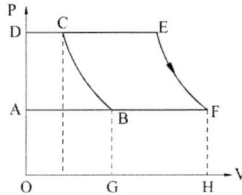

① 도형 ABCDA ② 도형 BCEFB
③ 도형 OGBCDO ④ 도형 AFEDA

24 가스터빈기관의 압축효율이 가장 좋은 압축기 입구에서 공기 속도는?

① 마하 0.1 정도 ② 마하 0.2 정도
③ 마하 0.4 정도 ④ 마하 0.5 정도

해설 압축기에 의해 흡입관에서의 공기속도를 압축 가능한 마하 0.5 정도로 조절하여 준다.

25 다음 중 역추력 장치를 사용하는 가장 큰 목적은?

① 이륙시 추력 증가
② 기관의 실속 방지
③ 재흡입 실속 방지
④ 착륙 후 비행기 제동

해설 역추력장치는 항공기가 착륙 시 활주거리를 단축시키기 위하여 사용하는 장치를 말한다. 보통 역추력장치에 의해 얻을 수 있는 역추력은 정상 추력의 약 40~50% 정도이다. 항공기가 지상 접지 후부터 작동하기 시작하여 항공기가 일정 속도 이하가 되면 작동을 멈추고 브레이크로 제동을 하여야 한다.

ANSWER 21 ④ 22 ④ 23 ① 24 ④ 25 ④

26 터빈엔진을 사용하는 도중 배기가스온도(EGT)가 높게 나타났다면 다음 중 주된 원인은?

① 과도한 연료흐름
② 연료필터 막힘
③ 과도한 바이패스비
④ 오일압력의 상승

해설 가스터빈엔진에서 배기가스온도가 높게 나타날 때의 주된 원인은 연료가 과도하게 흘러들어가 공기와의 혼합비가 변할 때 온도 상승이 나타나기 쉽다.

27 가스터빈엔진에서 사용되는 시동기의 종류가 아닌 것은?

① 전기식 시동기(electric starter)
② 시동 발전기(starter generator)
③ 공기식 시동기(pneumatic starter)
④ 마그네토 시동기(magneto starter)

해설 가스터빈엔진의 시동기에는 전기식(전동기식, 시동-발전기식), 공기식(공기터빈식, 가스터빈식, 공기충돌식)이 있다.

28 경항공기에서 프로펠러 감속기어(reduction gear)를 사용하는 주된 이유는?

① 구조를 간단히 하기 위하여
② 깃의 숫자를 많게 하기 위하여
③ 깃 끝 속도를 제한하기 위하여
④ 프로펠러 회전속도를 증가시키기 위하여

해설 깃 끝 속도가 비교적 빠를 경우 프로펠러가 파손될 수 있으므로 감속기어를 통해 깃 끝 속도를 제한한다.

29 정속 프로펠러에서 프로펠러가 과속상태(over speed)가 되면 조속기 플라이 웨이트(fly weight)의 상태는?

① 밖으로 벌어진다.
② 무게가 감소된다.
③ 안으로 오므라든다.
④ 무게가 증가된다.

해설 정속 프로펠러가 과속 회전상태일 때,
- 플라이웨이트가 벌어진다.
- 파일럿 밸브가 위로 올라간다.
- 작동 실린더의 윤활유가 배출된다.
- 카운터웨이트가 벌어진다.
- 블레이드 각이 증가한다.
- rpm이 감소, 정속회전상태로 돌아간다.

30 가스터빈엔진 점화계통의 구성품이 아닌 것은?

① 익사이터(exciter)
② 이그나이터(igniter)
③ 점화 전선(ignition lead)
④ 임펄스 커플링(impulse coupling)

해설 임펄스 커플링은 왕복엔진이 시동되었을 때 너무 천천히 회전하면 마그네토가 작동하지 않는다. 마그네토의 구동축에 설치된 임펄스 커플링은 엔진 시동을 위해 마그네토에게 순간적으로 고속 회전을 시켜주고 지연 점화를 한다. 이 커플링은 엔진과 마그네토 축 사이의 스프링 기계 연결 장치로서 어느 순간에 마그네토 축을 고속 회전시키기 위해 감기게 되어 있다.

ANSWER 26 ① 27 ④ 28 ③ 29 ① 30 ④

31 다음 중 디토네이션(detonation)을 일으키는 요인은?

① 너무 늦은 점화시기
② 낮은 흡입공기 온도
③ 너무 낮은 옥탄가의 연료사용
④ 너무 높은 옥탄가의 연료사용

해설 디토네이션은 혼합기 온도와 압력이 상승했을 때나 비교적 낮은 옥탄가의 연료를 사용했을 때 발생하게 되고, 정상 점화 후에 주로 발생하게 된다.

32 항공기 왕복엔진의 벤튜리 부분에서 실린더 흡입 공기량으로부터 생긴 부압에 의해 가솔린을 빨아내고 혼합기를 만드는 방식의 기화기는?

① 부자식 기화기
② 충동식 기화기
③ 경계 압력식 기화기
④ 압력 분사식 기화기

해설 부자식 기화기 : 이 기화기는 부자실의 대기압은 벤튜리 튜브에서 압력이 감소할 때 방출 노즐로부터 연료를 분사시키는 방식이다. 피스톤의 흡입 행정일 때 실린더에서 압력을 감소시켜 공기가 실린더의 흡입 매니폴드를 통해 흐르게 한다. 공기가 기화기의 벤튜리를 통해 흐를 때 벤튜리 압력이 감소되어 방출노즐로부터 연료가 분사된다.

33 오일의 점성은 다음 중 무엇을 측정하는 것인가?

① 밀도
② 발화점
③ 비중
④ 흐름에 대한 저항

해설
- 점성 : 흐름에 대한 저항을 말한다.
- 점도 : 유체의 끈적거림의 정도를 표시한 것
- 점도지수 : 점도의 온도에 따른 변화를 나타낸 것으로 점도지수가 높을수록 점도의 변화가 작다는 것을 나타낸다.

34 항공기관의 후기 연소기에 대한 설명으로 틀린 것은?

① 전면 면적의 증가 없이 추력을 증가시킨다.
② 연료의 소비량 증가 없이 추력을 증가시킨다.
③ 총 추력의 약 50%까지 추력의 증가가 가능하다.
④ 고속 비행하는 전투기에 사용시 추력이 증가된다.

해설 후기 연소기는 2차 공기 내에 연소되지 않은 산소가 다량 함유되어 있기 때문에 터빈 출구에 장착된 후기 연소기에서 연료를 분사하여 총 추력의 50%의 추력을 증가시키는 장치이다. 하지만 후기 연소기를 사용하면 연료 소비율은 약 2~3배 가량 증가한다는 단점이 있다. 따라서 단시간 동안 고속 비행이 필요한 전투기 등에 사용되며, 이륙 및 상승 시, 초음속 비행 시에 주로 사용한다.

35 왕복성형기관의 크랭크축에서 정적평형은 어느 것에 의해 이루어지는가?

① Dynamic damper
② Counter weight
③ Dynamic suspension
④ Split master rod

해설 정적 평형은 카운터웨이트, 동적 평형은 다이나믹 댐퍼에 의해 이루어진다.

ANSWER 31 ③ 32 ① 33 ④ 34 ② 35 ②

36 다음 중 항공기 왕복기관에서 일반적으로 가장 큰 값을 갖는 것은?

① 마찰마력   ② 제동마력
③ 지시마력   ④ 모두 같다.

해설) 지시마력은 실린더 내의 기체가 피스톤에 가한 힘을 나타내는데 일반적으로 가장 큰 값을 갖는다.

37 정속 프로펠러에서 파일롯 밸브(Pilot valve)를 작동시키는 힘을 발생시키는 것은?

① 프로펠러 감속기어
② 조속펌프 유압
③ 엔진오일 유압
④ 플라이 웨이트

해설) 파일럿 밸브는 플라이 웨이트의 원심력과 스피더 스프링의 장력에 의하여 작동되며, 오일의 흐름을 제어하는 역할을 한다.

38 왕복엔진의 마그네토에서 브레이커포인트 간격이 커지면 발생되는 현상은?

① 점화가 늦어진다.
② 전압이 증가한다.
③ 점화가 빨라진다.
④ 점화불꽃이 강해진다.

해설) 브레이커 포인트의 간격이 커지면 점화진각이 작아져 점화가 일찍 발생하고 강도는 약해지고, 간격이 작아지면 점화진각이 커져 점화가 늦게 발생하고 강도는 높아진다.

39 전기식 시동기(electrical starter)에서 클러치(clutch)의 작동 토크 값을 설정하는 장치는?

① Clutch Plate
② Clutch Housing Slip
③ Rachet Adjust Regulator
④ Slip Torque Adjustment Unit

40 브레이튼 사이클(Brayton cycle)의 이상적인 기본 사이클 과정으로 옳은 것은?

① 단열압축-등적가열-단열팽창-등적방열
② 단열압축-등압가열-단열팽창-등적방열
③ 단열압축-등적가열-등압방열-단열팽창
④ 단열압축-등압가열-단열팽창-등압방열

해설) 브레이턴 사이클(정압 사이클)은 2개의 단열 과정과 2개의 정압 과정으로 이루어진다.

제3과목 ✈ 항공기체

41 알루미늄 합금을 용접할 때 가장 적합한 불꽃은?

① 탄화불꽃   ② 중성불꽃
③ 산화불꽃   ④ 활성불꽃

해설) 산소 아세틸렌 불꽃 조절(Flame Adjustment)
① 중성불꽃(표준불꽃) : 산소와 아세틸렌의 혼합비 1 : 1로서 일반용접이며 연강, 경강, 주철의 용접에 쓰인다.
② 산화불꽃(산소 과잉 불꽃) : 산소의 양이 아세틸렌의 양보다 많은 불꽃으로 황동, 청동, 구리의 용접에 쓰인다.

ANSWER 36 ③ 37 ④ 38 ③ 39 ④ 40 ④ 41 ①

③ 탄화불꽃(아세틸렌 과잉 불꽃) : 아세틸렌의 양이 산소보다 많을 때 생기는 불꽃으로 알루미늄, 스테인리스강, 스텔라이트의 용접에 사용된다.

에 사용하는 중량 표시 방법으로 승무원, 수화물, 긴급용 장비 등 운항에 필요한 장비 및 인원을 포함시켜 나타낸 중량이다. 운항 자중에 승객, 수화물, 화물, 우편들의 페이로드의 중량을 더한 것이 Zero연료 중량이다.

42 테어무게(Tare weight)에 대한 설명으로 옳은 것은?

① 항공기에 인가된 최대중량을 의미한다.
② 항공기에 장착된 모든 운용 장비품을 포함한 무게를 의미한다.
③ 중량 측정시 사용하는 보조장치 촉(Choke), 블록(Block), 지지대(Stand) 등의 무게를 의미한다.
④ 항공기에 사용되는 작동유, 기관 냉각액 등의 총 무게를 의미한다.

해설 ① 총 중량(Gross Weight) : 항공기에 탑재 가능한 총중량이며 항공기 기체 무게, 연료, 윤활유, 승객, 화물 등 탑재물의 무게를 다한 무게를 말하며 온 무게라고도 한다. 항공기에 인가된 최대하중(형식 증명서 type certificate 명시)
② 이륙중량(Take off Weight) : 항공기 이륙 순간의 허용무게 총 중량(Gross Weight)에서 비행준비 및 지상 활주에 사용되는 연료와 윤활유의 무게를 제한 무게이다.
③ 착륙중량(Landing Weight) : 항공기 착륙할 때의 무게, 착륙 시에 가질 수 있는 무게의 상한치 총 중량에서 이륙 및 비행에 쓰인 연료와 윤활유의 무게를 제한, 무게를 초과시 연료를 배출(DUMP)해서 착륙중량 이하로 만듦
④ 영연료중량(Zero Fuel Weight) : 연료와 오일의 무게를 제외한 최대 허용 중량이며 여객기에서 안전 및 경제성을 고려해 운항관리 목적상 사용
⑤ 유상하중(Payload) : 승객, 수화물, 화물 등 항공사의 수입원이 되는 중량을 말한다. 유상하중의 크고 작음에 따라 항공기 운항의 실효를 판단할 수 있다.
⑥ 운항자중(Operating Weight) : 주로 민간기

43 그림과 같은 구조물에서 A단에서 작용하는 힘 200N이 300N으로 증가하면 케이블 AB에 발생하는 장력은 약 몇 N이 증가하는가?

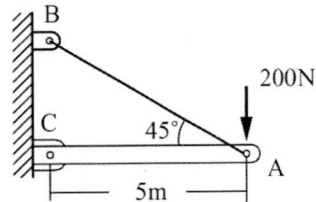

① 141
② 212
③ 242
④ 282

해설 정역학의 평형방정식 문제가 아니고 삼각함수를 이용하여 문제를 풀이하면 됩니다.
각도가 45도 이므로 케이블의 길이는
$\sqrt{5*5 + 5*5} = 7.07m$

$$장력(T) = \frac{하중}{케이블수} \times \frac{케이블길이}{수직거리}$$
$$= \frac{(300-200)*7.07}{5} = 141.4$$

44 리벳작업 시 리벳 성형머리(bucktail)의 일반적인 높이를 리벳 지름(D)으로 옳게 나타낸 것은?

① 0.5D
② 1D
③ 1.5D
④ 2D

해설 리벳팅 후 벅테일의 높이가 리벳지름의 0.5배, 폭이 1.5배인지 스틸자로 검사해야 한다.

ANSWER 42 ③ 43 ① 44 ①

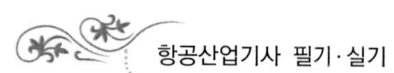

45 항공기가 비행 중 오른쪽으로 옆놀이 현상이 발생하였다면 지상 정비작업으로 옳은 것은?

① 왼쪽 보조날개 고정탭을 올린다.
② 방향타의 탭을 왼쪽으로 굽힌다.
③ 오른쪽 보조날개 고정탭을 올린다.
④ 방향타의 탭을 오른쪽으로 굽힌다.

해설 방향타(rudder)은 빗놀이(yawing)와 관련 있으며 옆놀이 현상(rolling)은 날개의 speedbrake, aleron, tab과 관련있다. 비행 중 오른쪽으로 옆놀이 현상이 발생하였다면 지상에서는 오른쪽 보조날개 고정 탭을 올리거나 공중에서는 왼쪽의 aleron을 올리고 오른쪽의 aleron을 내리면 왼쪽날개는 양력이 줄어들어 내려간다.

왼쪽 보조날개 trim tab

46 높이가 H 이고 폭이 B 인 그림과 같은 직사각형의 무게중심을 원점으로 하는 X 축에 대한 관성모멘트는?

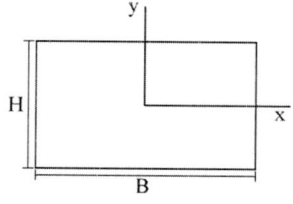

① $\dfrac{BH^3}{36}$ ② $\dfrac{BH^3}{24}$
③ $\dfrac{BH^3}{12}$ ④ $\dfrac{BH^3}{4}$

해설
• 삼각형의 무게중심을 원점으로 하는 X 축에 대한 단면모멘트 $\dfrac{BH^3}{36}$
• 사각형의 무게중심을 원점으로 하는 X 축에 대한 단면모멘트 $\dfrac{BH^3}{12}$

47 항공기 조종계통에서 운동의 방향을 바꿔주는 것이 아닌 것은?

① 풀리(pulley)
② 스토퍼(stopper)
③ 벨 크랭크(bell crank)
④ 토크 튜브(torque tube)

해설 조종계통에 스토퍼(stopper)는 Pushrod Linkage Stoppers로 케이블은 턴버클로 장력을 유지하지만 푸시로드는 스토퍼를 이용하여 로드의 길이를 조절한다. 보통 조정면과 탭에 연결되는 부위에 사용된다.

48 이질 금속간의 접촉부식에서 알루미늄 합금의 경우 A군과 B군으로 구분하였을 때 군이 다른 것은?

① 2014   ② 2017
③ 2024   ④ 3003

해설 현재 사용되는 10원짜리 동전은 알루미늄에 구리를 압착하여 만들어 물 같은 전해질이 가해지면 이질금속부식(galvanic corrosion)이 일어난다. 전해질용액에 두 금속을 연결시켜 전위차에 의한 전자의 이동이 발생해 부식이 일어나는 것

ANSWER   45 ③   46 ③   47 ②   48 ④

을 말하며 용액 속에서 금속 전위를 측정하여 갈바닉 계열을 만들어 부식정도의 예측이 가능하다. 알루미늄 합금은 1100, 3003, 5052, 6061의 그룹과 2014, 2017, 2024, 7075 등의 그룹으로 분류된다.

릴작업 후 구멍에 칩을 없애기 위해서 사용하는 도구이고 버킹바는 솔리드 섕크 리벳을 체결할 때 리벳건 반대쪽에 사용하여 리벳의 드리븐 헤드를 만드는 공구이고 뉴메틱 해머는 압축공기를 사용하는 리벳건을 뜻한다.

49 실속속도 100 mph 인 비행기의 설계제한 하중배수가 4 일 때, 이 비행기의 설계 운용속도는 몇 mph인가?

① 100　　② 150
③ 200　　④ 400

해설　하중배수 = $\dfrac{L}{W}$ = $\dfrac{설계운용속도^2}{실속속도^2}$ 가 된다.

이 때, 하중배수가 4이므로,

$4 = \dfrac{설계운용속도^2}{10000}$ 가 된다.

식을 변환하여 계산하면,

설계운용속도 = $\sqrt{40000}$ = 200[mph]

50 2개의 알루미늄 판재를 리벳팅하기 위해 구멍을 뚫으려 할 때 판재가 움직이려 한다면 사용해야 하는 것은?

① 클레코　　② 리머
③ 버킹바　　④ 뉴메틱 해머

해설

　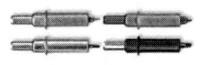

클레코플라이어　　클레코

리벳팅 작업시 판재와 판재를 고정시키기 위해서는 마스킹 테이프를 충분히 붙이고 클드릴작업 후 클레코로 고정시키고 추가로 시트 바이스 그립을 사용하여 판재를 고정시킨다. 리머는 작업 후 클레코로 고정시키고 추가로 시트 바이스 그립을 사용하여 판재를 고정시킨다. 리머는 드

51 항공기 무게를 계산하는데 기초가 되는 자기무게(empty weight)에 포함되는 무게는?

① 고정 밸러스트　② 승객과 화물
③ 사용가능 연료　④ 배출 가능 윤활유

해설　자기무게(Empty weight)란 항공기 무게를 계산하는데 기초가 되는 무게로 승무원, 유상하중(승객, 화물, 사용 가능연료, 배출가능 윤활유)을 제외한 사용불능연료(Unusable fuel), 배출불능의 윤활유, 유압 전체 작동유를 포함한다. 고정 밸러스트는 비중이 높은 화물컨테이너, 납(lead) 또는 열화우라늄(폐기우라늄), 텅스텐합금 사용하여 인위적으로 항공기의 무게 중심을 맞추기 위해 사용된다.

52 항공기 기관을 날개에 장착하기 위한 구조물로만 나열한 것은?

① 마운트, 나셀, 파일론
② 블래더, 나셀, 파일론
③ 인테그럴, 블래더, 파일론
④ 캔틸레버, 인테그럴, 나셀

해설　엔진 마운트(engine mount)는 기체나 날개 등에 엔진을 고정하기 위한 구조물을 말한다. 이 구조물에 기관을 고정하는 볼트와 접촉면은 방진재로 감싸져 기관의 진동이 기체로 전달되는 것을 줄여준다. 나셀은 이렇게 고정되어 있는 엔진을 외부 물질에 의한 손상을 방지하고 기관의 형상으로 인한 와류를 방지하기 위해 경량소재 등으로 감싸 놓은 것을 말하며, 이 중 기관의

ANSWER　49 ③　50 ①　51 ①　52 ①

냉각을 도울 목적이 주가 되는 것을 카울이라고 한다. 파일론은 엔진과 연결되는 부위에 테이퍼 형식으로 공기역학적 흐름을 좋게 하기 위해서 만들어진 커버라고 할 수 있다.

53 다음 중 탄소의 함량이 가장 큰 SAE 규격에 따른 강은?

① 4050 ② 4140
③ 4330 ④ 4815

해설   탄소강은 특수 원소(니켈, 크롬, 망간, 규소, 몰리브덴, 텅스텐, 바나듐)를 한 가지 이상 첨가하여 특수한 성질을 가지게 한 것이다.
탄소강(1XXX), 니켈강(2XXX), 니켈 크롬강(3XXX), 몰리브덴강(4XXX), 크롬강(5XXX), 크롬 바나듐강(6XXX), 니켈 크롬 몰리브덴강(8XXX) 등이 있으며 뒤에 2자리 숫자(50)은 탄소의 평균 함유량을 나타내며 0.50% 탄소함유를 뜻한다.
AA는 (영국) 자동차 서비스 협회(Automobile Association) 이며 SAE는 미국 자동차 기술 협회(Society of Automotive Engineers)의 약어이다.

54 [보기]와 같은 특성을 갖춘 재료는?

┤보기├
- 무게당 강도 비율이 높다.
- 공기역학적 형상 제작이 용이하다.
- 부식에 강하고 피로응력이 좋다.

① 티타늄합금 ② 탄소강
③ 마그네슘합금 ④ 복합소재

해설   복합재료 특성은 무게당 강도 비율(알루미늄을 복합재료로 대체 시 30% 이상 인장 압축 강도 증가하고 무게는 20% 감소)이 높고 복잡한 형태나 공기역학적인 곡선 형태의 제작이 쉽다. 일부의 부품과 패스너를 사용하지 않고 제작이 단순하고 비용이 절감되며 유연성이 크고 진동에 강해 피로응력에 잘 견딘다. 부식이 되지 않으며 마멸이 잘 되지 않는다.

55 0.0625in 두께의 금속판 2개를 접합하기 위하여 1/8in 직경의 유니버설 리벳을 사용하려고 한다면 최소한의 리벳길이는 몇 in가 되어야 하는가?

① 1/4 ② 1/8
③ 5/16 ④ 7/16

해설   0.0625in 두께의 금속판 2개를 접합하기 위하여 먼저 사용할 리벳의 지름을 선정한다.
리벳의 지름은 접합하는 두 판재 중 두꺼운 판재 두께의 3배 이상, 즉 지름이 0.0625in×3 = 0.1875 이상 되는 리벳을 사용해야 하지만 문제에서 리벳 지름을 1/8in로 제시하고 있다.
길이는 결합되는 두 판재의 두께를 먼저 더하고 리벳 지름에 1.5배를 더하면 된다.
0.0625 + 0.0625 + 1.5×1/8
= 1/16 + 1/16 + 1.5×1/8
= 2/16 + 3/16 = 5/16in

56 페일세이프구조(fail safe structure) 방식으로만 나열한 것은?

① 리던던트구조, 더블구조, 백업구조, 로드드롭핑구조
② 모노코크구조, 더블구조, 백업구조, 로드드롭핑구조
③ 리던던트구조, 모노코크구조, 백업구조, 로드드롭핑구조
④ 리던던트구조, 더블구조, 백업구조, 모노코크구조

해설   페일세이프구조 (fail safe structure)
① 다경로 하중구조 (redundant structure)

ANSWER 53 ① 54 ④ 55 ③ 56 ①

② 이중 구조 (double structure)
③ 대치 구조 (back up structure)
④ 하중 경감 구조 (load dropping structure)

57 페일세이프(failsafe) 구조 개념을 옳게 설명한 것은?

① 절대 파괴가 안 되는 완벽한 구조이다.
② 이상적인 목표나 실제로는 불가능한 구조이다.
③ 일부 구조물이 파손되더라도 전체 구조물의 안전을 보장하는 구조이다.
④ 파손이 일어나면 안전이 보장될 수 없다는 구조이다.

해설 페일세이프구조(Fail safe Structure)란 주요 부재(Main structure)가 피로파괴 되더라도 치명적이거나 과도한 구조 변형이 생기지 않도록 설계된 구조이다.

58 조종간이나 방향키 페달의 움직임을 전기적인 신호로 변환하고 컴퓨터에 입력 후 전기, 유압식 작동기를 통해 조종계통을 작동하는 조종방식은?

① Power control system
② Automatic pilot system
③ Fly-by-wirecontrolsystem
④ Push pull rod control system

해설 플라이 바이 와이어(FBW, fly-by-wire) 방식은 말 그대로 전선에 의한 비행, 기계식, 유압식 제어가 아닌 전기신호를 사용하여 보조날개, 승강타, 방향타를 제어하는 방식이며 기계적 연결 대신 조종사의 조작을 전기적 신호로 바꾸어서 와이어(전선)로 액추에이터(actuator)에 입력하여 전기적으로 제어하는 방식을 말한다.

59 항공기 조종계통에 대한 설명으로 옳은 것은?

① 케이블을 왕복으로 설치하는 것은 피해야 한다.
② 케이블 장력이 커지면 풀리에 큰 반력이 생기고 마찰력이 커져 조종성이 떨어진다.
③ 케이블 풀리 간격이 조작하는 거리보다 짧아지는 것이 조종성 안정에 좋다.
④ 케이블 로드(Rod)보다 작은 공간을 필요로 하므로 현대 항공기에서 많이 사용된다.

해설 케이블 장력이 커지면 케이블이 팽팽해져 조종성이 민감하게 되어 조종하기가 힘들고 케이블 장력이 작아지면 느슨하게 되어 조종력 전달이 안 된다.
① 조종성 : 조종사의 의도대로 항공기가 움직여 주는 특성을 말하며 민항기는 조종사의 의도대로 곧장 움직인다면 휘청거려 승객들이 불편하고 이에 반해 전투기는 조종간을 움직이는 동시에 재빨리 움직여야 한다. 결론은 항공기 고유의 특성에 맞게 조종성을 맞추어야 한다.
② 안정성 : 불안하지 않고 안정된 자세를 유지하는 특성을 말하며 항공기가 수평으로 날아가지 못하고 기수가 위아래로 움직이는 것은 안정성이 낮다라고 한다. 그래서 항공기는 동적안정성과 정적안정성을 모두 가져야 한다.

ANSWER 57 ③ 58 ③ 59 ②

60 그림과 같이 반대방향으로 하중이 작용하는 구조물에서 B-C구간의 내력은 몇 [N]인가?

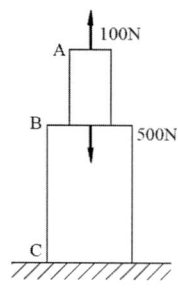

① 100
② -100
③ 400
④ -400

해설) 내력(internal force)이란 재료에 힘이 작용할 때 평형을 위해 그 힘과 반대 방향으로 크기가 같은 저항력이 생기는 것으로 단순하게 풀어보면 -500+100 = -400

제4과목 항공장비

61 지상의 항행원조시설 없이 항공기의 대지속도, 편류각, 비행거리를 직접적이고 연속적으로 구하여 장거리를 항행할 수 있게 하는 자립항법장치는?

① 오메가항법
② 도플러레이더
③ 전파고도계
④ 관성항법장치

해설) ㉮ 오메가 항법 : 10~14kHz의 초장파(VLF)를 사용한 쌍곡선 항법이다. 2개의 송신국으로부터 발사되는 전파의 위상차를 측정해서 위치를 결정하는 것으로 8개국이 오메가 항법 송신국으로 운용 중에 있다.
㉯ 도플러 레이더 : 이동체의 속도에 비례하여 수신 주파수가 변화한다는 도플러 원리를 이용한 것이며, 지상 원조 시설을 필요로 하지 않고 직접적으로 행할 수 있는 기상 항법 장치이다. 지표면과 항공기 사이에 반사파에 의해 대지속도가 얻어지고, 적분함으로써 비행거리가 구해진다. 좌우측 도플러빔의 주파수 차이를 검출하여 편류각을 얻는다.
㉰ 전파고도계 : 기체상에서 지표면으로 전파를 발사하여 반사파가 되돌아올 때까지 속도를 측정하는 장치이다. 기압 고도계와 다르게 지형과 항공기 사이의 수직거리로 절대고도계라고 하며, 고고도용의 펄스형과 저고도용의 FM형이 있다.
㉱ 관성항법장치 : 로켓이나 비행기가 이동할 때에는 항상 가속도가 가해지고 있지만, 이 가속도를 적분하면 속도가 구해지며, 다시 적분하면 이동한 거리가 나온다는 가속도(관성)를 이용한 항법이다.

62 제빙부츠장치(de-icer boots system)에 대한 설명으로 옳은 것은??

① 날개 뒷전이나 안정판(stabilizer)에 장착된다.
② 조종사의 시계 확보를 위해 사용된다.
③ 코일에 전원을 공급할 때 발생하는 진동을 이용하여 제빙하는 장치이다.
④ 고압의 공기를 주기적으로 수축, 팽창시켜 제빙하는 장치이다.

해설) 제빙 부츠식(De-icing boots) : 날개나 조종면의 앞전에 팽창 및 수축될 수 있는 고무 부츠를 부착시켜, 가압된 공기와 진공상태의 공기를 분배 밸브에 의해 교대로 가하여 결빙된 얼음을 제거하는 방식이다.

※ 분배 밸브(Distributor Valve) : 조절 밸브로서 비교적 복잡한 제빙부츠 계통에서 사용된

ANSWER 60 ④ 61 ② 62 ④

다. 타이머 또는 조절기에 의해 제어되는 전기작동식 솔레노이드밸브이며 일부 계통에서 분배 밸브는 제빙부츠와 한 쌍으로 구성되어 있다. 또한 분배 밸브의 기능을 내부에 장착하고 있는 조절 밸브와 다르다. 적당한 팽창시간이 경과되면 펌프의 압력 쪽에서 진공 쪽으로 부츠의 연결을 전환하며 불필요한 공기를 외부로 배출한다.

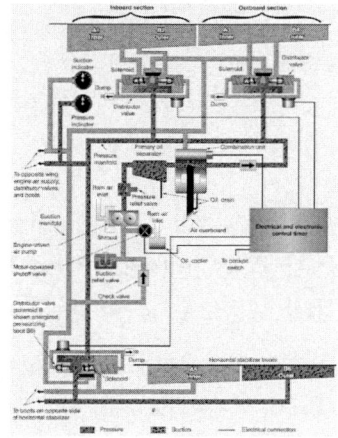

63 다음 중 외기온도계가 활용되지 않는 것은?

① 외기 온도 측정
② 엔진의 출력 설정
③ 배기가스 온도 측정
④ 진대기 속도의 파악

해설) 기체표면온도 (TAT : Total Air Temperature) : 측정방식에 따라 외기온도 (SAT : Static Air Temperature)와 기체표면온도로 분류된다. 항공기가 지상에 있을 때는 기본적으로 SAT와 TAT는 일치한다. 항공기에서는 TAT만 계측할 수 있으므로, TAT를 비행속도에 따라 환산하여 추정 SAT를 산출해내고 있다. 고속 비행에서는 마찰, 공기의 압축성, 그리고 경계층(boundary layer) 반응 때문에 정확한 온도 측정이 어렵다. TAT는 SAT 외에 공기를 통과하는 항공기의 고속 움직임에 의해 발생하는 온도 상승값을 더하는 것이다. 이때 공기의 온도 상승은 램(ram) 공기의 상승이다. 디스플레이에 SAT와 TAS를 표시한다. 디지털 계통에서 온도보정신호는 대기자료컴퓨터(ADC)안으로 입력되어 조종석 화면표시장치의 지시와 다른 계통의 온도보정을 위해 적절하게 조절된다.

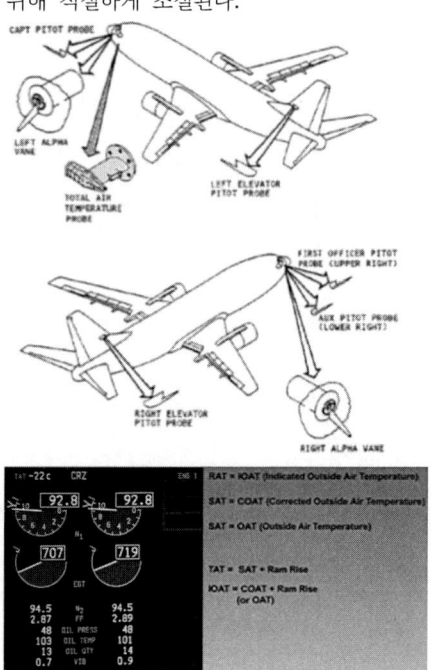

64 그림과 같은 Wheatstone bridge가 평형이 되려면 X의 저항은 몇 Ω이 되어야 하는가?

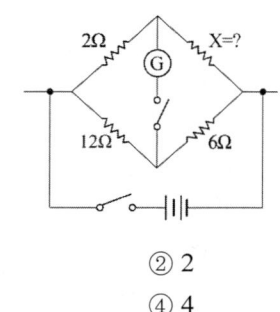

① 1
② 2
③ 3
④ 4

해설) 대각선으로 서로 마주보고 있는 저항끼리 곱한다.
$2Ω × 6Ω = 12Ω × R$
$R = 1Ω$

ANSWER
63 ② 64 ①

65 유압계통에서 필터 내에서 바이패스 릴리프 밸브(Bypass relief valve)의 주된 목적은?

① 유압유 공급 라인에 압력이 과도해지는 것으로부터 계통을 보호하기 위하여
② 필터 엘리먼트가 막힐 경우 유압유를 계통에 공급하기 위하여
③ 회로 압력을 설정 값 이하로 제한하여 계통을 보호하기 위하여
④ 필터 엘리먼트(Element) 내에 유압유 압력이 높아지면 귀환 라인으로 유압유를 보내기 위하여

해설 여과기(filter)
유압 계통 내에서 각종 밸브나 펌프에 의해 작은 입자의 금속 가루가 발생한다. 이를 여과시키지 않으면 구성 부품에 손상을 입히거나 작동 불량을 초래한다. 단위는 미크론이다. 여과기에는 쿠노형과 미크론형이 있다.
① 쿠노형 여과기(cuno filter) : 수십장의 원판으로 구성되어 원판 사이를 통해 내측으로 밀려 하우징에 쌓이게 된다. 대부분의 쿠노형 여과기는 바이패스 릴리프 밸브(Bypass relief valve)라고 하는 스프링의 볼형 밸브를 입구와 출구 사이에 설치하여 계통 내에 금속 가루가 완전히 막히게 되는 것을 대비한다.
② 미크론형 여과기(micron filter) : 최근 유압 계통으로 작동 부품 사이의 간격이 극히 적고, 압력 저하가 작은 리저버 입구의 귀환 라인에 장착하는 경우가 많다.

66 $R_1 = 10\Omega$, $R_2 = 5\Omega$의 저항이 연결된 직렬회로에서 R_2의 양단전압 V_2가 10[V]를 지시하고 있을 때 전체전압은 몇 [V]인가?

① 10 ② 20
③ 30 ④ 40

해설 직렬회로의 특징은 각 부하에 걸리는 전류는 일정하고, 전압은 다르다.
따라서, 옴의 법칙을 이용하여,
$I_2 = \dfrac{V_2}{R_2} = \dfrac{10[V]}{5[\Omega]} = 2[A]$가 된다.
$I_2 = I_1$이 되므로, $I_1 = 2[A]$가 된다.
옴의 법칙을 이용하여,
$V_1 = I_1 R_1 = 2[A] \times 10[\Omega] = 20[V]$가 된다.
전체 전압은
$V_T = V_1 + V_2 = 20[V] + 10[V] = 30[V]$가 된다.

67 Air-Cycle Air Conditioning System에서 팽창터빈(expansion turbine)에 대한 설명으로 옳은 것은?

① 찬공기와 뜨거운 공기가 섞이도록 한다.
② 1차 열교환기를 거친 공기를 냉각시킨다.
③ 공기공급 라인이 파열되면 계통의 압력손실을 막는다.
④ 공기조화계통에서 가장 마지막으로 냉각이 일어난다.

해설 공기순환 냉각방식(ACM)
엔진의 압축기에서 나온 가압된 공기는 1차 열교환기를 지나 냉각되어 ACM으로 간다. 다시 2차 열교환기를 지나 냉각되어 팽창터빈을 통해 압력과 온도가 더욱 떨어져 객실에 공급된다.

68 그로울러 시험기(growler tester)는 무엇을 시험하는데 사용하는 것인가?

① 전기자(armature)
② 브러시(brush)
③ 정류자(commutator)
④ 계자코일(field coil)

해설 그로울러 시험 : 시동모터(스타터)에서 회전력

ANSWER 65 ② 66 ③ 67 ④ 68 ①

을 발생시키는 중요한 부품이 전기자이다. V자형 연철심편 위에 전기자(amature)를 올려놓고 110V 또는 220V의 교류를 접속하여 전기자(아마추어)의 코일에 통전시켜 단선, 단락에 의한 진동, 접지(절연) 등을 점검한다. 전기자에 이상이 발생하면 교환해야 한다.

69 10mH의 인덕턴스에 60Hz, 100V의 전압을 가하면 약 몇 암페어(A)의 전류가 흐르는가?

① 15 ② 20
③ 25 ④ 26

해설 교류회로 내에서 전류의 크기를 산출하기 위해서는, 전류의 흐름을 제한하는 저항(R)과 전류의 흐름을 방해하는 요소인 리액턴스(X)를 모두 고려해야 한다.(직류회로는 저항(R)만 고려한다.) 따라서, 옴의 법칙에 의해서 $V = IZ$로 식을 세울 수 있다.
전류를 구하기 위해 식을 변형시켜 대입하면,

$$I = \frac{V}{Z} = \frac{V}{\sqrt{R^2 + (X_L - X_C)^2}}$$

$$= \frac{100[V]}{\sqrt{R^2 + (2\pi f L - \frac{1}{2\pi f LC})^2}[\Omega]}$$

$$= \frac{100[V]}{\sqrt{0^2 + ((2\pi \times 60[Hz]) \times 10 \times 10^{-3}[H]) - 0)^2}[\Omega]}$$

$$= 26.53[A]$$

70 항공기에서 거리측정장치(DME)의 기능에 대한 설명으로 옳은 것은?

① 질문펄스에서 응답펄스에 대한 펄스 간 지체시간을 구하여 방위를 측정할 수 있다.
② 질문펄스에서 응답펄스에 대한 펄스 간 지체시간을 구하여 거리를 측정할 수 있다.
③ 응답펄스에서 질문펄스에 대한 시간차를 구하여 방위를 측정할 수 있다.
④ 응답펄스에서 선택된 주파수만을 계산하여 거리를 측정할 수 있다.

해설 거리측정장비 (DME : Distance Measuring Equipment) : 항행 중인 항공기에 연속적으로 거리정보를 제공하는 항행보조방식 중의 하나로서 VOR, 및 Localizer 무선기지국과 같이 설치된. VOR을 수신하는 항공기는 방위와 DME에 의하여 거리를 파악해서 자기의 위치를 정확히 결정할 수 있다. DME 주파수는 항공기에서 VOR 및 ILS 주파수 선택 시 주파수 1,025~1,150[MHz]로 송신하면 지상국에서는 50[μ sec] 후에 주파수 UHF 960~1,215[MHz]로 항공기에 응답하면 항공기의 수신기는 전파의 왕복시간을 계산하여 거리를 계산한다. DME의 최대 탐지 거리는 399.99[NM]이다. 항공기의 거리 측정 장비 호출기(DME Interrogator)가 송신하는 질문 펄스는 일정한 주기 내에서 미리 정해진 랜덤 패턴 형태로 구성된 2개의 쌍으로 구성된 펄스이다. 이렇게 2개의 펄스(3[μ sec] 폭, 12[μ sec] 간격)를 보내는 것은 간섭이나 잡음에 의한 손실을 예방하기 위함이다. 이를 수신한 지상 거리 측정 장비 자동응답기(DME Transponder)는 50[μ sec] 시간 이후에 다른 주파수로 응답한다. 지상 DME는 해당 항공기뿐만 아니라 다른 항공기로부터의 질문 펄스에 대한 응답도 동일한 채널로 수행하므로 여러 개의 펄스가 동시에 해당 항공기에 수신될 수 있다. 질문한 항공기는 처음에는 거리를 모르므로 어떤 펄스가 나의 응답인지 알 수 없다. 따라서 일단 가장 짧은 시간 T에 도착한 펄스를 선택한다. 이후, 각 질문 펄스에 대하여 T시간 지연된 시간 주변에 자신이 송신한 펄스에 대한 응답이

ANSWER 69 ④ 70 ②

있는지 검사한다. 만약 없다면 시간 T를 조금 늘리면서 자신의 응답 펄스를 찾는다. 이 과정을 항적모드(Track Mode)라고 한다. 이후 질문 펄스에 대한 응답 펄스를 70% 이상 찾으면, T를 고정하고 DME 표시기(Indicator)에 T를 거리로 환산하여 표시한다. 이후 항공기의 이동 속도에 맞추어 펄스를 잃어버리지 않도록 T를 조금씩 가변하면서 거리를 표시하는 항적모드(Track Mode)에서 작동하며, 계기판에는 "LOCK-ON"으로 표시되면서 DME 지상국까지의 거리가 표시된다. 참고로 지상 DME국의 식별자 신호도 VOR국처럼 약 30초마다 1번씩 모스부호 형태로 송신되어 조종사는 자신이 선택한 지상국을 식별할 수 있다. 대부분의 경우에 DME 안테나는 블레이드 안테나(Blade antenna)로 동체 중심선의 하부면(underside)에 설치되어 전파를 송신 및 수신한다.

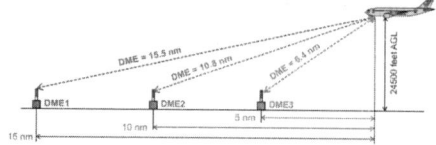

71 계자가 8극인 단상교류 발전기가 115V, 400Hz 주파수를 만들기 위한 회전수는 몇 rpm인가?

① 4000 ② 6000
③ 8000 ④ 10000

해설 교류 발전기에서 극수 P와 주파수 f의 관계는 동기 속도를 N(1분간 회전수)으로 하면,

$$f = \frac{P}{2} \times \frac{N}{60}$$

$$400[\text{Hz}] = \frac{8}{2} \times \frac{N[\text{rpm}]}{60}$$

$$N = 6000[\text{rpm}]$$

72 군용 항공기에서 지상국과 항공기까지의 거리와 방위를 제공하는 항법장치는?

① DME ② TCAS
③ VOR ④ TACAN

해설
- 거리측정시설 (DME) : 항공기의 DME 기상국에 거리 정보를 제공하는 것. TACAN의 거리 계통만을 독립시킨 새로운 항법시설이다. 기상 장치(질문기)와 지상 장치(응답기)로 구성된 2차 레이더의 한 형식이다. 거리측정은 펄스 신호가 두 점사이를 왕복하는 시간을 측정하는 것이다. 주파수 대역은 UHF 960[MHz]~1215[MHz]
- TCAS(traffic alert and collision avoidance system) : ACAS는 국제적인 명칭으로 미국에서 사용하는 명칭이며, 점차 TCAS로 사용하는 추세이다.
- ACAS(airborne collision avoidance system) : 항공기 충돌 방지 시스템은 항공기의 접근을 탐지하고, 조종사에게 그 항공기의 위치 정보나 충돌을 피하기 위한 회피 정보를 제공하여 항공 보안 업무를 지원하는 것이다.
- 전방향 표지시설(VOR : VHF ommni-directional radio range beacon) : 비행하는 항공기에게 VHF대역에서 방위각 정보를 제공하는 지상시설로 초단파 전방향 무선표지 시설이다. 자북을 나타내는 전파와 자북으로부터 시계방향으로 회전하는 지향성이 있는 전파 2개를 수신하고, 자북을 지시하는 전파를 받기부터 지향성 전파를 수신하기까지 시간차를 측정하여 발신국의 위치를 알 수 있다. 사용주파수 범위는 108~118[MHz].

73 유압계통에 있는 축압기(accumulator)의 설치 위치로 가장 적합한 곳은?

① 공급라인(supply line)
② 귀환라인(return line)
③ 작업라인(working line)
④ 압력라인(pressure line)

해설 축압기 (Accumulator) : 가압된 작동유를 저장하는 저장통으로, 여러 개의 유압 기기가 동시에 사용될 때 동력 펌프를 돕고, 동력 펌프가

ANSWER 71 ② 72 ④ 73 ④

고장났을 때에는 저장되었던 작동유를 유압 기기에 공급한다. 펌프와 축압기와의 사이에는 체크밸브를 설치하여 유압이 펌프 쪽으로 역류되지 않도록 해야한다. 유압 계통의 서지(surge) 현상을 방지하고, 압력을 흡수하면 압력 조정기의 개폐 빈도를 줄여 펌프나 압력 조정기의 마멸을 감소시킨다. 따라서, 압력라인에 설치되어야 한다.

74 축전지에서 용량의 표시기호는?

① Ah   ② Bh
③ Vh   ④ Fh

해설 축전지 용량의 크기를 결정하는 요소에는 극판의 크기(면적), 극판의 두께, 극판의 수, 전해액의 양 등이 있다. 축전지 용량의 단위는 암페어시(AH)로 표시한다.
용량(AH) = 방전전류(A) × 방전시간(H)

75 지자기의 3요소가 아닌 것은?

① 복각(dip)
② 편차(variation)
③ 자차(deviation)
④ 수평분력(horizontal component)

해설
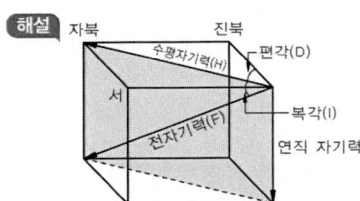

※ 지자기 3요소
① 편각 (편차) : 북반구를 기준으로 지구 상의 현재 위치에서 진북극(지리상 북극점) 방향과 자기북극(나침반의 빨간 바늘 방향) 방향 사이의 각도.
② 복각 : 지구 상의 어느 점에서 지구 자기장의 방향과 그 곳의 수평면이 이루는 각도. 적도에서 0°, 극에서 최대가 된다.
③ 수평분력 : 지구 자기력의 수평 성분. 적도에서 최대, 극에서 0°가 된다.

76 유압계통에서 사용되는 체크밸브의 역할은?

① 역류방지   ② 기포방지
③ 압력조절   ④ 유압차단

해설 체크 밸브 (Check valve) : 항공기 유압계통에서의 일반적인 유량 제어 밸브(flow control valve)는 체크 밸브를 말한다. 한쪽 방향으로만 작동유의 흐름을 허용하고, 반대 방향의 흐름은 차단하여 작동유가 역류하는 것을 방지한다.

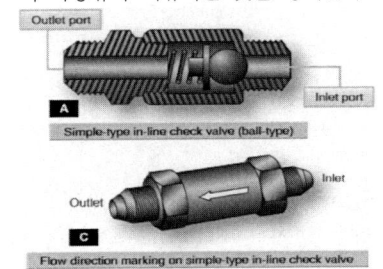

ANSWER 74 ① 75 ③ 76 ①

77 발전기의 무부하(No-load)상태에서 전압을 결정하는 3가지 주요한 요소가 아닌 것은?

① 자장의 세기
② 회전자의 회전 방향
③ 자장을 끊는 회전자의 수
④ 회전자가 자장을 끊는 속도

해설 $U_0 = k \cdot \Phi \cdot n$
 U_0 : 유도전압[V]
 k : 상수
 Φ : 각 극의 유효자속[Wb 또는 Vs]
 n : 전기자 회전속도[1/s]
위 식에서 k는 계자 자극수(p), 전기자코일의 권수(z)와 권선방법(예 : 전기자 권선의 병렬회로 수(a)) 등에 의해서 결정되는 상수로서, 같은 분권식일지라도 크기와 형상에 따라 각각 다르다.

78 속도계에만 표시되는 것으로 최대 착륙 하중 시의 실속속도에 플랩(flap)을 내릴 수 있는 속도까지의 범위를 나타내는 색 표식의 색깔은?

① 녹색   ② 황색
③ 청색   ④ 백색

해설 계기의 색표식(Color marking)은 계기의 문자판 또는 유리에 그 기체의 운용 한계 등을 색으로 표시한 것이다. 항공기마다 운용 제한, 최대 작동 한계, 최저 작동 한계 등을 표시하거나 색 표식으로 나타내도록 정해져 있다.
① 적색 방사선 : 최대 및 최저 운용 한계를 나타내며 어떠한 경우라도 운용금지 한계를 나타내고 있다.
② 녹색 호선 : 일반적인 사용 안전 운용 범위를 나타내고 있다.
③ 황색 호선 : 일반적인 사용 범위에서 초과 금지 사이의 경계 범위를 나타내고 있다.
④ 백색 호선 : 대기 속도계에만 표시되는 색표

식으로 플랩(flap)이 있는 기체의 플랩 조작 속도 범위를 나타내고 있다. 범위는 최대 착륙 중량에 있어서 실속 속도를 하한으로 하고 플랩 강하 속도를 상한으로 한다.

79 교류와 직류 겸용이 가능하며, 인가되는 전류의 형식에 관계없이 항상 일정한 방향으로 구동될 수 있는 전동기는?

① Induction motor
② Universal motor
③ Reversible motor
④ Synchronous motor

해설 ① 유도전동기 (Induction motor) : 고정자에 교류 전압을 가하여 전자 유도로써 회전자에 전류를 흘려 회전력을 생기게 하는 교류 전동기. 삼상 코일을 감은 고정자에 삼상 교류를 흘리면 회전 자계가 생기고 이것에 의해 회전자 도체에 기전력이 생김으로써 전류가 흘러 회전자를 회전시킨다.
② 교직양용, 만능전동기 (Universal motor) : 교류에서나 직류에서나 모두 동작하도록 만든 직권 전동기
③ 가역전동기 (Reversible motor) : 전기 입력의 특성 변화 또는 교체에 의해 회전 방향이 쉽게 역전하는 직류 또는 교류 전동기.
④ 동기전동기 (Synchronous motor) : 전기적 에너지를 기계적 에너지로 바꾸는 장치의 일종으로 부하의 크기에 관계없이 전원 주파수에 비례하는 일정 속도로 회전하는 교류 전동기. 동기 발전기와 동일한 구조를 가지며 고정자 권선을 직류로 여자하고 회전자 권선에 주파수 f사이클의 교류 전류를 가하여 적당한 방법으로 기동하여 주면 동기 속도 n=60f/p(회/분)으로 정속 회전을 계속한다.

ANSWER   77 ②   78 ④   79 ②

80 버든 튜브식 오일압력계가 지시하는 압력은?

① 동압   ② 대기압
③ 게이지압   ④ 절대압

해설 오일압력계 (Oil pressure indicator) : 엔진의 각 부분에 전달되는 오일의 압력을 지시하는 계기이다. 오일압력과 대기압력의 차인 게이지압력(버든튜브)을 나타내며, 오일의 공급상태를 확인할 수 있다.

① 동압 (Dynamic pressure) : 흐름이 가지는 운동 에너지를 나타내는 양. 총압(흐름에 수직인 면의 압력, 즉 흐름을 가상적으로 막았을 때의 압력)과 정압(靜壓, 흐름에 평행한 면상의 압력)의 차이다. ρ, v를 각각 유체의 밀도와 속도로 하면 $\frac{1}{2}\rho V^2$로 나타내어진다.

② 대기압 (Atmospheric pressure) : 공기 무게에 의해 생기는 대기의 압력으로 지구상의 모든 물질은 대기압, 즉 공기의 압력을 받고 있다. 대기압 상태에서 진공 유리관을 수은 그릇에 넣었을 때, 대기압이 작용하기 때문에 수은이 76[cm]올라간다. 수은의 비중은 13.595[g/cm^3]이므로 76[cm] ×13.595[g/cm^3] = 1033.22[g/cm^{2}A] = 1.0332[kg/cm^{2}A] 이다.

③ 게이지압 (Gauge pressure) : 현재의 대기압을 0으로 두고 측정한 압력(대기압을 제외하고 대기압을 "0"으로 해서 측정한값)을 말한다. 보통 단순히 압력이라고 불리기도 한다. (게이지압 = 절대압 - 대기압)

④ 절대압 (Absolute pressure) : 완전 진공을 기준으로 한 압력(대기압을 포함하여 완전 진공 상태에서 출발해서 측정한값)을 말한다. 게이지압에 대기압을 가한 압력으로, kg/cm^2 abs 또는 ata와 같이 표시한다. (게이지압 = 절대압 + 대기압)

ANSWER
80 ③

MEMO

실기편

필답문제

Chapter 1　항공역학
Chapter 2　항공기관
Chapter 3　항공기체
Chapter 4　항공장비
Chapter 5　정비일반

항공역학

01 항공기가 선회 시, 항공기의 회전축을 중심으로 안쪽과 바깥쪽에 작용하는 힘에 종류에 대하여 서술 하시오.

- 회전 중심으로 들어가려는 힘 : 구심력
- 회전 중심에서 90도 방향 바깥으로 나가려는 힘 : 원심력
- 정상선회 : 원심력 = 구심력
- 내활(skid) : 원심력 < 구심력
- 외활(slip) : 원심력 > 구심력

02 항공기의 양력을 증가시키기 위하여 사용하는 고양력장치의 종류 3가지를 쓰시오.

앞전 플랩, 뒷전 플랩, 경계층제어 장치

03 다음 그림의 명칭을 적으시오.

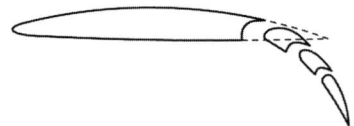

3중 슬롯 플랩

04 항공기 자동비행조종장치(AFCS) 중 요댐퍼의 기능을 3가지 적으시오.

요댐퍼란 항공기의 기수가 외부적인 영향에 의하여 좌우로 움직이게 되면 기수의 방향과 반대 방향으로 러더(rudder)가 움직여 기수의 방향을 잡아주는 기능을 말한다. 이 요댐퍼를 이용하여 방향 안정성을 향상시키고, 더치롤(dutch roll) 방지, 균형 선회(turn coordination)를 할 수 있다.

05 프로펠러 항공기가 비행 중 엔진에 결함이 발생하여 프로펠러의 회전이 정지되었을 경우 더 이상 엔진의 결함이 확대되지 않도록 하기 위하여 프로펠러를 어떻게 작동 시키는가?

페더링(Feathering) : 페더링이란 헬리콥터와 프로펠러 항공기에 공통적으로 사용되는 용어로 주회전 날개의 깃각을 변화시켜주는 것을 말한다. 프로펠러 항공기의 경우 이 페더링을 이용하여 엔진 고장 시 프로펠러의 깃각을 90°(항공기 진행 방향에 수평)에 가깝도록 하여 항공기 전진 속도에 의한 프로펠러의 회전을 방지해 추가적인 엔진의 결함을 방지한다.

06 2단 가변피치 프로펠러와 정속 프로펠러에 대하여 설명하시오.

가변피치 프로펠러 안에 2단 가변피치 프로펠러와 정속 프로펠러가 포함되어있다. 여기에서의 피치란 프로펠러의 깃 각을 말한다.
① 2단 가변피치 프로펠러 : 2단 가변피치 프로펠러는 고피치와 저피치만을 선택하여 피치를 변경할 수 있다. 저속(이·착륙)에서 저피치, 고속(순항)에서 고피치로 비행하여야 효율이 좋다.
② 정속프로펠러 : 프로펠러에 조속기(governor)를 장착하여 조종사가 원하는 rpm을 선택하면 선택한 rpm보다 회전 속도가 빠르면 프로펠러의 깃각을 증가시켜 회전 시 저항이 많아져 회전 속도가 느려지고, 회전속도가 선택한 rpm보다 느리면 깃각을 감소시켜 회전 시 저항을 감소시켜 회전 속도를 증가시켜 조종사가 선택한 rpm을 유지하고 비행하는 프로펠러를 말한다. 프로펠러 중 가장 효율이 좋다.

07 회전익 항공기 전진 비행 시 전진 깃과 후퇴 깃에 서로 다른 방향의 상대풍의 속도가 발생하여 전진 깃은 상대풍의 속도가 증가해 양력이 증가하고 후퇴 깃은 상대풍의 속도가 감소해 양력이 감소하는 양력 불균형이 현상이 발생한다. 이 현상을 감소시키기 위하여 설치된 장치는 무엇인가?

플래핑 힌지(flapping hinge)

08 평균공력시위(MAC)란 무엇인가?

MAC : 항공기 날개의 시위 길이는 날개의 뿌리부터 날개의 끝 까지 변화 되므로 항공기의 공력 특성을 대표하는 시위를 정한 것이다.
※ 평균공력시위 구하는 방법

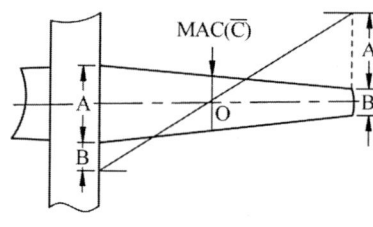

· MAC의 작도 ·

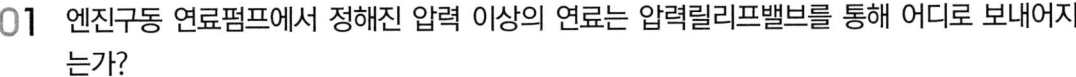

Chapter 2 항공기관

01 엔진구동 연료펌프에서 정해진 압력 이상의 연료는 압력릴리프밸브를 통해 어디로 보내어지는가?

펌프 입구

> 풀이 릴리프밸브는 펌프 출구에서의 압력을 측정하여 과도하게 높을 경우, 펌프 입구로 되돌려 보내는 역할을 하게 되므로 압력릴리프밸브를 통과한 높은 압력의 연료는 펌프입구로 되돌아가게 된다.

02 왕복기관을 저장 시 습도지시계는 금속용기내의 습도를 색깔로 나타내는데 이것을 자세히 설명하시오.

습도	색표시
0%	청색
40%	분홍색
80%	백색

> 풀이 습도가 없을 경우 선명한 청색을 나타내다가 습도가 올라가게 되면 붉은색에서 백색으로 변화하게 된다.

03 제트엔진 점검 중 마그네틱 칩 디텍터의 점검은 중요하다. 만약 메탈성분이 규정치를 초과하게 되면 어느 부위의 결함이 발생하는가?

각종 베어링 및 구동기어

> 풀이 마그네틱 칩 디텍터 체크는 정해진 주기(A check)마다 점검하게 된다. 미세한 입자가 발견 시 정상마모이나, 입자가 거칠거나 큰 것은 원인을 규명하여 점검하여야 한다.
> 베어링(철, 구리, 은), 펌프(알루미늄, 마그네슘, 철), 기어박스(마그네슘, 알루미늄, 철) 등이 주로 발견된다.

04 터빈 블레이드를 점검하기 위하여 조명을 밝게 하고, 확대경으로 블레이드를 정밀하게 점검한 결과 다음과 같은 현상이 나타났다. 원인은 무엇인가?

① 머리카락 같은 형태 : 열응력 집중으로 인한 균열이 원인이다.
② 물결무늬 : 과열로 생긴 변형이다.

> **풀이** 터빈 블레이드는 항상 고온에 노출되어 지는 곳이기 때문에 정밀한 점검이 이루어져야 한다. 고온부에 원활한 냉각이 이루어지지 않게 되면, 머리카락이나 물결 형태의 현상이 발생 할 수 있는데 이러한 현상들은 대부분 열과 관련한 현상이라고 할 수 있다.

05 왕복엔진의 캬브레이터에서 가속계통은 어느 시기에 작동하는가?

스로틀 밸브가 갑자기 열리는 순간에만 강제적으로 더 많은 연료를 분출시켜 공기량 증가에 적당한 혼합가스가 유지될 수 있도록 한다.

> **풀이** 스로틀 밸브를 갑자기 여는 순간에는 공기는 빠르게 증가하나, 연료는 관성에 의해 빠르게 증가하지 못하기 때문에 가속계통을 통해 연료의 빠른 증가 효과를 가져올 수 있다.

06 엔진 EPR(Engine Pressure Ratio)계기에서 측정되는 압력은 어떤 압력이며 이 압력으로 알 수 있는 기관의 성능은 무엇인가?

EPR 계기에서 측정하는 압력은 압축기 입구의 전압력과 터빈 출구의 전압력이다. 이러한 압력계기를 통해 연소실의 연소효율로 인한 추력을 알 수 있게 된다.

07 왕복엔진의 분류 중 실린더 배열 방식에서 복열성형엔진의 장, 단점 1가지씩을 간단하게 서술하시오.

- 장점 : 실린더 수를 많이 할 수 있고, 마력당 무게비가 작아 대형기관에 적합하다.
- 단점 : 전면면적이 넓어 공기저항이 커지고, 실린더의 열 수가 증가될 경우 뒷 열의 실린더 냉각이 어렵다.

> **풀이** 성형엔진은 전면면적이 커서 공기의 저항이 큰 엔진이다. 이러한 성형엔진을 복열로 만들 경우 뒷 열의 실린더에 대한 냉각이 어렵고, 무게가 증가된다. 하지만 단열보다는 복열로 만들 경우 실린더의 수를 증가시킬 수 있고, 마력당 무게비가 작아지기 때문에 높은 출력을 낼 수 있다.

08 왕복엔진 장착 항공기가 모든 운전 조건에서 적정한 혼합비를 설정하기 위하여 연료 미터링과 조절기능은 무엇인가?

- 미터링 : 메인 미터링 기능, 가속 미터링 기능, 아이들 미터링 기능, 고출력 미터링 기능
- 조절기능 : 혼합비 조절 기능, 연료 차단 기능

09 왕복엔진 오버홀 작업 후 가장 먼저 조립해야 할 부품은 무엇인가?

크랭크축과 커넥팅 로드를 연결한다.

풀이 조립은 항상 장탈의 역순으로 진행한다.

10 가스터빈기관 연료계통에서 여압(Pressure) 및 드레인(Drain) 밸브에 대해 장착위치나 기능 등을 간단히 서술하시오.

① 장착위치 : 연료조정장치(F.C.U)와 연료 매니폴드 사이에 장착
② 기능 : ⓐ 연료의 흐름을 1차와 2차 연료로 분리
　　　　ⓑ 기관 정지 시 매니폴드나 연료노즐에 남아 있는 연료를 외부로 방출
　　　　ⓒ 연료 압력이 일정 압력 이상이 될 때까지 연료의 흐름을 차단

풀이 여압 및 드레인 밸브(pressurizing & drain valve)
　㉠ 기능
　　ⓐ 연료의 흐름을 1차와 2차로 분리한다.
　　ⓑ 기관 정지 시 연료 매니폴드나 연료 노즐에 남아있는 잔여 연료를 외부로 방출한다.
　　ⓒ 연료의 압력이 일정 압력이 될 때까지 연료의 흐름을 차단한다.
　㉡ 유사 장치 : 흐름 분할기(flow divider)와 드립 밸브(drip valve)를 사용하는 항공기도 있다. 흐름 분할기는 여압 밸브의 역할을, 드립 밸브는 드레인 밸브의 역할을 수행한다.

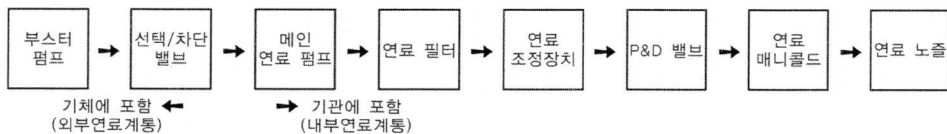

11 제트 기관에서 케이스는 (①)로 냉각되고, 순항 시 저압터빈의 냉각밸브의 위치는 (②), 고압터빈의 냉각밸브의 위치는 (③) 위치이다. ( )안에 알맞은 답을 쓰시오.

① 팬 에어(Fan Air)　② Full Open　③ Full Open

풀이 기관의 케이스 냉각은 팬 에어를 주로 사용한다. 또한 다축식 구조를 가지고 있는 엔진에서 저압터빈과 고압터빈에서의 냉각밸브는 항상 최대의 냉각효율을 나타내기 위하여 완전히 열어주어야 한다.

12 분무식 연료노즐에서 연료는 1차와 2차로 나누어지는데 차이점은 무엇인가?

- 1차 연료 : 노즐 중심의 작은 구멍을 통해 분사. 시동 시 점화가 쉽도록 넓은 각도로 이그나이터에 가깝게 분사.
- 2차 연료 : 가장자리의 큰 구멍을 통해 분사. 연소실 벽에 직접 연료가 닿지 않도록 하고 연소실 안에서 균등하게 연소되도록 비교적 좁은 각도로 멀리 분사. 완속 회전속도 이상에서 작동

> **풀이** 연료노즐
> - 종류 : 분무식(단식, 복식)과 증발식
>   - 복식 노즐 : 일반적으로 사용
>   - 1차 연료 : 넓은 각도로 가깝게 분사, 시동 시
>   - 2차 연료 : 좁은 각도로 멀리 분사, 완속 이상 시

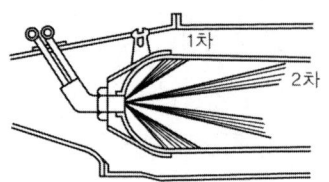

13 가스터빈엔진의 기본구조에서 가스가 지나가는 통로의 위치를 Station NO.로 표시하여 엔진의 각종 계통 설명 시 간단하게 표기할 수 있다. 만약, 2축으로 이루어진 터보팬 엔진에서 Station NO. 2는 저압압축기 입구, Station NO. 7은 저압터빈 출구를 의미한다면 "Pt3"는 무엇을 의미하는가?

저압 압축기 출구의 전압

> **풀이** Pt는 Pressure Total을 나타내며, 3은 저압 압축기 출구를 표시한다.

14 왕복기관 실린더 오버홀 시 오버사이즈의 크기에 따라 색깔로 표시하는데 사이즈별로 나타내는 색깔을 쓰시오.

사이즈	색표시
0.010in(0.254mm)이하	초록색
0.015in(0.381mm)	노란색
0.020in(0.508mm)	빨간색

> **풀이** 오버사이즈의 경우 위 사이즈를 벗어나지 않는 한계 내에서 시행하며, 각 사이즈별로 색 표시를 실린더의 플랜지 부분에 표시하여야 한다. 플랜지 위 3가지 색이 아닌 주황색으로 표시되어 있다면 크롬도금처리를 의미한다.

15 증기폐색(Vapor lock) 현상 및 방지책에 대해 서술하시오.

증기폐색은 윤활유나 연료가 고온부를 통과할 때 액체가 증기로 바뀌어 체적이 커지면서 라인 내부를 막는 현상을 말한다. 증기폐색을 방지하는 방법으로는 기화성이 낮은 연료를 사용하거나 부스터펌프를 이용하거나 증기압을 낮추어 주어야 한다.

> [풀이] vapor lock(증기폐색) : 윤활유나 연료는 고온부를 통과할 때 증기로 변하여 체적이 커지게 되면, 라인 내부를 막아 더 이상의 흐름을 막는 현상

16 대형 항공기의 엔진계기계통에서는 1차 엔진계기라 부르기도 한다. 이때, 대형 가스터빈엔진의 계기계통 중 가장 중요한 계기 3가지를 서술하시오.

- 엔진압력비(EPR : Engine Pressure Ratio)
- 팬속도(N1 : Fan Speed)
- 배기가스온도(EGT : Exhaust Gas Temperature)

> [풀이] 가스터빈엔진에서 시동 중 과열시동이나 결핍시동이 생길 수 있기 때문에 배기가스온도와 팬속도, 엔진압력비를 나타내는 계기를 우선적으로 확인해야 한다.

17 가스터빈엔진의 시동 시 발생할 수 있는 헝 스타트(Hung Start)는 무엇을 의미하는가?

시동직후 기관의 회전수(rpm)가 완속 회전수까지 증가하지 못하는 현상. 즉 완속 회전수 보다 낮은 회전수에 머물러 있는 현상을 결핍시동이라 한다.

> [풀이] 가스터빈엔진 시동시 발생할 수 있는 이상 시동은 과열시동(Hot Start), 결핍시동(Hung Start), 시동불능(No Start)가 있다.
> - 과열시동(Hot Start) : 배기가스온도 측정 시 규정값보다 높은 온도를 표시한다.
> - 결핍시동(Hung Start) : 시동 시 기관 회전수가 완속 회전수까지 증가하지 못하는 현상이다.
> - 시동불능(No Start) : 시동이 걸리지 않는 현상을 말한다.

18 엔진 스파크 플러그 장착 시에 규정값에 맞는 토크로 죄어야하는데 그 이유는 무엇인가?

① 과도한 토크 : 나사산 및 가스켓의 파손
② 약한 토크 : 기밀이 유지되지 못한다.

> [풀이] 토큐렌치는 볼트나 너트 등을 규정값에 맞는 힘으로 죌 때 사용하는 공구로서, 과도하게 토큐값을 줄 경우 나사산이나 밀폐역할을 하는 가스켓 등의 파손이 생길 수 있고, 너무 약한 토큐값을 줄 경우에는 틈새가 생겨 기밀이 되지 않는다.

19 왕복기관에서 피스톤 링 옆간극 조절은 어떻게 하는가?

① 간극이 규정값 이상일 때
② 간극이 규정값 미만일 때

풀이 ① 옆간극이 규정값보다 클 경우에는 피스톤 링을 교환해야 하고, ② 옆간극이 규정값 미만일 경우에는 피스톤 링의 옆면을 래핑 콤파운드로 래핑하여 준다.

20 습식 모터링과 건식 모터링에 대하여 설명하시오.

① 건식 모터링(dry motoring) : 연료를 차단하고 시동기에 의해 기관을 회전시키면서 점검하는 방법이다. 정비나 부품을 교환했을 때 누설 점검 및 기능 점검을 하기 위해 실시한다.
② 습식 모터링(wet motoring) : 연료를 기관 내에 흐르게 하여 연료 노즐을 통해 분사 시키지만 점화장치는 작동시키지 않는다. 연료 계통 점검과 연료의 분사상태를 점검하는데 사용한다.

풀이 모터링의 목적은 연료계통이나 오일계통의 정비 시 air bleeding을 하기 위함으로, 오일이나 연료의 누설여부를 알아보기 위하여 실시한다. 습식 모터링을 진행한 후에는 반드시 건식 모터링을 실시하여 잔여 연료를 빼주어야 한다.

21 가스터빈기관에서 압축기와 터빈의 평형검사를 할 때 사용되는 용어에 대해 설명하시오.

① 보정(calibration)
② 없앰(null out)
③ 분리(separation)

풀이 ① 보정(calibration) : 압축기나 터빈이 회전하면서 나타낼 수 있는 불평형을 찾기 위해 회전자의 반지름을 공식에 대입시키고, 보정 무게를 사용하여 평형 검사 장비에 인위적으로 입력시키는 과정이다.
② 없앰(null out) : 정확한 불평형을 찾기 위해 반대편에서 발생되는 불평형을 그 양만큼 없애 주는 과정을 말한다.
③ 분리(separation) : 바로잡기 수평면을 분리시켜 전후방을 용이하게 바로잡게 하는 방법을 말한다.

22 다음은 밴딕스(Bendix)사에서 제작한 마그네토의 형식을 표시한 것이다. 각각의 알파벳이나 숫자가 나타내는 의미가 무엇인지 쓰시오.

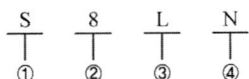

① 마그네토의 형식 : 싱글 마그네토
② 엔진 실린더 수 : 8기통
③ 구동축에서 바라 본 마그네토의 회전방향 : 좌회전
④ 제작사 : 밴딕스사

풀이 마그네토를 표시할 때 알파벳과 숫자를 이용하여 마그네토 및 엔진을 구분할 수 있도록 표시하게 된다.
대표적인 마그네토 표시

S : 싱글 마그네토   D : 더블 마그네토
F : 플랜지 장착형   L : 회전방향(좌회전)
R : 회전방향(우회전)   숫자 : 실린더 수
U or N : 제작사

23 대형 가스터빈기관은 압축기 실속을 방지하는방법으로 블리드 계통을 채택하여 사용하는 경우가 많다. 이러한 블리드 계통의 기본 작동 개념을 아래의 조건에 대하여 간단히 표현하시오. (단, 밸브 닫힘/열림 또는 조절 등으로 표현)

① 순항 시 밸브의 작동 위치는 어떻게 되는가?
② 비행 중 밸브 계통에 결함이 발생하였다면 밸브의 작동 위치는 어떻게 되는가?

① Valve Close   ② Valve Open

풀이 압축기 실속은 압력비를 높이기 위해 단수를 늘리면 시동성과 가속성이 떨어져 실속이 발생한다. 실속이 발생하면 엔진의 큰 폭발과 진동이 수반되며, 출력이 감소되고 회전자와 고정자에 손상이 발생한다. 압축기 실속의 경우 압축기 출구 압력이 너무 높을 때나 압축기 입구 온도가 너무 높을 때, 기관의 회전수가 너무 낮아져 압축기 출구부분에 choke현상이 발생할 때, 공기 흡입속도가 작을 때, 기관 회전속도가 클수록 많이 발생한다.
이러한 실속을 줄이기 위해서는 압축기 블레이드의 청결유지 및 파손 수리, 정확한 블레이드 각 유지 및 조절, 터빈 노즐의 한계값 유지, 주 연료장치의 연료 스케줄을 한계값 내로 유지, 가변 정익 베인의 작동 각도를 한계값으로 유지하여야 한다.

24 타이밍 라이트를 연결하고 가장 먼저 수행해야 하는 작업은 무엇인가?

타이밍 라이트의 축전지로부터 1차권선으로 전류가 흐르는 것을 방지하기 위하여 코일로부터의 1차선(primary lead)을 접점에서 분리시켜주어야 한다.

25 가스터빈기관 압축기의 종류 중 축류식 압축기에서 1단이라 함은 무엇과 무엇으로 구성되어지는가?

한 열의 회전자 깃 열과 한 열의 고정자 깃 열

> 풀이 축류형 압축기의 경우 원심형 압축기와는 달리 다단으로 만들어 압축효율을 증가시키게 된다. J-47의 경우 12단의 압축기가 사용되는데, 1단이라 함은 한 열의 회전자 깃 열과 한 열의 고정자 깃 열을 합해서 1단이라 부른다. (12단의 경우 12 열의 회전자 깃 열과 12열의 고정자 깃 열로 구성)

26 디토네이션 징후로 예상되는 결함 3가지를 쓰시오.

과열, 출력의 손실, 엔진의 손상

> 풀이 디토네이션은 정상 점화 후 연소되지 않은 혼합가스가 자연 발화온도에 도달하여 폭발하거나 실린더 내부의 압력과 온도가 비정상적으로 급상승하게 되면 발생한다. 기관에서 심한 진동이 발생하고, 과열로 인해 엔진 파트의 손상이 생길 수 있고 출력이 감소하게 된다.

27 터보팬 엔진을 사용하는 항공기가 이륙 중에 조류충돌(Bird Strike) 현상이 발생하였으며, 엔진 관련계기(N1, N2, EPR 등)가 떨리는 현상(Fluctuation)이 발생되었다면 어떤 결함이 예상되며 이에 대한 조치 2가지를 기술하시오.

① 예상 결함 : 팬과 압축기 블레이드의 손상
② 조치 사항 : 착륙 후 팬은 육안검사를 실시하고 압축기 블레이드는 보어스코프 검사를 실시한다.

> 풀이 조류충돌 현상이 발생하게 되면 주로 공기흡입계통부터 압축기 블레이드까지의 손상이 예상되며, 곧바로 착륙 후 손상여부 및 손상정도를 점검하여 교환 및 수리 작업을 실시하여야 한다.

28 왕복엔진의 상태를 결정하는 방법 중 압축점검이 중요한 이유는 무엇인가?

기관의 압축압력은 기관의 정상적인 작동 여부와 동력발생능력의 근본을 나타낸다. 실린더의 압축능력과 연관되는 부품들의 손상여부를 사전에 발견, 수리함으로써 비행 중 발생할 수 있는 기관고장을 예방한다.

> **풀이** 왕복기관에서 실린더의 압축비는 기관의 성능과 밀접한 관련이 있다. 압축점검을 통해 실린더에서의 압축비가 정상범위내로 이루어지는지를 확인하게 된다. 실린더 내에서의 누설 등으로 인한 손상의 여부를 판단하고, 예방함으로써 기관의 더 큰 파손을 미연에 방지하기 위하여 압축점검을 실시한다.

29 압축기에서 나타날 수 있는 손상 형태를 3가지 정도 쓰고 원인, 조치사항을 서술하라.

① 구부러짐(bow) : 블레이드의 끝이 구부러진 형태. 볼트나 너트, 돌, 등 외부 물질의 유입에 의해 손상되는 경우이다.
② 소손(burning) : 국부적으로 색깔이 변하였거나, 심한 경우 재료가 떨어져 나간 형태. 높은 열에 의한 손상이다.
③ 마손(burr) : 끝이 마모되어 꺼칠꺼칠한 형태. 회전시 연마나 절삭에 의해 생긴 결함이다.
④ 부식(corrosion) : 표면이 움푹 패인 자국이 나타는 상태. 습기나 부식액에 의해 생긴 결함이다.
⑤ 균열(crack) : 부분적으로 갈라지는 형태. 심한 충격이나 과부하, 과열, 재료의 결함 등으로 생긴 손상 상태이다.
⑥ 우그러짐(dent) : 국부적으로 둥글게 우그러져 들어가는 형태. 외부 물질에 부딪혀 발생되는 결함이다
⑦ 용착(gall) : 접촉되는 2개의 재료가 녹아 다른 쪽에 눌어붙은 형태. 압력이 작용하는 부분에 심한 마찰이 생겨 발생되는 결함이다.
⑧ 가우징(gouging) : 재료가 찢어지거나 떨어져나가 없어진 상태. 비교적 큰 외부 물질에 부딪히거나 움직이는 서로 다른 두 물체가 부딪혀서 생기는 결함이다.
⑨ 신장(growth) : 길이가 늘어나는 형태. 고온에서 원심력에 의해 생기는 결함이다.
⑩ 찍힘(nick) : 끝이 뾰족한 예리한 물체에 찍혀 표면이 예리 하게 들어가거나 쪼개져 생긴 결함. 날카롭거나 끝이 뾰족한 외부 물질 또는 기관 내 파손품에 의해 발생하는 결함이다.
⑪ 스코어(score) : 깊게 긁힌 형태. 표면이 예리한 물체에 닿게되면 생기는 결함이다.
⑫ 긁힘(scratch) : 좁게 긁힌 형태. 모래나 작은 돌 등 작은 외부 물질의 유입에 의하여 생기는 결함이다.

30 스파크 플러그(hot plug, cold plug)의 사용처와 바꿔서 사용했을 경우 발생 현상을 서술하라.

① 사용처
- 고온 플러그(hot plug) : 비교적 냉각이 잘 이루어지는 기관에 사용한다.(저온으로 작동하는 기관)
- 저온 플러그(cold plug) : 과열되기 쉬운 기관에 사용한다.(고온으로 작동하는 기관)

② 현상
- 과열되기 쉬운 기관에 고온 플러그(hot plug)를 사용하게 되면 조기점화가 발생할 수 있고, 저온으로 작동하는 기관에 저온 플러그(cold plug)를 장착하면 플러그의 팁에 연소되지 않은 탄소가 모여 점화 플러그의 파울링(fouling) 현상이 발생하거나 점화가 이루어지지 않을 수 있다.

31 오일탱크에 오일과 연료가 혼합되었다면, 어떤곳의 고장원인이 있는가?

연료 오일 냉각기에서의 누설

풀이 연료-오일 냉각기는 연료와 오일의 상호 열평형을 이루도록 설계되어진다. 오일과 연료가 혼합되었다면 냉각기 내부에서의 누설로 인해 혼합되어지는 경우도 있다.

32 왕복엔진에서 "IOL-600"에서 각각 나타내는 의미는 무엇인가?

① I : 연료분사식　　　　　　　② O : 대향형
③ L : 수냉식　　　　　　　　　④ 600 : 총배기량(600in3)

33 항공기 왕복기관 냉각계통 중에서 공랭식 냉각계통의 주요 구성요소 3가지를 쓰시오.

카울플랩, 배플, 냉각핀

풀이 공랭식 기관 : 공기를 실린더 주위로 흐르게 하여 기관을 냉각
  ㉠ 구성품
    ⓐ 냉각 핀(cooling fin) : 실린더 외부에 설치하는 얇은 금속판으로 공기가 닿는 면적을 증가시켜 냉각 효율을 증대시킨다. 보통 실린더와 같은 재질로 만든다.
    ⓑ 배플(baffle) : 공기가 실린더 주위로 고르게 흐르도록 유도
    ⓒ 카울 플랩(cowl flap) : 냉각 공기의 유량을 조절하여 냉각 효율을 증대
      - 지상에서 카울 플랩의 위치는 완전히 열어준다.(full open)

34 항공기가 비행 중 각 연료 탱크내의 연료 중량과 연료 소비순서 조정은 연료를 관리하는 방식에 의해 수행되는데, 그 방법으로는 탱크 간(tank to tank transfer) 방법과 탱크와 기관(tank to engine transfer) 이송 방법이 있다. 차이점을 말하라.

① Tank to Tank transfer : 각각의 연료탱크에서 해당 기관으로 연료를 공급하고, 그 소비되는 양만큼 동체에 위치한 탱크에서 각 탱크로 이송한다. 그 후 날개 안쪽에서 바깥쪽 탱크로 연료 이송하다가 모든 탱크의 연료량이 같아지게 되면 연료 이송을 중단하게 된다.

② Tank to Engine transfer : 탱크간의 연료 이송은 이루어지지 않고, 먼저 동체에 위치한 탱크에서 모든 기관으로 연료를 공급한 후, 날개 안쪽 탱크에서 연료를 공급하다가 모든 탱크의 연료량이 같아지면 각 탱크에서 해당 기관으로 연료를 공급하는 방식이다.

35 다음은 4행정 왕복엔진의 밸브오버랩에 대한 설명이다. (   ) 안을 채우시오.

> 배기가스의 배출효과를 높이고 유입 혼합기의 양을 많게 하기 위해 배기행정 (①)에서 흡입밸브가 열리고, 흡입행정 (②)에서 배기밸브가 닫힌다. 이때 흡·배기밸브가 동시에 열려있는 기간을 밸브오버랩이라 한다.

① : 말기   ② : 초기

풀이 밸브 오버랩(valve overlap) : 이론상 배기 행정이 끝나고 흡입 행정이 시작되어야 하나, 기관의 체적효율 증대를 위하여 흡입 밸브와 배기 밸브가 동시에 열려있을 때를 밸브 오버랩이라고 한다.
  ㉠ 장점 : 체적효율이 증대되고, 배기가스의 완전 배출되고, 냉각효율이 우수하다.
  ㉡ 단점 : 연료소비가 많아진다.

36 터보팬 엔진은 모듈구조로 제작되어지는데, 모듈구조의 장점은 무엇인가?

엔진 정비성이 좋아진다.

풀이 모듈구조(Module Construction)는 엔진의 정비성 향상을 목적이다. 엔진을 몇 개의 정비 단위로 설계하여, 엔진 교환이나 수리가 용이하고 엔진의 활용도가 높아진다.

37 가스터빈기관의 압축기 회전자와 터빈의 평형검사에서 200g-cm 불평형이란 무엇인가?

회전축에서 20cm의 거리에 10g만큼의 불평형이 있거나 10cm의 거리에 20g의 불평형이 있다는 것을 의미한다.

풀이 불평형의 단위 : 회전축으로부터의 거리에 질량을 g-cm 혹은 oz-in로 나타낸다.

38 항공기 엔진을 크게 두 부분으로 나눌 경우 Hot Section과 Cold Section으로 나눌 수 있는데, 각 Section별로 해당되는 구성품을 한 가지씩 적으시오.

- Hot Section : 연소실, 터빈, 배기구
- Cold Section : 공기흡입부, 압축기, 디퓨저

풀이 항공기 엔진에서 온도에 따라 크게 두 부분을 나누는 경우가 있다. 연소실에서 온도 최고점이 되기 때문에 연소실 앞쪽은 대부분 Cold Section이라 하며, 연소실을 포함한 뒤쪽을 Hot Section이라 한다.

39 가스터빈엔진 중 축류식 압축기에서 반동도란 무엇인가?

$$\text{반동도}(\Phi_c) = \frac{\text{회전자 깃에 의한 압력 상승}}{\text{단당 압력 상승}} \times 100(\%)$$

풀이 반동도(reaction rate) : 축류식 압축기에서 단당 압력 상승 중에서 회전자 깃이 담당하는 압력 상승의 백분율을 반동도라 한다.

$$\text{반동도}(\Phi_c) = \frac{\text{회전자깃에 의한 압력 상승}}{\text{단당 압력 상승}} \times 100(\%)$$

$$= \frac{P_2 - P_1}{P_3 - P_1} \times 100(\%)$$

P_1 = 회전자 깃의 입구 압력
P_2 = 고장자 깃의 입구 압력 또는 회전자 깃의 출구 압력
P_3 = 고정자 깃의 출구 압력

40 왕복엔진의 실린더 내경의 마모가 규정값 이상으로 벗어난 경우 수리방법 2가지는 쓰시오.

① 오버사이즈(Oversize) 값으로 깎아낸 후, 피스톤과 피스톤 링을 Oversize 값으로 교환한다.
② 표준 값으로 크롬 도금을 한다.
③ 새로운 배럴로 교환하여 준다.
④ 보링이나 호닝작업을 한다.

풀이 실린더의 내경 측정 시 규정치보다 벗어난 경우의 수리방법은 규정된 오버사이즈 값으로 실린더 내벽을 깎아낸 후 내부에 들어가는 피스톤과 피스톤링을 오버사이즈 값에 맞는 것으로 교환을 한다. 오버사이즈 작업을 할 수 없는 경우 새로운 배럴로 교환을 하거나 크롬 도금을 통해 규정값에 맞도록 정비를 실시하여야 한다.

41 가스터빈기관의 오일 냉각기에서 오일을 냉각시켜야 할 때, 냉각매체로 주로 사용하는 것 2가지는 어떤 것이 있는가?

연료와 냉각 공기

> 풀이 오일이나 연료를 냉각할 경우 압축기에서 블리드 된 냉각 공기를 이용하거나, 연료와 오일의 상호 열평형 현상을 이용하여 차가운 오일은 데워주고, 뜨거운 오일은 식혀주는 역할을 한다.

42 실린더 오버홀 작업 시 오버사이즈는 어느 부분에 표시하는가?

실린더 배럴의 플랜지 바로 윗부분에 표시한다.

> 풀이 실린더의 오버사이즈를 표시할 때는 플랜지 윗부분 눈에 잘 띄는 곳에 표시하여야 한다.

43 왕복기관 대향형 6실린더를 장착한 항공기의 점화순서를 설명하시오.

① 1-6-3-2-5-4
② 1-4-5-2-3-6

> 풀이 실린더의 점화순서는 1번 실린더를 시작으로 하며, 마주보고 있는 실린더는 점화할 수 없고, 대각선의 실린더를 점화시킨다.

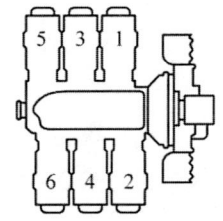 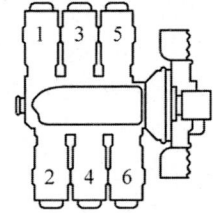

· 콘티넨탈 6 실린더 엔진 ·   · 라이코밍 6 실린더 엔진 ·

44 아래 물음이 나타내는 것은 무엇인가?

① 가스터빈기관에서 2축으로 구성되어진 터보팬 엔진이 가속 중 실속이 일어났다. 실속이 발생되는섹션은 어디인가?
② 가스터빈기관에서 2축으로 구성되어진 터보팬 엔진이 감속 중 실속이 일어났다. 실속이 발생되는섹션은 어디인가?

> 풀이 ① N2 압축기(고압)   ② N1 압축기(저압)

45 터보 팬 엔진(Turbo fan Engine)에서 바이패스 비란 무엇인가?.

$$BPR = \frac{2차공기유량}{1차공기유량}$$

풀이 터보팬기관에서 바이패스되는 공기량과 연소실을 통과하는 공기량의 비를 말한다.

$$BPR = \frac{2차공기유량}{1차공기유량}$$

46 왕복엔진의 압력, 온도, 습도가 증가하면 출력은 어떠한 영향을 받는가?

압력이 증가하면 출력은 증가하고, 온도와 습도가 증가하면 출력은 감소한다.

풀이 왕복엔진에서 압력이 증가하면 출력은 증가하지만, 온도와 습도가 증가하면 오히려 출력은 감소하게 된다. 그래서 항공기는 여름철보다는 겨울철에 시동이 용이하고, 출력이 증가하게 된다.

47 터보 팬 엔진에서 카울이 닫혀져 있는 상태에서 열리는 순서대로 올바르게 나열하시오.

① 팬 카울 ② 역추력 카울 ③ 코어 카울(인렛 카울은 제외)

①-②-③

풀이 카울링이란 엔진을 감싸고 있는 덮개라고 할 수 있다. 이러한 카울링은 기종에 따라 다르지만 팬카울, 역추력카울(역추력+코어)로 이루어지지만 일부에서는 별도의 코어카울로 구분되어 지기도 한다.

일반적으로 여는 순서는 팬카울-역추력카울-코어카울 순이지, 엔진의 제작사마다 달라질 수 있다.

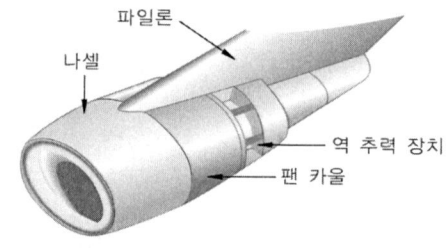

48 가스터빈기관에서 사용하는 오일 펌프 종류 3가지를 쓰시오.

기어형, 지로터형, 베인형

> **풀이** 윤활유 펌프
> ㉠ 종류 : 기어형, 베인형, 제로터형
> ㉡ 기능상의 분류
> ⓐ 윤활유 압력펌프 : 윤활유 탱크에서 기관으로 보내어지는 윤활유에 압력을 가하고, 이 압력이 일정하게 유지하기 위해 릴리프 밸브가 설치되어 있다.
> ⓑ 윤활유 배유펌프 : 각 부품들의 윤활을 마치고 섬프에 모인 윤활유를 탱크로 보내준다.
> • 릴리프 밸브(relief valve) : 펌프 출구 압력이 과도하게 높을 때, 다시 펌프 입구로 돌려보내어 준다.
> • 기관 내부에서 윤활유가 공기와 섞여 체적이 증가하기 때문에 배유펌프는 압력펌프보다 약 20% 커야 한다.

49 항공기용 오일 점도 측정에는 세이볼트 유니버셜 점도계(saybolt second universal viscosity)가 사용되어진다. 이는 오일을 130°F(약 54.4°C) 또는 210°F(약 98.8°C)로 가열하고 규격화된 오리피스를 통하여 (   )cc의 오일이 유출되는데 필요한 시간을 점도로 표시한 수치인데 (   )안에 들어갈 수치는 얼마인가?

60CC(cm³)

> **풀이** 세이볼트 점도계는 퓨롤과 유니버셜 점도계가 있다. 점도계에 일정량의 시료를 넣고 오피피스를 통해 60CC(cm³)가 유출되는 시간을 측정하게 된다.

50 터빈블레이드에 발생하는 크리프 현상에 대하여 간단히 설명하시오.

터빈부는 핫섹션으로 고온에 노출되는 부분이다. 따라서 열로 인한 응력집중에 의해서 엔진의 한계사용 시간 중에 생기는 재료의 비틀림이라 할 수 있다.

> **풀이** 대부분의 금속은 응력을 가하게 되면 고온에서는 서서히 연속적인 소성현상을 나타낸다. 하중이나 응력을 일정하게 한 후 시간에 따라 영구변형이 진행되는 현상으로, 통상적으로 금속재료에서는 고온에서만 이러한 크리프 현상이 발생하게 된다.

51 다음 보기는 연료 계통의 구성품들이다. 연료흐름의 순서대로 나열하시오.

> **보기**
> ① 연료여과기
> ② 연료조정장치
> ③ 주연료펌프
> ④ 연료분사노즐
> ⑤ 여압 및 드레인 밸브
> ⑥ 연료 매니폴드

주연료펌프 → 연료여과기 → 연료조정장치 → 여압 및 드레인 밸브 → 연료 매니폴드 → 연료 분사노즐

풀이 연료계통의 흐름도는 아래와 같다.

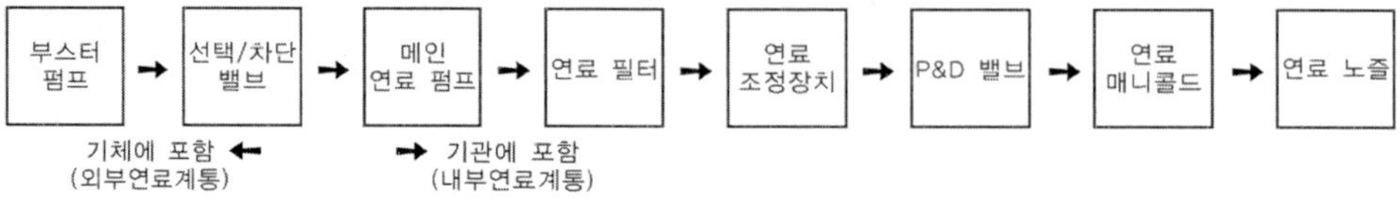

부스터 펌프 → 선택/차단 밸브 → 메인 연료 펌프 → 연료 필터 → 연료 조정장치 → P&D 밸브 → 연료 매니폴드 → 연료 노즐

기체에 포함 (외부연료계통) / 기관에 포함 (내부연료계통)

52 압력비가 12인 브레이턴 사이클에서 열효율을 계산하시오. (단, 비열비는 1.4이다.)

$$\mu_{thB} = 1 - \frac{1}{\gamma_p}^{\frac{(k-1)}{k}} = 1 - \frac{1}{12}^{\frac{0.4}{1.4}} = 0.50$$

풀이 열효율(η_{th}) : 기관에 공급된 열에너지와 기계적 에너지로 변환된 양의 비를 말한다.

$$\mu_{th} = \frac{참일}{공급열량} = \frac{공급열량-방출열량}{공급열량} \frac{W}{Q_1} = \frac{Q_1 - Q_2}{Q_1} = 1 - \left(\frac{1}{\gamma}\right)^{\frac{k-1}{k}}$$

53 가스터빈기관의 연료계통의 구성품은 아래와 같다. 아래 연료계통 구성의 흐름도를 완성하시오.

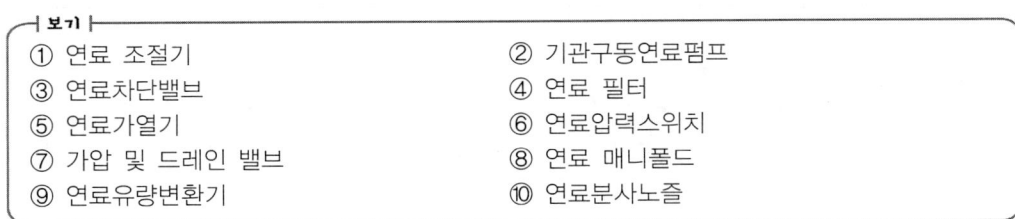

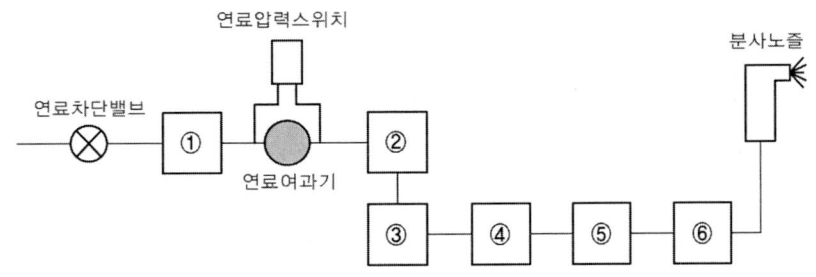

풀이 ① 연료가열기　② 기관구동연료펌프
　　 ③ 연료 필터　　④ 연료 조절기
　　 ⑤ 가압 및 드레인 밸브　⑥ 연료 매니폴드

54 아음속 비행을 하는 대형 항공기에 사용되는 가스터빈기관 공기 흡입덕트는 대부분 확산형을 띠고 있다. 그 이유를 간단히 서술하시오.

흡입공기의 속도를 감소, 압력을 증가시키기 위해

풀이 공기흡입부에서의 가장 알맞은 공기의 속도는 마하 0.5 전후이다. 이러한 공기의 속도를 조절하고 압축기로 들어가는 공기의 속도를 감소하고 압력을 증가시키기 위하여 확산형 흡입덕트를 사용한다.

55 가스터빈엔진의 액세서리 기어박스의 떼어내기 및 부착하기 작업에서 액세서리의 부착 방법 중 플랜지 볼트형에 대해 간단히 쓰시오.

기어 케이스에는 스터드 볼트가 장착되어 있고, 액세서리 플랜지에는 스터드 볼트가 장착되는 홈이 나있다. 액세서리를 부착할 때에는 액세서리의 플랜지 홈에 스터드 볼트에 끼우고 와셔와 너트로 죄어서 고정시키는 방법을 플랜지 볼트형이라 한다.

56 다음과 같은 제원을 가진 왕복엔진에서 지시마력(Pi)를 구하시오.

- 실린더 수(n) : 6개
- 실린더 반경(r) : 4cm
- 평균 유효압력(Pm) : 10kg/cm²
- 실린더 행정(S) : 10cm
- 회전속도(N) : 1,000rpm

$$iHP = \frac{PLANK}{75 \times 2 \times 60}$$
$$= \frac{10\text{kg/cm}^2 \times 0.1\text{m} \times \pi \times (4\text{cm})^2 \times 1000 \times 6}{75 \times 2 \times 60}$$
$$= 33.51 \ PS$$

풀이 지시마력(indicated horsepower) : 실린더 내의 기체가 피스톤에 가한 힘을 지시마력으로 표시한다.

$$iHP = \frac{P_{mi}LANK}{75 \times 2 \times 60}$$

- P_{mi} : 지시평균유효압력(kg/cm²)
- L : 행정거리(m)
- A : 실린더의 단면적(m²)
- N : 실린더당 분당 회전수(rpm)
- K : 실린더 수

57 제트기관에서 터빈형식 기관은 압축기 연소실, 터빈(가스발생기)을 기본 구성품으로 하는 기관을 말한다. 터빈형식 기관을 4가지만 쓰시오.

터보샤프트, 터보프롭, 터보팬, 터보제트

풀이
- 터빈을 이용한 기관 : 터보샤프트, 터보프롭, 터보팬, 터보제트
- 터빈을 이용하지 않는 기관 : 펄스제트, 램제트, 로켓기관

58 왕복기관에서 사용하는 피스톤의 형식은 일반적으로 피스톤 헤드 모양에 따라 분류할 수 있다. 피스톤의 형식 5가지만 쓰시오.

평면형(flat), 오목형(recessed), 컵형(cup, concave), 돔형(dome, convex), 반원뿔형(truncated cone)

풀이 피스톤 헤드 모양에 따른 분류 : 평면형이 널리 사용된다.
- ㉠ 평면형(flat type)
- ㉡ 오목형(recessed type)
- ㉢ 컵형(cup type)
- ㉣ 돔형(dome type)
- ㉤ 반원뿔형(truncated type)
  - 피스톤은 최고 속도가 약 10~15m/s정도이며, 실린더 내부 온도는 약 2,000℃에 달하기 때문에 열팽창을 고려하지 않을 수 없다. 따라서 실린더와 마찬가지로 피스톤 헤드 부분의 지름을 약간 작게 만들어준다.

59 아래 보기와 같이 기관의 오버홀작업 시의 공정을 순서대로 나열하시오.

보기
④ - ( ) - ( ) - ( ) - ( ) - ⑩ - ( ) - ⑥ - ( ) - ( ) - ( ) - ( ) - ⑬

① test run ② marshalling ③ cleaning
④ receiving ⑤ dismantling ⑥ repair
⑦ measuring ⑧ major disassembly ⑨ sub disassembly
⑩ non destructive inspection ⑪ sub assembly ⑫ major assembly
⑬ QEC build up

풀이 ④ - (⑤) - (⑧) - (⑨) - (③) - ⑩ - (⑦) - ⑥ - (②) - (⑪) - (⑫) - (①) - ⑬

60 다음은 밴딕스(Bendix)사에서 제작한 마그네토의 형식을 표시한 것이다. 각각의 알파벳이나 숫자가 나타내는 의미가 무엇인지 쓰시오.

D F 27 R N
① ② ③ ④ ⑤

① 마그네토의 형식 : 더블 마그네토
② 장착방법 : 플렌지 장착형
③ 엔진 실린더 수 : 27기통
④ 구동축에서 본 마그네토의 회전방향 : 우회전
④ 제작사 : 밴딕스사

풀이 마그네토를 표시할 때 알파벳과 숫자를 이용하여 마그네토 및 엔진을 구분할 수 있도록 표시하게 된다.
대표적인 마그네토 표시
S : 싱글 마그네토   D : 더블 마그네토
F : 플랜지 장착형   L : 회전방향(좌회전)
R : 회전방향(우회전)   숫자 : 실린더 수
U or N : 제작사

61 왕복기관에서 피스톤 링의 역할 3가지를 서술하시오.
① 연소실 내의 압력과 가스가 누설되는 것을 방지하는 기밀작용
② 과도한 윤활유가 연소실로 들어가는 것을 방지하는 윤활유조절작용
③ 피스톤의 높은 열을 실린더 벽에 전달하는 열전도작용

62 가스터빈기관 축류식 압축기의 실속을 방지하는 방법 3가지를 쓰시오.

다축식 구조, 가변 정익 구조, 블리드 밸브

풀이 실속 방지책
  ㉠ 다축식 구조(multi spool engine)
  ㉡ 가변 정익 구조(variable stator vane)
  ㉢ 블리드 밸브(bleed valve)
  ㉣ 가변 안내 베인(variable inlet guide vane)
  ㉤ 가변 바이패스 밸브(variable bypass valve)

63 가스터빈기관에 사용하는 연소실의 종류는 3가지가 있다. 각각의 주요 장점에 대해 간단히 기술하시오.

① 캔 타입 연소실 : 설계와 정비가 간단하다.
② 애뉼러 타입 연소실 : 구조가 간단하고, 캔 타입에 비해 연소 정지가 없고, 출구 온도 분포가 균일하다.
③ 캔-애뉼러 타입 연소실 : 캔 타입과 애뉼러타입의 장점만을 취해 만든 연소실이다.

풀이 ㉠ 캔형 연소실(can type) : 독립된 5~10개 원통형의 연소실로 일정한 간격을 두고 원형으로 배치한다. 초기의 기관에 주로 사용되었다.
  ⓐ 구성품 : 외부 케이스(outer case), 내부 라이너(inner liner), 연료 노즐, 2개의 이그나이터, 화염전파 연결관
  ⓑ 장점 : 설계나 정비가 간단
  ⓒ 단점
    • 고공에서 연소 정지(flame out)현상이 생기기 쉽다.
    • 과열시동(hot start)을 일으키기 쉽다.
    • 출구 온도 분포가 불균일하다.
  ㉡ 애뉼러형 연소실(annular type) : 압축기의 구동축을 감싸고 있는 한 개의 고리모양으로, 연소 효율이 높아 거의 모든 크기의 기관에서 사용되어 지고 있다.
    ⓐ 구성품 : 외부 케이스(outer case), 원형 라이너(liner), 내부 케이스, 연료 노즐, 이그나이터
    ⓑ 장점
      • 구조가 간단하다.
      • 길이가 짧다.
      • 전면 면적이 좁다.
      • 연소 정지(flame out)현상이 거의 일어나지 않는다.
      • 출구 온도 분포가 균일하다.
    ⓒ 단점 : 정비가 불편하다.

ⓒ 캔-애뉼러형 연소실(can-annular type) : 캔형과 애뉼러형 연소실의 중간 특성을 가진 연소실이다.
  ⓐ 구성품 : 외부 케이스(outer case), 원형 라이너(liner), 내부 케이스, 연료 노즐, 화염전파 연결관, 이그나이터

64 대형 민간 항공기가 착륙 시 역추력 장치를 사용하게 되는데, 이러한 역추력 장치는 과거에는 팬 역추력장치와 터빈 역추력장치를 사용하였지만 현대에 와서는 팬 역추력장치만 사용한다. 그 이유는 무엇인가?

현대의 가스터빈엔진은 고바이패스비 엔진으로 대부분의 추력을 대형 팬으로부터 얻고 있다. 터빈 역추력장치의 경우 발생시키는 역추력에 비해 소음이 크기 때문에 요즘은 사용하지 않는다.

65 R-985-21에서 나타내는 985의 의미는 무엇인가?

총배기량이 $985in^3$임을 의미한다.
풀이 왕복엔진을 나타낸 때 대표적으로 엔진형태-총배기량-개량번호 순으로 나타낸다.

66 터빈블레이드 TIP에 슈라우드의 역할을 설명하시오.

블레이드 팁의 공간을 보완하여, 공진을 방지할 수 있고 가스가 새어나가는 것을 막는 효과가 있다. 블레이드의 단면이 얇아서 공력 특성이 우수한 블레이드가 만들어진다.

풀이

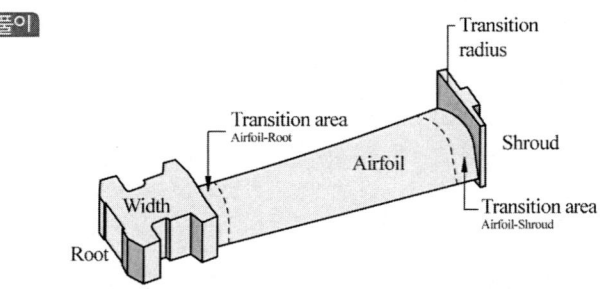

67 증기폐색(Vapor Lock) 현상이 일어날 수 있는 조건 3가지를 쓰시오.

① 작동하는 연료 압력의 저하
② 과도한 연료의 교란
③ 연료 온도상승

풀이 vapor lock(증기폐색)이란 윤활유나 연료와 같이 고온부를 통과할 때 증기로 변하여 체적이 커지게 되면, 라인 내부를 막아 더 이상의 흐름을 막는 현상을 말한다. 연료나 윤활유에 작용하는 압력이 낮으면 고온부를 지나는 시간이 길어지기 때문에 증기폐색의 원인이 되기도 한다.

68 가스터빈기관의 배기가스 통로에는 연필을 사용하지 않는다. 그 이유에 대하여 서술하시오.

연필을 사용한 곳에 카본이 형성되어 열점현상을 일으킨다.

풀이 배기가스가 지나가는 통로는 고온부이므로 연필을 사용하게 되면 연필로 표시한 부분에 열집중현상이 발생하여 치명적인 손상을 초래할 수 있다.

69 터빈 블레이드 냉각방식 중 공랭식 냉각방식의 종류 4가지를 쓰시오.

대류냉각, 충돌냉각, 공기막냉각, 침출냉각

풀이 대류 냉각(convection cooling) : 터빈 깃 내부에 막을 설치하고, 블리드 공기를 흐르도록 하여 냉각시킨다. 냉각 방법이 간단하여 많이 사용된다.
- 충돌 냉각(impingement cooling) : 터빈 깃 내부에 작은 공기 통로를 설치하고, 내부 통로의 날개 앞전 방향으로 작은 홈을 내 냉각 공기를 흐르게 하여 안쪽 표면에서 공기를 충돌시켜 냉각시킨다.
- 공기막 냉각(air film cooling) : 터빈 깃을 중공으로 만들고 터빈 깃의 표면에 작은 홈을 내 이곳으로 찬 공기를 빠져나오게 하여 터빈 깃 표면에 얇은 공기막을 형성시켜 터빈 깃에 고온, 고압의 연소가스가 직접적으로 닿는 것을 방지하고 터빈 깃을 보호하며, 냉각을 시킨다.
- 침출 냉각(transpiration cooling) : 터빈 깃을 다공성 재료로 만들어 깃 내부에 공기 통로를 만들어 차가운 공기가 터빈 깃 내부에서 외부로 나가게 함으로써 냉각을 시킨다. 침출 냉각은 냉각 성능이 가장 우수하지만, 재료상의 강도문제로 사용하기 어렵다는 단점이 있다.

70 가스터빈기관의 시동기 종류 3가지 무엇인가?

전동기식, 가스 터빈식, 공기 충돌식

풀이 ㉠ 전기 시동기(소형기) : 28V 직권식 전동기를 사용한다.
  ⓐ 전동기식 : 시동 시에만 사용한다.
  ⓑ 시동-발전기식 : 시동 시에는 시동기의 역할을 하고, 시동이 완료되면 발전기의 역할을 한다.
㉡ 공기 시동기(대형기)
  ⓐ 장점 : 항공기의 무게를 감소시킬 수 있고, 큰 출력을 낼 수 있다.
  ⓑ 공기터빈식 : 대형 항공기의 시동기로 사용되며, 지상에서 GTC에 의해 공급된 압축공기에 의해 구동된다.
  ⓒ 가스터빈식 : 동력터빈을 가진 독립된 소형 가스터빈기관으로, 외부동력 없이 시동이 가능하고 고출력에 비해 무게가 가볍다는 장점이 있으나, 구조가 복잡하고 가격이 비싸다는 단점이 있다.
  ⓓ 공기충돌식 : 공기 유입덕트만 가지고 있어 시동기 중 구조가 가장 간단하다. 지상 동력장치로부터 공급된 공기는 체크밸브를 통해 직접 터빈 또는 압축기로 유입된다. 구조가 간단하고 무게가 가벼워 소형기관에 적합하나, 대형엔진에서 사용 시 다량의 공기가 소모되는 단점이 있다.

71 압축기에서의 실속 방지책으로 실속 시, 저속 시, 비상시에 사용되는 장치는?

블리이드 밸브

풀이 압축기 실속(compressor stall)
① 항공기 날개의 양력은 받음각이 커질수록 증가하고 어떤 받음각에서 최대가 되었다가 받음각이 더 커지면 날개 윗면에 흐르는 공기가 떨어져 양력은 급격히 감소, 항력이 증가하는 현상이 발생하는데 이러한 현상을 실속이라 한다. 압축기에서도 rotor blade와 stator blade에서 이러한 현상이 발생하며 이는 공기의 흡입속도가 작고 rotor의 회전속도가 클 때 받음각이 커져서 발생하게 된다.
② 실속 시 현상 : 압력비가 급격히 떨어지고, 기관의 출력이 감소하며, blade가 파손되기도 한다.
③ 실속의 원인
 ㉠ 압축기 출구 압력(CDP)이 너무 높을 때
 ㉡ 압축기 입구 온도(CIT)가 너무 높을 때
 ㉢ 쵸크현상 발생 시
④ 실속 방지책
 ㉠ 다축식 구조(multi spool engine)
 ㉡ 가변 정익 구조(variable stator vane)
 ㉢ 블리드 밸브(bleed valve)
 ㉣ 가변 안내 베인(variable inlet guide vane)
 ㉤ 가변 바이패스 밸브(variable bypass valve)

72 가스터빈엔진 터빈의 종류 3가지를 쓰시오.

① 충동 터빈
② 반동 터빈
③ 충동-반동 터빈

풀이
- 충동 터빈(impulse turbine) : 반동도가 0인 터빈이며, 회전자가 일을 하지않는다.(회전자는 지나가는 가스의 압력과 속도는 변화시키지 않으며, 흐름의 방향만 바꾼다.)
- 반동 터빈(reaction turbine) : 반동도가 50% 정도이며, 회전자와 고정자가 반반씩 일을 한다.(가스의 속도와 압력을 변화시킨다.)
- 충동-반동 터빈(impulse-reaction turbine) : 터빈 깃 뿌리의 모양은 충동형이고 깃 끝으로 갈수록 반동형의 모양을 갖는다.

73 배플의 역할은 무엇인지 쓰시오.

실린더 및 실린더 헤드 주위에 금속으로 된 판을 설치함으로써 공기의 흐름을 고르게 통과시키고, 같은 실린더에서도 앞부분부터 뒷부분까지 공기가 잘 흐르도록 유도시킴으로써 냉각 효과를 증진시킨다.

> 풀이 왕복기관에서의 공랭식 냉각장치의 구성품은 냉각핀, 배플, 카울플랩이 있다. 대부분 흡입공기의 양과 방향을 조절함으로써 엔진의 냉각을 돕게 된다.

74 가스터빈기관의 연료 펌프의 종류 3가지는 무엇인가?

기어 펌프(Gear Pump), 원심력 펌프(Centrifugal Pump), 피스톤 펌프(piston pump)

> 풀이 연료 펌프는 적당한 압력으로 그리고, 엔진 작동 시 항상 연료를 지속적으로 공급하도록 한다. 주로 기어형, 원심형, 피스톤형이 있으며, 피스톤형이 일반적으로 널리 사용된다.

75 터빈블레이드 교환 작업을 할 때, 터빈블레이드가 홀수로 있다면 어떻게 해야 하는가?

한 블레이드의 모멘트 중량이 맞지 않으면 120° 간격으로 있는 3개의 블레이드를 함께 교환하여준다.

> 풀이 터빈블레이드를 교환할 경우 문제가 있는 한 개의 블레이드만을 교환하지 않는다. 평형을 이루어 회전하는 터빈의 경우 서로 평형관계에 있는 블레이드들의 모멘트 중량이 중요하기 때문에 서로 연관되어 있는 블레이드 전체를 교환하여야 한다.

76 다음과 같은 과정을 설명하시오.

- 등온과정 : 온도가 일정하게 유지되는 과정
- 정적과정 : 체적 혹은 비체적이 일정하게 유지되는 과정
- 정압과정 : 압력이 일정하게 유지되는 과정
- 단열과정 : 주위에서의 열 출입을 차단하고 일어날 수 있는 계의 상태변화

> 풀이 • 등온과정 : 온도가 일정하게 유지되는 과정을 말한다.
> • 정적과정 : 체적(비체적)이 일정하게 유지되는 과정을 말한다.
> • 정압과정 : 압력이 일정하게 유지되는 과정을 말한다.
> • 가역단열과정(등엔트로피과정) : 마찰 등의 손실을 동반하지 않는 단열과정을 말한다.

77 가스터빈엔진 연소실 중에서 애뉼러형 연소실의 장점 3가지를 쓰시오.

① 길이가 짧고, 구조가 간단하다.
② 고고도에서 연소정지 현상(frame out)이 없다.
③ 출구 온도 분포 균일하다.
④ 전면면적이 작아 항력이 작다.

풀이 애뉼러형 연소실(annular type) : 압축기의 구동축을 감싸고 있는 한 개의 고리모양으로, 연소 효율이 높아 거의 모든 크기의 기관에서 사용되어 지고 있다.

장점
- 구조가 간단하다.
- 길이가 짧다.
- 전면 면적이 좁다.
- 연소 정지(flame out)현상이 거의 일어나지 않는다.
- 출구 온도 분포가 균일하다.

78 아음속과 초음속으로 비행하는 항공기에서의 각 흡입구 형태는 무엇인가?

- 아음속 흡입구 : 확산형
- 초음속 흡입구 : 수축-확산형 또는 가변형

풀이 아음속에서 수축통로를 지날 때 공기의 속도는 증가, 압력은 감소한다. 반면 확산통로를 지날 때는 공기의 속도는 감소하고 압력은 증가한다. 아음속 항공기에서 압축기로 들어가는 공기의 속도를 마하 0.5 전후로 맞추어 주기 위하여 확산형 흡입구를 사용하게 되며, 초음속의 경우 이·착륙은 아음속이고, 특성에 따라 초음속 비행을 하기 때문에 한가지 형태의 흡입구나 배기구를 사용하지 못하고 수축-확산형 또는 가변형을 사용하게 된다.

Chapter 3 항공기체

01 플러시 리벳을 체결할 때 딤플링을 한다. 판재의 두께 범위와 적용범위에 대해 기술하시오

① 판재가 너무 얇아 카운터 싱크를 못할 때
② 0.04in 미만은 딤플링을 하고 이상은 판재를 리벳 헤드가 들어갈 수 있도록 깍아내는 카운터싱크 작업(No.30 pilot은 각도가 100)을 한다.
③ 접시머리 리벳(flush rivet)의 머리 부분이 판재 윗부분에 튀어나오지 않게(오차범위 ±0.002inch) 하기 위해서 판재에 드릴링 후 판재의 구멍주위를 눌러서 움푹 파는 작업을 말한다.

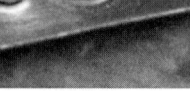
· Dimpling ·

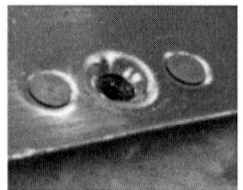
· Hand Dimpling Pliers ·

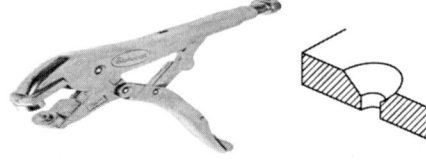
· Countersink ·

· Countersink bits ·

02 항공기의 구조의 손상을 수리할 때 기본원칙은 무엇인가?

① Maintaining original strength (원래의 강도 유지)
② Maintaining original contour (원래의 윤곽 유지)
③ Keeping weight to a minimum (최소 중량 유지)
④ Corrosion prevention (부식에 대한 보호)

03 일반 너트 중 나비너트에 대해 기술하시오

맨손으로 조일 수 있는 곳에서 조립부를 빈번하게 장, 탈착하는 곳에 사용
(battery connections, hose clamps, Inspection hole)

· wing nut ·

04 AISI 1030 풀이하시오.

① AISI : 미국철강협회 규격 (American Iron and Steel Institute)
② 1 : 합금원소의 종류, 강의 종류 (탄소강) 예) 탄소강1 니켈강2 몰리브덴강4 크롬강5
③ 0 : 합금원소 함유량(%)
④ 30 : 탄소 함유량 (탄소함유량 0.30%)

05 다음을 바르게 연결하시오.

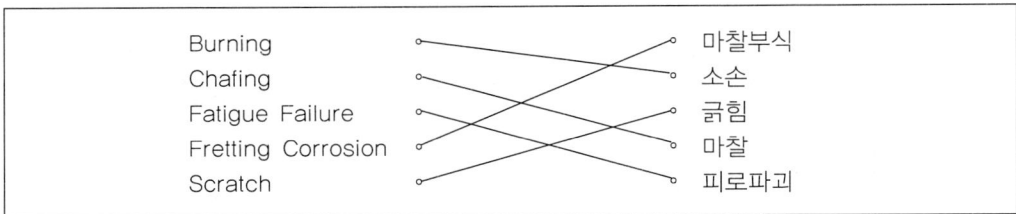

① Burning : 전류가 과다하게 흘러 단위면적당 통과하는 열량이 커져서 높은 온도로 인해 외부가 녹아내리는 현상 예 삼성 노*7
② Chafing : 2개의 물체가 상대적으로 운동할 때 생기는 마찰에 의한 마모

06 현대 항공기 구조인 세미모노코크 구조의 구성요소와 기존 구조와 비교하시오

① 구성요소 : 외피(전단응력)와 골격(그외의 모든 하중)이 하중을 담당하고 외피는 세로지(stringer)와 함께 인장 및 압축응력 담당한다. 프레임 및 벌크헤드가 동체의 형태를 구성하며 Longitudinal menbers로 Longeron(세로대), stringer(세로지)가 있다. Longeron은 동체에 받는 하중을 스킨으로 전달하며 비틀림과 좌굴을 방지하며 동체의 길이방향으로 연속적으로 붙어있으며 세로지와 굽힘 모멘트에 의한 인장, 압축응력에 충분한 강도로 설계되어 있다. (Bulkhead, Former, Stringer, Skin, Longeron)
② 장점 : 트러스구조처럼 내부에 골격이 없어 내부공간의 활용이 가능하며 외피가 하중을 모두 담당해 무게가 많은 모노코크에 비해 기체 무게가 가볍다.

07 와이어가 모여 하나의 strand를 만들고 여러 strand가 모여 케이블이 형성된다. 케이블의 부식을 검사하는 방법을 기술하시오.

케이블 장력을 느슨하게 한 후 반대로 꼬임을 주거나 살짝 비틀어 안쪽을 육안으로 검사한다. 조종케이블은 pulley, fair-lead 근처에서 프레팅 부식이나 방청유가 없어져 잘 일어난다. 일단 발생하게 되면 케이블 장력을 느슨하게 한 후 반대로 꼬임을 주거나 살짝 비틀어 안쪽을 육안으로 검사한다. 검사 후 부식이 발견되면 무조건 교체해야한다. 만약 안쪽까지 부식이 발견되지 않는다면 바깥쪽 부분만 깨끗하고 마르고 거친 천으로 닦아낸다. 절대 금속 브러쉬 사용을 금하며 솔벤트의 많은 사용을 금한다.

08 타이어의 외부에 groove의 역할과 검사방법을 기술하시오.

타이어 열로 인한 수증기가 빠져나가는 groove는 정비사의 육안으로 측정가능하나 제작사 규격에 따라 승인된 Depth Gauge로 검사한다. 참고로 타이어 가격은 보통 1,000 ~ 1,500달러, 알루미늄 휠은 2만 달러인데 Radial tires는 350회 착륙, Bias 250회 착륙 후 교체를 한다.
B737같은 단거리 여객기는 2 ~ 3개월 사용하고 장거리 운항이 가능한 B747은 4 ~ 5개월 사용한 후 교체한다.

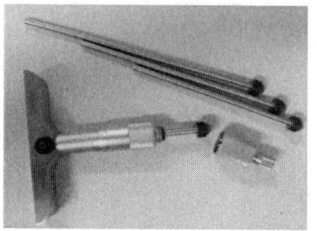

• Depth Gauge •

09 현대 항공기의 동력 전달 방법으로 조종간과 조종면을 연결시키는 방법을 무엇이라고 하는가?

플라이 바이 와이어 조종 장치(fly-by-wire control system)
조종면과 조종간을 연결 할 때 기존에는 기계적인 연결 장치 즉 유압, 로드, 케이블 등을 사용하였다. 특히 조종간과 에일러론, 러더, 엘리베이터, 플랩에 전선으로 연결하여 조종면에 설치되어 있는 actuator를 전기적 신호로 제어할 수 있는 플라이 바이 와이어 조종 장치가 에어버스 320부터 도입되기 시작했다. 예를 들면 Control wheel을 없애고 side stick controller 장착하여 스틱을 과도하게 당겨 받음각이 급격하게 증가하면 위험하므로 제어 컴퓨터가 이를 판단해 정상적 비행할 수 있도록 받음각 조절한다.

10 최대이륙중량과 최대착륙중량은 무엇인가?

① 최대이륙중량 : 항공기가 이륙할 수 있는 최대무게를 말하며 Maximum Weight에서 이륙전까지 소모된 taxi fuel 무게를 뺀 무게이다. 보통 MTOW 라고 말한다.
② 최대착륙중량 : 최대이륙중량에서 목적지 까지 갈 때 소모된 연료(Trip Fuel)를 뺀 항공기의 무게를 말한다. 이륙하자마자 비상시 바로 랜딩하려면 착륙중량을 맞추기 위해서 연료를 Dump 한다.

11 판재 성형에서 리벳을 체결하려고 한다. 리벳의 지름이 D라면 가장 이상적인 driven head의 높이와 지름 수치는 얼마인가?

① 성형머리의 높이 : 0.5D
② 성형머리의 지름 : 1.5D

12 케이블을 손으로 만지면 방청유 때문에 손에 오일이 묻는다. 케이블의 부식을 방지하기 위해 방청유가 스며들어 있기 때문이다. 방청유에 영향을 미치지 않게 조종 케이블을 세척하는 방법을 기술하시오.

① 마른 수건 사용
② 고착된 방청유인 kerosene 적신 깨끗한 수건 사용
③ kerosene이 많으면 케이블 내부의 방청유가 빠져 나와 부식 가능하여 소량 사용
④ 그리스 제거제, 수증기 세척 등은 케이블 내부의 윤활유까지 제거 되므로 사용을 금한다.
⑤ 정비 매뉴얼에 따라 구부려서 육안검사
⑥ 녹 제거 #300~400정도 미세한 sand paper 사용

13 호스와 튜브의 사이즈를 나타내는 방법을 기술하시오.

① 호스 : 내경 예) MIL -H-8794-10 3/71 (06827) 이면 호스의 내경은 10/16 inch
② 튜브 : 외경(분수) × 두께(소수) 예 outside diameter is 1/2 inch by .058 inch wall

14 크리프 현상에 대해 설명하고 관련 곡선을 나타내시오

① 크리프(creep) : "천천히 기어가다"의 뜻으로 재료가 일정한 하중을 특정 온도에서 노출되어 시간이 경과함에 따라 영구변형이 일어나는 현상이다. 가장 큰 원인은 응력, 온도, 시간이다. 항공기에서 최대응력이 작용하는 곳은 터빈 블레이드 뿌리 부분이다. 회전으로 인한 원심력으로 인해 인장력이 작용하고 특히 고온 환경에서 구동되는 부품이기 때문이다. 그러므로 고온에 노출되는 부품 등은 크리프 속도가 크기 때문에 시간에 따라 변형률의 정도를 예측하여 파단 시점을 산출해서 사고를 예방한다.
② 크리프-파단 곡선

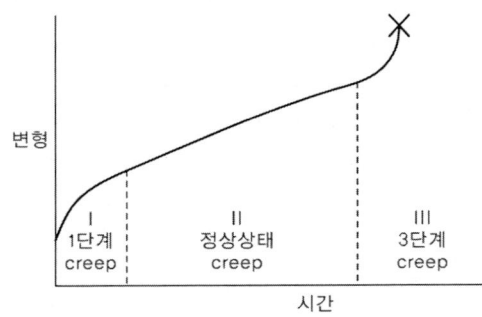

15 안전수명설계, 페일-세이프설계, 손상허용설계 이 세가지를 설명하시오.

항공기 재료가 약화됨에 따라 현재 대형항공기에는 결함을 미리 예측하여 균열의 성장 및 파괴 조건을 검사한다.

① 안전수명설계(safe life design) : 계획된 설계수명동안 부재가 파손되지 않는 범위내의 응력 허용
② 페일-세이프설계(fail-safe design) : 구조의 일부가 파손이 되어도 최소한 착륙 시까지 안전비행 보장
③ 손상허용설계 (damage tolerance design) : 기체 구조 부재 내에 초기 결함의 내재 가능성을 미리 파악한다. 항공기의 Operational Life 동안 중대한 피로 균열, 부식 또는 Accidental Damage가 발생하더라도 그 손상이 탐지될 때까지 기체 구조는 파손이나 과도한 변형 없이 하중을 견딜 수 있도록 보증하여 따라서 손상 상태가 치명적 크기로 진전되기 전에 발견될 수 있는 주기적 점검을 요하는 정비방식과 연계되어 있다.

16 미생물 부식이란?

① 많이 발생하는 곳 : 케로신을 연료로 하는 항공기의 연료탱크에 발생
② 원인 : 케로신 내에 생식하고 있는 박테리아가 번식하여 여러 가지 생성물을 만들고 그것들이 금속을 침식하여 발생
③ 억제책 : 연료에 미생물 살균제 첨가하고 드레인 작업을 한다.

※ 미생물 부식(biological corrosion)

미생물이 직접 부식을 시키지 않고 미생물의 대사작용이나 번식에 의해 생신 황화수소등이 철이나 알루미늄을 간접적으로 부식시킨다. 연료에 수분이 포함되어 있으면 연료 필터의 빙결, 연료 탱크의 부식, 미생물의 성장 촉진 등의 원인이 되어 연료에 산화방지제, 부식방지제, 빙결방지제, 미생물살균제 등을 첨가한다.

※ 항공기 연료

① Wide-cut Type : 끓는점의 범위가 35~315°C에서 증류되는 가솔린과 케로신의 혼합물 JP(Jet Petroleum)-4 , Jet B
② Kerosene Type(등유) : 끓는점의 범위가 165~290°C에서 증류되는 연료 JP-1, JP-5, JP-8, Jet A, Jet A-1
③ Aviation Gasoline [AVGAS] : 끓는점의 범위가 35°~165°C에서 증류되는 연료

17 블라인드 리벳에 대해 기술하시오.

① 일반적인 사용처 : 창문에 햇볕을 가리기위해서 블라인드로 가리듯이 리벳 체결 시 뒷부분에 버킹바를 댈 수 없는 좁은 공간에서 헤드 쪽에서만 공구를 사용하여 체결하는 블라인드 리벳으로 나눈다.

② 사용해서는 안 되는 부분 : 속이 비어 있으므로 체결강도가 솔리드 섕크 리벳보다 낮아서 Tension이 걸리거나 헤드에 갭을 유발 시키는 곳, 진동 및 소음 발생지역, Fluid의 기밀을 요하는 곳은 사용을 금한다.

③ 종류 : 리브너트(rivnut), 폭발 리벳(explosive rivet), mechanical lock 리벳(huck lock, cherry lock, olympic lock, cherry max rivet)

솔리드섕크 리벳의 종류에는 카운터성크리벳(Countersunk or flush head, AN426 or MS20426), 유니버셜리벳(universal head, AN470 or MS20470), 둥근머리 리벳(round head), 납작머리리벳(flat head), 브래지어리벳(Brazier head)이 있다.

블라인드 리벳(Blind rivet)의 종류는 리브너트(rivnut), 폭발 리벳(explosive rivet), mechanical lock 리벳(huck lock, cherry lock, olympic lock, cherry max rivet) 등이 있다.

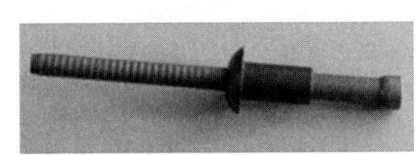 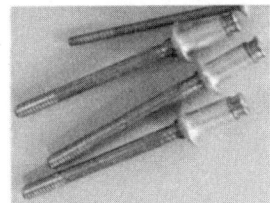 

• Cherry lock rivet •   • Cherry max rivet •   • rivnut •

18 AA규격을 설명하시오.

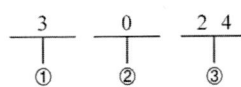

① 3 : 알루미늄과 망간의 합금(3망간, 4규소, 5마그네슘, 6마그네슘+규소, 7 아연)
② 0 : 개량처리를 하지 않은 합금(0 : basic alloy, 1~9 : modified alloy)
③ 24 : 합금의 분류 번호 (individual alloy variations)

19 항공기에 체결되는 패스너 중에 클레비스 볼트에 대해 설명하시오.

클래비스의 사전적인 의미는 U 자형 고리라는 뜻으로 U 자형 태에 체결하는 볼트를 말한다. U자형에 체결되는 부재와 서로 반대쪽으로 응력이 작용하므로 볼트 그립부분에 전단응력이 작용하므로 나사부가 볼트의 끝부분에만 형성되어 있다. 전단 응력이 작용하는 부분에 나사부가 있으면 전단을 가속시키기 때문이다. 나사부가 거의 없어 인장력이 작용하는 곳에는 사용을 금한다. 체결은 스크루 드라이버를 사용한다.

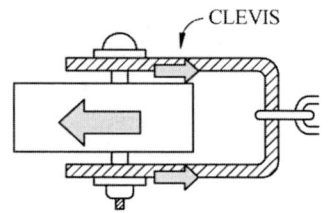

20 판재를 세척하고 #1000분말 4g과 증류수 1L를 사용하여 브러시로 칠하고 3분 후 다시 물로 세척하는 방법은 무엇을 말하는가?

알로다인 처리(Alodine)
① 알클래드 (Alclad) : 알루미늄합금 위에 5.5% 두께로 순수 알루미늄을 압착 시킨 것으로 부식방지하고 합금의 표면을 스크래치에 방지하고 내식성을 개선한다.
② 알로다인 (Alodine) : 전기를 사용하지 않고 알로다인 용액에 알루미늄을 넣어서 산화피막을 입히거나 반복해서 칠한다. 알루미늄 합금의 표면에 0.00001 ~ 0.00005in의 크로메이트 처리(Chromate treatment)를 하여 내식성과 도장 작업의 접착 효과를 증진시키는 부식방지 처리방법이다.
③ 아노다이징 (Anodizing) : 양극처리방법으로 알루미늄을 양극으로 해서 전기를 보내면 양극에서 산소가 발생하고 산소로 인해 알루미늄 산화되고 산화알루미늄 피막을 형성시켜 균일성이 높은 피막이 형성되고 내식성과 내마모성을 개선한다.

[뉴 테크놀로지] 비행기 도장·래핑의 과학(조선비즈 인터넷 기사 2015.11.03. 03 : 04)
'패션 비행기'를 만들려면 복잡한 도장(塗裝) 과정을 거쳐야 한다. 고속으로 하늘을 나는 비행기는 표면이 쉽게 마모되기 때문에 신축성이 좋고 접착력도 강한 고가의 도료를 사용한다. 도장을 하려면 우선 기존 페인트를 제거해야 한다. 알루미늄 재질의 항공기 표면에 과산화수소로 만든 화학약품을 뿌려 기존 페인트를 벗겨낸다. 탄소섬유 등 화학적 방법을 사용했을 때 손상될 가능성이 큰 부위에는 분당 1만2000회 회전하는 사포 연마기를 이용해 0.6mm 정도 두께의 페인트를 깎아낸다. 미세한 플라스틱이나 금속 입자를 페인트 표면에 분사해 페인트를 벗겨 내는 블라스팅(blasting) 방식도 쓰인다. 최근 들어선 '드라이아이스 블라스팅(dry ice blasting)'이라는 신기술도 적용되고 있다.
페인트 제거 작업이 끝나면 드라이클리닝 등에 쓰이는 솔벤트(solvent)로 세척을 한다. 세척 후에는 알로다인 용액을 표면에 뿌려 항공기 표면에 산화 피막(皮膜)을 만든다. 이어 산화 피막이 생겨 표면이 거칠어진 항공기 표면에 연둣빛 프라이머(primer, 전 처리 도장용 도료)를 바른다. 항공기 표면의 알루미늄을 보호하고, 페인트가 잘 붙도록 하기 위해서이다.

21 항공기가 이륙전후에 노즈기어에서 좌우로 흔들리는 현상이 일어나는 것을 방지하기 위한 DEVICE는 무엇인가?

시미 댐퍼(shimmy damper)
시미는 앞바퀴가 그라운드에서 빠른 속도로 진행할 때 가는 방향을 중심으로 좌우로 흔들리는 현상을 말하고, 댐퍼는 기계공학적으로 진동에너지를 흡수하는 완충기를 말한다. 유압으로 피스톤을 밀어 좌우로 흔들리는 것을 막아준다.

22 토크 렌치에 토크 어뎁터를 장착하여 너트를 체결하려고 한다. 토크렌치의 길이는 15inch이고 매뉴얼에 100in-lbs로 표기되어 있다. 토크 어뎁터의 길이가 5inch일 때 필요한 토크는 얼마인가?

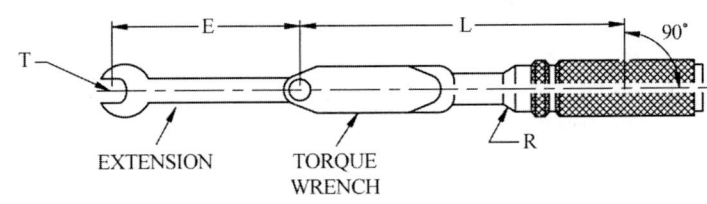

$$R = \frac{L}{L+E} \times T = \frac{15}{15+5} \times 100 = 75 \ [in-lbs]$$

Torque Wrench를 사용하여 Torque를 걸 때 Torque Wrench의 Square Driver가 직접 Bolt의 Head 또는 Nut에 접근이 불가능 할 때, 접근이 가능하도록 할 수 있는 있게 Torque Adapter(익스텐션)을 사용한다. Torque Adapter를 사용하게 되면 전체 길이가 길어지므로 힘은 반대로 적게 들어간다. 위 그림에서 길이가 길어지므로 정답은 100in-LBS 보다 작게 나오게 된다.

23 판금작업 시 릴리프 홀의 목적과 이유를 쓰시오.

relief hole : 판재를 굽힐 때 접히는 직각부위에 응력 집중으로 인해 균열을 일으키므로 응력집중을 분산시키기 위해 내는 구멍을 말한다.

24 항공기를 토잉시 주의사항중 견인하는 속도에 대해 기술하시오.

견인 속도는 Towing bar 방식은 5km/h로 견인팀 감독자의 보행속도보다 초과하면 안되고 Towing bar가 없는 토잉카는 30km/h로 제한한다. 견인팀 감독자는 항공기 맨 앞에 위치해서 총 책임을 담당한다.
- 소형기 : 4인 이상, 대형기 : 6인 이상
  전방 감시자(견인팀 감독자) 1명, 조종석 1명, 토잉카 운전자 1명, 양날개 끝 1명, 후방 1명

25 항공기 riveting에서 피치, 횡단피치, 연거리는 무엇인가?

① 피치 : 같은 열에 있는 인접하는 리벳 중심과 리벳 중심간의 거리
  최소 3D 최대 12D 이며 보통 6 ~ 8D
② 횡단피치(열간피치) : transverse pitch로 윗 줄과 아랫줄 사이의 수직 거리
  최소 2.5D이며 보통 4.5 ~ 6D
③ 연거리 : 판재의 가장자리와 가장 가까운 리벳 중심까지의 거리
  2 ~ 4D(접시머리리벳 2.5 ~ 4D)

26 케이블의 재료와 종류에 대해 기술하시오.

① 재질 : CRES (corrosion resistant steel) or carbon steel. 즉 탄소강, 내식강
② 종류 : Flexible cable과 Non-flexible cable 나뉜다.
- Non-flexible cable : 1 strand of 7 or 19 wires. 7개 또는 19개의 와이어로 된 strand 로 쉽게 구부러지지 않으며 강성이 강한 와이어 로프이므로 유연성이 없어 풀리를 거치지 않는 직선운동 방향에만 사용한다.
- Flexible cable : 굽힘 피로에 잘 견디는 성질을 가지고 있어 컨트롤 케이블로 사용되어 항공기의 조종계통에 사용된다. 종류에는 7*7, 7*19가 있으며 7*7는 케이블 지름 3/32 이하로 부조종면에 사용되고 7*19는 케이블 지름1/8 이상으로 주 조종면에 사용된다.

27 리벳을 선정하는데 있어 리벳의 직경을 정할 때에 기준은 어떻게 하는가?

장착하고자 하는 판재 중 두꺼운 판재의 3배

28 intergranular corrosion이란 무엇인가?

재료 제조과정 동안 가열, 냉각 작업 시에 부적절한 열처리에 의해 발생되어 형태는 합금의 결정입자 경계에서 발생되며 금속이 부풀어 얇은 층이 형성되어 박리되어 나타난다.
초음파 검사, 와전류 같은 NDI로 검사한다.

29 항공기가 그라운드에서 고속 활주하게 되면 타이어가 고온고압에 노출된다. 이를 방지하기 위해 휠에 부착된 장치를 무엇이라고 하는가?

퓨즈 플러그(thermal plug = Fuse plug)
재료는 저 용융점(녹는점) 금속인 납 주석 안티몬 코발트 사용하고 타이어에 3~4개가 설치되어 있고 브레이크 과도 사용시 타이어 공기 압력 및 온도가 지나치게 높아지고 제동시 발생한 고온때문에 타이어 내부 압력이 증가하여 터지는 것을 방지하는 장치이다. 일정온도가 넘을시 fuse가 녹아내려 잉여압력을 방출하는 역할을 한다. 압력 이하로 줄어들면 퓨즈 외부를 싸고 있던 압력 seal이 수축되어 다시 밀폐된다.

30 primary control surface와 secondary control surface에 대해 기술하시오.

① Primary Control Surface : 항공기의 세 가지 운동축에 대해 직접적으로 회전운동을 일으키는 Elevators, Ailerons, Rudder이다
② Secondary Control Surface : 1차 조종면을 제외한 보조조종계통에 속하는 모든 조종면을 말하며, Flap, Tab, Spolers, Speed brakes를 말한다.

31 비파괴검사 5가지 이상 기술하시오.

Non-Destructive Inspection NDI
파괴하지 않고 재료 원형과 기능을 전혀 변화시키지 않고 검사하는 것을 말한다.
① 방사선투과검사(RT : Radiographic Testing)
② 초음파탐상검사(UT : Ultrasonic Testing)
③ 육안검사(VT : Visual Testing)
④ 침투탐상검사(PT Penetrant Testing)
⑤ 자분탐상검사(MT : Magnetic Particle Testing)
⑥ 와전류 검사(ECT : Eddy Current Testing)
⑦ 누설 검사(HT : Hydraulic Testing)

32 항공기 잭 작업 시 주의사항을 기술하시오.

① 단단하고 평평한 장소
② 최대 허용풍속 24km/s이하에서 잭 설치
③ 동일한 하중이 걸리도록 수평 유지 잭 작업 실시(wheel well 안쪽에 수직 및 수평계 위치)
④ 잭 다운시 랜딩기어를 다운락 위치에 고정시킨다.
⑤ 항공기 최소로 들어올린다
⑥ 항공기의 정면이 바람의 방향
⑦ 4명 이상의 인원이 실시(대형기는 5명이상)
⑧ 작업 중 항공기에 사람의 탑승 금지를 원칙

33 항공기 기체의 재료는 목재, 금속, 복합소재 등 많은 재료들이 사용된다. 이 같은 재료들이 항공기 효율성을 높이기 위해서는 어떤 조건을 갖추어야하는지 기술하시오.

① 가벼워야 한다.
② 강도가 높아야 한다.
③ 부식에 강해야 한다.

34 다음과 같은 두께의 철판을 굽히려 한다. 물음에 답하시오.

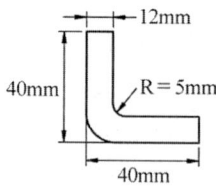

가. outside setback을 구하시오.
나. bend allowance를 구하시오.
다. 전체 직선길이를 구하시오.

① 세트백 $SB = K(R+T) = 5 + 12 = 17mm$
② $\frac{90}{360} \times 2\pi \left(R + \frac{T}{2} \right) = \frac{1}{4} \times 2\pi \left(5 + \frac{12}{2} \right) = 17.27mm$
③ $(40 - 12 - 5) + 17.27 + (40 - 12 - 5) = 63.27mm$

35 조종면 중에서 러더, 엘리베이터, 러더베이터를 설명하시오.

① 러더 : 항공기 방향과 관계되며 요잉(빗놀이) 운동을 조작
② 엘리베이터 : 항공기의 세로안정성에 관계되며 피칭(키놀이) 운동을 조작
③ 러더베이터 : v형 꼬리날개에 설치되어 요크를 오른쪽으로 돌리면 우측이 올라가고 좌측이 내려간다. 좌우가 반대로 움직여 방향타 역할을 한다. 동체와 엔진과의 간섭저항이나 후류의 영향이 줄어든다. 조종계통이 복잡해 중량이 늘어나는 단점이 있다.

36 AN 5 DD 5A 규격에 대해 기술하시오.

① AN : 미국 공군 해군 표준
② 5 : 볼트의 직경 5/16"
③ DD : 볼트의 재질(알루미늄 합금 2024)
④ 5 : 볼트의 길이 5/8"
⑤ A : 볼트의 생크부분(나사부)에 구멍이 없음

37 가요성을 가진 케이블로 7×7과 7×19가 있다. 설명하시오.

① 7×7 케이블
  7개의 와이어를 꼬아서 1개의 strand를 만들고, 7개의 가닥을 꼬아서 만든 케이블
② 7×19 케이블
  19개의 와이어를 꼬아서 1개의 strand를 만들고, 7개의 가닥을 꼬아서 만든 케이블

38 항공기 연료 탱크의 종류에 대해 기술하시오.

① 경식 분리가능 연료 탱크 (Rigid removable fuel tank) : 알루미늄 합금이나 스테인리스강으로 만들고 연료 누출방지를 위해 용접한다.
② 브래더형 연료 탱크(Bladder fuel tank) : 강화 열가소성 재료로 만들고 클립이나 고정장치로 고정한다. 설치시 오염물질 침전되는 것을 방지하기 위해 바닥면에 주름이 없어야 한다.
③ 인티그럴 연료 탱크 (Integral fuel tank) : 넓은 공간 마련을 위해 동체 구조물의 일부분을 연료탱크로 사용하기 위해 밀봉제(sealant)로 밀봉하여 일체형 연료 탱크라고 한다. 급격한 연료의 이동을 막기 위해 배플(baffle)이 필요하다.

39 고착방지용 콤파운드에 대해 설명하시오.

고온에서 볼트의 나사산과 모재가 붙는 것을 방지하여 분해 조립이 원활하게 이루어지도록 하는 역할을 하며 볼트의 나사산 부분에 사용하고 나사산에 붙는 것을 방지하기 위한 풀 (anti-seize thread paste)이라고 해서 고온에 사용하는 고착방지용 그리스 즉 몰리코트(상품명 : molykote)를 많이 사용한다.

40 페일세이프 4가지 구조를 기술하시오.

페일세이프구조 (Fail safe Structure) : Main structure가 피로파괴 되더라도 치명적이거나 과도한 구조 변형이 생기지 않도록 설계된 구조

① 다경로 하중 구조(Redundant Structure) 불필요한, 잉여인원 : 많은 수의 부재로 되어 하중을 분담해서 담당하도록 설계된 구조로 하나의 구조가 파괴되도 다른 많은 부재에 하중이 분배되어 치명적인 부담을 덜어준다
② 이중 구조 (Double Structure) : 1개의 큰 재료를 사용하는 대신 2개의 작은 부재를 결합해 그 이상의 강도를 갖게 하는 구조방식이며 Crack이 발생한 경우 결합 면이 막아주고 강도 유지
③ 대치 구조(Back – up Structure) : 규정된 하중은 모두 좌측 부재가 담당하고 있으며 우측 부재는 예비 부재로 좌측 부재가 파괴된 후에 부재를 대신하여 전체 하중을 담당하도록 설계된 구조
④ 하중 경감 구조(Load Dropping) : 딱딱한 보강재를 댄 구조방식 보강재는 할당량 이상의 하중분담 큰 부재 위 작은 부재를 겹쳐 만든 구조

41 항공기 외피에 체결되어 있는 리벳에 작용하는 응력?

전단응력

42 항공기에 연료 보급시 진행되는 3점 접지의 이유를 설명하시오.

연료를 보급하게 되면 연료(액체)가 흐를 때 발생하는 정전기를 막아 화재를 예방하기 위함이다. 그러므로 연료 보급 시 순서는 주유차의 지상접지, 항공기의 지상접지, 차량과 항공기 접지, 주유부개방, 노즐장착, 연료호스 노즐과 항공기 접지, 저압송출(누유체크), 고압송출 이다.

① 정전기(static electricity) : 마찰전기라서 연료를 옮길 때, 유조차 안에 있는 연료가 출렁거릴 때 발생한다. 전하가 움직이지 않아 적정 한도 이상 전기가 쌓이면 적절한 유전체를 닿았을 때 순식간에 불꽃을 튀며 이동하게 된다.
② 접지(ground connection) : 지구에 연결한다는 의미로 대지의 전위와 같은 0으로 유지하는 것을 말하며, earth라고도 한다. 지구는 거대한 도체이며 전위가 0이다. 접지를 하게 되면 전기기기도 전기적으로 지구의 일부가 되어 전위가 0으로 유지된다. 접지하여 항상 기체 연료차 접지점이 같은 전기의 압력이 유지되도록 한다. 전기회로나 전기기기의 일부를 대지와 도선으로 연결하여 기기의 전위를 대지의 전위와 같은 0으로 유지하는 것을 말한다.

43 nose gear가 retraction 되면서 휠 웰(wheel well)에 정확하게 정렬될 수 있도록 하는 장치를 무엇이라고 하는가?

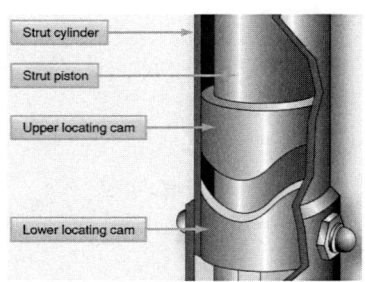

• 센터링 캠(centering unit) •

항공기의 노즈기어가 앞으로 retraction될 때 랜딩기어를 정렬하여 똑바로 wheel well에 들어올 수 있도록 정렬시키기 위한 장치가 필요하다. upper locating cam과 lower locating cam 으로 나뉘어져 형태에 따라 오목한 부분으로 상부 캠이 일치되어 정렬시킨다.

44 아크용접에 사용되는 피복제의 역할을 기술하시오.

① 심선이 피복제보다 빨리 녹기 때문에 아크를 안정시킨다
② 가스를 발생시켜 아크를 보호하고 공기의 침입을 막아 질화 산화 탄화 방지한다.
③ 용적을 미세화하여 용착 효율을 높인다.
④ 스패터의 발생을 적게 한다.
⑤ 피복제에 철분을 함량시키면 속도가 빨라져 용접능률이 향상된다.
⑥ 용착금속에 필요한 합금원소(니켈, 몰리브덴)를 첨가시켜 기계적 성질을 우수하게 만든다.
⑦ 전기절연성을 부여하여 재해를 방지한다.
⑧ 슬래그를 제거하기 쉽게하고, 파형이 고운 비드를 만든다
⑨ 용착금속의 냉각속도 지연(급랭방지)

풀이 피복 아크 용접(SMAW shield metal-arc welding)은 피복제를 바른 용접봉과 모재 사이에 전류를 통하여 발생되는 전기 아크 열로써 용접하는 방법이다. 피복금속 아크 용접봉과 모재 사이에 직류 또는 교류의 전압을 걸고 피복금속 아크 용접봉 끝을 모재에 살짝 대었다가 떼면, 강한 빛과 열을 내는 아크가 발생되며, 이 강한 열에 의하여 모재의 일부와 용접봉은 녹아서 금속 증기 또는 용적으로 되어 아크 속을 지나 용융지로 옮아가서 녹은 모재에 용착된다. 용접봉은 두 모재사이의 빈틈을 메우기 위해 사용하는 금속봉으로 core wire에 피복제(shield)가 코팅되어 있다. 피복제의 종류에는 아크안정제, 가스발생제, 슬래그 생성제. 탈산제, 고착제, 합금첨가제 등이 있다. 슬래그(slag) : 비드 표면을 덮어서 용착금속의 산화, 질화를 방지하고, 용접 금속을 보호한다.

45 항공기 전체를 들어올리는 것이 아니고 한쪽 바퀴만 들어올리는 Jack 작업의 경우에 사용하는 잭의 종류와 주의할 점을 기술하시오.

잭의 종류 : SINGLE – BASE JACK
① 잭작업을 하기전에 다른 타이어에는 chock를 사용하여 고정시킨다.
② 항공기 최소로 들어올린다.
③ 항공기의 정면이 바람의 방향
④ 작업 중 항공기에 사람의 탑승 금지를 원칙
⑤ 항공기에 꼬리바퀴가 있을 경우 그것을 고정시켜야 한다.

46 트러스 구조의 2가지 형식에 대해 기술하시오.

Warren truss, Pratt truss

풀이 트러스(Truss) : 구조물의 형식으로 직선 부재를 한 평면 내에서 연속된 삼각형의 뼈대 구조로 조립한 것으로 스킨은 외형만 유지하고 하중을 트러스(뼈대)가 담당하는 구조를 말한다. 트러스 구조의 항공기에서의 외피는 공기역학적 외형을 유지해주고 트러스가 대두분의 하중을 담당한다. 제작이 용이하고 제작비가 적은 대신 내부 공간 마련이 어렵고 외형을 유선형으로만들기가 힘들다. 현재의 항공기 동체는 응력외피형구조이다.

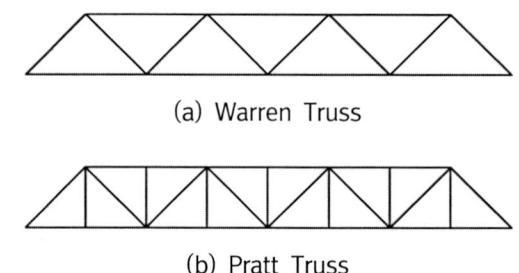

(a) Warren Truss

(b) Pratt Truss

47 Backup Ring의 종류 3가지를 기술하시오.

Spiral cut, Single turn(scarf cut), No cut solid

봉하다의 뜻을 가진 seal 작업은 항공기에서 공유압시스템에서 공기나 이물질의 차단을 위해서 사용하며 종류에는 패킹, 개스킷, 와이퍼 등이 있다.

① 패킹(Packings) : 합성고무로 만들어 작동실린더(actuating cylinder), 펌프(pump), 선택밸브(selector valve) 등과 같이 움직이고 있는 부분의 기밀을 위해 사용된다. 패킹시 사용되는 링은 O-링(ring), V-링, U-링 형태로 만들어진다. 백업 링(Backup Rings)은 O링이 고압을 받게 되면 변형되어 틈새가 생기게 되는 것을 방지하기 위해서 유압이 작용하는 반대쪽에 백업링을 설치한다. 재질은 높은 온도에서도 견딜 수 있도록 테프론(Teflon)으로 만든다.

② 개스킷(gasket) : 고정된 또는 움직이지 않는 2개의 납작한 부품 사이를 밀폐시키기 위하여 사용되며 재료는 석면(asbestos), 구리(copper), 코르크(cork), 고무(rubber) 등이다.

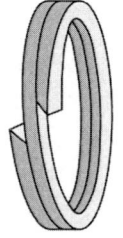  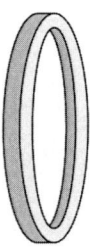

• Spiral cut • • Single turn(scarf-cut) • • No cut solid •

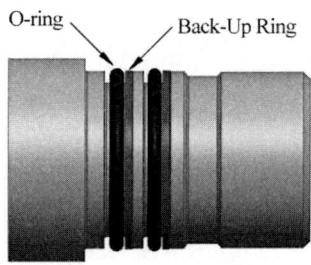

48 wing에 설치된 stringer가 하는 작용에 대해 기술하시오.

Stringer는 항공기 날개, 동체, 조종면, 수평꼬리날개에 설치되어 있는 보강재이다. 스트링거는 전단응력이나 압축응력, 날개 굽힘으로 인한 buckling 뿐만 아니라 균열이 커지는 것을 방지한다.

49 항공기 mooring시 사용되는 마닐라 로프의 매듭 방법 2가지를 기술하시오.

bowline knot, square knot

50 AN 3 DD 7 A에 대해 설명하시오.

① AN : Air Force-Navy Aeronautical Standard
② 3 : 볼트의 직경 3/16"
③ DD : 볼트의 재질(알루미늄 합금 2024)
④ 5 : 볼트의 길이 7/8"
⑤ A : 볼트의 생크부분(나사부)에 구멍이 없음

51 알루미늄 합금에 부식을 막기 위해서 적용되는 화학피막처리 방법의 종류를 쓰시오.

알루미늄 표면에 산화피막을 형성시켜 산화 즉 부식을 방지시키는 것으로 Al합금에 적용되는 것은 아노다이징, 알로다인 등이 있다.

52 날개 구성 요소의 4가지를 쓰시오.

날개보(spar), 리브(rib), 외피(skin), 스트링어(stringer)

풀이
① 스파(Spar) : 날개의 길이방향으로 배치되어 날개의 굽힘 모멘트의 대부분을 담당하는 두꺼운 구조물. 민항기의 경우엔 두 개정도의 스파로 날개를 지지하지만, 전투기는 날개가 얇은 관계로 여러 개의 스파를 사용하여 날개를 지지한다.
② 리브(Rib) : 날개의 단면형상을 유지하며 동체의 프레임과 그 역할이 유사함. 외부장착물, 착륙장치, 조종면등이 설치되는 rib은 특별히 튼튼하게 설계
③ 스트링거(Stringer) : 동체의 스트링거와 마찬가지로, 립 사이사이에 날개의 길이방향으로 놓여져 외형을 유지하고 스파를 도와 날개의 굽힘 모멘트를 지지
④ 외피(skin) : 스파와 함께 날개에 걸리는 굽힘 모멘트를, 인장하중 형태로 지지. 두께비가 얇은 전투기의 경우 스트링거의 배치가 힘들게 되므로 외피 자체를 두껍게 제작

53 항공기의 중량을 나타낼 때 basic empty weight에 대해 기술하시오.

Manufacturer's Empty Weight와 Standard Item을 포함한 무게로 항공기 무게중심을 구하는 기본 중량이 된다. Standard Item은 보통 액체류를 말하며 unusable fuel weight 및 기타 사용 불가능한 액체들, 엔진오일, 주방(galley), 찬장(buffet), 및 바(bar)의 구조물, 화장실 액체 및 화학물질 등을 말한다. 기장, 연료, 승객, 화물은 포함되지 않는다.

54 항공기를 들어올리는 잭킹 작업 시 사용되는 잭의 종류 3가지를 기술하시오.

단일잭(single base jack), 삼각 잭(tripod jack), 액슬 잭(axle jack)

55 앞바퀴식 항공기의 무게중심을 구하시오.

> A : 노즈기어에 가해지는 무게
> B : 항공기 빈무게 상태에서의 총무게
> C : 기준선에서 메인기어 까지 거리
> D : 노즈기어와 메인기어 까지 거리

무게중심(C.G) = $\dfrac{\text{각각의 모멘트의 합}}{\text{각각의 무게의 합}} = \dfrac{A \times (C-D) + (B-A) \times C}{B}$

56 시간이 지남에 따라 단단해지는 현상을 시효경화라고 한다. 시효경화성을 가지고 있는 알루미늄 합금 2종류를 기술하시오.

2017(두랄루민), 2024(슈퍼 두랄루민)

풀이
① 용체화 (solution treatment, 녹을 용, 몸 체) : 재료를 부드럽게 연화시키는 작업이며 온도를 높여 충분한 시간 동안 유지하는 과정을 말한다. 문제에서는 아이스박스 리벳을 말한다.
② 아이스박스 리벳 : 2017두랄루민은 1시간이내에 사용해야하며 동체 외피에 쓰이는 2024 초 두랄루민은 10~20분 이내에 사용해야한다.

57 항공기 정비의 용이성을 위해서 항공기의 위치를 나타내는 FS, BL, WS는 무엇인가?

FS(Fuselage Station), BL(Buttock Line), Wing stations(WS)

풀이
① FS(Fuselage Station) : Aircraft Station Numbers의 종류로는 Fuselage station(FS), Wing stations(WS), Stabilizer stations(SS)가 있으며 그 중 FS는 Nose의 앞의 Point(기준점)에서 부터의 거리를 인치 기준으로 수평거리를 측정하여 위치를 표시한다. 즉 기준선을 0으로 동체 전 후방을 따라 위치를 표시한다.
② BL(Buttock Line) : 수직 중심선을 기준으로 좌우거리를 측정하여 위치를 표시한다. Left buttock line(LBL) and Right buttock line (RBL)
③ WL(Water Line) : 항공기의 가장 낮은 부분에서 수직선상의 거리를 측정하여 위치 표시한다. 워터 라인 0으로부터 하부로부터 상부의 수직거리를 측정한 높이이다.

58 항공기 타이어에 사용하는 기체는 무엇이며 이유를 기술하시오.

① 질소(Nitrogen)
② 이유 : 타이어는 비행 중 압력과 외부온도의 극한 변화로 부터 팽창과 수축을 방지하기 위해 압축공기를 주입하지 않고 불활성기체인 순수 질소나 헬륨(pure nitrogen or helium)을 주입한다. 공기는 수분 포함이 가능하여 온도에 따른 팽창률이 증가하지만 건조된 질소는 팽창률이 같으며 타이어에 주입된 불활성 기체는 압축공기에 함유된 산소와 수분으로 인한 자연발화 폭발 가능성을 제거하고 화학적 산화 현상을 방지해 타이어의 수명을 연장시킨다. 참고로 승용차 타이어 지름 0.7m 공기압 40psi, 항공기 타이어 1.2m 질소압력 200psi 최대 800 psi까지 견딜 수 있다.

59 판금 작업에서 cleaning out과 smooth out에 대해서 설명하시오.

① 클린 아웃(clean out) : Trimming, Cutting, Filing에 의해서 손상부분을 완전히 제거하는 방법이다. 기체실습 원형 판금수리 작업 전에 손상부위를 원형으로 만드는 작업이다. clean out할 때 가능한 작게(수리재의 크기가 작아 작업 용이)하고 원형이 가장 이상적이다.
② 스무드 아웃(smooth out) : Scrach, Nick, 작은 홈을 손상의 깊이가 코어에 미치지 않는다면 강도상에 문제가 없으므로 스무스 아웃을 한다. 판재 표면의 긁힘이나 찍힘 등의 작은 홈집을 제거하는 작업을 말한다.

60 항공기 기체손상의 종류 중 Nick, Scratches, Crease, Dent, Gouge를 설명하시오.

① Nick(찍힘) : 가장자리부분에 작은 파손 또는 V자 모양의 찍혀 일반적으로 판재가 뜯겨져 없어진 것이 아니고 손상부분이 밀린 것을 말한다.
② Scratches : 좁고 얇은 자국이나 선으로 예리한 끝을 가진 금속조각이 표면을 긁고 지나가서 생긴다. 빛을 비추면 보이는 살짝 찢어지거나 파손되고 이물질에 의해 순간적으로 접촉된 것을 말한다.
③ Crease(크리스) : 표면이 진동으로 인하여 주름이 잡히는 현상
④ Dent(움푹 패임) : 힘을 동반하여 부딪혀서 금속 표면에 움푹 들어간 것을 말하며 손상 주위 표면이 일반적으로 살짝 비틀려있다.
⑤ Gouge(난폭하게 찌르다) : Nick과 같이 찍힌 상태를 말하지만 Gouge는 무거운 압력으로 이물질과의 접촉으로 홈이 생성되어 금속의 손실을 의미하나 대부분은 파손된 부분이 밀려 나간 것을 말한다.

61 37 RVT EQ SP STAGGERED 는 무엇을 나타내는가?

rivet equivalent space 37개 리벳을 같은 간격으로 지그재그(엇갈림)로 체결한다.

62 AN470 DD-5-7를 기술하시오

① AN : 표준 규격 Air Force-Navy Aeronautical Standards
② 470 : Universal rivet
② DD : 리벳의 재질이 2024 알루미늄 합금
③ 5 : 리벳의 지름이 $\frac{5}{32}$ inch
④ 6 : 리벳의 길이가 $\frac{7}{16}$ inch

63 control cable를 termination 하려 한다. 종류에 대해 말하시오.

니코프레스, 스웨이징, 5단 엮기 방법, 랩 솔더 방법

풀이 Cable Termination 방법

① 5단 엮기 케이블작업 (5 tuck woven cable splice) : 7*7 ,7*19 케이블 2/32 이상 케이블에 사용하며 bushing과 thimble을 이용하여 가닥을 풀어서 엮고 와이어를 감싼다. (체결강도 75%)
② Nicopress : 구리로 만든 슬리브를 케이블에 빨리 체결하는 방법이다. 순서((1center 2 terminal end 3cable end)에 유의해야 하며 체결 후 slippage mark를 해야 한다. (체결강도 100%)
③ Swaging Method : 가장 많이 사용하는 방법으로 빨리 체결할 수 있으며 체결 후 Go-NoGo gauge로 체크 한 후 slippage mark를 한다. (체결강도 100%)
④ Wrap solder cable splice 납땜 이음방법 (90%) : 케이블을 부싱이나 딤블 위에 구부려 돌린 후 와이어를 감아서 스테아르산 (stearic acid)의 땜납 용액에 담아 케이블 사이에 스며들게 한다. 1*19케이블에 적용하며 특히 고온에서는 사용을 금지한다. (체결강도 90%)

64 AN 315 D 9 L을 설명하시오.

① AN : 표준 규격 Air Force - Navy Aeronautical Standards
② 315 : Plain nut
③ D : 너트의 재질 : 2017
④ 7 : 사용볼트의 지름 (너트의 내경) : $\frac{9}{16}$ inch
⑤ L : 왼나사

65 기체를 수리할 때 최소중량유지를 위한 방법을 서술하시오.

전단응력과 인장력에 의한 리벳계산 식을 사용하여 리벳수를 최소화 시키고 패치의 치수를 가능한 한 범위 내에서 작게 한다.

66 판금 작업에서 cleaning out, clean-up, stop hole를 기술하시오.

① cleaning out : Trimming, Cutting, Filing에 의해서 손상부분을 완전히 제거하는 방법이다. 기체실습 원형 판금수리 작업 전에 손상부위를 원형으로 만드는 작업이다. clean out할 때 가능한 작게(수리재의 크기가 작아 작업 용이)하고 원형이 가장 이상적이다.
② clean-up : 수리재 모서리 부분 매끈하게 정리하는 작업
③ stop hole : 구조 부재에 균열이 일어난 경우에 그 균열이 계속해서 진전되지 않도록 균열 끝 부분에 뚫어 주는 구멍으로 홀 크기는 6.4mm(1/4inch)를 기준으로하고 필요시 1/16inch 씩 증가시킨다.

67 그림의 볼트를 설명하시오.

① External wrenching bolt(외부렌칭볼트) : 고인장하중, 전단하중에 사용한다.
② Internal wrenching bolt(내부렌칭볼트) 고인장하중, 전단하중에 사용되며 Allen wrench를 사용하여 체결한다.

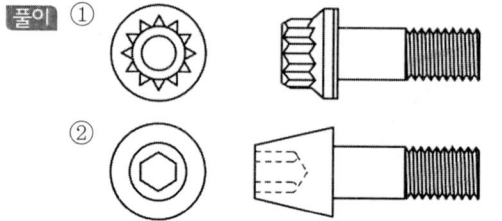

68 항공기 도면에서 기초적으로 사용하는 정투영도의 종류 3가지를 기술하시오.

정면도, 우측면도, 평면도

풀이 항공기 관련되는 부분품의의 특성을 표현하는데 필요한 정투영도 도면으로 가장 기초적으로 3도면를 말한다. 중심도면인 정면도는 물체를 정면에서 투상하여 그린 그림이고 우측이나 좌측에서 투상하여 그리는 우측면도(좌측면도), 부분품을 위에서 투상하여 그린 평면도를 말한다.

추가로 도면의 종류에는 상세도, 조립도, 설치도, 단면도로 나뉜다.
① 상세도 : 만들고자 하는 단일 부품을 제작할 수 있도록 선, 주석, 기호, 설계명세서 등을 이용하여 부품의 크기, 모양, 재료 및 제작방법 등을 상세하게 표시

② 조립도 : 2개 이상의 부품으로 구성된 물체를 표시한다. 보통 물체를 크기와 모양으로 나타낸다. 이 도면의 주목적은 서로 다른 부품들 사이의 상호관계를 보여주는 것이다.
③ 설치도 : 부품들이 장착되었을 때의 최종적인 위치에 관한 정보를 나타내는 도면이다. 이 도면은 특정한 부품과 다른 부품과의 상호 위치에 대한 치수나 공장에서 다음 공정에 필요한 기준치수를 표시하고 있다

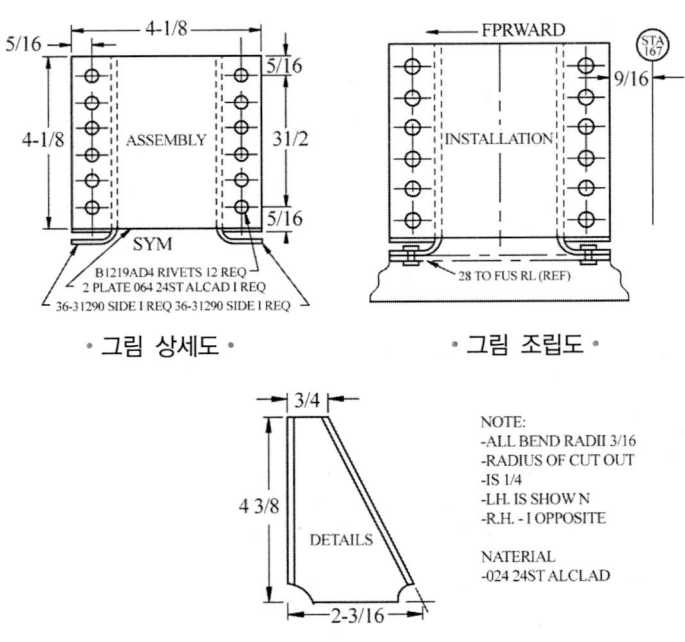

· 그림 상세도 ·   · 그림 조립도 ·

· 그림 설치도 ·

69 AN 470-DD-5-3-A 리벳의 표기방법을 설명하시오.

① AN-표준 규격 Air Force & Navy Aerospace Standard
② 470-universal head rivet
③ DD-재질 : 2024 (A-1100, AD-2117, D-2017, B-5056)
④ 5-리벳 지름 (5/32 inch)
⑤ 3-리벳 길이 (3/16 inch)
⑥ A-표면 처리 (A-양극처리, C-화학피막처리, D-중크롬산 처리)

70 시효경화란?

재료를 가열 후 유연한 상태로 만들기 위해 급냉하는 용체화 처리 후에 일정한 시간 적당한 온도에 놓아두면 단단해지는 현상이다. 대표적인 재료인 2017(D), 2024(DD)는 경도를 높인 후 시효경화의 진행을 지연하고 부드러운 상태를 오래 지속시키기 위해 드라이아이스가 들어있는 아이스박스에 보관하여 리베팅 가능한 시간을 연장시킨다.

71 피팅부식(pitting corrosion)을 기술하시오.

pit은 구멍이나 홈을 말하며 공식부식, 점부식이라고 한다. 알루미늄합금, 마그네슘합금, 스테인리스강의 표면에 발생하는 일반적인 부식이다. 처음에 백색이나 회색의 부식 생성물이 나타나고 점차 홈 내에 침전된다. 미리 예방하거나 찾기 힘들고 빨리 진행되므로 위험한 부식이다.

72 경항공기 Mooring시 유의사항은?

① 가능한 정풍(headwind)으로 향하게 하여야 한다.
② 항공기 계류의 공간은 날개 끝 간격을 유지하여야 한다.
③ 항공기의 계류고리(tie-down ring)에 로프(rope)로 묶어주는 방법을 많이 사용한다.
④ 버팀대를 구부릴 수도 있기 때문에 로프를 wing lift strut에 묶어서는 안 된다.
⑤ manila rope는 비가 오면 수축되기 때문에 약 1인치 정도 유격이 있게 느슨하게 묶어야 한다. 그러나 너무 느슨하면 항공기를 갑작스럽게 움직이게 하는 원인이 된다.
⑥ tie-down rope는 매듭을 지어 고정한다. 보우라인 (bowline)매듭과 같은 미끄럼방지매듭 (anti-slip knot)은 빠르게 묶고 쉽게 풀어낼 수 있는 방식이다.
⑦ 계류장치(tie-down fitting)가 없는 항공기는 제작사의 지침에 따라 고정시켜야 한다.
⑧ 고익기(high wing monoplane)에서는 버팀대(strut)의 바깥 쪽 끝에 묶어야 하고, 제작자가 장치하지 않았을 경우에는 구조 강도가 허용된다면 적당한 고리장치를 설치하여야 한다.

73 대형항공기 mooring시 유의사항은?

① 가능한 정풍으로 향하게 하여야 한다. (headwind)
② 항공기 계류의 공간은 날개 끝 간격을 유지하여야 한다.
③ 대형 항공기의 계류절차는 기상조건에 따라 로프 또는 cable tie-down방식을 한다.
④ 조종면이 움직이지 않도록 서로 맞물리게 하거나 또는 고정장치를 사용한다.
⑤ 태풍이 예상될 경우에는 조종면의 손상을 방지하기 위하여 batten을 장착하기도 한다.
⑥ 조종면을 고정하고, 모든 커버(Cover)와 가드(Guard)를 장착한다.
⑦ 모든 바퀴의 전·후방에 고임목(chock)을 고인다.

⑧ 비행기 계류 루프(tie-down loop)와 계류앵커(tie-down anchor) 또는 계류말뚝(tie-down stake)에 계류 릴(tie-down reel)을 부착시킨다. 일시적인 계류일 경우에도 계류말뚝을 사용한다. 만약 계류 릴이 없을 경우에는, 1/4인치 와이어케이블(wire cable) 또는 1/2인치 마닐라선(manila line)을 사용한다

74 리벳 NAS17-M-5-2을 설명하시오.

① NAS : NAS 표준 기호 (National Aircraft Standard)
② 17 : 접시머리 리벳 100°
③ M : 재질 기호(5056 : 모넬)
④ 4 : 리벳 생크 지름(5/32 in)
⑤ 3 : 리벳 길이(2/16 = 1/8 inch)

75 항공기 무게를 측정할 때 필요한 도구 종류를 기술하시오.

저울(Scale), 수평측정기(Spirit Level), 측량추(Plumb Bob), 비중계(Hydrometer), 기중기, 잭, 저울 위에서 항공기를 고정하는 블록, 받침대, 또는 모래주머니

풀이
① 저울(Scale) : 기계식과 전자식으로 나뉘고 경항공기는 기계적 저울로 중량측정을 하고, 전자식 저울은 로드셀(Load Cell 무게를 숫자로 표시하는 전자저울에 필수적인 무게측정 소자)이 중량을 감지하여 전기적 신호를 발생시킨다. 항공기 수평비행 자세 유지를 위해 노즈 타이어의 압력을 제거해야한다.
② 수평측정기(Spirit Level) : 정확한 중량 측정값을 위해 수평 비행자세에 있어야 하므로 수평측정기를 사용한다. 작은 기포와 액체를 채운 유리관을 말하며 기포가 2개의 검은 선 사이에 중심으로 모아질 때, 수평 상태임을 나타낸다.
③ 측량추(Plumb Bob) : 측량추를 이용하여 항공기의 기준선으로부터 주착륙 장치 바퀴 축의 중심까지 거리를 측정하는 방법이 있다.
④ 비중계(Hydrometer) : 연료탱크에 연료가 들어 있을 때는 저울의 지시중량에서 연료 중량을 제외하여야 실제 항공기중량이 되므로 연료량을 중량으로 환산하여야 한다. 갤런 당 연료의 중량은 비중계로 점검한다. lb/gal의 값을 지시한다.
⑤ 기중기, 잭, 항공기를 고정하는 블록, 받침대, 모래주머니, 곧은 자, 분필, 줄자

76 항공기의 무게중심은 전방한계와 후방한계를 가진다. 무게중심이 앞으로 이동되면 항공기에 어떠한 현상이 생기는지 기술하시오.

무게중심이 앞으로 이동하면 상승성능이 감소하여 플레어 할 때 상승력이 부족하여 이착륙 거리가 늘어난다. 순항시 세로안정성은 압력중심으로부터 무게중심이 멀어져 세로안정성이 증가하나 순항속도에서는 항력이 증가하여 순항속도가 늦어지고 랜딩 시 실속속도가 높아진다.

77 클레코는 무엇인가?

두 판재를 리벳으로 체결하는 판금작업에서 두 판재를 고정시키기 위해 리벳팅하기전에 일시적으로 먼저 체결시켜놓는 패스너를 말하며 체결시 클레코 플라이어로 눌러서 사용한다. 클레코 색깔은 체결하는 판재의 홀의 지름을 말한다. 실습에 자주 사용되는 클레코는 구리색(3.18mm)과 검은색(3.97mm)이다.

① 3/32"(2.38mm) Spring Cleco (Silver)
② 1/8"(3.18mm)　Spring Cleco (Copper)
③ 5/32"(3.97mm) Spring Cleco (Black)
④ 3/16"(4.76mm) Spring Cleco (Brass)

78 항공기 파일론은 무엇인지 기술하시오.

파일론(pylon)은 윙과 엔진을 연결해주는 엔진마운트를 유선형으로 페어링 시켜놓은 것으로 터보팬 엔진으로 인해 엔진의 intake가 커지면서 포드형(pod)에서 현대 항공기의 엔진 마운트 형식이 파일론 형식이다. 항공기의 동력 장치를 지지하고 Thrust 하중을 항공기로 전달하고 동력 장치와 항공기 간의 Fire Protection 기능을 가지고 있다.

79 항공기 control Cable을 세척할 때 어떻게 하는지 기술하시오.

녹, 먼지가 고착되었을 때는 #300~#400 정도의 미세한 sand paper로 제거하고 깨끗하다고 판단되면 마른 수건으로 닦는다. 방청유가 고착되었을 경우 kerosene을 조금만 적신 깨끗한 수건으로 닦는다. 흠뻑 적시면 케이블 안에 있는 방청유가 제거되어 부식이 쉽기 때문이다.

80 알루미늄 합금의 성질을 나열하시오.

① 알루미늄은 비중이 2.7로 가볍다.
② 여러 가지 원소와 조합하여 다수의 합금을 만들 수 있기 때문에 내열성과 부식에 강하다. 순수 알루미늄은 강도가 낮아 각종 원소 (Mn, Si, Mg, Cu, Zn, Cr 등)를 첨가하여 주로 석출 경화에 의한 강도 향상을 도모하여 사용한다.
③ 알루미늄 합금의 온도가 올라갈수록 고용도(금속 내에서 합금 원소가 첨가가 될 때 몇 %가 첨가 되었는지를 말하는 척도)가 높아지는 성질을 가지고 있다.
④ 신전성이 좋아 가공성이 우수하다.
⑤ 보크사이트 광물을 가공하여 생성되는 알루미늄은 많이 존재하여 경제성이 좋다.
⑥ 자성이 없으며 일반 탄소강에 비해 열 및 전기 전도도는 약 4배 정도로 크다.
단점 : 선팽창계수는 약 2배 정도 커서 용접성은 많이 떨어지는 재료이다.

81 리벳의 표기이다. MS20426 AD 5-7 설명하시오.

① MS : Military Standards
② 20426 : 카운터성크 리벳
③ AD : 2017
④ 5 : 리벳 생크의 지름(5/32 inch)
⑤ 7 : 리벳 길이(7/16 inch)

82 항공기 동체의 구조방식에서 응력외피구조 2가지와 다른 구조를 기술하시오.

응력표피구조는 모노코크 구조, 세미모노코크 구조가 있다.
① 모노코크 구조
② 세미모노코크 구조
③ 트러스 구조

83 고정된 기체무게인 manufactured weight와 unusable fuel과 윤활유를 등을 포함한 무게를 무엇이라고 하는가? 그리고 전체중량은 900kg, 기준선에서 앞바퀴까지 2m이고 앞바퀴의 무게가 100kg, 기준선에서 메인기어까지의 거리가 모두 5m일 때 무게중심을 구하시오.

Basic Empty Weight이라고 하며 Basic Empty Weight = MEW + Standard Item이다.

Standard Item이란 unusable fuel weight, 기타 사용 불가능한 액체, 주방(galley), 찬장(buffet) 및 바(bar)의 구조물, 화장실 액체 및 화학물질, 소화기, 조명탄, 및 비상용 산소 장비품 등을 말한다. 즉 항공기의 구성 요소로서의 부품으로 간주되지 않는 장비품 및 유체를 말한다. (Basic Empty Weight = MEW + Standard Item)

② 무게중심 = $\dfrac{\text{각각의 모멘트의 합}}{\text{각각의 무게의 합}} = \dfrac{(2\times100)+(5\times400)+(5\times400)}{900} = 4.67$

항공기의 무게중심은 기준선에서 (+)방향으로 4.67m 떨어진 곳이다.

84 리벳을 체결 후 driven head를 검사한다. 다음 1, 2, 3에 맞는 수치를 구하시오. 단 리벳생크의 지름은 D로 한다.

① 1.5D　　② 0.5D　　③ 1.5D

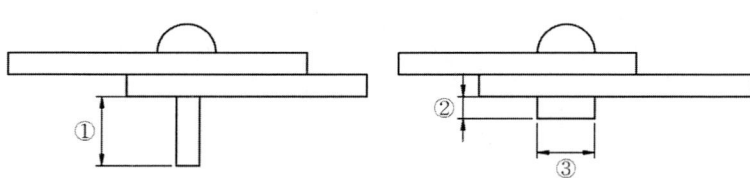

85 Empty weight에 항공기가 움직이는데 필수적으로 필요한 윤활유, 냉각수 (있으면), 유압오일(있으면), 등과 unusable fuel weight를 더한 수치이다. 페이로드가 제외되며 Weight & Balance에서 기본이 되는 중량을 무엇이라고 하는가?

BEW : Basic empty weight(BEW = MEW + Standard Item)

86 항공기 도면과 관련된 기술도서의 종류를 기술하시오.

① WDM(wiring digram manual) : 전기배선도 교범
   항공기 각 시스템에서 요구되는 전기 배선의 위치와 통과지점 표시한 교범
② IPC(illustrated part catalog) : 도해부품목록
   부분품을 조립할 때 순서, 식별을 쉽게 하기 위한 기술도서.
③ PPL(procurable part list) 구매 부품 목록
   부품 구매 시 참고하는 기술 자료를 수록한 것.

87 항공기 무어링할 때 강풍에 대비하기 위해 유의사항을 기술하시오.

① 돌풍고정장치(Gust lock)를 플랩 보조날개 러더 고정장치에 사용한다.
② 모래나 매트 : 바닥에 눈이나 얼음이 있으면 타이어가 달라붙는 것을 방지하기 위해 모래나 매트를 사용한다.
③ 강풍으로부터 보호할 수 있는 Hangar로 이동시킨다.
④ 항공기 모든 Door는 Close 시킨다.
⑤ 엔진 입구부분과 Inlet와 Exhaust는 외부 물질이 들어오는 것을 막아두어야 한다.
⑥ Pitot-Static Cover에 커버를 씌운다.
⑦ 연료를 채워 넣는다.

88 5mm 이하의 얇은 판재를 산소-아세틸렌 용접을 할 때 사용하는 방법은 어떤 방법인가?

전진법

풀이 ① 전진법 : 오른손에 토치 왼손에 용접봉을 잡고 토치가 오른쪽에서 왼쪽으로 이동시키는 방법으로 5mm 이하의 얇은 판재나 변두리 용접에 사용한다. 용접 속도가 느리고 스패터가 비교적 많이 생기지만 용접선이 잘 보이므로 비드모양이 좋다.
② 후진법 : 보통 두꺼운 판이나 다층 용접에 사용된다. 용접 속도가 빠르고 용착되는 금속의 조직이 미세하다.

89 항공기 지상조업 중 Marshalling 유의사항 3가지를 기술하시오.

① 조종사가 항공기 유도하는 마샬러임을 알 수 있게 Marshalling 복장을 한다.
② 주간에는 wand, 유도장갑을 이용하고, 야간에서는 발광유도 봉을 이용해야 한다.
③ 유도원은 다음의 신호를 사용하기 전에 항공기를 유도하려는 지역 내에 항공기와 충돌할 만한 물체가 있는지를 확인한다.
④ 활주 신호는 동작을 크고 명확하게 한다.

90 NDI중에 침투액을 사용하는 침투탐상 검사에서 나타나는 허위지시에 대해 기술하시오.

부품의 세척이 불충분했거나 침투액이 손이나 옷에 묻어 검사물 표면에 흔적을 남기게 되었을 때 현상제의 오염 등에 의해 나타나는 지시

풀이 침투탐상검사는 모세관의 원리를 이용하여 표면 미세 균열을 검출하는 검사방법으로 시험편 표면에 침투액을 적용시켜서 균열 등의 불연속부에 침투시킨 후 과잉의 침투제를 제거하고 현상제를 적용시켜 침투된 침투액을 추출시켜 불연속부의 위치, 크기 및 지시모양을 검사한다.

※ 침투탐상검사에서 나타나는 결함지시(가리키다 지, 보이다 시) 3가지
  ① 허위 지시
  ② 비 관련성 지시 : 부품의 제작공정상 나타나게 되는 지시, 주조물의 표면이 거칠어 나타나는 지시
  ③ 결함 지시(관련성 지시) : 균열에 의하여 나타나는 지시, 원이나 손 모양으로 나타나는 지시

91 AN350-B1030 기술하시오.

① AN-표준 규격 Air Force & Navy Aerospace Standard
② 350-Wing nut
③ B-황동 (F-강, D-2017, DD-2024, C-스테인레스강)
④ 10-체결되는 볼트 섕크 지름 (6/32 inch)
⑤ 30-1인치에 들어가는 나사산 수

92 항공기 랜딩기어 기능은 무엇인가?

① 지상에서 항공기 하중지지
② 스트러트에 의한 지상 활주 착륙 시 충격 하중을 흡수
③ 양쪽의 실린더를 이용한 방향전환을 가능
④ 브레이크 이용해 항공기의 속도 감소시켜주는 역할

93 판금작업에서 2개의 판재를 결합시킬 때 리벳을 선정하는 방법으로 리벳의 지름을 설정하는 방법은 무엇인가?

두꺼운 판재의 3배

94 항공기 기체 부식의 종류 5가지를 기술하시오.

① 표면 부식(surface corrosion) : 세척용 화학약품 연마된 금속표면에 산소와 결합하여 화학작용으로 발생
② 점 부식(pitting corrosion) : 처음에 백색이나 회색의 부식 생성물이 나타나고 점차 홈이 생기는 위험한 부식
③ 입자간 부식(intergranular corrosion) : 합금조직이 균일하게 밀집되지 않고 빈틈이나 변형이 있는 곳에 생기는 부식으로 부풀거나 박리형태로 나타난다.
④ 전해 부식 (galvanic corrosion) : 서로 다른 금속이 접촉하면 전위차에 의해 부식 생성물이 부풀어 올라 식별이 쉽다
⑤ 응력 부식(stress corrosion) : 강한 인장응력과 부식조건이 복합적으로 나타날 때 발생
⑥ 마찰 부식(fretting corrosion) : 밀착된 2개의 금속판이 진동에 의해 맞부딪혀 발생
⑦ 미생물 부식 (microbial corrosion) : 케로신을 연료로 사용하는 항공기 연료탱크에서 발생하며 미생물에 의해 발생한다.

95 동절기 항공기 취급하는 방법으로 눈이 쌓여있을 때 Towing 주의사항에 대해 기술하시오.

① 출발이 곤란하면 모래를 뿌려 타이어가 미끄러지지 않도록 한다.
② 지상에서 이동시 Wing Flap을 내리지 않는다.
③ 타이어가 얼어 붙어있으면 Heater로 녹인 후 견인한다.
④ 휠과 브레이크에 얼음이나 눈이 없는가 확인한다.
⑤ 가능한 최소 무게 상태에서 견인한다.
⑥ 견인속도는 책임자의 보행속도를 초과하지 않는다.

96 PULLY에 대해 기술하시오.

pully는 케이블을 유도하고 3도 이상(이하는 fairlead)으로 케이블의 방향을 바꾸는데 사용한다. 내부의 베어링은 실링되어 있어 따로 윤활해 줄 필요가 없다. 만약 베어링이 건조하여 거칠게 회전하면 교체해준다. 항상 풀리와 케이블이 맞닿는 부분은 손상되어있는지 확인해야한다.

97 항공기 호스를 연결 할 때 주의해야할점 4가지 기술하시오.

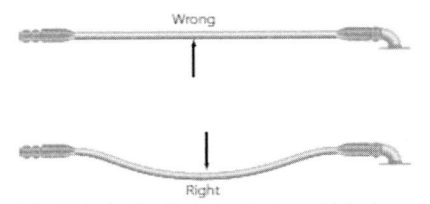
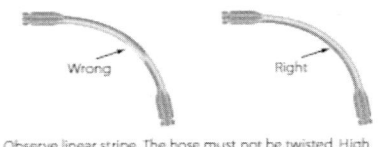
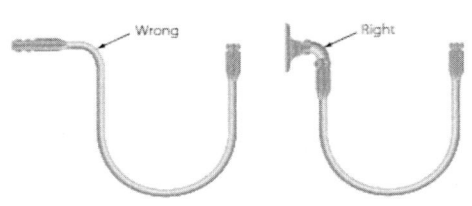
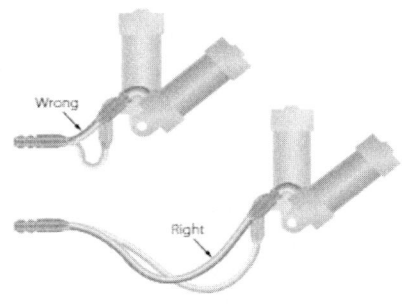

98 항공기 WING에 설치되어 있는 Rib에 대해 기술하시오.

Rib는 날개 캠버의 형태 만들어 내는 부재로 airfoil 유지하는 중요 부위이며 스킨 및 스트링거의 응력을 스파에 전달하는 역할을 담당한다. Stabilizer, aileron, elevator, rudder, flap에 사용된다.

99 항공기에서 기밀에 사용되는 sealant에 대해 기술하시오.

실런트는 base compound와 accelerator로 구성되어 기체나 액체가 기체 구조부 틈새로 나가는 것을 방지하고 기체 표면의 틈을 메워 공기흐름의 혼란을 감소시킨다. class A ~ class F로 분류된다. Application time는 gun에서 잘 빠져 나올 수 있을 때 까지의 시간을 말하며 cure time는 경화되는 시간 expiration date는 사용가능시간을 말한다.
① 항공기의 구조 하중과 온도, 압력 여러 상태에서도 Integral Fuel Tank에 기밀유지
② 모든 비행 상태에서 최소치로 정해진 압력을 유지
③ 항공기 외부표면을 공기역학적으로 매끄럽게 해주고 물이나 유체가 스며드는 것을 방지
④ Structure에 부식시킬 수 있는 Fluid 침투를 방지하여 보호
⑤ 전기계통의 구성품 보호
⑥ 방화벽에 불꽃이 번지는 것을 방지
⑦ Battery에 사용되는 전해액을 격리시켜 Structure 보호

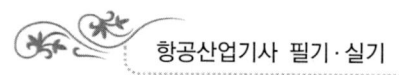

100 항공기 호스에 다음과 같이 인쇄되어있다. 식별에 대해 기술하시오.

MIL-H-8794-10 3/71 (06827)

문자, 라인(Line), 숫자으로 구성되어 있으며 다음과 같다.
① Military specification number(군 규격 넘버)
② Size by dash number(3/16 inch)
③ The quarter and year of cure or manufacture(1971년 9~12월)
④ The manufacturer's code identification number
 (제조사 규격 넘버 : 제조사, 제조사 코드, 사이즈넘버, Lot넘버, 압력강도)

101 항공기 브레이크의 종류에 대해 기술하시오.

① 팽창 튜브 브레이크(expander tube brakes) : 경량 저압브레이크로 고무로 만든 튜브를 팽창시켜 Brake block을 밀어내 바퀴 드럼과 마찰을 일으킨다.
② 단일 디스크 브레이크(Single-disc Brakes) : 소형항공기에 사용되며 마스터 실린더에서 유압을 생성시켜 브레이크 하우징에서 피스톤이 퍽을 밀어 브레이크 디스크에 마찰을 만든다.
③ 이중 디스크 브레이크(dual-disc brakes) : 양쪽에 라이닝이 설치된 Center carrier에서 양쪽에 설치된 브레이크 디스크에 각각 밀어주어 싱글 디스크보다 더 큰 제동력을 가진다.
④ 멀티 디스크 브레이크(multiple-disc brakes) : 중대형 항공기에 사용하는 강력한 브레이크이다. 피스톤에 가해지는 유압이 3개의 스테이터와 4개의 로터에 작용한다.
⑤ 세그먼트 로터 디스크 브레이크(segmented rotor-disc brakes) : 기존의 멀티 디스크 브레이크의 가장 큰 단점인 열의 제어와 발산을 효과적으로 하기 위해 로터는 가늘고 긴 홈을 만들어 분리되어 있다.
⑥ 카본 브레이크(carbon brakes) : 마찰열을 발산시키기 위해 탄소섬유재료가 브레이크 로터에 사용되었기 40% 가볍고, 50% 고온에 더 견디지만 고비용이다.

102 다음은 항공기 랜딩기어의 명칭에 대해 기술하시오.

trunnion, shock absorber strut assembly, torque link, side strut, drag strut

풀이 ① 트러니언(trunnion) : 동체와 랜딩기어를 연결시키고 축을 중심으로 착륙 장치가 회전하며 랜딩기어를 리트랙션하는 힌지 역할을 한다.
② 완충 스트럿 어셈블리(shock absorber strut assembly) : inner, outer 실린더로 구성되어 압축, 팽창을 하면서 충격을 흡수해준다.
③ 토크 링크(torque link) : 피스톤과 바퀴를 일치시키기 위해서 상부 실린더와 하부 실린더에 연결되어 있다.
④ 사이드 스트럿(side strut) : 착륙 장치가 옆 방향으로 접히지 않게 지지한다.
⑤ 항력 스트럿(drag strut) : 완충 스트럿에 연결됨. 완충 스트럿을 지지한다.

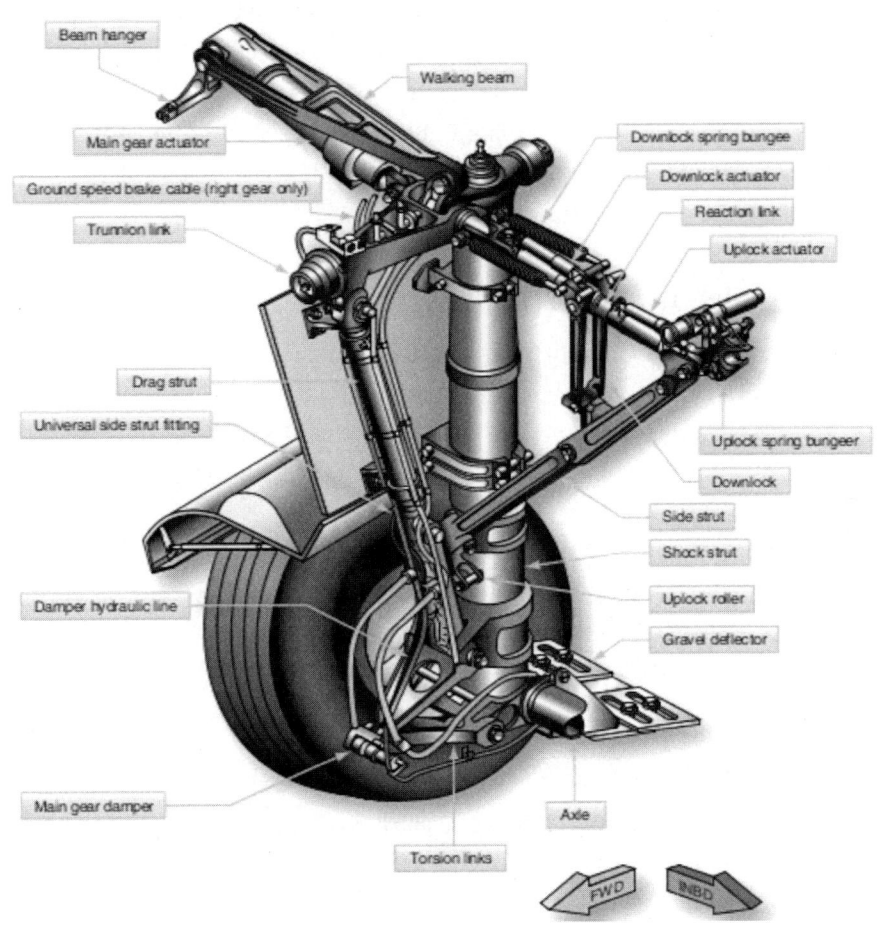

• 랜딩기어(FAA) •

103 온도가 낮은 겨울에 항공기 취급에 대해 기술하시오.

① 눈이 많이 내린 상태로 랜딩 시 반드시 눈과 얼음을 제거하고 방빙액을 코팅해야한다.
② dry snow 일 때는 방빙액의 사용을 제한한다.
③ 비행 후 가능하면 연료를 full로 보급한 후 fuel sump를 충분히 drain시킨다.
④ 항공기 내부를 따뜻하게 하기 전에 미리 동체 위에 있는 눈을 치운다. 눈이 녹아 내리면서 얼어붙기 때문이다.
⑤ radome, window 앞부분은 눈이나 얼음을 히터로 완전히 제거해야하며 히터 사용시 window부분이 깨질 수 있으므로 천천히 사용한다.
⑥ 동체 위에서 얼음이 녹아 흐르는 물은 마른 걸레로 닦아낸다.
⑦ 결빙기에는 물 사용을 제한하고 물 사용시 히터로 충분히 건조시킨다.
⑧ 눈을 제거할 때 leading edge에서부터 trailing edge 방향으로 부드러운 솔로 쓸어낸다.

⑨ 이륙 이전에 날개, 프로펠러, 엔진 흡입구, 조종면에 결빙된 오염물질이 없어야 한다.
⑩ Wing, Winglet, Control Surface, Fuselage, Tail Section, Hinge Point 등에 얼음 및 눈이 있는지 확인하고 막혀있을 경우 Heater 를 이용하여 조심스럽게 제거한다.
⑪ 랜딩 후 Landing Gear, Steering Cable, Pulley 등에 얼음이나 물이 축적 되었나 확인하고 그 얼음 조각으로 항공기 아랫면이나 Landing Gear 부위에 손상이 없는지 확인한다.

104 플러터와 버핏팅에 대해 기술하시오.

조종면이 평형하지 않는다면 flutter, buffeting 일으키고 결국 비행중에 피로에 의해 파단되는 상태에 이른다. 안정성을 위해 정적균형, 동적균형을 모두 맞추어야 한다.

① 플러터(Flutter) : "파닥거리다"의 뜻으로 항공시 속도가 고속일 때 공탄성에 의해 공기력이 항공기 기체에 진동을 만들어 조종면이 파닥거리게 되는데 조종면의 균형이 정상적이면 댐핑 성능이 있으므로 진동을 상쇄시킬 수 있다.
② 버핏팅(Buffeting) : "뒤흔들다"의 뜻으로 와류진동수와 꼬리날개의 고유진동수가 일치하면 buffet이 발생한다. 즉 주날개와 root부분에서 발생하는 와류(vortex)가 꼬리날개에 영향을 주어 공진을 일으키는 현상이다.

105 항공기 이착륙시 휠의 속도에 따라 브레이크의 힘을 제어하는 시스템은 무엇인가?

안티스키드 시스템(Antiskid Brake Control System)

풀이 브레이크의 역할은 운동에너지를 브레이크의 작용으로 마찰에 의한 열에너지로 변화시키면서 제동을 한다. 그 과정에서 휠이 스키드 상태로 된다면 제동성능이 떨어져 이를 방지하기 위해 안티스키드 시스템이 필요하다. 휠의 회전 속도의 변화를 감지하는 skid control generator, 제너레이터에서 온 신호를 식별하는 skid control box, 압력라인에 압력을 브리드해주는 skid control valve로 구성되어있다.

106 안티스키드 역할 4가지를 기술하시오.

① Normal Skid Control : wheel의 회전이 줄어들면 skid가 일어나므로 skid control valve를 open시켜 휠에서 유압을 bleed 한다. skid 되는 정도를 bleed로 조절해준다.
② Locked Wheel Skid Control : 한 개의 스트러트에 2개의 휠이 양쪽에 설치되어 있을 때 휠 중 하나가 고장으로 인해 양쪽의 wheel speed가 25knot의 차이가 발생하면 속도가 느린 쪽이 skid가 발생하게 되면 빨리 회전되는 휠을 컨트롤해서 조절한다. 얼음 위에서 wheel이 회전하지 않고 skid 된다면 길게 bleed 하여 브레이크를 완전히 release해 준다. 30km/h 이하일 때는 작동하지 않는다.

③ Touchdown Protection : 착륙을 위해 접근하는 플레어구간에서 기장이 브레이크 페달을 제어할 때 브레이크가 작동하지 못하도록 한다. 터치다운시 브레이크가 작동되면 타이어가 손상되기 때문이다. 브레이크 압력을 모두 return으로 연결하여 접지되는 순간 풀린 상태로 자유회전 시킨다.

④ Fail-safe Protection : Skid Control 시스템이 고장나면 자동으로 브레이크 시스템이 완전 수동으로 작동하게 해준다.

107 fuel tank to tank transfer & fuel tank to engine(fuel feed system)에 대해 기술하시오.

- Fuel tank to tank transfer : 연료탱크의 연료량이 서로 맞지 않아 항공기 자세에 영향을 준다. 이런 이유로 지상에서 연료를 어떤 탱크에서 다른 탱크로 이송이 요구될 때 수행하는 절차이다. 연료량 계기를 살피면서 수행한다. boost pump를 on하거나 fueling valve를 수동으로 오픈하여 이동시킨다.
- Fuel tank to engine (fuel feed system) : 연료탱크로부터 엔진과 APU까지 연료를 이송시키는 계통으로 Fuel booster pump, cross feed valve, engine fuel shutoff valve, transfer valve 등으로 구성된다.

풀이 ① Fuel booster pump : 탱크 내에 낮은 곳에 있는 연료를 이송하기 위해 압력을 올린다.
② engine fuel shutoff valve : 정상상태에서는 항상 open 되어 있으며 조종사가 엔진에 화재가 발생하여 연료흐름을 막기 위해서 engine fire handle를 당기면 close된다.
③ cross feed valve : 비행 중 center wing tank의 연료를 먼저 사용해야할 경우나 각각의 연료탱크의 사용량에 차이가 발생하여 비행자세에 영향을 주는 경우 엔진으로 연료를 이송시킬 때 사용한다.
④ transfer valve : reserve tank의 연료를 main tank로 이송할 때 사용한다.

108 랜딩기어에서 바이패스핀에 대해 기술하시오.

- 바이패스핀은 항공기 푸시백(pushback)할 때 항공기를 똑바로 후진시키기 위해 조향장치에 유압을 바이패스시켜 방향전환을 방지한다. 푸시백이 끝난 후 항공정비사가 빼낸 후 기장에게 눈으로 확인시켜 준 후 들고 복귀한다. 참고로 A380의 경우 동체 메인기어의 마지막 타이어 역시 조향이 가능하다.

Chapter 4 항공장비

01 폐회로에서 키르히호프의 제1법칙에 의해 전류의 관계식을 서술하시오.

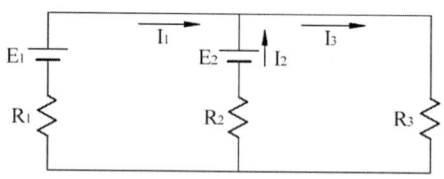

키르히호프의 제1법칙 : 전류의 법칙(KCL)이다. (전하량 보존의 법칙)
회로 내에서 임의의 접속점으로 들어가는 전류의 합과 나가는 전류의 합은 같다.
$I_1 + I_2 = I_3$

02 회로에서 전류 I1, I2, I3와 점 P, K간의 전압을 계산하시오.

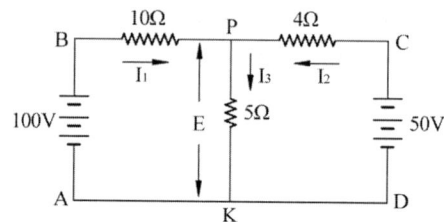

① 키르히호프의 제1법칙 : 전류의 법칙(KCL)이다. (전하량 보존의 법칙)
회로 내에서 임의의 접속점으로 들어가는 전류의 합과 나가는 전류의 합은 같다.

　　$I_1 + I_2 = I_3$ ··· ①

② 키르히호프의 제2법칙 : 전압의 법칙(KVL)이다. (에너지 보존의 법칙)
임의의 폐회로에서 전체 전압은 각 부하에 걸리는 전압의 합과 같다.

　　$V_1 + V_3 = 100[V]$
　　옴의 법칙에 의해서, $10I_1 + 5I_3 = 100$ ·· ②
　　$V_2 + V_3 = 50[V]$
　　옴의 법칙에 의해서, $4I_2 + 5I_3 = 50$ ·· ③

①②③식을 연립방정식으로 풀면 $I_1 = 5.91[A], I_2 = 2.27[A], I_3 = 8.18[A]$
따라서, PK 간의 전압 $(V_3) = R_3 \times I_3 = 5[\Omega] \times 8.18[A] = 40.9[V]$

03 등가저항(Req)을 계산하시오.

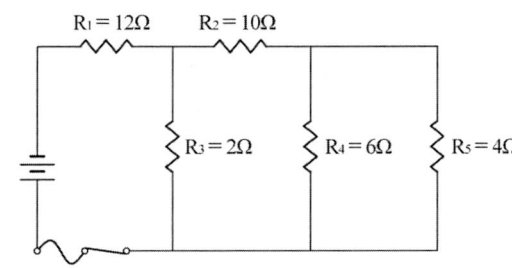

풀이

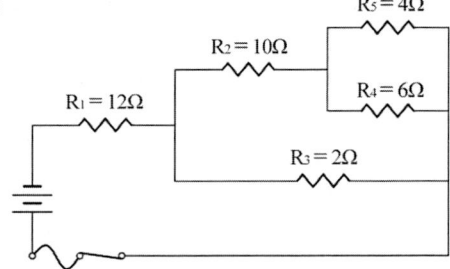

계산하기 위해서 위의 그림처럼 나열하고, 전원부로부터 가장 멀리 있는 저항값부터 계산한다.

① R4와 R5는 서로 병렬연결이므로,
$$\frac{1}{\frac{1}{6}+\frac{1}{4}} = \frac{24}{10} = 2.4[\Omega]$$

② R2와 서로 직렬연결이므로,
$10 + 2.4 = 12.4[\Omega]$

③ R5와 서로 병렬연결이므로,
$$\frac{1}{\frac{1}{12.4}+\frac{1}{2}} = \frac{24.8}{14.4} = 1.72[\Omega]$$

④ R1와 서로 직렬연결이므로,
전체저항 $R = 12 + 1.72 = 13.72[\Omega]$

04 R1 = 5kΩ, R2 = 10kΩ, R3 = 20kΩ의 전체저항을 계산하시오.

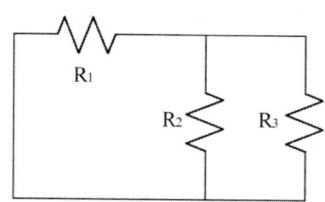

풀이

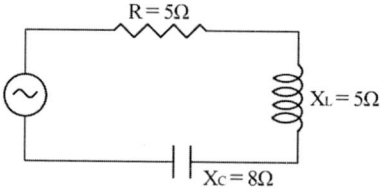

계산하기 위해서 위의 그림처럼 나열하고, 전원부로부터 가장 멀리 있는 저항값부터 계산한다.

① R2와 R3는 서로 병렬연결이므로,

$$\frac{1}{\frac{1}{10}+\frac{1}{20}} = \frac{200}{30} = 6.67 [k\Omega]$$

② R1와 서로 직렬연결이므로,
  전체저항 $R = 5 + 6.67 = 11.67 [k\Omega]$

05 회로에서 전체 저항을 계산하시오.

교류회로에서는 직류에서의 저항 이외에 코일과 콘덴서에 의한 리액턴스가 존재하므로, 직류회로와는 다르게 전체저항을 계산한다.

임피던스 (Impedance) : 교류회로에서는 저항(R)과 리액턴스 (인덕턴스와 캐패시턴스)를 저항에 합성한 저항(단위 : Ω, 기호 : Z)

$Z = \sqrt{R^2 + (X_L - X_C)^2} = \sqrt{5^2 + (5-8)^2} = 5.83 [\Omega]$

06 회로에서 교류의 전체저항을 계산하시오.

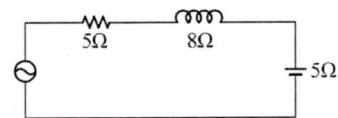

교류회로에서는 직류에서의 저항 이외에 코일과 콘덴서에 의한 리액턴스가 존재하므로, 직류회로와는 다르게 전체저항을 계산한다.

임피던스 (Impedance) : 교류회로에서는 저항(R)과 리액턴스 (인덕턴스와 캐패시턴스)를 저항에 합성한 저항(단위 : Ω, 기호 : Z)

$Z = \sqrt{R^2 + (X_L - X_C)^2} = \sqrt{5^2 + (8-5)^2} = 5.83[\Omega]$

07 회로에 소비되는 무효전력을 계산하시오.

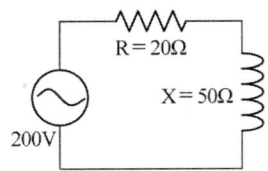

교류회로에서는 직류에서의 저항 이외에 코일과 콘덴서에 의한 리액턴스가 존재하므로, 직류회로와는 다르게 전체저항을 계산한다.

임피던스 (Impedance) : 교류회로에서는 저항(R)과 리액턴스 (인덕턴스와 캐패시턴스)를 저항에 합성한 저항. (단위 : Ω, 기호 : Z)

$Z = \sqrt{R^2 + (X_L - X_C)^2} = \sqrt{20^2 + (50-0)^2} = 53.85[\Omega]$

옴의 법칙에 의해서,

$I = \dfrac{V}{Z} = \dfrac{200[V]}{53.85[\Omega]} = 3.71[A]$

무효전력 : 교류 회로의 리액턴스에 일어나는 전력으로 외부에는 어떤 일도 하지 않은 전력. (단위는 바르[Var].)

$P_r = VI[VAR] = I^2 X[VAR] = 3.71^2 \times 50 = 689.7[VAR]$

08 회로에 소비되는 피상전력을 계산하시오.

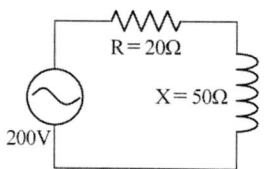

교류회로에서는 직류에서의 저항 이외에 코일과 콘덴서에 의한 리액턴스가 존재하므로, 직류회로와는 다르게 전체저항을 계산한다.
① 임피던스(Impedance) : 교류회로에서는 저항(R)과 리액턴스 (인덕턴스와 캐패시턴스)를 저항에 합성한 저항. (단위 : Ω, 기호 : Z)
$$Z = \sqrt{R^2+(X_L-X_C)^2} = \sqrt{20^2+(50-0)^2} = 53.85[\Omega]$$
옴의 법칙에 의해서,
$$I = \frac{V}{Z} = \frac{200[V]}{53.85[\Omega]} = 3.71[A]$$
② 피상전력 : 교류 회로에서 전압계는 실효 전압을 지시하고 전류계는 실효 전류를 지시하는데, 전압과 전류의 곱. (단위는 볼트암페어[VA].)
$$P_a = VI[VA] = I^2Z[VA] = 3.71^2 \times 53.85 = 742.8[VA]$$

09 회로에서 역률을 계산하시오.

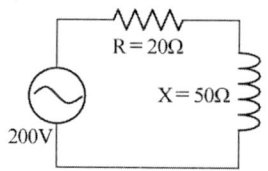

교류회로에서는 직류에서의 저항 이외에 코일과 콘덴서에 의한 리액턴스가 존재하므로, 직류회로와는 다르게 전체저항을 계산한다.
임피던스 (Impedance) : 교류회로에서는 저항(R)과 리액턴스 (인덕턴스와 캐패시턴스)를 저항에 합성한 저항. (단위 : Ω, 기호 : Z)
$$Z = \sqrt{R^2+(X_L-X_C)^2} = \sqrt{20^2+(50-0)^2} = 53.85[\Omega]$$
옴의 법칙에 의해서,
$$I = \frac{V}{Z} = \frac{200[V]}{53.85[\Omega]} = 3.71[A]$$
역률 : 피상전력 중에서 유효전력으로 사용되는 비율로서 부하의 역률이 1에 가까울수록 효율이 좋다.
$$역률(\cos\theta) = \frac{유효전력}{피상전력} = \frac{I^2R}{I^2Z} = \frac{275.88}{742.8} = 0.37$$

10 회로에서 유효전력을 계산하시오.

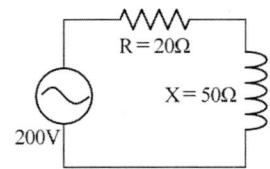

교류회로에서는 직류에서의 저항 이외에 코일과 콘덴서에 의한 리액턴스가 존재하므로, 직류회로와는 다르게 전체저항을 계산한다.
임피던스 (Impedance) : 교류회로에서는 저항(R)과 리액턴스 (인덕턴스와 캐패시턴스)를 저항에 합성한 저항. (단위 : Ω, 기호 : Z)

$$Z = \sqrt{R^2 + (X_L - X_C)^2} = \sqrt{20^2 + (50-0)^2} = 53.85[\Omega]$$

옴의 법칙에 의해서,

$$I = \frac{V}{Z} = \frac{200[V]}{53.85[\Omega]} = 3.71[A]$$

유효전력 : 교류 회로에서 전원에서 공급되어 부하에서 유효하게 이용되는 전력. 전원에서 부하로 실제 소비되는 전력으로 평균전력, 소비전력이라 부른다. 단위는 와트[W]

$$P = VI[W] = I^2R[W] = 3.71^2 \times 20 = 275.88[W]$$

11 항공기 교류 발전기의 정격전압이 115V, 3상 40kVA, 400Hz, 역률이 0.866이라 할 때 최대전압과 유효전력을 계산하시오.

① 정격전압(E) = $\frac{최대전압(E_m)}{\sqrt{2}}$ 에서, $E_m = 115\sqrt{2}[V]$ 가 된다.

② 유효전력 = 피상전력 × 역률 = 40000[VA] × 0.866 = 34640[W]

12 항공기에서 400hz를 사용하는 이유를 서술하시오.

교류 전력 기기의 크기를 좌우하는 변수가 바로 주파수이다. 그 중에서도 Magnetic Component 라고 하는 부품(각종 변압기류, 발전기, Filter류 등)이 기기 전체크기의 60~70%를 차지하게 되는데, 이 부품의 크기를 결정하는 것이 바로 주파수이다. 따라서, 사용 주파수를 증가시키면 그만큼 기기나 장비의 크기를 대폭적으로 소형화 할 수 있다. 더 높은 주파수를 사용하면 좋으나 기기 제작에 따르는 적용 부품의 사용 주파수 한계 및 사용 주파수로 인한 외부 전자 기기 영향 등 제반 및 제약 조건들을 감안하여야 하며, 장기간 사용의 안정성 등을 고려하여 전 세계적으로 인정한 설계 변수값이다. 추후 400Hz보다 더 높은 주파수에서 사용 가능한 재료나 기술이 개발 되면 변화될 수도 있다. 결국 가능한 한 부품의 크기를 줄여야 하는 항공기 내부 장비에는 400Hz 장비를 사용해야 할 것이며, 야전에서 사용하는 군용 장비(크기가 작아야 이동이 용이하므로)는 대부분 400Hz 장비를 사용한다.

13 항공기에서 사용되는 전원에서 교류에 대한 직류의 단점 3가지 서술하시오.

직류 (DC : Direct Current) : 일정한 크기와 방향으로 흐르는 전류
직류에서의 전압은 거의 변화가 없지만 전류의 크기는 변화한다.
① 장점 : 저장이 가능하다.
- 전원을 이동 가능하다. (소형으로 휴대 용이)
- 전원이 교류에 비해 안정적이다. (전압이 일정하여 품질 우수)
- 직류 모터는 속도 조정이 용이하다.
- 정밀 제어에 유리하다.
- 무효전력이 발생하지 않아 전력소모가 적고 힘이 좋다.
- 주파수가 없어 통신장애가 발생하지 않는다.

② 단점 : 전압이 일정하여 전압의 변경이 어렵다.
- 많은 전기를 저장하기 어렵다.
- 대용량 전기 공급 및 장거리 송전이 교류보다 불리하다.
- 방전이 되면 충전하거나 교체해야 한다.
- 교류 AC : Alternating Current) : 시간의 경과에 따라 일정한 주기를 가지고 크기와 방향을 바꾸는 전류

풀이 ① 장점 : 3상 전력을 생산 가능하며 전압의 변경이 용이하다.
- 대용량의 에너지를 사용 및 장거리 송전에 유리하다.
- 대용량의 모터 제작이 가능하다.
- 충전이나 전력 교체가 필요 없다.

② 단점 : 전기를 저장할 수 없다.
- 직류에 비해 안정적이지 못하다.
- 교류 모터는 속도 조정이 용이하지 않다.
- 전자기파가 발생하여 통신장애가 발생한다.
- 정전 용량 및 리엑턴스에 의한 대책이 필요하다.
- 고압 송전으로 인하여 환경에 유해하다.

14 회로 내에 규정 전류 이상의 전류가 흐를 때 회로를 열어 주어 전류의 흐름을 막는 회로 차단기(circuit breaker)의 종류 4가지를 쓰시오.

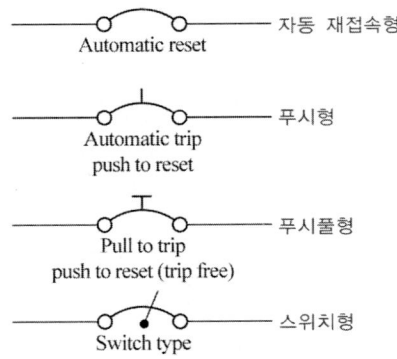

15 플립플롭 전기회로에서 S단자에 입력신호를 가했을 때 출력 Q와 $\overline{Q}$는 어떻게 되는가?

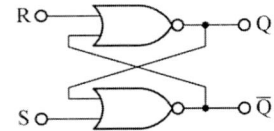

$Q : 1, \overline{Q} : 0$

풀이 트리거 회로라 불리는 회로의 일종이며, 두 개의 안정 상태(stable state) 중 어느 쪽이든지 한쪽을 보존한다. 이것을 논리 회로로 사용할 경우에는 이 두 개의 상태를 0과 1에 대응시킨다. 즉, 최초의 상태가 1이라 하면, 반대 상태의 입력이 없는 한 1의 상태를 계속하고 입력이 있으면 0의 상태가 된다. 이와 같이 두 개의 상태를 갖는 회로를 쌍안정 회로(bistable-circuit)라고 한다. 스위치로 말하면 토글 스위치이다. 가장 간단한 플립플롭은 NAND 게이트(NAND gate)를 사용한 것이다. 영문으로 쓰는 경우에는 flip-flop이 아니고, 바이스터블 트리거 회로(bistable trigger circuit)라든가, 바이스터블 회로라고 하는 쪽이 일반적이다. 또 단안정 회로(monostable circuit)의 의미로 쓰이는 경우도 있으나 용어 사용상 금지하고 있다. 플립플롭의 종류에는 R-S, J-K, D, T 등이 있다.

① $\overline{S}=0, \overline{R}=0$ 경우-(FF 동작을 하지 않으므로 금지) : $\overline{S}=0$이면 NAND ①의 Q는 반전되어 1이 되고, NAND ②의 입력도 1이 된다. 또한 $\overline{R}=0$이므로 $\overline{Q}$는 반전되어 1이 된다. 따라서 $Q=1, \overline{Q}=1$이 되어 반전되지 않으므로 뜻이 없다. 그러므로 사용하지 않는다.

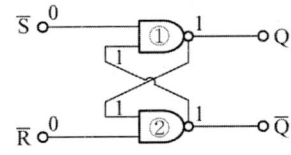

② $\overline{S}=1$, $\overline{R}=0$인 경우 : $\overline{R}=0$이므로 NAND ②의 $\overline{Q}$는 반전하여 1이 되고, NAND ①의 입력도 1이 된다. $\overline{S}=1$이므로 NAND ①에서는 두 입력이 모두 1이 되어 Q=0으로 반전된다. 따라서 Q=0, $\overline{Q}=1$이 된다.

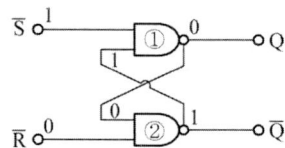

③ $\overline{S}=0$, $\overline{R}=1$인 경우 : $\overline{S}=0$이므로 NAND ①의 Q는 반전하여 1이 되므로 NAND ②의 입력도 1이 된다. 그리고 $\overline{R}=1$이므로 NAND ②의 두 입력은 모두 1이 되어 $\overline{Q}=0$으로 반전된다. 따라서 Q=1, $\overline{Q}=0$이 된다.

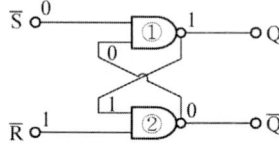

④ $\overline{S}=1$, $\overline{R}=1$인 경우 : NAND ①, ② 모두 한쪽 입력 $\overline{S}$, $\overline{R}$가 각각 1이지만, 다른 한쪽 입력이 각각 x로서 알 수 없고, 전과 같은 상태이다.

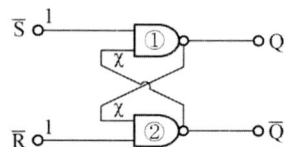

※ RS 플립플롭 진리표

동작번호	입력		출력		비고
	$\overline{R}$	$\overline{S}$	Q	$\overline{Q}$	
1	0	0	1	1	금지
2	1	0	0	1	반전
3	0	1	1	0	반전
4	1	1	Q	$\overline{Q}$	전 상태와 동일

16 부품의 명칭과 종류 및 내용을 쓰시오.

코일(coil 또는 inductor) : 인덕턴스를 갖게 하기 위하여 도선을 통 모양이나 나선 모양으로 감은 것을 코일이라고 한다.

풀이
① 공심(air core) 코일 : 라디오용으로 주파수가 높은 회로에 사용되며, 솔레노이드 코일, 허니컴 코일 등 여러 종류가 있다.
② 가변(variable) 코일 : 자기 인덕턴스 또는 상호 인덕턴스를 쉽게 변화시킬 수 있는 인덕터로, 1uH에서 100uH까지의 범위를 가지며 무전기, 텔레비전 및 라디오와 같은 다양한 RF회로와 발진기에 주로 사용된다.
③ 철심(iron core) 코일 : 공심 코일에 비해서 인덕턴스가 크고 저주파 트랜스나 전원 트랜스용으로 사용되고 있다.

17 릴레이의 계자코일에 역기전력을 흡수하기 위해 설치하는 부품은 무엇인가?

Diode(다이오드) : 스위칭 회로 등에서 관성 소자(인덕터)에 축적된 자기 에너지를 스위치의 개방 시에 원활하게 전원으로 반환, 혹은 소산할 수 있도록 유도하기 위한 바이패스에 사용되는 다이오드를 말한다. 코일에 전류를 흘려주다가 전류를 끊어주게 되면 코일에 남아 있는 에너지가 역으로 흐르게 되어 역기전력이 발생한다. (역기전력의 전압은 L × dI/dT로, 인덕터 값과 전류변화에 비례하고, 시간변화에 반비례 하는데, 이때 전류를 끊어주는 시간은 거의 0에 가깝기 때문에 역기전력은 수천~수만[V]가 발생할 수 있어, 코일을 구동하는 드라이브장치나 TR 등이 역기전력으로 인해 파괴될 수 있기 때문에 코일과 병렬연결로 Vcc에 역방향으로 다이오드를 넣어 역기전력이 Vcc쪽으로 흡수 또는 다이오드쪽으로 유도하여 전류를 감소시켜 만들어 기기를 보호하거나 릴레이 코일의 수명을 유지시킨다. (Flyback diode 또는 Free wheeling diode 라고도 부른다.)

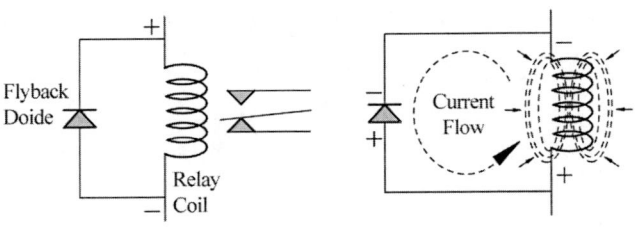

18 그림에 해당하는 명칭을 적으시오.

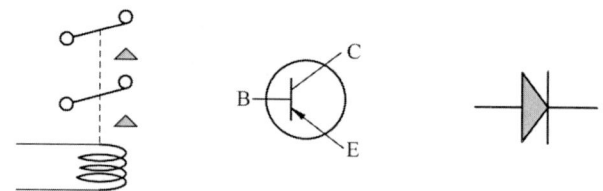

① 릴레이 : 도체(Core)에 Coil을 감고 전류를 흐르게 하여 자력선 범위에 스위치를 개폐하게 만든 것으로, 회로를 연결하여 작은 전류로 큰 전류를 제어할 수 있도록 하는 스위치 역할이다. 릴레이 코일에 전류가 흐르지 않으면 COM과 NC가 연결되고, 코일에 전류가 흐르면 COM과 NO가 연결된다.
② 이중접합 트랜지스터(BJT) : PNP형으로 이미터에서 베이스로 전류가 흐르게 되면, 이미터에서 콜렉터로도 전류가 흐르게 된다. 스위칭 및 증폭 작용을 한다.
③ 다이오드 : PN접합 반도체로 정방향(+극에서 −극으로)으로 전류를 흐르게 하고, 역방향(−극에서 +극으로)으로는 흐르지 않게 하여, 역전류 차단작용을 한다.

19 항법등의 역할 2가지를 서술하시오.

항공등(Navigation Light, Position Light) : 우측 날개 끝에 녹색(혹은 청색), 좌측 날개 끝에 적색으로 전방으로부터 100°, 꼬리 날개에 백색으로 좌우 70°씩 140° 방향으로 상시 점등시켜, 항공기의 위치와 자세를 알려주는 등이다. 각 날개에 다른 색의 등을 켜서 항공기가 어느 방향을 향하고 있는지를 알려준다. 이 등은 보통 점멸되도록 되어 있다. 그 외에 동체에 Taxi Light처럼 백색에 가까운 빛을 더 장착하기도 하는데, 동일하게 항공기가 있음을 알려주는 역할을 하여, Position Light라고 부르기도 한다. Strobe Light는 보통 날개 끝 후방에 위치하면서, 순간적으로 밝은 빛을 내며 점멸하는 등이다. Anti-Collision과 비슷하게 항공기의 위치를 나타내는 한편, 특히 지상에서 항공기 날개 끝의 위치를 알려주어서 활주로나 유도로에서 다른 항공기가 야간에 날개를 확인하지 못하고 부딪히는 것을 방지한다.

20 알루미늄 도선을 Strip할 때 주의사항 2가지를 쓰시오.

① strip이 깨끗하게 되도록 규정된 공구(와이어 스트리퍼)를 사용한다.
② 규정된 공구이외의 특별한 공구를 사용 시에는 도체에 칼자국이나 절단면이 생기지 않도록 주의한다.
③ 도선의 손상이 규정된 Limit를 넘지 않도록 한다.
④ 도선이 끊어지지 않도록 주의한다.

풀이 전선의 피복 벗기기(Stripping Wire) : 전선을 커넥터, 터미널, 스플라이스 등에 조립하기 전에 절연체는 도체(conductor)를 노출시키도록 끝단을 벗겨내야 한다. 구리선(copper wire)은 크기와 절연체에 따라 여러 가지 방법으로 제거한다. 알루미늄 전선은 아주 쉽게 끊어지기 때문에 피복을 벗길 때 매우 주의해야 한다. 아래의 권고 사항에 따라 작업해야 한다.

① 모든 종류의 와이어스트리퍼(wire stripper)를 사용할 때, 전선이 와이어스트리퍼의 날(cutting blade)에 직각이 되도록 한다.
② 자동 피복기(automatic stripping tool)는 전선의 손상을 피하기 위해 제작사 사용법 설명서를 따라야 한다. 알루미늄 전선과 No.10 전선보다 작은 구리선에 더욱 주의해야 한다. 제작사 사용법 설명서의 지침에 나와 있는 끊어진 전선의 허용개수 이상을 갖는 모든 전선을 잘라내고 만약 길이가 충분하다면 다시 벗기거나 버리고 교체한다.
③ 절연체(피복)가 해지거나 들쭉날쭉한 가장자리 없이 깔끔한지 확인한다. 필요하면 깎아 다듬는다.
④ 모든 절연체(피복)는 제거 영역으로부터 제거되어야 한다. 전선의 일부 종류는 도체와 1차 절연체 사이에 투명한 절연체가 공급된다. 만약 있는 경우에는 절연체를 제거한다.
⑤ 3/4[inch] 이상 절연체의 길이를 제거하기 위해 핸드-플라이어 스트리퍼(hand-plier Stripper)를 사용하는 경우, 2번 이상 조작하는 것이 더 쉽다.
⑥ 전선 가닥의 원래 상태의 꼬임과 견고함을 복원하기 위해, 손 또는 플라이어(plier)로 구리선 가닥을 다시 꼬아 준다.

21 항공기의 본딩 와이어란 무엇인지 간단히 설명하시오.

각종 기기와 기체구조물을 연결하여 원하지 않는 정전기 발생을 제거하여 무선 간섭과 화재 발생 가능성을 줄여주는 전도체

> **풀이** 본딩(Bonding) : 2개 이상의 분리된 금속 구조물 또는 기계적으로는 접합되어 있으나, 전기적으로는 연결이 불충분한 금속 구조물을 전기적으로 완전히 연결시키는 것이다. (전기적 차이로 인한 금속 부식을 방지.) 사용되는 도선을 본드선(Bonding Wire) 또는 본딩 점퍼(Bonding Jamper)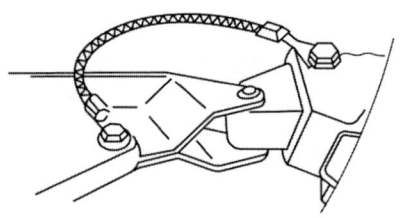
> 라고 한다. 본드선은 가능한 짧게 하고 전기저항은 3[mΩ] (0.003[Ω]) 이하로 한다. 가동 부분에 제약을 받지 않게 하고, 절단되지 않게 해야 한다. 연결하고자 하는 금속 표면의 페인트 등을 제거하고 연결 후 방녹 처리를 한다. 전기적 부식을 방지하기 위해 제공자에서 지정한 재료를 조합하여 본딩 작업을 해야 한다.

22 본딩 점퍼의 역할에 대하여 서술하시오.

① 양단간의 전위차를 제거
② 무선방해 감소
③ 화재 위험성 제거

> **풀이** 본딩(Bonding) : 2개 이상의 분리된 금속 구조물 또는 기계적으로는 접합되어 있으나, 전기적으로는 연결이 불충분한 금속 구조물을 전기적으로 완전히 연결시키는 것이다. (전기적 차이로 인한 금속 부식을 방지) 사용되는 도선을 본드선(Bonding Wire) 또는 본딩 점퍼(Bonding Jamper) 라고 한다. 본드선은 가능한 짧게 하고 전기저항은 3[mΩ] (0.003[Ω]) 이하로 한다. 가동 부분에 제약을 받지 않게 하고, 절단되지 않게 해야 한다. 연결하고자 하는 금속 표면의 페인트 등을 제거하고 연결 후 방녹 처리를 한다. 전기적 부식을 방지하기 위해 제공자에서 지정한 재료를 조합하여 본딩 작업을 해야 한다.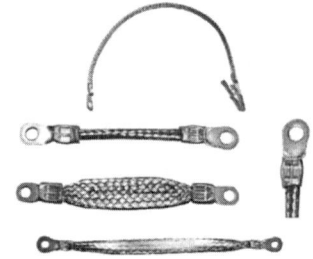

23. 배터리의 정전압 충전법에 대해 설명하고 장단점을 설명하시오.

① 정전압법 : 일정한 전압의 발전기로 충전하는 방식으로 기상 충전에 사용
② 장점 : 과충전에 대한 특별한 주의가 없어도 짧은 시간에 충전을 완료할 수 있다.
③ 단점 : 충전완료시간을 미리 예측할 수 없다.

풀이 축전지 충전방법
① 정전류 충전법 : 충전기를 사용하여 일정한 전류로 충전하는 방법
  ㉠ 충전 완료 시간을 예측할 수 있다.
  ㉡ 시간을 초과하면 과충전의 위험이 있다.
  ㉢ 충전 전류는 축전지 용량의 10% 정도로 한다.
② 정전압 충전법 : 발전기나 충전기 등을 사용하여 일정한 전압으로 충전하는 방법
  ㉠ 충전 초기에 전류값이 큰 단점이 있다. (열로 인한 극판 손상)
  ㉡ 충전이 진행됨에 따라 차츰 전류가 감소하여, 충전상태에 도달하면 거의 전류가 흐르지 않게 되어 가스발생이 거의 없고 충전 능률도 우수하게 된다.
  ㉢ 충전완료 시간을 예측할 수 없기 때문에 중간중간 충전 상태를 확인하여 과충전을 방지한다.
  ㉣ 항공기 내에서의 발전기에 의한 충전은 정전압 충전법이다.

24. 배터리 장탈 시 어느 선을 먼저 장탈하는가?

(−)극 선부터 장탈

풀이 항공기에서는 도선의 무게를 줄이기 위해 (+)선은 도선을, (−)선은 기체구조물을 이용하는 단일도선(Single wire) 방식을 사용한다. 따라서, 배터리의 (−)선부터 장탈하지 않으면 전기회로가 형성되어 있기 때문에 (+)선을 장탈하다가 접지가 되어 있는 구조물에 닿거나 하면 단락으로 인한 스파크가 발생하는 등 위험할 수 있으므로 배터리 장탈 시에는 스위치를 OFF시킨 후 (−)선부터 제거해야 하며, 장착 시에는 반대로 (+)선부터 연결한다.

25 Battery 충전법 2가지를 쓰시오.

정전류 충전법, 정전압 충전법

풀이 축전지 충전방법
　① 정전류 충전법 : 충전기를 사용하여 일정한 전류로 충전하는 방법
　　㉠ 충전 완료 시간을 예측할 수 있다.
　　㉡ 시간을 초과하면 과충전의 위험이 있다.
　　㉢ 충전 전류는 축전지 용량의 10% 정도로 한다.
　② 정전압 충전법 : 발전기나 충전기 등을 사용하여 일정한 전압으로 충전하는 방법
　　㉠ 충전 초기에 전류값이 큰 단점이 있다. (열로 인한 극판 손상)
　　㉡ 충전이 진행됨에 따라 차츰 전류가 감소하여, 충전상태에 도달하면 거의 전류가 흐르지 않게 되어 가스발생이 거의 없고 충전 능률도 우수하게 된다.
　　㉢ 충전완료 시간을 예측할 수 없기 때문에 중간중간 충전 상태를 확인하여 과충전을 방지한다.
　　㉣ 항공기 내에서의 발전기에 의한 충전은 정전압 충전법이다.

26 배터리(Battery)의 정전류 충전법에 대해 설명하고 장·단점을 설명하시오.

① 정전류법 : 전류를 일정하게 유지하면서 충전하는 방법
② 장점 : 충전 완료 시간을 미리 알 수 있다.
③ 단점 : 충전소요 시간이 길고, 주의하지 않으면 충전 완료에서 과충전이 되기 쉽다.

풀이 축전지 충전방법
　① 정전류 충전법 : 충전기를 사용하여 일정한 전류로 충전하는 방법
　　㉠ 충전 완료 시간을 예측할 수 있다.
　　㉡ 시간을 초과하면 과충전의 위험이 있다.
　　㉢ 충전 전류는 축전지 용량의 10% 정도로 한다.
　② 정전압 충전법 : 발전기나 충전기 등을 사용하여 일정한 전압으로 충전하는 방법
　　㉠ 충전 초기에 전류값이 큰 단점이 있다. (열로 인한 극판 손상)
　　㉡ 충전이 진행됨에 따라 차츰 전류가 감소하여, 충전상태에 도달하면 거의 전류가 흐르지 않게 되어 가스발생이 거의 없고 충전 능률도 우수하게 된다.
　　㉢ 충전완료 시간을 예측할 수 없기 때문에 중간중간 충전 상태를 확인하여 과충전을 방지한다.
　　㉣ 항공기 내에서의 발전기에 의한 충전은 정전압 충전법이다.

27 니켈 카드뮴(Ni-Cd) 축전지의 전해액이 새었을 때 중화제로 사용되는 것은?

아세트산, 레몬주스, 붕산염 용액

풀이 │ 니켈 카드뮴 축전지의 전해액은 수산화칼륨(KOH)으로 알칼리성이다. 따라서 중화제로는 산 성분을 이용해야 한다. 전해액이 황산(H_2SO_4)인 납산 축전지의 중화제로는 탄산 나트륨을 사용한다.

28 항공기 납산 축전지(lead-acid battery) 내부의 전기 화학적 반응이 일어나는데 화학 반응식을 기술하시오.

$$PbO_2 + Pb + 2H_2SO_4 \Leftrightarrow 2PbSO_4 + 2H_2O$$

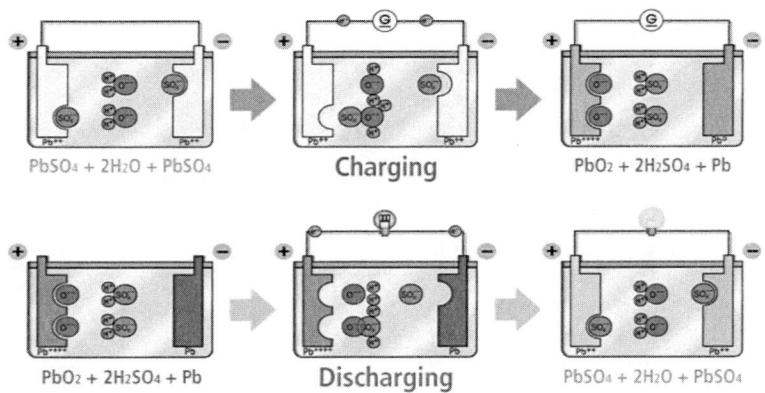

29 절연저항의 측정 방법 및 목적에 대하여 설명하시오.

메거 저항계를 이용, 전기 장치의 금속 프레임과 코일 및 배선 사이의 절연 저항 및 피복 전선의 절연 상태를 측정한다.

풀이 │ 절연저항 : 2개의 절연체에 직류 전압을 가하면, 표면과 내부에 매우 작은 누설 전류가 흐른다. 이 때의 전압과 전류의 비로 구한 저항을 절연 저항이라 한다. 전류가 절연체의 표면에 흐르면 표면 절연 저항, 내부에 흐르면 체적 절연 저항으로 구분한다. 온도나 습도의 증가에 따라 감소하고, 단위는 $M\Omega$ 이다. 전류가 도체에서 절연체를 통하여 새면, 보통보다 낮은 저항이 되며, 감전이나 과열에 의해 큰 화재가 발생한다.

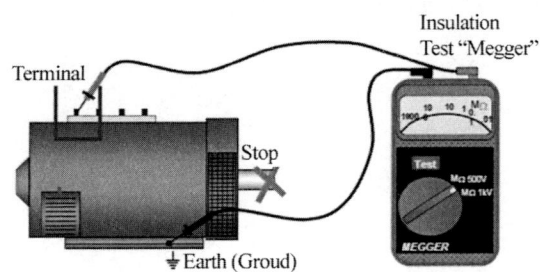

30 전류계와 전압계의 연결방법에 대해 설명하시오.

① 전압계 : 부하(Load)와 병렬 연결

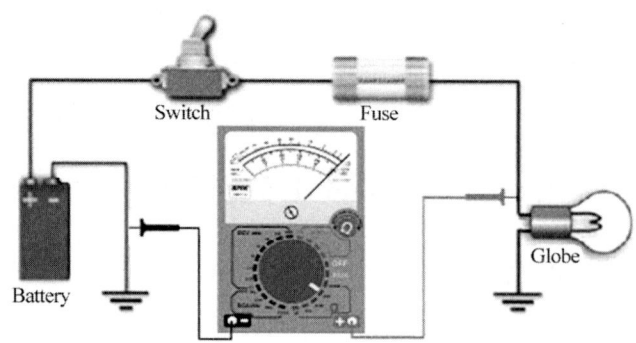

② 전류계 : 부하(Load)와 직렬 연결

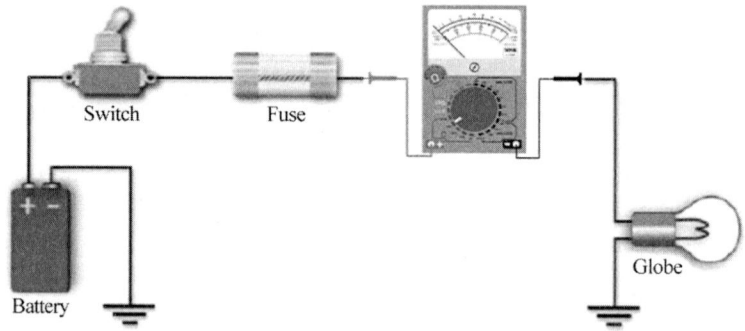

31 교류발전기를 병렬운전 할 경우 갖추어야 할 3가지 조건을 쓰시오.

① 각 발전기의 주파수가 같아야 한다.
② 각 발전기의 전압이 같아야 한다.
③ 각 발전기의 위상이 같아야 한다.

> **풀이** 전압만 동일하게 맞추면 병렬운전이 가능한 직류 발전기와는 다르게 교류 발전기는 주파수와 위상이 존재하기 때문에 전압, 주파수, 위상을 서로 일치시켜서 병렬운전해야 한다. 그렇지 않으면 전력 손실이 발생한다.

32 정속회전에 유리한 직류 Motor는 직권 Motor와 분권 Motor 중 어느 것인가?

분권 Motor

풀이 ① 직권 전동기 : 계자 코일과 전기자 코일이 직렬로 권선. 시동회전력이 크고, 회전속도의 변화가 크다.
② 가역 전동기 : 직권 전동기의 계자나 전기자 코일의 전류 방향 중 하나만 바꾸면 전기자의 회전방향은 반대로 된다.
③ 분권 전동기 : 계자 코일과 전기자 코일을 병렬로 권선. 회전속도가 일정하다. 회전력이 낮다.
④ 복권 전동기 : 전기자 코일과 계좌 코일을 직렬 및 병렬로 권선. 회전력이 크고 회전속도가 일정하고, 구조가 복잡하다.

33 정속구동장치(CSD)에 대해서 서술하시오.

기관의 회전수에 관계없이 일정한 출력 주파수를 발생할 수 있도록 하는 장치

풀이 정속구동장치(Constant Speed Drive : CSD) : 항공기에서는 출력 주파수가 400Hz로 일정하게 유지되어야 한다. 그래서 엔진의 구동축과 발전기축 사이에 정속구동장치를 설치하여 엔진의 회전수에 관계없이 항상 일정한 회전수를 발전기축에 전달한다. (항공기 AC 전원 : 115[V], 400[Hz] ±1[Hz]로 2[Hz]가 넘으면 안된다.)

Constant-speed drive

34 항공기에서 사용하는 전기는 전압과 전류의 값을 바꾸어서 사용해야 할 경우가 있다. 전압의 값을 변화시켜 사용하는 기기와 전류의 값을 변화시켜 사용하는 기기를 무엇이라 하는가?

변압기, 변류기

풀이 ① 변압기 (Voltage transformer) : 전원과 병렬 연결하여 전원이 연결된 쪽의 1차 코일에 교류를 흐르게 하면, 1차 코일의 자속이 주기적으로 변화하고, 반대편의 2차 코일에는 전자기유도에 의해 기전력이 유도된다. 이 때, 2차 전압의 크기는 패러데이의 법칙에 따라 코일의 감은 수의 상대적인 비율에 의해 정해진다. 열 손실을 무시한다면 에너지 보존의 법칙에 의해 1차 코일로 들어간 전력은 2차 코일로 나가는 전력과 같다.

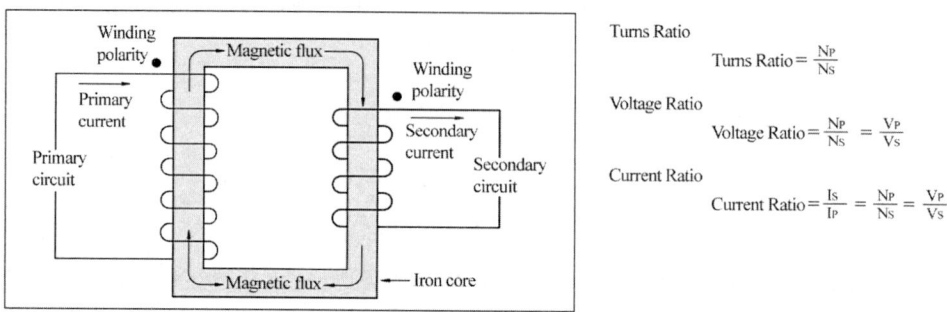

② 변류기(Current transformer) : 전원과 직렬 연결하여 1차측에 대전류가 흐르면 앙페르의 오른손 법칙에 의해 자기장이 발생한다. 이 때 발생한 자속(Φ)은 철심(core)을 통해 이동한다. 2차측에 감긴 코일(권선)에 이동한 자속이 쇄교하면서 기전력(E)이 유기된다. 이 크기는 패러데이의 전자기유도 법칙에 의거하고 방향은 렌츠의 법칙에 의해 결정된다. 즉, 자속의 변화를 상쇄하는 방향으로 자속 및 기전력이 발생하고 그에 따라 2차 전류가 흐른다. 1차 전류에 의해 발생하는 자속과 2차 전류에 의해 발생하는 자속은 서로 방향이 다르므로 상쇄되어 가동 중에는 철심에 여자전류를 위한 자속정도만 흐른다.

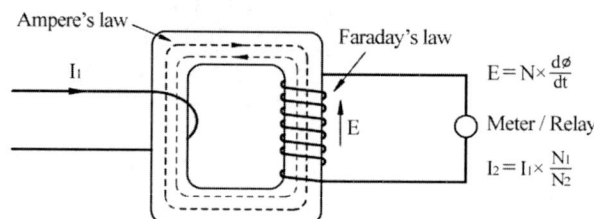

35 변압기와 변류기에 대해 설명하시오.

① 변압기 : 전압을 승압 또는 감압시키는 장치
② 변류기 : 전류의 값을 변화시키는 일종의 변압기

풀이 ① 변압기 : 철심의 양쪽에 각각 코일을 감은 후, 한쪽에는 전원을 연결하고 다른 한쪽에는 검류계를 연결한다. 전원을 연결한 코일에 전류가 흐르면 코일과 철심에 자기장이 형성된다. 전원에서 공급되는 전류가 시간에 따라 변한다면 자기장의 크기 또한 같이 변한다. 그리고 철심을 통해 자기장이 전달되어 반대편 코일을 통과하는 자기장의 세기도 시간에 따라 변한다. 반대편 코일에는 전자기유도로 유도기전력이 생기고 유도전류가 흘러 검류계의 바늘이 움직인다. 만약 교류전원이라면 반대편 코일에도 교류전류가 유도된다.

② 변류기 : 변압기와 같은 성층철심(成層鐵心)에 권선수(捲線數)가 적은 1차코일과 권선수가 많은 2차코일을 감은 것인데, 2차코일에는 전류계·전력계·계전기(繼電器) 등을 연결한다. 1차·2차의 전류비(電流比)는 각기 코일 권선수의 반비(反比)와 비슷하다. 1차전류의 정격(定格) 값은 수십A에서 수천A까지 여러 가지가 있으나, 2차전류의 정격값은 대부분이 5A이다. 변류기를 회로에 연결할 때 2차코일은 접지하고, 1차코일은 전압에 따라서 충분한 절연을 하기 때문에, 1차회로가 높은 전압일지라도 2차회로에 손을 대어도 위험이 없다. 변류기에는 주요부를 탱크 속에 넣고, 이것에 기름을 가득 채운 유입형(油入型)과 기름을 사용치 않는 건식(乾式)이 있는데, 건식은 회로의 전압이 약 2만V 이하의 것에 사용한다.

36 직류 전동기의 종류 3가지와 기능을 설명하시오.

① 직권형 직류전동기 : 시동토크가 커서 시동장치에 많이 사용한다.
② 분권형 직류전동기 : 부하 변동에 따른 회전수 변화가 적으므로, 일정한 속도를 요구하는 곳에 사용한다.
③ 복권형 직류전동기 : 직권형 계자와 분권형 계자를 모두 갖추고 있어, 직권과 분권의 중간 특성을 가진다.

풀이 ① Series DC Motor : 권선에 낮은 저항 때문에, 직권전동기는 시동 시 큰 전류를 흐르도록 할 수 있다. 계자와 전기자권선 모두를 거쳐 지나가고 있는 이 시동전류는 직권전동기의 주요한 장점인, 고기동회전력을 만들어낸다. 직권전동기는 가끔 엔진 시동기로 그리고 착륙장치, 카울플랩(cowl flap), 그리고 날개플랩(wing flap)을 올리고 내리기 위해 항공기에서 사용된다.

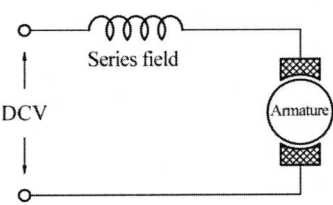

② Shunt DC Motor : 계자권선은 전기자권선과 병렬로 또는 분로로 연결된다. 계자권선의 저항은 매우 크다. 계자권선은 직접 전원장치와 교차하여 연결되기 때문에, 계자를 통과한 전류는 일정하다. 계자전류는 직권전동기에서처럼, 전동기 속도에 따라 변화하지 않아 분권전동기의 회전력은 오직 전기자를 통과한 전류에 따라 바뀐다. 시동에서 조성된 회전력은 동일한 크기의 직권전동기에 의해 조성된 것보다 적다. 분권전동기의 속도는 부하에 따른 변화로서 매우 적게 변화한다. 모든 부하가 제거되었을 때, 부하에 걸린 속도보다 약간 더 높은 속도를 낸다. 이 전동기는 정속이 요구되거나 고기동회전력이 필요로 하지 않을 때 적당하다.

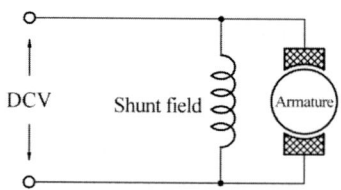

③ Compound DC Motor : 복권전동기는 직권전동기와 분권전동기의 조합으로 계자에 2개의 권선이 있는데, 분권권선과 직렬권선이다. 가는 전선의 수많은 감김으로 구성되어 있는 분권권선은 전기자권선에 병렬로 연결된다. 직렬권선은 굵은 전선의 몇 번 감김으로 이루어져 있고 전기자권선에 직렬로 연결된다. 기동회전력은 분권전동기보다는 더 크지만 직권전동기보다는 더 작다. 부하에 따른 속도의 변이는 직권전동기보다는 적지만 분권전동기보다는 더 크다. 복권전동기는 직권전동기와 분권전동기의 조합된 특성이 요구될 때에는 언제나 사용된다. 복권발전기와 마찬가지로, 복권전동기는 직권계자권선과 분권계자권선 모두를 갖고 있다. 직렬권선은 분권권선을 도와주거나, 즉 가동복권 아니면 분권권선에 반대하게 되는 차동복권이다. 가동복권전동기의 시동특성과 부하특성은 직권전동기와 분권전동기의 사이에 있다. 직권계자 때문에, 가동복권전동기는 분권전동기보다 고기동회전력을 갖는다. 가동복권전동기는 부하에 급작스러운 변화를 필요로 하는 구동기계장치에서 사용된다. 또한 고기동회전력이 요구되지만 직권전동기가 쉽게 사용될 수 없는 곳에 사용된다.

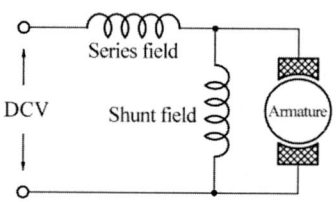

37 발전기의 주파수를 구하는 공식을 쓰시오.

$$f = \frac{P}{2} \times \frac{N}{60}$$

(P : 계자의 극수, N : 분당 회전수 [rpm = rotation/min])

풀이 ① 3상 8극 발전기가 6000rpm으로 회전 시 주파수를 구하시오.

$$f = \frac{P \cdot N}{120}[Hz]$$

(P : 계자의 극수, N : 분당 회전수 [rpm = rotation/min])

$$= \frac{8 \times 6000}{120} = 400[Hz]$$

38 직류의 분권 발전기(shunt wound generator)이다. 이를 전기 회로로 표현하시오. (단, 직류 발전기의 부품기호를 정확히 표기할 것)

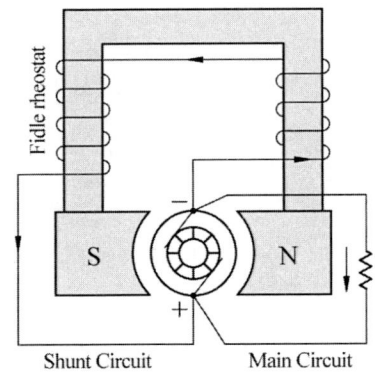
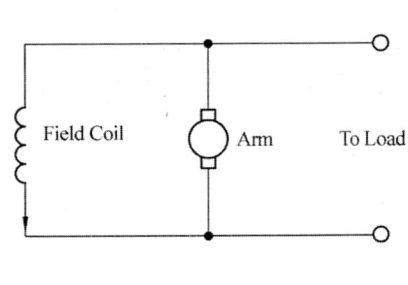

직류발전기는 전기자에서 발생한 전기 중 일부를 자신의 계자에 공급하는 자기여자방식(self-exciting)을 사용한다. 전기자 코일과 계자 코일의 연결 방식에 따라 분류된다.

풀이 ① 직권직류발전기(series-wound DC generator) : 계자 코일이 전기자 코일과 직렬연결

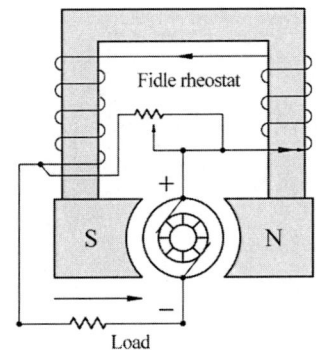
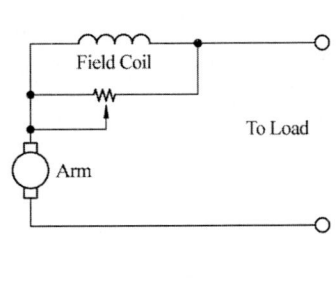

② 분권직류발전기(shunt-wound DC generator) : 계자 코일이 전기자 코일과 병렬연결

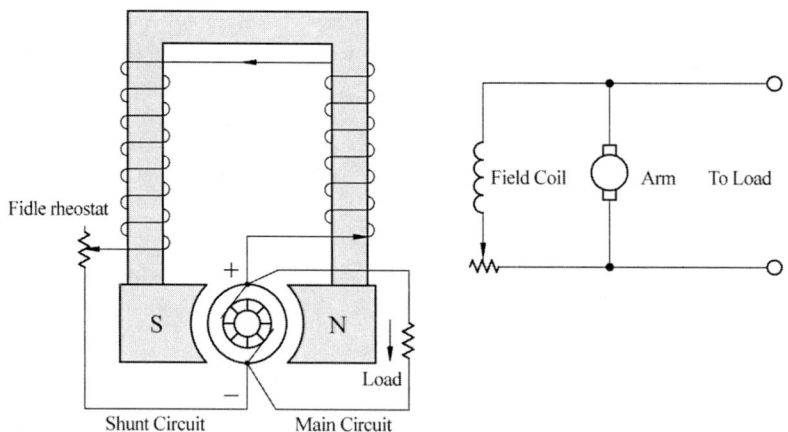

③ 복권직류발전기(compound-wound DC generator) : 전기자 코일에 계자 코일이 직렬 및 병렬연결

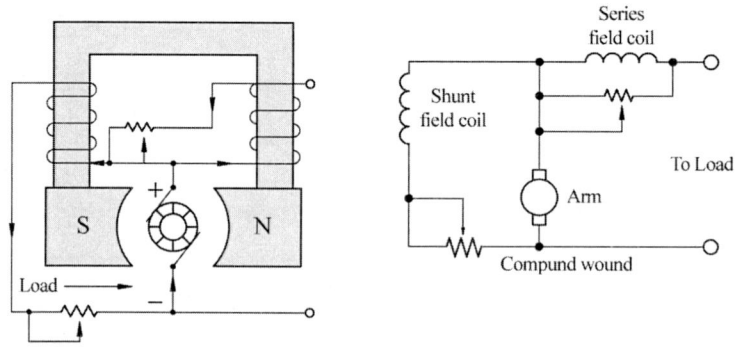

39 3상 발전기의 결선방법 중 Y 결선의 특성 3가지를 쓰시오.

① 선간전압의 크기는 상전압의 $\sqrt{3}$ 배이다.
② 선간전압의 위상은 해당 상전압보다 30° 앞선다.
③ 선전류의 크기와 위상은 상전류와 같다.

풀이 3상교류발전기 : 대부분의 항공기 발전기로 사용된다. 3개의 전압은 각각 120[°]씩 떨어져 있고 전압이 120[°]의 각도로서 이상인 3개의 단상교류기에 의해 발전되게 하는 전압과 비슷하다. 3개의 위상은 서로 독립적이다. 단상에 비해 효율이 우수하고 큰 전력을 만들어 낼 수 있다. 3개의 전기자 코일의 연결방식에 따라 Y(wye)결선방식과 △(delta)결선방식으로 분류된다.

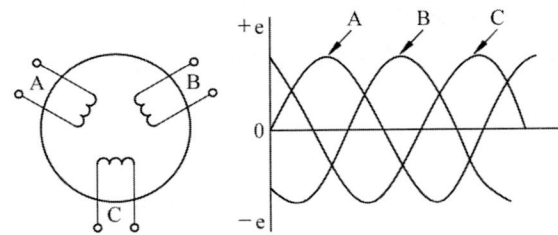

① 3상 Y-결선(Three Phase Wye Connection) : 각각의 부하는 직렬로 2개의 위상을 가로질러 연결된다. 결국, R_{AB}는 직렬로 상A와 상B를 가로질러 연결되고, R_{AC}는 직렬로 상A와 상C를 가로질러 연결되고, 그리고 R_{BC}는 직렬로 상B와 상C를 가로질러 연결된다. 따라서, 각각의 부하의 전역에서 전압은 단상의 전역에서 전압보다 더 높다. 어떤 2개의 위상의 전역에서 전체전압 또는 선간전압은 개개의 상전압의 벡터 합이다. 부하가 균형을 이룰 때, 선간전압은 상전압에 1.73배이다. 외선에서 전류에 대해 그리고 그것이 연결된 곳에 위상에 대해 오직 하나의 경로가 있기 때문에, 선간전류는 상전류와 같다.

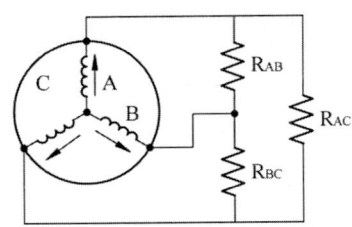

② 3상 델타결선(Three Phase Delta Connection) : 전압은 상전압과 같고, 선간전류는 상전류의 벡터 합과 같고, 그리고 선간전류는 부하가 균형을 이룰 때 상전류에 1.73배와 같다. 동등한 부하, 즉 동등한 출력에서, 델타결선은 상전압과 같은 선간전압의 값으로 증가된 선간전류를 공급하고, 그리고 Y결선은 상전류와 같은 선간전류의 값으로 증가된 선간전압을 공급한다.

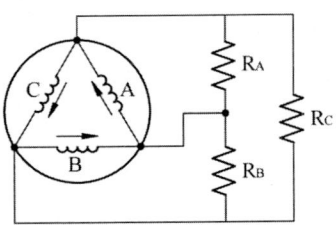

40 3상 전파정류기(3 phase fullwave rectifier)이다. C상에서 부하(load)를 거쳐 B상으로 흐르기 위해서 전류가 흐르는 다이오드(diode)와 전류가 차단되는 다이오드를 번호를 구분하시오.

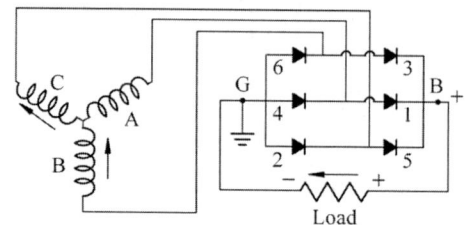

(가) 전류가 흐르는 다이오드
(나) 전류가 차단되는 다이오드

풀이 (가) 5, 6/(나) 2, 3

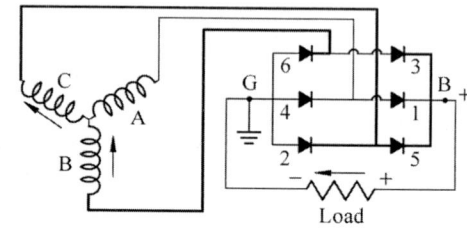

41 기동 중 토크가 가장 큰 직류모터는 직권모터인가 분권모터인가?

직권모터

풀이 직류전동기의 종류
① 직권형 직류전동기 : 시동토크가 커서 시동장치에 많이 사용한다.
② 분권형 직류전동기 : 부하 변동에 따른 회전수 변화가 적으므로, 일정한 속도를 요구하는 곳에 사용한다.
③ 복권형 직류전동기 : 직권형 계자와 분권형 계자를 모두 갖추고 있어, 직권과 분권의 중간 특성을 가진다.

42 그림은 카본 파일형 전압 조절기이다. 전류의 흐름 방향을 바르게 표시하시오.

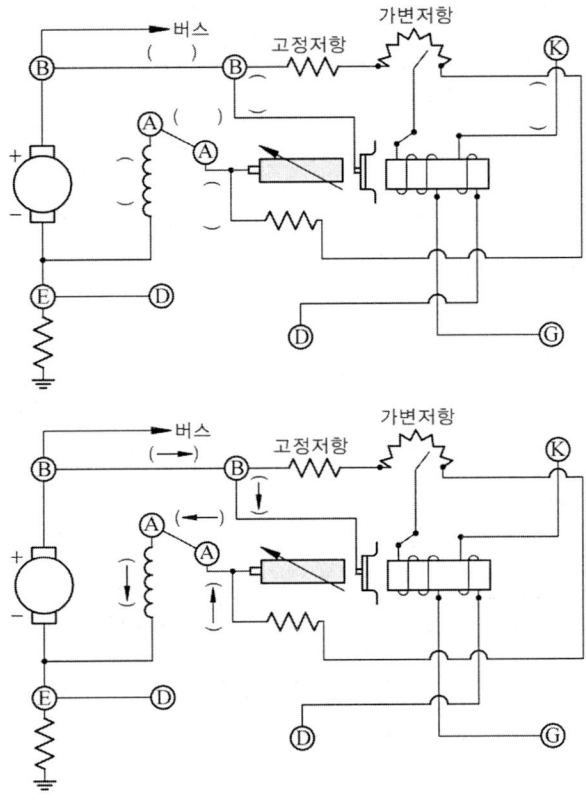

이퀄라이저코일(E)과 이퀄라이저회로(D), 이퀄라이저버스(K)는 발전기를 병렬운전할 때 각 발전기가 부담하는 부하(load)를 고르게 분배하기 위한 것이다. 좌측의 발전기가 담당하는 부하가 커지면 우측의 발전기와 연결되어 있는 이퀄라이저버스(K)를 통해 전자석의 코일을 지나 이퀄라이저회로(D) 방향으로 전류가 흐르게 되어 전자석의 자속이 커져 인력이 더 증가하고 계자 전류가 감소하여 좌측의 발전기의 출력 전압이 낮아지게 된다.

풀이 직류발전기의 보조기기

① 전압조절기(Voltage regulator) : 발전기의 출력 전압을 조절하는 기기로서, 가변저항을 이용하여 계자 코일에 흐르는 계자 전류를 조절하여 자속을 조절하여 출력 전압을 일정하게 유지한다. 카본 파일형(Carbon file)이 대표적이다.

② 역전류차단기(Reverse current cut-out relay) : 발전기 출력측과 배터리 버스 사이에 장착하여, 발전기의 출력 전압이 낮을 때 축전지로부터 발전기로 전류가 역류하는 것을 방지하는 장치이다. 정상적인 발전기의 출력 전압이 배터리보다 높기 때문에 발전기에서 배터리로 전류가 흘러 충전되지만, 발전기의 출력 전압이 낮아지거나 고장으로 인하여 배터리로부터 발전기로 역전류가 흐르게 되면 발전기가 전동기 효과에 의해 회전력이 발생하고 타버리므로 역전류차단기를 설치한다.

③ 전류제한기(Current limiter) : 발전기의 출력 전류를 제한하는 장치이다.

43 배율기와 분류기의 기능과 연결 방법을 설명하시오.

① 배율기 : 감도보다 큰 전압을 측정할 때 사용하며, 전압계와 직렬 연결하여 사용한다.
② 분류기 : 감도보다 큰 전류를 측정할 때 사용하며, 전류계와 병렬 연결하여 사용한다.

풀이 ① 분류기(shunt) : 전류계의 측정범위를 확대하기 위해 전류계에 병렬로 접속하여 사용하는 저항기. 전류계의 내부 저항 R, 분류기의 저항을 R_m로 하면, $I_2 = I_1\left(1 + \dfrac{R}{R_m}\right)$

② 배율기(multiplier) : 전압계의 측정범위를 확대하기 위해 전압계에 직렬로 접속하여 사용하는 저항기. 전압계의 내부 저항 R, 배율기의 저항을 R_m로 하면, $V_2 = V_1\left(1 + \dfrac{R_m}{R}\right)$

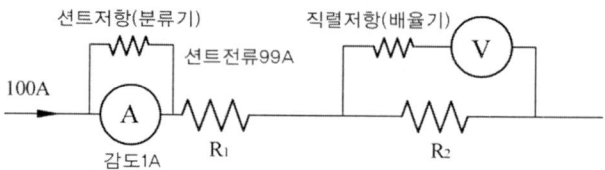

44 분류기(Shunt)에 연결되는 전원과 사용하는 이유에 대하여 서술하시오.

전류계에 병렬로 접속하는 션트저항(Shunt Resistor)으로 전류의 측정범위를 확대하기 위한 저항기이다.

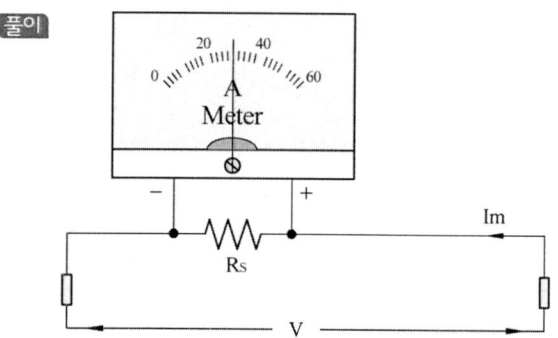

전류계에 흐를 수 있는 전류가 최대 1mA이므로 그 이상을 측정할 수 없으나, 전류계에 병렬로 분류저항(R_S)을 달아 주어 전류의 측정 범위를 넓혀 준다.

45 직권 전동기의 그림을 간단히 그리시오.

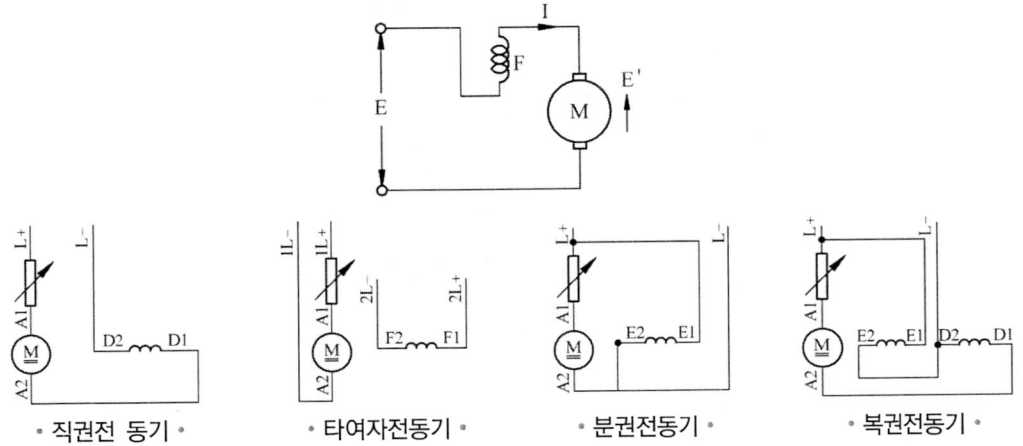

46 교류전동기 종류를 쓰시오.

만능(유니버설), 동기, 유도 전동기

풀이 ① 만능 전동기 : 유니버설 또는 교류 정류자 전동기로 직류 및 교류를 모두 사용할 수 있는 전동기이다.
② 유도 전동기 : 계자의 자기력과 전기자 코일의 유도전류(와전류)를 이용하여 교류에 대한 작동 특성이 좋고, 부하 감당 범위가 넓고, 브러시와 정류자가 없다.
③ 동기 전동기 : 교류 발전기의 전원 주파수와 동기하여 회전하는 전동기로서, 회전식 계기에 사용된다.
④ 브러시와 정류자가 없는 전동기 : 브러시와 정류자의 마모가 없어 불꽃발생이 없으며 유지보수비가 적게 든다. 브러시와 정류자 사이의 저항 및 전도율의 변화가 없어 출력이 안전하다.

47 유압계통에서 작동유의 흐름방향제어장치중 필요에 따라 유로를 형성하는 장치는?

바이패스 밸브(Bypass Valve)

풀이 흐름방향 및 유량 제어장치
① 선택밸브(Selector valve) : 작동 실린더의 운동방향을 결정하는 밸브.
② 체크 밸브(Check valve) : 한쪽방향으로만 작동유의 흐름을 허용하는 밸브(역류방지)
③ 시퀀스 밸브(Sequence valve) : 착륙장치, 도어 등과 같이, 2개 이상의 작동기를 정해진 순서에 따라 작동되도록 유압을 공급하기 위한 밸브(타이밍밸브)
④ 셔틀 밸브(Shuttle valve) : 정상유압계통에 고장이 생겼을 때 비상계통을 사용할 수 있도록 하는 밸브(고장 시에 작동유를 막고, 공기압으로 대체시킨다.)
⑤ 바이패스 밸브 (Bypass valve) : 유압계통에서 필요해따라 유로를 연결시키는 밸브

48 유압계통에 사용되는 동력펌프의 종류 4가지를 적으시오.

기어(Gear), 제로터(Gerotor), 베인(Vane), 피스톤(Piston) 펌프

풀이 동력펌프의 종류

① 기어(Gear) 펌프 : 1500psi 이내의 압력에 사용한다.

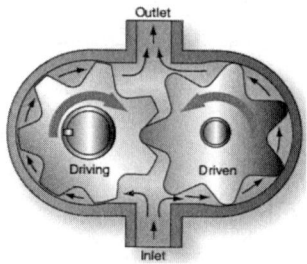

② 제로터(Gerotor) 펌프 : 비교적 저압으로 많은 작동유를 공급한다.

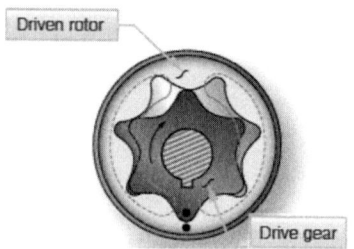

③ 베인(Vane) 펌프 : 고정 라이너와 5개의 외측 구동기어와 4개의 내측 구동기어로 구성된다.

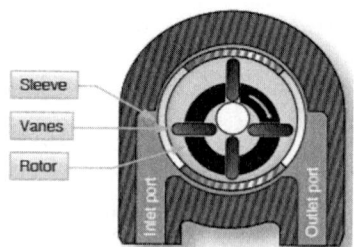

④ 피스톤(Piston) 펌프 : 고속, 고압의 유압장치에 적합하고, 회전하는 실린더 블록에 7~9개의 피스톤이 장착되고, 피스톤은 볼조인트로 Drive plate에 연결된다.

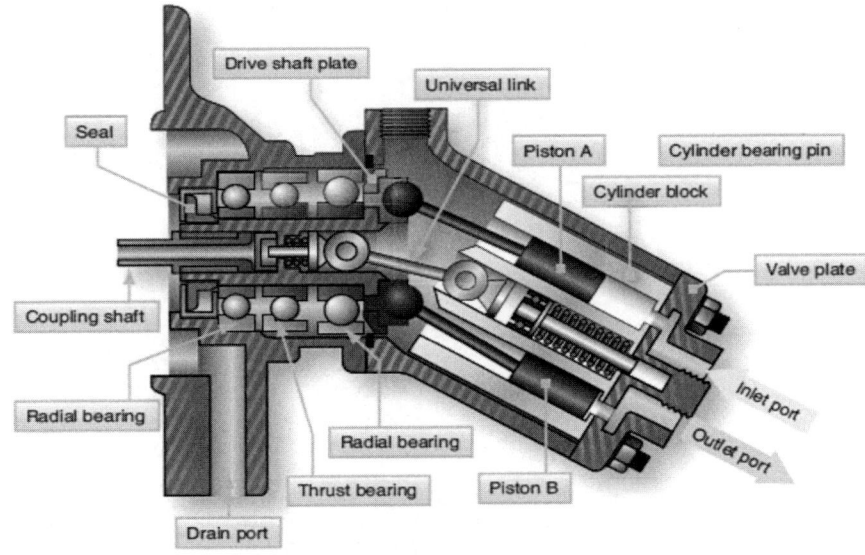

49 다기능 밸브(Pressure Regulating and Shut off valve)의 4가지 기능을 쓰시오.

① 개폐(Open and Close) 기능
② 압력조절 기능
③ 역류방지 기능
④ 밸브 내부의 공기 흐름 조절 기능
⑤ 기관 작동시의 역류 방지 기능의 해제(스타터(Starter)에 공기 공급을 가능하게 한다.)

풀이 Pressure-regulating and shutoff valve in on position

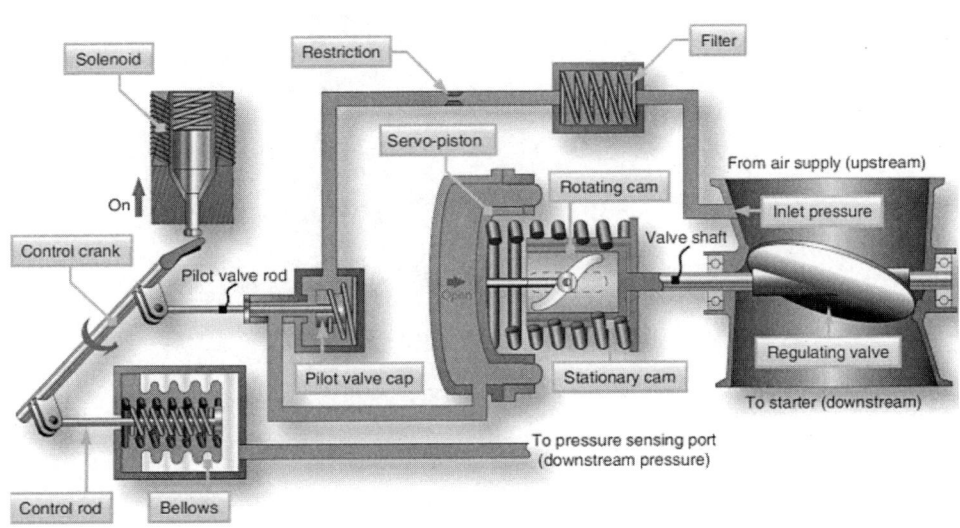

50 유압계통 작동유의 흐름 방향 제어 장치 중에서 유로의 흐름을 한 방향으로만 흐르도록 해주는 장치는?

체크 밸브(check valve)

풀이 체크 밸브(Check valve) : 한쪽방향으로만 작동유의 흐름을 허용하는 밸브(역류방지)

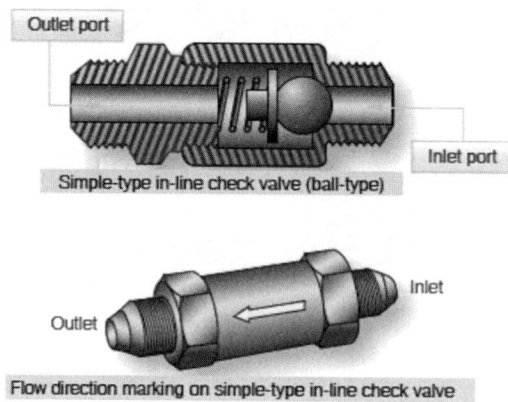

51 작동유의 압력이 일정압력 이하로 낮아지면 작동유의 유로를 차단하여 1차 조종계통에 우선적으로 작동유가 공급되도록 하는 밸브는?

풀이 프라이오리티 밸브(Priority Valve) : 작동유의 압력이 일정 압력 이하로 떨어지면 유로를 막아 작동기구의 중요도 우선 순위에 따라 먼저 필요한 계통만 작동시키는 밸브

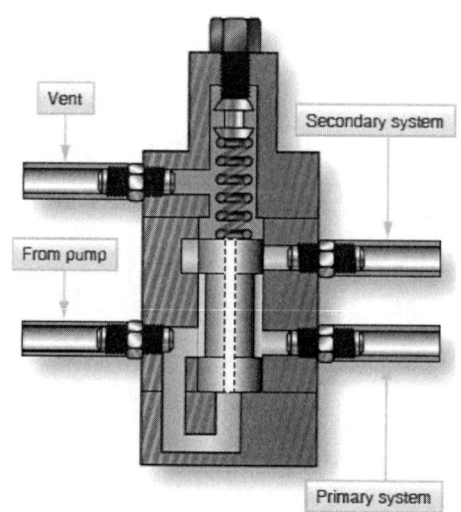

52 시퀀스 밸브(Sequence Valve)에 대해 설명하시오.

1개의 선택 밸브에 의해 복수의 기구를 작동시켰을 때, 그 작동 순서를 결정하는 밸브

풀이 순서제어 밸브(Sequence valves) : 유압 시스템 회로에서 2개의 구성품이 작동하는데 순서(sequence)를 제어한다. 착륙장치 작동 계통에서, 착륙장치도어(landing gear door)는 착륙장치가 내려지기 전에 열려야 한다. 또한 착륙장치가 접힐 때는 도어(door)가 먼저 열려야 한다. 각각의 착륙 장치 작동 유압관에 장착된 순서 제어 밸브가 이 기능을 수행한다. 순서제어 밸브는 제어하는 형태에 따라 압력식(pressure controlled), 기계식(mechanically controlled), 전기식(electric controlled)이 있다.

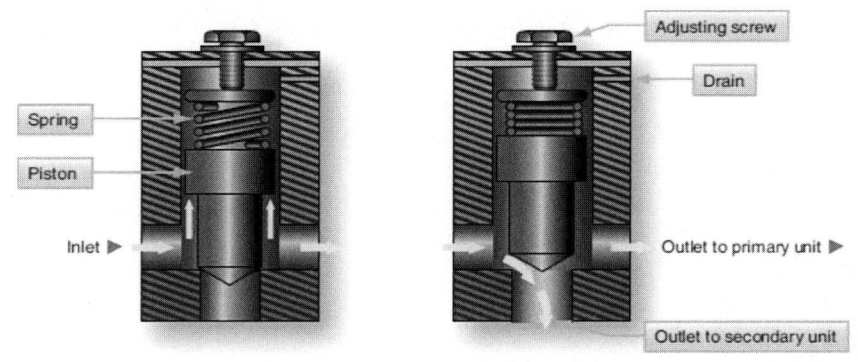

53 항공기 유압계통의 관이나 호스가 파손되거나 기기의 시일(seal)에 손상이 생겼을 때 작동유가 누설되는 것을 방지하는 기구는?

유압 퓨즈

풀이 유압 퓨즈(Hydraulic fuse) : 유압계통의 중요한 위치에 장착되어 있다. 그들은 하류의 (downstream) 유압관에서 파열이 발생 시, 흐름에서 갑작스런 증가를 감지하고 유체흐름을 차단하여 저장소의 유압유가 전부 소실되는 것을 막아준다. 유압 퓨즈는 브레이크 계통, 앞전 flap과 slat의 펼침관(extend line)와 접힘관(retract line), 앞쪽 착륙장치(nose landing gear)의 접힘관(up line)과 펼침관(down line), 그리고 역추력장치(thrust reverser) 압력관(pressure line)과 회수관(return line)에 장착되어 있다. 닫혔던 퓨즈는 퓨즈로 가는 압력을 차단하거나 또는 리셋 레버(reset lever)에 의해 다시 열린다.

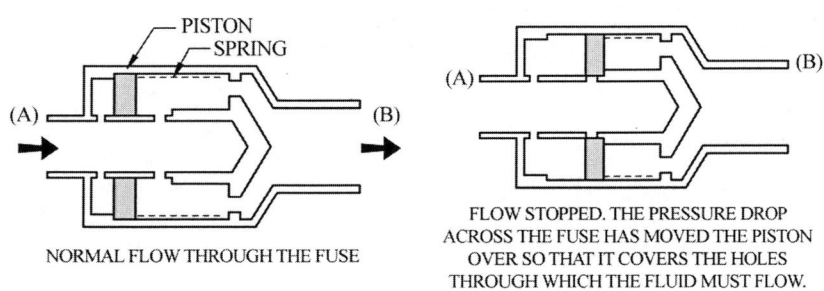

54 항공기 정상유압계통에 고장이 생겼을 때 비상계통으로 유로를 변경시켜 주는 밸브는 무엇인가?

셔틀 밸브(shuttle valve)

풀이 셔틀 밸브(shuttle valve) : 일부 유압계통에서 비상용 계통(emergency system)은 정상 계통이 고장 날 경우 압력의 공급원으로 사용된다. 셔틀 밸브(shuttle valve)의 주목적은 대체계통(alternate system) 또는 비상용 계통으로부터 정상 계통을 격리시키는 것이다. 셔틀 밸브는 크기가 작고 단순하지만, 매우 중요한 구성요소이다. 밸브 틀에는 정상계통 흡입구(inlet port), 대체계통 흡입구 또는 비상계통 흡입구, 그리고 배출구(outlet port) 등 총 3개의 포트가 있다.

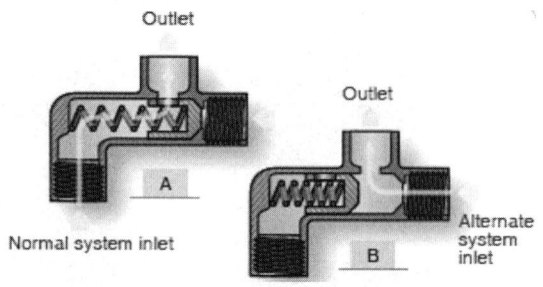

55 유압 계통 작동유의 종류 3가지와 색깔을 쓰시오.

① 식물성유 : 파란색
② 광물성유 : 붉은색
③ 합성유 : 자주색

풀이 ① 식물성유 : 파마자 기름과 알콜의 혼합물로 구성되고 파란색이다. 구형 항공기에 사용되었고 부식성과 산화성이 커서 잘 사용하지 않는다. 천연고무 실을 사용한다.
② 광물성유 : 원유로 제조되며 붉은색이다. 인화점이 낮아 화재의 위험이 있다. 브레이크 계통, 합성고무(네오플랜) 실을 사용한다.
③ 합성유 : 인산염과 에스테르의 혼합물로 화학적으로 제조되며 자주색이다. 인화점이 높아 대부분의 현대 항공기에 사용. (MIL-H-8466) 사용 온도 범위는 -54℃ ~ 115℃이다. 합성고무(부틸, 실리콘) 또는 테프론 실을 사용한다.

56 항공기의 유압 동력 계통의 작동유를 저장하는 레저버(reservoir)의 기능을 3가지만 간단히 쓰시오.

① 작동유를 저장
② 정상 작동에 필요한 작동유 공급
③ 계통의 최소한의 허용 누설량을 보충

풀이 저장소(Reservoirs) : 저장소는 유압계통을 위해 사용되는 유압유의 저장 탱크이다. 저장소는 유압계통이 작동할 때 유압유를 공급해주며, 누출로 인한 유동체의 손실이 있을 때 다시 채울 수 있다. 저장소는 온도변화에 의한 체적 증가, 축압기(accumulator) 및 피스톤의 작동 등으로 인한 유량의 증가도 다 수용할 수 있다. 저장소는 또한 유압계통에 들어갈 수 있는 기포를 없애는 역할을 한다. 시스템 내의 이물질은 저장소에서 분리된다. 저장소 안에 배플(baffle) 또는 핀(fin)은 저장소 내의 유압유의 소용돌이를 막아준다. 유압유를 보급하는 동안 이물질의 유입을 방지하기 위하여 주입구에 필터(strainer)를 장착한 저장소도 있다. 저장소 내에는 역중력(negative-G) 상태에서도 유압유가 펌프로 갈 수 있도록 내부 트랩(trap)을 갖추고 있다. 대부분 항공기는 주 유압계통(main hydraulic system)이 고장 났을 경우에 대신할 비상 유압계통(emergency hydraulic system)을 갖고 있다. 주유압계통이나 비상 유압계통의 펌프는 동일한 저장소의 유압유를 사용하므로, 비상펌프(emergency pump)로의 유압유 공급관은 저장소의 밑바닥에 설치되어 있고, 주 유압계통 펌프는 바닥으로부터 일정한 높이에 있는 저수탑(standpipe)으로부터 유압유를 끌어들인다. 이렇게 함으로써 만일 주 유압계통의 유압유가 누출로 소실되어도 저수탑 높이만큼은 유압유가 남아 있게 되고 비상유압계통을 작동할 수 있게 한다.

57 공압 계통으로써 기관의 블리드 공기가 사용되는 항공기 계통으로는 어느 것들이 있는지 5가지만 간단히 쓰시오.

① 객실여압 및 공기조화계통
② 방빙 및 제빙 계통
③ 크로스 블리드 시동계통
④ 연료 가열기(Fuel heater)
⑤ 리저버 여압 계통
⑥ 공기구동 유압펌프, 팬 리버서 구동계통

풀이 50~150psi 정도의 중압의 공압 계통은 보통 공기 보틀(bottle)을 사용하지 않고, 터빈엔진의 압축기(compressor)로부터 나오는 공기 압력을 사용한다. 이 공기를 블리드 에어(bleed air)라 부르며, 엔진 시동(engine start), 엔진 제빙(engine de-icing), 날개 제빙(wing de-icing)에 사용된다. 만약 유압계통이 공기구동식 유압펌프를 갖추고 있다면 유압펌프를 구동시키는 데 사용하고, 유압계통의 저장소를 가압을 하는 데 사용한다.

58 유압계통에서 축압기를 두는 이유를 간단히 쓰시오.

가압된 작동유의 저장소로서 예비 압력을 저장하기 위해

> **풀이** 축압기(Accumulator) : 축압기는 대부분 합성고무 재질의 다이어프램(diaphragm)에 의해 2개의 공간으로 나누어진 강구(steel sphere)다. 위 공간(upper chamber)에는 계통압력의 유압유를 담고 있고, 반면에 아래쪽 공간(lower chamber)에는 가압된 질소(nitrogen) 또는 공기로 채워진다. 원통형(spherical type)은 고압 유압계통에서 사용된다. 많은 항공기는 유압계통에 여러 개의 축압기를 갖는다. 주 계통 축압기와 비상계통 축압기가 있게 된다. 또한 여러 가지의 하부계통에 위치한 보조축압기(auxiliary accumulator)가 있다.
> ① 구성품의 작동으로 발생하는 유압계통의 압력서지(pressure surge)를 완화시켜 준다.
> ② 몇 개의 구성품이 동시에 작동할 때 축압기의 저장된 압력으로 동력펌프를 보조하거나 또는 보충한다.
> ③ 펌프가 작동하지 않을 때 유압장치의 제한적인 작동을 위해 압력을 저장한다.
> ④ 구성품 내부에서 미세한 유압 누출이 있을 때 이를 보상해 주어 압력 스위치의 계속적인 작동을 막아 준다.

59 그림의 축압기 종류 3가지를 쓰고, 설명하시오.

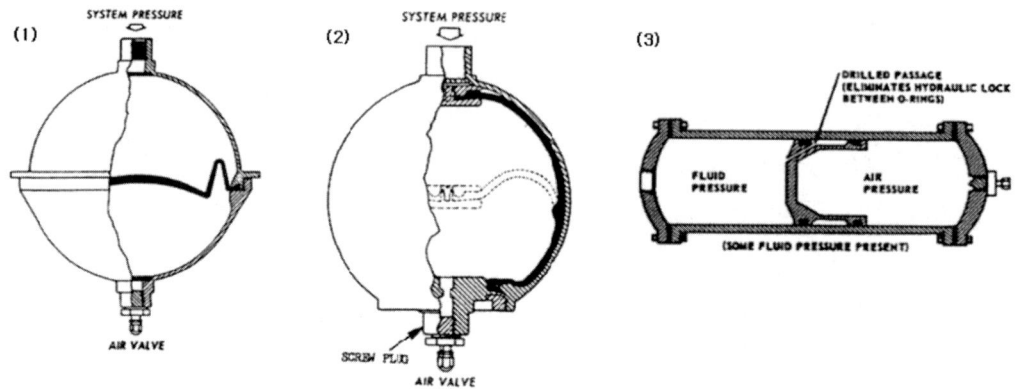

① 다이어프램형 : 1500psi 이하의 계통에 사용한다.
② 블래더형 : 3000psi 이상의 계통에 사용한다.
③ 피스톤형 : 공간을 적게 차지하고, 구조가 튼튼하여 현대 항공기에 많이 사용한다.

풀이 ① 원통형(다이어프램, 블래더) : 2개의 중공을 가지고 있는 철강으로 된 반구형 모양을 하고 있으며, 2개의 중공 사이에는 다이어프램으로 격리되어 있다. 다이어프램의 아래 부분에 공기압(약 작동유압의 $\frac{1}{3}$ 작동유압이 3000psi일 때 1000psi)을 넣은 상태에서 유압이 작용하면 계통유압이 공기압력보다 높으므로 다이어프램을 밑으로 밀고 유압이 채워진다. 이 때 공기압력은 유압과 같은 압력으로 된다. 이렇게 저장된 압력은 계통압력이 없는 상태에서 필요한 작동기의 선택밸브가 열리면 저장된 공기압력이 다이어프램에 작용하여 유압유를 공기압과 같은 힘으로 밀어내게 되고, 유압유는 압력이 만들어져 계통으로 공급되어 작동기를 움직이게 한다. 공기 압력이 정해진 값 이하로 떨어지면 아래쪽에 있는 가스보급밸브(gas servicing valve)를 통하여 보충할 수 있다.

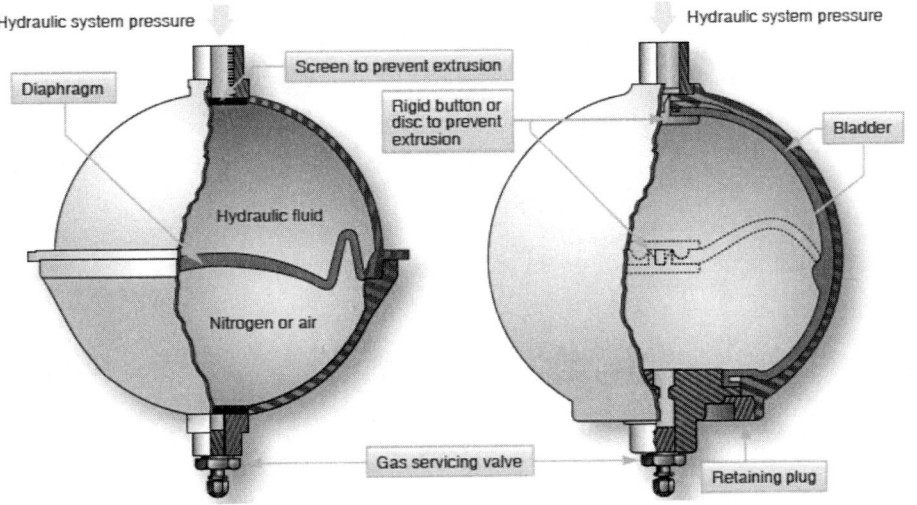

② 실린더형 : 구형의 축압기에 비하여 구조가 간단하며 실용적이기 때문에 널리 사용되고 있다. 실린더형 축압기는 원통형의 실린더 안의 피스톤에 의하여 공기실과 유압실이 격리되어 있고 피스톤에는 2중으로 실이 장착되어 누설을 방지한다. 계통 압력이 최대일 때 공기와 유압유의 체적비가 1 : 2의 비율로 저장된다.

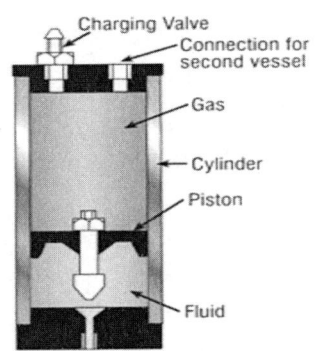

60 유압계통에서 작동유의 흐름방향제어장치중 유로를 선택해주는 장치는?

선택 밸브(Selector Valve)

풀이 선택 밸브(Selector Valve) : 유압작동실린더 또는 유사한 장치의 움직이는 방향을 제어하기 위하여 사용된다. 이 밸브는 항공기 유압 시스템에 가장 보편적으로 사용되고 있다. 선택밸브는 포핏형(poppet type), 스풀형(spool type), 피스톤형(piston type), 로터리형(rotarytype), 플러그형(plug type)이 있다. 각각의 선택밸브는 특정한 수의 배출구를 갖고 있다. 4개의 배출구(4-way valve)가 있는 선택밸브를 항공기 유압계통에서 가장 많이 쓰고 있다. 대부분 선택밸브 lever에 의해 기계적으로 제어되거나, 솔레노이드(solenoid) 또는 서보(servo)에 의해 전기적으로 제어된다.

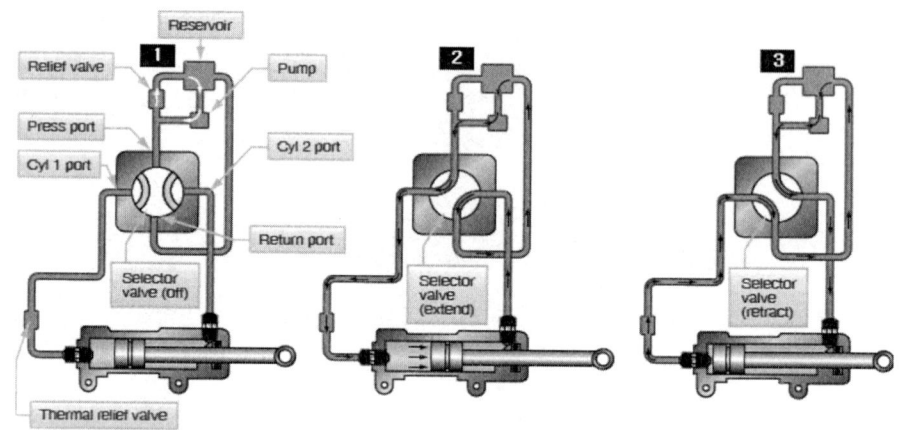

61 다음의 밸브에 대해 설명하시오.

① 릴리프 밸브 : 계통내 압력이 규정값 이상 일 때 펌프 입구로 되돌려 보냄
② 안티 리크 밸브(Anti-leak) : 누설을 방지하는 밸브
③ 체크 밸브 : 유량의 흐름을 한쪽 방향으로만 제한, 역류 방지

풀이 ① 경감 밸브(Relief valve) : 유압은 요구되는 계통에 적절하게 압력이 조절되어야 한다. 이 밸브는 과도한 압력에 의한 구성요소의 파손 또는 유압관의 파열을 방지하기 위해 사용된다. 경감 밸브는 압력조절 스크류(screw)에 의해 작동 최대 압력을 설정할 수 있다. 만일 계통 압력이 설정 압력을 초과하면 압력관의 유압유를 귀환관을 통해 저장소로 되돌아가게 한다. 압력 릴리프 밸브는 구조 및 용도에 따라 분류된다. 가장 일반적인 타입으로 볼형(ball-type), 슬리브형(sleeve-type), 포핏형(poppet-type)이 있다. 엔진구동펌프를 주공급원으로 하는 대형 유압계통에서는 엔진이 작동하는 한 유압 펌프는 계속 압력이 걸리게 되고 이는 경감 밸브(relief valve) 내부의 온도를 증가시켜 유압유 및 패킹(packing)의 기능을 급격히 저하시키기 때문에 압력 경감 밸브(pressure relief valves)는 압력조절기 용도로 사용될 수 없다. 그러나 소형, 저압계통, 또는 펌프가 전동식이고 간헐적으로 사용된다면 압력조절기로써 사용할 수 있다.

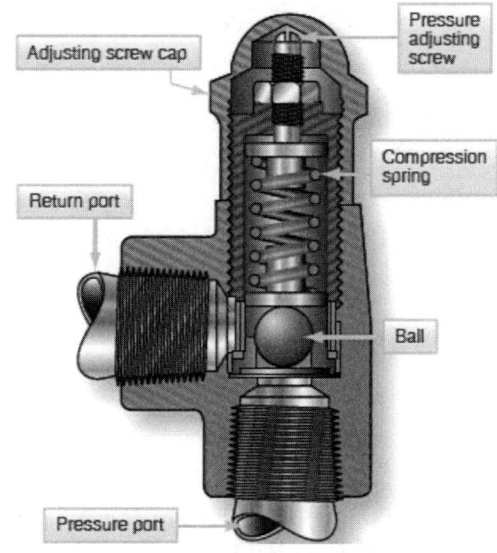

② 안티 리크 밸브(Anti leak valve) : 유압 계통 내의 배관 또는 호스에서 작동유나 오일이 누설되는 것을 방지한다.

③ 체크 밸브(Check valve) : 항공기 유압계통에서의 또 다른 일반적인 유량제어밸브(flow control valve)는 체크밸브이다. 체크밸브는 유압유를 한쪽 방향으로만 흐르게 해준다.

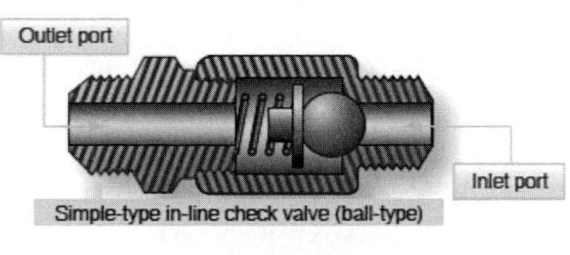

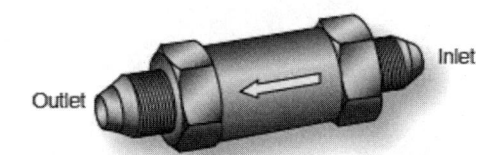

62 공기압 계통 Cleaning 방법을 설명하시오.

계통에 압력(공기)을 가하고 계통 각 구성부품의 배관을 분리하여 행한다.

풀이 공압 계통 정비(Pneumatic Power System Maintenance) : 공압 계통의 정비는 보급(servicing), 고장탐구(trouble shooting), 구성품의 장탈(remove)과 장착(installation), 그리고 작동시험(operation testing)로 이루어진다. 공기압축기의 윤활유 유량의 레벨(level)은 제작사 지침서에 따라서 매일 점검되어야 한다. 유면(oil level)은 육안 게이지(sight gauge) 또는 dipstick으로 표시된다. 압축기의 oil tank를 채울 때는 관련 사용 지침서에 명시된 종류의 오일을 사용하고, 명시된 레벨까지만 채운다. 오일을 보급한 후 보급 플러그(filler plug)는 적정 값으로 토크를 해야 되고, 안전결선을 해야 한다. 공압 계통은 구성품과 공압관에 있는 오염, 습기, 또는 오일을 제거하기 위해 주기적으로 정화되어야 한다. 만약 과도한 양의 이물질, 특히 그 시스템을 구성하는 관과 구성품을 장탈하여 깨끗이 청소하거나 교체해야 한다. 공압 계통을 정화(purging)하고 모든 계통 구성품을 다시 연결한 후, 공기 보틀 안에 축적된 습기 또는 불순물을 전부 배출해야 한다. 배출한 후, 질소 또는 깨끗하고 건조한 압축공기로 보급한다. 그다음에 계통은 철저한 작동점검(operational check)과 누설(leak), 안전에 대한 검사를 실시해야 한다.

63 Hydraulic Reservoir 내에 부착된 Baffle의 역할을 설명하시오.

레저버 안의 작동유가 불규칙적으로 움직여 거품이 생기는 것을 방지하고, 펌프 안에 공기가 유입되는 것을 방지한다.

풀이 ① 펌프 연결구 : 비상펌프용 예비 작동유가 유지될 수 있는 높이의 스탠드 파이프를 통해 작동유를 기관구동펌프에 공급한다.
② 비상펌프 연결구 : 레저버의 가장 낮은 곳에 위치하여 비상 시에 수동펌프로 작동유를 공급한다.
③ 핀, 배플 : 심한 진동이나 와류로 인한 거품 및 공기 유입을 방지한다.
④ 귀환관 연결구 : 각 계통을 돌아온 작동유가 레저버로 들어오는 곳이다.
⑤ 사이트 게이지 : 레저버 내의 작동유 양을 눈으로 확인할 수 있는 곳이다.
⑥ 여압구 : 작동유의 원활한 공급 등을 위해 레저버를 가압하는 공기가 들어오는 곳이다.

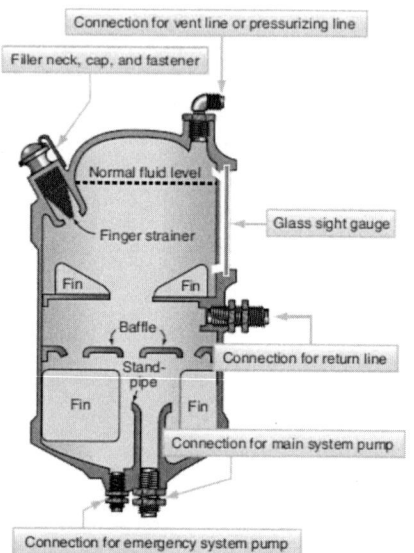

64 엔진 윤활유 계통에서 스크린-디스크형 윤활유 여과기가 막혔을 때, 윤활유의 흐름을 설명하시오.

모든 여과기는 여과기가 막혔을 경우 오일을 바로 여과하지 않고 계통으로 흐르게 해주기 위해 여과기 내부나 계통의 중간에 바이패스밸브와 릴리프밸브를 두고 있기 때문에, 윤활유는 여과되지 않고 계통으로 바로 흐른다.

풀이 펌프로부터 압송된 작동유는 필터 흡입구로 들어가 엘리먼트(여과지)를 통과하여 찌꺼기를 여과시키게 되며, 계통으로 가게 된다. 엘리먼트가 막혀 오일 통과가 어려우면 바이패스 밸브가 열려 엘리먼트를 통과하지 않고 윤활부로 오일을 공급하게 된다.

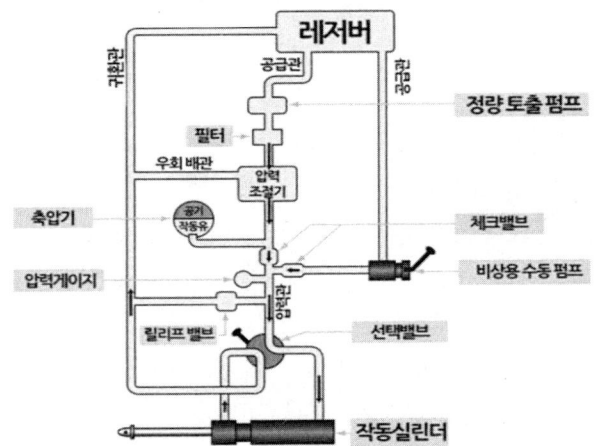

65 공기압계통에서는 유압계통과는 다르게 수분분리기를 반드시 두어야 하는데 그 이유는?

공기의 급속한 냉각은 안개 형태의 습기가 응축되는 원인이 된다.

풀이 공압 계통에서 수분 분리기(moisture separator) 또는 수분 건조기(desiccant)는 항상 압축기(compressor)의 하류에 장착되어 압축기에 의해 발생하는 습기를 제거한다. (공기 중에 포함되어 있는 수분이나 오일 제거)

66 고무 패킹과 가스켓이 공통된 역할과 둘의 차이점 서술하시오.

- 공통점 : 기체 및 액체의 누설을 방지한다.
- 차이점 : 패킹은 유동성이 있는 부분에 사용하나, 가스켓은 비유동성에 사용.

풀이 실(seal) : 유압유의 누출을 막기 위해 사용되고, 계통이 공기 또는 불순물에 노출되지 않게 한다. 항공기의 유압 계통과 공압 계통에는 작동 온도 및 속도의 변화에 충족하는 패킹(packing)과 개스킷(gasket)이 필요하다.
다양한 형상 또는 종류의 시일이 필요한 이유
① 계통의 작동 압력
② 계통에 사용되는 유압유 종류

③ 인접 부품 사이에 금속 처리 상태(finishing)와 여유 공간
④ 회전운동 또는 왕복운동 등 운동의 형태

실(seal)은 크게 세 가지로 분류되는데, 패킹, 개스킷, 그리고 와이퍼(wiper)다. 실은 한 개 이상의 O-링(ring)과 보조(backup) 링 또는 1개의 O-링과 2개의 보조 링의 구조로 사용한다. 움직이는 구성품의 내부에 사용되는 실을 일반적으로 패킹이라 하고, 움직이지 않는 피팅(fitting)과 보스(boss) 사이에 사용되는 유압 실은 일반적으로 개스킷(gasket)이라 한다.

※ 개스킷(Gasket) : 서로 상대적인 움직임이 없는 2개의 평면(flat surface) 사이에 고정되는 실(seal)이다.

※ 와이퍼(Wiper) : 피스톤축의 노출된 부위를 청소하고 윤활하기 위해 사용된다. 계통 내로 불순물의 유입을 막아 피스톤 축을 보호한다.

67 오리피스 체크밸브 역할과 사용처에 대해서 서술하시오.

- 역할 : 한쪽 방향으로는 작동유의 흐름을 자유롭게 해주고 반대 방향으로는 제한된 흐름을 허용하는 밸브이다.
- 사용처 : 착륙장치

풀이 오리피스형 체크 밸브(Orifice-type check valve) : 일부 체크 밸브는 한쪽 방향으로는 유체흐름을 자유롭게 해주고 반대 방향으로는 제한된 흐름을 허용한다. 이러한 체크 밸브를 오리피스형 체크 밸브 또는 감쇠밸브(damping valve)라 한다. 오리피스형 체크 밸브는 유압착륙장치(hydraulic landing gear)에서 사용된다. 착륙장치가 올라갈 때 체크 밸브는 최대 속도로 무거운 기어(gear)를 들어올리기 위해 전체 유체흐름을 주고, 기어를 내릴 때는 체크 밸브에 있는 오리피스를 통해 유압유의 흐름을 제한하여 기어가 급격하게 떨어지는 것을 막는다.

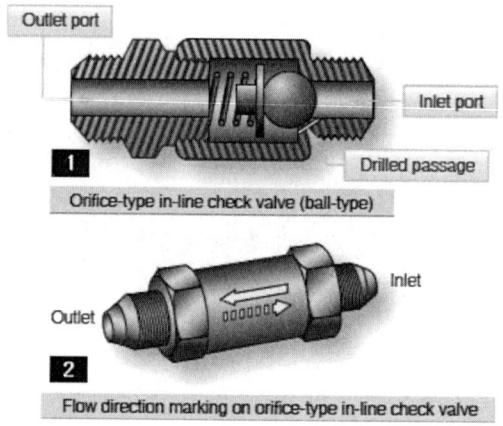

68 방빙에 관한 종류 및 내용 서술하시오.

- 가열공기식 : 엔진에서 나온 고온의 압축공기, 배기가스 등을 이용하여 방빙
- 전기전열식 : 전기히터(발열소자를 가열)를 이용하여 방빙
- 화학식 : 화학물질(글리콜과 알콜을 혼합한 액체)을 이용하여 방빙

풀이
① 열공압식 방빙(Thermal Pneumatic Anti-Icing) : 결빙 형성 방지 또는 날개골 앞전 제빙의 목적으로 열공압식 방빙장치가 일반적으로 사용되며 날개골 앞전 안쪽을 따라 설치된 Duct에 고온의 공기가 공급되고 Duct에 설치된 구멍을 통해 날개 앞전의 내부 표면에 분사되어 방빙 또는 제빙을 한다. 열공압식 방빙계통은 터빈압축기, 엔진배기가스 또는 연소기에 의해 가열된 램에어(ram air)를 활용하여 가열하며 날개 앞전 슬랫, 수평안정판과 수직안정판, 엔진 흡입구 등에 사용된다.

② 열전기식 방빙(Thermal Electric Anti-Icing) : 항공기의 다양한 구성품을 전기로 가열하여 얼음이 형성되지 않도록 한다. 전기식 방빙은 높은 전류가 흐르기 때문에 일반적으로 소형 구성품으로 사용이 제한된다. 동압 관(pitot tube), 정압공(static air port), 총량공기온도감지기(total air temperature probe)와 받음각 감지기, 얼음 검출기, 그리고 엔진 P2/T2 센서와 같은 대부분 공기 자료 감지기의 방빙을 위해 열전기식을 사용한다. 일부 항공기의 터보프롭 inlet cowl의 방빙을 위해 전기식이 사용되기도 한다. 또한, 운송용 항공기와 고성능 항공기는 윈드실드(windshield)에 열전기식 방빙장치를 사용한다. 열전기식 방빙 장치에서, 전류는 일체성형전도성소자(integral conductive element)를 통해 흐르면서 열을 방생시켜 구성품의 온도가 빙점 이하로 내려가는 것을 방지한다.

③ 화학식 방빙(Chemical Anti-Icing) : 화학식 방빙은 날개, 안정판(stabilizer), 윈드실드, 그리고 프로펠러의 앞전을 방빙하기 위해 일부 항공기에 사용된다. 조종석에 있는 스위치에 의해 작동된 계통은 부동액을 탱크(reservoir)로부터 날개와 안정판 앞전의 미세한 망을 통해 주입하고 부동액은 얼음의 생성을 방지하기 위해 날개와 꼬리 표면으로 흐른다. 부동액은 구름 속의 과냉된 물과 섞여 물의 빙점을 낮추고 혼합물이 결빙되지 않은 상태로 항공기로부터 흘러내리게 한다. 부동액이 펌프에 의해 중앙 저장탱크로부터 공급되어 미세 구멍을 통해 스며 나오면 공기력에 의해 부동액이 날개골의 윗면과 아랫면의 표면을 코팅하게 한다. 글리콜계 부동액은 항공기 구조물에 얼음이 형성되는 것을 방지한다.

69 서멀 안티아이싱에 대해서 설명하시오.

열에 의한 방빙 장치는 날개의 앞전(leading edge) 내부에 날개 폭 방향으로 연결되어 있는 덕트(duct)에 가열된 공기를 보내어 내부에서 날개 앞전을 따뜻하게 함으로써 얼음의 형성을 막는 것이다.

풀이
① 열공압식 방빙(Thermal Pneumatic Anti-Icing) : 결빙 형성 방지 또는 날개골 앞전 제빙의 목적으로 열공압식 방빙장치가 일반적으로 사용되며 날개골 앞전 안쪽을 따라 설치된 Duct에 고온의 공기가 공급되고 Duct에 설치된 구멍을 통해 날개 앞전의 내부 표면에 분사되어 방빙 또는 제빙을 한다. 열공압식 방빙계통은 터빈압축기, 엔진배기가스 또는 연소기에 의해 가열된 램에어(ram air)를 활용하여 가열하며 날개 앞전 슬랫, 수평안정판과 수직안정판, 엔진 흡입구 등에 사용된다.

② 열전기식 방빙(Thermal Electric Anti-Icing) : 항공기의 다양한 구성품을 전기로 가열하여 얼음이 형성되지 않도록 한다. 전기식 방빙은 높은 전류가 흐르기 때문에 일반적으로 소형 구성품으로 사용이 제한된다. 동압 관(pitot tube), 정압공(static air port), 총량 공기온도감지기(total air temperature probe)와 받음각 감지기, 얼음 검출기, 그리고 엔진 P2/T2 센서와 같은 대부분 공기 자료 감지기의 방빙을 위해 열전기식을 사용한다. 일부 항공기의 터보프롭 inlet cowl의 방빙을 위해 전기식이 사용되기도 한다. 또한, 운송용 항공기와 고성능 항공기는 윈드실드(windshield)에 열전기식 방빙장치를 사용한다. 열전기식 방빙 장치에서, 전류는 일체성형전도성소자(integral conductive element)를 통해 흐르면서 열을 방생시켜 구성품의 온도가 빙점 이하로 내려가는 것을 방지한다.

70 제빙(de-icing)에 대해서 서술하시오.

De-icing System은 Wing과 Tail Leading Edge 부분에 형성되어진 얼음을 Pneumatic Deicer Boot를 이용해서 제거하는 System이다. 또한 Electric Heating Element가 사용되는 Propeller의 경우는 주기적으로 프로펠러 표면을 가열하여 얼음 접촉면을 녹인 후 원심력에 의해 프로펠러로 부터 얼음을 제거하는 방법이 사용되어 진다. 이러한 Deicing System은 A/I에 의한 날개 후방 표면의 재결빙 문제 등이 없으므로 저속 소형기에 있어서는 Anti-Icing System보다 더욱 효과적이다.

풀이 ① 전열식 제빙부츠(Electric Deice Boots) : 몇몇 최신 항공기는 날개와 수평안정판에 전열식 제빙부츠를 장비하고 있다. 앞전에 접착된 전기열소 자를 포함하고 있어서 작동 시 부츠가 뜨거워져 얼음을 녹인다. 전기 열소자는 제빙 조절기에 있는 순차 타이머(sequence timer)에 의해 제어되며 공기 역학적 균형을 유지하기 위해 대칭적으로 작동을 교번한다. 또한, 항공기가 지상에 있는 동안에는 과열로 인한 손상을 방지하기 위해 작동하지 않는다. 전열식 장치의 이점은 엔진 추출 공기를 사용하지 않아 엔진효율을 높이고 작동 시에만 전원을 공급해 효율적이다.

② 지상 항공기 제빙작업(Ground Deicing of Aircraft) : 제빙액은 일반적으로 에틸렌 글리콜(ethylene glycol)과 이소프로필 알콜(isopropyl alcohol)을 함유하고 있고 분무 또는 손으로 제거할 수 있고 비행 후 2시간 이내에 사용되어야 한다. 제빙액은 창문 또는 항공기 도장에 악영향을 미치게 되므로 제작사에서 권고된 제빙액이 사용되어야 한다. 운송용 항공기는 주기장 또는 공항의 전용제빙장소에서 제빙된다.

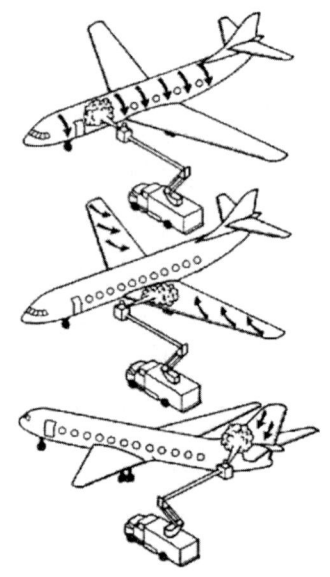

71 윈드실드에 표면장력이 작은 화학액체를 분사하여 피막을 만들어 물방울을 구형형상인 채로 공기흐름 속으로 날아게 버리게 하는 물방울 제거장치는 무엇인가?

방우제(rain repellent)

풀이 ① 제우제어계통(Rain Control Systems) : 대부분 항공기 윈드실드(windshield)에서 강우(rain)를 제거하기 위해 제우 제어 계통을 사용하는데 경우에 따라 몇 가지 조합을 사용하기도 한다. 윈드실드 와이퍼, 화학식 강우차단제, 공기압 강우제거(jet blast : 제트분사), 소수성 표면 실 코팅(hydrophobic surface seal coating)으로 처리된 윈드실드이다.

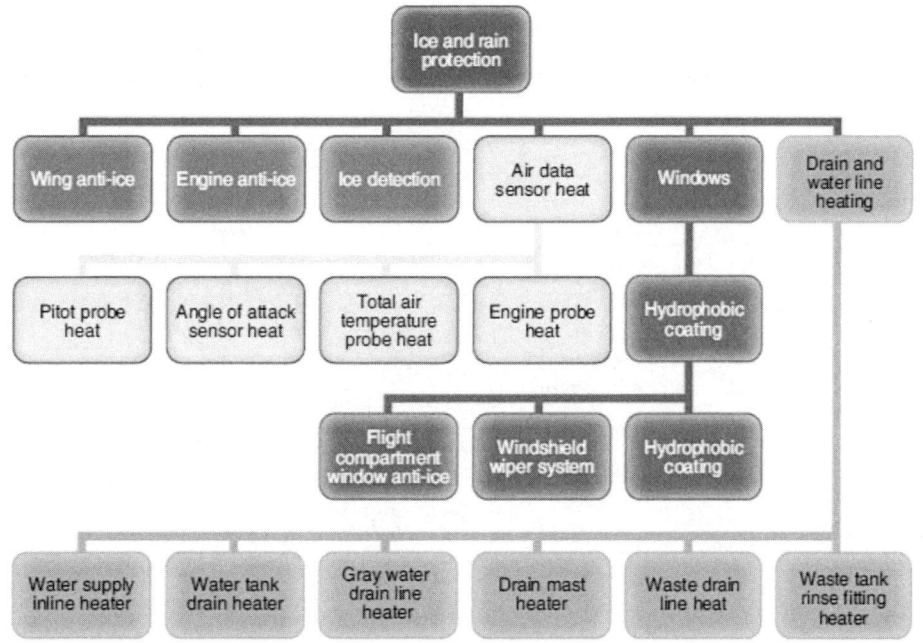

② 방우제(Rain Repellent) : 깨끗한 유리 위의 물은 평탄하게 널리 펼쳐진다. 그러나 특정 화학약품으로 처리되었을 때, 물은 유리 위에서 수은과 같이 표면장력으로 인해 물방울 모양으로 나타내고 고속의 후류를 만나면 표면에서 쉽게 떨어져 나간다. 화학식 강우 차단계통은 조종석에 있는 스위치 또는 푸쉬 버튼(push button)에 의해서 화학 차단제가 도포된다. 강우 차단계통은 희석되지 않은 차단제가 창문에 적용되기 때문에 건조한 상태의 창문에 적용되면 시야를 방해한다. 건조한 날씨 또는 아주 약한 비에서 적용된 강우차단제의 잔존물은 항공기 외피의 오염 또는 경미한 부식의 원인이 될 수 있다. 이를 방지하기 위하여, 차단제 또는 잔존물은 신속히 완전하게 물로 제거되어야 한다. 도포 후에 차단제 피막은 계속적인 강우와의 충돌로 서서히 차단효과가 저하되기 때문에 주기적인 재도포가 요구된다.

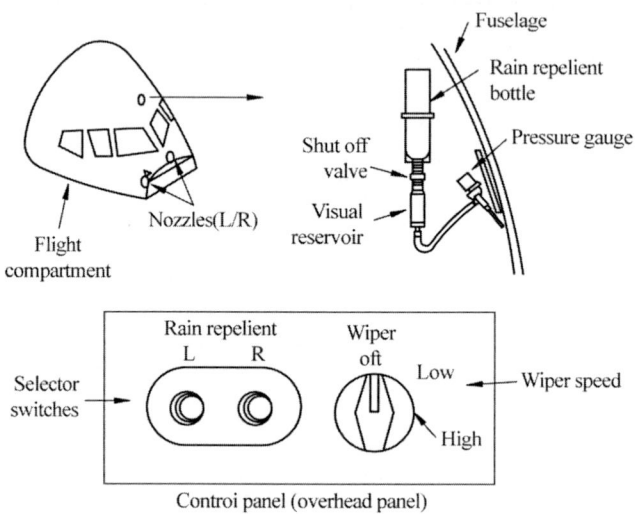

72 산소계통 작업 시 주의사항 4가지를 서술하시오.

① 오일, 구리스 및 유기물질로부터 격리되어야 한다.
② 셧 오프 밸브를 천천히 개폐한다.
③ 부품 교환 시 누설시험을 실시한다.
④ 불꽃 및 고온물질을 멀리한다.
⑤ 항공기에 장착된 상태에서 재충전하지 말아야 한다.
⑥ 저장 시 직사광선을 피해야 한다.
⑦ 공병은 50psi 이상의 압력으로 저장한다. (공기와 수분 유입 방지)

풀이 주의사항

① 항공기에 장착된 실린더에 산소를 충전해서는 안된다. (충전된 산소병으로 교환)
② 튜브 끝은 매끈해야 하며 Flare부분이 깨지거나 손상되어 있으면 누설의 원인이 된다.
③ 내부는 절대로 청결해야 하며 일단 분리했을 때는 Oil이나 오물이 묻지 않은 깨끗한 Cap이나 Plug로 막아 오염을 방지한다.
④ 스레드 컴파운드는 스레드 부분에만 약간 칠한다.
⑤ 항공기는 항상 접지되어야 한다.
⑥ 산소계통의 작업장 부근에는 불꽃, 전기스파크, 발화원 등을 제거해야 한다.
⑦ 산소계통의 작업은 반드시 감독자의 입회 하에 매뉴얼 또는 가이드에 따라 신중히 실시한다.
⑧ 먼지, 실보프라기, 고무조각 등의 연소물질이 들어가면 충격에 의해 폭발의 원인이 될뿐 아니라 체크밸브나 레귤레이터에 들어가 고장을 일으키게 된다.
⑨ 필요한 부분품의 교환, 세척, 누설점검 외에 조절, 수리, 분해 등을 라인에서 실시하면 안된다.
⑩ 작업자의 손, 작업복 및 공구는 Oil, Grease, 먼지 등이 묻지 않은 깨끗한 상태여야 한다. (가솔린, 오일 등의 작은 인화물질이 있으면 폭발을 초래할 수 있다.)
⑪ 새로 제작한 Line이나 오염된 부분품, Fitting, Valve, Gage 등은 장착하기 전에 반드시 세척해야 한다. (유기물질은 피하고, 손이나 공구에 묻은 오일이나 그리스 제거)
⑫ 분리된 Line은 즉시 깨끗한 Cap이나 Plastic bag으로 먼지가 들어가지 않도록 막아야 한다.
⑬ 항공기 또는 격납고 내에서 산소를 배출시켜서는 안된다.
⑭ 계통에 압력이 가압된 상태에서 Fitting을 조여서는 안된다.
⑮ 화재의 흔적이 확인되면 부근의 산소계통 부분품을 장탈하여 손상 및 오염여부를 조사해야 한다.
⑯ 환기가 되는 곳에서 작업해야 한다.
⑰ Shut off v/v는 천천히 열고 닫는다.
⑱ 빈통은 50psi로 가압해둔다. (이물질 유입 방지)
⑲ 산소계통 부근의 작업 전 Shut off v/v close로 한다.

73 항공기 기체 산소용기에 표기된 각 기호에 대하여 서술하시오.

DOT 3AA 2400 C (단, C는 개량번호이다)
① DOT : Department of Transportation (미 항공 운송국)
② 3AA : 실린더 재질 (크롬 몰리브덴강)
③ 2400 : 2400psi (가압)
④ 수명기한(service life)은 무제한, 5년 주기로 압력 테스트한다.

풀이 대부분 실린더는 수명기한(service life)을 가지고 있어서 그 이후에는 사용이 금지된다. 충전 횟수 또는 지정된 일자를 넘기면 실린더는 폐기되어야 한다. 항공에서 사용되는 가장 일반적인 고압 강철 산소실린더는 3AA와 3HT 이며 다양한 크기가 사용되지만 동일한 사양에 의해 인가된다.

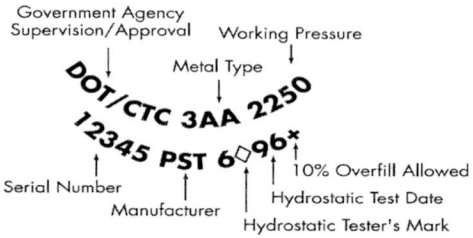

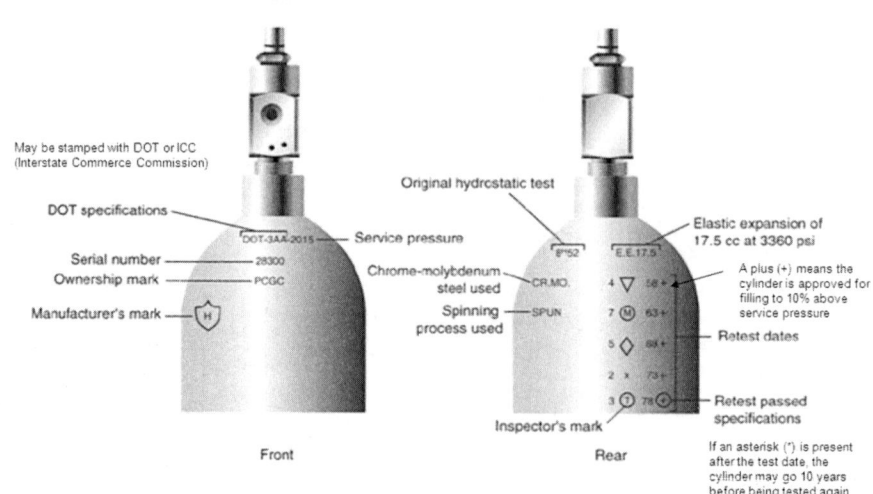

Cylinder Markings

Certification Type	Material	Rated pressure(psi)	Required hydrostatic test	Serice life(years)	Service life(fillings)
DOT 3AA	Steel	1,800	5	Unlimited	N/A
DOT 3HT	Steel	1,850	3	24	4,380
DOT-E-8162	Composite	1,850	3	15	N/A
DOT-SP-8162	Composite	1,850	5	15	N/A
DOT3AL	Aluminum	2,216	5	Unlimited	N/A

74 항공기 산소공급계통에서 Demand식 산소마스크의 산소공급은?

호흡 시 흡입할 때만 산소가 공급되는 방식

풀이 Demand식 산소마스크의 종류
① Continuos-flow(연속흐름형) : 마스크로 규정량의 산소를 연속적으로 공급하는 산소 흡입장치이다.
② Pressure-demand(압력요구형) : 마스크를 착용한 사람이 흡입할 때에만 산소가 공급되는 산소흡입장치로서, 특정고도 이상에서 산소조절기가 압력을 조절하여 산소를 흡입할 수 있게 한다.
③ Diluter-demand(희석요구형) : 승무원용 산소흡입장치로서 산소와 외부공기가 희석되어 숨 쉴 때마다 희석 산소를 공급하는 장치이다.

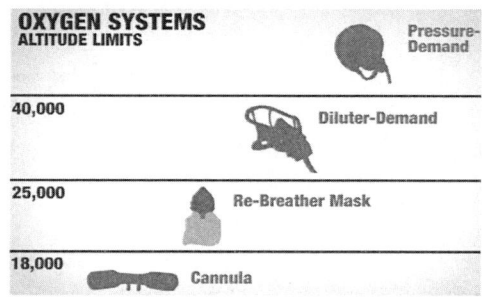

75 산소 bottle 취급 시 주의 사항을 설명하시오.

① 흔들거나 충격을 가하지 않는다.
② 윤활유 및 그리스 등과 분리하여 취급 및 보관
③ 산소 충전 시에는 환기가 잘되는 곳에서 실시
④ 저장할 때는 직사광선을 피한다.

풀이 산소계통의 점검과 정비(Oxygen System Inspection and Maintenance) : 산소계통을 점검 시 안전을 위해 작업장 주위를 청결하게 유지해야 한다. 깨끗하고 그리스가 묻지 않은 손과 의복을 착용하고 작업을 수행하며 깨끗한 공구를 사용해야 한다. 작업구역에서 최소 50feet 이내에는 절대로 금연하고 개방된 화염이 없어야 한다. 산소실린더, 계통 구성품, 또는 배관을 작업할 때 항상 엔드캡(End cap)과 보호용 마개(protective plug)를 사용해야 하며 접착테이프(adhesive tape)를 사용해서는 안 된다. 산소실린더는 석유제품 또는 열원으로부터 이격된 거리에, 격납고 안에 정해 진 구역에, 시원하고, 그리고 환기가 잘되는 구역에 저장하여야 한다. 산소공급실린더의 압력이 완전히 계통으로부터 배출될 때까지 정비작업을 수행하여서는 안 되며 피팅은 잔류압력이 완전히 사라지도록 천천히 나사를 풀어야 한다. 모든 산소계통 배관은 작동부위, 전기배선, 그리고 다른 유체 라인으로부터 적어도 2inch의 여유 공간이 있어야 하며 산소를 가열할 수 있는 hot duct와 열원으로부터 적당한 여유 공간이 있어야 한다. 정비를 위해 계통이 열렸을 때 마다 압력점검과 누설점검이 수행되어야 하며 산소 계통을 위해 특별히 인가된 것이 아니라면 윤활제, 밀봉재, 세제, 등을 사용하지 말아야 한다.

76 항공기 화재 계통에서 소화제가 분사되는 배관이 길어질 때는 이산화탄소(CO_2)가 사용되는데 그 이유는?

가압원이 필요없고, 압축된 소화액이 한 번에 빠르게 분사되어 나온다.

풀이 이산화탄소 소화기(Carbon dioxide extinguisher) : 고압가스안전관리법에 적합한 용기에 이산화탄소(탄산가스)를 축압하고 액화로 해서 충전한 것이며, 이산화탄소를 연소하는 면에 방사하면 가스의 질식작용에 의해 소화되며 동시에 드라이 아이스에 의한 냉각효과가 있기 때문에 유류(B급) 화재에 적합하며, 이산화탄소는 전기에 대해 절연성이 우수하기 때문에 전기(C급) 화재에도 적합하다. CO_2는 가스이지만, 압축과 냉각에 의해 쉽게 액화시킨다. 액화 이후, CO_2는 액체와 가스로 밀폐용기에 남아 있다. 저장기에서 고압의 자체 압력으로 방출한다.(고압으로 인하여 밀폐된 공간 주의) 연소가 더 이상 일어나지 않도록 공기를 희박하게 하고 산소함유량을 줄이기 때문에 주로 소화제로서 유용한 것이다. (차폐제로 작용.) 그러나, 다량의 이산화탄소는 질식의 위험이 있어, 터빈엔진으로 설계된 모든 신형 항공기는 하론 소화기를 사용한다. 대부분의 화재(A ~ D급)에 모두 사용 가능하며 소화 약재의 잔재가 남지 않고 소화 대상물의 손상이 적다. 소화 효과가 매우 뛰어나지만 가격이 비싸며 하론 가스의 독성이 있어 인체에 유해할 수 있는데다 오존층을 파괴하는 물질을 포함하고 있다.

77 열전쌍 화재탐지회로도를 설명하시오.

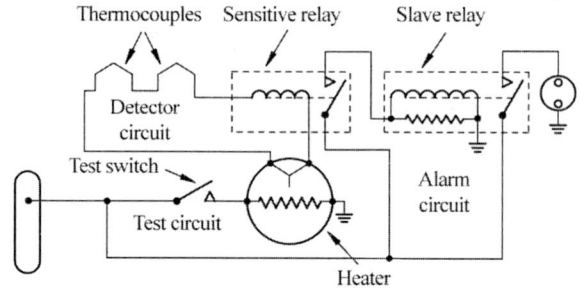

열전쌍식 화재경고장치는 탐지 회로, 경고 회로 및 점검 회로로 구성된다. 열전쌍에 열이 가해져서 기전력이 생기면 적은 전류가 흘러 수감 계전기를 작동시킨다. 이는 회로를 형성시켜 주는 슬레이브 계전기(slave relay)의 코일에 작용하여 화재 경고등에 전기가 공급되도록 한다. 회로의 작동 시험을 하기 위하여 시험 스위치를 작동시키면 시험회로에 연결된 전열기가 가열되므로, 이 때 경고등이 켜지는가를 점검한다.

풀이 ① 열전쌍식(thermocouple) 화재경고장치 : 급격한 온도상승에 의한 화재 탐지 장치로서 서로 다른 금속을 접합한 열전쌍을 이용하여 직렬로 연결하고, 고감도 릴레이를 사용하여 경고 장치를 작동시킨다.

② 열전대(thermocouple) : 서로 다른 두 종류의 금속의 기전력을 이용한 온도 센서이다. 특성이 다른 두 종류의 도체의 양단을 접합해 폐회로를 만들고 한쪽 끝단에 온도 차이를 주면 이 회로에 열기전력이 발생하게 된다. 이 온도에 비례하여 기전력이 커지는데 이 기전력의 크기를 이용하여 온도를 측정하는 온도센서를 thermocouple이라고 한다.
 ㉠ 빠른 응답과 적은 오차 그리고 비교적 시간지연이 적다.
 ㉡ 상황에 맞게 사용할 수 있도록 사용온도 범위가 넓다.
 ㉢ 기전력을 이용한 온도센서이므로 증폭 조절, 변환 등의 처리가 쉽다.
 ㉣ 비교적 저렴하고 내구성이 좋아 활용도가 높다.

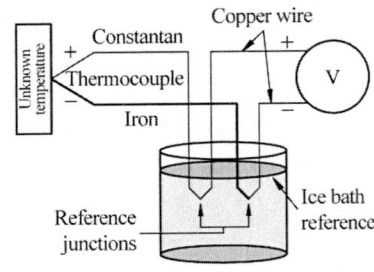

78 화재 등급 중 C등급은 무슨 화재인가?

전기 화재(전기 기기, 전기 부품, 전기용품의 화재)

풀이 국제화재방지협회(NFPA : national fire protection association) : Standard 10의 휴대용 소화기에 정의된 것처럼, 기내에서 일어나는 것이 가능하다고 생각되는 화재의 등급은 A, B, C, D급 화재로 분류된다.
① A급 화재(Class A Fires) : 기본적으로 목재, 직물, 종이, 고무제품, 그리고 플라스틱과 같은, 통상의 가연재료에 발생하는 화재.
② B급 화재(Class B Fires) : 가연성액체, 석유계 오일, 그리스, 타르, 유성도료, 락카, 솔벤트, 알콜, 그리고 인화성가스에서 발생하는 유류화재.
③ C급 화재(Class C Fires) : 비전도성인 소화용재의 사용이 중요한 곳에서 전압을 가한 전기장치에서 발생하는 전기화재.
④ D급 화재(Class D Fires) : 마그네슘, 티타늄, 지르코늄, 나트륨, 리튬, 그리고 포타슘과 같은, 가연성 금속에서 발생하는 금속화재.

79 화재탐지기(①과열화재 탐지기 ②과열 탐지기 ③연기 탐지기)를 사용하는 장소를 적으시오.

① 과열화재탐지기 : 기관(엔진, APU)
② 과열탐지기 : 랜딩기어격납실(wheel well), 날개 앞전
③ 연기탐지기 : 화장실, 화물실

풀이 화재탐지기(Fire Detection)의 종류

① 과열/화재탐지기(Overheat/Fire Detection) : Loop Fire Detector는 주로 엔진과 보조 엔진(APU)에 장착하는 센서로 열을 받으면 전류를 흐를 수 있는 재질로 되어 있어, 감지 시 조종석의 경고계통으로 전달한다. 3가지로 분류할 수 있는데, Kidde type, Graviner Type. Penwal Type이 있다. Kidde type은 불을 감지할 수 있는 센서 와이어를 금속 호스에 넣어 엔진 전체 주변을 감는다. 금속 호스안에는 반도체류 금속재료가 들어있고, 그 안에 전류가 흐를 수 있는 와이어가 내장되어 있다. 평소에는 전류가 흐르지 않게 하고 있다가, 불을 감지하면 반도체류의 금속재료가 열을 흐르게 하게, 와이어에 전류를 흘러, 조종석의 경고계통으로 신호를 보낸다. 예민하고, 재질이 약해서 조금만 찌그러져도, 바로 화재 이상 오작동을 일으킵니다. Graviner Type은 스테인레스 재질의 금속 호스 안에 반 전기적인 코어가 있고 그 안에 와이어가 있는데, 평소엔 반도체적 일을 하다 불을 감지하면 열을 감지한다. 이는 외부의 스테인레스 호스를 따라 전기가 흘러 조종석으로 전달한다. Fenwall Type도 이와 비슷하지만 반 전기적인 코일이 아닌 소금과 세라믹이 들어 있어 전기를 흐르게 한다. Respond Fire Detector는 불활성 가스가 열에 의해 팽창이 되면 팽창 때문에 스위치가 접촉. 전기를 흐르게 하여 조종계통에 알려준다.

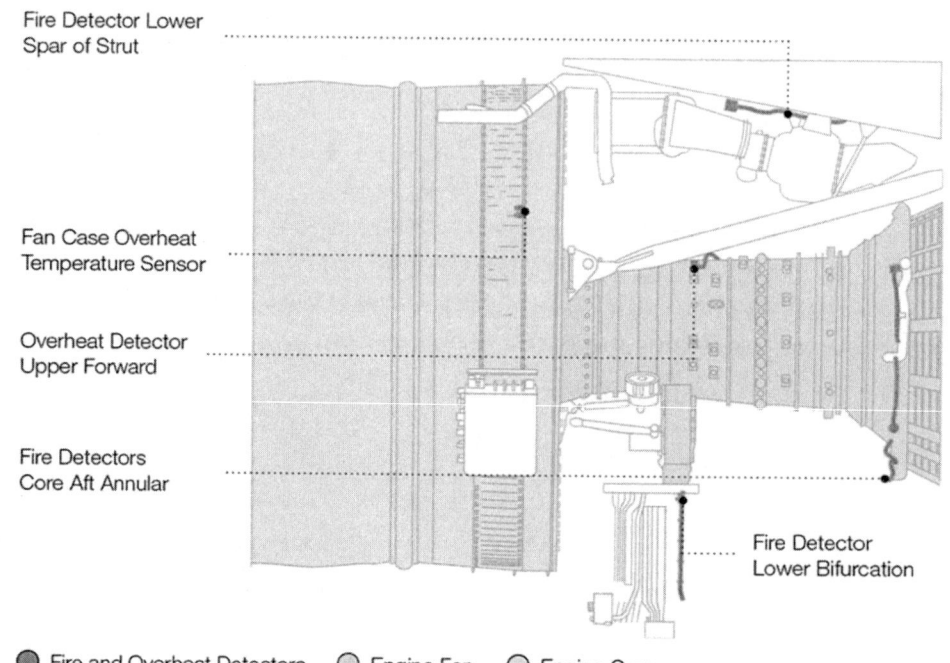

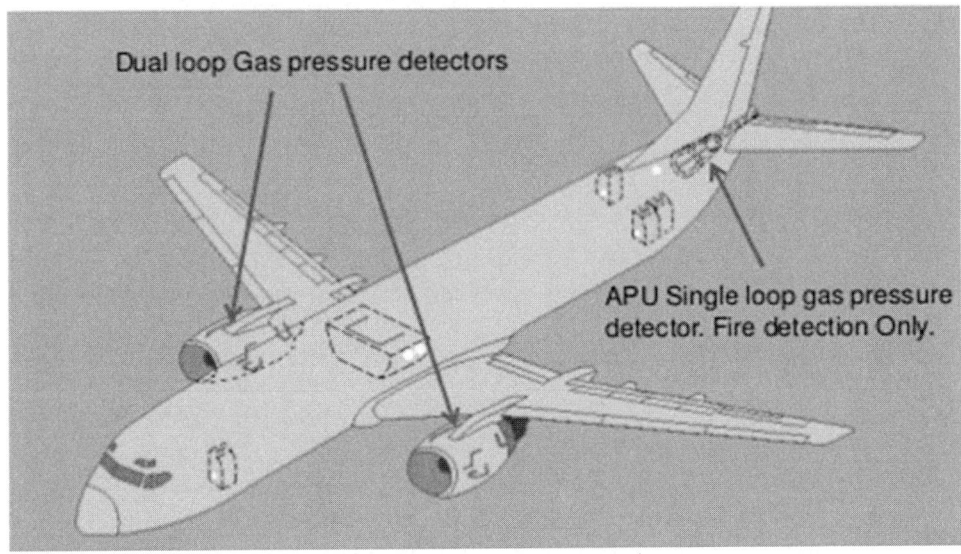

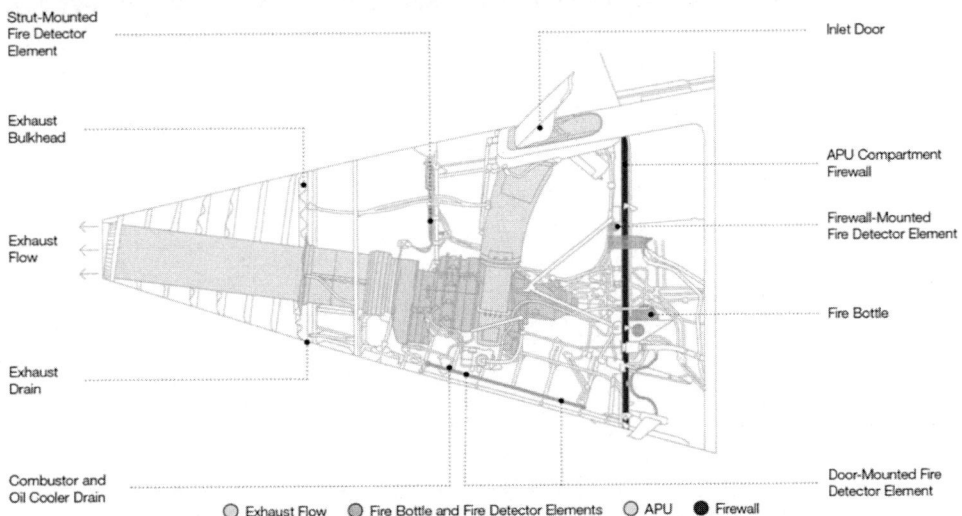

② 과열탐지기(Overheat Detection) : Termal Switch Overheat Detector는 과열이 되었을 때 열을 감지하는데, 두개의 열팽창계수가 다른 금속재료(철, 니켈, 아연 등)가 있어서 일정량이상의 열을 받으면 금속이 팽창하여 휘어지면서 전류를 흐르게 하여 과열상태를 알려준다. 이는 랜딩기어격납실(wheel well), 날개 앞전의 Anti-icing계통에 주로 장착되어 과열상태를 파악한다.

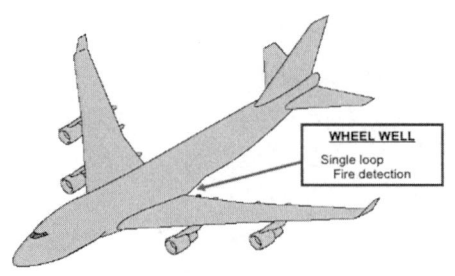

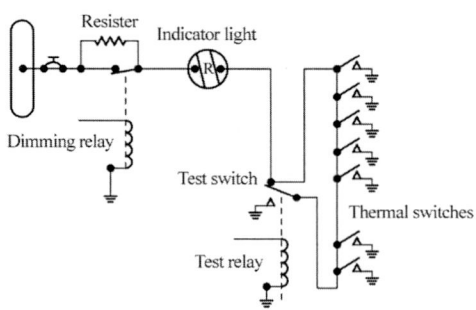

③ 연기탐지기(Smoke Detection) : Smoke Detecor는 연기감지 장치인데, 주로 화물칸이나 화장실에 있다. 감지 장비 안에 빛을 발생하는 전구가 있는데, 평소에는 빛이 계속 나고 있다가, 연기가 유입되면 연기에 의해 빛이 반사하여 반사된 빛을 감지한다. 이는 Photoelectric Cell이라고 해서 빛 잔상을 사진처럼 찍어 감지하는 방법을 말한다. 그리고, 방사능을 이용해서 연기를 감지하는 방법이 있는데, 위험하여 사용하지 않는다.

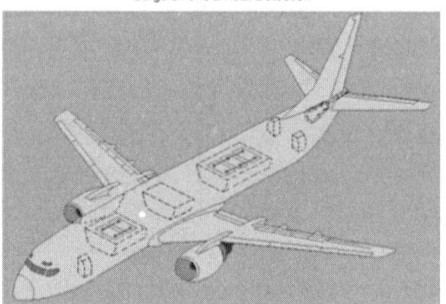

80 화재탐지기 종류와 내용에 대해서 서술하시오.

① 온도 상승률 탐지기 : 온도가 급변하면 작동하고 온도상승률이 완만하면 작동하지 않는 차동식과 온도상승률에 관계없이 일정한 온도에 도달하면 작동하는 정온식이 있다.

② 복사 감지 탐지기 : 화재 불꽃이 발생하면 복사에너지(적외선)을 이용하여 전기적 신호를 발생시킨다.

③ 연기 탐지기 : 화재에 의해서 발생된 연기가 광전형 연기 감지기 내로 들어오게 되고 연기에 의해서 반사광이 광전 소자에 비치면 저항값이 떨어지고 광전 소자에 전류가 흐르게 되어 경고장치가 작동한다.

④ 과열 탐지기 : 엔진 작동 시, 인코넬 튜브의 이중 루프 탐지기 주위에 국부적으로 가열되어 온도가 급격히 상승하면, 절연체 세라믹의 저항값이 감소하여 전원 공급선에서 접지쪽으로 전류가 흘러 과열 상태를 지시한다.

⑤ 일산화탄소 탐지기 : 일산화탄소 가스를 탐지하는 것으로 화물실에는 거의 사용하지 않고, 객실과 조종실의 일산화탄소 가스 여부를 검사한다. 리셉터클식의 튜브로 노란색 실리카 겔이 들어 있어 가스가 튜브에 유입되면 비율에 따라 점차 초록색으로 변한다.

⑥ 가연성 혼합 가스 탐지기 : 가연성가스는 산소 또는 공기와 혼합하여 점화하면 빛과 열을 발해서 연소하는 가스를 말하며, 그 종류가 매우 많고 수소, 메탄, 에탄, 프로판이 있다. 금속 산화물반도체 표면에 가스가 흡착되면, 열전도도 변화 및 전기전도도 변화를 백금선 코일의 양단으로 전해지면 저항치 변화를 측정한다.

⑦ 육안감지 : 승무원 또는 승객의 육안에 의해 화재를 감지한다.

풀이 ※ 왕복엔진항공기와 소형터보프롭 항공기의 탐지기 종류
　　① 과열 탐지기(overheat detector)
　　② 온도 상승비율 탐지기(rate of temperature rise detector)
　　③ 화염 검출기(flame detector)
　　④ 조종사에 의한 관찰

※ 대형 터빈엔진항공기의 탐지기 종류
　　① 온도비율 탐지기(rate of temperature detector)
　　② 방열수감 탐지기(radiation sensing detector)
　　③ 연기탐지기(smoke detector)
　　④ 과열 탐지기(overheat detector)
　　⑤ 일산화탄소 탐지기(carbon monoxide detector)
　　⑥ 가연혼합물 탐지기(combustible mixture detector)
　　⑥ 섬유광학 탐지기(fiber optic detector)
　　⑦ 승무원 또는 승객에 의한 관찰

81 과열 탐지기의 위치와 역할에 대해서 서술하시오.

과열탐지기 : 랜딩기어격납실(wheel well), 날개 앞전

풀이 과열탐지기(Overheat Detection) : Termal Switch Overheat Detector는 과열이 되었을 때 열을 감지하는데, 두개의 열팽창계수가 다른 금속재료(철, 니켈, 아연 등)가 있어서 일정량이상의 열을 받으면 금속이 팽창하여 휘어지면서 전류를 흐르게 하여 과열상태를 알려준다. 이는 랜딩기어격납실(wheel well), 날개 앞전의 Anti-icing계통에 주로 장착되어 과열상태를 파악한다.

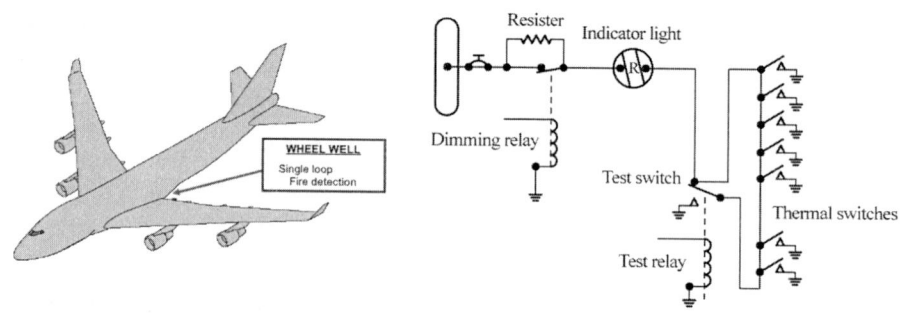

82 계기에서 노란색 호선을 무엇을 의미하는가?

안전 운용 범위에서 초과 금지까지의 경계 또는 경고 범위를 나타낸다.

풀이 ※ 계기범위표시(Instrument Range Markings)

많은 계기는 계통 또는 구성품이 안전하게 정상적인 작동 범위 내에 있는지 아니면 원하지 않는 상황에서 작동하는지를 한눈에 즉시 판단하기 위해 계기 눈금판에 색표식을 한다. 이는 눈금을 정확하게 읽지 않더라도 신속한 상황 판단을 할 수 있도록 하기 위함이다. 이런 색표식은 형식증명 자료시트(Type Certificate Data Sheet)에 있는 항공기 정비교범에 따라 계기 제작사에 의해 계기에 색표식을 한다. 이 계기들의 작동한계 등을 설명하는 자료는 항공기 제작사 작동교범(OM : Manufacturer's Operating Manual)과 정비교범(MM : Maintenance Manual)에서도 찾아볼 수 있다. 때때로 항공기 정비사는 계기에 색표식이 되어 있지 않으면 정비교범을 보고 직접 표식을 하여야 한다. 계기를 정확하게 승인 및 확인된 자료에 맞게 색표식을 하는 것이 중요하다. 색표식은 페인트 또는 데칼(Decal)로 계기의 덮개유리(cover glass)에 한다. 항공기의 운용한계, 경고와 경계범위 또는 정상범위 등을 표식한다.

※ 색표식의 종류
① 적색방사선(red radial line) : 최대 및 최소 운용한계를 나타내며 이 범위를 벗어나는 것은 극히 비정상적 위험한 상황이며 이를 벗어난 운용은 피해야 한다.
② 황색호선(yellow arc) : 계기가 현재는 안전운용범위를 조금씩 벗어나고 있거나 초과금지까지의 경계로서 주의를 요하는 것이다. 적당한 조치를 취하지 않으면 위험범위인 적색선 쪽으로 넘을 수 있는 것으로 주의가 필요한 범위이다.

③ 녹색호선(green arc) : 정상 작동 범위 즉 계속 운전 범위를 나타내는 것으로 순항 운용범위를 의미한다.
④ 청색호선(blue arc) : 기화기를 장비한 왕복엔진과 관련된 엔진 계기들에 표시하는 색으로 흡기압력계(manifold pressure indicator), 엔진회전계기(tachometer), 기통두 온도계(cylinder head temperature indicator) 등에 표시한다. 연료와 공기 혼합비가 오토 린(auto-lean)일 때의 상용안전운용범위를 나타낸다.
⑤ 백색호선(white arc)
   ㉠ 대기 속도계에 표시하는 색이다.
   ㉡ 플랩을 조작할 수 있는 속도 범위를 표시한다.
   ㉢ 최대착륙무게(MLW)에 대해 플랩 내리고 비행 가능한 최대속도 하한점을 표시한다.
   ㉣ 플랩을 내리더라도 항공기 구조 강도상에 무리가 없는 플랩내림최대속도(maximum flap down speed) 상한점을 표시한다.
⑥ 백색 방사선(white radial line) : 유리 미끄러짐 표시(white slippage mark)이다. 계기의 유리와 케이스에 걸쳐서 표시한다. 이는 계기 눈금판에 맞추어 녹색, 적색 등 다른 색깔로 표식하였는데 만일 베젤(bezel) 안의 계기 유리 자체가 잘못되어 회전해버린 경우 색표식과 계기눈금이 서로 맞지 않게 된다. 유리 자체가 돌아갔는지 확인할 수 있는 방법으로는 유리와 계기 플랜지에 걸쳐서 백색 페인트로 백색 선을 표시해 놓고 유리 자체가 계기 눈금과 일치하는지 일치하지 않은지를 판단하도록 한다. 표시하는 색은 적색(Red), 황색(Yellow), 녹색(Green), 청색(Blue) 그리고 백색(White)으로 사용된다. 그리고 표식(marking)은 호선(arc)과 방사선(radial line)의 형태로 계기 눈금판 위 바로 유리에 표시한다.

 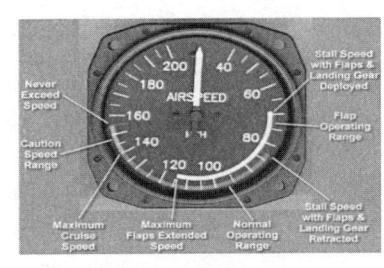

83 항공기의 색표지 중에서 흰색 호선의 의미는?

대기 속도계에서 플랩 조작에 따른 항공기의 속도범위를 나타내는 것으로서, 최대착륙무게에 대한 실속속도로부터 플랩을 내리더라도 구조 강도상에 무리가 없는 플랩 내림 최대 속도까지를 나타낸다.

풀이 ※ 계기범위표시(Instrument Range Markings)

많은 계기는 계통 또는 구성품이 안전하게 정상적인 작동 범위 내에 있는지 아니면 원하지 않는 상황에서 작동하는지를 한눈에 즉시 판단하기 위해 계기 눈금판에 색표식을 한다. 이는 눈금을 정확하게 읽지 않더라도 신속한 상황 판단을 할 수 있도록 하기 위함이다. 이런 색표식은 형식증명 자료시트(Type Certificate Data Sheet)에 있는 항공기 정비교범에 따라 계기 제작사에 의해 계기에 색표식을 한다. 이 계기들의 작동한계 등을 설명하는 자료는 항공기 제작사 작동교범(OM : Manufacturer's Operating Manual)과 정비교범(MM : Maintenance Manual)에서도 찾아볼 수 있다. 때때로 항공기 정비사는 계기에 색표식이 되어 있지 않으면 정비교범을 보고 직접 표식을 하여야 한다. 계기를 정확하게 승인 및 확인된 자료에 맞게 색표식을 하는 것이 중요하다. 색표식은 페인트 또는 데칼(Decal)로 계기의 덮개유리(cover glass)에 한다. 항공기의 운용한계, 경고와 경계범위 또는 정상범위 등을 표식한다.

※ 색표식의 종류

① 적색방사선(red radial line) : 최대 및 최소 운용한계를 나타내며 이 범위를 벗어나는 것은 극히 비정상적 위험한 상황이며 이를 벗어난 운용은 피해야 한다.

② 황색호선(yellow arc) : 계기가 현재는 안전운용범위를 조금씩 벗어나고 있거나 초과금지까지의 경계로서 주의를 요하는 것이다. 적당한 조치를 취하지 않으면 위험범위인 적색선 쪽으로 넘을 수 있는 것으로 주의가 필요한 범위이다.

③ 녹색호선(green arc) : 정상 작동 범위 즉 계속 운전 범위를 나타내는 것으로 순항 운용범위를 의미한다.

④ 청색호선(blue arc) : 기화기를 장비한 왕복엔진과 관련된 엔진 계기들에 표시하는 색으로 흡기압력계(manifold pressure indicator), 엔진회전계기(tachometer), 기통두 온도계(cylinder head temperature indicator) 등에 표시한다. 연료와 공기 혼합비가 오토 린(auto-lean)일 때의 상용안전운용범위를 나타낸다.

⑤ 백색호선(white arc)

  ㉠ 대기 속도계에 표시하는 색이다.

  ㉡ 플랩을 조작할 수 있는 속도 범위를 표시한다.

  ㉢ 최대착륙무게(MLW)에 대해 플랩 내리고 비행 가능한 최대속도 하한점을 표시한다.

  ㉣ 플랩을 내리더라도 항공기 구조 강도상에 무리가 없는 플랩내림최대속도(maximum flap down speed) 상한점을 표시한다.

  ㉤ 백색 방사선(white radial line) : 유리 미끄러짐 표시(white slippage mark)이다. 계기의 유리와 케이스에 걸쳐서 표시한다. 이는 계기 눈금판에 맞추어 녹색, 적색 등 다른 색깔로 표식하였는데 만일 베젤(bezel) 안의 계기 유리 자체가 잘못

되어 회전해버린 경우 색표식과 계기눈금이 서로 맞지 않게 된다. 유리 자체가 돌아갔는지 확인할 수 있는 방법으로는 유리와 계기 플랜지에 걸쳐서 백색 페인트로 백색 선을 표시해 놓고 유리 자체가 계기 눈금과 일치하는지 일치하지 않은지를 판단하도록 한다. 표시하는 색은 적색(Red), 황색(Yellow), 녹색(Green), 청색(Blue) 그리고 백색(White)으로 사용된다. 그리고 표식(marking)은 호선(arc)과 방사선(radial line)의 형태로 계기 눈금판 위 바로 유리에 표시한다.

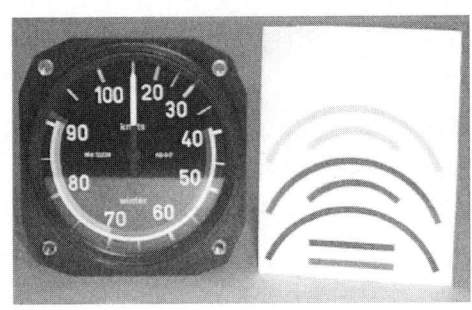
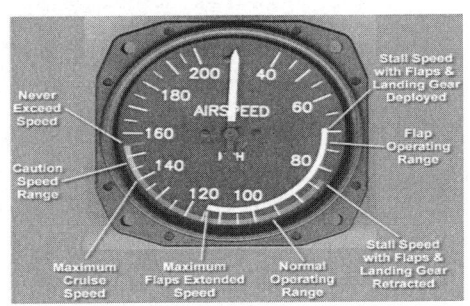

84 항공기의 색표지 중에서 붉은색 방사선의 의미는?

최대 및 최소 운용 한계(초과 금지 범위)

풀이 ※ 계기범위표시(Instrument Range Markings)

많은 계기는 계통 또는 구성품이 안전하게 정상적인 작동 범위 내에 있는지 아니면 원하지 않는 상황에서 작동하는지를 한눈에 즉시 판단하기 위해 계기 눈금판에 색표식을 한다. 이는 눈금을 정확하게 읽지 않더라도 신속한 상황 판단을 할 수 있도록 하기 위함이다. 이런 색표식은 형식증명 자료시트(Type Certificate Data Sheet)에 있는 항공기 정비교범에 따라 계기 제작사에 의해 계기에 색표식을 한다. 이 계기들의 작동한계 등을 설명하는 자료는 항공기 제작사 작동교범(OM : Manufacturer's Operating Manual)과 정비교범(MM : Maintenance Manual)에서도 찾아볼 수 있다. 때때로 항공기 정비사는 계기에 색표식이 되어 있지 않으면 정비교범을 보고 직접 표식을 하여야 한다. 계기를 정확하게 승인 및 확인된 자료에 맞게 색표식을 하는 것이 중요하다. 색표식은 페인트 또는 데칼(Decal)로 계기의 덮개유리(cover glass)에 한다. 항공기의 운용한계, 경고와 경계범위 또는 정상범위 등을 표식한다.

※ 색표식의 종류
① 적색방사선(red radial line) : 최대 및 최소 운용한계를 나타내며 이 범위를 벗어나는 것은 극히 비정상적 위험한 상황이며 이를 벗어난 운용은 피해야 한다.
② 황색호선(yellow arc) : 계기가 현재는 안전운용범위를 조금씩 벗어나고 있거나 초과금지까지의 경계로서 주의를 요하는 것이다. 적당한 조치를 취하지 않으면 위험 범위인 적색선 쪽으로 넘을 수 있는 것으로 주의가 필요한 범위이다.
③ 녹색호선(green arc) : 정상 작동 범위 즉 계속 운전 범위를 나타내는 것으로 순항 운용범위를 의미한다.

④ 청색호선(blue arc) : 기화기를 장비한 왕복엔진과 관련된 엔진 계기들에 표시하는 색으로 흡기압력계(manifold pressure indicator), 엔진회전계기(tachometer), 기통두 온도계(cylinder head temperature indicator) 등에 표시한다. 연료와 공기 혼합비가 오토 린(auto-lean)일 때의 상용안전운용범위를 나타낸다.

⑤ 백색호선(white arc)
  ㉠ 대기 속도계에 표시하는 색이다.
  ㉡ 플랩을 조작할 수 있는 속도 범위를 표시한다.
  ㉢ 최대착륙무게(MLW)에 대해 플랩 내리고 비행 가능한 최대속도 하한점을 표시한다.
  ㉣ 플랩을 내리더라도 항공기 구조 강도상에 무리가 없는 플랩내림최대속도(maximum flap down speed) 상한점을 표시한다.

⑥ 백색 방사선(white radial line) : 유리 미끄러짐 표시(white slippage mark)이다. 계기의 유리와 케이스에 걸쳐서 표시한다. 이는 계기 눈금판에 맞추어 녹색, 적색 등 다른 색깔로 표식하였는데 만일 베젤(bezel) 안의 계기 유리 자체가 잘못되어 회전해버린 경우 색표식과 계기눈금이 서로 맞지 않게 된다. 유리 자체가 돌아갔는지 확인할 수 있는 방법으로는 유리와 계기 플랜지에 걸쳐서 백색 페인트로 백색 선을 표시해 놓고 유리 자체가 계기 눈금과 일치하는지 일치하지 않은지를 판단하도록 한다. 표시하는 색은 적색(Red), 황색(Yellow), 녹색(Green), 청색(Blue) 그리고 백색(White)으로 사용된다. 그리고 표식(marking)은 호선(arc)과 방사선(radial line)의 형태로 계기 눈금판 위 바로 유리에 표시한다.

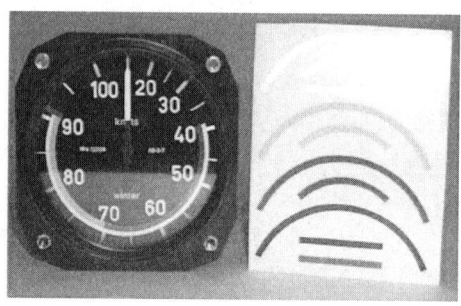
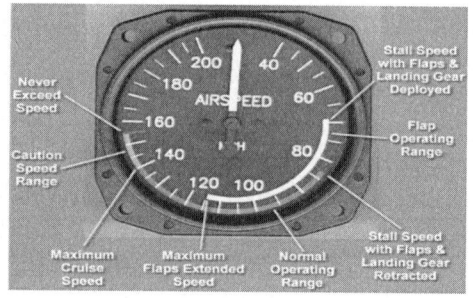

85 대기 속도계 배관의 Leak Check 방법은?

pitot static tester(MB-1)를 이용하여 누설점검을 한다.

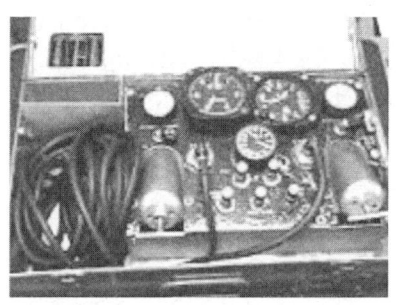

풀이 ※ 동·정압계통정비 및 시험(Pitot-Static System Maintenance and Test) : 항공기가 우기에나 비구름 속으로 비행하는 경우 공기 중에 있는 수분이나 습기가 동·정압계통 (pitot-static system) 안으로 들어올 수 있다. 이때 유입된 고인 물은 동·정압비행계기 지시가 부정확하거나 오차의 원인이 될 수 있다. 특히 고였던 물이 만약 비행 중에 고공에서 얼어버리면 심각한 문제가 나타난다. 이는 계속해서 항공기 대기 속도계, 고도계, 승강계, 마하계 및 다른 조종계통에 심각한 문제를 일으킨다. 가능한 침투 방지 및 해결을 위해 많은 계통들이 정비 시에 어떤 습기나 물이라도 제거하기 위해 계통에서 제일 낮은 지점에 배수관(drain)이 설치되어 있다. 이를 주기적으로 배수를 시키면서 관리하여야 한다. 배수관이 없는 항공기에서는 주기적으로 건조한 압축공기 또는 질소로 동·정압관을 통해 불어낸다. 이 작업을 수행하기 전에 반드시 동·정압 계기들을 분리하고 항시 계기 끝단에서 동압과 정압의 배출구 쪽으로 불어낸다. 이 절차대로 작업한 다음에 누설점검을 수행하여야 한다. 배수관을 갖춘 계통은 누설점검 필요 없이 물을 배출시킬 수 있다. 작업완료 후에 항공기 정비사는 배수관이 닫혀졌는지를 승인된 정비절차에 따라 안전하게 장착되어 있는지를 확인해야 한다. 항공기 동·정압 계통의 구성품 및 부품의 장탈 및 장착 후 그리고 기능불량이 예상될 때 누설시험을 해야 된다. 계기비행규칙(IFR) 인가를 받은 항공기라면 24개월마다 시험하여야 한다. 동·정압 누설검사의 방법은 항공기 형식 및 동·정압계통, 그리고 시험 장비에 좌우된다. 시험장치가 정압공 끝단에서 정압계통으로 연결되고 압력은 고도계에서 1,000피트[feet]를 지시하는데 필요한 양만큼 계통에서 압력이 줄어든다. 그 다음 계통은 밀봉하고 1분 동안 누설 여부를 관찰한다. 최대 허용치가 100피트 이하이다. 만약 100피트 이상 누설된다면 고장탐구, 즉 누설부위를 찾을 때까지 체계적인 점검을 수행하여야 한다. 대부분 누설은 부속품 연결 부위에서 일어난다. 동·정압계통의 동압 부분은 유사한 방식으로 점검된다. 모든 동·정압계통을 점검을 수행할 때 제작사사용법 교범

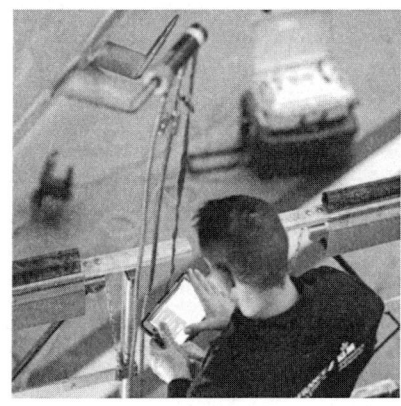

에 따른다. 모든 경우 동·정압 시험장비의 압력 및 진공압력은 항공기 계기 손상을 피하기 위해 천천히 압력을 가하거나 빼내야 한다. 동·정압계통 누설점검 장비는 내부에 내장된 고도계가 있다. 이것은 정압계통점검을 수행하는 동안 항공기의 고도계와 기능상 상호 비교검토를 하는데 사용한다. 누설시험이 완료되면 모든 계통이 정상비행형태로 되돌아갔는지 반드시 확인한다. 누설을 점검하는 동안 각 계통의 차단, 분리, 관련 플러그, 어댑터(adapter), 접착테이프 등을 다시 한 번 점검하고 확인하는 것이 중요하다. 현대 민간 항공기에서는 DADT(Digital air data tester)를 이용하여 Leak check를 한다.

86 기압식 고도계의 오차 중 탄성 오차 종류 3가지는?

히스테리시스 오차, 편위 오차, 잔류효과 오차

풀이 ※ 탄성 오차의 종류
① 히스테리시스 오차 : 불규칙하게 오차가 발생한다.
② 편위 오차 : 어떤 특정 값으로 편중되어 오차가 발생한다.
③ 잔류효과오차 : 초기화(리셋)후에도 남아있는 오차이다.

※ 탄성 오차(Elastic Error)
압력을 측정하여 고도로 나타내는 아네로이드의 구성품은 구리합금이고, 이는 온도 변화에 영향을 받는다. 관련해서 생기는 오차는 다음과 같다.
• 탄성계수의 변화에 따른 오차
• 압력변화에 따라 휘어짐과 원상 복귀까지의 시간지연에 따른 오차
• 장시간 동일한 압력 유지, 휘어짐으로 생기는 크리프(Creep) 현상에 의한 오차
• 재료의 피로현상에 의한 오차 : 지연 효과는 압력에 따른 휘어짐 양이 압력 증가 때와 압력 감소 때가 일치하지 않다. 그 현상을 그림으로 그리면 루프(loop)와 같이 나타난다. 이러한 현상을 히스테리시스(Hysteresis)라고 한다. 히스테리 오차가 있다는 것은 항공기가 상승할 때 고도가 1만 피트였다면 하강할 때 같은 지점인데도 1만 피트가 아니고 1만 1,000피트와 같이 오차가 생기는 고도를 지시한다는 것이다. 물론 오래 그곳에 머무르면 천천히 1만 피트를 지시한다. 또한 탄성체의 크리프(creep) 현상에 의해서 지시치가 시간과 함께 조금씩 변해가는 것을 드리프트(Drift)라고 부른다. 드리프트가 심하면 결국은 고도의 오차로 이어져 교환 작업을 해야 한다.

87 기압식 고도계의 오차의 종류 4가지를 쓰시오.

눈금 오차, 온도 오차, 탄성 오차, 기계적 오차

풀이 고도계 오차의 종류
① 눈금 오차(Pallarex error) : 일정한 온도에서 진동을 가하여 기계적 오차를 뺀 계기 특유의 오차. 일반적으로 고도계의 오차는 눈금 오차를 말하며 수정이 가능하다. 섹터 기어(Sector gear)와 피니언기어(Pinion gear)의 불균일에 의해 발생한다.
② 온도 오차(Thermal error) : 온도의 변화에 의하여 고도계의 각 부분이 팽창, 수축하여 생기는 오차. 바이메탈에 의해서 온도오차를 보정하고 있지만 어느 정도는 발생한다.
③ 탄성 오차(Elastic error) : 히스테리시스, 편위, 잔류 효과와 같이 일정한 온도에서의 탄성체 고유의 오차로서 재료의 특성 때문에 발생한다.
④ 기계적 오차(Mechanical error) : 계기 각 부분의 마찰, 기구의 불평형, 가속도와 진동 등에 의하여 바늘이 일정하게 지시하지 못함으로써 생기는 오차. 이들은 압력의 변화와 관계가 없으며 수정이 가능하다. 확대장치(Enlarging mechanism)의 가동부분, 연결, 기어의 맞물림 등의 모양, 백래쉬(Backlash), 마찰 등에 의해서 발생한다.

88 고도계의 기압보정방식의 종류 3가지 설명하시오.

① QNH : 고도 14,000ft 미만의 고도에서 사용하는 것으로서 고도계가 해면으로부터의 기압 고도, 즉 진고도를 지시하도록 수정하는 방법
② QNE : 고도 14,000ft 이상에서 사용하는 것으로서 항공기의 고도 간격의 유지를 위해 고도계의 기압 창구에 해면의 표준 대기인 29.92inHg으로 보정하여 항상 표준 기압면으로부터의 고도를 지시하게 하는 방법
③ QFE : 활주로 위에서 고도계가 0ft를 지시하도록 고도계의 기압 창구에 비행장의 기압에 맞추는 방법

풀이 고도계의 기압보정(altimeter setting)방법
① QNH setting : 전이고도(대한민국은 1만 4,000피트) 이하에서 항공기의 진고도를 지시하기 위한 고도계 보정방식이다. 이륙 당시 공항 기상 정보 중 그날의 기압치에 대한 정보를 교통 관제소로부터 받는다. 당시의 해면의 기압을 기압 눈금판에 맞추어 주면 고도계는 해면상에서부터 항공기까지의 높이, 즉 진고도를 지시하게 된다. 이 방식은 전이 고도(1만 4,000feet) 미만의 고도에서 사용하는 것으로 활주로에서 고도계가 활주로 표고(공항마다 활주로 표고가 있음)를 지시하도록 하는 보정이다. 항공기는 이륙할 때에 이륙 비행장에서 QNH로 보정하여 이륙하고 운항 중에는 근처의 교통 관제탑으로부터 대기의 정보를 수시로 받아 기압 눈금을 수정하면서 비행하게 되면 모든 항공기는 기준면이 일치하여 다른 항공기와 일정한 고도의 차이를 유지할 수 있다. 예를 들면 활주로 표고가 98피트(feet) 공항에서 그날 기압치가 29.98inHg이면 실제 고도계를 98피트에 맞추면 연동되어 있는 기압치는 29.98inHg를 지시하거나 아니면 반대로 기압치를 29.98inHg로 맞추면 고도계는 98feet를 지시하는 것이다. 이것

이 서로 맞지 않으면 계기 조절 노브(knob) 옆에 작은 나사가 있는데 이것을 풀고 노브를 약간 빼내어 노브를 돌리면 기압치 눈금이 조절된다. 이를 고도계 기압치 조절작업이라 한다.

② QNE setting : 이륙 당시 QNH로 보정하고 비행하다가 전이고도, 즉 1만 4,000피트 이상으로 상승하게 되면 기압치를 29.92inHg(STD)로 맞추는 방식이다. 물론 고공에서 1만 4,000피트 이하로 하강하여 1만 4,000피트 이하가 되면 다시 QNH로 다시 세팅한다. 이는 기상의 변화에 관계없이 1만 4,000피트 이상 비행하는 항공기들이 표준 대기면으로부터 항공기까지 기압 고도를 지시하게 하는 방식이다. 1만 4,000피트 이상의 고도에서는 기상 변화가 적어서 정확한 지시를 할 수 있다. 국제선 대부분은 1만 4,000피트 이상의 고도에서 비행함으로 모든 조종사들은 고도계의 고도 기준을 표준 대기압에 맞추고 비행한다. 교통 관제소 및 조종사들은 이 고도를 기준으로 항공기간 수직 분리 및 고도 유지를 한다.

③ QFE setting : 공항 활주로면의 기압을 맞추면 고도계는 활주로에서 항공기까지의 고도를 지시한다. 이는 항공기가 활주로 위에서 고도계가 0피트를 지시하도록 활주로를 기준으로 하는 방식이다. 이륙과 착륙 비행장을 항상 0피트로 하여 비행하기 때문에 단거리 비행이나 훈련비행장에서 이착륙 훈련 시 또는 계기 착륙 시 편리한 방법이다. 지상에 있을 때 비행장의 기압을 맞추면 착륙할 때 고도계의 지시는 0피트를 지시한다.

89 기압식 고도계 보정방법 중 QNH 보정방법에 대해 설명하시오.

고도 14,000ft 미만의 고도에서 사용하는 것으로서, 고도계가 해면으로부터의 기압 고도, 즉 진고도를 지시하도록 수정하는 방법

풀이 고도계의 기압보정(altimeter setting)방법

QNH setting : 전이고도(대한민국은 1만 4,000피트) 이하에서 항공기의 진고도를 지시하기 위한 고도계 보정방식이다. 이륙 당시 공항 기상 정보 중 그날의 기압치에 대한 정보를 교통 관제소로부터 받는다. 당시의 해면의 기압을 기압 눈금판에 맞추어 주면 고도계는 해면상에서부터 항공기까지의 높이, 즉 진고도를 지시하게 된다. 이 방식은 전이 고도(1만 4,000feet) 미만의 고도에서 사용하는 것으로 활주로에서 고도계가 활주로 표고(공항마다 활주로 표고가 있음)를 지시하도록 하는 보정이다. 항공기는 이륙할 때에 이륙 비행장에서 QNH로 보정하여 이륙하고 운항 중에는 근처의 교통 관제탑으로부터 대기의 정보를 수시로 받아 기압 눈금을 수정하면서 비행하게 되면 모든 항공기는 기준면이 일치하여 다른 항공기와 일정한 고도의 차이를 유지할 수 있다. 예를 들면 활주로 표고가 98피트(feet) 공항에서 그날 기압치가 29.98inHg이면 실제 고도계를 98피트에 맞추면 연동되어 있는 기압치는 29.98inHg를 지시하거나 아니면 반대로 기압치를 29.98inHg로 맞추면 고도계는 98feet를 지시하는 것이다. 이것이 서로 맞지 않으면 계기 조절 노브(knob) 옆에 작은 나사가 있는데 이것을 풀고 노브를 약간 빼내어 노브를 돌리면 기압치 눈금이 조절된다. 이를 고도계 기압치 조절작업이라 한다.

90 기압고도계 보정 방법 중에서 QFE보정 방법은?

활주로 위에서 고도계가 0ft를 지시하도록 고도계의 기압창구에 비행장의 기압에 맞추는 방식

풀이 고도계의 기압보정(altimeter setting)방법

QFE setting : 공항 활주로면의 기압을 맞추면 고도계는 활주로에서 항공기까지의 고도를 지시한다. 이는 항공기가 활주로 위에서 고도계가 0피트를 지시하도록 활주로를 기준으로 하는 방식이다. 이륙과 착륙 비행장을 항상 0피트로 하여 비행하기 때문에 단거리 비행이나 훈련비행장에서 이착륙 훈련 시 또는 계기 착륙 시 편리한 방법이다. 지상에 있을 때 비행장의 기압을 맞추면 착륙할 때 고도계의 지시는 0피트를 지시한다.

91 QNE 보정방법에 대해 설명(기압고도 : pressure altitude)하시오.

대양 비행 등에서 항공기의 고도 간격의 유지를 위해 고도계의 기압 창구에 해면의 표준 대기인 29.92 inHg를 보정하여 항상 표준 기압면으로부터 고도를 지시하게 하는 방법. 주목적은 QNH를 통보해 주는 곳이 없는 대양 비행이나 14,000ft 이상의 고고도 비행일 때 사용하기 위한 것. 모든 항공기를 QNE로 보정하면 상호간의 고도 간격이 유지되어 안전하게 비행할 수 있다.

풀이 고도계의 기압보정(altimeter setting)방법

QNE setting : 이륙 당시 QNH로 보정하고 비행하다가 전이고도, 즉 1만 4,000피트 이상으로 상승하게 되면 기압치를 29.92inHg(STD)로 맞추는 방식이다. 물론 고공에서 1만 4,000피트 이하로 하강하여 1만 4,000피트 이하가 되면 다시 QNH로 다시 세팅한다. 이는 기상의 변화에 관계없이 1만 4,000피트 이상 비행하는 항공기들이 표준 대기면으로부터 항공기까지 기압 고도를 지시하게 하는 방식이다. 1만 4,000피트 이상의 고도에서는 기상 변화가 적어서 정확한 지시를 할 수 있다. 국제선 대부분은 1만 4,000피트 이상의 고도에서 비행함으로 모든 조종사들은 고도계의 고도 기준을 표준 대기압에 맞추고 비행한다. 교통 관제소 및 조종사들은 이 고도를 기준으로 항공기간 수직 분리 및 고도 유지를 한다.

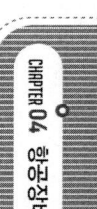

92 피토정압을 사용하는 피토정압계통 계기 3가지를 쓰시오.

고도계, 속도계, 승강계

풀이 ※ 피토정압을 이용하는 계기의 종류

① 고도계(Altimeter) : 대기 압력을 측정하여 표준 대기 압력과 고도와의 관계를 이용하여 간접적으로 고도를 아는 것으로 정확히는 기압 고도계이며, 아네로이드(Aneroid) 기압계이다. 피토관의 정압(Static pressure)만을 이용하여 고도를 측정한다. 원리는 진공 공함을 이용하여 대기의 절대 압력을 측정하는 압력계이고 압력 눈금 대신에 고도 눈금이 새겨져 있다. 일반적으로 20000ft, 35000ft, 50000ft, 80000ft용의 고도계를 사용한다.

② 속도계 : 피토압을 측정하여 베르누이 정리를 이용하여 속도로 환산하여 항공기의 대기에 대한 속도를 지시하는 계기이다. (단위는 Knot 또는 mph). 밀폐된 케이스 안에 다이어프램이 들어 있어 공함 안쪽에는 전압이 작용하고 바깥쪽에는 정압이 가해지는데 이때의 전압과 정압의 차이인 동압을 이용하여 속도를 측정한다.

③ 승강계 : 대기압은 고도가 증가하면 작아지므로 대기압이 변화하는 속도를 검출하면 항공기의 상승 또는 하강하는 빠르기를 알 수 있다. 항공기의 수직방향의 속도를 지시하는 계기로 수평비행 시 0을 지시하며 고도의 변화율은 ft/min으로 나타내는 계기이다.

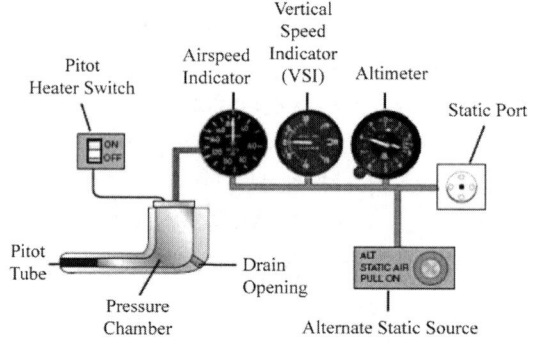

※ 공함에는 사용목적에 따라 2종류가 있고, 고도계는 진공 공함, 속도계 및 승강계는 차압 공함이 이용된다.

① 진공 공함 (밀폐형 공함) : 내부가 진공으로 되어 있고 공함의 외부에 가해진 압력만으로 변위량이 결정되므로 절대 압력의 측정에 이용된다.

② 차압 공함 (개방형 공함) : 공함의 내부와 외부에 가해지는 압력차에 의해서 변위량이 결정되므로 압력차를 측정하기 위해서 이용된다.

93. 항공기 계기계통에서 압력계기의 작동시험은 어떤 시험기에 의하여 주로 수행되는가?

데드 웨이트 시험기

> **풀이** 데드 웨이트 시험기(Dead Weight Tester) : 누설 시험을 위해 사용하는 정하중 시험기(분동식 압력계)로 유압 및 공압 측정, 교정을 목적으로 1차 표준기로 사용한다. 단위 면적당 수직으로 작용하는 힘의 크기를 이용하는 원리로 압력을 측정한다. 재현성(Repeatability)과 장기안정성(Long term stability)이 뛰어나다.

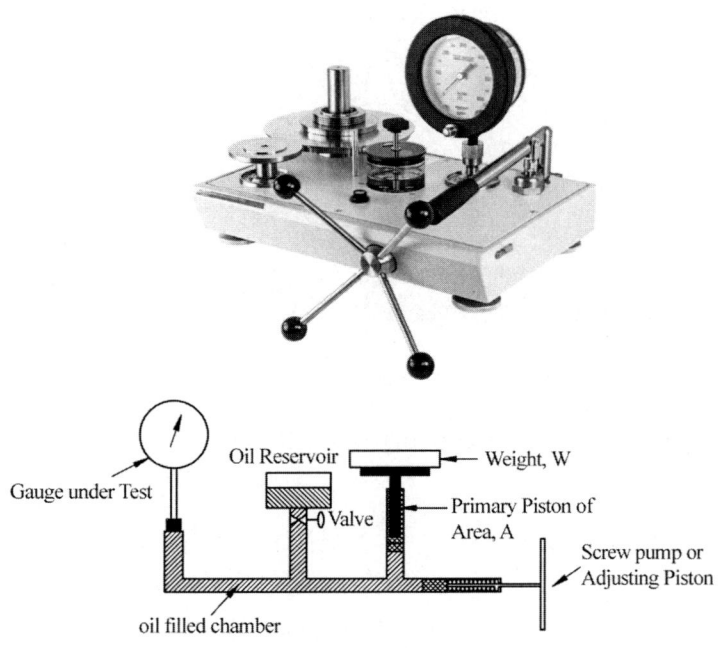

94. 쌍발기 엔진에서 두 엔진의 RPM을 서로 같게 해주는 장치의 명칭은 무엇인가?

동기계

> **풀이** 동기계(synchroscope) : 쌍발 이상의 항공기에서 마스터 엔진과 나머지 엔진의 회전 속도를 비교하여 지시하는 계기가 동기계이다. 여러 개의 엔진을 장착한 항공기는 엔진의 회전속도가 동일하도록 조절할 필요가 있다. 특히 다발 왕복 엔진 항공기나 프로펠러를 장착한 다발 항공기의 경우에 각 엔진의 회전 속도 차이가 나는 경우 엔진이나 프로펠러 소음과 진동이 발생하여 불쾌감이나 불안감을 줄 수 있다. 만일 회전 속도의 차이가 큰 경우에는 회전계의 지시 차이에 의하여 조절할 수 있지만 회전 속도의 차이가 작으면 회전계 지시의 확인에 의한 조절 작업이 불가능하다. 이를 해결하기 위하여 동기계를 사용하면 미세한 차이까지 정확히 지시할 수 있다. 동기계는 일종의 유도전동기의 회전축에 계기의 바늘을 부착시킨 것이다. 마스터 엔진에서는 3상을 동기계 고정자 코일(stator coil)에 장착하고 다른 슬레이브 엔진에서는 단상을 계자코일(field coil)에 장착하여 고정자와 회전자에 각각의 교류에 의한 회전자계와 단독자계를 형성하도록 한다. 엔진의 회전

속도가 같을 때에는 고정자와 회전자의 회전 자기장은 원래 같은 속도로 이동함으로 회전자에는 회전력이 발생하지 않고 지시바늘은 정지한다. 그러나 회전속도에 차이가 발생하면 회전 자기장이 달라져 회전자의 회전 방향이 결정되면서 계기의 지시 바늘이 회전한다. 슬레이브 엔진이 마스터 엔진에 비해 회전 속도가 느리면 고정자의 회전 자기장이 회전자의 회전 자기장을 지연시키므로 지시 바늘은 SLOW 쪽으로 회전한다. 지시바늘의 회전 속도는 좌우 엔진의 회전 속도의 차이에 비례한다. 만일 지시 바늘의 회전이 멈춰진 상태라면 두 엔진이 서로 동기 되었거나 두 엔진 중에는 하나의 엔진이 정지되어 있는 상태이다.

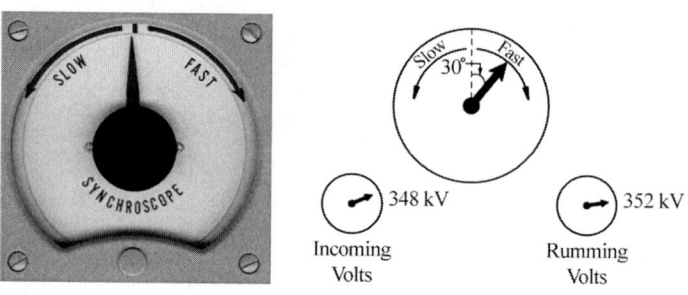

95 전기 저항식 온도계의 지시기에는 비율형이 사용된다. 이것이 사용되는 가장 큰 이유는 무엇인가?

전원전압이 변동한 경우에 지시치가 거의 변화하지 않고 금속은 온도가 증가하면 저항이 증가하는데 이 저항에 의한 전류를 측정함으로서 온도를 알 수 있다.

풀이 ※ 전기저항식온도계(Electrical Resistance Thermometer)

금속은 온도가 증가하면 저항이 증가하지만, 서미스터(Thermister)와 같이 반대의 성질을 가진 것도 있다. 사용 금속의 온도에 대한 전기 저항을 알고 있으면, 저항에 의한 전류를 측정함으로써 온도를 측정하게 되는데 금속 재료로는 순 니켈, 니켈 망간 합금, 백금 코발트 등이 있으며 이 중에서 니켈이 많이 사용되고 있다. 또한, 써미스터처럼 온도가 상승하면 오히려 저항값이 떨어지는 재료도 있는데 이 금속은 대체적으로 화재 탐지회로 등에 많이 사용하고 있다. 전기 저항식 온도계는 외부대기온도계, 오일 온도, 실린더헤드온도, 기화기의 공기온도 등의 측정에 사용된다. 측정범위는 −70[℃]~+150[℃] 범위로 저온과 중온을 측정하기 위해 사용된다. 사용되는 지시계의 방식에 따라 비율식(Ratio type)과 브릿지식(Bridge type)이 있다.

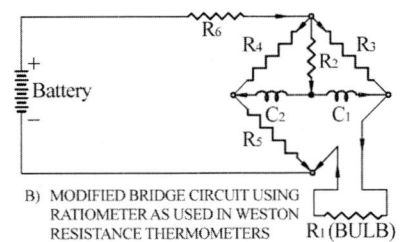
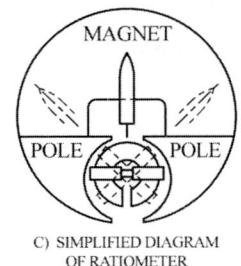

※ 저항체 조건
① 저항과 온도와의 관계가 선형적(linear)인 관계(즉, 일정한 온도에 일정하게 저항값이 변화하는 것)여야 한다.
② 저항은 온도 외에 다른 조건에서는 변화가 없어야 한다.
③ 전기 저항 계수가 클 것. 즉 온도 변화에 따라 저항값이 크게 변화해야 한다.

※ 전기 저항식 온도계 주의 사항
① 온도 측정 저항체와 계기간의 연결 도선의 길이나 전선 재료 및 굵기가 다르면 지시값이 변하므로 함부로 연결도선을 변화시켜서는 안 된다.
② 연결도선이 끊어지거나 접촉이 불량하면 바늘이 최대눈금을 지시하며 선이 단락(short)되면 눈금을 벗어나게(off scale) 지시한다.
③ 니켈 등의 저항체는 300℃ 이상에서 성질이 변하므로 300℃ 이상의 고온을 오랫동안 가해서는 안 된다.

96 EGT 온도계의 수감부에 사용되는 일반적인 열전대 조합을 쓰시오.

크로멜 – 알루멜

풀이 ※ EGT(Exhaust gas temperature)
가스터빈엔진에서 배출된 장소의 온도. 배기가스의 온도를 이용하여 엔진의 상태를 판단한다. 일반적으로 열전쌍식온도계를 사용한다. 엔진의 형식에 따라 터빈 입구와 출구에서 측정한다.

※ 열전쌍의 재료
① 구리 – 콘스탄탄 : 최고 300℃까지 측정가능하며 왕복엔진의 실린더헤드온도를 측정하는 데 쓰인다.

② 철-콘스탄탄 : 최고 800℃까지 측정 가능하다.
③ 크로멜-알루멜 : 최고 1400℃까지 측정 가능하며 현대 가스터빈엔진의 고온 측정에 사용한다. 가장 일반적으로 사용되는 것은 왕복엔진에서 실린더헤드온도와 가스터빈엔진에 배기가스온도 측정용으로 사용한다.

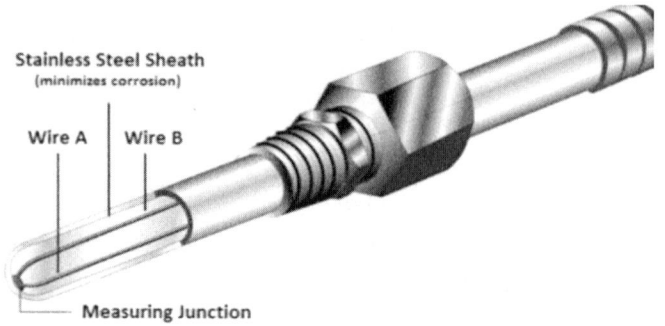

97 왕복기관을 장착한 항공기가 엔진을 작동치 않을 때 서머커플 타입(thermocouple-type)의 실린더 헤드 온도계는 어떤 온도를 지시하고 있는가?

대기온도

풀이 ※ 열전쌍식 온도계(Thermocouple Temperature Indicator)

열전쌍(thermocouple)은 2개의 이질 금속으로 된 하나의 회로이거나 접속이다. 열전쌍은 2개의 이질 금속으로 된 금속선 양끝을 서로 연결한다. 온도를 측정하는 곳에서 서로 접하고 이곳을 온점(hot junction)이라고 하고 조종석 계기에서 다시 접합하는데 이곳을 냉점(cold junction)이라고 한다. 냉점의 온도는 그대로 있는 상태에서 온점에서 온도가 상승하면, 즉 온점과 냉점 사이에 온도차가 발생하면 기전력이 만들어져 전류가 온점에서 냉점으로 흐른다. 이때의 전류를 열전류라 하고 금속선의 접합을 열전쌍(thermocouple)이라 하며 열전류를 생기게 하는 기전력을 열기전력이라 한다. 열기전력은 두 금속의 종류와 접합점의 온도차에 의해서 정해지며 선의 굵기나 접합점의 온도가 일정할 때에는 열기전력은 다른 한쪽의 온도에 의해서만 정해진다. 이때 만들어진 전압은 온도에 정비례하게 나타난다. 기전력의 양을 측정하게 되면 온도를 확인할 수 있다. 이를 이용해서 온도 측정하는 데 사용한다. 열전쌍은 고온을 측정하는 데 적합하다. 전기 저항식 온도계는 직류 12V 또는 24V의 외부 전원을 사용하지만 열전쌍식 온도계는 외부 전원 없이 온도의 변화에 의해 열기전력이 생기게 하는 2개의 금속으로 접합된 열전쌍식을 이용한다. 수감부가 외부에 장착되어 있어 엔진 미작동시 대기온도가 측정된다. 수감부가 단선되면 온도차가 있더라도 전류가 흐를 수 없어 기준온도(Cold junction 부근 온도)를 지시한다.

※ 열전쌍의 재료
① 구리-콘스탄탄 : 최고 300℃까지 측정가능하며 왕복엔진의 실린더헤드온도를 측정하는 데 쓰인다.
② 철-콘스탄탄 : 최고 800℃까지 측정 가능하다.
③ 크로멜-알루멜 : 최고 1400℃까지 측정 가능하며 현대 가스터빈엔진의 고온 측정에 사용한다. 가장 일반적으로 사용되는 것은 왕복엔진에서 실린더헤드온도와 가스터빈엔진에 배기가스온도 측정용으로 사용한다.

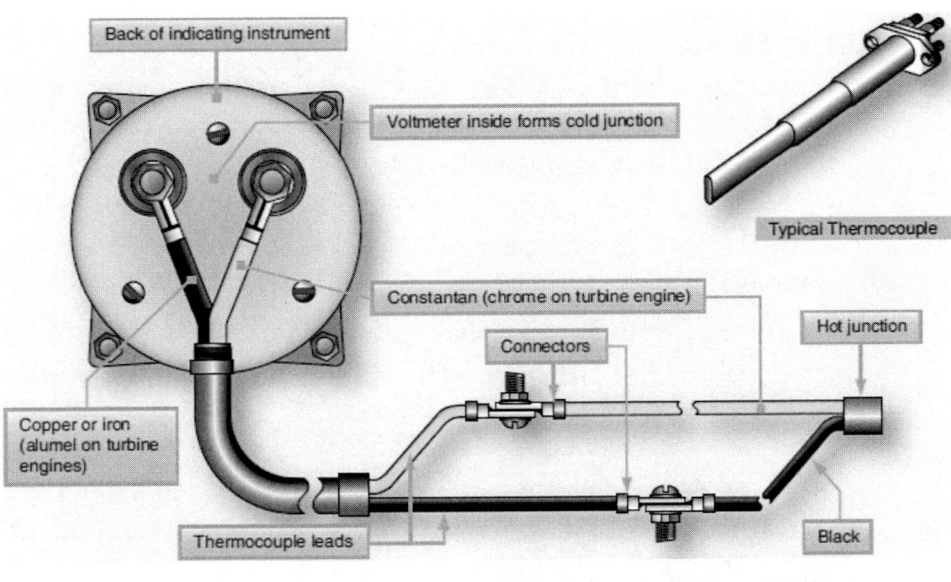

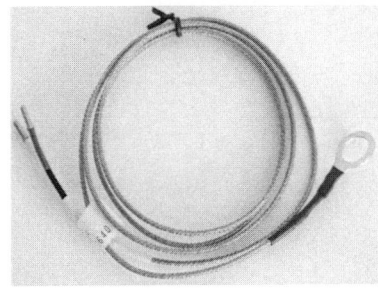

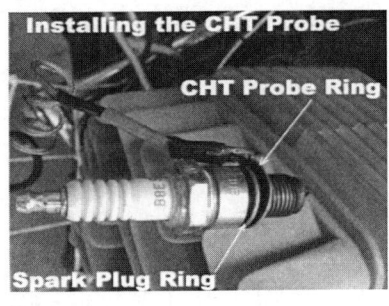

98 액량계의 종류와 역할을 서술하시오.

① 직독식 액량계(direct reading type indicator) : Drip stick, Sight glass를 통해서 액량을 읽는다.
② 부자식 액량계(Float type indicator) : 부자(Float)의 높낮이에 따라 레버를 통해서 액량을 읽는다. (기계식, 전기저항식)
③ 전기용량식 액량계(Electric capacitance type indicator) : 액체의 유전율과 공기의 유전율의 차이를 이용하여 연료의 부피를 측정하고 밀도를 곱해 무게로 지시하는 계기이다.
④ 액압식 액량계(Liquid Pressure type indicator) : 탱크 밑바닥 액체의 압력을 측정하여 액량을 지시하는 방법이다.

풀이 ※ 액량계(Quantity indicator)

이는 항공기에 탑재되는 연료, 윤활유, 작동유 등의 양을 부피나 무게로 측정하여 지시하는 계기이다. 이는 부피로 나타낼 때에는 갤런(Gallon)으로 표시하게 되며, 무게로 나타낼 때에는 파운드(Pound)로 표시하게 된다. 부피는 항공기의 고도 및 외부 온도에 따라서 그 영향력의 차이가 심해지므로, 무게 단위로 측정하여 표시하는 것이 높은 고도를 비행하는 항공기에서는 특히 유리하다.

※ 액량계의 종류

① 직독식 액량계(direct reading type indicator) : 직독식에는 사이트 글래스식(Sight Glass Gage) 액량계기가 있다. 이는 사이트 글래스(Sight Glass)를 통하여 액량의 수치를 읽어내는 것이다. 탱크에 있는 연료량을 직접 눈으로 확인할 수 있게 노출된 투명 유리 또는 플라스틱 튜브이다. 그것은 조종사가 쉽게 읽을 수 있도록 gallon 또는 full tank의 분수로 눈금이 나 있다. 이는 유리관의 안지름이 가늘기 때문에 액의 표면 장력과 모세관 현상 등으로 오차가 생길 수도 있다. 경, 소형 항공기용에 주로 사용한다.

② 부자식 액량계(Float type indicator) : 부자식 액량계는 액면의 높이 변화에 따라서 부자가 상하 운동을 하면, 이에 따라서 레버를 거쳐 직접 지시계기의 바늘이 움직이도록 하는 방법이다. 여기서, 부자의 운동을 셀신 또는 전위차계 등을 이용하여 원격 지시하는 원격 지시식이 사용되기도 한다. 이 방법은 왕복 기관 항공기에서 가장 많이 사용되고 있으며, 액면의 높이를 부피로 표시하여 나타내도록 한다. 원격지시 방식의 부자식 액량계의 경우, 부자의 높낮이에 따른 가변 저항값의 변화에 의한 전류량의 변화를 측정하여 액량을 나타내는 액량계기로서, 가변 저항값은 탱크가 가득 채워졌을 때에 저항값이 최소가 되는 방식과 최대가 되는 방식 두 가지가 있다. (부자식은 기계식과 전기 저항식이 있다.)

③ 전기용량식 액량계(Electric capacitance type indicator) : 콘덴서, 캐패시터의 원리를 적용하여 원격 지시식 액량계 중 고공을 비행하는 항공기에 적합할 수 있도록 연료의 양을 부피가 아닌 무게로 지시할 수 있어 대형 항공기의 액량계기로 많이 사용되고 있다. 전기 용량식 액량계기는 액체의 유전율과 공기의 유전율이 서로 다름을 이용함으로써 연료 탱크 내부의 축전기의 극판 사이의 연료의 높이에 따라 전기 용량으로 연료의 부피를 측정하고, 여기서 밀도를 곱하여 무게를 지시하도록 한다. 사용 전원은 115[V], 400[Hz]의 단상 교류이며, 탱크 유닛은 탱크 내의 연료량을 수감하고 보상 축전기는 연료의 양과 온도 변화에 의한 전기적량을 보상시킨다. (일반적으로 항공기에서 주로 사용하는 액량계기이다.)

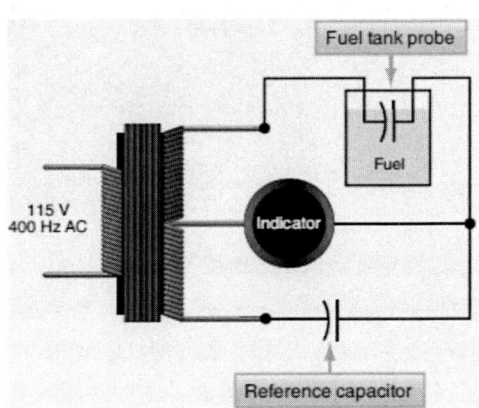

④ 딥 스틱(Dip Stick Type indicator) : 길고 얇은 강철 와이어를 탱크에 삽입하여 유체가 묻어나오는 높이를 읽어냄으로써 액량을 알 수 있도록 하는 계기이다. 이는 와이어에 유면에 따른 지시 눈금이 있으며 점도가 높은 유체의 액량을 알아내는 데에 사용 한다. 소형 항공기의 오일량 계기로 사용한다.

99 전기 용량식 액량계에서 탱크 유닛의 유전율과 온도의 관계를 설명하시오.

온도가 증가하면 유전율은 감소한다.

풀이 전기용량식 액량계는 축전기를 연료 탱크에 설치하였을 때 축전기 내부를 채우고 있던 공기와 연료의 비율에 따라 유전율이 바뀌게 되고, 그에 따라 축전기의 저장용량이 바뀌는 것을 이용하여 연료량을 측정하는 원리이다. 유전율은 절연물질 양단에 모이는 전하량의 크기로 주파수와 온도에 따라 변한다. 주파수가 증가하면 유전율은 감소하며, 절연물질이 고체인 경우에는 온도가 상승하면 유전율은 증가하지만, 기체나 액체인 경우에는 오히려 감소한다.

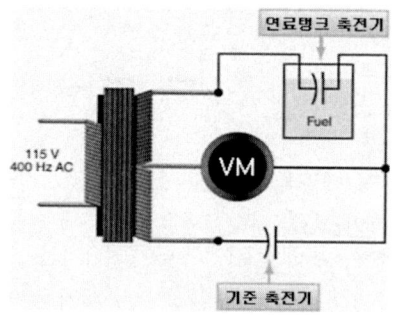

100 FAA에서의 계기 배열을 보고 맞게 기입하시오.

① 속도계   ② 자세계   ③ 고도계   ④ 선회계   ⑤ 방향계   ⑥ 승강계

풀이 ※ 비행 계기(Flight Instruments) : 대부분 항공기 계기판은 T자 형태로 계기들을 배치하게 된다. 조종석에서 T자 형태로 계기를 배열하는 것이 기본이다. 조종사와 부조종사의 정면에서 볼 때 바로 상부 중앙 위치에 비행자세계(Flight Attitude Indicator)를 배치하

는 것이 원칙이다. 그리고 그 좌우에 속도계, 고도계 그리고 자세계 아래에 방향 지시계를 T자형으로 주요 비행계기들을 배치한다. 이는 최신 항공기의 종합전자계기판(flat-panel screen indicating system)에서도 마찬가지로 적용되고 있다. 2인석 항공기 계기판에서도 각각의 계기들이 2세트로 준비되는데 대체적으로 이런 기본적인 T자형으로 배치된다. 계기판 중앙에서 비행 자세를 보고 바로 아래에서 비행 방향을 보고 좌우에서 항공기 대기 속도 및 고도를 확인하는 방식이다.

① 고도계(altimeter) : 비행 고도 지시. 피트(feet) 단위. 일부국가는 meter를 사용. 대부분 항공기는 2가지 단위로 지시하게끔 설계되어 있다.
② 대기속도계(airspeed indicator) : 대기 속도 지시, 노트(knot) 단위사용.
③ 승강계(vertical speed indicator) : 상승, 하강 속도를 분당 feet 단위로 지시.(FPM)
④ 경사 선회계(turn and bank indicator) : 비행 선회율 및 경사각 지시.
⑤ 인공(자이로)수평의(gyro horizon indictor) : 비행 자세 지시.(피치 및 롤)
⑥ 방향 자이로 지시계(directional gyro indicator) : 비행 방향 지시.(항법계기로 분류되기도 한다.)
⑦ 실속 탐지기(stall detector)
⑧ 마하계(Mach meter) : 비행속도를 음속으로 환산 지시하며 M 단위 사용. 최근에는 대기 속도계에 포함되어 있다.

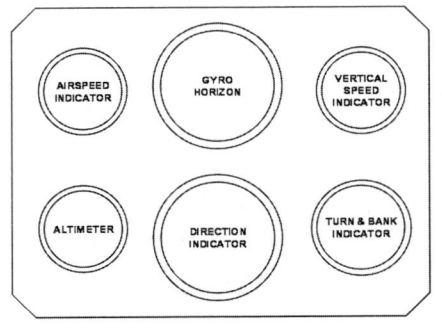

BASIC 6 GROUPING

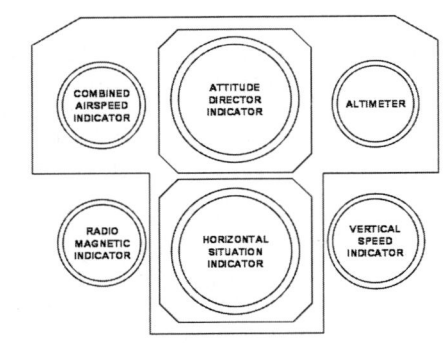

BASIC T GROUPING

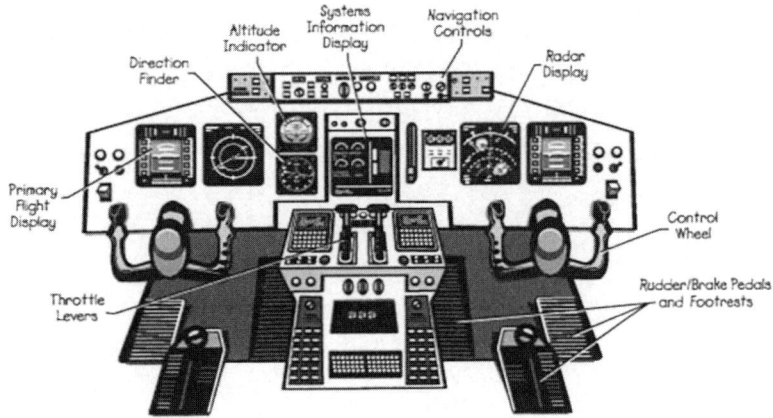

101 항공기 자이로 계기(Gyro Instrument)에 사용되는 자이로의 2가지 특성을 무엇이라 하는가?

강직성, 섭동성

풀이 자이로의 성질

① 강직성 : 로터가 회전하고 있을 때는 로터 회전축은 일정한 방향을 유지하는 성질이 있다. 로터 회전 속도가 큰 만큼 강하다. 로터 질량이 회전축에서 멀리 분포하고 있는 만큼 강하다.

② 섭동성(세차성) : 외부에서 가해진 착력점으로부터 로터의 회전방향으로 90° 회전한 점에 힘이 작용하여 축을 움직이게 하는 성질. 섭동성은 로터의 무게가 증가하거나 회전각 속도가 크면 감소하고 로터를 기울이려는 외력에 비례하며 강직성과의 반대 성질이 있다. 섭동성을 이용한 계기로써는 선회계가 있는데 항공기가 좌우 방향으로 선회하는 속도를 나타내는 항공 계기. 유리관 속에 까만 구슬이 든 경사계가 계기 아래쪽에 함께 붙어 있다. 선회계의 성질과 강직성을 이용한 선회경사계가 있다.

102 정적오차 3가지 서술하시오.

불이차, 반원차, 사분원차

풀이 ※ 자기 컴퍼스(Magnetic compass)

지구의 자기 자오선을 탐지한 것을 기준으로 항공기의 기수 방위 및 도착지 방위를 나타내는 계기이다.

※ 자기 컴퍼스의 오차

① 정적오차(자차) : 계기 자체적으로 발생한다.
  ㉠ 불이차 : 자기 컴퍼스의 제작 또는 설치상의 오차
  ㉡ 반원차 : 전기관련 발생, 수직철재구조에 영향을 받은 오차
  ㉢ 사분원차 : 수평철재구조에 영향을 받은 오차

② 동적오차 : 비행 시 발생하는 오차, 복각의 영향으로 발생한다.
  ㉠ 북선 오차 : 복각 영향으로 발생 오차 (북진 시 적도가 아닌 곳에서 선회할 경우 최대오차가 발생)
  ㉡ 가속도 오차 : 항공기 비행 시 급가, 감속할 경우, 컴퍼스 카드가 쏠림으로 발생하는 오차. (복각에 의해 무게중심이 아래에 있어, 가속 시 컴퍼스 카드 면이 앞으로 기울고, 감속 시 뒤로 기운다.)

③ 와동 오차(동서 오차) : 항공기 비행시 난기류, 악천후 등의 영향으로 발생하는 오차 (항공기가 동서진 비행 시 최대로 발생)

103 선회계의 그림에 맞게 선회 종류를 기입하시오.

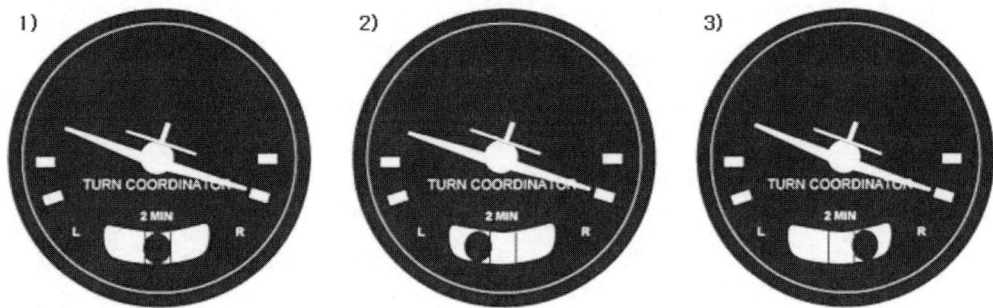

① 정상 선회
② 외활 선회
③ 내활 선회

풀이 선회의 종류

① 정상 선회(Coordinated turn) : 항공기 선회 시 발생하는 원심력과 구심력(중력)이 균형을 유지하는 상태 (지시바늘은 선회방향, 강철 볼은 중앙에 있다.)
② 외활 선회(Skid turn) : 항공기가 선회방향의 안쪽으로 미끄러지고 있는 상태. (구심력이 원심력보다 큰 상태로 선회방향으로 볼이 치우친다.)
③ 내활 선회(Slip turn) : 항공기가 선회방향의 바깥쪽으로 밀리고 있는 상태. (원심력이 구심력보다 큰 상태로 선회방향 반대로 볼이 치우친다.)

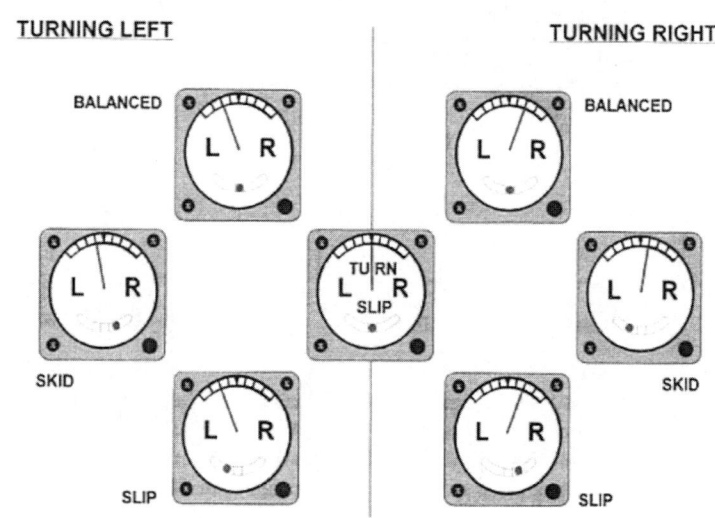

104 항공기 통신계통에서 service interphone에 대해서 간단히 서술하시오.

기체 내외부에 설치되어 있는 인터폰 잭을 이용하여 정비사가 조종실 및 객실, 그리고 인터폰잭 상호간 정비를 위한 통화 목적으로 사용한다.

> **풀이** ※ 서비스 인터폰 장치(service interphone system) : 비행 중에는 조종실과 객실 승무원석 및 조리실(galley)간 통화연락을 할 수 있고, 지상에서는 조종실과 정비점검 상 필요한 기체 외부와 통화연락을 하기 위한 장치이다. 단, B747 기종에서는 캐빈 텔레폰 장치가 있기 때문에 이 장치는 정비용만으로 사용되고 있다. 기체 외부와 통화를 하는 경우, 기체 외부로부터 핸드 마이크와 헤드셋 단자를 접속해서 사용한다.

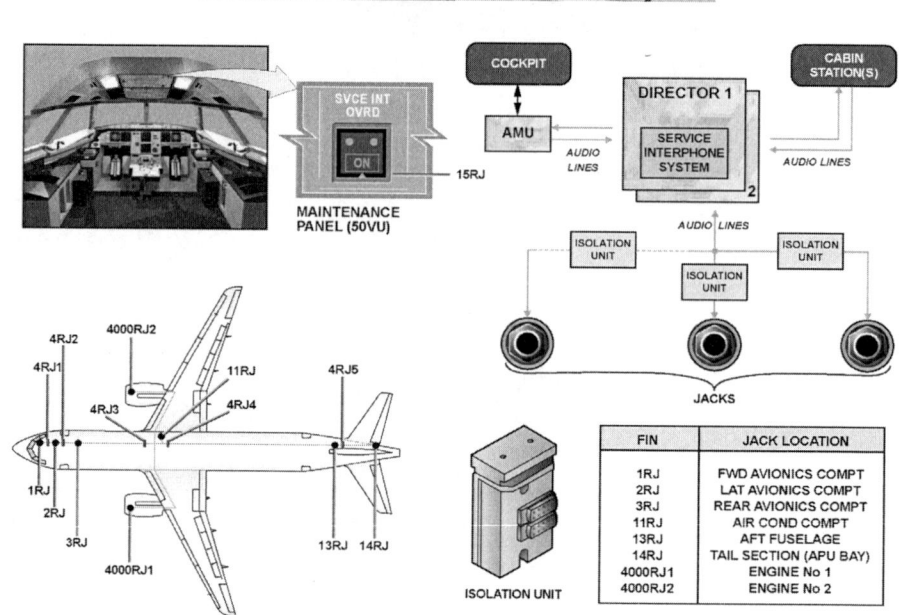

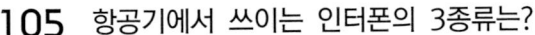

105 항공기에서 쓰이는 인터폰의 3종류는?

서비스 인터폰, 플라이트 인터폰, 캐빈 인터폰

풀이 ※ 항공기 통신(Aircraft cummunications)
① 플라이트 인터폰 장치(flight interphone system) : 조종실 내에서 운항 승무원간에 통화연락을 함과 동시에 각종 통신이나 음성신호를 각 운항승무원석에 배분한다. 상호간에 간섭받지 않고 각 좌석에서 자유롭게 청취할 수 있고, 각 좌석의 마이크폰으로 자유롭게 송신할 수 있다.
② 서비스 인터폰 장치(service interphone system) : 비행 중에는 조종실과 객실 승무원석 및 조리실(galley)간 통화연락을 할 수 있고, 지상에서는 조종실과 정비점검 상 필요한 기체 외부와 통화연락을 하기 위한 장치이다. 단, B747 기종에서는 캐빈 텔레폰 장치가 있기 때문에 이 장치는 정비용만으로 사용되고 있다. 기체 외부와 통화를 하는 경우, 기체 외부로부터 핸드 마이크와 헤드셋 단자를 접속해서 사용한다.
③ 캐빈 텔레폰 장치(cabin telephone system) : 조종실과 객실 승무원석 및 각각 배치된 객실 승무원 상호간에 통화연락을 하기 위한 전화이다. B747 기종에 장비되어 있다. 이 장치에는 통화의 우선 순위를 부여하는 기능이 있고, 예들들어 객실 승무원끼리 통화중이어도 우선 순위가 높은 기장의 지시가 통화에 들어간 경우, 그때까지의 통화를 멈추게 하고 기장의 지시가 자동적으로 접속된다.
④ 기내 방송 장치(passenger address system) : 조종실 및 객실 승무원석으로부터 승객에 대해서 필요한 정보를 방송하기 위한 기내 장치이다. 마이크에 들어있는 음성은 증폭기로 확대되어 기내의 다수의 스피커에서 동시에 객실 내에 방송된다. 이 외에 테이프 재생 장치에 의한 음악을 방송할 수 있기도 하고, 캐빈 텔레폰 장치처럼 방송에 우선 순위를 부여하는 기능을 가지고 있다.

106 항공기가 착륙 시 가장 알맞은 각도로 접근하기 위한 계통으로 활주로 한 쪽 끝에서 아랫방향으로 90Hz, 윗 방향으로 150Hz의 무선주파수를 발사시키고 항공기의 수신기는 이를 감지하여 지시계상에 나타내는 장치는?

글라이드 슬로프(Glide Slope)

풀이 글라이드 슬롭(Glide slope) : 지상 Glide slope 송신기는 전파를 발사하여 활주로에 착륙하기 위하여 접근 중인 항공기에 안전한 착륙 각도인 약 3°의 활공각 정보를 제공하며 활주로 진입단으로부터 750~1,250ft 내측에, 활주로 중심선으로부터 400~600ft 옆으로 떨어진 위치에 설치된다. Glide slope 주파수 범위는 UHF 328.6MHz~335.4MHz이며 ILS 주파수(localizer 주파수)를 선택 시 자동으로 선택된다. 지상 Glide slope 송신기에서 발사되는 주파수도 Localizer와 같이 Course(강하로)의 하측에는 150Hz, 상측은 90Hz로 변조되는 지향성 전파를 발사하며 항공기상의 수신기는 두 변조성분에 따른 전계의 강약차이에 의하여 Glide slope 지시계가 상하로 움직이게 하여 적절한 강하 각도를 알려주어 항공기가 안전하게 착륙할 수 있도록 한다.

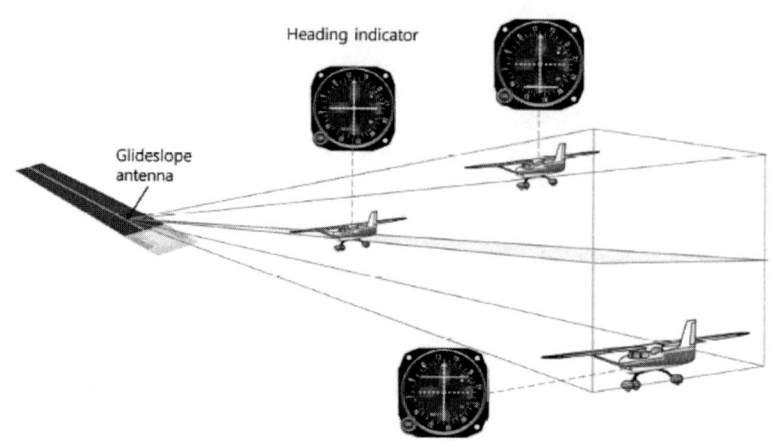

107 현재 사용 중인 계기착륙장치(ILS)에 비해 마이크로파 착륙장치(MLS)의 이점 3가지를 쓰시오.

① ILS의 진입로는 단 1개인데 비해 MLS는 진입영역이 넓고, 곡선진입이 가능
② ILS는 VHF, UHF 대역의 전파를 사용하므로 건물, 지형 등의 반사 영향을 받기 쉬우나, MLS는 마이크로 주파수 대역을 사용하므로 건물, 전방지형의 영향을 적게 받음
③ ILS의 운용주파수 채널수가 40채널인 데 비해 MLS는 채널수가 200채널로 간섭문제가 경감
④ 풍향, 풍속 등 진입 착륙을 위한 기상 상황이나 각종 정보를 제공할 수 있는 자료 링크의 기능

풀이 ※ 계기착륙장치 (ILS : Instrument landing system)

활주로 최종적인 진입을 유도하는 장치로 그 시설의 성능에 따라 CAT-Ⅰ, Ⅱ, Ⅲ등으로 분류한다. 로컬라이저(Localizer)는 활주로 중심으로부터 좌우의 차이를 나타내고, 글라이드 슬롭(Glide Slope)은 상하 방향의 차이를 나타낸다. 착륙지점 전방 일정 거리를 가리키는 마커 비컨(Marker beacon)는 각각 다른 소리를 내며 계기(indicator)에 전시되는 램프 색에 의해서 활주로까지의 거리를 나타낸다.

① Localizer : 정밀한 수평방향의 접근 유도신호를 제공하는데 40채널의 VHF 스펙트럼을 사용한다. 108MHz-112MHz(VHF파)
② Glide slope : 하강 비행 각을 표시해 주는 것으로 계기착륙 조작 중에 활주로에 대하여 적정한 강하 각을 유지하기 위해 수직방향의 유도를 위한 것이다. 329MHz-335MHz(UHF파)
③ Marker Beacon : 최종 접근 진입로상에 설치되어 지향성 전파를 수직으로 발사시켜 활주로까지 거리를 지시해 준다.

※ 마이크로파착륙장치(MLS : Microwave Landing System)

전파에 의해서 항공기의 착륙을 지원하는 공항의 지상시설로, 그 신호를 수신하는

항공기 탑재 항법장치의 하나이다. 지향성이 강한 전파를 방사해서 활주로 방향과 고도를 항공기에 나타내는 최종진입착륙장치로서 계기착륙장치(ILS)에 비해 정밀도가 높지만 GPS 사용에 의해 보급되지 않고 있다.

① 진입대역이 넓어 활주로 직전에서 일렬로 하지 않고 자유로운 각도에서 접근이 가능하다. 따라서 활주로 연장상에 장해물이 있어서 ILS를 설치할 수 없는 공항에서도 각도를 변경하여 정밀진입이 가능하다.
② 정밀도가 높다.
③ 빔 파장의 마이크로파를 사용하고 있어서 VHF대역을 사용하는 방송국으로부터 전파간섭을 받지 않는다.
④ 각도 정보는 단일 전파를 수신하면 된다.
⑤ 보급되지 않고 있다.

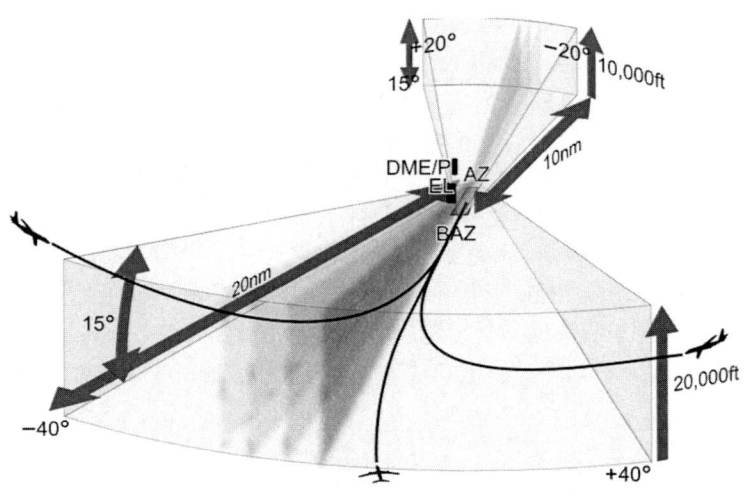

108 항공기가 비행 중에 얻어진 자료를 항상 해독하여 항공기의 운항 상태를 수시로 개선하기 위한 기록 장치를 무엇이라고 하는가?

AIDS(Aircraft Integrated Data System)

풀이 항공통합자료시스템(AIDS : Aircraft Integrated Data System) : 항공기가 비행 중에 얻어진 자료를 해독하여 운항 상태를 수시로 개선하기 위한 종합 시스템. 비행 중의 항공기 엔진의 운전 상태, 조종 면의 움직임, 각종 계기류의 데이터를 수집 기록하고, 기상 및 지상의 컴퓨터에서 처리, 해석하여 각종 시스템의 조기 고장 발견, 항공기 성능 분석, 일상 운항의 모니터링 등 운항, 정비 면의 효율적 운용을 도모한다.

109 자동조종장치(auto pilot)의 기능을 3가지 쓰시오.

안정화 기능, control 기능, 유도 기능

풀이 자동비행시스템(Autopilot Systems) : 항공기 자동조종장치(automatic pilot system)는 조종사와 상관없이 항공기 시스템이 항공기를 조종하는 장치이다. 자동조종(Autopilot)을 통해 항공기는 자세와 방향을 유지할 수 있으며 항공기의 가로(lateral), 수직(vertical), 세로(longitudinal) 3개의 축(axis)에 대해 항공기를 안정시킬 수 있다. 자동조종장치의 주목적은 장거리비행을 통해 오는 조종사의 업무 부담과 피로를 줄이는데 그 목적이 있다. 대개 자동조종은 수동모드와 자동모드로 나눌 수 있다. 수동모드는 조종사가 각 축에 대한 약간의 입력을 자동조종제어기에게 제공한 다음 자동조종시스템이 조종면(Control Surface)을 움직이게 하는 방식이다. 반면에 자동모드는 비행구간별로 조종사가 원하는 자세나 방향을 선택하면 자동조종 시스템이 선택된 자세나 방향을 얻기 위해 조종면을 움직이게 하는 방식이다. 자동비행시스템은 항공기의 3개의 축에 대한 조종이 가능하다. 경항공기의 경우 대부분 에어론(Aileron)에 대해서만 자동조종을 적용하고 있으나 2개의 축(ailerons, elevators)이나 3개의 축(ailerons, elevators, rudder)에 대한 자동조종은 모든 항공기에서 적용되고 있다. 자동조종 시스템은 항공기의 크기에 따라 다양한 형태를 이루며 경항공기는 대형항공기에 비해 다소 간단한 자동조종 시스템을 갖추고 있다. 자동조종시스템이 항법기능과 통합되어 사용되는 것은 경항공기에서도 일반적인 사항이다. 자동조종이 복잡해짐에 따라 비행조종면뿐만 아니라 각종 비행 파라미터까지 능숙하게 제어하기에 이르렀다. 여객운송용 항공기로 사용되는 일부 최신의 소형 고성능 항공기는 AFCS(automatic flight control system)라고 알려진 매우 정교한 자동비행제어장치를 장착하기도 한다. 자동비행제어장치는 단순히 항공기의 3개의 축에 대한 제어의 의미를 넘어서 상승, 하강, 순항, 착륙접근, 착륙까지 관여한다. 뿐만 아니라 일부 항공기에서는 자동추력(Auto-Throttle) 기능을 장착하여 자동착륙이 가능하도록 엔진을 자동으로 제어하기도 한다. 좀 더 나은 자동제어를 위해 FMS(flight management system)가 개발되었다. 컴퓨터를 이용하여 조종사에 의해 미리 비행구간의 모든 일정에 대한 프로그램이 가능해졌다. FMS 컴퓨터가 비행의 모든 일정에 대한 자동조종, 자동추력, 적절한 항공로의 선택, 합리적인 연료소모관리 등에 모두 관여한다.

110 GPWS(Ground Proximity Warning System)란?

예기치 않은 지표로의 접근 및 충돌을 방지하고 사전에 경보하는 장치로서 전파고도계, 에어 데이터 계산기, 글라이드 수신기, 바퀴다리 위치, 플랩의 위치 등의 파라메타를 대지 접근 경보 계산기에 공급하여 경보음과 경보등이 작동하도록 되어 있다.

풀이 지상접근경고장치(GPWS : ground proximity warning system) : 항공기가 지표 및 산악 등의 지형에 접근할 경우 점멸등과 인공음성으로 조종사에게 이상접근을 경고하는 장치이다. 기존의 GPWS의 기능에 기능을 보강한 새로운 지상 경고장치인 EGPWS(Enhanced Ground Proximity Warning System)도 개발되어 사용되고 있는데, 이는 항로의 지형을 데이터베이스에 입력해 놓고 계산된 항공기 위치와 데이터베이스에 있는 지형의 위치를 상호 비교하여 그 지형에 충돌이 예상되면 경고음을 발생하는 성능이 향상된 기능을 지닌다.

① 모드Ⅰ : 강차율이 크다.
② 모드Ⅱ : 지표 접근율이 크다.
③ 모드Ⅲ : 이륙 후의 고도 감소가 크다.
④ 모드Ⅳ : 착륙은 하지 않았으나 고도가 부족하다.
⑤ 모드Ⅴ : 글라이드 슬로프의 편이가 지나치다.
⑥ 모드Ⅵ : 전파고도의 음성(call out) 기능.
⑦ 모드Ⅶ : 전단풍(windshear)의 검출 기능.

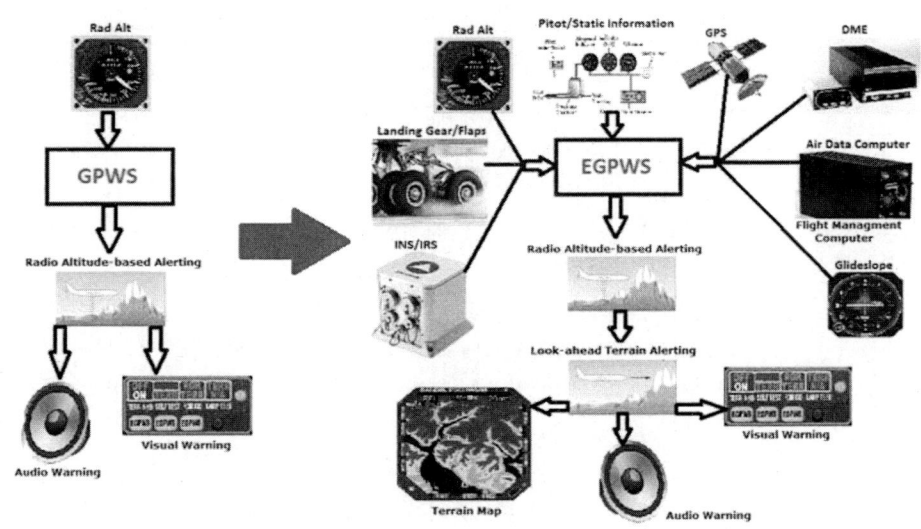

111 FMS(Flight Management System)기능 3가지 이상 서술하시오.

A. 항고기의 수평 유도
B. 수직 유도
C. 비행 계획
D. 항공기 성능
E. 추력 관리
F. 항법 기능
G. 비행 지행 모니터링 기능

풀이 비행관리시스템(FMS : Flight Management System) : 조종사가 설정한 비행계획에 따라 최적의 연료 소비량과 소요 시간으로 비행할 수 있도록 관성기준항법장치(IRS : Inertial Reference System) 및 에어데이터컴퓨터(ADC : Air Data Computer) 등으로부터 수집되는 동적 비행정보와 항법데이터베이스(NDB : Navigation Data Base)에 저장되어 있는 중간지점(way point) 및 이착륙 절차 등과 같은 고정 정보를 활용하여 최적화된 속도, 상승률, 경로, 추력 등을 계산한다. 계산된 내용을 바탕으로 FMS는 자동비행방향지시시스템(AFDS : Autopilot Flight Director System)나 엔진의 자동추력 시스템(Auto Throttle System)에게 자세제어 및 추력 제어를 수행시켜 자동비행이 가능하도록 한다. 제어지시장비(CDU : Control Display Unit)는 FMC가 처리한 항행 데이터나 엔진 회전수 등의 내용을 조종사에게 보여주는 디스플레이 기능과 조종사가 FMC에 명령할 때 사용하는 입력 기능을 제공한다.

① 수평항법(LNAV : Lateral Navigation) : 수평방향의 비행경로를 제어한다. FMC는 전세계의 공항, 지상의 무선 항법 지원시설, 경로에 관련된 모든 정보가 저장되어 있는 항법데이터베이스(NDB : Navigation Data Base)라고 부르는 데이터베이스를 가지고 있기 때문에 조종사는 원하는 비행경로만 단순히 입력하면 된다. 이 경로는 보통 출발 시에 설정하지만 비행 중 변경도 가능하다. 일단 비행경로가 선택되면 현재의 위치로부터 다음의 지정한 경로점(way point)까지의 비행경로가 FMC에서 자동으로 계산된다. 비행 중 FMC는 현재의 위치와 설정된 비행경로를 비교하여 차이가 있다면 수평 위치 제어를 수행하는 신호를 자동조종장치(FCC : Flight Control Computer)에 보내어 FCC로 하여금 방향타를 조작하여 비행경로를 조종할 수 있다. 이를 위하여 FMC는 자신의 현재 위치를 정확하게 알고 있어야 하므로 관성항법장치(IRS)로부터의 정보나 무선항법지원 시설로부터 수신되는 항법 정보를 참조한다.

② 수직항법(VNAV : Vertical Navigation) : 연료 절약을 위한 가장 효율적인 수직 방향의 비행경로를 제어한다. FMC는 출발 전에 항공기의 무게, 연료량, 엔진의 성능 등의 데이터를 수집하여 비행 계획에 따른 각 way point에서의 속도 및 고도 제한 사항을 고려하여 기종과 장착엔진에 적합한 최적 속도나 승강률에 따른 추력값을 계산한다. 비행 중에도 비행고도, 무게, 풍향, 풍속 등의 데이터를 참조하여 최적의 속도나 추력을 계산한다. 또한 비행시간, 비행거리에 따른 연료 소모량의 예측이나 최적 비행 고도의 계산, 진입속도의 계산 등의 운항에 필요한 다양한 계산을 수행하

여 목표치에 따른 상승각 정보를 FCC에 전달하여 승강타를 제어하도록 한다. 동시에 자동추력시스템(Auto Throttle System)을 이용하여 엔진의 추력을 제어한다.

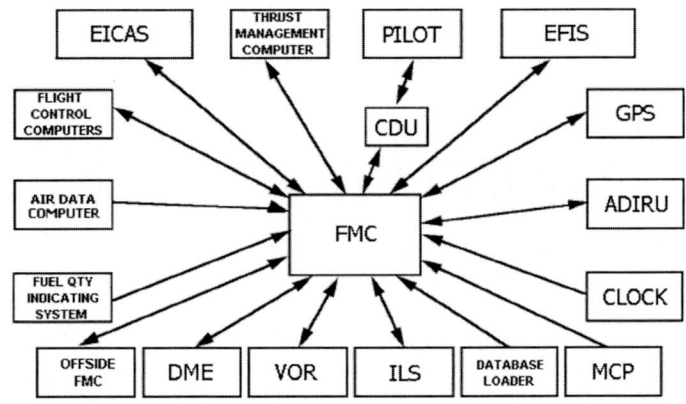

112 ILS의 3가지 장치 및 내용에 대해서 서술하시오.

① 로컬라이저(Localizer) : 활주로 중심선으로부터 좌우 25°이내로 유도를 안내한다.
② 글라이드 슬롭(Glide slope) : 활주로 착륙 진입 시 지면과의 경사각(2.5°~ 3°)으로 유도를 안내한다.
③ 마커 비컨(Marker beacon) : 활주로 끝으로부터 소리와 불빛으로 진입거리를 안내한다.

풀이 계기착륙장치 (ILS : Instrument landing system) : 활주로 최종적인 진입을 유도하는 장치로 그 시설의 성능에 따라 CAT-Ⅰ, Ⅱ, Ⅲ등으로 분류한다. 로컬라이저(Localizer)는 활주로 중심으로부터 좌우의 차이를 나타내고, 글라이드 슬롭(Glide Slope)은 상하 방향의 차이를 나타낸다. 착륙지점 전방 일정 거리를 가리키는 마커 비컨(Marker beacon)는 각각 다른 소리를 내며 계기(indicator)에 전시되는 램프 색에 의해서 활주로까지의 거리를 나타낸다.

① 로컬라이저(Localizer) : 지상 방위각시설(Localizer 장치)의 위치는 계기 진입용 활주로의 진입단 반대 측에 있는 활주로 중심선 연장선에 설치하여 이착륙 항공기와 충돌하지 않도록 활주로에서 적어도 1,000ft 떨어진 곳에 있다. Localizer 전파는 활주로의 진입방향에 있는 Middle Marker와 Outer Marker 쪽으로 발사되며, 반대 방향으로도 전파가 발사되는데 진입 측 전파를 전방 진행방향(Front Course), 반대쪽을 후방 진행방향(Back Course)이라 부른다. Localizer는 2,000ft의 고도에서 최저 25노티칼 마일(NM)까지 빔(Beam)이 전달될 수 있도록 전파를 발사한다. 진행방향(Course)의 폭은 보통 3~6°로서 활주로 끝단(TH : Threshold)에서 700ft이고 주파수의 범위는 108.10~111.975MHz이다. 항공기상의 계기에는 지상송신기에서 나오는 좌우 주파수(90Hz, 150Hz)의 변조성분에 따른 전계의 강약차이에 의하여 Localizer 지시계가 좌우로 움직이므로 조종사는 항공기를 활주로 중앙에 위치시킬 수 있다(50kHz 단위의 40개 채널 사용).

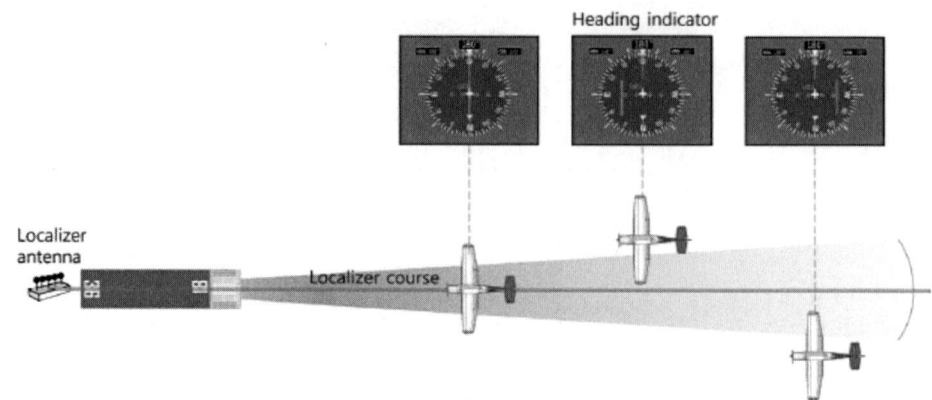

② 글라이드 슬롭(Glide slope) : 지상 Glide slope 송신기는 전파를 발사하여 활주로에 착륙하기 위하여 접근 중인 항공기에 안전한 착륙 각도인 약 3°의 활공각 정보를 제공하며 활주로 진입단으로부터 750~1,250ft 내측에, 활주로 중심선으로부터 400~600ft 옆으로 떨어진 위치에 설치된다. Glide slope 주파수 범위는 UHF 328.6MHz~335.4MHz이며 ILS 주파수(localizer 주파수)를 선택 시 자동으로 선택된다. 지상 Glide slope 송신기에서 발사되는 주파수도 Localizer와 같이 Course (강하로)의 하측에는 150Hz, 상측은 90Hz로 변조되는 지향성 전파를 발사하며 항공기상의 수신기는 두 변조성분에 따른 전계의 강약차이에 의하여 Glide slope 지시계가 상하로 움직이게 하여 적절한 강하 각도를 알려주어 항공기가 안전하게 착륙할 수 있도록 한다.

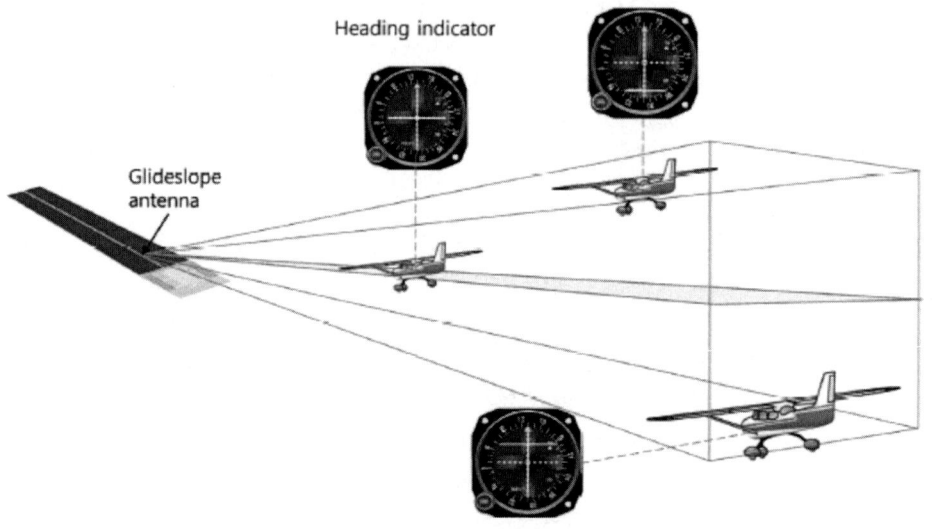

③ 마커 비컨(Marker beacon) : 활주로 중심 연장선상의 일정한 지점에 설치하여 착륙하는 항공기에 수직상공으로 역원추형의 75MHz의 초단파(VHF) 전파를 발사하여 진입로상의 일정한 통과지점에 대한 위치정보를 제공하는 시설로 마커 비컨의 지상국은 Outer Marker, Middle Marker, Inner Marker가 있다.
  ㉠ 내측마커(I.M) : 200 ~ 1500ft, 3000Hz, 백색
  ㉡ 중간마커(M.M) : 3500ft, 1300Hz, 호박색
  ㉢ 외측마커(O.M) : 4 ~ 7NM, 400Hz, 자색

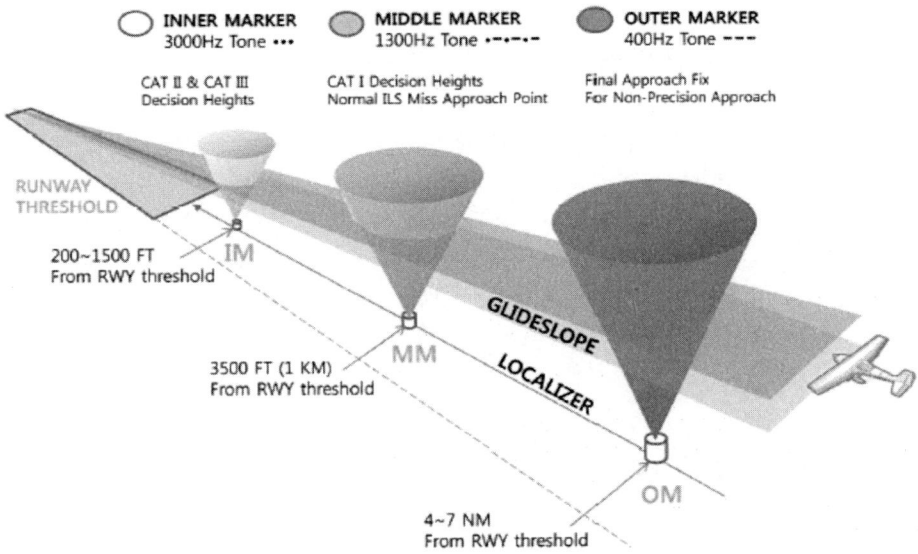

Chapter 5 정비일반

01 정비사의 "확인행위"란 무엇인가?

※ 항공법 제22조(항공기 등의 정비행위 등의 확인)
항공기 소유자 등이 항공기 등 장비품 또는 부품에 대하여 정비 등(국토해양부령으로 정하는 경미한 정비 및 제19조제1항에 따른 수리·개조는 제외한다)을 한 경우에 제26조 제9호의 항공정비사 자격증명을 가진 사람으로부터 그 항공기 등 장비품 또는 부품이 기술기준에 적합하다는 확인을 받지 아니하면 이를 항공에 사용할 수 없다. 다만, 확인을 받기가 곤란한 대한민국 외의 지역에서 항공기 등 장비품 또는 부품에 대하여 정비 등을 하는 경우로서 국토해양부령으로 정하는 자격을 가진 사람이 그 항공기 등 장비품 또는 부품의 안전성을 확인한 경우에는 이를 항공에 사용할 수 있다. [전문개정 2009.6.9.]

02 감항성 확보를 위하여 항공기와 주요 장비품에 대하여 국가로부터 받아야 하는 검사의 종류를 무엇이 있는가?

형식증명, 감항증명, 수리개조검사, 예비품증명, 성능품질검사(제조), 성능품질검사(재생)

03 항공법이 정하는 "항공업무"에 대하여 설명하시오.

항공법 제27조제2항에 의하여 정비 또는 개조(국토해양부령으로 정하는 경미한 정비 및 제19조제1항에 따른 수리·개조는 제외한다)한 항공기에 대하여 제22조에 따른 확인을 하는 행위

04 항공법이 정하는 기술상의 기준 중 "시설"에 대하여 설명하시오.

※ 고정익을 위한 운항기술기준 참고
6.3.2 건물 및 시설의 요건(Housing and Facilities Requirements)
가. 정비조직은 다음 각 호를 갖추어야 한다.
　1) 업무한정에 적합한 시설, 장비, 자재 및 인력을 수용할 수 있는 건물
　2) 품목의 정비 등 및 한정된 특수 서비스를 적절히 수행할 수 있는 시설로서 다음 각목을 포함한다.
　　가) 모든 정비 등을 수행하는 동안에 품목들을 적절히 격리하고 보호하기 위한 충분한 작업 공간 및 면적
　　나) 환경적으로 위험성이 있는 페인팅, 세척 및 용접, 기계적으로 민감한 항공전자 및 전기, 기계가공 작업 등을 하려는 경우 타 정비 등의 수행에 영향을 주지 적절하게 수행할 수 있는 격리작업 공간
　　다) 정비 등을 수행하는 모든 품목들을 저장 및 보호하기에 적합한 선반(racks), 호이스트(hoists), 스탠드(stands), 트레이(trays) 및 기타 격리 수단
　　라) 장착을 위해 보관 중인 품목 또는 자재를 정비 등의 수행 중에 있는 모든 품목들로부터 격리하여 보관할 수 있는 충분한 공간
　　마) 정비 등을 수행하는 인력이 적절하게 작업할 수 있도록 환기 조명 온도조절 습도설비 및 기타 기후 조건에서도 정비 등을 할 수 있는 설비

05 "항행안절시설"이란 무엇인가?

※ 항공법 2조
"항행안전시설"이란 유선통신, 무선통신, 불빛, 색채 또는 형상(形象)을 이용하여 항공기의 항행을 돕기 위한 시설로서 국토교통부령으로 정하는 시설을 말한다.

06 "항공일지"의 종류는 무엇이 있는가?

항공일지에는 항공기에 탑재하는 항공일지와 지상에 비치하여야 하는 항공일지가 있다. 탑재용 항공일지의 종류에는 항공기용 항공일지와 활공기용 항공일지가 있으며, 지사에 비치하는 항공일지에는 발동기 및 프로펠러 항공일지가 있다.

07 다음 정비방식에 대하여 설명하시오.
- ON CONDITION은 ATA가 개발한 MSG-2정비 방식 중 하나다. MSG-2정비 방식은 항공기 부품들이 정해진 주기(시간)가 도달하면 새 것으로 교체하여야 안정성이 확보된다는 계념의 정비 방식으로 hard time, on condition, condition monitoring이 있다. 그 중 on condition은 주어진 점검 시간이 도달하면 새 것으로 바로 교체하는 것이 아니라 검사, 점검, 시험 및 서비스 등을 하여 다음 주기까지 감항성이 유지 된다고 판단되면 계속 사용하고, 결함이 발견되면 수리 또는 장비품을 교환하는 정비 방식이다. 장비품이 감항성과 관련이 없다고 판단될 경우 condition monitoring으로 관리할 수 있다.
- Hard Time은 ATA가 개발한 MSG-2정비 방식 중 하나다. MSG-2정비 방식은 항공기 부품들이 정해진 주기(시간)가 도달하면 새 것으로 교체하여야 안정성이 확보된다는 계념의 정비 방식으로 hard time, on condition, condition monitoring이 있다. 그 중 HT(Hard Time)는 Manual에 따라 주기적으로 Overhaul이 필요하며, 사용시간이 만료되기 전에 장탈하여 정비하거나 폐기하는 방법으로 예방정비 방식이다.
- CM(Condition Monitoring)은 ATA가 개발한 MSG-2정비 방식 중 하나다. MSG-2정비 방식은 항공기 부품들이 정해진 주기(시간)가 도달하면 새 것으로 교체하여야 안정성이 확보된다는 계념의 정비 방식으로 hard time, on condition, condition monitoring이 있다. 그 중 CM(Condition Monitoring)은 항공기의 감항성에 영향을 끼치지 않는 품목을 관리하는 방법으로 예방정비의 방식이 아닌 결함 발견 시 교환하는 정비 방식이다. 결함 발견 후 교환이하여 고장 자료를 수집 기록하고 분석할 수 있어 적절한 조치를 취할 수 있으며, 수집된 자료를 분석하여 그 결과를 전파한다.

08 "정비기지(Base)"란 무엇인가?
정시점검 이상의 정비작업을 수행할 설비 및 인원, 장비품 등을 충분히 갖춘 장소를 말한다.

09 "정비 요목(Maintenance Requirement)"이란 무엇인가?
정비를 위하여 필요한 항목들을 정한 것으로 정비의 시기, 간격 및 방법 등이 포함되어 있다.

10 공장정비의 3단계를 설명하시오.

※ 고정익을 위한 운항기술기준 참고

(1) Bench Check
부품 또는 구성품의 고장 발견 시 정비 Shop의 Bench에서 부품 또는 구성품의 사용 가능여부 또는 Adjustment, Repair, Overhaul이 필요한지 여부를 결정하기 위하여 기능점검을 하여 어떤 수리가 필요한지 확인하는 정비단계이다.

(2) 수리
Bench Check를 하여 고장 혹은 불만족한 부분을 확인하면 정비 또는 손질(Service)로 그 기능을 복구시키는 작업

(3) 오버홀
"오버홀(Overhaul)"이라 함은 인가된 정비 방법, 기술 및 절차에 따라 항공제품의 성능을 생산 당시 성능과 동일하게 복원하는 것을 말한다. 여기에는 분해, 세척, 검사, 필요한 경우 수리, 재조립이 포함되며 작업 후 인가된 기준 및 절차에 따라 성능시험을 하여야 한다.

11 표본점검(Sampling Inspection)란 무엇인가?

동일 형식의 항공기나 발동기, 프로펠러 등을 검사할 때 전량을 검사하는 것이 아니라 그중 몇 대만을 표본 추출 검사하는 점검으로 전량을 검사하는데 필요한 인력, 물자, 시간의 소모를 줄이고 당해 형식 항공기의 신뢰도를 검토 판단하는 검사방법이다.

12 정비방식 중 "CHECK"의 3가지 방법은 무엇인가?

육안점검(visual check), 기능점검(functioncheck), 작동점검(operation check)

13 Flight Time/Block Time과 비행시간(Time in service = Air time)을 설명하시오.

- Flight Time/Block Time : 항공기가 비행을 목적으로 주기장에서 자력으로 움직이기 시작한 시간부터 착륙하여 정지할 때까지의 경과시간.
- 비행시간(Time in service = Air time) : 항공기가 비행을 목적으로 이륙(바퀴가 떨어지는 순간)부터 착륙(바퀴가 땅에 닿는 순간)할 때까지의 경과시간

14 "분해점검(Disassembly Check)"이란 무엇인가?

부분품을 분해하여 Shop Manual/OVHL Manual에 명시된 허용 한계치인가를 확인하기 위한 점검

15 "중간점검(Transit Check)"이란 무엇인가?

항공기가 비행 후 다음 비행 중간에 수행하는 검사로 연료 보급과 엔진 오일의 점검 및 항공기의 출발 태세를 확인하는 점검을 말한다. 필요에 따라 상태 점검과 액체, 기체류의 점검도 행한다.

16 IPC(Illustrated Parts Catalog)란 무엇인가?

도해 부품 목록이라고 부르며, 장비나 부품의 분해, 조립, 순서 등을 도해해 각 단위 부품의 번호를 명시하여 그 부품 번호에 의거 부품의 확인이나 신청을 하기 위해 사용한다.

17 Minimum Equipment List 목적을 간단히 설명하시오.

항공기에 비치하여야 하는 최소 장비 목록으로 비행 시 작동 하는 부품이 있어도 비행 할 수 있도록 목록을 만들어 놓은 것으로 최소 장비 목록의 부품은 부작동하면 비행을 할 수 없다.

18 정시 점검에 대하여 간단히 설명하시오.

기체정비는 운항정비, 정시점검, 기체 오버홀로 분류되며 그 중 정시점검은 항공기 비행시간 도래 시 행하는 점검으로 예방 정비 계념이다. 정시점검의 종류로는 A check, B check, C check, D check가 있다.

19 Ground Service(지상지원)란 무엇인가?

항공기 정비를 위하여 지상에서 지원해주는 작업을 말하며 항공기에 직접적으로 수행하는 정비 작업이 아닌 잭작업, 견인작업, 호이스트작업, 지상유도, 계류작업 등을 말한다.

20 정비 이월기록부란 무엇인가?

정시성을 확보하기 위하여 항공기가 운항 중 항공기에 발생한 결함이 감항성에 영향을 미치지 않고, 부품이나 장비의 부족으로 정비를 할 수 없을 때에 결함 및 정비를 다음 기지에 이월시키는 방법이다. 모기지에서는 할 수 없으며 중간기지에서만 할 수 있다.

21 주간점검이란 무엇인가?

일주일 단위로 매 7일마다 수행하여 항공기의 출발태세를 확인하는 정비로 항공기 내외의 손상, 누설 부품의 손실, 마모 등의 상태를 점검하는 것이다.

22 다음의 용어에 대해 설명하시오.

※ Illustrated Parts Catalog
IPC : 부품도해 목록 – 항공기의 분해 순서대로 부품을 나열한 목록으로 교환 가능한 항공기 Part와 Units를 식별, 신청, 확보, 저장 및 사용 시 이용할 수 있도록 항공기 제작회사에서 ATA Spec. 100을 근거로 발간한 것

23 점검의 종류 3가지는 무엇인가?

정비, 검사, 지원

24 다음을 설명하시오.

① line maintenance(운항 정비) : 운항정비(Line maintenance)"란 예측할 수 없는 고장으로 발생된 비계획 정비 또는 특수한 장비 또는 시설이 필요치 않은 서비스 및(또는) 검사를 포함한 계획점검(A 점검 및 B 점검)을 말한다.(고정익 항공기를 위한 운항기술기준 참고)
② station(지점) : 항공기가 이륙하는 모든 지점을 말하며 출발 기지, 중도 기항기지, 종착 기지 및 반환 기지 등으로 분류된다.

25 문서 작성 시 빈칸 없이 기록해야하는 문서에서 불필요한 기록란은 어떻게 표시하는가?

N/A(not applicable)

26 정비 작업을 반별 또는 그룹작업자들이 수행하는 경우, 최종 정비문서 날인은 누가 하는가?

최상위 작업자

27 소모성 물품은 Bulk item, Mandatory replacement, On condition 등으로 분류한다. 이들을 각각는 설명하시오.

① 벌크 아이템(bulk item) : 점검 시 사용되는 양을 정확하게 파악할 수 없고 사용량이 일정하지 않아 일정량을 쌓아놓고 사용하는 소모성 물품으로 페인트, 오일, 천 등이 있다.

② 지정교체 아이템(mandatory replacement item) : 한번 사용하면 재사용이 불가능한 품목으로 수리 또는 오버홀 작업과정에서 100% 교환해야 하는 소모성 물품을 말한다. 개스킷(gasket), 리벳(rivet), 오링(O-ring) 등이 있다.

③ On Condition : 점검 시 상태를 파악하고 교환여부를 결정하는 소모성 물품으로 볼트, 너트, 핀 등이 있다.

항공산업기사 필기·실기

초 판 인 쇄	2017년 7월 1일
초 판 발 행	2017년 7월 5일
개정 3판 발 행	2022년 3월 15일
개정 4판 발 행	2024년 1월 31일

저 자	박인혁 · 최윤호 · 김민표 · 김훈
발 행 인	**조규백**
발 행 처	도서출판 **구민사** (07293) 서울특별시 영등포구 문래북로116, 604호(문래동 3가, 트리플렉스)
전 화	(02) 701-7421(~2)
팩 스	(02) 3273-9642
홈 페 이 지	www.kuhminsa.co.kr
신 고 번 호	제2012-000055호 (1980년 2월 4일)
I S B N	979-11-6875-339-6 [13550]
값	36,000원

※ 낙장 및 파본은 구입하신 서점에서 바꿔드립니다.
※ 본서를 허락없이 부분 또는 전부를 무단복제, 게재행위는 저작권법에 저촉됩니다.